Alexandre Vargas Grillo

Curso de Química Básica

para Graduação & Pós-Graduação
Sistemas Gasosos e Eletroquímica

Volume 3

EDITORA CIÊNCIA MODERNA

Curso de Química Básica para Graduação e Pós-graduação - Volume 3 (Sistemas Gasosos e Eletroquímica)

Editor: Paulo André P. Marques
Produção Editorial: Dilene Sandes Pessanha
Capa: Daniel Jara
Diagramação: Daniel Jara
Copidesque: Equipe Ciência Moderna

FICHA CATALOGRAFICA

GRILLO, Alexandre Vargas.

Curso de Química Básica para Graduação e Pós-graduação - Volume (Sistemas Gasosos e Eletroquímica)

Rio de Janeiro: Editora Ciência Moderna Ltda., 2025.

1. Química
I — Título

ISBN: 978-65-5842-485-7

CDD 540

Editora Ciência Moderna Ltda.
R. Alice Figueiredo, 46 – Riachuelo
Rio de Janeiro, RJ – Brasil CEP: 20.950-150
Tel: (21) 2201-6662/ Fax: (21) 2201-6896
E-MAIL: LCM@LCM.COM.BR
WWW.LCM.COM.BR **09/25**

APRESENTAÇÃO DO AUTOR

Alexandre Vargas Grillo é Doutor em Engenharia de Materiais e Processos Químicos e Metalúrgicos, Mestre na mesma área e possui graduação em Engenharia Química pela PUC-Rio e licenciatura em Química pela Universidade Cândido Mendes – UCAM. Atualmente, atua como Professor do Instituto Federal do Rio de Janeiro – IFRJ, no Departamento de Química, mais especificamente na área da Físico-Química. Na pesquisa, estuda Síntese de Nanopartículas e Inteligência Artifical (IA), em parceria com o Departamento de Engenharia Química e de Materiais – PUC-Rio.

INTRODUÇÃO DA OBRA

"Curso de Química Básica – volume 3" apresenta dois novos temas com enorme relevância tanto para o estudo da química como na engenharia química: o primeiro aborda o estudo dos sistemas gasosos ideais e reais e o estudo dos sistemas eletroquímicos, abordando os principais dispositivos eletroquímicos, tanto as pilhas galvânicas e a eletrólise (ígnea e aquoso).

Destinado para alunos de licenciatura em Química e bacharelado em Engenharia, esta excelente obra apresenta uma teoria direta e objetiva, apresentando exemplos aplicativos, com todos os exercícios de fixação com o gabarito comentado passo a passo. A escolha destes dois temas está norteada a partir dos seguintes pontos apresentado abaixo.

1. Tratar e abordar estes dois conteúdos, apresentando questões de diversos concursos públicos, além da apresentação de provas de admissão em programas de mestrado e doutorado, principalmente na área da química.

2. Evitar questões muito complicadas cujo tratamento formal obscurece os mesmos mecanismos físicos dos fenômenos microscópicos. Assim, foi abordado na parte dos estudos dos sistemas gasosos, a apresentação da equação dos gases ideais e reais, mostrando a diferença destas importantes equações de estado. Para o estudo dos gases reais são apresentadas as constantes (a e b) de van der Waals e sua famosa equação para a determinação da pressão e volume.

3. A eletroquímica é um tema que também requer bastante atenção em pequenos e muitos detalhes, tanto em relação na parte conceitual como no estudo quantitativo que envolve as pilhas galvânicas e a eletrólise, apresentando a termodinâmica dos processos eletroquímicos, as leis de Faraday, o estudo da aplicabilidade da equação de Nernst tanto para soluções ideais como reais, o cálculo da atividade termodinâmica com a lei limite de Debye-Huckel.

4. Os conceitos apresentados auxiliam em diversas situações descritivas nas aplicações modernas para os dois temas apresentados.

5. O livro apresenta 292 exercícios relacionados ao estudo dos sistemas gasosos e 245 exercícios de eletroquímica, com TODOS OS EXERCÍCIOS COM O GABARITO COMENTADO, totalizando 537 exercícios! Cabe ressaltar que estes assuntos são obrigatórios para qualquer grade de engenharia, principalmente na área da engenharia química.

Todo o trabalho apresenta 537 exercícios com todo o gabarito comentado, com questões focadas em concurso público na área da docência à nível federal, exercícios de programas de pós-graduação para mestrado e doutorado, e diversos outros concursos de altíssimo nível. Ela pode – e deve – ser utilizada tanto por alunos que estão cursando uma cadeira na Universidade e principalmente em cursos de pós-graduação na área tecnológica.

Acredito e torço imensamente que esta obra possa estar prestando um serviço na criação de uma literatura simples e ao mesmo tempo bem objetiva, além de estar ajudando e prestando um serviço em uma cultura científica 100% brasileira. Vou me sentir bastante honrado se pudesse receber comentários de docentes, estudantes e amantes desta ciência, dos mais diversos institutos e universidades deste país, críticas judiciosas para que cada vez mais esta e outras obras que estão por vir possam ajudar tanto alunos como também docentes, contribuindo cada vez mais para a ciência nacional.

Setembro de 2025

PROFESSOR ALEXANDRE VARGAS GRILLO

AGRADECIMENTOS

Dedico este trabalho, primeiramente a Deus, grande pai.
Para meus guias espirituais presentes em todos os meus momentos da minha vida.
Minha mãe, Estela Vargas Grillo.
Meus pais Vincenzo Grillo e Jorge Luiz Zaupa, e minha irmã Denise Vargas Grillo.

O meu muito obrigado!
Professor Alexandre Vargas Grillo

SUMÁRIO

PARTE V

PROPRIEDADES DOS SISTEMAS GASOSOS

GASES IDEAIS E REAIS

CAPÍTULO 1 - INTRODUÇÃO AO ESTUDO DOS GASES IDEAIS

Este livro apresenta como principal característica o estudo do movimento dos gases, entre um recipiente fechado e seu respectivo ambiente externo. As propriedades dos gases são inúmeras, levando em consideração a pressão do gás, temperatura e do tipo do gás, ou seja, sua natureza.

O pai da Teoria Cinética dos Gases é considerado Pierre Gassendi (22 de janeiro de 1592 – 24 de outubro de 1655). Este grande pesquisador foi matemático, filósofo, padre católico e astrônomo. Ocupando um cargo religioso na região sudeste da França, este também passou por muito tempo mais especificamente em Paris, em que era líder de um grande grupo de intelectuais do pensamento livre. Foi um excelente cientista observacional, publicando seus primeiros resultados sobre o estudo do planeta mercúrio no ano de 1631. Estudou e interpretou os resultados realizado por Blaise Pascal (19 de junho de 1623 – 19 de agosto de 1662), que consistia em uma experiência com um barômetro de mercúrio, no final da década de 1640, que sugeria a possibildade da existência do vácuo.

Além disso, Gassendi propôs que os gases eram compostos de átomos rígidos feitos de uma substância semelhante, diferente em tamanho e forma. Ele era capaz de explicar diversos fenômenos físicos, com base nessas suposições simples. No ano de 1678, Hooke pegou a teoria de Gassendi e a expandiu e com isso, explicou a elasticidade de um gás. A elasticidade foi considerada devido ao impacto das partículas duras e independentes do material que o rodeava. Outro avanço no estudo dos gases foi realizado por Isaac Newton, no ano de 1718.

Newton propôs que a pressão de um gás era o resultado das forças repulsivas entre as moléculas. Isso foi mais tarde estudado como sendo apenas um efeito secundário. A primeira grande melhora com relação ao estudo dos gases, foi a partir dos estudos de Daniel Bernoulli, no ano de 1738. A teoria cinética dos gases estava bem estabelecida no ano de 1870. Isso foi baseado a partir da física clássica, como a mecânica newtoniana. Algumas das provas desta teoria não ocorreram até o início do século XX, mas não alteraram a teoria clássica. Esta teoria é responsável pelo movimento e pela energia dos gases, e só apresenta desvios quando a pressão do gás é bastante diferente da pressão atmosférica, o que será abordado com mais detalhes em capítulos subsequentes.

Embora a teoria cinética dos gases explicasse os gases de maneira macroscopicamente, a teoria não incluía seu aspecto vibracional, rotacional. Estas propriedades microscópicas foram posteriormente explicadas a partir do advento da mecânica quântica e da estatística. Um dos grandes objetivos desta obra está baseado no estudo da teoria clássica dentro do estudo dos gases.

Provavelmente, o leitor já observou que um mesmo pneu de carro pode ser calibrado com distintas pressões. Isso significa que é muito possível fazer um mesmo volume de o pneumático conter quantidades de ar atmosférico. É possível, por exemplo, fazer com que um pneu de trinta litros de volume comporte quarenta litros de ar atmosférico. Com um líquido, os limites seriam muito mais rígidos e com um sólido, seria bem mais difícil e complexo. Com isso, os gases são muito mais compressíveis do que os líquidos e sólidos em idênticas condições iniciais. Não somente quanto à pressão, mas também quanto à temperatura, essas diferenças bastante notáveis.

O que isso significa?

Significa que uma pequena elevação de temperatura aumenta consideravelmente o volume dos gases, porém esse efeito não é tão evidenciado ecom relação aos estados sólidos e líquidos .

Diante da apresentação destes parágrafos inicias, que constituem a introdução, o estudo dos gases é um dos temas mais atraentes, relevantes e curiosos com que a engenharia já se deparou e ainda tem muito o que ser apresentado e discutido, caracterizando em um grande desafio para muitos grupos de cientistas, espalhados em diferentes centros acadêmicos em todo o mundo. Sendo o estado físico da matéria com maior grau de liberdade, os gases podem ser apresentados tanto na forma de moléculas, átomos isolados, com um movimento altamente caótico e aleatório. As partículas gasosas estão tão afastadas umas das outras em pressão ambiente, que por consequência exercem pequena ou quase nenhuma atração entre si.

Graças ao movimento das partículas e à ausência das forças entre elas, o gás se distribui uniformemente por todo o volume do sistema e, como consequência, não apresentam volume próprio nem forma definida.

O estudo dos gases propicia um verdadeiro modelo para o desenvolvimento teórico da termodinâmica, sendo bastante comum o sistema termodinâmico constituído por um determinado gás inserido em um recipiente que apresenta um pistão móvel. O estudo dos gases é caracterizado por apresentar três variáveis de estado, apresentados a seguir:

Pressão (p);
Volume (V) e
Temperatura (T).

A equação de estado de um gás apresenta a seguinte forma: $\boxed{V = V(T, P, n)}$

A expressão termodinâmica apresentada acima, afirma que o volume é função da temperatura, pressão e do número de mol ou quantidade de matéria. Já para o estudo relacionado a sólidos e líquidos, as equações de estado apresentam uma maior complexidade, comparada à equação de estado dos gases.

1.1 Estudo da Pressão - Experiência de Torricelli

A primeira medida da pressão foi realizada por um físico e matemático italiano, Evangelista Torricelli. No ano de 1643, Torricelli realizou um experimento sugerido pelo então renomado Galileu Galilei. Torricelli nasceu em Faenza, norte da Itália no ano de 1608, discípulo de Galileu em 1641, vindo a óbito no dia 25 de outubro de 1647. Foi a partir deste extraordinário cientista que foi criado o vácuo sustentável e no ano de 1643, propôs um experimento magnífico. Torricelli encheu um tubo de vidro de 1,20 metros de comprimento com uma solução de mercúrio (Hg), invertendo o tubo em um vasilhame também contendo uma solução de mercúrio, explicando o desenvolvimento do barômetro (pressão atmosférica), conforme pode ser observado na Figura I logo abaixo.

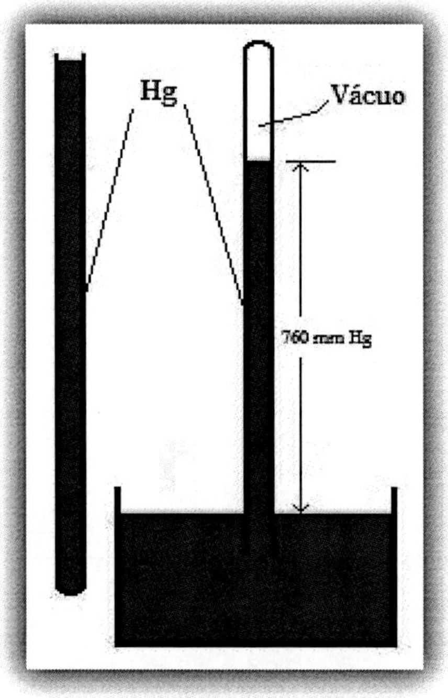

Figura I. Figura representativa do experimento realizado por Evangelista Torricelli, a partir de uma solução de mercúrio.

Realizado o experimento, Torricelli concluiu que parte do mercúrio não saía do tubo e que o espaço acima do mercúrio era um vácuo. Torricelli se mostrou bastante surpreso pelo fato de o mercúrio estar em equilíbrio com a gravidade do ar externo. Com isso, tornou-se o primeiro homem a criar o vácuo sustentado. Com investigações periódicas, concluiu que a variação diária da altura da coluna de mercúrio s desviava a partir de alterações da pressão atmosférica.

1.2 Estudo da Pressão

Para o estudo dos gases, a pressão (P) é definida como sendo a razão entre a força que as moléculas gasosas exercem na parede de um determinado recipiente que as contêm por unidade de área ou pela força que uma molécula exerce sobre a outra. A Equação 1 apresenta a equação física que representa o comportamento da pressão.

$$P = \frac{\text{Força}}{\text{Área}} \qquad \text{(Equação I)}$$

Blaise Pascal (1623-1662) tomou conhecimento dos magníficos estudos realizados por Evangelista Torricelli. Com isso, Pascal concluiu que a altura da coluna barométrica deveria diminuir no alto de uma montanha, tendo a pressão atmosférica menor. Diante dessas notáveis observações, Pascal pediu auxílio para seu cunhado, Florin Périer (1603-1672), na realização deste experimento em um vulcão e, com isso, foi verificado em setembro de 1648 que havia uma diferença de altitude na ordem de 1000 metros (1 km), e a coluna de mercúrio iria diminuir em aproximadamente 8 cm (centímetros). Foi a partir destas belas observações publicadas no meio científico, que a unidade de pressão no Sistema Internacional de Medidas (S.I.) é apresentada em sua homenagem, ou seja, em Pascal (Pa), que se trata da razão da unidade de força (N) por unidade de área (m^2).

$1 \text{ Pa} = 1 \text{ N} \times m^{-2}$

Por convenção, a pressão exercida pela atmosfera (atm) é medida ao nível do mar para uma temperatura de 0°C (273 K). Em unidades no Sistema Internacional, a pressão atmosférica equivale a 101325 Pa (101,325 kPa), porém pode ser expressa em outras unidades não tão usuais, como pode ser observado na Tabela I, logo a seguir.

Tabela I. Relação das diferentes unidades de Pressão.

1 atm é equivalente a:
760 mm Hg a 0°C (torr)
10,333 m H_2O a 4°C
29,921 in Hg a 0°C
1,01325 bar
1,01325 x 10^6 dinas.cm^{-2}
101325 Pa
101,325 kPa
1,01325 x 10^5 N.m^{-2} (Pa)
14,696 psia
33.9 ft H_2O a 4°C

1.3 Estudo do Volume

Para substâncias que se encontram no estado gasoso, o volume do gás se refere ao volume do próprio recipiente que o contém. O volume é uma propriedade extensiva, ou seja, depende da quantidade de matéria, além de ser dependente diretamente da pressão e da temperatura. Por isso, em alguns casos, serão apresentados nos exemplos aplicativos adiante, e demais exercícios, o volume molar (V_{molar}) de uma espécie gasosa a uma pressão de 1 atmosfera (1 atm) e temperatura de 0°C (273 K) como sendo igual a 22,4 L.mol^{-1}. Esta pressão e temperatura foram definidas como Condições Normais de Temperatura e Pressão (CNTP), que no inglês é representado pela sigla STP (Standard conditions for Temperature and Pressure).

1.4 Estudo da Temperatura

Definir temperatura é uma questão muito complexa. Trata-se de uma propriedade intensiva, ou seja, propriedade que não é dependente da quantidade de massa e seu conceito está diretamente relacionado à nossa percepção do que é quente ou do que é frio. Em particular para o estudo dos gases, a temperatura está relacionada aos choques elásticos entre as moléculas, ou seja, trata-se de uma definição microscópica. Para definirmos de forma objetiva e clara, será necessário apresentar o conceito de equilíbrio termodinâmico. Um sistema pode apresentar três diferentes tipos de equilíbrio termodinâmico, apresentados a seguir.

Item a) Equilíbrio mecânico: quando o sistema termodinâmico apresenta a mesma pressão;

Item b) Equilíbrio químico: quando o sistema termodinâmico apresenta a mesma composição química (mesma concentração);
Item c) Equilíbrio térmico: quando o sistema termodinâmico apresenta a mesma temperatura.

Cabe ressaltar que o equilíbrio térmico está diretamente relacionado à Lei Zero da termodinâmica. Esta lei pode ser descrita e apresentada da seguinte forma:

"Admita que há três sistemas, designados pelas letras A, B e C. Se o sistema A está em equilíbrio térmico com o sistema B e este mesmo sistema B está em equilíbrio térmico com o C, então, é possível concluir que os sistemas A e C também estejam em equilíbrio térmico."

A partir da ideia de sensação térmica que o tato humano proporciona, traduzido pelos termos frio, quente, gelado e junto a isso, o fato da falta de conhecimento sobre calor e temperatura, foi-se acumulando durante muitos anos o critério quanto a sensitividade e, com isso o conceito e as propriedades da temperatura tornaram-se bastante vago. Com isso, foi necessário desenvolver um instrumento padronizado de medida de temperatura que independa do tato. Diante disso, começaram a ser desenvolvidos instrumentos que pudessem mensurar a temperatura, definidos como termômetros. Com esses aparelhos, foi possível determinar a temperatura, a partir da dilatação de líquidos específicos, sendo o mercúrio (metal que se encontra no estado líquido) como sendo o líquido ultimamente mais utilizado. Para a medida da temperatura, há quatro tipos de escalas termométricas comuns, cada uma apresentando, respectivamente, sua temperatura do gelo fundente (ponto de fusão) e a temperatura de ebulição da água (ponto de ebulição), sob pressão normal. As quatro escalas termométricas apresentadas estão apresentadas a seguir em ordem do seu ponto de fusão e de ebulição, respectivamente.

Item a) Escala Celsius: Ponto de fusão: 0°C e Ponto de ebulição 100°C.

Item b) Escala Fahrenheit: Ponto de fusão: 32°F e Ponto de ebulição: 212°F.

Item c) Escala Rankine: Ponto de fusão: 490°R e Ponto de ebulição: 690°R.

Item d) Escala Kelvin (absoluta): Ponto de fusão: 273 K e Ponto de ebulição: 373 K.

1.5 Quantidade de matéria (mol)

A quantidade de matéria, comumente chamada de número de mols, é uma grandeza que representa a quantidade de entidades (átomos, íons, moléculas, etc.) contida em uma determinada massa. Seu significado é bem característico como "porção" e trata-se de um dos conceitos mais importantes no estudo da química e porque não afirmar na própria física, englobando todos os ramos que a química possa apresentar, tais como a química geral, físico-química, analítica, quantitativa, quântica, orgânica, análise instrumental etc. A quantidade de matéria pode ser enunciada da seguinte maneira:

"Um mol (1 mol) é a quantidade de matéria que contém o mesmo número de unidades elementares tantas quais estão contidas em 12 g de uma amostra de ^{12}C".

Além disso, é muito importante respeitar as normas técnicas da IUPAC (International Union of Pure and Applied Chemistry). O número de mol é designado pela letra minúscula n, enquanto a letra maiúscula (N_{AV}) representa o número de Avogadro (6,02 x 10^{23} x mol^{-1}).

Trata-se de uma propriedade termodinâmica extensiva, apresentando como padrão o número de átomos presentes em 0,012 kg do carbono - 12 [^{12}C]. Esta quantidade pode referir-se a espécies tais como átomos, íons, moléculas, elétrons, fótons ou até mesmo um grupo dessas entidades. O número de mol é calculado a partir da razão da massa pela sua massa molar (<MM>), confome a seguinte equação a seguir:

$$n = \frac{\text{massa}}{<\text{MM}>} \qquad \text{(Equação II)}$$

Portanto, 1 mol de átomos de ^{12}C apresenta 6,02 x 10^{23} átomos e corresponde a 12,0 g. Uma definição mais atual, apresentada pela própria IUPAC, pode ser descrita da seguinte forma:

"Um mol contém exatamente 6,02 x 10^{23} entidades elementares".

CAPÍTULO 2 - ESTUDO DOS GASES IDEAIS

Iniciamos o nosso estudo com o caso mais simples do comportamento de um sistema gasoso, que se trata do comportamento dos gases ideais ou também conhecido como gases perfeitos. Para muitos estudiosos, a equação dos gases ideais é uma das equações mais importantes da Termodinâmica, por ser tratar de uma equação de estado que relaciona a quantidade do gás (n), volume, pressão e temperatura, com uma forma bastante simples de utilização.

Uma equação de estado é definida e caracterizada pelo volume (V) do recipiente; pela quantidade de substância presente (n) e pela pressão (p), que na maioria dos processos encontram-se constante. Esta pressão está representada pelo fato de as partículas gasosas exercerem um choque elástico junto às paredes do recipiente (vaso, reator, etc), além da temperatura (T), que obrigatoriamente tem que estar na escala Kelvin (K). É possível expressar a função de estado para o estudo dos gases da seguinte forma:

$$\boxed{p = f(T, V, n)}$$

Cada gás estudado é descrito por uma equação de estado, que estabelece uma relação bem definida entre as quatro variáveis apresentadas acima (p, V, n e T). Esta relação está fundamentada a partir de situações puramente experimentais (empíricas), ou seja, havendo conhecimento termodinâmico de três destas variáveis acima, a quarta propriedade termodinâmica fica automaticamente calculada. Para se chegar a uma das equações mais importantes da Termodinâmica, será necessário apresentar suas leis empíricas que foram estudadas ao longo de vários anos por diversos estudiosos e cientistas renomados, com enorme representatividade ao longo da ciência.

Antes da apresentação destas leis empíricas, que regem o comportamento dos gases, cabe aqui ressaltar uma observação de extrema importância: "Um gás é chamado de ideal ou perfeito, quando se trata de uma idealização do verdadeiro comportamento do gás, conhecido como gás real. Na verdade, estudando os gases com o comportamento ideal, seus valores serão bem razoáveis e aceitáveis em comparação com o comportamento dos gases reais."

Um gás com comportamento mais realístico tende ao comportamento ideal, quando está submetido a baixas pressões e elevadas temperaturas, portanto, afastado das condições de sua liquefação. Diante disso, as condições para considerar um gás próximo à idealidade dependem de cada susbstância. A partir deste ponto subsequente, serão apresentadas as leis empíricas que explicam de maneira bastante concisa o comportamento dos sistemas gasosos.

2.1 Estudo das Leis Empíricas dos Gases Ideais

VAMOS COMEÇAR A "CONSTRUIR" UMA DAS MAIS IMPORTANTES OU SENÃO, A MAIS IMPORTANTE EQUAÇÃO DA TERMODINÂMICA.

2.1.1 Lei de Robert Boyle (1661) e Edmé Mariotte (1676)

Robert Boyle nasceu na Irlanda, em uma família rica e nobre, dedicando toda a sua vida à ciência e a religião. Seus primeiros estudos relacionados à ciência foi exatamente na área da Química, o que para a academia científica é reconhecidamente considerado como o "Pai da Química", uma vez que conseguiu diferenciar a alquimia da química.

Boyle estudou a compressibilidade dos sistemas gasosos a partir do ano de 1660. É bastante interessante mencionar que no ano de mil seiscentos e cinquenta e quatro (1654), construiu um laboratório privado em Oxford e teve como assistente, seu amigo, cientista e fiel escudeiro, o botânico Robert Hooke (1635-1703). A partir de então, começou a estudar de forma bem incisiva as propriedades dos sistemas gasosos, tendo como "matéria-prima" o ar atmosférico. Sua lei, conhecida como a lei de Boyle, descreve que sob temperatura constante (T), pressão (p) e volume (V) de uma determinada massa gasosa, são inversamente proporcionais, podendo estar relacionados da seguinte forma:

$$\boxed{p \text{ x } V = \text{constante}}.$$

Diante desta importante relação, o produto da pressão com o volume, com todo o sistema à temperatura constante, pode ser apresentado através da Equação III abaixo.

$$p \times V = p_{inicial} \times V_{inicial} = p_{final} \times V_{final} = \cdots = p_n \times V_n = constante \quad \text{(Equação III)}$$

O padre e cientista francês, Edmé Mariotte (1620-1684), descobriu a mesma lei de forma independente no ano de 1676, porém Boyle já tinha publicado, em 1662. Diante disso, a lei de Boyle na França é conhecida como a lei de mariotte, que propôs em seu Essay de la nature de Pair em 1679. A Figura II a seguir, apresenta o gráfico que relaciona a pressão com o volume, com todas as curvas à temperatura constante.

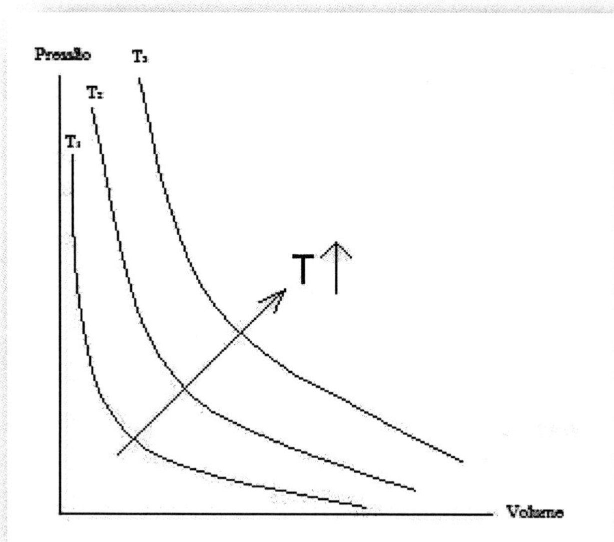

Figura II. Representação gráfica que relaciona a pressão com o volume, como parte do resultado experimental de Boyle-Mariotte.

Nesta mesma Figura II, as curvas apresentadas são definidas fisicamente como isotermas, pois para cada pressão e volume correspondente há uma temperatura constante, constituindo matematicamente como hipérboles. Cabe ressaltar que quanto maior a temperatura do gás mais afastada da origem estará a curva.

A Figura III apresenta o gráfico pressão versus o inverso do volume ($\frac{1}{V}$), com todas as retas sendo operadas à temperatura constante.

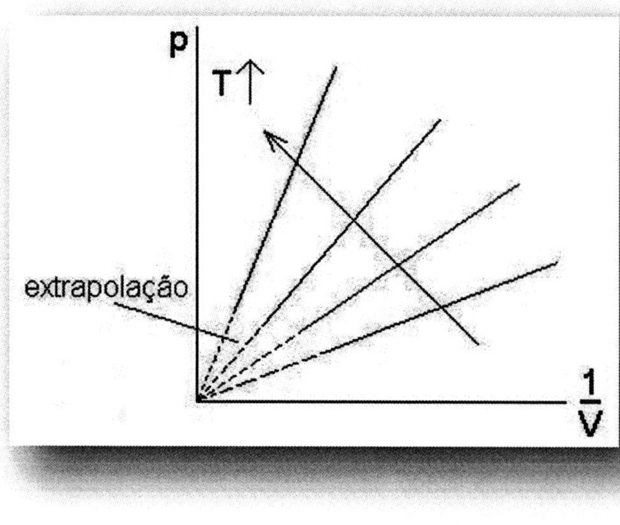

Figura III. Representação gráfica da pressão (p) versus o inverso do volume (1/V) como parte do resultado de Boyle-Mariotte.

Desvios bem significativos com relação à lei de Boyle são bastante decorrentes a partir das forças interatômicas ou intermoleculares, que tendem a desaparecer com a diminuição da densidade do gás e com o aumento da temperatura. Todos os sistemas gasosos respeitam e obedecem à lei de Boyle, com a ressalva de que as pressões devem ser muito baixas.

2.1.2 Lei de Charles (1778 - 1850) – Gay-Lussac (1746-1823)

Um século e meio depois da apresentação e divulgação da lei de Boyle, Jacques Alexander Charles (1746 – 1823), químico e francês, investigou o comportamento de uma massa gasosa através de efeitos da temperatura sobre o volume de uma quantidade de gás a pressão constante. O mesmo estudo foi investigado por Louis Joseph Gay-Lussac (1778 – 1850), a partir da descoberta de que volumes iguais de todos os gases se expandem da mesma forma com igual incremento de temperatura. Diante de grande justiça concebida pela Academia de Ciências, a lei é conhecida como Lei de Charles – Gay Lussac.

Esta lei afirma que sob pressão constante e diminuta (limite da pressão tendendo a zero), o volume de uma determinada massa gasosa é diretamente proporcional à temperatura absoluta no qual o gás se encontra. A relação entre o volume e a temperatura está apresentada na Equação IV a seguir:

$$\boxed{\frac{V_{inicial}}{T_{inicial}} = \frac{V_{Final}}{T_{Final}} = \cdots = \frac{V_n}{T_n} = \text{constante}} \quad \text{(Equação IV)}$$

É observado, a partir das leis já mencionadas e apresentadas acima, que a escala de temperatura obtida termodinamicamente são as mesmas. Diante deste fato, esta escala é conhecida como escala absoluta. O mesmo comportamento é observado para diferentes volumes de um mesmo gás que apresenta pressão e temperatura variadas, de tal maneira que:

$$\boxed{\frac{P_{inicial}}{T_{inicial}} = \frac{P_{Final}}{T_{Final}} = \cdots = \frac{P_n}{T_n} = \text{constante}}$$

A Figura IV apresenta o gráfico que relaciona o volume (V) versus a temperatura (T) de uma determinada massa gasosa à pressão constante. Observe que extrapolando os valores obtidos experimentalmente, é possível observar uma temperatura impossível de ser alcançada (O FAMOSO ZERO ABSOLUTO).

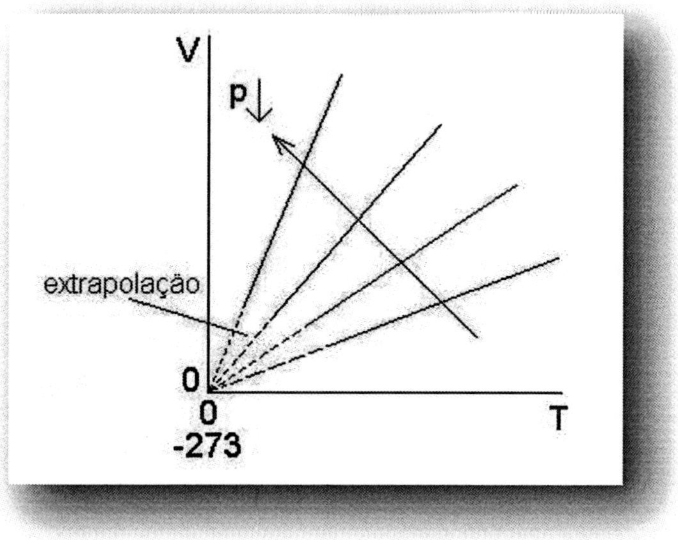

Figura IV. Experimento em que Charles e Gay-Lussac estudaram (1802).

Observa-se que a extrapolação das curvas para diferentes gases a distintas pressões, resulta em uma mesma temperatura correspondente a – 273,15˚C, quando o volume é igual a zero. Esta observação é puramente teórica, uma vez que os gases liquefazem a temperaturas baixas.

2.1.3 Princípio de Avogadro (1811)

"Há, eventualmente, dois princípios fundamentais sobre os quais repousa a físico-química atual: a extensão da lei de Avogadro e as leis da termodinâmica"
(Jacobus Henricus van't Hoff, 1903 – La Chimie physique et sos applications. Prêmio Nobel de Química no ano de 1901)

A ideia de molécula foi introduzida para corrigir as discrepâncias que haviam entre a lei volumétrica de Gay-Lussac e a Teoria atômica de Dalton. O cientista italiano nascido em Turim, Lorenzo Romano Amedeo Avogadro di Quaregna e di Cerreto (1776-1856), mais conhecido como Avogadro, apresenta uma das constantes mais importantes e bastante difundida no ramo da Química, principalmente na área da termodinâmica, definida como Número de Avogadro ($6{,}02 \times 10^{23} \times mol^{-1}$), sendo representado pela letra maiúscula N_{AV}.

Avogadro propôs que a menor porção de um gás seria a molécula (a materiazinha, em latim) e não o átomo. Dez anos após as observações das leis estudadas por Dalton e Gay-Lussac, com base em algumas contradições sobre o estudo destes cientistas, foram lançadas as bases do conceito de molécula. Sua ideia foi a seguinte:

"Dois gases distintos, que apresentam a mesma pressão, mesma temperatura e mesmo volume, irão apresentar o mesmo número de moléculas".

Este número de moléculas tem a ver diretamente com o número de mol (n), já apresentado em capítulos anteriores. A demonstração deste princípio pode ser apresentada a partir de uma forma bastante simples, conforme enunciado da seguinte maneira:

Considere dois gases hipotéticos, designados pelas letras A e B.
Analisando e aplicando a equação dos gases para o gás A: $p_A \times V_A = n_A \times R \times T_A$ (Equação V)

Analisando e aplicando a equação dos gases para o gás B: $p_B \times V_B = n_B \times R \times T_B$ (Equação VI)

Dividindo a Equação VI pela Equação V e, levando em consideração que ambos os gases apresentam a mesma pressão (p), mesma temperatura (T) e mesmo volume (V), a relação termodinâmica fica da seguinte maneira, conforme apresentada a seguir:

$$\frac{\cancel{p_B} \times \cancel{V_B}}{\cancel{p_A} \times \cancel{V_A}} = \frac{n_B \times \cancel{R} \times \cancel{T_B}}{n_A \times \cancel{R} \times \cancel{T_A}} \qquad \text{(Equação VII)}$$

$$\frac{n_B}{n_A} = 1$$

$$\boxed{n_A = n_B}$$

A partir desta observação, é possível concluir que:

Volumes iguais de gases distintos, nas mesmas condições de temperatura (T) e pressão (p), apresentam o mesmo número de moléculas.

A partir deste princípio apresentado, é necessário que os volumes molares dos gases devem ser iguais para as mesmas condições de temperatura e pressão.

A tabela II apresenta os valores dos volumes molares para duas importantes condições termodinâmicas. A primeira definida como CNTP (Condições Normais de Temperatura e Pressão) e a segunda como CNATP (Condições Normais Ambientais de Temperatura e Pressão).

	Pressão (atm)	**Temperatura (°C)**	**Volume molar (L x mol⁻¹)**
Condições Normais de Temperatura e Pressão - CNTP	1	0	22,40
Condições Normais Ambientais de Temperatura e Pressão - CNATP	1	25	24,45

CAPÍTULO 3 - A TÃO ESPERADA EQUAÇÃO DOS GASES IDEAIS

Pronto, enfim chegamos a tão sonhada equação fundamental dos gases ideais, caracterizada pela sua forma mais simples. A combinação das leis de Boyle/Mariotte, Charles/Gay-Lussac e do princípio de Avogadro, nos leva à seguinte conclusão, conforme cada lei apresenta.

Lei de Boyle-Mariotte: $V \propto \left(\frac{1}{p}\right)$ a temperatura constante.

Lei de Charles-Gay-Lussac: $V \propto T$ a pressão constante.

Princípio de Avogadro: $V \propto n$ a temperatura e pressão constante.

A partir das relações apresentadas, a equação geral dos gases pode ser descrita da seguinte forma:

$$\boxed{\frac{p_{inicial} \times V_{inicial}}{T_{inicial}} = \frac{p_{Final} \times V_{Final}}{T_{Final}} = \text{constante}}.$$

Para cada mol (1 mol) de gás, nas Condições Normais de Temperatura e Pressão (CNTP), o volume dessa amostra gasosa vai apresentar um valor igual a 22,4 litros, conforme já apresentado na tabela II. Nesse caso, sendo $p_{inicial}$ e $T_{inicial}$ as pressões e temperaturas iniciais respectivamente, a relação fica da seguinte forma:

$$\boxed{\frac{P_{inicial} \times V_{inicial}}{T_{inicial}} = \frac{1 \text{ atm} \times 22{,}4 \text{ L}}{273 \text{ K}} = R}$$

Combinando estas três relações termodinâmicas acima (Lei de Boyle-Mariotte, Lei de Charles-Gay-Lussac e Avogadro), a equação dos gases ideais fica apresentada conforme a equação VIII a seguir:

$$\boxed{pV = nRT} \qquad \text{(Equação VIII)}$$

O conceito geral de gás ideal é importante para a simplificação de diversas condições termodinâmicas. Um gás ideal é aquela que obedece a equação VIII. Do ponto de vista termodinâmico, um gás ideal é composto por partículas que possuem massa, mas não apresentam volume, sendo um processo bastante complicado de raciocínio sobre este fato! Essas partículas são definidas e conhecidas como pontuais, e que somente irão interagir com a parede do recipiente (reator, béquer) do qual se encontram, através de choques elásticos.

O comportamento e o estudo do gás ideal são caracterizados a altas temperaturas e baixas pressões. Agora, a partir do momento em que a pressão aumenta e a temperatura diminui, as interações intermoleculares destas partículas gasosas vão se tornando cada vez mais importantes e que passam a ser levadas em consideração, além do fato do volume começar a ser bastante relevante no estudo dos gases, o que vai tornando o comportamento dos gases um desvio do comportamento idealizado (ideal). A partir da equação VIII, observa-se o termo designado pela letra R. Este termo é definido como sendo a constante dos gases, apresentando a seguinte dimensão $\left[\frac{\text{Energia}}{\text{mol x K}}\right]$.

Esta constante é uma das mais importantes do estudo da Termodinâmica, estando presente em inúmeras equações. Sua utilização prática vai depender muito das unidades apresentadas, tanto para a pressão quanto para o volume, uma vez que para a temperatura, a escala utilizada sempre vai corresponder à temperatura absoluta (Kelvin). O cálculo da constante dos gases pode ser realizado a partir de uma forma bem rápida e simplista.

Levando em consideração que a massa gasosa esteja nas Condições Normais de Temperatura e Pressão (CNTP), uma vez que a pressão seja igual a uma atmosfera (1 atm), temperatura igual a 0°C (273 K), para um mol (1 mol), o volume corresponde é igual a 22,4 litros. Esta relação e cálculo está apresentada a seguir:

$$R = \frac{p \times V}{R \times T}$$

$$R = \frac{1\ \text{atm x } 22{,}4\ \text{L}}{1\ \text{mol x } 273\ \text{K}}$$

$$R = \boxed{0{,}082051\ \frac{\text{atm x L}}{\text{mol x K}}}$$

A Tabela III apresenta os diferentes valores para a constante dos gases (R), apresentando diferentes unidades termodinâmicas.

Tabela III. Diferentes valores da constante dos gases (R)

0,08206 atm.L.mol^{-1}.K^{-1}
0,08206 atm.dm^3.mol^{-1}.K^{-1}
82,06 atm.cm^3.mol^{-1}.K^{-1}
8,31451 Pa.m^3.mol^{-1}.K^{-1} **(SISTEMA INTERNACIONAL DE MEDIDAS)**
8,31451 kPa.m^3.kmol^{-1}.K^{-1} **(SISTEMA INTERNACIONAL DE MEDIDAS)**
8,314 J.mol^{-1}.K^{-1} **(SISTEMA INTERNACIONAL DE MEDIDAS)**
1,98722 cal.mol^{-1}.K^{-1}
1,987 Btu.lbmol^{-1}.°R^{-1}
10,73 psia. ft^3. lbmol^{-1}.°R^{-1}
0,083 bar.L.mol^{-1}.K^{-1}
62,364 torr.L.mol^{-1}.K^{-1}
62,36 mmHg.L.mol^{-1}.K^{-1}
0,7302 ft^3.atm.lbmol^{-1}.°R^{-1}

A partir do estudo da equação dos gases ideais, algumas conclusões podem e devem ser apresentadas e analisadas.

Primeira conclusão: **"Quando a pressão de uma determinada amostra gasosa tende a zero, ou seja, quando a pressão for baixa, o comportamento dos gases pode ser caracterizado como ideal.**

Para todos os gases:

$$\lim_{p \to 0} \frac{p \text{ x } V_{molar}}{R \text{ x } T} \to 1$$

$$\lim_{T \to \infty} \frac{p \text{ x } V_{molar}}{R \text{ x } T} \to 1$$

Segunda conclusão: **"Um gás hipotético com baixa densidade, é também definido como gás ideal e a maioria dos gases à temperatura ambiente e pressão atmosférica também se caracterizam como gases ideais."**

Terceira conclusão: **Nos gases ideais não são levados em consideração o volume das partículas e suas interações intermoleculares.**

A partir deste ponto da área descritiva e conceitual, serão apresentados alguns exemplos que aplicam a equação dos gases ideais.

Exemplo Aplicativo I

(INSTITUTO TECNOLÓGICO DA AERONÁUTICA) Numa experiência de eletrólise da água formam-se 3,00 gramas de $H_{2(g)}$. Calcule o volume ocupado por esta massa de hidrogênio suposta isenta de umidade, na temperatura de 300 K e sob a pressão de 684 mmHg.

Resolução

A eletrólise da água apresenta a produção de gás hidrogênio [$H_{2(gás)}$], conforme pode ser observado pela seguinte semirreação de redução:

$$2H^{+}_{(aquoso)} + 2e^{-} \rightarrow H_{2(gás)}$$

Aplicando a equação dos gases ideais, e sabendo que uma atmosfera corresponde a 760 mm Hg, tem-se:

$$V_{H_2} = \frac{n_{H_2} \ x \ R \ x \ T}{p}$$

$$V_{H_2} = \frac{\left(\frac{3,0}{2,0}\right) x \ 0,08206 \ x \ 300}{\frac{684}{760}} = \boxed{41,03 \ L}$$

Exemplo Aplicativo II

(OLIMPÍADA MINEIRA DE QUÍMICA - MODIFICADA) O processo de produção de amônia (NH_3), a partir dos gases hidrogênio (H_2) e nitrogênio (N_2), foi de difícil desenvolvimento e demandou vários anos de estudo. Este método recebeu o nome de processo Haber-Bosch, em homenagem aos seus idealizadores. A equação química abaixo descreve a síntese da amônia: $N_{2(g)} + 3H_{2(g)} \longrightarrow 2NH_{3(g)}$. Supondo que os gases nitrogênio e hidrogênio sejam colocados em um reator fechado, onde não ocorra nenhuma troca de matéria com a vizinhança e na presença de um catalisador apropriado. Calcule a pressão que 17 gramas do gás amônia exercem em um reator de volume igual a 5 litros e operando a 427°C.

Resolução

Cálculo da pressão do gás amoníaco ou tmbém conhecido como amônia, a partir da aplicação da equação dos gases ideais.

$$p = \frac{nRT}{V}$$

Substituindo os valores na equação:

$$p = \frac{\left(\frac{17}{17}\right) x \ 0,08206 \ x \ (427 + 273)}{5,0} = 11,49 \text{ atm}$$

Exemplo Aplicativo III

(INSTITUTO MILITAR DE ENGENHARIA) Tomou-se uma amostra de 130 gramas de zinco metálico para reagir com uma solução aquosa diluída de ácido clorídrico em quantidade estequiométrica. Dessa reação, observou-se a formação de gás, que foi aquecido a 227°C e transportado para um balão fechado de cinquenta litros. Esse balão continha, inicialmente, iodo em fase gasosa a 227°C e 3,28 atm. Após o equilíbrio, verificou-se que a constante de equilíbrio K_c a 227°C é igual a 160. Considerando que a temperatura permaneceu constante durante o processo, determine a pressão final total no balão.

Resolução

Equação química que corresponde ao processo de produção do gás hidrogênio: $Zn_{(sólido)} + HCl_{(aquoso)} \longrightarrow ZnCl_{2(aquoso)} + H_{2(gás)} \uparrow$

Cálculo do número de mol de Zinco:

$$n_{Zn} = \frac{m_{Zn}}{< MM >_{Zn}} = \frac{130}{65} = 2,0 \text{ mol}$$

Cálculo do número de mol de gás hidrogênio produzido, a partir da relação estequiométrica com o gás hidrogênio:

1 mol de Zn --------------- 1 mol de H_2
2,0 mol de Zn ------------ n_{H2}
n_{H2} = 2,0 mol

Cálculo do número de mol de iodo (I_2) no seu estado inicial, a partir da utilização dos gases ideais:

$$3{,}28 \text{ x } 50 = n_{I_2} \text{ x } 0{,}08206 \text{ x } (227 + 273)$$

$$n_{I_2} = \frac{164}{41{,}03} \cong 4{,}00 \text{ mol}$$

Equação química que corresponde ao processo de formação do iodeto de hidrogênio: $H_{2(gás)} + I_{2(gás)} \rightleftarrows 2\ HI_{(gás)}$

Base de cálculo: 2 mol de H_2 e 4 mol de I_2

Aplicando a tabela de equilíbrio químico:

	$H_{2(gás)}$ (mol)	$I_{2(gás)}$ (mol)	$\rightleftarrows$	$2HI_{(gás)}$ (mol)
Início	2	4		0
Reage	α	α		2α
Equilíbrio	$2 - \alpha$	$4 - \alpha$		2α

Cálculo do número de mol total (n_{Total}) dos gases presentes no equilíbrio: $n_{Total} = n_{H2} + n_{I2} + n_{HI}$

$n_{Total} = 2 - \alpha + 4 - \alpha + 2\alpha = 6$ mol

Cálculo da pressão final (p_T) do balão, a partir da utilização da equação dos gases ideais:

$$p_T = \frac{6 \text{ x } 0{,}08206 \text{ x } 500}{50} = \frac{246{,}18}{50} = 4{,}92 \text{ atm}$$

3.1 Estudo da Equação Combinada dos Gases Ideais

Para um mesmo gás, não havendo variação de massa gasosa, é possível obter uma lei que relaciona diferentes situações, podendo estas transformações acontecerem para a pressão, volume ou até mesmo para a temperatura. A partir da equação de Clapeyron, $\boxed{pV = nRT}$, o produto (n x R) é constante, uma vez que se trata da mesma massa gasosa (n) e o R definido como sendo a constante dos gases ideias, como já apresentado anteriormente. Logo, a equação dos gases ideais fica ajustada da seguinte maneira, como pode ser observado a partir da Equação IX.

$$\boxed{nR = \frac{p_{inicial} \text{ x } V_{inicial}}{T_{inicial}} = \frac{p_{final} \text{ x } V_{final}}{T_{final}} = \cdots = \boxed{\frac{p_n \text{ x } V_n}{T_n} = \text{constante}}} \quad \text{(Equação IX)}$$

Esta equação apresentada acima é definida como sendo a Equação Combinada dos Gases Ideais. A partir desta relação, os gases podem apresentar três comportamentos bem característico, apresentados da seguinte forma:

Item A) Transformação isotérmica: a temperatura é constante à diferentes situações. A expressão simplificada da equação combinada dos gases ideais fica da seguinte maneira:

$$\boxed{p_{inicial} \text{ x } V_{inicial} = p_{final} \text{ x } V_{final} = \cdots = \boxed{p_n \text{ x } V_n} = \text{constante}}$$

Item B) Transformação isocórica ou isovolumétrica: o volume é constante a diferentes situações. A expressão simplificada da equação combinada dos gases ideais fica da seguinte maneira:

$$\boxed{\frac{p_{inicial}}{T_{inicial}} = \frac{p_{final}}{T_{final}} = \cdots = \boxed{\frac{p_n}{T_n}} = \text{constante}}$$

Item C) Transformação isobárica: a pressão é constante a diferentes situações. A expressão simplificada da equação combinada dos gases ideais fica da seguinte maneira:

$$\boxed{\frac{V_{inicial}}{T_{inicial}} = \frac{V_{final}}{T_{final}} = \cdots = \boxed{\frac{V_n}{T_n}} = \text{constante}}$$

A partir disso, o exemplo aplicativo IV mostra exatamente a aplicabilidade desta equação combinada dos gases ideais.

Exemplo Aplicativo IV

Um "freezer", recém-adquirido, foi fechado e ligado quando a temperatura ambiente estava a 27°C. Considerando que o ar se comporta como um gás ideal e a vedação é perfeita, determine a pressão no interior do "freezer" quando for atingida a temperatura de –19°C.

Resolução

Situação Inicial (I): P_I = 1 atm; V = constante (processo isovolumétrico) e T_I = 27 + 273 = 300 K

Situação Final (II): P_{II}; V = constante (processo isovolumétrico) e T_{II} = -19 + 273 = 254 K

Cálculo da pressão II, através da equação combinada dos gases ideais:

$$\frac{p_I \text{ x } V_I}{T_I} = \frac{p_{II} \text{ x } V_{II}}{T_{II}}$$

$$\frac{p_I \text{ x } 1}{T_I} = \frac{p_{II} \text{ x } 1}{T_{II}}$$

$$\frac{1}{300} = \frac{p_{II}}{254}$$

$$p_{II} = \frac{254}{300} = 0{,}85 \text{ atm}$$

3.2 Relação entre a densidade absoluta e a pressão de um gás ideal

A equação de estado dos gases ideais pode assumir diversas formas, em virtude da conveniência das inúmeras aplicações práticas. Uma delas é a relação direta da pressão com a densidade absoluta ou também conhecida como massa específica, embora não sejam rigorosamente sinônimos, uma vez que a massa específica apresenta unidade enquanto a densidade absoluta não apresenta.

A densidade absoluta de um gás é uma propriedade intensiva, definida como sendo a razão entre a massa do gás e o volume que ele ocupa, sob pressão e temperatura considerada, conforme pode ser observado na Equação X.

$$d = \frac{\text{massa}}{\text{volume}} \qquad \text{(Equação X)}$$

Suas unidades mais usuais são as seguintes: $g.L^{-1}$; $g.cm^{-3}$; $kg.m^{-3}$, $kg.dm^{-3}$. Considerando que o gás apresenta comportamento ideal, a relação matemática entre a densidade e sua pressão fica representada pela seguinte Equação XI.

$$pV = nRT$$

$$pV = \frac{m}{< MM >} \text{ x R x T}$$

$$\boxed{p \text{ x } < MM > = \underbrace{\frac{m}{V}}_{\text{densidade}} \text{ x R x T}}$$

$$\boxed{d = \frac{p \times \langle MM \rangle}{R \times T}}$$ (Equação XI)

A partir da equação XI, o gás ideal adquire mais uma definição além de baixa pressão e alta temperatura. Com isso, é possível definir gases ideais como propriedades termodinâmicas que também apresentam baixa densidade. A partir da observação da equação XI, a densidade de um determinado gás é dependente da pressão e da temperatura do sistema termodinâmico, sendo também diretamente proporcional à sua massa molar.

Portanto, nas mesmas condições de temperatura (T) e pressão (p), gases distintos com suas respectivas massas moleculares, apresentam diferentes densidades. De fato, a massa molar de um gás pode ser calculada, de maneira aproximada, a partir da medida de sua densidade em determinadas condições termodinâmicas, como a pressão e temperatura. O exemplo aplicativo V e VI mostram uma aplicação direta da densidade, relacionando com a pressão do sistema gasoso.

Exemplo Aplicativo V

9,1 litros de monóxido de carbono (medidos nas CNTP) são introduzidos em um recipiente de volume constante e igual a 100 litros. Neste mesmo recipiente foram colocados mais 26,6 litros de gás hidrogênio (medidos nas CNATP). A mistura, assim obtida, é mantida a uma temperatura igual a 27°C. A partir destas informações, calcule:

a) A que pressão estará submetida?

b) A sua densidade da mistura gasosa.

Resolução

Item a) Determinação do número de mol de cada participante químico:

Cálculo do número de mol de CO: $n_{CO} = \frac{pV}{RT} = \frac{1{,}0 \times 9{,}10}{22{,}4} = 0{,}41 \text{ mol}$

Cálculo do número de mol de H_2: $n_{H_2} = \frac{pV}{RT} = \frac{1{,}0 \times 26{,}60}{0{,}08206 \times (25+273)} = 1{,}09 \text{ mol}$

Cálculo do número de mol total:

$$n_{total} = n_{CO} + n_{H_2} = 0{,}41 \text{ mol} + 1{,}09 \text{ mol} = 1{,}50 \text{ mol}$$

Cálculo da pressão total do recipiente:

$$p_{total} = \frac{1{,}50 \times 0{,}08206 \times (27 + 273)}{100} = 0{,}369 \text{ atm}$$

Item b) Cálculo da massa molar da mistura gasosa:

$$X_{mistura} \times \langle MM \rangle_{mistura} = X_{CO} \times \langle MM \rangle_{CO} + X_{H_2} \times \langle MM \rangle_{H_2}$$

$$1{,}0 \times \langle MM \rangle_{mistura} = \left(\frac{0{,}41}{1{,}50}\right) \times 28{,}0 + \left(\frac{1{,}09}{1{,}50}\right) \times 2{,}0$$

$$\langle MM \rangle_{mistura} = 9{,}11 \frac{g}{mol}$$

Cálculo da densidade do sistema gasoso:

$$d = \frac{p_{total} \times \langle MM \rangle_{mistura}}{R \times T} = \frac{0{,}369 \times 9{,}11}{0{,}08206 \times (27 + 273)} = 0{,}136 \frac{g}{L}$$

Observação: Cabe lembrar que, o termo CNTP significa condições normais de temperatura e pressão (1 atm e 0°C), enquanto CNATP corresponde às condições normais ambientais de temperatura e pressão (1 atm e 25°C).

Exemplo Aplicativo VI

A uma temperatura de aproximadamente 773 K e pressão de 93,2 kPa, a massa específica de vapor de enxofre é 3,710 $kg.m^{-3}$. Determine a fórmula molecular do referido vapor, nas condições apresentadas.

Resolução

Levando em consideração que o gás a ser estudado apresenta comportamento ideal, a relação entre a densidade e a pressão é a seguinte: $d = \frac{p \times <MM>}{R \times T}$

Conversão de unidade da densidade: $d = 3{,}710 \frac{kg}{m^3} \times \frac{1000\,g}{1\,kg} = 3710 \frac{g}{m^3}$

Cálculo da massa molar do composto gasoso, considerando a constante dos gases como 8,314 $kPa.m^3.mol^{-1}.K^{-1}$, a partir da relação da pressão com a densidade:

$$d = \frac{p \times < MM >}{R \times T}$$

$$3710 = \frac{93{,}2 \times < MM >}{8{,}314 \times 773}$$

$$< MM > = 255{,}83 \frac{g}{mol}$$

Cálculo do número de mol de átomos de enxofre, considerando sua massa atômica igual a 32,0 $g.mol^{-1}$:

$$\text{Número de átomos de enxofre:} \frac{255{,}83 \frac{g}{mol}}{32 \frac{g}{mol}} = 8$$

Fórmula molecular: S_8

3.3 Densidade Relativa

A densidade relativa, como o próprio nome menciona, corresponde à relação entre as densidades absolutas entre dois gases distintos, quando estes se encontram à mesma pressão e temperatura, sendo por isso caracterizado por ser uma propriedade adimensional e intensiva. A partir desta premissa, considere dois gases designados pelas letras A e B, apresentando comportamento ideal, conforme representados pelas equações XII e XIII.

Equação dos gases ideais em relação ao gás A: $p_A \times V_A = n_A \times R \times T$ (Equação XII)

Equação dos gases ideais em relação ao gás B: $p_B \times V_B = n_B \times R \times T$ (Equação XIII)

Colocando ambas as equações em função de suas densidades, temos:

$$p_A \times < MM > = \underbrace{\frac{m}{V}}_{\text{densidade}} \times R \times T$$

Para o gás ideal A: $\boxed{d_A = \frac{p_A \times <MM>_A}{R \times T}}$ (Equação XIV)

Para o gás ideal B: $\boxed{d_B = \frac{p_B \times <MM>_B}{R \times T}}$ (Equação XV)

Sabendo que o processo é isotérmico ($T_A = T_B$ = constante) e isobárico ($P_A = P_B$ = constante), a relação entre as densidades dos gases A e B está apresentada a partir da seguinte Equação XVI a seguir:

$$\frac{d_A}{<MM>_A} = \frac{d_B}{<MM>_B}$$ (Equação XVI)

Observa-se que a equação XVI relaciona a densidade de dois gases com suas respectivas massas molares.

3.4 Estudo da Difusão e Efusão dos sistemas gasosos

Uma das inúmeras propriedades que o estudo dos gases apresenta, consiste no fato destes poderem de maneira espontânea se difundir, ou seja, espalham-se de maneira espontânea ($dG < 0$) em condições ambientais, ou até mesmo em recipientes contendo outro gás a partir de colisões aleatórias de modo a atingir a composição de equilíbrio da mistura gasosa em todos os pontos do sistema termodinâmico. Uma das propriedades marcantes do processo de difusão dos gases consiste de que quanto menor a massa molecular de uma espécie gasosa, mais rápido irá se difundir em um determinado meio reacional. A difusão de um sistema gasoso é uma propriedade proveniente de qualquer gás que se mistura de forma espontânea com outros gases distintos, resultando em um processo altamente homogêneo.

3.4.1 Abordagem matemática da Efusão

Conforme mencionado na parte introdutória do estudo da difusão e efusão de gases, o processo de efusão consiste na passagem de moléculas a partir de um pequeno orifício. Diante deste fato, é importante abordar a questão da direção deste movimento. Para a realização deste estudo, há a necessidade de calcular o número de moléculas (dN), que colide em uma determinada área da parede em um determinado intervalo de tempo (dt), levando em consideração que a colisão é do tipo elástica, colisão esta que ocorre diretamente entre a partícula gasosa e a parede do recipiente.

O primeiro a se interessar pelo assunto foi o escocês Thomas Graham (21 de dezembro de 1805 – 16 de fevereiro de 1869). Thomas Graham é conhecido como o fundador da química coloidal e por suas pesquisas fundamentais sobre a natureza e carcterísticas do ácido fosfórico, dos fosfatos, difusão de gases, líquidos e sólidos, adsorção de gases por metais, diálise, osmose, transmissão de massa por osmose através das membranas e a constituição da matéria. Em 1846, Thomas Graham chegou à conclusão de que gases com maior velocidade são os que apresentam menor densidade.
Seus resultados temodinâmicos relacionados ao estudo dos gases podem ser representados através da equação XVII abaixo.

$$\frac{v_A}{v_B} = \sqrt{\frac{d_B}{d_A}}$$ (Equação XVII), em que: v_A é a velocidade de difusão do gás A; v_B é a velocidade de difusão do gás B; d_A é a densidade gasosa do gás A e d_B é a densidade gasosa do gás B.

Thomas Graham verificou que quando um determinado gás que passa de um meio de maior pressão para um meio de menor pressão, através de um pequeno orifício, a sua velocidade de efusão é inversamente proporcional à raiz quadrada de sua massa molar. Considerando que o orifício apresenta uma pequena área representada pela letra maiúscula A, de maneira que $A << l^2$, em que l corresponde ao comprimento de saída do gás a partir do orifício, é obtida a taxa de efusão, conforme pode ser observado a seguir:

$$\frac{dN}{dt} = \frac{P \, x \, N \, x \, A}{\sqrt{(2\pi \, x < MM > x \, R \, x \, T)}}$$

A equação termodinâmica apresentada acima, é bastante válida caso fosse admitido que a distribuição de equilíbrio entre as moléculas gasosas não fosse perturbada. Para dois gases, que apresentam diferentes massas molares, a mesma pressão e temperaura, a razão entre a taxa de efusão de dois gases é dada e definida a partir da lei de Graham, representada pela sua equação que leva seu nome – Equação de Graham. Considerando que a densidade é diretamente proporcional à massa molar, a relação entre a velocidade com a massa molar para dois gases distintos, está apresentada a partir da equação XVIII.

$$\frac{v_A}{v_B} = \sqrt{\frac{<MM>_B}{<MM>_A}}$$ (Equação XVIII)

Essa relação é conhecida como a ***lei de efusão de Graham***.

Observação: Entende-se por velocidade de efusão como sendo o número de partículas ou número de mols de partículas de um determinado gás que atravessa um determinado orifício por um intervalo de tempo. Quanto menor a massa molar do gás, consequentemente maior será a sua velocidade de efusão.

O exemplo aplicativo VII apresenta uma aplicação direta da densidade estando relacionada com a pressão do sistema gasoso.

Exemplo Aplicativo VII

Gases apresentam um fenômeno chamado de difusão dos gases. "Difusão gasosa é o movimento espontâneo das partículas de um gás de se espalharem uniformemente em meio às partículas de um outro gás ou de atravessarem uma parede porosa. Quando gases diferentes (A e B) estão a uma mesma temperatura, para uma quantidade de matéria igual a 1 mol de gás A e 1 mol de gás B, tem-se que a massa do gás A (m_A) será igual à massa molar do gás A (M_A), e a massa do gás B (m_B) será igual à massa molar do gás B (M_B). " Considere que, em determinadas condições de temperatura e pressão, a velocidade de difusão de 1 mol do gás hidrogênio (H_2), seja de 28 km/min.. Nestas mesmas condições a velocidade (em km/h) de 1 mol do gás metano (CH_4) é de:

a) 600 km/h
b) 729 km/h
c) 1211 km/h
d) 422 km/h
e) 785 km/h

Resolução

Alternativa A.

Como o próprio enunciado indica, será utilizada a lei de difusão de Graham.

$$\frac{V_A}{V_B} = \sqrt{\frac{d_B}{d_A}}$$

Informação do problema: $V_{H_2} = 28\frac{\text{km}}{\cancel{\text{min}}}\text{x}\frac{60\,\cancel{\text{min}}}{1\,\text{h}} = 1680\frac{\text{km}}{\text{h}}$

$$\frac{V_{H_2}}{V_{CH_4}} = \sqrt{\frac{\frac{\cancel{P}\,\text{x} < \text{MM} >_{CH_4}}{\cancel{R}\,\text{x}\,\cancel{T}}}{\frac{\cancel{P}\,\text{x} < \text{MM} >_{H_2}}{\cancel{R}\,\text{x}\,\cancel{T}}}}$$

$$\frac{V_{H_2}}{V_{CH_4}} = \sqrt{\frac{< \text{MM} >_{CH_4}}{< \text{MM} >_{H_2}}}$$

$$\frac{1680\frac{\text{km}}{\text{h}}}{V_{CH_4}} = \sqrt{\frac{16}{2{,}0}}$$

$$V_{CH_4} = 593{,}97\frac{\text{km}}{\text{h}}\left(\cong 600\frac{\text{km}}{\text{h}}\right)$$

3.5 Relação entre a pressão de um gás com o grau de dissociação

Uma segunda maneira de expressar a equação dos gases ideais é analisar a decomposição de suas moléculas a partir de um processo químico (reação química), como por exemplo, a amostra gasosa de pentacloreto de fósforo, representada pela seguinte equação química reversível:

$PCl_{5(gás)} \rightleftarrows PCl_{3(gás)} + Cl_{2(gás)}$.

Para um processo de decomposição, será necessário levar em consideração a presença do grau percentual de decomposição (α), conforme apresentado a seguir nos exemplos aplicativos VIII e IX.

Exemplo Aplicativo VIII

A decomposição térmica do pentacloreto de fósforo gasoso ocorre segundo a seguinte equação química : $PCl_{5(gás)} \rightleftarrows PCl_{3(gás)} + Cl_{2(gás)}$. Determine a expressão do grau de dissociação (α) em função da densidade da mistura gasosa (d).

Resolução

Para a resolução deste exemplo aplicativo, será necessário aplicar uma base de cálculo além de utilizar a tabela de equilíbrio químico.

Base de cálculo: n(mol) inicial de pentacloreto de fósforo [$PCl_{5(gás)}$].

Tabela de equilíbrio químico:

	$PCl_{5(gás)}$	$\rightleftarrows$	$PCl_{3(gás)}$	$Cl_{2(gás)}$
Início	n		0	0
Reage	$n\alpha$		$n\alpha$	$n\alpha$
Equilíbrio	$n - n\alpha$		$n\alpha$	$n\alpha$

Cálculo do número de mol total (n_{Total}) da mistura gasosa no equilíbrio:

$$n_{Total} = n_{PCl5} + n_{PCl3} + n_{Cl2}$$

$$n_{Total} = n - \cancel{n\alpha} + \cancel{n\alpha} + n\alpha$$

$$n_{Total} = n + n\alpha = n(1 + \alpha)$$

Relação da densidade (d) com o grau de dissociação (α): $p_{total} \text{ x } V = n_{total} \text{ x } R \text{ x } T$

$$p_{total} \text{ x } V = \frac{m}{< MM >} \text{ x } (1 + \alpha) \text{ x } R \text{ x } T$$

$$p_{total} \text{ x } < MM > = \underbrace{\frac{m}{V}}_{d} \text{ x } (1 + \alpha) \text{ x } R \text{ x } T$$

Com isso, a equação termodinâmica que relaciona a densidade com o grau de dissociação está apresentada a seguir:

$$\boxed{d = \frac{p_{total} \text{ x } < MM >}{(1 + \alpha) \text{ x } R \text{ x } T}}$$

Exemplo Aplicativo IX

A massa específica do gás que resulta no aquecimento do pentacloreto de fósforo é igual a 3,43 $g.L^{-1}$ e ocorre a uma temperatura igual a 227°C e pressão de uma atmosfera. Determine:

a) a massa molecular da mistura gasosa;

b) o grau de dissociação (α).

Resolução

Item a) Cálculo da massa molar, a partir da equação dos gases ideais:

$$< MM > = \frac{d \text{ x } R \text{ x } T}{p}$$

Substituindo os valores:

$$< \text{MM} > = \frac{3{,}43 \text{ x } 0{,}08206 \text{ x } (227 + 273)}{1} = 140{,}73 \frac{\text{g}}{\text{mol}}$$

Item b) Cálculo do grau de dissociação (α), a partir da relaçao termodinâmica com a densidade:

$$\text{d} = \frac{\text{p}_{\text{total}} \text{ x } < \text{MM} >}{(1 + \alpha) \text{ x R x T}}$$

$$3{,}43 = \frac{1{,}0 \text{ x } (31 + 5 \text{ x } 35{,}5)}{(1 + \alpha) \text{ x } 0{,}08206 \text{ x } (227 + 273)}$$

$$\alpha = 0{,}4815 \ (48{,}15\%)$$

CAPÍTULO 4. ESTUDO DAS MISTURAS GASOSAS

As misturas gasosas são bastante comuns em nosso cotidiano. Estamos cercados mais por misturas gasosas do que por gases isolados. Um dos exemplos mais importantes trata-se da presença do ar atmosférico. A partir dele respiramos o oxigênio molecular, que apresenta uma composição de aproximadamente igual a 20,9%. Este conceito retrata a mistura de distintos gases, dentre os quais são majoritários o nitrogênio (N_2) e o oxigênio (O_2), apresentando uma composição de 78,1% e 20.9% em volume (v/v), respectivamente.

4.1 Misturas Gasosas em relação à Pressão – Estudo da Pressão Parcial (Lei de DALTON)

A maioria dos sistemas que estudamos e que estão à nossa volta são processos em que os gases estão misturados. Foi a partir dessas observações, que o químico e físico, John Dalton (6 de setembro de 1766 – 27 de julho de 1844), fundador da teoria atômica moderna, estudou o comportamento dos gases, dedicando também grande parte da sua vida pela paixão à meteorologia.

Em 1801, este grande cientista percebeu que, em uma determinada mistura gasosa, estes agiam de maneira independente uns dos outros. William Henry, grande cientista contemporâneo de John Dalton, enunciou sua própria versão da lei das pressões parciais, da seguinte maneira:

"Todo gás é um vácuo para qualquer outro gás."

O enunciado por John Dalton, da sua Lei das Pressões Parciais dos Gases, pode ser descrito da seguinte maneira:

"A pressão total de uma mistura gasosa é igual ao somatório das pressões parciais dos seus gases constituintes, entendendo-se por pressão parcial a pressão exercida por cada um dos gases se ocupasse todo o volume do recipiente, uma vez que para os gases ideias, não existem quaisquer forças intermoleculares."

Observe a seguinte situação: Considere um recipiente de volume constante (V), que apresenta os seguintes gases hipotéticos:

Gás A (número de mol de A); Gás B (número de mol de B) e Gás C (número de mol de C). Utilizando a equação dos gases ideais para a mistura gasosa no recipiente, temos:

$p_{total} \text{ x } V_{sistema} = n_{total} \text{ x } R \text{ x } T$, em que:

P_{total} = pressão total do sistema;

$V_{sistema}$ = volume total do sistema;

n_{total} = número total de mol do sistema gasoso;
R = constante dos gases e T = temperatura absoluta do sistema.

Aplicando a equação dos gases ideais para os três gases hipotéticos, teremos a equação das pressões parciais, conforme a equação XX a seguir.

$$p_{total} \text{ x } V_{total} = (n_A + n_B + n_C) \text{ x } R \text{ x } T$$

$$p_{total} = \underbrace{\frac{n_A \text{ x } R \text{ x } T}{V_{total}}}_{p_A} + \underbrace{\frac{n_B \text{ x } R \text{ x } T}{V_{total}}}_{p_B} + \underbrace{\frac{n_C \text{ x } R \text{ x } T}{V_{total}}}_{p_C}$$

$$\boxed{p_{total} = P_A + P_B + P_C} \qquad \text{(Equação XX)}$$

De maneira generalizada, podemos relacionar a lei de Dalton da seguinte forma:

$p_{total} = P_A + P_B + P_C + \cdots = \sum p_j$ (Equação XXI)

A pressão parcial pode também ser expressa pela seguinte equação matemática XXII.

$\boxed{p_X = X_X . P_{total}}$ (Equação XXII), em que P_X é a pressão parcial do gás X, X_X é a fração molar do gás X e p_{Total} = pressão total do sistema.

Logo, a Equação XXII, pode ser escrita para cada gás da seguinte forma, conforme as equações XXIII, XXIV e XXV.

Pressão parcial para o gás A: $p_A = X_A . P_{total}$ (Equação XXIII)

Pressão parcial para o gás B: $p_B = X_B . P_{total}$ (Equação XXIV)

Pressão parcial para o gás C: $p_C = X_C . P_{total}$ (Equação XXV)

Observando a Equação XXIII, XXIV e XXV, o termo X_A, X_B e X_C são definidos como frações molares.

A fração molar é uma propriedade intensiva que relaciona o número de mol do referido gás pelo número de mol total. Então, as equações XXIII, XXIV e XXV podem ser reescritas a partir da fração molar, conforme apresentada da seguinte maneira:

Para o gás A: $p_A = \left(\frac{n_A}{n_{total}}\right) x\ p_{total}$ (Equação XXVI)

Para o gás B: $p_B = \left(\frac{n_B}{n_{total}}\right) x\ p_{total}$ (Equação XXVII)

Para o gás C: $p_C = \left(\frac{n_C}{n_{total}}\right) x\ p_{total}$ (Equação XXVIII)

A representação da mistura gasosa segundo a lei de Dalton pode ser expressa conforme a equação XXIX:

$$\boxed{p_{total} = \left[\left(\frac{n_A}{n_{total}}\right) x\ p_{total}\right] + \left[\left(\frac{n_B}{n_{total}}\right) x\ p_{total}\right] + \left[\left(\frac{n_C}{n_{total}}\right) x\ p_{total}\right]} \quad \text{(Equação XXIX)}$$

Cabe aqui uma observação de extrema importância: o somatório das frações molares é igual a um, $\sum X = 1$, uma vez que a soma das frações molares é sempre igual ao todo, ou seja, 100%.

É possível provar esta relação da seguinte forma. Sabendo que o número de mol total (n_{Total}) é o somatório do número de mol de cada constituinte gasoso, a equação vai ficar da seguinte forma:

$$n_{total} = n_A + n_B + n_C$$

Dividindo a equação acima pelo número de mol total, temos:

$$\underbrace{\frac{n_{total}}{n_{total}}}_{1} = \underbrace{\frac{n_A}{n_{total}}}_{X_A} + \underbrace{\frac{n_B}{n_{total}}}_{X_B} + \underbrace{\frac{n_C}{n_{total}}}_{X_C}$$

$\boxed{1 = X_A + X_B + X_C}$ (Equação XXX)

Nota: John Dalton foi um químico, meteorologista e físico britânico, sendo um dos primeiros cientistas que defendeu que uma determinada matéria é composta por pequenas partículas, definidas por átomos. Pioneiro na área da meteorologia, dando início em suas pesquisas no ano de 1787, com instrumentos confeccionados por ele mesmo e após seis anos, divulgando o livro Meteorological Observations and Essays, sendo esta obra uma das primeiras na área meteorológica. A figura a seguir, apresenta um retrato histórico deste grande cientista.

Gravura de John Dalton. Gravura do retrato deste grande cientista no ano de 1814. (Cortesia das bibliotecas públicas de Manchester).

Exemplo Aplicativo X

Dois recipientes estão interligados por uma conexão (tubo cilíndrico) de volume desprezível, que se encontra fechada por uma torneira. O sistema completo encontra-se ilustrado na figura a seguir.

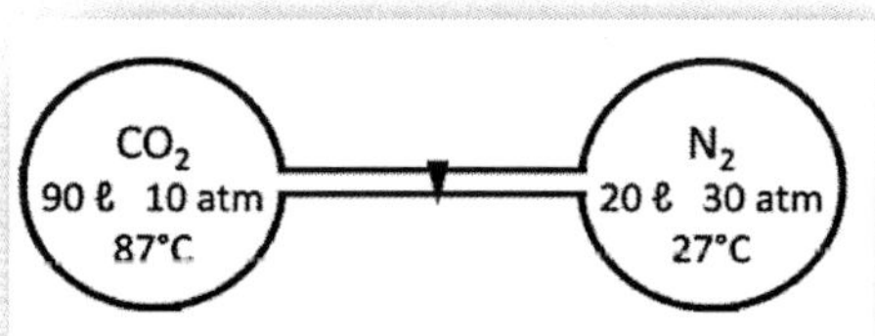

Ao ser aberta a torneira, a mistura gasosa formada foi estabilizada na temperatura de 57°C. Diante destas informações, determine:
a) A pressão interna final do sistema;
b) A pressão parcial de cada gás.

Resolução

Item a) Primeiramente será necessário calcular o número de mol total das espécies gasosas.

Cálculo do número de mol do gás dióxido de carbono - CO_2:

$$n_{CO_2} = \frac{p_{CO_2} \text{ x } V_{CO_2}}{R \text{ x } T} = \frac{10 \text{ x } 90}{0{,}08206 \text{ x } (87 + 273)} = 30{,}46 \text{ mol}$$

Calculando o número de mol do gás nitrogênio - N_2:

$$n_{N_2} = \frac{p_{N_2} \text{ x } V_{N_2}}{R \text{ x } T} = \frac{30 \text{ x } 20}{0{,}08206 \text{ x } (27 + 273)} = 24{,}37 \text{ mol}$$

Cálculo do número de mol total (n_{Total}):

$$n_{total} = n_{N_2} + n_{CO_2} = 30{,}46 \text{ mol} + 24{,}37 \text{ mol}$$

$n_{total} = 54{,}83 \text{ mol}$

Cálculo da pressão interna final do sistema (p_{final}): $p_{final} \text{ x } V_{final} = n_{total} \text{ x } R \text{ x } T$

$$p_{final} = \frac{n_{total} \text{ x } R \text{ x } T}{V_{final}} = \frac{54{,}83 \text{ x } 0{,}08206 \text{ x } (57 + 273)}{20 + 90}$$

$p_{final} = 13{,}50 \text{ atm}$

Item b) Cálculo das pressões parciais dos compostos gasosos – dióxido de carbono e nitrogênio:

$$p_{CO_2} = \left(\frac{n_{CO_2}}{n_{total}}\right) \text{x } p_{total} = \left(\frac{30{,}46}{54{,}83}\right) \text{x } 13{,}50 = 7{,}50 \text{ atm}$$

$$p_{N_2} = \left(\frac{n_{N_2}}{n_{total}}\right) \text{x } p_{total} = \left(\frac{24{,}37}{54{,}83}\right) \text{x } 13{,}50 = 6{,}0 \text{ atm}$$

Exemplo Aplicativo XI

(INSTITUTO MILITAR DE ENGENHARIA) Considere uma mistura gasosa formada por: 0,60 mol de CO_2, 1,50 mol de O_2 e 0,90 mol de N_2, cuja massa específica é de 1,35 $g.L^{-1}$ a uma temperatura de 27°C. Determine:
a) As pressões parciais dos gases;
b) O volume da mistura.

Resolução

Item a) Cálculo do número de mol total da mistura gasosa:

$n_{mistura} = n_{CO2} + n_{O2} + n_{N2}$

$n_{mistura} = 0{,}60 + 1{,}50 + 0{,}90 = 3{,}00 \text{ mol}$

Cálculo da massa molar da mistura reacional:

$$\{(\%) \text{ x } < MM >\}_{mistura} = \{(\%) \text{ x } < MM >\}_{CO_2} + \{(\%) \text{ x } < MM >\}_{O_2} + \{(\%) \text{ x } < MM >\}_{N_2}$$

A porcentagem de cada constituinte gasoso pode ser representada pela fração molar. Logo:

$$\{(\%) \text{ x } < MM >\}_{mistura} = \{(\%) \text{ x } < MM >\}_{CO_2} + \{(\%) \text{ x } < MM >\}_{O_2} + \{(\%) \text{ x } < MM >\}_{N_2}$$

$$\{1{,}0 \text{ x } < MM >\}_{mistura} = \left\{\frac{0{,}60}{3{,}0} \text{ x } 44\right\}_{CO_2} + \left\{\frac{1{,}50}{3{,}0} \text{ x } 32\right\}_{O_2} + \left\{\frac{0{,}90}{3{,}0} \text{ x } 28\right\}_{N_2}$$

$$< MM >_{mistura} = 33{,}20 \frac{g}{mol}$$

Cálculo da pressão total do sistema (p_{Total}), a partir da relação com a densidade:

$$p_{total} = \frac{1{,}35 \text{ x } 0{,}08206 \text{ x } (27 + 273)}{33{,}20} = 1{,}0 \text{ atm}$$

Cálculo das pressões parciais dos compostos gasosos:

Pressão parcial do CO_2: $P_{CO_2} = \frac{0{,}60}{3{,}0} \text{x } 1{,}0 \text{ atm} = 0{,}20 \text{ atm}$

Pressão parcial do O_2: $P_{O_2} = \frac{1,50}{3,0} \text{ x } 1,0 \text{ atm} = 0,50 \text{ atm}$

Pressão parcial do N_2: $P_{N_2} = \frac{0,90}{3,0} \text{ x } 1,0 \text{ atm} = 0,30 \text{ atm}$

Item b) Cálculo do volume da mistura dos gases, a partir da aplicação da equação dos gases ideais:

$$V_{total} = \frac{3,0 \text{ x } 0,08206 \text{ x } 300}{1,0} = 73,85 \text{ L}$$

Exemplo Aplicativa XII

(INSTITUTO TECNOLÓGICO DA AERONÁUTICA) Numa amostra de ar úmido, a pressão parcial de vapor da água é 25 mmHg, enquanto a pressão total é de 725 mmHg. A partir destas informações, calcule:

a) A fração molar do vapor de água neste ar úmido.

b) A pressão parcial do nitrogênio neste ar úmido, sabendo que a concentração de nitrogênio no ar, após secagem, é 78,1% (em volume).

Resolução

Item a) Cálculo da fração molar de vapor de água no ar úmido:

$$P_{H_2O}^{vapor} = X_{H_2O}^{vapor} \text{ x } p_{total}$$

$$X_{H_2O}^{vapor} = \frac{P_{H_2O}^{vapor}}{p_{total}} = \frac{25 \text{ mmHg}}{725 \text{ mmHg}} = 0,0344$$

Item b) Sabendo que a pressão total é o somatório das pressões parciais (Lei de Dalton), temos:

$$p_{total} = P_{H_2O}^{vapor} + P_{ar}^{úmido}$$

$$725 \text{ mmHg} = 25 \text{ mmHg} + P_{ar}^{úmido}$$

$$P_{ar}^{úmido} = 700 \text{ mmHg}$$

Cálculo da pressão parcial do nitrogênio gasoso:

$$P_{N_2} = X_{N_2} \text{ x } P_{total} = 0,781 \text{ x } 700 \text{ mmHg}$$

$$P_{N_2} = 546,7 \text{ mmHg}$$

Exemplo Aplicativo XII

(INSTITUTO TECNOLÓGICO DA AERONÁUTICA) Considere um recipiente de 320 litros, ao qual são adicionados gases ideais nas seguintes condições:

I) Hélio: 30000 cm^3 a 760 cmHg e 27°C;

II) Monóxido de carbono: 250 litros a 1140 mmHg e -23°C;

III) Monóxido de nitrogênio: 2 m^3 a 0,273 atm e 0°C.

Sabendo que a pressão total da mistura gasosa é de 4,5 atmosferas, assinale a opção que apresenta a pressão parcial do hélio na mistura gasosa:

a) 0,1 atm

b) 0,2 atm

c) 0,5 atm

d) 1,0 atm

e) 2,0 atm

Resolução

Alternativa D.

Cálculo do número de mol de cada participante gasoso, aplicando a equação dos gases ideais:

Analisando o gás Hélio: $n_{He} = \frac{\left(\frac{7600}{760}\right) \text{x } 30}{0{,}08206 \text{ x } 300} = 12{,}19 \text{ mol}$

Analisando o monóxido de carbono - CO: $n_{CO} = \frac{\left(\frac{1140}{760}\right) \text{x } 250}{0{,}08206 \text{ x } 250} = 18{,}28 \text{ mol}$

Analisando o monóxido de nitrogênio - NO: $n_{NO} = \frac{0{,}273 \text{ x } 2000}{0{,}08206 \text{ x } 273} = 24{,}37 \text{ mol}$

Cálculo do número de mol total:

$$n_{total} = n_{He} + n_{CO} + n_{NO}$$

$$n_{total} = 24{,}37 + 18{,}28 + 12{,}19 = 54{,}84 \text{ mol}$$

Cálculo da pressão parcial do gás Hélio:

$$P_{He} = \frac{n_{He}}{n_{total}} \text{x } p_{total} = \left(\frac{12{,}19 \text{ mol}}{54{,}84 \text{ mol}}\right) \text{x } 4{,}50 \text{ atm} = 1{,}00 \text{ atm}$$

Exemplo Aplicativo XIV

(INSTITUTO TECNOLÓGICO DA AERONÁUTICA) Um recipiente de 240 litros de capacidade contém uma mistura dos gases ideais hidrogênio e dióxido de carbono, a 27°C. Sabendo que a pressão parcial do dióxido de carbono é três vezes menor que a pressão parcial do hidrogênio e que a pressão total da mistura gasosa é de 0,82 atmosferas, assinale a alternativa que apresenta, respectivamente, as massas de hidrogênio e de dióxido de carbono contidas no recipiente:

a) 2 g e 44 g
b) 6 g e 44 g
c) 8 g e 88 g
d) 12 g e 88 g
e) 16 g e 44 g

Resolução

Alternativa D.

Informações do problema:

$P_{CO_2} = \frac{1}{3} \text{x } P_{H_2}$ e $P_{total} = P_{H_2} + P_{CO_2} = 0{,}82 \text{ atm}$

Resolvendo o sistema de equações apresentadas acima, temos: $P_{H_2} = 0{,}615 \text{ atm}$ e $P_{CO_2} = 0{,}205 \text{ atm}$.

Cálculo do número de mol total (n_{Total}), a partir da equação dos gases ideais:

$$n_{total} = \frac{0{,}82 \text{ x } 240}{0{,}08206 \text{ x } 300} = 8{,}0 \text{ mol}$$

Substituindo o valor do número de mol total nas equações apresentadas a seguir:

$$0{,}615 = \frac{n_{H_2}}{n_{total}} \text{x } P_{total}$$

$$0{,}615 = \frac{\frac{m_{H_2}}{2{,}0}}{8{,}0} \times 0{,}82$$

$$m_{H_2} = 12 \text{ g}$$

Cálculo do número de massa de dióxido de carbono:

$$0{,}205 = \frac{n_{CO_2}}{n_{total}} \times P_{total}$$

$$0{,}205 = \frac{\frac{m_{CO_2}}{44{,}0}}{8{,}0} \times 0{,}82$$

$$m_{CO_2} = \frac{0{,}205 \times 8{,}0 \times 44}{0{,}82} = 88{,}0 \text{ g}$$

4.2 Misturas Gasosas em relação ao Volume – Estudo do Volume Parcial (Lei de AMAGAT)

Emile-Hilaire Amagat (02 de janeiro de 1845 – 15 de fevereiro de 1915) foi um físico francês, sendo membro da Academia de Ciência da França, defendendo em 1872 a sua defesa de tese de doutorado, trabalhando como professor de física na Faculdade de ciências de Lyon. A partir deste seu estudo de doutorado na revista Nature, no mês de março de 1915, este publicou a ideia do volume parcial dos gases, estudo que apresentava o comportamento dos gases em uma mistura gasosa. Além disso, é possível destacar alguns dos seus feitos científicos, diretamente relacionados com o comportamento dos gases.

- Relação do dióxido de carbono a altas pressões, ampliando os trabalhos de Thomas Andrews;
- Comportamento de uma série de gases diferentes, alcançando o limite da pressão que era possível obter com aparatos de vidro (aproximadamente 400 atmosferas);
- Invenção do manômetro hidráulico;
- No ano de 1877, publicou um trabalho a partir do coeficiente de compressibilidade das substancias fluidas;
- Em 1880, publicou a lei que leva seu nome, Lei de Amagat, também conhecida como lei dos Volumes parciais.

Com relação a este último tópico apresentado, que corresponde ao estudo com relação aos volumes parciais, este pode ser apresentado da seguinte forma, conforme descrito a seguir:

"Considere três gases distintos apresentando comportamento ideal, designados pelas letras A, B e C, contidos em um determinado recipiente de volume V_{TOTAL}, estando todos esses submetidos à mesma temperatura (T) e pressão (p)."

Analisando o gás A: $n_A = \frac{p_A \times V_A}{R \times T}$

Analisando o gás B: $n_B = \frac{p_B \times V_B}{R \times T}$

Analisando o gás C: $n_C = \frac{p_C \times V_C}{R \times T}$

Na mistura gasosa, temos a seguinte relação:

$$n_{total} = n_A + n_B + n_C$$

$$\frac{p \text{ x } V_{total}}{R \text{ x } T} = \frac{p_A \text{ x } V_A}{R \text{ x } T} + \frac{p_B \text{ x } V_B}{R \text{ x } T} + \frac{p_C \text{ x } V_C}{R \text{ x } T}$$

Considerando que o processo esteja à mesma pressão e temperatura, temos:
0

$$\frac{p}{R \text{ x } T} \text{ x } V_{total} = \frac{p}{R \text{ x } T} \text{ x } V_A + \frac{p}{R \text{ x } T} \text{ x } V_B + \frac{p}{R \text{ x } T} \text{ x } V_C$$

$$\frac{\cancel{p}}{\cancel{R \text{ x } T}} \text{ x } V_{total} = \frac{\cancel{p}}{\cancel{R \text{ x } T}} \text{ x } V_A + \frac{\cancel{p}}{\cancel{R \text{ x } T}} \text{ x } V_B + \frac{\cancel{p}}{\cancel{R \text{ x } T}} \text{ x } V_C$$

$$\boxed{V_{total} = V_A + V_B + V_C} \qquad \text{(Equação XXXI)}$$

Conforme a equação XXXI, o volume total dos gases corresponde ao somatório dos volumes parciais. O volume parcial de um determinado gás em uma mistura gasosa que este gás ocuparia, caso estivesse sozinho, à mesma temperatura e pressão, definido pela Lei de Amagat.

CAPÍTULO 5. TEORIA CINÉTICA DOS GASES

5.1 Introdução ao estudo da Teoria Cinética dos Gases

A teoria cinética dos gases procura apresentar o comportamento do gás a partir de um estado de agregação, procurando obedecer a certas condições de idealidade para que possam ser estudados, através de equações definidas como "equações simplistas". Esta teoria constitui, todavia, um dos modelos mais belos da ciência, que relaciona o comportamento microscópico e o comportamento macroscópico da matéria.

A teoria cinética dos gases apresenta sua origem a partir de um estudo com caráter mecanicista, tendo como início com Daniel Bernoulli (08 de fevereiro de 1700 – 17 de março de 1782), autor do livro Hydrodynamica. Bernoulli foi um matemático suíço e membro de uma família de grandes talentos científicos, tais como físicos, matemáticos e filósofos. Este grande matemático afirmava que a pressão de um gás se deve ao impacto das partículas que o compõem nas paredes do recipiente onde está contido. Cabe ressaltar, que a teoria cinética dos gases, tal como hoje ela é estudada e muito divulgada em diversos manuscritos científicos (TCC, mestrado, doutorado e diversos livros didáticos), teve a sua origem a partir do ano de 1859, quando James Clerck Maxwell (13 de junho de 1831 – 05 de novembro de 1879) introduziu o conceito do caos molecular, apresentando o caráter aleatório do movimento molecular. O modelo do gás ideal apresenta algumas características e determinadas aproximações são realizadas, para o seu bom entendimento.

VAMOS A ELAS!

A teoria cinética dos gases parte de alguns pressupostos de maneira simplificadora, podendo ser observado a partir dos seguintes itens, sendo que a abordagem cinética já havia sido motivo de estudo do grande físico e autor, Daniel Bernoulli, conforme já apresentado no início do capítulo.

Item 1) Os gases com comportamento ideal, ocupam de maneira homogênea todo o recipiente que os contêm. A partir disso, é possível afirmar a seguinte relação: $\boxed{V_{\text{recipiente}} \equiv V_{\text{gás}}}$.

Item 2) Para o comportamento ideal de um determinado gás, o volume de cada partícula gasosa é completamente DESPREZÍVEL.

Item 3) As interações intermoleculares (forças interatômicas) entre as partículas só podem ocorrer a partir de colisões do tipo elástica, não havendo diante disso forças interatômicas, ou seja, as forças intermoleculares para o comportamento ideal são DESPREZÍVEIS.

Item 4) As colisões das partículas contra as paredes do recipiente, são também caracterizadas como colisões do tipo elástica.

Item 5) Todos os gases são constituídos por uma grande quantidade de moléculas, esféricas e pequenas, quando comparadas com as dimensões do recipiente de volume V onde estão contidas.

Item 6) O diâmetro (d) molecular de uma partícula gasosa é bem menor que o livre percurso médio (Λ).

$$\boxed{d < \Lambda}$$

Item 7) As colisões são elásticas, de modo que a energia cinética se conserva e o movimento não diminui.

Item 8) Todas as moléculas estão em movimento contínuo e aleatório, havendo o deslocamento em todas as direções a partir de trajetos retilíneos.

Item 9) As moléculas gasosas que fazem parte da composição do sistema termodinâmico, são completamente independentes umas das outras. Somente há interação entre as moléculas, durante a colisão do tipo elástica, que ocorre com uma curta duração, em um intervalo de tempo bem reduzido.

$\boxed{\Delta t << \frac{\Lambda}{V_{mq}}}$, em que Λ representa o livre percurso médio e V_{mq} corresponde à velocidade média quadrática.

Item 10) A mecânica newtoniana, a partir da sua relação, $\boxed{d\overline{F} = m\, x \frac{d\overline{v}}{dt}}$ ou , $\boxed{d\overline{F} = m\, x \frac{d\overline{Q}}{dt}}$, em que $d\overline{F}$ refere-se a diferencial da força, $d\overline{v}$ trata-se da velocidade, dt a derivada do tempo e $d\overline{Q}$ representa a derivada da quantidade do momento linear.

Item 11) A energia cinética de cada partícula gasosa é diretamente proporcional à temperatura absoluta, a partir da seguinte relação termodinâmica apresentada a seguir: $\boxed{E_c = \frac{3}{2} x\, n\, x\, R\, x\, T}$.

Quando gases distintos [$H_{2(gás)}$; $O_{2(gás)}$; $N_{2(gás)}$; $He_{(gás)}$] estão sob baixas pressões e a altas temperaturas, estes satisfazem criteriosamente os enunciados (itens) da teoria cinética dos gases acima.

Após um século, o estudo da teoria cinética dos Gases voltou de forma mais enérgica e diante disso começou a ser bastante explorada. Sua teoria tenta desenvolver um modelo físico-químico da natureza do estado gasoso, caracterizando e explicando o comportamento dos gases, visando e explicando as bases termodinâmicas com relação à equação dos gases ideais. Trata-se de um tópico bastante complexo, pois esta teoria permite elaborar modelos simples e tendo que ser compreensivo nos diversos estados de agregação, abordando diretamente a dedução das equações das velocidades das moléculas gasosas e também da pressão de um gás.

5.2 Pressão de um gás de acordo com a teoria cinética

A partir do conhecimento da teoria cinética dos gases, a pressão do gás deve à colisão das partículas gasosas com as paredes do recipiente. Para cada colisão, há uma força exercida sobre a parede. Devido a estas colisões serem incessantes, a pressão torna-se constante. A origem da pressão de um determinado gás pode ser estudada e compreendida a partir da teoria Cinética dos Gases.

Considere a Figura V, apresentada logo a seguir, que representa um recipiente com geometria cúbica contendo N partículas pontuais* do gás, com uma massa m e velocidade v, em que é possível afirmar a seguinte relação vetorial com relação à velocidade:

$$\boxed{\overline{V}^2 = \overline{V}_x^2 + \overline{V}_Y^2 + \overline{V}_Z^2}$$

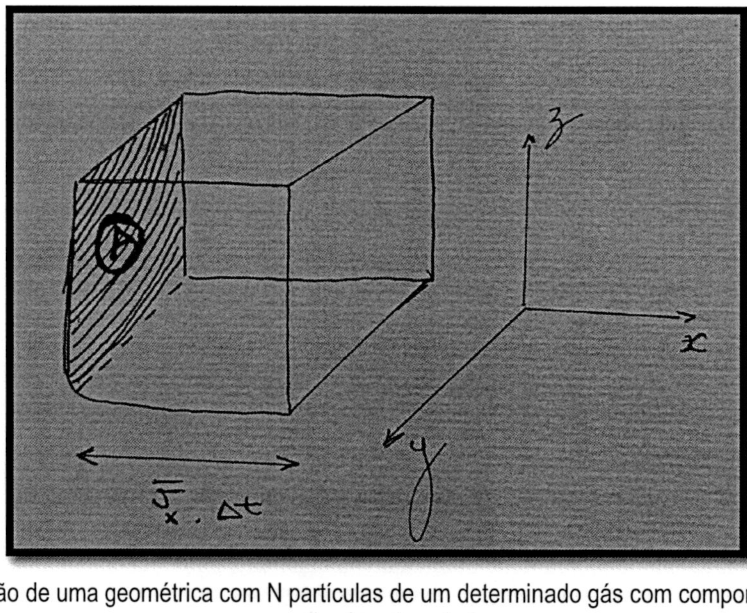

Figura V. Representação de uma geométrica com N partículas de um determinado gás com comportamento ideal. (Desenho realizado pelo autor).

*Observação: Entende-se por partícula pontual, aquela que apresenta massa (m), mas não apresenta volume (V). Lembrando que o volume da partícula, para o comportamento do gás como ideal, é o próprio volume do recipiente.

O volume do recipiente é V, enquanto o número de partículas por unidade de volume é dado por: $\frac{N}{V}$, e trata-se da mesma relação em todo o recipiente. O número de partículas que colidem com a parede, a partir do elemento de área A, em um curto intervalo de tempo, Δt, é apresentado pela seguinte equação XXXII.

$$\boxed{\begin{matrix}\text{Partículas que}\\ \text{colidem com a parede}\end{matrix} = \frac{1}{2} x \frac{N}{V}\ x\ A\ x\ |\overline{V}_x| x\ \Delta t} \quad \text{(Equação XXXII).}$$

As partículas gasosas se movem em distintas direções, apresentando diante disso, diferentes velocidades. Somente metade das partículas que estão no elemento de volume, $A\ x\ |\overline{V}_x| x\ \Delta t$, colidem contra a parede, uma vez que a probabilidade de uma única partícula gasosa estar andando, se movimentando para o lado esquerdo ou direito, apresenta um percentual de aproximadamente igual a 50%. Para a expressão apresentada anteriormente, $|\overline{V}_x|$ representa a velocidade média das partículas no eixo x, uma vez que já é sabido que as moléculas não apresentam a mesma velocidade.

Cada partícula gasosa, com uma massa $\underline{m}$ e velocidade $|\overline{V}_x|$, sofre um impulso $(\overline{I})$, ao se chocar de maneira elástica contra a parede, de forma que a componente x da quantidade de movimento é $(-\ m\ .\ \overline{V}_x)$, antes de atingir o elemento de área A (pela esquerda) e $(+\ m\ .\ \overline{V}_x)$ pela direita, depois da colisão, ou seja, o momento linear de cada partícula varia de uma quantidade $(2m\ .\ \overline{V}_x)$. Observe que, o impulso total do choque de todas as partículas contra a parede no intervalo de tempo Δt, é dado por:

$\boxed{\overline{I} = \overline{F}\ x\ \Delta t}$.

$$\left[\frac{1}{2}\cdot\frac{N}{V}\cdot A\ .\ |\overline{V}_x|.\ \Delta t\right].\ (2m\ .\ \overline{V}_x) = \frac{N}{V}.\ m\ .\ \overline{V}_x^2\ .\ A\ .\ \Delta t$$

Simplificando a expressão acima a partir da variação do tempo (Δt): $\boxed{F = \frac{N}{V} x\ m\ x\ \overline{V}_x^2\ x\ A}$. Considerando ainda que o quadrado do módulo de um vetor refere-se à soma dos quadrados dos componentes, temos a seguinte relação:

$\overline{V}^2 = \overline{V}_x^2 + \overline{V}_Y^2 + \overline{V}_Z^2$, e que $\overline{V}^2 = \overline{V}_x^2 = \overline{V}_Y^2 = \overline{V}_Z^2$, logo. $\overline{V}^2 = 3\overline{V}_x^2$.

Diante desta premissa apresentada acima, a partir da relação da componente da velocidade do eixo x, temos:

$$F = \frac{N}{V} x\ m\ x\ |\overline{V}_x|^2 x\ A$$

$$F = \frac{1}{3} x\ \frac{N}{V} x\ m\ x\ \overline{V}^2 x\ A$$

Sabendo que a pressão é definida como sendo a razão da força pela área:

$$d\overline{F} = P\ x\ dA$$

$$\frac{1}{3} x\ \frac{N}{V} x\ m\ x\ \overline{V}^2 x\ A = P\ x\ A$$

$$P = \frac{1}{3} x\ \frac{N}{V} x\ m\ x\ \overline{V}^2$$

$$\boxed{PV = \frac{1}{3} x < MM > x\ \overline{V}^2}$$

Esta expressão acima representa o estado molecular a partir da Lei de Boyle.

5.3 Velocidade média quadrática (c^2)

Considerando que a partícula gasosa apresenta comportamento ideal, temos:

$$p = \frac{n \times R \times T}{V}. \qquad \text{(Equação XXXII)}$$

A partir desta observação, a velocidade média quadrática fica da seguinte maneira, conforme apresentada na equação XXXIII abaixo.

$$p = \frac{1}{3} x \frac{n \; x < MM > x \; c^2}{V}$$

$$\frac{\cancel{n} \; x \; R \; x \; T}{\cancel{V}} = \frac{1}{3} x \frac{\cancel{n} \; x < MM > x \; c^2}{\cancel{V}}$$

$$\boxed{c^2 = \frac{3 \; x \; R \; x \; T}{<MM>}} \qquad \text{(Equação XXXIII)}$$

A partir da equação XXXIII, é possível concluir que a velocidade média quadrática é muito dependente da temperatura e da massa molar do sistema gasoso, sendo diretamente proporcional à temperatura e inversamente proporcional a massa molar da partícula gasosa. A partir desta análise, quanto maior a temperatura, maior será a velocidade média quadrática das moléculas e quanto maior a massa da espécie gasosa, menor a sua velocidade.

CAPITULO 6. ESTUDO DOS GASES REAIS

A equação dos gases é de fato uma belíssima aproximação, pois descreve o comportamento de um gás ideal, ***que não existe na prática***. Os ditos gases reais reproduzem aproximadamente esses resultados. Para temperaturas muito baixas ou para pressões muito elevadas, são observados acentuados desvios de comportamento, conforme serão retratados ao longo do capítulo.

Existem várias equações de estado (p, V, T) no sentido de explicar o comportamento de gases que, em determinadas condições, fogem do comportamento dos gases ideais. Dentre estas equações, uma das mais simples, se trata da equação cúbica de van der Waals, conforme será apresentado adiante.

A expressão que descreve a equação dos gases é uma aproximação do comportamento de um gás ideal, que na prática, este ***COMPORTAMENTO IDEAL NÃO EXISTE***.

A partir deste capítulo será apresentado o comportamento dos gases definidos como reais, que reproduzem automaticamente todo sistema gasoso em que a pressão é alta e a temperatura é baixa. Para temperatura ambiente (25°C) e para pressões baixas, é possível sim tratar o gás como ideal e utilizar a equação de estado que foi amplamente explorado e abordado nos capítulos anteriores.

Para altas pressões e/ou baixas temperaturas, o gás não vai mais se comportar como ideal, pois seus desvios em relação à equação de Clapeyron serão bastante notáveis. Nestas circunstâncias, o estudo está relacionado ao comportamento dos Gases Reais, principalmente quando o gás está a ponto de se condensar em um líquido. Quando a pressão de uma determinada massa gasosa é consideravelmente alta (alta densidade) e sua temperatura é baixa, as partículas que compõem o gás estão mais próximas umas das outras e com isso apresentam um tempo de interação efetiva, fazendo com que a pressão do contato gás-parede do recipiente diminua, ou seja, tornando as colisões das moléculas contra as paredes do recipiente bem menos intensas. Uma das formas de medir o desvio da idealidade de um gás é por meio do estudo do comportamento gasoso a partir do fator de compressibilidade (Z).

6.1 Estudo dos Gases Reais – Fator de Compressibilidade, Z

Um dos primeiros estudos que tratam o gás com comportamento real corresponde ao fator de compressibilidade, designado pela letra maiúscula Z. Este fator de compressibilidade é um parâmetro empírico, adimensional e de correção, que estuda o desvio do comportamento de um gás real em relação ao gás ideal, introduzido na equação dos gases ideais. A equação matemática para o gás real que apresenta o fator de compressibilidade está descrita na equação XXXIV a seguir.

$$\boxed{\mathrm{pV = ZnRT}}$$ (Equação XXXIV)

Caso seja colocado em função do volume molar, a equação XXXIV fica da seguinte forma, conforme pode ser observado na equação XXXV.

$$\underbrace{\frac{\mathrm{V}}{\mathrm{n}}}_{\mathrm{V_{molar}}} = \frac{\mathrm{Z \times R \times T}}{\mathrm{p}}$$

$$\boxed{\mathrm{Z} = \frac{\mathrm{V_{molar} \times p}}{\mathrm{R \times T}}}$$ (Equação XXXV)

Sabendo que o produto nRT se refere ao valor $(\mathrm{pV^{ideal}})$ do gás ideal, então é possível definir o fator de compressibilidade da seguinte maneira:

$\mathrm{Z} = \frac{\mathrm{p \times V^{real}}}{\mathrm{p \times V^{ideal}}}$ (Equação XXXVI), em que Z deve estar nas mesmas condições de temperatura e pressão.

A partir desta Equação XXXVI, há três relações de suma importância para o estudo do fator de compressibilidade.

Primeira relação) Z = 1 $\longrightarrow$ comportamento característico de um gás ideal à qualquer pressão e temperatura, Z = f(p,T).

Segunda relação) Z > 1 → comportamento do gás real prevalece em relação ao do gás ideal. As forças repulsivas (real) para este caso são dominantes.

Terceira relação) Z < 1 → comportamento do gás ideal prevalece em relação ao do gás real. As forças atrativas para este caso são as dominantes.

A Figura VI a seguir, apresenta o gráfico que relaciona o fator de compressibilidade com a pressão em atmosferas (atm), para os gases eteno (C_2H_4), metano (CH_4) e hidrogênio (H_2).

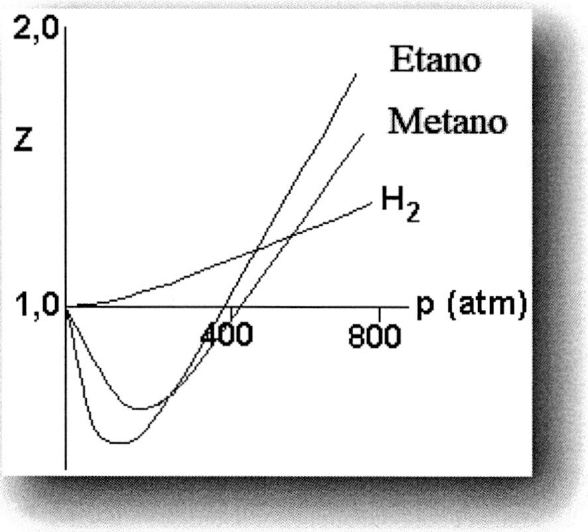

Figura VI. Gráfico que relaciona o fator de compressibilidade versus a pressão (atm).

Através do gráfico apresentado pela Figura VI, é possível observar que alguns gases a baixa temperatura irão apresentar Z < 1, tais como o gás metano (CH_4) e o etano (C_2H_6). Ainda para esta mesma situação em que o fator de compressibilidade é menor do que um (Z < 1), suas moléculas apresentam volumes molares reais menores em comparação aos volumes molares dos gases ideais, o que para estas condições as interações atrativas são predominantes em relação às repulsivas.

Já com relação aos gases metano (CH_4) e etano (C_2H_6), a partir do momento em que a pressão aumenta, as forças repulsivas tornam-se mais predominantes. Já em relação ao gás hidrogênio (H_2), é possível observar que o fator de compressibilidade cresce a partir de Z > 1, mesmo em baixas pressões, o que significa afirmar que o volume molar real predomina em relação ao volume molar ideal, logo, para este caso, as interações repulsivas predominam mesmo a baixas pressões.

Diante de toda esta análise, conclui-se que o desvio do comportamento de um gás real, relacionado com um gás com comportamento ideal, é expresso por meio de um fator empírico introduzido na equação de estado dos gases ideais, definido como fator de compressibilidade (Z). Note que o fator de compressibilidade (Z) recebe este nome por representar a razão entre o volume que ele ocuparia, caso se comportasse de maneira ideal, com comportamento de gás ideal. Os exemplos aplicativos XV, XVI e XVII, apresentam cálculos relacionados ao estudo do fator de compressibilidade.

Exemplo Aplicativo XV

A uma temperatura de aproximadamente 250 K e a uma pressão de 20 atmosferas, o fator de compressibilidade de um gás é 0,86. Calcule o volume ocupado por 7,0 mol do referido gás nessas condições.

Resolução

Para a determinação do volume, será necessário aplicar a equação dos gases reais em função do fator de compressibilidade.

Cálculo do volume (V), a partir da equação dos gases reais em função do fator de compressibilidade (Z).

$$V = \frac{Z \text{ x } n \text{ x } R \text{ x } T}{p} = \frac{0{,}86 \text{ x } 7{,}0 \text{ x } 10^{-3} \text{ x } 0{,}08206 \text{ x } 250}{20}$$

$$V = 0{,}00617 \text{ L}$$

Exemplo Aplicativo XVI

O fator de compressibilidade de um determinado gás a uma temperatura de 400 K e pressão de 120 atm é igual a 0,75. Determine o volume molar deste referido gás.

Resolução

Cálculo do volume (V_{molar}), a partir da equação dos gases reais em função do fator de compressibilidade (Z):

$$\underbrace{\frac{V}{n}}_{V_{molar}} = \frac{Z \text{ x } R \text{ x } T}{V}$$

$$V_{molar} = \frac{0{,}75 \text{ x } 0{,}08206 \text{ x } 400}{120} = 0{,}205 \frac{L}{mol}$$

Exemplo Aplicativo XVII

Um gás encontra-se a uma temperatura de 295 K e a uma pressão de 40 atmosferas, apresentando um volume molar real 22,50% maior do que o calculado pela lei dos gases ideais. A partir das informações apresentadas, calcule os seguintes itens apresentados.

a) O fator de compressibilidade (Z).

b) O volume molar do gás.

c) Que forças são dominantes no gás?

Resolução

Item a) Considerando um aumento de 22,50% em relação ao calculado pela lei dos gases ideais, a relação entre os volumes molares ficam da seguinte forma:

$$V_{molar}^{Real} = 1{,}225 \text{ x } V_{molar}^{ideal}$$

Sabendo que o fator de compressibilidade é definido como sendo $Z = \frac{V_{molar}^{Real}}{V_{molar}^{ideal}}$, logo:

$$Z = \frac{1{,}2250 \text{ x } V_{molar}^{Ideal}}{V_{molar}^{ideal}} = 1{,}2250$$

Item b) Cálculo do volume molar do gás, a partir da equação dos gases em função do fator de compressibilidade: $\underbrace{\frac{V}{n}}_{V_{molar}} = \frac{Z \text{ x } R \text{ x } T}{p}$

$$V_{molar} = \frac{Z \text{ x } R \text{ x } T}{p} = \frac{1{,}2250 \text{ x } 0{,}08206 \text{ x } 295}{40} = 0{,}741 \frac{L}{mol}$$

Item c) Para Z = 1,2250, as forças dominantes são as repulsivas (Z > 1).

6.2 Equação dos Gases Reais – Equação cúbica de Van der Waals

Uma segunda maneira de estudarmos o comportamento de um gás real foi apresentado pelo físico e químico holandês, Johannes Diederik Van der Waals, a partir da sua defesa de doutorado, no ano de 1873. Van der Waals procurou adaptar a equação dos gases ideais para descrever o comportamento de um gás real, aplicando termos corretivos tanto para a pressão quanto para o volume, obtendo uma equação conhecida como a "Equação Cúbica de Estado de van der Waals". Este estudo deu a este notável pesquisador, além do seu título de doutor, o prêmio Nobel de Química no ano de 1910.

A tese de doutorado de van der Waals é um dos vários trabalhos sobre o comportamento de gases e líquidos, e contribuiu fortemente para o desenvolvimento de diversas áreas da Física e da Termodinâmica de fluidos, sendo um dos trabalhos mais citados na literatura nos últimos cem e cinquenta anos. Cabe ressaltar que uma equação de estado dos gases reais deve traduzir certas influências de maneira quantitativa e, diante disso, um dos estudos mais representativos quanto ao modelo de um gás real trata-se da proposta apresentada por van der Waals. Embora a equação de van der Waals se caracterize pela presença de dois parâmetros empíricos (via experimental), é muito possível dar uma interpretação cinético – molecular bastante sólida e satisfatória. A partir desta análise, é possível levar em consideração que a equação de van der Waals é uma equação semiempírica.

A Figura VII apresenta a primeira capa da tese original de van der Waals.

Figura VII. Imagem que representa a primeira página da tese original de Johannes Diderik van der Waals (University of Leiden, Holland, 1873) (Valderrama, J.O.; The legacy of Johannes Diderik van der waals, a hundred years after his Nobel Prize for physics, 2010).

O modelo dos gases ideais considera que não existem interações entre as partículas. No entanto, as partículas de um gás real interagem entre si através das forças intermoleculares de van der Waals. Outra falha observada no modelo dos gases ideais é desconsiderar o volume das partículas gasosas. As partículas de um gás real apresentam volume, mesmo quando a temperatura tende a zero ou quando a pressão tende ao infinito. Diante dessas situações, van der Waals adicionou duas constantes, a primeira que está diretamente relacionada com o fato de as partículas ocuparem um volume finito (b) e outra devido às interações entre as partículas constituintes do gás (a). Estas constantes (a e b) são definidas como constantes de van der Waals. Primeiramente, será abordado a correção do volume, também definido como covolume e, posteriormente, a questão da correção da pressão.

I) Correção do volume – Covolume

Em um determinado gás com comportamento ideal, conforme já apresentado em capítulos anteriores, não existem forças de repulsão intermolecular e, por isso, as moléculas não possuem um volume próprio. Em outras palavras, o volume ocupado por um gás ideal é idêntico ao volume livre, ou seja, ao volume do recipiente. Realmente, observa-se que quando o volume de um gás ideal à pressão constante anula-se quando a temperatura tende a zero. Este não é o caso para um gás real, em que as forças de repulsão conferem volume próprio às moléculas, fato que se torna visível quando as moléculas se aglomeram ao liquefazer-se ou a solidificar-se um gás.

Por isso, para "idealizar" o volume ocupado por um sistema em que o gás apresenta comportamento mais realista (gás real), deve-se concluir que o volume ocupado pelas moléculas, de modo a ter-se o volume livre ou ideal. A quantidade a subtrair por mol de gás é definida como covolume (b) e se trata de uma propriedade altamente dependente da natureza do gás. Portanto, para **n** mol de gás, a relação fica da seguinte maneira, apresentada a seguir:

$$\boxed{V_{ideal} = V_{livre} - \mathbf{n} \times b}.$$

Se, por enquanto, esta correção for considerada suficiente, tem-se um resultado parcial chamado equação do covolume. A equação dos gases com esta parcela termodinâmica apresentada acima fica da seguinte forma:

$$\boxed{p \text{ x } (V - n \text{ x } b) = n \text{ x } R \text{ x } T}$$

II) Correção da pressão – A pressão interna

Considere a situação do efeito da pressão em que as forças intermoleculares estão sempre presentes em um gás com comportamento real. Estas forças são anuladas reciprocamente quando atuam sobre uma molécula situada no interior da massa gasosa, porém não quando atraem sobre uma molécula situada junto à parede sólida do recipiente, conforme apresentado a partir da Figura VII.

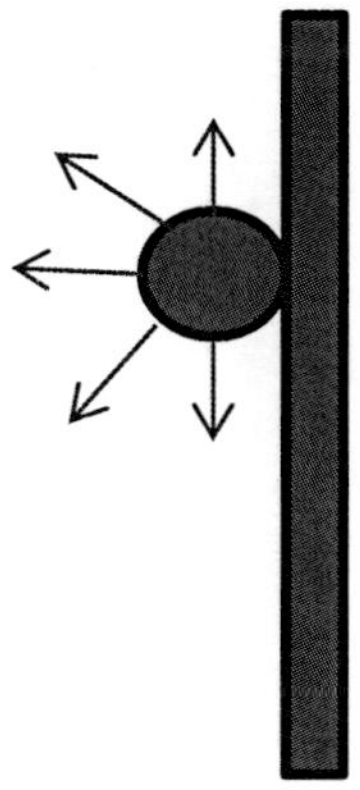

Figura VII. Massa gasosa tangenciando a parede de um recipiente de volume V. (Desenho feito pelo próprio autor).

Para esta situação em que a partícula gasosa se encontra próxima à parede do recipiente, as forças possuem uma resultante dirigida para o interior da massa gasosa. O resultado é uma diminuição do momento transferido às paredes pelas colisões moleculares e, portanto, uma pressão inferior à que o gás exerceria caso fosse ideal (caso estivesse sozinho!). A pressão ideal excederia à pressão (P) manometricamente medida, de uma quantidade chamada de pressão de coesão ou também conhecido como pressão interna. Para esta pressão interna, será designado e representado pelo pi (π). Com isso, a expressão que relaciona a pressão fica da seguinte forma:

$$P_{ideal} = P + \pi$$

A pressão de coesão é diretamente proporcional ao quadrado da concentração molecular do gás; realmente, uma molécula situada na interface é "solicitada" para o interior da massa gasosa a partir de uma força proporcional ao número de moléculas por unidade de volume e, ao mesmo tempo, o número de moléculas da interface que sofre tal situação é também proporcional à concentração molecular.

A pressão interna pode ser expressa da seguinte forma: $\pi = a \text{ x } \left(\frac{n}{V}\right)^2$

Logo, a pressão ideal fica da seguinte maneira: $\boxed{P_{ideal} = P + a \text{ x } \left(\frac{n}{V}\right)^2}$

A partir destas duas premissas apresentadas acima, que leva em consideração o estudo do covolume e da correção da pressão, a equação de van der Waals fica apresentada a seguir:

$$\boxed{\left(p^{real} + \frac{a \text{ x } n^2}{V^2}\right) \text{ x } (V - n \text{ x } b) = n \text{ x } R \text{ x } T} \qquad \text{(Equação XXXVI)},$$

em termos do volume molar:

$$\boxed{\left(p^{real} + \frac{a}{V_{molar}^2}\right) x \left(V_{molar} - b\right) = R\, x\, T}$$ (Equação XXXVII),

ou em função do volume molar:

$$\boxed{V_{molar}^3 - \left(b - \frac{R\, x\, T}{p^{real}}\right) x\, V_{molar}^2 + \left(\frac{a}{p^{real}}\right) x\, V_{molar} - \frac{a\, x\, b}{p^{real}} = 0}$$ (Equação XXXVIII).

A partir das equações apresentadas, os parâmetros a e b estão relacionados, respectivamente, com as forças de atração e repulsão. São forças simultâneas e diante disso, a compressibilidade do gás é maior ou menor que a de um gás ideal.

Van der Waals adaptou tão bem sua equação dos gases reais, que caso as constantes (a e b) forem iguais a zero, a = 0 e b = 0, a equação dos gases reais se reduz a equação dos gases ideais, conforme pode ser observado abaixo.

$$\boxed{\left(p^{real} + \frac{a}{V_{molar}^2}\right) x \left(V_{molar} - b\right) = R\, x\, T}$$

$$\left(p^{real} + \frac{0}{V_{molar}^2}\right) x \left(V_{molar} - 0\right) = R\, x\, T$$

$$(p + 0)\, x\, V_{molar} = R\, x\, T$$

$$\boxed{p\, x\, V_{molar} = R\, x\, T}$$

A tabela IV apresenta as constantes de Van der Waals para diferentes gases.

Tabela IV – Constantes (a e b) de Van der Waals. Referência: ATKINS, nona edição)

Espécies Gasosas	a ($atm.L^2.mol^{-2}$)	b ($10^{-2}L.mol^{-1}$)
Argônio (Ar)	1,363	3,219
Eteno (C_2H_4)	4,530	5,714
Etano (C_2H_6)	5,562	6,380
Benzeno (C_6H_6)	18,24	11,54
Metano (CH_4)	2,283	4,278
Cloro (Cl_2)	6,579	5,622
Monóxido de carbono (CO)	1,505	3,985
Dióxido de carbono (CO_2)	3,640	4,267
Hidrogênio (H_2)	0,2476	2,661
Vapor d´água (H_2O)	5,536	3,049
Sulfeto de hidrogênio (H_2S)	4,490	4,287
Hélio (He)	0,03457	2,370
Criptônio (Kr)	2,349	3,978
Nitrogênio (N_2)	1,408	3,913
Neônio (Ne)	0,2135	1,709
Amônia (NH_3)	4,225	3,707
Oxigênio (O_2)	1,378	3,183
Dióxido de enxofre (SO_2)	6,803	5,636
Xenônio (Xe)	4,250	5,105

A equação de Van der Waals promove uma compreensão qualitativa dos fluidos reais, pelo fato de não ser muito precisa no que está relacionado de ignorar outros efeitos físicos, pois trata-se de uma expressão que explica uma mudança de fase (vapor ⇒ líquido), de maneira bem simples, apresentando um comportamento qualitativo muito próximo de uma grande coleção de substâncias. O modelo de Van der Waals é um modelo que apesar de quantitativamente ser incorreto, trata-se de uma equação capaz de gerar de forma qualitativa todas as características fundamentais que estão presentes em um processo de transição de fase de uma substância pura. A equação dos gases reais foi gerada de uma maneira simples a partir do conhecimento das forças intermoleculares. Os exemplos aplicativos XVIII, XIX, XX e XXI apresentam a aplicabilidade da equação de van der Waals.

Exemplo Aplicativo XVIII

Sabe-se que nas condições normais de temperatura e pressão, um mol de um determinado gás ocupa volume de 22,4 litros. Utilizando a equação dos gases reais, de Van der Waals, determine a pressão de um mol de gás oxigênio na mesma temperatura e compare com o valor esperado. Dados: Constantes de van der Waals para o gás oxigênio: a = 1,378 $L^2.atm.mol^{-2}$ e b = 3,183 x 10^{-4} $L.mol^{-1}$.

Resolução

Cálculo do volume molar (V_m): $V_{molar} = \frac{V}{n} = \frac{22{,}4\ L}{1\ mol} = 22{,}4 \frac{L}{mol}$

Analisando a equação dos gases reais – equação de van der Waals, para o gás oxigênio:

$$\left(p^{real} + \frac{a}{V_{molar}^2}\right) x\ (V_{molar} - b) = R\ x\ T$$

$$\left[p^{real} + \frac{1{,}378}{(22{,}4)^2}\right] x\ (22{,}4 - 3{,}183\ x\ 10^{-4}) = 0{,}08206\ x\ 273$$

$$p^{real} = 0{,}997\ atm$$

Diante do resultado obtido da pressão com a utilização da equação dos gases reais de Van der Waals, a pressão calculada pela equação dos gases ideais não apresenta diferenças significativas.

Exemplo Aplicativo XIX

Alguns estudiosos pesquisaram as propriedades físicas e químicas de um gás que é usado como refrigerante em uma unidade de ar-condicionado. Uma tabela das constantes de Van der Waals mostra que: a = 16,2 $L^2.atm.mol^{-2}$ e b = 8,4 x 10^{-2} $L.mol^{-1}$. Estime o raio de uma molécula desse gás e também a pressão exercida, quando 1,50 mol forem confinados em um recipiente de 5,0 litros à temperatura de 0°C.

Resolução

Cálculo do volume molar (V_m): $V_{molar} = \frac{V}{n} = \frac{5{,}0\ L}{1{,}50\ mol} - 3{,}33 \frac{L}{mol}$

Cálculo da pressão do gás com comportamento de um gás real: $\left(p^{real} + \frac{a}{V_{molar}^2}\right) x\ (V_{molar} - b) = R\ x\ T$

$$\left[p^{real} + \frac{16{,}2}{(3{,}33)^2}\right] x\ (3{,}33 - 8{,}4\ x\ 10^{-2}) = 0{,}08206\ x\ 273$$

$$p^{real} = 5{,}44\ atm$$

Cálculo do raio da molécula gasosa, considerando a partícula como esférica: $V = \frac{b}{N}$

$$\frac{4}{3}\ x\ \pi\ x\ R^3 = \frac{b}{N}$$

$$R^3 = \frac{3\ x\ b}{4\ x\ \pi\ x\ N}$$

Convertendo a constante de van der waals b:

$$b = 8{,}4\ x\ 10^{-2} \frac{L}{mol} x \frac{1\ dm^3}{1\ L} x \frac{10^{-3} m^3}{1\ dm^3} = 8{,}4\ x\ 10^{-5} \frac{m^3}{mol}$$

$$R = \sqrt[3]{\frac{3 \text{ x } b}{4 \text{ x } \pi \text{ x } N}}$$

Substituindo os valores na equação, temos:

$$R = \sqrt[3]{\frac{3 \text{ x } 8{,}4 \text{ x } 10^{-5}}{4 \text{ x } \pi \text{ x } 6{,}02 \text{ x } 10^{+23}}}$$

$$R = 3{,}22 \text{ x } 10^{-10}\text{m } (0{,}322 \text{ nm})$$

Exemplo Aplicativo XX

A constante de Van der Waals b, para os gases reais, pode ser usada para determinar o tamanho de um átomo ou de uma molécula no estado gasoso, sendo o valor de b em relação ao N_2 igual a 39,4 x 10^{-6} $m^3.mol^{-1}$, determine o raio da molécula de N_2 desse gás.

Resolução

Cálculo do raio da molécula de nitrogênio molecular - N_2:

$$R = \sqrt[3]{\frac{3 \text{ x } b}{4 \text{ x } \pi \text{ x } N}} = \sqrt[3]{\frac{3 \text{ x } 39{,}4 \text{ x } 10^{-6}}{4 \text{ x } \pi \text{ x } 6{,}02 \text{ x } 10^{+23}}}$$

$$R = \sqrt[3]{1{,}56 \text{ x } 10^{-29} \text{ m}^3}$$

$$R = 2{,}50 \text{ x } 10^{-10}\text{m } (0{,}250 \text{ nm})$$

Exemplo Aplicativo XXI

(GRILLO) Um gás respeita a equação de van der Waals com a = 0,50 $m^6.Pa.mol^{-2}$. O seu volume é 5,00 x 10^{-4} $m^3.mol^{-1}$, a 273 K e 3,0 MPa. Calcule:

a) A constante b de Van der Waals.

b) Qual o fator de compressibilidade do gás nessas condições de temperatura e pressão?

Resolução

Item a) Cálculo da constante de Van der Waals (b), a partir da equação de Van der Waals, utilizando a constante dos gases como sendo de 8,314 $Pa.m^3.mol^{-1}.K^{-1}$.

$$\left(p^{real} + \frac{a}{V_{molar}^2}\right) \text{ x } (V_{molar} - b) = R \text{ x } T$$

$$\left(3{,}0 \text{ x } 10^6 + \frac{0{,}50}{(5{,}0 \text{ x } 10^{-4})^2}\right) \text{ x } (5{,}0 \text{ x } 10^{-4} - b) = 8{,}314 \text{ x } 273$$

$$5{,}0 \text{ x } 10^6 \text{ x } (5{,}0 \text{ x } 10^{-4} - b) = 2269{,}72$$

$$5{,}0 \text{ x } 10^{-4} - \frac{2269{,}72}{5{,}0 \text{ x } 10^6} = b$$

$$b = 4{,}60 \text{ x } 10^{-5} \frac{m^3}{mol}$$

Item b) Para a determinação do fator de compressibilidade (Z) será necessário primeiramente calcular a pressão a partir da equação dos gases ideais.

$$p^{ideal} \times \underbrace{\frac{V}{n}}_{V_{molar}} = n \times R \times T$$

$$V_{molar} = \frac{n \times R \times T}{p} = \frac{8{,}314 \times 273}{50 \times 10^{-4}} = 4{,}54 \times 10^{6}\ Pa$$

Cálculo do fator de compressibilidade (Z):

$$Z = \frac{p^{real}}{p^{ideal}} = \frac{3{,}0 \times 10^{6}\ Pa}{4{,}54 \times 10^{6}\ Pa} = 0{,}661$$

6.3 Analisando a Temperatura de Boyle

Todo composto gasoso apresenta uma temperatura bem própria, definida como temperatura de Boyle. A temperatura de Boyle abrange uma faixa de temperatura em que os gases apresentam comportamento ideal, a partir de baixas pressões até pressões bem elevadas, acima de 250 atmosferas (atm).

A equação XXXIX apresenta a expressão matemática que permite a determinação da temperatura de Boyle (T^{BOYLE}).

$\boxed{T^{BOYLE} = \frac{a}{b \times R}}$ (Equação XXXIX), em que a e b correspondem aos coeficientes de Van der Waals de cada espécie gasosa e R a constante dos gases.

6.4 Estudo dos Pontos Críticos

Ao longo do século XIX, o estudo dos gases apresentou maior importância principalmente para um melhor conhecimento em parques industriais, como na área da eletricidade, petrolífera e seus derivados, o que definiu uma nova etapa conhecida como Segunda Revolução Industrial, propiciando novos desenvolvimentos técnicos e científicos.

Foi neste contexto que em 1822, o engenheiro Francês Cargniard de La Tour advertiu que há uma temperatura em que o menisco que divide o líquido do vapor de uma substância desaparece e tanto a densidade do líquido quanto a do vapor são iguais, de forma que não é possível fazer nenhuma distinção clara entre estes dois estados físicos.

O primeiro estudo sistemático de um gás em sua trajetória de mudança de fase, do estado vapor para o estado líquido, foi desenvolvido por um físico escocês, Thomas Andrews, no ano de 1869. Este físico realizou experimentos com o dióxido de carbono, durante a transição entre as fases líquido/vapor, variando a temperatura. A opção feita em estudar o CO_2, deveu-se a sua fácil acessibilidade e também pelo fato de que este composto gasoso se liquefaz a pressões relativamente baixas.

Andrews observou que aumentando a temperatura, a fase líquida se expande e a fase gasosa aumenta sua densidade devido ao aumento da pressão. Há uma temperatura em que a densidade de ambas as fases é a mesma, anulando por completo a diferença entre líquido e vapor, e diante disso, Andrews definiu esta temperatura como ponto crítico. Como consequência deste ponto, cada substância tem valores característicos para a temperatura, a pressão e o volume molar crítico, respectivamente representados por Temperatura crítica (T_c), Pressão crítica (P_c) e Volume crítico (V_c).

A Figura VII apresenta o ponto crítico de uma substância, a partir de um gráfico de pressão versus volume.

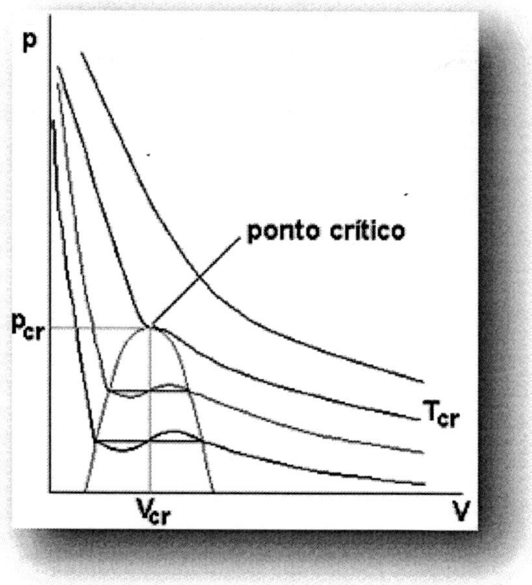

Figura VII – Representação gráfica do ponto crítico de um determinado composto.

Os valores destas propriedades críticas são constantes e característicos para cada substância gasosa, definida como constantes termodinâmicas críticas. Este belo estudo do ponto crítico de Andrews, foi adaptado por Van der Waals e comparou os resultados experimentais mediante sua equação dos gases, conforme estudado por meio da equação XXXVI. A equação de Van der Waals, através dos seus dois parâmetros, a e b, foi a primeira equação capaz de explicar o estado crítico. Levando em consideração a equação de Van der Waals, é possível determinar as constantes críticas a e b, a partir da primeira e da segunda derivada no ponto crítico.

$$\text{Primeira derivada: } \left(\frac{\partial P}{\partial V}\right)_{Tc} = 0$$

$$\text{Segunda derivada: } \left(\frac{\partial^2 P}{\partial V^2}\right)_{Tc} = 0$$

Resolvendo as equações acima, temos:

$$\left(\frac{\partial P}{\partial V}\right)_{Tc} = -\frac{R \text{ x } T_c}{(V_c - b)^2} - \frac{2a}{V_c^3}$$

$$\left(\frac{\partial^2 P}{\partial V^2}\right)_{Tc} = \frac{2 \text{ x } R \text{ x } T_c}{(V_c - b)^3} - \frac{6a}{V_c^4}$$

Resolvendo este conjunto de equações, teremos as seguintes constantes críticas, apresentadas pelas equações:

$V^{crítico} = 3 \text{ x } b$ (Equação XL)

$T^{crítica} = \frac{8 \text{ x } a}{27 \text{ x } b \text{ x } R}$ (Equação XLI)

$P^{crítica} = \frac{a}{27 \text{ x } b^2}$ (Equação XLII)

6.5 Desenho esquemático das isotermas de um gás

A partir do gráfico apresentado logo a seguir, é possível analisar de maneira mais objetiva o processo de compressibilidade do referido gás, em que se observa a passagem da transição de fase, do estado vapor para o estado líquido. A Figura VII apresenta o ponto crítico de uma substância em um gráfico pressão versus volume.

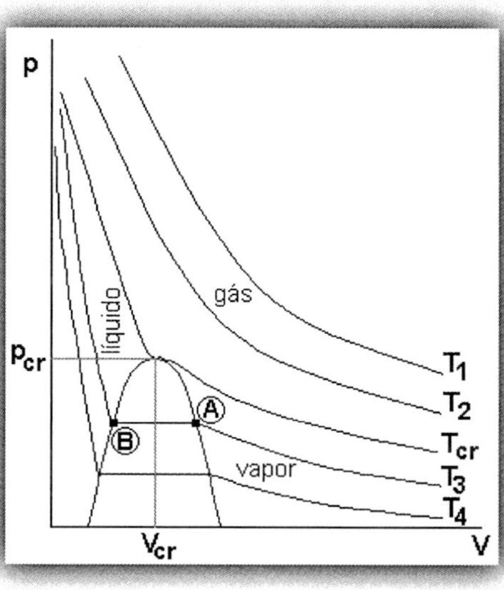

Figura VII. Curvas isotérmicas que explica a passagem do estado gasoso para o estado líquido – processo de liquefação.

O gráfico acima mostra que nas vizinhanças do ponto A, a partir da lei de Boyle-Mariotte, lei que representa o comportamento do gàs à temperatura constante, a pressão do gás é inversamente proporcional ao volume. Ao longo da diminuição do volume, há o desaparecimento de qualquer semelhança relacionada com o comportamento do gás ideal, até mesmo pelo fato de que o gás se encontra a uma pressão bem elevada e também pela diminuição do volume de maneira bem considerada. No ponto A, é apresentada a primeira gota do líquido havendo diante disso, duas fases separadas por uma fronteira nítida.
Quando o volume molar (razão do volume pelo número de mol) diminui, saindo do ponto A em direção ao ponto B, a quantidade de líquido aumenta. No ponto B, a amostra que era gasosa está inteiramente liquefeita e o pistão está encostado na superfície do líquido. Para que ocorra a diminuição do volume do líquido, é necessário que haja uma pressão bem elevada.

A temperatura crítica corresponde à temperatura acima da qual um gás não pode ser liquefeito por um aumento de pressão, isto é, o valor da temperatura acima do qual é impossível que um gás condense, por maior que seja a pressão a que este se encontre submetido. Nesse estado, a fase líquida e gasosa tem ambas a mesma densidade.

Abaixo da temperatura crítica (T_{cr}), a compressão isotérmica até A (onde a pressão de vapor é a pressão de vapor saturado a T_3). Com o decréscimo ainda maior do volume, ocorre a condensação do vapor. No ponto B ocorre a condensação total do vapor. Acima da temperatura crítica, as duas fases (líquido e vapor) não estão em equilíbrio, estando separadas por uma fronteira onde as propriedades mudam abruptamente.

6.6 Estudo dos Gases Reais – Outras Equações de Estado

A equação de Van der Waals é também conhecida como equação de estado cúbica no volume molar (polinômio do terceiro grau em relação ao volume), conforme pode ser observado na Equação XXXIX. Estas equações são equações mais simples, capazes de representar o comportamento do líquido e do vapor com uma precisão um tanto razoável. A seguir, serão apresentadas as principais equações de estado.

Item a) Equação de J.D. Van der Waals, 1873:

$$\boxed{\left\{p + \frac{a \times n^2}{V^2}\right\} \times (V - n \times b) = n \times R \times T}, \text{ com: } a = 27 \times \left(\frac{R^2 \times T_c^2}{64 \times P_c}\right) \text{ e } b = \frac{R \times T_c}{8 \times P_c}$$

Item b) Equação de Redlich-Kwong, 1949:

$\boxed{\left\{p + \frac{a}{\sqrt{T} \times V \times (V+b)}\right\} \times (V - b) = R \times T}$, com: $a = 27 \times \left(\frac{0{,}42748 \times R^2 \times T_c^{2,5}}{P_c}\right)$ e $b = \frac{0{,}08664 \times R \times T_c}{P_c}$.

Equações cúbicas de estado mais empregadas na indústria - atualmente:

Item c) Equação de Soave-Redlich-Kwong, 1972:

$\boxed{P = \frac{R \times T}{V - b} - \frac{a \, . \, \alpha}{V \times (V+b)}}$, com $a = 0{,}42748 \times \left(\frac{R^2 \times T_c^2}{P_c}\right)$, $b = \frac{0{,}08664 \times R \times T_c}{P_c}$ e

$\alpha = 1 + (0{,}48505 + 1{,}55171w - 0{,}15613w^2) \times \left(1 - \sqrt{T_r}\right)$, em que w é o fator acêntrico de Pitzer e T_r (temperatura reduzida) é dada pela seguinte equação matemática: $T_r = \frac{T}{T_c}$.

d) Equação de Peng Robinson, 1976:

$\boxed{P = \frac{R \times T}{V - b} - \frac{a \, . \, \alpha}{V^2 + 2bV - b^2}}$, com $a = 0{,}45724 \times \left(\frac{R^2 \times T_c^2}{P_c}\right)$, $b = \frac{0{,}07780 \times R \times T_c}{P_c}$ e

$\alpha = \left[1 + (0{,}3764 + 1{,}5422w - 0{,}2699w^2) \times \left(1 - \sqrt{T_r}\right)\right]^2$, em que w é o fator acêntrico de Pitzer e T_r (temperatura reduzida) é dada pela seguinte equação matemática: $T_r = \frac{T}{T_c}$.

6.7 Segunda Abordagem para o bom entendimento da equação de Van der Waals

A Figura VIII apresenta a relação entre o volume versus a pressão.

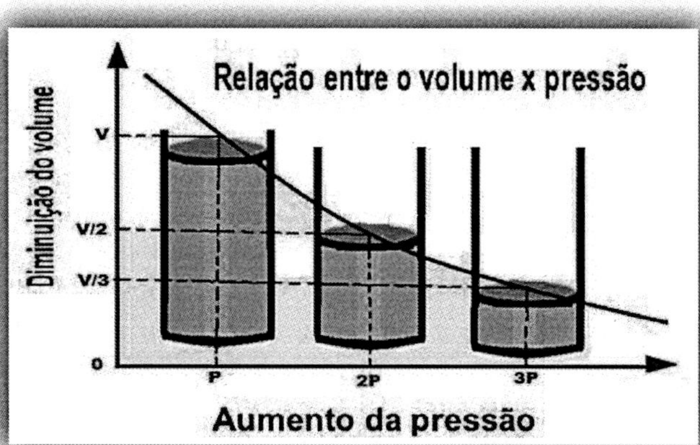

Figura VIII. Diagrama que mostra a diminuição do volume a partir de seu êmbolo com o aumento da pressão do sistema gasoso. https://fisicaevestibular.com.br/novo/wp-content/uploads/migracao/termica/transformacoes/o_538253d2ddbd4bdd.html
Acesso dia 14/01/2025.

Suponha que b seja o volume ocupado pelas próprias moléculas gasosas. Para este caso, elas não irão dispor de um volume V para se deslocarem, porém sim, de um volume V – b. Com isso, a queação geral tomará a forma

$$\boxed{P(V - b) = RT}$$

Por outro lado, um conveniente resfriamento é capaz de liquefazer o gás. É evidente que, para isso, houve uma força de atração entre as moléculas. Essa força será tanto maior quanto mais próximas estiverem as moléculas. O efeito é o mesmo que se obteria se fosse aumentada a pressão externa, isto é, as moléculas são aproximadas pela pressão externa e também por uma força de atração. Como essas forças são proporcionais às massas, também são proporcionais às densidades $\left(\text{densidade} = \frac{\text{massa}}{\text{volume}}\right)$, logo inversamente proporcionais aos volumes. Em outras palvras, a força será proporcional ao inverso do volume. Mais exatamente, ao quadrado do inverso do volume: $\frac{1}{(\text{volume})^2}$.

Se introduzirmos um fator de proporcionalidade **a** que nos permita transformar a proporção em igualdade, teremos o fator $\frac{a}{(\text{volume})^2}$, que deve ser acrescido à pressão externa exercida sobre o gás. A pressão P, que aparece na equação do gás ideal, deve ser corrigida para $\boxed{P + \frac{a}{(\text{volume})^2}}$, fiacando a equação cúbica dos gases reais de Van der Waals descrita da seguinte forma:

$$\boxed{\left\{p + \frac{a \times n^2}{V^2}\right\} \times (V - n \times b) = n \times R \times T}.$$

A nova equação, que nada mais é do que a correção da equação geral dos gases ideais, é denominada e reconhecidamente como a equação de Van der Waals.

Exemplo Aplicativo XXII

(GRILLO) Calcule a pressão exercida por 1,00 mol de N_2, a 0,00°C, usando a equação de Van der Waals, se o seu volume é de 62,30 mL. Informação para a resolução do problema: N_2: a = 1,390 atm x L^2 x mol^{-2}; b = 0,0391 L x mol^{-1}. Compare com a pressão calculada pela equação dos gases perfeitos, calculando a diferença percentual entre os dois valores obtidos.

Resolução

A primeira parte da resolução da questão consiste na aplicação da equação de Van der Waals para a determinação da pressão do gás.

$$\left(p^{real} + \frac{a}{V_{molar}^2}\right) \times (V_{molar} - b) = R \times T$$

$$\left[p^{real} + \frac{1{,}390}{\left(\frac{62{,}30 \times 10^{-3}}{1{,}0}\right)^2}\right] \times \left(\frac{62{,}30 \times 10^{-3}}{1{,}0} - 0{,}0391\right) = 0{,}08206 \times (0 + 273)$$

$$p^{real} = 607{,}49 \text{ atm}$$

Nesta segunda parte da resolução do problema, consiste na determinação da pressão a partir do seu comportamento ideal.

$$p^{ideal} \times \underbrace{\frac{V}{n}}_{V_{molar}} = n \times R \times T$$

$$p^{ideal} = \frac{n \times R \times T}{V} = \frac{1{,}0 \times 0{,}08206 \times (0 + 273)}{62{,}30 \times 10^{-3}} = 359{,}59 \text{ atm}$$

Cálculo do erro percentual entre as pressões:

$$(\%) = \frac{p^{real} - p^{ideal}}{p^{real}}$$

$$(\%) = \frac{607{,}49 \text{ atm} - 359{,}59 \text{ atm}}{607{,}49 \text{ atm}} = 0{,}4087$$

$$(\%) = 40{,}87\%$$

CAPÍTULO 7. RESUMO DA LITERATURA

1ª) Gás é um conjunto de moléculas ou até mesmo de átomos, que se encontram em movimento permanente e totalmente aleatório, ocupando totalmente o recipiente do qual se encontra.

2ª) A equação dos gases ideais é definida através da seguinte equação matemática: $pV = nRT$.

3ª) Características dos gases ideais: baixa pressão, alta temperatura ou baixa densidade.

4ª) Relação da pressão de um gás ideal com a sua densidade: $\boxed{d = \frac{p \text{ x } \langle MM \rangle}{R \text{ x } T}}$.

5ª) A pressão total de uma mistura gasosa é igual ao somatório das pressões parciais, exercida por cada um dos gases constituintes, se ocupassem todo o volume do recipiente, uma vez que para os gases ideias, não há quaisquer forças intermoleculares.

6ª) O volume parcial de um determinado gás presente em uma mistura gasosa é o volume que este ocuparia se estivesse sozinho à mesma temperatura e pressão.

7ª) Fator de compressibilidade: Fator de correção entre o desvio do comportamento de um gás real pelo comportamento do gás ideal.

8ª) Equação do fator de compressibilidade: $Z = \frac{V^{real}_{molar}}{V^{ideal}_{molar}}$.

9ª) Equação dos gases reais com a presença do fator de compressibilidade:

$$\boxed{pV = Z \text{ x } n \text{ x } R \text{ x } T}$$

10ª) Gases reais de Van de Waals (1873, prêmio Nobel em 1910) – existem forças que agem entre as moléculas e as moléculas gasosas apresentam um determinado tamanho, um determinado volume.

11ª) Equação dos gases reais de Van der Waals:

$$\boxed{\left(p^{real} + \frac{a}{V^2_{molar}}\right) \text{ x } (V_{molar} - b) = R \text{ x } T}.$$

12ª) Características dos gases reais: alta pressão e baixa temperatura.

13ª) Constantes de Van der Waals, a e b. A constante a representa as forças de atração entre as moléculas e b representa o volume das moléculas (covolume).

14ª) Constantes de volume, temperatura e pressão críticas:

$$V^{crítico} = 3 \text{ x } b$$

$$T^{crítica} = \frac{8 \text{ x } a}{27 \text{ x } b \text{ x } R}$$

$$p^{crítica} = \frac{a}{27 \text{ x } b^2}$$

CAPÍTULO 8. PERGUNTAS E RESPOSTAS

Questão 01

Explique a Lei de Boyle e Mariotte.

Resposta: Lei de Boyle - Mariotte ⟶ descreve o comportamento de um gás ideal apenas quando sua temperatura é mantida constante (para um processo em que a temperatura se mantém constante é chamada de isotérmica). Quanto mais a pressão do sistema aumenta, o volume diminui. Logo as grandezas volume e pressão são inversamente proporcionais. Então a lei de Boyle diz matematicamente que: pV = k, onde k é uma constante que depende da massa, temperatura e da natureza desse gás.

Questão 02

Explique a Lei de Charles e Gay Lussac.

Resposta: Lei de Charles - Gay Lussac ⟶ descreve o comportamento de um gás ideal apenas quando a pressão é mantida constante (para um processo em que a pressão se mantém constante é chamada de isobárica). Para uma dada massa de gás à pressão constante, o volume ocupado pelo gás é diretamente proporcional à temperatura absoluta. Um aumento da temperatura absoluta acarreta um aumento do volume ocupado pelo gás, de maneira que o quociente seja constante $\frac{V}{T} = \text{constante}$.
A relação entre volume e temperatura foi inicialmente observada em 1787 por Jacques Charles e quantificada em 1802 por Joseph Gay-Lussac, sendo conhecida como lei de Charles - Gay-Lussac.

Questão 03

(ITA) Explique que tipos de conhecimentos teóricos ou experimentais, já obtidos por outros pesquisadores, levaram A. Avogadro a propor a hipótese que leva o seu nome.

Resposta: Segundo Avogadro: "volumes iguais de quaisquer gases, à mesma temperatura e pressão, contêm o mesmo número de moléculas".
Avogadro sugeriu essa hipótese para tentar resolver um problema criado entre Dalton e Gay-Lussac: em 1808, Gay-Lussac tornou público um trabalho que tinha por base o estudo das reações envolvendo gases, ou seja, a lei volumétrica (combinações de volumes). Segundo ele, dois volumes de Hidrogênio estavam para um volume de Oxigênio na formação de dois volumes de água todos em estado gasoso. No entanto, Dalton ao fazer o estudo desse trabalho viu que a relação existente entre volumes era a mesma existente entre o número de partículas: havia duas partículas de hidrogênio reagindo com uma partícula de oxigênio e formando duas partículas de água. Dessa maneira, esse raciocínio contrariava a ideia de Dalton (átomo indivisível), pois o número de átomos estava sendo igualado ao número de partículas, isto é, um átomo de oxigênio não poderia ser dividido para formar duas partículas de água. Assim, Avogadro propôs que J. Dalton tinha confundido átomos com moléculas e que as moléculas de oxigênio deveriam ser diatômicas. Dessa maneira uma molécula de oxigênio poderia formar duas moléculas de água, demonstrando o seu trabalho a partir do modelo atômico de Dalton e das leis das combinações.

Questão 04

Defina gases ideais.

Resposta: Modelo idealizado, teórico, constituído por moléculas pontuais, que se movem de forma aleatória. Obedece a equação dos gases ideais, definida da seguinte maneira: $\boxed{pV = nRT}$. Para este modelo, os gases se comportam a baixas pressões ou a altas temperaturas.

Questão 05

Defina constante dos gases. Mostre que a constante universal dos gases (R) vale 0,08206 atm.L.mol^{-1}.K^{-1}. Apresente em uma tabela outros valores para a constante dos gases.

Resposta: A partir da equação dos gases ideais, temos: $p_{total} \times V_{total} = n_{total} \times R \times T$. Isolando a constante dos gases:

$$\boxed{R = \frac{p_{total} \times V_{total}}{n_{total} \times T}}$$

Considerando que o processo ocorre nas condições normais de Temperatura e pressão (CNTP), ou seja, 1 atmosfera e zero graus Celsius, o volume corresponde a 22,4 $L.mol^{-1}$.

$$R = \frac{p_{total} \text{ x } V_{total}}{n_{total} \text{ x } T} = \frac{1 \text{ atm x } 22{,}4 \text{ L}}{1 \text{ mol x } 273 \text{ K}} = 0{,}08206 \frac{\text{atm x L}}{\text{mol x K}}$$

Tabela que apresenta os valores da constante dos gases.

Valor	Unidade
8,314	$Pa.m^3.mol^{-1}.K^{-1}$
8,314	$J.mol^{-1}.K^{-1}$
1,987	$cal.mol^{-1}.K^{-1}$
0,08206	$atm.L.mol^{-1}.K^{-1}$
62,36	$mmHg.L.\ mol^{-1}.K^{-1}$

Questão 06

(INSTITUTO TECNOLÓGICO DA AERONÁUTICA) Partindo da lei dos gases perfeitos deduza uma expressão que fornece o valor da densidade de um gás (d) em função da pressão (p), da temperatura (T) e de sua massa molar (<MM>).

Resposta: Recorrendo a equação de Clapeyron, temos: $p_{total} \text{ x } V_{total} = n_{total} \text{ x R x T}$

$$p_{total} \text{ x V} = \frac{\text{massa}}{< \text{MM} >} \text{x R x T}$$

$$p_{total} \text{ x} < \text{MM} > = \underbrace{\frac{\text{massa}}{\text{V}}}_{\text{densidade}} \text{ x R x T}$$

Logo a relação entre a densidade com a pressão é dada pela seguinte equação matemática:

$$\boxed{d = \frac{p \text{ x} <\text{MM}>}{\text{R x T}}}.$$

Questão 07

Explique a Lei de Dalton das pressões parciais.

Resposta: Considere um recipiente de volume V constante que apresenta três gases distintos (A, B e C) na mesma temperatura. Partindo da equação dos gases ideais, temos:

$$p_{total} \text{ x } (V_A + V_B + V_C) = (n_A + n_B + n_C) \text{ x R x T}$$

$$p_{total} = \underbrace{\frac{n_A \text{ x R x T}}{V_A}}_{P_A} + \underbrace{\frac{n_B \text{ x R x T}}{V_B}}_{P_B} + \underbrace{\frac{n_C \text{ x R x T}}{V_C}}_{P_C}$$

$$\boxed{p_{total} = P_A + P_B + P_C}$$

Enunciado para a Lei de Dalton das pressões parciais:

Quando pelo menos dois ou mais gases que não reagem quimicamente são colocados num mesmo reservatório de volume V, a pressão exercida por cada gás na mistura é a mesma que ele teria se estivesse sozinho no reservatório. A pressão exercida por cada gás numa mistura é chamada de pressão Parcial. "A pressão total exercida por uma mistura é a soma das pressões parciais".

Questão 08

Explique a Lei de Amagat dos volumes parciais.

Resposta: Considere um recipiente de volume V contendo três gases distintos (A, B e C), com temperatura constante T.

Cálculo do número de mol para o gás A: $n_A = \frac{p_A \times V_A}{R \times T}$

Cálculo do número de mol para o gás B: $n_B = \frac{p_B \times V_B}{R \times T}$

Cálculo do número de mol para o gás C: $n_C = \frac{p_C \times V_C}{R \times T}$

Na mistura gasosa, temos a seguinte relação: $n_{total} = n_A + n_B + n_C$

$$\frac{p \times V_{total}}{R \times T} = \frac{p_A \times V_A}{R \times T} + \frac{p_B \times V_B}{R \times T} + \frac{p_C \times V_C}{R \times T}$$

Considerando que o processo ocorra na mesma pressão e na mesma temperatura, temos:

$$\frac{p}{R \times T} \times V_{total} = \frac{p_A}{R \times T} \times V_A + \frac{p_B}{R \times T} \times V_B + \frac{p_C}{R \times T} \times V_C$$

$$\frac{\cancel{p}}{\cancel{R \times T}} \times V_{total} = \frac{\cancel{p}}{\cancel{R \times T}} \times V_A + \frac{\cancel{p}}{\cancel{R \times T}} \times V_B + \frac{\cancel{p}}{\cancel{R \times T}} \times V_C$$

$$\boxed{V_{total} = V_A + V_B + V_C}$$

Lei de Amagat dos volumes parciais:

Quando dois ou mais gases que não reagem quimicamente entre si são colocados num mesmo reservatório, o volume exercido por cada gás na mistura é o mesmo que ele teria se estivesse sozinho no reservatório. O volume exercido por cada gás numa mistura é chamado de volume parcial. "O volume total exercido por uma mistura é a soma dos volumes parciais".

Questão 09

Como fica a equação dos gases ideais que relaciona a densidade com o grau de dissociação?

Resposta: Considerando uma reação gasosa de decomposição hipotética do tipo: $A_{(gás)} \rightarrow B_{(gás)} + C_{(gás)}$.

Base de cálculo: n (mol) inicial do reagente gasoso A. Utilizando a tabela de equilíbrio químico:

	$A_{(gás)}$	$\rightarrow$	$B_{(gás)}$	$C_{(gás)}$
Início	n		0	0
Reage	nα		nα	nα
Equilíbrio	n - nα		nα	nα

Cálculo do número de mol total da mistura gasosa: $n_{total} = n_A + n_B + n_C$

$n_{total} = n - n\alpha + n\alpha + n\alpha$

$n_{total} = n(1 + \alpha)$

Relação entre a densidade da mistura gasosa e o grau de dissociação:

$p_{total} \times V = n_{total} \times R \times T$

$p_{total} \times V = n(1 + \alpha) \times R \times T$

$$p_{total} \times \langle MM \rangle = \underbrace{\frac{m}{V}}_{\text{densidade}} \times (1+\alpha) \times R \times T$$

$\boxed{d = \frac{p_{total} \times V}{(1+\alpha) \times R \times T}}$, em que <MM> corresponde a massa molar do composto gasoso; α = grau de dissociação; R = constante dos gases e T = temperatura absoluta.

Questão 10

Defina fator de compressibilidade. Qual é o significado físico para Z > 1 e Z < 1 e Z = 1.

Resposta: O fator de compressibilidade de um determinado gás, designado pela letra Z, é a razão entre o volume molar do gás no comportamento real pelo volume molar do gás no comportamento ideal. O fator de compressibilidade leva em consideração dois fatores: estrutura molecular e forças intermoleculares.

Equação matemática: $Z = \frac{V_{molar}^{Real}}{V_{molar}^{Ideal}}$, na mesma pressão e temperatura.

Z > 1 ⟶ esta relação indica que o volume molar de um gás real apresenta volume maior do que o volume molar para um gás ideal, portanto, as interações intermoleculares repulsivas são dominantes.

Z < 1 ⟶ esta relação indica que o volume molar de um gás ideal apresenta volume maior do que o volume molar para um gás real, portanto, as interações intermoleculares atrativas são dominantes.

Z = 1 ⟶ indica exatamente que o gás apresenta comportamento idealizado, uma vez que, a partir da equação do gás real: $pV = ZnRT$. Para Z = 1, a equação se reduz para $pV = nRT$. Para pressões baixas, $\lim_{p \to 0} Z = 1$.

Questão 11

Explique o comportamento para os gases de Van der Waals.

Resposta: A equação de Van der Waals procurou adaptar a equação dos gases ideais para descrever o comportamento de um gás real. Ele adicionou duas constantes (a e b), uma devido ao fato das partículas ocuparem um volume finito (b) e outra devido às interações entre as partículas constituintes do gás (a). O modelo do gás ideal assume que não existem interações entre as partículas de um gás. No entanto, as partículas de um gás real interagem entre si através das forças de Van der Waals. Outra falha no modelo do gás ideal é a desconsideração total do chamado "volume próprio das partículas". Equação de Van der Waals em função do volume molar:

$$\boxed{\left(p^{real} + \frac{a}{V_{molar}^2}\right) \times (V_{molar} - b) = R \times T}$$

Questão 12

Enuncie a Teoria Cinética dos Gases.

Resposta: De acordo com a Teoria Cinética dos Gases, as moléculas e átomos de algumas substâncias estão em constante estado de movimento, de forma caótica e inteiramente livre de força de atração e repulsão, a partir de uma temperatura acima do zero absoluto. Trata-se de uma teoria que o modelo gasoso é tratado de forma bem simples, ou seja, o estudo e conhecimento de um gás ideal.

Questão 13

Defina e deduza a velocidade média quadrática.

Resposta: A partir da equação fundamental da teoria cinética dos gases, temos:

$$\mathbf{pV} = \frac{1}{3} \times n \times \langle MM \rangle \times c^2$$

Esta equação representa a pressão que um determinado gás realiza com a parede de um determinado recipiente.

A pressão torna-se constante, com um número bastante grande de colisões na ordem de bilhões de colisões. Levando em consideração que os gases apresentam comportamento ideal, temos:

$$\mathbf{pV} = \mathrm{nRT}$$

Igualando as equações através do produto pV que se encontra em negrito em ambas as equações, temos:

$$\mathbf{pV} = \frac{1}{3} \mathrm{x\ n\ x} < \mathrm{MM} > \mathrm{x\ c^2} \qquad \mathrm{e}\ \mathbf{pV} = \mathrm{nRT}$$

$$\frac{1}{3} \mathrm{x}\ \cancel{\mathrm{n}}\ \mathrm{x} < \mathrm{MM} > \mathrm{x\ c^2} = \cancel{\mathrm{n}}\ \mathrm{x\ R\ x\ T}$$

$$\boxed{\mathrm{c^2} = \frac{3\ \mathrm{x\ R\ x\ T}}{< \mathrm{MM} >}}$$

Em um gás ideal, a teoria cinética dos gases afirma que a uma dada temperatura temos a mesma energia cinética para cada molécula. Desta forma, moléculas que apresentam maior massa molar, como por exemplo, moléculas diatômicas de oxigênio (32,0 $g.mol^{-1}$) apresentam menor velocidade que as de nitrogênio (28,0 $g.mol^{-1}$). A partir da velocidade média quadrática das moléculas é diretamente proporcional a temperatura e inversamente proporcional a raiz quadrada da massa molar. Quanto maior a temperatura, maior a velocidade média quadrática das moléculas.

Questão 14

Enuncie a Lei de Difusão de Graham.

Resposta: Lei de Graham → O cientista escocês Thomas Graham descobriu que, quanto menos denso um gás, maior sua velocidade de difusão. A constatação de Graham ou Lei de Graham assim se enuncia: "Através de dois gases distintos, nas mesmas condições de temperatura e pressão, a razão das velocidades de difusão é igual à raiz quadrada do inverso das massas molares". A partir da equação da velocidade média quadrática, temos:

Analisando o Gás I: $c_I^2 = \frac{3\ \mathrm{x\ R\ x\ T}}{<\mathrm{MM}>_I}$

Analisando o Gás II: $c_{II}^2 = \frac{3\ \mathrm{x\ R\ x\ T}}{<\mathrm{MM}>_{II}}$

Dividindo a equação da velocidade do gás I com o do gás II, temos:

$$\frac{c_I^2}{c_{II}^2} = \frac{\frac{\cancel{3}\ \mathrm{x}\ \cancel{\mathrm{R}}\ \mathrm{x}\ \cancel{\mathrm{T}}}{< \mathrm{MM} >_I}}{\frac{\cancel{3}\ \mathrm{x}\ \cancel{\mathrm{R}}\ \mathrm{x}\ \cancel{\mathrm{T}}}{< \mathrm{MM} >_{II}}}$$

$$\boxed{\frac{c_I}{c_{II}} = \sqrt{\frac{< \mathrm{MM} >_{II}}{< \mathrm{MM} >_I}}}$$

Questão 15

Defina a temperatura de Boyle e apresente a sua respectiva equação.

Resposta: A temperatura de Boyle é uma temperatura característica para cada gás, com comportamento ideal, numa faixa grande de pressão, que vai de pressões bem baixas até pressões acima de 200 atm.

Equação da temperatura de Boyle (T_B):

$T^{Boyle} = \frac{a}{b \times R}$, em que a é a constante de Van der Waals referente às interações intermoleculares;

b é o volume da partícula gasosa (covolume) e R é a constante dos gases ideais.

Questão 16

Duas salas de mesmo tamanho se comunicam por uma porta aberta. Entretanto, a média de temperatura nas duas salas é mantida a valores distintos. Em qual sala há mais ar?

Resposta: Informações do problema:

Informações para a sala I: T_I, P_I, V_I, n_I

Informações para a sala II: T_{II}, P_{II}, V_{II}, n_{II}

Considerações a serem feitas para a resolução do problema:

Levando em conta que a temperatura na sala I é maior que a sala II, logo: $T_I > T_{II}$.

O problema menciona que as salas apresentam o mesmo volume, ou seja, $V_I = V_{II}$ (processo isocórico ou isovolumétrico).
As salas apresentam o mesmo nível, logo: $p_I = p_{II}$ (processo isobárico).

Analisando a sala I: $\frac{\overbrace{p_I V_I}^{\text{Constante}}}{R} = n_I \times T_I$

Analisando a sala II: $\frac{\overbrace{p_{II} V_{II}}^{\text{Constante}}}{R} = n_{II} \times T_{II}$

Igualando as equações para as situações I e II: $n_I \times T_I = n_{II} \times T_{II}$

$$\frac{n_I}{n_{II}} = \frac{T_{II}}{T_I}$$

Como a temperatura na sala I é maior que na sala II ($T_I > T_{II}$), isso vai implicar que o número de mol na sala I é menor que na sala II ($n_I < n_{II}$). Logo, a sala que apresenta menor temperatura apresentará maior ar.

Questão 17

Defina ponto crítico e apresente as equações para a determinação do volume crítico, temperatura crítica e pressão crítica.

Resposta: Ponto crítico = Ponto que a uma certa temperatura, a densidade de ambas as fases passa a ser a mesma, havendo uma anulação por completo da diferença entre líquido e vapor. Como consequência deste ponto, a temperatura, a pressão e o volume molar correspondem a Temperatura crítica (T_c), Pressão crítica (P_c) e Volume crítico (V_c). Estes valores são característicos para cada substância.

Expressão matemática para o volume crítico: $V_c = 3 \times b$

Expressão matemática para a temperatura crítica: $T_c = \frac{8 \times a}{27 \times b \times R}$

Expressão matemática para a pressão crítica: $T_c = \frac{a}{27 \times b^2}$

CAPÍTULO 9. EXERCÍCIOS DE FIXAÇÃO

Questão I

a) Determine a densidade do gás hidrogênio em g.L^{-1}, a 25°C e pressão de 1,50 atm, considerando que este se comporta como um gás ideal.
b) Uma amostra de um gás ideal desconhecido, com massa igual a 190 g desloca 35,50 dm³ de ar atmosférico, medidos a 27°C e 1200 mmHg. A partir desta informação, calcule a massa molecular da referida substância.
c) Certa massa de gás Hélio (He) está contida num recipiente de 8,0 L, a 127°C, exercendo uma pressão de 2,0 atm. Se o volume dessa massa de gás se reduzisse a 75% do valor inicial, determine a temperatura para que sua pressão se torne também 75% inferior ao valor inicialmente estabelecido no recipiente.

Resposta:

Item a) A relação entre a densidade e a pressão é dada pela seguinte equação: $p. < MM > = \overbrace{\frac{m}{V}}^{\text{densidade}} .R.T$

$$p. < MM > = d.R.T$$

$$\text{densidade} = \frac{p < MM >}{RT}$$

Substituindo os valores e calculando a densidade do gás hidrogênio:

$$d_{H_2} - \frac{1{,}50 \text{ x } 2{,}0}{0{,}08206 \text{ x } (25 + 273)} = 0{,}123 g.L^{-1}$$

Item b) Sabendo que 1 atm equivale a 760 mmHg, temos:

$$\left(\frac{1200}{760}\right) \text{x } 35{,}5 = \left(\frac{190}{< MM >}\right) \text{x } 0{,}08206 \text{ x } (27 + 273)$$

$$< MM > = 83{,}39 \, {}^{g}/_{mol}$$

O gás mais próximo que apresenta esta massa molar é o gás nobre Kriptônio (Kr).

Item c) Dado que o gás se comporta como ideal, a razão entre o produto PV e T será constante e numericamente igual ao produto do número de mols e da constante dos gases (R).

$n.R = \frac{p.V}{T}$. Considerando que a relação $\frac{pV}{T}$ é constante, temos: $\left(\frac{p_1.V_1}{T_1}\right) = \left(\frac{p_2.V_2}{T_2}\right)$

Sendo "1" o estado inicial e "2" o estado final, a temperatura do estado final (2), será:

Estado termodinâmico (1): P_1 = 2,0 atm; V_1 = 8,0 L e T_1 = 127 + 273 = 400 K

Estado termodinâmico (2): $P_2 = \frac{3}{4} \text{x } P_1 = \frac{3}{4} \text{ x } 2{,}0 = 1{,}50 \text{ atm}; V_2 = \frac{3}{4} \text{x } V_1 = \frac{3}{4} \text{x } 8{,}0 = 6{,}00 \text{ L}$

Aplicando aquação combinada dos gases ideais, para a determinação da terminação da temperatura final:

$$\frac{2{,}0 \text{ x } 8{,}0}{400} = \frac{1{,}50 \text{ x } 6{,}0}{T_2}$$

$$T_2 = 225 \text{ K}$$

Neste exercício cabe uma observação bastante importante: a relação entre a pressão, volume e temperatura para o mesmo gás em situações distintas é definido como equação combinada dos gases ideais.

Questão II

Dez gramas de gás metano foram colocadas em um recipiente com capacidade de 1 dm^3 a 25°C.
a) Calcule a pressão exercida pelo gás, considerando que o mesmo se comporta como ideal.
b) Calcule a pressão exercida pelo gás, considerando que o mesmo apresente comportamento real de Van der Waals, com parâmetros a e b respectivamente iguais a 2,25 $L^2.atm.mol^{-1}$ e 0,0428 $L.mol^{-1}$.

Resposta:

Item a) Cálculo da pressão do gás, levando em consideração o seu comportamento ideal.

$$\mathrm{p\ x\ 1} = \left(\frac{10}{16}\right) \mathrm{x\ 0{,}08206\ x\ (25 + 273)}$$

$$\mathrm{p = 15{,}28\ atm}$$

Item b) Considerando que o gás apresenta um comportamento volumétrico descrito pela equação de van der Waals, convém calcular inicialmente o volume molar do gás nas condições termodinâmicas de interesse. Este, por sua vez, pode ser determinado através da razão entre o volume ocupado pelo gás e o número de mols.

Cálculo do número de mol: $\mathrm{n} = \frac{\mathrm{m}}{<\mathrm{MM}>} = \frac{10}{16} = 0{,}625\ \mathrm{mol}$

Cálculo do volume molar: $\mathrm{V_{molar}} = \frac{1}{0{,}625} = 1{,}60\ \mathrm{L.mol^{-1}}$

Substituindo-se o volume molar, temperatura e as constantes a e b na equação de Van der Waals, tem-se:

$$\mathrm{p^{real}} = \frac{\mathrm{RT}}{\mathrm{V_{molar} - b}} - \frac{\mathrm{a}}{\mathrm{V_{molar}^2}}$$

$$\mathrm{p^{real}} = \frac{0{,}08206\ \mathrm{x}\ (25 + 273)}{(1{,}6 - 0{,}0428)} - \frac{2{,}25}{(1{,}6)^2}$$

$$\mathrm{p^{real} = 14{,}82\ atm}$$

Questão III

Uma mistura gasosa é constituída por três gases: 450 g de etano, 250 g de argônio e 350 g de dióxido de carbono. Sabendo que a pressão parcial do gás nobre a 300 K é igual a 8000 Pa, calcule:
a) as frações molares de cada componente;
b) a pressão total da mistura;
c) o volume ocupado pela mistura.

Resposta: Primeiramente, para a resolução das alternativas, será necessário calcular o número de mol de cada composto gasoso:

$$\mathrm{n_{C_2H_6}} = \frac{\mathrm{m_{C_2H_6}}}{<\mathrm{MM}>_{\mathrm{C_2H_6}}} = \frac{450}{30} = 15\ \mathrm{mol}$$

$$\mathrm{n_{Ar}} = \frac{\mathrm{m_{Ar}}}{<\mathrm{MM}>_{\mathrm{Ar}}} = \frac{250}{40} = 6{,}35\ \mathrm{mol}$$

$$\mathrm{n_{CO_2}} = \frac{\mathrm{m_{CO_2}}}{<\mathrm{MM}>_{\mathrm{CO_2}}} = \frac{350}{44} = 7{,}95\ \mathrm{mol}$$

Onde <MM>$_i$ representa a massa molecular da espécie gasosa "i".

Número de mol total (n_T): $n_{Total} = n_{C2H6} + n_{Ar} + n_{CO2}$ = 15 mol + 6,25 mol + 7,95 mol = 29,2 mol.

Item a) As frações molares de cada componente podem ser determinadas através da razão entre o número de mol calculado do gás pelo número de mol total. O somatório das frações molares calculadas deve ser obrigatoriamente igual a um.

$$X_{C_2H_6} = \frac{n_{C_2H_6}}{n_T} = \frac{15}{29,2} = 0,514$$

$$X_{Ar} = \frac{n_{Ar}}{n_T} = \frac{6,25}{29,2} = 0,214$$

$$X_{CO_2} = \frac{n_{CO_2}}{n_T} = \frac{7,95}{29,2} = 0,272$$

Item b) Por definição, a pressão parcial de um componente qualquer em um gás ideal é o resultado do produto da sua fração molar característica e a pressão total exercida pelo gás. Sabendo que 1 atm corresponde a 101325 Pa, temos:

$$P_{Ar} = X_{Ar} \text{ x } P_{total}$$

$$8000 \text{ Pa.}\left(\frac{1 \text{ atm}}{101325 \text{ Pa}}\right) = 0,21 \text{ x } P_{total}$$

$$P_{total} = 0,376 \text{ atm}$$

Item c) Como a mistura se comporta como um gás ideal, o volume ocupado pode ser calculado a partir do conhecimento da pressão, temperatura e número total de mols.

$$0,376 \text{ x } V = 29,2 \text{ x } 0,08206 \text{ x } 300$$

$$V = 1911,8 \text{ L}$$

Questão IV

Em um laboratório de síntese de nanopartículas há um reator que é preenchido com 0,25 kg de argônio a temperatura de 450°C. Sabendo que o volume interno do reator é de 30 L, calcule:
a) a pressão exercida pelo gás enquanto ideal.
b) a pressão exercida pelo gás considerando que o mesmo se comporta de acordo com a equação de Van der Waals, sendo o parâmetro atrativo igual a 1,4 atm.L^2.mol^{-2} e o repulsivo igual a 0,032 L.mol^{-1}.
c) o fator de compressibilidade do gás nas condições dadas.

Resposta:

Item a) Substituindo os valores fornecidos pelo problema, tem-se: $p \text{ x } 30 = \left(\frac{250}{40}\right) \text{ x } 0,08206 \text{ x } (450 + 273)$
$p = 12,36 \text{ atm}$

Item b) Cálculo do número de mol: $n = \frac{m}{<MM>} = \frac{250}{40} = 6,25 \text{ mol}$

Cálculo do volume molar: $V_{molar} = \frac{V}{n} = \frac{30}{6,25} = 4,8 \text{ L.mol}^{-1}$

Substituindo-se o volume molar na equação de estado de Van der Waals, juntamente com o conhecimento da temperatura e dos valores de a e b característicos para o argônio, a pressão pode ser diretamente computada.

$$\left\{p^{real} + \frac{1,4}{(4,8)^2}\right\} x \{4,8 - 0,032\} = 0,08206 \; x \; (450 + 273)$$

$$p^{real} = 12,38 \text{ atm}$$

Item c) A razão entre o fator de compressibilidade do gás real e aquele do mesmo gás na ausência de interações interatômicas (comportamento ideal; Z = 1), em verdade é a razão entre as pressões no equilíbrio nas referidas condições. Cabe ressaltar, que, no presente problema, os volumes molares do gás na presença e na ausência de interações são ambos iguais ao volume molar calculado anteriormente (4,8 L/mol).

$$\frac{Z^{real}}{Z^{ideal}} = \frac{\frac{p^{real} \; x \; \vartheta^{real}}{R \; x \; T}}{\frac{p^{ideal} \; x \; \vartheta^{ideal}}{R \; x \; T}} = \frac{p^{real}}{p^{ideal}} = \frac{12,38}{12,36}$$

$$Z^{real} = 1,002$$

Para este valor encontrado para o fator de compressibilidade (Z) do gás real sugere que o argônio deve se comportar de forma muito similar ao comportamento esperado para o mesmo, caso não houvesse interações entre seus átomos.

Questão V

Um freezer recém-adquirido foi fechado e ligado quando a temperatura ambiente estava a 27°C. Considerando que o ar se comporta como um gás ideal e a vedação é "perfeita", determine a pressão no interior do freezer quando for atingida a temperatura de –19°C.

Resposta: Para a resolução desta questão, como se trata do mesmo composto gasoso, utilizamos a equação combinada dos gases ideais.

Situação termodinâmica I: P_I = 1 atm; V = constante; T_I = 273 + (27) = 300 K

Situação termodinâmica II: P_{II}; V = constante; T_{II} = 273 + (- 19) = 254 K

Cálculo da pressão II (P_{II}), considerando o processo como sendo isovolumétrico (V_I = V_{II}), ou também conhecido como isocórico.

$$\frac{p_I \; x \; V_I}{T_I} = \frac{p_{II} \; x \; V_{II}}{T_{II}}$$ (Equação combinada dos gases ideais)

$$\frac{1}{300} = \frac{p_{II}}{254}$$

$$p_{II} = 0,85 \text{ atm}$$

Questão VI

A uma temperatura de aproximadamente 250 K e pressão de 20 atm, o fator de compressibilidade de um determinado gás específico é igual a 0,86. Calcule o volume ocupado por 7,0 milimol deste gás nessas condições.

Resposta: Cálculo do volume a partir da equação dos gases reais, em função do fator de compressibilidade (Z).

$$V = \frac{Z.n.R.T}{p} = \frac{0,86 \; x \; 7,0 \; x \; 10^{-3} x \; 0,08206 \; x \; 250}{20} = 6,175 \; x \; 10^{-3} \text{ L}$$

Questão VII

Um gás encontra-se a uma temperatura de 295 K e pressão de 40 atm, apresentando um volume molar real 22,50% maior do que o calculado pela lei dos gases ideais. A partir desta informação, determine:

a) o fator de compressibilidade;

b) o volume molar do gás;

c) que forças são dominantes deste gás nestas condições?

Resposta:

Item a) Considerando um aumento de 22,50% em relação ao calculado pela lei dos gases ideais, a relação entre o volume molar real com o volume molar ideal é:

$$V_{molar}^{Real} = 1{,}225 \text{ x } V_{molar}^{Ideal}$$

Cálculo do fator de compressibilidade: $Z = \frac{V_{molar}^{Real}}{V_{molar}^{Ideal}} = \frac{1{,}2250 \text{ x } V_{molar}^{Ideal}}{V_{molar}^{Ideal}} = 1{,}2250$

Item b) Cálculo do volume molar do gás, a partir da equação dos gases reais (com a presença do fator de compressibilidade):

$$\underbrace{\frac{V}{n}}_{V_{molar}} = \frac{Z \text{ x } R \text{ x } T}{p}$$

$$V_{molar} = \frac{1{,}225 \text{ x } 0{,}08206 \text{ x } 295}{40} = 0{,}741 \text{ L.mol}^{-1}$$

Item c) Para Z = 1,2250, as forças dominantes são as repulsivas, uma vez que Z > 1.

Questão VIII

Sabe-se que nas condições normais de temperatura e pressão, um mol de um determinado gás ocupa volume de 22,4 litros. Utilizando a equação dos gases reais, de Van der Waals, determine a pressão de um mol de gás oxigênio na mesma temperatura e compare com o valor esperado. Dados: constantes de Van der Waals para o gás oxigênio: a = 1,378 L^2.atm.mol^{-2} e b = 3,183 x 10^{-4} L.mol^{-1}.

Resposta: Cálculo do volume molar do gás oxigênio: $V_{molar} = \frac{22{,}4 \text{ L}}{1{,}0 \text{ mol}} = 22{,}4 \text{ L.mol}^{-1}$

Analisando o gás oxigênio a partir do comportamento de um gás real:

$$\left\{p^{real} + \frac{1{,}378}{(22{,}4)^2}\right\} \text{ x } \{22{,}4 - 3{,}183 \text{ x } 10^{-4}\} = 0{,}08206 \text{ x } (0 + 273)$$

$$p^{real} = 0{,}997 \text{ atm}$$

Diante do resultado obtido da pressão através da equação de Van der Waals, a pressão calculada pela equação dos gases ideais não apresenta diferenças significativas.

Questão IX

(GRILLO) A constante a de Van der Waals de um gás é igual a 0,50 m^6.Pa.mol^{-2}, apresentando um volume molar igual a 5,00 x 10^{-4} m^3.mol^{-1}, a 273 K e pressão de 3,0 MPa. A partir destes dados, calcule:
a) a constante b de Van der Waals.
b) o fator de compressibilidade do gás nessas condições de temperatura e pressão.

Resposta:

Item a) Cálculo da constante de Van der Waals (b), a partir da equação de Van der Waals:

$$\left\{3{,}0 \text{ x } 10^6 + \frac{0{,}50}{(5{,}0 \text{ x } 10^{-4})^2}\right\} \text{ x } (5{,}0 \text{ x } 10^{-4} - b) = 8{,}314 \text{ x } 273$$

b = 4,60 x 10^{-5} m^3.mol^{-1}

Cálculo da pressão considerando comportamento ideal:

$$p \times \underbrace{\left(\frac{V}{n}\right)}_{\substack{\text{Volume molar} \\ (V_m)}} = R \times T$$

$$p = \frac{8{,}314 \times 273}{5{,}0 \times 10^{-4}} = 4{,}54 \times 10^{6}\text{Pa}$$

Item b) Cálculo do fator de compressibilidade (Z): $Z = \frac{p^{real}}{p^{ideal}} = \frac{3{,}0 \times 10^{6}}{4{,}54 \times 10^{6}} = 0{,}66$

Para Z = 0,66, as forças dominantes são atrativas, uma vez que Z < 1.

Questão X

(GRILLO) Calcule os parâmetros de Van der Waals para um determinado gás que apresenta a temperatura crítica igual a 277 K e pressão crítica igual a 55,5 atmosferas.

Resposta: Sabendo que a temperatura crítica e a pressão crítica estão apresentadas pelas seguintes equações a seguir:

$T_{crítica} = \frac{8.a}{27.b.R}$ (Equação A)

$P_{crítica} = \frac{a}{27.b^2}$ (Equação B)

A partir da temperatura crítica igual a 277 K, temos: $T_{crítica} = \frac{8a}{27bR}$

$$277 = \frac{8a}{27bR}$$

$$8a = 277 \times 27 \times b \times 0{,}08206$$

$\frac{a}{b} = 76{,}71$ (Equação C)

A partir da pressão crítica igual a 55,5 atmosferas, temos: $P_{crítica} = \frac{a}{27b^2}$

$$55{,}5 = \frac{a}{27b^2}$$

$$55{,}5 = \frac{a}{27b} \times \frac{1}{b}$$

$$55{,}5 \times 27 = \frac{a}{b} \times \frac{1}{b}$$

$1498{,}5 = \frac{a}{b} \times \frac{1}{b}$ (Equação D)

Sabendo que pela equação C, a relação $\left(\frac{a}{b}\right)$ é igual a 76,71, então a constante b de van der Waals é igual a:

$$1498{,}5 = 76{,}71 \times \frac{1}{b}$$

$b = 5{,}12 \times 10^{-2}\ L.mol^{-1}$

Cálculo da constante a de Van der Waals, a partir da equação C:

$$\frac{a}{b} = 76{,}71$$

$$\frac{a}{5{,}12 \text{ x} 10^{-2}} = 76{,}71$$

a = 3,93 atm.L².mol^{-2}

Questão XI

A constante de Van der Waals b, para os gases reais, pode ser usada para determinar o tamanho de um átomo ou de uma molécula no estado gasoso, sendo o valor de b em relação ao N_2 igual a 39,4 x 10^{-6} m^3.mol^{-1}, determine o raio hipotético de uma molécula de N_2 desse gás.

Resposta: Considerando que o gás nitrogênio apresente como configuração matemática uma configuração esférica, o raio da molécula de nitrogênio gasoso, pode ser calculado através da seguinte expressão:

$$V = \frac{4\pi R^3}{3}$$

$$\frac{4\pi R^3}{3} = \frac{b}{N_A}$$

$$R = \sqrt[3]{\frac{3.b}{4\pi.N_A}}$$

Onde b é a constante de Van der Waals, relacionado ao volume da molécula gasosa e N_A = constante de Avogadro.Sendo a constante de Van de Waals b = 39,4 x 10^{-6} m^3.mol^{-1}, temos:

$$R = \sqrt[3]{\frac{3.b}{4\pi.N_A}} = \sqrt[3]{\frac{3 \text{ x } 39{,}4 \text{ x } 10^{-6}}{4 \text{ x } 3{,}14 \text{ x } 6{,}02 \text{ x } 10^{23}}} = \sqrt[3]{1{,}56 \text{ x } 10^{-29}}$$

$$R = 2{,}50 \text{ x } 10^{-10} \text{ m}$$

Questão XII

(GRILLO) Considere um litro de um recipiente com um determinado gás que apresenta as seguintes características: $P_{INICIAL}$ = 340 atm, temperatura inicial igual a 444 K é comprimido para uma pressão de 1200 atm e -23°C. O fator de compressibilidade para o estado inicial é igual a 1,077 e para o estado final é igual a 1,876. A partir destas informações, determine o volume deste gás para o estado final.

Resposta: Dados do problema:

Situação termodinâmica inicial: $P_{INICIAL}$ = 340 atm; $V_{INICIAL}$ = 1,0 L; $T_{INICIAL}$ = 444 K; $Z_{INICIAL}$ = 1,077

Situação termodinâmica final: P_{FINAL} = 1200 atm; V_{FINAL} = ?; T_{FINAL} = (- 23 + 273) = 250 K; Z_{FINAL} = 1,876

Desenvolvendo a equação dos gases reais com a presença do fator de compressibilidade, temos:

$$pV = ZnRT$$

Para a resolução deste problema, será considerado tanto para o estado inicial quanto para o estado final uma quantidade de 1 mol. Isolando o produto constante (nR) da equação acima:

$$nR = \frac{pV}{ZT}$$

$$nR = \left(\frac{pV}{ZT}\right)_{INICIAL} = \left(\frac{pV}{ZT}\right)_{FINAL}$$

$$\left(\frac{340 \times 1{,}0}{1{,}077 \times 444}\right)_{INICIAL} = \left(\frac{1200 \times V}{1{,}876 \times 250}\right)_{FINAL}$$

$V_{FINAL} = 0{,}278$ L

Questão XIII

(INSTITUTO TECNOLÓGICO DA AERONÁUTICA) Num cilindro contendo uma mistura de gás oxigênio e gás argônio, a pressão total é de 10 atmosferas. Sabendo que a pressão parcial do oxigênio é 5,0 vezes maior do que a pressão parcial do argônio, no cilindro o valor da relação (Massa do oxigênio em gramas / Massa do argônio) em gramas é:

a) 2,0
b) 3,5
c) 4,0
d) 5,0
e) 6,3

Resposta: Alternativa C.

Informação do problema: $P_{TOTAL} = P_{O2} + P_{AR}$

$P_{O2} + P_{AR} = 10$ atm

Informação do problema: A pressão parcial do O_2 é cinco vezes maior que a pressão parcial do Argônio, logo: $P_{O2} = 5 \times P_{AR}$

Cálculo da pressão parcial do gás Argônio: $P_{O2} + P_{AR} = 10$ atm

$5.P_{AR} + P_{AR} = 10$ atm

$P_{AR} = 1{,}67$ atm

Cálculo da pressão parcial do gás Oxigênio: $P_{O2} = 5 \times P_{AR}$

$P_{O2} = 5 \times 1{,}67 = 8{,}33$ atm

Sabendo que a pressão parcial é o produto da fração molar com a pressão total, temos: $P_{Ar} = X_{Ar} \times p_{TOTAL}$

$$X_{Ar} \times p_{TOTAL} = 1{,}67$$

$$\frac{n_{Ar}}{n_{TOTAL}} \times p_{TOTAL} = 1{,}67$$

$$\frac{\left(\frac{m_{Ar}}{< MM >_{Ar}}\right)}{n_{TOTAL}} \times p_{TOTAL} = 1{,}67$$

$$m_{Ar} = \frac{66{,}8}{n_{TOTAL}} \times p_{TOTAL} = 1{,}67$$

$$m_{Ar} = \frac{66{,}8}{p_{TOTAL}} \times n_{TOTAL} \qquad \text{(Equação I)}$$

Analisando para o gás oxigênio:

$$P_{O_2} = X_{O_2} x\ p_{TOTAL}$$

$$X_{O_2}\ x\ p_{TOTAL} = 1{,}67$$

$$\frac{n_{O_2}}{n_{TOTAL}} x\ p_{TOTAL} = 8{,}33$$

$$\frac{\left(\frac{m_{O_2}}{< MM >_{O_2}}\right)}{n_{TOTAL}} x\ p_{TOTAL} = 8{,}33$$

$$m_{O_2} = \frac{266{,}56}{p_{TOTAL}} x\ n_{TOTAL} \qquad \text{(Equação II)}$$

Dividindo a equação II pela equação I, temos: $\frac{m_{O_2}}{m_{Ar}} = \frac{\frac{266{,}56\ x\ n_{TOTAL}}{p_{TOTAL}}}{\frac{66{,}8\ x\ n_{TOTAL}}{p_{TOTAL}}}$

$$\frac{m_{O_2}}{m_{Ar}} = \frac{266{,}56}{66{,}8} = \boxed{4{,}01}$$

Questão XIV

(INSTITUTO TECNOLÓGICO DA AERONÁUTICA) Um frasco fechado contém dois gases cujo comportamento é considerado ideal: hidrogênio molecular e monóxido de nitrogênio. Sabendo que a pressão parcial do monóxido de nitrogênio é igual a 3/5 da pressão parcial do hidrogênio molecular, e que a massa total da mistura é de 20 g, assinale a alternativa que fornece a porcentagem em massa do hidrogênio molecular na mistura gasosa.

a) 4%
b) 6%
c) 8%
d) 10%
e) 12%

Resposta: Alternativa D.

Dados do problema: $P_{NO} = \left(\frac{3}{5}\right) x\ p_{H_2}$ e $m_{NO} + m_{H_2} = 20\ g$

Relação matemática entre a massa do monóxido de nitrogênio com o hidrogênio molecular:

$$P_{NO} = \left(\frac{3}{5}\right) x\ p_{H_2}$$

$$X_{NO} x\ P_{TOTAL} = \left(\frac{3}{5}\right) x\ X_{H_2}\ x\ P_{TOTAL}$$

$$\frac{n_{NO}}{(n_{NO} + n_{H_2})} x\ P_{TOTAL} = \left(\frac{3}{5}\right) x \frac{n_{H_2}}{(n_{H_2} + n_{NO})}\ x\ P_{TOTAL}$$

$$\frac{\left(\frac{m_{NO}}{< MM >_{NO}}\right)}{\cancel{(n_{NO} + n_{H_2})}} x\ \cancel{P_{TOTAL}} = \left(\frac{3}{5}\right) x \frac{\left(\frac{m_{H_2}}{< MM >_{H_2}}\right)}{\cancel{(n_{H_2} + n_{NO})}} x\ \cancel{P_{TOTAL}}$$

$$\frac{m_{NO}}{< MM >_{NO}} = \left(\frac{3}{5}\right) x \frac{m_{H_2}}{< MM >_{H_2}}$$

$$\frac{m_{NO}}{30} = \left(\frac{3}{5}\right) x \frac{m_{H_2}}{2}$$

$$m_{NO} = 9 \text{ x } m_{H_2}$$

Cálculo da massa de hidrogênio molecular, resolvendo o seguinte sistema de equações:

$m_{NO} = 9.m_{H2}$ e $m_{NO} + m_{H2} = 20$ g

A massa de hidrogênio calculada no sistema acima é igual a 2,0 g. Logo, o percentual de hidrogênio na mistura gasosa é de:

$$(\%)_{H_2} = \frac{2,0}{20,0} = 0,10\ (10\%)$$

Questão XV

(GRILLO) Usando a equação de Van der Waals, calcule a pressão desenvolvida através de 100 gramas de dióxido de carbono contido em um volume de cinco litros a uma temperatura igual a 40°C. Além disso, compare este valor com o calculado usando a lei dos gases ideais e determine a percentagem devido à idealidade, considerando as constantes de Van der Waals do dióxido de carbono igual a: a = 3,6 atm.L².mol⁻² e b = 44 cm³.mol⁻¹.

Resposta: Cálculo do número de mol de CO_2:

$$n_{CO_2} = \frac{n_{CO_2}}{\text{<MM>}_{CO_2}} = \frac{100}{44} = 2,27 \text{ mol}$$

Cálculo do volume molar (V_m) do dióxido de carbono:

$$V_{molar} = \frac{V}{n} = \frac{5,0}{2,27} = 2,20 \text{ L.mol}^{-1}$$

Cálculo da pressão considerando o gás com comportamento real: $b = 44\ \frac{cm^3}{mol} x \left(\frac{10^{-3}\ dm^3}{1\ cm^3}\right) = 44 \text{ x } 10^{-3}\ dm^3 .\, mol^{-1}$

Cálculo da pressão, a partir do seu comportamento real:

$$\left\{p^{real} + \frac{3,6}{(2,20)^2}\right\} x \{2,20 - 44 \text{ x}10^{-3}\} = 0,08206 \text{ x } (40 + 273)$$

$$p^{real} = 11,17 \text{ atm}$$

Cálculo da pressão considerando o gás com comportamento ideal:

$$p^{ideal} \text{ x } 5 = 2,27 \text{ x } 0,08206 \text{ x } 313$$

$$p^{ideal} = 11,66 \text{ atm}$$

Cálculo do percentual (%): (%) = $\frac{11,66-11,17}{11,66} = 4,20 \text{ x } 10^{-2} (4,20\ \%)$

Questão XVI

(GRILLO) Considere que o gás etileno, gás muito utilizado no setor químico industrial, apresentando a temperatura crítica igual a 282 K e pressão crítica igual a 50 atm. A partir destes dados, determine as constantes de Van der Waals.

Resposta: Sabendo que a temperatura crítica é definida através da seguinte equação matemática, temos:

$$T_{crítica} = \frac{8.a}{27 \times b \times R}$$

$$282 = \frac{8.a}{27 \times b \times R}$$

$$\frac{a}{b} = \frac{27 \times 0{,}08206 \times 282}{8} = 78{,}10$$

Sabendo que a pressão crítica é definida como sendo:

$$P_{crítica} = \frac{a}{27.b^2}$$

$$50 = \frac{a}{27 \times b^2}$$

$$\frac{a}{b^2} = 27 \times 50$$

$$\frac{a}{b} \times \frac{1}{b} = 1350$$

Sabendo que a relação é igual: a / b = 78,10, temos: $\frac{a}{b} \times \frac{1}{b} = 1350$

$$78{,}10 \times \frac{1}{b} = 1350$$

$$b = 0{,}058\ L.mol^{-1}$$

Cálculo da constante de Van der Waals (a):

$$\frac{a}{b} = 78{,}10$$

$$\frac{a}{0{,}058} = 78{,}10$$

$$a = 4{,}52\ atm.L^2.mol^{-2}$$

Questão XVII

Uma mistura composta por dois gases nobres (Hélio e Neônio) apresenta uma massa total igual a 5,50 gramas ocupando um volume de 6,80 litros a 300 K e 1,0 atm. A partir desta informação, calcule a composição da mistura em bases percentuais.

Resposta: Informação do problema: $m_{total} = m_{Ne} + m_{He} = 5{,}50g$

Cálculo do número de mol total para um volume de 6,80 litros, 300 K e 1 atm, a partir da utilização da equação dos gases ideais:

$$n_{total} = \frac{pV}{RT} = \frac{1 \times 6{,}80}{0{,}08206 \times 300} = \frac{6{,}80}{24{,}62} = 0{,}276\ mol$$

Equação (1):

$$n_{Ne} \times < MM >_{Ne} + n_{He} \times < MM >_{He} = 5{,}50$$

$$20 \times n_{Ne} + 4 \times n_{He} = 5{,}50$$

Dividindo a equação acima por quatro, temos: $5 \text{ x } n_{Ne} + n_{He} = 1{,}375$

Equação (2): $n_{Ne} + n_{He} = 0{,}276$

Resolvendo o sistema de equações (1) e (2):

$$5 \text{ x } n_{Ne} + n_{He} = 1{,}375$$

$$n_{Ne} + n_{He} = 0{,}276$$

Multiplicando a segunda equação por (-5):

$$5\, x\, n_{Ne} + n_{He} = 1{,}375$$
$$-5 \text{ x } n_{Ne} + \; -5 \text{ x } n_{He} = -1{,}38$$

$$-4 \text{ x } n_{He} = -0{,}005$$

$$n_{He} = 0{,}00125 \text{ mol}$$

Logo, o número de mol de gás neônio é de 0,275 mol.

Cálculo das frações molares dos gases nobres (Hélio e Neônio):

$$X_{Ne} = \frac{n_{Ne}}{n_{total}} = \frac{0{,}275}{0{,}276} = 0{,}9963\ (99{,}64\%)$$

$$X_{He} = \frac{n_{He}}{n_{total}} = \frac{0{,}00125}{0{,}276} = 0{,}00453\ (0{,}453\%)$$

Questão XVIII

(GRILLO) Um gás a 220 K e 11 atm tem o volume molar 12% maior do que o calculado pela lei dos gases perfeitos. Calcule o fator de compressibilidade nestas condições e o volume molar do gás. Que forças são dominantes no gás, as atrativas ou as repulsivas?

Resposta: Informação do problema: $V_{molar}^{real} = 1{,}12 \text{ x } V_{molar}^{ideal}$

Sabendo que o fator de compressibilidade é definido como:

$$Z = \frac{V_{molar}^{real}}{V_{molar}^{ideal}} = \frac{1{,}12 \text{ x } \cancel{V_{molar}^{ideal}}}{\cancel{V_{molar}^{ideal}}} = 1{,}12$$

Cálculo do volume molar a partir da equação dos gases reais em função do fator de compressibilidade:

$$V_{molar} = \frac{Z \text{ x } R \text{ x } T}{p}$$

$$V_{molar} = \frac{1{,}12 \text{ x } 0{,}08206 \text{ x } 220}{11} = 1{,}84 \frac{L}{mol}$$

Questão XIX

Use a equação de Van der Waals para calcular a pressão a 35ºC, resultando na formação de cloro, a partir da eletrólise de 10,0 kg de cloreto de sódio assumindo que a eletrólise apresenta uma eficiência igual a 96%. Informação para a resolução do problema: a = 6,50 atm x L^2 x mol^{-2}, b = 0,0562 L/mol.

Resposta: É bastante interessante apresentar o processo da eletrólise ígnea do cloreto de sódio.

$NaCl_{(sólido)} \rightarrow Na^{+}_{(líquido)} + Cl^{-}$

Semirreação que ocorre no ânodo: $2Cl^{-} \rightarrow Cl_{2(gás)} + 2e^{-}$
Semirreação que ocorre no cátodo: $Na^{+}_{(líquido)} + 1e^{-} \rightarrow Na_{(sólido)}$

Multiplicando a semirreação de redução do sódio por dois e somando as semirreações:

$2NaCl_{(sólido)} \rightarrow \cancel{2Na^{+}_{(líquido)}} + 2Cl^{-}$
$2Cl^{-} \rightarrow Cl_{2(gás)} + \cancel{2e^{-}}$
$\cancel{2Na^{+}_{(líquido)}} + \cancel{2e^{-}} \rightarrow 2Na_{(sólido)}$ +

$2NaCl_{(sólido)} \rightarrow 2Na_{(sólido)} + Cl_{2(gás)}$

Diante desta análise da eletrólise ígnea do cloreto de sódio, observa-se que há a produção de sódio metálico e também do gás cloro.

Para um rendimento de 96%, o número de mol de gás cloro será calculado pela relação estequiométrica.

$2 \text{ mol de NaCl} ----- 1 \text{ mol de } Cl_{2(gás)} \text{ x } 0{,}96$

$\frac{10000}{58{,}5} \text{ mol} ------ n_{Cl_2}$

$$n_{Cl_2} = \frac{0{,}96 \text{ x } \frac{10000}{58{,}5}}{2} = 82{,}05 \text{ mol}$$

Expressão e aplicação da equação dos gases de Van der Waals.

$$\left\{p^{real} + \frac{a}{V^2_{molar}}\right\} \text{x} \{V_{molar} - b\} = R \text{ x } T$$

$$\left\{p^{real} + \frac{6{,}50}{\left(\frac{75}{82{,}05}\right)^2}\right\} \text{x} \left\{\frac{75}{82{,}05} - 0{,}0562\right\} = 0{,}08206 \text{ x } 308$$

$p^{real} = 21{,}68 \text{ atm}$

Questão XX

(GRILLO) Explique do que depende o caminho livre médio das partículas gasosas.

Resposta: O que depende o caminho livre médio das partículas gasosas trata-se do número de moléculas (N). Cabe ressaltar que o caminho livre médio corresponde à distância média ou também conhecida como o espaço médio que duas moléculas colidem sucessivamente.

Questão XXI

(GRILLO) Apresente um quadro comparativo entre a realidade e a idealidade com relação ao comportamento dos gases, em função da pressão, volume e temperatura.

Resposta: A tabela a seguir apresenta o quadro comparativo entre a realidade e a idealidade com relação à pressão, volume e temperatura.

Variável de Estado	Comportamento do Gás Ideal	Comportamento do Gás Real
Pressão	Não há interações entre as moléculas	Há interações entre as moléculas, mesmo de pouca intensidade.
Volume	As moléculas não apresentam volume, mas apresenta massa.	Além de ocupar volume, as moléculas gasosas apresentam seu próprio volume, mesmo pequena.
Temperatura	Agitação molecular.	Agitação molecular.

CAPÍTULO 10. EXERCÍCIOS DE APROFUNDAMENTO

Questão 01

(INSTITUTO MILITAR DE ENGENHARIA) Mistura-se um fluxo de ar seco com vapor d'água, para se obter ar úmido com 2,0%, em volume, de umidade. Admitindo o comportamento ideal dos gases e a massa molecular média do ar seco igual a 28,96 $g.mol^{-1}$, calcule a massa específica do ar úmido a 14,25°C e 1,00 x 10^5 Pa. Dado: R = 8,314 J. $K^{-1}.mol^{-1}$.

Questão 02

(INSTITUTO MILITAR DE ENGENHARIA) A que temperatura, em °C, o etileno, a 800 mm Hg, terá a mesma densidade absoluta que o oxigênio, a 700 mm Hg e a 20°C?

Questão 03

(INSTITUTO MILITAR DE ENGENHARIA) Para medir o volume de um recipiente A, de formato irregular, contendo oxigênio a 27°C e 24,6 atmosferas, usou-se outro recipiente, indeformável, de 6,0 litros de volume. O recipiente B, quando completamente vazio pesou 422 gramas. Fez-se a ligação entre A e B deixando que o gás passasse de A para B até atingir o equilíbrio. Nessas condições, B pesou 470 gramas. Calcule o volume de A.

Questão 04

(INSTITUTO MILITAR DE ENGENHARIA) Um reservatório, com capacidade de metano de 2000 m^3, é submetido à temperatura máxima de 47,0°C no verão e à temperatura mínima de 7,0°C no inverno. Calcule em quantos quilogramas a massa do gás armazenado no inverno excede àquela do verão, sendo submetido a uma pressão de 0,1 MPa. Despreze as variações de volume do reservatório com a temperatura e considere o metano como um gás ideal.

Questão 05

(CONCURSO PÚBLICO PARA DOCENTE FEDERAL - IFRJ) Uma mistura de monóxido de carbono (CO) e dióxido de carbono (CO_2), com comportamento ideal, apresenta massa específica igual a 1,332 $kg.m^{-3}$, quando se encontra sob pressão de 750 mmHg a temperatura de 25°C. Então, responda a estes questionamentos.

a) Qual é a massa molar da mistura?
b) Qual é a composição da mistura?
c) Qual é a pressão parcial de cada gás que constitui essa mistura?
d) Calcule o fator de compressibilidade dessa mistura, sabendo que o seu volume molar real é 23,50 $L.mol^{-1}$.

Questão 06

(CONCURSO PÚBLICO PARA DOCENTE FEDERAL - IFRJ) Uma amostra de 30,0 gramas de C_2H_6 encontra-se na condição I (temperatura 0,0°C e volume de 22,414 L), sendo comprimida e aquecida até a condição II (temperatura = 727°C e volume de 100 cm^3). Analise a transformação no sistema gasoso e responda aos questionamentos dos itens A e B.

A) Qual é a pressão desse gás, comportando-se como:
A.1) gás ideal na condição I?
A.2) gás de Van der Waals na condição I?
A.3) gás ideal na condição II?
A.4) gás de Van der Waals na condição II?
B) Calcule o valor aproximado da constante de compressibilidade na condição I e na condição II, considerando que o gás de Van der Waals representa o comportamento real do gás. Dados gerais da questão: $a_{(C2H6)}$ = 5,49 $L^2.atm.mol^{-2}$; $b_{(C2H6)}$ = 0,064 $L.mol^{-1}$.

Questão 07

(INSTITUTO MILITAR DE ENGENHARIA) Para se encher um balão de borracha, até certo tamanho, na temperatura de -3°C necessitou-se de 0,20 gramas de hidrogênio. Para se encher o mesmo balão, até o mesmo tamanho, a uma outra temperatura, necessitou-se de 0,18 gramas do mesmo gás. Se a elasticidade do balão não variou nos dois casos, determinar a segunda temperatura.

Questão 08

(INSTITUTO MILITAR DE ENGENHARIA) Uma determinada reação química gera um produto gasoso, do qual foi coletada uma amostra para análise. Verificou-se que a amostra, pesando 0,32 gramas, ocupa 492 cm^3 a 27°C e 1 atm de pressão, obedece a lei dos gases ideais e é formada por 75% em peso de carbono e 25% em peso de hidrogênio. Determine:

a) Qual o peso molecular deste gás?

b) Qual a sua fórmula molecular mínima?

Questão 09

(INSTITUTO MILITAR DE ENGENHARIA) Um gás ideal desconhecido contendo 80% em massa de carbono e 20% em massa de hidrogênio tem massa específica 1,22 $g.L^{-1}$, quando submetido a pressão de uma atmosfera e a temperatura de 27°C. Calcule a massa molecular e escreva a fórmula molecular desse gás.

Questão 10

(INSTITUTO MILITAR DE ENGENHARIA) Tendo-se uma mistura gasosa, formada de 0,60 mol de CO_2, 1,50 mol de O_2 e 0,90 mol de N_2, cuja massa específica é de 1,35 $g.L^{-1}$ a 27°C, calcule:

a) As pressões parciais dos gases;

b) O volume da mistura.

Questão 11

(INSTITUTO MILITAR DE ENGENHARIA) A equação do gás ideal só pode ser aplicada para gases reais em determinadas condições especiais de temperatura e pressão. Na maioria dos casos práticos é necessário empregar uma outra equação, como a de Van der Waals. Considere um mol do gás hipotético A contido num recipiente hermético de 1,1 litros a 27ºC. Com auxílio da equação de Van der Waals, determine o erro cometido no cálculo da pressão total do recipiente quando se considera o gás A como ideal. Dados: Constante universal dos gases: R = 0,08206 $atm.L.mol^{-1}.K^{-1}$; Constantes da equação de Van der Waals: a = 1,21 $atm.L^2.mol^{-2}$ e b = 0,10 $L.mol^{-1}$.

Questão 12

(INSTITUTO MILITAR DE ENGENHARIA) Determinada quantidade de nitrogênio ocupa um volume de dez litros a uma temperatura de 127°C e a uma pressão de 4,92 atmosferas. Adicionaram-se ao nitrogênio 9,03 x 10^{23} moléculas de oxigênio (O_2). Sabendo-se que a pressão final de equilíbrio do sistema é de 6,15 atmosferas, calcule a temperatura final de equilíbrio.

Questão 13

(INSTITUTO MILITAR DE ENGENHARIA) O gás obtido pela completa decomposição térmica de uma amostra de carbonato de cálcio com 50,0% de pureza é recolhido em um recipiente de 300 mL a 27,0°C. Sabendo-se que a pressão no recipiente é de 1,66 MPa, determine:

a) a massa de gás produzido, admitindo que seu comportamento seja ideal;

b) a massa da amostra utilizada.

Questão 14

(CONCURSO PÚBLICO PARA DOCENTE FEDERAL - IFRJ) Uma massa de 1,37 gramas de amônia no estado gasoso, está confinada em um recipiente de volume correspondente a 5,00 litros e a temperatura de 100°C. Então, comprove que, nessas condições, o gás se comporta idealmente. Dados: Constante de Van der Waals para o NH_3: a = 4,169 $atm.L^2.mol^2$ e b = 3,710 x 10^{-2} $L.mol^{-1}$.

Questão 15

(INSTITUTO MILITAR DE ENGENHARIA) Borbulha-se oxigênio por meio de uma coluna de água e, em seguida, coletam-se 100 cm^3 do gás úmido a 23°C e 1,06 atmosferas. Sabendo que a pressão de vapor da água a 23°C pode ser considerada igual a 0,03 atmosferas, calcule o volume coletado de oxigênio seco nas CNTP.

Questão 16

(INSTITUTO MILITAR DE ENGENHARIA) Num reator selado de 1,5 litros, sob vácuo, um certo volume de um composto orgânico, tóxico e volátil, de peso molecular 126, foi aquecido até 600 K. Nesta temperatura, metade do composto original se decompôs, formando monóxido de carbono e cloro. Se a pressão final no recipiente foi de 32,8 atm, determine:

a) a fórmula estrutural plana do composto orgânico original;

b) o número inicial de moléculas do composto orgânico. Dados: Constante de Avogadro = 6,02 × 10^{23} e Constante dos Gases = 0,082 L.atm.mol^{-1}.K^{-1}.

Questão 17

(INSTITUTO MILITAR DE ENGENHARIA) Uma amostra de gás monoatômico desconhecido ocupa um volume de 230 cm^3, a 300 K e 1 atm. Sabendo-se que os átomos na amostra ocupam uma fração de volume de 2.10^{-4}, calcule o raio dos átomos do gás.

Questão 18

(INSTITUTO MILITAR DE ENGENHARIA) Qual a massa que um balão contendo 10,000 L a 25°C e 1 atm pode suportar mantendo-se com o poder ascensional igual a zero, ou seja, em equilíbrio com o ar?

Questão 19

(GRILLO) A partir das constantes de Van der Waals do gás nitrogênio, a = 1,390 atm.L^2.mol^{-2} e b = 0,0391 L.mol^{-1}, e considerando que esta amostra gasosa encontra-se a 0°C confinado em um recipiente de 62,30 mililitros, calcule:

a) A pressão calculada pela equação dos gases ideais, para 1 mol;
b) A pressão calculada pela equação dos gases reais (van der Waals), para 1 mol;
c) A diferença percentual entre os dois valores obtidos, a partir da equação dos gases reais;
d) O valor do raio da molécula gasosa de nitrogênio;
e) A temperatura de Boyle.

Questão 20

(GRILLO) Consultando a tabela das constantes de Van der Waals, apêndice D, determine a temperatura de Boyle e o raio das seguintes moléculas gasosas:

a) Cloro;
b) Nitrogênio;
c) Oxigênio;
d) Argônio.

Questão 21

(GRILLO) Em um laboratório de síntese de fármacos há um reator que é preenchido com 20 kg de Argônio a uma temperatura de 300ºC. Sabendo que o volume do reator é de 2 m^3, determine:

a) a pressão no reator, considerando o Ar como gás perfeito;
b) a pressão no reator, considerando o Ar como gás real;
c) o fator de compressibilidade nestas condições;
d) o valor do raio da partícula gasosa;
e) a temperatura de Boyle. Dados para a constante de Van der Waals: a = 1,363 atm.L^2.mol^{-2}; b = 3,219 x 10^{-2} L.mol^{-1}.

Questão 22

(GRILLO) Três recipientes com volume de 0,2 litros cada um e temperatura de aproximadamente igual a 25°C, contém em cada recipiente três gases diferentes, apresentando respectivamente três valores de pressão, atm, 6 atm e 8 atm, são misturados por meio da abertura de duas válvulas. Calcule a pressão do sistema e as pressões parciais dos gases na mistura.

Questão 23

(GRILLO) A uma temperatura de aproximadamente igual a 503 K e sob pressão do sistema igual a 0,50 atm, o cloreto de nitrosila dissocia-se conforme a equação química não balanceada a seguir: $NOCl_{(gás)} \leftrightarrows NO_{(gás)} + Cl_{2(gás)}$. Quando o equilíbrio é atingido, a pressão parcial do cloro na mistura gasosa é igual a 0,07 atmosferas. A partir destas informações, calcule:

a) o grau de dissociação (α);
b) a composição do monóxido de nitrogênio;
c) a composição do cloreto de nitrosila;
d) a densidade da mistura gasosa.

Questão 24

(OLIMPÍADA DE QUÍMICA DO RIO DE JANEIRO) Um cilindro de GNV, com capacidade de 7,0 m^3, foi enchido com uma mistura de metano e etano. A mistura dentro do cilindro se encontra a 22,0 atm e a uma temperatura de 27°C. A pressão parcial do etano no cilindro é de 16,4 atm. Considere o comportamento ideal.

a) Indique o número de moléculas de metano contidas no cilindro.
b) Qual seria o volume da mistura gasosa, em m³, se a mesma se encontrasse nas condições de 1,0 atm e 0,0°C?
c) Qual a massa de CO_2, em toneladas, emitida pela combustão total do etano contido no cilindro? Observação: considerar combustão completa.

Questão 25

(OLIMPÍADA BRASILEIRA DE QUÍMICA – SELETIVA PARA O MUNDIAL) O modelo do gás ideal assume que não existem interações entre as partículas de um gás. No entanto, as partículas de um gás real interagem entre si através de forças de Van der Waals. Outra falha no modelo do gás ideal é a desconsideração total do chamado "volume próprio" das partículas. As partículas de um gás real apresentam volume mesmo quando a temperatura tende a zero ou quando a pressão tende ao infinito. Esses desvios do comportamento ideal, descritos acima, são contemplados na equação de Van der Waals, de modo que os resultados experimentais são representados de maneira mais precisa em relação ao modelo do gás ideal. A equação de Van der Waals é dada por: $\left\{p^{real} + \frac{a}{V_{molar}^2}\right\} x \{V_{molar} - b\} = R x T$. Onde V_m é o volume molar do gás e **a** e **b** são constantes que dependem do gás em questão. Com base nas informações acima responda as seguintes questões (Dado: R = 8,314 Pa.m³.mol⁻¹.K⁻¹).

a) Utilizando a equação de Van der Waals, calcule a pressão exercida por 1 mol de He presente em um balão de 1 litro a (– 73°C). Dados: a = 0,00345 Pa.m³.mol^{-2}; b = 23,4 x 10^{-6} m³.mol^{-1}.

b) Utilizando a equação de Van der Waals, calcule a pressão exercida por 1 mol de CO_2 presente em um balão de 1 litro a (– 73°C). Dados: a = 0,366 Pa.m³.mol^{-2}; b = 42,9 x 10^{-6} m³.mol^{-1}.

c) Calcule o erro relativo que se observa quando se utiliza a equação dos gases ideais para os gases dos itens anteriores.

d) Qual dos dois apresentou maior erro relativo?

Questão 26

(INSTITUTO TECNOLÓGICO DA AERONÁUTICA) Explique que tipos de conhecimentos teóricos ou experimentais, já obtidos por outros pesquisadores, levaram A. Avogadro a propor a hipótese que leva o seu nome.

Questão 27

(INSTITUTO TECNOLÓGICO DA AERONÁUTICA) Uma chapa de ferro é colocada dentro de um reservatório contendo solução aquosa de ácido clorídrico. Após um certo tempo observa-se a dissolução do ferro e formação de bolhas gasosas sobre a superfície metálica. Uma bolha gasosa, de massa constante e perfeitamente esférica, é formada sobre a superfície do metal a 2,0 metros de profundidade. Calcule:
a) O volume máximo dessa bolha de gás que se expandiu até atingir a superfície do líquido, admitindo-se que a temperatura é mantida constante e igual a 25°C e que a base do reservatório está posicionada ao nível do mar.
b) A massa de gás contida no volume de expansão da bolha. Sabe-se que no processo corrosivo as formações de bolha de gás foram consumidos 3,0 x 10^{15} átomos de ferro. Dado: massa específica da solução aquosa de HCl é igual a 1020 kg.m^{-3} na temperatura de 25°C.

Questão 28

(INSTITUTO TECNOLÓGICO DA AERONÁUTICA) Estime a massa de ar contida em uma sala de aula. Indique claramente quais as hipóteses utilizadas e os quantitativos estimados das variáveis empregadas.

Questão 29

(INSTITUTO MILITAR DE ENGENHARIA) Um balão de material permeável às variedades alotrópicas do oxigênio é cheio com ozônio e colocado em um ambiente de oxigênio à mesma pressão e igual temperatura do balão. Responda, justificando sumariamente: o balão se expandirá ou se contrairá?

Questão 30

(INSTITUTO MILITAR DE ENGENHARIA) Um reator de volume constante continha, inicialmente, 361 g de uma mistura gasosa constituída por um alcano e um éter, ambos de massa molecular 58, a 398 K e 1,47 atm. Neste reator, injetou-se uma quantidade de oxigênio correspondente ao dobro do mínimo necessário para realizar a combustão completa. Após a reação de combustão, a mistura final foi resfriada até a temperatura inicial, atingindo uma pressão de 20,32 atm. Supondo combustão completa, calcule a composição molar da mistura original.

Questão 31

(INSTITUTO MILITAR DE ENGENHARIA) No equipamento esquematizado na figura abaixo, as torneiras A, B e C estão inicialmente fechadas. O compartimento 1 de volume 2,00 L contém oxigênio sob pressão de 1,80 atm. O compartimento 2 contém nitrogênio. O compartimento 3 de volume 1,00 L contém nitrogênio e uma certa quantidade de sódio metálico. Executam-se, então, isotermicamente, as três operações descritas a seguir:

1ª) Mantendo a torneira A fechada, abrem-se B e C e faz-se o vácuo nos recipientes 2 e 3, sem alterar a quantidade de sódio existente em 3;

2ª) Fecham-se B e C e abre-se A, constatando que, após atingir o equilíbrio, o manômetro M_1 indica uma pressão de 1,20 atm;

3ª) Fecha-se A e abre-se B, verificando que, atingido o equilíbrio, o manômetro M_2 indica uma pressão de 0,300 atm.

Finalmente, fecha-se a torneira B e eleva-se a temperatura do recipiente 3 até 77,0°C, quando então, a pressão indicada por M_2 é de 0,400 atm.

Calcule a massa inicial de sódio, considerando que, antes da elevação da temperatura, todo o sódio se transformara em óxido de sódio, e que os volumes das tubulações e dos sólidos (sódio e seu óxido) são desprezíveis.

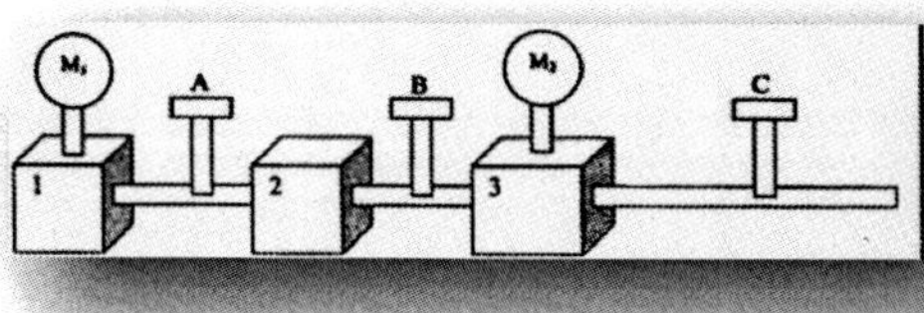

Questão 32

(INSTITUTO MILITAR DE ENGENHARIA) Na figura a seguir, o cilindro A de volume V_A contém um gás inicialmente a pressão P_0 e encontra-se conectado, através de uma tubulação dotada de uma válvula (1), a um vaso menor B de volume V_B, repleto do mesmo gás a uma pressão p tal que $P_0 > p > P_{atm}$, onde P_{atm} é a pressão atmosférica local. Abre-se a válvula 1 até que a pressão fique equalizada nos dois vasos, após o que, fecha-se esta válvula e abre-se a válvula 2 até que a pressão do vaso menor B retorne ao seu valor inicial p, completando um ciclo de operação. Sabendo-se que o sistema é mantido a uma temperatura constante T, pede-se uma expressão para a pressão do vaso A após N ciclos.

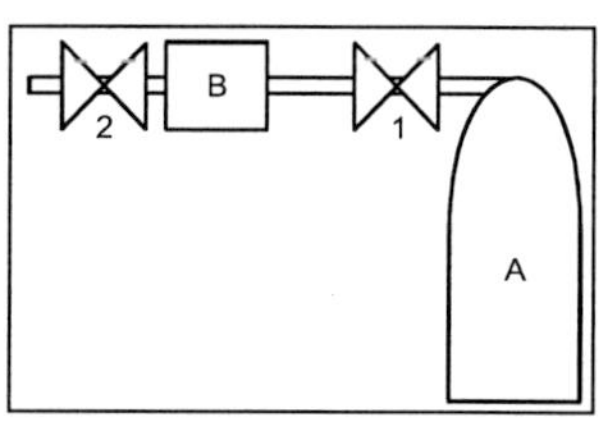

Questão 33

(INSTITUTO TECNOLÓGICO DA AERONÁUTICA) Explique por que a água pura exposta à atmosfera e sob pressão de 1,0 atmosfera entra em ebulição em uma temperatura de 100°C, enquanto a água pura exposta à pressão atmosférica de 0,70 atmosferas entra em ebulição em uma temperatura de 90°C.

Questão 34

(INSTITUTO TECNOLÓGICO DA AERONÁUTICA) Dois frascos, A e B, contêm soluções aquosas concentradas em HCl e NH_3, respectivamente. Os frascos são mantidos aproximadamente a um metro de distância entre si, à mesma temperatura ambiente. Abertos os frascos, observa-se a formação de um aerossol branco entre os mesmos. Descreva o fenômeno e justifique por que o aerossol branco se forma em uma posição mais próxima a um dos frascos do que ao outro.

Questão 35

(OLIMPÍADA DE QUÍMICA DO DISTRITO FEDERAL) Do ponto de vista histórico, o efeito das interações intermoleculares e sua manifestação sobre o comportamento de sistemas químicos começou há mais de dois séculos, com os experimentos pioneiros em sistemas gasosos, realizados por cientistas como Robert Boyle, Lacques Charles, Joseph-Louis Gay Lussac e Johannes Van der Waals. A combinação das relações obtidas por Boyle, Charles e Gay-Lussac levou a conhecida equação de estado dos gases ideias: pV = nRT, em que p é a pressão, V é o volume, T a temperatura absoluta, n o número de mol do gás contidos no recipiente e R é a constante universal dos gases ideais. Um gás ideal é, por definição, um sistema gasoso constituído de partículas pontuais e não interagentes, isto é, não existe nenhuma interação entre as partículas constituintes do gás, quer sejam elas átomos ou moléculas. A análise da equação de estado dos gases ideais nos revela algumas curiosidades. Por exemplo, a dada pressão e temperatura, 1 mol de qualquer gás ocupará o mesmo volume. Isto é devido ao fato que a equação dos gases ideais não contempla nenhuma informação inerente ao sistema gasoso sob estudo, o que faz com que as propriedades termodinâmicas calculadas sejam as mesmas para qualquer gás. (Química Nova na Escola – QNEsq – número 4 – Maio de 2001)

a) Sob quais condições de pressão e temperatura o comportamento de um gás se aproxima daquele esperado para um gás ideal? Justifique.
b) No primeiro parágrafo o autor comentou que a lei dos gases ideais surgiu da combinação de algumas relações propostas por Boyle, Charles e Gay-Lussac. Explique como a equação de estado do gás perfeito pode ser obtida usando a lei de Boyle, a lei de Charles e o princípio de Avogadro.

Questão 36

(INSTITUTO TECNOLÓGICO DA AERONÁUTICA) Partindo da lei dos gases perfeitos deduza uma expressão que fornece o valor da densidade de um gás (d) em função da pressão (p), da temperatura (T) e de sua massa molar (<MM>).

Questão 37

(GRILLO) Partindo da equação de Van der Waals para os gases reais, expresse a pressão deste composto gasoso para um mol.

Questão 38

Calcular, usando a equação de Van der Waals, a pressão necessária para manter 10 gramas de amônia num volume de 289,0 cm^3 a 0°C. Além da pressão, calcule o raio desta partícula. Dados: Constantes de Van der Waals: a = 4,39 $atm.L^2.mol^{-2}$ e b = 0,037 $L.mol^{-1}$.

Questão 39

(INSTITUTO MILITAR DE ENGENHARIA) Ao desejar identificar o conteúdo de um cilindro contendo um gás monoatômico puro, um estudante de química coletou uma amostra desse gás e determinou sua densidade, d = 5,38 $g.L^{-1}$, nas seguintes condições de temperatura e pressão: 15°C e 0,97 atm. Com base nestas informações, e assumindo o modelo do gás ideal.
a) Calcular a massa molar do gás.
b) Identificar o gás.

Questão 40

Massa de 12,76 gramas de pentacloreto de fósforo é introduzida em recipiente com capacidade igual a 3,5 litros. Sabendo que o aquecimento do sistema levará à dissociação completa do PCl_5, determinar o grau de dissociação, a partir das seguintes situações:
a) a 200°C observa-se que a pressão no recipiente, após atingir valor constante, mantém-se igual a 753,5 mm Hg;
b) a 250°C a pressão estabiliza-se em 1021,5 mm Hg.

Questão 41

(GRILLO) Considere uma quantidade de 5,50 mol de monóxido de carbono estejam presentes em um reservatório de capacidade igual a 3,50 litros a uma temperatura de aproximadamente de 37°C. Calcule a pressão do referido gás, considerando:
a) comportamento ideal;
b) comportamento real, com a utilização da equação de Van der Waals;
c) calcule o fator de compressibilidade e diga se as forças são dominantes ou repulsivas. Informações para a resolução do problema: coeficientes de Van der Waals: a = 1,453 $atm.L^2.mol^{-2}$; b = 3,95 x 10^{-2} $L.mol^{-1}$.

Questão 42

(GRILLO)

a) Calcule a densidade do gás metano, em $g.L^{-1}$, considerando que a pressão seja igual a 1,20 atmosferas com uma temperatura igual a 55°C.

b) O diborano, com fórmula molecular B_2H_6, é um composto químico formado pelos átomos boro e hidrogênio. Trata-se de um gás incolor à temperatura ambiente que apresenta um odor com característica adocicada. Este composto pode ser queimado na presença de oxigênio molecular, produzindo óxido bórico e água no estado líquido. Calcule o volume em litros de oxigênio necessário para a produção de 20,0 gramas de óxido, quando o local apresenta pressão igual a 3,00 atmosferas e 27°C.

c) Utilizando a (a) equação dos gases ideais e a (b) equação dos gases reais, por intermédio da equação de Van der Waals, calcule a temperatura em graus Celsius para que 30,0 gramas de gás etano estejam confinados em um recipiente de volume igual a 10 litros, sendo aquecido para que a pressão seja de aproximadamente igual a 50 atmosferas. Informação para a resolução do problema: constante de Van der Waals: a = 4,42 $L^2.atm.mol^{-2}$; b = 0,057 $L.mol^{-1}$.

Questão 43

Considere a mistura gasosa apresentada pela seguinte reação reversível hipotética apresentada abaixo: $XY_{5(gás)} \rightleftarrows XY_{3(gás)} + Y_{2(gás)}$. Sabendo que a pressão total dos gases neste recipiente é igual a uma atmosfera e a densidade da mistura gasosa é igual a 7,063 g/L, a uma temperatura igual a 27°C e que a massa molar do composto que sofre a decomposição é igual a 208,5 g/mol, determine o grau de dissociação (α).

Questão 44

(INSTITUTO MILITAR DE ENGENHARIA) Dar as fórmulas moleculares dos gases, adiante relacionados, separando-os conforme suas densidades em relação ao ar atmosférico. Gás carbônico; Anidrido sulfuroso; Acetileno; Neônio; Argônio; Amoníaco.

Questão 45

(INSTITUTO MILITAR DE ENGENHARIA) Em um parque de diversões, um certo dia quente, um homem enchia balões com gás hélio. Se o volume médio dos balões, depois de cheios, era de 10 L, a temperatura média do dia era de 37°C e a pressão de gás no balão era de 2,50 atm, qual a massa de He em cada balão?

Questão 46

a) A temperatura crítica (T_c) é uma temperatura bem particular em que o gás real não se liquefaz. Para esta temperatura, os indicativos são também observados através da pressão crítica (P_c) e volume crítico (V_c). Considere que as constantes de Van der Waals a e b para o benzeno são respectivamente iguais a 18 $atm.L^2.mol^{-2}$ e 0,115 $L.mol^{-1}$. A partir desta informação, determine as constantes críticas.

b) A temperatura crítica e a pressão crítica do naftaleno são respectivamente 475 K e 41 atmosferas. A partir desta informação determine as constantes de Van der Waals e o volume crítico para o referido composto.

Questão 47

Considere um recipiente com capacidade de 12,50 litros e que tenha em seu interior 750 gramas de gás cloro a uma temperatura de 127°C. Diante dessas informações, determine:

a) a pressão do gás considerando comportamento ideal;
b) a pressão do gás considerando comportamento real;
c) o fator de compressibilidade;
d) a temperatura de Boyle;
e) a temperatura, pressão e volume crítico. Informações para a resolução do problema: constante de Van der Waals: a = 6,49 $at.L^2.mol^{-2}$; b = 0,0592 $L.mol^{-1}$.

Questão 48

Considere os seguintes dados referentes ao gás cloro, conforme mostrado na tabela abaixo:

Massa (g)	550
Volume em litros de Cl_2 no recipiente	25
Temperatura operacional (°C)	125
Parâmetro de Van der Waals (a) ($atm.L^2.mol^{-2}$)	6,49
Parâmetro de Van der Waals (b) ($L.mol^{-1}$)	$5,62 \times 10^{-2}$

A partir da tabela com as características apresentadas do gás cloro, calcule os seguintes itens abaixo.

a) Calcule a pressão do gás cloro, considerando comportamento ideal.
b) Calcule a pressão do gás cloro, considerando comportamento real de Van der Waals.
c) O fator de compressibilidade (Z).
d) Qual a força predomina para este comportamento do gás cloro, forças atrativas ou repulsivas?
e) A pressão a partir do fator de compressibilidade.
f) Calcule a pressão, temperatura e volume crítico.

g) A temperatura de Boyle.

Questão 49

(INSTITUTO MILITAR DE ENGENHARIA) A um excesso de bicarbonato de potássio adicionou-se 125 mL de solução de ácido sulfúrico. O volume do gás liberado, medido a seco a 20ºC e 765 mmHg foi de 2,5 L. Calcular a concentração do ácido expressa em concentração da quantidade de matéria.

Questão 50

(INSTITUTO MILITAR DE ENGENHARIA) Determine a temperatura Celsius em que o etileno, a 800 mmHg, terá a mesma densidade absoluta que o oxigênio, a 700 mmHg e a 20°C.

Questão 51

(INSTITUTO MILITAR DE ENGENHARIA) Mistura-se um fluxo de ar seco com vapor d'água para se obter ar úmido com 2,0%, em volume, de umidade. Admitindo o comportamento ideal dos gases e a massa molecular média do ar seco como 28,96 g/mol, calcule a massa específica do ar úmido a 14,25º C e 1,00 x 10^5 Pa.

Questão 52

(INSTITUTO MILITAR DE ENGENHARIAS) Determine o volume de cloro obtido, a 27,0°C e 738 mmHg, pela ação de excesso de ácido clorídrico concentrado sobre 30,7 g de pirolusita com 85,0% em peso de MnO_2. Considere o cloro com comportamento ideal.

Questão 53

(INSTITUTO MILITAR DE ENGENHARIA) Uma amostra de uma substância pesando 0,08 gramas desloca 30 cm³ de ar, medidos a 27°C e pressão de 720 mmHg. Determine a massa molecular da substância.

Questão 54

(INSTITUTO TECNOLÓGICO DA AERONÁUTICA) Explique por que a água pura exposta à atmosfera e sob pressão de 1,0 atmosfera entra em ebulição em uma temperatura de 100°C, enquanto a água pura exposta à pressão atmosférica de 0,70 atm entra em ebulição em uma temperatura de 90ºC.

Questão 55

(INSTITUTO TECNOLÓGICO DA AERONÁUTICA) Dois balões esféricos de mesmo volume são unidos por um tubo de volume desprezível, provido de torneira. Inicialmente o balão A contém 1,00 mol de gás ideal, e em B há vácuo.

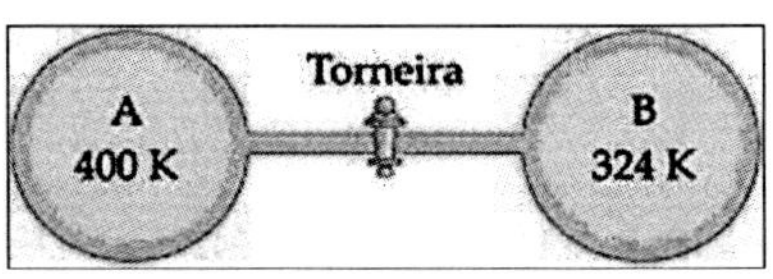

Os dois balões são mantidos às temperaturas indicadas no desenho acima. A torneira é aberta durante certo tempo. Voltando a fechá-la, verifica-se que a pressão em B é 0,81 do valor da pressão em A. Quanto do gás deve ter sobrado no balão A?

Questão 56

(INSTITUTO TECNOLÓGICO DA AERONÁUTICA) Num equipamento adequado para permitir adição de soluções, assim como coleta a medida de volume de gases, fez-se a seguinte experiência: após colocar neste equipamento 100 cm³ de uma solução aquosa contendo 1,06 g de carbonato de sódio por litro de solução, adiciona-se um excesso de solução de ácido clorídrico. Admitindo que, nesta experiência, todo o gás que pudesse ser produzido, pela reação entre as duas soluções, foi de fato coletado, qual o volume medido, em cm³, sabendo-se que a experiência foi realizada na temperatura de 27ºC e pressão de 750 mmHg?

Questão 57

(GRILLO) Partindo de 1000 gramas de sulfeto de cobre II, determine o volume do dióxido de nitrogênio e de dióxido de enxofre a 27°C e 2,0 atmosferas. Equação química não balanceada: $CuS_{(sólido)} + HNO_{3(aquoso)} \longrightarrow Cu(NO_3)_{2(sólido)} + H_2O_{(líquido)} + NO_{2(gás)} + SO_{2(gás)}$.

Questão 58

(GRILLO) Adicionando-se carbonato de amônio a 490 gramas de ácido fosfórico. A partir desta informação, faça o que se pede.
a) Determine a massa de sal formado.
b) Nomeie os produtos formados.
c) Determine o volume de dióxido de carbono liberado nas CNATP.
d) Determine o volume de dióxido de carbono nas CNTP.

Questão 59

Três esferas de 200 mililitros cada, a 27°C, contendo cada um deles um gás distinto e também a pressão diferente, são misturadas por meio da abertura de duas válvulas, conforme pode ser observado na figura abaixo. A partir desta informação, determine a pressão total e as pressões parciais dos gases na mistura.

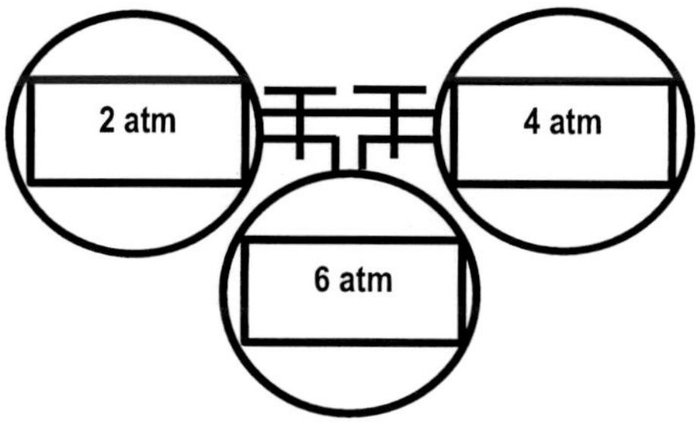

Questão 60

Uma das etapas para a produção de ferro metálico, trata-se da decomposição da pirita e da formação de óxido de ferro III, conforme pode ser observado pela equação química balanceada a seguir: $4FeS_{2(sólido)} + 11O_{2(gás)} \rightarrow 2Fe_2O_{3(sólido)} + 8SO_{2(gás)}$. A partir desta informação, determine o volume de ar atmosférico que é necessário para reagir com 100 quilogramas de sulfeto de ferro a 2,5 atm e 225°C. Considere que o ar atmosférico contém 21% em volume de O_2.

Questão 61

a) A temperatura de 280 K e pressão igual a 19 atmosferas, o fator de compressibilidade é igual a 0,80. Calcule o volume ocupado deste gás que apresenta 6,0 mmol.
b) Considere a decomposição térmica do carbonato de cálcio, que apresenta 45% de pureza e rendimento de 75%. O gás formado é colocado em um reservatório de 500 mL, a 37°C e 1,50 Mpa. A partir desta informação, determine a massa de gás produzido e a massa de amostra utilizada.
c) A 600 K e sob pressão de 0,50 atmosferas, a reação de dissociação do pentacloreto de fósforo, $PCl_{5(gás)} \rightleftharpoons PCl_{3(gás)} + Cl_{2(gás)}$, resulta em mistura gasosa que apresenta massa específica igual a 1,42 kg/m^3. Determinar o grau de dissociação do pentacloreto de fósforo, nesta temperatura.

Questão 62

Uma mistura gasosa é constituída por três gases: 0,65 mol de dióxido de carbono, 1,75 mol de oxigênio e 0,95 mol de nitrogênio, cuja densidade é igual a 1,80 g.L^{-1}, a 47°C. Calcule:
a) o volume da mistura gasosa;
b) os volumes parciais dos gases;
c) as pressões parciais dos gases.

Questão 63

A 10°C e a uma pressão de 75 atm, o fator de compressibilidade do gás nitrogênio é igual a 0,933. Calcule a massa de nitrogênio necessária para encher o cilindro de 89 L de capacidade.

Questão 64

Hematita (Fe_2O_3) pode ser produzida mediante oxidação da pirita (FeS_2). $4FeS_{2(s)} + 11O_{2(g)} \rightarrow 2Fe_2O_{3(s)} + 8SO_{2(g)}$. Determine o volume de ar atmosférico necessário para reagir com 100 g de sulfeto de ferro a 2,5 atm e 225°C. Considere que o ar atmosférico contém 21% em bases molares de O_2, e que a alimentação do processo é estequiométrica.

Questão 65

Sabe-se que 1,50 mol de gás metano ocupam 1700 dm³ a 0°C e pressão de 0,9 atm. Considerando que o metano se comporta de acordo com a equação de Van der Waals ($a = 2{,}25\ L^2.atm.mol^{-1}$ e $b = 0{,}0428\ L.mol^{-1}$), calcule o que se pede:

a) Fator de compressibilidade do gás.

b) Pressão, temperatura e volume crítico do CH_4.

c) Temperatura de Boyle do CH_4.

Questão 66

(INSTITUTO TECNOLÓGICO DA AERONÁUTICA) Após inalar ar na superfície, uma pessoa mergulha até uma profundidade de 200 m, em apneia, sem exalar. Desconsiderando as trocas gasosas que ocorrem nos alvéolos pulmonares, calcule a pressão parcial do nitrogênio e do oxigênio do ar contido no pulmão do mergulhador.

Questão 67

(INSTITUTO TECNOLÓGICO DA AERONÁUTICA) Uma dada reação (I), cujo calor liberado é desconhecido em um reator que utiliza um gás mantido a volume constante (V) como banho térmico. Outras duas reações (II e III) conduzidas em condições similares apresentam calor liberado a volume constante (Q_v) conforme apresentado na tabela abaixo:

Reação	Equação	Qv ($kJ.mol^{-1}$)
I	$A + ½ B \rightarrow D$	?
II	$A + B \rightarrow C$	400
III	$D + ½ B \rightarrow C$	300

Considere as seguintes informações sobre o gás do banho térmico, que tem comportamento não ideal e obedece a equação:

$$\left[p + \frac{n^2 x\, a}{V^2}\right] x\, [V - n\, x\, b] = n\, x\, R\, x\, T.$$

Em que: $a = 62{,}5\ L^2.atm.mol^{-1}$; $b = 0{,}4\ L.mol^{-1}$; n= 0,4 mol; V = 10 L; capacidade calorífica a volume constante ($C_{V,m}$) = 83,33 $J.K^{-1}.mol^{-1}$; temperatura inicial (T_i) = 300 K.

a) Sabendo que 0,1 mol de A é utilizado na reação I, calcule Q_V liberado nessa reação.

b) Determine a temperatura final do banho térmico.

c) Determine a pressão inicial e final do banho térmico.

Questão 68

(GRILLO) Qual é a massa de ar contida em um local em que as dimensões são as seguintes: 5 m x 3 m x 3 m à 20°C e 1 atm?

Questão 69

(GRILLO) Um recipiente de 200 mL contém oxigênio a 200 mmHg de pressão e um outro recipiente com as mesmas características com relação ao material, 300 mL contém gás nitrogênio a 100 mmHg. Os dois recipientes estão conectados para que os gases possam ser misturados. Supondo que durante todo o processo a temperatura permaneceu constante, calcule a pressão parcial para cada gás na mistura final.

Questão 70

A) Os parâmetros de Van der Waals do gás nobre Hélio são os seguintes: $a = 2{,}25 \times 10^{-2}\ L^2.atm.mol^{-1}$ e $b = 2{,}370 \times 10^{-2}\ L.mol^{-1}$. Calcule a partir dos parâmetros de Van der Waals o volume aparente (em pm³) e o raio (em pm) de um átomo de hélio.

B) Estime o volume de um átomo de hélio na base do raio atômico.

Questão 71

O gás de um composto fluorado de metano apresenta densidade igual a 8,0 g/L a uma pressão 2,81 atmosferas e temperatura igual a 300 K. A partir das informações apresentadas, (a) qual é a massa molar do composto; (b) a fórmula do composto sabendo que este composto apresenta os seguintes átomos, C, H e O e (c) a densidade do gás em 1,0 atm e 25°C.

Questão 72

(GRILLO) Um dos processos para a obtenção do cloro gasoso segue a seguinte equação química: $NaCl + MnO_2 + H_2SO_4 \rightarrow Na_2SO_4 + MnSO_4 + Cl_2 + H_2O$. Sabendo que o processo apresenta um rendimento igual a 78% ocorrendo a uma temperatura de aproximadamente igual a 37°C e pressão de 2,50 atm. A partir das informações apresentadas, calcule o volume do cloro formado em metros cúbicos a partir de 300 g de cloreto de sódio.

Questão 73

(GRILLO) Considere a seguinte equação iônica: $H_2O_{2(aquoso)} + MnO^-_{4(aquoso)} + H^+_{(aquoso)} \rightarrow Mn^{+2}_{(aquoso)} + O_{2(gás)} + H_2O_{(líquido)}$. Partindo 200 g de peróxido de oxigênio com 65% de pureza, calcule o volume de oxigênio molecular a 1,50 atmosferas e 47°C, sabendo que o rendimento deste processo é de 69%.

Questão 74

(GRILLO) Considere que três litros de dióxido de carbono apresentam N moléculas. A partir das informações apresentadas, calcule o número de moléculas contido em dois litros de metano, nas mesmas condições de temperatura e pressão.

Questão 75

(INSTITUTO MILITAR DE ENGENHARIA) Uma determinada quantidade de nitrogênio ocupa um volume com 10 L a uma temperatura de 127ºC e a uma pressão de 4,92 atm. Adiciona-se ao nitrogênio $9{,}03 \times 10^{23}$ moléculas de oxigênio (O_2). Sabendo-se que a pressão final de equilíbrio do sistema é de 6,15 atm, calcule a temperatura final de equilíbrio. Dados: Constante universal dos gases, $R = 0{,}082\ atm.L.K^{-1}mol^{-1}$.

Questão 76

(GRILLO) Considere a seguinte reação de produção de sulfato de zinco apresentado a partir da seguinte equação química: $Zn_{(sólido)} + H_2SO_{4(aquoso)} \rightarrow ZnSO_{4(aquoso)} + H_{2(gás)} \uparrow$. A partir da equação apresentada, determine a massa de zinco metálico, a partir da obtenção de 250 cm³ de gás hidrogênio a 27°C e 780 torr.

Questão 77

Se 4,0 dm³ de gás metano no estado gasoso, em determinadas condições de temperatura e pressão encerram um total de N átomos, determine a expressão do número total de átomos presentes em 3,0 litros de gás etano, nas mesmas condições de temperatura e pressão.

Questão 78

(GRILLO) Uma determinada massa correspondente a 0,250 g é volatilizada e seu vapor é devidamente recolhido a partir do deslocamento de água a uma temperatura de 22°C, sendo observado a remoção de 52,50 cm³ de água, considerando a pressão do ambiente igual a 751 mmHg. A partir das informações apresentadas, calcule a massa molar da substância X. Informação para a resolução do problema: pressão máxima de vapor da água (22°C) = 20 mmHg.

Questão 79

(CONCURSO PÚBLICO FEDERAL – MARINHA DO BRASIL – TÉCNICO DE QUÍMICA) Um recipiente rígido, contendo 2800 g de nitrogênio puro, é aberto na atmosfera, a 27ºC e 1 atm, até esgotar todo o conteúdo. O volume de nitrogênio liberado, em litros, terá sido de:

a) 221,4
b) 442,8
c) 1230,0
d) 2460,0
e) 4920,0

Questão 80

(CONCURSO PÚBLICO FEDERAL – AERONÁUTICA – ENGENHARIA QUÍMICA) A pressão que é exercida por 54 gramas de vapor d'água num frasco de 5,00 litros, a 546°C, considerando o gás como real, é Dado: $a = 5{,}46\ L^2.atm.mol^{-2}$; $b = 0{,}031\ L.mol^{-1}$; $R = 0{,}0821\ L.atm.mol^{-1}$.

a) 37 atm
b) 38 atm

c) 39 atm
d) 40 atm

Questão 81

(CONCURSO PÚBLICO FEDERAL - MARINHA DO BRASIL - TÉCNICO DE QUÍMICA) Um estudante de química coletou gás natural de uma tubulação de gás de laboratório a 25°C, em um frasco de 250 cm³, até que a pressão do gás fosse 73,5 kPa. Determinou, então, que a amostra de gás pesava 0,118 g a uma temperatura de 25°C. Qual é a massa molar (g x mol^{-1}) do gás?
a) 16
b) 27
c) 33
d) 45
e) 54

Questão 82

(CONCURSO PÚBLICO FEDERAL - MARINHA DO BRASIL - TÉCNICO DE QUÍMICA) Uma mistura contendo 6,4 g de oxigênio, 8,34 g de nitrogênio e 1,0 g de hidrogênio está contida em um cilindro de 20 litros, a uma temperatura constante de 27ºC. Admitindo-se comportamento ideal, qual a pressão parcial em atm (com aproximação de duas casas decimais) devida a cada um dos componenstes gasosos no interior do cilindro?
a) Oxigênio = 0,25; Nitrogênio = 0,37; Hidrogênio = 0,60
b) Oxigênio = 0,50; Nitrogênio = 0,74; Hidrogênio = 1,20
c) Oxigênio = 0,74; Nitrogênio = 1,20; Hidrogênio = 0,50
d) Oxigênio = 24,60; Nitrogênio = 36,90; Hidrogênio = 61,50
e) Oxigênio = 36,90; Nitrogênio = 61,50; Hidrogênio = 24,60

Questão 83

(CONCURSO PÚBLICO FEDERAL) O físico holandês Johannes Diderik Van der Waals, vencedor do prêmio Nobel de Física de 1910 por seu trabalho, apresentou a seguinte equação de estado para gases reais: $\boxed{\left\{p + \frac{an^2}{V^2}\right\} x \{V - nb\} = nRT}$. Referente à pesquisa desenvolvida por Van der Walls, marque a opção que está adequada com a equação exposta.
a) A equação não mantém a sua validade nos estados em que a fase gasosa e a fase líquida estão em equilíbrio.
b) A constante "b" está relacionada com o volume incluído pelas partículas do gás.
c) A equação não leva em consideração as forças de atração e repulsão entre as partículas do gás.
d) A constante "a" tem relação com o raio atômico das partículas do gás.
e) O modelo exposto na equação de Van der Walls tem uma aproximação melhor para comportamento de gases, em condições que ocorrem interações entre partículas.

Questão 84

(CONCURSO PÚBLICO FEDERAL - AERONÁUTICA - ENGENHARIA QUÍMICA) Têm-se dois balões A e B, ligados por um tubo de comunicação munido de torneira, conforme desenho abaixo. O balão A contém 3,2g de $O_{2(g)}$ e o balão B está vazio (vácuo). Abrindo-se a torneira de comunicação, depois de um tempo prolongado, a pressão de $O_{2(g)}$ nos balões interligados é igual a 0,41 atm. Sabendo-se que o volume do balão A é igual a 4,1 L, calcule o volume do balão B. A temperatura foi mantida em 27°C durante toda a experiência. Considere desprezível o volume do tubo de comunicação.

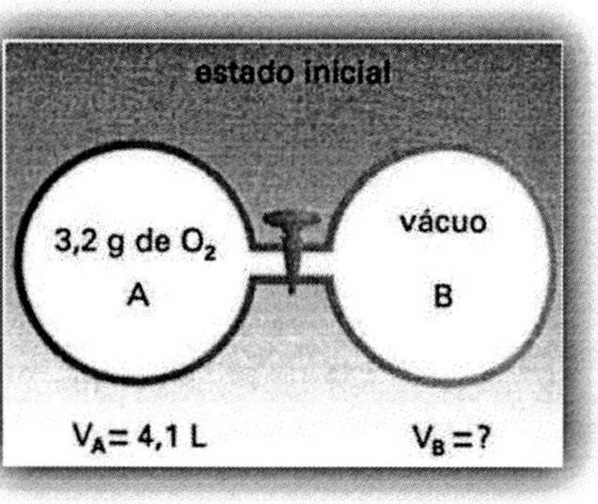

a) 1,5 L

b) 1,6 L
c) 2,0 L
d) 1,9 L

Questão 85

(CONCURSO PÚBLICO FEDERAL – AERONÁUTICA – ENGENHARIA QUÍMICA) Em um recipiente é mantida uma determinada massa de gás perfeito, tendo um volume inicial (V_i), pressão inicial (P_i) e temperatura inicial igual a 127ºC. Se o sistema for alterado para um volume ($V_i/3$) e a pressão ($3P_i/2$), qual será a temperatura do gás no recipiente em °C?
a) -73
b) 63,5
c) 200
d) 473

Questão 86

(CONCURSO PÚBLICO FEDERAL – AERONÁUTICA – ENGENHARIA QUÍMICA) Muitas equações para o estudo de gases reais têm sido desenvolvidas, algumas são bem exatas. A equação de estado mais conhecida para os gases reais é a equação de Van Der Waals:

$$\left\{p + \frac{an^2}{V^2}\right\} x \{V - nb\} = nRT$$

Na equação, as variáveis P, V, n, R, T são usuais, mas os parâmetros (a) e (b) são conhecidos como constantes de Van der Waals. Considerar R: 0,0821 atm · L · K^{-1} · mol^{-1}.

Tabela – Constantes de Van der Waals.

Gás	a	b
He	0,034	0,0237
Ne	0,211	0,0171
N_2	1,390	0,0391
O_2	1,360	0,0318

Utilizando a equação de Van der Waals para gases reais, calcule a pressão real exercida por 16 gramas de gás oxigênio que se encontra em um recipiente de 1 L a 27°C.
a) 12,17 atm
b) 12,31 atm
c) 14,8 atm
d) 24,63 atm

Questão 87

(CONCURSO PÚBLICO FEDERAL – AERONÁUTICA – ENGENHARIA QUÍMICA) A figura a seguir ilustra o diagrama de fases para uma substância pura. Os pontos indicados com as letras A e B na figura são, respectivamente:

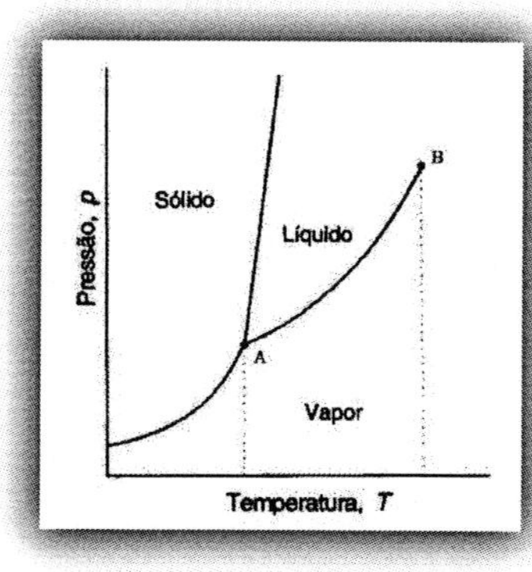

a) Ponto azeotrópico e ponto triplo
b) Ponto azeotrópico e ponto crítico
c) Pontro triplo e ponto crítico
d) Ponto crítico e ponto triplo

Questão 88

(CONCURSO PÚBLICO FEDERAL – AERONÁUTICA – ENGENHARIA QUÍMICA) Suponha que um recipiente, cujo volume é igual a 2 L, contém 4 g de um gás (massa molar = 44) e que a pressão máxima que esse recipiente suporta é de 5 atm. Nesse caso, é correto afirmar que a temperatura máxima a que o sistema pode ser submetido é a de:
a) 30ºC
b) 1068ºC
c) 1341ºC
d) 1614ºC

Questão 89

(CONCURSO PÚBLICO FEDERAL – MARINHA DO BRASIL – TÉCNICO EM QUÍMICA) Que volume ocuparão 25,0 g de O_2, a 17˚C e a uma pressão de 89,0 kPa?
a) 15,1 dm^3
b) 19,3 dm^3
c) 21,2 dm^3
d) 45,1 dm^3
e) 53,4 dm^3

Questão 90

(CONCURSO PÚBLICO PARA DOCENTE FEDERAL - IFRJ) Uma mistura de monóxido de carbono (CO) e dióxido de carbono (CO_2), com comportamento ideal, apresenta massa específica igual a 1,332 $kg.m^{-3}$, quando se encontra sob pressão de 750 mmHg a temperatura de 25ºC. Então, responda a estes questionamentos.
a) Qual é a massa molar da mistura?
b) Qual é a composição da mistura?
c) Qual é a pressão parcial de cada gás que constitui essa mistura?
d) Calcule o fator de compressibilidade dessa mistura, sabendo que o seu volume molar real é 23,50 $L.mol^{-1}$.

Questão 91

(CONCURSO PÚBLICO FEDERAL PARA DOCENTE FEDERAL - IFRJ) Uma amostra de 30,0 gramas de C_2H_6 encontra-se na condição I (temperatura 0,0°C e volume de 22,414 L), sendo comprimida e aquecida até a condição II (temperatura = 727°C e volume de 100 cm^3). Analise a transformação no sistema gasoso e responda aos questionamentos dos itens A e B.

a) Qual é a pressão desse gás, comportando-se como:
A.1) gás ideal na condição I?
A.2) gás de Van der Waals na condição I?
A.3) gás ideal na condição II?
A.4) gás de Van der Waals na condição II?

b) Calcule o valor aproximado da constante de compressibilidade na condição I e na condição II, considerando que o gás de Van der Waals representa o comportamento real do gás. Dados gerais da questão: $a_{(C2H6)}$ = 5,49 $L^2.atm.mol^{-2}$; $b_{(C2H6)}$ = 0,064 $L.mol^{-1}$.

Questão 92

(CONCURSO PÚBLICO PARA DOCENTE FEDERAL - IFRJ) Uma massa de 1,37 gramas de amônia no estado gasoso está confinada em um recipiente de volume correspondente a 5,00 litros e a temperatura de 100˚C. Então, comprove que, nessas condições, o gás se comporta idealmente. Informações para a resolução do problema: Constante de Van der Waals para o NH_3: a = 4,169 $atm.L^2.mol^2$ e b = 3,710 x 10^{-2} $L.mol^{-1}$.

Questão 93

(CONCURSO PÚBLICO FEDERAL PARA ENGENHEIRO QUÍMICO PARA A MARINHA) Dois tanques esféricos são conectados por uma tubulação na qual se encontra uma válvula, inicialmente fechada, conforme a figura a seguir:

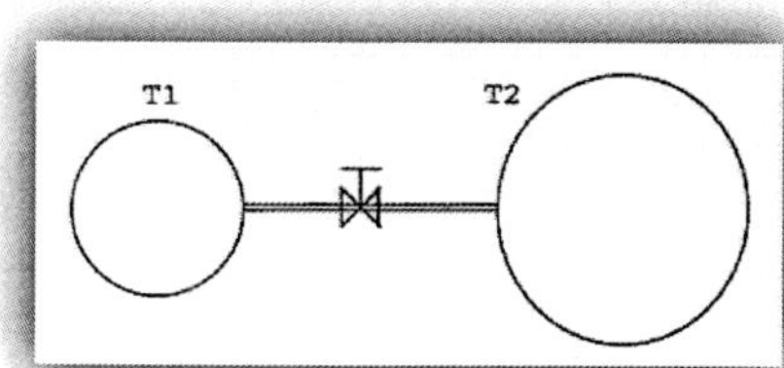

Em ambos os tanques há monóxido de carbono (CO) nas seguintes condições:

Tanque T_1: massa de CO = 2 kg; temperatura do tanque = 630,6°R; pressão no tanque = 0,7 bar.
Tanque T_2: massa de CO = 8 kg; temperatura do tanque = 630,6°R; pressão no tanque = 1,2 bar.

A válvula é aberta, permitindo que os gases se misturem. Durante esse processo, o sistema recebe calor das vizinhanças. No equilíbrio, a temperatura final do sistema é de 630,6°R. Considerando o modelo de gás ideal para este processo, determine a pressão final no equilíbrio, em bar.

Questão 94

(CONCURSO PÚBLICO FEDERAL PARA ENGENHEIRO QUÍMICO PARA A MARINHA) A decomposição do sulfeto de mercúrio II por água régia (uma mistura de ácido clorídrico e ácido nítrico concentrado em proporções adequadas) ocorre segundo a seguinte reação de oxi-redução: $HgS_{(s)} + NO^{-}_{3(aq)} + Cl^{-}_{(aq)} \rightarrow [HgCl_4]^{-2} + NO_{2(g)} + S_{(s)}$ em pH < 7.

a) Indique qual espécie é o agente oxidante e qual espécie é o agente redutor para a reação química apresentada.
b) Apresente a equação balanceada.
c) Calcule o volume, em m³ de NO_2, desprendido a 25°C e 1 atmosfera de pressão e a massa, em g, de enxofre produzida quando se utilizam 348 g de sulfeto de mercúrio II.

Questão 95

(CONCURSO PÚBLICO FEDERAL) Muitas equações para o estudo de gases reais têm sido desenvolvidas, algumas são bem exatas. A equação de estado mais conhecida para os gases reais é a equação de Van der Waals: $\left\{p + \frac{an^2}{V^2}\right\} x \{V - nb\} = nRT$.
Na equação, as variáveis P, V, n, R, T são usuais, mas os parâmetros (a) e (b) são conhecidos como constantes de Van der Waals. Considerar R: 0,0821 atm · L · K⁻¹ · mol⁻¹. Tabela – Constantes de Van der Waals.

Gás	a	b
$He_{(g)}$	3,502	0,0237
$Ne_{(g)}$	3,466	0,0171
$N_{2(g)}$	4,217	0,0391
$O_{2(g)}$	1,360	0,0318

Utilizando a equação de Van der Waals para gases reais, calcule a pressão real exercida por 16 gramas de gás oxigênio que se encontra em um recipiente de 1L a 27°C.

Questão 96

(PROGRAMA DE PÓS-GRADUAÇÃO PARA MESTRADO & DOUTORADO / UNIVERSIDADE FEDERAL DE SANTA CATARINA) A glicose é metabolizada no organismo produzindo dióxido de carbono e água, em uma reação que pode ser expressa, de maneira simplificada, pela equação (não balanceada) abaixo:

$C_6H_{12}O_{6(s)} + O_{2(g)} \longrightarrow CO_{2(g)} + H_2O_{(\ell)}$.

a) Escreva a equação química balanceada com os menores coeficientes estequiométricos inteiros.
b) O processo que representa o metabolismo da glicose é um fenômeno físico ou químico? Justifique sua resposta.
c) Calcule, considerando comportamento ideal, o volume de CO_2 que será produzido a 1,00 atm e 20,0 °C a partir da decomposição completa de 100 g de glicose.

Questão 97

(PROGRAMA DE PÓS-GRADUAÇÃO EM QUÍMICA INORGÂNICA – PROVA DE SELEÇÃO MESTRADO/DOUTORADO) A nitroglicerina ($C_3H_5N_3O_9$) é um explosivo poderoso. A sua explosão pode ser representada por: $C_3H_5N_3O_{9\,(líquido)} \longrightarrow N_{2(gás)} + CO_{2(gás)} + H_2O_{(líquido)} + O_{2(gás)}$. Essa reação libera grande quantidade de calor e muitos produtos gasosos. É por causa da súbita formação de gases e da rápida expansão de volume, que se produz a explosão. De acordo com a reação, responda:

a) Faça o balanceamento da reação;

b) Calcule a quantidade máxima de O_2, em gramas, que pode ser obtida a partir de 200 g de nitroglicerina consumida;

c) Calcule o rendimento percentual dessa reação considerando que a quantidade de O_2 produzida é 6,55 g;

d) Apresente as geometrias moleculares para o N_2, CO_2, H_2O e O_2.

Questão 98

(CONCURSO PÚBLICO PARA DOCENTE FEDERAL - IFPI) Um cilindro metálico de 28,3 dm^3 contém uma mistura de gases com 1,82 mol de H_2 e 3,1 mol de N_2, a 5ºC. A pressão total do cilindro é: (Dados: R = 0,082 dm^3 x atm mol^{-1} x K^{-1})

a) 3,19 atm

b) 2,13 atm

c) 1,98 atm

d) 1,45 atm

e) 3,96 atm

Questão 99

(CONCURSO PÚBLICO PARA DOCENTE FEDERAL - IFPI) A oxigenoterapia consiste no tratamento da hipóxia que é diminuição das taxas de oxigênio no sangue arterial ou nos tecidos. Esse tratamento consiste na inalação de oxigênio, a uma pressão maior que a do ar ambiente, o que facilita a troca gasosa e reduz o trabalho da respiração. (II Consenso Brasileiro de Ventilação Mecânica. J Pneumol 2000;26 (Suppl 2): S1-2.) O gás oxigênio usado nesse tratamento pode ser comercializado em cilindros a elevada pressão. Supondo que o cilindro contém 200 cm^3 de gás oxigênio (O_2), submetido à temperatura constante de 150°C e pressão total de 1,0 atm. Assumindo que o O_2 se comporta como gás ideal, assinale a opção correta que apresenta os respectivos valores numéricos do número de moléculas e da massa específica, em kg x m^{-3}, desse gás quando exposto às condições de pressão e temperatura apresentadas.

a) 3,49 x 10^{22} e 0,9

b) 7,21 x 10^{21} e 1,8

c) 4,30 x 10^{22} e 0,8

d) 3,99 x 10^{20} e 2,1

e) 3,70 x 10^{20} e 3,2

Questão 100

(CONCURSO PÚBLICO PARA DOCENTE FEDERAL – RIO GRANDE DO NORTE) Considere os dados a seguir para responder esta questão. Parâmetros de Van der Waals para o CO_2: a = 3,64 L^2 x atm x mol^{-2}; b = 0,042678 L x mol^{-2}. Calcule a pressão exercida, a uma temperatura de 25ºC, por 1,00 mol de gás carbônico gasoso ocupando um volume de 50 mL, utilizando:

a) a equação do gás ideal.

b) a equação de Van der Waals. Exponha os cálculos.

Questão 101

(CONCURSO PÚBLICO PARA DOCENTE FEDERAL – RONDÔNIA) A densidade do gás oxigênio, O_2, a 1 atm e 27ºC, é 1,3 kg/m^3. Qual deverá ser a densidade desse mesmo gás a 2 atm e 127ºC?

a) 0,49 kg/m^3

b) 1,69 kg/m^3

c) 1,95 kg/m^3

d) 3,38 kg/m^3

Questão 102

(CONCURSO PÚBLICO PARA DOCENTE FEDERAL – RONDÔNIA) "A velocidade de difusão e/ou efusão de um gás é inversamente proporcional à raiz quadrada da sua respectiva massa molar". Esse enunciado diz respeito à Lei de:

a) Raoult

b) van´t Hoff

c) Le Chatelier

d) Graham

Questão 103

(CONCURSO PÚBLICO PARA DOCENTE FEDERAL – MINAS GERAIS) Um cilindro de 8,2 L de capacidade contém 320 g de gás oxigênio a 27°C. Um estudante do curso técnico em Segurança do Trabalho do IFMG-campus Governador Valadares abriu a válvula do cilindro deixando escapar o gás até que a pressão fosse reduzida para 7,5 atm. Admitindo-se que não houve variação da temperatura e que a amostra gasosa de oxigênio se comporta como gás ideal, é correto afirmar que a pressão inicial no cilindro e a massa de gás liberada eram, respectivamente:

a) 27 atm e 80 g
b) 30 atm e 80 g
c) 27 atm e 240 g
d) 30 atm e 240 g
e) 2,7 atm e 80 g

Questão 104

(CONCURSO PÚBLICO PARA DOCENTE FEDERAL – RIO DE JANEIRO) Diferencie a representação matemática e qualitativa do comportamento ideal e real dos gases. Utilize, para isso, a Teoria Cinética dos Gases e a Equação de Van der Waals, explicando detalhadamente todos os seus termos.

Questão 105

(CONCURSO PÚBLICO FEDERAL – PETROBRAS) A pressão final de uma determinada massa de um gás ideal, se triplicado seu volume e reduzida sua temperatura a ¼ da original, torna-se:

a) ¾ da pressão original
b) 4/3 da pressão original
c) doze vezes maior que a original
d) doze vezes menor que a original
e) sete vezes menor que a original

Questão 106

(CONCURSO PÚBLICO FEDERAL – PETROBRAS) A razão de compressibilidade, Z, de um gás é a razão entre o volume molar do gás e o volume molar de um gás ideal nas mesmas condições de temperatura e pressão. A figura a seguir mostra a variação no fator de compressibilidade de alguns gases em função de variações na pressão.

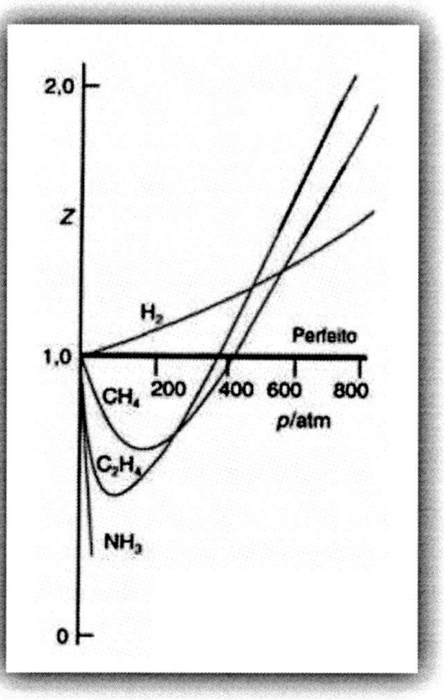

ATKINS, P. & PAULA, J. Físico-química, volume 1, sétima edição, LTC editora, São Paulo, 2002, p.17. (Adaptado)

Com base nas informações contidas no gráfico, analise as afirmações a seguir.

I) Na pressão de 200 atm, as forças repulsivas são predominantes nas moléculas de H_2.
II) Nos níveis de pressão indicados, as moléculas de amônia sempre apresentam predominância de forças atrativas.
III) Um gás ideal deveria apresentar Z = 0, pois não há qualquer tipo de interação entre suas moléculas.
Está(ão) correta(s) APENAS a(s) afirmação(ões):
a) I
b) II
c) III
d) I e II
e) II e III

Questão 107

(CONCURSO PÚBLICO FEDERAL – PETROBRAS) O gráfico abaixo representa a variação do fator de compressibilidade (Z) em função da pressão para um mesmo gás em diversas temperaturas.

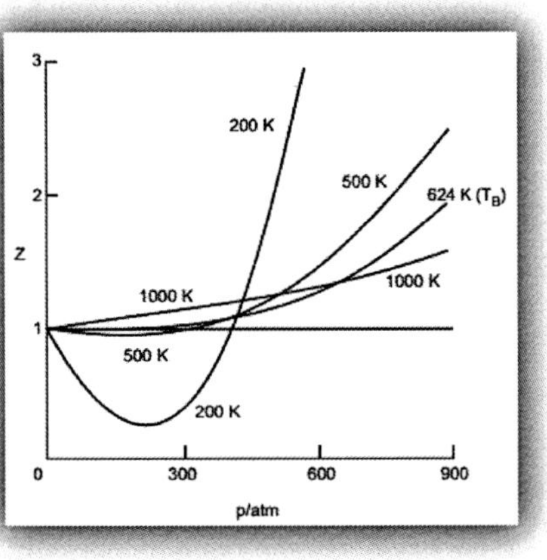

Analisando o gráfico, conclui-se que:
a) à medida que se aumenta a temperatura, as forças atrativas são intensificadas.
b) a 200 K, o gás se comporta como ideal numa faixa maior de pressões do que em qualquer outra temperatura.
c) a 624 K, o gás se comporta como ideal numa faixa maior de pressões do que a 500K.
d) a 1000 K, o gás se comporta como ideal para todas as pressões acima de 600 atm.
e) a 600 atm, o gás se afasta mais da idealidade a 1000 K do que a 500 K.

Questão 108

(CONCURSO PÚBLICO FEDERAL – PETROBRAS) Um recipiente de 20 L contém uma mistura de nitrogênio e um gás não identificado, a 305 K. A massa de nitrogênio no recipiente é 168 g, enquanto a massa do outro gás é igual a 88 g. Se a pressão total no recipiente é 10 atm, e o comportamento dos gases é ideal, o gás não identificado na mistura pode ser o:
a) H_2
b) CH_4
c) CO
d) O_2
e) CO_2

Questão 109

(PROCESSO DE SELEÇÃO PARA MESTRADO E DOUTORADO - PROVA DE CONHECIMENTO EM FÍSICO-QUÍMICA – DEPARTAMENTO DE QUÍMICA / UNIVERSIDADE FEDERAL DE MINAS GERAIS) Uma amostra de 1,0 mol de He apresenta-se sob pressão de 202,6 kPa e temperatura de 25°C.
a) Calcule o volume molar do gás (em dm^3), se o considerarmos como perfeito.
b) Estime o fator de compressibilidade desse gás considerando que seu volume molar obtido através da equação de Van der Walls é igual a $9{,}0 \times 10^{-3}$ m^3.

c) De acordo com o valor obtido para o fator de compressibilidade, informe qual o tipo de interação predomina nesse gás. Explique sua resposta.

Questão 110

(CONCURSO PARA DOCENTE FEDERAL – INSTITUTO FEDERAL DO RIO GRANDE DO NORTE) O gás cloro, Cl_2, é comumente utilizado como bactericida nas estações de tratamento de água, devido ao seu caráter oxidante. Através dos parâmetros de Van der Waals obtidos para o gás real Cl_2, a = 6,6 L^2 x atm x mol^{-2} e b = 5,6 x 10^{-2} L x mol^{-1}, a pressão exercida por 8,0 mols desse gás, a 298 K, confinados em um cilindro de 50 L é, aproximadamente, igual a (Dado: Constante Universal dos Gases = 0,082 atm L mol^{-1} K^{-1})

a) 1,89 atm
b) 3,78 atm
c) 5,67 atm
d) 2,83 atm

Questão 111

(GRILLO) Considere uma mistura gasosa composta por óxido nítrico e monóxido de carbono, dois óxidos classificados como neutros, são considerados ideais e apresenta massa específica igual a 1,50 kg x m^{-3}, quando se encontra a partir de uma pressão igual a 0,90 atm e sob uma temperatura de 127°C. A partir das informações apresentadas, assinale a alternativa que apresenta o valor aproximado da massa molar média (g x mol^{-1}) desta mistura gasosa.

a) 55
b) 59
c) 66
d) 77
e) 105

Questão 112

(GRILLO) Um reator hermeticamente fechado, com volume de aproximadamente igual a 20,0 litros, contém os seguintes gases: 450 g de oxigênio molecular, 4,0 x 10^{-5} mol de nitrogênio molecular e 4,20 x 10^{26} moléculas de óxido nítrico, a uma temperatura de aproximadamente igual a 127°C. A partir das informações apresentadas, assinale a alternativa que apresenta o valor aproximado da pressão total dentro deste reator.

a) 1975 atm
b) 1168 atm
c) 2789 atm
d) 3445 atm
e) 4258 atm

Questão 113

2,0 litros de um hidrocarboneto gasoso C_xH_y reagem com exatamente $\underline{V}$ litros de oxigênio para produzir 4,0 litros de dióxido de carbono gasoso e 4,0 litros de vapor d´água. Admitindo às mesmas condições de pressão e temperatura determine:

a) a fórmula molecular do hidrocarboneto;
b) o valor de $\underline{V}$.

Questão 114

Um hidrocarboneto gasoso C_XH_Y contém 85,7% de carbono, em massa. Sabendo que a densidade desse gás em relação ao hidrogênio é igual a 28,0, determine a fórmula molecular do hidrocarboneto em questão.

Questão 115

Considere que 1,42 gramas de oxigênio molecular seja coletado sobre água a uma temperatura de aproximadamente igual a 35°C. Se a pressão total do sistema reacional corresponde a 742 mmHg, qual será o volume em litros que o gás ocupará? Informação para a resolução do problema: pressão de vapor da água para T = 35°C: 42,18 mmHg.

Questão 116

Considere um tanque de gás, havendo 8,20 m^3 de oxigênio molecular a uma temperatura de 250 K e pressão de 2,0 atmosferas. Tendo posteriormente ocorrido um vazamento, a pressão do sistema gasoso diminuiu para 0,50 atmosferas. A partir das informações apresentadas, calcule a massa de oxigênio perdida, sabendo que em todo o processo a temperatura permaneceu constante, caracterizando um processo isotérmico.

Questão 117

(OLIMPÍADA CEARENSE DO ENSINO SUPERIOR DE QUÍMICA) A equação de Clapeyron, Pv = nRT, é uma forma simplista de correlacionar as variáveis de estado de um gás. Sua formulação negligencia o volume das moléculas de gás, bem como as forças intermoleculares, o que restringe sua aplicação em condições de baixa pressão ($p \rightarrow 0$). Uma das primeiras formas de incluir essas forças e aumentar a previsibilidade das variáveis de estado de um gás, incluindo estes dois fatores, foi elaborada por Johannes Diderik Van der Waals. Dadas as equações abaixo:

$$p = \frac{RT}{V - b} - \frac{a}{V^2}$$

$$p_c = \frac{a}{27b^2}$$

$$Z = \frac{p\overline{V}}{RT}$$

$$T_c = \frac{8a}{27Rb}$$

$$\left(\frac{\partial z}{\partial p}\right) = \frac{1}{RT}\left(b - \frac{a}{RT}\right)$$

E os valores de constantes de Van der Waals abaixo:

Gás	a (atm L² mol⁻²)	b (L mol⁻¹)
$H_2O_{(g)}$	5,464 (a_1)	0,03049 (b_1)
$CO_{2(g)}$	3,592 (a_2)	0,04267 (b_2)

Responda o que se pede:

a) Explique o motivo de a_1 ser maior que a_2, enquanto b_2 é maior que b_1.

b) Suponha que 25,0 mol de cada gás ocupem recipientes distintos com volumes de 100,0 L cada, a uma temperatura de 600 K, qual gás apresentará maior desvio da idealidade? Justifique através de cálculos e diga qual efeito é o predominante: atração ou repulsão.

c) Qual o significado físico da temperatura de Boyle (T_B)? Calcule os valores de T_B para esses dois gases.

Questão 118

(OLIMPÍADA CEARENSE DE QUÍMICA) Um técnico em química analisou 11,22 g de um óxido de nitrogênio desconhecido (N_XO_Y) que se encontra no estado gasoso, armazenando em um recipiente de 2 L, e verificou que em sua composição mássica há aproximadamente 30% de nitrogênio e 70% de oxigênio. Considerando que a temperatura no laboratório foi mantida constante a 27°C e que o gás N_XO_Y tem comportamento ideal, qual a pressão exercida por esse gás nas paredes internas do recipiente?

Questão 119

(ITT-JEE) Utilizando a equação de Van der waals, calcule o fator de correção para a pressão, para dois mols de um gás confinado em um reator igual a 4,0 litros com uma pressão de 11 atmosferas à 300 K. Informação para a resolução do problema: b = 0,05 L x mol^{-1}.

Questão 120

(ITT-JEE) Para o dióxido de carbono, a densidade crítica (dcr) é 0,45 $g.cm^{-3}$ a sua temperatura crítica é igual a 300 K. Determine as constantes de Van der waals.

Questão 121

A explosão do composto nitrogenado, denominado como nitroglicerina, $C_3H_5(NO_3)_{3(líquido)}$, ocorre segundo a equação química balanceada a seguir: $4C_3H_5(NO_3)_{3(líquido)} \rightarrow 12CO_{2(gás)} + 10H_2O_{(gás)} + 6N_{2(gás)} + O_{2(gás)}$. Sabe-se que a temperatura dos gases no momento da explosão é de aproximadamente igual a 3360 °C. A partir das informações apresentadas, calcule a pressão exercida quando 5,0 g de nitroglicerina explodem em um cilindro com capacidade de 1,0 L.

Questão 122

Considere 2 mols de um gás confinados em um recipiente de 1 L e submetido a uma temperatura de 27 °C. Suas constantes de Van der Waals são a = 0,5 atm.L^2/mol^2 e b = 0,25 L/mol. Qual a alternativa que contém a pressão do gás real descrito nesta questão?

a) 96,4 atm
b) 98,4 atm
c) 49,2 atm
d) 47,2 atm
e) 196,8 atm

Questão 123

Sobre os gases ideais, é incorreto afirmar:

a) Podem-se colocar infinitas moléculas de um gás ideal dentro de um recipiente previamente evacuado, por menor que este recipiente seja.
b) Caso se adicione um gás ideal dentro de um recipiente com outro gás ideal, nenhum deles irá sentir a presença do outro.
c) Um aumento do caminho livre médio de um gás, em que se mantém o número de moléculas, requer aumento de volume.
d) Se, dentro de um recipiente de volume constante, há dois gases X e Y, e trocam-se todas as moléculas de Y por igual número de moléculas de Z, isotermicamente, mantém-se a pressão constante.
e) O aumento de temperatura afasta as moléculas de um gás ideal, sempre tornando-o menos denso.

Questão 124

Assinale a alternativa que contém o valor da massa aproximada de potássio consumida ao reagir completamente com 10 g de um gás X_2, sabendo que 1g deste gás ocupa 140 mL a 1 atm e 0°C. A reação não balanceada é: $K_{(sólido)} + X_{2(gás)} \rightarrow KX_{(sólido)}$.

a) 2440 g
b) 4870 g
c) 62,5 g
d) 2,44 g
e) 4,87 g

Questão 125

Considere os seguintes gases: nitrogênio, oxigênio, monóxido de nitrogênio, dióxido de nitrogênio e óxido nitroso. Supondo que esses gases se comportem como ideais e estejam nas mesmas condições, marque a alternativa que apresenta os gases em ordem crescente de densidade.

a) $N_2 < NO < N_2O < NO_2$
b) $NO_2 < NO < N_2O < N_2$
c) $N_2 < O_2 < N_2O < NO_2 < NO$
d) $N_2 < NO < N_2O < NO_2 < NO$
e) $N_2O < N_2 < NO < O_2 < NO_2$

Questão 126

Uma amostra gasosa de gás amoníaco é completamente decomposta em hidrogênio e nitrogênio, ambos no estado gasoso. Se a pressão total é 866 mmHg, determine a pressão parcial do nitrogênio e hidrogênio.

Questão 127

(PROCESSO DE SELEÇÃO PARA MESTRADO E DOUTORADO – UNIVERSIDADE FEDERAL DOS VALES DO JEQUITINHONHA E MUCURI – DIAMANTINA – MINAS GERAIS) Foi solicitado a um pesquisador projetar um dispositivo denominado de "air bag" para servir como instrumento de segurança para um automóvel no caso de colisões. Para isso, sabe-se de antemão que este dispositivo deve ser imediatamente preenchido no ato da colisão com uma pressão de 829 mmHg na temperatura de 22°C mediante uma reação química muito rápida, iniciada por uma faísca elétrica, que libera uma grande quantidade de gás. Assim, sabendo-se que o volume apropriado do dispositivo durante a colisão deve ser de 45,5 dm^3, calcule a massa em gramas do composto sólido NaN_3 que deve ser introduzida no dispositivo pelo fabricante do automóvel para que este possa resultar no volume de gás apropriado conforme os dados acima de pressão e temperatura. Estequiometria reacional: $2NaN_{3(s)} \longrightarrow 2Na_{(s)} + 3N_{2(g)}$.

Questão 128

(PROCESSO DE SELEÇÃO PARA MESTRADO E DOUTORADO – UNIVERSIDADE FEDERAL DOS VALES DO JEQUITINHONHA E MUCURI – DIAMANTINA – MINAS GERAIS) Suponha que colocamos 3,12 g de PCl_5 em um recipiente de 500 mL e que a amostra atingiu o equilíbrio com os produtos de decomposição tricloreto de fósforo e cloro em 250°C, com K = 78,3, para a reação $PCl_{5(g)} \rightleftarrows PCl_{3(g)} + Cl_{2(g)}$. As três substâncias são gases em 250°C. Encontre a composição da mistura no equilíbrio em mols por litro. Considere o comportamento dos gases como ideal.

Questão 129

(PROCESSO DE SELEÇÃO PARA MESTRADO E DOUTORADO – UNIVERSIDADE FEDERAL DOS VALES DO JEQUITINHONHA E MUCURI – DIAMANTINA – MINAS GERAIS) Numa câmara de 10 L, vazia, 0,50 mol de H_2 e 0,5 mol de I_2 são colocados em contato para reagir a 448°C para formação do ácido iodídrico, também conhecido como iodeto de hidrogênio. Sabendo que a constante de equilíbrio (K) desta reação é de 50, calcule:

a) A pressão total na câmara;

b) O número de mols de iodo que permanecem sem reagir após atingido o equilíbrio;

c) A pressão parcial de cada componente na mistura em equilíbrio.

Questão 130

(PROCESSO DE SELEÇÃO PARA MESTRADO E DOUTORADO – UNIVERSIDADE FEDERAL DOS VALES DO JEQUITINHONHA E MUCURI – DIAMANTINA – MINAS GERAIS) Sobre os gases, responda:

(a) Em qual situação o comportamento de um gás real aproxima-se do comportamento de gás ideal?

(b) Quais são as grandezas que definem completamente o estado de um gás?

(c) Uma dada massa de um gás perfeito está a uma temperatura de 250K, ocupando um volume V e exercendo uma pressão p. Se o gás for aquecido e passar a ocupar um volume 3V e exercer uma pressão 2,5p, qual será sua nova temperatura?

Questão 131

(PROCESSO DE SELEÇÃO PARA MESTRADO E DOUTORADO – UNIVERSIDADE FEDERAL DOS VALES DO JEQUITINHONHA E MUCURI – DIAMANTINA – MINAS GERAIS) A aproximação do gás ideal é falha quando temos baixas temperaturas ou altas pressões. Esta afirmativa está correta? ( ) SIM ( ) NÃO. Justifique.

Questão 132

(PROCESSO DE SELEÇÃO PARA MESTRADO E DOUTORADO – UNIVERSIDADE FEDERAL DOS VALES DO JEQUITINHONHA E MUCURI – DIAMANTINA – MINAS GERAIS)

a) Determine a densidade de uma mistura de gases que contém 4 g de hidrogênio e 32 g de oxigênio à temperatura de 7°C e pressão total de 10^5 Pa, assumindo que a Lei de Dalton é válida nesse caso.

b) Que propriedades e condições são suficientes para que um gás possa ser considerado um gás ideal? A mistura do item "a" apresenta essas características? Explique.

Questão 133

(INSTITUTO TECNOLÓGICO DA AERONÁUTICA) Escreva a reação de combustão completa de um hidrocarboneto genérico ($C_\alpha H_\beta$) com ar atmosférico. Considere a presença do nitrogênio gasoso no balanço estequiométrico da reação e expresse os coeficientes estequiométricos dessa reação em função de α e β.

Questão 134

(PROGRAMA DE PÓS-GRADUAÇÃO EM QUÍMICA – CENTRO DE CIÊNCIAS E TECNOLOGIA – UNIVERSIDADE ESTADUAL DA PARAÍBA) Um estudante decompôs $KClO_3$, recolhendo 36,5 cm^3 de O_2 sobre a água a 23°C. O barômetro do laboratório indica uma pressão de 751 torr. A pressão de vapor da água nesta temperatura é de 21,1 torr. Calcule o volume que seria ocupado pelo O_2 seco a 0˚C e 1000 atm.

Questão 135

(PROGRAMA DE PÓS-GRADUAÇÃO EM QUÍMICA – UNIVERSIDADE FEDERAL DE PELOTAS - UFPEL)

a) Com a equação dos gases ideais, calcule a pressão exercida por 1,0 g de gás hidrogênio ocupando um volume de 1 L a 298 K.
b) Aplique o critério de Euler para dizer se P, na equação dos gases ideais, é uma propriedade termodinâmica.

Questão 136

(CONCURSO PÚBLICO PARA ENGENHARIA DE PETRÓLEO - PETROBRAS) Noventa litros de uma mistura de gases em equilíbrio contém 2,0 mol de CO_2, 2,5 mol de N_2 e 1,5 mol de O_2. A temperatura da mistura é 87°C. Qual é a pressão, em pascal, da mistura de gases?
a) $0,30 \times 10^5$
b) $0,40 \times 10^5$
c) $0,50 \times 10^5$
d) $1,0 \times 10^5$
e) $2,0 \times 10^5$

Questão 137

(IChO-Japan – PREPARATÓRIO) Uma mistura de dióxido de enxofre (7,0 mol) e oxigênio (3,0 mol) é colocada em um aquecedor de 50,0 L e o recipiente resiste à pressão junto com um catalisador. Quando o recipiente é aquecido à 350°C, a pressão aumenta para 8,60 bar. Calcule quantos mols de trióxido de enxofre são gerados nesta reação.

Questão 138

(PROGRAMA DE PÓS-GRADUAÇÃO EM QUÍMICA – UNIVERSIDADE FEDERAL DE PELOTAS - UFPEL)

a) Projeta-se um experimento para determinar o efeito do dióxido de enxofre, um dos poluentes padrões em fábricas. Entre as variações usadas, está uma mistura que tem as frações em quantidades de matéria fornecidas na seguinte tabela:

Gás	N_2	O_2	H_2O	SO_2
Fração	0,751	0,149)	0,080	0,020

Se a pressão total desejada for 750,0 toor, quais serão as pressões parciais? Se o gás estiver em um frasco de 15,0 L mantido a 30˚C, qual é a quantidade de matéria necessária de cada substância?

b) Para sintetizar amônia usando o processo Haber, 2,00 mol de N_2 são aquecidos em um recipiente de 800 L a 625˚C. Calcule a pressão do gás se o N_2 se comporta (a) gás de van der Walls e (b) como um gás ideal. Dados: a = 1,35 atm.L².mol^{-2}; b = 0,0386 L.mol^{-1}.

Questão 139

(PROGRAMA DE PÓS-GRADUAÇÃO EM QUÍMICA – UNIVERSIDADE FEDERAL DE PELOTAS - UFPEL) Além das fontes contínuas, os poluentes também podem ser introduzidos no ar por meio de incidentes isolados, como a ruptura de um tanque de armazenamento de gás. Muitos gases são estocados e transportados a altas pressões. Um cilindro de laboratório de metano tem um volume de 49,0 L e é cheio a uma pressão de 154 atm. Suponha que todo esse CH_4 do cilindro seja liberado e expande-se até sua pressão cair para 1,0 atm. Qual o volume de CH_4 ocuparia?

Questão 140

(PROGRAMA DE PÓS-GRADUAÇÃO EM QUÍMICA – UNIVERSIDADE FEDERAL DE PELOTAS - UFPEL) Responda as seguintes questões:

a) Uma amostra de dióxido de carbono ocupa 2,0 L na temperatura de 20˚C e pressão de 1 atm. Qual é a pressão necessária para comprimir este gás para 250 mL nesta temperatura?

b) A equação dos gases ideais é muito útil para entender a relação entre as funções de estado P, V e T. No entanto, ela não explica muito bem o comportamento de muitos gases reais. Explique por quê isto ocorre.

Questão 141

(PROGRAMA DE PÓS-GRADUAÇÃO EM QUÍMICA - UNIVERSIDADE FEDERAL DE PELOTAS - UFPEL) Diferencie gases ideais e gases reais.

Questão 142

(PROGRAMA DE PÓS-GRADUAÇÃO EM QUÍMICA – UNIVERSIDADE FEDERAL DE PELOTAS - UFPEL) Explique como o fator de compressibilidade varia com a pressão e com a temperatura. Evidencie as forças intermoleculares que predominam em cada caso.

Questão 143

(PROGRAMA DE PÓS-GRADUAÇÃO EM QUÍMICA – UNIVERSIDADE FEDERAL DE PELOTAS – UFPEL) Um mol de CO_2 ocupa um volume de 1,32 L e temperatura de 48ºC. Calcule a pressão do sistema supondo em:
a) um sistema ideal;
b) um sistema real;
c) diga quais as forças dominantes. Dados: a = 3,592 L^2 atm.mol^{-2}; b = 4,26 x 10^{-2} L.mol^{-1}.

Questão 144

(PROGRAMA DE PÓS-GRADUAÇÃO EM QUÍMICA – UNIVERSIDADE FEDERAL DE PELOTAS – UFPEL) Em um processo industrial, $N_{2(g)}$ é aquecido até uma temperatura de trabalho de 227˚C em um recipiente selado de volume constante. Se o gás é introduzido no referido recipiente com uma pressão de 100 atm e temperatura de 27˚C, qual deve ser a pressão final do sistema na temperatura de trabalho? Considere o $N_{2(g)}$ um gás ideal.

Questão 145

(PROGRAMA DE PÓS-GRADUAÇÃO EM QUÍMICA – UNIVERSIDADE FEDERAL DE PELOTAS – UFPEL) Um mol de gás ideal ocupa 12 L, a 25ºC. Qual é a pressão do gás?

Questão 146

(PROCESSO SELETIVO PARA O CURSO DE MESTRADO EM QUÍMICA – UNIVERSIDADE ESTADUAL DA PARAÍBA)
Um equipamento doméstico para gaseificar água usa cilindros de aço de dióxido de carbono de volume igual a 250 mL. Cada um dos cilindros pesa 1,04 kg quando está cheio e 0,74 kg quando está vazio. Considere o gás com comportamento ideal.
(a) Qual é a pressão de gás em cada cilindro, a 20ºC?
(b) Quais os efeitos moleculares são desconsiderados no modelo ideal e que são considerados no gás de Van der Waals.

Questão 147

(PROCESSO SELETIVO PARA O CURSO DE MESTRADO EM QUÍMICA – UNIVERSIDADE ESTADUAL DA PARAÍBA) A equação do gás ideal é dada por pV=nRT, onde p é a pressão, V é volume, n é o número de mols, R é a constante dos gases ideias e T é a temperatura absoluta. A equação de Van der Waals é dada por $\left(p^{real} + \frac{a}{V_m^2}\right) x \ (V_m - b) = R \ x \ T$, onde a e b são as constantes de Van der Waals, é o volume molar.
a) Qual a justificativa que Van der Waals usou para usar as constantes a e b na sua equação?
b) Considere 150 g de etano confinados num cilindro de 3,6 L a 25˚C.
Estime a pressão do etano em atm nos seguintes casos:
i) Considerando que seu comportamento seja ideal;
ii) Considerando a equação de Van der Waals. Dado: a = 5,507 L^2 .atm.mol^{-2} , b = 0,0651 L.mol^{-1}.

Questão 148

(PROCESSO DE PÓS-GRADUAÇÃO EM QUÍMICA - USP) Uma amostra de 2,00 mg de argônio está confinada em um frasco de 0,0500 L a 20°C; uma amostra de 2,00 mg de criptônio está confinada em um frasco de 0,0500 L diferente. Qual deve ser a temperatura do criptônio se ele tiver que ter a mesma pressão que o argônio? Massa molar do argônio = 40 g/mol Massa molar do criptônio = 84 g/mol.

Questão 149

(PROCESSO DE PÓS-GRADUAÇÃO EM QUÍMICA - USP) Um gás poliatômico do tipo n_0, possui densidade de 0,39 g/L à 293 K e 188 torr. Encontre “n” considerando o gás como ideal. Dado: Massa atômica de A = 19 u.

Questão 150

(PROCESSO DE PÓS-GRADUAÇÃO EM QUÍMICA - USP) Um automóvel experimental usa hidrogênio como combustível. No começo de uma corrida de teste, o tanque rígido de 30, L admitiu 16,0 atm de hidrogênio em 298 K. No fim da corrida, a temperatura era ainda 298 K, porém a pressão caiu para 4,0 atm. Quantos mols de H_2 foram queimados durante a corrida?

Questão 151

(PROCESSO DE SELEÇÃO PARA MESTRADO E DOUTORADO – UNIVERSIDADE FEDERAL DOS VALES DO JEQUITINHONHA E MUCURI – DIAMANTINA – MINAS GERAIS) Quais das seguintes combinações de condições mais favorecem o comportamento ideal de um gás confinado (sistema) em um recipiente? i) pressão externa baixa e temperatura do sistema baixa; ii) pressão externa baixa e temperatura do sistema alta; iii) pressão externa alta e temperatura do sistema alta. Justifique a sua resposta explicando como cada uma das duas condições da opção escolhida favorece o comportamento ideal.

Questão 152

(PROGRAMA DE PÓS-GRADUAÇÃO EM QUÍMICA – UNIVERSIDADE FEDERAL DO SUL E SUDESTE DO PARÁ) Dois frascos A e B contêm oxigênio O_2 e hidrogênio H_2, respectivamente, a 27°C. Os frascos estão conectados por uma válvula inicialmente fechada.

Frasco	Volume (L)	Pressão (atm)
A	500	1,0
B	1500	0,5

Calcule as frações molares, as pressões parciais e a pressão total do sistema após a abertura da válvula.

Questão 153

(PROGRAMA DE PÓS-GRADUAÇÃO EM QUÍMICA – UNIVERSIDADE ESTADUAL DE LONDRINA)
(a) Use a lei dos gases ideais e
(b) a equação de Van der Waals para calcular a pressão atmosférica exercida por 10,0 g de propano, inserindo em um recipiente de 1,00 L na temperatura de 12°C.
(c) Defina fator de compressibilidade Z e explique o significado de Z = 1; Z > 1 e Z < 1.
Dado: a = 9,2690 L^2 atm mol^{-2}; b = 0,1164 L mol^{-1}.

Questão 154

(PROGRAMA DE PÓS-GRADUAÇÃO PARA MESTRADO & DOUTORADO - UNIVERSIDADE FEDERAL DE PELOTAS) Com a equação dos gases ideais, calcule a pressão exercida por 1 g de gás hidrogênio ocupando um volume de 1 L a 298 K.

Questão 155

(PROCESSO DE SELEÇÃO PARA MESTRADO E DOUTORADO – UNIVERSIDADE FEDERAL DE GOIÁS) A equação de Van der Waals, $p = \frac{RT}{V_m - b} - \frac{a}{V_m^2}$, é utilizada para calcular a pressão de gases reais levando em conta interações moleculares. Em um recipiente de 200 mL, foram colocados 14,4 g de gás butano a 25°C. responda:
a) Calcule a pressão de acordo com a equação dos gases ideais e de acordo com a equação de Van der Waals.
b) Se gás etano for colocado na mesma quantidade molar, qual a pressão de acordo com a equação de Van der Waals?
c) Discuta as diferenças encontradas. Dados: Butano (a = 14,47 L^2 x atm x mol^{-2} e b = 0,1226 L x mol^{-1}); Etano (a = 5,56 L^2 x atm x mol^{-2} e b = 0,0638 L x mol^{-1})

Questão 156

(PROCESSO SELETIVO PARA O CURSO DE MESTRADO EM QUÍMICA – EDITAL 001/2018) Um estudante decompõe $KClO_3$, recolhendo 36,5 cm^3 de O_2 sobre a água a 23°C. O barômetro do laboratório indica uma pressão de 751 torr. A pressão de vapor da água nesta temperatura é de 21,1 torr. Calcule o volume que seria ocupado pelo O_2 seco a 0°C e 1000 atm.

Questão 157

(PROGRAMA DE PÓS-GRADUAÇÃO EM QUÍMICA - UNIVERSIDADE DE SÃO PAULO - FACULDADE DE FILOSOFIA, CIÊNCIAS E LETRAS DE RIBEIRÃO PRETO) São necessários 0,3625 g de N_2 para preencher um recipiente a 298,2 K e 0,01 bar. São necessários 0,9175 g de um gás homoatômico dinuclear desconhecido para se preencher o mesmo recipiente, sob as mesmas condições. Qual é esse gás?

Questão 158

(PROGRAMA DE PÓS-GRADUAÇÃO EM QUÍMICA - UNIVERSIDADE DE SÃO PAULO - FACULDADE DE FILOSOFIA, CIÊNCIAS E LETRAS DE RIBEIRÃO PRETO) O O_2 produzido na reação de decomposição do $KClO_3$ foi coletado pelo deslocamento de água nas seguintes condições:

- T = 22˚C;
- Pressão total de 760 torr;
- Volume coletado: 1,2 L.

A pressão de vapor da água a 22˚C é 21 torr.

a) Escreva a reação de decomposição.

b) Calcule a pressão parcial do O_2 e a massa de $KClO_3$ que foi decomposta, sabendo que a massa molar é 122,6 g.

Questão 159

(PROGRAMA DE PÓS-GRADUAÇÃO EM QUÍMICA - UNIVERSIDADE DE SÃO PAULO - FACULDADE DE FILOSOFIA, CIÊNCIAS E LETRAS DE RIBEIRÃO PRETO) Uma mistura de $H_{2(g)}$ e $N_{2(g)}$ tem densidade 0,216 g/L a 300 K e 500 torr. Qual a composição em fração molar dessa mistura?

Questão 160

(U. S. NATIONAL CHEMISTRY OLYMPIAD) Qual é a pressão total em um contêiner de 2,00 L que contém 1,00 g de He, 14,0 g de CO e 10,0 g de NO para 27,0˚C?

a) 21,6 atm

b) 13,2 atm

c) 1,24 atm

d) 0,310 atm

Questão 161

(U. S. NATIONAL CHEMISTRY OLYMPIAD) Assuma 0,10 L de N_2 e 0,18 L de H_2, ambas a 50 atm e 450˚C, reagem para formar NH_3. Assumindo que a reação seja completa, identifique o reagente que está em excesso e determine o volume que permanece a mesma temperatura e pressão.

a) H_2, 0,02 L

b) H_2, 0,08 L

c) N_2, 0,01 L

d) N_2, 0,04 L

Questão 162

(U. S. NATIONAL CHEMISTRY OLYMPIAD) Quando 0,25 L de nitrogênio líquido (d = 0,807 g/mL) é vaporizado, que volume o gás resultante ocupa a 25˚C e 5,00 atm?

a) 71 L

b) 54 L

c) 35 L

d) 32 L

Questão 163

(U. S. NATIONAL CHEMISTRY OLYMPIAD) A constante da lei de Henry para o gás oxigênio na água para 25˚C, k_{O2} é 1,3 x 10-3 $M.atm^{-1}$. Qual é a pressão parcial de O_2 através de uma solução a 25˚C com uma concentração de O_2 de $2,3 \times 10^{-4}$ M em equilíbrio?

a) 5,7 atm

b) 0,18 atm

c) $1,3 \times 10^{-3}$ atm

d) $3,0 \times 10^{-7}$ atm

Questão 164

(U. S. NATIONAL CHEMISTRY OLYMPIAD) 100 litros de dióxido de carbono medido a 740 mmHg e 50°C é produzido pela combustão completa de uma amostra de pentano: $2C_5H_{12} + 16O_2 \rightarrow 10CO_2 + 12H_2O$. Qual a massa de pentano reagido?

a) 342 g
b) 265 g
c) 64,4 g
d) 53,0 g

Questão 165

(U. S. NATIONAL CHEMISTRY OLYMPIAD) Um recipiente fechado a 450 K contém inicialmente apenas $PCl_{5(g)}$ e $Cl_{2(g)}$, cada um com pressão parcial de 2,7 bar. Depois que o sistema atinge o equilíbrio, qual é a pressão parcial de $Cl_{2(g)}$? $PCl_{5(g)} \leftrightarrows PCl_{3(g)} + Cl_{2(g)}$, $K_p = 0,015$.

a) 0,015 bar
b) 0,12 bar
c) 0,20 bar
d) 2,7 bar

Questão 166

(U. S. NATIONAL CHEMISTRY OLYMPIAD) Qual é a velocidade média das moléculas de H_2 a 100 K em relação à sua velocidade a 50 K?

a) 2,00 vezes a velocidade a 50 K
b) 1,41 vezes a velocidade a 50 K
c) 0,71 vezes a velocidade a 50 K
d) 0,50 vezes a velocidade de 50 K

Questão 167

(OLIMPÍADA BRASILEIRA DE QUÍMICA) Um acidente em um laboratório provocou a intoxicação de um grupo de pessoas por inalação de um gás. Um analista coletou uma amostra desse gás e a introduziu em um recipiente inelástico de 1 dm^3, à temperatura de 27°C. A amostra de gás contida no recipiente pesou 1,14 gramas e a pressão medida no recipiente foi de 1 atm. Assim, pode-se afirmar que este gás é:

a) CO
b) H_2S
c) NO_2
d) C_2H_2
e) NO

Questão 168

(U. S. NATIONAL CHEMISTRY OLYMPIAD) Uma substância X é 18,93% C, 25,21% O, e 55,86% de halogênio por massa. X é um gás a 70°C e 1,00 bar de pressão, com uma densidade de vapor de 4,45 g/L.

a) Qual é a massa molar de X?
b) Qual é a fórmula molecular de X?

Questão 169

(OLIMPÍADA BRASILEIRA DE QUÍMICA) A formação de um sólido a partir de líquido e/ou de gases é uma das evidências de que ocorreu uma reação química. Para demonstrar tal evidência, um recipiente de 2,50 L que contém amônia gasosa a 0,78 atm e 18,5ºC foi conectado em outro recipiente de 1,40 L com cloreto de hidrogênio gasoso a 0,93 atm e 18,5ºC, respectivamente. Sabe-se que a combinação desses gases leva a formação de cloreto de amônio sólido, logo, qual a quantidade aproximada de massa formada desse composto, o gás que sobrou nos recipientes conectados e sua pressão?

a) 1,44 g; amônia
b) 3,19 g; cloreto de hidrogênio; 0,332 atm
c) 1,44 g; cloreto de hidrogênio; 0,332 atm
d) 1,44 g; amônia; 0,332 atm
e) 2,91 g; amônia; 0,166 atm

Questão 170

(OLIMPÍADA ESTADUAL DE QUÍMICA) Um balão hermeticamente fechado, com capacidade de 20,0 litros, contém os seguintes gases: 450 g de O_2, 4 × 10^{-5} mol de N_2 e 4,20 × 10^{26} moléculas de NO, a 127°C. A partir destas informações, assinale a alternativa que apresenta o valor aproximado da pressão total dentro do balão.

a) 975 atm
b) 1167 atm
c) 2500 atm
d) 3703 atm
e) 4025 atm

Questão 171

(OLIMPÍADA DE QUÍMICA DO RIO DE JANEIRO) Suponha que 0,157 g de um certo gás coletado sobre água ocupa um volume de 135 mL a 30°C e 752,82 mmHg. Considerando o comportamento ideal, determine a massa molecular do gás. (A 30 °C a pressão de vapor da água é 31,82 mmHg)

a) 29,17 $g.mol^{-1}$
b) 29,45 $g.mol^{-1}$
c) 29,90 $g.mol^{-1}$
d) 30,45 $g.mol^{-1}$
e) 31,00 $g.mol^{-1}$

Questão 172

(OLIMPÍADA PIAUIENSE DE QUÍMICA) As misturas gasosas estão presentes no nosso cotidiano, como por exemplo, o ar que respiramos, que corresponde a uma mistura de nitrogênio (78%) e oxigênio (21%) bem como nos cilindros de oxigênio usados por alpinistas e mergulhadores, que possuem misturas de nitrogênio e oxigênio, semelhantes ao ar, mas com uma quantidade maior de oxigênio (42% do volume total). Sabendo que em um recipiente encontra-se uma mistura gasosa, de comportamento ideal, com 3,55 g de gás $C\ell_2$ e 8,80 g de gás CO_2, à temperatura de 0°C e pressão total de 12,5 atm, qual o valor da pressão parcial do gás carbônico?

a) 2,5 atm
b) 3,6 atm
c) 8,9 atm
d) 10,0 atm
e) 12,5 atm

Questão 173

(OLIMPÍADA DE QUÍMICA DO RIO DE JANEIRO) Amostras de He, O_2 e N_2 contêm, cada uma, 2,00 g. Suponha que os gases sejam colocados conjuntamente em um recipiente de 15,0 L a 100 °C. Considere o comportamento ideal e calcule a pressão total em atmosfera.

a) 2,131 atm
b) 0,620 atm
c) 1,22 atm
d) 2,31 atm
e) 2,21 atm

Questão 174

(OLIMPÍADA PIAUIENSE DE QUÍMICA) Calcule a pressão exercida por 5 mols de gás carbônico (CO_2) em um vaso com um volume de 1 litro a 47°C, usando a equação de Van der Waals. Calcule também a pressão do gás, assumindo um comportamento ideal. Dados para o CO_2: a = 3,592 atm x L^{-2} x mol^{-2}; b = 0,0427 L x mol^{-1}.

Questão 175

(OLIMPÍADA DE QUÍMICA DO RIO DE JANEIRO) A que temperatura as moléculas de O_2 teriam a mesma velocidade média dos átomos de He a 27˚C?

a) 216˚C
b) 300˚C
c) 1000˚C
d) 2127˚C

e) 2700°C

Questão 176

(OLIMPÍADA PIAUIENSE DE QUÍMICA)
a) Calcule a pressão exercida por 5 mols de gás carbônico (CO_2) em um vaso com um volume de 1 litro a 47°C, usando a equação de Van der Waals. Calcule também a pressão do gás, assumindo um comportamento ideal. Dados para o CO_2: a = 3,592 atm L^{-2} mol^{-2}; b = 0,0427 L mol^{-1}.
b) Se o volume ocupado pelas moléculas de CO_2 é desprezível, então calcule a pressão exercida por um mol de gás carbônico a 273 K.

Questão 177

(OLIMPÍADA DE QUÍMICA DO DISTRITO FEDERAL) Qual é a diferença de temperatura, para o CO_2, empregando a equação de estado de Van der Waals e a de gás ideal? Dados: P = 1,5 atm; n = 1,0 mol; V = 10,0 L; a = 3,640 L^2atm mol-2; b = 0,04267 L mol-1.
a) 90,2 K
b) 8,5°C
c) 15,0°F
d) 3,8°C
e) 7,6 K

Questão 178

(OLIMPÍADA DE QUÍMICA DO RIO DE JANEIRO) Três gases foram colocados num mesmo recipiente de 24,6 dm^3 para atingir uma pressão total de 380 mmHg a 27°C. Sabendo que a mistura gasosa contém 8,8 g de CO_2, 6,4 g de O_2 e uma quantidade desconhecida de N_2, a opção que contém a massa, em gramas, de nitrogênio gasoso no recipiente é:
a) 0,13
b) 0,18
c) 0,50
d) 2,46
e) 2,80

Questão 179

(EXAME UNIFICADO DE QUÍMICA) A força de uma interação química pode ser estimada de diversas formas. Qual das alternativas abaixo descreve uma forma válida para correlacionar propriedades moleculares com as intensidades das forças de interação?
a) Quanto mais forte uma ligação química em uma molécula, menor tende a ser a densidade eletrônica entre os átomos ligados
b) Uma ligação mais fraca entre duas moléculas se correlaciona com uma maior distância entre as espécies que interagem
c) A distância de dois átomos envolvidos em uma ligação química deve ser menor que a soma do raio de Van der Waals desses átomos isolados
d) Quanto maior for a quantidade de orbitais de um determinado átomo, mais fortes serão as ligações que ele participará
e) As ligações iônicas são proporcionais à carga do íon e não suas densidades de carga

Questão 180

(EXAME UNIFICADO DE QUÍMICA) Para um gás ideal, o fator de compressibilidade, Z = PVm/RT, é igual a 1. Qual das afirmações abaixo é verdadeira, em geral, para gases reais?
a) Z = 1 para qualquer valor de pressão
b) Z < 1 em pressões baixas e Z < 1 em pressões altas
c) Z > 1 em pressões baixas e Z < 1 em pressões altas
d) Z < 1 em pressões baixas e Z > 1 em pressões altas

Questão 181

(EXAME UNIFICADO DE QUÍMICA) A equação de estado pV = nRT, descreve o comportamento de um gás ideal em relação às mudanças de pressão (p), temperatura (T), volume (V) e quantidade de partículas (n). Para gases reais, algumas alterações precisam ser feitas, dando origem à equação de Van der Waals:

$$p = \frac{nRT}{V - nb} - a\frac{n^2}{V^2}$$

As propriedades do gás que são levadas em consideração na equação de Van der Waals, mas não na equação dos gases ideais, são:
a) energia cinética das partículas e interações intermoleculares
b) forças repulsivas e energia cinética das partículas
c) energia cinética e volume das partículas
d) volume das partículas e interações intermoleculares

Questão 182

(EXAME UNIFICADO DE QUÍMICA) Quantas moléculas existem aproximadamente em um centímetro cúbico contendo um gás na pressão padrão, p^o = 100 kPa, e na temperatura, T = 0^oC? Dados: R = 8,314 J K^{-1} mol^{-1}, N_A = 6,022 × 10^{23} mol^{-1}.
I) 3 × 10^{19}
II) 3 × 10^{22}
III) 6 × 10^{23}
IV) 6 × 10^{20}
a) I
b) II
c) III
d) IV

Questão 183

Uma amostra gasosa de gás amoníaco é completamente decomposta em hidrogênio gasoso e nitrogênio gasoso. Se a pressão do sistema reacional é igual a 866 mmHg, determine os valores correspondentes às pressões parciais de $N_{2(gás)}$ e $H_{2(gás)}$.

Questão 184

Suponha que seja colocado 3,12 gramas de pentacloreto de fósforo no estado gasoso, em um determinado recipiente com volume de capacidade igual a 500 mL, e que a amostra atingiu o equilíbrio com os produtos da decomposição, em tricloreto de fósforo e cloro a T = 250°C. A constante de equilíbrio corresponde a 78,3, sabendo que a equação química é a seguinte: $PCl_{5(gás)} \rightleftarrows PCl_{3(gás)} + Cl_{2(gás)}$. Se as três substâncias se encontram no estado gasoso a 250°C, encontre a decomposição da mistura reacional de equilíbrio em mol por litro (mol x L^{-1}). Para a resolução do problema, leve em consideração que os gases que fazem parte do sistema reacional apresentam comportamento ideal.

Questão 185

Quantos gramas de zinco devem ser dissolvidos em ácido sulfúrico, afim de obter 500 cm^3 de gás hidrogênio a uma temperatura de aproximadamente igual a 20°C e a uma pressão de aproximadamente igual a 770 torr.

Questão 186

Calcule a pressão exercida por 1,00 mol de N_2, a 0,00°C, usando a equação de Van der Waals, se o seu volume é de 62,3 mL. $N_{2(gás)}$: a = 1,390 atm x L^2 x mol^{-2}; b = 0,0391 L x mol^{-1}. Compare a pressão calculada pela equação dos gases perfeitos, calculando a diferença percentual entre os dois valores obtidos.

Questão 187

Durante um trabalho prático de laboratório, realizado a 23°C, uma mistura gasosa de N_2, O_2 e CO_2 foi recolhida sobre água, dentro da bureta e na cuba. No momento da experiência, a pressão ambiente, no laboratório era de 771 torr e sabia-se que, na mistura gasosa, a fração molar do N_2 era igual a do O_2 e o dobro de CO_2. Determinar:
a) a pressão parcial de cada gás na mistura inicial (seca);
b) a fração molar de cada gás na mistura gasosa úmida. Informação do problema: pressão de vapor da água a 23°C = 21,0 torr.

Questão 188

Um frasco de 10 L contém 44 g de $CO_{2(g)}$ a uma temperatura de 27°C.
a) Tomando o $CO_{2(g)}$ como um gás ideal, qual a pressão no frasco?
b) Tomando o $CO_{2(g)}$ como um gás de Van der Waals, qual a pressão no frasco? (a = 3,6 atm x L^2 x mol^{-2}; b = 0,0428 L x mol^{-1})
c) Em que condições o $CO_{2(g)}$ se aproxima mais de um gás ideal?

Questão 189

A que temperatura a velocidade média das moléculas de oxigênio será igual à das moléculas de monóxido de carbono, a 21°C?

a) – 105°C

b) – 16°C

c) 63°C

d) 127°C

e) 336°C

Questão 190

(INSTITUTO TECNOLÓGICO DA AERONÁUTICA) Escreva a equação química balanceada da combustão completa do iso-octano com o ar atmosférico. Considere que o ar é seco e composto por 21% de oxigênio gasoso e 79% de nitrogênio gasoso.

Questão 191

(PROGRAMA DE PÓS-GRADUAÇÃO EM QUÍMICA - UNIVERSIDADE FEDERAL DE MATO GROSSO INSTITUTO DE CIÊNCIAS EXATAS E DA TERRA - DEPARTAMENTO DE QUÍMICA) Uma amostra de 64,0 g de gás propeno foi hidrogenada em uma superfície metálica, sendo completamente convertida em gás propano. A seguir, o propano foi isolado e mantido em um recipiente de 100 L a 300 K. Nessas condições, calcule:

a) A concentração molar do propano armazenado.

b) A pressão do propano no recipiente.

Questão 192

Em um recipiente com 10,0 litros de capacidade são misturados: 0,40 mols de CO_2, 3,0 x 10^{23} moléculas de O_2 e 2,4 gramas de He, sendo a temperatura mantida em 27°C. Determine:

a) a pressão total da mistura;

b) a fração molar do gás hélio na mistura.

Questão 193

Determine o volume ocupado por 3,20 gramas de CH_4, a 27°C e 1,12 atm.

Questão 194

O oxigênio (O_2) contido em um recipiente tem massa igual a 0,400 g. Outro gás X, no mesmo recipiente e nas mesmas condições de temperatura e pressão possui massa igual a 0,550 g. Qual é a massa molecular do gás X?

Questão 195

Quantos gramas de zinco devem ser dissolvidos em ácido clorídrico afim de obter 1500 cm^3 de hidrogênio a 30°C e 770 torr?

Questão 196

Se 1,42 g do gás oxigênio é coletado sobre água a 35°C, a pressão total de 742 mmHg, qual será o volume em litros que o gás ocupará? (Pressão de vapor da água a 35°C = 42,18 mmHg).

Questão 197

Uma massa de aproximadamente igual a 0,450 gramas de uma determinada substância X, são volatilizados e seu respectivo vapor é diretamente recolhido a partir de um deslocamento de água a uma temperatura de aproximadamente 27°C, observando a remoção de 62,50 cm^3 de água, considerando a pressão ambiente correspondente a 755 mmHg. A partir das informações apresentadas, calcule a massa molar da espécie desconhecida X. Informação para a resolução do problema: pressão máxima de vapor de água (27°C) = 22,125 mmHg.

Questão 198

Durante o transporte de gás etano, no estado gasoso em um caminhão-tanque, com capacidade igual a 12300 litros, a uma temperatura correspondente a 250 K. Este mesmo veículo sofreu um acidente, e diante disso a pressão ficou igual a 0,60 atmosferas. A partir das informações apresentadas à temperatura constante, determine a massa de gás etano perdida no ambiente.

Questão 199

Utilizado a equação:

a) a partir do comportamento ideal;

b) a partir da equação do comportamento real de Van der Waals, determine o valor aproximado da temperatura em graus celsius, na qual um recipiente com capacidade igual a cinco litros, irá manter uma massa de sete gramas de gás oxigênio a uma pressão de aproximadamente 1,00 atmosfera. Informação para a resolução do problema: a = 1,36 atm x L^2 x mol^{-2}; b = 0,0318 L x mol^{-1}.

Questão 200

O gás amoníaco é produzido a partir dos gases diatômicos hidrogênio e nitrogênio. Determine o volume de gás amoníaco, que pode ser produzido, a partir de 4,62 litros de gás hidrogênio nas condições normais de temperatura e pressão.

Questão 201

Utilize:

a) a lei do gás ideal;

b) a equação referente de Van der Walls, para calcular a pressão exercida na presença de 10,0 gramas de nitrogênio molecular, em um recipiente com volume igual a 0,02 litros a uma temperatura de 25°C. Informação para a resolução do problema: a = 1,39 atm x L^2 x mol^{-2}; b = 0,03391 L x mol^{-1}.

Questão 202

Consistindo em uma massa de 20,0 gramas de gás metano, em um recipiente com volume de 1,0 litro a uma temperatura de aproximadamente igual a 20°C, calcule a pressão deste sistema gasoso, se:

a) utilizar a modalidade ideal para o gás proposto;

b) a equação referente de Van der Walls, sabendo que a = 2,25 atm x L^2 x mol^{-2}; b = 0,0428 L x mol^{-1}.

Questão 203

Há uma mistura de três gases com comportamento ideal, em que a pressão parcial do primeiro é igual a 0,40 atmosferas, o percentual em volume para o segundo corresponde a V_2 (%) = 40% e a fração molar do terceiro gás é igual a X_3 = 0,20. A partir das informações apresentadas, determine os seguintes pontos:

a) a pressão total do sistema gasoso;

b) as pressões parciais, em atmosfera, do segundo e do terceiro componente gasoso.

Questão 204

Uma das equações que representam o comportamento real de um gás trata-se da equação de Van der Waals. Uma das características desta equação, apresenta as constantes de Van der Waals (a e b). Um determinado gás apresenta como constante os seguintes valores: a = 3,60 atm x L^2 x mol^{-2} e b = 0,04 L x mol^{-1}. Diante disso, considere que um mol deste gás esteja dentro de um cilindro com capacidade igual a um litro. Sabendo que todo o processo foi realizado a 384 K, determine o valor de maneira aproximado do fator de compressibilidade.

Questão 205

(INSTITUTO MILITAR DE ENGENHARIA) Um hidreto gasoso tem fórmula empírica XH_3 (massa molar de X = 13 g.mol^{-1}) e massa específica de 6,0 g.L^{-1} numa dada condição de temperatura e pressão. Sabendo-se que, na mesma temperatura e pressão, 1,0 L de O_2 gasoso tem massa de 3,0 g, pode-se afirmar que a fórmula molecular do hidreto é:

a) $X_{0,5}H_{1,5}$

b) XH_3

c) X_4H_{12}

d) X_2H_6

e) X_6H_{18}

Questão 206

(INSTITUTO MILITAR DE ENGENHARIA) Um tambor selado contém ar seco e uma quantidade muito pequena de acetona líquida em equilíbrio dinâmico com a fase vapor. A pressão parcial da acetona é de 180,0 mm Hg e a pressão total no tambor é de 760,0 mmHg. Em uma queda durante seu transporte, o tambor foi danificado e seu volume interno diminuiu para 80% do volume inicial, sem que tenha havido vazamento. Considerando-se que a temperatura tenha se mantido estável a 20°C, conclui-se que a pressão total após a queda é de:

a) 950,0 mm Hg

b) 1175,0 mm Hg

c) 760,0 mm Hg

d) 832,0 mm Hg
e) 905,0 mm Hg

Questão 207

(INSTITUTO TECNOLÓGICO DA AERONÁUTICA) Temos um frasco aberto contendo um gás à temperatura de 127°C. Querendo expulsar do frasco 1/3 do número de moléculas desse gás, devemos aquecê-lo a:
a) 42,50°C
b) 377 K
c) 447°C
d) 42,50 K
e) 600 K

Questão 208

(INSTITUTO TECNOLÓGICO DA AERONÁUTICA – MODIFICADA) Foram misturados 10 gramas de gás carbônico e 15 gramas de gás nitrogênio num recipiente de 9,50 litros de capacidade à temperatura de 27°C. Qual a pressão total da mistura em atmosferas?
a) 2,00 atm
b) 2,50 atm
c) 3,00 atm
d) 3,50 atm
e) 4,00 atm

Questão 209

(INSTITUTO TECNOLÓGICO DA AERONÁUTICA) Dois balões esféricos de mesmo volume são unidos por um tubo de volume desprezível, provido de torneira. Inicialmente o balão A contém 1,00 mol (400 K) de gás ideal, e em B há vácuo (324 K). Os dois balões são mantidos às temperaturas indicadas no desenho acima. A torneira é aberta durante certo tempo. Voltando a fechá-la, verifica-se que a pressão em B é 0,81 do valor da pressão em A. Quanto do gás deve ter sobrado no balão A?
a) 0,20 mol
b) 0,40 mol
c) 0,50 mol
d) 0,60 mol
e) 0,80 mol

Questão 210

(INSTITUTO TECNOLÓGICO DA AERONÁUTICA) Um vaso de pressão com volume interno de 250 cm^3 contém gás nitrogênio (N_2) quimicamente puro, submetido à temperatura constante de 250ºC e pressão total de 2,0 atm. Assumindo que o N_2 se comporta como gás ideal, assinale a opção correta que representa os respectivos valores numéricos do número de moléculas e da massa específica, em $kg.m^{-3}$, desse gás quando exposto às condições de pressão e temperatura apresentadas.
a) $3,7 \times 10^{21}$ e 1,1
b) $4,2 \times 10^{21}$ e 1,4
c) $5,9 \times 10^{21}$ e 1,4
d) $7,2 \times 10^{21}$ e 1,3
e) $8,7 \times 10^{21}$ e 1,3

Questão 211

(INSTITUTO TECNOLÓGICO DA AERONÁUTICA) Um recipiente contendo gás hidrogênio (H_2) é mantido à temperatura constante de 0°C. Assumindo que, nessa condição, o H_2 é um gás ideal e sabendo-se que a velocidade média das moléculas desse gás, nessa temperatura é de $1,85 \times 10^3$ $m.s^{-1}$, assinale a alternativa correta que apresenta o valor calculado da energia cinética média, em J, de uma única molécula de H_2.
a) $3,1 \times 10^{-24}$
b) $5,7 \times 10^{-24}$
c) $3,1 \times 10^{-21}$
d) $5,7,1 \times 10^{-21}$
e) $2,8 \times 10^{-18}$

Questão 212

(INSTITUTO TECNOLÓGICO DA AERONÁUTICA) Um recipiente de aço de volume V_I, contém ar comprimido na pressão P_I. Um segundo recipiente de aço de volume V_2, contém ar menos comprimido na pressão P_2. Ambos os cilindros estão na pressão ambiente. Caso sejam interligados por uma tubulação de volume desprezível, a pressão final em ambos os cilindros será igual a:

a) $\frac{(V_1P_1 + V_2P_2)}{(V_1 + V_2)}$

b) $\frac{(V_1P_2 + V_2P_1)}{(V_1 + V_2)}$

c) $\frac{(V_1P_1 + V_2P_2)}{(P_1 + P_2)}$

d) $\frac{(V_1P_2 + V_2P_1)}{(P_1 + P_2)}$

e) $\left(\frac{P_1}{V_1} + \frac{P_2}{V_2}\right) x\ (V_1\ x\ V_2)^{1/2}$

Questão 213

(INSTITUTO TECNOLÓGICO DA AERONÁUTICA) O gráfico abaixo representa o comportamento real da relação densidade/pressão (d/p) em função da pressão (p) do hidrogênio, à temperatura constante.

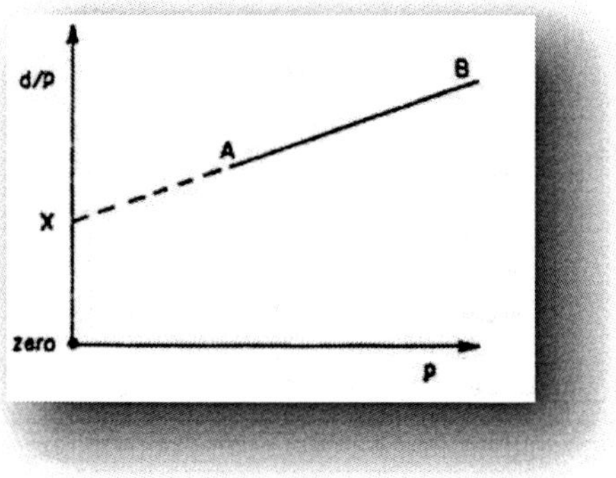

Se o hidrogênio tivesse, de fato, comportamento de um gás ideal, a curva seria uma reta:
a) Paralela AB, mas passando pelo zero
b) Que passa por X e tem coeficiente angular negativo
c) Paralela ao eixo p e passando por X
d) Paralela ao eixo d/p e passando por A
e) Que passa pelo zero e tem coeficiente angular positivo

Questão 214

(INSTITUTO TECNOLÓGICO DA AERONÁUTICA) Considere um gás perfeito monoatômico na temperatura de 0°C, sob uma pressão de 1 atm, ocupando um volume de 56 litros. A velocidade quadrática média das moléculas é 1840 $m.s^{-1}$. Então, a massa do gás é:
a) 55 gramas
b) 100 gramas
c) 5 gramas
d) 150 gramas
e) 20 gramas

Questão 215

(INSTITUTO TECNOLÓGICO DA AERONÁUTICA) Nitrogênio gasoso, inicialmente na temperatura ambiente, é passado por um tubo mantido num forno. A vazão do gás é tão baixa que a pressão na saída (quente) é praticamente a da entrada (frio). Chamemos as vazões do gás ($cm^3.s^{-1}$) na entrada de v_1 e na saída de v_2. A densidade do gás ($cm^3.s^{-1}$) na entrada é designada por d_1 e na saída por d_2. Nas condições acima teremos que:

a) $v_1 < v_2$; $d_1 < d_2$
b) $v_1 < v_2$; $d_1 > d_2$
c) $v_1 > v_2$; $d_1 < d_2$
d) $v_1 > v_2$; $d_1 > d_2$
e) $v_1 = v_2$; $d_1 = d_2$

Questão 216

(INSTITUTO TECNOLÓGICO DA AERONÁUTICA) Uma amostra de 4,4 gramas de um gás ocupa um volume de 3,1 litros a 10°C e 566 mmHg. Assinale a alternativa que apresenta a razão entre as massas específicas deste gás e a do hidrogênio gasoso nas mesmas condições de pressão e temperatura.

a) 2,2
b) 4,4
c) 10
d) 22
e) 44

Questão 217

(OLIMPÍADA DE QUÍMICA DO RIO DE JANEIRO) A que temperatura as moléculas de O_2 teriam a mesma velocidade média dos átomos de He a 27°C?

a) 216°C
b) 300°C
c) 1000°C
d) 2127°C
e) 2700°C

Questão 218

(INSTITUTO TECNOLÓGICO DA AERONÁUTICA) A figura mostra cinco curvas de distribuição de velocidade molecular para diferentes gases (I, II, III, IV e V) a uma dada temperatura.

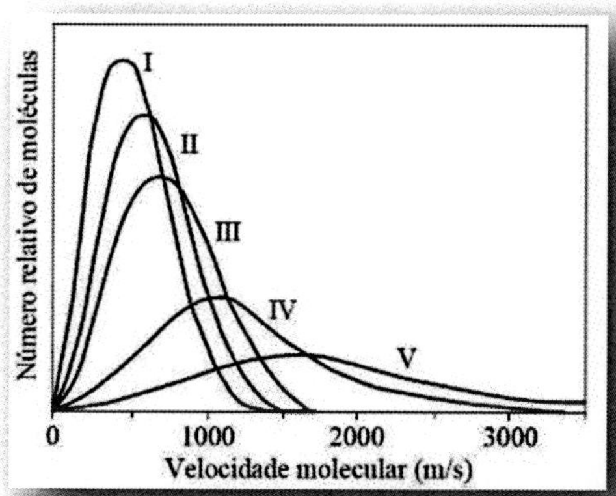

Assinale a opção que relaciona corretamente a curva de distribuição de velocidade molecular a cada um dos gases.

a) I = H_2; II = He; III = O_2; IV = N_2; V = H_2O
b) I = O_2; II = N_2; III = H_2O; IV = He; V = H_2
c) I = He; II = H_2; III = N_2; IV = O_2; V = H_2O
d) I = N_2; II = O_2; III = H_2; IV = H_2O; V = He
e) I = H_2O; II = N_2; III = O_2; IV = H_2; V = He

Questão 219

(INSTITUTO TECNOLÓGICO DA AERONÁUTICA) Considere o volume de 5,0 L de uma mistura gasosa contendo 20% (V/V) do isótopo 40 do argônio e 80% (V/V) do isótopo 20 do neônio. Na temperatura de 273 K, a mistura exerce a pressão de 20 atm. A quantidade (em mol) de argônio nesta mistura:

a) 2 / 22,4
b) 10 / 22,4
c) 20 / 22,4
d) 50 / 22,4
e) 100 / 22,4

Questão 220

(INSTITUTO TECNOLÓGICO DA AERONÁUTICA) A pressão total do ar no interior de um pneu era de 2,30 atmosferas quando a temperatura do pneu era de 27°C. Depois de ter rodado um certo tempo com este pneu, mediu-se novamente sua pressão e verificou-se que a pressão corresponde a 2,53 atmosferas. Supondo variação de volume do pneu desprezível, uma nova temperatura será:

a) 29,7°C
b) 57,0°C
c) 33°C
d) 330°C
e) Nenhuma das respostas anteriores

Questão 221

(INSTITUTO TECNOLÓGICO DA AERONÁUTICA) Calcular a massa de gás hélio, contida num balão, sabendo-se que o gás ocupa um volume igual a 5,0 cm^3 e está a uma temperatura de - 23°C e a uma pressão de 30 cmHg.

a) 0,186 mg
b) 0,46 mg
c) 0,96 mg
d) 0,186 mg
e) 0,385 mg

Questão 222

(MESTRE JOÃO ROBERTO DA PACIÊNCIA NABUCO) Determine a temperatura a que se deve aquecer um recipiente aberto para que saia metade da massa nele contida a 20ºC.

a) 586°C
b) 313 K
c) 686 K
d) 313°C
e) 566 K

Questão 223

(INSTITUTO TECNOLÓGICO DA AERONÁUTICA) Certa substância gasosa a 0°C, submetida a uma pressão de 0,333 atm, apresentou uma densidade de 0,656 $g.L^{-1}$. Sua massa molecular é:

a) 132
b) 67
c) 44
d) 22
e) 15

Questão 224

(INSTITUTO TECNOLÓGICO DA AERONÁUTICA) Considere um recipiente de 320 litros, ao qual são adicionados gases ideais nas seguintes condições:

I) Hélio: 30000 cm^3 a 760 cmHg e 27°C;
II) Monóxido de carbono: 250 litros a 1140 mmHg e -23°C;
III) Monóxido de nitrogênio: 2 m^3 a 0,273 atm e 0°C. Sabendo que a pressão total da mistura gasosa é de 4,5 atmosferas, assinale a opção que apresenta a pressão parcial do hélio na mistura gasosa:

a) 0,1 atm
b) 0,2 atm
c) 0,5 atm
d) 1,0 atm
e) 2,0 atm

Questão 225

(INSTITUTO TECNOLÓGICO DA AERONÁUTICA) Num recipiente está contida uma mistura de 5,6 g de $N_{2(gás)}$, com 6,4 g de $O_{2(gás)}$. A pressão total da mistura é de 2,5 atmosferas. Nestas condições, a pressão parcial do N_2 na mistura é:
a) (0,2/0,4) x 2,5 atm
b) (0,4/0,2) x 2,5 atm
c) 0,2 x 2,5 atm
d) 0,4 x 2,5 atm
e) (0,2 + 0,4) x 2,5 atm

Questão 226

(INSTITUTO TECNOLÓGICO DA AERONÁUTICA) Assumindo um comportamento ideal dos gases, assinale a opção com a afirmação correta:
a) De acordo com a Lei de Charles, o volume de um gás torna-se maior quanto menor for a sua temperatura.
b) Numa mistura de gases contendo somente moléculas de oxigênio e nitrogênio, a velocidade média das moléculas de oxigênio é menor do que as de nitrogênio.
c) Mantendo-se a pressão constante, ao aquecer um mol de gás nitrogênio sua densidade irá aumentar.
d) Volumes iguais dos gases metano e dióxido de carbono, nas mesmas condições de temperatura e pressão, apresentam as mesmas densidades.
e) Comprimindo-se um gás à temperatura constante, sua densidade deve diminuir.

Questão 227

(INSTITUTO TECNOLÓGICO DA AERONÁUTICA) O volume de SO_2 gasoso, medido nas CNTP, necessário para transformar completamente 250 cm³ de solução aquosa 0,100 mol.L^{-1} de NaOH em solução de Na_2SO_3, é:
a) 0,14 Litros
b) 0,28 Litros
c) 0,56 Litros
d) 1,12 Litros
e) 2,24 Litros

Questão 228

(INSTITUTO TECNOLÓGICO DA AERONÁUTICA) O volume de HCl gasoso, medido na pressão de 624 mmHg e temperatura igual a 27°C, necessário para neutralizar completamente 500 cm³ de uma solução aquosa 0,20 mol.L^{-1} de NaOH é:
a) 0,27 litros
b) 1,5 litros
c) 3,0 litros
d) 6,0 litros
e) 27 litros

Questão 229

(INSTITUTO TECNOLÓGICO DA AERONÁUTICA) O volume, em litros, de NH_3 gasoso medido nas condições normais de temperatura e pressão necessário para transformar completamente, em solução de $(NH_4)_2SO_4$, 250 cm³ de uma solução aquosa 0,100 mol. L^{-1} de H_2SO_4 é:
a) 0,56 Litros
b) 1,12 Litros
c) 2,24 Litros
d) 3,36 Litros
e) 4,48 Litros

Questão 230

(INSTITUTO TECNOLÓGICO DA AERONÁUTICA) 1,7 toneladas de amônia vazaram e se espalharam uniformemente em certo volume da atmosfera terrestre, a 27°C e 760 mmHg. Medidas mostram que a concentração de amônia neste volume da atmosfera era de 25 partes, em volume, do gás amônia em um milhão de partes, em volume do ar. O volume da atmosfera contaminado por esta quantidade de amônia foi:

a) $0,9 \times 10^2$ m³
b) $1,0 \times 10^2$ m³
c) 9×10^7 m³
d) 10×10^7 m³
e) 25×10^8 m³

Questão 231

(INSTITUTO TECNOLÓGICO DA AERONÁUTICA) A 25ºC, uma mistura de metano e propano ocupa um volume (V), sob uma pressão total de 0,080 atm. Quando é realizada a combustão desta mistura e apenas dióxido de carbono é coletado, verifica-se que a pressão desse gás é de 0,12 atm, quando este ocupa o mesmo volume (V) e está sob a mesma temperatura da mistura original. Admitindo que os gases têm comportamento ideal, assinale a opção que contém o valor correto da concentração, em fração em mol, do gás metano na mistura original.

a) 0,01
b) 0,25
c) 0,50
d) 0,75
e) 1,00

Questão 232

(INSTITUTO TECNOLÓGICO DA AERONÁUTICA) A que temperatura deve ser aquecido um frasco aberto para expulsar a metade da massa de cloro que nele se encontra a 25°C?

a) 50°C
b) 75°C
c) 298°C
d) 323°C
e) 596°C

Questão 233

(INSTITUTO TECNOLÓGICO DA AERONÁUTICA) Supondo um comportamento de gás ideal, assinale a opção que indica, aproximadamente, a massa em gramas, de 1,0 litro de C_3H_8 nas CNTP.

a) 2×10^{-3} g
b) 0,50 g
c) 2,0 g
d) 22,4 g
e) 44,0 g

Questão 234

(INSTITUTO TECNOLÓGICO DA AERONÁUTICA – MODIFICADO) Calcule a densidade do hidrogênio gasoso a 25°C e pressão de 1,5 atmosferas.

a) 0,123 $g.L^{-1}$
b) 1,23 $g.L^{-1}$
c) 12,3 $g.L^{-1}$
d) 123 $g.L^{-1}$
e) 1230 $g.L^{-1}$

Questão 235

(INSTITUTO TECNOLÓGICO DA AERONÁUTICA) Um reservatório de 30 litros contém gás nitrogênio diatômico, à temperatura ambiente de 20°C. Seu medidor de pressão indica uma pressão de 3,00 atm. A válvula do reservatório é aberta momentaneamente e uma certa quantidade de gás escapa para o meio ambiente. Fechada a válvula, o gás atinge novamente a temperatura ambiente.

O medidor de pressão do reservatório indica agora uma pressão de 2,40 atmosferas. Quantos gramas, aproximadamente, de nitrogênio escaparam?
a) 10,50 gramas
b) 31 gramas
c) 15 gramas
d) 3 gramas
e) 21 gramas

Questão 236

(INSTITUTO TECNOLÓGICO DA AERONÁUTICA) Consideremos um gás formado de moléculas todas iguais e que corresponde ao que considera um gás ideal. Este gás é mantido num recipiente de volume constante. Dentre as afirmações abaixo, todas referentes ao efeito do aumento de temperatura, assinale a correta, em relação ao caminho livre médio das moléculas e a frequência das colisões entre as mesmas:

	Caminho livre médio	Frequência de colisões
a)	Inalterado	Aumenta
b)	Diminui	Inalterada
c)	Aumenta	Aumenta
d)	Inalterado	Diminui
e)	Diminui	Aumenta

Questão 237

(INSTITUTO TECNOLÓGICO DA AERONÁUTICA) Um termômetro em uma sala de 8,0 x 5,0 x 4,0 m indica 22°C e um higrômetro indica que a umidade relativa é de 40%. Qual é a massa de vapor d´água na sala se sabemos que nessa temperatura o ar saturado contém 19,33 gramas de água por metro cúbico?
a) 1,24 kg
b) 0,351 kg
c) 7,73 kg
d) $4{,}8 \times 10^{-1}$ kg
e) outro valor

Questão 238

(INSTITUTO TECNOLÓGICO DA AERONÁUTICA) 2,7 gramas de alumínio são dissolvidos em 500 mL de uma solução aquosa 1,00 $mol.L^{-1}$ em ácido clorídrico. Todo o hidrogênio produzido é recolhido. Após a secagem, o volume de hidrogênio à pressão de 1 atm e 25ºC é:
a) 1,2 litros
b) 1,6 litros
c) 2,4 litros
d) 3,6 litros
e) 12 litros

Questão 239

(INSTITUTO TECNOLÓGICO DA AERONÁUTICA) Uma amostra de 7,5 gramas de um hidrocarboneto ocupa um volume de 5,6 litros nas CNTP, podemos concluir que esse hidrocarboneto corresponde a um:
a) Alcano
b) Alceno
c) Alcino
d) Ciclano
e) Cicleno

Questão 240

(OLIMPÍADA BRASILEIRA DE QUÍMICA) Um acidente em um laboratório provocou a intoxicação de um grupo de pessoas por inalação de um gás. Um analista coletou uma amostra desse gás e a introduziu em um recipiente inelástico de 1 dm^3, à temperatura de 27°C. A amostra de gás contida no recipiente pesou 1,14 gramas e a pressão medida no recipiente foi de 1 atm. Assim, pode-se afirmar que este gás é:
a) CO

b) H_2S
c) NO_2
d) C_2H_2
e) NO

Questão 241

(OLIMPÍADA DE QUÍMICA DO RIO DE JANEIRO) O ácido sulfúrico é um dos agentes da chuva ácida. Ao precipitar, a chuva ácida reage com monumentos de mármore (carbonato de cálcio), "destruindo-os". Qual o volume de gás produzido a 27,0°C e 1,00 atm quando 2,45 gramas de ácido sulfúrico precipitam na forma de chuva ácida e reagem com estes monumentos?
a) $1,23 \times 10^3$ mL
b) 615 mL
c) 560 mL
d) 111 mL
e) 55,3 mL

Questão 242

(U.S. NATIONAL CHEMISTRY OLYMPIAD) Uma mistura de 0,50 mol de H_2 e 1,3 mol de Ar encontra-se em um recipiente fechado de 4,82 litros. Se a temperatura da mistura é de 50°C, qual é a pressão parcial de H_2 na mistura?
a) 1,5 atm
b) 2,8 atm
c) 7,2 atm
d) 9,9 atm

Questão 243

(PETROBRAS – ENGENHEIRO DE PROCESSAMENTO JÚNIOR) Os valores aproximados dos coeficientes da Equação de Van der Waals para o metano são: a = 0,2 $Pa.m^6.mol^{-1}$ e b = 4×10^{-5} $m^3.mol^{-1}$. Para 100 mol do gás ocupando o volume de 1 m^3 a 300 K, a diferença, em kPa, entre a pressão calculada por essa relação e o verificado para um gás ideal, nas mesmas condições R = 8,0 $Pa.m^3.mol^{-1}.K^{-1}$, é:
a) -2
b) -1
c) 0
d) +2
e) +3

Questão 244

(GRILLO) A 500 K e sob uma pressão de 1 atm, a dissociação do cloreto de nitrosila, $2NOCl_{(gás)} \longrightarrow 2NO_{(gás)} + Cl_{2(gás)}$, resulta em uma mistura gasosa que apresenta densidade igual a 1,302 $kg.m^{-3}$. A partir destes dados, determine o grau de dissociação do cloreto de nitrosila, nesta mesma temperatura.
a) 23%
b) 25%
c) 27%
d) 29%
e) 31%

Questão 245

(GRILLO) Um gás é usado como um fluido refrigerante em uma unidade de ar-condicionado. Uma tabela de parâmetros de Van der Waals mostra que: a = 16,2 $atm.L^2.mol^{-2}$ e b = $8,4 \times 10^{-2}$ $L.mol^{-1}$. Assinale a alternativa que apresenta a pressão quando 1,50 mol foram confinados em um volume de 5,00 litros na temperatura de 273K.
a) 5,44 atm
b) 6,44 atm
c) 7,44 atm
d) 8,44 atm
e) 9,44 atm

Questão 246

Um container é dividido em dois compartimentos. O compartimento A apresenta um gás ideal A apresentando uma temperatura de 400 K e pressão de 5 atmosferas. Já o compartimento B está fechado apresentando um gás ideal a 400 K e 8 atmosferas. A partição entre os compartimentos é removida e os gases são misturados. A fração molar do gás A na mistura é igual a $X_A = 0,58$. O volume total dos compartimentos é igual a 29 litros. Assinale a alternativa que apresenta os volumes dos compartimentos A e B, respectivamente.

a) 20 litros e 9 litros
b) 9 litros e 20 litros
c) 19 litros e 10 litros
d) 10 litros e 19 litros
e) Nenhuma das respostas anteriores

Questão 247

(GRILLO) Um determinado recipiente apresenta uma mistura gasosa constituído por: 320 miligramas de metano; 175 miligramas de argônio e 225 miligramas de neônio. A pressão parcial do neônio, a 300 K é de aproximadamente 8,87 kPa. Assinale a alternativa que apresenta a pressão total da mistura e o volume da mistura:

a) 28 kPa 3,2 Litros
b) 30 kPa e 3,2 m^3
c) 28 atm e 3,2 Litros
d) 28 Pa e 3,2 cm^3
e) Nenhuma das respostas anteriores

Questão 248

9,10 litros de monóxido de carbono nas CNTP são injetados em um cilindro indeformável, apresentando uma capacidade de aproximadamente 100 litros. Neste mesmo recipiente foram colocados mais 26,6 litros de gás hidrogênio nas CNATP. A mistura, assim obtida, é mantida a uma temperatura constante e igual a 300 K. A partir destas informações, assinale a alternativa que apresenta o valor aproximado da massa específica, em $g.L^{-1}$.

a) 0,12
b) 0,14
c) 0,16
d) 0,18
e) 0,20

Questão 249

(GRILLO) A partir das constantes de Van der Waals do gás etano ($a = 5,507\ dm^3.atm.mol^{-1}$; $b = 3,19 \times 10^{-2}\ dm^3.mol^{-1}$), assinale a opção que apresenta de forma aproximada, o valor do raio desta molécula gasosa, em nanômetros (nm):

a) 0,233 nm
b) 0,333 nm
c) 0,433 nm
d) 0,533 nm
e) 0,633 nm

Questão 250

(INSTITUTO TECNOLÓGICO DA AERONÁUTICA) Por ocasião do jogo Brasil versus Bolívia disputado em La Paz, um comentarista esportivo afirmou que: "Um dos maiores problemas que os jogadores da seleção brasileira de futebol terão que enfrentar é o fato de o teor de oxigênio no ar, em La Paz, ser cerca de 40% menor do que aquele ao nível do mar". Lembrando que a concentração de oxigênio nível do mar é aproximadamente 20% (v/v) e supondo que no dia em que o comentarista fez esta afirmação a pressão atmosférica em La Paz fosse igual, aproximadamente, a 450 mmHg, qual das opções abaixo contém a afirmação que mais se aproxima daquilo que o comentarista poderia ter dito?

a) a concentração de oxigênio no ar é cerca de 12% (v/v)
b) a fração molar do oxigênio no ar é cerca de 0,12
c) a pressão parcial do oxigênio no ar é aproximadamente expressa por: (0,20 x 760 mmHg x 0,60)
d) a pressão parcial do oxigênio no ar é cerca de 152 mmHg
e) a pressão parcial do oxigênio no ar é aproximadamente expressa por: (0,20 x 760 mmHg x 0,40)

Questão 251

(OLIMPÍADA DE QUÍMICA DO RIO DE JANEIRO) Qual a pressão parcial do SO_2 se 100 g de O_2 são misturados com 100 g de SO_2, e a pressão total é 600 mmHg?

a) 500 mmHg
b) 400 mmHg
c) 300 mmHg
d) 200 mmHg
e) 100 mmHg

Questão 252

(INSTITUTO MILITAR DE ENGENHARIA) Assinale a alternativa correta.

a) Um veículo de testes para redução de poluição ambiental, projetado para operar entre – 40ºC e 50ºC, emprega H_2 e O_2, os quais são estocados em tanques a 13 MPa. Pode-se afirmar que a lei dos gases ideais não é uma aproximação adequada para o comportamento dos gases no interior dos tanques. (Dado: 1 atm = 101,3 kPa).
b) A pressão de vapor de um líquido independe da temperatura.
c) Um recipiente de 500 mL, inicialmente fechado e contendo um líquido em equilíbrio com seu vapor, é aberto. Pode-se afirmar que a pressão de vapor do líquido aumentará.
d) Na equação pv = nRT, o valor numérico de R é constante e independe do sistema de unidades empregado.
e) De acordo com o princípio de Avogadro, pode-se afirmar que, dadas as condições de temperatura e pressão, o volume molar gasoso depende do gás considerado.

Questão 253

(OLIMPÍADA BAIANA DE QUÍMICA – MODIFICADA) Calcule o volume ocupado por 10,0 gramas de dióxido de carbono (CO_2) nas CNTP.

a) 5,09 Litros
b) 5,59 Litros
c) 6,59 Litros
d) 7,59 Litros
e) 8,59 Litros

Questão 254

(GRILLO) Considere que 1,0 mol de gás cloro esteja confinado dentro de um recipiente de volume igual a 22,4 litros a uma temperatura igual a 0°C. Diante destes dados, assinale corretamente o fator de compressibilidade. Parâmetros de Van der Waals: a = 6,49 $L^2.atm.mol^{-2}$ e b = 5,62 x 10^{-2} $L.mol^{-1}$.

a) 0,59
b) 0,69
c) 0,79
d) 0,89
e) 0,99

Questão 255

(INSTITUTO TECNOLÓGICO DA AERONÁUTICA) Uma porção de gás pode ser aquecida sob pressão constante ou sob volume constante. A questão é saber como irá variar a densidade do gás em cada uma dessas maneiras de aquecimento:

	Pressão Constante	Volume Constante
a)	aumenta	não varia
b)	aumenta	diminui
c)	não varia	aumenta
d)	diminui	diminui
e)	diminui	não varia

Questão 256

(INSTITUTO TECNOLÓGICO DA AERONÁUTICA) Um recipiente de 240 litros de capacidade contém uma mistura dos gases ideais hidrogênio e dióxido de carbono, a 27°C. Sabendo que a pressão parcial do dióxido de carbono é três vezes menor que a pressão parcial do hidrogênio e que a pressão total da mistura gasosa é de 0,82 atmosferas, assinale a alternativa que apresenta, respectivamente, as massas de hidrogênio e de dióxido de carbono contidas no recipiente:

a) 2 g e 44 g
b) 6 g e 44 g
c) 8 g e 88 g
d) 12 g e 88 g
e) 16 g e 44 g

Questão 257

(INSTITUTO MILITAR DE ENGENHARIA) Um recipiente de paredes rígidas, contendo apenas ar, aberto para a atmosfera, é aquecido de 27°C a 127°C. Calcule a percentagem mássica de ar que saiu do recipiente, quando atingido o equilíbrio final.

a) 79%
b) 75%
c) 30%
d) 25%
e) 21%

Questão 258

(INSTITUTO TECNOLÓGICO DA AERONÁUTICA) A massa de 0,48 kg de carbonato de amônio reage com excesso de ácido o-fosfórico de acordo com a reação: $3(NH_4)_2CO_3 + 2H_3PO_4 \rightarrow 2(NH_4)_3PO_4 + 3CO_2 + 3H_2O$. O volume de gás carbônico liberado a 0°C e 2,0 atm é:

a) 16,8 L
b) 22,4 L
c) 11,2 L
d) 61,1 L
e) 56,0 L

Questão 259

(INSTITUTO TECNOLÓGICO DA AERONÁUTICA) O volume, em litros, de NH_3 gasoso medido nas condições normais de temperatura e pressão necessário para transformar completamente, em solução de $(NH_4)_2SO_4$, 250 cm^3 de uma solução aquosa 0,100 $mol.L^{-1}$ de H_2SO_4 é:

a) 0,56
b) 1,12
c) 2,24
d) 3,36
e) 4,48

Questão 260

(INSTITUTO TECNOLÓGICO DA AERONÁUTICA) O volume de HCl gasoso, medido na pressão de 624 mmHg e temperatura igual a 27°C, necessário para neutralizar completamente 500 cm^3 de uma solução aquosa 0,200 $mol.L^{-1}$ de NaOH é:

a) 0,27 L
b) 1,5 L
c) 3,0 L
d) 6,0 L
e) 27 L

Questão 261

(OLIMPÍADA DE QUÍMICA DO RIO DE JANEIRO) Amostras de He, O_2 e N_2 contêm, cada uma, 2,00 g. Suponha que os gases sejam colocados conjuntamente em um recipiente de 15,0 L a 100°C. Considere o comportamento ideal e calcule a pressão total em atmosfera.

a) 2,13 atm
b) 0,620 atm
c) 1,29 atm
d) 2,58 atm
e) 2,21 atm

Questão 262

(INSTITUTO TECNOLÓGICO DA AERONÁUTICA) 2,7 g de alumínio são dissolvidos em 500 ml de uma solução aquosa 1,00 mol.L^{-1} em ácido clorídrico. Todo o hidrogênio produzido é recolhido. Após a secagem, o volume de hidrogênio à pressão de 1 atm e 25°C é:

a) 1,2 litros
b) 1,6 litros
c) 2,4 litros
d) 3,6 litros
e) 12 litros

Questão 263

(INSTITUTO TECNOLÓGICO DA AERONÁUTICA) O volume SO_2 gasoso, medido nas CNTP, necessário para transformar completamente 250 cm^3 de solução aquosa 0,100 mol.L^{-1} de NaOH em solução de Na_2SO_3, é:

a) 0,14 L
b) 0,28 L
c) 0,56 L
d) 1,12 L
e) 2,24 L

Questão 264

(INSTITUTO TECNOLÓGICO DA AERONÁUTICA) Qual a massa de nitrato de potássio que deve ser decomposta termicamente em nitrito de potássio para que o volume de oxigênio, medido 77°C e pressão de 700 mm Hg, seja 1,0 m^3?

a) 3,8 kg
b) 5,1 kg
c) 6,0 kg
d) 6,5 kg
e) 7,6 kg

Questão 265

(INSTITUTO TECNOLÓGICO DA AERONÁUTICA) Supondo um comportamento de gás ideal, assinale a opção que indica, aproximadamente, a massa em gramas, de 1,0 L de C_3H_8 nas CNTP:

a) 2 x 10^{-3} g
b) 0,50 g
c) 2,0 g
d) 22,4 g
e) 44,0 g

Questão 266

(OLIMPÍADA DE QUÍMICA DO RIO DE JANEIRO) Uma amostra de um gás X e outra de um gás Z possuem mesmo volume, pressão e temperatura. A amostra do gás X tem massa igual a 1,60 g e a amostra do gás Z tem uma massa 3,5 g. Supondo que X é o gás oxigênio, qual é massa molar, em g.mol^{-1}, do gás Z?

a) 16
b) 32
c) 35
d) 70
e) 90

Questão 267

(OLIMPÍADA DE QUÍMICA DO RIO DE JANEIRO) Um caminhão com tanque criogênico transportou 510 kg de um gás armazenado sob pressão de 20 atm e temperatura aproximada de 23 °C negativos. O tanque deste caminhão consiste num cilindro com volume de 30 m^3. Considere a constante dos gases ideais igual a 0,08. Com base nos dados fornecidos, o gás transportado por este caminhão possui a fórmula:

a) NH_3
b) CO_2
c) C_2H_2

d) O_2
e) Ar

Questão 268

(OLIMPÍADA DE QUÍMICA DO RIO DE JANEIRO) Um cilindro com 8,0 litros de capacidade contém 160 g de gás oxigênio a 27 °C. Abrindo-se a válvula do cilindro, deixou-se escapar o gás até que a pressão fosse reduzida a 9 atm. Supondo a constante universal dos gases ideais igual a 0,08, volume e temperatura constante, qual a massa, em gramas, de gás oxigênio que foi liberada do recipiente?
a) 8
b) 16
c) 32
d) 64
e) 96

Questão 269

(INSTITUTO TECNOLÓGICO DA AERONÁUTICA) Um recipiente fechado, mantido a volume e temperatura constantes, contém a espécie química **X** no estado gasoso à pressão inicial P_0. Esta espécie decompõe-se em Y e Z de acordo com a seguinte equação química: $X_{(g)} \rightarrow 2Y_{(g)} + \frac{1}{2} Z_{(g)}$. Admita que X, Y e Z tenham comportamento de gases ideais. Assinale a opção que apresenta a expressão correta da pressão (P) no interior do recipiente em função do andamento da reação, em termos da fração α de moléculas de X que reagiram.
a) $P = [1 + (1/2).\alpha].P_0$
b) $P = [1 + (2/2).\alpha].P_0$
c) $P = [1 + (3/2).\alpha].P_0$
d) $P - [1 + (4/2).\alpha].P_0$
e) $P = [1 + (5/2).\alpha].P_0$

Questão 270

(INSTITUTO MILITAR DE ENGENHARIA) Num garrafão de 3,5 L de capacidade, contendo 1,5 L de solução 1,0 $mol.L^{-1}$ de ácido sulfúrico, introduzem-se 32,7 g de aparas de zinco; fecha-se rapidamente com rolha de borracha. Supondo que a temperatura do ambiente onde essa perigosa experiência está sendo feita seja de 20°C, o incremento máximo de pressão interna (P) do frasco será de:
a) 0,41 atm
b) 3,4 atm
c) 5,6 atm
d) 6,0 atm
e) 12,0 atm

Questão 271

(INSTITUTO TECNOLÓGICO DA AERONÁUTICA) Um reator com 200 L de capacidade, possui uma mistura de dióxido de nitrogênio e monóxido de carbono a 400K, cujo comportamento pode ser considerado ideal. Os gases reagem entre si para formar dióxido de carbono e monóxido de nitrogênio. A pressão total no reator é igual a 32,8 atm e, no início da reação, a pressão parcial do monóxido de carbono é três vezes maior que a do dióxido de nitrogênio. As massas iniciais de dióxido de nitrogênio e de monóxido de carbono são, respectivamente,
a) 1,5 kg e 4,2 kg
b) 1,5 kg e 4,5 kg
c) 1,5 kg e 6.6 kg
d) 2,3 kg e 4,2 kg
e) 2,3 kg e 6,6 kg

Questão 272

(INSTITUTO TECNOLÓGICO DA AERONÁUTICA) Considere as duas amostras seguintes, ambas puras e a 25°C e 1 atm:
P → 1 litro de propano (g)
B → 1 litro de butano (g)
Em relação a estas duas amostras são feitas as afirmações seguintes:
I) P é menos densa que B;

II) A massa de carbono B maior que em P;
III) O volume de oxigênio consumido na queima completa de B é maior que aquele consumido na queima completa de P;
IV) O calor liberado na queima completa de B é maior que aquele liberado na queima completa de P;
V) B contém um número total de átomos maior que P;
VI) B e P são mais densas que o ar na mesma pressão e temperatura.

Das afirmações anteriores são corretas:

a) Todas
b) Nenhuma
c) Apenas I, II e III
d) Apenas I, III e IV
e) Apenas II, IV e VI

Questão 273

(INSTITUTO TECNOLÓGICO DA AERONÁUTICA) Considere volumes iguais de gases NH_3, CH_4 e O_2 nas CNTP. Assinale a opção que apresenta o(s) gás(es) que se comporta(m) idealmente.

a) apenas NH_3
b) apenas CH_4
c) apenas O_2
d) apenas NH_3 e CH_4
e) apenas CH_4 e O_2

Questão 274

A que temperatura a velocidade média das moléculas de oxigênio será igual a das moléculas de monóxido de carbono, a 21°C?

a) - 105°C
b) - 16°C
c) 63°C
d) 127°C
e) 336°C

Questão 275

(OLIMPÍADA CEARENSE DE QUÍMICA) As misturas gasosas estão presentes no nosso cotidiano, como por exemplo, o ar que respiramos, que corresponde a uma mistura de nitrogênio (79%) e oxigênio (21%) bem como nos cilindros de oxigênio usados por alpinistas e mergulhadores, que possuem misturas de nitrogênio e oxigênio, semelhantes ao ar, mas com uma quantidade maior de oxigênio (42% do volume total). Sabendo que em um recipiente encontra-se uma mistura gasosa, de comportamento ideal, com 3,55 g de gás cloro e 8,80 g de dióxido de carbono gasoso, à temperatura de 0°C e pressão total de 12,5 atm, qual o valor da pressão parcial do gás carbônico?

a) 2,5 atm
b) 3,6 atm
c) 8,9 atm
d) 10,0 atm
e) 12,5 atm

Questão 276

(OLIMPÍADA BRASILEIRA DE QUÍMICA) O anidrido sulfúrico é obtido através da reação entre anidrido sulfuroso e oxigênio molecular, segundo a equação química (não balanceada): $SO_{2(g)} + O_{2(g)} \rightleftarrows SO_{3(g)}$. Considere que este processo ocorre à pressão e temperatura constantes. Assinale a alternativa que apresenta, para a total formação do anidrido sulfúrico, o volume total da mistura gasosa obtida, quando 5,0 L de anidrido sulfuroso reagem com 3,0 L de oxigênio molecular.

a) 5,5 L
b) 6,0 L
c) 6,5 L
d) 7,0 L
e) 7,5 L

Questão 277

(INSTITUTO TECNOLÓGICO DA AERONÁUTICA) O volume de 400 mL de ar foi recolhido em um recipiente hermético, a bordo de um avião em voo, à pressão interna de 0,8 atm e 30°C. Após o pouso, o ar foi transferido para um instrumento de medição em solo em condições ambiente. Assinale a alternativa que apresenta aproximadamente o volume de ar, em mL, medido pelo instrumento em solo.

a) 267
b) 300
c) 315
d) 325
e) 492

Questão 278

Considere que uma massa de hidrogênio, correspondente a 3,20 gramas, esteja no interior de um reator fechado a uma pressão igual a 2 atm e a uma temperatura de 313 K. A partir das informações apresentadas, determine a quantidade de massa do referido gás que deve ser retirada deste reator para que a pressão corresponda a 0,80 atmosferas, com todo o processo sendo isovolumétrico.

Questão 279

Dentre os gases especificados abaixo, assinale a alternativa que apresenta o composto gasoso que apresenta maior temperatura crítica.

a) gás nitrogênio
b) gás metano
c) gás argônio
d) gás amoníaco
e) gás oxigênio

Questão 280

Um determinado composto orgânico, em fase gasosa, apresenta uma velocidade de efusão correspondente a $2\sqrt{11}$ comparado ao gás hidrogênio, levando em consideração as mesmas condições de temperatura e pressão. A partir das informações apresentadas, determine o composto correto, a partir da sua fórmula molecular.

a) butano
b) ácido butanoico
c) propanona
d) etanoato de metila
e) ciclopentano

Questão 281

Considere que 1,0 mol de gás hidrogênio ocupe um volume de 0,225 litros, a uma temperatura de 273 K. A partir das informações apresentadas, calcule a pressão deste composto gasoso a partir;

a) do comportamento ideal;
b) do comportamento real;
c) o fator de compressibilidade. Dado: Constante de Van der waals para o gás hidrogênio: a = 0,244 $L^2 \times mol^{-2} \times atm$ e b = 0,027 $L \times mol^{-1}$.

Questão 282

A velocidade de efusão de um determinado composto gasoso, designado pela letra X, foi verificado que o gás hidrogênio gastava 25% do tempo, em relação ao gás X que atravessava um determinado orifício de raio R. A partir das informações apresentadas, determine (a) a massa molecular da espécie química desconhecida do composto X e (b) a densidade do referido gás (X) a uma temperatura de 600,0 K e pressão de 660 torr.

Questão 283

Uma mistura gasosa composta por dois hidrocarbonetos, propano e buteno, ocupa um volume de aproximadamente igual a 44,8 litros nas condições normais de temperatura e pressão (CNTP). O processo de combustão completa forma uma massa total de dióxido de carbono na ordem de 316,80 gramas. A partir das informações apresentadas, determine o valor da razão entre o número de mol de propano e buteno ($\frac{n_{C_3H_8}}{n_{C_4H_8}}$) ma mistura original.

Questão 284

Um tanque que apresenta volume variável contém 1 mol para cada gás apresentado a seguir: Cl_2; SO_2; H_2O; NH_3 e O_2, com todos os participantes no estado gasoso e com as seguintes premissas de pressão e temperatura: 1 atm e 300 K. A partir da listagem dos gases, apresente o gás que está mais próximo do comportamento ideal.

Questão 285

Um dos processos que apresenta a produção de óxido de nitrogênio IV, corresponde com o processo de decomposição do pentóxido de dinitrogênio, conforme a equação química apresentada a seguir: $2N_2O_{5(gás)} \longrightarrow 4NO_{2(gás)} + O_{2(gás)}$. Considere que dez mols deste reagente químico sofra a decomposição total em um recipiente que apresenta um volume de 200 dm³, a uma temperatura constante corresponde a 400 K. A partir das informações apresentadas, determine o valor da pressão total do sistema reacional.

Questão 286

(OLIMPÍADA BRASILEIRA DE QUÍMICA) Considere uma espécie molecular que apresenta a seguinte composição química elementar em fração mássica percentual: 46,6% de C; 4,4% de H; 31,1% de N e 17,7% de O. Deseja-se estudar a combustão completa de 1000 g do referido material, tendo-se como únicos produtos, dióxido de carbono, vapor d´água e dióxido de nitrogênio. Assinale a alternativa que apresenta o volume total (em litros) de gás gerado, para uma combustão controlada realizada a 1 atm e 227ºC.

a) 3.423
b) 2.400
c) 1.990
d) 1.228
e) 4.500

Questão 287

(PROGRAMA DE PÓS-GRADUAÇÃO PARA MESTRADO & DOUTORADO / UNIVERSIDADE FEDERAL DE SANTA CATARINA) Uma mistura de $H_{2(g)}$ e $N_{2(g)}$ tem densidade de 0,216 g/L a 300 K e 500 torr. Determine a fração molar da mistura. Mostre o desenvolvimento que justifica sua resposta.

Questão 288

Para o O_3, considerado gás perfeito, calcular:

a) A massa específica a 4,00 atm e -20,00°C;
b) A pressão na qual o O_2, a 37°C, tem massa específica calculada em a;
c) A densidade do O_3 em relação ao O_2 (nas mesmas condições de temperatura e pressão).

Questão 289

Um balão de volume constante V, aberto para o ambiente (cuja pressão permanece constante durante todo o processo), contém inicialmente **m** gramas de um certo gás ideal X, muito denso, na temperatura t_1 = 27°C. Aquece-se o balão (e, portanto, o gás) até t2, de modo que ¼ (um quarto) da massa m de gás é expulsa do interior do balão. Qual é o valor de t_2?

Questão 290

Para se determinar o volume interno (V) de um recipiente encheu-se o mesmo com um gás perfeito e mediu-se uma pressão de 650 torr. Então parte do gás foi transferido para outro frasco (de volume interno V_1 = 1,520 cm³) no qual inicialmente se fizera vácuo. A pressão no frasco foi de P_1 = 1,000 atm, E no recipiente, a pressão caiu para 600 torr. Todas as medidas foram feitas na mesma temperatura. Calcular V.

Questão 291

A análise de um gás indicou 82,7% de carbono e 17,3% de hidrogênio. Uma ampola de vidro que se encheu com o gás a 22°C e à pressão de 739 mm de Hg pesava 195,10 g. Vazia, a ampola pesava 194,52 g; cheia de água, pesava 445,50 g. A partir das informações apresentadas, determine a fórmula mínima e a fórmula molecular.

Questão 292

Uma forma de determinar a massa molecular de um líquido volátil consiste em colocar-se certa quantidade de líquido em uma ampola de vidro, de massa e volume predeterminados, e aquecer o conjunto, para volatilizar todo o líquido e expulsar o excesso de vapor através de um tubo capilar. Em seguida, solda-se o capilar, resfria-se a ampola e pesa-se a mesma, com o líquido condensado. Determinar a massa molar e a fórmula molecular de um líquido X, cujo vapor se comporta como um gás ideal, com base nos dados a seguir:

a) ampola vazia = 83,192 g
b) ampola + líquido = 83,913 g
c) temperatura de aquecimento = 98,6°C
d) volume da ampola = 226 mL
e) pressão do ambiente = 746 torr

Análise elementar de X (% em massa): C = 24,30%; Cl = 71,60% e H = 4,10%.

CAPÍTULO 11. GABARITO DOS EXERCÍCIOS DE APROFUNDAMENTO

Questão 01

(INSTITUTO MILITAR DE ENGENHARIA)

Para esta questão, iremos considerar a seguinte equação química hipotética: Ar seco + vapor d´água ⟶ ar úmido.

Informações do problema:

Ar seco	+	vapor d´água	⟶	ar úmido
98%	+	2%	⟶	100%
$<M.M>_{seco}$		$<M.M>_{vapor}$		$<M.M>_{úmido}$

Cálculo da massa molar do ar úmido, a partir de uma média ponderada:

$\{(\%) . <MM>\}_{ar\ seco} + \{(\%) . <MM>\}_{vapor} = \{(\%) . <MM>\}_{úmido}$

$0{,}98 \times 28{,}96 + 0{,}02 \times 18 = 1{,}0 . <MM>_{ar\ úmido}$

$<MM>_{ar\ úmido} = 28{,}74\ g.mol^{-1}$

Cálculo da massa específica (μ) do ar úmido, levando em consideração que os gases apresentam comportamento ideal.

$$\mu_{\text{úmido}}^{\text{ar}} = \frac{\text{p x} < \text{MM} >}{\text{R x T}} = \frac{10^5 \text{ x } 28{,}74}{8{,}314 \text{ x } (14{,}25 + 273)} = 1203{,}42 \text{ g.m}^{-3}$$

Questão 02

(INSTITUTO MILITAR DE ENGENHARIA) A partir da equação dos gases ideais, a relação entre a densidade e a pressão será:

$$d = \frac{\text{p x} < \text{MM} >}{\text{RxT}}$$

Analisando o Gás Etileno: $d_{C_2H_4} = \frac{800 \text{ x } 28}{RxT_{C_2H_4}}$ (Equação 1)

Analisando o Gás Oxigênio: $d_{O_2} = \frac{700 \text{ x } 32}{Rx\,(20+273)}$ (Equação 2)

Igualando as equações das densidades (1) e (2), temos: $d_{C2H4} = d_{O2}$

$$\mathbf{d_{C_2H_4}} = \frac{800 \text{ x } 28}{\text{R x } T_{C_2H_4}} = \frac{700 \text{ x } 32}{\text{R x } (20 + 273)} = \mathbf{d_{O_2}}$$

$$\frac{800 \text{ x } 28}{\text{R x } T_{C_2H_4}} = \frac{700 \text{ x } 32}{\text{R x } 293}$$

$$T_{C_2H_4} = 293 \text{ K } (20°C)$$

Questão 03

(INSTITUTO MILITAR DE ENGENHARIA)

Dados do tanque A: $p_A = 24{,}6$ atm; V_A; $T_A = 27 + 273 = 300K$

Dados do tanque B: p_B; V_B = 6,0 Litros; T_B = 27 + 273 = 300K

Cálculo da massa de oxigênio: m_{O2} = 470 g – 422 g = 48 g

Cálculo da pressão do tanque B, utilizando a equação dos gases ideais: $p_B \text{ x } V_B = \left(\frac{m_{O_2}}{<MM>_{O_2}}\right) \text{x R x T}$

$$p_B \text{ x } 6{,}0 = \left(\frac{48}{32}\right) \text{x } 0{,}08206 \text{ x } (27 + 273)$$

$$p_B = 6{,}15 \text{ atm}$$

Cálculo do volume do tanque A:

Considerando o processo isotérmico (temperatura constante) e utilizando a equação combinada dos gases ideais, temos: p_A x V_A = p_B x V_B.

Sabendo que o volume do tanque B será igual a V_B = V_A + 6,0, temos: $p_A \text{ x } V_A = p_B \text{ x } V_B$

$$24{,}6 \text{ x } V_A = 6{,}15 \text{ x } (V_A + 6{,}0)$$

$$V_A = 2{,}0 \text{ L}$$

Questão 04

(INSTITUTO MILITAR DE ENGENHARIA) Através da equação dos gases ideais, temos a seguinte relação:

$$p^{ideal} \text{ x } V = \frac{m}{< MM >} \text{x R x T}$$

Isolando a massa (m) da equação acima, temos: $m = \frac{\text{p x V x<MM>}}{\text{R x T}}$

Cálculo da massa de gás metano no verão, a uma temperatura de 47°C:

$$m_{verão} = \frac{0{,}10 \text{ x } 10^6 \text{ x } 2{,}0 \text{ x } 10^3 \text{ x } 16}{8{,}314 \text{ x } (47 + 273)} = 1202790{,}47 \text{ g}$$

Cálculo da massa de gás metano no inverno, a uma temperatura de 7°C:

$$m_{inverno} = \frac{0{,}10 \text{ x } 10^6 \text{ x } 2{,}0 \text{ x } 10^3 \text{ x } 16}{8{,}314 \text{ x } (7 + 273)} = 1374617{,}68 \text{ g}$$

Cálculo da variação da massa de gás metano: $\Delta m = m_{inverno} - m_{verão}$

Δm = 1374617,68 – 1202790,47 = 171827,21 g (≈171,83 kg)

Questão 05

(CONCURSO PÚBLICO PARA DOCENTE FEDERAL- IFRJ) Conversão de unidade da densidade:

$$d = 1{,}332 \frac{kg}{m^3} \text{x} \frac{1m^3}{1000 \text{ L}} \text{x} \frac{1000 \text{ g}}{1 \text{ kg}} = 1{,}332 \text{ g.L}^{-1}$$

Item a) Cálculo da massa molar (<MM>) da mistura gasosa:

$$d = \frac{\left(\frac{750}{760}\right) x < MM >_{Mistura}}{R\ x\ (25 + 273)} = 1{,}332$$

$$\frac{750\ x < MM >_{Mistura}}{760\ x\ 0{,}08206\ x\ 298} = 1{,}332$$

$$< MM >_{Mistura} = \frac{1{,}322\ x\ 760\ x\ 0{,}08206\ x\ 298}{750} = 33{,}01\ g.mol^{-1}$$

Item b) Cálculo da composição da mistura gasosa:

$$X_{CO}\ x < MM >_{CO} + X_{CO_2}\ x < MM >_{CO_2} = X_{mistura}\ x < MM >_{mistura}$$

$$X_{CO} + X_{CO_2} = 1$$

$$28\ x\ X_{CO} + 44\ x\ X_{CO_2} = 1\ x < MM >_{mistura}$$

Resolvendo o sistema acima, as frações molares das espécies gasosas são as seguintes:

X_{CO} = 0,6875 (68,75%) e X_{CO2} = 0,3125 (31,25%)

Item c) Cálculo das pressões parciais das substâncias gasosas:

$$P_{CO} = X_{CO}\ x\ p_{TOTAL} = 0{,}6875\ x\ 750 = 515{,}625\ mmHg$$

$$P_{CO_2} = X_{CO}\ x\ p_{TOTAL} = 0{,}3125\ x\ 750 = 234{,}375\ mmHg$$

Item d) Cálculo do volume molar para um gás ideal: $V_{molar} = \frac{R\ x\ T}{p} = \frac{0{,}08206\ x\ 298}{(750/760)} = 24{,}78\ L.mol^{-1}$

Cálculo do fator de compressibilidade (Z): $Z = \frac{V_{molar}^{Real}}{V_{molar}^{Ideal}} = \frac{23{,}50\ L.mol^{-1}}{24{,}78\ L.mol^{-1}} = 0{,}948$

Questão 06

(CONCURSO PÚBLICO PARA DOCENTE FEDERAL - IFRJ)

Item A.1) Cálculo do número de mol do gás Etano (C_2H_6): $n = \frac{30}{30} = 1{,}0\ mol$

Cálculo da pressão considerando ideal: $p^{ideal}\ x\ 22{,}41 = 1{,}0\ x\ 0{,}08206\ x\ 273$

$$p^{ideal} = 1{,}0\ atm$$

Item A.2) Cálculo da pressão pela equação de Van der Waals:

$$\left\{p^{real} + \frac{a}{V_{molar}^2}\right\} x\ \{V_{molar} - b\} = R\ x\ T$$

$$\left\{p^{real} + \frac{5{,}49}{\left(\frac{22{,}414}{1}\right)^2}\right\} x \left\{\frac{22{,}414}{1} - 0{,}064\right\} = 0{,}08206\ x\ 273$$

$$p^{real} = 0{,}991\ atm$$

Item A.3) Cálculo da pressão do gás considerando ideal:

$$p^{ideal} x\ 0{,}100 = 1{,}0\ x\ 0{,}08206\ x\ 273$$

$$p^{ideal} = 820{,}6\ \text{atm}$$

A.4) Cálculo da pressão pela equação de Van der Waals:

$$\left\{p^{real} + \frac{5{,}49}{\left(\frac{0{,}100}{1}\right)^2}\right\} x \left\{\frac{0{,}100}{1} - 0{,}064\right\} = 0{,}08206\ x\ 273$$

$$p^{real} = 1730{,}44\ \text{atm}$$

Item B) Cálculo do valor aproximado do fator de compressibilidade (Z) na condição I:

$$Z = \frac{p^{Real}}{p^{Ideal}} = \frac{0{,}99\ \text{atm}}{1{,}00\ \text{atm}} = 0{,}99\ \text{atm}$$

Cálculo do valor aproximado do fator de compressibilidade (Z) na condição II:

$$Z = \frac{p^{Real}}{p^{Ideal}} = \frac{1730{,}44\ \text{atm}}{820{,}6\ \text{atm}} = 2{,}11\ \text{atm}$$

Questão 07

(INSTITUTO MILITAR DE ENGENHARIA) Relação matemática entre a massa do gás e a temperatura, considerando o gás como ideal:

$$p^{ideal}\ x\ V = \left(\frac{m}{< MM >}\right) x\ R\ x\ T$$

$$\frac{p^{ideal}\ x\ V\ x < MM >}{R} = (m\ x\ T)_{constante}$$

Considerações a serem feitas para a resolução deste problema:

- Processo isobárico, pelo fato do enchimento do balão ocorrer ao nível do mar;
- Processo isocórico, pois não houve variação na elasticidade do balão;
- R representa a constante dos gases
- A massa molar é a mesma para os dois casos, uma vez que se trata do mesmo gás, hidrogênio molecular (H_2).

Situação I: P = constante; V = constante; T_I = 273 + (-3°C) = 270 K; m_I = 0,20 g
Situação II: P = constante; V = constante; T_{II} = ?; m_{II} = 0,18 g

Cálculo da temperatura II, através da equação combinada dos gases ideais:

$m_I \times T_I = m_{II} \times T_{II}$

0,20 g x 270 K = 0,18 g x T_{II}

T_{II} = 300 K (27°C)

Questão 08

(INSTITUTO MILITAR DE ENGENHARIA)

Item a) Cálculo da massa molar do gás: Considerando que o gás apresenta comportamento ideal, temos:

$$p^{ideal} \text{ x } V = \frac{m}{< MM >} \text{ x } R \text{ x } T$$

$$< MM > = \frac{m \text{ x } R \text{ x } T}{p^{ideal} \text{ x } V} = \frac{0{,}32 \text{ x } 0{,}08206 \text{ x } 300}{1 \text{ x } 0{,}492} = 16{,}02 \text{ g.mol}^{-1}$$

Item b) Cálculo do número de átomo de carbono, a partir da seguinte relação estequiométrica:

16,01 $g.mol^{-1}$ ---------------- 100%
$<MM>_{Carbono}$ ----------------- 75%
$<MM>_{Carbono}$ = 12 $g.mol^{-1}$

Cálculo do número de átomos de carbono = $\frac{12 \text{ g.mol}^{-1}}{12 \text{ g.mol}^{-1}} = 1$

Cálculo da massa molar de hidrogênio: $<MM>_{Hid.}$ = (16 $g.mol^{-1}$ - 12 $g.mol^{-1}$) = 4 $g.mol^{-1}$

Cálculo do número de átomos de hidrogênio = $\left(\frac{4}{1}\right) = 4$

Fórmula molecular: CH_4 (Metano).

Questão 09

(INSTITUTO MILITAR DE ENGENHARIA) Cálculo da massa molar do gás ideal desconhecido, através da relação entre a densidade do gás com a pressão.

$$d = \left(\frac{p \text{ x } < MM >}{R \text{ x } T}\right)$$

$$1{,}22 = \left(\frac{1 \text{ x } < MM >}{0{,}08206 \text{ x } 300}\right)$$

$<MM>$ = 30,03 $g.mol^{-1}$

Cálculo do número de átomo de carbono, a partir da relação entre a massa molar com o percentual:

30,03 $g.mol^{-1}$ --------------- 100%
$<MM>_{Carbono}$ ---------------- 80%
$<MM>_{Carbono}$ = 24 $g.mol^{-1}$
Número de átomos de carbono = $\frac{24 \frac{g}{mol}}{12 \frac{g}{mol}} = 2$

Cálculo do número de átomo de hidrogênio:

$<MM>_{Hid.}$ = $<MM>_{Carbono}$ - 12 $g.mol^{-1}$

$<MM>_{Hid.}$ = 30 $g.mol^{-1}$ - 24 $g.mol^{-1}$ = 6 $g.mol^{-1}$

Cálculo do número de átomos de hidrogênio = $\frac{6 \frac{g}{mol}}{1 \frac{g}{mol}} = 6.$

Logo, a fórmula molecular do hidrocarboneto corresponde ao etano, C_2H_6.

Questão 10

(INSTITUTO MILITAR DE ENGENHARIA)

Item a) Cálculo do número de mol total da mistura gasosa: $n_{Mistura} = n_{CO2} + n_{O2} + n_{N2}$

$n_{Mistura}$ = 0,60 mol + 1,50 mol + 0,90 mol

$n_{Mistura}$ = 3,00 mol

Cálculo da massa molecular da mistura: $\{(\%) \times \langle MM \rangle\}_{CO2} + \{(\%) \times \langle MM \rangle\}_{O2} + \{(\%) \times \langle MM \rangle\}_{N2} = \{(\%) \times \langle MM \rangle\}_{Mistura}$

O percentual de cada constituinte gasoso pode ser representado através da fração molar.

$\{(\%) \times \langle MM \rangle\}_{Mistura} = \{(\%) \times \langle MM \rangle\}_{CO2} + \{(\%) \times \langle MM \rangle\}_{O2} + \{(\%) \times \langle MM \rangle\}_{N2}$

$\{1,0 \times \langle MM \rangle\}_{Mistura} = \{(0,60/3,0) \times 44\}_{CO2} + \{(1,50/3,00) \times 32\}_{O2} + \{(0,90/3,00) \times 28\}_{N2}$

$\langle MM \rangle_{Mistura} = 33,20\ g.mol^{-1}$

Cálculo da pressão total do sistema (p_{Total}): $p_{Total} \times 33,20 = 1,35 \times 0,08206 \times 300$

$p_{Total} = 1,00\ atm$

Expressão e cálculo das pressões parciais dos constituintes gasosos:

Pressão parcial do CO_2: $P_{CO2} = X_{CO2} \times p_T = \left(\frac{0,60}{3,0}\right) \times 1\ atm = 0,30\ atm$

Pressão parcial do O_2: $P_{CO2} = X_{O2} \times p_T = \left(\frac{1,50}{3,0}\right) \times 1\ atm = 0,50\ atm$

Pressão parcial do N_2: $P_{CO2} = X_{N2} \times p_T = \left(\frac{0,90}{3,0}\right) \times 1\ atm = 0,30\ atm$

Item b) Cálculo do volume da mistura: $p_{Total} \times V_{Total} = \left(n_{CO_2} + n_{O_2} + n_{N_2}\right) \times R \times T$

$1 \times V_{Total} = 3,0 \times 0,08206 \times 300$

$V_{Total} = 73,85\ L$

Questão 11

(INSTITUTO MILITAR DE ENGENHARIA) Dados do problema: n = 1 mol; v = 1,1 L; T = 27ºC (300 K).

Considerando que o gás apresente comportamento ideal: $p^{ideal} \times 1,1 = 1,0 \times 0,08206 \times (27 + 273)$

$p^{ideal} = 22,38\ atm$

Considerando que o gás apresente comportamento real: $\left\{p^{real} + \frac{1,21}{(1,1)^2}\right\} \times \{1,1 - 0,1\} = 0,08206 \times (27 + 273)$

$p^{real} = 23,62\ atm$

Cálculo do erro (%): $\%_{(erro)} = \left(\frac{23,62 - 22,38}{22,38}\right) = 0,0524\ (5,24\%)$

Questão 12

(INSTITUTO MILITAR DE ENGENHARIA) Cálculo do número de mol de N_2, a partir da equação dos gases ideais:

$$4{,}92 \text{ x } 10 = n_{N_2} \text{ x } 0{,}08206 \text{ x } (127 + 273)$$

$$n_{N_2} = 1{,}50 \text{ mol}$$

Cálculo do número de mol de O_2: $n_{O_2} = \frac{9{,}03 \text{ x } 10^{23}}{6{,}02 \text{ x } 10^{23}} = 1{,}50 \text{ mol}$

Cálculo do número de mol total: $n_{TOTAL} = n_{O2} + n_{N2} = 1{,}50 \text{ mol} + 1{,}50 \text{ mol} = 3{,}00 \text{ mol}$

Cálculo da temperatura final de equilíbrio (T): $p^{ideal} \text{ x } V = n \text{ x } R \text{ x } T$

$$6{,}15 \text{ x } 10 = 3{,}0 \text{ x } 0{,}08206 \text{ x } T$$

T = 250 K

Questão 13

(INSTITUTO MILITAR DE ENGENHARIA) Conversão de unidade do volume (mL para m³):

$$\text{Volume} = 300 \text{ mL x} \frac{10^{-3} \text{ L}}{1 \text{ mL}} \text{x} \frac{1 \text{ dm}^3}{1 \text{ L}} \text{x} \frac{1 \text{ m}^3}{1 \text{ dm}^3} = 3{,}0 \text{ x } 10^{-4} \text{ m}^3$$

Item a) Cálculo da massa de gás produzido, utilizando a equação dos gases ideais:

$$n_{CO_2} = \frac{p^{ideal} \text{ x } V}{R \text{ x } T} = \frac{1{,}66 \text{ x } 10^6 \text{ x } 3{,}0 \text{ x } 10^{-4}}{8{,}314 \text{ x } (27 + 273)} = 0{,}200 \text{ mol}$$

Massa de dióxido de carbono: $m_{CO2} = n_{CO2} \text{ x } \langle MM \rangle_{CO2}$

$m_{CO2} = 0{,}200 \text{ x } 44 = 8{,}8 \text{ g}$

Item b) Equação química que representa no processo de decomposição do carbonato de cálcio:

$CaCO_{3(sólido)} \longrightarrow CaO_{(sólido)} + CO_{2(gás)}$

Cálculo da massa de carbonato de cálcio, a partir da relação estequiométrica com o dióxido de carbono:

1 mol de $CaCO_{3(sólido)}$ ----------- 1 mol de $CO_{2(gás)}$
100 g -------------------------------- 44 g
0,50 x m_{CO2} ----------------------- 8,78 g
m_{CO2} = 39,93 g

Questão 14

(CONCURSO PÚBLICO PARA DOCENTE FEDERAL - IFRJ)

Cálculo do número de mol: $n = \frac{m}{\langle MM \rangle} = \frac{1{,}37}{17} = 8{,}06 \text{ x } 10^{-2} \text{ mol}$

Cálculo da pressão, considerando o gás NH_3 com comportamento ideal:

$$p^{ideal} \text{ x } 5{,}0 = 8{,}06 \text{ x } 10^{-2} \text{ x } 0{,}08206 \text{ x } (100 + 273)$$

$$p^{ideal} = 0{,}493 \text{ atm}$$

Cálculo do volume molar: $V_{molar} = \frac{V}{n} = \frac{5,0}{8,06 \times 10^{-2}} = 62,04 \text{ L.mol}^{-1}$

Cálculo da pressão, considerando o gás nitrogênio com comportamento real: $\left\{p^{real} + \frac{a}{V_{molar}^2}\right\} x \{V_{molar} - b\} = R \times T$

$$\left\{p^{real} + \frac{4,169}{(62,04)^2}\right\} x \{62,04 - 3,710 \times 10^{-2}\} = 0,08206 \times (100 + 273)$$

$$p^{real} = 0,49 \text{ atm}$$

O gás apresenta comportamento ideal uma vez que as pressões tanto no ideal como no real são iguais.

Questão 15

(INSTITUTO MILITAR DE ENGENHARIA) Cálculo da pressão do oxigênio seco, a partir do cálculo da pressão parcial:

Pressão de O_2 = 1,06 atm – 0,03 atm = 1,03 atm

Cálculo da quantidade do número de mol (n) de oxigênio coletado:

$$1,03 \times 1,0 = n_{O_2} \times 0,08206 \times (23 + 273)$$

$$1,03 = n_{O_2} \times 0,08206 \times 300$$

$$n_{O_2} = \frac{1,03}{0,08206 \times 300} = 4,24 \times 10^{-3} \text{ mol}$$

Cálculo do volume de oxigênio coletado medido nas condições normais de temperatura e pressão (CNTP):

$$1,0 \times V_{O_2} = 4,24 \times 10^{-3} \times 0,08206 \times (23 + 273)$$

$$V_{O_2} = 0,095 \text{ L } (95 \text{ cm}^3)$$

Questão 16

(INSTITUTO MILITAR DE ENGENHARIA)

Item a) Determinação da fórmula molecular do composto orgânico.

Através da questão, a reação de decomposição do composto orgânico resulta na formação do monóxido de carbono e cloro, ambos na fase gasosa.

Equação química que corresponde ao processo de decomposição: $COCl_{2(gás)} \longrightarrow CO_{(gás)} + Cl_{2(gás)}$

Logo, temos: $(CO)_xCl_{2(gás)} \longrightarrow x\ CO_{(gás)} + Cl_{2(gás)}$

Determinação do valor de x:

x + 2.(35,5) = 126

x + 71 = 126

x = 55 g.mol^{-1}

Levando em consideração que a molécula apresenta dois átomos de oxigênio, temos:

<MM> = 55 g.mol^{-1} – (2 x 16 g.mol^{-1}) = 55 – 32 = 23 g.mol^{-1}

Cálculo do número de átomos de carbono: $\left(\frac{23}{12}\right) \cong 2$

Equação química: $C_2O_2Cl_{2(gás)} \longrightarrow 2CO_{(gás)} + Cl_{2(gás)}$

b) Base de cálculo: n (mol) inicial de $C_2O_2Cl_{2(gás)}$. Para a resolução do problema será necessário levar em consideração a utilização da tabela de equilíbrio químico com grau de dissociação de 50% (α).

	$C_2O_2Cl_{2(gás)}$	$\rightleftarrows$	$2CO_{(gás)}$	$Cl_{2(gás)}$
Início	n		0	0
Reage	nα		2nα	nα
Equilíbrio	n - nα		2nα	nα

Cálculo do número de mol total da mistura gasosa: $n_{TOTAL} = n_{C2O2Cl2l} + n_{CO} + n_{Cl2}$

$n_{TOTAL} = n - n\alpha + 2n\alpha + n\alpha$

$n_{TOTAL} = n(1 + 2\alpha)$

Para um grau de dissociação igual a 50%, temos:$n_{TOTAL} = n(1 + 2 \times 0{,}50) = 2n$

Cálculo do número de mol do $C_2O_2Cl_{2(gás)}$: $p^{total} \times V = n_{total} \times R \times T$

$32{,}8 \times 1{,}50 = 2n \times 0{,}08206 \times 600$

$n = 0{,}50 \text{ mol}$

Cálculo do número de moléculas de $C_2O_2Cl_2$:

$$\text{Moléculas} = 0{,}50 \text{ mol} \times \left(\frac{6{,}02 \times 10^{23}\text{moléculas}}{1 \text{ mol}}\right) = 3{,}10 \times 10^{23}\text{moléculas}$$

Questão 17

(IME) Informação do problema: $V_{átomos} = 2{,}0 \times 10^{-4} \times V_{recipiente}$

Sabendo que o volume do recipiente é igual a 230 cm³, o volume dos átomos será igual a:

$V_{átomos} = 2{,}0 \times 10^{-4} \times V_{recipiente}$

$V_{átomos} = 2{,}0 \times 10^{-4} \times 0{,}230 = 0{,}460 \times 10^{-4} \text{ dm}^3$

Cálculo do número de mol de átomos do gás monoatômico, considerando comportamento ideal:

$1{,}0 \times 0{,}230 = n_{O_2} \times 0{,}08206 \times 300$

$n_{O_2} = 9{,}34 \times 10^{-3} \text{ mol}$

Cálculo da constante de Van der Waals (b):

$$b = \frac{0{,}460 \times 10^{-4} \text{ dm}^3}{9{,}34 \times 10^{-3} \text{ mol}} = 4{,}92 \times 10^{-3} \text{ dm}^3.\text{mol}^{-1}$$

Cálculo do raio do gás monoatômico: $V = \frac{b}{N}$

Considerando que o gás apresenta configuração esférica, temos: $\frac{4\pi R^3}{3} = \frac{b}{N}$

$$R = \sqrt[3]{\frac{3b}{4\pi N}}$$

$$\text{Raio} = \sqrt[3]{\frac{3 \times 4{,}92 \times 10^{-3}}{4 \times 3{,}14 \times 6{,}02 \times 10^{23}}}$$

$$\text{Raio} = \sqrt[3]{1{,}95 \times 10^{-27}} = 1{,}25 \times \underbrace{10^{-9}}_{\text{nanômetro}} \text{ metros} = 1{,}25 \text{ nm}$$

Questão 18

(INSTITUTO MILITAR DE ENGENHARIA) Analisando o balão com a presença do gás hélio, com a aplicação dos gases ideais:

$$p^{ideal} \times V = \frac{m_{He}}{< MM >_{He}} \times R \times T$$

$$m_{He} = \frac{p^{ideal} \times V \times < MM >_{He}}{R \times T} = \frac{1 \times 1000 \times 4{,}0}{0{,}08206 \times (25 + 273)} = 1635{,}73 \text{ g}$$

Analisando o balão com a presença de ar atmosférico com a aplicação dos gases ideais:

$$p^{ideal} \times V = \frac{m_{ar}}{< MM >_{ar}} \times R \times T$$

$$m_{ar} = \frac{p^{ideal} \times V \times < MM >_{ar}}{R \times T} = \frac{1 \times 1000 \times 28{,}8}{0{,}08206 \times (25 + 273)} = 11777{,}27 \text{ g}$$

Para que o processo fique em equilíbrio: Δ_{massa} = $massa_{ar}$ – $massa_{hélio}$

Δ_{massa} = 11777,27 – 1635,73 = 10141,5 g (10,14 kg)

Questão 19

(GRILLO)

Item a) Cálculo da pressão, considerando o gás nitrogênio com comportamento ideal:

$$p^{ideal} \times (62{,}30 \times 10^{-3}) = 1 \times (0{,}08206) \times (0 + 273)$$

$$p^{ideal} = 359{,}59 \text{ atm}$$

Item b) Cálculo da pressão, considerando o gás nitrogênio com comportamento ideal:

$$\left\{p^{real} + \frac{1{,}390}{\left(\frac{62{,}30 \times 10^{-3}}{1}\right)^2}\right\} \times \left\{\frac{62{,}30 \times 10^{-3}}{1} - 0{,}0391\right\} = 0{,}08206 \times (0 + 273)$$

$$\left\{p^{real} + \frac{1{,}390}{(62{,}30 \times 10^{-3})^2}\right\} \times \{62{,}30 \times 10^{-3} - 0{,}0391\} = 0{,}08206 \times 273$$

$$p^{real} = 607{,}49 \text{ atm}$$

Item c) Cálculo da diferença percentual, a partir da equação dos gases reais:

$$\text{Erro} = \frac{607{,}49 - 359{,}59}{607{,}49} = 0{,}4080\ (\cong 41\%)$$

Item d) Cálculo do raio da molécula gasosa de nitrogênio: $\frac{4\pi R^3}{3} = \frac{b}{N_A}$

$$\frac{4 \text{ x } 3{,}14 \text{ x } R^3}{3} = \frac{0{,}0391 \text{ x } 10^{-3}}{6{,}02 \text{ x } 10^{23}}$$

$$R^3 = 1{,}55 \text{ x } 10^{-29}$$

$$\text{Raio} = \sqrt[3]{1{,}55 \text{ x } 10^{-26}} = 2{,}49 \text{ x } 10^{-10}\ (0{,}249 \text{ nm})$$

Item e) Cálculo da temperatura de Boyle:

$$T_{BOYLE}^{N_2} = \frac{a}{b \text{ x } R} = \frac{1{,}390}{0{,}0391 \text{ x } 0{,}08206} = 433{,}22 \text{ K}$$

Questão 20

(GRILLO)

Item a) Analisando o cálculo do raio para o cloro gasoso:

$$\frac{4\pi R^3}{3} = \frac{b}{N_A}$$

$$\frac{4 \text{ x } 3{,}14 \text{ x } R^3}{3} = \frac{5{,}622 \text{ x } 10^{-2} \text{x } 10^{-3}}{6{,}02 \text{ x } 10^{23}}$$

$$R^3 = 2{,}23 \text{ x } 10^{-29}$$

$$\text{Raio} = \sqrt[3]{2{,}23 \text{ x } 10^{-29}} = 2{,}81 \text{ x } 10^{-10}\text{m}\ (0{,}281 \text{ nm})$$

Temperatura de Boyle para o cloro gasoso:

$$T_{BOYLE}^{Cl_2} = \frac{a}{b \text{ x } R} = \frac{6{,}579}{5{,}622 \text{ x } 10^{-2} \text{ x } 0{,}08206} = 1426{,}06 \text{ K}$$

Item b) Analisando para o cálculo do raio do nitrogênio gasoso:

$$\frac{4\pi R^3}{3} = \frac{b}{N_A}$$

$$\frac{4 \text{ x } 3{,}14 \text{ x } R^3}{3} = \frac{3{,}913 \text{ x} 10^{-2} \text{x } 10^{-3}}{6{,}02 \text{ x } 10^{23}}$$

$$R^3 = 1{,}55 \text{ x } 10^{-29}$$

$$R = \sqrt[3]{1{,}55 \text{ x } 10^{-29}} = 2{,}49 \text{ x } 10^{-10}\text{m}\ (0{,}249 \text{ nm})$$

Temperatura de Boyle para o nitrogênio gasoso: $T_{BOYLE}^{N_2} = \frac{a}{b \text{ x } R}$

$$T_{BOYLE}^{N_2} = \frac{1{,}408}{3{,}913 \text{ x } 10^{-2} \text{ x } 0{,}08206}$$

$$T_{BOYLE}^{N_2} = 438{,}49\ K$$

Item c) Analisando o cálculo do raio para o oxigênio gasoso:

$$\frac{4\pi R^3}{3} = \frac{b}{N_A}$$

$$\frac{4 \times 3{,}14 \times R^3}{3} = \frac{3{,}183 \times 10^{-2} \times 10^{-3}}{6{,}02 \times 10^{23}}$$

$$R^3 = 1{,}26 \times 10^{-29}$$

$$\text{Raio} = \sqrt[3]{1{,}26 \times 10^{-29}} = 2{,}33 \times 10^{-10}\text{m (0,233 nm)}$$

Temperatura de Boyle para o oxigênio gasoso:

$$T_{BOYLE}^{O_2} = \frac{1{,}378}{3{,}183 \times 10^{-2} \times 0{,}08206}$$

$$T_{BOYLE}^{N_2} = 527{,}57\ K$$

Item d) Analisando o raio para o argônio gasoso:

$$\frac{4\pi R^3}{3} = \frac{b}{N_A}$$

$$\frac{4 \times 3{,}14\ xR^3}{3} = \frac{3{,}219\ x10^{-2}x\ 10^{-2}}{6{,}02 \times 10^{23}}$$

$$R^3 = 1{,}277\ x10^{-29}$$

$$R = \sqrt[3]{1{,}277\ x10^{-29}} = 2{,}34x10^{-10}\text{m (0,234 nm)}$$

Temperatura de Boyle para o argônio gasoso:

$$T_{BOYLE}^{Ar} = \frac{1{,}363}{3{,}183 \times 10^{-2} \times 0{,}08206} = 515{,}99\ K$$

Questão 21

(GRILLO) Cálculo do número de mol de gás argônio (Ar): $n_{Ar} = \left(\frac{20000}{40}\right) = 500\ \text{mol}$

Cálculo do volume molar: $V_{molar} = \left(\frac{2000}{500}\right) = 40\ \text{L.mol}^{-1}$ L.mol-1

Item a) Cálculo da pressão pela equação de gás perfeito:

$$p^{ideal} = \frac{500 \times 0{,}08206 \times (300 + 273)}{2000} = 11{,}75\ \text{atm}$$

Item b) Cálculo da pressão com comportamento real através da equação de Van der Waals:

$$\left\{p^{real} + \frac{1{,}363}{(4)^2}\right\} \times \{4{,}0 - 3{,}219 \times 10^{-2}\} = 0{,}08206 \times (300 + 273)$$

$$p^{real} = 11,76 \text{ atm}$$

Item c) Cálculo do fator de compressibilidade (Z):

$$Z = \frac{p^{Real}}{p^{Ideal}} = \frac{11,76 \text{ atm}}{11,75 \text{ atm}} \approx 1,00 \text{ atm}$$

Item d) Considerando que a partícula gasosa apresenta uma configuração esférica, temos:

$$\frac{4\pi R^3}{3} = \frac{b}{N_A}$$

$$\frac{4 \times 3,14 \times R^3}{3} = \frac{3,219 \times 10^{-2} \times 10^{-3}}{6,02 \times 10^{23}}$$

$$R^3 = 1,28 \times 10^{-29}$$

$$R = \sqrt[3]{1,28 \times 10^{-29}} = 2,33 \times 10^{-10} \text{ m } (0,233 \text{ nm})$$

Item e) Cálculo da temperatura de Boyle:

$$T^{Ar}_{BOYLE} = \frac{1,363}{3,219 \times 10^{-2} \times 0,08206} = 516 \text{ K}$$

Questão 22

(GRILLO) Cálculo do número de mol (n_1) para o balão de pressão 4 atm: $n_1 = \frac{pV}{RT} = \frac{4 \times 0,2}{RT} = \frac{0,80}{RT}$

Cálculo do número de mol (n_2) para o balão de pressão 6 atm: $n_2 = \frac{pV}{RT} = \frac{6 \times 0,2}{RT} = \frac{1,20}{RT}$

Cálculo do número de mol (n_3) para o balão de pressão 8 atm: $n_3 = \frac{pV}{RT} = \frac{8 \times 0,2}{RT} = \frac{1,60}{RT}$

Cálculo do número de mol total (n_{Total}): $n_{Total} = \frac{0,80}{RT} + \frac{1,20}{RT} + \frac{1,60}{RT} = \frac{3,60}{RT}$

Cálculo da pressão total (p_{Total}), aplicando a equação dos gases ideais:

$$p_{Total} = \frac{n_{Total} \times R \times T}{V_T} = \frac{\left(\frac{3,6}{\cancel{R} \times \cancel{T}}\right) \times \cancel{R} \times \cancel{T}}{0,60} = 6,0 \text{ atm}$$

Cálculo da pressão parcial do gás 1: $p_1 = X_1 \times p_{TOTAL}$

$$p_1 = \left(\frac{\frac{0,80}{R \times T}}{\frac{3,6}{R \times T}}\right) \times 6,0 \text{ atm} = 1,33 \text{ atm}$$

Cálculo da pressão parcial do gás 2: $p_2 = X_2 \times p_{TOTAL}$

$$p_2 = \left(\frac{\frac{1,20}{R \times T}}{\frac{3,6}{R \times T}}\right) \times 6,0 \text{ atm} = 2,00 \text{ atm}$$

Cálculo da pressão parcial do gás 3: $p_3 = X_3 \times p_{TOTAL}$

$$p_3 = \left(\frac{\frac{1,60}{R\,X\,T}}{\frac{3,6}{R\,X\,T}}\right) x\ 6,0\ atm = 2,66\ atm$$

Questão 23

(GRILLO) Base de cálculo: n (mol) inicial de cloreto de nitrosila.

A partir da utilização da tabela de equilíbrio químico:

	$2NOCl_{(gás)}$	⇄	$2NO_{(gás)}$	$Cl_{2(gás)}$
Início	n		0	0
Reage	$2n\alpha$		$2n\alpha$	$n\alpha$
Equilíbrio	$n - 2n\alpha$		$2n\alpha$	$n\alpha$

Cálculo do número de mol total da mistura gasosa: $n_{Total} = n_{NOCl} + n_{NO} + n_{Cl2}$

$n_{Total} = n - 2n\alpha + 2n\alpha + n\alpha$

$n_{Total} = n + n\alpha = n.(1 + \alpha)$

Item a) Cálculo da pressão parcial do cloro gasoso: $p_{Cl_2} = X_{Cl_2}\ x\ p_{TOTAL}$

$$X_{Cl_2} = \frac{p_{Cl_2}}{p_{TOTAL}} = \frac{0,07}{0,50} = 0,14$$

Sabendo que a fração molar do cloro gasoso é a razão do número de mol de cloro pelo número de mol total, temos:

$$X_{Cl_2} = \frac{n_{Cl_2}}{n_{TOTAL}}$$

Pela tabela de equilíbrio, o gás cloro no equilíbrio é igual a nα, então: $X_{Cl_2} = \frac{n\alpha}{n.(1+\alpha)}$

$$0,14 = \frac{\alpha}{(1+\alpha)}$$

$$\alpha = 0,163$$

Item b) Cálculo da composição do monóxido de nitrogênio: $X_{NO} = \frac{n_{NO}}{n_{TOTAL}}$

$$X_{NO} = \frac{2n\alpha}{n(1+\alpha)} = \frac{2\ x\ 0,163}{(1+0,163)} = 0,280\ (28\%)$$

Item c) Cálculo da composição do cloreto de nitrosila: $X_{NOCl} = \frac{n_{NOCl}}{n_{TOTAL}}$

$$X_{NOCl} = \frac{n(1-2\alpha)}{n(1+\alpha)} = \frac{(1-2\ x\ 0,163)}{(1+0,163)} = 0,58\ (58\%)$$

Item d) Cálculo da densidade da mistura gasosa:

$$d = \frac{0,50\ x\ 65,5}{(1+0,163)\ x\ 0,08206\ x\ (230+273)} = 0,68\ g.L^{-1}$$

Questão 24

(OLIMPÍADA DE QUÍMICA DO RIO DE JANEIRO)

Cálculo da pressão parcial de gás metano: $P_{TOTAL} = P_{C2H6} + P_{CH4}$

$P_{CH4} = 22{,}0 - 16{,}4 = 5{,}60$ atm

Cálculo do número de mol total da mistura gasosa, a partir da equação dos gases ideais:

$$22 \text{ x } 700 = n_T \text{ x } 0{,}08206 \text{ x } (27 + 273)$$

$$n_T = 625{,}56 \text{ mol}$$

Cálculo do número de mol de gás metano, a partir da pressão parcial: $p_{CH_4} = X_{CH_4} \text{ x } p_{TOTAL}$

$$\frac{n_{CH_4}}{n_{CH_4}} = \frac{P_{CH_4}}{p_{TOTAL}}$$

$$\frac{n_{CH_4}}{625{,}55} = \frac{5{,}6}{22{,}4}$$

$$n_{CH_4} = 156{,}39 \text{ mol}$$

Item a) Cálculo do número de moléculas de gás metano:

$$n_{CH_4} = 156{,}39 \text{ mol x} \left(\frac{6{,}02 \text{ x } 10^{23} \text{moléculas}}{1 \text{ mol}} \right) = 9{,}41 \text{ x } 10^{25} \text{moléculas}$$

Item b) Cálculo do volume da mistura gasosa, a partir da equação combinada dos gases ideais.

$$\frac{p_I \text{ x } V_I}{T_I} = \frac{p_{II} \text{ x } V_{II}}{T_{II}}$$

$$\frac{22 \text{ x } 7}{300} = \frac{1 \text{ x } V_{II}}{273}$$

$V_{II} = 140{,}14 \text{ m}^3$ (Volume da mistura gasosa)

Cálculo do número de mol de etano, a partir da equação da pressão parcial:

$$p_{C_2H_6} = X_{C_2H_6} \text{ x } p_{TOTAL}$$

$$16{,}4 = \frac{n_{C_2H_6}}{625{,}55} \text{ x } 22$$

$$n_{C_2H_6} = 466{,}32 \text{ mol}$$

Equação química que corresponde ao processo de combustão completa do gás etano: $C_2H_{6(gás)} + 7/2O_{2(gás)} \longrightarrow 2CO_{2(gás)} + 3H_2O_{(vapor)}$

Cálculo do número de mol de dióxido de carbono, a partir da seguinte relação estequiométrica com o gás etano:

1 mol de C_2H_6 --------------- 2 mol de CO_2
466, 32 mol ------------------ n_{CO2}
$n_{CO2} = 932{,}64$ mol

item c) Cálculo da massa de dióxido de carbono, a partir da equação do número de mol:

$m_{CO2} = n_{CO2} \text{ x } <MM>_{CO2}$

$m_{CO2} = 932{,}64 \text{ x } 44 = 41036$ g (41,36 kg)

Questão 25

(OLIMPÍADA BRASILEIRA DE QUÍMICA – SELETIVA PARA O MUNDIAL)

Item a) Cálculo da pressão do gás Hélio, admitindo comportamento real:

$$\left\{p^{real} + \frac{0{,}00345}{\left(\frac{10^{-3}}{1{,}0}\right)^2}\right\} x \{10^{-3} - 23{,}4 \text{ x } 10^{-6}\} = 8{,}314 \text{ x}(-73 + 273)$$

$$p^{real} = 1{,}70 \text{ x } 10^6 \text{ Pa}$$

Item b) Cálculo da pressão do gás dióxido de carbono, admitindo comportamento real:

$$\left\{p^{real} + \frac{0{,}0366}{\left(\frac{10^{-3}}{1{,}0}\right)^2}\right\} x \{10^{-3} - 42{,}9 \text{ x } 10^{-6}\} = 8{,}314 \text{ x } (-73 + 273)$$

$$p^{real} = 1{,}37 \text{ x } 10^6 \text{ Pa}$$

Item c) Analisando o gás Hélio: $p^{ideal} \text{ x } 10^{-3} = 1 \text{ x } 8{,}314 \text{ x } (-73 + 273)$

$$p^{ideal} = 1{,}66 \text{ x } 10^6 \text{ Pa}$$

Cálculo do erro (%): $\text{Erro } (\%) = \frac{1{,}70 \text{ x } 10^6 - 1{,}66 \text{ x } 10^6}{1{,}70 \text{ x } 10^6} = 0{,}0235 \ (2{,}35\%)$

Analisando o dióxido de carbono:

$$p^{ideal} = \frac{1{,}0 \text{ x } 8{,}314 \text{ x } (-73 + 273)}{10^{-3}} = 1{,}66 \text{ x } 10^6 \text{Pa}$$

Cálculo do erro (%): $\text{Erro } (\%) = \frac{1{,}70 \text{ x } 10^6 - 1{,}37 \text{ x } 10^6}{1{,}70 \text{ x } 10^6} = 0{,}175 \ (17{,}5\%)$

Item d) O dióxido de carbono foi o gás que apresentou maior erro relativo.

Questão 26

(INSTITUTO TECNOLÓGICO DA AERONÁUTICA) Segundo Amedeo Avogadro: "volumes iguais de quaisquer gases, à mesma temperatura e pressão, contêm o mesmo número de moléculas". Avogadro sugeriu essa hipótese para tentar resolver um problema criado entre Dalton e Gay-Lussac: em 1808, Gay-Lussac tornou público um trabalho que tinha por base o estudo das reações envolvendo gases, ou seja, a lei volumétrica (combinações de volumes). Segundo ele, dois volumes de Hidrogênio estavam para um volume de oxigênio na formação de dois volumes de água todos em estado gasoso. No entanto, Dalton ao fazer o estudo desse trabalho viu que a relação existente entre volumes era a mesma existente entre o número de partículas: havia duas partículas de hidrogênio reagindo com uma partícula de oxigênio e formando duas partículas de água. Dessa maneira, esse raciocínio contrariava a ideia de Dalton (átomo indivisível), pois o número de átomos estava sendo igualado ao número de partículas, isto é, um átomo de oxigênio não poderia ser dividido para formar duas partículas de água. Assim, Avogadro propôs que J. Dalton tinha confundido átomos com moléculas e que as moléculas de oxigênio deveriam ser diatômicas. Dessa maneira uma molécula de oxigênio poderia formar duas moléculas de água, demonstrando o seu trabalho a partir do modelo atômico de Dalton e das leis das combinações.

Questão 27

(INSTITUTO TECNOLÓGICO DA AERONÁUTICA) A equação química que o problema propõe é a seguinte:

$Fe_{(sólido)} + 2HCl_{(aquoso)} \longrightarrow FeCl_{2(aquoso)} + H_{2(gás)}$

Cálculo do número de mol de hidrogênio gasoso, a partir da seguinte relação estequiométrica com o ferro metálico:

1 mol de Fe -------------------------- 1 mol de H_2
6×10^{23} átomos de Fe ----------- 1 mol de H_2
3×10^{15} átomos de Fe ----------- n_{H2}
$n_{H2} = 5{,}0 \times 10^{-9}$ mol

Cálculo da massa de hidrogênio gasoso: $m_{H2} = n_{H2O} \times \langle MM \rangle_{H2O}$

$m_{H2} = (5{,}0 \times 10^{-9}) \times 2 = 10^{-8}$ g

Cálculo do volume do gás de hidrogênio, utilizando a equação dos gases ideais:

$$V_{H_2} = \frac{5{,}0 \times 10^{-9} \times 0{,}08206 \times (25 + 273)}{1{,}0} = 1{,}22 \times 10^{7}\ L$$

Questão 28

(INSTITUTO TECNOLÓGICO DA AERONÁUTICA) Considerando que a sala apresente as seguintes dimensões:

Comprimento da sala = 10 metros
Largura da sala = 10 metros
Altura da sala = 3 metros

Volume da sala = 10 x 10 x 3 = 300 m³ (300000 litros)

Cálculo da massa molar do ar, considerando que a composição do ar seja de 20% de O_2 e 80% de N_2:

$\{X_{ar} \times \langle MM \rangle_{ar}\} = \{X_{O2} \times \langle MM \rangle_{O2}\} + \{X_{N2} \times \langle MM \rangle_{N2}\}$

$\{1{,}0 \times \langle MM \rangle_{ar}\} = \{0{,}20 \times 32{,}0\} + \{0{,}80 \times 28{,}0\}$

$\langle MM \rangle_{ar} = 28{,}80\ g.mol^{-1}$

Considerando que a pressão esteja a uma atmosfera (1 atm) e que a temperatura seja igual a 25°C, temos:

$$p^{ideal} \times V_{ar} = \left(\frac{m_{ar}}{< MM >_{ar}}\right) \times R \times T$$

$$1 \times 3{,}0 \times 10^{5} = \left(\frac{m_{ar}}{28{,}80}\right) \times 0{,}08206 \times (25 + 273)$$

$m_{ar} = 353318{,}2$ g (353,32 kg)

Questão 29

(INSTITUTO MILITAR DE ENGENHARIA) Segundo a Lei de difusão de Graham, quanto maior a massa molar, menor será a velocidade de efusão, com isso, teremos a seguinte relação: $V_{O3} < V_{O2}$. Desta forma, o balão irá se expandir.

Questão 30

(INSTITUTO MILITAR DE ENGENHARIA) Fórmula molecular geral do hidrocarboneto alcano: C_nH_{2n+2}

Massa molecular: 14n + 2 = 58

14 x n = 56

n = 4. Para n = 4 o hidrocarboneto é o alcano denominado butano (C_4H_{10}).

Fórmula molecular geral do Éter: $C_nH_{2n+}O_2$ (supondo ligações simples e cadeia aberta)

14 x n + 2 + 16 = 58

14 x n = 40

n = $\frac{40}{12}$ não resulta em um número inteiro, logo esta suposição é falsa.

*$C_nH_{2n+}O_2$ (supondo ligação dupla ou cadeia fechada)

14 x n + 16 = 58

14 x n = 42

n = 3, logo a suposição é verdadeira.

Fórmula molecular: C_3H_6O

Considerando n_{C4H10} = x e n_{C3H6O} = y, temos as equações de combustão:

$x\ C_4H_{10} + \frac{13}{2} O_2 \longrightarrow 4x\ CO_2 + 5x\ H_2O$

$y\ C_3H_6O + 4y\ O_2 \longrightarrow 3y\ CO_2 + 3y\ H_2O$

Pelo balanceamento das equações de combustão, teremos:

*n_{O2} necessário = $\frac{13x}{2} + 4y$

Logo n_{O2} colocado = $\left(\frac{13x}{2} + 4y\right)$ x 2, sendo $\left(\frac{13x}{2} + 4y\right)$o número de mol de O_2 em excesso:

$n_{CO2} = 4x + 3y$ e $n_{H2O} = 5x + 3y$

No recipiente antes da injeção de O_2 temos apenas o alcano e o éter, logo:

$n_{TOTAL} = n_{C4H10} + n_{C3H6O} = \boxed{\frac{m_1}{58} + \frac{m_2}{58} = \frac{m_1 + m_2}{58}}$

Sendo $m_1 + m_2 = m_{TOTAL}$ = 361g

$n_{TOTAL} = \frac{m_1 + m_2}{58} = \frac{361}{58} = x + y$

Cálculo de volume do recipiente: $V = \frac{n \times R \times T}{p^{ideal}} = \frac{361 \times R \times 398}{p^{ideal}}$

Cálculo do número de mol ao final do processo:

$$n_{total} = \frac{p}{R \times T} \times V = \frac{20,32}{\cancel{398 \times R}} \times \frac{361 \times \cancel{R \times 398}}{58 \times 1,47} = 86,04\ \text{mol}$$

$n_{TOTAL} = n_{O2(excesso)} + n_{CO2} + n_{H2O} = 86$

$\frac{13x}{2} + 4y + 4x + 3y + 5x + 3y = 86$

15,5x + 10y = 86

x + y = $\frac{361}{58}$

y = 6,22 – x (Equação 1)

15,5x + 10y = 86 (Equação 2)

Substituindo a equação 1 na equação 2, temos: 15,5x + 10.(6,22 – x) = 86

15,5x – 10x = 86 – 62,2

x = $\frac{23,8}{5,5} = 4,33 \text{ mol de } C_4H_{10}$

y = 6,22 mol – 4,33 mol

y = 1,89 mol de C_3H_6O

Resposta: 4,33 mol de alcano e 1,89 mol de éter.

Questão 31

(IME) Através da figura dada pelo problema, iremos colocar os dados na própria figura.

Situação inicial:

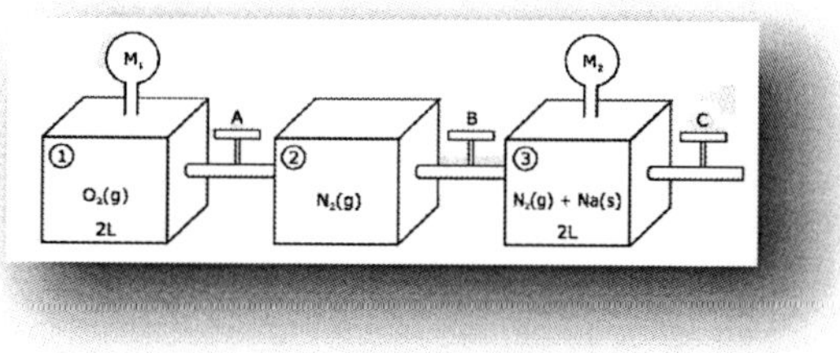

Com a abertura da válvula A, fechando as torneiras B e C após a evacuação de gás nitrogênio, temos:

1,8 atm ---------- 1
1,2 atm ---------- 1/V_2

1,2 x (2 + V_2) = 1,8 x 2

1,2 x (2 + V_2) = 3,6

V_2 = 1 L

Após a situação 1 e 2, o diagrama ficará da seguinte maneira:

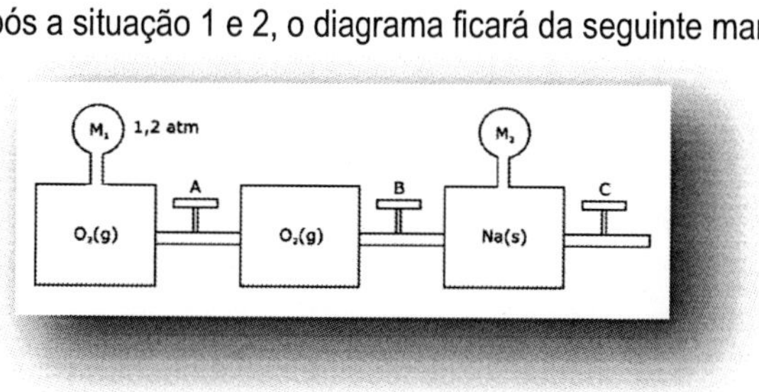

Após a situação 3, o diagrama ficará da seguinte maneira:

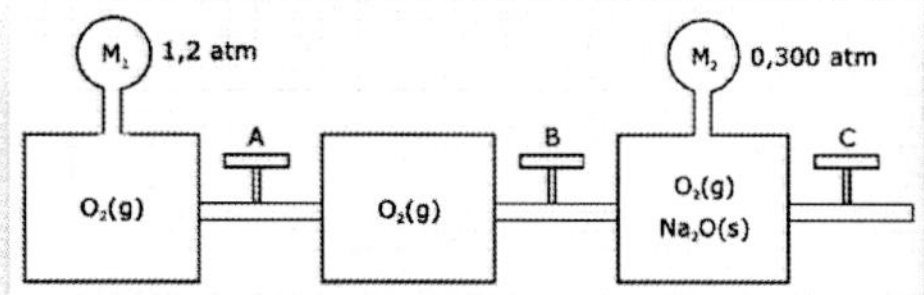

Cálculo da temperatura antes do aquecimento: $\frac{p_I.V_I}{T_I} = \frac{p_{II}.V_{II}}{T_{II}}$

$$\frac{0{,}30 \text{ x } 1}{T_I} = \frac{0{,}40 \text{ x } 1{,}0}{350}$$

$T_I = 262{,}50 \text{ K}$

Observação: Como as operações 1,2 e 3 ocorrem de forma isotérmica, temos: $1{,}2 \text{ x } 1 = n \text{ x } 0{,}08206 \text{ x } 262{,}5$

$n = 0{,}057 \text{ mol}$

Cálculo do número de mol de oxigênio, após a reação com sódio: $0{,}40 \text{ x } 1 = n_{O_2} \text{x } 0{,}08206 \text{ x } 350$

$n_{O_2} = 0{,}0139 \text{ mol}$

Quantidade de oxigênio em mol, que sofre reação: $n_{O_2} = 0{,}056 \text{ mol} - 0{,}0139 \text{ mol} = 0{,}042 \text{ mol}$

Equação química que corresponde a síntese do óxido de sódio: $2Na_{(sólido)} + ½ O_{2(gás)} \rightarrow Na_2O_{(sólido)}$

Cálculo estequiométrico para a determinação da massa de sódio metálico, a partir do oxigênio molecular:

2 mol de Na----------------- ½ mol de O_2
46 gramas de Na--------- ½ mol de O_2
m_{Na} -------------------------- 0,042 mol de O_2
m_{Na} = 3,86 g de sódio metálico

Questão 32

(INSTITUTO MILITAR DE ENGENHARIA) Vamos considerar as seguintes nomenclaturas:

p_{Ai} = pressão no cilindro A após o ciclo i;

n_i = número total de mol em A + B depois do ciclo i;

n_{Ai} = número de mol do cilindro A depois do ciclo i.

Analisando o ciclo 1: $n_1 = \left(\frac{p \text{ x } V_B}{R \text{ x } T}\right) + \left(\frac{p_0 \text{ x } V_A}{R \text{ x } T}\right)$

Sabendo que $n_A = n_1 \text{x} \left(\frac{V_A}{V_A + V_B}\right)$, logo $P_{A1} = \left(\frac{n_{A1} \text{ x } R \text{ x } T}{V_A}\right) = \left(\frac{p \text{ x } V_B + p_0 \text{ x } V_A}{V_A + V_B}\right) = p + \frac{p_0 - p}{V_A + V_B} \text{ x } (V_A)$

Analisando o ciclo 2: $n_2 = \left(\frac{p \text{ x } V_B}{R \text{ x } T}\right) + \left(\frac{p_{A_i} \text{ x } V_A}{R \text{ x } T}\right)$

Sendo $n_{A2} = n_2 \text{ x} \left(\frac{V_A}{V_A + V_B}\right)$, logo $P_{A2} = \left(\frac{n_{A2} \text{ x } R \text{ x } T}{V_A}\right) = \frac{p \text{ x } V_B + \left(p + \frac{(p_0 - p) \text{ x } V_A}{V_A + V_B}\right)}{V_A + V_B}$

$$P_{A2} = p + \frac{(p_0 - p) \times V_A^2}{(V_A + V_B)^2}$$

Analisando o ciclo 3: $n_3 = \left(\frac{p \times V_B}{R \times T}\right) + \left(\frac{p_{A_i} \times V_A}{R \times T}\right)$

Sendo $n_{A2} = n_2 \times \left(\frac{V_A}{V_A + V_B}\right)$, logo:

$$P_{A2} = \left(\frac{n_{A2} \times R \times T}{V_A}\right) = \frac{p \times V_B + \left(p + \frac{(p_0 - p) \times V_A}{V_A + V_B}\right)}{V_A + V_B}$$

$$P_{A2} = p + \frac{(p_0 - p) \times V_A^2}{(V_A + V_B)^2}$$

$$n_2 = \frac{p \times V_B}{RT} + \frac{p_{A2} \times V_A}{RT}$$

Sendo $n_{A3} = n_3 x \frac{V_A}{V_A + V_B}$

Logo: $P_{A3} = \left(\frac{n_{A3} \times R \times T}{V_A}\right) = \frac{p \times V_B + \left(p + \frac{(p_0 - p) \times V_A^2}{(V_A + V_B)^2}\right)}{V_A + V_B}$

$$P_{A3} = p + \frac{(p_0 - p) \times V_A^3}{(V_A + V_B)^3}$$

Analisando para um ciclo N: $\boxed{P_{A_N} = p + \frac{(p_0 - p) \times V_A^N}{(V_A + V_B)^N}}$

Questão 33

(INSTITUTO TECNOLÓGICO DA AERONÁUTICA) A pressão de vapor de uma substância aumenta com o aumento da temperatura. Quando a pressão de vapor se iguala à pressão local (pressão atmosférica), o líquido entra em ebulição. Portanto, em um local onde a pressão atmosférica é 0,70 atmosferas, a água entra em ebulição em uma temperatura menor que 100°C.

Questão 34

(INSTITUTO TECNOLÓGICO DA AERONÁUTICA) O HCl vaporiza naturalmente com o recipiente aberto tal qual a amônia que deixa a solução na forma gasosa. Como os dois gases estão na mesma temperatura, a seguinte relação é válida:

$$HCl_{(gás)} + NH_{3(gás)} \rightarrow \underbrace{NH_4Cl_{(sólido)}}_{\text{Sólido branco}}$$

$$< MM >_{HCl} \times v_{HCl}^2 = < MM >_{NH_3} \times v_{NH_3}^2$$

$(< MM >_{HCl}) > (< MM >_{NH_3}) \rightarrow V_{NH_3} > V_{HCl}$, em que <MM> corresponde a massa molar do composto e V a velocidade.

Velocidade de difusão do gás clorídrico é maior que a da amônia, sendo assim, o sólido se forma mais próximo do recipiente de HCl. A fumaça branca torna-se mais próxima do frasco que contém HCl, pois a amônia se difunde mais rapidamente já que as velocidades de difusão gasosa são inversamente proporcionais às massas molares dos gases que se difundem, sob temperatura constante, segundo a Lei de Graham. Portanto, a relação entre a velocidade e a massa molar das espécies químicas são as seguintes:

$$\boxed{\frac{V_{NH_3}}{V_{HCl}} = \sqrt{\frac{< MM >_{HCl}}{< MM >_{NH_3}}}}$$

Questão 35

(OLIMPÍADA DE QUÍMICA DO DISTRITO FEDERAL)

Item a) Van der Waals (1873) ⟶ procurou adaptar a equação dos gases ideais para descrever o comportamento de um gás real. Ele adicionou duas constantes, uma devido ao fato das partículas ocuparem um volume finito (b) e outra devido às interações entre as partículas constituintes do gás (a). O modelo de gás ideal assume que não existem interações entre as partículas de um gás. No entanto, as partículas de um gás real interagem entre si através das forças de Van der Waals. Outra falha no modelo do gás ideal é a desconsideração total do chamado "volume próprio das partículas". As partículas de um gás real apresentam volume mesmo quando a temperatura tende a zero ou quando a pressão tende ao infinito".

Item b) Lei de Boyle ⟶ Descreve o comportamento de um gás ideal apenas quando sua temperatura é mantida constante (para um processo em que a temperatura se mantém constante é chamada de isotérmica). Quanto mais você aumenta a pressão no gás, o seu volume também diminuirá. Logo perceberá que as grandezas volume e pressão são diretamente proporcionais. Então a lei de Boyle diz matematicamente que: p.V = k, onde k é uma constante que depende da massa, temperatura e da natureza desse gás.

Lei de Charles - Gay Lussac ⟶ Descreve o comportamento de um gás ideal apenas quando a pressão é mantida constante (para um processo em que a pressão se mantém constante é chamada de isobárica). Para uma dada massa de gás à pressão constante, o volume ocupado pelo gás é diretamente proporcional à temperatura absoluta. Um aumento da temperatura absoluta acarreta um aumento do volume ocupado pelo gás, de maneira que o quociente seja constante V/T = k. A relação entre volume e temperatura foi inicialmente observada em 1787 por Jacques Charles e quantificada em 1802 por Joseph Gay-Lussac, sendo conhecida como lei de Charles Gay-Lussac.

Lei de Avogadro (1811) ⟶ Avogadro enunciou sua famosa lei, também conhecida por hipótese de Avogadro, segundo a qual volumes iguais de diferentes gases, a uma mesma temperatura e pressão, contém o mesmo número de moléculas.

Questão 36

(INSTITUTO TECNOLÓGICO DA AERONÁUTICA) Recorrendo a equação de Clapeyron, temos: pV = nRT, em que:

p ⟶ pressão; V ⟶volume; n ⟶ número de mol; m ⟶ massa da espécie gasosa; <MM> ⟶ Massa Molar (massa contida em um mol da substância); R ⟶ constante universal dos gases ou constante de Regnault = constante física que relaciona diretamente a quantidade de um determinado gás (n) com a pressão, volume e temperatura.

Esta constante é resultado do produto da constante de Avogadro (N) pela constante de Boltzmann (k_b), R = N x k_b. Trabalhando com a equação de Clapeyron, substituindo n pelo valor descrito acima teremos:

$$p^{ideal} \text{ x } V = \left(\frac{m}{< MM >}\right) \text{ x } R \text{ x } T$$

$$p^{ideal} \text{ x } < MM > = \left(\frac{m}{V}\right) \text{ x } R \text{ x } T$$

$$p^{ideal} \text{ x } < MM > = d \text{ x } R \text{ x } T$$

$$\boxed{d = \frac{p^{ideal} \text{ x } < MM >}{R \text{ x } T}}$$

Questão 37

(GRILLO) Sabendo que o volume molar é a razão do volume pelo número de mol, temos:

$$V_{molar} = \frac{V}{n} = \frac{V}{1} = V$$

Equação dos gases reais de Van der Waals: $\left\{p^{real} + \frac{a}{V_{molar}^2}\right\} \text{ x } \{V_{molar} - b\} = R \text{ x } T$

$$\left\{p^{real} + \frac{a}{V^2}\right\} x \{V - b\} = R x T$$

$$\boxed{p^{real} = \frac{R x T}{(V - b)} - \frac{a}{V^2}}$$

Questão 38

(GRILLO) Cálculo do número de mol de amônia: $n_{NH_3} = \frac{m_{NH_3}}{<MM>_{NH_3}} = \frac{10}{17} = 0{,}0588 \text{ mol}$

Cálculo do volume molar: $V_{molar} = \frac{V}{n} = \frac{0{,}289}{0{,}588} = 0{,}491 \text{ mol. L}^{-1}$

Cálculo da pressão do NH_3:

$$\left\{p^{real} + \frac{4{,}39}{\left(\frac{289 x 10^{-3}}{0{,}588}\right)^2}\right\} x \left\{\frac{289 x 10^{-3}}{0{,}588} - 0{,}037\right\} = 0{,}08206 x 273$$

$$p^{real} = 31{,}12 \text{ atm}$$

Cálculo do raio da molécula de NH_3: $V_{esfera} = \frac{b}{N}$

$$\frac{4\pi R^3}{3} = \frac{b}{N}$$

$$\frac{4 x 3{,}14 x R^3}{3} = \frac{0{,}037 x 10^{-3}}{6{,}02 x 10^{23}}$$

$$R^3 = 1{,}46 x 10^{-29}$$

$$R = \sqrt[3]{1{,}46 x 10^{-29}} = 2{,}45 x 10^{-10} \text{metros } (0{,}245 \text{ nm})$$

Questão 39

(INSTITUTO MILITAR DE ENGENHARIA)

Item a) Cálculo da massa molar (<MM>) do referido gás, a partir da relação entre a densidade e a pressão:

$$d = \frac{p x < MM >}{R x T}$$

Isolando a massa molar: $< MM > = \frac{5{,}38 x 0{,}08206 x (15+273)}{0{,}97} = 131{,}08 \text{ g. mol}^{-1}$

Item b) O gás em questão refere-se ao Xenônio (grupo 18 - quinto período).

Questão 40

(ENGENHARIA - GRILLO) Para a resolução do problema será necessário aplicar a tabela de equilíbrio químico, com a necessidade de uma base de cálculo: n(mol) inicial de pentacloreto de fósforo.

Tabela de equilíbrio químico:

	$PCl_{5(gás)}$	$\rightleftarrows$	$PCl_{3(gás)}$	$Cl_{2(gás)}$
Início	n		0	0
Reage	$n\alpha$		$n\alpha$	$n\alpha$

Equilíbrio	n - nα		nα	nα

Cálculo do número de mol total da mistura gasosa: $n_{Total} = n_{PCl5} + n_{PCl3} + n_{Cl2}$

$n_{Total} = n - \cancel{n\alpha} + \cancel{n\alpha} + n\alpha = n.(1 + \alpha)$

$n_{Total} = n + n\alpha = n.(1 + \alpha)$

Item a) Cálculo do grau de dissociação (α):

$$\left(\frac{753{,}50}{760{,}0}\right) \text{x } 3{,}50 = \frac{12{,}76}{208{,}5} \text{ x } (1 + \alpha) \text{ x } 0{,}08206 \text{ x } (200 + 273)$$

$$\alpha = 0{,}461\ (46{,}10\%)$$

Item b) Cálculo do grau de dissociação (α): $p^{ideal} \text{ x } V = \frac{m}{<MM>} \text{x } R \text{ x } T$

$$\left(\frac{1021{,}50}{760{,}0}\right) \text{x } 3{,}50 = \frac{12{,}76}{208{,}5} \text{x } (1 + \alpha) \text{ x } 0{,}08206 \text{ x } (250 + 273)$$

$$\alpha = 0{,}7911\ (79{,}11\%)$$

Questão 41

(GRILLO)

Item a) Cálculo da pressão do monóxido de carbono, considerando comportamento ideal:

p^{ideal} x 3,50 = 5,50 x 0,08206 x (37 + 273)

p^{ideal} = 39,97 atm

Item b) Cálculo do volume molar: $V_{molar} = \frac{V}{n} = \frac{3{,}50}{5{,}50} = 0{,}64 \text{ L.mol}^{-1}$

Cálculo da pressão do monóxido de carbono, considerando comportamento real:

$$\left\{p^{real} + \frac{1{,}453}{(0{,}64)^2}\right\} \text{x } \{0{,}64 - 3{,}95 \text{ x } 10^{-2}\} = 0{,}08206 \text{ x } (37 + 273)$$

$$p^{real} = 38{,}81 \text{ atm}$$

Item c) Cálculo do fator de compressibilidade (Z): $Z = \frac{p^{real}}{p^{ideal}} = \frac{38{,}81 \text{ atm}}{39{,}97 \text{ atm}} = 0{,}971$

Para Z < 1, as forças dominantes são as forças atrativas.

Questão 42

(GRILLO)

Item a) Sabendo que a relação entre a densidade e a pressão é dada por:

$$d = \frac{p \text{ x} < MM >}{R \text{ x } T} = \frac{1{,}20 \text{ x } 16}{0{,}08206 \text{ x } (55 + 273)} = 0{,}71 \text{ g.L}^{-1}$$

Item b) Equação química que corresponde a formação de óxido de boro e água:

$B_2H_{6(gás)} + 3O_{2(gás)} \longrightarrow B_2O_{3(sólido)} + 3H_2O_{(líquido)}$

Através da estequiometria, será possível determinar a massa de oxigênio molecular:

3 mol de $O_{2(g)}$ --------------- 1 mol de $B_2O_{3(s)}$
(3 x 32) $g.mol^{-1}$ ------------- 1 x (2 x 11 + 3 x 16) $g.mol^{-1}$
m_{O2} ---------------------------- 20 g
m_{O2} = 27,43 gramas de $O_{2(g)}$

Cálculo do volume de oxigênio (O_2) consumido, considerando comportamento ideal:

$$V_{O_2} = \frac{\left(\frac{27,43}{32}\right) x\ 0,08206\ x\ (27 + 273)}{3,0} = 7,03\ L$$

Item c)

I) Considerando o gás com comportamento ideal: $p^{ideal}\ x\ V = \frac{m}{<MM>} x\ R\ x\ T$

$$50\ x\ 10 = \frac{30}{30} x\ 0,08206\ x\ T$$

$$T = 6093,10\ K$$

II) Considerando o gás com comportamento real, utilizando a equação de van der Waals:

$$\left\{50 + \frac{4,42}{(10)^2}\right\} x\ \{10 - 0,057\} = 0,08206\ x\ T$$

$$T = 6063,73\ K$$

Questão 43

Para a resolução do problema, será necessário aplicar a tabela de equilíbrio químico.

Base de cálculo: n (mol) inicial de $XY_{5(gás)}$. Aplicando a tabela de equilíbrio químico:

	$XY_{5(gás)}$ (mol)	⇄	$XY_{3(gás)}$ (mol)	$Y_{2(gás)}$ (mol)
Início	n		0	0
Reage	nα		nα	nα
Equilíbrio	n - nα		nα	nα

Cálculo do número de mol total da mistura reacional: $n_{TOTAL} = n_{XY5} + n_{XY3} + n_{Y2}$

$n_{TOTAL} = n - \cancel{n\alpha} + \cancel{n\alpha} + n\alpha$

$n_{TOTAL} = n + n\alpha$

Considerando que os gases apresentam comportamento ideal, temos: $p.V = n_{total}.R.T$

$$p.V = n\ x\ (1 + \alpha).R.T$$

$$p\ x < MM > = d\ x\ (1 + \alpha).R.T \quad (Equação\ I)$$

Cálculo do grau de dissociação (α), a partir da Equação I: $d = \frac{p\ x<MM>}{(1+\alpha)\ x\ R\ x\ T}$

$$(1+\alpha)\ x\ R\ x\ T\ x\ d = p\ x < MM >$$

$$(1+\alpha)\ x\ 0{,}08206\ x\ (27+273)\ x\ 7{,}063 = 1\ x\ 208{,}5$$

$$\alpha = 0{,}199\ (\cong 20{,}0\ \%)$$

Questão 44

(INSTITUTO MILITAR DE ENGENHARIA) Primeiramente, será necessário calcular a massa molecular do ar atmosférico ($<MM>_{ar}$), considerando que a composição apresenta 21% (v/v) de O_2 e 79% (v/v) de N_2.

$(\%)_{ar}\ x <MM>_{ar} = \{(\%)_{N2}\ x <MM>_{N2}\} + \{(\%)_{O2}\ x <MM>_{O2}\}$

$<MM>_{ar} = \{0{,}79\ x\ 28\}$ g/mol + $\{0{,}21\ x\ 32\}$ g/mol = 28,84 g/mol

Fórmula molecular dos compostos gasosos mencionados, massa molecular e comparação com a densidade com o ar atmosférico.

Gás carbônico [CO_2] = 44 g/mol → mais denso que o ar atmosférico

Anidrido sulfuroso [SO_2] = 64 g/mol → mais denso que o ar atmosférico

Acetileno [C_2H_2] = 26 g/mol → menos denso que o ar atmosférico

Neônio [Ne] = 20 g/mol → menos denso que o ar atmosférico

Argônio [Ar] = 40 g/mol → mais denso que o ar atmosférico

Amoníaco [NH_3] = 17 g/mol → menos denso que o ar atmosférico

Questão 45

(INSTITUTO MILITAR DE ENGENHARIA) Considerando que o gás apresenta comportamento ideal:

$$p^{ideal}\ x\ V = \frac{m_{He}}{< MM >_{He}}\ x\ R\ x\ T$$

$$2{,}50\ x\ 10{,}0 = \frac{m_{He}}{4{,}0}\ x\ 0{,}08206\ x\ (37+273)$$

$$25{,}0 = \frac{m_{He}}{4{,}0}\ x\ 0{,}08206\ x\ 310$$

$$m_{He} = 3{,}93\ g$$

Questão 46

Item a) Cálculo do volume crítico: $V_{crítico} = 3\ x\ b$

$$V_{crítico} = 3\ x\ 0{,}115 = 0{,}345\frac{L}{mol}$$

Cálculo da pressão crítica: $P_{crítica} = \frac{a}{27\ x\ b^2} = \frac{18}{27\ x\ (0{,}115)^2} = 50{,}41\ atm$

Cálculo da temperatura crítica: $T_{crítica} = \frac{8\ x\ a}{27\ x\ b\ x\ R} = \frac{8\ x\ 18}{27\ x\ 0{,}115\ x\ 0{,}08206} = 565{,}16\ K$

Item b) Determinação das constantes de Van der Waals (a e b). Sabendo que a temperatura crítica é dada por:

$$475 = \frac{8 \text{ x a}}{27 \text{ x } 0{,}08206 \text{ x b}}$$

$\frac{a}{b} = 131{,}55$ (Equação 1)

A partir da pressão crítica, pode-se tirar a seguinte relação:

$$41 = \frac{a}{27 \text{ x } b^2}$$

$$\frac{a}{b^2} = 1107$$

$\frac{a}{b} \text{x} \frac{1}{b} = 1107$ (Equação 2)

A partir da equação 2, temos: $\frac{a}{b^2} = 1107$

$$\frac{a}{b} \text{x} \frac{1}{b} = 1107$$

Substituindo a equação 1 na equação 2, temos: $\frac{a}{b} \text{x} \frac{1}{b} = 1107$

$$131{,}55 \text{ x} \frac{1}{b} = 1107$$

b = 0,119 $L.mol^{-1}$

Cálculo da constante de Van der Waals (a). Substituindo o valor de b na equação 1, temos:

$$\frac{a}{b} = 131{,}55$$

$$\frac{a}{0{,}119} = 1107$$

$$a = 15{,}65 \text{ atm. L}^2\text{. mol}^{-2}$$

Cálculo do volume crítico (V_c): $V_{crítico} = 3 \text{ x b}$

$$V_{crítico} = 3 \text{ x } 0{,}119 = 0{,}357 \frac{L}{mol}$$

Questão 47

Item a) Considerando que o gás com comportamento ideal: $p^{ideal} \text{ x } 12{,}50 = \frac{750}{71} \text{x } 0{,}08206 \text{ x } (127 + 273)$

$$p^{ideal} = 12{,}27 \text{ atm}$$

Item b) Considerando que o gás apresenta comportamento real:

$$\left\{ p^{real} + \frac{6{,}49}{\left(\frac{12{,}50}{750/71} \right)^2} \right\} \text{x } \{1{,}18 - 0{,}0592\} = 0{,}08206 \text{ x } (127 + 273)$$

$p^{real} = 24{,}62 \text{ atm}$

Item c) Cálculo do fator de compressibilidade: $Z = \frac{p^{real}}{p^{ideal}} = \frac{24{,}62 \text{ atm}}{27{,}74 \text{ atm}} = 0{,}89$

Para Z < 1 ⟶ Forças atrativas.

Item d) Cálculo da temperatura de Boyle (T_B):

$$T_{Boyle} = \frac{a}{b \times R} = \frac{6{,}49}{0{,}0592 \times 0{,}08206} = 1335{,}95 \text{ K}$$

Item e) Determinação das propriedades termodinâmicas críticas:

Volume crítico: $V_{crítico} = 3 \times b = 3 \times 0{,}0592 = 0{,}178 \text{ L.mol}^{-1}$

Pressão crítica: $P_{crítica} = \frac{a}{27.b^2} = \frac{6{,}49}{27 \times (0{,}0592)^2} = 68{,}59 \text{ atm}$

Temperatura crítica: $T_{crítica} = \frac{8.a}{27.b.R} = \frac{8 \times 6{,}49}{27 \times 0{,}0592 \times 0{,}08206} = 395{,}84 \text{ K}$

Questão 48

Cálculo do número de mol de gás cloro: $n_{Cl_2} = \frac{m_{Cl_2}}{<MM>_{Cl_2}} = \frac{550}{71} = 7{,}75 \text{ mol}$

Cálculo do volume molar: $V_{molar} = \frac{25}{7{,}75} = 3{,}22 \text{ L.mol}^{-1}$

Item a) Considerando que o gás apresenta comportamento ideal: $P^{ideal} \times 25 = 7{,}75 \times 0{,}08206 \times (125 + 273)$

$P^{ideal} = 10{,}12$ atm

Item b) Considerando que o gás apresenta comportamento real, temos:

$$\left\{p^{real} + \frac{6{,}49}{(3{,}22)^2}\right\} \times \{3{,}22 - 5{,}62 \times 10^{-2}\} = 0{,}08206 \times (125 + 273)$$

$p^{real} = 9{,}70 \text{ atm}$

Item c) Cálculo do fator de compressibilidade (Z). Sabendo que o fator de compressibilidade é a relação entre o comportamento real e ideal, temos:

$$Z = \frac{p^{Real}}{p^{Ideal}} = \frac{9{,}70 \text{ atm}}{10{,}12 \text{ atm}} = 0{,}958$$

Item d) A forção dominante trata-se da atrativa, uma vez que o fator de compressibilidade é menor que 1, ou seja, Z < 1.

Item e) Cálculo da pressão de Cl_2, considerando comportamento real, a partir do fator de compressibilidade:

$$p \times \underbrace{\frac{V}{n}}_{V_{molar}} = Z \times R \times T$$

$$p = \frac{0{,}958 \times 0{,}08206 \times 398}{3{,}22} = 9{,}72 \text{ atm}$$

Item f) Calculo da pressão crítica, temperatura crítica e volume crítico:

Pressão crítica: $P_{crítica} = \frac{a}{27 \text{ x } b^2} = \frac{6{,}49}{27 \text{ x } (5{,}62 \text{ x } 10^{-2})^2} = 76{,}10 \text{ atm}$

Temperatura crítica: $T_{crítica} = \frac{8 \text{ x } a}{27 \text{ x } b \text{ x } R} = \frac{8 \text{ x } 6{,}49}{27 \text{ x } 5{,}62 \text{ x } 10^{-2} \text{ x } 0{,}08206} = 416{,}97 \text{ K}$

Volume crítico: $V_{crítico} = 3 \text{ x } b = 3 \text{ x } (0{,}0562) = 0{,}169 \text{ L.mol}^{-1}$

Item g) Cálculo da temperatura de Boyle (T_{BOYLE}):

$$T_{BOYLE} = \frac{6{,}49}{5{,}62 \text{ x } 10^{-2} \text{ x } 0{,}08206} = 1407{,}27 \text{ K}$$

Questão 49

(INSTITUTO MILITAR DE ENGENHARIA) Equação química que corresponde a mistura de duas soluções – bicarbonato de potássio e ácido sulfúrico:

$$2KHCO_{3(aquoso)} + H_2SO_{4(aquoso)} \rightarrow K_2SO_{4(aquoso)} + 2H_2O_{(líquido)} + 2CO_{2(gás)}$$

Relação estequiométrica entre a solução de ácido sulfúrico e o dióxido de carbono:

$$1 \text{ mol de } H_2SO_{4(aq)} \text{ ------ } 2 \text{ mol de } CO_{2(g)}$$
$$n_{ácido} \text{ ------------- } n_{gás}$$
$$2 \text{ x } n_{ácido} = n_{gás}$$

Considerando que o gás apresenta comportamento ideal temos: $2 \text{ x } [\text{ácido}] \text{ x } V_{ácido} = \frac{pV}{RT}$

$$2 \text{ x } [\text{ácido}] \text{ x } 0{,}125 = \frac{\left(\frac{765}{760}\right) \text{ x } 2{,}50}{0{,}08206 \text{ x } (20 + 273)}$$

$$[\text{ácido}] \text{ x } 0{,}250 = \frac{1{,}0 \text{ x } 2{,}50}{0{,}08206 \text{ x } 293}$$

$$[\text{ácido}] = 0{,}416 \frac{\text{mol}}{\text{L}}$$

Questão 50

Para a resolução deste problema será necessário considerar os gases como ideais, relacionando sua densidade com a pressão.

$$d = \frac{p \text{ x } < MM >}{R \text{ x } T}$$

Estudando em função do gás etileno: $d_{C_2H_4} = \frac{p \text{ x } <MM>}{R \text{ x } T} = \frac{800 \text{ x } 28}{R \text{ x } T_{C_2H_4}} = \frac{22400}{R \text{ x } T_{C_2H_4}}$

Estudando em função do gás oxigênio: $d_{O_2} = \frac{p \text{ x } <MM>}{R \text{ x } T} = \frac{700 \text{ x } 32}{R \text{ x } (20+273)} = \frac{22400}{293 \text{ x } R}$

Igualando as densidades dos compostos gasosos: $d_{C_2H_4} = d_{O_2}$

$$\frac{22400}{\cancel{R} \text{ x } T_{C_2H_4}} = \frac{22400}{293 \text{ x } \cancel{R}}$$

$$\frac{\cancel{22400}}{\cancel{R} \text{ x } T_{C_2H_4}} = \frac{\cancel{22400}}{293 \text{ x } \cancel{R}}$$

$T_{C_2H_4} = 293\ K$

Questão 51

(INSTITUTO MILITAR DE ENGENHARIA) Cálculo da massa molar do fluxo de ar úmido:

$$< MM >_{\text{fluxo de ar úmido}} = \frac{(98\%\ x\ 28{,}96) + (2\%\ x\ 18)}{100\%} = \frac{2874{,}08}{100}$$
$$< MM >_{\text{fluxo de ar úmido}} = 28{,}74 \frac{g}{mol}$$

Conversão da pressão em atmosferas: $p = \frac{100000}{101325} = 0{,}987\ atm$

Cálculo da massa específica do ar úmido:

$$\rho_{\text{fluxo de ar úmido}} = \frac{p\ x < MM >_{\text{fluxo de ar úmido}}}{R\ x\ T} = \frac{0{,}987\ x\ 28{,}74}{0{,}08206\ x\ (14{,}25 + 273)}$$
$$\rho_{\text{fluxo de ar úmido}} = 1{,}20 \frac{g}{L}$$

Questão 52

(INSTITUTO MILITAR DE ENGENHARIA) Cabe ressaltar que o termo mais correto para o enunciado deste problema seria: "85,0% em massa de MnO_2 e não em peso como está relatado".

Equação química que corresponde a produção de cloreto de manganês, cloro e água.

$$4HCl + MnO_2 \rightarrow Cl_{2(gás)} + MnCl_2 + H_2O$$

Cálculo da massa pura de óxido de manganês IV: $m_{MnO_2} = 30{,}70\ x\ 0{,}85 = 26{,}095\ g$

Cálculo do número de mol de óxido de manganês IV: $n_{MnO_2} = \frac{26{,}095}{87} = 0{,}300\ mol$

Cálculo do número de mol de cloro gasoso, a partir da relação estequiométrica:

$$1\ mol\ de\ MnO_2 ------ 1\ mol\ de\ Cl_{2(g)}$$
$$0{,}300\ mol\ de\ MnO_2 ---- n_{Cl_{2(g)}}$$
$$n_{Cl_{2(g)}} = 0{,}300\ mol$$

Cálculo do volume de cloro gasoso, a partir da equação dos gases ideais:

$$V_{Cl_2} = \frac{n_{Cl_2}RT}{p} = \frac{0{,}300\ x\ 0{,}08206\ x\ (27 + 273)}{\frac{738}{760}} = 7{,}60\ L$$

Questão 53

(INSTITUTO MILITAR DE ENGENHARIA) A partir da equação dos gases ideais, temos: $pV = \frac{massa}{<MM>}\ x\ RT$

$$< MM > = \frac{760\ x\ 0{,}08\ x\ 0{,}08206\ x\ (27 + 273)}{720\ x\ 30\ x\ 10^{-3}} = 69{,}29 \frac{g}{mol}$$

Questão 54

(INSTITUTO TECNOLÓGICO DA AERONÁUTICA) A pressão de vapor de uma substância aumenta com o aumento da temperatura. Quando a pressão de vapor se iguala à pressão local (pressão atmosférica), o líquido entra em ebulição. Portanto, em um local onde a pressão atmosférica é 0,70 atm, a água entra em ebulição em uma temperatura menor que 100^oC.

Questão 55

(INSTITUTO TECNOLÓGICO DA AERONÁUTICA) Para a resolução deste problema será necessário a utilização da equação dos gases ideais.

Informação do problema: $p_B = 0{,}81 \text{ x } p_A$

Analisando o tubo A: $p_A \text{ x } V_A = n_A \text{ x R x } 400$

Analisando o tubo B: $0{,}81 \ x \ p_A \text{ x } V_B = n_B \text{ x R x } 324$

Considerando que o processo seja isocórico (volume constante) e dividindo a equação A pela equação B, temos:

$$\frac{\cancel{p_A} \text{ x } \cancel{V_A}}{0{,}81 \text{ x } \cancel{p_A} \text{ x } \cancel{V_B}} = \frac{n_A \text{ x R x } 400}{n_B \text{ x R x } 324}$$

$$0{,}81 \text{ x } n_A \text{ x } \cancel{R} \text{ x } 400 = n_B \text{ x } \cancel{R} \text{ x } 324$$

$$\boxed{n_A = n_B}$$

Logo irão sobrar 0,50 mol no balão A.

Questão 56

(INSTITUTO TECNOLÓGICO DA AERONÁUTICA) Cálculo da massa do carbonato do sódio, a partir da relação estequiométrica com a solução:

$$1 \text{ L de solução} ------ 1{,}06 \text{ g de sal}$$
$$0{,}100 \text{ L de solução} ---- m_{sal}$$
$$m_{sal} = \frac{0{,}100 \text{ x } 1{,}06}{1{,}0} = 0{,}106 \text{ g de carbonato de sódio}$$

Equação química que corresponde a formação de cloreto de sódio, água e dióxido de carbono:

$$Na_2CO_3 + 2HCl \rightarrow 2NaCl + H_2O + CO_2 \uparrow$$

Através da relação estequiométrica entre o carbonato de sódio e o dióxido de carbono, temos:

$$1 \text{ mol de } Na_2CO_3 ------ 1 \text{ mol de } CO_2$$
$$n_{sal} ------------ n_{gás}$$
$$n_{sal} = n_{gás}$$

Considerando que o gás apresenta comportamento ideal, temos: $\frac{m_{sal}}{\langle MM \rangle_{sal}} = \frac{p \text{ x } V}{R \text{ x } T}$

$$\frac{0{,}106}{106} = \frac{\left(\frac{750}{760}\right) \text{ x Volume}}{0{,}08206 \text{ x } (27 + 273)}$$

$$\frac{0{,}106}{106} = \frac{750 \text{ x Volume}}{760 \text{ x } 0{,}08206 \text{ x } 300}$$

$$\text{Volume} = 0{,}025 \text{ litros } (0{,}025 \text{ dm}^3 \cong 25 \text{ cm}^3)$$

Questão 57

(GRILLO) Para a resolução deste problema que foi aplicado na turma de Técnica de Química no ano de 2017, primeiramente será necessário realizar o balanceamento pelo método REDOX, em que o sulfeto de cobre II é o agente redutor e a solução de ácido nítrico é o agente oxidante.

Equação química que relacionando o sulfeto de cobre II com uma solução de ácido nítrico:

$CuS_{(sólido)} + 8HNO_{3(aquoso)} \longrightarrow Cu(NO_3)_{2(sólido)} + 4H_2O_{(líquido)} + 6NO_{2(gás)} \uparrow + SO_{2(gás)} \uparrow$

Cálculo do número de mol de sulfeto de cobre II: $n_{CuS} = \frac{1000}{95{,}55} = 10{,}46 \text{ mol}$

Cálculo do número de mol de dióxido de nitrogênio e dióxido de enxofre, a partir da relação estequiométrica:

$1 \text{ mol de CuS} ------ 6 \text{ mol de } NO_2 --- 1 \text{ mol de } SO_2$
$10{,}46 \text{ mol de CuS} ---- n_{NO_2} -------- n_{SO_2}$
$n_{NO_2} = 62{,}76 \text{ mol e } n_{SO_2} = 10{,}46 \text{ mol}$

Cálculo do volume dos gases produzidos, utilizando a equação dos gases ideais:

Para o dióxido de nitrogênio: $V_{NO_2} = \frac{n_{NO_2} \text{ x R x T}}{p} = \frac{62{,}76 \text{ x } 0{,}08206 \text{ x } (27+273)}{2{,}0} = 772{,}54 \text{ L}$

Para o dióxido de enxofre: $V_{SO_2} = \frac{n_{SO_2} \text{ x R x T}}{p} = \frac{10{,}46 \text{ x } 0{,}08206 \text{ x } (27+273)}{2{,}0} = 128{,}75 \text{ L}$

Questão 58

(GRILLO) Equação química que corresponde a produção de fosfato de amônio, água e dióxido de carbono:

$3(NH_4)_2CO_3 + 2H_3PO_4 \rightarrow 2(NH_4)_3PO_4 + 3H_2O + 3CO_2 \uparrow$

Item a) Cálculo da massa de sal formada, a partir da seguinte relação estequiométrica:

$2 \text{ mol de } H_3PO_4 ---- 2 \text{ mol de } (NH_4)_3PO_4$
$2 \text{ x } 98 \text{ g} -------- 2 \text{ x } 149 \text{ g}$
$490 \text{ g} --------- m_{sal}$

$$m_{sal} = \frac{490 \text{ x } 2 \text{ x } 149}{2 \text{ x } 98} = \frac{146020}{196} = 745 \text{ g}$$

Item b) Os produtos formados são: fosfato de amônio, água e dióxido de carbono.
Item c) Cálculo do número de mol de ácido fosfórico: $n_{ácido} = \frac{490}{98} = 5 \text{ mol}$

Cálculo do número de mol de dióxido de carbono, a partir da seguinte relação estequiométrica:

$3(NH_4)_2CO_3 + 2H_3PO_4 \rightarrow 2(NH_4)_3PO_4 + 3H_2O + 3CO_2 \uparrow$

$2 \text{ mol de } H_3PO_4 ------ 3 \text{ mol de } CO_2$
$5 \text{ mol de } H_3PO_4 ------ n_{CO_2}$

$$n_{CO_2} = \frac{5 \text{ x } 3}{2} = 7{,}50 \text{ mol}$$

Cálculo do volume de dióxido de carbono nas CNATP: $V_{CO_2} = \frac{n_{CO_2} \text{ x R x T}}{p} = \frac{7{,}50 \text{ x } 0{,}08206 \text{ x } (25+273)}{1} = 183{,}40 \text{ Litros}$

d) Cálculo do volume de dióxido de carbono nas CNTP: $V_{CO_2} = 22{,}4 \frac{L}{mol} \text{ x } n_{CO_2} = 22{,}4 \text{ x } 7{,}50 = 168 \text{ Litros}$

Questão 59

Cálculo do número de mol (n_1) para o recipiente que apresenta pressão igual a 2 atm:

$$n_1 = \frac{pV}{RT} = \frac{2 \text{ x } 0{,}2}{0{,}08206 \text{ x } (27 + 273)} = 1{,}62 \text{ x } 10^{-2} \text{ mol}$$

Cálculo do número de mol (n_2) para o recipiente que apresenta pressão igual a 4 atm:

$$n_2 = \frac{pV}{RT} = \frac{4 \text{ x } 0{,}2}{0{,}08206 \text{ x } (27 + 273)} = \frac{0{,}80}{0{,}08206 \text{ x } 300}$$

$$n_2 = 3{,}25 \text{ x } 10^{-2} \text{ mol}$$

Cálculo do número de mol (n_3) para o recipiente que apresenta pressão igual a 6 atm:

$$n_3 = \frac{pV}{RT} = \frac{6 \text{ x } 0{,}2}{0{,}08206 \text{ x } (27 + 273)} = 4{,}87 \text{ x } 10^{-2} \text{ mol}$$

Cálculo do número de mol total (n_{Total}): $n_{Total} = n_1 + n_2 + n_3$

$$n_{Total} = 1{,}62 \text{ x } 10^{-2} \text{ mol} + 3{,}25 \text{ x } 10^{-2} \text{ mol} + 4{,}87 \text{ x } 10^{-2} \text{ mol} = 9{,}74 \text{ x } 10^{-2} \text{ mol}$$

Cálculo da pressão total do sistema, a partir da utilização da equação dos gases ideais:

$$p_{Total} = \frac{n_{Total} \text{ x R x T}}{V} = \frac{9{,}74 \text{ x } 10^{-2} \text{ x } 0{,}08206 \text{ x } 300}{0{,}60} = 4{,}0 \text{ atm}$$

Cálculo das pressões parciais:

$$P_1 = X_1 \text{ x } p_{total} = \left(\frac{1{,}62 \text{ x } 10^{-2} \text{ mol}}{9{,}74 \text{ x } 10^{-2} \text{ mol}}\right) \text{x } 4{,}0 \text{ atm} = 0{,}66 \text{ atm}$$

$$P_2 = X_2 \text{ x } p_{total} = \left(\frac{3{,}25 \text{ x } 10^{-2} \text{ mol}}{9{,}74 \text{ x } 10^{-2} \text{ mol}}\right) \text{x } 4{,}0 \text{ atm} = 1{,}33 \text{ atm}$$

$$P_3 = X_3 \text{ x } p_{total} = \left(\frac{4{,}87 \text{ x } 10^{-2} \text{ mol}}{9{,}74 \text{ x } 10^{-2} \text{ mol}}\right) \text{x } 4{,}0 \text{ atm} = 2{,}00 \text{ atm}$$

Questão 60

Considerando que o ar atmosférico apresenta composição igual a 21% de oxigênio e 79% de nitrogênio, logo será necessário calcular o número de mol de N_2. Pela equação química há 11 mol de O_2.

$4FeS_{2(sólido)} + 11O_{2(gás)} \rightarrow 2Fe_2O_{3(sólido)} + 8SO_{2(gás)} \uparrow$

Logo, a relação estequiométrica entre os gases e sua composição fica da seguinte maneira:
11 mol de O_2 --------- 21%
n_{N2} ---------------------- 79%
n_{N2} = 41,38 mol

A equação química com a presença de nitrogênio fica da seguinte maneira:

$4FeS_{2(sólido)} + 11O_{2(gás)} + 41{,}38N_{2(gás)} \rightarrow 2Fe_2O_{3(sólido)} + 8SO_{2(gás)} + 41{,}38N_{2(gás)}$

Cálculo do número de mol de ar, a partir da relação estequiométrica com o sulfeto de ferro:

$4F_eS_{2(sólido)} + 11O_{2(gás)} + 41,38N_{2(gás)} \rightarrow$

4 mol de F_eS_2 ------------------- (11 + 41,38) de ar
$\frac{100000}{120}$ mol ----------------------- n_{ar}

$$n_{ar} = \frac{100000\ 52,38}{4 \text{ x } 120} = 10912,50 \text{ mol}$$

Cálculo do volume de ar, considerando que o gás apresenta comportamento ideal:

$$V_{ar} = \frac{n_{ar}RT}{p} = \frac{10912,50 \text{ x } 0,08206 \text{ x } (225 + 273)}{2,50} = 178379 \text{ L}$$

Questão 61

Item a) Cálculo do volume do gás (V), a partir da equação dos gases reais em função do fator de compressibilidade:

$$V = \frac{Z \text{ x } n \text{ x } R \text{ x } T}{p} = \frac{0,80 \text{ x } 6,0 \text{ x } 10^{-3} \text{ x } 0,08206 \text{ x } 280}{19} = 5,80 \text{ x } 10^{-3}\text{L } (5,80 \text{ mL})$$

Item b) Equação química que corresponde a decomposição do carbonato de cálcio:

$$CaCO_{3(sólido)} \overset{\Delta}{\rightleftarrows} CaO_{(sólido)} + CO_{2(gás)}$$

Conversão de unidade - Sabendo que uma atmosfera corresponde aproximadamente 10^5 Pa, temos:

1 atm ----------- 10^5 Pa
P_{CO2} ------------- 1,50 x 10^6 Pa
P_{CO2} = 15 atm

Cálculo da massa de dióxido de carbono (m_{CO_2}):

$$m_{CO_2} = \frac{p \text{ x } V \text{ x } < MM >_{CO_2}}{R \text{ x } T} = \frac{15 \text{ x } 0,50 \text{ x } 44}{0,08206 \text{ x } (37 + 273)} = 12,97 \text{ g}$$

Cálculo da massa de carbonato de cálcio, a partir do processo estequiométrico com o dióxido de carbono:

1 mol de $CaCO_3$ --------- 1 mol de CO_2
100 g de $CaCO_3$ ---------- 44 g de CO_2 x (0,75)
0,45 x m_{CaCO3} -------------- 12,87 g

$$m_{CaCO3} = \frac{12,87 \text{ x } 100}{44 \text{ x } 0,75 \text{ x } 0,45} = 86,67 \text{ g}$$

Item b) Tabela de equilíbrio químico. Base de cálculo: n mol inicial de pentacloreto de fósforo

	$PCl_{5(gás)}$	$\leftrightarrows$	$PCl_{3(gás)}$	$Cl_{2(gás)}$
Início	n		0	0
Reage	$n\alpha$		$n\alpha$	$n\alpha$
Equilíbrio	n - $n\alpha$		$n\alpha$	$n\alpha$

Cálculo do número de mol total (n_{Total}): n_{Total} = n $\cancel{- n\alpha + n\alpha}$ + $n\alpha$

n_{Total} = n + $n\alpha$

$n_{Total} = n(1 + \alpha)$

Considerando que os gases que estão no equilíbrio e que apresentam comportamento ideal, a relação entre a densidade e o grau de dissociação é dada pela seguinte equação matemática: $pV = n(1 + \alpha)RT$

$$pV = \frac{m}{< MM >} x\ (1 + \alpha)\ x\ R\ x\ T$$

$$< MM > = \frac{m\ x\ (1 + \alpha)\ x\ R\ x\ T}{V\ x\ p}$$

$$\boxed{< MM > = \frac{d\ x\ (1 + \alpha)\ x\ R\ x\ T}{p}}$$

Item c) Sabendo que a densidade proposta pelo problema é igual a 1,42 $kg.m^{-3}$ o que equivale a 1,42 $g.L^{-1}$, o grau de dissociação (α) será:

$$208{,}5 = \frac{1{,}42\ x\ (1 + \alpha)\ x\ 0{,}08206\ x\ 600}{0{,}50}$$

$$1 + \alpha = \frac{104{,}25}{69{,}91}$$

$$\alpha = 1{,}49 - 1{,}0 = 0{,}49\ (49\%)$$

Questão 62

Cálculo do número de mol total: $n_{Total} = n_{CO2} + n_{O2} + n_{N2}$

n_{Total} = 0,65 mol + 1,75 mol + 0,95 mol = 3,35 mol

Cálculo da massa molar da mistura ($<MM>_{mistura}$):

$$< MM >_{mistura} . X_{mistura} =< MM >_{CO_2} . \left(\frac{n_{CO_2}}{n_{Total}}\right) + < MM >_{O_2} . \left(\frac{n_{O_2}}{n_{Total}}\right) + < MM >_{N_2} . \left(\frac{n_{N_2}}{n_{Total}}\right)$$

$$< MM >_{mistura}\ x\ 1{,}0 = 44{,}0\ x \left(\frac{0{,}65}{3{,}35}\right) + 32{,}0\ x \left(\frac{1{,}75}{3{,}35}\right) + 28{,}0\ x \left(\frac{0{,}95}{3{,}35}\right)$$

$$< MM >_{mistura} = 33{,}20 \frac{g}{mol}$$

Cálculo da pressão total da mistura (p_T), a partir da relação com a densidade da mistura:

$$p_{Total} = \frac{d\ x\ R\ x\ T}{< MM >_{mistura}} = \frac{1{,}80\ x\ 0{,}08206\ x\ (47 + 273)}{33{,}20} = 1{,}42\ atm$$

Item a) Cálculo do volume total da mistura gasosa (V_{Total}):

$$V_{Total} = \frac{n_{Total}\ x\ R\ x\ T}{p_{Total}} = \frac{3{,}35\ x\ 0{,}08206\ x\ (47 + 273)}{1{,}42} = 61{,}95\ L$$

Item b) Cálculo dos volumes parciais, aplicando a Lei de Amagat:

$$V_{CO_2} = X_{CO_2}\ x\ V_{Total} = \left(\frac{n_{CO_2}}{n_{Total}}\right) x\ V_{Total} = \left(\frac{0{,}65}{3{,}35}\right) x\ 61{,}95\ L = 12{,}02\ L$$

$$V_{O_2} = X_{O_2} \text{ x } V_{Total} = \left(\frac{n_{O_2}}{n_{Total}}\right) \text{ x } V_{Total} = \left(\frac{1,75}{3,35}\right) \text{ x } 61,95 \text{ L} = 32,36 \text{ L}$$

$$V_{N_2} = X_{N_2} \text{ x } V_{Total} = \left(\frac{n_{N_2}}{n_{Total}}\right) \text{ x } V_{Total} = \left(\frac{0,95}{3,35}\right) \text{ x } 61,95 \text{ L} = 17,57 \text{ L}$$

Item 3) Cálculo das pressões parciais, aplicando a Lei de Dalton:

$$P_{CO_2} = X_{CO_2} \text{ x } P_{Total} = \left(\frac{n_{CO_2}}{n_{Total}}\right) \text{ x } P_{Total} = \left(\frac{0,65}{3,35}\right) \text{ x } 1,42 \text{ atm} = 0,275 \text{ atm}$$

$$P_{O_2} = X_{O_2} \text{ x } P_{Total} = \left(\frac{n_{O_2}}{n_{Total}}\right) \text{ x } P_{Total} = \left(\frac{1,75}{3,35}\right) \text{ x } 1,42 \text{ atm} = 0,742 \text{ atm}$$

$$P_{N_2} = X_{N_2} \text{ x } P_{Total} = \left(\frac{n_{N_2}}{n_{Total}}\right) \text{ x } P_{Total} = \left(\frac{0,95}{3,35}\right) \text{ x } 1,42 \text{ atm} = 0,403 \text{ atm}$$

Questão 63

Aplicando a equação dos gases reais que leva em consideração o fator de compressibilidade.

$$\text{Massa} = \frac{\text{p x V x} < \text{MM} >}{\text{Z x R x T}} = \frac{75 \text{ x } 89 \text{ x } 28}{0,933 \text{ x } 0,08206 \text{ x } (10 + 273)} = 8629 \text{ g } (8,63 \text{ kg})$$

Questão 64

Equação química: $4FeS_{2(sólido)} + 11O_{2(gás)} \longrightarrow 2Fe_2O_{3(sólido)} + 8SO_{2(gás)}$

Cálculo do número de mol de gás nitrogênio, a partir da relação estequiométrica com 11 mol de gás oxigênio:

$$11 \text{ mol de } O_2 - - - - - 21\%$$
$$n_{N_2} - - - - - - - - - - - 79\%$$
$$n_{N_2} = \frac{11 \text{ x } 79}{21} = 41,38 \text{ mol}$$

Equação química com a presença do gás nitrogênio:

$4FeS_{2(sólido)} + 11O_{2(gás)} + 41,38N_{2(gás)} \longrightarrow 2Fe_2O_{3(sólido)} + 8SO_{2(gás)} + 41,38N_{2(gás)}$

Cálculo do número de mol de pirita: $n_{pirita} = \frac{100}{(56+64)} = \frac{100}{120} = 0,83 \text{ mol}$

Cálculo do número de mol de ar atmosférico, a partir da seguinte relação estequiométrica:

$4FeS_{2(sólido)}$ **+ $11O_{2(gás)}$ + $41,38N_{2(gás)}$** $\longrightarrow 2Fe_2O_{3(sólido)} + 8SO_{2(gás)} + 41,38N_{2(gás)}$

$$(11 + 41,38) \text{ mol de ar} - - - - - 4 \text{ mol de } FeS_2$$
$$n_{ar} - - - - - - - - - - - - - - - - 0,83 \text{ mol de } FeS_2$$
$$n_{ar} = \frac{0,83 \text{ x } 52,38}{4} = 10,87 \text{ mol}$$

Cálculo do volume de ar atmosférico, aplicando a equação dos gases ideais:

$$V = \frac{10,87 \text{ x } 0,08206 \text{ x } (225 + 273)}{2,5} = 177,68 \text{ L}$$

Questão 65

Item a) Cálculo do fator de compressibilidade (Z):

$$Z = \frac{p \times V}{n \times R \times T} = \frac{0{,}9 \times 1700}{1{,}50 \times 0{,}08206 \times (0 + 273)} = 45{,}53$$

Item b) Cálculo da pressão, volume e temperatura crítica:

Volume crítico: $V_{crítico} = 3 \times b = 3 \times 0{,}0428 = 0{,}128 \frac{L}{mol}$

Temperatura crítica: $T_c = \frac{8 \times a}{27 \times b \times R} = \frac{8 \times 2{,}25}{27 \times 0{,}0428 \times 0{,}08206} = \frac{18}{0{,}948} = 18{,}99\ K$

Pressão crítica: $T_{crítica} = \frac{a}{27 \times b^2} = \frac{2{,}25}{27 \times (0{,}0428)^2} = 45{,}49\ atm$

Item c) Cálculo da temperatura de Boyle: $T^{BOYLE} = \frac{a}{b \times R} = \frac{2{,}25}{0{,}0428 \times 0{,}08206} = 640{,}63\ K$

Questão 66

(INSTITUTO TECNOLÓGICO DA AERONÁUTICA) O objetivo desta questão é determinar a pressão parcial dos compostos gasosos, sabendo que levaremos em consideração que o oxigênio apresenta 21% de oxigênio molecular e o nitrogênio molecular apresenta uma composição de 79%.

Diante desta informação, as frações molares das espécies gasosas são as seguintes: $X_{O_2} = 0{,}21$ e $X_{N_2} = 0{,}79$.

Cálculo da pressão total: Sabendo que a cada dez metros corresponde em média uma atmosfera (1 atm), temos que:

$$p_{total} = 1\ atm + \left(\frac{200\ m}{10\ m}\right) \times 1\ atm = 21\ atm$$

Cálculo das pressões parciais dos dois gases:

$$p_{O_2} = X_{O_2} \times p_{total} = 0{,}21 \times 21 = 16{,}59\ atm$$

$$p_{N_2} = X_{N_2} \times p_{total} = 0{,}79 \times 21 = 4{,}41\ atm$$

Questão 67

(INSTITUTO TECNOLÓGICO DA AERONÁUTICA) A partir da tabela apresentada, temos:

Reação	Equação	Q_v (kJ.mol^{-1})
I	A + ½ B ⟶ D	?
II	A + B ⟶ C	400
III	D + ½ B ⟶ C	300

Item a) Através das equações químicas II e III, temos:

Equação química II: A + B ⟶ C Q_v = - 400 kJ.mol^{-1}
Equação química III: D + ½ B ⟶ C Q_v = - 300 kJ.mol^{-1}

Aplicando a definição de Hess para a determinação da quantidade de calor a volume constante:

A + B ⟶ ~~C~~ Qv = - 400 kJ.mol^{-1}
~~C~~ ⟶ D + ½ B Qv = + 300 kJ.mol^{-1} +

A + B ⟶ D Qv = - 100 kJ.mol^{-1}

Para cada 0,10 mol do reagente A, temos: $Q_{Volume} = -100\frac{kJ}{mol} x\ 0,10\ mol = -10,0\ kJ$

Item b) Cálculo da temperatura final (T_F): $Q_V = n\ x\ C_V\ x\ \Delta T$

$$10000 = 0,40\ x\ 83,33\ x\ (T_{final} - 300)$$

$$T_{final} = 300 + 300 = 600\ K$$

Item c) Cálculo da pressão final e inicial, considerando que o gás apresenta comportamento real. Pressão inicial:

$$\left\{p^{inicial} + \frac{(0,40)^2 x\ 62,5}{(10)^2}\right\} x\ \{10 - 0,40\ x\ 0,40\} = 0,40\ x\ 0,08206\ x\ 300$$

$$p^{inicial} = 0,90\ atm$$

Cálculo da pressão final: $\left\{p^{final} + \frac{(0,40)^2 x\ 62,5}{(10)^2}\right\} x\ \{10 - 0,40\ x\ 0,40\} = 0,40\ x\ 0,08206\ x\ 600$

$$p^{inicial} = 1,90\ atm$$

Questão 68

(GRILLO) Cálculo do volume do ar atmosférico: V = 5 m x 3 m x 3 m = 45 m³

Levando em consideração que o ar atmosférico apresenta composição igual a 21% de oxigênio e 79% de nitrogênio, temos:

$$< MM >_{ar} = 0,21\ x < MM >_{O_2} + 0,79\ x < MM >_{N_2}$$

$$< MM >_{ar} = 0,21\ x\ 32 + 0,79\ x\ 28 = 28,84\frac{g}{mol}$$

Cálculo da massa de ar atmosférico, levando em consideração que esta massa gasosa apresenta comportamento ideal.

$$Massa = \frac{1\ x\ 45000\ x\ 28,84}{0,08206\ x\ (20 + 273)} = 53976,99\ g\ (53,98\ kg)$$

Questão 69

(GRILLO)

Cálculo do número de mol de oxigênio (O_2): $n_{O_2} = \frac{pV}{RT} = \frac{\left(\frac{200}{760}\right) x\ 200\ x\ 10^{-3}}{0,08206\ x\ T} = \frac{0,641}{T}$

Cálculo do número de mol de nitrogênio (N_2): $n_{N_2} = \frac{pV}{RT} = \frac{\left(\frac{100}{760}\right) x\ 300\ x\ 10^{-3}}{0,08206\ x\ T} = \frac{0,481}{T}$

Cálculo do número de mol total: $n_{TOTAL} = n_{O2} + n_{N2} = \frac{0,641}{T} + \frac{0,481}{T} = \frac{1,122}{T}$

Cálculo da pressão total: $p_{Total} = \frac{1000\ x\ 1,122\ x\ 0,08206\ x\ T}{500\ x\ T} = 0,184\ atm$

Cálculo das pressões parciais:

$$P_{O_2} = \frac{\frac{0,641}{T}}{\frac{1,122}{T}} x\ 0,184\ atm = 0,105\ atm$$

$$P_{O_2} = \frac{\frac{0,481}{T}}{\frac{1,122}{T}} \text{ x } 0,184 \text{ atm} = 0,079 \text{ atm}$$

Questão 70

Item A) Cálculo do volume aparente: $\text{Volume} = \frac{b}{N}$

$$\text{Volume} = \frac{2,370 \text{ x } 10^{-5}}{6,02 \text{ x } 10^{23}} \text{x} \frac{1 \text{ pm}^3}{(10^{-12})^3}$$

$$\text{Volume} = 0,394 \text{ x } 10^{-28} \text{ x } 10^{+36} = 3,94 \text{ x } 10^{+7} \text{ pm}^3$$

Item B) Cálculo do raio atômico: $\text{Volume} = 3,94 \text{ x } 10^{+7} \text{ pm}^3$

$$\frac{4 \text{ x } \pi \text{ x } R^3}{3} = 3,94 \text{ x } 10^{+7}$$

$$R^3 = \frac{0,394 \text{ x } 10^{-28}}{4,19} = 9,40 \text{ x } 10^{-30}$$

$$R = 2,11 \text{ x } 10^{-10} \cancel{m} \text{ x} \frac{1 \text{ pm}}{10^{-12} \cancel{m}} = 211 \text{ pm}$$

Questão 71

Item a) Cálculo da massa molar, a partir da relação da densidade com a pressão: $d = \frac{p \text{ x} < MM >}{R \text{ x } T}$

$$8,0 \text{ x } 0,08206 \text{ x } 300 = 2,81 \text{ x} < MM >$$

$$< MM > = 70,0 \frac{g}{mol}$$

Item b) Fórmula molecular: CHF_3 (Fluorato de metano)

Item c) Densidade do gás em 1,0 atm e 25°C: $d = \frac{1,0 \text{ x } 70}{0,08206 \text{ x } 298} = 2,86 \frac{g}{L}$

Questão 72

(GRILLO) Realizando o balanceamento pelo método da oxidação-redução (REDOX):

$2NaCl + MnO_2 + 2H_2SO_4 \longrightarrow Na_2SO_4 + MnSO_4 + Cl_2 + 2H_2O$

$NaCl$ (cloreto de sódio) = agente redutor
MnO_2 (óxido de manganês IV) = agente oxidante

Cálculo da massa de cloro gasoso, a partir da relação estequiométrica com o cloreto de sódio:

2 mol de NaCl -------------- 1 mol de Cl_2
2 x 58,5 g -------------------- 1 x 71 g x 0,78
300 g -------------------------- Massa

Massa de gás cloro = 142 g de cloro gasoso

Cálculo do volume de cloro, a partir da aplicação da equação dos gases ideais:

$$V_{Cl_2} = \frac{\left(\frac{142}{71}\right) x\ 0{,}08206\ x\ 310}{2{,}50} = 20{,}35\ L\ (20{,}35\ x\ 10^{-3}\ m^3)$$

Questão 73

(GRILLO) Realizando o balanceamento pelo método da oxidação-redução (REDOX):

$$5H_2O_2 + 2MnO_4^- + 6H^+ \rightarrow 2Mn^{++} + 5O_2 + 8H_2O$$

H_2O_2 (peróxido de hidrogênio) = agente redutor
MnO_4^- (íon permanganato) = agente oxidante

Cálculo do número de mol de peróxido de hidrogênio: $V_{H_2O_2} = \frac{200}{34} = 5{,}88\ mol$
Cálculo do número de mol de oxigênio molecular, a partir da seguinte relação estequiométrica.

5 mol de H_2O_2 -------------------- 5 mol de O_2x 0,69
0,65 x 5,88 mol ------------------- n_{O2}
n_{O2} = 2,64 mol

Cálculo do volume de oxigênio molecular, a partir da aplicação da equação dos gases ideais:

$$V_{O_2} = \frac{2{,}64\ x\ 0{,}08206\ x\ 320}{1{,}50} = 46{,}22\ L$$

Questão 74

(GRILLO)

Analisando a equação de Clapeyron para o dióxido de carbono: $p_{CO_2}\ x\ 3 = N_{CO_2}\ x\ k\ x\ T$

Analisando a equação de Clapeyron para o gás metano: $p_{CH_4}\ x\ 2 = N_{CH_4}\ x\ k\ x\ T$

Dividindo a primeira equação pela segunda equação, temos:

$$\frac{p_{CO_2}\ x\ 3}{p_{CH_4}\ x\ 2} = \frac{N_{CO_2}\ x\ k\ x\ T}{N_{CH_4}\ x\ k\ x\ T}$$

Sabendo que o processo na mesma temperatura e pressão: $\frac{\cancel{p}\ x\ 3}{\cancel{p}\ x\ 2} = \frac{N_{CO_2}\ x\ \cancel{k}\ x\ \cancel{T}}{N_{CH_4} x\ \cancel{k}\ x\ \cancel{T}}$

$$\frac{3}{2} = \frac{N_{CO_2}}{N_{CH_4}}$$

$$N_{CH_4} = \frac{2\ x\ N_{CO_2}}{3}$$

Questão 75

(INSTITUTO MILITAR DE ENGENHARIA)

Cálculo do número de mol de moléculas de N_2, a partir da equação dos gases ideais:

$$4{,}92\ x\ 10 = n_{N_2}\ x\ 0{,}08206\ x\ (127 + 273)$$

$$n_{N_2} = 1{,}50\ mol$$

Cálculo do número de mol de moléculas de O_2:

$$n_{O_2} = \frac{9{,}03 \text{ x } 10^{23} \text{ moléculas}}{6{,}02 \text{ x } 10^{23} \text{ moléculas x mol}^{-1}} = 1{,}50 \text{ mol}$$

Cálculo do número de mol total: $n_{TOTAL} = n_{O2} + n_{N2}$ = 1,50 mol + 1,50 mol = 3,0 mol

Cálculo da temperatura final de equilíbrio (T), a partir da equação dos gases ideais:

$$6{,}15 \text{ x } 10 = 3{,}0 \text{ x } 0{,}08206 \text{ x T}$$

T = 250 K

Questão 76

(GRILLO) Equação química: $Zn_{(sólido)} + H_2SO_{4(aquoso)} \longrightarrow ZnSO_{4(aquoso)} + H_{2(gás)} \uparrow$

Relação estequiométrica entre o zinco metálico e o gás hidrogênio produzido:

1 mol de Zn --------------------- 1 mol de H_2
n_{Zn} --------------------------------- n_{H2}
$n_{Zn} = n_{H2}$

A partir da relação do número de mol acima, temos:

$$\frac{\text{Massa}}{65{,}40} = \frac{\frac{780}{760} \text{ x } 250 \text{ x } 10^{-3}}{0{,}08206 \text{ x } (20 + 273)}$$

$$\text{Massa} = 0{,}698 \text{ g}$$

Questão 77

Analisando o comportamento gasoso para o gás metano: $p \text{ x } 4{,}0 = \frac{N_{CH_4}}{5} \text{ x k x T}$

Analisando o comportamento gasoso para o gás etano: $p \text{ x } 3{,}0 = \frac{N_{C_2H_6}}{8} \text{ x k x T}$

Relacionando as duas equações de estado apresentadas acima:

$$\frac{\cancel{p} \text{ x } 4{,}0}{\cancel{p} \text{ x } 3{,}0} = \frac{\frac{N_{CH_4}}{5} \text{ x } \cancel{k} \text{ x } \cancel{T}}{\frac{N_{C_2H_6}}{8} \text{ x } \cancel{k} \text{ x } \cancel{T}}$$

$$\frac{N_{C_2H_6}}{2} = \frac{3 \text{ x } N_{CH_4}}{5}$$

$$\boxed{N_{C_2H_6} = \frac{6 \text{ x } N_{CH_4}}{5}}$$

Questão 78

(GRILLO) Primeiramente será necessário calcular a pressão parcial do gás seco, aplicando o estudo da pressão parcial:

$$P_{total} = P^{ar}_{úmido} + P^{ar}_{úmido}$$

$$P^{ar}_{úmido} = 751 \text{ mmHg} - 20 \text{ mmHg} = 731 \text{ mmHg}$$

Cálculo da massa molar do gás desconhecido, aplicando a equação dos gases ideais:

$$p^{ideal} \text{ x } V = n_{desconhecido} \text{ x } R \text{ x } T$$

$$\frac{731 \text{ mmHg}}{760 \text{ mmHg}} \text{ x } 52{,}50 \text{ x } 10^{-3} = \frac{0{,}250}{< MM >_{desconhecido}} \text{ x } 0{,}08206 \text{ x } (22 + 273)$$

$$< MM >_{desconhecido} \cong 120 \frac{g}{mol}$$

Questão 79

(CONCURSO FEDERAL – MARINHA DO BRASIL – TÉCNICO DE QUÍMICA) Alternativa D.

Cálculo do número de mol do gás nitrogênio: $n_{N_2} = \frac{2800}{28} = 100 \text{ mol}$

Aplicando a equação dos gases ideais: $1{,}0 \text{ x Volume} = 100 \text{ x } 0{,}08206 \text{ x } (27 + 273)$

$\text{Volume} = 2461{,}80 \text{ L}$

Questão 80

(CONCURSO FEDERAL – AERONÁUTICA – ENGENHARIA QUÍMICA) Alternativa C.

Cálculo da pressão do gás levando em consideração comportamento real, a partir da equação de Van der Waals.

$$\left\{p^{real} + \frac{5{,}46 \text{ x} \left(\frac{54}{18}\right)^2}{25}\right\} \text{x} \left\{5 - \frac{54}{18} \text{x } 0{,}031\right\} = \frac{54}{18} \text{x } 0{,}08206 \text{ x } (273 + 546)$$

$p^{real} = 39{,}12$

Questão 81

(CONCURSO FEDERAL – MARINHA DO BRASIL – TÉCNICO DE QUÍMICA) Alternativa A.

Aplicando a equação termodinâmica dos gases ideais:

$$\frac{73500}{101325} \text{x } 0{,}250 = \frac{0{,}118}{< MM >} \text{x } 0{,}08206 \text{ x } (25 + 273)$$

$$< MM > = 15{,}91 \frac{g}{mol}$$

Questão 82

(CONCURSO FEDERAL – MARINHA DO BRASIL – TÉCNICO DE QUÍMICA) Alternativa A.

Primeiramente será necessário calcular o número de mol de cada participante químico.

- Número de mol de oxigênio molecular: $n_{O_2} = \frac{6{,}4}{32} = 0{,}20 \text{ mol}$

- Número de mol de nitrogênio molecular: $n_{N_2} = \frac{8{,}4}{28} = 0{,}30 \text{ mol}$

- Número de mol de hidrogênio molecular: $n_{H_2} = \frac{1{,}0}{2} = 0{,}50 \text{ mol}$

Cálculo da pressão total do sistema reacional, aplicando a equação dos gases ideais:

$$p_{total} \text{ x } 20 = (n_{O_2} + n_{N_2} + n_{H_2}) \text{ x R x T}$$

$$p_{total} \text{ x } 20 = (0{,}20 + 0{,}30 + 0{,}50) \text{ x } 0{,}08206 \text{ x } 300$$

$$p_{total} = 1{,}23 \text{ atm}$$

Determinação do cálculo das pressões parciais:

- Com relação ao oxigênio molecular: $P_{O_2} = \frac{n_{O_2}}{n_{total}} \text{ x } P_{total} = \frac{0{,}20}{1{,}00} \text{ x } 1{,}23 \text{ atm} = 0{,}246 \text{ atm}$

- Com relação ao nitrogênio molecular: $P_{N_2} = \frac{n_{N_2}}{n_{total}} \text{ x } P_{total} = \frac{0{,}30}{1{,}00} \text{ x } 1{,}23 \text{ atm} = 0{,}369 \text{ atm}$

- Com relação ao hidrogênio molecular: $P_{H_2} = \frac{n_{H_2}}{n_{total}} \text{ x } P_{total} = \frac{1}{2} \text{ x } 1{,}23 \text{ atm} = 0{,}615 \text{ atm}$

Questão 83

(CONCURSO FEDERAL) Alternativa E.
Item a) Falso. Esta equação explica a passagem da fase gasosa para a líquida.
Item b) A constante de Van der Walls b está relacionada com o covolume da partícula gasosa.
Item c) Esta equação leva em consideração as forças de atração e repulsão, o que para os gases ideais isso não ocorre.
Item d) Falso. Não é a constante "a" que tem relação com o raio atômico das partículas do gás, mas sim a constante "b".

Questão 84

(CONCURSO FEDERAL – AERONÁUTICA – ENGENHARIA QUÍMICA) Alternativa D.

Cálculo do volume total dos dois balões nas condições especificadas, a partir da aplicação da equação dos gases ideais:

$$0{,}41 \text{ x } V_{total} = \frac{3{,}20}{32} \text{ x } 0{,}08206 \text{ x } 300$$

$$V_{total} - 6{,}0 \text{ L}$$

Cálculo do volume do compartimento B: $V_{total} = 6{,}0 \text{ L}$

$$4{,}10 + V_B = 6{,}0 \text{ L}$$

$$V_B = 1{,}90 \text{ L}$$

Questão 85

(CONCURSO FEDERAL – AERONÁUTICA – ENGENHARIA QUÍMICA) Alternativa A.

Para a resolução do problema será necessário aplicar a equação combinada dos gases ideais.

$$\left[\frac{P_i \text{ x } V_i}{T_i}\right]_{início} = \left[\frac{P_f \text{ x } V_f}{T_f}\right]_{final}$$

$$\left[\frac{P_i \text{ x } V_i}{127 + 273}\right]_{início} = \left[\frac{\frac{3 \text{ x } P_i}{2} \text{ x } \frac{V_i}{3}}{T_f}\right]_{final}$$

$$\frac{P_i \text{ x } V_i}{127 + 273} = \frac{\frac{3 \text{ x } P_i}{2} \text{ x } \frac{V_i}{3}}{T_f}$$

$T_f = 200 \text{ K} (-73^{\circ}\text{C})$

Questão 86

(CONCURSO FEDERAL – AERONÁUTICA – ENGENHARIA QUÍMICA) Alternativa A.

Cálculo do número de mol de oxigênio molecular: $n_{O_2} = \frac{16}{32} = 0{,}50 \text{ mol}$

Cálculo do volume molar: $V_{molar}^{O_2} = \frac{1{,}0 \text{ L}}{0{,}50 \text{ mol}} = 2{,}0 \frac{\text{L}}{\text{mol}}$

Aplicando a equação de Van der Waals para a determinação da pressão real:

$$\left\{p^{O_2} + \frac{1{,}360}{(2)^2}\right\} \text{x} \{2 - 0{,}0318\} = 0{,}08206 \text{ x } (27 + 273)$$

$$p^{O_2} = 12{,}17 \text{ atm}$$

Questão 87

(CONCURSO FEDERAL – AERONÁUTICA – ENGENHARIA QUÍMICA) Alternativa C.

O ponto triplo é definido como sendo o ponto em que as três fases coexistem. Já o ponto B representa o ponto crítico. Esta região estabelece o estado gasoso.

Questão 88

(CONCURSO FEDERAL – AERONÁUTICA – ENGENHARIA QUÍMICA) Alternativa B.

Aplicando a equação termodinâmica dos gases ideais: $5 \text{ x } 2{,}0 = \frac{4}{44} \text{x } 0{,}08206 \text{ x T}$

$$T = \frac{440}{4 \text{ x } 0{,}08206} = 1340{,}48 \text{ K}$$

$$1340{,}48 \text{ K} = (^{\circ}\text{C}) + 273$$

$$(^{\circ}\text{C}) = 1067{,}33^{\circ}\text{C}$$

Questão 89

(CONCURSO PÚBLICO FEDERAL – MARINHA DO BRASIL – TÉCNICO EM QUÍMICA) Alternativa C.

Para a resolução do problema será necessário aplicar a equação dos gases ideais e converter a pressão para atmosferas. Sabe-se que uma atmosfera corresponde a 101325 Pa.

$$\frac{89000}{101325} \text{x Volume} = \frac{25{,}0}{32{,}0} \text{x } 0{,}08206 \text{ x } (17 + 273)$$

$$\text{Volume} = 21{,}17 \text{ L } (21{,}17 \text{ dm}^3)$$

Questão 90

(CONCURSO PÚBLICO PARA DOCENTE FEDERAL - IFRJ) Conversão de unidade da densidade:

$$d = 1{,}332 \frac{\text{kg}}{\text{m}^3} \text{x} \frac{1\text{m}^3}{1000 \text{ L}} \text{x} \frac{1000 \text{ g}}{1 \text{ kg}} = 1{,}332 \text{ g.L}^{-1}$$

Item a) Cálculo da massa molar (<MM>) da mistura gasosa: $d = \frac{p \text{ x} <MM>}{R \text{ x } T}$

$$d = \frac{\left(\frac{750}{760}\right) x < MM >_{Mistura}}{R\,x\,(25 + 273)} = 1{,}332$$

$$< MM >_{Mistura} = \frac{1{,}322\ x\ 760\ x\ 0{,}08206\ x\ 298}{750} = 33{,}01\ g.mol^{-1}$$

Item b) Cálculo da composição da mistura: $X_{CO}\ x < MM >_{CO} + X_{CO_2} x < MM >_{CO_2} = X_{mistura}\ x < MM >_{mistura}$

e $X_{CO} + X_{CO_2} = 1$

Resolvendo o sistema apresentado: $28\ x\ X_{CO} + 44\ x\ X_{CO_2} = 1\ x < MM >_{mistura}$
$X_{CO} + X_{CO_2} = 1$

Resolvendo o sistema acima, as frações molares das espécies gasosas são as seguintes:

X_{CO} = 0,6875 (68,75%) e X_{CO2} = 0,3125 (31,25%)

Item c) Cálculo das pressões parciais das espécies gasosas:

$P_{CO} = X_{CO}\ x\ p_{TOTAL} = 0{,}6875\ x\ 750 = 515{,}625\ mmHg$

$P_{CO_2} = X_{CO}\ x\ p_{TOTAL} = 0{,}3125\ x\ 750 = 234{,}375\ mmHg$

Item d) Cálculo do volume molar para um gás ideal: $V_{molar} = \frac{R\,x\,T}{p} = \frac{0{,}08206\ x\ 298}{(750/760)} = 24{,}78\ L.mol^{-1}$

Cálculo do fator de compressibilidade (Z): $Z = \frac{V^{Real}_{molar}}{V^{Ideal}_{molar}} = \frac{23{,}50\ L.mol^{-1}}{24{,}78\ L.mol^{-1}} = 0{,}948$

Questão 91

(CONCURSO PÚBLICO PARA DOCENTE FEDERAL - IFRJ)

Item a) A.1) Cálculo do número de mol do gás etano (C_2H_6): $n = \frac{30}{30} = 1{,}0\ mol$

Cálculo da pressão, considerando o sistema gasoso como ideal: $p^{ideal}\ x\ 22{,}41 = 1{,}0\ x\ 0{,}08206\ x\ 273$

$p^{ideal} = 1{,}0\ atm$

A.2) Cálculo da pressão pela equação de Van der Waals: $\left\{p^{real} + \frac{5{,}49}{\left(\frac{22{,}414}{1}\right)^2}\right\} x \left\{\frac{22{,}414}{1} - 0{,}064\right\} = 0{,}08206\ x\ 273$

$p^{real} = 0{,}991\ atm$

A.3) Cálculo da pressão do gás considerando ideal: $p^{ideal} x\ 0{,}100 = 1{,}0\ x\ 0{,}08206\ x\ 273$

$p^{ideal} = 820{,}6\ atm$

A.4) Cálculo da pressão pela equação de Van der Waals:

$$\left\{p^{real} + \frac{5{,}49}{\left(\frac{0{,}100}{1}\right)^2}\right\} x \left\{\frac{0{,}100}{1} - 0{,}064\right\} = 0{,}08206\ x\ 273$$

$p^{real} = 1730{,}44 \text{ atm}$

B) Cálculo do valor aproximado do fator de compressibilidade (Z) na condição I:

$$Z = \frac{p^{Real}}{p^{Ideal}} = \frac{0{,}99 \text{ atm}}{1{,}00 \text{ atm}} = 0{,}99 \text{ atm}$$

Cálculo do valor aproximado do fator de compressibilidade (Z) na condição II:

$$Z = \frac{p^{Real}}{p^{Ideal}} = \frac{1730{,}44 \text{ atm}}{820{,}6 \text{ atm}} = 2{,}11 \text{ atm}$$

Questão 92

(CONCURSO PÚBLICO PARA DOCENTE FEDERAL - IFRJ)

Cálculo do número de mol: $n = \frac{m}{<MM>} = \frac{1{,}37}{17} = 8{,}06 \text{ x } 10^{-2} \text{ mol}$

Cálculo da pressão do gás NH_3, considerando comportamento ideal: $p^{ideal} \text{ x } 5{,}0 = 8{,}06 \text{ x } 10^{-2} \text{ x } 0{,}08206 \text{ x } (100 + 273)$

$p^{ideal} = 0{,}493 \text{ atm}$

Cálculo do volume molar: $V_{molar} = \frac{V}{n} = \frac{5{,}0}{8{,}06 \text{ x } 10^{-2}} = 62{,}04 \text{ L.mol}^{-1}$

Cálculo da pressão, considerando o gás nitrogênio com comportamento real:

$$\left\{p^{real} + \frac{4{,}169}{(62{,}04)^2}\right\} \text{ x } \{62{,}04 - 3{,}710 \text{ x } 10^{-2}\} = 0{,}08206 \text{ x } (100 + 273)$$

$p^{real} = 0{,}49 \text{ atm}$

O gás apresenta comportamento ideal uma vez que as pressões tanto no comportamento ideal quanto no comportamento real apresentam valores iguais.

Questão 93

(CONCURSO FEDERAL PARA ENGENHEIRO QUÍMICO PARA A MARINHA)

Analisando o tanque 1 (T_1):

- Conversão de unidade da pressão (bar ⟶ atm):

$$0{,}7 \text{ bar x} \frac{0{,}9869 \text{ atm}}{1 \text{ bar}} = 0{,}691 \text{ atm}$$

- Conversão de unidade da temperatura (°R ⟶ K):

$630{,}6 = 1{,}80 \text{ x K}$

$K = 350{,}33 \text{ K}$

Cálculo do número de mol de monóxido de carbono no tanque 1 (T_1): $0{,}691 \text{ x } V_{tanque\ 1} = \frac{2000}{28} \text{x } 0{,}08206 \text{ x } 350{,}33$

$V_{tanque\ 1} = 2971{,}68 \text{ L}$

Analisando o tanque 2 (T_2):

- Conversão de unidade da pressão (bar → atm): $1{,}2 \text{ bar x} \frac{0{,}9869 \text{ atm}}{1 \text{ bar}} = 1{,}184 \text{ atm}$

- Conversão de unidade da temperatura (°R → K): $540{,}6 = 1{,}80 \text{ x K}$

$\text{K} = 300{,}33 \text{ K}$

Cálculo do número de mol de monóxido de carbono no tanque 2 (T_2): $1{,}184 \text{ x } V_{\text{tanque 2}} = \frac{8000}{28} \text{x } 0{,}08206 \text{ x } 300{,}33$

$V_{\text{tanque 2}} = 5947{,}17 \text{ L}$

Cálculo do número de mol total de monóxido de carbono (óxido neutro): $n_{\text{total}}^{\text{CO}} = n_{\text{tanque 1}}^{\text{CO}} + n_{\text{tanque 2}}^{\text{CO}}$

$$n_{\text{total}}^{\text{CO}} = \frac{2000}{28} + \frac{8000}{28} = 35{,}71 \text{ mol}$$

Cálculo da pressão final de equilíbrio, aplicando a equação dos gases ideais:

$p_{\text{final}} \text{ x } \left(V_{\text{tanque 1}} + V_{\text{tanque 2}}\right) = n_{\text{total}}^{\text{CO}} \text{ x R x T}$

$p_{\text{final}} \text{ x } (2971{,}68 + 5947{,}17\,) = 35{,}71 \text{ x } 0{,}08206 \text{ x } 350{,}33$

$$p_{\text{final}} = 0{,}115 \text{ atm x} \frac{1{,}013 \text{ bar}}{1 \text{ atm}} = 0{,}117 \text{ bar}$$

Questão 94

(CONCURSO FEDERAL PARA ENGENHEIRO QUÍMICO PARA A MARINHA) Cabe ressaltar que o problema indica que a reação foi conduzida em um meio ácido, $[H^-_{(\text{aquoso})}]$, logo a equação química iônica balanceada fica da seguinte maneira:

$$HgS_{(\text{sólido})} + 2NO^-_{3(\text{aquoso})} + 4Cl^-_{(\text{aquoso})} + 4H^-_{(\text{aquoso})} \rightarrow \left[HgCl_{4(\text{aquoso})}\right]^{-2} + 2NO_{2(\text{gás})} + S_{(\text{sólido})} + 2H_2O_{(\text{líquido})}$$

Íon nitrato = espécie oxidante
Sulfeto de mercúrio I = espécie redutor

Item a) As espécies são as seguintes:

Íon nitrato = espécie oxidante
Sulfeto de mercúrio I = espécie redutor

Item b) Equação química iônica:

$$HgS_{(\text{sólido})} + 2NO^-_{3(\text{aquoso})} + 4Cl^-_{(\text{aquoso})} + 4H^-_{(\text{aquoso})} \rightarrow \left[HgCl_{4(\text{aquoso})}\right]^{-2} + 2NO_{2(\text{gás})} + S_{(\text{sólido})} + 2H_2O_{(\text{líquido})}$$

Item c) Cálculo do número de mol de sulfeto de mercúrio II: $n_{\text{sal}} = \frac{348}{200 + 32} = 1{,}50 \text{ mol}$

A partir da relação estequiométrica entre o sal e o óxido:

1 mol de HgS ------------- 2 mol de $NO_{2(\text{gás})}$
1,50 mol de HgS --------- $n_{\text{gás}}$
$n_{\text{gás}}$ = 3,0 mol de dióxido de nitrogênio

Cálculo do volume, aplicando a equação dos gases ideais: $1 \text{ x Volume} = 3{,}0 \text{ x } 0{,}08206 \text{ x } 298$

$$\text{Volume} = 73{,}36\ \text{L}\ \underbrace{(73{,}36\ \text{dm}^3)}_{73{,}36\ \text{x}\ 10^{-3}\ \text{m}^3}$$

Cálculo da massa de enxofre, a partir de sulfeto de mercúrio II.

232 g de HgS --------------- 32,0 g
348 g de HgS --------------- Massa
Massa de enxofre produzido = 48,0 g

Questão 95

(CONCURSO FEDERAL) Utilizando a equação de Van der Waals, temos:

$$\left\{ p^{real} + \frac{1{,}360\ \text{x} \left(\frac{16}{32}\right)^2}{1} \right\} \text{x} \left\{ 1 - \frac{16}{32} \text{x}\ 0{,}0318 \right\} = \frac{16}{32} \text{x}\ 0{,}08206\ \text{x}\ 300$$

$$p^{real} = 12{,}17\ \text{atm}$$

Questão 96

(PROGRAMA DE PÓS-GRADUAÇÃO PARA MESTRADO & DOUTORADO / UNIVERSIDADE FEDERAL DE SANTA CATARINA)

Item a) Para o balanceamento desta equação química será necessário utilizar o método das tentativas.

$C_6H_{12}O_{6(sólido)} + 6O_{2(gás)} \longrightarrow 6CO_{2(gás)} + 6H_2O_{(líquido)}$

Item b) O processo do metabolismo da glicose é um processo químico, pelo fato de ocorrer a produção de diferentes produtos, tais como o dióxido de carbono e a água líquida.

Item c) Determinação da massa molecular da glicose = 180 g/mol. Pela relação estequiométrica a partir da equação química, temos:

180 g de glicose ----------- 44 g de dióxido de carbono
100 g de glicose ----------- Massa de dióxido de carbono
Massa de dióxido de carbono = 24,44 g de dióxido de carbono

Levando em consideração que o gás apresenta comportamento ideal:

$$V = \frac{\left(\frac{24{,}44}{44}\right) \text{x}\ 0{,}08206\ \text{x}\ (20+273)}{1{,}00} = 13{,}36\ \text{L}$$

Questão 97

(PROGRAMA DE PÓS-GRADUAÇÃO EM QUÍMICA INORGÂNICA – PROVA DE SELEÇÃO MESTRADO/DOUTORADO)

Item a) A partir da equação apresentada, o balanceamento será realizado pelo método das tentativas (metal-ametal-carbono-hidrogênio – oxigênio).

Equação química balanceada pelo método das tentativas:

$4C_3H_5N_3O_{9\,(líquido)} \longrightarrow 6N_{2(gás)} + 6CO_{2(gás)} + 10H_2O_{(líquido)} + 7O_{2(gás)}$

Item b) A partir da relação estequiométrica apresentada pela equação química:

4 x (36 + 5 + 42 + 144) gramas de nitroglicerina ------------ 7 x 32 gramas de oxigênio molecular
200,0, gramas de nitroglicerina ---------------------------------- Massa de oxigênio molecular

Massa de oxigênio molecular = 49,34 gramas de oxigênio molecular

Item c) Cálculo do rendimento apresentado pela massa de oxigênio fornecido.

4 x (36 + 5 + 42 + 144) g de nitroglicerina ----------- 7 x 32 g de O_2 x Rendimento
200,0 g de nitroglicerina ---------------------------------- 6,32 g de O_2

$$\text{Rendimento} = \frac{6{,}32 \text{ x } 4 \text{ x } 227}{200{,}0 \text{ x } 7 \text{ x } 32} = 0{,}01523\ (1{,}53\%)$$

Item (d) Análise da geometria para cada molécula apresentada:

Nitrogênio molecular: N ≡ N	(Geometria linear)
Dióxido de carbono molecular: O = C = O	(Geometria linear)
Água:	(Geometria Angular)
Oxigênio molecular: O = O	(Geometria linear)

Questão 98

(CONCURSO PÚBLICO PARA DOCENTE FEDERAL - IFPI) Alternativa E.

Cálculo do número de mol total dos gases: $n_{total} = n_{H_2} + n_{N_2}$

$$n_{total} = 1{,}82 + 3{,}1 = 4{,}92 \text{ mol}$$

Cálculo da pressão do sistema reacional: $p_{total} \text{ x } 28{,}3 = 4{,}92 \text{ x } 0{,}082 \text{ x } (5 + 273)$

$$p_{total} = 3{,}97 \text{ atm}$$

Questão 99

(CONCURSO PÚBLICO PARA DOCENTE FEDERAL - IFPI)

Cálculo do número de mol de oxigênio molecular, a partir da equação dos gases ideais: $p \text{ x } V = n_{O_2} \text{x } R \text{ x } T$

$$n_{O_2} = \frac{1 \text{ x } 0{,}200}{0{,}08206 \text{ x } (150 + 273)} = 5{,}76 \text{ x } 10^{-3} \text{ mol}$$

Cálculo do número de moléculas (N) de oxigênio molecular:

$$N = 5{,}76 \text{ x } 10^{-3} \cancel{\text{mol}} \text{ x } 6{,}02 \text{ x} \frac{10^{23}}{\cancel{\text{mol}}} = 3{,}47 \text{ x } 10^{21}$$

Cálculo da densidade do oxigênio molecular:

$$d = \frac{1 \text{ x } 32}{0{,}08206 \text{ x } (150 + 273)} = 0{,}922 \frac{g}{L}$$

Convertendo a unidade da densidade, temos:

$$d = 0{,}922 \frac{g}{L} \text{x} \frac{1 \text{ L}}{1 \text{ dm}^3} \text{x} \frac{1 \text{ dm}^3}{10^{-3} \text{ m}^3} \text{x} \frac{1 \text{ kg}}{1000 \text{ g}} = 0{,}922 \frac{kg}{m^3}$$

Questão 100

(CONCURSO PÚBLICO PARA DOCENTE FEDERAL – RIO GRANDE DO NORTE)

Item a) A partir da aplicação da equação do gás ideal: $p^{ideal} \text{ x } V = n_{CO_2} \text{ x } R \text{ x } T$

$$p^{ideal} = \frac{1{,}0 \text{ x } 0{,}08206 \text{ x } 298}{50{,}0 \text{ x } 10^{-3}} = 489{,}1 \text{ atm}$$

Item b) A partir da aplicação da equação do gás real – Van der Waals:

$$\left(p^{real} + \frac{a}{V_{molar}^2}\right) \text{x } (V_{molar} - b) = R \text{ x } T$$

$$\left(p^{real} + \frac{3{,}64}{\left[\frac{50{,}0 \text{ x } 10^{-3}}{1{,}0}\right]^2}\right) \text{x} \left(\frac{50{,}0 \text{ x } 10^{-3}}{1{,}0} - 0{,}042678\right) = 0{,}08206 \text{ x } 298$$

$$p^{real} = 1883{,}78 \text{ atm}$$

Questão 101

(CONCURSO PÚBLICO PARA DOCENTE FEDERAL – RONDÔNIA) Alternativa C.

Sabendo que a relação entre a densidade e a pressão é dada por: $d_{O_2} \text{x } R \text{ x } T = p \text{ x} < MM >$

Analisando para a situação (1): $1{,}30 \text{ x } R \text{ x } 300 = 1 \text{ x} < MM >$ (Equação 1)

Analisando para a situação (2): $d_{O_2} \text{ x } R \text{ x } 400 = 2 \text{ x} < MM >$ (Equação 2)

Dividindo a equação (1) pela equação (2), temos:

$$\frac{1{,}30 \text{ x } \cancel{R} \text{ x } 300}{d_{O_2} \text{ x } \cancel{R} \text{ x } 400} = \frac{1 \text{ x} \cancel{< MM >}}{2 \text{ x} \cancel{< MM >}}$$

$$\frac{1{,}30 \text{ x } 300}{d_{O_2} \text{ x } 400} = \frac{1}{2}$$

$$d_{O_2} = 1{,}95 \frac{kg}{m^3}$$

Questão 102

(CONCURSO PÚBLICO PARA DOCENTE FEDERAL – RONDÔNIA) Alternativa D.

Enunciado da lei de Graham: Levando em consideração que a densidade é diretamente proporcional à massa molar, a relação entre a velocidade de difusão com a massa molar para dois gases distintos.

$$\boxed{\frac{v_A}{v_B} = \sqrt{\frac{<MM>_B}{<MM>_A}}}$$

Questão 103

(CONCURSO PÚBLICO PARA DOCENTE FEDERAL – MINAS GERAIS) Alternativa B.

Cálculo da pressão inicial aplicando a equação dos gases ideais:

$$p^{ideal} \text{ x } 8{,}20 = \frac{320}{32} \text{ x } 0{,}08206 \text{ x } 300$$

$$p^{ideal} = 30{,}02 \text{ atm}$$

Cálculo da massa de oxigênio molecular liberada, a partir da equação dos gases ideais.

$$\frac{p^{ideal}}{\text{Massa}} = \boxed{\underbrace{\frac{R \text{ x } T}{< MM >_{O_2} \text{ x } V}}_{\text{Constante}}}$$

$$\left[\frac{p^{ideal}}{\text{Massa}}\right]_{\text{início}} = \left[\frac{p^{ideal}}{\text{Massa}}\right]_{\text{final}}$$

$$\left[\frac{30{,}02}{320}\right]_{\text{início}} = \left[\frac{7{,}50}{\text{Massa}}\right]_{\text{final}}$$

Massa de oxigênio molecular (final) = 79,95 g

Questão 104

(CONCURSO PÚBLICO PARA DOCENTE FEDERAL – RIO DE JANEIRO)

Equação dos gases ideais: $p^{ideal} \text{ x } V = n \text{ x } R \text{ x } T$

Equação dos gases reais apresentada por Van der Waals: $\left(p^{real} + \frac{a}{V^2_{molar}}\right) \text{ x } (V_{molar} - b) = R \text{ x } T$

Para o melhor entendimento da diferença entre os dois modelos, será apresentada uma tabela comparativa.

	Gases Ideais	**Gases Reais (modelo de Van der Waals)**
Item 1)	Não é levado em consideração forças intermoleculares.	É levado em consideração às forças intermoleculares, representado pela letra <u>a</u> na equação de Van der Waals.
Item 2)	O volume não é da partícula gasosa, mas sim do recipiente em que o gás esteja confinado (V_{total}).	É levado em consideração o volume da própria partícula gasosa, representado pela letra <u>b</u> na equação de Van der Waals.
Item 3)	Estudado à baixas pressões.	Estudado à altas pressões.
Item 4)	Estudado à altas temperaturas.	Estudado à baixas temperaturas.
Item 5)	Não explica a passagem do estado líquido para o estado vapor (vaporização).	Explica a passagem do estado líquido para o estado vapor (vaporização).

Questão 105

(CONCURSO PÚBLICO FEDERAL – PETROBRAS) Alternativa D.

Para a resolução do problema será necessário aplicar a equação combinada dos gases ideais.

Situação Inicial: $P_{inicial} = P_1$; $V_{inicial} = V_1$ e $T_{inicial} = T_1$

Situação Final: $P_{final} = P_2$; $V_{final} = 3 \times V_1$ e $T_{inicial} = T_1 / 4$

Aplicando a equação dos gases ideais: $\frac{P_1 \text{ x } \cancel{V_1}}{\cancel{T_1}} = \frac{P_2 \text{ x } 3 \text{ x } \cancel{V_1}}{\frac{\cancel{T_1}}{4}}$

$$P_2 = \frac{P_1}{12}$$

Questão 106

(CONCURSO PÚBLICO FEDERAL – PETROBRAS) Alternativa D.

Item I) Verdadeiro. Para $Z > 1$ as forças repulsivas são predominantes comparadas às forças atrativas.
Item II) Verdadeiro. Os valores de Z para a amônia são menores que 1, o que predomina as forças atrativas.
Item III) Falso. O gás ideal apresenta fator de compressibilidade igual a um ($Z = 1$).

Questão 107

(CONCURSO PÚBLICO FEDERAL – PETROBRAS) Alternativa B.

Item a) Falso. Com o aumento da temperatura as forças repulsivas são as predominantes, uma vez que $Z > 1$.
Item b) Verdadeiro.
Item c) Falso. Para T = 624 K, o gás se comporta como ideal numa faixa menor comparada a T = 500K.
Item d) Falso. Para T = 1000 K o gás se comporta real para todas as faixas de temperatura.
Item e) Falso. Para p = 600 atm, o gás se afasta mais da idealidade a 500 K do que a 1000 K.

Questão 108

(CONCURSO PÚBLICO FEDERAL – PETROBRAS) Alternativa E.

Para a determinação da massa molecular da espécie gasosa desconhecida, será necessário aplicar a equação dos gases ideais.

$$p^{ideal} \text{ x } V = \left(n_{gás} + n_{N_2}\right) \text{ x } R \text{ x } T$$

$$10 \text{ x } 20 = \left(\frac{88}{< MM >_{gás}} + \frac{168}{28}\right) \text{ x } 0{,}08206 \text{ x } 305$$

$$\frac{200}{0{,}08206 \text{ x } 305} = \frac{88}{< MM >_{gás}} + 6{,}0$$

$$< MM >_{gás} = 44 \frac{g}{mol}$$

Questão 109

(PROCESSO DE SELEÇÃO PARA MESTRADO E DOUTORADO - PROVA DE CONHECIMENTO EM FÍSICO-QUÍMICA – DEPARTAMENTO DE QUÍMICA / UNIVERSIDADE FEDERAL DE MINAS GERAIS)

Item a) Cálculo do volume molar do gás, considerando gás ideal:

$$\frac{202600}{101325} \text{ x } V_{molar}^{ideal} = 0{,}08206 \text{ x } (25 + 273)$$

$$V_{molar}^{ideal} = 12{,}23 \text{ dm}^3 (12{,}23 \text{ x } 10^{-3} \text{ m}^3)$$

Item b) Cálculo do valor do fator de compressibilidade: $Z = \frac{V_{molar}^{real}}{V_{molar}^{ideal}}$

$$Z = \frac{9{,}0 \text{ x } 10^{-3} \text{ m}^3}{12{,}23 \text{ x } 10^{-3} \text{ m}^3} = 0{,}736$$

Item c) Para $Z < 1$, as forças dominantes são as atrativas.

Questão 110

(CONCURSO FEDERAL PARA DOCENTE – INSTITUTO FEDERAL DO RIO GRANDE DO NORTE) Alternativa B.

Aplicando a equação dos gases reais de Van der Waals, temos:

$$\left(p^{real} + \frac{6{,}6}{\left(\frac{50}{8}\right)^2}\right) x \left(\frac{50}{8} - 0{,}056\right) = 0{,}08206 \text{ x } 298$$

$$p^{real} = \frac{24{,}454}{6{,}194} - \frac{6{,}6}{\left(\frac{50}{8}\right)^2} = 3{,}78 \text{ atm}$$

Questão 111

(GRILLO) Alternativa A.

Para a resolução do problema, será necessário aplicar a relação entre a densidade e a pressão do sistema gasoso. Sabendo que a relação entre a densidade e a pressão é dada por:

$$d_{mistura} \text{ x R x T} = \text{p x} < \text{MM} >_{mistura}$$

$$< \text{MM} >_{mistura} = \frac{\left[1{,}50 \frac{kg}{m^3} \text{x} \frac{1000 \text{ g}}{1{,}0 \text{ kg}} \text{x} \frac{1 \text{ m}^3}{1000 \text{ dm}^3}\right] \text{x } 0{,}08206 \text{ x } (127 + 273)}{0{,}90}$$

$$< \text{MM} >_{mistura} = 54{,}71 \frac{g}{mol}$$

Questão 112

(GRILLO) Alternativa B.

Cálculo do número de mol de cada espécie química:

$$n_{O_2} = \frac{450{,}0 \text{ g}}{32{,}0 \text{ g x mol}^{-1}} = 14{,}0625 \text{ mol}$$

$$n_{NO} = \frac{4{,}20 \text{ x } 10^{26}}{6{,}02 \text{ x } 10^{23} \text{ mol}^{-1}} = 697{,}67 \text{ mol}$$

$$n_{N_2} = 4{,}0 \text{ x } 10^{-2} \text{ mol}$$

Cálculo do número de mol total: $n_{Total} = n_{O_2} + n_{NO} + n_{N_2} = 712 \text{ mol}$

Cálculo da pressão do sistema total levando em consideração que os gases apresentam comportamento ideal:

$$p^{total} = \frac{712 \text{ x } 0{,}08206 \text{ x } (127 + 273)}{20{,}0} = 1168 \text{ atm}$$

Questão 113

Para a resolução do problema será necessário aplicar o princípio de Avogadro. Este princípio relata o seguinte: "Volumes iguais, de quaisquer gases, nas mesmas condições de pressão e temperatura, apresentam a mesma quantidade de substâncias em mol".

$C_xH_y + \underline{V}\ O_{2(gás)} \longrightarrow CO_{2(gás)} + H_2O_{(vapor)}$

$2C_2H_4 + 6O_{2(gás)} \longrightarrow 4CO_{2(gás)} + 4H_2O_{(vapor)}$

Item a) A fórmula molecular do hidrocarboneto trata-se do eteno, $C_2H_{4(gás)}$.

Item b) O valor do volume V̲ é igual a 6.

Questão 114

Determinação do percentual de hidrogênio: 100% - 85,7% = 14,3%.

Base de cálculo: 100,0 gramas do hidrocarboneto.

Analisando o átomo de carbono: $\frac{85,7}{100} \text{ x } 100 \text{ g} = 85,7 \text{ g}$

Cálculo do númeo de mol do átomo de carbono: $\frac{85,7 \text{ g}}{12,0\frac{\text{g}}{\text{mol}}} = 7,15 \text{ mol}$

Analisando o átomo de hidrogênio: $\frac{14,3}{100} \text{ x } 100 \text{ g} = 14,3 \text{ g}$

Cálculo do número de mol do átomo de hidrogênio: $\frac{14,3 \text{ g}}{1,0\frac{\text{g}}{\text{mol}}} = 14,3 \text{ mol}$

Cálculo do número de átomos de carbono: $n_C = \frac{7,15}{7,15} = 1,0$

Cálculo do número de átomos de hidrogênio: $n_H = \frac{14,3}{7,15} = 2,0$

Fórmula molecular mínima: $(CH_2)_n$

Cálculo da massa molar do hidrocarboneto a partir da relação entre a densidade e a massa molecular. Informação do problema:

$$d_{hidrocarboneto} = 28,0 \text{ x } d_{H_2}$$

$$\frac{d_{Hidrocarboneto}}{< MM >_{hidrocarboneto}} = \frac{d_{água}}{< MM >_{água}}$$

$$\frac{28 \text{ x } d_{água}}{< MM >_{hidrocarboneto}} = \frac{d_{água}}{2,0}$$

$$< MM >_{hidrocarboneto} = 56,0 \frac{\text{g}}{\text{mol}}$$

Determinação do n, na fórmula mínima: $(CH_2)_n \Rightarrow 14 \text{ x } n = 56$

n = 4,0

Fórmula molecular: C_4H_8 (Buteno)

Questão 115

Para a resolução do problema, será necessário calcular a pressão de oxigênio molecular seco: $p^{total} = p_{O_2}^{úmido} + p_{O_2}^{seco}$

$$p_{O_2}^{seco} = 742 \text{ mmHg} - 42,18 \text{ mmHg} = 699,82 \text{ mmHg}$$

Para a determinação do volume, será necessário aplicar a equação dos gases ideais: $p^{total} \text{ x } V = n_{O_2} \text{ x } R \text{ x } T$

$$\frac{699{,}82\ \text{mmHg}}{760\ \text{mmHg}} \text{x Volume} = \frac{1{,}42}{32{,}0} \text{x } 0{,}08206 \text{ x } (35 + 273)$$

$$\text{Volume} = 1{,}22 \text{ litros}$$

Questão 116

Primeiramente será necessário calcular a massa de oxigênio molecular para uma pressão igual a 2,0 atmosferas:

$$2{,}0 \text{ x } 8200 = \frac{\text{Massa}}{32{,}0} \text{x } 0{,}08206 \text{ x } 250$$

$$\text{Massa} = 25581 \text{ g } (25{,}58 \text{ kg})$$

Cálculo da massa de oxigênio molecular para uma pressão igual a 0,50 atmosferas:

$$0{,}50 \text{ x } 8200 = \frac{\text{Massa}}{32{,}0} \text{x } 0{,}08206 \text{ x } 250$$

$$\text{Massa} = 6390 \text{ g } (6{,}39 \text{ kg})$$

Cálculo da variação de massa do oxigênio molecular: 25,58 kg – 6,39 kg = 19,18 kg

Questão 117

(OLIMPÍADA CEARENSE DO ENSINO SUPERIOR DE QUÍMICA)

Item a) A_1 apresenta interação intermolecular mais intensa em comparação com o dióxido de carbono (A_2), pelo fato da água apresentar interação intermolecular do tipo ligação hidrogênio, comparado com a interação dipolo induzido do dióxido de carbono.

B_2 terá covolume do dióxido de carbono maior que o da água (B_1), pelo fato da geometria molecular linear do dióxido de carbono ser maior em comparação com o covolume da água que apresenta geometria angular. Este fato faz com que haja sim uma diferença do próprio volume da molécula gasosa.

Item b) Cálculo da pressão do vapor de água, aplicando a equação dos gases ideais: $\text{p}^{\text{ideal}} \text{ x V} = \text{n}_{\text{H}_2\text{O}} \text{ x R x T}$

$$\text{p}^{\text{ideal}} \text{ x } 100 = 25{,}0 \text{ x } 0{,}08206 \text{ x } 600$$

$$\text{p}^{\text{ideal}} = 12{,}31 \text{ atm}$$

Cálculo da pressão do vapor de água levando em consideração que o gás apresenta comportamento real:

$$\left(\text{p}^{\text{real}} + \frac{5{,}464}{\left[\frac{100}{25{,}0}\right]^2}\right) \text{x} \left(\frac{100}{25{,}0} - 0{,}03049\right) = 0{,}08206 \text{ x } 600$$

$$\text{p}^{\text{real}} = 12{,}06 \text{ atm}$$

Cálculo do desvio a partir da análise do erro: $\text{Erro} = \frac{12{,}31\ \text{atm} - 12{,}06\ \text{atm}}{12{,}31\ \text{atm}} = 0{,}020\ (2\%)$

Efeito predominante da molécula de água: $\text{Z} = \frac{12{,}06\ \text{atm}}{12{,}31\ \text{atm}} < 1$ (força dominante do tipo atrativa)

Cálculo da pressão do dióxido de carbono, aplicando a equação dos gases ideais: $\text{p}^{\text{ideal}} \text{ x V} = \text{n}_{\text{CO}_2} \text{ x R x T}$

$$\text{p}^{\text{ideal}} \text{ x } 100 = 25{,}0 \text{ x } 0{,}08206 \text{ x } 600$$

$p^{ideal} = 12{,}31 \text{ atm}$

Cálculo da pressão do vapor de água levando em consideração que o gás apresenta comportamento real:

$$\left(p^{real} + \frac{3{,}592}{\left[\frac{100}{25{,}0}\right]^2}\right) x \left(\frac{100}{25{,}0} - 0{,}04267\right) = 0{,}08206 \text{ x } 600$$

$p^{real} = 11{,}54 \text{ atm}$

Cálculo do desvio a partir da análise do erro: $\text{Erro} = \frac{12{,}31 \text{ atm} - 11{,}54 \text{ atm}}{12{,}31 \text{ atm}} = 0{,}06255\ (6{,}25\%)$

Efeito predominante da molécula de dióxido de carbonoágua: $Z = \frac{11{,}54 \text{ atm}}{12{,}31 \text{ atm}} < 1$ (força dominante do tipo atrativa)

Item c) O significado físico da temperatura de Boyle (T_B) é formalmente definido como a temperatura para o qual o segundo coeficiente virial (B) torna-se zero. É nessa temperatura definida como temperatura de Boyle, que as forças atrativas e as forças repulsivas que atuam nas partículas do gás se equilibram.

Cálculo da temperatura de Boyle para o vapor de água: $T_{H_2O}^{Boyle} = \frac{5{,}464}{0{,}03049 \text{ x } 0{,}08206} = 2183{,}3 \text{ K}$

Cálculo da temperatura de Boyle para o dióxido de carbono: $T_{CO_2}^{Boyle} = \frac{3{,}592}{0{,}04267 \text{ x } 0{,}08206} = 1025{,}85 \text{ K}$

Questão 118

(OLIMPÍADA CEARENSE DE QUÍMICA) Primeiramente será necessário determinar a fórmula molecular do óxido desconhecido.

Base de cálculo: 100,0 gramas do óxido.

Analisando o átomo de nitrogênio: $\frac{30{,}0}{100} \text{ x } 100 \text{ g} = 30{,}0 \text{ g}$

Cálculo do número de mol do átomo de carbono: $\frac{30{,}0 \text{ g}}{14{,}0\frac{\text{g}}{\text{mol}}} = 2{,}14 \text{ mol}$

Analisando o átomo de oxigênio: $\frac{70{,}0}{100} \text{ x } 100 \text{ g} = 70{,}0 \text{ g}$

Cálculo do número de mol do átomo de oxigênio: $\frac{70{,}0 \text{ g}}{16{,}0\frac{\text{g}}{\text{mol}}} = 4{,}37 \text{ mol}$

Cálculo do número de átomos de nitrogênio: $n_N = \frac{2{,}14}{2{,}14} = 1{,}0$

Cálculo do número de átomos de oxigênio: $n_O = \frac{4{,}37}{2{,}14} = 2{,}0$

Fórmula molecular mínima: NO_2

Com a análise acima, o óxido trata-se do dióxido de nitrogênio.

Cálculo da pressão do gás em questão, levando em consideração que seu comportamento é ideal.

$$p^{ideal} \text{ x } 2{,}0 = \frac{11{,}22}{(14 + 32)} \text{ x } 0{,}08206 \text{ x } (27 + 273)$$

$p^{ideal} = 3{,}00 \text{ atm}$

Questão 119

(ITT-JEE) O fator de correção para a determinação da pressão, a partir da equação de Van der Waals será identificada pela letra maiúscula Y, conforme pode ser observada a seguir.

$$\left\{p^{real} + \frac{an^2}{V^2}\right\} x\ (V - nb) = nRT$$

$$\{p^{real} + Y\}\ x\ (V - nb) = nRT$$

$$\{11 + Y\}\ x\ (4 - 2\ x\ 0{,}05) = 0{,}05\ x\ 0{,}08206\ x\ 300$$

$$\{11 + Y\}\ x\ 3{,}90 = 49{,}24$$

$$Y = 1{,}62\ atm$$

Questão 120

(ITT-JEE) Primeiramente, será necessário realizar a conversão de g.cm^{-3} para g.L^{-1}.

$$d_{cr} = 0{,}45\frac{g}{cm^3} x \frac{1\ cm^3}{10^{-3} dm^3} x \frac{1\ dm^3}{1L} = 450\frac{g}{L}$$

Determinação do volume crítico (V_{cr}): $V_{cr} = \frac{<MM>_{CO_2}}{d_{cr}} = \frac{44\frac{g}{mol}}{450\frac{g}{L}} = 9{,}78\ x\ 10^{-2}\frac{L}{mol}$

Cálculo do covolume (b), a partir do volume crítico (V_{cr}): $V_{cr} = 3b$

$$b = \frac{V_{cr}}{3} = \frac{9{,}78\ x\ 10^{-2}}{3} = 3{,}26\ x\ 10^{-2}\frac{L}{mol}$$

Cálculo da constante de Van der Waals (a), a partir da equação da temperatura crítica:

$$T_{crítica} = \frac{8a}{27bR}$$

Isolando e calculando a constante de Van der Waals.

$$a = \frac{27\ x\ b\ x\ R\ x\ T_{crítica}}{8} = \frac{27\ x\ 3{,}26\ x\ 10^{-2}\ x\ 0{,}08206\ x\ 300}{8} = 2{,}71\frac{atm\ x\ L^2}{mol^2}$$

Questão 121

Equação química que corresponde a decomposição da nitroglicerina:

$4C_3H_5(NO_3)_{3(líquido)} \longrightarrow 12CO_{2(gás)} + 10H_2O_{(gás)} + 6N_{2(gás)} + O_{2(gás)}$

Cálculo do número de mol de nitroglicerina:

$$n_{nitroglicerina} = \frac{5{,}0}{(36 + 5 + 42 + 144)} = 22{,}02\ x\ 10^{-3}\ mol$$

Cálculo do número de mol de nitroglicerina, a partir da relação estequiométrica com a produção dos gases:

4 mol de nitroglicerina ---------------- 29 mol de gases
22,02 x 10^{-3} mol ------------------------ n_{gases}

n_{gases} = 0,160 mol

Cálculo da pressão dos gases produzidos, levando em consideração o comportamento ideal:

$$p^{ideal} \text{ x } 1{,}0 = 0{,}160 \text{ x } 0{,}08206 \text{ x } (3360 + 273)$$

$$p^{ideal} = 47{,}70 \text{ atm}$$

Questão 122

Alternativa A.

Para a resolução do problema, será necessário aplicar a equação dos gases reais – Van der Waals.

$$\left(p^{real} + \frac{0{,}50}{\left[\frac{1{,}0}{2{,}0}\right]^2}\right) \text{x} \left(\frac{1{,}0}{2{,}0} - 0{,}25\right) = 0{,}08206 \text{ x } (27 + 273)$$

$$p^{real} = 96{,}47 \text{ atm}$$

Questão 123

Alternativa E.

Item e) O aumento de temperatura afasta as moléculas de um gás ideal, sempre o tornando menos denso.

Questão 124

Alternativa E.

Equação química que corresponde à síntese do $KX_{(sólido)}$: $K_{(sólido)} + ½\ X_{2(gás)} \longrightarrow KX_{(sólido)}$

Primeiramente, será necessário calcular a massa molar do gás $X_{2(gás)}$, aplicando a equação dos gases ideais:

$$1{,}0 \text{ x } 0{,}140 = \frac{1{,}0}{< \text{MM} >} \text{x } 0{,}08206 \text{ x } (0 + 273)$$

$$< \text{MM} > = \frac{22{,}40}{0{,}140} = 160{,}02 \frac{\text{g}}{\text{mol}}$$

Cálculo da massa de potássio, a partir da seguinte relação estequiométrica com o gás $X_{2(gás)}$:

39,0 gramas de potássio ------------------ 0,50 mol x 160,02 g x mol^{-1}
Massa -- 10,0 gramas
Massa = 4,87 g

Questão 125

Alternativa A.

Para a resolução do problema será necessário relacionar a densidade com a massa molecular. Sabendo que a relação entre a densidade de um determinado gás é dado por: $\boxed{d = \frac{\text{p x <MM>}}{\text{R x T}}}$, então analisando cada proposta colocada pelo problema, temos:

N_2 = 28,0 g x mol^{-1}

NO = 30,0 g x mol^{-1}

N_2O = 44 g x mol^{-1}

NO_2 = 46,0 g x mol^{-1}

Conclusão: quanto maior a massa molecular, consequentemente menor a densidade da espécie gasosa.

Ordem decrescente: $d_{NO2} < d_{N2O} < d_{NO} < d_{N2}$

Ordem crescente: $d_{N2} < d_{NO} < d_{N2O} < d_{NO2}$

Questão 126

Equação química que corresponde a decomposição do gás amoníaco: $NH_{3(gás)} \rightleftarrows ½\ N_{2(gás)} + 3/2\ H_{2(gás)}$

Para a resolução do problema, será necessário aplicar a tabela de equilíbrio.

Base de cálculo: pressão inicial (p_0) de gás amoníaco.

	$NH_{3(gás)}$	$\rightleftarrows$	$1/2\ N_{2(gás)}$	$3/2\ H_{2(gás)}$
Início	p_0		0	0
Reage	$p_0.\alpha$		$½.(p_0.\alpha)$	$3/2.p_0.\alpha$
Equilíbrio	$p_0 - p_0.\alpha$		$½.(p_0.\alpha)$	$3/2.(p_0.\alpha)$

Como o gás amoníaco foi totalmente consumido (α = 100%), o somatório das pressões parciais resulta na pressão total. Com isso:

$$p_{total} = p_{NH_3} + p_{N_2} + p_{H_2}$$

$$866\ mmHg = p_0 - p_0.\alpha + \frac{p_0.\alpha}{2} + \frac{3.p_0.\alpha}{2}$$

Para $\alpha = 100\%$, temos: $866\ mmHg = p_0 - p_0.1 + \frac{p_0.1}{2} + \frac{3.p_0.1}{2}$

$$p_0 = 433\ mmHg$$

Cálculo da pressão parcial do gás hidrogênio: $p_{H_2} = \frac{3}{2}\ x\ 433\ mmHg = 649{,}50\ mmHg$

Cálculo da pressão parcial do gás nitrogênio: $p_{N_2} = \frac{1}{2}\ x\ 433\ mmHg = 216{,}50\ mmHg$

Questão 127

(PROCESSO DE SELEÇÃO PARA MESTRADO E DOUTORADO - UNIVERSIDADE FEDERAL DOS VALES DO JEQUITINHONHA E MUCURI – DIAMANTINA – MINAS GERAIS)

Equação química que corresponde a decomposição: $2NaN_{3(sólido)} \longrightarrow 2Na_{(sólido)} + 3N_{2(gás)}$.

Para a resolução do problema, será necessário calcular a massa de gás nitrogênio, a partir da equação dos gases ideais.

$$\frac{829\ mmHg}{760\ mmHg} x\ 45{,}5 = \frac{Massa}{< MM >_{N_2}} x\ 0{,}08206\ x\ (22 + 273)$$

$$\frac{829\ mmHg}{760\ mmHg} x\ 45{,}5 = \frac{Massa}{28{,}0} x\ 0{,}08206\ x\ (22 + 273)$$

$$Massa = 57{,}40\ g$$

Cálculo da massa de azida de sódio, a partir da relação estequiométrica:

2 mol de $NaN_{3(sólido)}$ ---------------- 3 mol de $N_{2(gás)}$
2 x (23 + 42) g ---------------------- 3 x 28,0 g
Massa de azida --------------------- 57,40 g

Massa de azida = 88,83 g

Questão 128

(PROCESSO DE SELEÇÃO PARA MESTRADO E DOUTORADO – UNIVERSIDADE FEDERAL DOS VALES DO JEQUITINHONHA E MUCURI – DIAMANTINA – MINAS GERAIS)

Equação química que corresponde a decomposição do pentacloreto de fósforo: $PCl_{5(gás)} \rightleftarrows PCl_{3(gás)} + Cl_{2(gás)}$

Para a resolução do problema, será necessário aplicar uma base de cálculo, n(mol) inicial de pentacloreto de fósforo e, utilizar a tabela de equilíbrio químico.

Base de cálculo: n(mol) inicial de $PCl_{5(g)}$. Utilizando a tabela de equilíbrio químico:

	$PCl_{5(gás)}$	$\rightleftarrows$	$PCl_{3(gás)}$	$Cl_{2(gás)}$
Início	n		0	0
Reage	nα		nα	nα
Equilíbrio	n – nα		nα	nα

Item a) Cálculo do número de mol total (n_{Total}): $n_{Total} = n_{PCl5} + n_{PCl3} + n_{Cl2}$

$n_{Total} = n \cancel{- n\alpha + n\alpha} + n\alpha$

$n_{Total} = n + n\alpha$

$n_{Total} = n.(1 + \alpha)$

Expressão das pressões parciais para cada substância química:

Pressão parcial do PCl_5: $P_{PCl_5} = \frac{n(1-\alpha)}{n(1-\alpha)} x\ P_{total}$

Pressão parcial do PCl_3: $P_{PCl_3} = \frac{n\alpha}{n(1-\alpha)} x\ P_{total}$

Pressão parcial do Cl_2: $P_{Cl_2} = \frac{n\alpha}{n(1-\alpha)} x\ P_{total}$

Expressão e relação termodinâmica da constante de equilíbrio em função da pressão parcial com o grau de decomposição:

$$K_p = \frac{\alpha^2\ x\ p_{total}^2}{(1+\alpha)^2\ x \frac{(1-\alpha)\ x\ p_{total}}{(1+\alpha)}}$$

$$K_p = \frac{\alpha^2\ x\ p_{total}}{(1-\alpha^2)}$$

Sabendo que a constante de equilíbrio em função da pressão é igual a 78,30, temos: $78,30 = \frac{\alpha^2\ x\ p_{total}}{(1-\alpha^2)}$

Cálculo da pressão total do sistema reacional, aplicando a equação dos gases ideais:

$$p_{total} \text{ x } 0{,}500 = \frac{3{,}12}{(31 + 177{,}50)} \text{ x } 0{,}08206 \text{ x } (250 + 273)$$

$$p_{total} = 1{,}28 \text{ atm}$$

A partir da equação da constante de equilíbrio, é possível calcular o grau de decomposição do pentacloreto de fósforo.

$$78{,}30 = \frac{\alpha^2 \text{ x } 1{,}28}{(1 - \alpha^2)}$$

$$1{,}28\alpha^2 + 78{,}30\alpha^2 = 78{,}30$$

$$\alpha = 0{,}991$$

Cálculo da composição de cada gás:

Pentacloreto de fósforo - PCl_5: $X_{PCl_5} = \frac{1 - 0{,}991}{1 + 0{,}991} = 4{,}52 \text{ x } 10^{-3}$

Tricloreto de fósforo - PCl_3: $X_{PCl_3} = \frac{0{,}991}{1 + 0{,}991} = 0{,}498$

Cloro gasoso – Cl_2: $X_{Cl_2} = \frac{0{,}991}{1 + 0{,}991} = 0{,}498$

Questão 129

(PROCESSO DE SELEÇÃO PARA MESTRADO E DOUTORADO - UNIVERSIDADE FEDERAL DOS VALES DO JEQUITINHONHA E MUCURI – DIAMANTINA – MINAS GERAIS)

Equação química que corresponde a síntese do iodeto de hidrogênio: $H_{2(gás)} + I_{2(gás)} \rightleftarrows 2HI_{(gás)}$

Para a resolução do problema, será necessário aplicar uma base de cálculo, para os reagentes químicos da reação direta.

Base de cálculo: 0,50 mol de $H_{2(gás)}$ e 0,50 mol de $I_{2(gás)}$.

Utilizando a tabela de equilíbrio químico:

	$H_{2(gás)}$	$I_{2(gás)}$	$\rightleftarrows$	$2HI_{(gás)}$
Início	0,50	0,50		0
Reage	X	X		2X
Equilíbrio	0,50 - X	0,50 - X		2X

Item a) Cálculo do número de mol total (n_{Total}): $n_{Total} = n_{H2} + n_{I2} + n_{HI}$

n_{Total} = 0,50 – X + 0,50 – X + 2X

n_{Total} = 1,0 mol

Aplicando a equação dos gases ideais para a determinação da pressão total do sistema reacional:

$$p_{total} \text{ x } 10 = 1{,}0 \text{ x } 0{,}0821 \text{ x } (448 + 273)$$

$$p_{total} = 5{,}92 \text{ atm}$$

Cálculo do valor estequiométrico (X), apresentado na tabela de equilíbrio químico, a partir da equação do equilíbrio químico.

$$K_c = \frac{[HI]^2}{[H_2]\,x\,[I_2]}$$

Substitutindo os valores na expressão, temos:

$$\frac{\left[\frac{2X}{10}\right]^2}{\left[\frac{0{,}50 - X}{10}\right] x \left[\frac{0{,}50 - X}{10}\right]} = 50{,}0$$

Tirando a raiz quadrada da expressão acima, temos:

$$\frac{\frac{2X}{10}}{\frac{0{,}50 - X}{10}} = \sqrt{50{,}0}$$

X = 0,390 mol

Item b) Cálculo do número de mol de iodo: n_{iodo} = 2,0 x 0,390 = 0,780 mol

Item c) Determinação das pressões parciais das espécies gasosas.

Pressão parcial do iodeto de hidrogênio: $P_{HI} = \frac{2\,x\,0{,}390}{1{,}00} x\ 5{,}92\ atm = 4{,}62\ atm$

Pressão parcial do hidrogênio: $P_{H_2} = \frac{0{,}50 - 0{,}390}{1{,}00} x\ 5{,}92\ atm = 0{,}651\ atm$

Pressão parcial do iodo: $P_{I_2} = \frac{0{,}50 - 0{,}390}{1{,}00} x\ 5{,}92\ atm = 0{,}651\ atm$

Questão 130

(PROCESSO DE SELEÇÃO PARA MESTRADO E DOUTORADO - UNIVERSIDADE FEDERAL DOS VALES DO JEQUITINHONHA E MUCURI – DIAMANTINA – MINAS GERAIS)

Item (a) Um gás real se aproxima de um gás com comportamento ideal, a partir do ponto em que a pressão for baixa e a temperatura for alta.

Item (b) As grandezas que definem completamente o estado de um gás são as seguintes: pressão, volume, temperatura e número de mol (n).

Item (c) Para a resolução do problema, será necessário aplicar a equação combinada dos gases ideais.

Situação inicial (1): P; V; T = 250 K

Situação final (2): 2,50P; 3V; T = ?

Aplicandο a equação combinada dos gases ideais para a determinação da temperatura no estado final:

$$\frac{\not{p}\,x\,\not{V}}{250\ K} = \frac{2{,}50\not{p}\,x\,3\not{V}}{T}$$

$$T = 250\ K\,x\,2{,}50\,x\,3 = 1875\ K$$

Questão 131

(PROCESSO DE SELEÇÃO PARA MESTRADO E DOUTORADO - UNIVERSIDADE FEDERAL DOS VALES DO JEQUITINHONHA E MUCURI - DIAMANTINA - MINAS GERAIS) Esta afirmativa está incorreta. A aproximação para o estado de um gás com comportamento ideal ocorre a baixas pressões e altas temperaturas.

Questão 132

(PROCESSO DE SELEÇÃO PARA MESTRADO E DOUTORADO - UNIVERSIDADE FEDERAL DOS VALES DO JEQUITINHONHA E MUCURI - DIAMANTINA - MINAS GERAIS)

Item a) Primeiramente será necessário calcular o número de mol para cada participante químico.

$$n_{H_2} = \frac{4,0}{2,0} = 2,0 \text{ mol}$$

$$n_{O_2} = \frac{32,0}{32,0} = 1,0 \text{ mol}$$

Cálculo do número de mol total: $n_{Total} = n_{H_2} + n_{O_2} = 3,0 \text{ mol}$

Cálculo da massa molecular da mistura reacional.

$$X_{mistura} \text{ x } < MM >_{mistura} = X_{O_2} \text{ x } < MM >_{O_2} + X_{H_2} \text{ x } < MM >_{H_2}$$

$$1,0 \text{ x } < MM >_{mistura} = \frac{n_{O_2}}{n_{Total}} \text{x } < MM >_{O_2} + \frac{n_{H_2}}{n_{Total}} \text{x } < MM >_{H_2}$$

$$1,0 \text{ x } < MM >_{mistura} = \frac{1,0}{3,0} \text{x } 32,0 \frac{g}{mol} + \frac{2,0}{3,0} \text{x } 2,0 \frac{g}{mol}$$

$$< MM >_{mistura} = 12,0 \frac{g}{mol}$$

Cálculo da densidade da mistura gasosa, a partir da seguinte relação termodinâmica:

$$\text{densidade} = \frac{\text{pressão x } < MM >_{mistura}}{\text{R x T}}$$

$$\text{densidade} = \frac{\left(\frac{10^5}{101325}\right) \text{x } 12,0}{0,08206 \text{ x } (7 + 273)} = 0,515 \frac{g}{L}$$

Item b) As propriedades que leva em consideração o comportamento de um gás ideal, trata-se da pressão e da temperatura. As condições são as seguintes: baixa pressão, alta tempertatura e baixa densidade. A mistura do item a apresenta características de gás ideal, uma vez que apresenta baixa pressão ($p < 101325$ Pa); alta temperatura (280 K) e baixa densidade (0,515 g x L^{-1}).

Questão 133

(INSTITUTO TECNOLÓGICO DA AERONÁUTICA) Equação química que corresponde a combustão completa do hidrocarboneto genérico:

$$C_\alpha H_\beta + \left(\alpha + \frac{\beta}{4}\right) O_{2(gás)} \rightarrow \alpha\, CO_{2(gás)} + \frac{\beta}{2} H_2O_{(vapor)}$$

Cálculo do número de mol de nitrogênio gasoso, levando em consideração que o ar atmosférico apresenta majoritariamente $O_{2(gás)}$ e $N_{2(gás)}$, com composições de 20,9% e 78,1%, respectivamente, o número de mol de $N_{2(g)}$ será:

($\alpha + \beta/4$) mol de O_2 ---------- 20,90% de $O_{2(g)}$

n mol de N_2 ------------------ 78,10% de $N_{2(g)}$
n_{N2} = 3,74 x (α + β/4) mol de N_2

A equação química de combustão do hidrocarboneto genérico ($C_\alpha H_\beta$) com a presença do nitrogênio gasoso ficará da seguinte forma:

$$C_\alpha H_\beta + \left(\alpha + \frac{\beta}{4}\right) O_{2(gás)} + 3{,}74\left(\alpha + \frac{\beta}{4}\right) N_{2(gás)} \rightarrow \alpha\, CO_{2(gás)} + \frac{\beta}{2} H_2O_{(vapor)} + 3{,}74\left(\alpha + \frac{\beta}{4}\right) N_{2(gás)}$$

Questão 134

(PROGRAMA DE PÓS-GRADUAÇÃO EM QUÍMICA – CENTRO DE CIÊNCIAS E TECNOLOGIA - UEPB) Para a resolução do problema, será necessário primeiramente calcular o número de mol de oxigênio seco, aplicando a equação dos gases ideais.

$$\left[\frac{751\text{ torr} - 21{,}1\text{ torr}}{760\text{ torr}}\right] \text{x } 1\text{ atm x } 36{,}50 \text{ x } 10^{-3} = n_{O_2}^{seco} \text{ x } 0{,}08206 \text{ x } (23 + 273)$$

$$n_{O_2}^{seco} = 1{,}44 \text{ x } 10^{-3}\text{ mol}$$

Cálculo do volume de oxigênio molecular seco, levando em consideração que a pressão seja igual a 1000 atm e T = 273 K.

$$1000 \text{ x } V_{O_2}^{seco} = 1{,}44 \text{ x } 10^{-3} \text{ x } 0{,}08206 \text{ x } 273$$

$$V_{O_2}^{seco} = 3{,}22 \text{ x } 10^{-5}\text{ L}$$

Questão 135

(PROGRAMA DE PÓS-GRADUAÇÃO EM QUÍMICA – UNIVERSIDADE FEDERAL DE PELOTAS - UFPEL)

a) Aplicando a equação dos gases ideais: $\text{pressão x } 1{,}0 = \frac{1{,}0}{2{,}0} \text{x } 0{,}08206 \text{ x } 298$

$$\text{pressão} = 12{,}23\text{ atm}$$

b) A questão propõe a distinção de uma propriedade que caracteriza ser uma função de estado e variável de processo, importante no estudo da termodinâmica, a partir do critério de Euler. Apresentando a relação, temos:

$$P(V,T) = \frac{RT}{\overline{V}}$$

$$\left(\frac{\partial P}{\partial T}\right)_V = \frac{R}{\overline{V}}$$

Calculando as derivadas cruzadas, a igualdade entre ambas as equações apresentadas acima, prova que a pressão (P) é uma função de estado, conforme apresentado em destaque.

$$\boxed{\left[\left[\frac{\partial}{\partial V}\left(\frac{\partial P}{\partial T}\right)_V\right]\right]_T = \left[\left[\frac{\partial}{\partial T}\left(\frac{\partial P}{\partial V}\right)_T\right]\right]_V = -\frac{R}{\overline{V}^2}}$$

Questão 136

(CONCURSO PÚBLICO PARA ENGENHARIA DE PETRÓLEO - PETROBRAS) Alternativa E.

Cálculo do número de mol total: $n_{total} = 2{,}0 + 2{,}5 + 1{,}5 = 6{,}0\text{ mol}$

Cálculo da pressão da mistura gasosa em atm: $p^{total} \text{ x } 90{,}0 = 6{,}0 \text{ x } 0{,}08206 \text{ x } (87 + 273)$

$p^{total} = 1{,}97 \text{ atm}$

Convertendo para a unidade de pressão Pascal (Pa): $p^{total} = 1{,}97 \cancel{\text{atm}} \text{ x} \frac{101325 \text{ Pa}}{1 \cancel{\text{atm}}} = 1{,}99 \text{ x } 10^5 \text{ Pa}$

Questão 137

(IChO – Japan – PREPARATÓRIO) Para a resolução do problema, será necessário aplicar a tabela de equilíbrio químico, junto com uma base de cálculo.

Base de cálculo: 7,0 mol de de dióxido de enxofre e 3,0 mol de gás oxigênio no estado inicial do estudo do equilíbrio químico.

Utilização da tabela de equilíbrio químico:

	$SO_{2(gás)}$	$½O_{2(gás)}$	$\rightleftarrows$	$SO_{3(gás)}$
Início	7,0	3,0		0
Reage	n	n/2		n
Equilíbrio	7,0 - n	3,0 - n/2		n

Cálculo do número de mol total da mistura gasosa: $n_{TOTAL} = n_{SO2} + n_{SO3} + n_{Cl2}$

$n_{TOTAL} = 7{,}0 - n + 3{,}0 - n/2 + n$

$n_{TOTAL} = 10 - n/2$

Para o cálculo do número de mol, será necessário aplicar a equação dos gases ideais, sabendo que a constante dos gases a ser utilizada é igual a 0,08206 bar x L x mol^{-1} x K^{-1}.

$$10 - \frac{n}{2} = \frac{8{,}60 \text{ x } 50{,}0}{0{,}08206 \text{ x } (350 + 273)}$$

$n = 3{,}18 \text{ mol}$

Questão 138

(PROGRAMA DE PÓS-GRADUAÇÃO EM QUÍMICA – UNIVERSIDADE FEDERAL DE PELOTAS - UFPEL)

Determinação da pressão parcial para cada espécie química:

Pressão parcial do gás nitrogênio – N_2: $P_{N_2} = 0{,}751 \text{ x } 750 \text{ torr} = 563{,}25 \text{ torr}$

Pressão parcial do gás oxigênio – O_2: $P_{O_2} = 0{,}149 \text{ x } 750 \text{ torr} = 111{,}75 \text{ torr}$
Pressão parcial do vapor de água - H_2O: $P_{H_2O} = 0{,}080 \text{ x } 750 \text{ torr} = 60{,}00 \text{ torr}$

Pressão parcial do gás dióxido de enxofre - SO_2: $P_{SO_2} = 0{,}020 \text{ x } 750 \text{ torr} = 15{,}00 \text{ torr}$
Cálculo da quantidade do número de mol total da mistura gasosa, aplicando a equação dos gases ideais:

$$\frac{750}{760} \text{ x } 15{,}0 = n^{total} \text{ x } 0{,}08206 \text{ x } (30 + 273)$$

$n^{total} = 0{,}595 \text{ mol}$

Cálculo do número total de moléculas: $N^{total} = 0{,}595 \text{ mol x} \frac{6{,}02 \text{ x } 10^{23} \text{ moléculas}}{\text{mol}} = 3{,}58 \text{ x } 10^{23} \text{ moléculas}$

Cálculo do número de cada molécula gasosa:

Gás nitrogênio – N_2: $N_{N_2} = 0{,}751 \text{ x } 3{,}58 \text{ x } 10^{23} \text{ moléculas} = 2{,}69 \text{ x } 10^{23} \text{ moléculas}$

Gás oxigênio – O_2: $N_{O_2} = 0{,}149 \text{ x } 3{,}58 \text{ x } 10^{23} \text{ moléculas} = 5{,}34 \text{ x } 10^{22} \text{ moléculas}$

Vapor de água - H_2O: $N_{H_2O} = 0{,}080 \text{ x } 3{,}58 \text{ x } 10^{23} \text{ moléculas} = 2{,}87 \text{ x } 10^{22} \text{ moléculas}$

Gás dióxido de enxofre - SO_2: $N_{SO_2} = 0{,}020 \text{ x } 3{,}58 \text{ x } 10^{23} \text{ moléculas} = 7{,}17 \text{ x } 10^{21} \text{ moléculas}$

Item b) Aplicando a equação dos gases reais de Van der Waals:

$$\left(p^{real} + \frac{1{,}35}{\left[\frac{800}{2{,}0}\right]^2}\right) \text{x} \left(\frac{800}{2{,}0} - 0{,}0386\right) = 0{,}08206 \text{ x } (625 + 273)$$

$$p^{real} = 0{,}184 \text{ atm}$$

Aplicando a equação dos gases ideais: $p^{ideal} \text{ x } 1800 = 2{,}0 \text{ x } 0{,}08206 \text{ x } (625 + 273)$

$$p^{ideal} = 0{,}184 \text{ atm}$$

Questão 139

(PROGRAMA DE PÓS-GRADUAÇÃO EM QUÍMICA – UNIVERSIDADE FEDERAL DE PELOTAS - UFPEL) Para a resolução do problema, na determinação do volume de gás metano, será necessário aplicar a equação combinada dos gases ideais.

Situação termodinâmica inicial (1): P = 154 atm; V = 49,0 L; T

Situação termodinâmica final (2): P = 1,0 atm; V = ?; T

Equação combinada dos gases ideais, sabendo que o processo é isotérmico, ou seja, a temperatura permanece constante:

$$\frac{154 \text{ atm x } 49{,}0 \text{ L}}{\cancel{T}} = \frac{1{,}0 \text{ atm x V}}{\cancel{T}}$$

$$V = 7546 \text{ Litros}$$

Questão 140

(PROGRAMA DE PÓS-GRADUAÇÃO EM QUÍMICA – UNIVERSIDADE FEDERAL DE PELOTAS - UFPEL) Responda as seguintes questões:

Item a) Para a resolução do problema, na determinação da pressão do dióxido de carbono, será necessário aplicar a equação combinada dos gases ideais.

Situação termodinâmica inicial (1): P = 1,0 atm; V = 2,0 L; T = 20 + 273 = 293 K

Situação termodinâmica final (2): P = ?; V = 250 mL (0,250 L); T = 20 + 273 = 293 K

Equação combinada dos gases ideais, sabendo que o processo é isotérmico, ou seja, a temperatura permanece constante:

$$\frac{1{,}0 \text{ atm x } 2{,}0 \text{ L}}{\cancel{T}} = \frac{\text{Pressão x } 0{,}250}{\cancel{T}}$$

$$\text{Pressão} = 8{,}0 \text{ atm}$$

Item b) A diferença entre o comportamento real pelo ideal, é que o primeiro leva em consideração que a partícula apresenta próprio volume, ou seja, a partícula gasosa apresenta um covolume, representado pelo coeficiente de Van der Waals (b) e além disso, o comportamentro real apresenta e leva em consideração as forças intermoleculares, representado pelo coeficiente de Van der Waals (a). A equação dos gases ideais é muito útil para entender a relação entre as funções de estado P, V e T. No entanto, ela não explica muito bem o comportamento de muitos gases reais. Explique por quê isto ocorre.

Questão 141

(PROGRAMA DE PÓS-GRADUAÇÃO EM QUÍMICA – UNIVERSIDADE FEDERAL DE PELOTAS - UFPEL)

Propriedades termodinâmicas dos gases ideais:

- ✓ Baixa pressão;
- ✓ Alta temperatura;
- ✓ O volume da partícula gasosa corresponde ao volume do recipiente;
- ✓ Não explica o processo de liquefação;
- ✓ As forças intermoleculares são nulas.

Propriedades termodinâmicas dos gases reais:

- ✓ Alta pressão;
- ✓ Baixa temperatura;
- ✓ O volume da partícula gasosa não corresponde ao volume do recipiente;
- ✓ Explica o processo de liquefação;
- ✓ As forças intermoleculares são relevantes.

Questão 142

(PROGRAMA DE PÓS-GRADUAÇÃO EM QUÍMICA – UNIVERSIDADE FEDERAL DE PELOTAS - UFPEL) O fator de compressibilidade, representado pela letra maiúscula Z, corresponde a um fator de correção que relaciona o comportamento ideal para o real. A equação para um comportamento real, com a presença do fator de compressibilidade, está apresentada a seguir:

$\boxed{p \text{ x } V = Z \text{ x } n \text{ x } R \text{ x } T}$ ou $\boxed{p \text{ x } V_{molar} = Z \text{ x } R \text{ x } T}$.

- ✓ Para Z = 1 ⇒ o gás apresenta comportamento termodinâmico ideal.
- ✓ Para Z > 1 ⇒ as forças repulsivas são predominantes em comparação às forças atrativas.
- ✓ Para Z < 1 ⇒ as forças atrativas são predominantes em comparação às forças repulsivas.

Questão 143

(PROGRAMA DE PÓS-GRADUAÇÃO EM QUÍMICA – UNIVERSIDADE FEDERAL DE PELOTAS – UFPEL)

Item a) Cálculo da pressão do dióxido de carbono, levando em consideração o seu comportamento ideal:

$$p^{ideal} \text{ x } 1{,}32 = 1{,}0 \text{ x } 0{,}08206 \text{ x } (48 + 273)$$

$$p^{ideal} = 19{,}95 \text{ atm}$$

Item b) Cálculo da pressão do dióxido de carbono, levando em consideração o seu comportamento real:

$$\left(p^{real} + \frac{3{,}592}{\left[\frac{1{,}32}{1{,}0}\right]^2}\right) \text{x} \left(\frac{1{,}32}{1{,}0} - 0{,}0426\right) = 0{,}08206 \text{ x } (48 + 273)$$

$$p^{real} = 18{,}56 \text{ atm}$$

Item c) Para a determinação da força dominante, será necessário calcular o fator de compressibilidade (Z):

$$Z = \frac{p^{real}}{p^{ideal}} = \frac{18{,}56 \text{ atm}}{19{,}95 \text{ atm}} = 0{,}930$$

Para $Z < 1$, a força dominante se refere às forças atrativas.

Questão 144

(PROGRAMA DE PÓS-GRADUAÇÃO EM QUÍMICA – UNIVERSIDADE FEDERAL DE PELOTAS – UFPEL) Para a resolução do problema, na determinação da pressão final do gás nitrogênio, será necessário aplicar a equação combinada dos gases ideais.

Situação termodinâmica inicial (1): P = 100,0 atm; V; T = 27 + 273 = 300 K

Situação termodinâmica final (2): P = ?; V; T = 227 + 273 = 500 K

Equação combinada dos gases ideais, sabendo que o processo é isotérmico, ou seja, a temperatura permanece constante:

$$\frac{100{,}0\ \text{atm x V}}{300} = \frac{\text{Pressão x V}}{500}$$

$$\text{Pressão} = 166{,}67\ \text{atm}$$

Questão 145

(PROGRAMA DE PÓS-GRADUAÇÃO EM QUÍMICA – UNIVERSIDADE FEDERAL DE PELOTAS – UFPEL) Aplicando a equação dos gases ideais, temos:

$$\text{p}^{\text{ideal}}\ \text{x}\ 12{,}0 = 1{,}0\ \text{x}\ 0{,}08206\ \text{x}\ (25 + 273)$$

$$\text{p}^{\text{ideal}} = 2{,}08\ \text{atm}$$

Questão 146

(PROCESSO SELETIVO PARA O CURSO DE MESTRADO EM QUÍMICA – UNIVERSIDADE ESTADUAL DA PARAÍBA)

Item a) Cálculo da massa de dióxido de carbono, diminuindo a massa de cilindro cheio e vazio:

Massa (CO_2) = 1,04 kg – 0,74 kg = 0,30 kg (300 g)

Cálculo da pressão do dióxido de carbono, levando em consideração que o comportamento é ideal:

$$\text{p}^{\text{ideal}}\ \text{x}\ 0{,}250 = \left(\frac{300}{44}\right)\text{x}\ 0{,}08206\ \text{x}\ (20 + 273)$$

$$\text{p}^{\text{ideal}} = 656\ \text{atm}$$

Item (b) Propriedades termodinâmicas dos gases reais:

- ✓ Alta pressão;
- ✓ Baixa temperatura;
- ✓ O volume da partícula gasosa não corresponde ao volume do recipiente;
- ✓ Explica o processo de liquefação;
- ✓ As forças intermoleculares são relevantes, que para o dióxido de carbono trata-se do dipolo-induzido.

Questão 147

(PROCESSO SELETIVO PARA O CURSO DE MESTRADO EM QUÍMICA – UNIVERSIDADE ESTADUAL DA PARAÍBA)

Item a) Propriedades termodinâmicas dos gases reais:

- ✓ Alta pressão;
- ✓ Baixa temperatura;
- ✓ O volume da partícula gasosa não corresponde ao volume do recipiente;

- ✓ Explica o processo de liquefação;
- ✓ As forças intermoleculares são relevantes, que para o gás etano trata-se do dipolo-induzido.

Item b) Gás etano: C_2H_6 (30 g x mol^{-1})

i) Cálculo da pressão do referido gás, levando em consideração que o comportamento seja ideal.

$$p^{ideal} \text{ x } 3{,}6 = \left(\frac{150}{30}\right) \text{x } 0{,}08206 \text{ x } (25 + 273)$$

$$p^{ideal} = 33{,}96 \text{ atm}$$

ii) Cálculo da pressão do referido gás, levando em consideração que o comportamento seja real.

$$\left(p^{real} + \frac{5{,}507}{\left(\frac{150}{30}\right)^2}\right) \text{x} \left(\frac{150}{30} - 0{,}0651\right) = 0{,}08206 \text{ x } (25 + 273)$$

$$p^{real} = 4{,}73 \text{ atm}$$

Questão 148

(PROCESSO DE PÓS-GRADUAÇÃO EM QUÍMICA - USP) Analisando a amostra de gás argônio. Aplicando a equação dos gases ideais para a determinação da pressão de argônio:

$$p^{Ar} \text{ x } 0{,}0500 = \left(\frac{2{,}0 \text{ x } 10^{-3}}{40}\right) \text{x } 0{,}08206 \text{ x } (20 + 273)$$

$$p^{Ar} = 24{,}04 \text{ x } 10^{-3} \text{ atm}$$

Informação do problema: A pressão do argônio é igual a do kriptônio. Cálculo da temperatura de gás criptônio:

$$24{,}04 \text{ x } 10^{-3} \text{ x } 0{,}0500 = \left(\frac{2{,}0 \text{ x } 10^{-3}}{84}\right) \text{x } 0{,}08206 \text{ x T}$$

$$T = 615{,}30 \text{ K}$$

Questão 149

(PROCESSO DE PÓS-GRADUAÇÃO EM QUÍMICA - USP) Para a determinação do problema, será necessário relacionar a densidade com a massa molar.

$$\text{densidade} = \frac{\text{p x} < \text{MM} >}{\text{R x T}}$$

$$0{,}39 \text{ x } 0{,}08206 \text{ x } 293 = \frac{188}{760} \text{x} < \text{MM} >$$

$$< \text{MM} > = 38{,}0 \frac{\text{g}}{\text{mol}}$$

Cálculo do número de átomos: $\frac{38{,}0\frac{g}{mol}}{19{,}0\frac{g}{mol}}$ = 2,0

Questão 150

(PROCESSO DE PÓS-GRADUAÇÃO EM QUÍMICA - USP)

Cálculo do número de mol para a situação inicial: $p^{ideal} \text{ x } V = n^{inicial} \text{ x } R \text{ x } T$

$16{,}0 \text{ x } 30{,}0 = n^{inicial} \text{ x } 0{,}08206 \text{ x } 298$

$n^{inicial} = 19{,}63 \text{ mol}$

Cálculo do número de mol para a situação final: $p^{ideal} \text{ x } V = n^{final} \text{ x } R \text{ x } T$

$4{,}0 \text{ x } 30{,}0 = n^{final} \text{ x } 0{,}08206 \text{ x } 298$

$n^{final} = 4{,}91 \text{ mol}$

Cálculo do número de mol de gás hidrogênio queimado: $19{,}63 \text{ mol} - 4{,}91 \text{ mol} = 14{,}72 \text{ mol}$

Questão 151

(PROCESSO DE SELEÇÃO PARA MESTRADO E DOUTORADO - UNIVERSIDADE FEDERAL DOS VALES DO JEQUITINHONHA E MUCURI - DIAMANTINA - MINAS GERAIS) O comportamento de um gás com comportamento ideal é estudado a partir de um sistema com baixa pressão e alta temperatura, caracterizando o item ii.

Item i) Em baixa pressão o volume molar do gás passa a ser grande, tornando o valor de b não tão significativo e fazendo com que a razão $\frac{\overline{V}}{\overline{V}-b}$ tende a 1, o que caracteriza um gás com comportamento ideal. Já em baixa temperatura, o termo $\frac{a}{\overline{V} \text{ x } R \text{ x } T}$ tende a ser grande, fazendo com que o fator de compressibilidade (Z) fique expresso da seguinte maneira: $z = 1 - \left(\frac{a}{\overline{V} \text{ x } R \text{ x } T}\right) < 1$. Ou seja, nestas condições de pressão e temperatura, as interações atrativas devidas ao valor de a, são as responsáveis pelo desvio do comportamento ideal do gás.

Item iii) Em um sistema reacional gasoso, em que a temperatura é alta, o termo $\left(\frac{a}{\overline{V} \text{ x } R \text{ x } T}\right)$ tende a ser pequeno, não influenciando muito no resultado do fator de compressibilidade. Agora, quando a pressão do sistema reacional é alta, o volume molar do gás tende a ser pequeno, a partir de análises matemáticas, fazendo com que o valor do covolume (b) passe a ser significativo, de modo que a relação $(\overline{V} - b)$ diminui, enquanto a razão $\frac{\overline{V}}{(\overline{V}-b)}$ aumenta, fazendo com que o fator de compressibilidade se torne maior ou igual a 1, ou seja, Z ≥ 1. Ou seja, para estas condições apresentadas, as interações repulsivas devidas a b, tornam responsáveis pelo desvio do comportamento ideal do gás.

Questão 152

(PROGRAMA DE PÓS-GRADUAÇÃO EM QUÍMICA - UNIVERSIDADE FEDERAL DO SUL E SUDESTE DO PARÁ) Determinação do número de mol do gás oxigênio no frasco A utilizando a equação dos gases ideais:

$1{,}0 \text{ x } 500 = n_{O_2} \text{ x } 0{,}08206 \text{ x } (27 + 273)$

$n_{O_2} = 20{,}31 \text{ mol}$

Determinação do número de mol do gás hidrogênio no frasco B utilizando a equação dos gases ideais:

$0{,}50 \text{ x } 1500 = n_{H_2} \text{ x } 0{,}08206 \text{ x } (27 + 273)$

$n_{H_2} = 30{,}46 \text{ mol}$

Cálculo do número de mol total: $n_{Total} = n_{O_2} + n_{H_2} = 20{,}31 \text{ mol} + 30{,}46 \text{ mol}$

$n_{Total} = 50{,}77 \text{ mol}$

Cálculo da pressão total do sistema apresentado, a partir da equação dos gases ideais:

$$p_T \text{ x } (500 + 1500) = 50{,}77 \text{ x } 0{,}08206 \text{ x } (27 + 273)$$

$$p_T = 0{,}624 \text{ atm}$$

Cálculo das frações molares dos participantes gasosos:

- Para o gás hidrogênio: $X_{H_2} = \frac{n_{H_2}}{n_{H_2} + n_{O_2}}$

$$X_{H_2} = \frac{30{,}46}{50{,}77} = 0{,}600$$

- Para o gás oxigênio: $X_{O_2} = \frac{n_{O_2}}{n_{H_2} + n_{O_2}}$

$$X_{O_2} = \frac{20{,}31}{50{,}77} = 0{,}400$$

Cálculo das pressões parciais dos participantes gasosos:

- Para o gás hidrogênio: $p_{H_2} = X_{H_2} \text{x } p_T$

$$p_{H_2} = 0{,}600 \text{ x } 0{,}624 \text{ atm}$$
$$p_{H_2} = 0{,}374 \text{ atm}$$

- Para o gás oxigênio: $p_{O_2} = X_{O_2} \text{x } p_T$

$$p_{H_2} = 0{,}400 \text{ x } 0{,}624 \text{ atm}$$

$$p_{H_2} = 0{,}250 \text{ atm}$$

Questão 153

(PROGRAMA DE PÓS-GRADUAÇÃO EM QUÍMICA – UNIVERSIDADE ESTADUAL DE LONDRINA)

Item a) Cálculo da pressão do gás levando em consideração que o comportamento seja ideal.

$$p^{ideal} \text{ x } 1{,}0 = \frac{10}{44} \text{ x } 0{,}08206 \text{ x } (12 + 273)$$

$$p^{ideal} = 5{,}31 \text{ atm}$$

Item a) Cálculo da pressão do gás levando em consideração que o comportamento seja real.

$$\left[p^{real} + \frac{a}{V_{molar}^2}\right] \text{ x } [V_{molar} - b] = R \text{ x } T$$

$$\left[p^{real} + \frac{9,2690}{\left(\frac{1,0}{\frac{10}{44}}\right)^2}\right] x \left[\frac{1,0}{\frac{10}{44}} - 0,1164\right] = 0,08206 \text{ x } (12 + 273)$$

$$p^{real} = 4,98 \text{ atm}$$

Item c) Fator de compressibilidade é um fator termodinâmico no estudo dos gases reais que realiza uma correção entre o comportamento real e o comportamento ideal, a partir da seguinte equação termodinâmica a seguir: $\boxed{p^{real} \text{ x } V = Z \text{ x } n \text{ x } R \text{ x } T}$

$$Z = \frac{V_{molar}^{real}}{V_{molar}^{ideal}}$$

- Para Z = 1 ⇒ comportamento ideal

- Para Z < 1 ⇒ forças atrativas

- Para Z > 1 ⇒ forças repulsivas

Questão 154

(PROGRAMA DE PÓS-GRADUAÇÃO PARA MESTRADO & DOUTORADO - UNIVERSIDADE FEDERAL DE PELOTAS) A partir das informações apresentadas, será necessário calcular a pressão do sistema gasoso, levando em consideração o comportamento ideal.

Cálculo da pressão do gás: $p^{ideal} \text{ x } 1,0 = \frac{1}{2} \text{ x } 0,08206 \text{ x } 298$

$$p^{ideal} = 12,23 \text{ atm}$$

Questão 155

(PROCESSO DE SELEÇÃO PARA MESTRADO E DOUTORADO – UNIVERSIDADE FEDERAL DE GOIÁS)

Item a) Cálculo do número de mol de butano [C_4H_{10}]: $n_{butano} = \frac{14,4}{58} = 0,248 \text{ mol}$

Cálculo do volume molar (V_{molar}): $V_{molar} = \frac{Volume}{n_{butano}} = \frac{0,200 \text{ L}}{0,248 \text{ mol}} = 0,806 \frac{L}{mol}$

Cálculo da pressão do gás como real (Van der Waals): $\left[p_{butano}^{real} + \frac{a}{V_{molar}^2}\right] \text{ x } [V_{molar} - b] = R \text{ x } T$

$$\left[p_{butano}^{real} + \frac{14,47}{(0,806)^2}\right] \text{ x } [0,806 - 0,1226] = 0,08206 \text{ x } (25 + 273)$$

$$p_{butano}^{real} = \frac{0,08206 \text{ x } 298}{(0,806)^2} - \frac{14,47}{(0,806)^2} = \boxed{13,51 \text{ atm}}$$

Cálculo da pressão de gás butano considerando comportamento ideal: $p_{butano}^{ideal} \text{ x } 0,20 = \frac{14,4}{58} \text{ x } 0,08206 \text{ x } (25 + 273)$

$$p_{butano}^{ideal} = \boxed{30,36 \text{ atm}}$$

Item b) Cálculo da pressão do gás como real (Van der Waals): $\left[p_{etano}^{real} + \frac{a}{V_{molar}^2}\right] x \left[V_{molar} - b\right] = R\,x\,T$

$$\left[p_{etano}^{real} + \frac{5{,}56}{(0{,}806)^2}\right] x \left[0{,}806 - 0{,}0638\right] = 0{,}08206\;x\;(25 + 273)$$

$$p_{etano}^{real} = \frac{0{,}08206\;x\;298}{0{,}806 - 0{,}0638} - \frac{5{,}56}{(0{,}806)^2}$$

$$p_{etano}^{real} = \boxed{24{,}39\;atm}$$

Item c) A diferença encontrada com relação às pressões dos gases citados está atrelado pelo fato das diferenças discrepantes das constantes de Van der Waals. O gás butano apresenta constantes de Van der Waals mais acentuadas que torna a pressão menor comparado ao gás etano.

Questão 156

(PROCESSO SELETIVO PARA O CURSO DE MESTRADO EM QUÍMICA – EDITAL 001/2018) Equação química que corresponde a decomposição do clorato de potássio, formando cloreto de potássio e oxigênio molecular:

$KClO_{3(sólido)} \longrightarrow KCl_{(sólido)} + 3/2O_{2(gás)}$

Determinação da pressão de oxigênio seco: $p_{O_2}^{seco} = p_{barométrica} - p_{O_2}^{vapor}$

$$p_{O_2}^{seco} = 751\;torr - 21{,}1\;torr = 729{,}9\;torr$$

Situação termodinâmica (1): $p_{O_2}^{seco} = 729{,}9\;torr$; V = 36,50 cm³; T = 296 K

Situação termodinâmica (2): $p_{O_2}^{seco} = 1000\;atm$; V = ?; T = 273 K

A partir da equação combinada dos gases ideais, temos: $\frac{\frac{729{,}9\;torr}{760\;torr} x\;36{,}50}{296} = \frac{1000\;x\;volume}{273}$

$$1000\;x\;296\;x\;760\;x\;volume = 729{,}90\;x\;36{,}50\;x\;273$$

$$Volume = 32{,}33\;x\;10^{-3}\;cm^3$$

Questão 157

(PROGRAMA DE PÓS-GRADUAÇÃO EM QUÍMICA - UNIVERSIDADE DE SÃO PAULO - FACULDADE DE FILOSOFIA, CIÊNCIAS E LETRAS DE RIBEIRÃO PRETO)

Analisando o gás nitrogênio a partir do comportamento ideal: $p^{ideal}\;x\;V = \frac{m_{N_2}}{<MM>_{N_2}} x\;0{,}08206\;x\;T$

$$0{,}01\;bar\;x\;V = \frac{0{,}3625}{28} x\;R\;x\;298{,}2$$

Analisando o segundo gás (desconhecido): $p^{ideal}\;x\;V = \frac{m_{desconhecido}}{<MM>_{desconhecido}} x\;0{,}08206\;x\;T$

$$0{,}01\;bar\;x\;V = \frac{0{,}9175}{< MM >_{desconhecido}} x\;R\;x\;298{,}2$$

Dividindo as duas equações apresentadas anteriormente, temos:

$$\frac{\cancel{0{,}01\ \text{bar}} \times \cancel{V}}{\cancel{0{,}01\ \text{bar}} \times \cancel{V}} = \frac{\frac{0{,}3625}{28} \times \cancel{R} \times \cancel{298{,}2}}{\frac{0{,}9175}{< MM >_{desconhecido}} \times \cancel{R} \times \cancel{298{,}2}}$$

$$\frac{0{,}9175}{< MM >_{desconhecido}} = \frac{0{,}3625}{28}$$

$$< MM >_{desconhecido} = 70{,}87\,\frac{g}{mol}$$

Para esta massa molecular trata-se do gás cloro [$Cl_{2(gás)}$].

Questão 158

(PROGRAMA DE PÓS-GRADUAÇÃO EM QUÍMICA - UNIVERSIDADE DE SÃO PAULO - FACULDADE DE FILOSOFIA, CIÊNCIAS E LETRAS DE RIBEIRÃO PRETO)

Item a) Equação química que corresponde a decomposição do clorato de potássio: $KClO_{3(sólido)} \overset{\Delta}{\rightleftarrows} KCl_{(sólido)} + O_{2(gás)}$

Item b) Cálculo da pressão parcial do oxigênio molecular: $p_{total} = p_{O_2}^{seco} + p_{O_2}^{úmido}$

$$760\ \text{torr} - 21\ \text{torr} = p_{O_2}^{seco}$$

$$p_{O_2}^{seco} = 739\ \text{torr}$$

Cálculo do número de mol de oxigênio molecular a partir da equação dos gases ideais:

$$\frac{739\ \text{torr}}{760\ \text{torr}} \times 1\ \text{atm} \times 1{,}20 = n_{O_2} \times 0{,}08206 \times (22 + 273)$$

$$n_{O_2} = 48{,}20 \times 10^{-3}\ \text{mol}$$

Cálculo do número de mol de clorato de potássio a partir da relação estequiométrica:
1 mol de $KClO_3$ ------------- 3/2 mol de O_2
n_{sal} ------------------------------ $48{,}20 \times 10^{-3}$ mol
$n_{sal} = 32{,}13 \times 10^{-3}$ mol

Cálculo da massa de clorato de potássio a partir do número de mol: $n_{sal} = \frac{m_{sal}}{<MM>_{sal}}$

$$m_{sal} = 122{,}50\,\frac{g}{mol} \times 32{,}13 \times 10^{-3}\ \text{mol}$$

$$m_{sal} = 3{,}94\ \text{g}$$

Questão 159

(PROGRAMA DE PÓS-GRADUAÇÃO EM QUÍMICA - UNIVERSIDADE DE SÃO PAULO - FACULDADE DE FILOSOFIA, CIÊNCIAS E LETRAS DE RIBEIRÃO PRETO)

Cálculo da massa molecular da mistura reacional:

$$p_{total}^{ideal} \times V = \frac{m}{< MM >_{mistura}} \times 0{,}08206 \times T$$

$$p_{total}^{ideal} \times < MM >_{mistura} = \overbrace{\frac{m}{V}}^{densidade} \times 0{,}08206 \times T$$

$$< MM >_{mistura} = \frac{d \times 0{,}08206 \times T}{p_{total}^{ideal}}$$

Substitutindo os valores na equação acima, temos: $< MM >_{mistura} = \frac{0{,}216 \times 0{,}08206 \times 300}{\frac{500}{760}}$

$$< MM >_{mistura} = 8{,}082 \frac{g}{mol}$$

A expressão das frações molares dos gases com a massa molecular está apresentada a seguir:

$$\begin{cases} X_{H_2} + X_{N_2} = \underbrace{X_{mistura}}_{1,0} \\ 2{,}0 \, . \, X_{H_2} + 28{,}0 \, . \, X_{N_2} = 8{,}082 \, . \, X_{mistura} \end{cases}$$

Realizando a operação matemática, temos: $X_{H_2} = 0{,}766 \text{ e } X_{N_2} = 0{,}234$

Questão 160

(U. S. NATIONAL CHEMISTRY OLYMPIAD) Alternativa B.

- Cálculo do número de mol de gás hélio: $n_{He} = \frac{1{,}00 \text{ g}}{4{,}00 \frac{g}{mol}} = 0{,}25 \text{ mol}$

- Cálculo do número de mol de gás monóxido de carbono: $n_{CO} = \frac{14{,}00 \text{ g}}{28{,}00 \frac{g}{mol}} = 0{,}50 \text{ mol}$

- Cálculo do número de mol de gás monóxido de nitrogênio: $n_{NO} = \frac{10{,}00 \text{ g}}{30{,}00 \frac{g}{mol}} = 0{,}33 \text{ mol}$

- Cálculo do número de mol de total dos gases: $n_{Total} = 0{,}50 \text{ mol} + 0{,}25 \text{ mol} + 0{,}33 \text{ mol} = 1{,}08 \text{ mol}$

Cálculo da pressão do sistema reacional, aplicando a equação dos gases ideais: $p_{Total} \times V = n_{Total} \times R \times T$

$$p_{Total} = \frac{1{,}08 \times 0{,}08206 \times 300}{2{,}0} = 13{,}2 \text{ atm}$$

Questão 161

(U. S. NATIONAL CHEMISTRY OLYMPIAD) Alternativa D.

Equação química reversível que corresponde à formação do gás amoníaco: $N_{2(gás)} + H_{2(gás)} \rightleftarrows 2NH_{3(gás)}$

Determinação do reagente limitante e do reagente em excesso:

$V_{H_2} = \frac{0{,}10}{1{,}0} = 0{,}10 \text{ L}$ (Reagente químico em excesso)

$V_{N_2} = \frac{0{,}18}{3{,}0} = 0{,}06 \text{ L}$ (Reagente químico limitante)

Determinação a partir da relação estequiométrica do volume de gás nitrogênio que reage:

1 mol de $N_{2(gás)}$ ---------- 3 mol de $H_{2(gás)}$
V_{N2} -------------------------- 0,18 l
V_{N2} = 0,06 L

Determinação do volume de gás nitrogênio em excesso: $V_{N_2}^{excesso} = 0{,}10 \text{ Litros} - 0{,}06 \text{ Litros} = 0{,}04 \text{ Litros}$

Questão 162

(U. S. NATIONAL CHEMISTRY OLYMPIAD) Alternativa C.

Cálculo da massa de nitrogênio líquido que será vaporizada: Massa = 0,807 g x mL^{-1} x 250 mL = 202 g

Cálculo do volume de nitrogênio gasoso, a partir dos dados fornecidos: 5,0 x Volume = (202 / 28) x 0,08206 x (25 + 273)

Volume = 35,0 L

Questão 163

(U. S. NATIONAL CHEMISTRY OLYMPIAD) Alternativa B.

O estudo relacionado com a lei de Henry está pautado na dependência da concentração da quantidade de matéria do oxigênio líquido com a pressão parcial através de uma constante, definida como constante de Henry, conforme pode ser observado a seguir:

$$[O_2] = k_{O_2} \text{ x } p_{O_2}$$

Esta relação estuda o equilíbrio físico líquido ⇄ vapor.

$$2{,}30 \text{ x } 10^{-4} \frac{\text{mol}}{\text{L}} = 1{,}30 \text{ x } 10^{-2} \frac{\text{mol}}{\text{L x atm}} \text{x } p_{O_2}$$

$$p_{O_2} = 0{,}177 \text{ atm}$$

Questão 164

(U. S. NATIONAL CHEMISTRY OLYMPIAD) (U. S. NATIONAL CHEMISTRY OLYMPIAD) Alternativa D.

Cálculo da massa de dióxido de carbono, considerando comportamento ideal: $p \text{ x } V_{CO_2} = \frac{m_{CO_2}}{<MM>_{CO_2}} \text{x R x T}$

$$\left(\frac{740}{760}\right) \text{x } 100 = \frac{m_{CO_2}}{44} \text{x } 0{,}08206 \text{ x } (50 + 273)$$

$$m_{CO_2} = 161{,}63 \text{ g}$$

Cálculo da massa de pentano, a partir da relação estequiométrica entre o pentano e o dióxido de carbono:

$2C_5H_{12(gás)} + 16O_{2(gás)} \longrightarrow 10CO_{2(gás)} + 12H_2O_{(líquido)}$

2 mol de C_5H_{12} ---------------- 10 mol de CO_2
142 g ----------------------------- 440 g
m_{C5H12} --------------------------- 161,63 g
m_{C5H12} = 52,90 g

Questão 165

(U. S. NATIONAL CHEMISTRY OLYMPIAD) Alternativa A.

Equação química que corresponde a decomposição do pentacloreto de fósforo: $PCl_{5(gás)} \leftrightarrows PCl_{3(gás)} + Cl_{2(gás)}$

Base de cálculo: pressão parcial inicial de $PCl_{5(gás)}$ e $Cl_{2(gás)}$ igual a 2,7 bar.

	$PCl_{5(gás)}$	⇆	$PCl_{3(gás)}$	$Cl_{2(gás)}$
Início	2,7 bar		2,7 bar	0
Reage	X		X	X
Equilíbrio	2,7 - X		2,7 + X	X

Expressão da constante de equilíbrio em função das pressões parciais: $K_{ps} = \frac{[PCl_3] \times [Cl_2]}{[PCl_5]}$

Cálculo do valor de X, a partir da utilização da expressão da constante de equilíbrio em função da pressão:

$$K_p = \frac{(2{,}7 + X) \, . \, X}{(2{,}7 - X)}$$

$X^2 + 2{,}715X - 0{,}0405 = 0$

Resolvendo a equação do segundo grau, as raízes são as seguintes: $X_1 = 0{,}0145$ bar e $X_2 < 0$. Com isso, a pressão parcial do cloro gasoso no estado de equilíbrio é igual a 0,0145 bar.

Questão 166

(U. S. NATIONAL CHEMISTRY OLYMPIAD) Alternativa B.

A velocidade média quadrática é uma propriedade molecular gasosa proveniente da equação dos gases ideais que está intimamente ligada à temperatura em que a massa gasosa se encontra e inversamente proporcional à massa molecular.

A equação que representa a velocidade média quadrática está apresentada a seguir: $V_{mq}^2 = \frac{3 \times R \times T}{<MM>}$

Analisando a velocidade média quadrática do gás hidrogênio para T = 100K: $V_{mq(H_2)_1}^2 = \frac{3 \times R \times 100}{<MM>}$

Analisando a velocidade média quadrática do gás hidrogênio para T = 50K: $V_{mq(H_2)_2}^2 = \frac{3 \times R \times 50}{<MM>}$

Calculando a razão entre as velocidades:

$$\frac{V_{mq(H_2)_1}^2}{V_{mq(H_2)_2}^2} = \frac{\frac{3 \times R \times 100}{< MM >}}{\frac{3 \times R \times 50}{< MM >}}$$

Tirando a raiz quadrada da razão acima:

$$\sqrt{\frac{V_{mq(H_2)_1}^2}{V_{mq(H_2)_2}^2}} = \sqrt{\frac{\frac{3 \times \cancel{R} \times 100}{\cancel{< MM >}}}{\frac{3 \times \cancel{R} \times 50}{\cancel{< MM >}}}}$$

$$V_{mq(H_2)_1} = 1{,}41 \times V_{mq(H_2)_2}$$

A velocidade média quadrática para T = 100 K é 1,41 maior que a temperatura de 50 K.

Questão 167

(OLIMPÍADA BRASILEIRA DE QUÍMICA) Alternativa A.

Cálculo da massa molar da espécie gasosa, a partir da equação dos gases ideais.

$$< MM > = \frac{m \times R \times T}{p \times V}$$

$$< MM > = \frac{1{,}14 \times 0{,}08206 \times 300}{1 \times 1} = 28{,}06 \ g.mol^{-1}$$

Determinação da massa molar de cada espécie química:

Item a) CO = (12 + 16) = 28 g.mol^{-1}
Item b) H_2S = (2x1 + 32) = 34 g.mol^{-1}
Item c) NO_2 = (1x14 + 2x16) = 46 g.mol^{-1}
Item d) C_2H_2 = (2x12 + 2x1) = 26 g.mol^{-1}
Item e) NO = (14 + 16) = 30 g.mol^{-1}

Questão 168

(U. S. NATIONAL CHEMISTRY OLYMPIAD)

Item a) Para a determinação da massa molecular do composto gasoso X, será necessário aplicar a equação que relaciona a pressão com a densidade do gás.

$$\text{densidade} = \frac{\text{p x} < \text{MM} >_X}{\text{R x T}}$$

$$4{,}45 = \frac{\left(1\text{ bar x}\frac{0{,}987\text{ atm}}{1\text{ bar}}\right)\text{x} < \text{MM} >_X}{0{,}08206\text{ x }(70 + 273)}$$

$$< \text{MM} >_X = 127\frac{\text{g}}{\text{mol}}$$

Item b) Determinação do número de átomos de carbono:

$$\text{C: }127\frac{\text{g}}{\text{mol}}\text{x }0{,}1893 = 24{,}04\frac{\text{g}}{\text{mol}} \rightarrow \frac{24{,}04\frac{\text{g}}{\text{mol}}}{12{,}0\frac{\text{g}}{\text{mol}}} = 2{,}0$$

$$\text{O: }127\frac{\text{g}}{\text{mol}}\text{x }0{,}2521 = 32{,}02\frac{\text{g}}{\text{mol}} \rightarrow \frac{32{,}02\frac{\text{g}}{\text{mol}}}{16{,}0\frac{\text{g}}{\text{mol}}} = 2{,}0$$

$\text{Halogênio: }127\frac{\text{g}}{\text{mol}}\text{x }0{,}5586 = 71{,}00\frac{\text{g}}{\text{mol}} \rightarrow \frac{71{,}00\frac{\text{g}}{\text{mol}}}{35{,}5\frac{\text{g}}{\text{mol}}} = 2{,}0$. Sendo este halogênio o átomo de cloro.

Fórmula Molecular: $C_2O_2Cl_2$

Questão 169

(OLIMPÍADA BRASILEIRA DE QUÍMICA) Alternativa E.

Equação química, que corresponde a formação de cloreto de amônio: $NH_{3(gás)} + HCl_{(gás)} \rightarrow NH_4Cl_{(sólido)}$
Determinação do número de mol para cada reagente químico, aplicando a equação dos gases ideais.

Analisando o gás amoníaco: $n_{NH_3} = \frac{0{,}78\text{ x }2{,}50}{0{,}08206\text{ x }(18{,}5+273)}$

$$n_{NH_3} = 8{,}15\text{ x }10^{-2}\text{mol (reagente químico em excesso)}$$

Analisando o cloreto de hidrogênio: $n_{HCl} = \frac{0{,}93\text{ x }1{,}40}{0{,}08206\text{ x }(18{,}5+273)}$

$$n_{HCl} = 5{,}44\text{ x }10^{-2}\text{mol (reagente químico limitante)}$$

Cálculo da massa de cloreto de amônio, a partir da relação estequiométrica com o cloreto de hidrogênio:

$NH_{3(gás)} + HCl_{(gás)} \rightarrow NH_4Cl_{(sólido)}$

1 mol de $HCl_{(g)}$ -------- 1 mol de $NH_4Cl_{(s)}$
5,44 x 10^{-2} mol -------- $n_{sólido}$
$n_{sólido}$ = 5,44 x 10^{-2} mol

Cálculo da massa de cloreto de amônio: $m_{sólido} = 5{,}44 \text{ x } 10^{-2} \text{ x } 53{,}5 = 2{,}91 \text{ g}$

Gás que sobrou no recipiente ⟶ gás em excesso ⟶ $NH_{3(gás)}$

Cálculo do número de mol de gás amoníaco em excesso: $n_{NH_3} = 8{,}15 \text{ x } 10^{-2}\text{mol} - 5{,}44 \text{ x } 10^{-2}\text{mol} = 2{,}71 \text{ x } 10^{-2} \text{ mol}$

Cálculo da pressão (p) do gás remanescente no recipiente:

$$p = \frac{2{,}71 \text{ x } 10^{-2} \text{ x } 0{,}0826 \text{ x } (18{,}5 + 273)}{(2{,}50 + 1{,}40)} = 0{,}166 \text{ atm}$$

Questão 170

(OLIMPÍADA ESTADUAL DE QUÍMICA) Alternativa B.

Cálculo do número de mol para cada espécie química gasosa:

- Gás oxigênio: $n_{O_2} = \frac{450}{32} = 14{,}0625 \text{ mol}$

- Gás nitrogênio: $n_{N_2} = 4{,}0 \text{ x } 10^{-5} \text{ mol}$

- Óxido nítrico: $n_{NO} = 4{,}20 \text{ x } 10^{26} \text{ moléculas x} \frac{1{,}0 \text{ mol}}{6{,}02 \text{ x } 10^{+23} \text{ moléculas}} = 697{,}67 \text{ mol}$

Cálculo do número de mol total da mistura gasosa:
$n_{O_2} + n_{N_2} + n_{NO} = 14{,}0625 \text{ mol} + 4{,}0 \text{ x } 10^{-5} \text{ mol} + 697{,}67 \text{ mol} = 712 \text{ mol}$

Cálculo da pressão total do sistema gasoso, aplicando a equação dos gases ideais:

$$p^{ideal} \text{ x } 20{,}0 = 712 \text{ x } 0{,}08206 \text{ x } (127 + 273)$$

$$p^{ideal} = 1168 \text{ atm}$$

Questão 171

(OLIMPÍADA DE QUÍMICA DO RIO DE JANEIRO) Alternativa D.

Aplicando a equação dos gases ideais e sabendo que 1 atm corresponde a 760 mmHg.

$$\frac{752{,}82 - 31{,}82}{760} \text{x } 0{,}135 = \frac{0{,}157}{< MM >} \text{x } 0{,}08206 \text{ x } 303$$

$$< MM > = 30{,}48 \frac{g}{mol}$$

Questão 172

(OLIMPÍADA PIAUIENSE DE QUÍMICA) Alternativa D.

Para a determinação da pressão parcial do dióxido de carbono, será necessário, primeiramente, calcular o número de mol de cada participante gasoso e o número de mol total.

Cálculo do número de mol do cloro gasoso: $n_{Cl_2} = \frac{3,55}{71,0} = 0,050 \text{ mol}$

Cálculo do número de mol de dióxido de carbono: $n_{CO_2} = \frac{8,80}{44,0} = 0,200 \text{ mol}$

Cálculo do número de mol total das espécies gasosas: $n_{Cl_2} + n_{CO_2} = 0,050 \text{ mol} + 0,200 \text{ mol} = 0,250 \text{ mol}$

Cálculo da pressão parcial de dióxido de carbono: $P_{CO_2} = \frac{n_{CO_2}}{n_{total}} \text{ x } P_{total}$

$$P_{CO_2} = \frac{0,200 \text{ mol}}{0,250 \text{ mol}} \text{ x } 12,50 \text{ atm} = 10,0 \text{ atm}$$

Questão 173

(OLIMPÍADA DE QUÍMICA DO RIO DE JANEIRO) Alternativa E.

Para a determinação da pressão total do sistema reacional, será necessário calcular o número de mol de cada participante gasoso.

Cálculo do número de mol do gás nobre Hélio: $n_{He} = \frac{2,0}{4,0} = 0,50 \text{ mol}$

Cálculo do número de mol do gás oxigênio: $n_{O_2} = \frac{2,00}{32,0} = 62,50 \text{ x } 10^{-3} \text{ mol}$

Cálculo do número de mol do gás nitrogênio: $n_{N_2} = \frac{2,00}{28,0} = 71,43 \text{ x } 10^{-3} \text{ mol}$

Cálculo do número de mol total: $n_{Total} = n_{He} + n_{O_2} + n_{N_2}$

$$n_{Total} = 0,50 \text{ mol} + 62,50 \text{ x } 10^{-3} \text{ mol} + 71,43 \text{ x } 10^{-3} \text{ mol} = 0,634 \text{ mol}$$

Cálculo da pressão total do sistema reacional, aplicando a equação dos gases ideais:

$$p_{Total} = \frac{0,634 \text{ x } 0,0820 \text{ x } (100 + 273)}{15,0} = 1,29 \text{ atm}$$

Questão 174

(OLIMPÍADA PIAUIENSE DE QUÍMICA) O problema leva em consideração o estudo do comportamento do gás no estado real. Uma das equações amplamente conhecida, que se trata de equação dos gases de Van der Waals.

Cálculo da pressão considerando comportamento ideal: $p^{ideal} = \frac{5 \text{ x } 0,08206 \text{ x } (47+273)}{1} = 131,30 \text{ atm}$

Cálculo da pressão considerando comportamento real: $\left(p^{real} + \frac{a}{V_{molar}^2}\right) \text{ x } (V_{molar} - b) = R \text{ x } T$

$$\left(p^{real} + \frac{3,592}{\left(\frac{5}{1}\right)^2}\right) \text{ x } \left(\frac{5}{1} - 0,0427\right) = 0,08206 \text{ x } (47 + 273)$$

$$p^{real} = 5,15 \text{ atm}$$

Questão 175

(OLIMPÍADA DE QUÍMICA DO RIO DE JANEIRO) Alternativa D.

Para a resolução deste problema, será necessário aplicar a velocidade média quadrática com relação ao estudo dos gases.

Igualando a velocidade média quadrática de ambos os gases.

$$V^2_{mq_{O_2}} = \boxed{\frac{3 \text{ x R x } T_{O_2}}{< MM >_{O_2}} = \frac{3 \text{ x R x } T_{He}}{< MM >_{He}}} = V^2_{mq_{He}}$$

Determinação da temperatura absoluta da molécula de oxigênio molecular:

$$\frac{\cancel{3} \text{ x } \cancel{R} \text{ x } T_{O_2}}{32{,}0} = \frac{\cancel{3} \text{ x } \cancel{R} \text{ x } (27 + 273)}{4{,}0}$$

$$T_{O_2} = \frac{32 \text{ x } 300}{4{,}0} = 2400 \text{ K } (2127°C)$$

Questão 176

(OLIMPÍADA PIAUIENSE DE QUÍMICA)

Item a) Assumindo o dióxido de carbono com comportamento real, aplicando a equação de Van der Waals:

$$\left\{p^{real} + \frac{a}{V^2_{molar}}\right\} \text{ x } \{V_{molar} - b\} = R \text{ x } T$$

Substituindo os valores na equação acima, temos: $\left\{p^{real} + \frac{3{,}592}{\left(\frac{1}{5}\right)^2}\right\} \text{ x } \left\{\frac{1}{5} - 0{,}0427\right\} = 0{,}08206 \text{ x } (47 + 273)$

$$p^{real} = \frac{26{,}26}{0{,}1547} - \frac{3{,}592}{\frac{1}{25}} = 77{,}14 \text{ atm}$$

Assumindo que o dióxido carbono apresenta comportamento ideal: $p^{ideal} \text{ x } V = n \text{ x } R \text{ x } T$

$$p^{ideal} \text{ x } 1{,}0 = 5{,}0 \text{ x } 0{,}08206 \text{ x } (47 + 273)$$

$$p^{ideal} = 131{,}30 \text{ atm}$$

Item b) Como o enunciado da questão afirma que os volumes das moléculas são desprezíveis, a questão indica que o gás apresenta comportamento ideal. Diante disso, aplicando a equação dos gases ideais, temos:

$$p^{ideal} \text{ x } 1{,}0 = 5{,}0 \text{ x } 0{,}08206 \text{ x } 273$$

$$p^{ideal} = 112{,}01 \text{ atm}$$

Questão 177

(OLIMPÍADA DE QUÍMICA DO DISTRITO FEDERAL) Alternativa D.

Cálculo da temperatura aplicando a equação dos gases ideais: $p \text{ x } V = n \text{ x } R \text{ x } T^{ideal}$

$$1{,}50 \text{ x } 10{,}0 = 1{,}0 \text{ x } 0{,}08206 \text{ x } T^{ideal}$$

$$T^{ideal} = 182{,}79 \text{ K}$$

Cálculo da temperatura aplicando a equação dos gases reais: $\left\{p + \frac{a}{V^2_{molar}}\right\} \text{ x } \{V_{molar} - b\} = R \text{ x } T^{real}$

$$\left\{1{,}50 + \frac{3{,}640}{(10)^2}\right\} \text{x} \{(10)^2 - 0{,}04267\} = 0{,}08206 \text{ x } T^{real}$$

$$T^{real} = 186{,}43 \text{ K}$$

Cálculo da variação da temperatura, conforme pode ser observado a seguir: $\Delta T = T^{real} - T^{ideal}$

$$\Delta T = 186{,}43 \text{ K} - 182{,}79 \text{ K} = 3{,}64 \text{ K}$$

Como a variação da escala Kelvin é igual para a variação Celsius: $\Delta T = 186{,}43 \text{ K} - 182{,}79 \text{ K} = 3{,}64 \text{ K } (3{,}64^0\text{C})$

Questão 178

(OLIMPÍADA DE QUÍMICA DO RIO DE JANEIRO) Alternativa E.

Cálculo do número de mol total, aplicando a equação dos gases ideais: $\frac{380}{760} \text{x } 24{,}6 = n_{total} \text{ x } 0{,}08206 \text{ x } (27 + 273)$

$$n_{total} = 0{,}500 \text{ mol}$$

Cálculo do número de mol do dióxido de carbono: $n_{CO_2} = \frac{8{,}8}{44} = 0{,}200 \text{ mol}$

Cálculo do número de mol de oxigênio molecular: $n_{O_2} = \frac{6{,}4}{32} = 0{,}200 \text{ mol}$

O número de mol total corresponde ao somatório dos números de mols dos compostos gasosos, conforme pode ser observado a seguir:

$$n_{total} = n_{CO_2} + n_{O_2} + n_{N_2}$$

$$0{,}500 \text{ mol} = 0{,}200 \text{ mol} + 0{,}200 \text{ mol} + \frac{m_{N_2}}{< MM >_{N_2}}$$

$$0{,}100 \text{ mol} = \frac{m_{N_2}}{28{,}0}$$

$$m_{N_2} = 2{,}80 \text{ g}$$

Cálculo da pressão considerando comportamento real:

$$\left(p^{real} + \frac{3{,}592}{\left(\frac{5}{1}\right)^2}\right) \text{x} \left(\frac{5}{1} - 0{,}0427\right) = 0{,}08206 \text{ x } (47 + 273)$$

$$p^{real} = 5{,}15 \text{ atm}$$

Questão 179

(EXAME UNIFICADO DE QUÍMICA) Aletrnativa C.

Questão 180

(EXAME UNIFICADO DE QUÍMICA) Alternativa D.

Questão 181

(EXAME UNIFICADO DE QUÍMICA) Alternativa D.

Questão 182

(EXAME UNIFICADO DE QUÍMICA) Alternativa A.

Cálculo do número de mol do gás desconhecido, a partir da equação dos gases ideais.

$$\frac{100000}{101325} \text{ x } 10^{-3} = n_{total} \text{ x } 0{,}08206 \text{ x } (0 + 273)$$

$$n_{total} = 44{,}05 \text{ x } 10^{-6} \text{ mol}$$

Cálculo do número de moléculas (X) do gás desconhecido:

$X = 44{,}05 \text{ x } 10^{-6} \text{ mol x } 6{,}02 \text{ x } 10^{23} \frac{\text{moléculas}}{\text{mol}} = 2{,}65 \text{ x } 10^{19}$ moléculas do gás desconhecido.

Questão 183

Para a resolução do problema, será necessário aplcar uma base de cálculo para o gás amoníaco (p_0), o que corresponde a pressão inicial, e a utilização da tabela de equilíbrio químico.

Equação química que corresponde a de composição do gás amoníaco: $NH_{3(gás)} \rightleftarrows \frac{1}{2} N_{2(gás)} + 3/2\ H_{2(gás)}$

	$NH_{3(gás)}$	$\leftrightarrows$	½ $N_{2(gás)}$	3/2 $H_{2(gás)}$
Início	p_0		0	0
Reage	$p_0 . \alpha$		$\frac{1}{2} . p_0 . \alpha$	$\frac{3}{2} . p_0 . \alpha$
Equilíbrio	$p_0 - p_0 . \alpha$		$\frac{1}{2} . p_0 . \alpha$	$\frac{3}{2} . p_0 . \alpha$

A partir da lei de Dalton, que corresponde ao somatório das pressões parcias, temos: $P_{total} = P_{NH_3} + P_{H_2} + P_{N_2}$

$$866 \text{ mmHg} = p_0 - p_0 . \alpha + \frac{1}{2} . p_0 . \alpha + \frac{3}{2} . p_0 . \alpha$$

$$866 \text{ mmHg} = p_0 - p_0 . \alpha + 2 . p_0 . \alpha$$

$$866 \text{ mmHg} = p_0 + p_0 . \alpha$$

Sendo α = 100%, a pressão inicial será: $p_0 = 433 \text{ mmHg}$

Determinação das pressões parciais:

$$P_{N_2} = \frac{1}{2} . p_0 . \alpha = \frac{1}{2} \text{ x } 433 \text{ x } 1 = 216{,}50 \text{ mmHg}$$

$$P_{H_2} = \frac{3}{2} . p_0 . \alpha = \frac{3}{2} \text{ x } 433 \text{ x } 1 = 649{,}50 \text{ mmHg}$$

Questão 184

Equação química que corresponde ao processo de decomposição do pentacloreto de fósforo: $PCl_{5(gás)} \leftrightarrows PCl_{3(gás)} + Cl_{2(gás)}$

Base de cálculo: n (mol) inicial de $PCl_{5(gás)}$.

	$PCl_{5(gás)}$	$\leftrightarrows$	$PCl_{3(gás)}$	$Cl_{2(gás)}$
Início	n		0	0
Reage	$n\alpha$		$n\alpha$	$n\alpha$
Equilíbrio	$n - n\alpha$		$n\alpha$	$n\alpha$

Determinação do número de mol total: $n_{total} = n_{PCl_5} + n_{PCl_3} + n_{Cl_2}$

$n_{total} = n - n\alpha + n\alpha + n\alpha$

$n_{total} = n + n\alpha$

Expressão das pressões parciais dos constituintes gasosos:

$$p_{PCl_5} = \left[\frac{n - n\alpha}{n + n\alpha}\right] x\ p_{total}$$

$$p_{PCl_3} = \left[\frac{n\alpha}{n + n\alpha}\right] x\ p_{total}$$

$$p_{Cl_2} = \left[\frac{n\alpha}{n + n\alpha}\right] x\ p_{total}$$

Expressão da constante de equilíbrio em função da pressão parcial.

$$K_p = \frac{[PCl_3]\ x\ [Cl_2]}{[PCl_5]}$$

Substituindo os valores, para a determinação do grau de decomposição, sabendo que a constante de equilíbrio em função da pressão parcial é igual a 78,3:

$$K_p = \boxed{\frac{\left[\frac{n\alpha}{n + n\alpha}\right] x\ p_{total}\ x \left[\frac{n\alpha}{n + n\alpha}\right] x\ p_{total}}{\left[\frac{n - n\alpha}{n + n\alpha}\right] x\ p_{total}} = 78,3}$$

Cálculo da pressão total do sistema reacional, aplicando a equação dos gases ideais: $p_{total}\ x\ volume = n_{PCl_5}\ x\ R\ x\ T$

$$p_{total}\ x\ 0,500 = \left[\frac{3,12}{31 + 177,50}\right] x\ 0,08206\ x\ (250 + 273)$$

$$p_{total} = 1,28\ atm$$

Substituindo a pressão total do sistema reacional com a expressão termodinâmica destacada, entre a constante de equilíbrio em função da pressão parcial com o grau de decomposição, temos:

$$1,28\ .\ \alpha^2 = 78,30\ .\ (1 - \alpha^2)$$

$$\alpha = 0,991$$

Cálculo da composição de cada gás:

$$X_{PCl_5} = \frac{1 - 0,991}{1 + 0,991} = 0,00452$$

$$X_{PCl_3} = X_{Cl_2} = \frac{0,991}{1 + 0,991} = 0,498$$

Questão 185

Equação química que corresponde a reação de deslocamento do gás hidrogênio, conforme pode ser observado a seguir:

$$Zn_{(sólido)} + H_2SO_{4(aquoso)} \longrightarrow ZnSO_{4(aquoso)} + H_{2(gás)}\uparrow$$

Cálculo do número de mol de gás hidrogênio, levando em consideração o comportamento ideal: $p_{total} \text{ x volume} = n_{H_2} \text{ x R x T}$

$$\frac{770}{760} \text{ x } 0{,}500 = n_{H_2} \text{ x } 0{,}08206 \text{ x } (20 + 273)$$

$$n_{H_2} = 21{,}07 \text{ x } 10^{-3} \text{ mol}$$

Determinação do número de mol de zinco, a partir da relação estequiométrica com o gás hidrogênio:

1 mol de Zn metálico ------------- 1 mol de de gás hidrogênio
n_{Zn} ------------------------------------ 21,07 x 10^{-3} mol de gás hidrogênio
n_{Zn} = 21,07 x 10^{-3} mol de zinco metálico

Cálculo da massa de zinco metálico, a partir do seu número de mol.

$$n_{Zn} = \frac{m_{Zn}}{< MM >_{Zn}}$$

$$m_{Zn} = 66{,}50 \frac{g}{\cancel{mol}} \text{ x } 21{,}07 \text{ x } 10^{-3} \cancel{mol} = 1{,}38 \text{ g}$$

Questão 186

Analisando o gás nitrogênio, a partir da equação dos gases ideais.

$$p^{ideal} \text{ x } 62{,}30 \text{ x } 10^{-3} = 1{,}0 \text{ x } 0{,}08206 \text{ x } 273$$

$$p^{ideal} = 359{,}59 \text{ atm}$$

Analisando o gás nitrogênio, a partir da equação dos gases reais de Van der Waals.

$$\left(p^{real} + \frac{1{,}390}{\left(\frac{62{,}30 \text{ x } 10^{-3}}{1}\right)^2}\right) \text{x} \left(\frac{62{,}30 \text{ x } 10^{-3}}{1} - 0{,}0391\right) - 0{,}08206 \text{ x } 273$$

$$p^{real} = 607{,}49 \text{ atm}$$

Determinação da diferença percentual entre os valores obtidos.

$$\text{Erro} = \frac{607{,}49 \text{ atm} - 359{,}59 \text{ atm}}{607{,}49 \text{ atm}} = 0{,}4080 \ (40{,}80 \ \%)$$

$$\text{Erro} = \frac{607{,}49 \text{ atm} - 359{,}59 \text{ atm}}{359{,}59 \text{ atm}} = 0{,}6894 \ (68{,}94 \ \%)$$

Questão 187

Cálculo da pressão dos gases que estão confinados em seu estado seco: $P_{seco} = P_{total} - P_{água}^{vapor}$

$$P_{seco} = 771 \text{ torr} - 21 \text{ torr} = 750 \text{ torr}$$

Informação do problema: $X_{N_2} = X_{O_2}$ e $X_{N_2} = 2 \, . \, X_{CO_2}$

Analisando a primeira relação das frações molares entre os gases nitrogênio e oxigênio.

$$X_{N_2} = X_{O_2}$$

$$\frac{n_{N_2}}{n_{total}} = \frac{n_{O_2}}{n_{total}}$$

Logo: $n_{N_2} = n_{O_2}$

Analisando a segunda relação das frações molares, entre os gases nitrogênio e o dióxido de carbono.

$$X_{N_2} = 2\,.X_{CO_2}$$

$$\frac{n_{N_2}}{n_{total}} = 2 \text{ x } \frac{n_{CO_2}}{n_{total}}$$

Logo: $n_{N_2} = 2 \text{ x } n_{CO_2}$

A partir da lei de Dalton, que expressa que o somatório das pressões parciais resulta na pressão total.

$$P_{total} = P_{N_2} + P_{O_2} + P_{CO_2}$$

$$P_{Total} = X_{N_2} \text{ x } P_{Total} + X_{O_2} \text{x } P_{Total} + X_{CO_2} \text{ x } P_{Total}$$

$$750 \text{ torr} = X_{N_2} \text{ x } 750 \text{ torr} + X_{O_2} \text{x } 750 \text{ torr} + X_{CO_2} \text{ x } 750 \text{ torr}$$

$$1{,}0 = X_{N_2} + X_{O_2} + X_{CO_2}$$

$$1{,}0 = X_{N_2} + X_{N_2} + \frac{X_{N_2}}{2}$$

$$X_{N_2} = \frac{2}{3}$$

Item a) Determinação das pressões parciais das espécies gasosas.

$$P_{N_2} = P_{O_2} = \frac{2}{3} \text{x } 750 \text{ torr} = 500 \text{ torr}$$

$$P_{CO_2} = \frac{2}{6} \text{x } 750 \text{ torr} = 250 \text{ torr}$$

Item b) Determinação das frações molares das espécies gasosas.

$$X_{N_2} = X_{O_2} = \frac{2}{3}$$

$$X_{CO_2} = \frac{2}{6}\left(\frac{1}{3}\right)$$

Questão 188

Item a) Levando em consideração que o dióxido de carbono apresenta comportamento ideal. $p^{ideal} \text{ x } V = n \text{ x } R \text{ x } T^{ideal}$

$$p^{ideal} \text{ x } 10 = \frac{44}{44} \text{x } 0{,}08206 \text{ x } (27 + 273)$$

$$p^{ideal} = 2{,}46 \text{ atm}$$

Item b) Levando em consideração que o dióxido de carbono apresenta comportamento real, a partir da equação cúbica de Van der Waals.

$$\left(p^{real} + \frac{3,60}{\left(\frac{10}{1}\right)^2}\right) x \left(\frac{10}{1} - 0,0428\right) = 0,08206 \text{ x } (27 + 273)$$

$$p^{real} = 2,44 \text{ atm}$$

Item c) Para esta análise, será necessário determinar o fator de compressibilidade (Z):

$$Z = \frac{p^{real}}{p^{ideal}} = \frac{2,44}{2,46} \cong 1,0$$

Este valor indica que o dióxido de carbono nestas condições de temperatura e pressão, apresenta comportamento ideal.

Questão 189

Alternativa C.

O problema indica que a velocidade média quadrática do oxigênio é igual ao do monóxido de carbono.

$$c_{O_2}^2 = c_{CO}^2$$

$$\frac{3 \text{ x R x } T_{O_2}}{< MM >_{O_2}} = \frac{3 \text{ x R x } T_{CO}}{< MM >_{CO}}$$

$$\frac{\cancel{3} \text{ x } \cancel{R} \text{ x } T_{O_2}}{32,0} = \frac{\cancel{3} \text{ x } \cancel{R} \text{ x } (21 + 273)}{28,0}$$

$$T_{O_2} = 336 \text{ K } (336 - 273 = 63,0°C)$$

Questão 190

(INSTITUTO TECNOLÓGICO DA AERONÁUTICA) Equação químlca que corresponde a combustão completa do iso-octano:

$C_8H_{18} + 25/2O_{2(gás)} \longrightarrow 8CO_{2(gás)} + 9H_2O_{(vapor)}$

Levando em consideração que a composição do ar atmosférico apresenta majoritariamente $O_{2(gás)}$ e $N_{2(gás)}$, com 20,9% e 78,1%, respectivamente, o número de mol de $N_{2(gás)}$ será determinado de forma estequiométrica, conforme apresentado a seguir.

Cálculo do número de mol de nitrogênio (N_2):

(25/2) mol de O_2 ---------- 20,90% de O_2
n mol de N_2 ---------------- 78,10% de N_2
n_{N2} = 47,02 mol de N_2

Equação química da combustão completa do iso-octano com a presença do gás nitrogênio:

$C_8H_{18} + (25/2)O_{2(gás)} + 47,02N_{2(gás)} \longrightarrow 8CO_{2(gás)} + 9H_2O_{(vapor)} + 47,02N_{2(gás)}$

Questão 191

(PROGRAMA DE PÓS-GRADUAÇÃO EM QUÍMICA - UNIVERSIDADE FEDERAL DE MATO GROSSO INSTITUTO DE CIÊNCIAS EXATAS E DA TERRA - DEPARTAMENTO DE QUÍMICA)

Equação de hidrogenação do gás propeno: $C_3H_{6(gás)} + H_{2(gás)} \longrightarrow C_3H_{8(gás)}$

Cálculo da massa de gás propano, a partir da relação estequiométrica com o gás propeno.

42,0 gramas de gás propeno ---------------------- 48 gramas de gás propano
64,0 gramas de gás propeno ---------------------- Massa de gás propano
Massa de gás propano = 73,14 gramas

Cálculo do número de mol de gás propano: $n_{propano} = \frac{73,14\ g}{48,0\frac{g}{mol}} = 1,523\ mol$

Cálculo da concentração da quantidade de matéria: $[propano] = \frac{n_{propano}}{V_{solução}} = \frac{1,52\ mol}{100,0\ L} = 1,52 \times 10^{-2}\frac{mol}{L}$

Item b) Para a determinação da pressão do gás propano, será necessário utilizar a equação dos gases ideais.

$$p^{ideal} \times V = n \times R \times T^{ideal}$$

$$p^{ideal} \times 100 = \frac{73,14\ g}{48,0\frac{g}{mol}} \times 0,08206 \times 300$$

$$p^{ideal} = 0,374\ atm$$

Questão 192

Item a) Primeiramente, será necessário calcular o número de mol de cada constituinte gasoso:

$$n_{He} = \frac{2,4\ g}{4,0\frac{g}{mol}} = 0,60\ mol$$

$$n_{O_2} = \frac{3,0 \times 10^{23}\ moléculas}{6,0 \times 10^{23}\ \frac{moléculas}{mol}} = 0,50\ mol$$

Cálculo do número total de mol das espécies químicas: $n_{Total} = n_{He} + n_{O_2} + n_{CO_2}$

$$n_{Total} = 0,60\ mol + 0,50\ mol + 0,40\ mol = 1,50\ mol$$

Cálculo da pressão total do sistema reacional: $p^{total} \times V = n_{Total} \times R \times T^{ideal}$

$$p^{total} \times 10,0 = 1,50 \times 0,08206 \times 300$$
$$p^{total} = 3,69\ atm$$

Item b) Para o cálculo da fração molar do gás nobre hélio, será necessário calcular a razão do número de mol do gás hélio pelo número de mol total.

$$X_{He} = \frac{n_{He}}{n_{Total}} = \frac{0,60\ mol}{1,50\ mol} = 0,40\ (40\%)$$

Questão 193

Para a resolução do problema, será necessário aplicar a equação dos gases ideais: $p^{total} \times V = n_{Total} \times R \times T^{ideal}$

$$1,12 \times Volume = \left(\frac{3,20\ g}{16\frac{g}{mol}}\right) \times 0,08206 \times 300$$

$$Volume = 4,40\ L$$

Questão 194

Será necessário calcular o comportamento de cada gás com a equação dos gases ideais.

Analisando o gás oxigênio: $p^{total} \text{ x } V = \frac{0{,}400}{32} \text{ x } R \text{ x } T^{ideal}$

Analisando o gás desconhecido (X): $p^{total} \text{ x } V = \frac{0{,}550}{<MM>_X} \text{ x } R \text{ x } T^{ideal}$

Dividindo as duas expressões acima, temos:

$$\frac{p^{total} \text{ x } V}{p^{total} \text{ x } V} = \frac{\frac{0{,}400}{32} \text{ x } R \text{ x } T^{ideal}}{\frac{0{,}550}{< MM >_X} \text{ x } R \text{ x } T^{ideal}}$$

$$< MM >_X = 44{,}0 \frac{g}{mol}$$

Questão 195

Equação química que relaciona o zinco metálico na presença de uma solução aquosa de ácido sulfúrico.

$Zn_{(sólido)} + 2HCl_{(aquoso)} \longrightarrow ZnCl_{2(aquoso)} + H_{2(gás)}$

Cálculo do número de mol do gás hidrogênio a partir da equação dos gases ideais: $n_{H_2} = \frac{p^{total} \text{ x } V}{R \text{ x } T^{ideal}}$

$$n_{H_2} = \frac{\frac{770}{760} \text{ x } 1{,}50}{0{,}08206 \text{ x } (30 + 273)} = 61{,}12 \text{ x } 10^{-3} \text{ mol}$$

A partir da relação estequiométrica, temos: $n_{H_2} = n_{Zn}$

$n_{Zn} = 61{,}12 \text{ x } 10^{-3} \text{ mol}$

Cálculo da massa de zinco metálico, a partir do número de mol: $n_{Zn} = \frac{m_{Zn}}{<MM>_{Zn}}$

$$< MM >_{Zn} = 65{,}50 \frac{g}{mol} \text{ x } 61{,}12 \text{ x } 10^{-3} \text{ mol} = 4{,}00 \text{ g}$$

Questão 196

Para a resolução do volume do gás oxigênio, será necessário aplicar a equação dos gases ideais, além de levar em consideração o gás de oxigênio seco.

$$\text{Volume} = \frac{\left(\frac{1{,}42}{32{,}0}\right) \text{ x } 0{,}08206 \text{ x } (35 + 273)}{\frac{742{,}0 - 42{,}18}{742{,}0}} = 1{,}19 \text{ litros}$$

Questão 197

Para a resolução do volume do gás oxigênio, será necessário aplicar a equação dos gases ideais, além de levar em consideração o gás desconhecido na sua forma seca.

$$\left(\frac{755{,}0 - 22{,}125}{755{,}0}\right) \text{ x } 62{,}50 \text{ x } 10^{-3} \text{ x } < MM >_X = 0{,}450 \text{ x } 0{,}08206 \text{ x } 300$$

$$< MM >_X = 182{,}60 \frac{g}{mol}$$

Questão 198

Determinação da massa de etano para a situação inicial (1) do gás etano, aplicando a equação dos gases ideais:

$$1{,}0 \text{ x } 12300 \text{ x } 30 = \text{Massa (1) x } 0{,}08206 \text{ x } 250$$

$$\text{Massa (1)} = 17987 \text{ gramas}$$

Determinação da massa de etano para a situação inicial (2) do gás etano, aplicando a equação dos gases ideais:

$$0{,}60 \text{ x } 12300 \text{ x } 30 = \text{Massa (2) x } 0{,}08206 \text{ x } 250$$

$$\text{Massa (2)} = 10792 \text{ gramas}$$

Determinação da massa de gás etano perdido: $\text{Massa Final} = \text{Massa (1)} - \text{Massa (2)}$

$$\text{Massa Final} = 17987 \text{ gramas} - 10792 \text{ gramas} = 7195 \text{ gramas}$$

Questão 199

Item a) Aplicando a equação dos gases ideais para a determinação da temperatura em Kelvin.

$$1{,}0 \text{ x } 5{,}0 = \frac{7{,}00}{32{,}0} \text{ x } 0{,}08206 \text{ x } T^{\text{ideal}}$$

$$T^{\text{ideal}} = 278{,}54 \text{ K } (5{,}41°\text{C})$$

Item b)

Cálculo do número de mol de gás oxigênio: $n_{O_2} = \frac{7{,}00}{32{,}0} = 0{,}219 \text{ mol}$

Cálculo do volume molar: $V_{\text{molar}} = \frac{5{,}00}{0{,}219} = 22{,}83 \frac{\text{L}}{\text{mol}}$

Cálculo da temperatura na escala Kelvin, aplicando a equação de Van der Waals.

$$\left(1{,}0 + \frac{1{,}36}{(22{,}83)^2}\right) \text{ x } (22{,}83 - 0{,}0318) = 0{,}08206 \text{ x } T^{\text{real}}$$

$$T^{\text{real}} = 278{,}55 \text{ K } (5{,}40°\text{C})$$

Questão 200

Equação que corresponde ao processo de síntese do gás amoníaco: ½ $N_{2(gás)}$ + 3/2 $H_{2(gás)} \rightleftarrows NH_{3(gás)}$

Cálculo do número de mol de gás hidrogênio:

$$n_{H_2} = \frac{4{,}62 \text{ L}}{22{,}4 \text{ L/mol}} = 0{,}206 \text{ mol}$$

Pela relação estequiométrica, é possível calcular o número de mol do gás amoníaco.

0,50 mol de $N_{2(gás)}$ ----------------- 1mol de $NH_{3(gás)}$
0,206 mol de $N_{2(gás)}$ -------------- n_{NH_3}

$$n_{NH_3} = 0{,}1375 \text{ mol}$$

Cálculo do volume de gás amoníaco nas condições normais de temperatura e pressão:

$$V_{NH_3} = 22,4\frac{L}{mol} \text{ x } 0,1375 \text{ mol} = 3,08 \text{ L}$$

Questão 201

Item a) Aplicando a equação dos gases ideais para a temperatura em Kelvin.

$$p^{ideal} \text{ x } 0,02 = \frac{10,0}{28,0} \text{ x } 0,08206 \text{ x } 298$$

$$p^{ideal} = 436,68 \text{ atm}$$

Item b) Aplicando a equação de Van der Waals.

Cálculo do número de mol de gás nitrogênio: $n_{N_2} = \frac{10,0}{28,0} \text{mol}$

Cálculo do volume molar: $V_{molar} = \frac{0,02}{\frac{10,0}{28,0}} = 56,0 \text{ x } 10^{-3} \frac{L}{mol}$

Cálculo da pressão em atmosferas: $\left(p^{real} + \frac{1,39}{(56,0 \text{ x } 10^{-3})^2}\right) \text{ x } (56,0 \text{ x } 10^{-3} - 0,0391) = 0,08206 \text{ x } 298$

$$p^{real} = 1000,37 \text{ atm}$$

Questão 202

Item a) Aplicando a equação do gás ideal: $p^{ideal} \text{ x } 1,0 = \frac{20,0}{16,0} \text{ x } 0,08206 \text{ x } 293$

$$p^{ideal} = 30,05 \text{ atm}$$

Item b) Cálculo do número de mol do gás metano: $n_{CH_4} = \frac{20,0}{16,0} \text{mol} = 1,25 \text{ mol}$

Cálculo do volume molar: $V_{molar} = \frac{1,00}{1,25} = 0,800 \frac{L}{mol}$

Aplicando a equação de Van der Waals: $\left(p^{real} + \frac{2,25}{(0,800)^2}\right) \text{ x } (0,800 - 0,0428) = 0,08206 \text{ x } 293$

$$p^{real} = 28,24 \text{ atm}$$

Item c) Cálculo do erro percentual, com relação ao estudo para um gás ideal: $\text{Erro} = \frac{30,05 \text{ atm} - 28,24 \text{ atm}}{30,05 \text{ atm}} \cong 0,0623 \ (6,23\%)$

Questão 203

Informações do problema:

Primeiro gás: 0,40 atm

Segundo gás: V_2 (%) = 40%

Terceiro gás: X_3 = 0,20

Sabendo que o somatório das frações molares das espécies químicas gasosas corresponde a 100% (1), temos:

$X_1 + X_2 + X_3 = 1,0$

Determinação da fração molar do primeiro gás: $X_1 + 0{,}40 + 0{,}20 = 1{,}0$

$X_1 = 0{,}40$

Item a) A partir do primeiro gás, é possível determinar a pressão total do sistema gasoso.

$P_1 = X_1 \text{ x } p_{total}$

Substituindo os valores, temos:

$0{,}40 = 0{,}40 \text{ x } p_{total}$

$p_{total} = 1{,}0 \text{ atm}$

Item b) Deteminação das pressões parciais dos compostos gasosos em atmosfera:

$P_1 = X_1 \text{ x } p_{total} = 0{,}40 \text{ x } 1{,}0 \text{ atm} = 0{,}40 \text{ atm}$

$P_2 = X_2 \text{ x } p_{total} = 0{,}40 \text{ x } 1{,}0 \text{ atm} = 0{,}40 \text{ atm}$

$P_3 = X_3 \text{ x } p_{total} = 0{,}20 \text{ x } 1{,}0 \text{ atm} = 0{,}20 \text{ atm}$

Questão 204

Primeiramente, será necessário calcular a pressão do gás a partir da aplicação da equação de Van der Waals.

$$\left[p^{real} + \frac{3{,}6}{\left(\frac{1{,}0}{1{,}0}\right)^2}\right] \text{ x } \left(\frac{1{,}0}{1{,}0} - 0{,}04\right) = 0{,}08206 \text{ x } 384$$

$p^{real} = 29{,}22 \text{ atm}$

Cálculo do fator de compressibilidade: $p^{real} \text{ x } V = Z \text{ x } n \text{ x } R \text{ x } T$

$29{,}22 \text{ x } 1{,}0 = Z \text{ x } 1{,}0 \text{ x } 0{,}08206 \text{ x } 384$

$Z = 0{,}927$

Questão 205

(INSTITUTO MILITAR DE ENGENHARIA) Alternativa C.

$(XH_3)_n$: Massa molar do referido composto: <MM> = 16.n e d = 6 $g.L^{-1}$

Equação dos gases ideais: $pV = nRT$

Analisando para o gás oxigênio: $p \text{ x } 1 = \frac{3}{32} \text{ x } RT$ (Equação 1)

Analisando para o hidreto: $p \text{ x } V = \frac{m}{<MM>} \text{ x } R \text{ x } T$ (Equação 2)

Dividindo a equação (1) pela equação (2):

$$\frac{p \text{ x } 1}{p \text{ x } V} = \frac{(3/32) \text{ x } R \text{ x } T}{(m/<MM>) \text{ x } R \text{ x } T}$$

$$\frac{1}{V} = \frac{\left(^{3}/_{32}\right) \text{ x R x T}}{\left(^{m}/_{16n}\right) \text{ x R x T}}$$

$$\frac{1}{V} = \frac{\left(^{3}/_{32}\right)}{\left(^{m}/_{16n}\right)}$$

$$\frac{m}{V} = \frac{3n}{2}$$

Sabendo que a razão entre a massa e o volume corresponde a densidade d = m/V, o valor de n será: $6 = \frac{3n}{2}$

$n = 4$

Questão 206

(INSTITUTO MILITAR DE ENGENHARIA) Alternativa E.

Estado termodinâmico inicial:

Pressão parcial do ar seco: p_{ar} = 760 mmHg – 180 mmHg = 580 mmHg

Observação: 180 mmHg é o valor da pressão máxima de vapor da acetona a 20%.

Estado termodinâmico final: A redução do volume a 80% de seu valor inicial promove um aumento da pressão parcial do ar, que pode ser calculado por:

$$580 \text{ x V} = (p_{ar})_{final} \text{ x } 0{,}8 \text{ x V}$$

$$(p_{ar})_{final} = \frac{580}{0{,}80} = 725 \text{ mmHg}$$

O fato de parte da acetona da fase vapor ter sofrido condensação não altera a sua pressão máxima de vapor, pois não ocorreu variação de temperatura. Logo, a pressão total final será: $(P_{total})_{final}$ = 725 mmHg + 180 mmHg = 905 mmHg

Questão 207

(INSTITUTO TECNOLÓGICO DA AERONÁUTICA) Alternativa E.

Considerações a serem feitas para a resolução do problema:

- Que o processo seja isobárico (≈ pressão de 1 atm);
- O volume do frasco é constante - processo isocórico;
- R é a constante dos gases;
- A massa molar é a mesma para os dois casos, pois se trata do mesmo gás.

Relação matemática entre o número de mol com a temperatura: $\left\{\frac{p \text{ x} V}{R}\right\}_{constante} = n \text{ x } T$

Situação I: P = constante; V = constante; T_I = 273 + (127°C) = 400 K e n_I

Situação II: P = constante; V = constante; T_{II} = ? e $n_{II} = n_I - \frac{1}{3} \text{x } n_I = \frac{2}{3} \text{x } n_I$

Cálculo da temperatura II, através da equação combinada dos gases ideais: $n_I \text{ x } T_I = n_{II} \text{ x } T_{II}$

Sabendo que $n_{II} = \frac{2}{3} \text{x } n_I$, temos: $n_I \text{ x } T_I = \frac{2}{3} \text{x } n_I \text{ x } T_{II}$

$$n_I \text{ x } 400 = \frac{2}{3} \text{x } n_I \text{ x } T_{II}$$

T_{II} = 600K (600 – 273 = 327°C)

Questão 208

(INSTITUTO TECNOLÓGICO DA AERONÁUTICA – MODIFICADA) Alternativa A.

Cálculo do número de mol para cada composto gasoso:

$$n_{CO_2} = \frac{10}{44} = 0{,}227 \text{ mol}$$

$$n_{N_2} = \frac{15}{28} = 0{,}536 \text{ mol}$$

Cálculo do número de mol total: $n_{Total} = n_{CO2} + n_{N2}$

n_{Total} = 0,227 mol + 0,536 mol = 0,763 mol

Cálculo da pressão total: $p_{total} = \frac{n_{total} \text{ x R x T}}{V} = \frac{0{,}762 \text{ x } 0{,}08206 \text{ x } (27+273)}{9{,}50} = 1{,}96 \text{ atm}$

Questão 209

(INSTITUTO TECNOLÓGICO DA AERONÁUTICA) Alternativa C.

Situação inicial: $n_A + n_B = 1$ (Equação 1)

Situação final: Informação do problema: $p_B = 0{,}81 \text{ x } p_A$ (Equação 2)

Expressão da equação dos gases em relação ao recipiente A:

$p_A \text{ x } V_A = p_B \text{ x } V_B$ (Equação 3)

Expressão da equação dos gases em relação ao recipiente B:

$p_B \text{ x } V_B = n_B \text{ x R x T}$ (Equação 4)

Logo, a equação dos gases em relação ao B será: $0{,}81\text{x } p_A \text{ x } V_B = n_B \text{ x R x } T_B$ e considerando que os volumes são iguais $V_A = V_B = V$, temos que dividindo a Equação 4 pela Equação 3:

$$\frac{0{,}81 \text{ x } p_A \text{ x V}}{p_A \text{ x V}} = \frac{n_B \text{ x R x } T_B}{n_A \text{ x R x } T_A}$$

$$\frac{0{,}81 \text{ x } p_A \text{ x V}}{p_A \text{ x V}} = \frac{n_B \text{ x R x } 324}{n_A \text{ x R x } 400}$$

$$0{,}81 = \frac{n_B \text{ x } \not{R} \text{ x } 324}{n_A \text{ x } \not{R} \text{ x } 400}$$

$$n_A = n_B$$

Como o número de mol de cada gás é igual, ou seja, cada gás vai apresentar 50% (0,50 mol).

Questão 210

(INSTITUTO TECNOLÓGICO DA AERONÁUTICA) Alternativa D.

Cálculo do número de mol de gás nitrogênio (n_{N2}): $n_{N_2} = \frac{p_{total} \times V}{R \times T} = \frac{2,0 \times 0,250}{0,08206 \times (250+273)} = 1,16 \times 10^{-2}$ mol

Cálculo do número de moléculas (X) de gás nitrogênio (N_2): $X = 1,16 \times 10^{-2}\ \text{mol} \times \frac{6,02 \times 10^{23}}{1\ \text{mol}} = 7,01 \times 10^{21}$ moléculas

Cálculo da densidade de gás nitrogênio (N_2), em $g.L^{-1}$: $d = \frac{2 \times 28}{0,08206 \times (250+273)} = 1,30\ g.L^{-1}$

Conversão da unidade da densidade para $kg.m^{-3}$: $d = 1,30\ g.L^{-1} \times \left(\frac{1\ kg}{1000\ g}\right) \times \left(\frac{1\ L}{10^{-3} m^3}\right) = 1,30\ kg.m^{-3}$

Questão 211

(INSTITUTO TECNOLÓGICO DA AERONÁUTICA) Alternativa D.

Sabendo que a energia cinética é calculada a partir da seguinte fórmula matemática:

$E_c = \frac{m \times v^2}{2}$, em que m é a massa e v é a velocidade.

Cálculo da massa em quilogramas (kg), sabendo que a massa atômica do átomo de hidrogênio é igual a 1,0 $g.mol^{-1}$.

$$m_{H_2} = 2 \frac{g}{mol} \times \frac{1\ mol}{6,02 \times 10^{23}} \times \frac{1kg}{1000\ g} - 3,32 \times 10^{-27}\ kg$$

Cálculo da energia cinética: $E_c = \frac{m \times v^2}{2}$

$$E_c = \frac{3,32 \times 10^{-27} \times (1850)^2}{2} = 5,68 \times 10^{-21}\ J$$

Questão 212

(INSTITUTO TECNOLÓGICO DA AERONÁUTICA) Alternativa A.

Analisando o recipiente 1 - Cálculo do número de mol: $n_1 = \frac{p_1 \times V_1}{R \times T}$

Analisando o recipiente 2 - Cálculo do número de mol: $n_2 = \frac{p_2 \times V_2}{R \times T}$

Cálculo do número de mol total (n_T): $n_{Total} = n_1 + n_2$

$$n_{Total} = \frac{p_1 \times V_1}{R \times T} + \frac{p_2 \times V_2}{R \times T}$$

$$n_{Total} = \frac{1}{R \times T} \times (p_1 \times V_1 + p_2 \times V_2)$$

Cálculo da pressão total (p_T): $p_{total} \times V = n_{Total} \times R \times T$

$$p_{total} \times (V_1 + V_2) = \left[\frac{1}{R \times T} \times (p_1 \times V_1 + p_2 \times V_2)\right] \times R \times T$$

$$p_{total} \times (V_1 + V_2) = (p_1 \times V_1 + p_2 \times V_2)$$

$$\boxed{p_{total} = \frac{(p_1 \times V_1 + p_2 \times V_2)}{(V_1 + V_2)}}$$

Questão 213

(INSTITUTO TECNOLÓGICO DA AERONÁUTICA) Alternativa C.

Sabendo que a relação entre a densidade e a pressão é dada por: $d = \frac{p \times <MM>}{R \times T}$ e a razão $\frac{<MM>}{R \times T}$ é constante, então juntando as duas equações, temos: $\frac{d}{p} = \frac{<MM>}{R \times T}$. Esta relação anterior, $\frac{d}{p}$ é constante para qualquer temperatura. Diante disso, a melhor representação trata-se do item (c).

Questão 214

(INSTITUTO TECNOLÓGICO DA AERONÁUTICA) Alternativa C.

Sabendo que o produto (pV) = nRT e que a equação da velocidade quadrática média das moléculas (c) é dada por $c^2 = \frac{3 \times R \times T}{<MM>}$, onde c trata-se da velocidade média quadrática, R a constante dos gases ideais, T é a temperatura absoluta e <MM> é a massa molar. Substituindo a relação $R \times T = \frac{p \times V}{n}$, temos: $c^2 = \frac{3 \times R \times T}{<MM>}$

$$c^2 = \frac{3 \times p \times V}{n \times < MM >}$$

$$c^2 = \frac{3 \times p \times V}{\left(\frac{m}{< MM >}\right) \times < MM >} = \boxed{\frac{3 \times p \times V}{m}}$$

A massa do gás pode ser resolvida através da seguinte equação matemática: m = (3 x p x V)/c². Sabendo que 1 atmosfera corresponde a 10^5 N.m^{-2} (10^5 kg.m^{-1}.s^{-2}) e que 56 litros corresponde a 56 x 10^{-3} m³, temos que a massa do gás perfeito monoatômico em quilogramas será:

$$m = \frac{3 \times p \times V}{c^2} = \frac{3 \times 10^5 \times 56 \times 10^{-3}}{(1840)^2} = 4{,}96 \times 10^{-3}\ \text{kg}\ (4{,}96\ \text{g})$$

Questão 215

(INSTITUTO TECNOLÓGICO DA AERONÁUTICA) Alternativa B.

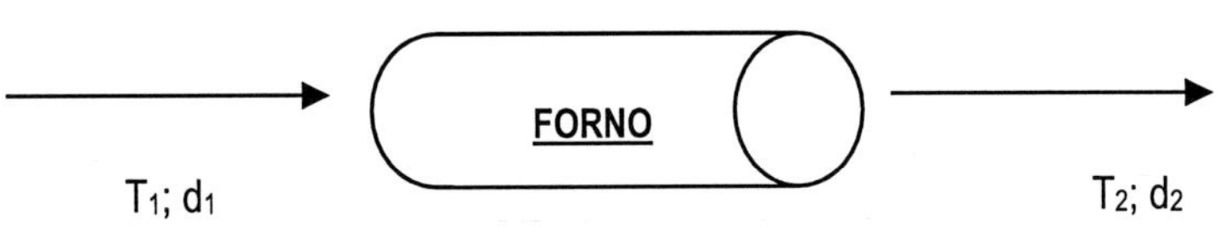

Analisando as densidades, como a temperatura na saída (T_2) é maior que a temperatura na entrada (T_1), logo as relações entre as densidades ficarão da seguinte maneira: quanto maior a temperatura, menor a densidade. Conclui-se que $d_2 < d_1$. Analisando as vazões pela lei de Graham, temos: $\frac{v_1}{v_2} = \sqrt{\frac{d_2}{d_1}}$. Como a densidade na entrada (d_1) é maior do que a densidade de saída (d_2), a relação das velocidades é o inverso das densidades, logo $v_2 > v_1$.

Questão 216

(INSTITUTO TECNOLÓGICO DA AERONÁUTICA) Alternativa D.

O problema coloca que os dois gases apresentam a mesma pressão e a mesma temperatura.

$\boxed{\frac{d_X}{d_{H_2}} = \frac{\left(\frac{p_X . <MM>_X}{R . T_X}\right)}{\left(\frac{p_{H_2} x <MM>_{H_2}}{R x T_{H_2}}\right)}}$, em que X corresponde a um gás hipotético. Para esta relação, a relação entre as densidades fica reduzida da seguinte maneira: $\boxed{\frac{d_X}{d_{H_2}} = \frac{<MM>_X}{<MM>_{H_2}}}$.

Cálculo da massa molar da espécie gasosa X (<MM>X): $< MM >_X = \frac{m x R x T}{p^{ideal}{}_X V}$

$$< MM >_X = \frac{4,4 x 0,08206 x (10 + 273)}{\left(\frac{566}{760}\right) x 3,1} = 44,26 g.mol^{-1}$$

Cálculo da razão entre as densidades: $\frac{d_X}{d_{H_2}} = \frac{44,26}{2,00} = 22,13$

Questão 217

(OLIMPÍADA DE QUÍMICA DO RIO DE JANEIRO) Alternativa D.

Informação do problema: $c^2{}_{O2} = c^2{}_{He}$, em que c^2 é a velocidade média quadrática.

$$c^2_{O_2} = \frac{3 x R x T_{O_2}}{< MM >_{O_2}} = \frac{3 x R x T_{He}}{< MM >_{He}} = c^2_{He}$$

$$\frac{T_{O_2}}{< MM >_{O_2}} = \frac{T_{He}}{< MM >_{He}}$$

$$\frac{T_{O_2}}{32} = \frac{(27 + 273)}{4}$$

$$T_{O_2} = 2400 K (2127°C)$$

Questão 218

(INSTITUTO TECNOLÓGICO DA AERONÁUTICA) Alternativa B.

Segundo a Lei de Graham, a velocidade de efusão e a de difusão dos gases é proporcional às respectivas massas molares, ou seja:

$$\frac{v_1}{v_2} = \sqrt{\frac{< MM >_2}{< MM >_1}}$$

A ordem crescente das velocidades moleculares será então: H_2 (2 g.mol⁻¹) > He (4 g.mol⁻¹) > H_2O (18 g.mol⁻¹) > N_2 (28 g.mol⁻¹) > O_2 (32 g.mol⁻¹). Note que as velocidades estão marcadas no eixo das abscissas e não nas ordenadas.

Questão 219

(INSTITUTO TECNOLÓGICO DA AERONÁUTICA) Alternativa D.

Convertendo o volume para as Condições Normais de Temperatura e Pressão, CNTP, e utilizando a equação combinada dos gases ideais, temos: $\frac{p_I x V_I}{T_I} = \frac{p_{II} x V_{II}}{T_{II}}$

$$\frac{20 x 5,0}{(273 + 273)} = \frac{1 xV_{II}}{273}$$

$$\frac{100}{546} = \frac{1 \text{ x } V_{II}}{273}$$

$$V_{II} = 50 \text{ L}$$

Cálculo do número de mol (n), a partir da relação estequiométrica com o volume:

1 mol ---------- 22,4 Litros
n --------------- 50 Litros
n = $\left(\frac{50}{22,4}\right)$ mol

Cálculo do número de mol de Argônio: $n_{Ar} = \frac{20}{100} \text{x} \frac{50}{22,4} \text{ mol} = \frac{10}{22,4} \text{ mol}$

Questão 220

(INSTITUTO TECNOLÓGICO DA AERONÁUTICA) Alternativa B.

Utilizando a equação combinada dos Gases Ideais e considerando que o volume é desprezível, temos que:

Situação I: P_I = 2,30 atm; V_I = $V_{desprezível}$ e T_I = 300K

Situação II: P_{II} = 2,53 atm; V_{II} = $V_{desprezível}$ e T_{II}

Cálculo da temperatura II através da equação combinada dos Gases Ideais: $\frac{p_I}{T_I} = \frac{p_{II}}{T_{II}}$

$$\frac{2,30}{300} = \frac{2,53}{T_{II}}$$

$$T_{II} = 330 \text{ K } (330 - 273 = 57°\text{C})$$

Questão 221

(INSTITUTO TECNOLÓGICO DA AERONÁUTICA) Alternativa E.

Conversão de unidade, com relação à pressão. Sabendo que uma atmosfera corresponde a 760 mmHg, logo:
1 atm ------------ 760 mm Hg
p ----------------- 300 mm Hg
p = 0,395 atm

Cálculo da massa do gás Hélio: $m = \frac{0,395 \text{ x } 5,0 \text{ x } 10^{-3} \text{ x } 4}{0,08206 \text{ x } 250} = 3,85 \text{ x } 10^{-4}\text{g } (0,385 \text{ mg})$

Questão 222

(MESTRE JOÃO ROBERTO DA PACIÊNCIA NABUCO) Alternativa D.

$$pV = \frac{m}{< MM >} \text{x R x T}$$

$$\left\{\frac{p \text{ x V x} < MM >}{R}\right\}_{constante} = \text{massa x Temperatura}$$

Situação I: P = constante; V = constante; T_I = 273 + (20) = 293K; m_I = m

Situação II: P = constante; V = constante; T_{II} = ?; m_{II} = m/2
Cálculo da temperatura II, através da equação combinada dos gases ideais: $m_I \text{ x } T_I = m_{II} \text{ x } T_{II}$

$$m_I \text{ x } 293 = \frac{m_I}{2} \text{ x } T_{II}$$

$$T_{II} = 586 \text{ K } (313°C)$$

Questão 223

(INSTITUTO TECNOLÓGICO DA AERONÁUTICA) Alternativa C.

Cálculo da massa molar, a partir da seguinte relação estequiométrica:

$< MM > = \frac{d \text{ x } R \text{ x } T}{p^{ideal}}$. Substituindo os valores na equação ao lado, temos:

$$< MM > = \frac{0,656 \text{ x } 0,08206 \text{ x } 273}{0,333} = 44,13 \text{ g.mol}^{-1}$$

Questão 224

(INSTITUTO TECNOLÓGICO DA AERONÁUTICA) Alternativa D.

Cálculo do número de mol de cada participante gasoso, considerando comportamento ideal:

Para o gás Hélio (He): $\frac{7600}{760} \text{ x } 30 = n_{He} \text{x } 0,08206 \text{ x } (27 + 273)$

$$n_{He} = 12,19 \text{ mol}$$

Para o monóxido de carbono (CO): $\frac{1140}{760} \text{ x } 250 = n_{CO} \text{ x } 0,08206 \text{ x } (-23 + 273)$

$$n_{CO} = 18,28 \text{ mol}$$

Para o gás óxido nítrico (NO): $0,273 \text{ x } 2000 = n_{NO} \text{ x } 0,08206 \text{ x } (0 + 273)$

$$n_{NO} = 24,37 \text{ mol}$$

Cálculo do número de mol total (n_{Total}): $n_{Total} = n_{NO} + n_{CO} + n_{He}$ = 24,37 mol + 18,28 mol + 12,19 mol = 54,84 mol

Cálculo da pressão parcial do gás nobre Hélio: $P_{He} = X_{He} \text{ x } P_{TOTAL}$

$P_{He} = \frac{12,19}{54,84} \text{ x } 4,50 = 1,0 \text{ atm}$

Questão 225

(INSTITUTO TECNOLÓGICO DA AERONÁUTICA) Alternativa A.

Cálculo do número de mol de N_2(gás): $n_{N_2} = \frac{m_{N_2}}{<MM>_{N_2}} = \frac{5,6}{28} = 0,20 \text{ mol}$

Cálculo do número de mol de O_2(gás): $n_{O_2} = \frac{m_{O_2}}{<MM>_{O_2}} = \frac{6,4}{32} = 0,20 \text{ mol}$

Cálculo do número de mol total (n_T): $n_{Total} = n_{N2} + n_{O2}$ = 0,2 + 0,2 = 0,4 mol

Pressão parcial de N_2(gás): $P_{N_2} = X_{N_2} \text{ x } p_{Total} = \left(\frac{0,2 \text{ mol}}{0,4 \text{ mol}}\right) \text{ x } 2,50 \text{atm}$

Questão 226

(INSTITUTO TECNOLÓGICO DA AERONÁUTICA) Alternativa B.

Item a) Falso. Considerando que o gás apresente comportamento idealizado, mantida sua pressão constante (Lei de Charles), um aumento de volume será acompanhado de um aumento de temperatura.

Correto. Em um gás ideal, a teoria cinética dos gases afirma que a uma dada temperatura temos a mesma energia cinética para cada molécula. Desta forma, moléculas mais pesadas têm menor velocidade, ou seja, moléculas de oxigênio (32,0 g.mol^{-1}) teriam menor velocidade que as de nitrogênio (28,0 g.mol^{-1}), uma vez que a velocidade média quadrática (c^2) é definida a partir da seguinte equação química: ($c^2 = \frac{3 \times R \times T}{<MM>}$). Conclui-se que a velocidade média quadrática das moléculas depende somente da temperatura e, inversamente proporcional à raiz quadrada da massa molar. Quanto maior a temperatura, maior a velocidade média quadrática das moléculas, e, em uma determinada temperatura fixa, moléculas pesadas se deslocam mais lentamente do que moléculas leves.

Item c) Falso. Mantida a pressão constante, um mol de gás nitrogênio irá ocupar um maior volume após aumento de temperatura, e desta forma sua densidade diminui, uma vez que a densidade é inversamente proporcional ($d = \frac{p \times <MM>}{RxT}$)).

Item d) Falso. Dentro das mesmas condições de pressão e temperatura, volumes iguais de gases diferentes possuem o mesmo número de mol (Princípio de Avogadro). Logo, gases diferentes (O_2 e N_2), apresentam diferentes densidades, pois apresentam diferentes massas molares.

Item e) Falso. A compressão de um gás (diminuição do volume), automaticamente a pressão aumenta. Como a densidade é diretamente proporcional com a sua pressão ($d = \frac{p \times <MM>}{R \times T}$), logo a densidade aumenta.

Questão 227

(INSTITUTO TECNOLÓGICO DA AERONÁUTICA) Alternativa B.

Equação química entre o dióxido de enxofre na presença de uma solução de hidróxido de sódio:

$SO_{2(gás)} + 2NaOH_{(aquoso)} \longrightarrow Na_2SO_{3(aquoso)} + H_2O_{(líquido)}$

1 mol de SO_2 -------------------------- 2 mol de NaOH
$n_{gás}$ de SO_2 ----------------------------- n_{base}
$n_{base} = 2 \times n_{gás}$

Cálculo do volume de dióxido de enxofre, a partir da relação estequiométrica entre o número de mol da base e do gás:

$n_{base} = 2 \times n_{gás}$

$$[NaOH] \times V_{Solução} = 2 \times \frac{p \times V_{SO_2}}{R \times T}$$

$$0{,}100 \times 0{,}250 = 2 \times \frac{1 \times V_{SO_2}}{0{,}08206 \times 273}$$

$$V_{SO_2} = 0{,}280 \text{ L}$$

Questão 228

(INSTITUTO TECNOLÓGICO DA AERONÁUTICA) Alternativa C.

Equação química: $HCl_{(gás)} + NaOH_{(aquoso)} \longrightarrow NaCl_{(aquoso)} + H_2O_{(líquido)}$.

Cálculo do número de mol de NaOH, a partir da concentração da quantidade de matéria:

$n_{NaOH} = [NaOH] \times V$

n_{NaOH} = 0,20 x 0,500 = 0,100 mol

Nessa reação de neutralização, a relação entre o número de mol da base e do gás está indicado logo a seguir.

n_{NaOH} = $n_{gás}$, então: $n_{gás}$ = 0,100 mol

Admitindo-se o cloreto de hidrogênio que apresenta comportamento ideal, temos:

$$n_{NaOH} = 2 \text{ x} \frac{p \text{ x } V_{HCl}}{R \text{ x } T}$$

$$0{,}100 = \frac{624 \text{ x } V_{HCl}}{62{,}4 \text{ x } 300}$$

$$V_{HCl} = 3{,}0 \text{ L}$$

Questão 229

(INSTITUTO TECNOLÓGICO DA AERONÁUTICA) Alternativa B.

Na adição de $NH_{3(g)}$ à solução de $H_2SO_{4(aquoso)}$, a equação química vai ficar da seguinte maneira:

$2NH_{3(gás)} + H_2SO_{4(aquoso)} \longrightarrow (NH_4)_2SO_{4(aquoso)}$

Relação estequiométrica entre o número de mol do gás com a solução de ácido sulfúrico:

2 mol de amônia -------------------- 1mol de ácido sulfúrico
$n_{gás}$ -- $n_{ácido}$

$n_{ácido}$ é o número de mol do ácido e $n_{gás}$ é o número de mol do gás.

$$n_{gás} = 2 \text{ x } n_{ácido}$$

Cálculo do número de mol do ácido sulfúrico (n_a), a partir da concentração da quantidade de matéria:

$$[H_2SO_4] = \frac{n_{ácido}}{V_{solução}}$$

$$n_{ácido} = [H_2SO_4] \text{ x } V_{solução} = 0{,}250 \text{ x } 0{,}100 = 0{,}0250 \text{ mol}$$

Cálculo do número de mol do gás (n_g): $n_{gás}$ = 2 x $n_{ácido}$ = 2 x 0,0250 = 0,0500 mol

Cálculo do volume de gás amônia: $n_{gás} = \frac{p \text{ x } V_{gás}}{R \text{ x } T}$

$$0{,}050 = \frac{1 \text{ x } V_{gás}}{0{,}08206 \text{ x } 273}$$

$$V_g = 1{,}12 \text{ L}$$

Questão 230

(INSTITUTO TECNOLÓGICO DA AERONÁUTICA) Alternativa D.

Cálculo do volume de NH_3, aplicando a equação dos gases ideais:

$$p_{NH_3} \text{ x } V_{NH_3} = \frac{m_{NH_3}}{< MM >_{NH_3}} \text{ x R x T}$$

$$1 \text{ x } V_{NH_3} = \frac{1,7 \text{ x } 10^6}{17} \text{ x } 0,08206 \text{ x } (27 + 273)$$

$$V_{NH_3} = 2,46 \text{ x } 10^6 \text{ L}$$

Cálculo do volume de ar, contaminado por $NH_{3(gás)}$, a partir da seguinte relação estequiométrica:

25 L de NH_3 --------------------- 10^6 Litros de ar
2,46 x 10^6 L de NH_3 ----------- V_{ar}
V_{ar} = 9,85 x 10^{10} L

Convertendo o volume de litros (L) para metros cúbicos (m^3), o volume do ar será igual a:

$$V_{ar} = 9,85 \text{ x } 10^{10}\text{L x} \frac{1,0 \text{ } \cancel{dm^3}}{1,0 \text{ L}} \text{x} \frac{10^{-3} \text{ m}^3}{1,0 \text{ } \cancel{dm^3}} = 9,85 \text{ x } 10^{10} \text{ m}^3$$

Questão 231

(INSTITUTO TECNOLÓGICO DA AERONÁUTICA) Alternativa D.

Informação do problema: metano + propano = 0,080 atm

Segundo Avogadro, quando dois gases distintos apresentam a mesma temperatura, mesmo volume e mesma pressão, os gases irão apresentar o mesmo número de mol. Logo: $n_m + n_p = 0,080$

Equação química que corresponde a combustão completa do gás metano: $CH_4 + 2O_2 \rightarrow CO_2 + 2H_2O$

1 mol de CH_4 --------- 1 mol de CO_2
n_{CH4} -------------------- n_{CO2}
$n_{CH4} = n_{CO2}$

Equação química que corresponde a combustão completa do gás propano: $C_3H_8 + 5O_2 \rightarrow 3CO_2 + 4H_2O$

1 mol de C_3H_8 --------- 3 mol de CO_2
n_{C3H8} --------------------- n_{CO2}
$n_{CO2} = 3.n_{C3H8}$

3 x n_{C3H8} + n_{CO2} = 0,12

Resolvendo o sistema de equações apresentadas anteriormente, temos:

$$\begin{cases} n_{CH_4} + n_{C_3H_8} = 0,08 \\ n_{CH_4} + 3 \text{ x } n_{C_3H_8} = 0,12 \end{cases}$$

$$n_{CH_4} = 0,06 \text{ e } n_{C_3H_8} = 0,02$$

Cálculo da fração molar do gás metano: $X_{CH_4} = \frac{n_{CH_4}}{n_{CH_4} + n_{C_3H_8}} = \frac{0,06}{0,06 + 0,02} = 0,75$

Questão 232

(INSTITUTO TECNOLÓGICO DA AERONÁUTICA) Alternativa D.

$$\left[\frac{p \text{ x } V \text{ x} < MM >}{R}\right]_{constante} = m \text{ x } T$$

Situação I: P = constante; V = constante; R = constante; T_I = 273 + 20 = 293K e m_I = m

Situação II: P = constante; V = constante; R = constante; T_{II} = ? e m_{II} = m/2

Cálculo da temperatura II, através da equação combinada dos gases ideais:

$$m_I \text{ x } T_I = m_{II} \text{ x } T_{II}$$

$$m_I \text{ x } 298 = \frac{m_I}{2} \text{ x } T_{II}$$

$$T_{II} = 596 \text{ K } (323°C)$$

Questão 233

(INSTITUTO TECNOLÓGICO DA AERONÁUTICA) Alternativa C.

Cálculo da massa de gás propano, a partir da aplicação da equação dos gases ideais:

$$p \text{ x } V = \frac{m}{< MM >} \text{ x } R \text{ x } T$$

$$1 \text{ x } 1 = \frac{m}{44} \text{ x } 0{,}08206 \text{ x } (0 + 273)$$

$$m = \frac{44}{0{,}08206 \text{ x } 273} = 1{,}96 \text{ g}$$

Questão 234

(INSTITUTO TECNOLÓGICO DA AERONÁUTICA) Alternativa A.

Cálculo da densidade da amostra gasosa nas condições apresentadas:

$$d = \frac{p \text{ x} < MM >}{R \text{ x } T} = \frac{1{,}50 \text{ x } 2{,}0}{0{,}08206 \text{ x } (25 + 273)} = 0{,}123 \frac{g}{L}$$

Questão 235

(INSTITUTO TECNOLÓGICO DA AERONÁUTICA) Alternativa E.

Situação I: Gás confinado a uma pressão de 3,0 atm

Cálculo da massa da espécie gasosa (m_I): $pV = \frac{m_I}{<MM>} \text{ x } R \text{ x } T$

$$m_I = \frac{p \text{ x } V \text{ x} < MM >}{R \text{ x } T} = \frac{28 \text{ x } 3 \text{ x } 30}{0{,}08206 \text{ x } 293} = 104{,}81 \text{ g}$$

Situação II: Gás confinado a uma pressão de 2,40 atm

Cálculo da massa (m_{II}): $pV = \frac{m_{II}}{<MM>} \text{ x } R \text{ x } T$

$$m_{II} = \frac{p \times V \times <MM>}{R \times T} = \frac{28 \times 2{,}40 \times 30}{0{,}08206 \times 293} = 84{,}85 \text{ g}$$

Situação III: Cálculo da massa de gás (N_2) de escape: $m_{N2} = m_{II} - m_I$ = 104,81g – 83,85g

m_{N2} = 20,96 g

Questão 236

(INSTITUTO TECNOLÓGICO DA AERONÁUTICA) Alternativa A.

O caminho livre médio das moléculas é uma propriedade dos gases que é independente da temperatura, mas sim do número de moléculas presentes em um determinado recipiente de volume V. Já em relação a frequências de colisões de partículas gasosas é uma propriedade muito dependente da temperatura, sendo diretamente proporcional.

Questão 237

(INSTITUTO TECNOLÓGICO DA AERONÁUTICA) Alternativa A.

A umidade relativa do ar estuda a relação entre a umidade absoluta do ar e a umidade absoluta do mesmo ar no ponto de saturação, a mesma temperatura. Representado pela sigla (%) UR.

$$m_{vapor} = \left(\underbrace{8 \times 5 \times 4}_{160}\right) \times \frac{40}{100} \times 19{,}33 = 1237{,}12 \text{ g } (1{,}24 \text{ kg})$$

Questão 238

(INSTITUTO TECNOLÓGICO DA AERONÁUTICA) Alternativa D.

Equação química que corresponde a formação de cloreto de alumínio e a liberação de gás hidrogênio:

$Al_{(sólido)} + 3HCl_{(aquoso)} \longrightarrow AlCl_{3(aquoso)} + 3/2H_{2(gás)} \uparrow$

Determinação do reagente limitante:

Número de mol de alumínio: $n_{Al} = \frac{n_{Al}}{<MM>_{Al}} = \frac{2{,}7}{27} = 0{,}10 \text{ mol}$

Número de mol de ácido clorídrico, a partir da concentração da quantidade de matéria: $n_{ácido}$ = [HCl] x volume = 1,00 x 0,50 = 0,50 mol

3 mol de HCl ------------------ 0,50 mol de HCl
1 mol de HCl ------------------ n_{HCl}
n_{HCl} = 0,167 mol

Comparando o número de mol de cada constituinte químico, $n_{Al} < n_{HCl}$, logo o alumínio metálico é o regente limitante.

Cálculo da massa de gás hidrogênio produzido:

1 mol de Al ------------------- 3/2 moles de $H_{2(gás)}$
27 gramas -------------------- 3/2 x 2,0 gramas
2,70 gramas ------------------ m_{H2}
m_{H2} = 0,30 g

Cálculo do volume de H_2: $1 \times V_{H_2} = \frac{0{,}30}{2} \times 0{,}08206 \times 298$

$$V_{H_2} = 0{,}15 \times 0{,}08206 \times 298 = 3{,}67 \text{ L}$$

Questão 239

(INSTITUTO TECNOLÓGICO DA AERONÁUTICA) Alternativa A.

Cálculo da massa molar do hidrocarboneto desconhecido: $< MM > = \frac{m \times R \times T}{p \times V} = \frac{7{,}50 \times 0{,}08206 \times 273}{1 \times 5{,}6} = 30{,}00\ g.mol^{-1}$

Determinação do hidrocarboneto:

✓ Alcano (C_nH_{2n+2}): $C_nH_{2n+2} = 30$
$12n + 2n + 2 = 30$
$n = 2$

✓ Alceno (C_nH_{2n-2}): $C_nH_{2n-2} = 30$
$12n + 2n - 2 = 30$
$n = 2{,}28$

✓ Alcino (C_nH_{2n}): $C_nH_{2n} = 30$
$12n + 2n = 30$
$n = 2{,}14$

✓ Ciclano (C_nH_{2n}): $C_nH_{2n} = 30$
$12n + 2n = 30$
$n = 2{,}14$

✓ Cicleno (C_nH_{2n-2}): $C_nH_{2n} = 30$
$12n + 2n -2 = 30$
$n = 2{,}28$

Questão 240

(OLIMPÍADA BRASILEIRA DE QUÍMICA) Alternativa A.

Cálculo da massa molar da espécie gasosa:

$$< MM > = \frac{m \times R \times T}{p \times V} = \frac{1{,}14 \times 0{,}08206 \times 300}{1 \times 1} = \frac{28{,}06}{1} = 28{,}06\ g.mol^{-1}$$

Cálculo da massa molar de cada espécie química:

Item a) CO = (12 + 16) = 28 $g.mol^{-1}$
Item b) H_2S = (2x1 + 32) = 34 $g.mol^{-1}$
Item c) NO_2 = (1x14 + 2x16) = 46 $g.mol^{-1}$
Item d) C_2H_2 = (2x12 + 2x1) = 26 $g.mol^{-1}$
Item e) NO = (14 + 16) = 30 $g.mol^{-1}$

Questão 241

(OLIMPÍADA DE QUÍMICA DO RIO DE JANEIRO) Alternativa B.

Equação química que corresponde a formação de sulfato de cálcio, água e dióxido de carbono, a partir da interação entre ácido sulfúrico e carbonato de cálcio: $H_2SO_4 + CaCO_3 \rightarrow CaSO_4 + H_2O + CO_2$.

Cálculo do número de mol de ácido sulfúrico: $n_{H_2SO_4} = \frac{m_{H_2SO_4}}{<MM>_{H_2SO_4}} = \frac{2{,}45}{98} = 0{,}025\ mol$

Cálculo do número de mol de dióxido de carbono produzido:

1 mol de H_2SO_4 --------------- 1 mol de CO_2

0,025 mol de H_2SO_4 ---------- n_{CO2}
n_{CO2} = 0,025 mol

Cálculo do volume de dióxido de carbono produzido, a partir da equação dos gases ideais.

$$V_{CO_2} = \frac{n_{CO_2}.R.T}{p} = \frac{0{,}025 \text{ x } 0{,}08206 \text{ x } 300}{1} = 0{,}615 \text{ litros}$$

Questão 242

(U.S. NATIONAL CHEMISTRY OLYMPIAD) Alternativa B.

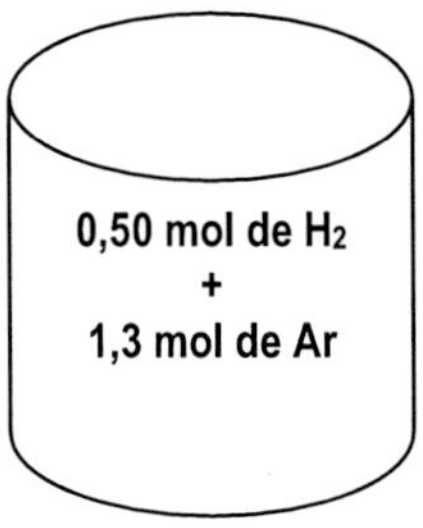

Cálculo do número de mol total (n_{Total}): n_{Total} = 0,5 + 1,3 = 1,8 mol.

Cálculo da pressão total da mistura gasosa: p_{TOTAL} x 4,82 = 1,80 x 0,08206 x (50 + 273)

p_{TOTAL} = 9,90 atm

Cálculo da pressão parcial do gás hidrogênio: $P_{H_2} = \frac{n_{H2}}{n_T} \text{ x } P_T = \frac{0{,}50}{1{,}80} \text{ x } 9{,}90 \text{ atm} = 2{,}75 \text{ atm}$

Questão 243

(PETROBRAS – ENGENHEIRO DE PROCESSAMENTO JÚNIOR) Alternativa B.

Cálculo do volume molar: $V_{molar} = \frac{V}{n} = \frac{1 \text{ m}^3}{100 \text{ mol}} = 10^{-2}\text{m}^3.\text{mol}^{-1}$

Analisando o gás metano como real: $\left\{p^{real} + \frac{0{,}2}{(10^{-2})^2}\right\} \text{ x } \{10^{-2} - 4{,}0 \text{ x } 10^{-5}\} = 8 \text{ x } 300$

$p^{real} = 239 \text{ kPa}$

Analisando o gás metano como ideal: $p^{ideal} \text{ x } 1 = 1000 \text{ x } 8 \text{ x } 300$

$p^{ideal} = 240 \text{ kPa}$

Cálculo da variação de pressão (Δp): $\Delta p = p^{real} - p^{ideal} = 239 \text{ kPa} - 240 \text{ kPa} = -1 \text{ kPa}$

Questão 244

(GRILLO) Alternativa A.

Base de cálculo: n(mol) inicial de cloreto de nitrosila.

Equação química que corresponde a decomposição do cloreto de nitrosila: $2NOCl_{(gás)} \rightleftarrows 2NO_{(gás)} + Cl_{2(gás)}$.
Para a resolução do problema, será necessário a utilização da tabela de equilíbrio químico:

	$2NOCl_{(gás)}$	$\rightleftarrows$	$2NO_{(gás)}$	$Cl_{2(gás)}$
Início	n		0	0

Reage	$2n\alpha$		$2n\alpha$	$n\alpha$
Equilíbrio	$n - 2n\alpha$		$2n\alpha$	$n\alpha$

Cálculo do número de mol total da mistura gasosa: $n_{Total} = n_{NOCl} + n_{NO} + n_{Cl2}$

$n_{Total} = n - 2n\alpha + 2n\alpha + n\alpha$

$n_{Total} = n + n\alpha$

$n_{Total} = n.(1 + \alpha)$

Cálculo do grau de dissociação (α) do cloreto de nitrosila, a partir da sua relação com a densidade:

$$d = \frac{p \text{ x} < MM >}{(1+\alpha) \text{ x R x T}}$$

$$1{,}302 = \frac{1 \text{ x } 65{,}5}{(1+\alpha) \text{ x } 0{,}08206 \text{ x } (227+273)}$$

$$53{,}42 \text{ x } (1+\alpha) = 65{,}5$$

$$\alpha = 0{,}23 \ (23\%)$$

Questão 245

(GRILLO) Alternativa A.

Equação de Van der Waals: $\left\{p^{real} + \frac{16{,}2}{\left(\frac{5{,}0}{1{,}50}\right)^2}\right\} \text{x} \left\{\frac{5{,}0}{1{,}50} - 8{,}40 \text{ x } 10^{-2}\right\} = 0{,}08206 \text{ x } (0+273)$

$$p^{real} = 5{,}44 \text{ atm}$$

Através do valor da pressão calculada e da temperatura fornecida, observa-se uma característica predominante para o comportamento do gás real ⇒ Alta pressão e baixa temperatura.

Questão 246

Alternativa A.

Estudando o compartimento A: $X_A = \frac{n_A}{n_T}$

$$0{,}58 = \frac{n_A}{n_T}$$

$$n_A = 0{,}58 \text{ x } n_T$$

$$p_A \text{ x } V_A = n_A \text{ x R x } T_A$$

$5 \text{ x } V_A = 0{,}58 \text{ x } n_T \text{ x R x } T_A$ (Equação A)

Estudando o compartimento B: $X_B = 1 - 0{,}58 = 0{,}42$

$$X_B = \frac{n_B}{n_T}$$

$$0{,}42 = \frac{n_B}{n_T}$$

$n_B = 0{,}42 \text{ x } n_T$

$p_B \text{ x } V_B = n_B \text{ x } R \text{ x } T_B$
$8 \text{ x } V_B = 0{,}42 \text{ x } n_T \text{ x } R \text{ x } T_B$ (Equação B)

Dividindo a equação 2 pela equação 1, temos: $\frac{8 \text{ x } V_B}{5 \text{ x } V_A} = \frac{0{,}42 \text{ x } R \text{ x } T_B}{0{,}58 \text{ x } R \text{ x } T_A}$

Sendo $T_A = T_B$ (processo isotérmico), temos: $\frac{8 \text{ x} V_B}{5 \text{ x} V_A} = \frac{0{,}42}{0{,}58}$

$V_A = 2{,}21 \text{ x } V_B$

Sabendo que a soma dos volumes ($V_A + V_B$) é igual a 29 litros, temos: $V_A + V_B = 29{,}0$

$V_A = 2{,}21 \text{ x } V_B$

Resolvendo o sistema, temos: $V_A = 19{,}96$ Litros e $V_B = 9{,}03$ Litros.

Questão 247

(GRILLO) Alternativa A.

Cálculo do número de mol de metano (CH_4): $n_{CH_4} = \frac{m_{CH_4}}{<MM>_{CH_4}} = \frac{320 \text{ x} 10^{-3}}{16} = 0{,}020 \text{ mol}$

Cálculo do número de mol de Argônio (Ar): $n_{Ar} = \frac{m_{Ar}}{<MM>_{Ar}} = \frac{175 \text{ x} 10^{-3}}{40} = 0{,}0044 \text{ mol}$

Cálculo do número de mol de Neônio (Ne): $n_{Ne} = \frac{m_{Ne}}{<MM>_{Ne}} = \frac{225 \text{ x} 10^{-3}}{20} = 0{,}01125 \text{ mol}$

Cálculo do número de mol total (n_T) da mistura gasosa: $n_{Total} = n_{CH4} + n_{Ar} + n_{Ne}$

$n_{Total} = 0{,}020 + 0{,}0044 + 0{,}01125 = 0{,}0356$ mol

Cálculo da pressão total (p_T) do sistema, a partir da pressão parcial do Neônio: $P_{Ne} = X_{Ne} \text{ x } P_{Total} = \frac{n_{Ne}}{n_{total}} \text{ x } P_{Total}$

$$8{,}87 = \frac{0{,}01125}{0{,}0356} \text{ x } P_T$$

$P_{Total} = 28{,}07 \text{ kPa}$

Cálculo do volume da mistura: $280170 \text{ x } V_{Total} = 0{,}0356 \text{ x } 8{,}314 \text{ x } 300$

$V_{Total} = 3{,}17 \text{ x } 10^{-4} \text{m}^3$

Questão 248

(GRILLO) Alternativa B.

Para o cálculo da massa específica, será necessário primeiramente calcular a pressão do sistema.

Cálculo do número de mol de monóxido de carbono (CO): $n_{CO} = \frac{pV}{RT} = \frac{1 \text{ x } 9{,}1}{0{,}08206 \text{ x } 273} = 0{,}41 \text{ mol}$

Cálculo do número de mol de H_2: $n_{H_2} = \frac{pV}{RT} = \frac{1 \text{ x } 26{,}6}{0{,}08206 \text{ x } (25+273)} = 1{,}09 \text{ mol}$

Cálculo do número de mol total: $n_{TOTAL} = n_{H2} + n_{CO} = 1{,}09 + 0{,}41 = 1{,}50$ mol

Cálculo da pressão total do recipiente: $p_{Total} = \frac{1{,}50 \text{ x } 0{,}08206 \text{ x } (25+273)}{100} = 0{,}369 \text{ atm}$

Cálculo da massa molar da mistura: $X_{CO} \text{ x } < MM >_{CO} + X_{H_2} \text{ x } < MM >_{H_2} = X_{mistura} \text{ x } < MM >_{mistura}$

$$\frac{0{,}41}{1{,}50} \text{ x } 28 + \frac{1{,}09}{1{,}50} \text{ x } 2{,}0 = 1{,}0 \text{ x } < MM >_{mistura}$$

$$< MM >_{mistura} = 9{,}11 \text{ g. mol}^{-1}$$

Cálculo da massa específica (μ): $\mu = \frac{p_{Total} \text{ x} <MM>_{mistura}}{R \text{ x } T} = \frac{0{,}369 \text{ x } 9{,}11}{0{,}08206 \text{ x } (27+273)} = 0{,}136 \text{ g. L}^{-1}$

Questão 249

(GRILLO) Alternativa A.

Sabendo que para a determinação do volume supostamente esférica, temos $V = \frac{b}{N}$, onde V é o volume da partícula esférica ($V = \frac{4\pi R^3}{3}$), b é a constante de Van der Waals e N a constante de Avogadro. Cálculo do raio da partícula gasosa:

$$\frac{4\pi R^3}{3} = \frac{3{,}19 \text{ x} 10^{-2} \text{ x } 10^{-3}}{6{,}02 \text{ x } 10^{23}}$$

$$R^3 = 1{,}26 \text{ x } 10^{-29}$$

$$R = \sqrt[3]{1{,}26 \text{ x } 10^{-29}} = 2{,}33 \text{ x } 10^{-10} \text{ (0,233 nm)}$$

Questão 250

(INSTITUTO TECNOLÓGICO DA AERONÁUTICA) Alternativa C.

Sendo a pressão do oxigênio no ar, em La Paz, cerca de 40% menor do que ao nível do mar, a pressão lá será apenas 60% do que é a pressão ao nível do mar, ou seja: pressão do O_2 em La Paz = (100 – 40)% da pressão ao nível do mar.

Questão 251

(OLIMPÍADA DE QUÍMICA DO RIO DE JANEIRO) Alternativa D.

Cálculo do número de mol de cada gás:

$$n_{SO_2} = \frac{m_{SO_2}}{< MM >_{SO_2}} = \frac{100}{64} = 1{,}5625 \text{ mol}$$

$$n_{O_2} = \frac{m_{O_2}}{< MM >_{O_2}} = \frac{100}{32} = 3{,}125 \text{ mol}$$

$$n_{total} = n_{SO_2} + n_{O_2} = 1{,}5625 \text{ mol} + 3{,}125 \text{ mol} = 4{,}6875 \text{ mol}$$

Cálculo da pressão total da mistura gasosa: $P_{SO_2} = X_{SO_2} \text{ x } P_{Total} = \frac{n_{SO_2}}{(n_{SO_2} + n_{O_2})} \text{ x } P_T$

$$8{,}87 = \frac{1{,}5625}{4{,}6875} \text{ x } P_{Total}$$

$$P_{Total} = 200{,}0 \text{ kPa}$$

Questão 252

(INSTITUTO MILITAR DE ENGENHARIA) Alternativa A.

O modelo do gás ideal considera que o tamanho das partículas que compõem o gás é desprezível. As interações intermoleculares entre estas são, também, desprezadas, uma vez que a distância entre as partículas é muito grande. As interações, no gás ideal, devem-se apenas às colisões entre as moléculas do gás. O elevado valor de pressão, de aproximadamente 130 atm não permite que a hipótese do gás ideal seja adotada, pois, nessa situação, as interações intermoleculares das partículas do gás não serão desprezíveis.

Questão 253

(OLIMPÍADA BAIANA DE QUÍMICA - MODIFICADA) Alternativa A.

Cálculo da pressão do gás através da equação dos gases ideais: $p^{ideal} \text{ x } V = \frac{m}{<MM>} \text{ x R x T}$

$$1 \text{ x } V = \frac{10}{44} \text{ x } 0{,}08206 \text{ x } (300 + 273)$$

$$V = \frac{10}{44} \text{ x } 0{,}08206 \text{ x } 573 = 10{,}69 \text{ Litros}$$

Questão 254

(GRILLO) Alternativa E.

Cálculo do volume molar do gás cloro: $V_{molar} = \frac{V}{n} = \frac{22{,}4 \text{ L}}{1{,}0 \text{ mol}} = 22.4 \text{ L.mol}^{-1}$

Cálculo da pressão utilizando a equação de Van der Waals (p^{real}): $\left\{p^{real} + \frac{6{,}49}{(22{,}4)^2}\right\} \text{ x } \{22{,}4 - 5{,}62 \text{ x } 10^{-2}\} = 0{,}08206 \text{ x } 273$

$$p^{real} = 0{,}99 \text{ atm}$$

Cálculo do fator de compressibilidade (Z): $Z = \frac{p^{Real}}{p^{Ideal}} = \frac{0{,}99 \text{ atm}}{1{,}00 \text{ atm}} = 0{,}99$

Questão 255

(INSTITUTO TECNOLÓGICO DA AERONÁUTICA) Alternativa E.

Sabendo que a relação entre a densidade de um determinado gás é dada por: $\boxed{d = \frac{p \text{ x } <MM>}{R \text{ x } T}}$, então analisando cada proposta colocada pelo problema, temos:

- Aumentando a temperatura com a pressão constante, a densidade da amostra gasosa diminui;

- Aumentando a temperatura com o volume constante, tanto a massa quanto o volume constantes, a densidade torna-se constante.

Questão 256

(INSTITUTO TECNOLÓGICO DA AERONÁUTICA) Alternativa D.

Dados do problema: $P_{CO_2} = \frac{1}{3} \text{ x } P_{H_2}$ e $P_{TOTAL} = P_{CO_2} + P_{H_2} = 0{,}82 \text{ atm}$

Resolvendo as equações apresentadas acima, temos: $P_{CO_2} = \frac{1}{3} \text{ x } P_{H_2}$

$$\frac{1}{3} \text{ x } P_{H_2} + P_{H_2} = 0{,}82 \text{ atm}$$

$$P_{H_2} = 0{,}615 \text{ atm}$$

Cálculo da pressão parcial de dióxido de carbono (CO_2): $P_{CO_2} + P_{H_2} = 0{,}82 \text{ atm}$

$P_{CO_2} + 0{,}615\ \text{atm} = 0{,}82\ \text{atm}$

$P_{CO_2} = 0{,}205\ \text{atm}$

Cálculo da pressão total (p_{TOTAL}): $P_{H_2} = 0{,}615 = X_{H_2}\ \text{x}\ P_{TOTAL}$

$0{,}615 = \frac{n_{H_2}}{n_{TOTAL}}\ \text{x}\ P_{TOTAL}$ (Equação I)

$P_{CO_2} = 0{,}615 = X_{CO_2}\ \text{x}\ P_{TOTAL}$

$0{,}205 = \frac{n_{CO_2}}{n_{TOTAL}}\ \text{x}\ P_{TOTAL}$ (Equação II)

Cálculo do número de mol total (n_{TOTAL}), utilizando a equação dos gases ideais: $0{,}82\ \text{x}\ 240 = n_{TOTAL}\ \text{x}\ 0{,}08206\ \text{x}\ 300$

$n_{TOTAL} = 8{,}00\ \text{mol}$

Substituindo os valores na equação I, temos:

$$0{,}615 = \frac{n_{H_2}}{n_{TOTAL}}\ \text{x}\ P_{TOTAL}$$

$$0{,}615 = \frac{\frac{m_{H_2}}{< MM >_{H_2}}}{n_{TOTAL}}\ \text{x}\ P_{TOTAL}$$

$$0{,}615 = \frac{\frac{m_{H_2}}{2{,}0}}{8}\ \text{x}\ 0{,}82$$

$m_{H_2} = 12{,}0\ \text{g}$

Substituindo os valores na equação II, temos: $0{,}205 = \frac{n_{CO_2}}{n_{TOTAL}}\ \text{x}\ P_{TOTAL}$

$$0{,}205 = \frac{\frac{m_{CO_2}}{44{,}0}}{8{,}0}\ \text{x}\ 0{,}82$$

$m_{CO_2} = 88{,}0\ \text{g}$

Questão 257

(INSTITUTO MILITAR DE ENGENHARIA) Alternativa D.

Para a resolução deste problema será necessário utilizar a equação dos gases ideais, ou seja, $pV = nRT$.

Estudando a situação inicial: $p_1;\ V_1;\ T_1 = 27 + 273 = 300K$

Estudando a situação final: $p_2;\ V_2;\ T_2 = 127 + 273 = 400K$

A partir da equação dos gases ideais e considerando que tanto a pressão quanto o volume sejam constantes, temos:

$$\frac{\cancel{p_1}\ \text{x}\ \cancel{V_1}}{\cancel{p_2}\ \text{x}\ \cancel{V_2}} = \frac{n_1\ \text{x}\ \cancel{R}\ \text{x}\ 300}{n_2\ \text{x}\ \cancel{R}\ \text{x}\ 400}$$

$n_2 \times 400 = n_1 \times 300$

$$\frac{n_2}{n_1} = \frac{300}{400} = 0{,}75\ (75\%)$$

O percentual de massa de ar que saiu é igual a 100% - 75% = 25%

Questão 258

(INSTITUTO TECNOLÓGICO DA AERONÁUTICA) Alternativa E.

Cálculo do número de mol de carbonato de amônio: $3(NH_4)_2CO_3 + 2H_3PO_4 \rightarrow 2(NH_4)_3PO_4 + 3CO_2 + 3H_2O$

Cálculo do número de mol de carbonato de amônio: $n_{(NH_4)_2CO_3} = \frac{480}{96} = 5\ \text{mol}$

Cálculo do número de mol de dióxido de carbono, através do processo estequiométrico:

$3\ \text{mol de}\ (NH_4)_2CO_3 - - - - - 3\ \text{mol de}\ CO_2$
$5\ \text{mol de}\ (NH_4)_2CO_3 - - - - - n_{CO_2}$
$n_{CO_2} = 5\ \text{mol}$

Cálculo do volume de dióxido de carbono, a partir da aplicação da equação dos gases ideais:

$$V_{CO_2} = \frac{n_{CO_2}RT}{p} = \frac{5 \times 0{,}08206 \times 273}{2} = 56{,}0\ \text{L}$$

Questão 259

(INSTITUTO TECNOLÓGICO DA AERONÁUTICA) Alternativa A.

Equação química que corresponde a formação de sulfato de amônio: $2NH_{3(gás)} + H_2SO_{4(aquoso)} \rightarrow (NH_4)_2SO_{4(aquoso)}$

Pela relação estequiométrica, temos:
$2\ \text{mol de}\ NH_{3(gás)} - - - - 1\ \text{mol de}\ H_2SO_{4(aquoso)}$
$n_{NH_3} - - - - - - - - - - - n_{H_2SO_4}$
$n_{NH_3} = 2 \times n_{H_2SO_4}$

Considerando que o gás amoníaco apresenta comportamento ideal, temos: $\frac{pV}{RT} = [H_2SO_4] \times V_{solução}$

$$\frac{1 \times V}{0{,}08206 \times 273} = 0{,}100 \times 0{,}250$$

$V = 0{,}08206 \times 273 \times 0{,}100 \times 0{,}250 = 0{,}56\ \text{L}$

Questão 260

(INSTITUTO TECNOLÓGICO DA AERONÁUTICA) Alternativa C.

Equação química da reação de neutralização entre o cloreto de hidrogênio com o hidróxido de sódio: $HCl_{(gás)} + NaOH_{(aquoso)} \rightarrow NaCl_{(aquoso)} + H_2O_{(líquido)}$

Pela relação estequiométrica entre o cloreto de hidrogênio e o hidróxido de sódio:

$1\ \text{mol de}\ HCl_{(g)} - - - - 1\ \text{mol de}\ NaOH_{(aq)}$
$n_{HCl} - - - - - - - - - - n_{NaOH}$
$n_{HCl} = n_{NaOH}$

Cálculo do volume de cloreto de hidrogênio: $\frac{pV}{RT} = [NaOH] \text{ x } V_{solução}$

$$\frac{\left(\frac{624}{760}\right) \text{x V}}{0{,}08206 \text{ x } (27 + 273)} = 0{,}200 \text{ x } 0{,}500$$

$$V = \frac{0{,}08206 \text{ x } 300 \text{ x } 0{,}200 \text{ x } 0{,}500 \text{ x } 760}{624} = 3{,}00 \text{ L}$$

Questão 261

(OLIMPÍADA DE QUÍMICA DO RIO DE JANEIRO) Alternativa C.

Cálculo do número de mol para cada espécie gasosa:

$$n_{He} = \frac{2{,}0}{4{,}0} = 0{,}50 \text{ mol}$$

$$n_{O_2} = \frac{2{,}0}{32{,}0} = 0{,}0625 \text{ mol}$$

$$n_{N_2} = \frac{2{,}0}{28{,}0} = 0{,}0714 \text{ mol}$$

Número de mol total: $n_{He} + n_{O_2} + n_{N_2} = 0{,}50 \text{ mol} + 0{,}0625 \text{ mol} + 0{,}0714 \text{ mol} = 0{,}6339 \text{ mol}$

Cálculo da pressão do sistema reacional, aplicando a equação dos gases ideais:

$$p = \frac{0{,}6339 \text{ x } 0{,}08206 \text{ x } (100 + 273)}{15{,}0} = 1{,}29 \text{ atm}$$

Questão 262

(INSTITUTO TECNOLÓGICO DA AERONÁUTICA) Alternativa D.

Equação química: $Al_{(sólido)} + 3HCl_{(aquoso)} \rightarrow AlCl_{3(aquoso)} + \frac{3}{2}H_{2(gás)} \uparrow$

Para a resolução deste problema será necessário determinar o reagente limitante.

$$n_{Al} = \frac{2{,}70}{27} = 0{,}10 \text{ mol}$$

$$n_{HCl} = n_{HCl} \text{ x } [HCl] = \frac{0{,}500 \text{ x } 1{,}0}{3} = 0{,}167 \text{ mol}$$

Comparando o número de mol de cada reagente, o alumínio é o reagente limitante. Pela relação estequiométrica, temos:

$$1 \text{ mol de } Al_{(s)} ------- \frac{3}{2} \text{mol de } H_{2(g)}$$

$$\frac{2{,}70}{27} \text{ mol de } Al_{(s)} ----- n_{H_{2(g)}}$$

$$n_{H_{2(g)}} = 0{,}15 \text{ mol}$$

Cálculo do volume de gás hidrogênio produzido, a partir da equação dos gases ideais:

$$V_{H_{2(g)}} = \frac{n_{H_2} \times R \times T}{p} = \frac{0{,}15 \times 0{,}08206 \times (25 + 273)}{1{,}0} = 3{,}66 \text{ L}$$

Questão 263

(INSTITUTO TECNOLÓGICO DA AERONÁUTICA) Alternativa B.

Equação química: $SO_{2(gás)} + 2NaOH_{(aquoso)} \rightarrow Na_2SO_{3(aquoso)} + H_2O_{(líquido)}$

Cálculo da relação estequiométrica entre a solução de hidróxido de sódio com o gás $SO_{2(gás)}$:

$1 \text{ mol de } SO_2 - - - - - 2 \text{ mol de NaOH}$
$n_{SO_2} - - - - - - - - - - n_{NaOH}$
$2 \times n_{SO_2} = n_{NaOH}$

Considerando que o dióxido de enxofre apresenta comportamento ideal, temos: $2 \times n_{SO_2} = n_{NaOH}$

$$2 \times \frac{p \times \text{Volume}}{R \times T} = [\text{NaOH}] \times V_{\text{solução}}$$

$$2 \times \frac{1 \times \text{Volume}}{0{,}08206 \times 273} = 0{,}100 \times 0{,}250$$

$$\text{Volume} = 0{,}280 \text{ L}$$

Questão 264

(INSTITUTO TECNOLÓGICO DA AERONÁUTICA) Alternativa D.

Equação química de decomposição térmica da decomposição do nitrato de potássio, resultando na formação de nitrito de potássio e gás oxigênio: $KNO_{3(sólido)} \rightarrow KNO_{2(sólido)} + \frac{1}{2}O_{2(gás)} \uparrow$

Cálculo do número de mol de oxigênio molecular, considerando comportamento ideal:

$$n = \frac{pV}{RT} = \frac{\left(\frac{700}{760}\right) \times 1000}{0{,}08206 \times (77 + 273)} = 32{,}07 \text{ mol}$$

Cálculo do número de mol de nitrato de potássio, a partir da relação estequiométrica.

$$KNO_{3(sólido)} \rightarrow KNO_{2(sólido)} + \frac{1}{2}O_{2(gás)} \uparrow$$

$1 \text{ mol de } KNO_3 - - - - - - - 0{,}50 \text{ mol de } O_2$
$n_{KNO_3} - - - - - - - - - - - - 32{,}07 \text{ mol de } O_2$

$$n_{KNO_3} = \frac{32{,}07}{0{,}50} = 64{,}14 \text{ mol}$$

Cálculo da massa de nitrato de potássio, a partir do número de mol: $\frac{m_{KNO_3}}{<MM>_{KNO_3}} = 64{,}14 \text{ mol}$

$$m_{KNO_3} = 64{,}14 \times (39 + 14 + 48) = 6478{,}14 \text{ g } (\cong 6{,}50 \text{ kg})$$

Questão 265

(INSTITUTO TECNOLÓGICO DA AERONÁUTICA) Alternativa C.

Considerando a equação dos gases ideais, a massa de gás propano será igual a: $m = \frac{p \times V \times <MM>}{R \times T}$

Substituindo os valores na equação acima, temos: $m = \frac{1,0 \times 1,0 \times 44}{0,08206 \times 273} = \frac{44}{22,40} = 1,96\ g$

Questão 266

(OLIMPÍADA DE QUÍMICA DO RIO DE JANEIRO) Alternativa D.

Propriedades do gás X: $pV = n_X RT$

$$\frac{pV}{T} = n_X \times R$$

Propriedades do gás Z: $pV = n_Z RT$

$$\frac{pV}{T} = n_Z \times R$$

Considerando que os gases, conforme no enunciado do problema, apresentam a mesma pressão, volume e temperatura.

$$n_X \times R = n_Z \times R$$

$$\frac{m_X}{< MM >_Z} \times \cancel{R} = \frac{m_Z}{< MM >_Z} \times \cancel{R}$$

$$\frac{1,60}{32,0} - \frac{3,50}{< MM >_Z}$$

$$< MM >_Z = \frac{32,0 \times 3,50}{1,60} = 70 \frac{g}{mol}$$

Questão 267

(OLIMPÍADA DE QUÍMICA DO RIO DE JANEIRO) Alternativa A.

Para a determinação da massa molar será necessário aplicar a equação dos gases ideais:

$$< MM > = \frac{m \times R \times T}{p \times V} = \frac{510000 \times 0,08 \times (-23 + 273)}{20 \times 30000} = 17 \frac{g}{mol}$$

Para esta massa molecular, a molécula gasosa é a amônia (NH_3).

Questão 268

(OLIMPÍADA DE QUÍMICA DO RIO DE JANEIRO) Alternativa D.

Considerando que o processo é isovolumétrico (volume constante) e isotérmico (temperatura constante), teremos a seguinte situação:

Situação I:m_1 = 160g; V_1 = 8 L; T_1 = 27 + 273 = 300 K.

Cálculo da pressão inicial para a situação I: $p_I = \frac{nRT}{V} = \frac{\left(\frac{160}{32}\right) \times 0,08 \times (27+273)}{8} = 15\ atm$

Relação entre a pressão e a massa do composto gasoso: $pV = \frac{m}{<MM>} RT$

$$\underbrace{\frac{V \times < MM >}{R \times T}}_{constante} = \frac{m}{p}$$

Cálculo da massa no estado final (m_{II}): $\frac{m_I}{p_I} = \frac{m_{II}}{p_{II}}$

$\frac{160}{15} = \frac{m_{II}}{9} \rightarrow m_{II} = \frac{160 \times 9}{15} = 96\ g$

Logo a massa final de oxigênio que escapa do recipiente é: $\text{Massa}_{(\text{final})} = 160\ g - 96\ g = 64\ g$

Questão 269

(INSTITUTO TECNOLÓGICO DA AERONÁUTICA) Alternativa C.

Equação química da decomposição química da espécie gasosa X: $X_{(gás)} \rightleftarrows 2\ Y_{(gás)} + ½\ Z_{(gás)}$

Base de cálculo: Pressão inicial (P_0) para a espécie gasosa X.

Para a resolução do problema, será necessário a aplicação da tabela de equilíbrio químico:

	$X_{(gás)}$	$\rightleftarrows$	$2Y_{(gás)}$	$½\ Z_{(gás)}$
Início	P_0		0	0
Reage	$P_0\alpha$		$2P_0\alpha$	$½P_0\alpha$
Equilíbrio	$P_0 - P_0\alpha$		$2P_0\alpha$	$½P_0\alpha$

Determinação da pressão total (P_{total}), a partir do equilíbrio da tabela de equilíbrio: $P_{total} = P_X + P_Y + P_Z$

$$P_{total} = P_0 - P_0\alpha + 2P_0\alpha + \frac{1}{2}P_0\alpha$$

$$P_{total} = P_0 + P_0\alpha + \frac{1}{2}P_0\alpha = \boxed{P_0 \times \left[1 + \left(\frac{3}{2}\right)\alpha\right]}$$

Questão 270

(INSTITUTO MILITAR DE ENGENHARIA) Alternativa D.

Equação química: $Zn_{(sólido)} + H_2SO_{4(aquoso)} \rightarrow ZnSO_{4(aquoso)} + H_{2(gás)}$

Determinação do reagente limitante, calculando o número de mol:

Para o zinco: $n_{Zn} = \frac{m_{Zn}}{<MM>_{Zn}} = \frac{32,7}{65,4} = 0,50\ mol$

Para o ácido sulfúrico: $n_{H_2SO_4} = [H_2SO_4] \times V_{solução} = 1,0 \times 1,50 = 1,50\ mol$

Comparando os valores de cada número de mol dos reagentes, o zinco é o limitante.

Cálculo do número de mol de gás Hidrogênio:

$1\ mol\ de\ Zn_{(s)}$ — — — — — $1\ mol\ de\ H_{2(g)}$
$0,50\ mol\ de\ Zn_{(s)}$ — — — — n_{H_2}
$n_{H_2} = 0,50\ mol$

O volume de gás hidrogênio produzido é igual a 2,0 litros $(3,5\ L - 1,5L)$

Cálculo da pressão de gás hidrogênio, considerando comportamento ideal:

$$p = \frac{n \times R \times T}{V} = \frac{0{,}50 \times 0{,}08206 \times (20 + 273)}{2{,}0} = 6{,}0 \text{ atm}$$

Questão 271

(INSTITUTO TECNOLÓGICO DA AERONÁUTICA) Alternativa D.

Equação química reversível: $NO_{2(gás)} + CO_{(gás)} \rightleftharpoons CO_{2(gás)} + NO_{(gás)}$

Base de cálculo: pressão parcial de dióxido de nitrogênio igual a X e pressão parcial do monóxido de carbono igual a 3X no estado inicial.

Para a resolução do problema será necessário utilizar a tabela de equilíbrio químico:

	$NO_{2(gás)}$	$CO_{(gás)}$	$\rightleftarrows$	$CO_{2(gás)}$	$NO_{(gás)}$
Início	X	3X		0	0
Reage	Y	Y		Y	Y
Equilíbrio	X - Y	3X – Y		Y	Y

Sabendo que a pressão total do sistema é igual ao somatório das pressões parciais, temos:

$$P_{total} = P_{NO_{2(gás)}} + P_{CO_{(gás)}} + P_{CO_{2(gás)}} + P_{NO_{(gás)}}$$

$$32{,}8 \text{ atm} = X - Y + 3X - Y + Y + Y$$

$$X = \frac{32{,}8}{4} = 8{,}2 \text{ atm}$$

Cálculo da massa de dióxido de nitrogênio: $P_{NO_2} \times V = n_{NO_2} \times R \times T$

$$P_{NO_2} \times V = \frac{m_{NO_2}}{< MM >_{NO_2}} \times R \times T$$

$$m_{NO_2} = \frac{P_{NO_2} \times V \times < MM >_{NO_2}}{R \times T} = \frac{8{,}2 \times 200 \times 46}{0{,}08206 \times 400} = 2298{,}32 \text{ g } (\cong 2{,}30 \text{ kg})$$

Cálculo da massa de monóxido de carbono:

$$m_{CO} = \frac{P_{CO} \times V \times < MM >_{CO}}{R \times T} = \frac{3 \times 8{,}2 \times 200 \times 28}{0{,}08206 \times 400} = 4196{,}93 \text{ g } (\cong 4{,}20 \text{ kg})$$

Questão 272

(INSTITUTO TECNOLÓGICO DA AERONÁUTICA) Alternativa A.

Item I) Verdadeiro.

Analisando o gás propano.

Aplicando a relação termodinâmica que relaciona a densidade com a pressão: $\text{densidade} = \frac{p \times <MM>_{propano}}{R \times T}$

$$\text{densidade} = \frac{1 \times 44}{0{,}08206 \times (25 + 273)} = 1{,}80 \frac{g}{L}$$

Analisando o gás butano.

Aplicando a relação termodinâmica que relaciona a densidade com a pressão: $\text{densidade} = \frac{p \times <MM>_{butano}}{R \times T}$

$$\text{densidade} = \frac{1 \times 58}{0{,}08206 \times (25 + 273)} = 2{,}37 \frac{g}{L}$$

Item II) Verdadeiro.

Analisando o gás propano: $C_3 \Rightarrow 36 \text{ g x mol}^{-1}$
Analisando o gás butano: $C_4 \Rightarrow 48 \text{ g x mol}^{-1}$

Item III) Verdadeiro.

Analisando o gás propano.

Equação de combustão completa do gás propano: $C_3H_{8(gás)} + 5O_{2(gás)} \longrightarrow 3CO_{2(gás)} + 4H_2O_{(vapor)}$

Consumo de oxigênio molecular ⇒ 5,0 mol

Equação de combustão completa do gás butano: $C_4H_{10(gás)} + 13/2\ O_{2(gás)} \longrightarrow 4CO_{2(gás)} + 5H_2O_{(vapor)}$

Consumo de oxigênio molecular ⇒ 6,50 mol

Item IV) Verdadeiro, uma vez que há maior formação em número de mol de água.

Item V) Verdadeiro.

Analisando o gás propano: 1 mol de $C_3H_{8(gás)}$ ------- 11 x N_A
Analisando o gás butano: 1 mol de $C_3H_{8(gás)}$ ------- 14 x N_A

Observação: N_A corresponde ao número de Avogadro.

Questão 273

(INSTITUTO TECNOLÓGICO DA AERONÁUTICA) Alternativa E.

Analisando cada molécula apresentada:

Gás amoníaco - NH_3: ligação covalente polar, molécula polar e ligação hidrogênio.
Gás metano - CH_4: ligação covalente polar, molécula apolar e dipolo-induzido.
Oxigênio molecular - O_2: ligação covalente apolar, molécula apolar e dipolo-induzido.

Como os gases ideais apresentam como característica a não relevância das forças intermoleculares, as moléculas características com comportamento ideal são: metano e oxigênio molecular.

Item VI) Verdadeiro.

Levando em consideração que o ar atmosférico apresenta composição: 80 % de N_2 e 20% de O_2.

$<MM>_{ar} . X_{ar} = <MM>_{O2} . X_{O2} + <MM>_{N2} . X_{N2}$

$<MM>_{ar} . 1{,}0 = 32{,}0 . 0{,}20 + 28{,}0 . 0{,}80$

$<MM>_{ar} = 28{,}80 \text{ g x mol}^{-1}$

Cálculo da densidade do ar atmosférico: $\text{densidade} = \frac{1{,}0 \times 28{,}80}{0{,}08206 \times (25+273)} = 1{,}18 \frac{g}{L}$

Comparando a densidade do ar atmosférico com os dois outros gases, temos: $d_{ar} < d_{propano}$ e $d_{ar} < d_{butano}$

Questão 274

Alternativa C.

Informação do problema: $V^2_{mq_{O_2}} = V^2_{mq_{CO}}$

$$\frac{3 \times R \times T_{O_2}}{< MM >_{O_2}} = \frac{3 \times R \times T_{CO}}{< MM >_{CO}}$$

$$\frac{\cancel{3} \times \cancel{R} \times T_{O_2}}{32,0} = \frac{\cancel{3} \times \cancel{R} \times (21 + 273)}{28,0}$$

$T_{O_2} = 336,0 \text{ K } (63°C)$

Questão 275

(OLIMPÍADA CEARENSE DE QUÍMICA) Alternativa D.

Primeiramente será necessário calcular o número de mol para cada participante gasoso.

Cálculo do número de mol para o gás cloro: $n_{Cl_2} = \frac{3,55}{71,0} = 50 \times 10^{-3} \text{ mol}$

Cálculo do número de mol para o gás dióxido de carbono: $n_{CO_2} = \frac{8,80}{44,0} = 200 \times 10^{-3} \text{ mol}$

Cálculo do número de mol total da mistura gasosa: $n_{Total} = 50 \times 10^{-3} \text{ mol} + 200 \times 10^{-3} \text{ mol} = 250 \times 10^{-3} \text{ mol}$

Cálculo da pressão parcial do dióxido de carbono, sabendo que a pressão total do sistema gasoso é igual a 12,50 atm.

$$P_{CO_2} = \frac{200 \times 10^{-3} \text{ mol}}{250 \times 10^{-3} \text{ mol}} \times 12,50 \text{ atm} = 10,0 \text{ atm}$$

Questão 276

(OLIMPÍADA BRASILEIRA DE QUÍMICA) Alternativa A.

Equação química que corresponde à síntese do óxido de enxofre VI: $SO_{2(gás)} + ½\ O_{2(gás)} \rightleftarrows SO_{3(gás)}$

Para a resolução do problema, será necessário determinar o reagente limitante.

$$n_{SO_2} = \frac{5,0}{1,0} = 5,0 \text{ mol}$$

$$n_{O_2} = \frac{3,0}{0,50} = 6,0 \text{ mol}$$

Cálculo do volume de óxido de enxofre VI a partir do reagente limitante:

1 L de SO_2 ------------------ 1 L de SO_3
5,0 L de SO_2 ---------------- Volume
Volume = 5,0 litros de óxido de enxofre VI

Cálculo do volume de oxigênio que reage:

1 L de SO_2 ------------------ ½ L de O_2

5,0 L de SO_2 ---------------- Volume
Volume = 2,50 litros de óxido de oxigênio.

Volume de Oxigênio = 3,0 L – 2,50 L = 0,50 L

Volume total dos gases = 5,0 L + 0,50 L = 5,50 L

Questão 277

(INSTITUTO TECNOLÓGICO DA AERONÁUTICA) Alternativa C.

Para a resolução do problema, será necessário aplicar a equação combinada dos gases ideais.

Informação para a situação inicial para o ar atmosférico:

Pressão inicial = 0,80 atmosferas
Volume inicial = 400 mL
Temperatura inicial = 30 + 273 = 303 K

Informação para a situação final para o ar atmosférico:

Pressão inicial = 1,0 atmosferas
Volume inicial = ?
Temperatura inicial = 25 + 273 = 298 K

Aplicando a equação combinada dos gases ideais: $\frac{p_{inicial} \times V_{inicial}}{T_{inicial}} = \frac{p_{final} \times V_{final}}{T_{final}}$ (Equação combinada dos gases ideais)

$$\frac{0{,}80 \text{ atm} \times 400 \text{ mL}}{303 \text{ K}} = \frac{1{,}0 \times V_{final}}{298 \text{ K}}$$

$$V_{final} = 315 \text{ mL}$$

Questão 278

Para a resolução do problema, será necessário considerar duas situações para o mesmo gás.

Primeira situação: $2 \times V = \frac{3{,}20}{2{,}0} \times R \times T$

Segunda situação: $0{,}80 \times V = \frac{Massa}{2{,}0} \times R \times T$

Dividindo as duas situações apresentadas acima: $\frac{2 \times \cancel{V}}{0{,}80 \times \cancel{V}} = \frac{\frac{3{,}20}{\cancel{2{,}0}}}{\frac{Massa}{\cancel{2{,}0}}} \times \frac{\cancel{R} \times \cancel{T}}{\cancel{R} \times \cancel{T}}$

$$Massa = 1{,}28 \text{ g}$$

Cálculo da massa de gás hidrogênio retirada do reator: 3,20 gramas – 1,28 gramas = 1,92 gramas.

Questão 279

Alternativa D. O gás amoníaco apresenta maior temperatura crítica, por apresentar maior interação intermolecular.

Questão 280

Alternativa B.

Informação do problema: $V_{orgânico} = \frac{V_{H_2}}{2\sqrt{11}}$

A partir da lei de Graham, temos: $\frac{V_{orgânico}}{V_{H_2}} = \sqrt{\frac{<MM>_{H_2}}{<MM>_{orgânico}}}$

Substitutindo os dados, temos: $\frac{\frac{V_{H_2}}{2\sqrt{11}}}{V_{H_2}} = \sqrt{\frac{2,0}{<MM>_{orgânico}}}$

$$\left[\frac{\sqrt{11}}{22}\right]^2 = \left[\left\{\frac{2,0}{< MM >_{orgânico}}\right\}^{\frac{1}{2}}\right]^2$$

$$< MM >_{orgânico} = 88 \frac{g}{mol}$$

Questão 281

Item a) Aplicando a equação dos gases ideais, para a determinação da pressão do gás: $\text{pressão} = \frac{1,0 \text{ x } 0,08206 \text{ x } 273}{0,225} = 99,57 \text{ atm}$

Item b) Aplicando a equação de Van der Waals: $\left\{p^{real} + \frac{0,244}{(\frac{0,225}{1,0})^2}\right\} \text{x} \left\{\frac{0,225}{1,0} - 0,027\right\} = 0,08206 \text{ x } 273$

$$p^{real} = 108,32 \text{ atm}$$

Item c) Determinação do fator de compressibilidade: $Z = \frac{p^{real}}{p^{ideal}} = \frac{108,32 \text{ atm}}{99,57 \text{ atm}} = 1,09$

Questão 282

Item (a) Informação do problema: 25% com relação ao tempo, corresponde a uma velocidade igual a quatro vezes maior com relação ao gás hidrogênio, conforme pode ser observado a seguir: $V_{H_2} = 4 \text{ x } V_X$.

A partir da lei de Graham, temos: $\frac{V_X}{V_{H_2}} = \sqrt{\frac{<MM>_{H_2}}{<MM>_X}}$

Substitutindo os dados, temos: $\frac{V_X}{4 \text{ x } V_X} = \sqrt{\frac{2,0}{<MM>_X}}$

$$< MM >_X = 32,0 \frac{g}{mol}$$

Possivelmente, um desses gases pode ser o oxigênio molecular.

Item (b) Cálculo da densidade do gás desconhecido, a partir da equação dos gases ideais.

$$\text{densidade} = \frac{\frac{660}{760} \text{x } 32,0}{0,08206 \text{ x } 600} = 0,564 \frac{g}{L}$$

Questão 283

Equação química que corresponde ao processo de combustão completa do gás propano: $C_3H_{8(gás)} + 7O_{2(gás)} \longrightarrow 3CO_{2(gás)} + 4H_2O_{(líquido)}$

Equação química que corresponde ao processo de combustão completa do gás buteno: $C_4H_{8(gás)} + 6O_{2(gás)} \longrightarrow 4CO_{2(gás)} + 4H_2O_{(líquido)}$

Analisando a primeira equação de combustão completa do propano:

1 mol de propano – – – – 3 mol de dióxido de carbono

$n_{C_3H_8}$ ---------- $n_{CO_2}^{C_3H_8}$

$$\boxed{n_{CO_2}^{C_3H_8} = 3 \times n_{C_3H_8}}$$

Analisando a primeira equação de combustão completa do butano:

1 mol de butano ---- 4 mol de dióxido de carbono
$n_{C_4H_8}$ ---------- $n_{CO_2}^{C_4H_8}$

$$\boxed{n_{CO_2}^{C_4H_8} = 4 \times n_{C_4H_8}}$$

Diante disso, é possível apresentar o seguinte sistema matemático:

$$\begin{cases} n_{C_3H_8} + n_{C_4H_8} = \dfrac{44{,}8\ \text{L}}{\dfrac{22{,}4\ \text{L}}{\text{mol}}} \\ n_{CO_2}^{C_3H_8} + n_{CO_2}^{C_4H_8} = \dfrac{316{,}80}{44{,}0} \end{cases}$$

$$\begin{cases} n_{C_3H_8} + n_{C_4H_8} = \dfrac{44{,}8\ \text{L}}{\dfrac{22{,}4\ \text{L}}{\text{mol}}} \\ 3 \times n_{C_3H_8} + 4 \times n_{C_4H_8} = \dfrac{316{,}80}{44{,}0} \end{cases}$$

Resolvendo o sistema matemático: $n_{C_4H_8} = 1{,}20\ \text{mol}$ e $n_{C_3H_8} = 0{,}80\ \text{mol}$.

Cálculo da razão: $\dfrac{n_{C_3H_8}}{n_{C_4H_8}} = \dfrac{0{,}80\ \text{mol}}{1{,}20\ \text{mol}} = \dfrac{2}{3}$

Questão 284

Apresentando a interação intermolecular de cada espécie gasosa:

Cl_2 = molécula apolar (dipolo-dipolo)
O_2 = molécula apolar (dipolo-dipolo)
SO_2 = molécula polar (dipolo-induzido)
H_2O = molécula polar (ligação hidrogênio)
NH_3 = molécula polar (ligação hidrogênio)

Dentre as moléculas apolares, que apresentam menor interação intrermolecular, o oxigênio apresenta maior comportamento ideal, por apresentar menor massa molecular e consequentemente, menos densidade.

Questão 285

Para a resolução do problema, será necessário aplicar a tabela de equilíbrio químico para o processo de decomposição.

Equação química que corresponde a decomposição do pentóxido de dinitrogênio: $2N_2O_{5(gás)} \rightarrow 4NO_{2(gás)} + O_{2(gás)}$

Para a resolução do problema será necessário utilizar a tabela de equilíbrio químico, com uma base de cálculo correspondente a 10 mols de $N_2O_{5(gás)}$ no estado inicial.

	$2N_2O_{5(gás)}$	$\rightarrow$	$4NO_{2(gás)}$	$O_{2(gás)}$
Início	10		0	0
Reage	2X		4X	X
Equilíbrio	10 – 2X		4X	X

Conforme o enunciado do problema, o reagente químico é completamente consumido. Diante disso, temos:

10 – 2X = 0

X = +5

Número de mol do gás óxido de nitrogênio IV = 20 mol

Número de mol do gás oxigênio = 5,0 mol

Número de mol total = 20 + 5 = 25 mol

Determinação da pressão total do sistema reacional, aplicando a equação dos gases ideais: $p = \frac{25{,}0 \text{ x } 0{,}08206 \text{ x } 400}{200} = 4{,}10 \text{ atm}$

Questão 286

(OLIMPÍADA BRASILEIRA DE QUÍMICA) Alternativa A.

Primeiramente será necessário determinar a fórmula molecular da espécie molecular. Base de cálculo: 100,0 gramas do material molecular.

$$C: \frac{46{,}6}{100} \text{x } 100 \text{ g} = 46{,}6 \text{ g} \rightarrow \frac{46{,}6 \text{ g}}{12\frac{\text{g}}{\text{mol}}} = 3{,}88 \rightarrow \frac{3{,}88}{1{,}11} = 3{,}50 \overset{\text{x2}}{\rightarrow} 7$$

$$H: \frac{4{,}4}{100} \text{x } 100 \text{ g} = 4{,}4 \text{ g} \rightarrow \frac{4{,}4 \text{ g}}{1{,}0\frac{\text{g}}{\text{mol}}} = 4{,}4 \rightarrow \frac{4{,}4}{1{,}11} = 4{,}0 \overset{\text{x2}}{\rightarrow} 8$$

$$N: \frac{31{,}1}{100} \text{x } 100 \text{ g} = 31{,}1 \text{ g} \rightarrow \frac{31{,}1 \text{ g}}{14{,}0\frac{\text{g}}{\text{mol}}} = 2{,}22 \rightarrow \frac{2{,}22}{1{,}11} = 2{,}0 \overset{\text{x2}}{\rightarrow} 4$$

$$O: \frac{17{,}7}{100} \text{x } 100 \text{ g} = 17{,}7 \text{ g} \rightarrow \frac{117{,}7 \text{ g}}{16{,}0\frac{\text{g}}{\text{mol}}} = 1{,}11 \rightarrow \frac{1{,}11}{1{,}11} = 1{,}0 \overset{\text{x2}}{\rightarrow} 2$$

Fórmula molecular do material orgânico: $C_7H_8N_4O_2$. Massa molar do materil orgânico: 7 x 12 + 8 x 1 + 4 x 14 + 2 x 16 = 180 g x mol^{-1}

Equação química que corresponde ao processo de combustão do material orgânico:

$C_7H_8N_4O_2 + 12O_2 \longrightarrow 7CO_2 + 4H_2O + 4NO_2$

Cálculo do número de mol do material orgânico: $n_{\text{orgânico}} = \frac{1000}{180} = 5{,}56 \text{ mol}$

Relação estequiométrica entre o material orgânico e os produtos gasosos:

1 mol do material orgânico ---------------- 15 mol de gases
5,56 mol do material orgânico ----------- n_{gases}
n_{gases} = 83,33 mol dos produtos gasosos

Determinação do volume, a partir da aplicação da equação dos gases ideais: $\text{Volume} = \frac{83{,}33 \text{ x } 0{,}08206 \text{ x } 500}{1{,}0} = 3419{,}17 \text{ L}$

Questão 287

(PROCESSO SELETIVO PARA INGRESSO – MESTRADO E DOUTORADO – UNIVERSIDADE FEDERAL DE SANTA CATARINA)

Para a resolução do problema, será necessário considerar que esta mistura apresente comportamento ideal.

Cálculo da massa molecular da mistura reacional, a partir da relação entre a pressão e a densidade:

$$p \text{ x} < MM >_{mistura} = d \text{ x } R \text{ x } T$$

$$\frac{500}{760} \text{x} < MM >_{mistura} = 0{,}216 \text{ x } 0{,}08206 \text{ x } 300$$

$$< MM >_{mistura} = 8{,}08 \frac{g}{mol}$$

Cálculo das frações molares das espécies químicas gasosas:

$$\begin{cases} < MM >_{mistura} \text{ x } X_{mistura} = < MM >_{H_2}.X_{H_2} + < MM >_{N_2}.\, X_{N_2} \\ X_{mistura} = X_{H_2} + X_{N_2} \end{cases}$$

$$\begin{cases} 8{,}08 \text{ x } X_{mistura} = 2{,}0 \text{ x } X_{H_2} + 28{,}0 \text{ x } X_{N_2} \\ 1{,}0 = X_{H_2} + X_{N_2} \end{cases}$$

Resolvendo o sistema de equação acima, temos: $X_{H_2} = 0{,}766\ (76{,}60\ \%)$ e $X_{N_2} = 0{,}234\ (23{,}40\ \%)$

Questão 288

Item a) Para a determinação da massa específica, será necessário relacionar com a pressão do gás.

$$\mu_{O_3} = \frac{\text{pressão x} < MM >_{O_3}}{R \text{ x } T}$$

$$\mu_{O_3} = \frac{4{,}0 \text{ x } 3 \text{ x } 16}{0{,}08206 \text{ x } (-20{,}0 + 273)} = 9{,}25 \frac{g}{L}$$

Item b) Para a determinação da pressão, será necessário relacionar com a massa específica do gás.

$$\text{pressão} = \frac{\mu_{O_2} \text{ x } R \text{ x } T}{< MM >_{O_2}}$$

$$\text{pressão} = \frac{9{,}25 \text{ x } 0{,}08206 \text{ x } (37{,}0 + 273)}{32{,}0} = 7{,}35 \text{ atm}$$

Item c) Relação da pressão com a massa específica para cada gás:

$$\begin{cases} p \text{ x} < MM >_{O_3} = \mu_{O_3} \text{ x } R \text{ x } T \\ p \text{ x} < MM >_{O_2} = \mu_{O_2} \text{ x } R \text{ x } T \end{cases}$$

Sabendo que os gases estão nas mesmas condições de temperatura e pressão:

$$\begin{cases} < MM >_{O_3} = \mu_{O_3} \\ < MM >_{O_2} = \mu_{O_2} \end{cases}$$

Dividindo as equações apresentadas acima:

$$\frac{< MM >_{O_3}}{< MM >_{O_2}} = \frac{\mu_{O_3}}{\mu_{O_2}}$$

$$\frac{\mu_{O_3}}{\mu_{O_2}} = \frac{48,0}{32,0} = 1,50$$

Questão 289

Para a resolução do problema, será necessário aplicar a equação combinada dos gases ideais.

Situação inicial (1): $p_1 \text{ x } V_1 \text{ x } < MM >_1 = \text{Massa}_1 \text{ x } R \text{ x } T_1$

Situação final (2): $p_2 \text{ x } V_2 \text{ x } < MM >_2 = \text{Massa}_2 \text{ x } R \text{ x } T_2$

Como se trata do mesmo gás, temos:

$$\frac{p_1 \text{ x } V_1 \text{ x } < MM >}{p_2 \text{ x } V_2 \text{ x } < MM >} = \frac{\text{Massa}_1 \text{ x } R \text{ x } T_1}{\text{Massa}_2 \text{ x } R \text{ x } T_2}$$

Informação do problema: $\text{Massa}_2 = \text{Massa}_1 - \frac{\text{Massa}_1}{4} = \frac{3 \text{ x Massa}_1}{4}$

$$\frac{\cancel{p_1} \text{ x } \cancel{V_1} \text{ x } < MM >}{\cancel{p_2} \text{ x } \cancel{V_2} \text{ x } < MM >} = \frac{\text{Massa}_1 \text{ x } \cancel{R} \text{ x } (27 + 273)}{\frac{3 \text{ x Massa}_1}{4} \text{ x } \cancel{R} \text{ x } T_2}$$

$$T_2 = \frac{300 \text{ x } 4}{3} = 400 \text{ K}$$

Questão 290

Para a resolução do problema, será necessário aplicar a equação dos gases ideais.

Situação inicial (1): $n_1 = \frac{\left(\frac{650}{760}\right) \text{x V}}{\text{R x T}}$

Situação final (2): $n_2 = \frac{\left(\frac{600}{760}\right) \text{x V}}{\text{R x T}} + \frac{1,0 \text{ x } 1,520 \text{ cm}^3}{\text{R x T}}$

Como o processo é isotérmico, igualando as situações: $\frac{\left(\frac{650}{760}\right) \text{x V}}{\text{R x T}} = \frac{\left(\frac{600}{760}\right) \text{x V}}{\text{R x T}} + \frac{1,0 \text{ x } 1,520 \text{ cm}^3}{\text{R x T}}$

$$\frac{650 \text{ x V}}{760} = \frac{600 \text{ x V}}{760} + 1,0 \text{ x } 1,520 \text{ cm}^3$$

$$\frac{650 \text{ x V}}{760} - \frac{600 \text{ x V}}{760} = 1,0 \text{ x } 1,520 \text{ cm}^3$$

$$V = 23,10 \text{ cm}^3$$

Questão 291

A primeira parte do problema será a determinação da fórmula mínima e da fórmula molecular.

Base de cálculo: 100,0 gramas de hidrocarboneto.

$$\text{C}: \frac{87,20}{100} \text{ x } 100 \text{ gramas} = 87,20 \text{ gramas}$$

$$\text{H}: \frac{17,30}{100} \text{ x } 100 \text{ gramas} = 17,30 \text{ gramas}$$

Cálculo do número de mol de cada átomo:

$$C: \frac{87{,}20\ g}{12{,}0\frac{g}{mol}} = 6{,}89\ mol$$

$$H: \frac{17{,}30\ g}{1{,}0\frac{g}{mol}} = 17{,}30\ mol$$

Dividindo cada átomo pelo menor número de mol (átomo de carbono):

$$C: \frac{6{,}89\ mol}{6{,}89\ mol} = 1{,}0\ mol \overset{x\,2}{\rightleftarrows} 2{,}0$$

$$H: \frac{17{,}30\ mol}{6{,}89\ mol} = 2{,}50\ mol \overset{x\,2}{\rightleftarrows} 5{,}0$$

Fórmula mínima: C_2H_5

Fórmula molecular: C_4H_{10}

A segunda parte da resolução do problema, será a determinação da massa molecular do hidrocarboneto a partir da aplicação da equação dos gases ideais.

Para a determinação do volume, será necessário considerar a densidade da água como 1,0 g/cm³.

Massa de água = 445,50 gramas - 194,52 gramas = 250,98 gramas

Sabendo que densidade da água corresponde a 1,0 g/cm³, temos: $\text{densidade} = \frac{\text{massa}}{\text{volume}}$

$$1{,}0\frac{g}{cm^3} = \frac{250{,}98\ g}{volume}$$

$$volume = 250{,}98\ cm^3 (0{,}251\ dm^3)$$

Aplicando a equação dos gases ideais para a determinação da massa molar do hidrocarboneto.

$$\frac{739}{760} x\ 0{,}251 = \frac{(195{,}40 - 194{,}52)}{< MM >} x\ 0{,}08206\ x\ (22 + 273)$$

$$< MM > = 57{,}53\frac{g}{mol}$$

Esta massa molar calculada, confere a molécula de butano.

Questão 292

A primeira parte para a resolução do problema consiste na determinação da massa do líquido puro.

Massa do líquido puro = 83,913 gramas – 83,192 gramas = 0,721 gramas

Esta massa de líquido puro determinada consiste automaticamente na massa volatilizada.

Cálculo da massa molar (<MM>) do líquido que se volatiliza, a partir da equação dos gases ideais:

$$\frac{746}{760} \text{ x } 0{,}226 \text{ x} < \text{MM} > = 0{,}721 \text{ x } 0{,}08206 \text{ x } (98{,}6 + 273)$$

$$< \text{MM} > = 99{,}11 \frac{\text{g}}{\text{mol}}$$

Cálculo do número de mol de cada átomo, para a determinação da fórmula molecular.

$$\text{C}: 99{,}11 \text{ x } 0{,}243 = 24{,}08 \frac{\text{g}}{\text{mol}}$$

$$\text{H}: 99{,}11 \text{ x } 0{,}041 = 4{,}06 \frac{\text{g}}{\text{mol}}$$

$$\text{Cl}: 99{,}11 \text{ x } 0{,}716 = 70{,}96 \frac{\text{g}}{\text{mol}}$$

Cálculo do número de átomos:

$$\text{C}: \frac{24{,}08 \frac{\text{g}}{\text{mol}}}{12{,}01 \frac{\text{g}}{\text{mol}}} = 2$$

$$\text{H}: \frac{4{,}06 \frac{\text{g}}{\text{mol}}}{1{,}01 \frac{\text{g}}{\text{mol}}} = 4$$

$$\text{Cl}: \frac{70{,}96 \frac{\text{g}}{\text{mol}}}{35{,}5 \frac{\text{g}}{\text{mol}}} \cong 2$$

Fórmula molecular: $C_2I_4Cl_2$

PARTE VI
ESTUDO DOS PROCESSOS ELETROQUÍMICOS

Capítulo 1. Introdução ao estudo da eletroquímica

A eletroquímica, ciência na área da físico-química que estuda as interfaces carregadas eletricamente, é vista como um grande obstáculo à aprendizagem da Química em qualquer nível de ensino, que vai desde do ensino médio até mesmo no âmbito da pós-graduação acadêmica (mestrado e doutorado). Já alguns anos, é um tema bastante abordado no quesito energético, passando pelo âmbito ambiental e no até mesmo na área ambiental - processo de reciclagem.

A eletroquímica apresenta como objetivo central o estudo de sistemas que sejam capazes de transformar trabalho útil na forma elétrica, a partir de reações definidas como REDOX, ou seja, reações que apresentam tanto elementos que realizam a redução (diminuição do número de oxidação) quanto na oxidação (aumento do número de oxidação). Já sistemas químicos nos quais os processos eletroquímicos recebem trabalho útil na forma elétrica, se caracteriza como sendo o processo da eletrólise.

Tanto as pilhas como também as baterias como um todo, apresentam em sua composição elementos químicos de extrema importância, com alto poder de mercado e com propriedades físico-químicos de grande interesse comercial e consequentemente econômico, além do seu poder de reaproveitamento (processo de reciclagem). As baterias quando descartadas a céu aberto podem ocasionar na liberação de metais pesados ao meio ambiente, afetando tanto a fauna quanto a flora.

Conforme apresentado, além da problemática no quesito ambiental, há também a crise energética, tema este muito abordado pela sociedade moderna como um todo, sendo tema de estudo desde o século XIX. Com isso, a procura por novas fontes de energia e como armazená-la, aumenta de forma exponencial. Diante desta sucinta apresentação, o estudo da eletroquímica vem se desenvolvendo ao longo dos anos, tendo o seu começo datado no final do século XVIII, início do século XIX.

É definida literalmente como um dos ramos da química, mais precisamente da físico-química, que estuda a energia na sua forma elétrica, podendo ser convertida em reações químicas e vice-versa. Pode também ser definida como um dos ramos da química que a partir de processos espontâneos ($dG < 0$), produz eletricidade para fazer com que reações químicas não espontâneas ocorram.

As pilhas galvânicas se caracterizam pelo fato de que uma reação química seja capaz de produzir uma determinada corrente elétrica (i), enquanto a eletrólise é caracterizada e estudada a partir de uma corrente elétrica, havendo a produção de processos químicos representados por reações químicas. O primeiro (pilha galvânica ou também conhecido como células galvânicas) é caracterizado por ser um processo espontâneo, enquanto o segundo por um processo não espontâneo (eletrólise). Trata-se de um tema bastante complexo e que vem se destacando a cada ano, sendo muito explorado em diversos centros acadêmicos de ponta. Uma ciência com amplas aplicações na maioria dos segmentos industriais, sendo contempladas por sensores, controladores elétricos, dispositivos eletrônicos e até mesmo na forma de nanoeletrônicos, sistemas de análise, corrosão e proteção anticorrosiva, tecnologias de superfície, geração de energia, obtenção eletrolítica de metais, materiais e substâncias químicas, reagentes químicos e com um destaque na área ambiental, sendo bastante atuante nos processos de reciclagem e tratamento de efluentes.

Capítulo 2. Um pouco da história da eletroquímica

Luigi Galvani nasceu na Itália, mais especificamente na cidade de Bolonha no dia 09 de setembro de 1737 e veio a óbito no dia 04 de dezembro de 1798. Teve grande atuação em diversas áreas, como por exemplo na área médica, pesquisador, filósofo e físico. Foi um dos pioneiros nas primeiras investigações no estudo da bioeletricidade, sendo professor da Universidade de Bolonha na cadeira de anatomia. Esta curiosidade sendo bastante característica nestes grandes cientistas, foi despertada uma vez que este tema era bem desconhecido até a metade do século XVII. Cabe ressaltar que o estudo da eletricidade era uma ciência completamente desconhecida até meados no século XVII.

No final do século XVIII, mais especificamente em 1786, Galvani realizou inúmeros experimentos com uma rã (anfíbio), realizando convulsões ocorridas nas pernas dissecadas destes animais, que ficavam suspensas por um gancho de latão sobre uma chapa de ferro (Fe), sendo submetidas a uma descarga elétrica a partir de uma máquina eletrostática. Diante de seus estudos, Galvani observou e concluiu que o fenômeno era originário de uma nova forma de eletricidade, denominada de eletricidade animal.

O segundo grande estudioso nesta área da eletroquímica foi Alessandro Giuseppe Antonio Anastasio Volta, mais conhecido como Alessandro Volta.

Alessandro Volta, nasceu no dia 18 de fevereiro de 1745 e veio a óbito no dia 05 de março de 1827. Foi inventor da primeira pilha voltaica em 1799, anunciando seus excelentes resultados em 1800 para a Royal Society. Este dispositivo elétrico (pilha) foi construído por discos separados por papelão embebidos na presença de uma solução composta por água (H_2O) e cloreto de sódio ($NaCl$), além de também ter sido o grande pesquisador e descobridor que anunciou o gás metano (CH_4), composto molecular sendo classificado como um hidrocarboneto da família dos alcanos, presente em vários processos industriais, além de também ser produzido em aterros sanitários, apresentando como apelido o termo "gasolixo".

A Figura a seguir mostra de forma ilustrativa o experimento de Alessandro Volta.

Figura. Experimento de Alessandro Volta (Tempio Voltiano em Como, Itália). Link: https://mundoeducacao.uol.com.br/quimica/pilha-alessandro-volta.htm
Acesso dia 25 de Agosto de 2025.

Foi através deste experimento que Alessandro Volta provou que a eletricidade poderia também ser gerada e produzida através de processos puramente químicos, colocando em xeque de que a teoria predominante da eletricidade era gerada apenas pelos seres vivos. Esta descoberta deste excelente estudioso, provocou uma grande revolução nesta área científica em específico.

Junto com estes grandes cientistas, vale ressaltar a grande importância, participação e contribuição de Michael Faraday, ou simplesmente conhecido como Faraday.

Michael Faraday nasceu na Inglaterra mais especificamente na cidade de Newington Bulls no dia 22 de setembro de 1791 e veio a óbito no dia 25 de agosto de 1867. Foi um grande físico e químico que contribuiu para os estudos do eletromagnetismo, além da eletroquímica, considerado por muitos e também perante a academia científica, como um dos pesquisadores mais importantes tanto na área da química quanto da física.

Um verdadeiro gênio, sendo autodidata, uma vez que vinha de uma família muito pobre e humilde, filho de ferreiro, e somente após os treze anos de idade teve acesso a mais livros e diante disso conseguiu ler mais, como aprendiz de encadernador que foi. Foi um experimentador extraordinariamente fantástico e acima de tudo produtivo, não só na Física, como também na Química, sem o auxílio de colaboradores ou de assistentes. Interessante mencionar que sua vasta publicação foi essencialmente descritiva, não contendo uma só fórmula algébrica. Sua contribuição à Eletroquímica foi fundamental, pois definiu de forma quantitativa as relações entre a massa de um elemento com a sua carga elétrica, passada através de um eletrólito, por meio de duas leis fundamentais, conhecidas como Leis de Faraday. Quando tratarmos do estudo da eletrólise, mais especificamente das análises quantitativas da eletrólise, essas leis serão devidamente apresentadas, discutidas e aplicadas com exercícios e exemplos aplicativos.

Já no campo do eletromagnetismo, fez duas importantes descobertas; sendo a primeira que corresponde a determinação da existência do diamagnetismo e a segunda, a partir da identificação da influência do magnetismo no poder rotatório dos planos de luz polarizada em função de certos tipos de vidros.

Em 1832, Faraday publicava que, por meio de experimentos laboratoriais, tinha conseguido converter o magnetismo em eletricidade. Este publicou os seus estudos no plano quantitativo, referentes à relação entre a quantidade de eletricidade que passa em uma solução condutora e a quantidade de substância transformada em cada um dos condutores utilizados. Suas experiências consistiam em passar uma corrente elétrica por determinado tempo em uma cuba eletrolítica. Mais adiante, será apresentado que o compartimento definido como cuba eletrolítica consiste em um eletrodo junto com uma solução eletrolítica.

Foi observado neste experimento, que havia produção de certa quantidade de substância, proporcional à quantidade de eletricidade passada. A partir destas observações, começou a desenvolver conceitos para o estabelecimento das leis fundamentais que regem a eletroquímica. É importante ressaltar que as leis desenvolvidas por Faraday sobre a eletroquímica precederam a descoberta dos elétrons (1897), e consequentemente, a teoria atomística de Bohr. Entretanto, ele, como cientista, "sentia" que havia um fluxo, ainda desconhecido, que migrava do ânodo para o cátodo, produzindo as reações de natureza química na cuba eletrolítica.

Capítulo 3. Primeiros passos para o entendimento da eletroquímica

Algumas substâncias quando no estado fundido ou na presença de um solvente específico (que em sua grande maioria este solvente se refere à água), resultando em uma solução (soluto + solvente), apresenta uma certa proporção de suas moléculas dissociadas de forma espontânea (dG < 0), produzindo partículas menores carregadas eletricamente, definidas como íons. Diante disso, o conceito de íon pode ser apresentado e caracterizado por um processo em que um determinado átomo pode ganhar ou perder elétrons, podendo ser apresentado na forma de cátions (excesso de cargas positivas) ou ânions (excesso de cargas negativas). Exemplo clássico para este quesito trata-se do sódio, sendo um cátion monovalente (Na^+), ou seja, o sódio apresenta uma tendência na perda de um elétron na sua camada mais externa, enquanto o cloro é um ânion, que apresenta como tendência o ganho de um elétron (Cl^-). No estudo na classificação da Tabela Periódica, sendo o sódio um metal, há a tendência de perda de elétrons, enquanto o cloro, sendo especificamente um ametal, trat-se de uma espécie química que apresenta como uma das inúmeras características o ganho de elétrons.

Os cátions são espécies químicas em que o número de prótons é maior que o número de elétrons. Já os ânions, são espécies químicas em que o número de elétrons é maior que o número de prótons. Diz-se então que a substância se ioniza. Cada íon é independente dos outros e das moléculas não dissociadas. A relação entre as moléculas não dissociadas e o número total de moléculas é definida como sendo o grau de dissociação (α), sendo representado pela letra grega alfa; dependendo da substância, da temperatura (T) e, quando a substância está em solução (soluto + solvente), ou seja, sendo também dependente da concentração da quantidade de matéria.

Para um determinado soluto a uma dada temperatura, (T), a quantidade de moléculas que se ioniza cresce quando a concentração da quantidade de matéria diminui, sendo total quando a solução é suficientemente diluída, ou seja, a ionização é completa em uma solução infinitamente diluída. Uma substância que apresenta estas características é definida como eletrólito.

Quando um eletrólito é colocado em fusão ou na presença de água (solução), a ionização tem lugar instantaneamente, uma vez que os íons se distribuem por toda parte na solução e com isso ficam em movimento constante, independente e livre. O equilíbrio entre as moléculas e os íons que se mantém por dissociação e combinação simultânea, como indicado logo a seguir, em que os íons carregados positivamente são representados pelos cátions (C) e os ânions (A) estão carregados de maneira negativa, conforme a seguinte equação iônica hipotética apresentada a seguir:

$\boxed{\mathbf{CA} \rightleftarrows \mathbf{C}^{+}_{(\mathbf{aquoso})} + \mathbf{A}^{-}_{(\mathbf{aquoso})}}$, **em que <u>C</u> representa a abreviação do <u>C</u>átion e <u>A</u> representa a do <u>Â</u>nion.**

Quando for introduzido no eletrólito, dois condutores conectados a uma bateria elétrica e o circuito elétrico é selado (fechado), os ânions começam a se interagir e dirigem-se para o condutor conectado ao polo positivo (ânodo) e enquanto isso, os cátions vão em direção ao polo negativo (cátodo).

A parte dos condutores estando imersa no eletrólito é definido como eletrodo. As partes do eletrólito em que estão imergidos o ânodo e o cátodo, chamam-se, respectivamente de compartimento anódico e catódico. Ao atingirem seus respectivos eletrodos, os íons se transformam em partículas neutras e este movimento de partículas constitui a corrente (i). Deste modo somente os íons e não as moléculas são responsáveis pela condutância da solução. Importante ressaltar que os íons são responsáveis não só pelos fenômenos elétricos citados, mas também por propriedades químicas. Todo este processo citado e apresentado anteriormente constitui a base conceitual da teoria de Arrhenius.

Capítulo 4. Estudo das condutâncias eletrônica e eletrolítica

As substâncias, de acordo com o seu comportamento sob a presença de uma corrente elétrica (i), podem ser classificadas em materiais condutores e materiais isolantes, conforme permitam ou não a passagem de corrente elétrica. Os primeiros, materiais condutores, podem estar presentes em três fases: sólido, líquido ou gasoso. Um gás não conduz bem a eletricidade, mas se o potencial elétrico é bastante elevado ou se o gás está submetido a certos tipos de radiações, ele (gás) pode se tornar um bom condutor. Neste comportamento dos gases se baseiam o eletroscópio, o contador Geiger e a espectroscopia de massa. Para o nosso propósito como obra e estudo em questão, está sendo levado em consideração, com maior destaque os materiais condutores tanto no estado líquido quanto no estado sólido. Os líquidos podem estar representados por líquidos metálicos ou na forma de soluções eletrolíticas.

Quando a corrente elétrica flui através de um metal, não há transferência de matéria e nem variação na composição química do metal. Este tipo de mecanismo de condução da corrente elétrica é definido como condução metálica, pois é admitido que a corrente elétrica seja como sendo um fluxo de elétrons. A natureza da ligação que une os íons positivos e os elétrons em um determinado metal, permite aos elétrons uma mobilidade tal que quando há uma diferença de potencial, eles se movem para uma região de menor potencial. Este fluxo unidirecional dos elétrons, sendo colocados a partir de uma diferença de potencial (V) aplicado, é considerado como sendo a passagem da corrente elétrica.

O fluxo de elétrons apresenta sentido oposto ao convencionalmente adotado, que é o fluxo positivo da eletricidade.

Em um agregado iônico cristalino, os íons ocupam posições fixas resultantes das interações com os seus vizinhos. Quando o agregado iônico se apresenta no estado fundido, os íons passam a se mover de maneira mais livre. Sob a ação de um campo elétrico ($\vec{E}$), os íons se dirigem ao polo de carga contrária e este movimento caracteriza o processo de condução da corrente elétrica através do eletrólito em fusão.

Quando uma substância molecular capaz de ionização ou, até mesmo um agregado iônico for dissolvido num solvente polar, os íons, já existentes (substâncias moleculares), ficam livres e independentes. Introduzindo-se na solução dois condutores conectados a uma fonte de corrente elétrica contínua, os íons presentes se dirigem para os eletrodos de cargas contrárias e este movimento caracteriza a condução da corrente elétrica através do eletrólito em solução. Uma observação muito importante que deve ser levado em consideração, trata-se do entendimento da condução da corrente elétrica: através do eletrólito em fusão (fundido) ou em solução (fase aquosa), difere da condução eletrônica (dos elétrons), pois resulta do movimento de íons, em sentidos opostos, um transporte de matéria, sendo este tipo de transporte como condutância iônica ou eletrolítica. Diante disso, podemos afirmar que a corrente elétrica é o movimento de cargas elétricas (íons ou elétrons) sob a ação de um campo elétrico.

Capítulo 5. Estudando as células eletroquímicas

As equações de oxidação-redução, também difundidas e conhecidas como REDOX, são processadas e realizadas a partir da transferência parcial ou total de elétrons. Muito importante para o estudo da eletroquímica, é apresentar e ter um bom entendimento das reações redox ou também conhecido como reações de oxirredução.

As reações de oxidação-redução (oxirredução) apresentam uma característica bem peculiar que se trata da transferência de elétrons, sendo que as reações de oxidação são espécies químicas que perdem elétrons, enquanto as reações de redução são espécies químicas que ganham elétrons. Observe o que acontece com as semirreações apresentadas a seguir.

Semirreação de oxidação: $\mathrm{Zn_{(sólido)} \rightarrow Zn^{+2}_{(aquoso)} + 2\ elétrons}$

Semirreação de redução: $\mathrm{Cu^{+2}_{(aquoso)} + 2\ elétrons \rightarrow Cu_{(sólido)}}$

Somando as duas semirreações apresentadas acima, será obtido a equação química global do sistema eletroquímico.

$$\mathrm{Zn_{(sólido)} \rightarrow Zn^{+2}_{(aquoso)} + \cancel{2\ elétrons}}$$
$$\mathrm{Cu^{+2}_{(aquoso)} + \cancel{2\ elétrons} \rightarrow Cu_{(sólido)}} \qquad +$$
$$\mathrm{Zn_{(sólido)} + Cu^{+2}_{(aquoso)} \rightarrow Zn^{+2}_{(aquoso)} + Cu_{(sólido)}}$$ (Equação química global para o funcionamento da pilha)

A partir da equação química global para o funcionamento do dispositivo eletrônico, em que o zinco apesenta como tendência a perda dois elétrons enquanto o cobre apresenta como tendência o ganho de dois elétrons. Diante disso, o zinco metálico é o agente redutor enquanto o cobre na forma de cátion é o agente oxidante.

O eletrodo, no qual ocorre a reação de oxidação, é denominado de ânodo, sendo independente da sua carga elétrica. O eletrodo, no qual ocorre a reação de redução é denominado de cátodo, sendo também independente da sua carga elétrica.

As reações que se passam no eletrodo são definidas como reações eletródicas. A tendência de certos átomos ou íons de liberar elétrons (reação de oxidação) permite que estes elétrons sejam fornecidos a um eletrodo (ânodo) colocado numa solução onde estes átomos ou íons estejam presentes. A tendência de certos íons para captar elétrons (reação de redução) faz com que estes possam ser retirados de um eletrodo (cátodo) colocado na solução onde estes íons estejam presentes. Os elétrons que são fornecidos ao ânodo deslocam-se pelo fio ao circuito externo e vão para o cátodo. A medida da voltagem do circuito externo representa assim, de certo modo, a tendência relativa de duas reações, sendo uma a de liberar e a outra que corresponde a captação destes elétrons. O fluxo de elétrons que percorre a conexão elétrica constitui a corrente elétrica. Um arranjo deste tipo, que se trata da produção de eletricidade por intermédio das reações químicas é definido como célula eletroquímica, conforme pode ser observado na Figura 1 a seguir.

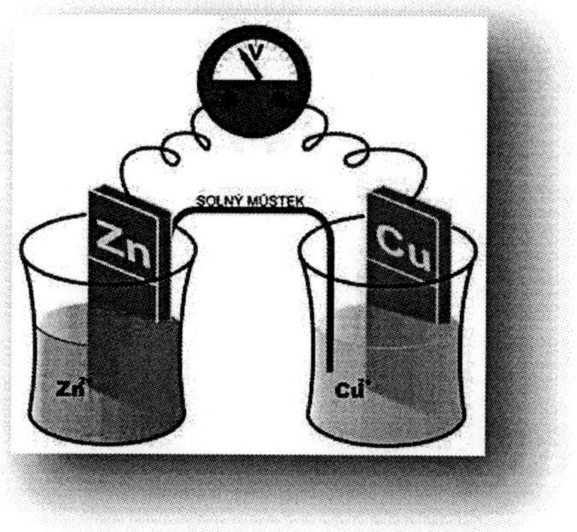

Figura 1. Figura ilustrativa que apresenta duas cubas eletrolíticas, que apresenta o eletrodo com o seu respectivo eletrólito. Figura ilustrativa tirada do site https://pt.wikipedia.org/wiki/Pilha_de_Daniell, no dia 25/08/2025.

Uma característica bastante importante no estudo de um sistema eletroquímico, trata-se da função da placa porosa na célula eletroquímica. Segue a equação química iônica e global entre o zinco e o cobre.

$$Zn_{(sólido)} + Cu^{+2}_{(aquoso)} \rightarrow Zn^{+2}_{(aquoso)} + Cu_{(sólido)}$$

À medida que os íons zinco passam para a solução, a esquerda da placa porosa, esta região vai adquirindo cada vez mais carga positiva, ou seja, a concentração de cargas positivas será maior em comparação à cargas negativas.

De maneira semelhante, a presença de elétrons no cátodo, à direita da placa porosa, faz com que esta região vá adquirindo cada vez mais cargas negativas. Ou seja, a região que apresenta o cobre, a solução química vai apresentar maior concentração de cargas negativas em comparação às cargas positivas. A ideia da placa porosa é evitar qualquer acúmulo de cargas numa determinada região da solução, permitindo com isso o processo de difusão dos íons através dela. Quando esta difusão de íons não se realiza, há um acúmulo de cargas nas regiões citadas e o fluxo de elétrons, através do circuito externo, é interrompido. A placa porosa pode ser substituída por um tubo contendo uma solução de um eletrólito, que na maioria das vezes pode ser o cloreto de potássio (KCl) ou até mesmo uma solução de nitrato de potássio (KNO_3). Ambos são sais neutros, provenientes de um ácido forte (HCl e HNO_3) e uma base forte (KOH).

Para este tubo, na forma em U, é conhecido no estudo da eletroquímica como ponte salina.

Como o próprio nome indica, trata-se de uma ponte que contém uma solução com sal. As extremidades deste tubo em U são obturadas/seladas/fechadas com lã de vidro ou até mesmo algodão, para evitar que o eletrólito escoe para a solução de maneira rápida.

Conforme já mencionado anteriormente, este dispositivo é chamado de ponte salina e sua utilização pode ser ilustrada conforme a Figura 2 apresentada a seguir.

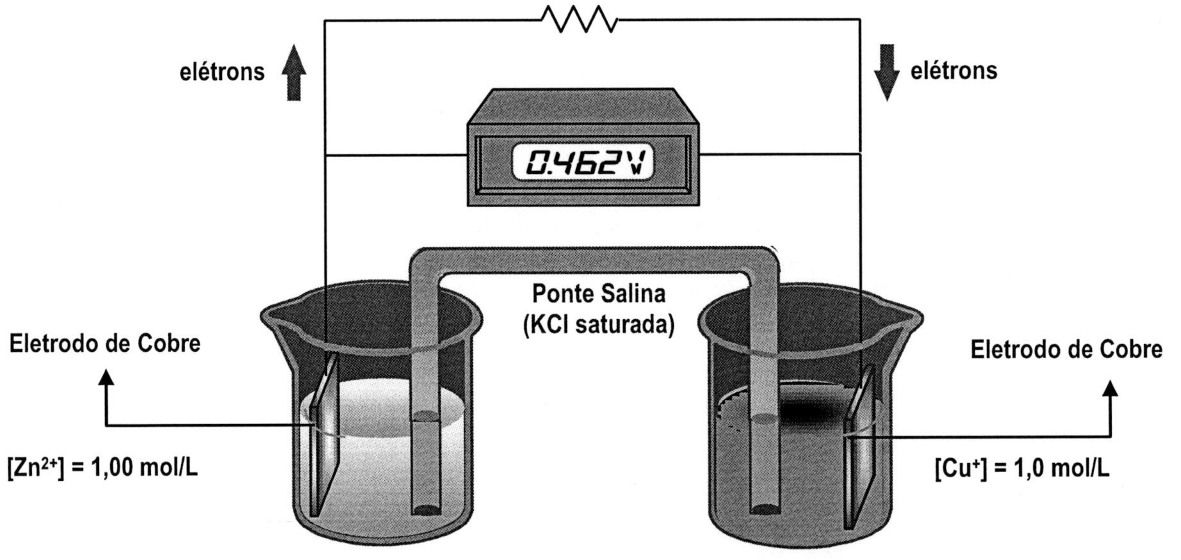

Figura 2. Figura ilustrativa que apresenta a ponte salina que liga as duas cubas eletrolíticas.

Reunindo as equações iônicas apresentadas tanto pelo zinco quanto pelo cobre, ou seja, semirreações iônicas que ocorrem tanto no cátodo como no ânodo, para o funcionamento deste componente eletrônico é representada a partir da seguinte equação química global a seguir.

$$Zn_{(sólido)} \rightarrow Zn^{+2}_{(aquoso)} + \cancel{2\ elétrons}$$
$$Cu^{+2}_{(aquoso)} + \cancel{2\ elétrons} \rightarrow Cu_{(sólido)} \qquad +$$

$$Zn_{(sólido)} + Cu^{+2}_{(aquoso)} \rightarrow Zn^{+2}_{(aquoso)} + Cu_{(sólido)}$$

Muitas outras reações de oxirredução podem ser utilizadas, com sucesso, na constituição de células eletroquímicas. Nestas células é conveniente separar as reações que ocorrem nos eletrodos, em duas. Cada uma destas se denomina semirreação e tem a vantagem de permitir a comparação das intensidades dos vários agentes oxidantes e redutores. A célula eletroquímica descrita anteriormente pode ser representada pela notação conhecida pela IUPAC (International Union of Pure and Applied Chemistry), da seguinte maneira:

$$\underbrace{Zn_{(sólido)} / Zn^{+2}_{(aquoso)}}_{\text{semirreação de oxidação}} \;//\; \underbrace{Cu^{+2}_{(aquoso)} / Cu_{(sólido)}}_{\text{semirreação de redução}}$$

É de extrema importância salientar que as duas linhas verticais, centralizadas na notação da pilha apresentada acima, representa a ponte salina ou até mesmo podendo ser também uma placa porosa. O eletrodo à esquerda é escrito para a semirreação anódica, ou seja, a reação de oxidação e a semirreação da direita corresponde à semirreação catódica, ou seja, a reação de redução. Então, a notação de um dispositivo eletroquímico é dada a partir da seguinte situação generalizada apresentada a seguir:

reação de oxidação (ânodo) // reação de redução (cátodo)

Capítulo 6. Estudo do Potencial de eletrodo

Conforme já apresentado nos capítulos iniciais desta obra, cada processo eletroquímico ou cada célula eletroquímica envolve duas semirreações. Nestas condições não se pode medir valores absolutos dos potenciais de uma semirreação, mas somente a soma deles. Com a finalidade de atribuir valores numéricos para os potenciais das semirreações, foi escolhida, de forma arbitrária, uma referência para o potencial de semirreação (potencial padrão) como sendo igual a zero ($E^o = 0$), sendo que a "bolinha" apresentada no canto superior à direita da E, significa que todo o processo foi conduzido em condições padrões.

Na pilha de Daniel ou também conhecido como célula galvânica, foi apresentado e trabalhado com um eletrodo de zinco (Zn) e um outro eletrodo de cobre (Cu), sendo o eletrólito a solução constituída pelos seus íons constituintes, podendo ser nitrato de zinco II e nitrato de cobre II. Na verdade, é possível construir pilhas com diferentes pares de metais em contato com seus respectivos íons em solução. Para cada caso, o voltímetro acoplado ao sistema eletroquímico, conforme pode ser observado na Figura 3 abaixo, indica e apresenta uma diferença de potencial (ddp) diferente, e correspondente às diferentes facilidades com que o elemento oxidante recebe elétrons ou o elemento redutor cede elétrons. Só é possível a medição e determinação do potencial de um eletrodo qualquer através da comparação com um eletrodo qualquer, formado arbitrariamente como o eletrodo padrão.

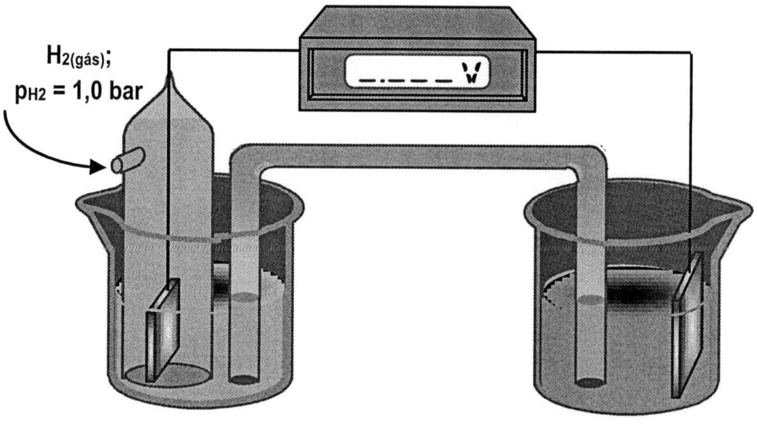

O elemento escolhido como padrão foi o eletrodo de hidrogênio [$H_{2(gás)}/H^+_{(aquoso)}$], conhecido e definido como o eletrodo padrão de referência (EPR) ou também como eletrodo normal de hidrogênio, ao qual foi atribuído a este eletrodo o valor igual a zero ($E^o = 0$). Para este valor de potencial nulo, a medição foi feita em condições-padrão, que são as seguintes:

Temperatura T, que na grande maioria dos processos leva em consideração T = 25ºC.
Pressão do gás (pº) igual a 1 bar e concentração da quantidade de matéria da solução igual a 1,0 mol x L^{-1}.
A semirreação que leva em consideração este processo está descrito a seguir: $2H^+_{(aquoso)} + 2e^- \rightarrow H_{2(gás)}$.

Este eletrodo corresponde ao eletrodo de hidrogênio, representado por uma semirreação de redução, sob uma pressão de um bar em contato com uma solução que contém uma concentração da quantidade de matéria igual a 1 mol x L^{-1}. Estas condições são definidas como estado termodinâmico padrão. A este potencial é arbitrariamente o valor escolhido como igual a zero.

Cabe uma pergunta bem curiosa!
Por que o eletrodo padrão escolhido foi o eletrodo de hidrogênio?

A resposta para esta pergunta está no fato do cátion hidrogeniônico [$H^+_{(aquoso)}$] ser o cátion que apresenta maior predominância em soluções aquosas, uma vez que a água se dissocia em cargas positivas e cargas negativas, conforme pode ser observado na equação iônica apresentada a seguir:

$$\boxed{H_2O_{(líquido)} \rightleftarrows H^+_{(aquoso)} + OH^-_{(aquoso)}},$$

Também, é possível representar de uma maneira mais complexa, a partir do conhecimento do estudo ácido-base de Bronsted-Lowry, conforme apresentado a seguir.

$$\underbrace{H_2O_{(\text{líquido})}}_{\text{ácido de BL}} + \underbrace{H_2O_{(\text{líquido})}}_{\text{base de BL}} \rightleftarrows \underbrace{H_3O^+_{(\text{aquoso})}}_{\text{ácido de BL}} + \underbrace{OH^-_{(\text{aquoso})}}_{\text{base de BL}}$$

Os potenciais de todas as semirreações são determinados constituindo-se uma célula eletroquímica com cada uma delas e com o eletrodo padrão de hidrogênio, sendo colocado nesta mesma cuba eletrolítica um eletrodo de platina, que apresenta como objetivo a retenção de gás hidrogênio, com a formação de uma forte camada de gás hidrogênio sobre a placa metálica de platina, e diante disso afirma-se que o eletrodo passa a ser de hidrogênio.

Aos eletrodos que perdem elétrons mais facilmente que o eletrodo de hidrogênio, atribuem-se potenciais de oxidação positivos ou potenciais de redução negativos. Isto significa que, em uma célula eletroquímica, formada com estes eletrodos e com o eletrodo padrão, realiza-se a reação de redução do hidrogênio. Por exemplo, na mesma célula eletroquímica constituída pelo zinco, $Zn_{(sólido)}$ / $Zn^{+2}_{(aquoso)}$ // $2H^+_{(aquoso)}$ /$H_{2(gás)}$, o zinco metálico reduz o hidrogênio pelo fato do zinco metálico (sendo mais eletropositivo que o hidrogênio) perde elétrons com mais facilidade que o hidrogênio e diante disso as semirreações iônicas que são processadas nesta célula são as seguintes:

$Zn_{(\text{sólido})} \rightarrow Zn^{+2}_{(\text{aquoso})} + 2e^-$
$2H^+_{(\text{aquoso})} + 2e^- \rightarrow H_{2(\text{gás})}$

Colocando-se um voltímetro entre os eletrodos de zinco e hidrogênio encontra-se o valor de aproximadamente igual a + 0,763 V. Este número, diante das convenções estabelecidas corresponde à seguinte notação:

$E^o_{\text{Redução}}$ = potencial de redução = - 0,76 V
$E^o_{\text{Oxidação}}$ = potencial de oxidação = + 0,76 V

Aos eletrodos que, ao constituírem a célula eletroquímica com o eletrodo padrão, provocam mais facilmente a perda de elétrons do eletrodo de hidrogênio, atribuem-se potenciais de oxidação negativos ou potenciais de redução positivos. Isto significa dizer que, em uma célula eletroquímica, formada com estes eletrodos e com o eletrodo padrão, realiza-se a reação de oxidação do hidrogênio.

Por exemplo, na célula eletroquímica $Cu_{(sólido)}$ / $Cu^{+2}_{(aquoso)}$ // $2H^+_{(aquoso)}$ / $H_{2(gás)}$, o hidrogênio reduz o cobre pelo fato do hidrogênio (mais eletropositivo que o cobre) perder elétrons com mais facilidade que o cobre e com isso as semirreações processadas são as seguintes:

$Cu^{+2}_{(\text{aquoso})} + 2e^- \rightarrow Cu_{(\text{sólido})}$
$H_{2(\text{aquoso})} \rightarrow 2H^+_{(\text{aquoso})} + 2e^-$

Colocando-se um voltímetro entre os eletrodos de cobre e hidrogênio encontra-se o valor de aproximadamente igual a + 0,34 V. Este número, diante das convenções estabelecidas corresponde à seguinte notação:

$E^o_{\text{Redução}}$ = potencial de redução = + 0,34 V
$E^o_{\text{Oxidação}}$ = potencial de oxidação = - 0,34 V

Nestas condições, a grandeza do potencial de redução é uma medida da facilidade com que o íon recebe elétrons, e a do potencial de oxidação é uma medida com que o átomo ou o íon perde elétrons. Todos os eletrodos são dispostos numa tabela onde se encontram os seus potenciais de eletrodo padrão, E°, ou potenciais normas de oxidação e redução dos eletrodos mais importantes. A tabela I, apresentada a seguir, é alguma das vezes definida como série eletromotriz ou também como série de atividade, que apresenta a semirreação e o seu potencial de redução para cada espécie química.

Tabela I - Potenciais de oxirredução (E°) em volts, em solução aquosa 1 mol x L^{-1}, a pressão de 1 bar e temperatura T (25°C).

SEMIRREAÇÃO DE REDUÇÃO	E° (VOLTS)
$Li^+_{(\text{aquoso})} + 1e^- \rightarrow Li_{(\text{sólido})}$	-3,05
$K^+_{(\text{aquoso})} + 1e^- \rightarrow K_{(\text{sólido})}$	-2,93

Reação	E^0 (V)
$Ba^{+2}_{(aquoso)} + 2e^- \rightarrow Ba_{(sólido)}$	-2,90
$Sr^{+2}_{(aquoso)} + 2e^- \rightarrow Sr_{(sólido)}$	-2,89
$Ca^{+2}_{(aquoso)} + 2e^- \rightarrow Ca_{(sólido)}$	-2,87
$Na^{+}_{(aquoso)} + 1e^- \rightarrow Na_{(sólido)}$	-2,71
$Mg^{+2}_{(aquoso)} + 2e^- \rightarrow Mg_{(sólido)}$	-2,37
$Be^{+2}_{(aquoso)} + 2e^- \rightarrow Be_{(sólido)}$	-1,85
$Al^{+3}_{(aquoso)} + 3e^- \rightarrow Al_{(sólido)}$	-1,66
$Mn^{+2}_{(aquoso)} + 2e^- \rightarrow Mn_{(sólido)}$	-1,18
$2H_2O_{(líquido)} + 2e^- \rightarrow H_{2(gás)} + 2OH^-_{(aquoso)}$	-0,83
$Zn^{+2}_{(aquoso)} + 2e^- \rightarrow Zn_{(sólido)}$	-0,76
$Cr^{+3}_{(aquoso)} + 3e^- \rightarrow Cr_{(sólido)}$	-0,74
$Fe^{+2}_{(aquoso)} + 2e^- \rightarrow Fe_{(sólido)}$	-0,44
$Cd^{+2}_{(aquoso)} + 2e^- \rightarrow Cd_{(sólido)}$	-0,40
$PbSO_{4(sólido)} + 2e^- \rightarrow Pb_{(sólido)} + SO^{-2}_{4(aquoso)}$	-0,31
$Co^{+2}_{(aquoso)} + 2e^- \rightarrow Co_{(sólido)}$	-0,28
$Ni^{+2}_{(aquoso)} + 2e^- \rightarrow Ni_{(sólido)}$	-0,25
$Sn^{+2}_{(aquoso)} + 2e^- \rightarrow Sn_{(sólido)}$	-0,14
$Pb^{+2}_{(aquoso)} + 2e^- \rightarrow Pb_{(sólido)}$	-0,13
$2H^{+}_{(aquoso)} + 2e^- \rightarrow H_{2(gás)}$	0,00
$Sn^{+4}_{(aquoso)} + 2e^- \rightarrow Sn^{+2}_{(aquoso)}$	+0,13
$Cu^{+2}_{(aquoso)} + 1e^- \rightarrow Cu^{+}_{(aquoso)}$	+0,15
$SO^{-2}_{4(aquoso)} + 4H^{+}_{(aquoso)} + 2e^- \rightarrow SO_{2(gás)} + 2H_2O_{(líquido)}$	+0,20
$AgCl_{(sólido)} + 1e^- \rightarrow Ag_{(sólido)} + Cl^-_{(aquoso)}$	+0,22
$Cu^{+2}_{(aquoso)} + 2e^- \rightarrow Cu_{(sólido)}$	+0,34
$O_{2(gás)} + 2H_2O_{(líquido)} + 4e^- \rightarrow 4OH^-_{(aquoso)}$	+0,40
$I_{2(sólido)} + 2e^- \rightarrow 2I^-_{(aquoso)}$	+0,53
$MnO^{-2}_{4(aquoso)} + 2H_2O_{(líquido)} + 3e^- \rightarrow MnO_{2(sólido)} + 4OH^-_{(aquoso)}$	+0,59
$O_{2(gás)} + 2H^{+}_{(aquoso)} + 2e^- \rightarrow H_2O_{(aquoso)}$	+0,68
$Fe^{+3}_{(aquoso)} + 1e^- \rightarrow Fe^{+2}_{(aquoso)}$	+0,77
$Ag^{+}_{(aquoso)} + 1e^- \rightarrow Ag_{(sólido)}$	+0,80
$Hg^{+2}_{2(aquoso)} + 2e^- \rightarrow 2Hg_{(líquido)}$	+0,85
$2Hg^{+2}_{(aquoso)} + 2e^- \rightarrow Hg^{+2}_{2(aquoso)}$	+0,92
$NO^-_{3(aquoso)} + 4H^{+}_{(aquoso)} + 3e^- \rightarrow NO_{(gás)} + 2H_2O_{(líquido)}$	+0,96
$Br_{2(líquido)} + 2e^- \rightarrow 2Br^-_{(aquoso)}$	+1,07
$O_{2(gás)} + 4\,H^{+}_{(aquoso)} + 4e^- \rightarrow 2H_2O_{(líquido)}$	+1,23
$MnO_{2(sólido)} + 4H^{+}_{(aquoso)} + 2e^- \rightarrow Mn^{+2}_{(aquoso)} + 2H_2O_{(líquido)}$	+1,23
$Cr_2O^{-2}_{7(aquoso)} + 14H^{+}_{(aquoso)} + 6e^- \rightarrow Cr^{+3}_{(aquoso)} + 7H_2O_{(líquido)}$	+1,33
$Cl_{2(gás)} + 2e^- \rightarrow 2\,Cl^-_{(aquoso)}$	+1,36
$Au^{+3}_{(aquoso)} + 3e^- \rightarrow Au_{(sólido)}$	+1,50
$MnO^-_{4(aquoso)} + 8H^{+}_{(aquoso)} + 5e^- \rightarrow Mn^{+2}_{(aquoso)} + H_2O_{(líquido)}$	+1,51
$Ce^{+4}_{(aquoso)} + 1e^- \rightarrow Ce^{+3}_{(aquoso)}$	+1,61
$H_2O_{2(gás)} + 2H^{+}_{(aquoso)} + 2e^- \rightarrow 2H_2O_{(líquido)}$	+1,77

$Co^{+3}_{(aquoso)} + 1e^- \rightarrow Co^{+2}_{(aquoso)}$	+1,82
$O_{3(gás)} + 2H^+_{(aquoso)} + 2e^- \rightarrow O_{2(gás)} + H_2O_{(líquido)}$	+2,07
$F_{2(gás)} + 2e^- \rightarrow 2F^-_{(aquoso)}$	+2,87

Fonte: Atkins, P. W.; Paula de, J. Físico-Química", 8ª edição, volume 1. Livros Técnicos e Científicos - LTC, Rio de Janeiro, 2008.

A partir deste ponto, serão apresentados dois exemplos aplicativos referentes ao estudo das pilhas galvânicas. Lembrando que estes dispositivos eletroquímicos apresentam como característica principal a ocorrência de uma espontaneidade, ou seja, o potencial é positivo e a energia livre de Gibbs é negativa.

Exemplo Aplicativo I

(INSTITUTO MILITAR DE ENGENHARIA) Em uma pilha Ni / Ni^{2+} // Ag^{+1} / Ag, os metais estão mergulhados em soluções aquosas 1,0 mol x L^{-1} de seus respectivos sulfatos, a 25°C. Determine:
a) a equação global da pilha.
b) o sentido do fluxo de elétrons.
c) o valor da força eletromotriz (fem) da pilha.
Dados:
$Ni^{2+}_{(aq)} + 2e^- \longrightarrow Ni_{(s)}$ ($E^0_{redução}$ = - 0,25 V)
$Ag^+_{(aq)} + 1e^- \longrightarrow Ag_{(s)}$ ($E^0_{redução}$ = + 0,80 V)

Resolução: Para a resolução deste problema, será necessário primeiramente organizar as semirreações apresentadas, para que ocorra o funcionamento da pilha. Invertendo a semirreação do níquel e multiplicando por dois a semirreação da prata, as operações ficarão da seguinte maneira:

$Ni^0_{(sólido)} \longrightarrow Ni^{2+}_{(aquoso)} + 2e^-$ $\Delta G^0 = -2 \text{ x F x } (+0{,}25)$
$2Ag^+_{(aquoso)} + 2e^- \longrightarrow 2Ag^0_{(sólido)}$ $\Delta G^0 = -2 \text{ x F x } (+0{,}80)$ +

$Ni_{(sólido)} + 2Ag^+_{(aquoso)} \longrightarrow 2Ag_{(sólido)} + Ni^{2+}_{(aquoso)}$

Cálculo do potencial padrão, a partir da variação da energia livre de Gibbs padrão:

$$\cancel{-2} \text{ x } \cancel{F} \text{ x } E^0_{total} = \cancel{-2} \text{ x } \cancel{F} \text{ x } (+0{,}25) + [\cancel{-2} \text{ x } \cancel{F} \text{ x } (+0{,}80)]$$

$$E^0_{total} = +0{,}25 + 0{,}80 = +1{,}05 \text{ V}$$

Item a) A equação iônica global para o funcionamento da pilha galvânica está apresenta a seguir: $Ni_{(sólido)} + 2Ag^+_{(aquoso)} \longrightarrow 2Ag_{(sólido)} + Ni^{2+}_{(aquoso)}$.

Item b) O sentido do fluxo de elétrons, sai do ânodo (eletrodo de níquel) para o cátodo (eletrodo de prata).

Item c) O potencial padrão calculado equivale a $E^0_{total} = +1{,}05$ V, o que caracteriza um processo espontâneo.

Exemplo Aplicativo II

(OLIMPÍADA PORTUGUESA DE QUÍMICA) Tendo em conta os potenciais de redução indicados: E° (Fe^{+2}/Fe) = - 0,44 V; E° (Fe^{+3}/Fe^{+2}) = + 0,77 V. O potencial do par Fe^{+3}/Fe é:
a) + 0,037 V
b) – 0,037 V
c) + 0,330 V
d) + 0,110 V

Resolução: Alternativa B.

Organizando as semirreações e determinando tanto a equação química global como o seu respectivo potencial, temos:

$\cancel{Fe^{2+}}_{(aquoso)} + 2e^- \longrightarrow Fe_{(sólido)}$ $\Delta G^0 = -2 \text{ x F x } (-0{,}44)$
$Fe^{3+}_{(aquoso)} + 1e^- \longrightarrow \cancel{Fe^{2+}}_{(aquoso)}$ $\Delta G^0 = -1 \text{ x F x } (+0{,}77)$ +

$Fe^{3+}_{(aquoso)} + 3e^{-} \rightarrow Fe_{(sólido)}$ $\Delta G^0 = -3 \text{ x F x } E^0_{total}$

Cálculo do potencial padrão, a partir da variação da energia livre de Gibbs padrão:

$$-3 \text{ x F x } E^0_{total} = -2 \text{ x F x } (-0{,}44) + [-1 \text{ x F x } (+0{,}77)]$$

$$E^0_{total} = \frac{0{,}88 - 0{,}77}{-3} = -0{,}037 \text{ V}$$

Para este valor determinado, o processo se caracteriza como não espontâneo, pelo fato do potencial padrão apresentar um valor negativo.

Capítulo 7. Estudo do trabalho realizado por uma célula eletroquímica

Em um processo eletroquímico, é muito possível determinar o quanto este processo trabalha para o aproveitamento de uma pilha através de considerações puramente termodinâmicas. Uma célula eletroquímica funcionando nas seguintes condições padrões adotadas.

- Concentração da quantidade de matéria do soluto igual a 1 mol x L^{-1};

- Pressão: 1 bar (p^0 = 1 atm) para todos os gases, formando processos estáveis à temperatura T, que em sua maioria, esta temperatura é de 25°C para todos os sólidos.

Esses parâmetros fornecem um valor em volts (V) definido como potencial padrão da célula, designado pela sigla E°. Este potencial indica a quantidade de trabalho que a célula eletroquímica pode realizar, funcionando nas condições padrões. Admitindo que os dispositivos da célula sejam conectados a um motor elétrico de rendimento igual a 100%, rendimento este que é impossível de ser obtido, quando a corrente i flui através de uma diferença de potencial (ddp) E°, durante o tempo (t), o trabalho elétrico realizado pelo sistema (sinal negativo) é dado pela variação da energia livre de Gibbs (dG). Um dos capítulos da termodinâmica que estuda as principais funções de estado, trata-se do critério de espontaneidade, sendo designado e representado pela variação da energia livre de Gibbs (dG), apresentado aqui nesta obra de maneira infinitesimal.

A variação da energia livre de Gibbs ocorre à temperatura e pressão constante, sendo definida como a diferença do potencial dos produtos com a dos reagentes, conforme a seguinte equação termodinâmica apresentada a seguir,

$$\boxed{\Delta G^0_{\text{reação}} = G^0_{\text{produtos}} - G^0_{\text{reagentes}}}$$

Esta relação entre as funções de estado está apresentada pela seguinte equação I:

$$dG = dH - T \text{ x } dS - S \text{ x } dT \qquad \text{(Equação I)}$$

Como o processo ocorre à temperatura constante, dT = 0,

$$dG = dH - T \text{ x } dS - S \text{ x } \underbrace{dT}_{=0}$$

$$dG = dH - T \text{ x } dS$$

Esta relação termodinâmica está apresentada de maneira infinitesimal. Apresentando a equação de Gibbs de maneira finita, a equação fica da seguinte forma, conforme a equação II a seguir.

$$\Delta G = \Delta H - T \text{ x } \Delta S \qquad \text{(Equação II)}$$

Partindo dos estudos da eletroquímica, o processo de espontaneidade pode ser previsto pelo meio dos potenciais de eletrodo dos elementos envolvidos para as reações ditas espontâneas, ou seja, E° > 0. Sabendo que o processo de espontaneidade também está relacionado com a variação da energia livre de Gibbs, é possível sim uma relação entre o potencial do aparelho eletroquímico com a variação da energia livre de Gibbs.

Tanto a variação da energia livre de Gibbs para a termodinâmica como também para a eletroquímica, é possível calcular o trabalho máximo útil que um determinado processo químico, representado por uma reação química à pressão constante é capaz de fornecer. À medida que o trabalho é realizado, a reação química depende da energia, que por convenção está representado pela equação III:

$$\boxed{\Delta G = - W_{\text{útil}}} \qquad \text{(Equação III)}$$

Para o caso de um dispositivo eletroquímico, por exemplo, uma pilha galvânica, a variação da energia livre de Gibbs corresponde a maior quantidade de trabalho elétrico que ela pode fornecer em condições experimentais. O trabalho elétrico realizado pelo sistema está representado pela equação IV,

$$\Delta G = -\,Q \times E^o \qquad \text{(Equação IV)}$$

Sabendo que a carga para um processo eletrodinâmico é o produto da corrente pelo tempo, equação V, temos:

$$\Delta G = -\,i \times t \times E^o \qquad \text{(Equação V)}$$

E sendo a carga de um elétron igual a $1{,}6 \times 10^{-19}$ C, logo a carga de um mol de elétrons será:

$1{,}6 \times 10^{-19}\ C \times 6{,}02 \times 10^{23} \times mol^{-1} = 96489\ C$

Esta quantidade determinada e calculada, é definida como sendo a constante de Faraday (1 F), em homenagem a Michael Faraday.

Este notável gênio apresentou grandes estudos tanto na área da química como também na física sem o auxílio de colaboradores ou de assistentes. Diante disso e desta grande contribuição para o estudo da eletroquímica, esta constante que leva o seu sobrenome, é bastante utilizada tanto à nível laboratorial como industrial, com um valor aproximado igual a 96500 C x mol^{-1}. Por essas condições apresentadas e levando em consideração que em uma célula eletroquímica apresenta uma transferência de elétrons igual a n, o trabalho elétrico útil pode ser apresentado da seguinte maneira, conforme abordado pela equação VI.

$$\Delta G^0 = -\,\underbrace{n \times F \times E^o}_{W_{útil}} \qquad \text{(Equação VI)}$$

A partir deste ponto, serão apresentados alguns exemplos aplicativos que abordam com bastante ênfase esta importante relação termodinâmica em diferentes dispositivos eletroquímicos.

Exemplo Aplicativo III

Calcule a constante de equilíbrio (25°C), para a seguinte semirreação: $Sn_{(sólido)} + Sn^{+4}_{(aquoso)} \longrightarrow 2Sn^{+2}_{(aquoso)}$. Dados dos potenciais a 25°C:

$Sn^{+4}_{(aquoso)} + 2e^- \longrightarrow Sn^{+2}_{(aquoso)}$ $\quad E_1° = +\,0{,}15$ V

$Sn^{+2}_{(aquoso)} + 2e^- \longrightarrow Sn_{(sólido)}$ $\quad E_2° = -\,0{,}14$ V

Resposta: Analisando a primeira semirreação: $Sn^{+4}_{(aquoso)} + 2e^- \longrightarrow Sn^{+2}_{(aquoso)} \Delta G°_1 = -2.F.(+\,0{,}15)$

Analisando a segunda semirreação, invertendo a segunda semirreação, temos:

$Sn_{(sólido)} \longrightarrow Sn^{+2}_{(aquoso)} + 2e^-$ $\quad \Delta G°_2 = -2.F.(+\,0{,}14)$

Determinação da equação eletroquímica global:

$Sn^{+4}_{(aquoso)} + 2e^- \longrightarrow Sn^{+2}_{(aquoso)}$ $\quad \Delta G°_1 = -2.F.(+\,0{,}15)$

$Sn_{(sólido)} \longrightarrow Sn^{+2}_{(aquoso)} + 2e^-$ $\quad \Delta G°_2 = -2.F.(+\,0{,}14)$ $\quad +$

$Sn^{+4}_{(aquoso)} + \cancel{2e^-} + Sn_{(sólido)} \longrightarrow Sn^{+2}_{(aquoso)} + Sn^{+2}_{(aquoso)} + \cancel{2e^-}$

Equação eletroquímica global: $Sn^{+4}_{(aquoso)} + Sn_{(sólido)} \longrightarrow 2Sn^{+2}_{(aquoso)}$ $\Delta G°_{TOTAL} = -2.F.(E°)$

Cálculo do potencial padrão da reação global (E°): $\Delta G°_{Total} = \Delta G°_1 + \Delta G°_2$

$\cancel{-2.F}.(E°) = \cancel{-2.F}.(+\,0{,}15) + [\cancel{-2.F}.(+\,0{,}14)]$

$E° = +\,0{,}29$ V

Cálculo da constante de equilíbrio (K_{eq}): $\Delta G°_{Termodinâmico} = \Delta G°_{Eletroquímico}$

$$- \text{n x F x E}° = - \text{R x T x } \ln K_{eq}$$

$$\ln K_{eq} = \frac{\text{n x F x E}°}{\text{R x T}} = \frac{2 \text{ x } 96500 \text{ x } 0{,}29}{8{,}314 \text{ x } 298} = \frac{55970}{2477{,}572} = +22{,}59$$

$$K_{eq} = e^{+22{,}59}$$

Exemplo Aplicativo IV

(OLIMPÍADA BRASILEIRA DE QUÍMICA) Durante a titulação de uma solução de triiodeto (I_3^-) com uma solução de tiossulfato de sódio ($Na_2S_2O_3$) ocorrem as seguintes reações, com seus potenciais padrão de redução:

$I_3^- + 2e^- \rightarrow 3\ I^-$ E° = + 0,54 V

$S_4O_6^{-2} + 2e^- \rightarrow 2\ S_2O_3^{-2}$ E° = + 0,08 V

a) Escreva a reação global da redução do triiodeto pelo íon tiossulfato e calcule o potencial de redução padrão desta reação.

b) O íon triiodeto (I_3^-), em solução aquosa, permanece em equilíbrio com o iodo molecular (I_2) e íon iodeto (I^-), de acordo com a equação I.

$I^- + I_2 \rightarrow I_3^-$

Os dados termodinâmicos, a temperatura de 25°C, para essas três espécies encontram-se na tabela abaixo.

Espécie	$\Delta H°_f$(kJ.mol^{-1})	$\Delta G°_f$(kJ.mol^{-1})	$\Delta S°_f$(J.mol^{-1})
I^-	55,2	- 51,6	111,3
I_2	22,5	16,4	137,2
I^-_3	51,5	- 51,4	239,3

Calcule o valor da constante de equilíbrio, K, para a reação apresentada na equação I, utilizando os dados da tabela.

Resposta:

Item a) Para a determinação do potencial padrão do sistema eletroquímico, será necessário inverter a segunda semirreação química, conforme apresentado a seguir.

$I_3^- + \cancel{2e^-} \rightarrow 3I^-$	E° = + 0,54 V	ΔG° = -2.F.(+0,54)
$2S_2O_3^{-2} \rightarrow S_4O_6^{-2} + \cancel{2e^-}$	E° = + 0,08 V	ΔG° = -2.F.(-0,08) +
$I_3^- + 2S_2O_3^{-2} \rightarrow 3I^- + S_4O_6^{-2}$	$\Delta G°_{TOTAL}$ = -2.F.(+0,54) + [-2.F.(-0,08)]	

$\Delta G°_{TOTAL}$ = -2 x F x (+ 0,54) + [-2 x F x (- 0,08)]

$\cancel{-2.F}.E° = \cancel{-2.F}.(+0,54) + [\cancel{-2.F}.(-0,08)]$

E° = + 0,54 – 0,08 = + 0,46V

Item b) Cálculo da constante de equilíbrio eletroquímico (K_{eq}): $\Delta G° = -\text{R x T x } \ln K_{eq}$

$$\{1 \text{ x } 51400\} - \{1 \text{ x } 51600 + 1 \text{ x } 16400\} = -8{,}314 \text{ x } 298 \text{ x } \ln K_{eq}$$

$$51400 - 68000 = -8{,}314 \text{ x } 298 \text{ x } \ln K_{eq}$$

$$-16600 = -2477{,}572 \text{ x } \ln K_{eq}$$

$$\ln K_{eq} = \frac{16600}{2477{,}572} = +6{,}70$$

$$K_{eq} = e^{+6{,}70}$$

Capítulo 8. Convenções para células eletroquímicas e reações de eletrodo

Para o cálculo da força eletromotriz padrão de uma célula eletroquímica, é bastante conveniente seguir algumas regras que são de extrema importância. As regras apresentadas estão listadas a seguir.

Primeira regra) A f.e.m. padrão de uma célula é igual ao potencial de eletrodo padrão de redução do eletrodo do lado direito menos o potencial do eletrodo do lado esquerdo, conforme pode ser observado pela equação VII a seguir.

$$\Delta E^{o}_{\text{reação}} = E^{o}_{\text{cátodo}} - E^{o}_{\text{ânodo}} \qquad \text{(Equação VII)}$$

O eletrodo da direita é escrito na ordem íon-eletrodo, enquanto o da esquerda é escrito na ordem eletrodo-íon. Conforme já apresentado, a reação global para o funcionamento da pilha galvânica entre o eletrodo de zinco e o eletrodo de cobre, está descrito da seguinte forma:

$$\underbrace{Zn_{(\text{sólido})} \,/\, Zn^{+2}_{(\text{aquoso})}}_{\text{ânodo (semirreação de oxidação)}} \quad // \quad \underbrace{Cu^{+2}_{(\text{aquoso})}/Cu_{(\text{sólido})}}_{\text{cátodo (semirreação de redução)}}$$

Cabe ressaltar que o lado esquerdo que representa o comportamento do zinco é o ânodo, enquanto o lado direito, que descreve o cobre, representa o cátodo. A representação dessas duas barras inclinadas confere à presença da ponte salina.

Segunda regra) A reação que ocorre no eletrodo da esquerda é escrita como uma reação de oxidação (ânodo) enquanto a reação que ocorre no eletrodo da direita é escrita como uma reação de redução (cátodo).

A reação global para o funcionamento de um dispositivo eletroquímico é a soma dessas duas semirreações, então a representatividade para o dispositivo zinco-cobre é a seguinte: $Zn_{(\text{sólido})}$ / $Zn^{+2}_{(\text{aquoso})}$ // $Cu^{+2}_{(\text{aquoso})}$ / $Cu_{(\text{sólido})}$, em que o eletrodo da esquerda corresponde à semirreação de oxidação (ânodo), enquanto o eletrodo da direita correspondente ao cobre refere-se à semirreação de redução (cátodo).

Vale ressaltar e deixar novamente bem claro, que é de suma importância a apresentação das semirreações, tanto do ânodo como do cátodo, além da apresentação da reação global de funcionamento desta pilha galvânica.

$Zn_{(\text{sólido})} \longrightarrow Zn^{+2}_{(aq)} + 2e^-$	(Eletrodo da esquerda)
$Cu^{+2}_{(\text{aquoso})} + 2e^- \longrightarrow Cu_{(\text{sólido})}$ +	(Eletrodo da direita)
$Zn_{(\text{sólido})} + Cu^{+2}_{(\text{aquoso})} \longrightarrow Zn^{+2}_{(\text{aquoso})} + Cu_{(\text{sólido})}$	(Equação química global que descreve o funcionamento da pilha galvânica)

Terceira regra) Se o potencial padrão (E^o) para a célula, calculado e apresentado a partir da primeira regra, é possível que a semirreação escrita pela regra 2 seja um processo espontâneo, uma vez que todos os reagentes e produtos estão no estado padrão. Esta terceira regra está fundamentada pelo fato da variação da energia livre de Gibbs ser negativa, ou seja, $dG < 0$, representado pela equação VI.

Para a reação eletroquímica entre o zinco e o cobre, a variação da energia livre de Gibbs será a seguinte, conforme calculado a seguir.

$$\Delta G° = -n \text{ x } F \text{ x } E^0$$

$$\Delta G° = -2 \text{ mol de elétrons x} \frac{96500 \text{ C}}{1 \text{ mol de elétrons}} \text{x } (+1{,}10)$$

$$\Delta G° = -212300 \text{ J } (-212{,}30 \text{ kJ})$$

Calculado o valor da energia livre de Gibbs-padrão, conforme apresentado acima, o processo eletroquímico entre os eletrodos de zinco e cobre é de fato um processo espontâneo, uma vez que o valor da variação da energia livre de Gibbs é negativo, o que também pode ser observado a partir da ddp padrão. Uma vez que a ddp padrão é positiva, significa que o processo é espontâneo.

Os exemplos aplicativos apresentados a seguir ilustrarão a aplicação desta convenção.

Exemplo Aplicativo V

(U. S. NATIONAL CHEMISTRY OLYMPIAD) Uma célula galvânica é baseada nas seguintes semirreações:

$Cr^{+3}_{(aq)} + 3e^- \rightarrow Cr_{(s)}$ E° = - 0,744 V

$Ni^{+2}_{(aq)} + 2e^- \rightarrow Ni_{(s)}$ E° = - 0,236 V

a) Escreva a equação balanceada para a reação total.
b) Qual eletrodo tem a sua massa aumentada. Justifique sua resposta.
c) Calcule o valor $E°_{célula}$.
d) Determine o valor ΔG° para a reação a 25°C.
e) Calcule o valor da constante de equilíbrio para a reação a 25°C.
f) Determine a voltagem da célula a 25°C se $[Cr^{+3}]$ e $[Ni^{+2}]$ são ambos alterados para 0,010 mol.L^{-1}.

Resposta:

Item a) Analisando a primeira semirreação – Cromo - Invertendo a semirreação de cromo e multiplicando por dois, temos:

$2Cr_{(sólido)} \rightarrow 2Cr^{+3}_{(aquoso)} + 6e^-$ $\Delta G°_1 = -6 \times F \times (+0,744)$

Analisando a segunda semirreação – Níquel - Multiplicando a semirreação por três, temos:

$3Ni^{+2}_{(aquoso)} + 6e^- \rightarrow 3Ni_{(sólido)}$ $\Delta G°_2 = -6 \times F \times (-0,236)$

Determinação da equação química global:

$2Cr_{(sólido)} \rightarrow 2Cr^{+3}_{(aquoso)} + \cancel{6\ mol\ de\ e^-}$	$\Delta G°_1 = -6 \times F \times (+0,744)$
$3Ni^{+2}_{(aquoso)} + \cancel{6\ mol\ de\ e^-} \rightarrow 3Ni_{(sólido)}$	$\Delta G°_2 = -6 \times F \times (-0,236)$ +
$2Cr_{(sólido)} + 3Ni^{+2}_{(aquoso)} \rightarrow 2Cr^{+3}_{(aquoso)} + 3Ni_{(sólido)}$	(Equação química global)

Item b) O eletrodo que apresenta a sua massa aumentada trata-se do eletrodo de níquel (Ni).

Item c) Cálculo do potencial padrão da reação global ($E°_{TOTAL}$): $\Delta G°_T = \Delta G°_1 + \Delta G°_2$

$\cancel{-6.F}.(E°_{TOTAL}) = \cancel{-6.F}.(+0,744) + [\cancel{-6.F}.(-0,236)]$

$E°_{TOTAL} = +0,508$ V

Item d) Cálculo da variação da energia livre de Gibbs (ΔG°):

$$\Delta G° = -6\ \cancel{\text{mol de elétrons}}\ x\ \frac{96500\ C}{\cancel{\text{mol de elétrons}}}\ x\ (+0,508\ V)$$

$$\Delta G° = -294132\ J\ (-294,13\ kJ)$$

Item e) Cálculo da constante de equilíbrio (K_{eq}) - Primeira maneira resolução: $\Delta G°_{Termodinâmico} = \Delta G°_{Eletroquímico}$

$$\ln K_{eq} = \frac{-\ n\ x\ F\ x\ E°}{-\ R\ x\ T}$$

$$\ln K_{eq} = \frac{-\ 6\ x\ 96500\ x\ 0,508}{-\ 8,314\ x\ (25 + 273)} = +\ 118,72$$

$$K = e^{(+118,72)}$$

Item f) Cálculo do potencial (E), utilizando a Equação de Nernst, a partir da seguinte equação global.

Equação química global: $2Cr_{(sólido)} + 3Ni^{+2}_{(aquoso)} \longrightarrow 2Cr^{+3}_{(aquoso)} + 3Ni_{(sólido)}$

$$E = E° - \frac{R \times T}{n \times F} \times \ln Q$$

$$E = E° - \frac{R \times T}{n \times F} \times \ln\left\{\frac{[Cr^{+3}_{(aq)}]^2}{[Ni^{+2}_{(aq)}]^3}\right\}$$

$$E = 0{,}508 - \frac{8{,}314 \times (25 + 273)}{6 \times 96500} \times \ln\left\{\frac{(10^{-2})^2}{(10^{-2})^3}\right\}$$

$$E = 0{,}508 - \frac{2477{,}572}{579000} \times \ln(100) = +\,0{,}488\ V$$

Exemplo Aplicativo VI

Através das semirreações apresentadas abaixo, calcule E°, E e ΔG°, sabendo que $[Al^{+3}] = 0{,}020\ mol.L^{-1}$ e $[Ni^{+2}] = 0{,}80\ mol.L^{-1}$.

$Al^{+3}_{(aquoso)} + 3e^- \longrightarrow Al_{(sólido)}$ E° = - 1,66 V

$Ni^{+2}_{(aquoso)} + 2e^- \longrightarrow Ni_{(sólido)}$ E° = - 0,25 V

Resposta: Cálculo da ddp padrão, multiplicando por dois e invertendo a primeira semirreação, além de multiplicar a segunda semirreação por três.

$2Al_{(sólido)} \longrightarrow 2Al^{+3}_{(aquoso)} + \cancel{6e^-}$ $\Delta G°_1 = -6 \times F \times (+\,1{,}66)$

$3Ni^{+2}_{(aquoso)} + \cancel{6e^-} \longrightarrow 3Ni_{(sólido)}$ $\Delta G°_2 = -6 \times F \times (-\,0{,}25)$ +

$2Al_{(sólido)} + 3Ni^{+2}_{(aquoso)} \longrightarrow 2Al^{+3}_{(aquoso)} + 3Ni_{(sólido)}$ (Equação química global)

Cálculo do potencial padrão, a partir da variação da energia livre de Gibbs padrão:

$\cancel{-6 \times F} \times E° = \cancel{-6 \times F} \times (+\,1{,}66) + [\cancel{-6 \times F} \times (-0{,}25)]$

$E° = +\,1{,}66 - 0{,}25 = +\,1{,}41\ V$

Cálculo da ddp fora das condições padrões (E), a partir da equação de Nernst:

$$E = E° - \frac{R \times T}{n \times F} \times \ln\left\{\frac{[Al^{+3}_{(aq)}]^2}{[Ni^{+2}_{(aq)}]^3}\right\}$$

$$E = +\,1{,}41 - \frac{8{,}314 \times (25 + 273)}{6 \times 96500} \times \ln\left\{\frac{(0{,}020)^2}{(0{,}80)^3}\right\}$$

$$E = +\,1{,}41 - \frac{2477{,}572}{579000} \times \ln\left\{\frac{0{,}0004}{0{,}512}\right\} = +1{,}441\ V$$

Cálculo da variação da energia de Gibbs (ΔG): $\Delta G = -\,n \times F \times E° + RT\ln\left\{\frac{[Al^{+3}_{(aq)}]^2}{[Ni^{+2}_{(aq)}]^3}\right\}$

$$\Delta G = -\,6 \times 96500 \times 1{,}441 + 8{,}314 \times (25 + 273) \times \ln\left\{\frac{(0{,}020)^2}{(0{,}80)^3}\right\}$$

$$\Delta G = \boxed{-852065\ J\ (-852{,}06\ kJ)}$$

Capítulo 9. Força eletromotriz padrão de uma célula eletroquímica reversível

Já foi apresentado nos capítulos anteriores, que uma determinada célula eletroquímica reversível que trabalha à pressão constante (p) e temperatura constante (T) fornece a seguinte equação VI, apresentada a seguir:

$$\Delta G^0 = -\,n \times F \times E^o \qquad \text{(Equação VI)}$$

A equação VI pode ser mais bem apresentável através da famosa equação intitulada por Jacobus Henricus Van't Hoff em 1886, conhecida como a isoterma de van't Hoff, conforme está apresentada a partir da equação VII.

$$\Delta G_{\text{reação}} = \Delta G^0 + \Delta G_{\text{imposta}}$$

$$\Delta G_{\text{reação}} = \Delta G^0 + R \times T \times \ln \underbrace{Q}_{\substack{\text{coeficiente} \\ \text{reacional}}} \qquad \text{(Equação VII)}$$

Diante da equação apresentada, considere então uma equação química reversível e hipotética, constituída por compostos gasosos, apresentada da seguinte maneira: $aA_{(\text{gás})} + bB_{(\text{gás})} \rightleftarrows cC_{(\text{gás})} + dD_{(\text{gás})}$. Aplicando a equação VII temos:

$$\Delta G_{\text{reação}} = \Delta G^0 + R \times T \times \ln \frac{a_C^{+c} \times a_{CD}^{+D}}{a_A^{+a} \times a_B^{+b}} \qquad \text{(Equação VIII)}$$

Agora, considere que uma célula reversível constituída por um metal M_1, imerso em uma solução com seus respectivos íons, M_1^{+n}, de atividades a_1, e de outro metal M_2 imerso numa solução de seus íons M_2^{+n}, de atividade a_2.

Sob as condições de um processo reversível, temos: $M_{1(\text{sólido})} + M_{2(\text{aquoso})}^{+n} \rightleftarrows M_{1(\text{aquoso})}^{+n} + M_{2(\text{sólido})}$.

A equação que relaciona as energias livres de Gibbs vai ficar da seguinte maneira, conforme apresentada pela equação IX.

$$\Delta G_{\text{reação}} = \Delta G^0 + R \times T \times \ln \frac{a_{M_1}^{+n} \times a_{M_2}}{a_{M_1} \times a_{M_2}^{+n}} \qquad \text{(Equação IX)}$$

Levando em consideração que as atividades das fases sólidas são unitárias (a = 1), a equação fica apresentada da seguinte maneira, conforme a equação X a seguir.

$$\Delta G_{\text{reação}} = \Delta G^0 + R \times T \times \ln \frac{a_{M_1}^{+n} \times 1}{1 \times a_{M_2}^{+n}}$$

$$\Delta G_{\text{reação}} = \Delta G^0 + R \times T \times \ln \frac{a_{M_1}^{+n}}{a_{M_2}^{+n}} \qquad \text{(Equação X)}$$

O segundo membro desta equação X é constituído por dois termos, sendo o primeiro apresentando valores constantes à temperatura constante e o segundo que depende das atividades dos íons metálicos, tanto no cátodo como no ânodo.

Capítulo 10. Estudando a Equação de Nernst

Todas as situações apresentadas até o presente momento foram abordadas com relação à concentração da quantidade de matéria, pressão e temperatura constantes, ou seja, no estado padrão de funcionamento de um dispositivo eletroquímico. Conforme mencionado, as condições padrões são as seguintes: concentração da quantidade de matéria do eletrólito igual a 1,0 mol x L^{-1}, temperatura T, que na grande maioria utiliza-se T = 25ºC e caso o processo apresente um gás, sua pressão passa a ser como padrão igual a 1,0 bar (p^0 = 1 bar).

Neste capítulo X será apresentada uma situação em que a maioria dos processos eletroquímicos, diria eu mais de 95% dos processos, não se passa nas condições-padrões, pelo menos em relação à concentração da quantidade de matéria. Foi através de um químico alemão, Hermann Walter Nernst (25 de junho de 1864 – 18 de novembro de 1941), um físico-químico alemão que estudou a relação do potencial de eletrodo em uma concentração diferente de 1,0 mol x L^{-1}. Esta relação é conhecida como a famosa equação eletroquímica de Nernst. Diante desta apresentação, considere as equações químicas de oxidação do metal 1 e de redução do metal 2.

$$M_{1(\text{sólido})} \rightleftarrows M^{+n}_{1(\text{aquoso})} + n_{\text{elétrons}}\,(-E^0_1)$$

$$M^{+n}_{2(\text{aquoso})} + n_{\text{elétrons}} \rightleftarrows M_{2(\text{sólido})}\,(+E^0_2)$$

Somando as equações químicas, mais especificamente as equações iônicas apresentadas acima, temos a equação iônica global conforme pode ser observado a seguir:

$$M_{1(\text{sólido})} \rightleftarrows M^{+n}_{1(\text{aquoso})} + \cancel{n_{\text{elétrons}}}\,(-E^0_1)$$
$$M^{+n}_{2(\text{aquoso})} + \cancel{n_{\text{elétrons}}} \rightleftarrows M_{2(\text{sólido})}\,(+E^0_2) \quad +$$
$$\overline{M_{1(\text{sólido})} + M^{+n}_{2(\text{aquoso})} \rightleftarrows M^{+n}_{1(\text{aquoso})} + M_{2(\text{sólido})}}$$

O potencial eletroquímico para o funcionamento deste dispositivo eletrônico é igual a $E^0_{\text{total}} = -E^0_1 + E^0_2$. Já com relação aos eletrodos da reação eletroquímica acima, representados por metais puros, o potencial da célula é função da temperatura e da concentração da quantidade de matéria. Caso um desses parâmetros for alterado, a partir da utilização de ligas metálicas e não de metais puros, irá ocorrer uma mudança não somente no potencial químico da célula, mas também muito provavelmente no sentido da reação. O que para ter certeza desta afirmativa, seria necessário calcular a fem deste processo eletroquímico. Foi a partir desta ideia, que Nernst aplicou sua formidável equação, apresentada a seguir.

A partir da equação da isoterma de Van't Hoff, temos: $\Delta G_{\text{reação}} = \Delta G^0 + \Delta G_{\text{imposta}}$

$$\Delta G_{\text{reação}} = \Delta G^0 + R \times T \times \ln Q$$

$$-n \times F \times E = -n \times F \times E^0 + R \times T \times \ln Q$$

Para a equação química apresentada anteriormente, $M_{1(\text{sólido})} + M^{+n}_{2(\text{aquoso})} \rightleftarrows M^{+n}_{1(\text{aquoso})} + M_{2(\text{sólido})}$, temos:

$$-n \times F \times E = -n \times F \times E^0 + R \times T \times \ln Q$$

$$-n \times F \times E = -n \times F \times E^0 + R \times T \times \ln \frac{a_{M_1^{+n}} \times a_{M_2}}{a_{M_1} \times a_{M_2^{+n}}}$$

Dividindo a equação acima pela relação (n x F):

$$-\frac{\cancel{n} \times \cancel{F} \times E}{\cancel{n} \times \cancel{F}} = -\frac{\cancel{n} \times \cancel{F} \times E^0}{\cancel{n} \times \cancel{F}} + \frac{R \times T}{n \times F} \times \ln \frac{a_{M_1^{+n}} \times a_{M_2}}{a_{M_1} \times a_{M_2^{+n}}}$$

$$-E = -E^0 + \frac{R \times T}{n \times F} \times \ln \frac{a_{M_1^{+n}} \times a_{M_2}}{a_{M_1} \times a_{M_2^{+n}}}$$

$$E = E^0 - \frac{R \times T}{n \times F} \times \ln \frac{a_{M_1}^{+n} \times a_{M_2}}{a_{M_1} \times a_{M_2}^{+n}} \quad \text{(Equação XI)}$$

Esta equação XI acima é conhecida como a equação de Nernst, deduzida por Walter Nernst em 1889, em que R trata-se da constante dos gases ($8{,}314 \frac{J}{mol \times K}$), T é a temperatura absoluta (Kelvin) e n corresponde ao número de mol de elétrons que participa dos processos eletroquímicos estudados. A partir deste ponto serão apresentados quatro exemplos aplicativos que ilustrarão a aplicação desta importante equação.

Exemplo Aplicativo VII

(U. S. NATIONAL CHEMISTRY OLYMPIAD) O processo de corrosão do ferro é um processo eletroquímico que envolve os potenciais de redução padrão a 25°C.

$Fe^{+2}_{(aq)} + 2e^- \longrightarrow Fe_{(s)}$ E° = - 0,44 V

$O_{2(g)} + 4H^+_{(aq)} + 4e^- \longrightarrow 2H_2O_{(l)}$ E° = + 1,23 V

a) Calcule a voltagem da célula baseada no processo de reação da corrosão, $2Fe_{(s)} + O_{2(g)} + 4H^+_{(aq)} \longrightarrow 2Fe^{+3}_{(aq)} + 2H_2O_{(l)}$.

b) Calcule a voltagem se a reação ocorre a partir de um pH = 4,00, mas todas as outras concentrações forem mantidas como estavam na célula padrão.

c) Para a reação $Fe(OH)_{2(s)} + 2e^- \longrightarrow Fe_{(s)} + 2OH^-_{(aq)}$, E° = - 0,88 V. Use esta informação com um dos potenciais-padrão fornecidos, para calcular o K_{ps} do $Fe(OH)_2$.

Resolução:

Item a) Invertendo a primeira semirreação e multiplicando por dois:

$2Fe_{(sólido)} \longrightarrow 2Fe^{2+}_{(aquoso)} + 4e-$ E^0 = + 0,44 V $\Delta G_1°$ = -4.F.(+0,44)

Mantendo a segunda semirreação, temos:

$O_{2(gás)} + 4H^+_{(aquoso)} + 4e^- \longrightarrow 2H_2O_{(líquido)}$ E° = + 1,23 V $\Delta G_2°$ = -4.F.(+1,23)

Equação global para o processo eletroquímico: $2Fe_{(solido)} + O_{2(gás)} + 4H^+_{(aquoso)} \longrightarrow 2Fe^{2+}_{(aquoso)} + 2H_2O_{(líquido)}$

Cálculo do potencial-padrão: $\Delta G_{Total}°$ = -4.F.E° e $\Delta G_T° = \Delta G_1° + \Delta G_2°$

~~-4.F~~.E° = ~~-4.F~~.(+ 0,44) + ~~-4.F~~.(+ 1,23)

E° = + 0,44 + 1,23 = + 1,67 V

Item b) Utilizando a equação de Nernst: $2Fe_{(solido)} + O_{2(gás)} + 4H^+_{(aquoso)} \longrightarrow 2Fe^{2+}_{(aquoso)} + 2H_2O_{(líquido)}$

$$E = E° - \frac{0{,}0592}{n} \times \log\left\{\frac{\left[Fe^{+2}_{(aq)}\right]^2 \times a^2_{H_2O}}{\left[H^+_{(aq)}\right]^4 \times a^2_{Fe} \times P_{O_2}}\right\}$$

$$E = +\,1{,}67 - \frac{0{,}0592}{4} \times \log\left\{\frac{(1)^2 \times (1)^2}{[10^{-4}]^4 \times (1)^2 \times 1}\right\}$$

$$E = +\,1{,}67 - \frac{0{,}0592}{4} \times \log 10^{+16} = +1{,}43\ V$$

Item c) Determinação da equação eletroquímica global e o seu respectivo valor da ddp.

$Fe(OH)_{2(sólido)} + 2e^- \longrightarrow Fe_{(sólido)} + 2OH^-_{(aquoso)}$ E° = - 0,88 V

$Fe^{+2}_{(aquoso)} + 2e^- \longrightarrow Fe_{(sólido)}$ E° = - 0,44 V

Invertendo a segunda semirreação, temos:

$Fe(OH)_{2(sólido)} + 2e^- \rightarrow Fe_{(sólido)} + 2OH^-_{(aquoso)}$ $\Delta G° = -2.F.(-0,88)$
$\cancel{Fe_{(sólido)}} \rightarrow Fe^{+2}_{(aquoso)} + \cancel{2e^-}$ $\Delta G° = -2.F.(+0,44) +$

$Fe(OH)_{2(sólido)} \rightarrow Fe^{+2}_{(aquoso)} + 2OH^-_{(aquoso)}$ $\Delta G_T° = \Delta G_1° + \Delta G_2°$

$\cancel{-2.F}.E° = \cancel{-2.F}.(-0,88) + \cancel{-2.F}.(+0,44)$

$E° = -0,44\ V$

Cálculo da constante do produto de solubilidade, a partir da relação termodinâmica.

$$\Delta G° = -R\ x\ T\ x\ lnK_{ps} = -n\ x\ F\ x\ E°$$

$$-8,314\ x\ 298\ x\ lnK_{ps} = -2\ \cancel{mol}\ x \frac{96500\ C}{\cancel{mol}}\ x\ (-0,44)$$

$$-2477,572\ x\ lnK_{ps} = 84920$$

$$lnK_{ps} = \frac{-84920}{2477,572}$$

$$K_{ps} = e^{(-34,27)}$$

Exemplo Aplicativo VIII

(CYPRUS NATIONAL COMPETITION FOR THE INTERNATIONAL CHEMISTRY OLYMPIAD)

a) Calcular o decréscimo de massa do eletrodo de zinco, se uma corrente de 0,15 A, passa através da célula galvânica abaixo, durante 1,5 h: $Zn_{(s)}\ /\ Zn^{2+}_{(aq)}\ //\ Cu^{2+}_{(aq)}\ /\ Cu_{(s)}$

b) Calcule o potencial-padrão de redução da célula abaixo, a 25°C, sendo a concentração de Zn^{2+} igual a 0,1 mol/L e a de Ag^+ igual a 0,01 mol/L (E° = 1,56 V) $Zn_{(s)}\ /\ Zn^{2+}_{(aq)}\ //\ Ag^+_{(aq)}\ /\ Ag_{(s)}$

c) Dar a equação química da reação que ocorre espontaneamente na célula galvânica que consiste das seguintes meia-células:
$MnO_2 + 4H^+ + 2e^- \rightarrow Mn^{2+} + 2H_2O$ E° = + 1,21 V
$Ag^+ + e^- \rightarrow Ag$ E° = + 0,80 V

Resposta:

Item a) Conversão do tempo de horas para segundos: $tempo = 1,50\ h\ x\ \frac{3600\ s}{1\ h} = 5400\ s$

Cálculo do decréscimo de massa do eletrodo de Zinco, a partir da semirreação de redução do zinco: $Zn^{2+}_{(aquoso)} + 2e^- \rightarrow Zn_{(sólido)}$

65,4 g de Zn -------------- 2 mol de elétrons x 96500 C/mol de elétrons
m_{Zn} -------------------------- Q = (0,15 A x 5400 s)

$$m_{Zn} = \frac{0,15\ x\ 5400\ x\ 65,4}{2\ x\ 96500} = 0,274\ g$$

Item b) Cálculo do potencial, a partir da utilização da equação de Nersnt,a partir da equação química global que corresponde ao funcionamento da pilha: $Zn_{(sólido)} + 2Ag^+_{(aquoso)} \rightarrow Zn^{2+}_{(aquoso)} + 2Ag_{(sólido)}$

$$E = E° - \frac{R\ x\ T}{n\ x\ F} x\ ln \frac{[Zn^{+2}_{(aq)}]\ x\ a^2_{Ag}}{[Ag^+_{(aq)}]^4 x\ a_{Zn}}$$

$$E = 1,56 - \frac{8,314\ x\ 298}{2\ x\ 96500} x\ ln \frac{0,1}{(0,01)^2}$$
$$E = 1,56 - 1,28\ x\ 10^{-2}\ x\ 6,91 = +1,47\ V$$

Item c) Estudando as semirreações apresentadas pelo enunciado do problema:

$MnO_2 + 4H^+ + 2e^- \rightarrow Mn^{2+} + 2H_2O$ E° = + 1,21 V
$Ag^+ + e^- \rightarrow Ag$ E° = + 0,80 V

Invertendo a semirreação de redução da prata e multiplicando por dois, temos:

$2\ Ag_{(sólido)} \rightarrow 2Ag^+_{(aquoso)} + \cancel{2\ mol\ de\ e^-}$ $\Delta G_I° = -2.F.(-0,80)$
$2MnO_{2(sólido)} + 4H^+_{(aquoso)} + \cancel{2\ mol\ de\ e^-} \rightarrow Mn^{+2}_{(aquoso)} + 2H_2O_{(líquido)}$ $\Delta G_{II}° = -2.F.(+1,21)$ +

$2Ag_{(sólido)} + 2MnO_{2(sólido)} + 4H^+_{(aquoso)} \rightarrow 2Ag^+_{(aquoso)} + Mn^{+2}_{(aquoso)} + 2H_2O_{(líquido)}$

Cálculo do potencial padrão a partir da variação da energia livre de Gibbs padrão:

$$-2\ x\ F\ x\ E° = -2\ x\ F\ x\ (-0,80) - 2\ x\ F\ x\ (+\ 1,21)$$

$$E° = -0,80 + 1,21 = +0,41\ V$$

Exemplo Aplicativo IX

(MESTRE JOÃO ROBERTO DA PACIÊNCIA NABUCO) Numa célula galvânica de zinco e chumbo, as concentrações das soluções em cada semicélula são 65 $g.L^{-1}$ de íons Zn^{+2} e 20,7 $g.L^{-1}$ de Pb^{+2} à 25°C. determinar a ddp da pilha nessa situação. Informação para a resolução do problema:

$Zn^{2+}_{(aquoso)} + 2e^- \rightarrow Zn_{(sólido)}$ $E° = -0,76\ V$
$Pb^{2+}_{(aquoso)} + 2e^- \rightarrow Pb_{(sólido)}$ $E° = -0,13\ V$

Resposta: Cálculo da concentração da quantidade de matéria para cada íon apresentado na questão.

$$[Zn^{+2}] = \frac{65\frac{g}{L}}{65\frac{g}{mol}} = 1\frac{mol}{L}$$

$$[Pb^{+2}] = \frac{20,7\frac{g}{L}}{207\frac{g}{mol}} = 0,1\frac{mol}{L}$$

Cálculo do potencial-padrão (E°), invertendo a semirreação de zinco:

$Zn_{(sólido)} \rightarrow Zn^{2+}_{(aquoso)} + \cancel{2\ mol\ de\ e^-}$ $\Delta G° = -2\ x\ F\ x\ (+\ 0,76)$
$Pb^{2+}_{(aquoso)} + \cancel{2\ mol\ de\ e^-} \rightarrow Pb_{(sólido)}$ $\Delta G° = -2\ x\ F\ x\ (-\ 0,13) +$

$Zn_{(sólido)} + Pb^{2+}_{(aquoso)} \rightarrow Pb_{(sólido)} + Zn^{2+}_{(aquoso)}$ $-2\ x\ F\ x\ E° = -2\ x\ F\ x\ (+\ 0,76) - 2\ x\ F\ x\ (-\ 0,13)$

Cálculo do potencial padrão a partir da variação da energia livre de Gibbs padrão:

$$\cancel{-2\ x\ F}\ x\ E° = \cancel{-2\ x\ F}\ x\ (+\ 0,76) \cancel{-2\ x\ F}\ x\ (-\ 0,13)$$

$$E° = +\ 0,76 - 0,13 = +\ 0,63\ V$$

Cálculo da ddp fora das condições padrões: $E = E° - \frac{R\ x\ T}{n\ x\ F} x\ ln\left[\frac{[Zn^{+2}]\ x\ a_{Pb}}{[Pb^{+2}]\ x\ a_{Zn}}\right]$

$$E = +0,63 - \frac{8,314\ x\ (25 + 273)}{2\ x\ 96500} x\ ln\left[\frac{1}{0,10}\right]$$

$$E = +\ 0,63 - \frac{2477,572}{193000} x\ ln10 = +0,627\ V$$

Capítulo 11. Relações termodinâmicas na eletroquímica

Para um bom entendimento das relações termodinâmicas que regem o estudo, comportamento e as propriedades da eletroquímica, primeiramente será necessário introduzir a função de estado que se trata da variação da energia livre de Gibbs.

A função termodinâmica dG = dH – T x dS – S x dT é definida como a energia livre de Gibbs, ou simplesmente energia livre. É com grande facilidade verificar que, em um processo isotérmico e sob pressão constante, a variação da energia livre de Gibbs mede o trabalho útil, ou seja, o trabalho total menos o trabalho executado contra a pressão externa, o que traduz a seguinte relação termodinâmica, conforme apresentada pela equação XII a seguir.

$$\Delta G = \Delta A + p \times \Delta V$$

$$\Delta G = W_{máximo} - W_{expansão} \qquad \text{(Equação XII)}$$

A função G é o potencial termodinâmico à temperatura e pressão constante, conforme já mencionado e apresentado. Quando um sistema evolui à temperatura e pressão constante, seu potencial termodinâmico vai sempre diminuindo. Caso a energia livre de Gibbs (G) sofra uma transformação reversível deve permanecer constante. Caso o potencial termodinâmico apresente um valor mínimo compatível com os valores impostos da temperatura e da pressão, o sistema não pode sofrer nenhuma transformação e se encontra certamente em um estado de equilíbrio estável. Assim, para um sistema mantido à temperatura e pressão constante em equilíbrio, sua condição se traduz por um valor mínimo da função G, o que vai acarretar um valor nulo, ou seja, $dG = 0$.

A energia livre de Gibbs é um parâmetro termodinâmico bem mais comum no estudo da química, comparado à energia de Helmholtz (dA). Esse fator é explicado pelo fato da maioria dos processos químicos estarem submetidos à pressão constante, uma vez que a energia de Helmholtz se processa à volume constante. O critério $\mathbf{dG_{p,T} \leq 0}$ no âmbito da química, mais especificamente da termodinâmica química, afirma que temperatura e pressão constante, as reações químicas são espontâneas no sentido da diminuição da energia livre de Gibbs. Caso G diminua, à medida que a reação avance, há uma tendência à conversão dos reagentes em produtos (Reagente ⟶ Produto). Se G aumenta, o processo de espontaneidade está para o sentido da reação inversa (Reagente ⟵ Produto).

Quando se mede o potencial de uma pilha equilibrada pelo potencial oposto de uma fonte externa, de modo que a reação pode ocorrer em um ou outro sentido, apresentando diante disso em um processo reversível. Num processo reversível temos o trabalho máximo viável do sistema, de onde podemos tirar a seguinte relação termodinâmica, apresentada pela equação XIII.

$$\Delta G = W_{máximo} \qquad \text{(Equação XIII)}$$

A partir deste ponto, será apresentada a relação entre E e ΔG.

$$dG = \sum_j \mu_j \times dn_j$$

$dG = \sum_j n_j \times \mu_j \times d\varepsilon$, em que n_j é o número de mol, μ_j é o potencial químico das espécies químicas presentes na reação química e $d\varepsilon$ é o avanço da reação.

$$\Delta G_{reação} = \left(\frac{\partial G}{\partial \varepsilon}\right)_{p,T} = \sum_j n_j \times \mu_j \times d\varepsilon$$

$$dG = \Delta G_{reação} \times d\varepsilon$$

$$dW_{eletroquímico} = \Delta G_{reação} \times d\varepsilon$$

$$dW_{eletroquímico} = -\underbrace{n_e \times N_A}_{F} \times \underbrace{E \times d\varepsilon}_{\substack{\text{carga total} \\ \text{transportada x E}}}$$

$$dG = dW_{eletroquímico}$$

$$dG = -n \times F \times E \times d\varepsilon$$

$$\boxed{dG = -n \times F \times E}$$ (Equação XIV)

Diante de todo este desenvolvimento termodinâmico que requer uma *"matemática fina"*, equação XIV, é possível relacionar a variação da energia livre de Gibbs-padrão termodinâmico com a variação da energia livre de Gibbs-padrão eletroquímico. Sabendo que a variação da energia livre de Gibbs termodinâmico é representado pela seguinte equação XV, temos:

$$\Delta G^0_{\text{termodinâmico}} = -R \times T \times \ln K_{eq}$$ (Equação XV) e, igualando esta relação com a equação XIV, temos:

$$\Delta G^0_{\text{termodinâmico}} = \Delta G^0_{\text{eletroquímico}}$$

$$-R \times T \times \ln K_{eq} = -n \times F \times E^0$$

Isolando o logaritmo neperiano da constante de equilíbrio, temos:

$$\ln K_{eq} = \frac{-n \times F \times E^0}{-R \times T}$$

$$\boxed{\ln K_{eq} = \frac{n \times F \times E^0}{R \times T}}$$ (Equação XVI)

Os dois exemplos aplicativos apresentados a seguir, ilustrarão de maneira bem clara e objetiva a aplicação desta importante equação termodinâmica.

Exemplo Aplicativo X

(GRILLO) Considere uma pilha galvânica operando a uma T = 25ºC e pressão igual a 1 atm. A descrição da pilha está fundamentada a partir da seguinte notação apresentada a seguir:

Pt | $Sn^{2+}_{(aquoso)}$ (0,1 mol x L^{-1}), $Sn^{4+}_{(aquoso)}$ (0,05 mol x L^{-1}) | | $Fe^{3+}_{(aquoso)}$ (0,01 mol x L^{-1}), $Fe^{2+}_{(aquoso)}$ (0,2 mol x L^{-1}) | Pt

a) Escreva a reação global de oxirredução e calcule a ddp padrão da pilha.

b) Calcule a variação da energia livre de Gibbs-padrão da pilha para a reação global.

c) Calcule o ΔG da reação no momento em que as concentrações das espécies químicas são iguais às indicadas na notação da pilha. A pilha funciona nessas condições?

d) Calcule a constante de equilíbrio, K, quando a pilha parar de gerar corrente elétrica. Informações para a resolução do problema:

$Fe^{3+}_{(aquoso)} + e^- \longrightarrow Fe^{2+}_{(aquoso)}$ $E^0 = +0,77$ V

$Sn^{4+}_{(aquoso)} + 2e^- \longrightarrow Sn^{2+}_{(aquoso)}$ $E^0 = +0,15$ V

Resposta: Invertendo a semirreação do estanho: $Sn^{2+}_{(aquoso)} \longrightarrow Sn^{4+}_{(aquoso)} + 2e^-$ $E^0 = -0,15$ V

Multiplicando por dois a semirreação do Ferro: $2Fe^{3+}_{(aquoso)} + 2e^- \longrightarrow 2Fe^{2+}_{(aquoso)}$ $E^0 = +0,77$ V

Somando as duas semirreações apresentadas acima:

$Sn^{2+}_{(aquoso)} \longrightarrow Sn^{4+}_{(aquoso)} + \cancel{2e^-}$ $E^0 = -0,15$ V

$2\,Fe^{3+}_{(aquoso)} + \cancel{2e^-} \longrightarrow 2\,Fe^{2+}_{(aq)}$ $E^0 = +0,77$ V +

$Sn^{2+}_{(aquoso)} + 2Fe^{3+}_{(aquoso)} \longrightarrow Sn^{4+}_{(aquoso)} + 2Fe^{2+}_{(aquoso)}$

Cálculo do potencial padrão a partir da variação da energia livre de Gibbs padrão:

$$\cancel{-2 \times F} \times E° = \cancel{-2 \times F} \times (-0,15) \cancel{-2 \times F} \times (+0,77)$$
$$E° = -0,15 + 0,77 = +0,62 \text{ V}$$

Item a) A equação global que caracteriza o funcionamento desta pilha galvânica é a seguinte:

$Sn^{2+}_{(aquoso)} + 2Fe^{3+}_{(aquoso)} \longrightarrow Sn^{4+}_{(aquoso)} + 2Fe^{2+}_{(aquoso)}$

Item b) Cálculo da variação da energia Livre de Gibbs-padrão:

$$\Delta G° = -2\ \cancel{\text{mol de elétrons}}\ x\ \frac{96500\ C}{1\ \cancel{\text{mol de elétron}}}\ x\ (+0{,}62\ V)$$

$$\Delta G° = -119660\ J$$

Item c) Cálculo da variação da energia Livre de Gibbs (ΔG): $\Delta G = \Delta G° + R\ x\ T\ x\ \ln\left\{\frac{[Fe^{+2}]^2 x\ [Sn^{+4}]}{[Fe^{+3}]^2\ x\ [Sn^{+2}]}\right\}$

$$\Delta G = -119600 + 8{,}314\ x\ (25 + 273)\ x\ \ln\left\{\frac{[0{,}20]^2 x\ 0{,}05}{[0{,}01]^2 x\ 0{,}10}\right\} = -112192{,}06\ J$$

Diante deste valor calculado, é possível afirmar que a pilha galvânica funciona de forma espontânea, pois a variação da energia livre de Gibbs é negativa ($\Delta G < 0$).

Item d) Quando a pilha parar de gerar corrente elétrica, a partir da variação da energia livre de Gibbs-padrão, a constante de equilíbrio será a seguinte:

$$-112192{,}06 = -8{,}314\ x\ (25 + 273)\ x\ \ln K_{eq}$$

$$K_{eq} = e^{45{,}28}$$

Exemplo Aplicativo XI

(GRILLO) Considere a reação global de oxirredução, a 25°C: $O_{2(gás)} + 4H^+_{(aquoso)} + 4\ Br^-_{(aquoso)} \longrightarrow 2H_2O_{(líquido)} + 2Br_{2(líquido)}$.
a) Em condições-padrão a reação acima é espontânea? Justifique com cálculos.
b) Qual é o novo valor de E no momento em que o pH da solução é 3,6? Nesse pH, o processo será espontâneo? Justifique sua resposta.
c) Calcule a constante de equilíbrio (K_{eq}) da reação. Dados das semirreações:
$Br_{2(líquido)} + 2e^- \longrightarrow 2Br^-_{(aquoso)}$ $E^o = + 1{,}07\ V$
$O_{2(gás)} + 4H^+_{(aquoso)} + 4e^- \longrightarrow 2H_2O_{(líquido)}$ $E^o = + 1{,}23\ V$

Resposta: Dados do problema: $O_{2(gás)} + 4H^+_{(aquoso)} + 4Br^-_{(aquoso)} \longrightarrow 2H_2O_{(líquido)} + 2Br_{2(líquido)}$

Semirreações de redução:

$Br_{2(líquido)} + 2e^- \longrightarrow 2Br^-_{(aquoso)}$ $E^o = + 1{,}07\ V$
$O_{2(gás)} + 4H^+_{(aquoso)} + 4e^- \longrightarrow 2H_2O_{(líquido)}$ $E^o = + 1{,}23\ V$

Item a) Invertendo e multiplicando por dois a primeira semirreação:

$4Br^-_{(aquoso)} \longrightarrow 2Br_{2(líquido)} + \cancel{4e^-}$ $\Delta G^0 = -4\ x\ F\ x\ (-1{,}07)$
$O_{2(gás)} + 4H^+_{(aquoso)} + \cancel{4e^-} \longrightarrow 2H_2O_{(líquido)}$ $\Delta G^0 = -4\ x\ F\ x\ (+1{,}23)$ +

$4Br^-_{(aquoso)} + O_{2(gás)} + 4H^+_{(aquoso)} \longrightarrow 2Br_{2(líquido)} + 2H_2O_{(líquido)}$

Cálculo do potencial padrão a partir da variação da energia livre de Gibbs padrão:

$$-4\ x\ F\ x\ E° = -4\ x\ F\ x\ (-1{,}07) + [-4\ x\ F\ x\ (+1{,}23)]$$

$$\cancel{-4\ x\ F}\ x\ E° = \cancel{-4\ x\ F}\ x\ (-1{,}07) + [\cancel{-4\ x\ F}\ x\ (+1{,}23)]$$

$$E° = -1{,}07 + 1{,}23 = +\ 0{,}16\ V$$

Observando a ddp padrão do processo eletroquímico, E° = + 0,16V (E° > 0, positiva), o processo é espontâneo.

Cálculo da variação da energia livre de Gibbs-padrão (ΔG°): $\Delta G° = -n \text{ x } F \text{ x } E°$

$$\Delta G° = -4 \text{ mol x } \left(96500 \frac{C}{mol}\right) \text{x } (+0{,}16 \text{ V}) = -61760 \text{ J}$$

Item b) Cálculo da concentração de íons H^+, a partir do potencial hidrogeniônico, pH = 3,6: 3,6 = - log[H^+]

[H^+] = $10^{(-3,6)}$ mol.L^{-1}

Utilizando a equação de Nernst, para a determinação do potencial E: $E = E° - \left(\frac{0{,}0592}{n}\right) \text{x } \log\left\{\frac{a_{H_2O}^2 \text{ x } a_{Br_2}^2}{P_{O_2}^2 [Br^-]^{+4} \text{ x } [H^+]^{+4}}\right\}$

$$E = +0{,}16 - \left(\frac{0{,}0592}{4}\right) \text{x } \log\left\{\frac{[1]^2 \text{ x } [1]^2}{1 \text{ x } [10^{(-3,6)}]^4 \text{ x } [1]^4}\right\}$$

$$E = +0{,}16 - \left(\frac{0{,}0592}{4}\right) \text{x } \log 10^{(+14,4)} = -0{,}053 \text{ V}$$

Observa-se que para um pH = 3,60, o processo passa a ser não espontâneo, uma vez que E < 0.

Item c) Cálculo da constante de equilíbrio: $-61760 = -8{,}314 \text{ x } 298 \text{ x } \ln K_{eq}$
$\ln K_{eq} = +24{,}93$

$$K_{eq} = e^{(+24,93)}$$

Capítulo 12. Atividade termodinâmica e coeficiente de atividade

A atividade de uma substância, por exemplo, designado pela letra maiúscula A, é igual a sua concentração em mol por 1000 g de solvente, o que define a concentração molal (molalidade), multiplicado por um fator de correção que se trata do coeficiente de atividade, $\gamma^{\pm}$. Em soluções mais concentradas, o soluto não obedece à lei de Henry, de modo que a atividade de uma solução é expressa pelo seguinte produto, conforme a equação XVII,

$$\text{atividade (a)} = \text{coeficiente de atividade x molalidade}$$

$a = \gamma^{\pm} \text{ x } \mathcal{M}$ (Equação XVII)

O coeficiente de atividade mede o desvio em relação ao comportamento que o soluto teria caso cumprisse a Lei de Henry na concentração considerada. É importante que a uma temperatura constante, o coeficiente de atividade é função da concentração, porém se aproxima da unidade quando a concentração se aproxima de um valor nulo (zero), ou seja:

$$\lim_{m \to 0} \gamma^{\pm} = 0$$

$$\lim_{m \to 0} a = \text{molalidade } (\mathcal{M})$$

O importante é deixar bem claro que estes dois parâmetros (concentração e temperatura) são dependentes do coeficiente de atividade. Diante disso, o coeficiente de atividade é uma função termodinâmica sendo também função da temperatura e da concentração, exceto para soluções diluídas, sendo determinado de forma experimental, ou seja, em uma bancada de laboratório. Caso a substância A seja um gás, sua atividade é igual a sua fugacidade que, sob pressão próxima de 1 bar, pode ser substituída pela pressão parcial e caso a substância A seja um sólido, sua atividade será por convenção termodinâmica igual a um ($a_{sólido} = 1$). Apresentando um exemplo direto na aplicação da atividade iônica na equação de Nernst, será levado em consideração a semirreação de oxidação do zinco, conforme apresentado a seguir.

$Zn_{(sólido)} \longrightarrow Zn^{2+}{}_{(aquoso)} + 2e^{-}$

$$E = E° - \left(\frac{0{,}0592}{n}\right) \text{x} \log\left\{\frac{a^2_{Zn^{+2}}}{a_{Zn}}\right\}$$

$E = E° - \left(\frac{0{,}0592}{2}\right) \text{x} \log\left\{\frac{a^2_{Zn^{+2}}}{\underbrace{a_{Zn}}_{=1}}\right\}$ ou em função do logaritmo neperiano, $E = E° - \frac{R \text{ x } T}{n \text{ x } F} \text{x} \ln\left\{\frac{a^2_{Zn^{+2}}}{a_{Zn}}\right\}$

$$E = E° - \frac{R \text{ x } T}{2F} \text{x} \ln\left\{\frac{a_{Zn^{+2}}}{\underbrace{a_{Zn}}_{=1}}\right\}$$

Exemplo Aplicativo XII

(GRILLO) Calcule o potencial exato, a partir das atividades iônicas, para a semirreação da célula de zinco em uma solução em que a concentração molal é igual a 0,01 mol x kg^{-1} de cloreto de zinco, sendo o coeficiente de atividade igual a 0,71.

Resposta: Equação de dissociação iônicsa da solução aquosa de cloreto de zinco: $ZnCl_{2(sólido)} \rightarrow Zn^{+2}_{(aquoso)} + 2Cl^{-}_{(aquoso)}$

Cálculo da atividade do zinco cátodo, Zn^{+2}: $a_{Zn^{+2}} = \gamma^{\pm} \text{ x } \mathcal{M}_{Zn^{+2}}$

$$a_{Zn^{+2}} = \gamma^{\pm} \text{ x } \mathcal{M}_{Zn^{+2}}$$

$$a_{Zn^{+2}} = 0{,}71 \text{ x } 0{,}01$$

$a_{Zn^{+2}} = 0{,}0071$

Sabendo que o potencial de redução do zinco é igual a $Zn^{+2}_{(aquoso)} + 2e^- \rightarrow Zn_{(sólido)}$ $\quad E^0_{Redução} = -0{,}763\ V$

Aplicando a equação de Nernst, para esta semirreação de redução:

$$E = E° - \frac{R\ x\ T}{n\ x\ F} x \ln\left\{\frac{\overbrace{a_{Zn}}^{1}}{a_{Zn^{+2}}}\right\}$$

$$E = -0{,}763 - \frac{8{,}314\ x\ 298}{2\ x\ 96500} x \ln\left\{\frac{1}{0{,}0071}\right\} = -0{,}826\ V$$

Exemplo Aplicativo XIII

(OLIMPÍADA PARAENSE DE QUÍMICA) Quanto será a fem da célula de Daniell a 298K para concentrações de $CuSO_4$ e $ZnSO_4$ iguais a 0,50 mol x L^{-1} e 0,10 mol x L^{-1}, respectivamente. Qual deveria ser a fem se fossem utilizadas atividades em vez de concentrações? Os valores de $\gamma\pm$ para o $CuSO_4$ e o $ZnSO_4$ em suas respectivas concentrações são 0,068 e 0,15, respectivamente:

a) 1,125 V; 1,115 V
b) 0,115 V; 0,215 V
c) 1,515V; 1,575V
d) 0,115V; 1,125V
e) 0,15V; 0,10V

Resolução: Alternativa A.

Semirreação - cobre: $Cu^{+2}_{(aquoso)} + 2e^- \rightarrow Cu_{(sólido)}$ $\quad E° = + 0{,}34\ V$
Semirreação - zinco: $Zn^{+2}_{(aquoso)} + 2e^- \rightarrow Zn_{(sólido)}$ $\quad E° = - 0{,}76\ V$

Cálculo da força eletromotriz padrão (E°), invertendo a segunda semirreação.

$Zn \rightarrow Zn^{+2} + \cancel{2\ mol\ de\ e^-}$	$\Delta G° = -2\ x\ F\ x\ (+0{,}76)$
$Cu^{+2}_{(aq)} + \cancel{2\ mol\ de\ e^-} \rightarrow Cu_{(s)}$	$\Delta G° = -2\ x\ F\ x\ (+0{,}34)$ +
$Zn_{(sólido)} + Cu^{+2}_{(aquoso)} \rightarrow Zn^{+2}_{(aquoso)} + Cu_{(sólido)}$	$\Delta G° = -2\ x\ F\ x\ E°$

Cálculo do potencial padrão a partir da variação da energia livre de Gibbs padrão:

$$\cancel{-2\ x\ F}\ x\ E° = \cancel{-2\ x\ F}\ x\ (+0{,}76) + [\cancel{-2\ x\ F}\ x\ (+0{,}34)]$$

$$E° = + 0{,}76 + 0{,}34 = + 1{,}10\ V$$

Cálculo da força eletromotriz levando em consideração que as concentrações sejam iguais a $[Zn^{+2}_{(aq)}] = 0{,}10\ mol.L^{-1}$ e $[Cu^{+2}_{(aq)}] = 0{,}50\ mol.L^{-1}$. Aplicando a equação de Nernst, em função do quociente reacional:

$$E = E^0 - \frac{R\ x\ T}{n\ x\ F} x \ln\left\{\frac{a_{Cu\ x}\ [Zn^{+2}]}{a_{Zn\ x}\ [Cu^{+2}]}\right\}$$

$$E = 1{,}10 - \frac{8{,}314\ x\ 298}{2\ x\ 96500} x \ln\left\{\frac{1\ x\ 0{,}10}{1\ x\ 0{,}50}\right\}$$

$$E = 1{,}10 - \frac{2477{,}572}{193000} x \ln\left\{\frac{0{,}10}{0{,}50}\right\} = +1{,}121\ V$$

Analisando em função das atividades químicas:

$$a_{Zn^{+2}} = \gamma^{\pm} \text{ x } [Zn^{+2}] = 0{,}15 \text{ x } 0{,}10 = 0{,}015$$

$$a_{Cu^{+2}} = \gamma^{\pm} \text{ x } [Cu^{+2}] = 0{,}068 \text{ x } 0{,}50 = 0{,}034$$

Determinação do potencial fora do estado padrão, aplicando a equação de Nernst.

$$E = E^0 - \frac{R \text{ x } T}{n \text{ x } F} \text{ x } \ln\left\{\frac{a_{Cu} \text{ x } a_{Zn^{+2}}}{a_{Zn} \text{ x } a_{Cu^{+2}}}\right\}$$

$$E = 1{,}10 - \frac{8{,}314 \text{ x } 298}{2 \text{ x } 96500} \text{ x } \ln\left\{\frac{1 \text{ x } 0{,}015}{1 \text{ x } 0{,}034}\right\}$$

$$E = 1{,}10 - \frac{2477{,}572}{193000} \text{ x } \ln\left\{\frac{0{,}015}{0{,}034}\right\} = +1{,}105 \text{ V}$$

Observação: Este valor implica que mesmo em condições diferentes do estado padrão, o sistema eletroquímico corresponde a um processo espontâneo, ou seja, uma célula galvânica.

Capítulo 13. Estudo do Potencial de eletrodo padrão

Conforme estudado a partir da equação XI, $E = E^0 - \frac{R \times T}{n \times F} x \ln \frac{a_{M_1}^{+n} \times a_{M_2}}{a_{M_1} \times a_{M_2}^{+n}}$, quando se considera a atividade unitária, o valor do potencial se torna constante em uma dada temperatura constante. Para este caso específico, o potencial é denominado como potencial de eletrodo padrão. O valor absoluto, E^0, este potencial não pode ser medido diretamente, diante disso a sua determinação é a partir de uma relação a um potencial de eletrodo padrão tomado como referência. O eletrodo escolhido por Nernst como referência foi o eletrodo de hidrogênio, constituído pelo gás diatômico hidrogênio (H_2) em equilíbrio com o seu respectivo íon (H^+), conforme apresentado pela semirreação de redução apresentada a seguir:

$$2H^+_{(aquoso)} + 2e^- \rightarrow H_{2(gás)}$$

Esta semirreação de redução está sob uma pressão de um bar (1 bar) e de atividade unitária. Na prática, obtém-se este eletrodo fazendo passar o gás hidrogênio, $H_{2(g)}$ sob pressão de 1 bar em uma solução eletrolítica contendo íons H^+, em uma atividade unitária, na qual está imerso um eletrodo de platina (Pt), conforme pode ser observado na Figura 4, apresentado logo a seguir.

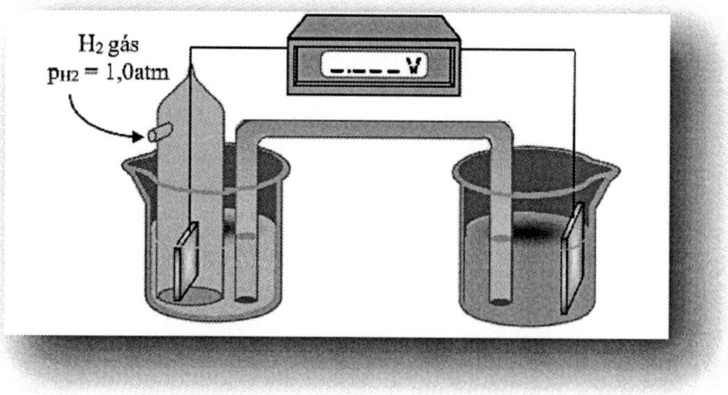

Figura 4. Representação esquemática do eletrodo de hidrogênio, com a presença do eletrodo de platina (Pt).

Capítulo 14. Convenção de sinal do potencial de eletrodo

Conforme já mencionado em capítulos anteriores, cada célula eletroquímica envolve duas semirreações. Nestas condições não se pode medir valores absolutos dos potenciais de uma semirreação, mas somente o processo global, ou seja, o potencial total do sistema. Com a finalidade de atribuir valores numéricos para os potenciais das semirreações, foi escolhido arbitrariamente um potencial de semirreação (potencial padrão) como potencial para cada semirreação comparando-o com o potencial do padrão. O potencial da semirreação escolhido para padrão foi o da semirreação do hidrogênio, conforme pode ser observado a partir da semirreação de redução:

$$2\,H^{+}_{\left(\text{aquoso};\ 1{,}0\frac{\text{mol}}{\text{L}}\right)} + 2e^{-} \rightarrow H_{2(\text{gás};\text{p}=\ 1\ \text{bar})},$$

e que corresponde ao eletrodo de hidrogênio sob a pressão de um bar (1 ar) em contato com uma solução que contém uma concentração de molalidade igual a 1. Estas condições são definidas como estado padrão. A este potencial é atribuído arbitrariamente o valor zero. Os potenciais de todas as semirreações são calculados e determinados constituindo-se uma célula eletroquímica com cada uma delas e com o eletrodo padrão de hidrogênio. Aos eletrodos que perdem elétrons mais facilmente que o eletrodo de hidrogênio, atribuem-se potenciais de oxidação positivos ou potenciais de redução negativos. Isto significa que, numa célula eletroquímica, formada com estes eletrodos e com o eletrodo padrão, realiza-se a reação de redução do hidrogênio. Por exemplo na célula eletroquímica:

$Zn_{(\text{sólido})}$; $Zn^{+2}_{(\text{aquoso})}$ // $2H^{+}_{(\text{aquoso})}$; $H_{2(\text{gás})}$

O zinco metálico reduz o hidrogênio porque o zinco metálico, sendo mais eletropositivo que o hidrogênio, perde elétrons com maior facilidade que o hidrogênio e as semirreações que passam nesta célula são as seguintes:

$$Zn_{(\text{sólido})} \rightarrow Zn^{+2}_{(\text{aquoso})} + 2e^{-}$$
$$2\,H^{+}_{(\text{aquoso})} + 2e^{-} \rightarrow H_{2(\text{gás})} \qquad +$$
$$\overline{Zn_{(\text{sólido})} + 2\,H^{+}_{(\text{aquoso})} \rightarrow Zn^{+2}_{(\text{aquoso})} + H_{2(\text{gás})}}$$

Colocando-se um voltímetro entre os eletrodos de zinco e hidrogênio encontra-se o valor de + 0,763 volts. Este número, diante das convenções estabelecidas corresponde a um processo espontâneo em que o potencial sendo positivo, a energia livre de Gibbs fica sendo negativa.

Capítulo 15. Aplicação da equação de Gibbs-Helmholtz para as células eletroquímicas

Uma das equações mais importantes que envolvem diferentes funções de estado refere-se à equação XVIII a seguir.

$$\Delta G = \Delta H + T \text{ x } \left(\frac{\delta \Delta G}{\delta T}\right)_p \quad \text{(Equação XVIII)}$$

Sabendo que a variação da energia livre de Gibbs para um processo eletroquímico é dado por: $\Delta G = -\text{ n x F x E}$, e realizando a substituição na equação XVIII, após transformações algébricas e levando também em consideração as unidades, a equação vai ficar representada pela equação XIX a seguir.

$$\boxed{\Delta H = -23060 \text{ x} \left[E - T \text{ x } \left(\frac{\delta E}{\delta T}\right)_p\right] \frac{\text{cal}}{\text{mol}}} \quad \text{(Equação XIX)}$$

Esta relação termodinâmica, apresentada a partir da equação XIX, permite determinar indiretamente a variação da entalpia da reação química, na verdade, da reação eletroquímica que ocorre em uma célula eletroquímica e fornece valores mais precisos que a determinação experimental através de um calorímetro. O processo será exotérmico, caso a relação $\frac{\delta E}{\delta T} < 0$ e o processo será endotérmico caso a mesma relação $\frac{\delta E}{\delta T} > 0$. A entalpia também pode ser calculada da seguinte maneira, conforme a equação XX.

$$\boxed{\Delta H = -\text{n x F x} \left[E - T \text{ x } \left(\frac{\delta E}{\delta T}\right)_p\right]} \quad \text{(Equação XX)}$$

Para esta equação termodinâmica XX, o resultado será expresso em J/mol. Importante ressaltar que o produto Coulomb x Volts resulta em Joule, $1\text{J} = \text{C x V}$.

O valor da entropia, independe da temperatura em boa aproximação, e diante disso a relação termodinâmica da entropia com as propriedades eletroquímicas está descrita na equação XXI.

$$\boxed{\frac{\Delta S}{nF} = \left(\frac{\delta E}{\delta T}\right)_p} \quad \text{(Equação XXI)}$$

Exemplo Aplicativo XIV

A força eletromotriz de uma célula eletroquímica é 1,1 V à 300 K. Nesta temperatura o coeficiente de temperatura é igual a 4,0 x 10^{-5} volt/K. Sabendo que o eletrólito é monovalente, pede-se para calcular o calor de reação a 300K.

Resolução: A partir da equação termodinâmica XX, temos: $\Delta H = -\text{nF x} \left[E - T \text{ x } \left(\frac{\delta E}{\delta T}\right)_p\right]$

$$\Delta H = -1 \text{ x } 96500 \frac{C}{\text{mol}} \text{x} \left[1{,}10 \text{ V} - 300 \text{ K x } 4{,}0 \text{ x } 10^{-5} \frac{V}{K}\right]$$

$$\Delta H = -104992 \frac{\overbrace{C \text{ x } V}^{J}}{\text{mol}}$$

$$\Delta H = -104992 \frac{J}{\text{mol}}$$

Diante deste resultado o processo é exotérmico, uma vez que a variação da entalpia apresentou um valor negativo.

Capítulo 16. Células de concentração

Vamos levar em consideração as seguintes situações eletroquímicas apresentadas a seguir.

Imergindo-se dois eletrodos de um mesmo metal em duas soluções do mesmo eletrólito, que apresentam atividades iônicas a_1 e a_2 diferentes e, admitindo-se desprezível o potencial de junção, é formada uma célula eletroquímica. Esta célula pode ser apresentada através da seguinte representação eletroquímica a seguir:

$$\underbrace{M_{1(\text{sólido})}, M^{+n}_{(a_1)}}_{E_1} // \underbrace{M^{+n}_{(a_2)}, M_{1(\text{sólido})}}_{E_2}$$

Equação global para o processo de funcionamento do dispositivo eletrônico:

$$\cancel{M_{1(\text{sólido})}} \rightarrow M^{+n}_{(a_1)} + \cancel{2e^-}$$
$$M^{+n}_{(a_2)} + \cancel{2e^-} \rightarrow \cancel{M_{1(\text{sólido})}} \quad +$$
$$M^{+n}_{(a_2)} \rightarrow M^{+n}_{(a_1)}$$

Os potenciais de cada eletrodo podem ser calculados através das seguintes equações apresentadas a seguir.

$$E_2 = E^0 - \frac{R\,x\,T}{n\,x\,F} x \ln a_2 \qquad \text{(Equação eletroquímica no cátodo)}$$

$$E_1 = E^0 - \frac{R\,x\,T}{n\,x\,F} x \ln a_1 \qquad \text{(Equação eletroquímica no ânodo)}$$

$$\underbrace{E_2 - E_1}_{E} = \frac{R\,x\,T}{n\,x\,F} x \ln \frac{a_2}{a_1}$$

Exemplo Aplicativo XV

Calcule a fem para a seguinte célula de concentração à 25°C: $Mg_{(\text{sólido})}, Mg^{+2}_{(\text{aquoso})}\left(0{,}24\,\frac{mol}{L}\right) // Mg^{+2}_{(\text{aquoso})}\left(0{,}53\,\frac{mol}{L}\right)$.

Resolução:

$$\cancel{Mg_{(\text{sólido})}} \rightarrow Mg^{+2}_{(\text{aquoso})}\left(0{,}24\,\frac{mol}{L}\right) + \cancel{2e^-}$$
$$Mg^{+2}_{(\text{aquoso})}\left(0{,}53\,\frac{mol}{L}\right) + \cancel{2e^-} \rightarrow \cancel{Mg_{(\text{sólido})}} \quad +$$
$$Mg^{+2}_{(\text{aquoso})}\left(0{,}53\,\frac{mol}{L}\right) \rightarrow Mg^{+2}_{(\text{aquoso})}\left(0{,}24\,\frac{mol}{L}\right)$$

Como as duas semirreações apresentam o mesmo eletrodo, o potencial padrão será igual a zero.

$$E = E^0 - \frac{R\,x\,T}{n\,x\,F} x \ln \frac{\left[Mg^{+2}\left(0{,}24\,\frac{mol}{L}\right)\right]}{\left[Mg^{+2}\left(0{,}53\,\frac{mol}{L}\right)\right]}$$

$$E = 0 - \frac{8{,}314\,x\,298}{2\,x\,96500} x \ln \frac{0{,}24\,\frac{mol}{L}}{0{,}53\,\frac{mol}{L}}$$

$$E = +0{,}0102\ V$$

Diante disso e realizando um resumo com relação à célula de concentração, conforme descrito pela equação de Nernst, o potencial de uma célula é dependente das concentrações das espécies em cada cela. Desta forma, é possível se construir uma pilha utilizando os mesmos materiais, porém em concentrações diferentes, como foi o caso do exemplo aplicativo XV, que apresentou o eletrodo de magnésio a diferentes concentrações.

Capítulo 17. Potenciais de oxirredução

Usando os eletrodos inertes, como por exemplo, o de platina e ouro, e duas soluções contendo íons do mesmo metal, mas de estados de oxidação diferentes, obtêm-se células eletroquímicas cujos potenciais são denominados potenciais de oxirredução ou potenciais redox. Para uma célula eletroquímica constituída de eletrodos de platina imersos em duas soluções diferentes contendo respectivamente íons Fe^{+2} e Fe^{+3}, tem-se: $E = E^0 - \frac{R \times T}{n \times F} \times \ln \frac{a_{Fe^{+3}}}{a_{Fe^{+2}}}$, em que E^0 é o potencial de eletrodo padrão do sistema Fe^{+3}/Fe^{+2}, ou seja, um potencial padrão igual a +0,77 V.

Capítulo 18. Células de referência

Na medida da força eletromotriz (fem), o valor observado representa a tendência das reações iônicas, em ambos os eletrodos da célula, ocorrendo de maneira simultânea. Na realidade, só há interesse na reação que ocorre num único eletrodo; o método de proteção catódica se baseia em medidas de potenciais. Determinações deste tipo são realizados através da utilização de um eletrodo cujo potencial se relaciona com um outro denominado "meia-célula de referência". Consequentemente, qualquer variação da força eletromotriz resulta na variação do potencial do eletrodo em observação e não no eletrodo de referência. As semirreações de referência mais usuais serão apresentadas a seguir.

➢ **Célula de calomelano**

A célula de calomelano consiste de um eletrodo de mercúrio em contato com íons $Hg^{+2}_{2(aquoso)}$ cuja atividade é determinada através da solubilidade do cloreto de mercúrio I ou cloreto mercuroso (calomelano) na presença de uma solução de cloreto de potássio (KCl), sendo a sua equação iônica apresentada a seguir:

$2\,Hg_{(líquido)} + 2Cl^{-}_{(aquoso)} \rightarrow Hg_2Cl_{2(aquoso)} + 2e^{-}$, com o valor da ddp padrão igual a $E^0 = -0{,}268$ V.

Este eletrodo é constituído por um eletrodo formado por mercúrio em contato com solução saturada de Hg_2Cl_2 (calomelano), contendo uma quantidade conhecida de cloreto de potássio – KCl. A Figura 5 a seguir apresenta a imagem esquemática, que representa a célula de calomelano.

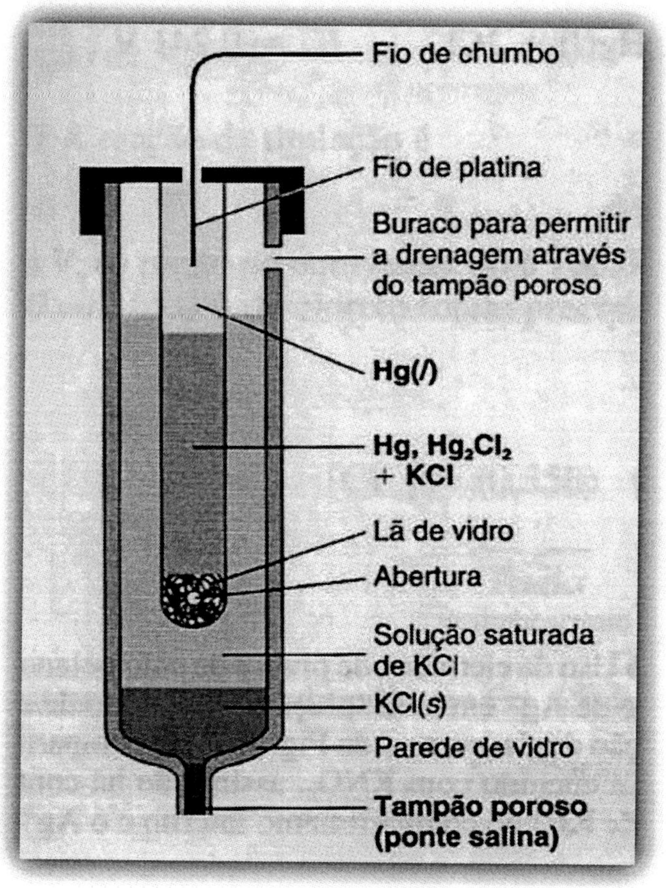

Figura 5 – Esquema de uma célula de calomelano.

Conforme observado e ilustrado na figura 5, o mercúrio líquido [$Hg_{(líquido)}$] fica em contato com um fio de platina (Pt) fixado ao fundo de um frasco de vidro; e sobre o mercúrio coloca-se cloreto mercuroso sólido, que é ligeiramente solúvel na solução de cloreto de potássio, colocada sobre o cloreto mercuroso. A atividade do íon Hg^{+2} depende da concentração de cloreto de potássio, uma vez que o produto de solubilidade do Hg_2Cl_2 é constante, à temperatura constante. O potencial desta pilha varia com a concentração da solução de KCl, sendo encontrado em tabelas; para solução 1 N, equivalente a 1 mol x L^{-1} de KCl, o potencial padrão é de aproximadamente igual a $E^0 = -0,280$ V.

- **Célula de cloreto de prata-prata**

Este eletrodo é preparado através do processo de precipitação da prata (Ag), por eletrólise, sobre um fio de platina sendo soldado a um tubo de vidro, usando-se como eletrólito o cianeto de prata (AgCN). O recobrimento da prata é transformado parcialmente em cloreto de prata pela ação da eletrólise de uma solução de ácido clorídrico (HCl) em que o eletrodo de prata [$Ag_{(sólido)}$] funciona como o ânodo. O potencial deste eletrodo deve ser frequentemente comparado com o eletrodo de calomelano por causa da sua gradual variação com o tempo. O eletrodo imerso numa solução de um cloreto é a seguinte:

$$Ag_{(sólido)} + Cl^-_{(aquoso)} \rightarrow AgCl_{(sólido)} + 1e^- \qquad E^o = -0,222 \text{ V}$$

Da mesma forma apresentada pelo eletrodo de calomelano, o potencial varia com a concentração da solução de cloreto de prata; para uma solução de 0,1 N (0,1 mol x L^{-1}) de KCl, E^o = - 0,288 V.

- **Célula de solução de sulfato de cobre saturada – cobre**

Este eletrodo consiste de uma barra de cobre na presença de uma solução de sulfato de cobre [$CuSO_4$]. Devido a sua construção rústica, é muito utilizado para determinações realizadas em locais em que não se dispõe de instalações inadequadas, por ser resistente aos choques e quando se admite pequenos erros nas determinações. A sensibilidade deste eletrodo é satisfatória para a maioria das investigações relacionadas à corrosão. Sua semirreação é a seguinte:

$$Cu_{(sólido)} \rightarrow Cl^{+2}_{(aquoso)} + 2 \text{ elétrons} \qquad E^o = -0,337 \text{ V}$$

Já em relação a uma solução saturada de sulfato de cobre, seu potencial equivale a -0,316.

Capítulo 19. Potenciais de eletrodos reversíveis

➢ **Polarização sobre Voltagem**

Quando uma célula eletroquímica está funcionando em condições termodinâmicas definida como irreversíveis, sua força eletromotriz (fem) diminui para valores inferiores à fem de equilíbrio. Quanto maior for a corrente elétrica (i) fornecida pela célula eletroquímica, maior será o afastamento da fem de trabalho para a fem de equilíbrio. A extensão deste afastamento é uma medida da irreversibilidade da célula. Considerando que a força eletromotriz da célula é determinada pela soma algébrica dos potenciais tanto do ânodo e do cátodo, conclui-se que estes potenciais também apresentam variação quando a célula funciona sob condições irreversíveis. Estas variações são conhecidas como *polarização anódica e polarização catódica.* A variação produzida pela polarização catódica corresponde à diminuição do potencial do cátodo e a variação produzida pela polarização anódica correspondente ao aumento do potencial do ânodo.

➢ **Causas da Polarização**

As causas ocasionadas pela polarização de uma célula eletroquímica podem ser classificadas em quatro categorias, apresentadas a seguir.

Item A) Polarização de concentração;

Item B) Polarização de ativação;

Itcm C) Polarização ôhmica;

Item D) Presença de agentes polarizantes e de despolarizantes.

Item A – Polarização de Concentração

Este tipo de polarização é causado pela variação de concentração que ocorre, sob condições de irreversibilidade, entre a área do eletrólito que está em contato com o eletrodo e o resto do eletrólito. Assim, vamos levar em consideração a seguinte célula:

$$\underbrace{\mathrm{Zn}_{(\text{sólido})}, \mathrm{Zn}^{+2}_{(a_1)}}_{E_1} \; // \; \underbrace{\mathrm{Cu}^{+2}_{(a_2)}, \mathrm{Cu}_{(\text{sólido})}}_{E_2}$$

Este conjunto apresentado entre os eletrodos de zinco e cobre, fornecendo corrente elétrica segundo um processo irreversível, observa-se que quando a corrente flui, o íon cúprico é neutralizado no cátodo, onde diante disso irá ocorrer a deposição do metal. Quanto maior for o valor da corrente elétrica, maior será a taxa de deposição do cobre. À medida que o cobre é depositado no cátodo, a concentração nesta região (cátodo) diminui a não ser que o número de íons neutralizados seja completado pelo processo de migração ou difusão iônica e a partir da transferência por convecção, são capazes de completar todos os íons no cátodo que se descarregam. Deste modo, durante a passagem da corrente elétrica, existe sempre um gradiente entre a concentração inicial e a concentração existente em um determinado tempo t.

Para a obtenção quantitativa para este efeito, será necessário admitir que a atividade iônica dos íons cúpricos no cátodo seja a_c e a atividade dos íons cúpricos na região do eletrólito distante d seja a_s. Com isso, a equação de Nernst fornece o valor da polarização de concentração, conforme a equação XXII, apresentada a seguir,

$E = E^0 - \frac{R \times T}{n \times F} \times \ln \frac{a_c}{a_s}$ (Equação XXII), o que corresponde a polarização catódica. Importante ressaltar que sempre $a_s > a_c$, logo $n_c < 0$.

Raciocinando analogamente com o Zn^{+2} e lembrando que neste caso $a_c > a_s$, temos que a polarização anódica será representada pela seguinte Equação XXIII, apresentada a seguir.

$E = E^0 - \frac{R \times T}{n \times F} \times \ln \frac{a_c}{a_s}$ (Equação XXIII).

Para este caso, equação XXIII, temos a situação descrita da seguinte maneira, que agora $a_c > a_s$ e diante disso, é verificável que a polarização anódica apresenta valor positivo. Ocorrendo simultaneamente as duas polarizações, anódica e catódica, evidencia-se que o correspondente efeito sobre a fem resulta na diminuição do potencial do cátodo e o aumento do potencial do ânodo.

Item B – Polarização de Ativação

Quando um metal está imerso numa solução contendo íons do metal, existe um equilíbrio dinâmico entre o metal $M_{(sólido)}$ e os íons M^{+n}, segundo a reação reversível a seguir, $M^{+n}_{(a_1)} + ne^- \rightleftarrows M_{(sólido)}$.

Um equilíbrio dinâmico é caracterizado pelo fato da velocidade da reação direta for igual à velocidade da reação inversa. Para um processo eletroquímico, v_c corresponde a velocidade de redução e v_a representa a velocidade de oxidação.

Quando as velocidades para o processo eletroquímico são iguais, ou seja, $v_c = v_a$, a massa do metal M que passa para a solução $M^{+n}_{(a_1)}$ é igual a massa do íon $M^{+n}_{(a_1)}$que passa da solução para o metal M, o que estabelece um equilíbrio químico, ou também conhecido como equilíbrio dinâmico.

ΔG_a pode ser considerada como a energia livre de ativação que os átomos do metal precisam ultrapassar para passar à solução. De maneira semelhante, ΔG_c é a energia livre de ativação que os íons devem ultrapassar para se descarregarem e transformar em metal. Diante desta afirmativa, a relação termodinâmica que descreve a variação da energia livre de Gibbs com a constante de equilíbrio está apresentada a partir da seguinte equação XXIV,

$\Delta G^0 = -R \times T \times \ln K_{eq}$ (Equação XXIV), conforme já mencionado anteriormente com a aplicação prática em exemplos aplicativos.

Em um processo irreversível, o equilíbrio pode ser deslocado de vários modos, seja na variação da energia livre de Gibbs do metal pela força eletromotriz (fem) ou até mesmo na alteração das condições do eletrólito pela adição de agentes polarizantes ou despolarizantes.

Item C – Polarização Ôhmica

Este tipo de polarização resulta nos seguintes pontos:

a) Da queda do potencial entre o eletrodo de referência e a superfície do eletrodo;
b) Da resistência produzida por substâncias que acompanham a descarga ou até mesmo a dissolução dos íons.

A polarização prevista no item b pode produzir valores elevados de polarização quando as substâncias formam uma superfície aderente e contínua. Entre outras substâncias que apresentam este comportamento podemos citar os óxidos que formam uma película muito aderente sobre a superfície do eletrodo e que possuem elevada resistência elétrica. Alguns gases são adsorvidos pelos eletrodos e apresentam o mesmo efeito.

Item D – Presença de agentes polarizantes e de despolarizantes

Algumas substâncias quando adicionadas a um eletrólito provocam um aumento ou uma diminuição da polarização. Estas substâncias são bastante importantes no processo de eletrodeposição e também no processo de corrosão e estes dois são definidos como inibidores.

Capítulo 20. Células eletroquímicas comerciais

A – Pilha Seca

Muito embora a célula eletroquímica zinco-cobre (Zn-Cu), descrita e abordada em capítulos anteriores, tenha sido muito utilizada para a apresentação a partir dos conceitos envolvidos na pilha de Daniell, as unidades seladas que não envolvem líquido são as mais práticas.

A célula seca ou também conhecida como pilha de Leclanché é um dispositivo engenhoso que permite a transferência dos elétrons e consome os gases que ocorrem na reação. Estas pilhas comuns são também chamadas de pilhas de Leclanché, diante da homenagem ao seu inventor, o químico francês George Leclanché (1839-1882). George Leclanché foi obrigado a exilar na Inglaterra, tendo que sair da França, uma vez que seu pai fazia parte do ministério francês na época. Sua ida à Inglaterra foi bastante proveitosa, recebendo os primeiros passos da educação e posteriormente sua família volta à França e com isso George realiza a sua graduação na École Centrale Paris. George foi trabalhar em uma empresa ferroviária, sendo responsável direto na área da infraestrutura de comunicação das transmissões elétricas da ferroviária. Este fato de ter trabalhado em vias férreas, fez com que o jovem francês estudasse diferentes formas de células elétricas, observando possíveis problemas que afetavam as células elétricas existentes. Devido à turbulenta situação política na França, Leclanché se muda para Bruxelas, onde monta um laboratório em 1866 para o desenvolvimento de uma pilha elétrica fabricada a partir de uma solução condutora de cloreto de amônio (NH_4Cl) com um terminal negativo de zinco (Zn) e um terminal positivo de dióxido de manganês (MnO_2). Leclanché morre vítima de câncer de garganta, no dia 14 de setembro de 1882. Nesta pilha, quando os polos são conectados a um circuito metálico, o ânodo de zinco é oxidado de acordo com a seguinte semirreação iônica:

$$Zn_{(sólido)} \rightarrow Zn^{+2}_{(aquoso)} + 2\text{ elétrons}$$

Já os eletrodos produzidos reduzem o cátion amônio no cátodo na presença de carbono inerte, segundo a seguinte semirreação iônica:

$$2NH^{+}_{4(aquoso)} + 2\text{ elétrons} \rightarrow 2NH_{3(gás)} + H_{2(gás)} \uparrow$$

O hidrogênio liberado é absorvido pelo MnO_2.

$$3MnO_{2(sólido)} + 2H_{2(gás)} \rightarrow Mn_3O_{4(sólido)} + H_2O_{(líquido)}$$

Já o amoníaco fica retido pelo zinco, representado pela seguinte equação iônica:

$$Zn^{+2}_{(aquoso)} + 4NH_{3(gás)} \rightarrow Zn(NH_3)^{+2}_{4(aquoso)}$$

A ruptura do invólucro de zinco produzido através do acúmulo de gases e a diminuição do potencial da pilha constituem o que se denomina de polarização da pilha seca. A polarização resulta das variações das concentrações iônicas em torno dos eletrodos. Nesta pilha de Leclanché, o óxido de manganês IV apresenta como um despolarizante.

B – Acumulador de Chumbo-Bateria

As células eletroquímicas, apresentadas até o presente momento, são incapazes de regeneração após o término das ações provocadas pelas reações químicas. Tal fato, limita muito o empréstimo destas células, e deu lugar ao aparecimento de células eletroquímicas que podem ser regeneradas pelo uso de uma fonte de energia elétrica para inverter os processos de oxirredução (redox) que se realizaram. Estas células, denominam-se acumuladores de baterias ou células secundárias e, são particularmente importantes na prática. Estes acumuladores são constituídos de eletrodos de chumbo (Pb) e de dióxido de chumbo (PbO_2) imersos em uma solução diluída de ácido sulfúrico (H_2SO_4). O acumulador como se deduz a partir do seu nome é um depósito de energia. Na descarga a energia química da bateria se transforma em energia elétrica e os elementos do acumulador agem como célula eletroquímica. Na fase da descarga ocorrem as seguintes semirreações:

Semirreações que ocorrem no ânodo:

$$Pb_{(sólido)} \rightarrow Pb^{+2}_{(aquoso)} + 2\text{ elétrons}$$

$Pb^{+2}_{(aquoso)} + SO^{-2}_{4(aquoso)} \rightarrow PbSO_{4(aquoso)}$

Semirreações que ocorrem no cátodo:

$2H^{+}_{(aquoso)} + 2\ \text{elétrons} \rightarrow H_{2(gás)}$
$H_{2(gás)} + PbO_{2(sólido)} \rightarrow PbO_{(sólido)} + H_2O_{(líquido)}$
$PbO_{(sólido)} + 2H^{+}_{(aquoso)} + SO^{-2}_{4(aquoso)} \rightarrow PbSO_{4(aquoso)} + H_2O_{(líquido)}$

Somando todas as semirreações apresentadas:

$Pb_{(sólido)} + PbO_{2(sólido)} + 4H^{+}_{(aquoso)} + 2SO^{-2}_{4(aquoso)} \rightarrow 2PbSO_{4(aquoso)} + 2H_2O_{(líquido)}$

Na fase de carga, o acumulador funciona como célula eletrolítica sendo convertida a energia elétrica em energia química, através de uma reação bastante característica e já bem estudada e explorada que se trata da reação de oxirredução.

Já na fase de carga ocorrem as seguintes reações de oxirredução:

Semirreação que ocorre no ânodo: $PbSO_{4(sólido)} + 2H_2O_{(líquido)} \rightarrow PbO_{2(sólido)} + 4H^{+}_{(aquoso)} + SO^{-2}_{4(aquoso)} + 2\ \text{elétrons}$

Semirreação que ocorre no cátodo: $PbSO_{4(sólido)} + 2\ \text{elétrons} \rightarrow Pb^{0}_{(sólido)} + SO^{-2}_{4(aquoso)}$

Somando todas as semirreações apresentadas acima, temos:

$2PbSO_{4(aquoso)} + 2H_2O_{(líquido)} \rightarrow Pb_{(sólido)} + PbO_{2(sólido)} + 4H^{+}_{(aquoso)} + SO^{-2}_{4(aquoso)}$

Observe que as equações químicas globais durante a carga e a descarga são inversas uma das outras. Em geral, controla-se a carga do acumulador através da densidade da solução. Durante a carga, a densidade máxima é igual a 1,30 g x cm^{-3}. Quando a bateria está sendo descarregada, o ácido sulfúrico é consumido, havendo a formação da água e diante disso há a diminuição da densidade da solução. Uma bateria com uma densidade da solução igual a 1,10 g x cm^{-3}, ficando completamente descarregada.

C – Células à combustível

São conversores de energia química em energia elétrica, como é o caso clássico das pilhas galvânicas e baterias em geral. Entretanto a reação na célula é uma verdadeira reação de combustão, no qual o combustível é oxidado e o gás oxigênio é reduzido. Na célula, o combustível é oxidado em um dos eletrodos enquanto no ânodo o oxigênio é reduzido em outro, do qual refere-se ao cátodo. A reação é completada pela circulação de elétrons no circuito externo que realiza trabalho útil. Na tecnologia atual, a única célula a combustível que deve ser estudada trata-se da célula de hidrogênio.

Uma célula à combustível unitário é constituída por dois eletrodos cuja composição depende do tipo de célula, separados por um eletrólito. Por trás dos eletrodos, existem separadores que têm por finalidade distribuir os gases reagentes e conduzir a eletricidade. Um empilhamento de várias células unitárias constitui um gerador. Como resultado de uma célula de hidrogênio/oxigênio, há a obtenção de eletricidade, água como produto e calor gerado. As equações químicas iônicas apresentadas a seguir, representam o funcionamento e o mecanismo de uma célula combustível.

$2H_{2(gás)} \rightarrow 4H^{+}_{(aquoso)} + 4\ \text{elétrons}$ (semirreação que ocorre no ânodo)

$O_{2(gás)} + 4H^{+}_{(aquoso)} + 4\ \text{elétrons} \rightarrow H_2O_{(líquido)}$ (semirreação que ocorre no cátodo)

Somando as duas semirreações apresentadas acima:

$2H_{2(gás)} \rightarrow \cancel{4H^{+}_{(aq)}} + \cancel{4\ \text{elétrons}}$
$O_{2(gás)} + \cancel{4H^{+}_{(aq)}} + \cancel{4\ \text{elétrons}} \rightarrow H_2O_{(líquido)}$ +

$2H_{2(gás)} + O_{2(gás)} \rightarrow H_2O_{(líquido)}$

Capítulo 21. Mecanismo de estudo da eletrólise

Uma das mais importantes contribuições que Michael Faraday fez para o estudo da eletricidade como um todo, foi estudar o processo da eletrólise, terminologia que hoje é universalmente usada e sem a qual seria bastante complicado o estudo deste fenômeno. A solução ou a substância fundida através da qual passa a corrente elétrica é definida como eletrólito. Já as placas de metal ou até mesmo a de carbono através da qual a corrente elétrica entra e sai do eletrólito são denominados como eletrodos. Os eletrodos que estão ligados aos polos positivo e negativo da fonte de corrente contínua chamam-se, respectivamente, ânodo e cátodo.

A seguir serão apresentados diferentes mecanismos, que podem ser encontrados e estudados em diferentes dispositivos eletroquímicos.

ITEM A) Mecanismo geral da eletrólise

A fonte de corrente contínua (ca) estabelece uma diferença de potencial entre os dois eletrodos, cujo valor depende da composição da solução e também da natureza destes eletrodos, tornando o ânodo o polo positivo em relação ao cátodo; dito isso resulta que os íons negativos (ânions) são atraídos para o ânodo e os íons positivos (cátions) para o cátodo. A fonte de corrente contínua (ca) pode ser considerada como uma espécie de bomba que retira elétrons do ânodo (e assim o torna carregado positivamente) e acumuladores no cátodo. Os ânions, que carregam elétrons extras, abandonam seus elétrons no ânodo, onde há deficiência de elétrons tornando as partículas sem cargas. Por outo lado, os cátions recebem elétrons do cátodo, rico em elétrons, e tornam-se partículas sem cargas. Esta transferência de elétrons aos eletrodos dá origem às reações químicas, representadas pelas equações químicas na sua forma iônica. No cátodo é produzido sempre a neutralização de um íon pela recepção de um ou mais elétrons (semirreação de redução). No ânodo é realizado sempre a neutralização de um íon pela perda de um ou mais elétrons (semirreação de oxidação). Desta maneira, os metais e o hidrogênio aparecem no cátodo e os ametais surgem no ânodo.

ITEM B) Mecanismo da eletrólise dos eletrólitos fundidos

O mecanismo da eletrólise de sais fundidos pode ser apresentado como um processo que se realiza a partir das seguintes etapas, apresentadas a partir dos seguintes itens.

Item a) O calor da eletrólise pelo eletrólito durante o processo de fusão (sólido ⟶ líquido) faz romper a posição de equilíbrio dos íons já existentes no sal no estado sólido.

Item b) Os elétrons colocados no cátodo pela fonte de corrente contínua passam para os cátions, convertendo em átomos ou moléculas, o que caracteriza uma reação catódica.

Item c) Os ânions cedem seus elétrons adicionais ao ânodo, transformando em átomos ou moléculas, o que caracteriza uma reação anódica.

Item d) O movimento dos íons para os eletrodos de cargas contrárias, através do eletrólito fundido, constitui a passagem da corrente elétrica pelo eletrólito fundido.

Item e) Os elétrons se dirigem do ânodo para o cátodo tanto para a eletrólise quanto para as pilhas galvânicas, conforme já apresentado em capítulos anteriores, através do circuito metálico por intermédio de uma fonte de corrente contínua (ca).

Um dos exemplos clássicos muito divulgado no estudo da eletrólise de fundição ou também conhecido como eletrólise ígnea, trata-se do processo de eletrólise do cloreto de sódio. Vamos analisar?

$2NaCl_{(sólido)} \longrightarrow \cancel{2Na^{+}_{(líquido)}} + \cancel{2Cl^{-}}$

$\cancel{2Na^{+}_{(líquido)}} + \cancel{2e^{-}} \longrightarrow 2Na_{(sólido)}$ (Multiplicando a semirreação de redução do sódio por dois)

$\cancel{2Cl^{-}} \longrightarrow Cl_{2(gás)} + \cancel{2e^{-}}$ +

$2NaCl_{(sólido)} \longrightarrow 2Na_{(sólido)} + Cl_{2(gás)}$

A partir da eletrólise ígnea do cloreto de sódio, observa-se que há a produção de sódio metálico e a liberação de gás cloro. A seguir serão apresentados alguns exemplos aplicativos bem característicos para o processo da eletrólise ígnea.

Exemplo Aplicativo A - Represente a eletrólise ígnea do óxido de ferro III.

Resolução: $Fe_2O_{3(sólido)} \rightarrow 2\ Fe^{+3}_{(líquido)} + 3O^{-2}$

Semirreação que ocorre no cátodo: $Fe^{+3}_{(líquido)} + 3e^- \rightarrow Fe_{(sólido)}$
Semirreação que ocorre no ânodo: $O^{-2} \rightarrow \frac{1}{2}O_{2(gás)} + 2e^-$
Multiplicando a semirreação do ânodo por dois: $2O^{-2} \rightarrow O_{2(gás)} + 4e^-$

Multiplicando a semirreação que ocorre no cátodo por quatro: $4Fe^{+3}_{(líquido)} + 12e^- \rightarrow 4Fe_{(sólido)}$

Multiplicando a semirreação do ânodo por três: $6O^{-2} \rightarrow 3O_{2(gás)} + 12e^-$

$2Fe_2O_{3(sólido)} \rightarrow \cancel{4Fe^{+3}_{(líquido)}} + \cancel{6O^{-2}}$
$\cancel{4Fe^{+3}_{(líquido)}} + \cancel{12e^-} \rightarrow 4Fe_{(sólido)}$
$\cancel{6O^{-2}} \rightarrow 3O_{2(gás)} + \cancel{12e^-}$ +

$2Fe_2O_{3(sólido)} \rightarrow 3O_{2(gás)} + 4Fe_{(sólido)}$

Conclusão: A eletrólise ígnea do óxido de ferro III resulta em ferro metálico e gás oxigênio.

Exemplo Aplicativo B - Represente a eletrólise ígnea do cloreto de magnésio.

Resolução: $MgCl_{2(sólido)} \rightarrow Mg^{+2}_{(líquido)} + 2Cl^-$

Semirreação que ocorre no cátodo: $Mg^{+2}_{(líquido)} + 2e^- \rightarrow Mg_{(sólido)}$
Semirreação que ocorre no ânodo: $2Cl^- \rightarrow Cl_{2(gás)} + 2e^-$

Somando as semirreações apresentadas acima:

$MgCl_{2(sólido)} \rightarrow \cancel{Mg^{+2}_{(líquido)}} + \cancel{2Cl^-}$
$\cancel{Mg^{+2}_{(líquido)}} + \cancel{2e^-} \rightarrow Mg_{(sólido)}$
$\cancel{2Cl^-} \rightarrow Cl_{2(gás)} + \cancel{2e^-}$ +

$MgCl_{2(sólido)} \rightarrow Mg_{(sólido)} + Cl_{2(gás)}$

Conclusão: A eletrólise ígnea do cloreto de magnésio resulta em magnésio metálico e gás cloro.

Exemplo Aplicativo C – Represente a eletrólise ígnea do óxido de alumínio.

Resolução: $Al_2O_{3(sólido)} \rightarrow 2\ Al^{+3}_{(líquido)} + 3O^{-2}$

Semirreação que ocorre no cátodo: $Al^{+3}_{(líquido)} + 3e^- \rightarrow Al_{(sólido)}$
Semirreação que ocorre no ânodo: $2O^{-2} \rightarrow O_{2(gás)} + 4e^-$
Multiplicando a primeira semirreação por quatro: $4Al^{+3}_{(líquido)} + 12e^- \rightarrow 4Al_{(sólido)}$
Multiplicando a segunda semirreação por três: $6O^{-2} \rightarrow 3O_{2(gás)} + 12e^-$

Somando as semirreações apresentadas acima:

$2Al_2O_{3(sólido)} \rightarrow \cancel{4Al^{+3}_{(líquido)}} + \cancel{6O^{-2}}$
$\cancel{4Al^{+3}_{(líquido)}} + \cancel{12e^-} \rightarrow 4Al_{(sólido)}$
$\cancel{6O^{-2}} \rightarrow 3O_{2(gás)} + \cancel{12e^-}$ +

$2Al_2O_{3(sólido)} \rightarrow 4Al_{(sólido)} + 3O_{2(gás)}$

Conclusão: A eletrólise ígnea do óxido de alumínio resulta em alumínio metálico e gás oxigênio.

Exemplo Aplicativo D – Represente a eletrólise ígnea do fluoreto de potássio.

Resolução: $KF_{(sólido)} \rightarrow K^{+}_{(líquido)} + F^{-}$

Semirreação que ocorre no cátodo: $K^{+1}_{(líquido)} + 1e^{-} \rightarrow K_{(sólido)}$
Semirreação que ocorre no ânodo: $2F^{-} \rightarrow F_{2(gás)} + 2e^{-}$

Somando as semirreações apresentadas acima:

$$
\begin{aligned}
&2KF_{(sólido)} \rightarrow \cancel{2K^{+}_{(líquido)}} + \cancel{2F^{-}} \\
&\cancel{2K^{+1}_{(l)}} + \cancel{2e^{-}} \rightarrow 2K_{(sólido)} \\
&\cancel{2F^{-}} \rightarrow F_{2(gás)} + \cancel{2e^{-}} \qquad + \\
\hline
&2KF_{(sólido)} \rightarrow 2K_{(sólido)} + F_{2(gás)}
\end{aligned}
$$

Conclusão: A eletrólise ígnea do fluoreto de potássio resulta em potássio metálico e gás flúor.

Exemplo Aplicativo E – Represente a eletrólise ígnea do brometo de potássio.

Resolução: $KBr_{(sólido)} \rightarrow K^{+}_{(líquido)} + Br^{-}_{(líquido)}$

Semirreação que ocorre no cátodo: $K^{+1}_{(líquido)} + 1e^{-} \rightarrow K_{(sólido)}$
Semirreação que ocorre no ânodo: $2Br^{-}_{(líquido)} \rightarrow Br_{2(líquido)} + 2e^{-}$

Somando as semirreações apresentadas acima:

$$
\begin{aligned}
&2KBr_{(sólido)} \rightarrow \cancel{2K^{+}_{(líquido)}} + \cancel{2Br^{-}_{(líquido)}} \\
&\cancel{2K^{+1}_{(líquido)}} + \cancel{2e^{-}} \rightarrow 2K_{(sólido)} \\
&\cancel{2Br^{-}_{(líquido)}} \rightarrow Br_{2(gás)} + \cancel{2e^{-}} \qquad + \\
\hline
&2KBr_{(sólido)} \rightarrow 2K_{(sólido)} + Br_{2(líquido)}
\end{aligned}
$$

Conclusão: A eletrólise ígnea do brometo de potássio resulta em potássio metálico e bromo no estado líquido.

Exemplo Aplicativo F – Represente a eletrólise ígnea do sulfato de potássio.

Resolução: $K_2SO_{4(sólido)} \rightarrow 2K^{+}_{(líquido)} + SO_4^{-2}$

Semirreação que ocorre no cátodo: $2K^{+1}_{(líquido)} + 2e^{-} \rightarrow 2K_{(sólido)}$
Semirreação que ocorre no ânodo: $SO_4^{-2} \rightarrow SO_{3(gás)} + \frac{1}{2}O_{2(gás)} + 2e^{-}$

Somando as duas semirreações apresentadas acima:

$$
\begin{aligned}
&K_2SO_{4(sólido)} \rightarrow \cancel{2K^{+}_{(líquido)}} + \cancel{SO_4^{-2}} \\
&\cancel{2K^{+1}_{(líquido)}} + \cancel{2e^{-}} \rightarrow 2K_{(sólido)} \\
&\cancel{SO_4^{-2}} \rightarrow SO_{3(gás)} + \frac{1}{2}O_{2(gás)} + \cancel{2e^{-}} + \\
\hline
&K_2SO_{4(sólido)} \rightarrow 2K_{(sólido)} + SO_{3(gás)} \uparrow + \frac{1}{2}O_{2(gás)} \uparrow
\end{aligned}
$$

Conclusão: A eletrólise ígnea do sulfato de potássio resulta em potássio metálico, anidrido sulfúrico e oxigênio, ambos no estado gasoso.

Exemplo Aplicativo G – Represente a eletrólise ígnea do hidróxido de potássio.

Resolução: $2KOH_{(sólido)} \rightarrow 2K^{+}_{(líquido)} + 2OH^{-}_{(líquido)}$

Semirreação que ocorre no cátodo: $2K^{+1}_{(líquido)} + 2e^{-} \rightarrow 2K_{(sólido)}$

Semirreação que ocorre no ânodo: $2OH^{-} \rightarrow \frac{1}{2}O_{2(gás)} + H_2O_{(líquido)} + 2e^{-}$

Somando as duas semirreações apresentadas acima:

$2KOH_{(sólido)} \rightarrow \cancel{2K^{+}_{(líquido)}} + \cancel{2OH^{-}}$

$\cancel{2K^{+1}_{(líquido)}} + \cancel{2e^{-}} \rightarrow 2K_{(sólido)}$

$\cancel{2OH^{-}} \rightarrow \frac{1}{2}O_{2(gás)} + H_2O_{(líquido)} + \cancel{2e^{-}}$ +

$$2KOH_{(sólido)} \rightarrow 2K_{(sólido)} + \frac{1}{2}O_{2(gás)} + H_2O_{(líquido)}$$

Conclusão: A eletrólise ígnea do hidróxido de potássio resulta em potássio metálico, hidrogênio e oxigênio, ambos no estado gasoso.

Exemplo Aplicativo H – Represente a eletrólise ígnea do óxido de cálcio.

Resolução: $CaO_{(sólido)} \rightarrow Ca^{+2}_{(líquido)} + O^{-2}$

Semirreação que ocorre no cátodo: $Ca^{+2}_{(líquido)} + 2e^{-} \rightarrow Ca_{(sólido)}$

Semirreação que ocorre no ânodo: $O^{-2} \rightarrow \frac{1}{2}O_{2(gás)} + 2e^{-}$

Somando as duas semirreações apresentadas acima:

$CaO_{(sólido)} \rightarrow \cancel{Ca^{+2}_{(l)}} + \cancel{O^{-2}}$

$\cancel{Ca^{+2}_{(líquido)}} + \cancel{2e^{-}} \rightarrow Ca_{(sólido)}$

$\cancel{O^{-2}} \rightarrow \frac{1}{2}O_{2(gás)} + \cancel{2e^{-}}$ +

$$CaO_{(sólido)} \rightarrow Ca_{(sólido)} + \frac{1}{2}O_{2(gás)}$$

Conclusão: A eletrólise ígnea do óxido de cálcio resulta em cálcio metálico e oxigênio gasoso.

Exemplo Aplicativo I – Represente a eletrólise ígnea do óxido de ferro III.

Resolução: $Fe_2O_{3(sólido)} \rightarrow 2Fe^{+3}_{(líquido)} + 3O^{-2}$

Semirreação que ocorre no cátodo: $Fe^{+3}_{(líquido)} + 3e^{-} \rightarrow Fe_{(sólido)}$ [Multiplicando a semirreação por dois (x 2)]

Semirreação que ocorre no ânodo: $O^{-2} \rightarrow \frac{1}{2}O_{2(gás)} + 2e^{-}$ [Multiplicando a semirreação por três (x 3)]

Somando as duas semirreações apresentadas anteriormente:

$Fe_2O_{3(sólido)} \rightarrow \cancel{2Fe^{+3}_{(líquido)}} + \cancel{3O^{-2}}$

$\cancel{2Fe^{+3}_{(líquido)}} + \cancel{6e^{-}} \rightarrow 2Fe_{(sólido)}$

$\cancel{3O^{-2}} \rightarrow \frac{3}{2}O_{2(gás)} + \cancel{6e^{-}}$ +

$$Fe_2O_{3(sólido)} \rightarrow 2Fe_{(sólido)} + \frac{3}{2}O_{2(gás)}$$

Conclusão: A eletrólise ígnea do óxido de ferro III resulta em ferro metálico e oxigênio gasoso.

Exemplo Aplicativo J – Represente a eletrólise ígnea do carbonato de bário.

Resolução: $BaCO_{3(sólido)} \rightarrow Ba^{+2}_{(líquido)} + CO_3^{-2}$

Semirreação que ocorre no cátodo: $Ba^{+2}_{(líquido)} + 2e^- \rightarrow Ba_{(sólido)}$

Semirreação que ocorre no ânodo: $CO_3^{-2} \rightarrow CO_{2(gás)} + \frac{1}{2}O_{2(gás)} + 2e^-$

Somando as duas semirreações apresentadas acima:

$$BaCO_{3(sólido)} \rightarrow \cancel{Ba^{+2}_{(líquido)}} + \cancel{CO_3^{-2}}$$
$$\cancel{Ba^{+2}_{(líquido)}} + \cancel{2e^-} \rightarrow Ba_{(sólido)}$$
$$\cancel{CO_3^{-2}} \rightarrow CO_{2(gás)} + \frac{1}{2}O_{2(gás)} + \cancel{2e^-} \qquad +$$

$$BaCO_{3(sólido)} \rightarrow Ba_{(sólido)} + CO_{2(gás)} \uparrow + \frac{1}{2}O_{2(gás)} \uparrow$$

Conclusão: A eletrólise ígnea do carbonato de bário resulta em bário metálico e dióxido de carbono e oxigênio, ambos no estado gasoso.

ITEM C) Mecanismo da eletrólise dos eletrólitos em solução aquosa

O segundo mecanismo da eletrólise, chamado como eletrólise aquosa, trata-se de uma eletrólise em que o processo eletroquímico é bem mais complexo comparado à eletrólise ígnea. A diferença entre elas é que a eletrólise aquosa apresenta a presença da água, o que não ocorre com a ígnea. Além disso, a eletrólise ígnea ocorre a altíssimas temperaturas, muito diferente da eletrólise aquosa, em que a temperatura operacional é bem menor. A participação da água leva em consideração a possibilidade de ionização da própria água e, diante disso, é levado em consideração os íons H^+ (hidrogeniônico) e OH^- (hidroxila). Este mecanismo pode ser apresentado e considerado da seguinte maneira, conforme a apresentação dos itens a seguir.

Item A) Após a ionização ou a dissociação produzida a partir da presença da água, os íons ficam livres, em contato com as moléculas de água e com pequena quantidade de íons H^+ e OH^-, que são íons provenientes da molécula de água que se ionizam.

Item B) Os elétrons colocados no cátodo pela fonte de corrente contínua (ca) passam pelos cátions, provenientes do soluto ou aos cátions H^+ que foram formados pela ionização da água, existentes nas adjacências do cátodo, produzindo a reação catódica.

Item C) Os ânions do soluto ou os ânions OH^- (íons hidroxila) provenientes da ionização da água ($H_2O_{(líquido)} \rightarrow H^+_{(aquoso)} + OH^-_{(aquoso)}$), existentes nas proximidades do ânodo, cedem seus elétrons adicionais ao ânodo realizando a reação anódica.

Item D) O movimento de todos os íons existentes na solução (íons do soluto e do solvente) no sentido dos eletrodos de carga contrária, através da solução, constitui a passagem da corrente elétrica pela solução.

Item E) Os elétrons se dirigem do ânodo para o cátodo através do circuito metálico por intermédio da fonte de corrente contínua (ca).

ITEM D) Mecanismo relacionados à reações eletrolíticas em soluções aquosas

➢ Para este tópico, serão apresentadas algumas importantes observações para o estudo deste processo eletroquímico, que se trata da eletrólise.

➢ As reações eletroquímicas dependem da concentração dos íons, da natureza e da composição dos eletrodos, além da tendência que os íons apresentam, presentes na solução, podendo captar ou até mesmo ceder elétrons.

➢ Um cátion A^+ cujo E^0 de oxidação for menor que a semirreação do hidrogênio, apresenta prioridade de recepção de elétrons sobre o cátion H^+. Assim o cátion hidrogênio (H^+) apresenta prioridade de recepção de elétrons apenas sobre os cátions dos metais alcalinos, alcalinos terrosos, alumínio e metais de transição.

- Os ânions B^- não oxigenados apresentam prioridade de cessão de elétrons sobre o ânion OH^-.
- Os ânions B^- oxigenados cedem esta prioridade para os ânions OH^-.
- Os ânions carboxilácidos e o ânion HSO_4^- apresentam prioridade de cessão de elétrons sobre o ânion OH^-.
- Os ânions OH^- apresentam prioridade de cessão de elétrons sobre o ânion F^-.
- Para o processo da eletrólise em solução aquosa, a água realiza um papel muito importante, sendo primordial para este estudo.

A participação da água leva em consideração as possibilidades para o processo de ionização $[H_2O_{(líquido)} \rightarrow H^+_{(aquoso)} + OH^-_{(aquoso)}]$ da própria água e, diante disso, é levado em consideração os íons H^+ e OH^-. Para a determinação do processo global da eletrólise aquosa será sempre necessário levar em consideração a ionização da água, fator este primordial para o estudo da eletrólise. Para melhor entendimento, será apresentado o estudo da eletrólise aquosa do cloreto de sódio.
"A grande pergunta que deve ser feita/abordada é a seguinte: quais os produtos que resultam no processo da eletrólise aquosa do cloreto de sódio?"

"Vamos começar a analisar?"

Para a eletrólise aquosa do cloreto de sódio, os íons presentes na solução são os seguintes: H^+; Na^+; OH^- e Cl^-.
Quanto mais uma reação for possível para o processo eletrolítico em um mesmo eletrodo, menor será a necessidade de energia para ser processada, ou seja:

MENOR QUANTIDADE DE ENERGIA!!!

Em consequência e consultando a tabela de potencial-padrão, é verificada que o cátion H^+ se reduz com mais facilidade compara ao cátion Na^+, enquanto os íons cloreto (Cl^-) apresentam maior facilidade comparado aos íons hidroxila, OH^-. Diante desta análise, a apresentação da eletrólise do cloreto de sódio fica da seguinte maneira.

Primeiramente, será necessário realizar a reação de ionização do cloreto de sódio: $NaCl_{(aquoso)} \overset{\Delta}{\rightleftarrows} Na^+_{(aquoso)} + Cl^-_{(aquoso)}$

Equação de ionização da água: $H_2O_{(líquido)} \rightarrow H^+_{(aquoso)} + OH^-_{(aquoso)}$

- Quem descarrega com melhor facilidade no cátodo, $Na^+_{(aquoso)}$ ou $H^+_{(aquoso)}$? Resposta: Aquele que gastar menos energia, ou seja, a semirreação do hidrogênio. $H^+_{(aquoso)} + 1e^- \rightarrow \frac{1}{2}H_{2(gás)}$

- Quem descarrega com melhor facilidade no ânodo, $Cl^-_{(aquoso)}$ ou $OH^-_{(aquoso)}$? Resposta: Aquele que descarregar menor energia, ou seja, a semirreação de redução do cloreto. $Cl^-_{(aquoso)} \rightarrow \frac{1}{2}Cl_{2\,(gás)} + 1e^-$

Multiplicando todas as semirreações apresentadas acima por dois (x 2):

$$2NaCl_{(aquoso)} \rightarrow 2Na^+_{(aquoso)} + \cancel{2Cl^-_{(aquoso)}}$$
$$2H_2O_{(líquido)} \rightarrow \cancel{2H^+_{(aq)}} + 2OH^-_{(aquoso)}$$
$$\cancel{2H^+_{(aquoso)}} + \cancel{2e^-} \rightarrow H_{2(gás)}$$
$$\cancel{2Cl^-_{(aquoso)}} \rightarrow Cl_{2\,(gás)} + \cancel{2e^-} \qquad +$$

$$2NaCl_{(aquoso)} + 2H_2O_{(líquido)} \rightarrow \underbrace{2Na^+_{(aquoso)} + 2OH^-_{(aquoso)}}_{2NaOH_{(aquoso)}} + H_{2(gás)} + Cl_{2\,(gás)}$$

Esta é a forma de estudar um processo de eletrólise, em que a partir da apresentação acima, é possível observar a produção de hidróxido de sódio (soda cáustica - NaOH) a partir da eletrólise aquosa do cloreto de sódio (NaCl). Além disso há também a produção e liberação dos gases $H_{2(gás)}$ e $Cl_{2(gás)}$.

Esta é a base para a produção de maneira industrial da soda cáustica, a partir do processo de eletrólise do cloreto de sódio. Além disso, conforme já mencionado, o processo apresenta uma vantagem de liberar gases, como os gases hidrogênio e o cloro, dois gases que representam grande importância industrial. Basta considerar que na presença desses gases há a produção de cloreto de hidrogênio [$HCl_{(gás)}$], a partir da equação química abaixo.

$$2NaCl_{(aquoso)} + 2H_2O_{(líquido)} \rightarrow \underbrace{2Na^+_{(aquoso)} + 2OH^-_{(aquoso)}}_{2NaOH_{(aquoso)}} + \underbrace{H_{2(gás)} + Cl_{2(gás)}}_{H_{2(gás)}+Cl_{2(gás)}\rightarrow 2HCl_{(gás)}}$$

Nos eletrodos de solução aquosa surge um problema muito peculiar, acarretado principalmente pela descarga do íon hidrogeniônico (H^+). O gás hidrogênio formado (H_2) adere ao polo e o recobre, dificultando a passagem da corrente elétrica. Para contrabalancear essa dificuldade é exigida uma voltagem ou também conhecido como sobretensão para descarregá-lo, de modo que ele se comporta como se fosse um elemento situado na ***tabela de potenciais de eletrodo***, entre o alumínio e o manganês.

Diante disso, com base na tabela de potenciais-padrão, é possível organizar uma tabela simplificada de prioridade de descarga para os íons dos elementos mais comuns e que apresentam grande relevância na indústria.

De fato, considerando-se a sobretensão para o hidrogênio, H^+, descarrega-se de maneira mais fácil, menor energia, do que os íons de metais alcalinos (grupo 1), metais alcalinos terrosos (grupo 2), alumínio (grupo 3) e os metais de transição.

De forma análoga, quanto aos íons inorgânicos, a hidroxila (OH^-) descarrega com maior facilidade comparado aos íons oxigenados em geral, tais como o sulfato (SO_4^{-2}), nitratos (NO_3^-), fosfatos (PO_4^{-3}) e íons fluoreto (F^-). Diante disso, a partir da tabela do potencial-padrão, é possível realizar uma tabela que prioriza as cargas e seus potenciais. A tabela 2 abaixo apresenta a prioridade de descarga, tanto para cátions quanto para ânions.

Tabela 2 – Tabela de prioridade de descarga, para cátions e ânions.

	Prioridade de descarga
Cátions	Grupo 1 < Grupo 2 < Grupo 3 < Al^{+3} < H^+ < Metais de transição
Ânions	ânions não oxigenados > OH^- > ânions oxigenados > F^-

ITEM E) Principais tipos de mecanismos em processos eletrólise para soluções aquosas

A partir deste tópico serão apresentados alguns exemplos aplicativos que levam em consideração a importância da eletrólise aquosa para a indústria.

Exemplo Aplicativo A – Eletrólise aquosa de ácido clorídrico (eletrodos inativos).

Resolução:

Analisando a eletrólise aquosa do ácido clorídrico (HCl).

Equação de ionização da solução aquosa de ácido clorídrico: $HCl_{(aquoso)} \rightarrow H^+_{(aquoso)} + Cl^-_{(aquoso)}$

Equação de ionização da água: $H_2O_{(líquido)} \rightarrow H^+_{(aquoso)} + OH^-_{(aquoso)}$

Quem descarrega com maior facilidade no cátodo? Resposta: O único presente é o $H^+_{(aq)}$. $2H^+_{(aquoso)} + 2e^- \rightarrow H_{2(gás)}$

Quem descarrega com melhor facilidade no ânodo, $Cl^-_{(aquoso)}$ ou $OH^-_{(aquoso)}$? Resposta: $Cl^-_{(aquoso)} \rightarrow \frac{1}{2}Cl_{2(gás)} + 1e^-$

Multiplicando a segunda semirreação por dois e somando todas as semirreações apresentadas:

$$2HCl_{(aquoso)} \rightarrow \cancel{2H^+_{(aquoso)}} + \cancel{2Cl^-_{(aq)}}$$
$$2H_2O_{(líquido)} \rightarrow 2H^+_{(aquoso)} + 2OH^-_{(aquoso)}$$
$$\cancel{2H^+_{(aquoso)}} + \cancel{2e^-} \rightarrow H_{2(gás)}$$
$$\cancel{2Cl^-_{(aquoso)}} \rightarrow Cl_{2(gás)} + \cancel{2e^-} \qquad +$$

$$2HCl_{(aquoso)} + 2H_2O_{(líquido)} \rightarrow \underbrace{2H^+_{(aquoso)} + 2OH^-_{(aquoso)}}_{2H_2O_{(líquido)}} + H_{2(gás)} \uparrow + Cl_{2(gás)} \uparrow$$

Quando uma solução de ácido clorídrico é submetida à eletrólise aquosa, utilizando eletrodos de platina (Pt), eletrodos inertes, os íons Cl^- e H^+ se neutralizam, ou seja, se descarregam com maior facilidade, comparados a outros íons, como a hidroxila, OH^- da água.

A reação anódica se caracteriza pela cessão de 2 elétrons no ânodo, proveniente do íon cloreto (Cl^-), uma vez que o íon Cl^- cede mais facilmente elétrons que os íons OH^- da água. Já em relação à reação catódica se efetua através da recepção de um elétron, pelo cátion hidrônio (H^+), proveniente da água ou do ácido. A eletrólise aquosa do ácido clorídrico produz os gases hidrogênio e cloro, conforme pode ser observado na equação balanceada acima.

Exemplo Aplicativo B – Eletrólise aquosa de uma solução de cloreto de zinco II (eletrodos inativos).

Resolução:

Analisando a eletrólise aquosa do cloreto de zinco II ($ZnCl_2$).

Equação de dissociação iônica da solução aquosa de fluoreto de potássio: $ZnCl_{2(aquoso)} \rightarrow Zn^{+2}_{(aquoso)} + 2Cl^-_{(aquoso)}$

Equação de ionização da água: $H_2O_{(líquido)} \rightarrow H^+_{(aquoso)} + OH^-_{(aquoso)}$

Quem descarrega com melhor facilidade no cátodo, $Zn^{+2}_{(aquoso)}$ ou o $H^+_{(aquoso)}$? Resposta: $2H^+_{(aquoso)} + 2e^- \rightarrow H_{2(gás)}$

Quem descarrega com melhor facilidade no ânodo, $Cl^-_{(aquoso)}$ ou $OH^-_{(aquoso)}$? Resposta: $Cl^-_{(aquoso)} \rightarrow \frac{1}{2}Cl_{2(gás)} + 1e^-$

Somando todas as semirreações apresentadas acima:

$$ZnCl_{2(aquoso)} \rightarrow Zn^{+2}_{(aquoso)} + \cancel{2Cl^-_{(aq)}}$$
$$2H_2O_{(líquido)} \rightarrow \cancel{2H^+_{(aquoso)}} + 2OH^-_{(aquoso)}$$
$$\cancel{2H^+_{(aquoso)}} + 2e^- \rightarrow H_{2(gás)}$$
$$\cancel{2Cl^-_{(aquoso)}} \rightarrow Cl_{2(gás)} + 2e^- \quad +$$

$$ZnCl_{2(aquoso)} + 2H_2O_{(líquido)} \rightarrow \underbrace{Zn^{+2}_{(aquoso)} + 2OH^-_{(aquoso)}}_{Zn(OH)_{2(aquoso)}} + H_{2(gás)} \uparrow + Cl_{2(gás)} \uparrow$$

Quando uma solução aquosa de cloreto de zinco é submetida a um processo de eletrólise aquosa, usando eletrodos inativos, os íons Zn^{+2} e Cl^- se neutralizam no cátodo e no ânodo, respectivamente. Como vimos, os íons cloretos cedem mais facilmente elétrons que os íons OH^-. Já em relação aos cátions, os íons Zn^{+2} apresentam maior tendência a captar elétrons que os íons H^+ da água, recebem elétrons do cátodo e tornam-se átomos de Zn, formando um depósito metálico no cátodo.

Exemplo Aplicativo C – Eletrólise aquosa de uma solução de sulfato de sódio (eletrodos inativos).

Resolução:

Equação de dissociação iônica da solução aquosa de sulfato de sódio: $Na_2SO_{4(aquoso)} \rightarrow 2Na^+_{(aquoso)} + SO^{-2}_{4(aquoso)}$

Equação de ionização da água: $H_2O_{(líquido)} \rightarrow H^+_{(aquoso)} + OH^-_{(aquoso)}$

Quem descarrega com maior facilidade no cátodo, $H^+_{(aquoso)}$ ou $Na^+_{(aquoso)}$? Resposta: $2H^+_{(aquoso)} + 2e^- \rightarrow H_{2(g)}$

Quem descarrega com maior facilidade no ânodo, $SO^{-2}_{4(aquoso)}$ ou $OH^-_{(aquoso)}$? Resposta: $2OH^-_{(aquoso)} \rightarrow H_2O_{(líquido)} + \frac{1}{2}O_{2(gás)} \uparrow + 2\ \text{elétrons}$

Somando todas as semirreações apresentadas acima:

$$Na_2SO_{4(aquoso)} \rightarrow 2Na^+_{(aquoso)} + \cancel{SO^{-2}_{4(aquoso)}}$$
$$\cancel{2}H_2O_{(líquido)} \rightarrow \cancel{2H^+_{(aquoso)}} + \cancel{2OH^-_{(aquoso)}}$$
$$\cancel{2H^+_{(aquoso)}} + \cancel{2\ elétrons} \rightarrow H_{2(gás)}$$
$$\cancel{2OH^-_{(aquoso)}} \rightarrow \cancel{H_2O_{(líquido)}} + \frac{1}{2}O_{2(gás)} + \cancel{2\ elétrons} +$$

$$Na_2SO_{4(aquoso)} + H_2O_{(líquido)} \rightarrow 2Na^+_{(aquoso)} + H_{2(gás)} \uparrow + \frac{1}{2}O_{2(gás)} \uparrow$$

Quando uma solução aquosa de sulfato de sódio é eletrolisada na presença de eletrodos de platina (Pt), os produtos são, surpreendentemente, hidrogênio no cátodo e oxigênio no ânodo. A formação destas substâncias se explica da seguinte maneira:

Item a) Os íons sódio (Na^+) dirigem-se para o cátodo enquanto os íons sulfato, $SO^{-2}_{4(aquoso)}$, para o ânodo, constituindo estes movimentos à passagem da corrente elétrica;

Item b) Estes íons em geral acontecem com íons provenientes da base e de oxiácidos fortes em geral, apresentando forte tendência a permanecer com suas cargas;

Item c) Os íons H^+ e OH^- que estão sempre presentes nas soluções aquosas e são os que se neutralizam.

Os produtos formados na eletrólise – oxigênio e hidrogênio – mostram que a eletrólise de uma solução de sulfato de sódio (ou de um oxissal proveniente de hidrogênio e oxiácido fortes) é na realidade a eletrólise da água. A condutância elétrica da água e da maior parte dos solventes líquidos, sendo muito pequena, é determinada, principalmente, pelo número de íons do soluto existente na solução.

Além disso, durante a eletrólise, a solução na vizinhança do cátodo torna-se alcalina e nas proximidades do ânodo torna-se ácido. Este fato é compreendido através da equação de ionização da água: $H_2O_{(líquido)} \rightarrow H^+_{(aquoso)} + OH^-_{(aquoso)}$.

No cátodo, o equilíbrio da reação é perturbado pela remoção dos íons H^+ e consequentemente maior o número de moléculas de água se ioniza. Como os íons H^+ são progressivamente removidos, as moléculas de água se ionizam cada vez mais e a concentração de OH^- aumenta progressivamente.

Os íons Na^+ se acumulam na proximidade do cátodo pela ação do campo elétrico. Para cada íon H^+ que se neutraliza, em lugar do íon Na^+, mais um íon OH^- é adicionado à solução. Evaporando-se a solução catódica obtém-se o hidróxido de sódio.

No ânodo, de forma semelhante, a progressiva remoção dos íons OH^- causa um contínuo deslocamento do equilíbrio e uma acumulação de íons H^+ e a solução anódica torna-se uma solução de ácido sulfúrico, enquanto existir sulfato de sódio em solução.

Exemplo Aplicativo D – Eletrólise aquosa de uma solução de sulfato de cobre II com eletrodos de cobre.

Resolução:

Quando uma solução de sulfato de cobre é eletrolisada, utilizando eletrodos de cobre, as reações que se passam dão a impressão de que o cobre deixa o ânodo e se deposita no cátodo. Isto porque a massa do ânodo diminui e a do cátodo aumenta. Tal fato, ocorre porque o cobre do ânodo cede elétrons mais facilmente que os íons $OH^-_{(aquoso)}$ e $SO^{-2}_{4(aquoso)}$ presentes da solução. Os cátions cúpricos (Cu^{+2}) provenientes da dissociação do sulfato de cobre II se neutralizam e se depositam sobre o cátodo. A equação iônica está apresentada logo a seguir:

$Cu^{+2}_{(aquoso)} + 2\ elétrons \rightleftarrows Cu_{(sólido)}$, abastece a reação de redução dos elétrons necessários. Em resumo, as reações que se passam são as seguintes:

Ânodo: $Cu_{(sólido)} \rightarrow Cu^{+2}_{(aquoso)} + 2\ elétrons$

Cátodo: $Cu^{+2}_{(aquoso)} + 2\ elétrons \rightarrow Cu_{(sólido)}$

Exemplo Aplicativo E – Eletrólise aquosa de uma solução de sulfato de cobre II com eletrodos de platina.

Resolução:

Quando uma solução aquosa de sulfato cúprico é submetida à eletrólise, utilizando eletrodos de platina, o processo catódico dá lugar a um depósito de cobre cujo mecanismo é semelhante ao processo descrito pelo exemplo IV e no ânodo há o desprendimento de gás oxigênio em mecanismo ao descrito no exemplo III.

Segue mais alguns exemplos aplicativos para o estudo do processo de eletrólise em solução aquosa.

Exemplo Aplicativo F – Represente a eletrólise aquosa do cloreto de cálcio.

Resolução:

Semirreação de dissociação iônica da solução aquosa de cloreto de cálcio: $CaCl_{2\,(aquoso)} \overset{\Delta}{\rightleftarrows} Ca^{+2}_{(aquoso)} + 2Cl^{-}_{(aquoso)}$

Semirreação de ionização da água: $H_2O_{(líquido)} \rightarrow H^{+}_{(aquoso)} + OH^{-}_{(aquoso)}$

Quem descarrega com melhor facilidade no cátodo, $Ca^{+2}_{(aquoso)}$ ou $H^{+}_{(aquoso)}$? $2H^{+}_{(aquoso)} + 2e^{-} \rightarrow H_{2(gás)}$

Quem descarrega com melhor facilidade no ânodo, $Cl^{-}_{(aquoso)}$ ou $OH^{-}_{(aquoso)}$? $2Cl^{-}_{(aquoso)} \rightarrow Cl_{2\,(gás)} + 2e^{-}$

Multiplicando a segunda semirreação por dois (x 2) e somando todas as equações iônicas:

$$
\begin{aligned}
&CaCl_{2\,(aquoso)} \rightarrow Ca^{+2}_{(aquoso)} + \cancel{2Cl^{-}_{(aq)}}\\
&2H_2O_{(líquido)} \rightarrow \cancel{2H^{+}_{(aquoso)}} + 2OH^{-}_{(aquoso)}\\
&\cancel{2H^{+}_{(aquoso)}} + \cancel{2e^{-}} \rightarrow H_{2(gás)}\\
&\cancel{2Cl^{-}_{(aquoso)}} \rightarrow Cl_{2\,(gás)} + \cancel{2e^{-}} \qquad +\\
\hline
&CaCl_{2\,(aquoso)} + 2H_2O_{(líquido)} \rightarrow \underbrace{Ca^{+2}_{(aquoso)} + 2OH^{-}_{(aquoso)}}_{2\ Ca(OH)_{2\,(aquoso)}} + H_{2(gás)} \uparrow + Cl_{2\,(gás)} \uparrow
\end{aligned}
$$

Exemplo Aplicativo G – Represente a eletrólise aquosa do brometo de cobre.

Resolução:

Semirreação de dissociação iônica da solução aquosa de brometo de cobre: $CuBr_{2\,(aquoso)} \overset{\Delta}{\rightleftarrows} Cu^{+2}_{(aquoso)} + 2Br^{-}_{(aquoso)}$

Semirreação de ionização da água: $H_2O_{(líquido)} \rightarrow H^{+}_{(aquoso)} + OH^{-}_{(aquoso)}$

Quem descarrega com melhor facilidade no cátodo, $Cu^{+2}_{(aquoso)}$ ou $H^{+}_{(aquoso)}$? $Cu^{+2}_{(aquoso)} + 2e^{-} \rightarrow Cu_{(sólido)}$

Quem descarrega com melhor facilidade no ânodo, $Br^{-}_{(aquoso)}$ ou $OH^{-}_{(aquoso)}$? $2Br^{-}_{(aquoso)} \rightarrow Br_{2\,(líquido)} + 2e^{-}$

Multiplicando a segunda semirreação por dois e somando todas as equações iônicas:

$$
\begin{aligned}
&CuBr_{2\,(aquoso)} \rightarrow \cancel{Cu^{+2}_{(aquoso)}} + \cancel{2Br^{-}_{(aquoso)}}\\
&H_2O_{(líquido)} \rightarrow H^{+}_{(aquoso)} + OH^{-}_{(aquoso)}\\
&\cancel{Cu^{+2}_{(aquoso)}} + \cancel{2e^{-}} \rightarrow Cu_{(sólido)}\\
&\cancel{2Br^{-}_{(aquoso)}} \rightarrow Br_{2\,(líquido)} + \cancel{2e^{-}} \qquad +\\
\hline
&CuBr_{2\,(aquoso)} + H_2O_{(líquido)} \rightarrow H^{+}_{(aquoso)} + OH^{-}_{(aquoso)} + Cu_{(sólido)} + Br_{2\,(líquido)}
\end{aligned}
$$

Observação: A eletrólise do brometo de cobre produz cobre metálico [$Cu_{(sólido)}$].

Exemplo Aplicativo H – Represente a eletrólise aquosa do sulfato de cálcio.

Resolução:

Equação de dissociação iônica da solução aquosa de cloreto de cálcio: $CaSO_{4(aquoso)} \rightarrow Ca^{+2}_{(aquoso)} + SO_{4(aquoso)}^{-2}$

Equação de ionização da água: $H_2O_{(líquido)} \rightarrow H^{+}_{(aquoso)} + OH^{-}_{(aquoso)}$

Quem descarrega com melhor facilidade no cátodo, $Ca^{+2}_{(aquoso)}$ ou $H^{+}_{(aquoso)}$? Resposta: $2H^{+}_{(aquoso)} + 2e^{-} \rightarrow H_{2(gás)}$

Quem descarrega com melhor facilidade no ânodo, $SO_{4(aquoso)}^{-2}$ ou $OH^{-}_{(aquoso)}$? Resposta: $2OH^{-}_{(aquoso)} \rightarrow H_2O_{(líquido)} + \frac{1}{2}O_{2(gás)} + 2e^{-}$

Somando todas as equações iônicas apresentadas acima:

$$CaSO_{4(aquoso)} \rightarrow Ca^{+2}_{(aquoso)} + SO_{4(aquoso)}^{-2}$$
$$\cancel{2}H_2O_{(líquido)} \rightarrow \cancel{2H^{+}_{(aq)}} + \cancel{2OH^{-}_{(aq)}}$$
$$\cancel{2H^{+}_{(aquoso)}} + 2e^{-} \rightarrow H_{2(gás)}$$
$$\cancel{2OH^{-}_{(aquoso)}} \rightarrow \cancel{H_2O_{(líquido)}} + \frac{1}{2}O_{2(gás)} + 2e^{-} \qquad +$$

$$CaSO_{4(aquoso)} + 2\,H_2O_{(líquido)} \rightarrow \underbrace{Ca^{+2}_{(aquoso)} + SO_{4(aquoso)}^{-2}}_{CaSO_{4(aquoso)}} + H_{2(gás)} + \frac{1}{2}O_{2(gás)}$$

$$\cancel{CaSO_{4(aquoso)}} + H_2O_{(líquido)} \rightarrow \underbrace{Ca^{+2}_{(aquoso)} + SO_{4(aquoso)}^{-2}}_{\cancel{CaSO_{4(aquoso)}}} + H_{2(gás)} + \frac{1}{2}O_{2(gás)}$$

$$H_2O_{(líquido)} \rightarrow H_{2(gás)} + \frac{1}{2}O_{2(gás)}$$

Exemplo Aplicativo I – Represente a eletrólise aquosa do nitrato de prata.

Resolução:

Equação de dissociação iônica da solução aquosa de nitrato de prata: $AgNO_{3(aquoso)} \rightarrow Ag^{+}_{(aquoso)} + NO^{-}_{3(aquoso)}$

Reação de ionização da água: $H_2O_{(líquido)} \rightarrow H^{+}_{(aquoso)} + OH^{-}_{(aquoso)}$

Quem descarrega com maior facilidade no cátodo, $H^{+}_{(aquoso)}$ ou $Ag^{+}_{(aquoso)}$? Resposta: $Ag^{+}_{(aquoso)} + 1e^{-} \rightarrow Ag_{(sólido)}$

Quem descarrega com maior facilidade no ânodo, $NO^{-}_{3(aquoso)}$ ou $OH^{-}_{(aquoso)}$? Resposta: $2OH^{-}_{(aquoso)} \rightarrow H_2O_{(líquido)} + \frac{1}{2}O_{2(gás)} + 2\ \text{elétrons}$

Somando todas as semirreações apresentadas acima:

$$2\ AgNO_{3(aquoso)} \rightarrow \cancel{2Ag^{+}_{(aquoso)}} + 2\ NO^{-}_{3(aquoso)}$$
$$\cancel{2}H_2O_{(líquido)} \rightarrow 2H^{+}_{(aquoso)} + \cancel{2OH^{-}_{(aquoso)}}$$
$$\cancel{2Ag^{+}_{(aquoso)}} + \cancel{2e^{-}} \rightarrow 2Ag_{(sólido)}$$
$$\cancel{2OH^{-}_{(aquoso)}} \rightarrow \cancel{H_2O_{(líquido)}} + \frac{1}{2}O_{2(gás)} + \cancel{2e^{-}} \qquad +$$

$$2AgNO_{3(aquoso)} + H_2O_{(líquido)} \rightarrow \underbrace{2H^{+}_{(aquoso)} + 2NO^{-}_{3(aquoso)}}_{\text{produção de ácido nítrico}} + 2Ag_{(sólido)} + \frac{1}{2}O_{2(gás)} \uparrow$$

Exemplo Aplicativo J – Represente a eletrólise do fluoreto de potássio.

Resolução:

Equação de dissociação iônica da solução aquosa de fluoreto de potássio: $KF_{(aquoso)} \rightarrow K^{+}_{(aquoso)} + F^{-}_{(aquoso)}$

Equação de ionização da água: $H_2O_{(líquido)} \rightarrow H^{+}_{(aquoso)} + OH^{-}_{(aquoso)}$

Quem descarrega com melhor facilidade no cátodo, $K^{+}_{(aquoso)}$ ou $H^{+}_{(aquoso)}$? Resposta: $2H^{+}_{(aquoso)} + 2e^{-} \rightarrow H_{2(gás)}$

Quem descarrega com melhor facilidade no ânodo, $F^{-}_{(aquoso)}$ ou $OH^{-}_{(aquoso)}$? Resposta: $2OH^{-}_{(aquoso)} \rightarrow H_2O_{(líquido)} + \frac{1}{2}O_{2(gás)} + 2e^{-}$

Somando todas as equações iônicas apresentadas:

$$KF_{(aquoso)} \rightarrow K^{+}_{(aquoso)} + F^{-}_{(aquoso)}$$
$$\cancel{2}H_2O_{(líquido)} \rightarrow \cancel{2H^{+}_{(aquoso)}} + \cancel{2OH^{-}_{(aquoso)}}$$
$$\cancel{2H^{+}_{(aquoso)}} + \cancel{2e^{-}} \rightarrow H_{2(gás)}$$
$$\cancel{2OH^{-}_{(aquoso)}} \rightarrow \cancel{H_2O_{(líquido)}} + \frac{1}{2}O_{2(gás)} + \cancel{2e^{-}} \qquad +$$

$$KF_{(aquoso)} + H_2O_{(líquido)} \rightarrow K^{+}_{(aquoso)} + F^{-}_{(aquoso)} + H_{2(gás)} \uparrow + \frac{1}{2}O_{2(gás)} \uparrow$$

Capítulo 22. Estudo das Leis de Faraday da Eletrólise

Considere três células eletrolíticas funcionando num circuito em sequência, ou seja, em série. Os eletrólitos, em solução aquosa, e os eletrodos estão assinalados na Figura 6 abaixo.

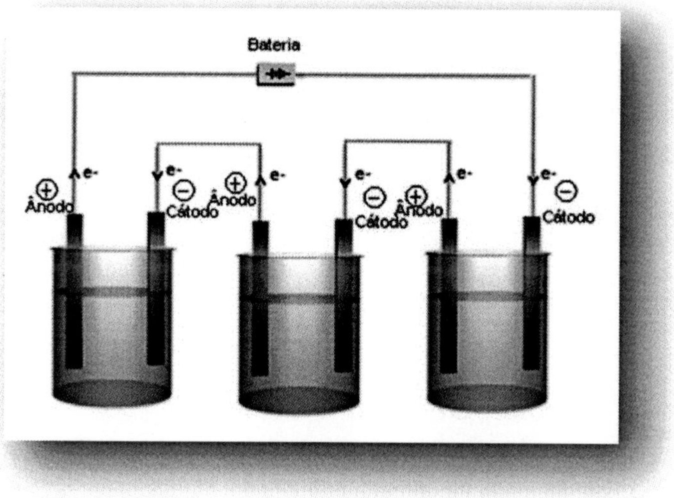

Figura 6 – Experiência de Michael Faraday, apresentando a sequência de três cubas eletrolíticas.

A sequência das soluções da esquerda para a direita, é a seguinte: cloreto de zinco ($ZnCl_2$), sulfato de sódio (Na_2SO_4) e sulfato de cobre ($CuSO_4$).

Michael Faraday foi um dos maiores gênios do século XIX, sendo acima de tudo um autodidata. De condição muito humilde, filho de ferreiro, só após os treze anos de idade foi possível ter acesso à leitura, uma vez que foi aprendiz de encadernador durante alguns anos de sua vida. Foi um experimentador extraordinário e produtivo, não só no ramo da Física como também na Química, sem o auxílio de colaboradores ou de assistentes de laboratório. Sua vasta publicação ajudou outros grandes pesquisadores de sua geração e posterior. Nasceu na Inglaterra em 22 de setembro de 1791 e faleceu no dia 25 de agosto de 1867.

Diante de seus experimentos na física e na química, Faraday verificou experimentalmente as seguintes conclusões:

Item A – Para cada eletrólito, a massa da substância que é liberada ou transformada é diretamente proporcional à quantidade de eletricidade que passa através dos eletrólitos, ou seja, m corresponde à massa da substância liberada ou transformada e Q é a quantidade de eletricidade, em Coulomb (C).

$$\boxed{m \ \alpha \ Q}$$

Item B – Para uma determinada quantidade de eletricidade que passa através dos eletrólitos das três cubas eletrolíticas, as massas das substâncias liberadas ou transformadas são diretamente proporcionais às massas de seus respectivos equivalentes-gramas, isto é, $\boxed{m \ \alpha \ E_{qg}}$.

Nestas condições, vamos admitir que uma corrente elétrica uniforme passe através das três células, durante um determinado tempo t, com este tempo sendo suficientemente para provocar o desprendimento de 0,10 gramas de gás hidrogênio na célula b, que corresponde a cuba eletrolítica do sulfato de sódio. Como consequência do item B, nas células de cloreto de zinco e de sulfato de cobre II, serão desprendidos, respectivamente, 3,55 g de cloro gasoso [$Cl_{2(gás)}$] e 0,80 g de oxigênio [$O_{2(gás)}$]. Como consequência do item A, as massas resultantes pela passagem da mesma corrente elétrica durante um tempo 2t, seriam o dobro das obtidas durante o tempo t de elétrons. Com todo este relato apresentado, a lei de Faraday pode ser enunciada da seguinte maneira:

"Numa eletrólise, um mol de elétrons provoca uma transformação química de um equivalente-grama".

Como a carga de um elétron é de 1,60 x 10^{-19} C e 1 mol de elétrons corresponde a aproximadamente 96500 Coulomb (C), é possível escrever a seguinte relação:

$$\boxed{\text{1 mol de elétrons corresponde à 96500 C}}$$

Esta relação eletroquímica, que relaciona o número de mol de elétrons e sua carga, pode ser facilmente compreendida desde que seja considerada que a eletrólise ocorra através de uma transferência de elétrons entre os eletrodos e entre os íons dos eletrólitos. Cada íon que apresenta uma carga positiva (cátion) ou negativa (ânion) será neutralizado pela recepção ou cessão de um elétron. Um íon que apresenta duas cargas positivas ou negativas exige, semelhantemente, a transferência de dois elétrons, etc. Como um elétron transferido libera um mol de elétrons transferidos, vai haver a liberação de um mol de equivalentes ou um equivalente ou um equivalente-grama. Face ao exposto, podemos estabelecer as seguintes definições e relações:

Item a) Equivalente-grama, termo este não mais utilizado pelo ensino médio, porém ainda bastante difundido em determinadas áreas da química, de uma substância ou íon em um processo de eletrólise, corresponde a massa liberada ou transformada pela transferência de um mol de elétrons ou pela passagem de aproximadamente igual a 96500 Coulombs (C);

Item b) Equivalente eletroquímico de uma substância ou íon em um processo de eletrólise, corresponde a massa liberada ou transformada pela passagem de um Coulomb (1 C).

A tabela 3 apresentada a seguir, mostra as seguintes relações quantitativas do qual é estabelecido valores relacionados ao número de elétrons, a carga em Coulomb (C) e a massa em gramas.

Número de elétrons (n)	Carga em Coulombs (C)	Massa em gramas (g)
1	1,6 x 10^{-19}	1 eqg x 1 u
6,25 x 10^{18}	1	1 eqg - eletroquímico
1 mol	96500	1 eqg

A partir deste ponto do estudo, será apresentada uma série de exercícios aplicativos relacionados aos aspectos quantitativos da eletrólise, sendo que todos esses foram elaborados pelo saudoso professor Licínio Ribeiro Viana, professor este que lecionou no Instituto Militar de Engenharia (IME) e pela Pontifícia Universidade Católica do Rio de Janeiro (PUC-RJ), do qual lecionava a disciplina de Eletrometalurgia e Corrosão.

Exemplo Aplicativo XVI – Professor Licínio Ribeiro Viana

Quantos elétrons existem em 5 Coulombs?

Resolução: Cálculo do número de elétrons: $n = \frac{Q}{q_{e^-}}$

$$n = \frac{Q}{q_{e^-}} = \frac{5}{1{,}60 \text{ x } 10^{-19}} = 3{,}125 \text{ x } 10^{+19}$$

Exemplo Aplicativo XVII – Professor Licínio Ribeiro Viana

Quantos elétrons são recebidos por 1 g de íon cúprico durante a eletrólise de uma solução de $CuSO_4$ com eletrodos de cobre?

Resolução: Inicialmente, apresentaremos o processo da eletrólise aquosa do sulfato de cobre II.

Equação de dissociação iônica da solução aquosa de sulfato de cobre II: $CuSO_{4(aquoso)} \rightarrow Cu^{+2}_{(aquoso)} + SO^{-2}_{4(aquoso)}$

Equação de ionização da água: $H_2O_{(líquido)} \rightarrow H^{+}_{(aquoso)} + OH^{-}_{(aquoso)}$

Quem descarrega com melhor facilidade no cátodo, $Cu^{+2}_{(aquoso)}$ ou $H^{+}_{(aquoso)}$? $Cu^{+2}_{(aquoso)} + 2elétrons \rightarrow Cu_{(s)}$

Quem descarrega com melhor facilidade no ânodo, $F^{-}_{(aquoso)}$ ou $OH^{-}_{(aquoso)}$? $2OH^{-}_{(aquoso)} \rightarrow H_2O_{(líquido)} + \frac{1}{2}O_{2(gás)} + 2e^{-}$

Somando todas as equações iônicas apresentadas:

$CuSO_{4(aquoso)} \rightarrow \cancel{Cu^{+2}_{(aquoso)}} + SO^{-2}_{4(aquoso)}$
$\cancel{2}H_2O_{(líquido)} \rightarrow 2H^{+}_{(aquoso)} + \cancel{2OH^{-}_{(aquoso)}}$
$\cancel{Cu^{+2}_{(aq)}} + 2elétrons \rightarrow Cu_{(sólido)}$
$\cancel{2OH^{-}_{(aq)}} \rightarrow \cancel{H_2O_{(líquido)}} + \frac{1}{2}O_{2(gás)} + \cancel{2elétrons}$ +

$$CuSO_{4(aquoso)} + H_2O_{(líquido)} \rightarrow 2H^{+}_{(aquoso)} + SO^{-2}_{4(aquoso)} + Cu_{(sólido)} + \frac{1}{2}O_{2(gás)}$$

Cálculo da carga em Coulombs para uma massa igual a 1,0 g:

$$63{,}55 \text{ g de Cu} - - - - - 2 \text{ mol de e}^- \text{ x} \frac{96500 \text{ C}}{1 \text{ mol de e}^-}$$
$$1{,}0 \text{ g} - - - - - - - - - - Q$$
$$Q = \frac{2{,}0 \text{ x } 1{,}0 \text{ x } 96500}{63{,}55} = 3039{,}37 \text{ C}$$

Cálculo do número de elétrons:
$$n = \frac{Q}{q_{e^-}} = \frac{3039{,}37}{1{,}60 \, x \, 10^{-19}} = 1{,}90 \, x \, 10^{+22}$$

Exemplo Aplicativo XVIII – Professor Licínio Ribeiro Viana

Quantos elétrons são cedidos por 1 g de íon cloreto durante a eletrólise de uma solução de $CaCl_2$ com eletrodos de cobre?

Resolução: Segue a mesma ideia apresentada pelo exercício aplicativo II. Inicialmente, apresentaremos o processo da eletrólise aquosa do cloreto de cálcio.

Equação de dissociação iônica da solução aquosa de cloreto de cálcio: $CaCl_{2(aquoso)} \rightarrow Ca^{+2}_{(aquoso)} + 2Cl^{-}_{(aquoso)}$

Equação de ionização da água: $H_2O_{(l)} \rightarrow H^{+}_{(aquoso)} + OH^{-}_{(aquoso)}$

Quem descarrega com melhor facilidade no cátodo, $Ca^{+2}_{(aquoso)}$ ou $H^{+}_{(aquoso)}$? Resposta: $2H^{+}_{(aquoso)} + 2elétrons \rightarrow H_{2(gás)}$

Quem descarrega com melhor facilidade no ânodo, $Cl^{-}_{(aquoso)}$ ou $OH^{-}_{(aquoso)}$? Resposta: $2Cl^{-}_{(aquoso)} \rightarrow Cl_{2(gás)} + 2elétrons$

Somando todas as semirreações iônicas apresentadas, temos:

$CaCl_{2(aquoso)} \rightarrow Ca^{+2}_{(aquoso)} + \cancel{2Cl^{-}_{(aquoso)}}$
$2H_2O_{(líquido)} \rightarrow \cancel{2H^{+}_{(aquoso)}} + 2OH^{-}_{(aquoso)}$
$\cancel{2H^{+}_{(aquoso)}} + \cancel{2elétrons} \rightarrow H_{2(gás)}$
$\cancel{2Cl^{-}_{(aquoso)}} \rightarrow Cl_{2(gás)} + \cancel{2elétrons}$ +

$$CaCl_{2(aquoso)} + 2H_2O_{(líquido)} \rightarrow Ca^{+2}_{(aquoso)} + 2OH^{-}_{(aquoso)} + H_{2(gás)} \uparrow + Cl_{2(gás)} \uparrow$$

Cálculo da carga (Q) em Coulombs para uma massa igual a 1,0 g:

$$35{,}5 \text{ g de Cl} - - - - - 1 \text{ mol de e}^- \text{ x} \frac{96500 \text{ C}}{1 \text{ mol de e}^-}$$
$$1{,}0 \text{ g} - - - - - - - - - Q$$

$$Q = \frac{1{,}0 \text{ x } 1{,}0 \text{ x } 96500}{35{,}5} = 2718{,}31 \text{ C}$$

Cálculo do número de elétrons:

$$n = \frac{Q}{q_{e^-}} = \frac{2718{,}31\ C}{1{,}60\ x\ 10^{-19}} = 1{,}70\ x\ 10^{+22}$$

Exemplo Aplicativo XIX – Professor Licínio Ribeiro Viana

Durante quantos minutos uma corrente 193 mA deve passar através de uma solução de sulfato de cobre II para desprender 5,6 litros de oxigênio medidos nas CNTP?

Resolução: A partir do exercício aplicativo II, a reação global é a seguinte:

$$CuSO_{4(aquoso)} + H_2O_{(líquido)} \rightarrow 2H^+_{(aquoso)} + SO^{-2}_{4(aquoso)} + Cu_{(sólido)} + \frac{1}{2}O_{2(gás)}$$

Cálculo da carga em Coulombs (C):

$$0{,}50\ x\ 22{,}4\ L\ de\ O_{2(g)} - - - 2\ mol\ de\ e^-\ x \frac{96500\ C}{1\ mol\ de\ e^-}$$
$$5{,}60\ L - - - - - - - - - - Q$$

$$Q = \frac{5{,}60\ x\ 2\ x\ 96500}{0{,}50\ x\ 22{,}4} = 96500\ C$$

Cálculo do tempo: $tempo = \frac{9600\ C}{193\ x\ 10^{-3}}$

$tempo = 500000\ s$, o que corresponde a aproximadamente 8333 min.

Exemplo Aplicativo XX – Professor Licínio Ribeiro Viana

Que massa de íons cúprico e cuproso serão depositados por uma corrente de 25 A que atravessa uma solução que contém estes íons, durante 1 hora?

Resolução: Cálculo da massa para cada íon.

Analisando o íon cúprico:

$$63{,}5\ g\ de\ Cu - - - - - 2\ mol\ de\ e^-\ x \frac{96500\ C}{1\ mol\ de\ e^-}$$
$$Massa - - - - - - - - Q = 25\ x\ 3600$$

$$Massa = \frac{63{,}5\ x\ 25\ x\ 3600}{2\ x\ 96500} = 29{,}61\ g$$

Analisando o íon cuproso:

$$63{,}5\ g\ de\ Cu - - - - - - - - 1\ mol\ de\ e^-\ x \frac{96500\ C}{1\ mol\ de\ e^-}$$
$$Massa - - - - - - - - - - Q = 25\ x\ 3600$$
$$Massa = \frac{63{,}5\ x\ 25\ x\ 3600}{1\ x\ 96500} = 59{,}22\ g$$

Exemplo Aplicativo XXI – Professor Licínio Ribeiro Viana

Que massa de água será decomposta por uma corrente de 10 A em 24 h?

Resolução: Equação de ionização da água: $H_2O_{(líquido)} \rightarrow H^+_{(aquoso)} + OH^-_{(aquoso)}$

$$18{,}0\ g\ de\ água - - - - - 1\ mol\ de\ e^-\ x \frac{96500\ C}{1\ mol\ de\ e^-}$$
$$Massa - - - - - - - - - - 10\ x\ 24\ x\ 3600\ C$$

$$\text{Massa} = \frac{18{,}0 \text{ x } 10 \text{ x } 24 \text{ x } 3600}{1 \text{ x } 96500} = 161{,}16 \text{ g}$$

Para 2 mol de elétrons, uma vez que apresenta o hidrônio e a hidroxila, temos:

$$\text{Massa} = \frac{161{,}16}{2} = 80{,}60 \text{ g}$$

Exemplo Aplicativo XXII – Professor Licínio Ribeiro Viana

Que corrente será necessária para depositar 1,50 g de prata por hora?

Resolução: Semirreação da redução da prata. $Ag^{+}_{(aquoso)} + 1 \text{ elétron} \rightarrow Ag_{(sólido)}$

$$108 \text{ g} ------- 1 \text{ mol de } e^- \text{ x} \frac{96500 \text{ C}}{1 \text{ mol de } e^-}$$
$$1{,}50 \text{ g} ------- Q$$

$$Q = \frac{1{,}50 \text{ x } 1 \text{ x } 96500}{108} = 1340{,}28 \text{ C}$$

Cálculo da corrente: $i = \frac{1340{,}28}{3600} = 0{,}372 \text{ A}$

Exemplo Aplicativo XXIII – Professor Licínio Ribeiro Viana

Quantas moléculas de cloro serão desprendidas de uma solução que contém íons cloreto em 5 minutos por uma corrente de 600 mA?

Resolução: A partir da semirreação de redução do cloro, apresentada a seguir, temos: $2Cl^{-}_{(aquoso)} \rightarrow Cl_{2(gás)} + 2\text{elétrons}$

Cálculo da massa de cloro nestas condições:

$$35{,}5 \text{ g} ------- 2 \text{ mol de } e^- \text{ x} \frac{96500 \text{ C}}{1 \text{ mol de } e^-}$$
$$\text{Massa} ------- (5{,}0 \text{ x } 60 \text{ x } 600 \text{ x } 10^{-3})\text{C}$$

$\text{Massa} = 3{,}31 \text{ x } 10^{-2} \text{ g}$

Cálculo do número de mol de íons cloreto: $n = \frac{3{,}31 \text{ x } 10^{-2}}{35{,}5} = 9{,}33 \text{ x } 10^{-4} \text{ mol}$

Cálculo do número de moléculas (X): $X = 9{,}33 \text{ x } 10^{-4} \text{ x} \frac{6{,}02 \text{ x } 10^{23}}{1 \text{ mol}} = 5{,}6 \text{ x } 10^{20}$

Exemplo Aplicativo XXIV – Professor Licínio Ribeiro Viana

Que massas de íons ferroso e férrico podem ser depositadas por 5,6 Faradays?

Resolução: Cálculo da massa a partir de cada íon.

Analisando o íon ferroso:

$$56 \text{ g de Fe} ------- 2 \text{ mol de } e^- \text{ x} \frac{F}{1 \text{ mol de } e^-}$$
$$\text{Massa} --------- 5{,}60 \text{ x F}$$
$$\text{Massa} = 156{,}8 \text{ g}$$

Analisando o íon férrico:

$$56 \text{ g de Fe de Cu} ----- 3 \text{ mol de } e^- \text{ x} \frac{F}{1 \text{ mol de } e^-}$$
$$\text{Massa} --------- 5{,}60 \text{ x F}$$
$$\text{Massa} = 104{,}53 \text{ g}$$

Exemplo Aplicativo XXV – Professor Licínio Ribeiro Viana

Quantos átomos de Zn serão depositados de uma solução de cloreto de zinco por uma corrente de 50 mA que passa através da solução durante 2 minutos?

Resolução: No cátodo, a semirreação de redução do zinco é a seguinte: $Zn^{+}_{(aquoso)} + 2\ elétrons \rightarrow Zn_{(sólido)}$

Cálculo do número de mol de zinco:

$$1\ mol - - - - - \ 2\ mol\ de\ e^{-}\ x\ \frac{96500\ C}{1\ mol\ de\ e^{-}}$$
$$n\ - - - - - - - \ (50\ x\ 10^{-3}\ x\ 2\ x\ 60)C$$

$$n = 3{,}11\ x\ 10^{-5}\ mol$$

Cálculo do número de átomos (X): $X = 3{,}11\ x\ 10^{-5}\ \cancel{mol}\ x\ \frac{6{,}02\ x\ 10^{23}}{\cancel{mol}}\ átomos = 1{,}87\ x\ 10^{+19}$

Exemplo Aplicativo XXVI – Professor Licínio Ribeiro Viana

Uma corrente constante de 1A passa através de uma solução aquosa de sulfato de sódio durante uma hora. Qual o volume total dos gases desprendidos nas CNTP?

Resolução: Primeiramente, vamos analisar a eletrólise aquosa do sulfato de sódio, a partir da observação das equações iônicas.

Dissociação iônica da solução aquosa de sulfato de sódio:

$$Na_2SO_{4(solido)} \rightarrow 2Na^{+}_{(aquoso)} + SO^{-2}_{4(aquoso)}$$

Equação da ionização da água: $H_2O_{(líquido)} \rightarrow H^{+}_{(aquoso)} + OH^{-}_{(aquoso)}$

Quem descarrega com maior facilidade no cátodo? Resposta: $2H^{+}_{(aquoso)} + 2\ elétrons\ \rightarrow H_{2(gás)}$

Quem descarrega com maior facilidade no ânodo? Resposta: $2OH^{-}_{(aquoso)} \rightarrow H_2O_{(líquido)} + \frac{1}{2}O_{2(gás)} + 2\ elétrons\ \rightarrow H_{2(gás)}$

Somando as semirreações iônicas apresentadas acima:

$$Na_2SO_{4(sólido)} \rightarrow 2Na^{+}_{(aquoso)} + SO^{-2}_{4(aquoso)}$$
$$\cancel{2H^{+}_{(aquoso)}} + \cancel{2\ elétrons}\ \rightarrow H_{2(gás)}$$
$$\cancel{2OH^{-}_{(aquoso)}} \rightarrow \cancel{H_2O_{(l)}} + \frac{1}{2}O_{2(gás)} + \cancel{2\ elétrons}$$
$$2H_2O_{(líquido)} \rightarrow \cancel{2H^{+}_{(aquoso)}} + \cancel{2OH^{-}_{(aquoso)}}\ \ +$$

$$Na_2SO_{4(sólido)} + H_2O_{(líquido)} \rightarrow 2Na^{+}_{(aquoso)} + SO^{-2}_{4(aquoso)} + H_{2(gás)} + \frac{1}{2}O_{2(gás)}$$

Serão produzidos gás hidrogênio no cátodo e gás oxigênio no ânodo. Cálculo dos volumes a partir da relação estequiométrica:

$$2\ mol\ de\ e^{-}\ x\ \frac{96500\ C}{1\ mol\ de\ e^{-}} - - - \ 22{,}4\ L - - - \ 0{,}50\ x\ 22{,}4\ L$$
$$1\ x\ 3600\ C - - - - - - - - - - \ V_1 - - - - - - \ V_2$$

$$V_1 = 0{,}418\ L$$
$$V_2 = 0{,}209\ L\ \ \ +$$

$$V_1 + V_2 = 0{,}418\ L + 0{,}209\ L = 0{,}627\ L$$

Exemplo Aplicativo XXVII – Professor Licínio Ribeiro Viana

Realizou-se a eletrólise durante 150 minutos com uma corrente de 0,15 A em uma solução salina de metal cuja massa molecular é igual a 112. A massa do metal depositado foi de 0,763 g. Qual é a sua valência?

Resolução: Como o problema coloca uma situação de um metal, sua valência será positiva. Diante disso sua semirreação é a seguinte:

$$X^{+a}_{(aquoso)} + a \text{ elétrons} \rightarrow X_{(sólido)}$$

Cálculo da valência do metal:

$$112 \text{ g} - - - - - - - - - - \text{ a mol de e}^- \text{ x} \frac{96500 \text{ C}}{\text{mol de e}^-}$$

$$0{,}753 \text{ g} - - - - - - - - - (150 \text{ x } 60 \text{ x } 0{,}15)\text{C}$$

$$a = \frac{112 \text{ x } 150 \text{ x } 60 \text{ x } 0{,}15}{0{,}753 \text{ x } 96500} = 2{,}08$$

Logo, a valência do metal é igual a +2 e, sua equação iônica vai ficar da seguinte maneira: $X^{+2}_{(aquoso)} + 2 \text{ elétrons} \rightarrow X_{(sólido)}$.

Exemplo Aplicativo XXVIII – Professor Licínio Ribeiro Viana

O cloro pode ser produzido pela eletrólise ígnea do cloreto de zinco ($ZnCl_2$) à temperatura de 17°C e sob pressão de 1,0 atm. Sabendo-se que uma corrente de 5,0 A passa pela célula durante 10 horas, informe por meio de cálculos:

a) o número de Coulombs envolvidos no processo;
b) a massa de Cl_2, em grama, produzida na reação;
c) o volume de Cl_2 produzido nas condições apresentadas.

Resolução:

Estudando o processo de eletrólise ígnea do cloreto de zinco.

$ZnCl_{2(sólido)} \longrightarrow \cancel{Zn^{+2}_{(líquido)}} + \cancel{2Cl^-}$

$\cancel{Zn^{+2}_{(líquido)}} + \cancel{2 \text{ elétrons}} \longrightarrow Zn_{(sólido)}$

$\cancel{2Cl^-} \longrightarrow Cl_{2(gás)} + \cancel{2 \text{ elétrons}}$ +

$ZnCl_{2(sólido)} \longrightarrow Zn_{(sólido)} + Cl_{2(gás)}$

Item a) Cálculo da quantidade de carga: $Q = 5 \text{ x } 10 \text{ x } 3600 = 180000 \text{ C}$

Item b) Cálculo da massa de cloro gasoso produzido, a partir da seguinte semirreação: $2Cl^-_{(l)} \longrightarrow Cl_{2(gás)} + 2$ elétrons

$$71 \text{ g} - - - - - - - - - - 2 \cancel{\text{mol de e}^-} \text{ x} \frac{96500 \text{ C}}{\cancel{\text{mol de e}^-}}$$

$$\text{Massa} - - - - - - - - - (5{,}0 \text{ x } 10 \text{ x } 3600)\text{C}$$

$$\text{Massa} = \frac{71 \text{ x } 5{,}0 \text{ x } 10 \text{ x } 3600}{2 \text{ x } 96500} = 66{,}22 \text{ g}$$

Item c) Cálculo da massa de cloro gasoso produzido, a partir da seguinte semirreação: $2Cl^-_{(l)} \longrightarrow Cl_{2(gás)} + 2$ elétrons

$$1 \text{ mol} - - - - - - - - - - 2 \cancel{\text{mol de e}^-} \text{ x} \frac{96500 \text{ C}}{\cancel{\text{mol de e}^-}}$$

$$n_{Cl_2} - - - - - - - - - - (5{,}0 \text{ x } 10 \text{ x } 3600)\text{C}$$

$$n_{Cl_2} = \frac{5{,}0 \text{ x } 10 \text{ x } 3600}{2 \text{ x } 96500} = 0{,}933 \text{ mol}$$

Cálculo do volume utilizando a equação dos gases ideais: $V_{Cl_2} = \frac{n_{Cl_2} \text{ x R x T}}{p} = \frac{0{,}933 \text{ x } 0{,}08206 \text{ x } 290}{1{,}0} = 22{,}20 \text{ L}$

Exemplo Aplicativo XXIX – Professor Licínio Ribeiro Viana

Uma determinada quantidade de eletricidade passou através de duas células A e B, em série, que contém Cu^{+2} e Ag^{+}, respectivamente. Sabendo que houve um depósito de 0,365 g de cobre na célula A, que massa se depositou na outra célula?

Resolução: Como o processo se encontra em série, é possível afirmar que a corrente elétrica que passa pelas duas cubas eletrolíticas é constante. Analisando a semirreação de redução do cobre:

$Cu^{+2}_{(aquoso)}$ + 2 elétrons ⟶ $Cu_{(sólido)}$

Cálculo da carga do processo eletroquímico, a partir da relação estequiométrica com a massa do metal.

$$63{,}5\ g ------- 2\ \cancel{mol\ de\ e^-}\ x\ \frac{96500\ C}{\cancel{mol\ de\ e^-}}$$
$$0{,}365\ g ------- Q$$

$$Q = \frac{0{,}365\ x\ 2\ x\ 96500}{63{,}5} = 1109{,}37\ C$$

Analisando a semirreação de redução da prata e calculando a sua respectiva massa. $Ag^{+}_{(aquoso)}$ + 1 elétrons ⟶ $Ag_{(sólido)}$

$$108\ g ------- 1\ \cancel{mol\ de\ e^-}\ x\ \frac{96500\ C}{\cancel{mol\ de\ e^-}}$$
$$Massa ------- 1109{,}37\ C$$

$$Massa = \frac{1109{,}37\ x\ 108}{1\ x\ 96500} = 1{,}24\ g$$

Exemplo Aplicativo XXX – Professor Licínio Ribeiro Viana

Uma corrente elétrica atravessa uma célula eletroquímica contendo NaCl fundido. No fim de 9,65 minutos são liberados 1,246 litros de cloro, medidos a 47°C e 640 mmHg. Calcular a intensidade da corrente. O rendimento em cloro na eletrólise é de 80%.

Resolução: Apresentando e estudando o processo de eletrólise ígnea do cloreto de sódio.

$2NaCl_{(s)} \longrightarrow \cancel{2Na^{+}_{(líquido)}} + \cancel{2Cl^{-}}$
$\cancel{2Na^{+}_{(líquido)}} + \cancel{2\ elétrons} \longrightarrow 2Na_{(sólido)}$
$\cancel{2Cl^{-}} \longrightarrow Cl_{2(gás)} + \cancel{2\ elétrons}$ +

$2NaCl_{(sólido)} \longrightarrow 2Na_{(sólido)} + Cl_{2(gás)}$

Cálculo do número de mol de gás cloro, aplicando a equação dos gases ideais:

$$n_{Cl_2} = \frac{\left(\frac{640}{760}\right) x\ 1{,}246}{0{,}08206\ x\ (47 + 273)} = 4{,}00\ x\ 10^{-2}\ mol$$

A partir da relação estequiométrica: $2NaCl_{(sólido)} \longrightarrow 2Na_{(sólido)} + Cl_{2(gás)}$

$$1{,}0\ mol ---- 2\ \cancel{mol\ de\ e^-}\ x\ \frac{96500\ C}{\cancel{mol\ de\ e^-}}\ x\ 0{,}80$$
$$0{,}032\ mol --- Q$$
$$Q = 6176\ C$$

Cálculo da corrente elétrica: $i = \frac{6176\ C}{9{,}65\ x\ 60} = 10{,}67\ A$

Exemplo Aplicativo XXXI – Professor Licínio Ribeiro Viana

Uma corrente elétrica constante passa, durante 50 minutos, através de uma solução aquosa de nitrato de prata, o cátodo aumenta 2,0 g. Qual a intensidade da corrente elétrica?

Resolução: A semirreação que ocorre no cátodo está escrita na seguinte maneira: $Ag^{+}_{(aquoso)}$ + 1 elétrons $\longrightarrow$ $Ag_{(sólido)}$

$$108\text{ g} ------- 1\ \cancel{\text{mol de e}^-}\ \text{x}\ \frac{96500\text{ C}}{\cancel{\text{mol de e}^-}}$$

$$2{,}0\text{ g} ------- \text{Q}$$

$$\text{Q} = \frac{2{,}0 \text{ x } 1 \text{ x } 96500}{108} = 1787{,}04\text{ C}$$

Cálculo da corrente elétrica: $\text{i} = \frac{1787{,}04}{50 \text{ x } 60} = 0{,}596\text{ A}$

Exemplo Aplicativo XXXII – Professor Licínio Ribeiro Viana

Uma corrente de 10 A atravessa uma cuba eletrolítica, contendo $CaCl_2$ fundido, durante 16 minutos e 5 segundos. Pede-se:
a) a massa do cálcio liberada;
b) o volume de cloro liberado a 27ºC e 700 mmHg de pressão.

Resolução: Analisando a eletrólise ígnea do cloreto de cálcio.

$CaCl_{2(sólido)} \longrightarrow \cancel{Ca^{+2}_{(líquido)}} + \cancel{2Cl^-}$
$\cancel{Ca^{+2}}$ + $\cancel{\text{2 elétrons}}$ $\longrightarrow$ $Ca_{(sólido)}$
$\cancel{2Cl^-} \longrightarrow Cl_{2(gás)}$ + $\cancel{\text{2 elétrons}}$ +

$CaCl_{2(sólido)} \longrightarrow Ca_{(sólido)} + Cl_{2(gás)}$

Item a) Cálculo da massa de cálcio liberada. Analisando a semirreação de redução do cálcio e calculando a sua respectiva massa.

$Ca^{+2}_{(aquoso)}$ + 2 elétrons $\longrightarrow$ $Ca_{(sólido)}$

$$40\text{ g} ------- 2\ \cancel{\text{mol de e}^-}\ \text{x}\ \frac{96500\text{ C}}{\cancel{\text{mol de e}^-}}$$

$$\text{Massa} ------ 10 \text{ x } (16 \text{ x } 60 + 5)\text{ C}$$

$$\text{Massa} = \frac{400 \text{ x } 9650}{2 \text{ x } 96500} = 2{,}0\text{ g}$$

Item b) Semirreação de redução do cloro: $2Cl^- \longrightarrow Cl_{2(gás)}$ + 2 elétrons.

Cálculo do número de mol de gás cloro, a partir da relação estequiométrica com a carga do sistema eletroquímico.

$$1{,}0\text{ mol} ---- 2\ \cancel{\text{mol de e}^-}\ \text{x}\ \frac{96500\text{ C}}{\cancel{\text{mol de e}^-}}$$

$$\text{n} ------- 10 \text{ x } (16 \text{ x } 60 + 5)\text{ C}$$

$$\text{n} = \frac{10 \text{ x } 965}{193000} = 0{,}05\text{ mol}$$

Cálculo do volume, a partir destas condições: $\text{V} = \frac{0{,}05 \text{ x } 0{,}08206 \text{ x } 300}{\frac{700}{760}} = 1{,}334\text{ L}$

Exemplo Aplicativo XXXIII – Professor Licínio Ribeiro Viana

Têm-se duas cubas eletrolíticas ligadas em série, contendo respectivamente soluções de nitrato de prata e sulfato de cobre II. Após este tempo por causa da passagem de uma corrente elétrica houve a interrupção do circuito. Em uma das cubas eletrolíticas houve a deposição de 4,32 g de prata. A partir desta informação, determine a massa de cobre depositada na outra cuba eletrolítica.

Resolução: Analisando a solução de nitrato de prata: $AgNO_{3(aquoso)} \rightarrow Ag^{+}_{(aquoso)} + NO^{-}_{3(aquoso)}$

Semirreação que ocorre no cátodo: $Ag^{+}_{(aquoso)} + 1e^{-} \rightarrow Ag_{(sólido)}$

$$108\ g - - - - 1\ \cancel{mol\ de\ e^{-}}\ x \frac{96500\ C}{\cancel{mol\ de\ e^{-}}}$$
$$4{,}32\ g - - - - Q$$

$$Q = \frac{4{,}32\ x\ 1\ x\ 96500}{108} = 3860\ C$$

Analisando a solução de sulfato de cobre II: $CuSO_{4(aquoso)} \rightarrow Cu^{+2}_{(aquoso)} + SO^{-2}_{4(aquoso)}$

Semirreação que ocorre no cátodo: $Cu^{+2}_{(aquoso)} + 2e^{-} \rightarrow Cu_{(s)}$

$$63{,}55\ g - - - - - 2\ \cancel{mol\ de\ e^{-}}\ x \frac{96500\ C}{\cancel{mol\ de\ e^{-}}}$$
$$m_{Cu} - - - - - - 3860\ C$$

$$m_{Cu} = \frac{63{,}55\ x\ 3860}{2\ x\ 96500} = \frac{245303}{193000} = 1{,}27\ g$$

A lei de Faraday, envolvendo um processo matemático, é uma lei exata que algumas vezes a massa depositada é menor que a massa calculada pela própria Lei de Faraday. Estes desvios são aparentes e ocorrem devido à existência de duas ou mais reações num dos eletrodos ou as variações da corrente elétrica que passa através dos eletrodos. O maior fator, que concorre para este desvio é o fato que parte da corrente utilizada na eletrólise é consumida na deposição de outra substância diferente da que se pretende.

Quase sempre, parte da corrente elétrica deposita outra substância ou desprende o gás hidrogênio, ou parte da substância depositada está sendo dissolvida novamente ou até mesmo perdida de alguma outra forma.

Conforme a substância seja liberada no ânodo ou no cátodo, o rendimento será catódico ou anódico. Para estas condições, o valor da massa que se calcula (massa teórica) pela Lei de Faraday é diferente da massa que se deposita (massa real). A relação entre a massa real e a massa teórica fornece o rendimento conforme a equação XXV apresentada a seguir:

$$R = \frac{massa_{real}}{massa_{teórica}} x100 \qquad \text{(Equação XXV)}$$

ITEM A) Rendimento em corrente

Rendimento em corrente é a relação entre a massa da substância liberada pela passagem de determinada quantidade de eletricidade e a massa da mesma substância que seria liberada teoricamente pela mesma quantidade de eletricidade. Pode-se também, tendo em vista a Lei de Faraday, definir o rendimento em corrente como sendo:

a) "A relação entre a quantidade de eletricidade teoricamente, necessária para depositar certa massa de substância e a quantidade de eletricidade que realmente passa pelo eletrólito para depositar a mesma massa".

b) "A relação entre a intensidade de corrente elétrica teoricamente determinada para depositar num tempo t, certa massa de substância e a intensidade de corrente que realmente passa pelo eletrólito no mesmo tempo".

A expressão matemática do rendimento está apresentada pela equação XXVI:

$$R = \frac{massa_{real}}{massa_{teórica}} x100 = \frac{Q_t}{Q_r} x\ 100 = \frac{i_t}{i_r} x\ 100 \qquad \text{(Equação XXVI),}$$

em que Q_t e Q_r = corresponde a quantidade de eletricidade teórica e real, respectivamente e i_t e i_r = corresponde a intensidade de corrente elétrica teórica e real, respectivamente.

ITEM B) Rendimento em energia

Este rendimento é mais importante em comparação ao rendimento da corrente, pois reflete sobre o custo da eletrólise utilizada sendo paga em termos da energia elétrica consumida. A expressão deste rendimento é a relação entre a energia calculada (energia teórica) e a energia elétrica realmente utilizada (energia real).

A expressão matemática do rendimento está apresentada pela equação XXVII, logo a seguir:

$$R_e = \frac{\text{energia}_{\text{teórica}}}{\text{energia}_{\text{real}}} \text{ x } 100 = \frac{V_t \text{ x } Q_t}{V_r \text{ x } Q_r} \text{ x } 100 \qquad \text{(Equação XXVII)}$$

Ou também pode ser escrita da seguinte maneira: $R_e = \frac{V_t}{V_r} \text{ x } 100$, em que, V_t e V_r = corresponde a diferença de potencial teórica e real, respectivamente.

Cabe neste momento da leitura, uma observação muito importante sobre as leis de Faraday:

As leis de Faraday podem ser usadas para medir uma quantidade de eletricidade em Coulombs (C) ou intensidade de corrente elétrica (i). Os instrumentos usados para esta finalidade são chamados de coulômetros. Estes aparelhos determinam de uma maneira cuidadosa a quantidade de substância liberada ou depositada durante o processo de eletrólise; seja pesando o cobre depositado de uma solução de sulfato de cobre II ou a prata, de uma solução de nitrato de prata, ou até mesmo, a determinação do volume de uma solução aquosa de ácido sulfúrico, com eletrodos de platina.

Capítulo 23. Efeito da concentração na eletrólise

Quando íons de várias espécies estão presentes em um eletrólito, há um fator muito importante que influi na eletrólise. Este fator trata-se da concentração que é medida através da frequência de colisão dos íons com a superfície do eletrodo. Deste modo, os produtos da eletrólise podem ser controlados pela variação da voltagem aplicada aos eletrodos e pela variação da concentração dos íons no eletrólito. Assim, um ânodo de platina imerso em um eletrólito que contém os íons cloreto (Cl^-) e hidroxila (OH^-) pode provocar o desprendimento de dois gases, sendo eles o oxigênio (O_2) e o cloro (Cl_2).

Quando as concentrações iônicas do Cl^- e OH^- são iguais, há a produção de oxigênio molecular praticamente puro e não de cloro gasoso. Isto se deve pelo fato da energia necessária para descarregar o íon hidroxila ser menor que a do cloreto. Entretanto, as concentrações do íon cloreto é mais elevada, na ordem de aproximadamente igual a 2 mol x L^{-1}, havendo o desprendimento de O_2, enquanto nas concentrações intermediárias há a obtenção da mistura de Cl_2 e O_2.

Os controles de concentração de pH e de voltagem são muito importantes no processo de eletrodeposição. Já no processo de niquelação por exemplo, se a acidez da solução exceder certo limite haverá desprendimento do gás hidrogênio [$H_{2(gás)}$] e o depósito não ficará firme e apresentará pequenas bolhas.

No processo de eletrodeposição do zinco (Zn) e do cobre (Cu), obtida pela eletrólise de uma mistura de mesma concentração de seus respectivos sais, geralmente há primeiro a deposição do cobre, pelo fato de sua voltagem de decomposição ser menor em comparação a do zinco. Utilizando a propriedade que tem o cobre de fazer íons complexos, é possível diminuir a concentração do íon Cu^{+2} na solução, adicionando cianeto de potássio (KCN); assim, grande parte do íon Cu^{+2} forma íons complexos e estando a solução com concentração de zinco bem elevada, é sim possível depositar os dois metais no cátodo.

Capítulo 24. Eletrólise em soluções de eletrólitos que contém diferentes íons

Descarga simultânea de íons

Um processo de eletrólise, independentemente de outros efeitos, pode realizar sobre os íons do solvente que assim participam do processo de descarga. Temos como exemplo em soluções aquosas a possibilidade de descarga dos íons $H^{+}_{(aquoso)}$ e $OH^{-}_{(aquoso)}$.
De uma maneira geral, a parte que pode receber a descarga dos diferentes íons poderá ser prevista pelas curvas de decomposição. Assim, pode-se fixar as condições nas quais se obtém sobre o cátodo, seja a descarga de uma espécie de um íon ou até mesmo a descarga simultânea de muitas espécies. A seguir, serão apresentados três casos importantes relacionados ao processo de descargas simultâneas.

Item A) Primeiro caso: Quando as curvas de decomposição se apresentam muito distantes e quase destacadas uma da outra, conforme apresentado na Figura 8 a seguir, que relaciona a corrente com a voltagem .

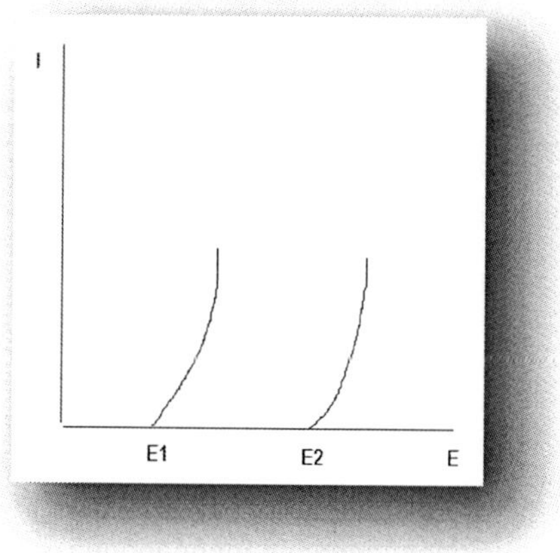

Figura 8 – Relação da corrente elétrica com a voltagem, para o primeiro caso (Gráfico feito pelo próprio autor).

Fazendo-se crescer de forma progressiva o potencial de eletrodo, o íon A se descarrega sozinho e o potencial só poderá atingir o valor correspondente à descarga do íon B quando todos os íons A estiverem praticamente descarregados. Em nenhuma hipótese ocorrerá a descarga simultânea dos dois íons. No caso dos íons A e B serem metálicos, o primeiro caso se refere então a separação de metais pelo processo da eletrólise.

Item B) Segundo caso: A partir da Figura 9 apresentada abaixo, as duas curvas não se interceptam.

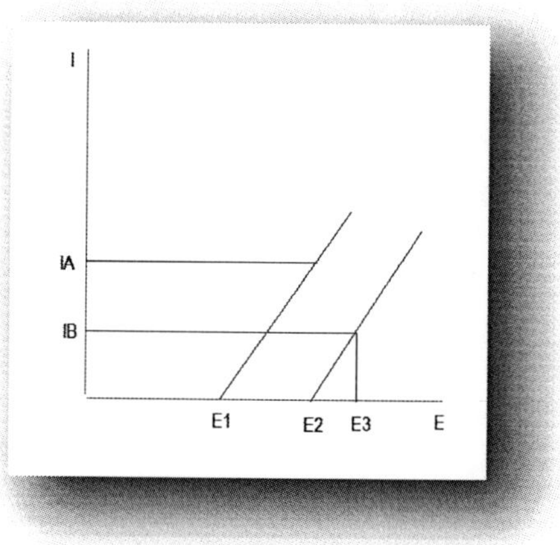

Figura 9 – Relação da corrente elétrica com a voltagem, para o segundo caso (Gráfico feito pelo próprio autor).

Conforme observado na figura 9, as duas curvas não se interceptam. Fazendo crescer de forma progressiva o potencial de eletrodo, no trecho $E_1 - E_2$, os íons A se descarregam.

Para valores do potencial superiores a E_2 os dois íons A e B se descarregam simultaneamente. Para um valor E_3, do potencial, os dois íons se descarregam em uma proporção de seus equivalentes, fixada pelas respectivas intensidades I_A e I_B. A fração do número de equivalentes dos íons A descarregada é proporcional à $\frac{I_A}{I_A+I_B}$, sendo a soma $I_A + I_B$ a corrente total do processo eletroquímico.

Qualquer que seja o valor do potencial, os íons A se descarregam sempre em quantidade de equivalência maior que os íons B. Considerando os íons A e B como metálicos, a eletrólise da solução dá lugar a uma liga sempre mais rica em A que em B, caso o depósito contenha A e B na relação.

Item C) Terceiro caso: As curvas de decomposição se interceptam e seus coeficientes angulares são diferentes, conforme a Figura 10 se apresenta.

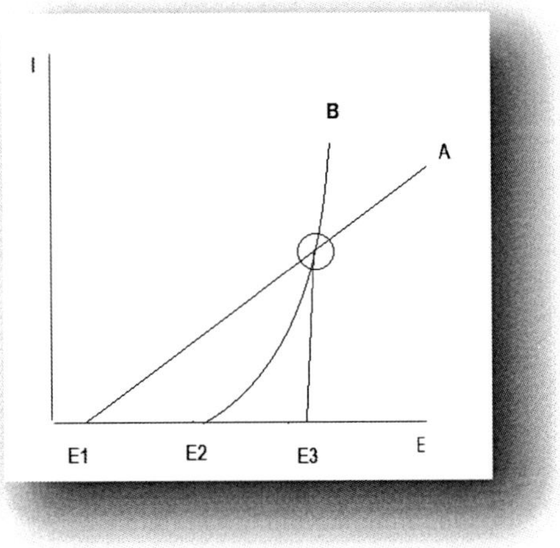

Figura 10 – Relação da corrente elétrica com a voltagem, para o terceiro caso (Gráfico feito pelo próprio autor).

Verifica-se imediatamente que no trecho compreendido entre E_1 e E_2, somente os íons A se descarregam, do qual se trata do cátion, sendo o metal A depositado de forma pura.

No trecho E_2-E_3, os íons A e B se descarregam de maneira simultânea e a liga formada é rica em número de equivalentes que em B.

Já no trecho de potenciais maiores que E_3 os íons A e B se descarregam simultaneamente, mas o depósito é mais rico em B (em número de equivalente) que em A.

Estas considerações são a base da análise eletrolítica que só é possível quando os íons satisfazem o primeiro caso. Se esta condição não é realizada, é possível aumentar o afastamento entre as curvas de decomposição respectivamente, por diferentes processos, como por exemplo, transformando um ou mais íons em íons complexos. A título de exemplo, será apresentado o potencial de decomposição de algumas soluções de sulfatos e cianetos metálicos, conforme pode ser observado na tabela 4 a seguir.

Tabela 4 – Potencial de decomposição de algumas soluções.

Metal	Sulfato	Cianeto
Cu	+ 0,34 V	- 1,0 V
Cd	- 0,40 V	- 0,9 V
Zn	- 0,76 V	- 1,1 V

Capítulo 25 - Teoria de Debye-Huckel e o estudo do coeficiente de atividade termodinâmico

Para entendermos esta teoria tão complexa, que se trata da teoria de Debye-Huckel é muito importante deixar claro que todos os cálculos teóricos desenvolvidos para os coeficientes de atividades termodinâmicos são e estão baseados na teoria de Debye-Huckel.

A modelagem termodinâmica é de extrema importância no estudo de sistemas químicos e biológicos. Desde que estes notáveis químicos, Petrus Josephus Wilhelmus Debye e Erich Armand Anthur Joseph Huckel, propuseram sua teoria no ano de 1923 e Huckel o estendeu para incluir os efeitos da energia de Bohr em 1925. Cabe ressaltar que neste mesmo ano, 1923, Johannes Nicolaus Bronsted e Thomas Martin Lowry, propuseram de maneira independente o conceito de "ácido e base de Bronsted-Lowry" no estudo das soluções com características ácidas e básicas.

O coeficiente de atividade é uma grandeza termodinâmica, com caráter puramente empírico. A teoria de Debye-Huckel explica a origem do coeficiente de atividade iônica, permitindo o seu cálculo em soluções iônicas diluídas.

Para a teoria de Debye-Huckel, assume-se que os íons presentes na solução se comportam como cargas isoladas com um valor de uma constante dielétrica igual ao do solvente em que se encontram. Esta lei é conhecida como uma lei limite pelo fato de ser bastante aplicada para soluções químicas bastante diluídas, ou seja, baixa concentração da quantidade de matéria.

Para um determinado solvente em uma dada temperatura, a lei de Debye-Huckel afirma que o logaritmo decimal do coeficiente de atividade médio de uma solução eletrolítica varia de maneira linear com as propriedades da solução segundo a seguinte equação XXVIII apresentada a seguir.

$$\log(\gamma^{\pm}) = -A \times |z_1 \times z_2| \times \sqrt{I} \qquad \text{(Equação XXVIII)},$$

Em que I corresponde a força iônica ($I < 0{,}001$ mol x L^{-1}), z_1 e z_2 são as cargas formais dos íons presentes em solução, e a letra maiúscula A trata-se de uma constante, que para a temperatura de 25°C (298,15 K) seu valor corresponde a 0,509.

A equação 22 também pode ser escrita da seguinte maneira, conforme apresentada na equação XXIX a seguir:

$$\log(\gamma^{\pm}) = -\overbrace{\left[\frac{(2.\pi.\bar{N}.\rho_0)^{\frac{1}{2}}}{2{,}303} \times \left(\frac{e^2.\bar{N}}{10.D.R.T}\right)^{\frac{3}{2}}\right]}^{A} \times z_1^2 \times \sqrt{I} \qquad \text{(Equação XXIX)}.$$

A quantidade entre colchetes, apresentada na equação acima, é formada por constantes universais e também pelas propriedades D e ρ_0 do solvente, na temperatura T estudada. Portanto, para um dado solvente em uma temperatura constante, esta quantidade é uma constante, sendo representada pela letra maiúsciula A, conforme apresentado na equação 23.

Assim, para a água a 25°C, D igual a 78,54, ρ_0 = 0,997, T = 298,15 K, o valor do A passa a ser igual a 0,509. Não há método experimental que permita determinar o coeficiente de atividade de uma única espécie iônica, o que para todos os métodos conhecidos e estudados fornecem o valor fornecem o valor médio para os dois íons presentes do eletrólito.

A equação 23 é conhecida como a *"Lei limite de Debye-Huckel"*, pois devido as aproximações e hipóteses realizadas no decorrer do curso para a sua dedução, esta equação regida por esta lei somente é válida para soluções muito diluídas.

Analisando uma comparação com os valores experimentais, é verificado que para forças iônicas maiores que 0,001 mol x L^{-1}, a lei de Debye-Huckel passa a ser inválida, havendo a necessidade de dar para a equação de Debye-Huckel uma forma mais condizente, com a necessidade de inserir dois novos termos, designados pela letra minúscula a e pela letra maiúscula B, conforme pode ser apresentado a seguir, equação XXX.

$$\log(\gamma^{\pm}) = -\frac{A \times |z_1 \times z_2| \times \sqrt{I}}{1 + a.B.\sqrt{I}} \qquad \text{(Equação XXX)}.$$

Esta equação 23 é utilizada para soluções em que a força iônica é menor qiue 0,10 mol x L^{-1}, ou seja, $I < 0{,}10$ mol x L^{-1}.

O termo a, presente na equação 25 corresponde a um parâmetro ajustável medido em ângstrom (Å), correspondente ao diâmetro de um íon hidratado. Já o B, trata-se de uma constante altamente dependenete da temperatura, além de ser uma constante dielétrica do solvente, apresentando um valor de 0,33 para T = 25°C da água. Para moléculas não ionizadas de espécies não carregadas, gases à pressão de 1,0 bar é levado em consideração que os coeficientes de atividade são unitários, ou seja, a = 1.

Atividade e coeficiente de atividade

A atividade de uma substância iônica é definida como sendo igual ao produto da concentração em mol por 1000 g de solvente (concentração molal) pelo fator de correção, que se trata do coeficiente de atividade, $\gamma^{\pm}$. Em soluções mais concentradas, o soluto não obedece à lei de Henry, de modo que a atividade de uma solução é expressa pelo seguinte produto, conforme a equação XXXI, apresentada a seguir.

$$\text{atividade (a)} = \text{coeficiente de atividade x molalidade}\left(\frac{\text{mol}}{\text{kg}}\right)$$

$$a = \gamma^{\pm}\ \text{x}\ \mathcal{M} \qquad \text{(Equação XXXI)}$$

O coeficiente de atividade mede o desvio em relação ao comportamento que o soluto teria caso cumprisse a Lei de Henry na concentração considerada. É importante evidenciar que, o processo sendo conduzido a temperatura constante, o coeficiente de atividade é função da concentração, porém se aproxima da unidade quando a concentração se aproxima de um valor nulo (zero), ou seja:

$$\lim_{m \to 0} \gamma^{\pm} = 0$$

$$\lim_{m \to 0} a = \text{molalidade}$$

É muito importante deixar claro que os dois parâmetros (concentração e temperatura) citados anteriormente são funções termodinâmicas dependentes do coeficiente de atividade. Diante disso, o coeficiente de atividade é uma função termodinâmica diretamente relacionada com a temperatura e a concentração, exceto para soluções diluídas, sendo determinado de forma experimental, ou seja, sendo determinada em uma bancada de laboratório.

Caso a substância seja um gás, sua atividade é igual a sua fugacidade que, sob pressão próxima de 1 atmosfera, pode ser substituída pela pressão parcial. Caso a substância A seja um sólido, sua atividade será por convenção igual a um ($a_{\text{sólido}} = 1$).

Apresentando um exemplo direto na aplicação da atividade iônica a partir da equação de Nernst, será levada em consideração a semirreação de oxidação do zinco, conforme se vê a seguir.

$Zn_{(\text{sólido})} \longrightarrow Zn^{2+}_{(\text{aquoso})} + 2e^{-}$

$$E = E° - \left(\frac{0{,}0592}{n}\right) \text{x} \log\left\{\frac{a^2_{Zn^{+2}}}{a_{Zn}}\right\}$$

$$E = E° - \left(\frac{0{,}0592}{2}\right) \text{x} \log\left\{\frac{a^2_{Zn^{+2}}}{\underbrace{a_{Zn}}_{=1}}\right\}$$ ou em função do logaritmo neperiano, conforme apresentado a seguir:

$$E = E° - \frac{R \text{ x } T}{n \text{ x } F} \text{x} \ln\left\{\frac{a^2_{Zn^{+2}}}{a_{Zn}}\right\}$$

$$E = E° - \frac{R \text{ x } T}{2F} \text{x} \ln\left\{\frac{a_{Zn^{+2}}}{\underbrace{a_{Zn}}_{=1}}\right\}$$

Exemplo Aplicativo XXXIV

(GRILLO) Calcule o potencial exato, a partir das atividades iônicas, para a semirreação da célula de zinco em uma solução em que a concentração molal é igual a 0,01 mol x kg^{-1} de cloreto de zinco, sendo o coeficiente de atividade igual a 0,71.

Resolução

Equação de dissociação do cloreto de zinco: $ZnCl_{2(sólido)} \rightarrow Zn^{+2}_{(aquoso)} + 2Cl^{-}_{(aquoso)}$

Cálculo da atividade do zinco cátodo, Zn^{+2}: $a_{Zn^{+2}} = \gamma^{\pm} \text{ x } \mathcal{M}_{Zn^{+2}}$

$a_{Zn^{+2}} = \gamma^{\pm} \text{ x } \mathcal{M}_{Zn^{+2}}$

$a_{Zn^{+2}} = 0{,}71 \text{ x } 0{,}01 = 0{,}0071$

Sabendo que o potencial de redução do zinco é igual a $Zn^{+2}_{(aquoso)} + 2e^{-} \rightarrow Zn_{(sólido)}$ $\quad E^{0}_{Redução} = -0{,}763 \text{ V}$

Aplicando a equação de Nernst, para esta semirreação de redução:

$$E = E° - \frac{R \text{ x } T}{n \text{ x } F} \text{ x } \ln\left\{\frac{\overset{1}{\widehat{a_{Zn}}}}{a_{Zn^{+2}}}\right\}$$

$$E = -0{,}763 - \frac{8{,}314 \text{ x } 298}{2 \text{ x } 96500} \text{ x } \ln\left\{\frac{1}{0{,}0071}\right\} = -0{,}826 \text{ V}$$

Exemplo Aplicativo XXXV

(OLIMPÍADA PARAENSE DE QUÍMICA) Quanto será a fem da célula de Daniell a 298K para concentrações de $CuSO_4$ e $ZnSO_4$ iguais a 0,50 mol x L^{-1} e 0,10 mol x L^{-1}, respectivamente. Qual deveria ser a fem se fossem utilizadas atividades em vez de concentrações? Os valores de $\gamma^{\pm}$ para o $CuSO_4$ e o $ZnSO_4$ em suas respectivas concentrações são 0,068 e 0,15, respectivamente:

a) 1,125 V; 1,115 V
b) 0,115 V; 0,215 V
c) 1,515V; 1,575V
d) 0,115V; 1,125V
e) 0,15V; 0,10V

Resolução

Alternativa A.

Semirreação - cobre: $Cu^{+2}_{(aquoso)} + 2e^{-} \rightarrow Cu_{(s)}$ $\quad$ E° = +0,34 V
Semirreação - zinco: $Zn^{+2} + 2e^{-} \rightarrow Zn$ $\quad$ E° = - 0,76 V

Cálculo da força eletromotriz padrão (E°), invertendo a segunda semirreação:

$Zn_{(sólido)} \rightarrow Zn^{+2}_{(aquoso)} + \cancel{2e^{-}}$	$\Delta G° = -2 \text{ x } F \text{ x } (+0{,}76)$
$Cu^{+2}_{(aquoso)} + \cancel{2e^{-}} \rightarrow Cu_{(sólido)}$	$\Delta G° = -2 \text{ x } F \text{ x } (+0{,}34)$ +
$Zn_{(sólido)} + Cu^{+2}_{(aquoso)} \rightarrow Zn^{+2}_{(aquoso)} + Cu_{(sólido)}$	$\Delta G° = -2 \text{ x } F \text{ x } E°$

Cálculo do potencial padrão total do sistema eletroquímico:

$$\cancel{-2 \text{ x } F} \text{ x } E° = \cancel{-2 \text{ x } F} \text{ x } (+0{,}76) + [\cancel{-2 \text{ x } F} \text{ x } (+0{,}34)]$$

$$E° = +\,0{,}76 + 0{,}34 = +\,1{,}10 \text{ V}$$

Cálculo da força eletromotriz levando em consideração que as concentrações sejam iguais a $[Zn^{+2}_{(aq)}] = 0{,}10 \text{ mol.L}^{-1}$ e $[Cu^{+2}_{(aq)}] = 0{,}50 \text{ mol.L}^{-1}$.

Aplicando a equação de Nernst, em função da concentração da quantidade de matéria:

$$E = E^0 - \frac{R \times T}{n \times F} x \ln \left\{ \frac{a_{Cu} x [Zn^{+2}]}{a_{Zn} x [Cu^{+2}]} \right\}$$

$$E = 1{,}10 - \frac{8{,}314 \times 298}{2 \times 96500} x \ln \left\{ \frac{1 \times 0{,}10}{1 \times 0{,}50} \right\} = +1{,}121 \text{ V}$$

Analisando e calculando as atividades químicas:

$$a_{Zn^{+2}} = \gamma^{\pm} \times [Zn^{+2}] = 0{,}15 \times 0{,}10 = 0{,}015$$

$$a_{Cu^{+2}} = \gamma^{\pm} \times [Cu^{+2}] = 0{,}068 \times 0{,}50 = 0{,}034$$

Cálculo do potencial eletroquímico fora das condições padrões: $E = E^0 - \frac{R \times T}{n \times F} x \ln \left\{ \frac{a_{Cu} x\, a_{Zn^{+2}}}{a_{Zn} x\, a_{Cu^{+2}}} \right\}$

$$E = 1{,}10 - \frac{8{,}314 \times 298}{2 \times 96500} x \ln \left\{ \frac{1 \times 0{,}015}{1 \times 0{,}034} \right\}$$

$$E = 1{,}10 - \frac{2477{,}572}{193000} x \ln \left\{ \frac{0{,}015}{0{,}034} \right\} = +1{,}105 \text{ V}$$

Exemplo Aplicativo XXXVI

(GRILLO) A solubilidade do cloreto de prata na presença de água para T = 25°C é igual a 1,274 x 10^{-5} mol x dm^{-3}. Levando em consideração que a lei de Debye-Huckell seja aplicada, determine a variação da energia livre de gibbs para a temperatura indicada.

Resolução

Equação de dissociação do cloreto de prata: $AgCl_{(sólido)} \rightarrow Ag^{+}_{(aquoso)} + Cl^{-}_{(aquoso)}$

$$1 \text{ mol de } AgCl_{(sólido)} --- 1 \text{ mol de } Ag^{+}_{(aquoso)} --- 1 \text{ mol de } Cl^{-}_{(aquoso)}$$

Cálculo da força iônica para a solução de cloreto de prata: $I = \frac{1}{2} x \left\{ [Ag^+] \times z^2_{Ag^+} + [Cl^-] x z^2_{Cl^-} \right\}$

$$I = \frac{1}{2} x \{1{,}274 \times 10^{-5} \times (1)^2 + 1{,}274 \times 10^{-5} \times (1)^2\} = 1{,}274 \times 10^{-5}$$

Cálculo do coeficiente de atividade médio ($\gamma_{\pm}$): $\log \gamma_{\pm} = -0{,}509 \times \sqrt{I} \times |z_{Ag^+} \times z_{Cl^-}|$

$$\log \gamma_{\pm} = -0{,}509 \times \sqrt{1{,}274 \times 10^{-5}} \times |1 \times (-1)|$$

$$\log \gamma_{\pm} = -0{,}00182$$

$$\gamma_{\pm} = 0{,}996$$

Cálculo das atividades termodinâmicas para cada íon:

$$a_{Ag^+} = \gamma^{\pm} \times [Ag^+] = 0{,}996 \times 1{,}274 \times 10^{-5} = 1{,}269 \times 10^{-5}$$

$$a_{Cl^-} = \gamma^{\pm} \times [Cl^-] = 0{,}996 \times 1{,}274 \times 10^{-5} = 1{,}269 \times 10^{-5}$$

Expressão da constante do produto de solubilidade: $K_{ps} = a^1_{Ag^+} \times a^1_{Cl^-}$

$$K_{ps} = a^1_{Ag^+} \times a^1_{Cl^-}$$

$K_{ps} = (1{,}269 \text{ x } 10^{-5})^2 = 1{,}61 \text{ x } 10^{-10}$

Cálculo da variação da energia livre de Gibbs-padrão: $\Delta G^0 = -R \text{ x } T \text{ x} \ln K_{ps}$

$\Delta G^0 = -8{,}314 \text{ x } 298 \text{ x } \ln(1{,}61 \text{ x } 10^{-10}) = \boxed{+55868{,}29 \text{ J } (+55{,}87 \text{ kJ})}$

Exemplo Aplicativo XXXVII

(GRILLO) Uma solução de sulfato de potássio apresenta coeficiente de atividade médio igual a 0,88, a partir da lei de Debye-Huckell. A partir das informações apresentadas, calcule a massa de sulfato de potássio na presença de 250 g de água como solvente. Além do cálculo da massa, determine também as atividades dos íons, a constante do produto de solubilidade e a variação da energia livre de Gibbs-padrão.

Resolução

Equação de dissociação do sulfato de potássio: $K_2SO_{4(\text{sólido})} \rightarrow 2K^+_{(\text{aquoso})} + SO^{-2}_{4(\text{aquoso})}$

$1 \text{ mol de } K_2SO_{4(\text{sólido})} --- 2 \text{ mol de } K^+_{(\text{aquoso})} --- 1 \text{ mol de } SO^{-2}_{4(\text{aquoso})}$

Cálculo da força iônica para a solução de sulfato de potássio a partir da equação de Debye-Huckell.

$\log \gamma_{\pm} = -0{,}509 \text{ x } \sqrt{I} \text{ x } \left| z_{K^+} \text{ x } z_{SO_4^{-2}} \right|$

$\log(0{,}88) = -0{,}509 \text{ x } \sqrt{I} \text{ x } |1 \text{ x } (-2)|$

$$\sqrt{I} = \frac{\log(0{,}88)}{-0{,}509 \text{ x } 2}$$

$\sqrt{I} = -0{,}05453$
$I = 2{,}97 \text{ x } 10^{-3}$

Cálculo da molalidade da solução de sulfato de potássio.

$1 \text{ mol de } K_2SO_{4(\text{sólido})} --- 2 \text{ mol de } K^+_{(\text{aquoso})} ---- 1 \text{ mol de } SO^{-2}_{4(\text{aquoso})}$
$\mathcal{M} ------------ 2\mathcal{M} ------------ \mathcal{M}$

Cálculo da força iônica: $I = \frac{1}{2} \text{x} \left\{ \mathfrak{M}_{K^+} \text{ x } z^2_{K^+} + \mathfrak{M}_{SO_4^{-2}} \text{ x } z^2_{SO_4^{-2}} \right\}$

$$I = \frac{1}{2} \text{x} \{2\mathcal{M} \text{ x } (+1)^2 + (-2)^2 \text{ x } \mathcal{M}\} = 3\mathcal{M}$$

Cálculo da molalidade a partir da relação com a força iônica:

$I = 3\mathcal{M}$

$3\mathcal{M} = 2{,}97 \text{ x } 10^{-3}$

$$\mathcal{M} = 9{,}90 \text{ x } 10^{-4} \frac{\text{mol}}{\text{kg}}$$

Cálculo da massa de sulfato de potássio, a partir da molalidade:

$$\frac{\frac{m_{sal}}{< MM >_{sal}}}{m^{H_2O}_{solvente}} = 9{,}90 \text{ x } 10^{-4} \frac{\text{mol}}{\text{kg}}$$

$$\frac{\frac{m_{sal}}{(39+14+48)}}{0{,}250} = 9{,}90 \times 10^{-4}\,\frac{mol}{kg}$$

$$m_{sal} = 101 \times 0{,}250 \times 9{,}90 \times 10^{-4} = 0{,}025\ g$$

Cálculo das atividades termodinâmicas para cada íon:

$$a_{K^+} = \gamma^{\pm} \times \mathfrak{M}_{K^+} = \gamma^{\pm} \times 2\mathcal{M} = 0{,}88 \times 2 \times 9{,}90 \times 10^{-4} = 1{,}742 \times 10^{-3}$$

$$a_{SO_4^{-2}} = \gamma^{\pm} \times \mathfrak{M}_{SO_4^{-2}} = \gamma^{\pm} \times \mathcal{M} = 0{,}88 \times 9{,}90 \times 10^{-4} = 8{,}71 \times 10^{-4}$$

Expressão e cálculo da constante do produto de solubilidade: $K_{ps} = a_{K^+}^2 \times a_{SO_4^{-2}}^1$

$$K_{ps} = (1{,}742 \times 10^{-3})^2 x\ 8{,}71 \times 10^{-4} = 2{,}64 \times 10^{-9}$$

Cálculo da variação da energia livre de Gibbs-padrão: $\Delta G^0 = -R \times T \times \ln K_{ps}$

$$\Delta G^0 = -8{,}314 \times 298 \times \ln(2{,}64 \times 10^{-9}) = \boxed{+48933{,}59\ J\ (+48{,}93\ kJ)}$$

Exemplo Aplicativo XXXVIII

(GRILLO) O coeficiente de atividade médio de uma solução de ácido sulfúrico correspondente a 0,010 mol x kg^{-1} é ighual a 0,544. A partir das informações apresentadas, calcule o valor aproximado da atividade iônica média.

Resolução

Equação de ionização da solução de ácido sulfúrico: $H_2SO_{4(aquoso)} \rightarrow 2H^+_{(aquoso)} + SO^{-2}_{4(aquoso)}$

Analisando a relação e proporção estequiométrica para a solução de ácido sulfúrico:

$$1\ mol\ de\ H_2SO_{4(aquoso)} ----- 2\ mol\ de\ H^+_{(aquoso)} ----- 1\ mol\ de\ SO^{-2}_{4(aquoso)}$$

$$0{,}010\,\frac{mol}{kg}\ de\ H_2SO_{4(aquoso)} --- 0{,}020\,\frac{mol}{kg}\ de\ H^+_{(aquoso)} --- 0{,}010\,\frac{mol}{kg}\ de\ SO^{-2}_{4(aquoso)}$$

Cálculo da molalidade média:

$$\mathcal{M}_{\pm} = \left[\mathcal{M}_{+}^{\lambda^+} \times \mathcal{M}_{-}^{\lambda^-}\right]^{\frac{1}{\lambda^+ + \lambda^-}}$$

$$\mathcal{M}_{\pm} = [(0{,}020)^2 x\ (0{,}020)^1]^{\frac{1}{2+1}}$$

$$\mathcal{M}_{\pm} = 1{,}587 \times 10^{-2}\,\frac{mol}{kg}$$

Cálculo da atividade média da solução de ácido sulfúrico:

$$a = \gamma^{\pm} \times \mathcal{M}_{\pm}$$

$$a = 0{,}544 \times 1{,}587 \times 10^{-2} = 8{,}63 \times 10^{-3}$$

Exemplo Aplicativo XXXIX

(GRILLO) Uma solução 0,020 mol x kg^{-1} de nitrato de magnésio apresenta coeficiente de atividade médio para T = 25°C é igual a 0,130. A partir das informações apresentadas, determine e calcule o que se pede nos seguintes itens a seguir.

a) a força iônica.

b) a concentração molal média.

c) a atividade de cada íon.
d) a atividade iônica média do composto.

Resolução

Equação de dissoaciação para a solução aquosa de nitrato de magnésio: $Mg(NO_3)_{2(aquoso)} \rightarrow Mg^{+2}_{(aquoso)} + 2NO^{-}_{3(aquoso)}$

Analisando a relação e proporção estequiométrica para a solução de nitrato de magnésio:

$$1 \text{ mol de } Mg(NO_3)_{2(aquoso)} ------1 \text{ mol de } Mg^{+2}_{(aquoso)} ------2 \text{ mol de } NO^{-}_{3(aquoso)}$$

$$0{,}020\frac{mol}{kg} \text{de} Mg(NO_3)_{2(aquoso)} ---- 0{,}020\frac{mol}{kg} \text{de } Mg^{+2}_{(aquoso)} ---- 0{,}040\frac{mol}{kg} \text{ de } NO^{-}_{3(aquoso)}$$

Item a) Cálculo da força iônica para a solução aquosa de nitrato de magnésio, a partir da equação de Debye-Huckel:

$$\log \gamma_{\pm} = -0{,}509 \text{ x } \sqrt{I} \text{ x } \left| z_{K^{+}} \text{ x } z_{SO_4^{-2}} \right|$$

$$\log(0{,}130) = -0{,}509 \text{ x } \sqrt{I} \text{ x } |2 \text{ x } (-1)|$$

$$\sqrt{I} = \frac{\log(0{,}130)}{-0{,}509 \text{ x } 2}$$

$$I = 0{,}757$$

Item b) Cálculo da molalidade média para a solução aquosa de nitrato de magnésio:

$$\mathcal{M}_{\pm} = \left[\mathcal{M}_{+}^{\lambda^{+}} \text{x } \mathcal{M}_{-}^{\lambda^{-}}\right]^{\frac{1}{\lambda^{+}+\lambda^{-}}}$$

$$\mathcal{M}_{\pm} = [(0{,}020)^{1} \text{x } (0{,}040)^{2}]^{\frac{1}{1+2}}$$

$$\mathcal{M}_{\pm} = 31{,}75 \text{ x } 10^{-3}\frac{mol}{kg}$$

Item c) Cálculo da atividade termodinâmica para o cátion magnésio: $a_{Mg^{+2}} = \gamma^{\pm} \text{ x } \mathfrak{M}_{Mg^{+2}} = 0{,}130 \text{ x } 0{,}020 = 2{,}60 \text{ x } 10^{-3}$

Cálculo da atividade termodinâmica para o ânion nitrato: $a_{NO_3^-} = \gamma^{\pm} \text{ x } \mathfrak{M}_{NO_3^-} = 0{,}130 \text{ x } 2 \text{ x } 0{,}020 = 5{,}20 \text{ x } 10^{-3}$

Cálculo da atividade para a solução de nitrato de magnésio: $a_{Mg(NO_3)_2} = a_{Mg^{+2}} \text{ x } \left(a_{NO_3^-}\right)^2 = 7{,}0 \text{ x } 10^{-8}$

Capítulo 26. Exemplos aplicativos do saudoso Mestre João Roberto da Paciência Nabuco

A partir deste, serão apresentados exemplos aplicativos do grande Professor – Mestre João Roberto da Paciência Nabuco.

Exemplo Aplicativo XL – Professor João Roberto da Paciência Nabuco

Calcule os seguintes itens apresentados a seguir:

a) Considere que uma corrente com uma amperagem desconhecida atue sobre uma solução aquosa de sulfato de cobre II, sendo eletrolisada a cobre metálico depositado. Se uma corrente foi utilizada durante cinco horas e que 404 mg de cobre foram obtidos, determine o valor da corrente elétrica.

b) Determine a carga necessária para que 2,0 gramas de cobre sejam depositados a partir de uma solução de sulfato de cobre, com a presença de uma corrente de 5,0 A.

Resolução:

Item a) Determinação da carga (Q) para uma massa de cobre igual a 0,404 g.

63,55 g de cobre ------------------- 2 mol de elétrons x (96500 C/mol de elétrons)
404×10^{-3} g de cobre -------------- Q
Q = 1226,94 C

No enunciado do problema, o tempo corresponde a cinco horas, convertendo para segundos, temos:

$$\text{Tempo} = 5\ \text{h}\ \text{x}\left(\frac{3600\ \text{segundos}}{1\text{h}}\right) = 18000\ \text{s}$$

Cálculo da corrente elétrica: $\text{i} = \frac{\text{q}}{\text{t}} = \frac{1226{,}94\ \text{C}}{18000\ \text{s}} = 6{,}82\ \text{x}\ 10^{-2}\ \text{A}$

Item b) Cálculo da carga a partir da massa de cobre metálico.

63,55 g de cobre -------- 2 mol x (96500 C/mol)
2,0 g de cobre ------------ Q
Q = 6073,96 C

Exemplo Aplicativo XLI – Professor João Roberto da Paciência Nabuco

A pilha voltaica apresentada a seguir, conforme recomendação da IUPAC,
$Cd_{(sólido)}\ |\ Cd^{2+}_{(aquoso,\ X\ mol.L^{-1})}\ ||\ Ni^{2+}_{(aquoso,\ 1,00\ mol.L^{-1})}\ |\ Ni_{(sólido)}$, apresenta força eletromotriz igual a 0,36 V a 25°C.

a) Escreva a reação global da pilha voltaica.

b) Calcule o valor de E^0 da pilha.

c) Determine a concentração X de íons Cd^{2+}.

d) Determine o valor da energia livre de Gibbs, ΔG. Informações para a resolução do problema:

$Ni^{2+}_{(aquoso)} + 2e^- \rightarrow Ni_{(sólido)}$ E° = - 0,28 V
$Cd^{2+}_{(aquoso)} + 2e^- \rightarrow Cd_{(sólido)}$ E° = - 0,40 V

Resolução: Dados para a resolução do problema:

$Ni^{2+}_{(aquoso)} + 2e^- \rightarrow Ni_{(sólido)}$ E° = - 0,28 V
$Cd^{2+}_{(aquoso)} + 2e^- \rightarrow Cd_{(sólido)}$ E° = - 0,40 V
$Cd_{(sólido)}\ |\ Cd^{2+}_{(aquoso,\ X\ mol.L^{-1})}\ ||\ Ni^{2+}_{(aquoso,\ 1,00\ mol.L^{-1})}\ |\ Ni_{(sólido)}$

Item a) Invertendo a semirreação do cádmio, temos:

$Ni^{2+}_{(aquoso)} + \cancel{2e^-} \rightarrow Ni_{(sólido)}$ $\Delta G° = -2\ \text{x}\ \text{F}\ \text{x}\ (-0{,}28)$

$Cd_{(sólido)} \rightarrow Cd^{2+}_{(aquoso)} + \cancel{2e^-}$ $\Delta G° = -2 \times F \times (+0{,}40)$ +

$Ni^{2+}_{(aquoso)} + Cd_{(sólido)} \rightarrow Ni_{(sólido)} + Cd^{2+}_{(aquoso)}$

$$\cancel{-2 \times F} \times E° = \cancel{-2 \times F} \times (-0{,}28) + [\cancel{-2 \times F} \times (+0{,}40)]$$

$$E° = -0{,}28 + 0{,}40 = +\,0{,}12\ V$$

Item b) O potencial padrão da referida pilha voltaica é igual a E° = + 0,12V.

Item c) Cálculo da concentração molar de íons Cádmio (X), a partir da utilização da equação de Nernst: $E = E° - \frac{R \times T}{n \times F} \times \ln Q$

$$E = E° - \frac{R \times T}{n \times F} \times \ln\left\{\frac{[Cd^{+2}] \times a_{Ni}}{a_{Cd} \times [Ni^{+2}]}\right\}$$

$$+\,0{,}36 = +\,0{,}12 - \frac{8{,}314 \times (25 + 273)}{2 \times 96500} \times \ln\left\{\frac{X.\,1}{1.1}\right\}$$

$$+\,0{,}36 = +\,0{,}12 - \frac{8{,}314 \times 298}{2 \times 96500} \times \ln\left\{\frac{X}{1}\right\}$$

$$\ln X = \frac{0{,}24}{-1{,}28 \times 10^{-2}}$$

$$X = e^{(-18{,}75)} = 7{,}19 \times 10^{-9} mol.\,L^{-1}$$

Item d) Cálculo da variação da energia livre de Gibbs:

$$\Delta G = -n.\,F.\,E° + R.\,T.\ln \underbrace{\left\{\frac{[Sn^{+4}]^2.\,a^2_{H_2O}}{[Sn^{+2}]^2.P_{O_2}.\,[H^+]^4}\right\}}_{Q}$$

$$\Delta G = -2 \times 96500 \times (+0{,}12) + 8{,}314 \times 298 \times \ln\left\{\frac{7{,}19 \times 10^{-9} \times 1}{1 \times 1}\right\} = -\ 69614{,}47\ J.\,mol^{-1}$$

Exemplo Aplicativo XLII – Professor João Roberto da Paciência Nabuco

a) Determine a constante de equilíbrio para a seguinte equação química global: $2Cu^+_{(aquoso)} \rightarrow Cu_{(sólido)} + Cu^{+2}_{(aquoso)}$. A 25°C, considerando as seguintes semirreações: $E°_{Cu^+/Cu}$ = + 0,52 V; $E°_{Cu^{+2}/Cu^+}$ = + 0,16 V.
b) Determine o volume de gás hidrogênio produzido, a 37°C e pressão igual a 720 mmHg, através de uma corrente de 3,86 A, que atravessa uma solução aquosa de ácido sulfúrico, durante uma hora.

Resolução:

Item a) Desenvolvendo as semirreações apresentadas pelo exercício.
$Cu^+_{(aquoso)} + e^- \rightarrow Cu_{(sólido)}$ $\Delta G° = -1 \times F \times (+0{,}52)$
$Cu^{+2}_{(aquoso)} + e^- \rightarrow Cu^+_{(aquoso)}$ $\Delta G° = -1 \times F \times (+0{,}16)$

Para o cálculo do potencial global fornecido pelo problema, 2 $Cu^+_{(aq)} \rightarrow Cu_{(s)} + Cu^{+2}_{(aq)}$, será necessário inverter a segunda semirreação, temos:

$Cu^+_{(aquoso)} + \cancel{e^-} \rightarrow Cu_{(sólido)}$ $\Delta G° = -1 \times F \times (+0{,}52)$
$Cu^+_{(sólido)} \rightarrow Cu^{+2}_{(aquoso)} + \cancel{e^-}$ $\Delta G° = -1 \times F \times (-0{,}16)$ +

$2\ Cu^+_{(aquoso)} \rightarrow Cu_{(sólido)} + Cu^{+2}_{(aquoso)}$ $\Delta G° = -1 \times F \times E°$

$$\cancel{-1 \times F} \times E° = \cancel{-1 \times F} \times (+0{,}52) + [\cancel{-1 \times F} \times (-0{,}16)]$$

$$E° = +0{,}52 - 0{,}16 = +0{,}36\ V$$

Cálculo da constante de equilíbrio: $-R \times T \times \ln K_{eq} = -n \times F \times E°$

$$\ln K_{eq} = \frac{n \times F \times E°}{R \times T} = \frac{1 \times 96500 \times (+0{,}36)}{8{,}314 \times (25 + 273)} = \frac{96500 \times 0{,}36}{8{,}314 \times 298}$$

$$\ln K_{eq} = 14{,}02$$

$$K_{eq} = e^{(+14{,}02)}$$

Item b) Sabendo que a semirreação de hidrogênio é dada por: $2H^+_{(aquoso)} + 2e^- \longrightarrow H_{2(gás)}$

Cálculo do número de mol de gás hidrogênio produzido:

1 mol de $H_{2(g)}$ --------- 2 mol de elétrons x (96500 C/ mol_{e^-})
$n_{H2(g)}$ --------------------- (3,86 x 3600) C
$n_{H2(g)}$ = 0,072 mol

Cálculo do volume de gás produzido (V_{H2}), considerando com comportamento ideal:

$$V_{H_2} = \frac{0{,}072 \times 0{,}08206 \times (37 + 273)}{\left(\frac{720}{760}\right)} = 1{,}93 \text{ L}$$

Exemplo Aplicativo XLIII – Professor João Roberto da Paciência Nabuco

Calcule a constante de equilíbrio (25°C), para a seguinte semirreação: $Sn_{(sólido)} + Sn^{+4}_{(aquoso)} \longrightarrow 2Sn^{+2}_{(aquoso)}$. Dados dos potenciais a 25°C:

$Sn^{+4}_{(aquoso)} + 2e^- \longrightarrow Sn^{+2}_{(aquoso)}$ $E_1° = + 0{,}15$ V
$Sn^{+2}_{(aquoso)} + 2e^- \longrightarrow Sn_{(sólido)}$ $E_2° = - 0{,}14$ V

Resolução: Analisando a primeira semirreação:

$Sn^{+4}_{(aquoso)} + 2e^- \longrightarrow Sn^{+2}_{(aquoso)}$ $\Delta G°_1 = -2.F.(+ 0{,}15)$

Analisando a segunda semirreação, invertendo a segunda semirreação, temos: $Sn_{(s)} \longrightarrow Sn^{+2}_{(aq)} + 2e^-$ $\Delta G°_2 = -2.F.(+ 0{,}14)$

Determinação da equação química global, a partir da soma das equações iônicas:

$Sn^{+4}_{(aquoso)} + 2e^- \longrightarrow Sn^{+2}_{(aquoso)}$ $\Delta G°_1 = -2.F.(+ 0{,}15)$
$Sn_{(sólido)} \longrightarrow Sn^{+2}_{(aquoso)} + 2e^-$ $\Delta G°_2 = -2.F.(+ 0{,}14)$ +

$Sn^{+4}_{(aquoso)} + \cancel{2e^-} + Sn_{(sólido)} \longrightarrow Sn^{+2}_{(aquoso)} + Sn^{+2}_{(aquoso)} + \cancel{2e^-}$

$Sn^{+4}_{(aquoso)} + Sn_{(sólido)} \longrightarrow 2Sn^{+2}_{(aquoso)}$ $\Delta G°_T = -2.F.(E°)$

Cálculo do potencial padrão da reação global (E°): $\Delta G°_T = \Delta G°_1 + \Delta G°_2$

$\cancel{-2.F}.(E°) = \cancel{-2.F}.(+ 0{,}15) + [\cancel{-2.F}.(+ 0{,}14)]$

E° = + 0,29 V

Cálculo da constante de equilíbrio (K_{eq}): $\Delta G°_{Termodinâmico} = \Delta G°_{Eletroquímico}$

$$\ln K_{eq} = \frac{n \times F \times E°}{R \times T} = \frac{2 \times 96500 \times 0{,}29}{8{,}314 \times 298} = 22{,}59$$

$K_{eq} = e^{22,59}$

Exemplo Aplicativo XLIV – Professor João Roberto da Paciência Nabuco

Uma solução de cloreto de alumínio apresenta coeficiente de atividade médio igual a 0,96, pela lei de Debye Huckell. A partir desta informação, calcule a massa de cloreto de alumínio a partir de 800 gramas de água pura e também o valor das atividades dos íons alumínio e cloreto.

Resolução: $AlCl_{3(aq)} \rightarrow Al^{+3}_{(aquoso)} + 3\ Cl^{-}_{(aquoso)}$

Cálculo da força iônica (I), a partir da utilização da lei de Debye-Huckell: $\log \gamma^{\pm}_{x} = -|z_1 \ x \ z_2| \ x \ A \ x \sqrt{I}$

$$\log(0{,}96) = -|3 \ x \ (-1)| \ x \ 0{,}509 \ x \sqrt{I}$$

$$\sqrt{I} = 1{,}16 \ x \ 10^{-2}$$

$$\left(\sqrt{I}\right)^2 = (1{,}16 \ x \ 10^{-2})^2$$

$$I = 1{,}35 \ x \ 10^{-4}$$

Relação estequiométrica com relação da molalidade, através do processo de dissociação do cloreto de alumínio:

$$AlCl_{3(aquoso)} \rightarrow Al^{+3}_{(aquoso)} + 3Cl^{-}_{(aquoso)}$$

Chamando de $\mathfrak{M}$ a concentração molal da solução:

$$1 \text{ mol de } AlCl_{3(aq)} -- 1 \text{ mol de } Al^{+3}_{(aq)} ---- 3 \text{ mol de } Cl^{-}_{(aq)}$$
$$\mathcal{M} \text{ mol de } AlCl_{3(aq)} -- \mathcal{M} \text{ mol de } Al^{+3}_{(aq)} --- 3\mathcal{M} \text{ mol de } Cl^{-}_{(aq)}$$

Cálculo da massa de cloreto de alumínio, a partir da força iônica: $I = \frac{1}{2} x \{z_i^2 \ x \ \mathcal{M}_{Al^{+3}} + z_i^2 \ x \ 3 \ x \ \mathcal{M}_{Cl^-}\}$

$$I = \frac{1}{2} x \{(3)^2 x \ \mathcal{M} + (-1)^2 \ x \ 3\mathcal{M}\} = 6\mathcal{M}$$

$$1{,}35 \ x \ 10^{-4} = 6 \ x \frac{m_{AlCl_3}}{< MM >_{AlCl_3} \ x \ m^{(kg)}_{solvente}}$$

$$1{,}35 \ x \ 10^{-4} = 6 \ x \frac{m_{AlCl_3}}{133{,}5 \ x \ 0{,}800}$$

$$m_{AlCl_3} = \frac{1{,}35 \ x \ 10^{-4} \ x \ 133{,}5 \ x \ 0{,}800}{6} = 2{,}40 \ x \ 10^{-3} g$$

Cálculo da molalidade ($\mathcal{M}$):

$$\mathcal{M} = \frac{\frac{m_{AlCl_3}}{< MM >_{AlCl_3}}}{m^{(kg)}_{solvente}} = \frac{\frac{2{,}40 \ x \ 10^{-3}}{133{,}5}}{0{,}800} = 2{,}25 \ x \ 10^{-5} \frac{mol}{kg}$$

Analisando o íon (cátion) alumínio: $a_{Al^{+3}} = \gamma^{\pm}_{x} \ x \ [Al^{+3}] = 0{,}96 \ x \ 2{,}25 \ x \ 10^{-5} = 2{,}16 \ x \ 10^{-5}$

Analisando o íon (ânion) cloreto: $a_{Cl^-} = \gamma^{\pm}_{x} \ x \ [Cl^-] = 0{,}96 \ x \ 3 \ x \ 2{,}25 \ x \ 10^{-4} = 6{,}48 \ x \ 10^{-4}$

Exemplo Aplicativo XLV – Professor João Roberto da Paciência Nabuco

Os potenciais-padrão de redução de duas semirreações a uma temperatura igual a 25°C são fornecidos a seguir:

$O_{2(gás)} + 4H^+_{(aquoso)} + 4e^- \longrightarrow 2H_2O_{(líquido)}$ $E^o = +\,1{,}229\ V$

$2H^+_{(aquoso)} + 2e^- \longrightarrow H_{2(gás)}$ $E^o = +\,0{,}00\ V$

a) Escreva as semirreações que ocorrem no cátodo e no ânodo, além da reação global da célula galvânica.

b) Determine o valor da constante de equilíbrio da reação na célula galvânica, a 25°C.

c) Cálculo da variação da energia livre de Gibbs na temperatura mencionada e diga se o processo é espontâneo ou não.

d) Calcule a variação do potencial da célula galvânica (ΔE) a 90°C, sabendo que o ar atmosférico apresenta 20% de O_2 em volume, e que a pressão de H_2 é controlada para reagir completamente com o O_2.

Resolução:

Item a) Determinação da equação global da pilha, invertendo e multiplicando por dois a semirreação de hidrogênio:

$O_{2(gás)} + \cancel{4H^+_{(aquoso)}} + \cancel{4e^-} \longrightarrow 2H_2O_{(líquido)}$ $\Delta G^\circ = -4 \text{ x F x } (+1{,}229)$

$\underline{2H_{2(g)} \longrightarrow \cancel{4H^+_{(aquoso)}} + \cancel{4e^-} \qquad \Delta G^\circ = -4 \text{ x F x } (+0{,}00) \ +}$

$2H_{2(gás)} + O_{2(gás)} \longrightarrow 2H_2O_{(líquido)}$ $\Delta G^\circ = -4 \text{ x F x } E^\circ$

$\cancel{-4 \text{ x F}} \text{ x } E^\circ = \cancel{-4 \text{ x F}} \text{ x } (+1{,}229) + [\cancel{-4 \text{ x F}} \text{ x } (+0{,}00)]$

$E^\circ = +\,1{,}229\ V$

Equação química global da pilha: $2H_{2(gás)} + O_{2(gás)} \longrightarrow 2H_2O_{(líquido)}$

Semirreação do ânodo: $2H_{2(gás)} \longrightarrow 4H^+_{(aquoso)} + 4e^-$

Semirreação do cátodo: $O_{2(gás)} + 4H^+_{(aquoso)} + 4e^- \longrightarrow 2H_2O_{(líquido)}$

Item b) Cálculo da constante de equilíbrio: $-4 \text{ mol x } 96500 \text{ x } (+1{,}229) = -8{,}314 \text{ x } (25 + 273) \text{ x } \ln K_{eq}$

$$-\,474394 = -2477{,}57 \text{ x } \ln K_{eq}$$

$$\ln K_{eq} = \frac{-474394}{-2477{,}57} = +191{,}47$$

$$K_{eq} = e^{(+191{,}47)} = 1{,}43 \text{ x } 10^{+83}$$

Item c) Cálculo da variação da energia livre de Gibbs-padrão: $\Delta G^\circ = -4 \text{ x } 96500 \text{ x } (+1{,}229) = -474{,}39 \text{ kJ}$

O processo é espontâneo, uma vez que a variação da energia livre de Gibbs é negativa.

Item d) Utilizando a equação de Nersnt, temos: $E = E^\circ - \frac{R \text{ x } T}{n \text{ x } F} \text{ x } \ln Q$

$$E = E^\circ - \frac{R \text{ x } T}{n \text{ x } F} \text{ x } \ln\left\{\frac{a^2_{H_2O}}{P^2_{H_2} \text{ x } P_{O_2}}\right\} = E^\circ - \frac{R.\,T}{n.\,F} \text{ x } \ln\left\{\frac{1}{P^2_{H_2} \text{ x } P_{O_2}}\right\}$$

Equação química: $2H_{2(gás)} + O_{2(gás)} \longrightarrow 2H_2O_{(líquido)}$

$P_{O2} = 0{,}20 \text{ x } 1 \text{ atm} = 0{,}20 \text{ atm}$

$P_{H2} = 2 \text{ x } 0{,}20 \text{ x } 1 \text{ atm} = 0{,}40 \text{ atm}$

$$E = +1{,}229 - \frac{8{,}314 \text{ x } (90 + 273)}{4 \text{ x } 96500} \text{ x } \ln\left\{\frac{1}{(0{,}40)^2 \text{ x } (0{,}20)}\right\}$$

$$E = +1{,}229 - \frac{8{,}314 \text{ x } 393}{386000} \text{ x } \ln\left\{\frac{1}{0{,}032}\right\} = +1{,}20 \text{ V}$$

Exemplo Aplicativo XLVI – Professor João Roberto da Paciência Nabuco

Calcule a constante de dissociação da água, a 37°C, a partir das seguintes semirreações fornecidas abaixo:

$O_{2(gás)} + 2H_2O_{(líquido)} + 4e^- \rightarrow 4OH^-_{(aquoso)}$ E° = + 0,418 V a T = 37°C

$O_{2(gás)} + 4H^+_{(aquoso)} + 4e^- \rightarrow 2H_2O_{(líquido)}$ E° = + 1,27 V a T = 37°C

Resolução:

Cálculo da ddp do processo eletroquímico apresentado, invertendo a segunda reação química, temos:

$O_{2(gás)} + 2H_2O_{(líquido)} + 4e^- \rightarrow 4OH^-_{(aquoso)}$ $\Delta G° = -4 \text{ x F x } (+0{,}418)$

$2H_2O_{(líquido)} \rightarrow O_{2(gás)} + 4H^+_{(aquoso)} + 4e^-$ $\Delta G° = -4 \text{ x F x } (-1{,}27)$ +

$4H_2O_{(líquido)} \rightarrow 4H^+_{(aquoso)} + 4OH^-_{(aquoso)}$

$$\cancel{-4} \text{ x } \cancel{F} \text{ x E°} = \cancel{-4} \text{ x } \cancel{F} \text{ x } (+0{,}418) + [\cancel{-4} \text{ x } \cancel{F} \text{ x } (-1{,}27)]$$

$$E° = -0{,}852 \text{ V}$$

Dividindo a reação química por quatro, temos: $H_2O_{(líquido)} \rightarrow H^+_{(aquoso)} + OH^-_{(aquoso)}$ E° = - 0,852 V

Cálculo da constante de equilíbrio, igualando as equações termodinâmicas: - n.F.E° e ΔG° = -R.T.lnK

$$(-1) \text{ x } 96500 \text{ x } (-0{,}852) = -8{,}314 \text{ x } (37 + 273) \text{ x } \ln K_W$$

$$\text{Ln}K_W = \frac{-82218}{2577{,}34} = -31{,}90$$

$$K_W = e^{(-31{,}90)} = 1{,}40 \text{ x } 10^{-14}$$

Exemplo Aplicativo XLVII – Professor João Roberto da Paciência Nabuco

Dentre as alternativas apresentadas logo abaixo, representadas pelos elementos químicos I, II e III, assinale a alternativa que apresenta os produtos que coincidem tanto na eletrólise aquosa quanto na ígnea, para o cloreto de magnésio.

I. $Mg_{(sólido)}$
II. $H_{2(gás)}$
III. $Cl_{2(gás)}$

a) Somente I
b) Somente II
c) Somente III
d) Somente I e III
e) I, II e III

Resolução: Alternativa C.

Analisando a eletrólise aquosa do cloreto de magnésio:

$MgCl_{2(sólido)} \rightarrow Mg^{+2}_{(aquoso)} + 2Cl^-_{(aquoso)}$
$H_2O_{(líquido)} \rightarrow H^+_{(aquoso)} + OH^-_{(aquoso)}$

Quem descarrega com mais facilidade no cátodo (polo negativo), Mg^{+2} ou H^+? Resposta: $2H^+_{(aquoso)} + 2e^- \rightarrow H_{2(gás)}$

Quem descarrega com mais facilidade no ânodo (polo positivo), Cl^- ou OH^-? Resposta: $2Cl^-_{(aquoso)} \rightarrow Cl_{2(gás)} + 2e^-$

Somando todas as semirreações:

$MgCl_{2(sólido)} \rightarrow 2Mg^{+2}_{(aquoso)} + \cancel{2Cl^-_{(aquoso)}}$
$2H_2O_{(líquido)} \rightarrow \cancel{2H^+_{(aquoso)}} + 2OH^-_{(aquoso)}$
$\cancel{2H^+_{(aquoso)}} + \cancel{2e^-} \rightarrow H_{2(gás)}$
$\cancel{2Cl^-_{(aquoso)}} \rightarrow Cl_{2(gás)} + \cancel{2e^-}$ +

$MgCl_{2(sólido)} + 2H_2O_{(líquido)} \longrightarrow 2Mg^{+2}_{(aquoso)} + 2OH^-_{(aquoso)} + H_{2(gás)} \uparrow + Cl_{2(gás)} \uparrow$

Observa-se que na eletrólise aquosa do cloreto de magnésio há a produção de hidróxido de magnésio, gás hidrogênio e gás cloro.

Analisando a eletrólise ígnea do cloreto de magnésio:

$$MgCl_{2(sólido)} \longrightarrow \cancel{Mg^{+2}_{(líquido)}} + \cancel{2Cl^-}$$
$$\cancel{Mg^{+2}} + \cancel{2e^-} \longrightarrow Mg_{(sólido)}$$
$$\cancel{2Cl^-} \longrightarrow Cl_{2(gás)} + \cancel{2e^-} \qquad +$$
$$MgCl_{2(sólido)} \longrightarrow Mg_{(sólido)} + Cl_{2(gás)}$$

Observa-se que na eletrólise ígnea do cloreto de magnésio há a produção de magnésio metálico e gás hidrogênio.
O produto formado tanto na eletrólise ígnea quanto na aquosa, trata-se do gás cloro.

Exemplo Aplicativo XLVIII – Professor João Roberto da Paciência Nabuco

No fim de quanto tempo uma corrente de 20 A é capaz de produzir 2,30 g de sódio, a partir de carbonato de sódio fundido? Qual é a equação que representa o processo?

Resolução: Apresentando o processo de eletrólise ígnea do carbonato de sódio: $Na_2CO_{3(sólido)} \rightarrow 2Na^+_{(líquido)} + CO_3^{-2}$

Semirreação que ocorre no cátodo: $Na^{+1}_{(líquido)} + 1e^- \rightarrow Na_{(sólido)}$
Semirreação que ocorre no ânodo: $CO_3^{-2} \rightarrow CO_{2(gás)} \uparrow + \frac{1}{2}O_{2(gás)} \uparrow + 2e^-$

Multiplicando a semirreação de redução do sódio por dois e somando as equações iônicas:

$$Na_2CO_{3(sólido)} \rightarrow \cancel{2Na^+_{(líquido)}} + \cancel{CO_3^{-2}}$$
$$\cancel{2Na^{+1}_{(líquido)}} + \cancel{2e^-} \rightarrow 2Na_{(sólido)}$$
$$\cancel{CO_3^{-2}} \rightarrow CO_{2(gás)} + \frac{1}{2}O_{2(gás)} + \cancel{2e^-} \qquad +$$
$$Na_2CO_{3(sólido)} \rightarrow 2Na_{(sólido)} + CO_{2(gás)} \uparrow + \frac{1}{2}O_{2(gás)} \uparrow$$

A partir da semirreação do sódio, temos: $Na^{+1}_{(líquido)} + 1e^- \rightarrow Na_{(sólido)}$

$$23\ g - - - - - - - 1\ \cancel{mol\ de\ e^-}\ x\frac{96500\ C}{\cancel{mol\ de\ e^-}}$$
$$2{,}30\ g - - - - - - Q$$
$$Q = 9630\ C$$

Cálculo do tempo: $tempo = \frac{9650}{20} = 482{,}50\ s\ (\cong 8{,}04\ min)$

Exemplo Aplicativo XLIX – Professor João Roberto da Paciência Nabuco

Calcular o volume de gás liberado na eletrólise ígnea de 560 g de KOH, numa célula de eletrodos inertes. Esquematize as reações e suponha que o volume foi medido nas CNTP. Quanto tempo é necessário para que se produza essa transformação, sabendo-se que a intensidade da corrente que atravessa a massa fundida é 20000 A?

Resolução: Processo de eletrólise ígnea do hidróxido de potássio. $KOH_{(sólido)} \rightarrow K^+_{(líquido)} + OH^-$

Semirreação que ocorre no cátodo: $2K^{+1}_{(líquido)} + 2e^- \rightarrow 2K_{(sólido)}$
Semirreação que ocorre no ânodo: $2OH^- \rightarrow \frac{1}{2}O_{2(gás)} \uparrow + H_2O_{(líquido)} + 2e^-$

Somando as semirreações:

$$2KOH_{(sólido)} \rightarrow \cancel{2K^+_{(líquido)}} + \cancel{2OH^-}$$
$$\cancel{2K^{+1}_{(líquido)}} + \cancel{2e^-} \rightarrow 2K_{(sólido)}$$

$$\cancel{2OH^-} \rightarrow \frac{1}{2}O_{2(gás)} + H_2O_{(líquido)} + \cancel{2e^-} \quad +$$

$$2KOH_{(sólido)} \rightarrow 2K_{(sólido)} + \frac{1}{2}O_{2(gás)} \uparrow + H_2O_{(líquido)}$$

Cálculo do número de mol de hidróxido de potássio: $n = \frac{560}{56} = 10\ mol$

Cálculo do número de mol de gás oxigênio, a partir da equação química global do processo de eletrólise ígnea do hidróxido de potássio.

$2\ mol\ de\ KOH --- \frac{1}{2}\ mol\ de\ O_2$
$10\ mol\ de\ KOH -- n_{O_2}$
$n_{O_2} = 2{,}50\ mol$

$0{,}50\ mol\ de\ O_2 ------ 2\ \cancel{mol\ de\ e^-}\ x \frac{96500\ C}{\cancel{mol\ de\ e^-}}$
$2{,}50\ mol\ de\ O_2 ------ 20000\ x\ tempo$

$$tempo = \frac{2{,}50\ x\ 2{,}0\ x\ 96500}{0{,}50\ x\ 20000} = 48{,}25\ s$$

Exemplo Aplicativo L – Professor João Roberto da Paciência Nabuco

Determinar o volume de oxigênio liberado por uma corrente de cerca de 33,5 A, estabelecido durante 8 horas, através de uma solução de KOH. Considerar que o volume foi medido à 25ºC e pressão normal.

Resolução: Processo de eletrólise ígnea do hidróxido de potássio. $KOH_{(sólido)} \rightarrow K^+_{(líquido)} + OH^-$

Semirreação que ocorre no cátodo: $2K^{+1}_{(líquido)} + 2e^- \rightarrow 2K_{(sólido)}$
Semirreação que ocorre no ânodo: $2OH^- \rightarrow \frac{1}{2}O_{2(gás)} \uparrow + H_2O_{(líquido)} + 2e^-$

Somando as semirreações apresentadas acima:

$$2KOH_{(sólido)} \rightarrow \cancel{2K^+_{(líquido)}} + 2OH^-$$
$$\cancel{2K^{+1}_{(líquido)}} + \cancel{2e^-} \rightarrow 2K_{(sólido)}$$
$$2OH^- \rightarrow \frac{1}{2}O_{2(gás)} + H_2O_{(líquido)} + \cancel{2e^-} \quad +$$

$$2KOH_{(sólido)} \rightarrow 2K_{(sólido)} + \frac{1}{2}O_{2(gás)} \uparrow + H_2O_{(líquido)}$$

A partir da equação química, há a liberação de 0,50 mol de gás oxigênio.

$0{,}50\ x\ 22{,}4\ L --- 2\ \cancel{mol\ de\ e^-}\ x \frac{96500\ C}{\cancel{mol\ de\ e^-}}$
$Volume ----- 8\ x\ 3600\ x\ 33{,}5$

$$Volume = \frac{0{,}50\ x\ 22{,}4\ x\ 8\ x\ 3600\ x\ 33{,}5}{2\ x\ 96500} = 55{,}99\ L$$

Capítulo 27. Propriedades dos eletrólitos

Os exemplos apresentados até aqui, ressaltam a grande importância e relevância do estudo da eletrólise.

A eletrólise é um processo de oxirredução em que a reação de redução ocorre no cátodo enquanto a reação de oxidação ocorre no ânodo. Em verdade, temos a seguinte situação:

- No cátodo os íons metálicos são reduzidos a átomos metálicos ou a íons de menor carga ou de menor número de oxidação, como por exemplo, a semirreação do ferro III (férrico) para ferro II (ferroso): $Fe^{+3}_{(aquoso)} + 1\ \text{elétron} \rightarrow Fe^{+2}_{(aquoso)}$.

- No ânodo a reação esperada é uma reação de neutralização dos íons negativos. Quando os íons são os seguintes: $SO^{-2}_{4(aquoso)}$; $NO^{-}_{3(aquoso)}$; $PO^{-3}_{4(aquoso)}$, etc, isto se torna particularmente difícil quando acontece que:

a) a hidroxila (OH-) da água se descarrega;

b) um íon metálico aumenta sua valência;

c) se o metal do eletrodo é ativo, tais como o Cu ou a Ag e o eletrólito contêm seus íons, quem vai ceder elétrons é o metal do eletrodo.

Algumas vezes duas ou mais reações ocorrem ao mesmo tempo em um eletrodo, como por exemplo, o hidrogênio molecular [$H_{2(g)}$] é desprendido e o zinco é depositado simultaneamente de uma solução ácida de sulfato de zinco, mas usualmente a reação química é bem definida, ocorrendo uma das reações acima citadas. É sabido que o processo de oxidação e redução de um íon age de maneira mais rápida quando a concentração da quantidade de matéria do íon é alta e que o processo de dissolução de um elemento em um determinado eletrodo ocorre mais rapidamente quando a concentração da quantidade de matéria do íon formado é baixa.

A partir de observações experimentais, o processo eletroquímico mostra que mesmo em grandes concentrações iônicas alguns processos eletrolíticos se realizam mais rapidamente que outros. Assim, íons cloretos se oxidam muito mais rapidamente que os íons sulfatos e muito menos rápidos que o cobre metálico. Já o íon prata será reduzido antes que o íon chumbo e antes do cátion zinco.
Tais informações são colocadas em forma quantitativa em tabelas onde constam os potenciais de eletrodo. Uma discussão sobre os efeitos eletrolíticos das concentrações iônicas e potenciais elétricos será realizada posteriormente, mas é interessante observar aqui que estes efeitos, semelhantes a muitos outros que foram considerados, que estão de acordo com o princípio de Le Chatelier. A equação química da oxidação do cobre está apresentada da seguinte maneira: $Cu_{(sólido)} \rightarrow Cu^{+2}_{(aquoso)} + 2\ \text{elétrons}$.

Este processo apresentado pela equação iônica acima é reversível e, normalmente, por isso alcança um estado de equilíbrio. Uma alta concentração de elétrons (como no cátodo) favorece a formação do metal; uma baixa concentração de elétrons (como no ânodo) favorece a formação de íons. Evidentemente, estas reações serão favorecidas posteriormente por uma alta concentração de Cu^{+2} no cátodo e baixa concentração no ânodo. Já o metal zinco, apresenta alta tendência de ionização e seu equilíbrio é o seguinte: $Zn_{(sólido)} \rightarrow Zn^{+2}_{(aquoso)} + 2\ \text{elétrons}$

Para esta equação iônica, o equilíbrio é deslocado na direção dos íons e então a concentração de elétrons teria que ser mais elevada no cátodo, isto é, a força eletromotriz aplicada em toda a célula teria que ser mais elevada, para o processo de descarregamento dos íons.

Unidades e grandezas usadas na eletrólise

Item a) Lei de Ohm

Seu enunciado bem conhecido pela sociedade científica, pode ser assim apresentado.

"A grandeza da corrente elétrica fluindo num condutor é diretamente proporcional à diferença de potencial entre as extremidades do condutor e inversamente proporcional à sua resistência".

Se V é a diferença de potencial (volts), I a intensidade da corrente (ampere) e R a resistência em ohm (Ω), pode-se exprimir a lei de ohm através da seguinte equação XXVIII:

$i = \frac{V}{R}$ (Equação XXVIII)

Item b) Quantidade de eletricidade

A unidade de quantidade de eletricidade é definida como Coulomb (C), que corresponde a passagem de 1 ampere em um tempo de 1 segundo. Sua expressão está representada pela seguinte equação XXIX,

$Q = i \times t$(Equação XXIX), em que Q é a quantidade de eletricidade (Coulomb). I é a intensidade de corrente (ampere) e t é o tempo (segundos).

Item c) Energia elétrica

Qualquer forma de energia pode ser considerada como o produto de dois fatores de suma importância, sendo um com propriedades extensivas e outro com propriedades intensivas. O fator intensivo da energia elétrica é o volt (V) já a propriedade extensiva trata-se do Coulomb (C), logo, a partir da equação XXX, pode-se chegar à seguinte conclusão:

$\text{Watt (W)} = \text{volt (V)} \times \text{Coulomb (C)}$ (Equação XXX)

Conforme a relação entre as unidades apresentada acima, equação XXX, no estudo da eletroquímica, mais especificamente na eletrólise, será muito frequente esta relação, entre estas unidades apresentadas.

Item d) Faraday

É a quantidade de eletricidade que libera um equivalente iônico de qualquer substância. A constante de Faraday é o produto da carga de um elétron ($1{,}60 \times 10^{-19}$ C) pelo número de Avogadro ($6{,}02 \times 10^{23} \times mol^{-1}$), apresentando uma constante com valor aproximado de 96500 C x mol^{-1}.

Item e) Equivalente eletroquímico

O equivalente eletroquímico relaciona a quantidade em massa (gramas) de qualquer substância liberada, desprendida ou liberada, pela passagem de 1 Coulomb.

Exemplos:

Para o zinco: $Zn_{(sólido)} \rightarrow Zn^{+2}_{(aquoso)} + 2\ \text{elétrons}$

$$1\ \text{mol de Zn} --- 65{,}4\ \text{g} ---- 2\cancel{\text{mol de e}^-} \times \frac{96500\ \text{C}}{\cancel{\text{mol de e}^-}}$$

Para a prata: $Ag_{(sólido)} \rightarrow Ag^{+}_{(aquoso)} + 1\ \text{elétrons}$

$$1\ \text{mol de Ag} --- 108\ \text{g} ---- 1\ \cancel{\text{mol de e}^-} \times \frac{96500\ \text{C}}{\cancel{\text{mol de e}^-}}$$

Para o cobre: $Cu_{(sólido)} \rightarrow Cu^{+}_{(aquoso)} + 2\ \text{elétrons}$

$$1\ \text{mol de Cu} --- 63{,}55\ \text{g} ---- 2\ \cancel{\text{mol de e}^-} \times \frac{96500\ \text{C}}{\cancel{\text{mol de e}^-}}$$

Item f) Unidades práticas

Industrialmente é muito utilizada a unidade de quantidade de eletricidade em ampere-hora (A.h) e sua conversão de Faraday para ampere-hora é de:

$$1F = \frac{96500}{3600} \text{ ampere} - \text{hora ou } 1F = 26{,}8 \text{ ampere} - \text{hora.}$$

Condutância dos eletrólitos e mobilidade dos íons

A passagem da corrente num condutor eletrolítico é devida ao deslocamento dos íons sob a ação da corrente elétrica. Denomina-se "mobilidade" de um íon à sua velocidade de deslocamento em um campo elétrico unitário, isto é, num campo que possui uma diferença de potencial de 1 volt por centímetro (cm).

Nestas condições as partes centrais de uma cuba eletrolítica não sofrem alteração pois os íons estão submetidos a correntes que se deslocam em sentidos opostos; os fenômenos da eletrólise que caracterizam a passagem da corrente no eletrólito permanecem então estritamente limitados às vizinhanças do cátodo e do ânodo.

A condutância do eletrólito fica definitivamente assegurada pelo transporte das cargas positivas e negativas dos íons sob a influência do campo elétrico. A intensidade da corrente, passando no eletrólito, pode ser calculada a partir das velocidades de deslocamento dos ânions e dos cátions. Chamando, respectivamente, por u e v as mobilidades dos cátions e ânion de um eletrólito binário, tem-se:

- O número de cátions que atravessam por unidade de tempo, a unidade de área no interior do eletrólito contido em um prisma reto de seção unitária e de comprimento u: u x n, em que n é o número de íons contidos no eletrólito por unidade de volume; e, analogamente;

- Número de ânions que atravessam a unidade de área na unidade de tempo: v x n.

No caso de um eletrólito devidamente dissociado em dois íons monovalentes, se a carga de cada um é e (carga eletrônica), a corrente vai apresentar a seguinte equação XXIX, apresentada a seguir:
$I = e \text{ x } n \text{ x } (u + v)$ (Equação XXIX)

Se a concentração é expressa por Ɣ, em equivalente-grama por litro, a carga transportada por um equivalente de íon monovalente é designada por F (Faraday), a relação apresentada pela equação XXIX, fica da seguinte maneira, apresentada pela equação XXX:

$I = \frac{F \text{ x } \gamma}{1000} \text{ x } (u + v)$ (Equação XXX)

Conforme já apresentado anteriormente, há dois tipos de condutância elétrica: a condutância metálica e a condutância eletrolítica.

Os condutores metálicos são maus condutores em temperaturas elevadas pelo fato de ser mais difícil para os elétrons passarem através dos núcleos cristalinos quando estes se agitam em consequência da elevação da temperatura.
Já os condutores eletrolíticos tornam-se melhores condutores em elevadas temperaturas, pois os íons podem mover-se através da solução mais rapidamente em temperaturas elevadas quando a viscosidade da solução diminui e há menos solvatação dos íons.
Cabe uma observação de extrema importância, que se trata do processo de solvatação dos íons. Vamos colocar a seguinte situação: adicionando cloreto de sódio em uma quantidade de solvente (água), os íons Na^+ (cátion) tendem a ser atraídos pela região eletricamente negativa de algumas moléculas de água e, ao mesmo tempo em que os íons Cl^- (ânion) presentes no reticulado cristalino do sal são atraídos pela região eletricamente positiva de outras moléculas da água. Por meio dessa atração, a água gradativamente desfaz o reticulado, a estrutura cristalina do cloreto de sódio, e os íons Na^+ e Cl^- são envolvidos por várias moléculas de água e dissolvidos. Esse processo é um clássico exemplo de **solvatação de íons.**

Resistência elétrica de condutores homogêneos

A resistência (R) de um condutor é diretamente proporcional ao comprimento (L) e inversamente proporcional à área da sua seção reta (S), sendo um parâmetro físico dependente da temperatura. A equação XXXI apresenta esta relação:

$R = \rho \frac{L}{A}$ (Equação XXXI)

A constante de proporcionalidade ρ é definida como resistividade e representa a resistência por 1 cm do material de seção reta igual a 1 cm. Para as soluções eletrolíticas usa-se uma grandeza que é o recíproco da resistência específica denominada de condutância específica L, dada pela seguinte equação XXXII:

$$L = \frac{1}{\rho} \qquad \text{(Equação XXXII)}$$

Quando se aplica uma ddp de 1 volt a uma coluna de eletrólito de 1 cm de comprimento e 1 cm² de área, tem-se:

$$I = \frac{E}{R} = L$$

Observando esta equação acima, o significado de L é o seguinte: "A condutância específica de um eletrólito é a intensidade de corrente que passa em uma coluna de área igual a 1 cm², com comprimento de 1 cm sob uma ddp igual a 1 volt".

Capítulo 28. Processos eletrolíticos na indústria

ITEM A) Eletrodeposição

Os metais apresentam estruturas cristalinas que correspondem aos sistemas cúbicos de face centrada, cúbico de corpo centrado e hexagonal. A deposição eletrolítica é, consequentemente, um processo de cristalização. A eletrodeposição pode ser realizada com eletrólitos fundidos ou com eletrólitos em solução aquosa.
Fundamentalmente, o processo é o mesmo: os íons são dirigidos por uma fem para os eletrodos onde ocorrem reações de oxidação (ânodo) e redução (cátodo).

ITEM B) Recobrimento eletrolítico

Os eletrodos são constituídos de metais diferentes. O processo de recobrimento metálico é muito semelhante ao processo de eletro-refinamento. Neste o propósito fundamental é, como o próprio nome sugere, uma purificação. Naquele o objetivo é depositar sobre um determinado material metálico um metal mais resistente à corrosão, à ação mecânica e de melhor aparência. Os elementos químicos mais utilizados são os seguintes: cromo (Cr), Zinco (Zn), Níquel (Ni), Cobre (Cu), Prata (Ag) e ouro (Au).

ITEM C) Galvanoplastia

Neste processo, o ânodo é um metal e o cátodo um material não metálico que funciona como um molde, sobre o qual, o material metálico é depositado. Este molde é um "negativo" ou imagem especular de produto desejado, constituído de um material que possa ser removido, facilmente, após o recobrimento e com isso alcançando a espessura conveniente.
Os moldes podem ser feitos de madeira, cera, argila, ligas de ponto de fusão baixo, borracha, plástico e couro.

O processo de galvanoplastia é um processo muito utilizado por grandes indústrias metalúrgicas e de química, com o objetivo de proteção de materiais metálicos contra o processo de corrosão por revesti-la com outro metal. Esse metal impede a interação do metal da peça com o ar atmosférico e umidade, evitando, assim, a corrosão.
Em alguns casos, a proteção ocorre porque o metal do revestimento é mais nobre e, portanto, mais resistente à oxidação. Um exemplo é o ouro, metal menos reativo existente, sendo esse, inclusive, um dos motivos do seu alto valor, pois, não reagindo, ele permanece intacto por muito tempo. Isso pode ser visto nos sarcófagos e esculturas egípcias revestidas de ouro.
A reprodução ou produção de objetos por eletrodeposição é chamado de galvanoplastia. Para este processo em específico, é necessário ter uma forma ou um molde no qual um depósito pode ser realizado. Conforme já mencionado no início deste tópico, o molde é usualmente um "negativo" ou imagem especular do produto desejado, e deve ser de um material que possa ser removido rapidamente após o metal depositado ter a espessura desejada. A superfície do molde deve ser um material condutor em eletricidade e se o molde não for metálico, deve ser tratado com grafite ou com fina camada de verniz contendo pó de cobre. Depois do molde estar convenientemente preparado ele é colocado como cátodo em um banho eletrolítico e o metal de interesse é depositado. Quando o depósito atinge a espessura apropriada, a célula é removida, retirando o molde e deixando a camada metálica que constitui o material galvanizado. Entre os diversos processos de galvanoplastia, é possível citar a reprodução de superfícies para o uso de impressões e antigamente já foi muito utilizado para a fabricação de discos de vinil.

ITEM D) Teoria da formação dos depósitos

Os depósitos metálicos obtidos, apresentando estrutura cristalina, têm propriedades ligadas à estrutura e as dimensões dos cristais. As propriedades dos depósitos metálicos constituídos de pequenos cristais são muito diferentes daqueles constituídos de cristais grandes. A estrutura cristalina dos depósitos catódicos depende de dois fatores principais.

- Formação de germens produzidos pela descarga dos íons sobre o eletrodo;

- Crescimento cristalino destes germens.

A velocidade de crescimento dos germens (v_1) e a velocidade de desenvolvimento dos cristais (v_2) podem ser diferentes. Quando v_2 é muito maior que v_1, o depósito apresenta uma estrutura constituída de cristais grandes cada um crescendo mais veloz que os novos germens. Quando v_1 é muito maior que v_2, o número de germens formados por unidade de tempo é muito grande para que os micro cristais formados tenham tempo de crescer, obtendo-se então um depósito de aspecto não cristalino.

ITEM E) Classificação dos depósitos eletrolíticos e cristalização

Os depósitos obtidos por eletrólise podem ser classificados da seguinte maneira:

Item I) A velocidade de desenvolvimento dos cristais é maior que a velocidade de formação dos germens. A este grupo pertencem as diferentes formas de estrutura de cristais grandes, desde os cristais isolados até o desenvolvimento simétrico da camada cristalina em forma de colunas ou fibras.

Item II) As velocidades de formação e desenvolvimento dos núcleos são próximas, mas a primeira é ligeiramente superior à segunda. Neste caso uma parte dos germens se desenvolve. A este grupo específico pertencem as estruturas homogêneas, regulares e de grãos finos.

Item III) A velocidade de formação dos germes é muito superior à velocidade de crescimento dos cristais: um número muito pequeno de cristais cresce. Este grupo apresenta depósitos.

Item IV) A presença de formação de hidrogênio durante a formação do depósito confere um aspecto esponjoso e pouco aderente. Quando o metal a ser depositado apresenta potencial de eletrodo padrão de oxidação inferior ao do hidrogênio, pode-se evitar o desprendimento de hidrogênio adicionando-se um oxidante como o sulfato férrico, obtendo-se assim um depósito compacto.

ITEM F) Eletrorefinamento com relação aos elementos metálicos

Os metais são purificados por processos eletrolíticos em grande escala. Entre os metais que são refinados destacam-se o cobre, níquel, prata, ouro, chumbo, zinco e cádmio. O metal impuro constitui o ânodo num eletrólito conveniente e procede-se a eletrólise; o metal dissolve-se do ânodo, migra através da solução como íon e se deposita no cátodo. No eletrorefinamento de cobre (Cu) por exemplo, as reações nos eletrodos são:

No cátodo: $\mathrm{Cu_{(sólido)}} \rightarrow \mathrm{Cu^{+}_{(aquoso)}} + 2\ \mathrm{elétrons}$
No ânodo: $\mathrm{Cu^{+}_{(aquoso)}} + 2\ \mathrm{elétrons} \rightarrow \mathrm{Cu_{(sólido)}}$

Elementos mais eletropositivos, tais como o ouro e a prata, em geral, não se dissolvem mas se precipitam quando o ânodo se dissolve para a formação de uma lama anódica da qual podem ser recuperados.

Em outro tipo de refinamento de metais, o cátodo consiste inicialmente de uma lâmina de metal puro e o ânodo constituído de um metal impuro. As condições da operação da célula: natureza do eletrólito, voltagem, densidade de corrente, temperatura, são ajustadas e reguladas de modo que o metal de elevado grau de pureza se deposite no cátodo. Assim, o cobre apresentando uma pureza de 99,98% é produzido em grande escala partindo de ânodos de cobre de 99,1 e 99,5%.

O eletrorefinamento não só produz metais de elevado grau de pureza, mas torna possível a recuperação de elementos valiosos presentes no minério original em tão baixa concentração que, economicamente, seria impossível obter por outro método. Assim, a maior parte do suprimento dos metais do grupo da platina (Rutênio, Ródio, Paládio, Ósmio, Irídio e Platina) é obtida como um subproduto do eletrorefinamento do níquel; a maior parte do telúrio e selênio resulta do eletrorefinamento do cobre, grande parte da prata e do ouro provém do refinamento do cobre, chumbo, níquel e cobalto.

ITEM G) Eletrodeposição de metais

A eletrodeposição é método bastante semelhante ao eletrorefinamento; um ânodo metálico fornece íons que atravessam o eletrólito sob a influência de uma ddp para se depositar num cátodo sob forma metálica. Mas o propósito é diferente.

No processo de eletrorefinamento, o metal depositado no cátodo é mais puro que o ânodo do qual ele provém, de fato, o propósito fundamental do eletrorefinamento é, como o nome sugere, um processo de purificação.

Na eletrodeposição, o objetivo é depositar um acabamento metálico sobre uma base metálica barata, ou depositar sobre um objeto, um metal mais resistente à corrosão. Melhor aparência e melhor resistência à corrosão podem, naturalmente, ser atendidas concomitantemente. Alternativamente, o objetivo pode ser produzir uma superfície que resista a ação mecânica. Para este propósito, o ânodo e o eletrólito devem estar livres de substâncias, que possam produzir contaminação, e produtos de corrosão, graxas etc., que devem ser removidos do objeto metálico que vai receber a deposição (cátodo).

A uniformidade, dureza, brilho de um depósito eletrolítico são determinados pela estrutura física do metal depositado, tal como a dimensão e forma dos cristais metálicos. A estrutura física de um metal eletrodepositado pode variar de acordo com as condições do processo de eletrodeposição, tais como: densidade de corrente, tipo de agitação, temperatura, concentração de íons no eletrólito, pH, aditivos e forma do cátodo.

Será apresentado de uma maneira sucinta a concentração dos íons metálicos no eletrólito.

Uma baixa concentração do íon metálico a ser depositado favorece o desenvolvimento no cátodo de pequenos cristais de metal eletrodepositado e, pequenos cristais significam um depósito brilhante. O uso de uma solução diluída do íon indica que se trata do meio de obter o efeito desejado. Este método não é satisfatório, contudo, pelo fato da passagem da corrente a solução seria rapidamente esgotada de íons no cátodo. O problema é resolvido por um método que é ao mesmo tempo simples e eficiente. A concentração efetiva do íon metálico é reduzida pela adição de algum outro íon que é capaz de formar um íon complexo com o íon metálico. Assim, se a solução contém íon Zn^{+2}, ao adicionar-se cianeto de sódio, a concentração do íon Zn^{+2} será muito reduzida pela sua conversão no íon complexo $\mathrm{Zn(CN)}_4^{-2}$.

Um equilíbrio iônico será estabelecido na solução: $\mathrm{Zn(CN)}_{4(\mathrm{aquoso})}^{-2} \rightleftarrows \mathrm{Zn}_{(\mathrm{aquoso})}^{+2} + 4\mathrm{CN}_{(\mathrm{aquoso})}^{-}$

Pela introdução do íon cianeto, a concentração do cátion metálico pode ser reduzida a uma taxa pequena, segundo a lei de Chatelier. Se agora, o íon metálico for removido da solução por eletrodeposição, maior será a produção do complexo por dissociação.

Por tal meio, uma concentração baixa do íon metálico (Zn^{+2}) pode ser obtida e havendo uma diminuição deste íon será formado de maneira rápida comparado a sua remoção. O íon complexo serve como uma espécie de reservatório. Cianetos complexos de prata, ouro, cádmio, cobre e zinco são largamente usados na indústria de eletrodeposição. A eletrodeposição de dois metais é uma prática bastante comum. Assim ocorre com a deposição do latão, no qual o cobre e o zinco em uma determinada razão são depositados juntos no cátodo, apresentando grande importância comercial. Muitas ligas de ouro-ouro branco, ouro-vermelho, são processados por eletrólise na indústria joalheira. Eletrodeposição de múltipla camada é também realizada em grande escala. Aço que deve ser recoberto com níquel ou com níquel seguido de cromo (utensílios domésticos, regulador de automóvel) é recoberto primeiro com uma camada de cobre, que pode ser polido de maneira mais fácil que o aço, para posterior deposição do níquel. Logo em seguida o níquel é depositado e o cromo. O depósito de níquel apresenta pequena porosidade e fornece excelente proteção para o metal base. Numa superfície inicialmente polida, é natural que o brilho do material diminua, enquanto o depósito de cromo embora relativamente poroso, retém sua bonita cor azulada. O cromo fornece aparência e o níquel fornece proteção. A espessura de um depósito é muitas das vezes muito pequena.

Capítulo 29 - Eletroquímica – Abordagem Prática

Questão 01

(INSTITUTO MILITAR DE ENGENHARIA) Em uma pilha Ni^0 / Ni^{2+} // Ag^{+1} / Ag^0, os metais estão mergulhados em soluções aquosas 1,0 mol.L^{-1} de seus respectivos sulfatos, a 25°C. Determine:
a) a equação global da pilha;
b) o sentido do fluxo de elétrons;
c) o valor da força eletromotriz (fem) da pilha. Dados:
$Ni^{2+}_{(aq)} + 2e^- \longrightarrow Ni^0_{(s)}$ ($E^0_{redução}$ = - 0,25 V)
$Ag^+_{(aq)} + 1e^- \longrightarrow Ag^0_{(s)}$ ($E^0_{redução}$ = + 0,80 V)

Resolução: Para a determinação e funcionamento da pilha, será necessário inverter a semirreação do níquel e multiplicar por dois (x 2) a semirreação da prata. Diante disso, somando as semiequações eletroquímicas, temos:

$Ni^0_{(s)} \longrightarrow Ni^{2+}_{(aq)} + 2e^-$ $\Delta G^0 = -2 \text{ x F x } (+0{,}25)$
$2Ag^+_{(aq)} + 2e^- \longrightarrow 2Ag^0_{(s)}$ $\Delta G^0 = -2 \text{ x F x } (+0{,}80)$ +

$Ni^0_{(s)} + 2Ag^+_{(aq)} \longrightarrow Ni^{2+}_{(aq)} + 2Ag^0_{(s)}$

$$\Delta G^0_{total} = -2 \text{ x F x } (+0{,}25) + [-2 \text{ x F x } (+0{,}80)]$$

$$\cancel{-2 \text{ x F}} \text{ x } E^0_{total} = \cancel{-2 \text{ x F}} \text{ x } (+0{,}25) + [\cancel{-2 \text{ x F}} \text{ x } (+0{,}80)]$$

$$E^0_{total} = 0{,}25 + 0{,}80 = +1{,}05 \text{ V}$$

Item a) Equação global para o funcionamento da pilha galvânica: $Ni^0_{(sólido)} + 2Ag^+_{(aquoso)} \longrightarrow Ni^{2+}_{(aquoso)} + 2Ag^0_{(sólido)}$

Item b) O fluxo de elétrons sai do ânodo (eletrodo de níquel) para o cátodo (eletrodo de prata).

Item c) $E^0_{total} = +1{,}05$ V. Para este valor é caracterizado por um processo eletroquímico que se caracteriza como uma pilha em que é espontâneo.

Questão 02

(OLIMPÍADA PORTUGUESA DE QUÍMICA) Tendo em conta os potenciais de redução indicados: E° (Fe^{+2}/Fe) = - 0,44 V e E° (Fe^{+3}/Fe^{+2}) = + 0,77 V. O potencial do par Fe^{+3}/Fe é:
a) + 0,037 V
b) – 0,037 V
c) + 0,330 V
d) + 0,110 V

Resolução: Alternativa B.

Organizando as semirreações apresentadas pelo problema e determinação a equação eletroquímica global e a variação da energia livre de Gibbs-padrão:

$Fe^{+2}_{(aquoso)} + 2e- \longrightarrow Fe_{(sólido)}$ $\Delta G^0 = -2 \text{ x F x } (-0{,}44)$
$Fe^{+3}_{(aquoso)} + 1e- \longrightarrow Fe^{+2}_{(aquoso)}$ $\Delta G^0 = -1 \text{ x F x } (+0{,}77)$ +

$Fe^{+3}_{(aquoso)} + 3e- \longrightarrow Fe_{(sólido)}$

Cálculo da ddp, a partir da variação da energia livre de Gibbs padrão: $\Delta G^0_{total} = -2 \text{ x F x } (-0{,}44) + [-1 \text{ x F x } (+0{,}77)]$

$$-3 \text{ x F x } E^0_{total} = -2 \text{ x F x } (-0{,}44) + [-1 \text{ x F x } (+0{,}77)]$$

$$-3 \text{ x } E^0_{total} = 0{,}88 - 0{,}77$$

$E^0_{total} = -0{,}0367 \text{ V}$

Para este valor negativo de potencial padrão, o sistema eletroquímico corresponde em um processo não espontâneo, caracterizando no processo de eletrólise.

Questão 03

(OLIMPÍADA BRASILEIRA DE QUÍMICA) A corrente necessária para, no período de 100 horas, produzir 1 kg de magnésio a partir de cloreto de magnésio fundido situa-se entre:

a) 5,0 e 10,0 A
b) 10,0 e 15,0 A
c) 15,0 e 20,0 A
d) 20,0 e 25,0 A
e) 25,0 e 30,0 A

Resolução: Alternativa D.

Estudando a eletrólise ígnea do cloreto de magnésio. $MgCl_{2(sólido)} \rightarrow Mg^{+2}_{(l)} + 2Cl^-$

Semirreação que ocorre no cátodo: $Mg^{+2}_{(líquido)} + 2e^- \rightarrow Mg_{(sólido)}$

Semirreação que ocorre no ânodo: $2Cl^- \rightarrow Cl_{2(gás)} + 2e^-$

Somando as semirreações apresentadas acima:

$$MgCl_{2(sólido)} \rightarrow \cancel{Mg^{+2}_{(líquido)}} + \cancel{2Cl^-}$$
$$\cancel{Mg^{+2}_{(líquido)}} + \cancel{2e^-} \rightarrow Mg_{(sólido)}$$
$$\cancel{2Cl^-} \rightarrow Cl_{2(gás)} + \cancel{2e^-} \quad +$$
$$MgCl_{2(sólido)} \rightarrow Mg_{(sólido)} + Cl_{2(gás)}$$

A partir da relação estequiométrica entre a massa do metal e a carga em Coulombs, temos:

$$24 \text{ g de magnésio} ----- 2 \text{ mol de elétrons x} \frac{96500 \text{ C}}{\text{mol de elétrons}}$$
$$1000 \text{ g de magnésio} ---- Q = 100 \text{ h x} \frac{3600 \text{ s}}{1\text{h}} \text{x i}$$
$$i = \frac{1000 \times 2 \times 96500}{24 \times 100 \times 3600} = 22{,}34 \text{ A}$$

Questão 04

(OLIMPÍADA BRASILEIRA DE QUÍMICA) A reação básica que ocorre em uma cela na qual Al_2O_3 e sais de alumínio são eletrolisados é: $Al^{+3}_{(aq)} + 3e^- \rightarrow Al_{(s)}$. Se a cela opera a 5,0 V e 1,0 x 10^5 A, quantos gramas de alumínio metálico serão depositados em 8 horas de operação da cela?

a) 27 kg
b) 85 kg
c) 180 kg
d) 270 kg
e) 540 kg

Resolução: Alternativa D.

Estudando a eletrólise no cátodo – semirreação de redução do alumínio (Al). $Al^{+3}_{(aquoso)} + 3e^- \rightarrow Al_{(sólido)}$

A partir da relação estequiométrica entre a massa do metal e a sua carga, temos:

$$27 \text{ g de alumínio} ----- 3 \text{ mol de elétrons x} \frac{96500 \text{ C}}{\text{mol de elétrons}}$$

$$\text{Massa de alumínio} ---- \text{Q} = 8 \text{ h x} \frac{3600 \text{ s}}{1\text{h}} \text{x } 1{,}0 \text{ x } 10^5$$

$$\text{Massa de alumínio} = \frac{27 \text{ x } 8 \text{ x } 3600 \text{ x } 1{,}0 \text{ x } 10^5}{3 \text{ x } 96500}$$

$$\text{Massa de alumínio} = 268601{,}04 \text{ g } (268 \text{ kg})$$

Questão 05

(OLIMPÍADA BRASILEIRA DE QUÍMICA) Se a quantidade de elétrons, assim como, a quantidade de cada uma das espécies químicas que intervêm numa reação de uma pilha, são multiplicadas por dois, então o potencial da pilha:

a) Aumenta para o dobro
b) Diminui para a metade
c) Eleva-se ao quadrado
d) Fica reduzido à raiz quadrada
e) Não varia

Resolução: Alternativa E.

O potencial químico caracteriza-se por ser uma propriedade termodinâmica que não é uma função de estado. Diante disso, multiplicar o potencial por dois não irá variar o seu valor.

Questão 06

(OLIMPÍADA BRASILEIRA DE QUÍMICA) Considere uma pilha formada por duas lâminas metálicas, uma de zinco e outra de cobre imersos em suas respectivas soluções de Zn^{2+} e Cu^{2+} separados por uma ponte salina, conforme figura abaixo. Nessa pilha, é ligada uma lâmpada entre os eletrodos e após certo tempo de funcionamento, observa-se que a lâmina de zinco sofre uma diminuição de massa e a de cobre um aumento. Com relação a esta pilha é correto afirmar que:

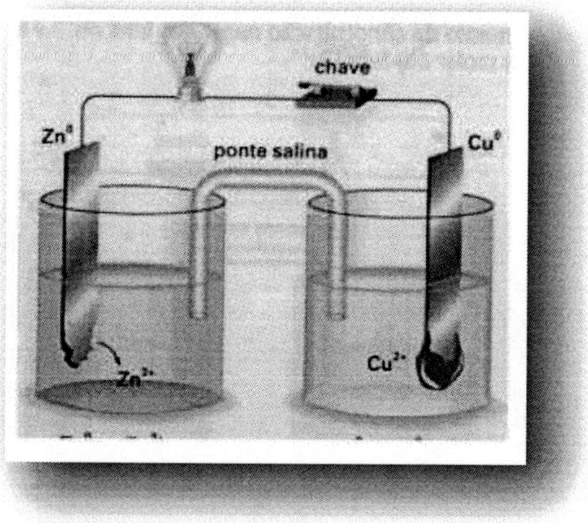

a) O cobre sofre oxidação
b) O íon Cu^{2+} é o agente redutor
c) O eletrodo de zinco é o polo (–)
d) No cátodo ocorre reação de oxidação
e) O sentido do fluxo de elétrons é do eletrodo de cobre para o de zinco passando pelo circuito externo

Resolução: Alternativa C.

O eletrodo da esquerda trata-se da oxidação, enquanto o da direita é a redução. Diante disso, as semirreações são as seguintes:

$Cu^{+2}_{(aquoso)} + 2e^- \rightarrow Cu_{(sólido)}$ (Semirreação que ocorre no ânodo)

$Zn_{(sólido)} \rightarrow Zn^{+2}_{(aquoso)} + 2e^-$ (Semirreação que ocorre no cátodo)

$Zn_{(sólido)} + Cu^{+2}_{(aquoso)} \rightarrow Cu_{(sólido)} + Zn^{+2}_{(aquoso)}$ (Equação química global)

Diante da equação eletroquímica global, o zinco é o agente redutor enquanto o cátion cobre é o agente oxidante.

Item a) Falso. O cobre sofre redução.
Item b) Falso. O íon Cu^{2+} é o agente oxidante.
Item c) Verdadeiro.
Item d) Falso. No cátodo ocorre reação de redução.
Item e) Falso. O sentido do fluxo de elétrons é do eletrodo de zinco para o eletrodo de cobre.

Questão 07

(OLIMPÍADA BRASILEIRA DE QUÍMICA) Um eletrodo de vanádio é oxidado eletroliticamente. A massa do eletrodo diminui de 114 mg após a passagem de 650 Coulombs de corrente. Qual o número de oxidação do vanádio no produto:
a) + 1
b) + 2
c) + 3
d) + 4
e) + 5

Resolução: Alternativa C.

Estudando a eletrólise que ocorre no cátodo – semirreação do vanádio: $V^{+a}_{(aquoso)} + a\ e^- \rightarrow V_{(sólido)}$

A partir da relação estequiométrica entre a massa de vanádio e a carga, temos:

$$50{,}94\ \text{g de vanádio} ----- a\ \cancel{\text{mol de elétrons}}\ \text{x}\ \frac{96500\ C}{\cancel{\text{mol de elétrons}}}$$
$$114\ \text{x}\ 10^{-3}\ \text{g} -------- 650\ \text{C}$$

$$a = \frac{50{,}94\ \text{x}\ 650}{114\ \text{x}\ 10^{-3}\ \text{x}\ 96500} \cong +\ 3{,}0$$

Questão 08

(OLIMPÍADA MATO-GROSSENSE DE QUÍMICA) O sal de cozinha, indispensável para salgar e conservar os alimentos pode também ser formador de um combustível: o gás hidrogênio. Ao colocarmos o sal de cozinha em meio aquoso e passarmos por essa solução uma corrente elétrica, é possível produzir $H_{2(g)}$ pela eletrólise. Apesar de ser uma possível fonte energética para o futuro, o custo do projeto pode ser inviável devido ao gasto com a energia elétrica para manter um gerador ligado. Uma opção para sanar o problema seria o uso de fontes alternativas para alimentar o gerador, como a eólica, a solar fotovoltaica e o biogás. Observe abaixo o esquema de eletrólise de uma solução de sal de cozinha em meio aquoso usando eletrodos de grafite. Sobre eletrólise representada, pode-se afirmar que:

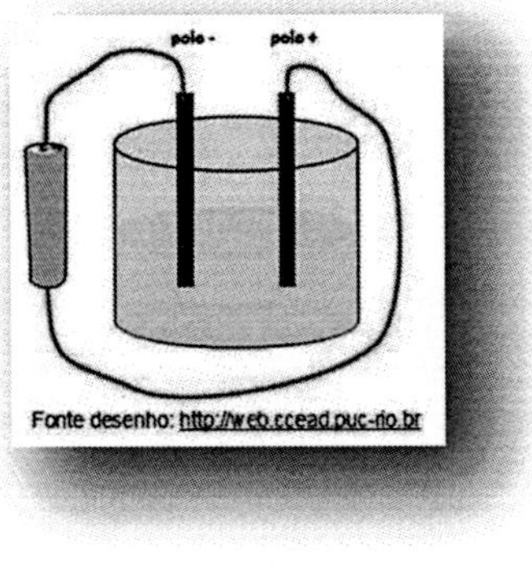

Fonte desenho: http://web.ccead.puc-rio.br

a) Haverá formação de gás hidrogênio no ânodo.
b) Haverá formação de gás oxigênio cátodo.
c) Haverá formação de gás cloro no polo positivo.
d) Nessa eletrólise haverá a decomposição da água.

Resolução: Alternativa C.

O tipo de eletrólise que será necessário analisar é a eletrólise aquosa do cloreto de sódio.

Equação de dissociação iônica do cloreto de sódio: $NaCl_{(sólido)} \longrightarrow Na^{+}_{(aquoso)} + Cl^{-}_{(aquoso)}$
Equação de dissociação da água: $H_2O_{(líquido)} \longrightarrow H^{+}_{(aquoso)} + OH^{-}_{(aquoso)}$
Semirreação que ocorre no cátodo:

$Na^{+}_{(aquoso)} + 1e^{-} \longrightarrow Na_{(sólido)}$
$2H^{+}_{(aquoso)} + 2e^{-} \longrightarrow H_{2(gás)}$

Quem descarrega com melhor facilidade no cátodo, Na^{+} ou H^{+}? Resposta: $2H^{+}_{(aquoso)} + 2e^{-} \longrightarrow H_{2(gás)}$

Semirreação que ocorre no ânodo:

$2OH^{-}_{(aquoso)} \longrightarrow \frac{1}{2}O_{2(gás)} + 2e^{-} + 2OH^{-}_{(aquoso)}$
$2Cl^{-}_{(aquoso)} + 2e^{-} \longrightarrow Cl_{2(gás)}$

Quem descarrega com melhor facilidade no ânodo, Cl^{-} ou OH^{-}? Resposta: $2Cl^{-}_{(aquoso)} \longrightarrow Cl_{2(gás)} + 2e^{-}$

Somando todas as semirreações apresentadas acima, temos:

$2NaCl_{(sólido)} \longrightarrow 2Na^{+}_{(aquoso)} + \cancel{2Cl^{-}_{(aquoso)}}$
$\cancel{2}H_2O_{(líquido)} \longrightarrow \cancel{2H^{+}_{(aq)}} + 2OH^{-}_{(aquoso)}$
$\cancel{2H^{+}_{(aq)}} + \cancel{2e^{-}} \longrightarrow H_{2(gás)}$
$\cancel{2Cl^{-}_{(aq)}} \longrightarrow Cl_{2(gás)} + \cancel{2e^{-}} \quad +$

$$2\,NaCl_{(sólido)} + H_2O_{(líquido)} \rightarrow \underbrace{2Na^{+}_{(aquoso)} + 2OH^{-}_{(aquoso)}}_{2NaOH_{(aquoso)}} + H_{2\,(gás)} + Cl_{2\,(gás)}$$

Nesta eletrólise aquosa do cloreto de sódio há a formação de soda cáustica, gás hidrogênio no cátodo (-), além da produção de gás cloro no ânodo (+).

Questão 09

(OLIMPÍADA MATO-GROSSENSE DE QUÍMICA) Considere a pilha a seguir construída com os metais ferro e alumínio à 25°C, 1 atm e com concentrações de soluções de 1mol.L^{-1}:

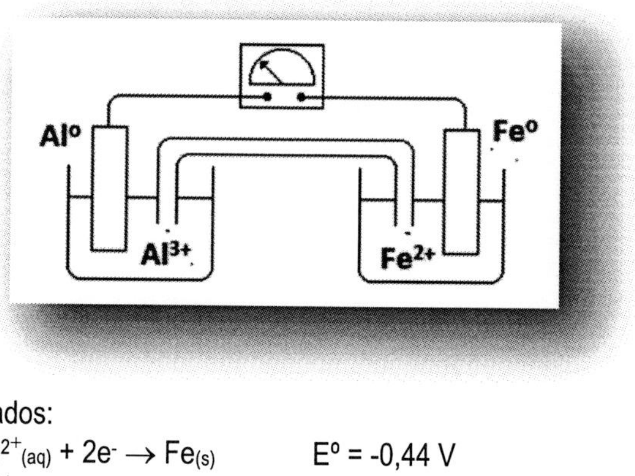

Dados:
$Fe^{2+}_{(aq)} + 2e^{-} \longrightarrow Fe_{(s)}$ $\quad E^{o} = -0{,}44\ V$
$Al^{3+}_{(aq)} + 3e^{-} \longrightarrow Al_{(s)}$ $\quad E^{o} = -1{,}66V$

Pode-se afirmar que o ânodo, o cátodo e a diferença de potencial (ddp) dessa pilha, respectivamente, são:

a) Al; Fe; −2,1V
b) Fe; Al; -1,22V
c) Al; Fe; +1,22V
d) Fe; Al; +2,0V

Resolução: Alternativa C.

Na figura, o ânodo é o eletrodo de alumínio, enquanto o cátodo é o eletrodo de ferro. Organizando as semirreações, multiplicando a semirreação do ferro por três e invertendo e multiplicando a semirreação do alumínio por dois, temos:

$3Fe^{+2}_{(aquoso)} + 6e^- \longrightarrow 3Fe_{(sólido)}$	$\Delta G^0 = -6 \text{ x F x } (-0{,}44)$
$2Al_{(sólido)} \longrightarrow 2Al^{+3}_{(aquoso)} + 6e^-$	$\Delta G^0 = -6 \text{ x F x } (+1{,}66)$ +
$3Fe^{+2}_{(aquoso)} + 2Al_{(sólido)} \longrightarrow 3Fe_{(sólido)} + 2\,Al^{+3}_{(aquoso)}$	$\Delta G^0_{total} = -6 \text{ x F x } (-0{,}44) + [-6 \text{ x F x } (+1{,}66)]$

Cálculo do potencial padrão, a partir da variação da energia livre de Gibbs padrão:

$$\cancel{-6 \text{ x F}} \text{ x } E^0_{total} = \cancel{-6 \text{ x F}} \text{ x } (-0{,}44) + [\cancel{-6 \text{ x F}} \text{ x } (+1{,}66)]$$

$$E^0_{total} = -0{,}44 + 1{,}66 = +1{,}22 \text{ V}$$

A partir da equação química iônica, os íons ferro sofrem redução (agente oxidante), enquanto o alumínio metálico sofre oxidação (agente redutor).

Questão 10

(OLIMPÍADA BAIANA DE QUÍMICA) Pretende-se avaliar se ocorre ou não corrosão do ferro em meio ácido e determinar a força eletromotriz (f.e.m.) padrão para esse processo. São dados os seguintes potenciais-padrões de eletrodos, a 298,15 K:

$Fe^{2+}_{(aq)} + 2e^- \longrightarrow Fe_{(s)}$ $E^0 = -\,0{,}440$ V
$2H^+_{(aq)} + \frac{1}{2}\,O_{2(g)} + 2e^- \longrightarrow H_2O_{(l)}$ $E^0 = +\,1{,}229$ V

Com base nos dados apresentados, conclui-se que:

a) Ocorre corrosão em meio ácido e a f.e.m. padrão da pilha é de − 0,789 V
b) Ocorre corrosão em meio ácido e a f.e.m. padrão da pilha é de + 0,789 V
c) Ocorre corrosão em meio ácido, e a f.e.m. padrão da pilha é de + 1,669 V
d) O ferro é depositado em meio ácido e a f.e.m. padrão da pilha é de + 0,789 V
e) O ferro é depositado em meio ácido e a f.e.m. padrão da pilha é de + 1,669 V

Resolução: Alternativa C.

Organizando as semirreações, a partir da inversão da semirreação do ferro, temos:

$Fe_{(sólido)} \longrightarrow Fe^{+2}_{(aquoso)} + \cancel{2e^-}$	$\Delta G^0 = -2 \text{ x F x } (+0{,}440)$
$2H^+_{(aquoso)} + \frac{1}{2}\,O_{2(gás)} + \cancel{2e^-} \longrightarrow H_2O_{(líquido)}$	$\Delta G^0 = -2 \text{ x F x } (+1{,}229)$ +
$Fe_{(sólido)} + 2H^+_{(aquoso)} + \frac{1}{2}\,O_{2(gás)} \longrightarrow Fe^{+2}_{(aquoso)} + H_2O_{(líquido)}$	

Cálculo do potencial padrão, a partir da variação da energia livre de Gibbs padrão:

$$\cancel{-2 \text{ x F}} \text{ x } E^0_{total} = \cancel{-2 \text{ x F}} \text{ x } (+0{,}440) + [\cancel{-2 \text{ x F}} \text{ x } (+1{,}229)]$$

$$E^0_{total} = +0{,}440 + 1{,}229 = +1{,}669 \text{ V}$$

Questão 11

(INSTITUTO TECNOLÓGICO DA AERONÁUTICA) Descreva os procedimentos utilizados na determinação do potencial de um eletrodo de cobre $Cu_{(s)}\,|\,Cu^{2+}_{(aq)}$. De sua descrição devem constar:

a) A listagem de todo o material (soluções, medidores etc.) necessário para realizar a medição do potencial do eletrodo em questão.

b) O desenho esquemático do elemento galvânico montado para realizar a medição em questão. Deixe claro nesse desenho quais são os polos positivo e negativo e qual dos eletrodos será o ânodo e qual será o cátodo, quando corrente elétrica circular por esse elemento galvânico. Neste último caso, escreva as equações químicas que representam as reações anódicas e catódicas, respectivamente.

c) A explicação de como um aumento do valor das grandezas seguintes afeta o potencial do eletrodo de cobre (Aumenta? Diminui? Não altera?): área do eletrodo, concentração de cobre no condutor metálico, concentração de íons cobre no condutor eletrolítico e temperatura.

Resolução:

Item a) Duas cubas de vidro, uma lâmina de cobre e uma lâmina de platina, fio condutor (por exemplo, fio de cobre), ponte salina (tubo de vidro recurvado contendo solução eletrolítica saturada, com as extremidades fechadas por algodão), tubo de vidro com entrada para hidrogênio gasoso, soluções apresentando $[H^+]$ = 1,0 mol x L^{-1} e $[Cu^{2+}]$ = 1,0 mol x L^{-1}, voltímetro (o valor obtido no voltímetro será positivo para metais que se reduzem no processo). Temperatura: 25° C. Pressão do $H_{2(g)}$: 1 atm.

Item b)

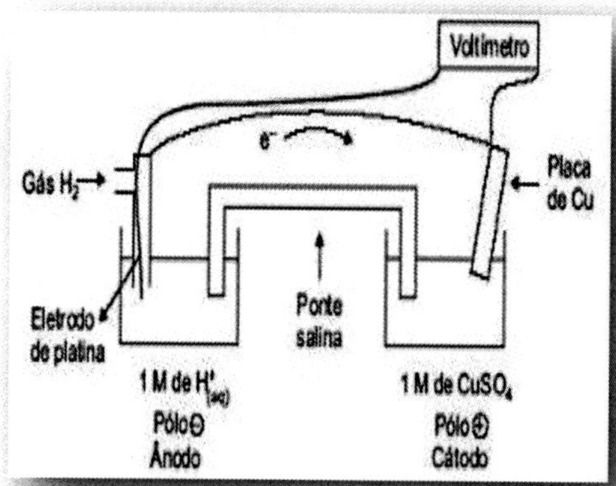

Semirreação anódica (semirreação de oxidação): $H_{2(gás)} \longrightarrow 2H^+_{(aquoso)} + 2e^-$
Semirreação catódica (semirreação de redução): $Cu^{2+}_{(aquoso)} + 2e^- \longrightarrow Cu_{(sólido)}$

Item c) Área do eletrodo: não altera

Concentração do cobre no condutor metálico: não altera

Concentrações de íons cobre: aumenta, pois $E = E° - \frac{0,0592}{n} x \log \frac{[H^+]}{[Cu^{+2}]}$

Aumento da temperatura: diminui, pois $E = E° - \frac{R x T}{n x F} x \ln Q$

Questão 12

(OLIMPÍADA BAIANA DE QUÍMICA) Relativamente à pilha representada a seguir, foram feitas as seguintes afirmações: $Cu_{(s)} + 2 Ag^+_{(aq)} \longrightarrow Cu^{+2}_{(aq)} + 2 Ag_{(s)}$.

I) O eletrodo de prata é o polo positivo.
II) No ânodo, ocorre a oxidação do cobre.
III) A concentração de íons Ag^+ na solução irá diminuir.
IV) A massa da barra de cobre irá diminuir.
São corretas as afirmativas:
a) Somente I e IV
b) Somente II e III
c) Somente II e IV
d) Somente II, III e IV

e) I, II, III e IV

Resolução: Alternativa E.

Equação iônica de funcionamento do processo eletroquímico: $Cu_{(sóldo)} + 2Ag^{+}_{(aquoso)} \rightarrow Cu^{+2}_{(aquoso)} + 2Ag_{(sólido)}$

Analisando a equação iônica global de funcionamento da pilha galvânica, podemos tirar as seguintes conclusões.

Item 1) O cobre sofre oxidação, sendo o cobre metálico o agente redutor. Sua massa irá diminuir ao longo do funcionamento da pilha.

Item 2) A prata irá sofrer um processo de redução (+), sendo os íons prata o agente oxidante. Sua massa vai aumentar ao longo do processo eletroquímico de funcionamento da pilha. A concentração de íons prata na solução vai diminuir.

Item I) Verdadeiro.
Item II) Verdadeiro.
Item III) Verdadeiro.
Item IV) Verdadeiro.

Questão 13

(OLIMPÍADA BAIANA DE QUÍMICA) A corrosão eletroquímica opera como uma pilha: ocorre transferência de elétrons quando dois metais de diferentes potenciais são colocados em contato. É o que acontece quando se usa zinco para proteger tubulações de ferro: o zinco funciona como ânodo (sofre corrosão) e o ferro como cátodo. As semirreações são:

$Zn^{2+} + 2e^{-} \rightarrow Zn_{(sólido)}$ $E^{o} = -0{,}763V$
$Fe^{2+} + 2e^{-} \rightarrow Fe_{(sólido)}$ $E^{o} = -0{,}440\ V$

Qual é a ddp da pilha?
a) – 1,203 V
b) – 1,100 V
c) – 0,323 V
d) + 0,323 V
e) + 1,203 V

Resolução: Alternativa D.

Para o funcionamento da pilha, será necessário inverter a semirreação de redução do zinco. Diante desta afirmativa, temos:

$$Zn_{(sólido)} \rightarrow Zn^{+2}_{(aquoso)} + \cancel{2e^{-}} \qquad \Delta G^{0} = -2 \text{ x F x } (+0{,}763)$$
$$Fe^{+2}_{(aquoso)} + \cancel{2e^{-}} \rightarrow Fe_{(sólido)} \qquad \Delta G^{0} = -2 \text{ x F x } (-0{,}440) +$$
$$Zn_{(sólido)} + Fe^{+2}_{(aquoso)} \rightarrow Zn^{+2}_{(aquoso)} + Fe_{(sólido)} \qquad \Delta G^{0}_{total} = -2 \text{ x F x } (+0{,}763) + [-2 \text{ x F x } (-0{,}44)]$$

Cálculo do potencial padrão, a partir da variação da energia livre de Gibbs padrão:

$$\cancel{-2 \text{ x F}} \text{ x } E^{0}_{total} = \cancel{-2 \text{ x F}} \text{ x } (+0{,}763) + [\cancel{-2 \text{ x F}} \text{ x } (-0{,}44)]$$

$$E^{0}_{total} = +0{,}763 - 0{,}44 = +0{,}323 \text{ V}$$

Questão 14

(OLIMPÍADA BRASILEIRA DE QUÍMICA) Que produtos são formados durante a eletrólise de uma solução concentrada de cloreto de sódio?
I) $Cl_{2(g)}$
II) $NaOH_{(aq)}$
III) $H_{2(g)}$
a) Somente I
b) Somente II
c) Somente I e II

d) Somente I e III
e) I, II e III

Resolução: Alternativa E.

Equação química de dissociação iônica do cloreto de sódio: $NaCl_{(sólido)} \longrightarrow Na^{+}_{(aquoso)} + Cl^{-}_{(aquoso)}$

Equação química de ionização da água: $H_2O_{(líquido)} \longrightarrow H^{+}_{(aquoso)} + OH^{-}_{(aquoso)}$

Semirreação que ocorre no cátodo:
$Na^{+}_{(aquoso)} + 1e^{-} \longrightarrow Na_{(sólido)}$
$2H^{+}_{(aquoso)} + 2e^{-} \longrightarrow H_{2(gás)}$

Quem descarrega com melhor facilidade no cátodo, Na^{+} ou H^{+}? Resposta: $2H^{+}_{(aquoso)} + 2e^{-} \longrightarrow H_{2(gás)}$

Semirreação que ocorre no ânodo:
$2OH^{-}_{(aquoso)} \longrightarrow \frac{1}{2} O_{2(gás)} + 2e^{-} + 2OH^{-}_{(aquoso)}$
$2Cl^{-}_{(aquoso)} + 2e^{-} \longrightarrow Cl_{2(gás)}$

Quem descarrega com melhor facilidade no ânodo, Cl^{-} ou OH^{-}? Resposta: $2Cl^{-}_{(aquoso)} \longrightarrow Cl_{2(gás)} + 2e^{-}$

Somando todas as semirreações apresentadas acima.

$2NaCl_{(sólido)} \longrightarrow 2Na^{+}_{(aquoso)} + \cancel{2Cl^{-}_{(aquoso)}}$
$\cancel{2}H_2O_{(líquido)} \longrightarrow \cancel{2H^{+}_{(aquoso)}} + 2OH^{-}_{(aquoso)}$
$\cancel{2H^{+}_{(aquoso)}} + \cancel{2e^{-}} \longrightarrow H_{2(gás)}$
$\cancel{2Cl^{-}_{(aquoso)}} \longrightarrow Cl_{2(gás)} + \cancel{2e^{-}}$ +

$$2\,NaCl_{(sólido)} + H_2O_{(líquido)} \rightarrow \underbrace{2Na^{+}_{(aquoso)} + 2OH^{-}_{(aquoso)}}_{2\,NaOH_{(aquoso)}} + H_{2(gás)} + Cl_{2(gás)}$$

Nesta eletrólise aquosa do cloreto de sódio há a formação de soda cáustica, gás hidrogênio no cátodo (-) e produção de gás cloro no ânodo (+).

Questão 15

(OLIMPÍADA ALAGOANA DE QUÍMICA) Considere uma pilha de níquel/zinco e as semirreações representadas a seguir, com seus respectivos potenciais de redução:
$Ni^{+2} + 2e^{-} \longrightarrow Ni$ $\quad E^{o} = -0,25$ V
$Zn^{+2} + 2e^{-} \longrightarrow Zn$ $\quad E^{o} = -0,76$ V
A diferença de potencial da pilha é:
a) 0,21 V
b) 0,31 V
c) 0,41 V
d) 0,50 V
e) 0,51 V

Resolução: Alternativa E.

Para o funcionamento da pilha, será necessário inverter a semirreação de redução do níquel. Diante desta afirmativa, temos:
$Zn_{(sólido)} \longrightarrow Zn^{+2}_{(aquoso)} + \cancel{2e^{-}}$ $\quad \Delta G^{0} = -2 \text{ x } F \text{ x } (+0,76)$
$Ni^{+2}_{(aquoso)} + \cancel{2e^{-}} \longrightarrow Ni_{(sólido)}$ $\quad \Delta G^{0} = -2 \text{ x } F \text{ x } (-0,25)$ +

$Zn_{(sólido)} + Ni^{+2}_{(aquoso)} \longrightarrow Zn^{+2}_{(aquoso)} + Ni_{(sólido)}$ $\quad \Delta G^{0}_{total} = -2 \text{ x } F \text{ x } (+0,76) + [-2 \text{ x } F \text{ x } (-0,25)]$

Cálculo do potencial padrão, a partir da variação da energia livre de Gibbs padrão:

$$\cancel{-2 \text{ x } F} \text{ x } E^{0}_{total} = \cancel{-2 \text{ x } F} \text{ x } (+0,76) + [\cancel{-2 \text{ x } F} \text{ x } (-0,25)]$$

$$E^0_{total} = +0,76 - 0,25 = +0,51 \text{ V}$$

Questão 16

A) (INSTITUTO MILITAR DE ENGENHARIA) O ácido clorídrico puro, no estado líquido, pode ser eletrolizado? Por que?
B) (INSTITUTO MILITAR DE ENGENHARIA) As reações eletrolíticas são, sempre, reações de oxidação e redução? Por que?

Resolução:

Item A) Não, pois não apresenta cargas iônicas (cátions e ânions).

Item B) Sim. Para processos eletrolíticos, uma das principais premissas é que as reações químicas apresentem transferência de elétrons, ou seja, seja reação de oxidação e redução.

Questão 17

(OLIMPÍADA ALAGOANA DE QUÍMICA) O trabalho produzido por uma pilha é proporcional à diferença de potencial (ddp) nela desenvolvida quando se une uma meia-pilha onde a reação eletrolítica de redução ocorre espontaneamente (cátodo) com outra meia pilha onde a reação eletrolítica de oxidação ocorre espontaneamente (ânodo). Como exemplo temos:
$Ag_{(s)} \longrightarrow Ag^+ + e^-$ E° = - 0,80 V
$Cu_{(s)} \longrightarrow Cu^{2+} + 2e^-$ E° = - 0,34 V
A ddp da pilha é de:
a) 0,28 V
b) 0,33 V
c) 0,41 V
d) 0,46 V
e) 0,56 V

Resposta: Alternativa D.

Para o funcionamento da pilha, será necessário inverter e multiplicar por dois a semirreação de redução da prata. Diante desta afirmativa, temos:

$Cu_{(sólido)} \longrightarrow Cu^{+2}_{(aquoso)} + \cancel{2e^-}$	$\Delta G^0 = -2 \text{ x F x } (-0,34)$
$2Ag^+_{(aquoso)} + \cancel{2e^-} \longrightarrow 2Ag_{(sólido)}$	$\Delta G^0 = -2 \text{ x F x } (+0,80)$ +
$Cu_{(sólido)} + 2Ag^+_{(aquoso)} \longrightarrow Cu^{+2}_{(aquoso)} + 2Ag_{(sólido)}$	$\Delta G^0_{total} = -2 \text{ x F x } (-0,34) + [-2 \text{ x F x } (+0,80)]$

Cálculo do potencial padrão, a partir da variação da energia livre de Gibbs padrão:

$$\cancel{-2 \text{ x F}} \text{ x } E^0_{total} = \cancel{-2 \text{ x F}} \text{ x } (-0,34) + [\cancel{-2 \text{ x F}} \text{ x } (+0,80)]$$

$$E^0_{total} = -0,34 + 0,80 = +0,46 \text{ V}$$

Questão 18

(OLIMPÍADA MINEIRA DE QUÍMICA) As semirreações para as reações químicas que ocorrem em uma pilha seca (pilha de Leclanché) e seus respectivos potenciais padrão de redução são:
$Zn^{+2}_{(aq)} + 2e^- \longrightarrow Zn_{(s)}$ E° = - 0,76 V
$2NH_4{}^+_{(aq)} + 2MnO_{4(s)} + 2e^- \longrightarrow Mn_2O_{3(s)} + H_2O_{(l)} + 2NH_{3(aq)}$ E° = + 0,74 V
Responda as questões que se seguem:
a) Escreva a equação química da reação global que ocorre no interior de uma pilha seca.
b) Calcule a diferença de potencial eletroquímico (ΔE) da pilha de Leclanché.

Resolução: Para o funcionamento da pilha, será necessário inverter a semirreação de redução do zinco. Diante desta afirmativa, temos as seguintes semirreações e consequente a semirreação global:

$Zn_{(sólido)} \longrightarrow Zn^{+2}_{(aquoso)} + \cancel{2e^-}$
$2\ NH_4^+{}_{(aquoso)} + 2MnO_{4(sólido)} + \cancel{2e^-} \longrightarrow Mn_2O_{3(sólido)} + H_2O_{(líquido)} + 2\ NH_{3(aquoso)}$ +

$Zn_{(sólido)} + 2\ NH_4^+{}_{(aquoso)} + 2MnO_{4(sólido)} \longrightarrow Zn^{+2}_{(aquoso)} + Mn_2O_{3(sólido)} + H_2O_{(líquido)} + 2NH_{3(aquoso)}$

Cálculo do potencial padrão, a partir da variação da energia livre de Gibbs padrão:

$$\Delta G^0_{total} = -2 \text{ x F x } (+0{,}76) + [-2 \text{ x F x } (+0{,}74)]$$

$$\cancel{-2 \text{ x F}} \text{ x } E^0_{total} = \cancel{-2 \text{ x F}} \text{ x } (+0{,}76) + [\cancel{-2 \text{ x F}} \text{ x } (+0{,}74)]$$

$$E^0_{total} = +0{,}76 + 0{,}74 = +\ 1{,}50 \text{ V}$$

Item a) Equação eletroquímica (iônica) global: $Zn_{(sólido)} + 2NH_4^+{}_{(aquoso)} + 2MnO_{4(sólido)} \longrightarrow Zn^{+2}_{(aquoso)} + Mn_2O_{3(sólido)} + H_2O_{(líquido)} + 2NH_{3(aquoso)}$

Item b) $E^0_{total} = +0{,}76 + 0{,}74 = +\ 1{,}50 \text{ V}$

Questão 19

Qual a massa de zinco metálico depositada após a eletrólise de uma solução aquosa de sulfato de zinco que durou aproximadamente 3,50 horas, sob corrente de 6,00 A?
a) 63,2 g
b) 51,2 g
c) 25,6 g
d) 7,12 mg
e) 427 mg

Resolução: Alternativa C.

Equação de dissociação iônica da solução aquosa de sulfato de zinco ($ZnSO_4$): $ZnSO_{4(sólido)} \longrightarrow Zn^{+2}_{(aquoso)} + SO_4^{-2}{}_{(aquoso)}$

Semirreação que ocorre no cátodo: $Zn^{+2}_{(aquoso)} + 2e^- \longrightarrow Zn_{(sólido)}$

Conversão do tempo para segundos: $3{,}50 \text{ horas x} \frac{3600 \text{ s}}{1 \text{ hora}} = 12600 \text{ s}$

Cálculo da massa de zinco depositada, a partir da relação estequiométrica com a carga do sistema eletroquímico:

$$65{,}4 \text{ g} - - - - - 2 \text{ mol de elétrons x} \frac{96500 \text{ C}}{\text{mol de elétrons}}$$
$$\text{Massa} - - - - - 12600 \text{ x } 6{,}0$$

$$\text{Massa} = \frac{12600 \text{ x } 6{,}0 \text{ x } 65{,}40}{2 \text{ x } 96500} = 25{,}62 \text{ g}$$

Questão 20

(GRILLO) Considere que o potencial-padrão do $Cu^{2+}_{(aquoso)} / Cu_{(sólido)}$ é +0,340 V, e o par $Cu^+_{(aquoso)} / Cu_{(sólido)}$ é +0,552 V. Determine o valor do potencial-padrão da seguinte semirreação ($Cu^{2+}_{(aquoso)}/Cu^+_{(aquoso)}$) e a sua respectiva constante de equilíbrio.

Resolução: Organizando as semirreações:

$Cu^{+2}_{(aquoso)} + 2e^- \rightarrow Cu_{(sólido)}$ $\qquad \Delta G^0_1 = -2 \text{ x F x } (+0{,}340)$
$Cu^{+}_{(aquoso)} + 1e^- \rightarrow Cu_{(sólido)}$ $\qquad \Delta G^0_2 = -1 \text{ x F x } (+0{,}552)$

Invertendo a segunda semirreação:

$Cu^{+2}_{(aquoso)} + 2e^- \rightarrow \cancel{Cu_{(sólido)}}$	$\Delta G^0_1 = -2 \text{ x F x } (+0{,}340)$	
$\cancel{Cu_{(sólido)}} \rightarrow Cu^{+}_{(aquoso)} + 1e^-$	$\Delta G^0_2 = -1 \text{ x F x } (-0{,}552)$	+
$Cu^{+2}_{(aquoso)} + 1e^- \rightarrow Cu^{+}_{(aquoso)}$	$\Delta G^0_{total} = \Delta G^0_1 + \Delta G^0_2$	

Cálculo do potencial padrão, a partir da variação da energia livre de Gibbs padrão:

$$-1 \text{ x } \cancel{F} \text{ x } E^0_{total} = -2 \text{ x } \cancel{F} \text{ x } (+0{,}340) + [-1 \text{ x } \cancel{F} \text{ x } (-0{,}552)]$$

$$-1 \text{ x } E^0_{total} = -2 \text{ x } (+0{,}340) - (-0{,}552)$$

$$E^0_{total} = +0{,}128 \text{ V}$$

Cálculo da constante de equilíbrio (K_{eq}): $\Delta G^0_{eletroquímica} = \Delta G^0_{termodinâmica}$

$$-\text{ n x F x } E^0_{total} = -\text{R x T x} \ln K_{eq}$$

$$\ln K_{eq} = \frac{\text{n x F x } E^0_{total}}{\text{R x T}}$$

$$\ln K_{eq} = \frac{1 \text{ x } 96500 \text{ x } 0{,}128}{8{,}314 \text{ x } (25 + 273)} = 4{,}98$$

$$K_{eq} = e^{+4{,}98}$$

Questão 21

(GRILLO) Calcule a variação da energia livre de Gibbs, além da constante de equilíbrio para o seguinte processo eletroquímico: $Ni^{+2} + 2H_2O \rightarrow Ni(OH)_2 + 2H^+$.
Informação para a resolução do problema:
$NiO_2 + 4H^+ + 2e^- \rightarrow Ni^{+2} + 2H_2O$ E° = + 1,678 V;
$NiO_2 + 2H_2O + 2e^- \rightarrow Ni(OH)_2 + 2OH^-$ E° = – 0,49 V.

Resolução: Para a determinação do potencial-padrão da equação iônica apresentada, será necessário inverter a primeira equação iônica.

$Ni^{+2} + 2H_2O \rightarrow NiO_2 + 4H^+ + 2e^-$	$\Delta G^0_1 = -2 \text{ x F x } (-1{,}678)$
$NiO_2 + 2H_2O + 2e^- \rightarrow Ni(OH)_2 + 2OH^-$	$\Delta G^0_2 = -2 \text{ x F x } (-0{,}49)$

Somando as semirreações apresentadas:

$Ni^{+2} + 2H_2O \rightarrow \cancel{NiO_2} + 4H^+ + \cancel{2e^-}$	$\Delta G^0_1 = -2 \text{ x F x } (-1{,}678)$
$\cancel{NiO_2} + 2H_2O + \cancel{2e^-} \rightarrow Ni(OH)_2 + 2OH^-$	$\Delta G^0_2 = -2 \text{ x F x } (-0{,}49)$ +
$Ni^{+2} + 4\,H_2O \rightarrow Ni(OH)_2 + 4H^+ + 2OH^-$	$\Delta G^0_{total} = \Delta G^0_1 + \Delta G^0_2$

Cálculo do potencial padrão, a partir da variação da energia livre de Gibbs padrão:

$$-2 \text{ x F x } E^0 = -2 \text{ x F x } (-1{,}678) + [-2 \text{ x F x } (-0{,}49)]$$

$$E^0 = -2{,}168$$

Cálculo da constante de equilíbrio, em função do potencial calculado: $\Delta G^0_{termodinâmico} = \Delta G^0_{eletroquímico}$

$$-R \times T \times \ln K_{eq} = -n \times F \times E^0$$

$$-8{,}314 \times 298 \times \ln K_{eq} = -2 \times 96500 \times (-2{,}168)$$

$$K_{eq} = e^{(-168{,}88)} = 4{,}51 \times 10^{-74}$$

Para a determinação da constante de equilíbrio da questão, será necessário levar a equação de dissociação da água com o valor da sua constante de equilíbrio em consideração. Diante disso,

$Ni^{+2} + 2\ H_2O \longrightarrow Ni(OH)_2 + 4H^+ + 2OH^-$ $\quad K_{eq} = 4{,}51\ x\ 10^{-74}$
$H_2O \longrightarrow H^+ + OH^-$ $\quad K_{eq} = 10^{-14}$

Multiplicando por dois a segunda equação iônica, temos:

$Ni^{+2} + 4\ H_2O \longrightarrow Ni(OH)_2 + 4H^+ + 2OH^-$ $\quad K_{eq} = 4{,}51\ x\ 10^{-74}$
$2H_2O \longrightarrow 2H^+ + 2OH^-$ $\quad K_{eq} = (10^{-14})^2$

Diminuindo as equações iônicas, temos:

$Ni^{+2} + 4\ H_2O \longrightarrow Ni(OH)_2 + 4H^+ + 2OH^-$ $\quad K_{eq} = 4{,}51\ x\ 10^{-74}$
$2H_2O \longrightarrow 2H^+ + 2OH^-$ $\quad K_{eq} = (10^{-14})^2$ -

---

$Ni^{+2} + 2H_2O \longrightarrow Ni(OH)_2 + 2H^+$ $\quad K_{eq}^{total} = \frac{4{,}51 \times 10^{-74}}{(10^{-14})^2}$

Cálculo da variação da energia livre de Gibbs-padrão: $\Delta G^0_{termodinâmico} = -R \times T \times \ln K_{eq}^{total}$

$$\Delta G^0_{termodinâmico} = -8{,}314 \times 298 \times \ln \frac{4{,}51 \times 10^{-74}}{(10^{-14})^2}$$

Questão 22

(INSTITUTO MILITAR DE ENGENHARIA) Em duas cubas eletrolíticas, ligadas em série, ocorrem as reações, cujas equações são mostradas a seguir, pela passagem de uma corrente elétrica de 1 Ampere:
Cuba A: $Ag^+_{(aq)} + 1e^- \longrightarrow Ag_{(s)}$
Cuba B: $2\ H^+_{(aq)} + 2e^- \longrightarrow H_{2(g)}$
Pede-se:
a) o tipo de reação que está ocorrendo;
b) a denominação do eletrodo onde ocorrem essas reações;
c) o tempo necessário para que ocorra a deposição de 1,08 g de prata;
d) O volume, em litros nas CNTP, do hidrogênio produzido durante o tempo determinado na letra C.

Resolução:

Item a) As equações iônicas apresentadas são classificadas como reações de redução.

Item b) A denominação que se dá para este eletrodo trata-se do cátodo.

Item c) Cálculo do tempo para a deposição de prata, a partir da relação estequiométrica entre a massa e a carga.

$$108\ g - - - - - 1\ mol\ de\ elétrons \times \frac{96500\ C}{mol\ de\ elétrons}$$
$$1{,}08\ g - - - - - Q$$

$$Q = \frac{1{,}08 \times 1 \times 96500}{108} = 965\ C$$

Cálculo do tempo: $\text{tempo} = \frac{965}{1} = 965\ \text{s}$

Item d) Cálculo do volume de gás hidrogênio nas CNTP, sabendo que 2 mol de elétrons participam na reação química.

$$22{,}4\ \text{L} - - - - - - - - - 2\ \text{mol de elétrons x} \frac{96500\ \text{C}}{\text{mol de elétrons}}$$
$$\text{Volume} - - - - - - - - 965\ \text{C}$$

$$\text{Volume} = \frac{22{,}4 \times 965}{2 \times 96500} = 0{,}0112\ \text{L}$$

Questão 23

(INSTITUTO TECNOLÓGICO DA AERONÁUTICA) Descreva como o hidróxido de sódio é obtido em escala industrial. Sua descrição deve incluir as matérias-primas utilizadas, as equações das reações químicas envolvidas no processo, as condições de operação e o aproveitamento de eventuais subprodutos obtidos no processo.

Resposta: Para a produção de hidróxido de sódio (soda cáustica) as matérias-primas utilizadas são cloreto de sódio e água.

Equação de dissociação do cloreto de sódio: $NaCl_{(aquoso)} \overset{\Delta}{\rightleftarrows} Na^+_{(aquoso)} + Cl^-_{(aquoso)}$

Equação de ionização da água: $H_2O_{(líquido)} \rightarrow H^+_{(aquoso)} + OH^-_{(aquoso)}$

Quem descarrega com melhor facilidade no cátodo, $Na^+_{(aquoso)}$ ou $H^+_{(aquoso)}$? Resposta: $2H^+_{(aquoso)} + 2e^- \rightarrow H_{2(gás)}$

Quem descarrega com melhor facilidade no ânodo, $Cl^-_{(aquoso)}$ ou $OH^-_{(aquoso)}$? Resposta: $2Cl^-_{(aquoso)} \rightarrow Cl_{2\,(gás)} + 2e^-$

Multiplicando a primeira e a segunda semirreações por dois e somando todas as reações, temos:

$$2NaCl_{(aquoso)} \rightarrow 2Na^+_{(aquoso)} + \cancel{2Cl^-_{(aquoso)}}$$
$$2H_2O_{(líquido)} \rightarrow \cancel{2H^+_{(aquoso)}} + 2OH^-_{(aquoso)}$$
$$\cancel{2H^+_{(aquoso)}} + \cancel{2e^-} \rightarrow H_{2(gás)}$$
$$\cancel{2Cl^-_{(aquoso)}} \rightarrow Cl_{2\,(gás)} + \cancel{2e^-} \qquad +$$

$$2\ NaCl_{(aquoso)} + 2H_2O_{(líquido)} \rightarrow \underbrace{2Na^+_{(aquoso)} + 2OH^-_{(aquoso)}}_{2\ NaOH_{(aquoso)}} + H_{2(gás)} + Cl_{2\,(gás)}$$

Observação: Esta é a forma eletroquímica para a produção de hidróxido de sódio (soda cáustica) a partir do cloreto de sódio, havendo a liberação dos gases $H_{2(gás)}$ e $Cl_{2(gás)}$.

Questão 24

(GRILLO) Uma determinada corrente elétrica passa durante seis minutos através de um voltâmetro contendo ácido sulfúrico diluído, liberando 40 x 10^{-3} dm^3 de hidrogênio gasoso medido a 15°C e pressão igual a 748 mmHg. A partir destas informações, determine a corrente elétrica produzida por este processo.

Resolução: Analisando a eletrólise aquosa da solução de ácido sulfúrico.

Equação de ionização do ácido sulfúrico: $H_2SO_{4(aquoso)} \longrightarrow 2H^+_{(aquoso)} + SO_4^{-2}{}_{(aquoso)}$

Equação de ionização da água: $H_2O_{(aquoso)} \longrightarrow 2H^+_{(aquoso)} + OH^-_{(aquoso)}$

O único que vai descarregar no cátodo, trata-se do hidrogênio: $2\ H^+_{(aquoso)} + 2e^- \longrightarrow H_{2(gás)}$

Quem descarrega com maior facilidade no ânodo (polo positivo), $SO_4^{-2}{}_{(aquoso)}$ ou $OH^-_{(aquoso)}$? Resposta: $2OH^-_{(aquoso)} \longrightarrow \frac{1}{2}O_{2(gás)} + 2e^- + H_2O_{(líquido)}$

Somando as semirreações apresentadas acima:

$H_2SO_{4(aquoso)} \longrightarrow 2H^+_{(aquoso)} + SO_{4(aquoso)}^{-2}$
$\cancel{2}H_2O_{(aquoso)} \longrightarrow \cancel{2H^+_{(aquoso)}} + \cancel{2OH^-_{(aquoso)}}$
$\cancel{2H^+_{(aquoso)}} + \cancel{2e^-} \longrightarrow H_{2(gás)}$
$\cancel{2OH^-_{(aquoso)}} \longrightarrow ½O_{2(g)} + \cancel{2e^-} + \cancel{H_2O_{(líquido)}}$ +

$H_2SO_{4(aquoso)} + H_2O_{(líquido)} \longrightarrow 2H^+_{(aquoso)} + SO_{4(aquoso)}^{-2} + H_{2(gás)} + ½O_{2(gás)}$

Através da eletrólise do ácido sulfúrico, observa-se que há sim a produção de gás hidrogênio.

Cálculo do número de mol de gás hidrogênio, a partir da relação estequiométrica entre o número de mol e a carga.

$$1 \text{ mol de } H_{2(g)} \text{ ---------- } 2 \,\cancel{\text{mol de e}^-} \text{ x } \frac{96500 \text{ C}}{\cancel{\text{mol de e}^-}}$$
$$\frac{\left(\frac{748}{760}\right) \text{x } 40 \text{ x } 10^{-3}}{0{,}08206 \text{ x } (15 + 273)} \text{ ------- } Q$$

$$Q = 2 \text{ x } 96500 \text{ x} \left\{ \frac{\left(\frac{748}{760}\right) \text{x } 40 \text{ x } 10^{-3}}{0{,}08206 \text{ x } 288} \right\} = \frac{5774560}{17961{,}29} = 321{,}50 \text{ C}$$

Cálculo da corrente (i): $i = \frac{Q}{\text{tempo}} = \frac{321{,}50}{360} = 0{,}893 \text{ A}$

Questão 25

(INSTITUTO MILITAR DE ENGENHARIA) O alumínio pode ser produzido industrialmente pela eletrólise do cloreto de alumínio fundido, o qual é obtido a partir do minério bauxita, cujo principal componente é o óxido de alumínio. Com base nas informações acima, calcule quantos dias são necessários para produzir 1,00 tonelada de alumínio puro, operando-se uma cuba eletrolítica com cloreto de alumínio fundido, na qual se faz passar uma corrente elétrica constante de 10,0 kA.

Resolução: Estudando a eletrólise ígnea do cloreto de alumínio.

Equação de dissociação iônica do cloreto de alumínio: $AlCl_{3(sólido)} \rightarrow Al^{+3}_{(líquido)} + 3Cl^-$

Semirreação que ocorre no cátodo: $Al^{+3}_{(líquido)} + 3e^- \rightarrow Al_{(sólido)}$
Semirreação que ocorre no ânodo: $2Cl^- + 2e^- \rightarrow Cl_{2(gás)}$

Somando as três semirreações, temos:

$2AlCl_{3(sólido)} \rightarrow \cancel{2Al^{+3}_{(líquido)}} + 6Cl^-$ (Multiplicando a semirreação por dois)
$\cancel{2\,Al^{+3}_{(líquido)}} + \cancel{6e^-} \rightarrow 2Al_{(sólido)}$ (Multiplicando a semirreação por dois)
$6Cl^- \rightarrow 3\,Cl_{2(gás)} + \cancel{6e^-}$ (Multiplicando a semirreação por três) +

$2AlCl_{3(sólido)} \rightarrow 2\,Al_{(sólido)} + 3\,Cl_{2(gás)}$

Estudando a semirreação de redução do alumínio: $Al^{+3}_{(líquido)} + 3e^- \rightarrow Al_{(sólido)}$

Cálculo da carga (Q), a partir da relação estequiométrica com a massa do metal alumínio:

$$27 \text{ g ------ } 3 \text{ mol de elétrons x } \frac{96500 \text{ C}}{\text{mol de elétrons}}$$
$$10^6 \text{g ------ } Q$$

$$Q = \frac{10^6 \text{ x } 3 \text{ x } 96500}{27} = 1{,}07 \text{ x } 10^{10} \text{ C}$$

Cálculo do tempo: $\text{tempo} = \frac{1,07 \times 10^{10}\ C}{10000} = 1,07 \times 10^{6}\ s$

Convertendo o tempo para dias:

$$\text{tempo} = 1,07 \times 10^{6}\ s \times \frac{1\ \text{hora}}{3600\ s} \times \frac{1\ \text{dia}}{24\ h} = 12,41\ \text{dias}$$

Questão 26

(INSTITUTO TECNOLÓGICO DA AERONÁUTICA) A corrente elétrica que passou através dos fios conectores de cobre do circuito durante a eletrólise foi igual a 1,6 x 10^{-2} ampère. Qual das opções abaixo contém a conclusão correta sobre o número de elétrons que passou, por segundo, através da seção (X --- Y) do fio de cobre, conforme assinalado na figura?

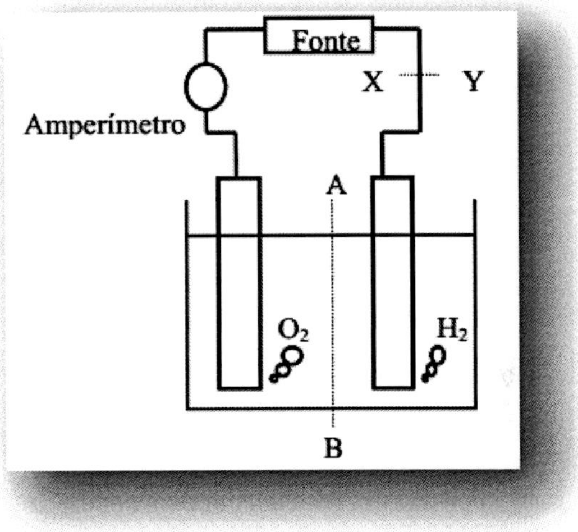

a) $1,6.10^{-2}$
b) $1,0.10^{12}$
c) $1,0.10^{17}$
d) $6,0.10^{20}$
e) $9,7.10^{21}$

Resolução: Alternativa C.

Sabendo que a expressão da corrente é dada por: $i = \frac{n \times q_{e^-}}{\text{tempo}}$

Substituindo os valores, para a determinação do número de elétrons: $1,60 \times 10^{-2} = \frac{1,60 \times 10^{-19} \times n}{1}$

$$n = \frac{1,60 \times 10^{-2}}{1,60 \times 10^{-19}} = 10^{+17}\ \text{elétrons}$$

Questão 27

(INSTITUTO TECNOLÓGICO DA AERONÁUTICA) Escreva as equações químicas das meias-reações que irão ocorrer em cada um dos eletrodos do elemento galvânico esquematizado adiante e justifique porque a frase a seguir está CERTA ou está ERRADA: "A concentração de $ZnSO_4$ do lado esquerdo vai aumentar."

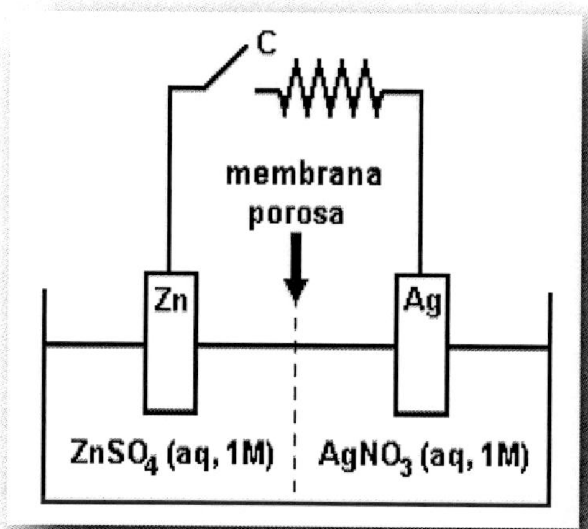

Resolução:

Semirreação que ocorre na esquerda da figura ilustrativa apresentada (oxidação - ânodo): $Zn_{(sólido)} \rightarrow Zn^{+2}_{(aquoso)} + 2e^-$

Semirreação que ocorre na direita da figura ilustrativa apresentada (redução-cátodo): $2Ag^+_{(líquido)} + 2e^- \rightarrow Ag_{(sólido)}$

Equação iônica que corresponde o funcionamento da pilha: $Zn_{(sólido)} + 2Ag^+_{(líquido)} \rightarrow Ag_{(sólido)} + Zn^{+2}_{(aquoso)}$

"A concentração de $ZnSO_4$ do lado esquerdo vai aumentar." A frase está errada. A concentração do íon Zn^+ aumenta por causa da oxidação e a concentração de SO_2^{-2} fica constante.

Questão 28

(INSTITUTO MILITAR DE ENGENHARIA) Calcule a intensidade da corrente elétrica que deve ser utilizada para depositar 2,54 x 10^{-4} kg de cobre, de uma solução de sulfato de cobre, no tempo de 3 minutos e 20 segundos.

Resolução:

Estudando a eletrólise no cátodo – semirreação do cobre. $Cu^{+2}_{(aquoso)} + 2e^- \rightarrow Cu_{(sólido)}$

Conversão do tempo: $\text{tempo} = 3\ \text{min}\ x \frac{60\ s}{1\ min} + 20\ s = 200\ s$

A partir da relação estequiométrica entre a massa do metal e a sua carga, temos:

$$63{,}55\ \text{g de Cu} ---- 2\ \text{mol de elétrons}\ x \frac{96500\ C}{\text{mol de elétrons}}$$
$$0{,}254\ g ------- (200\ x\ i)$$

$$i = \frac{0{,}254\ x\ 2\ x\ 96500}{63{,}5\ x\ 200} = 3{,}86\ A$$

Questão 29

Uma solução de sulfato de níquel II foi eletrolisada durante 1,50 h entre eletrodos inertes. Se foram depositados 35,0 g de níquel, qual o valor da corrente média?

a) 10,7 A
b) 12,3 A
c) 15,1 A
d) 21,3 A
e) 23,1 A

Resposta: Alternativa D.

Estudando a eletrólise no cátodo – semirreação do níquel: $Ni^{+2}_{(aquoso)} + 2e^- \rightarrow Ni_{(sólido)}$

Conversão do tempo: $tempo = 1{,}50\,h\,x\,\frac{3600\,s}{1\,h} = 5400\,s$

A partir da relação estequiométrica entre a massa do metal níquel e a carga, temos:

$$58{,}7\ g\ de\ Ni - - - - - 2\ mol\ de\ elétrons\ x\,\frac{96500\ C}{mol\ de\ elétrons}$$
$$35{,}0\ g - - - - - - - (5400\ x\ i)$$

$$i = \frac{35{,}0\ x\ 2\ x\ 96500}{58{,}7\ x\ 5400} = 21{,}31\ A$$

Questão 30

A bateria de níquel cádmio (também chamada NiCd) foi o segundo tipo de bateria recarregável a ser desenvolvida. Atualmente, os celulares e tabletes utilizam baterias de hidreto metálico ou de íons de lítio. As baterias NiCd estão em desuso, uma vez que sua vida útil é pequena e, além de tudo, é muito poluente. Considere uma célula eletroquímica de acordo com o esquema abaixo:

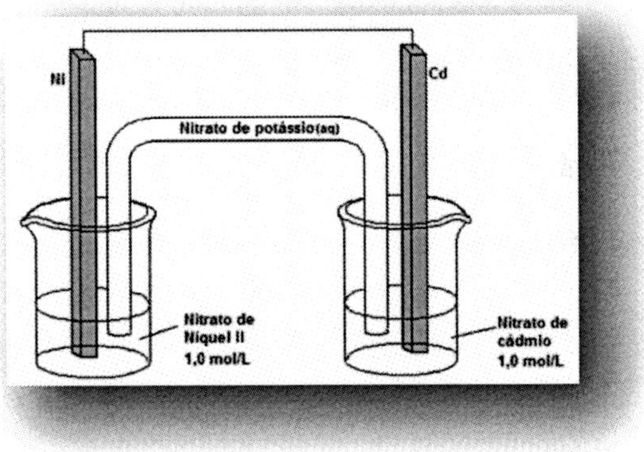

a) Escreva as semirreações envolvidas e a reação global balanceada, na forma iônica, da célula.
b) Qual é a espécie reduzida e a oxidada? Qual é o agente oxidante e redutor? Qual é o ânodo e o cátodo? Qual é a polaridade no eletrodo de cádmio?
c) Qual é o potencial padrão, E^0, da célula?
d) Qual a direção do fluxo de elétrons no fio externo? Qual a direção da migração dos íons presentes na ponte salina?
e) Se a concentração de Cd^{2+} for reduzida para 0,0010 mol/L e $[Ni^{2+}]$ = 1,0 mol/L, a fem da célula será maior ou menor do que quando a concentração de Cd^{2+} era 1,0 mol/L? Justifique sua resposta em termos do Princípio de Le Chatelier.
f) Calcule o novo potencial da célula acima, considerando a temperatura de 25°C, e com as concentrações $[Ni^{2+}]$ = 0,1 mol/L e $[Cd^{2+}]$ = 0,0010 mol/L. Dados do problema: E^0 (Cd^{2+}/Cd) = – 0,402 V; E^0 (Ni^{2+}/Ni) = – 0,257 V

Resolução:

Item a) Apresentando as semirreações apresentadas a seguir:

Semirreação de redução do níquel: $Ni^{+2}_{(aquoso)} + 2e^- \rightarrow Ni_{(sólido)}$
Semirreação de redução do cádmio: $Cd^{+2}_{(aquoso)} + 2e^- \rightarrow Cd_{(sólido)}$

Para o funcionamento da pilha, será necessário inverter a semirreação do cádmio. Equação iônica global para o funcionamento do dispositivo eletroquímico:

$Ni^{+2}_{(aquoso)} + \cancel{2e^-} \rightarrow Ni_{(sólido)}$

$Cd_{(sólido)} \rightarrow Cd^{+2}_{(aquoso)} + \cancel{2e^-}$ +

$Cd_{(sólido)} + Ni^{+2}_{(aquoso)} \rightarrow Ni_{(sólido)} + Cd^{+2}_{(aquoso)}$

Item b) Equação química que representa o funcionamento do dispositivo eletroquímico:

$Cd_{(sólido)} + Ni^{+2}_{(aquoso)} \rightarrow Ni_{(sólido)} + Cd^{+2}_{(aquoso)}$

Espécie química reduzida = níquel
Espécie química oxidada = cádmio
Agente oxidante = cátion níquel
Agente redutor = cádmio metálico
Ânodo = cádmio
Cátodo = níquel
Polaridade no eletrodo de cádmio = polaridade negativa

Item c) Qual é o potencial padrão, E^0, da célula?

Semirreação da cela da esquerda: $Ni^{+2}_{(aquoso)} + 2e^- \rightarrow Ni_{(sólido)}$ $\Delta G^0_1 = -2 \text{ x F x } (-\,0{,}258)$

Semirreação da cela da direita: $Cd_{(sólido)} \rightarrow Cd^{+2}_{(aquoso)} + 2e^-$ $\Delta G^0_2 = -2 \text{ x F x } (+\,0{,}402)$

Equação iônica global: $Cd_{(sólido)} + Ni^{+2}_{(aquoso)} \rightarrow Ni_{(sólido)} + Cd^{+2}_{(aquoso)}$ $\Delta G^0_{total} = \Delta G^0_1 + \Delta G^0_2$

Cálculo do potencial padrão, a partir da variação da energia livre de Gibbs padrão:

$\cancel{-2 \text{ x F}} \text{ x } E^0_{total} = \cancel{-2 \text{ x F}} \text{ x } (-\,0{,}258) + [\cancel{-2 \text{ x F}} \text{ x } (+\,0{,}402)]$

$E^0_{total} = -\,0{,}258 + 0{,}402 = +0{,}144 \text{ V}$

Item d) $Cd_{(sólido)} + Ni^{+2}_{(aquoso)} \rightarrow Ni_{(sólido)} + Cd^{+2}_{(aquoso)}$

Direção do fluxo de elétrons no fio externo = sai do ânodo (cádmio) para o cátodo (níquel).

Migração dos íons presentes na ponte salina = o cátion potássio (K^+) se direciona para a cuba do níquel, enquanto o ânion nitrato migra para a cuba do níquel.

Item e) Para a resolução deste item, será necessário utilizar a equação de Nersnt.

$Cd_{(sólido)} + Ni^{+2}_{(aquoso)} \rightarrow Ni_{(sólido)} + Cd^{+2}_{(aquoso)}$

$$E = E^0 - \frac{R \text{ x } T}{n \text{ x } F} \text{ x } \ln \frac{a_{Ni} \text{ x } [Cd^{+2}_{(aq)}]}{a_{Cd} \text{ x } [Ni^{+2}_{(aq)}]}$$

$$E = +0{,}144 - \frac{8{,}314 \text{ x } 298}{2 \text{ x } 96500} \text{ x } \ln \frac{1 \text{ x } 0{,}0010}{1 \text{ x } 1{,}0} = +0{,}233 \text{ V}$$

A partir do resultado obtido, o potencial será maior.

Pelo princípio de Le Chatelier, diminuindo a concentração da quantidade de matéria de cádmio, o equilíbrio será deslocado para a direita.

Item f) Cálculo do novo potencial da célula: $[Ni^{2+}]$ = 0,1 mol/L e $[Cd^{2+}]$ = 0,0010 mol/L. Para a resolução deste item, será necessário utilizar a equação de Nersnt.

Equação iônica para o funcionamento do dispositivo eletrônico: $Cd_{(sólido)} + Ni^{+2}_{(aquoso)} \rightarrow Ni_{(sólido)} + Cd^{+2}_{(aquoso)}$

$$E = E^0 - \frac{R \times T}{n \times F} x \ln \frac{a_{Ni} \times [Cd^{+2}_{(aq)}]}{a_{Cd} \times [Ni^{+2}_{(aq)}]}$$

$$E = +0{,}144 - \frac{8{,}314 \times 298}{2 \times 96500} x \ln \frac{1 \times 0{,}0010}{1 \times 0{,}10} = +0{,}203 \text{ V}$$

Questão 31

(U. S. NATIONAL CHEMISTRY OLYMPIAD) Uma célula galvânica está baseada nas seguintes semirreações:

$Cr^{3+} + 3e^- \longrightarrow Cr$ E° = –0,744 V

$Ni^{2+} + 2e^- \longrightarrow Ni$ E° = –0,236 V

a) Escreva a equação da reação global.

b) Indique qual eletrodo apresenta a sua massa aumentada a partir do funcionamento da célula. Explique a sua resposta.

c) Calcule $E°_{cel}$.

d) Determine o valor de ΔG° para a célula de reação a 25°C.

e) Calcule o valor de K para a reação a 25°C.

f) Encontre a voltagem da célula a 25°C se $[Cr^{3+}]$ e $[Ni^{2+}]$ ambos foram alterados para 0,010 M.

Resolução: A partir das semirreações de redução, temos:

$Cr^{3+} + 3e^- \longrightarrow Cr$ E° = – 0,744 V

$Ni^{2+} + 2e^- \longrightarrow Ni$ E° = – 0,236 V

Invertendo a primeira semirreação e multiplicando por dois: $2Cr \longrightarrow 2Cr^{3+} + 6e^-$ $\Delta G^0_1 = -6 \times F \times (+\,0{,}744)$

Multiplicando a segunda semirreação por três: $3Ni^{2+} + 6e^- \longrightarrow 3Ni$ $\Delta G^0_2 = -6 \times F \times (-0{,}236)$

$2Cr \longrightarrow 2Cr^{3+} + 6e^-$ $\Delta G^0_1 = -6 \times F \times (+\,0{,}744)$

$3Ni^{2+} + 6e^- \longrightarrow 3Ni$ $\Delta G^0_2 = -6 \times F \times (-0{,}236)$ +

$2Cr_{(sólido)} + 3Ni^{2+}_{(Aquoso)} \longrightarrow 2Cr^{3+}_{(aquoso)} + 3Ni_{(sólido)}$ $\Delta G^0_{total} = \Delta G^0_1 + \Delta G^0_2$

Cálculo do potencial padrão, a partir da variação da energia livre de Gibbs padrão:

$$\cancel{-6 \times F} \times E^0 = \cancel{-6 \times F} \times (+\,0{,}744) + \cancel{-6 \times F} \times (-0{,}236)$$

$$E^0_{total} = +\,0{,}744 - 0{,}236 = +0{,}508 \text{ V}$$

Item a) Equação química iônica para o funcionamento da célula galvânica: $2Cr_{(sólido)} + 3Ni^{2+}_{(Aquoso)} \longrightarrow 2Cr^{3+}_{(aquoso)} + 3Ni_{(sólido)}$

Item b) O eletrodo que tem a sua massa aumentada é o eletrodo de níquel.

Item c) Determinação do potencial padrão: $E^0 = +0{,}508$ V

Item d) Cálculo do valor da energia livre de Gibbs-padrão: $\Delta G^0_{reação} = -6 \times 96500 \times (+\,0{,}508) = -294132\,J\ (-\,294{,}1 \text{ kJ})$

Item e) Cálculo da constante de equilíbrio: $\Delta G^0_{termodinâmico} = \Delta G^0_{eletroquímico}$

$$-R \times T \times \ln K_{eq} = -n \times F \times E^0$$

$$-8{,}314 \times 298 \times \ln K_{eq} = -294132$$

$$\ln K_{eq} = +118{,}72$$

$$K_{eq} = e^{(+118{,}72)}$$

Item f) Cálculo da ddp, a partir da utilização da equação de Nersnt: $2Cr + 3Ni^{2+} \longrightarrow 2Cr^{3+} + 3Ni$

$$E = E^0 - \frac{R \times T}{n \times F} \times \ln \frac{\overbrace{a_{Ni}^3}^{1} \times [Cr^{+3}_{(aq)}]^2}{\underbrace{a_{Cr}^2}_{1} \times [Ni^{+2}_{(aq)}]^3}$$

$$E = +0{,}508 - \frac{8{,}314 \times 298}{6 \times 96500} \times \ln \frac{(0{,}010)^2}{(0{,}010)^3} = +0{,}488\ V$$

Questão 32

(OLIMPÍADA RORAIMENSE DE QUÍMICA) Uma pilha em solução aquosa foi montada usando eletrodos de: Prata ($Ag^+ + e^- \longrightarrow Ag$, E° = + 0,80 V) e Níquel ($Ni^{2+} + 2e^- \longrightarrow Ni$, E° = - 0,25 V). Sobre a pilha montada, faça o que se pede a seguir.
a) Escreva a equação global da pilha.
b) Determine o potencial-padrão E° da pilha e indique qual eletrodo será o cátodo e qual será o ânodo.

Resolução: Para a determinação do potencial-padrão e da equação iônica para o funcionamento da pilha galvânica, será necessário inverter a semirreação do níquel e multiplicar por dois a semirreação da prata.

$Ni \longrightarrow Ni^{+2} + 2e^-$ $\quad \Delta G_1^0 = -2 \times F \times (+0{,}25)$
$2Ag^+ + 2e^- \longrightarrow 2Ag$ $\quad \Delta G_2^0 = -2 \times F \times (+0{,}80)$

Somando as semirreações apresentadas:

$Ni \longrightarrow Ni^{+2} + 2e^-$ $\quad \Delta G_1^0 = -2 \times F \times (+0{,}25)$
$2Ag^+ + 2e^- \longrightarrow 2Ag$ $\quad \Delta G_2^0 = -2 \times F \times (+0{,}80)$

$Ni + 2Ag^+ \longrightarrow Ni^{+2} + 2Ag$ $\quad \Delta G_{total}^0 = \Delta G_1^0 + \Delta G_2^0$

Cálculo do potencial padrão, a partir da variação da energia livre de Gibbs padrão:

$$\cancel{-2 \times F} \times E^0 = \cancel{-2 \times F} \times (+0{,}25) + [\cancel{-2 \times F} \times (+0{,}80)]$$

$$E_{total}^0 = +1{,}05$$

Item a) Equação iônica para o funcionamento da pilha galvânica: $Ni_{(sólido)} + 2Ag^+_{(Aquoso)} \longrightarrow Ni^{2+}_{(aquoso)} + 2Ag_{(sólido)}$

Item b) Potencial-padrão de funcionamento do processo eletroquímico: = +1,05; ânodo = eletrodo de níquel e cátodo = eletrodo de prata.

Questão 33

(INSTITUTO TECNOLÓGICO DA AERONÁUTICA) Considere os dois eletrodos (I e II) seguintes e seus respectivos potenciais na escala do eletrodo de hidrogênio (E°) e nas condições-padrão:
I) $2F^-_{(aquoso)} \longrightarrow 2e^-_{(CM)} + F_{2(gás)}$ $\quad E°_I = 2{,}87\ V$
II) $Mn^{+2}_{(aquoso)} + 4H_2O_{(líquido)} \longrightarrow 5e^-_{(CM)} + 8H^+_{(aquoso)} + MnO_4^-{}_{(aquoso)}$ $\quad E°_{II} = 1{,}51\ V$
A força eletromotriz de um elemento galvânico construído com os dois eletrodos acima é de:
a) – 1,81 V
b) – 1,13 V
c) 0,68 V
d) 1,36 V

e) 4,38 V

Resposta: Alternativa D.

Para a determinação do potencial-padrão, será necessário inverter a segunda semirreação e multiplicar por dois e para a primeira semirreação será necessário multiplicar por cinco.

$10F^-_{(aquoso)} \rightarrow \cancel{10e^-_{(CM)}} + 5F_{2(gás)}$ $\quad E°_I = 2{,}87\ V$

$\cancel{10e^-_{(CM)}} + 16H^+_{(aquoso)} + 2MnO_4^-{}_{(aquoso)} \rightarrow 2Mn^{+2}{}_{(aquoso)} + 8\ H_2O_{(líquido)}$ $\quad E°_{II} = -1{,}51\ V$

$10F^-_{(aquoso)} + 16H^+_{(aquoso)} + 2MnO_4^-{}_{(aquoso)} \rightarrow 5F_{2(gás)} + 2Mn^{+2}{}_{(aquoso)} + 8H_2O_{(líquido)}$

Cálculo do potencial padrão, a partir da variação da energia livre de Gibbs padrão:

$$\cancel{-10 \text{ x F}} \text{ x } E^0_{total} = \cancel{-10 \text{ x F}} \text{ x } (+2{,}87) + [\cancel{-10 \text{ x F}} \text{ x } (-1{,}51)]$$

$$E^0_{total} = +1{,}36\ V$$

Questão 34

(INSTITUTO TECNOLÓGICO DA AERONÁUTICA) Por uma célula eletrolítica passa uma corrente constante e igual a 0,965 ampère. Num dos eletrodos, a reação que ocorre é a seguinte: $Cr_2O_7^{2-} + 14H^+ + 6e^- \rightarrow 2Cr^{3+} + 7H_2O$. Qual é o tempo certo durante o qual essa corrente deve passar para que seja produzido 0,400 mol de íons Cr^{3+}?

Resolução: Relação estequiométrica entre o número de mol do metal com o tempo decorrido do processo eletroquímico.

$$2 \text{ mol de Cr} ---- 6 \text{ mol de elétrons x} \frac{96500\ V}{\text{mol de elétrons}}$$

$$0{,}400 \text{ mol de Cr} -- 0{,}965 \text{ x tempo}$$

$$\text{tempo} = \frac{0{,}400 \text{ x } 6 \text{ x } 96500}{2 \text{ x } 0{,}965} = 120000\ s\ (33{,}33\ h)$$

Questão 35

(GRILLO) Considere os seguintes potenciais apresentados a seguir: $X^{2+}{}_{(aquoso)} / X_{(sólido)}$ é igual a + 0,34 V, e o par $X^+{}_{(aquoso)} / X_{(sólido)}$ é + 0,55 V. A partir desta informação, calcule E°, ΔG° e K_{eq} para o seguinte processo eletroquímico $X^{2+}{}_{(aquoso)} / X^+{}_{(aquoso)}$.

Resolução: Organizando as semirreações apresentadas pelos pares no enunciado do exercício.

$X^{+2}_{(aquoso)} + 2e^- \rightarrow X_{(sólido)}$ $\quad \Delta G° = -2 \text{ mol de elétrons x} \frac{96500\ C}{\text{mol de elétrons}} \text{x } (+0{,}34)$

$X^{+1}_{(aquoso)} + 1e^- \rightarrow X_{(sólido)}$ $\quad \Delta G° = -1 \text{ mol de elétrons x} \frac{96500\ C}{\text{mol de elétrons}} \text{x } (+0{,}55)$

Para a determinação do potencial-padrão da semirreação $X^{+2}_{(aquoso)} + 1e^- \rightarrow X^{+1}_{(aquoso)}$, será necessário inverter a segunda semirreação. Realizando este processo, temos:

$X^{+2}_{(aquoso)} + 2e^- \rightarrow \cancel{X_{(sólido)}}$ $\quad \Delta G° = -2 \text{ mol de elétrons x} \frac{96500\ C}{\text{mol de elétrons}} \text{x } (+0{,}34)$

$\cancel{X_{(sólido)}} \rightarrow X^{+1}_{(aquoso)} + 1e^-$ $\quad \Delta G° = -1 \text{ mol de elétrons x} \frac{96500\ C}{\text{mol de elétrons}} \text{x } (-0{,}55)$ $\quad +$

$X^{+2}_{(aquoso)} + 1e^- \rightarrow X^{+1}_{(aquoso)}$ $\quad \Delta G° = -1 \text{ mol de elétrons x} \frac{96500\ C}{\text{mol de elétrons}} \text{ x } E°$

Determinação do potencial-padrão (E°): $-1 \text{ x } E° = -2 \text{ x } (+0{,}34) + [-1 \text{ x } (-0{,}55)]$

$$E° = +0{,}13\ V$$

Cálculo da variação da energia livre de Gibbs-padrão $[X^{+2}_{(aquoso)} + 1e^- \rightarrow X^{+1}_{(aquoso)}]$:

$$\Delta G^0 = -n \times F \times E° = -1\, \cancel{mol} \times \frac{96500\ C}{\cancel{mol}} \times (+0{,}13)$$

$$\Delta G^0 = -12545\ J$$

Este processo eletroquímico é espontâneo, pelo fato da variação da energia livre de Gibbs for negativa.

Cálculo da constante de equilíbrio (K_{eq}): $-R \times T \times \ln K_{eq} = -12545\ J$

$$-8{,}314 \times (25 + 273) \times \ln K_{eq} = -12545\ J$$

$$\ln K_{eq} = \frac{12545}{8{,}314 \times 298} = 5{,}06$$

$$K_{eq} = e^{(+5{,}06)}$$

Questão 36

(INSTITUTO MILITAR DE ENGENHARIA) Um certo fabricante produz pilhas comuns, nas quais o invólucro de zinco funciona como ânodo, enquanto que o cátodo é inerte. Em cada uma, utilizam-se 5,87 g de dióxido de manganês, 9,2 g de cloreto de amônio e um invólucro de zinco de 80 g. As semirreações dos eletrodos são:

$Zn \rightarrow Zn^{+2} + 2\ e^-$

$NH_4^+ + MnO_2 + e^- \rightarrow 1/2\ Mn_2O_3 + NH_3 + 1/2\ H_2O$

Determine o tempo que uma destas pilhas leva para perder 50% de sua carga, fornecendo uma corrente constante de 0,08 A. Dado: F = 96.500 C.

Resolução: Multiplicando a segunda semirreação por dois e determinando a equação eletroquímica global do sistema eletroquímico:

$Zn \rightarrow Zn^{+2} + 2e^-$

$2NH_4^+ + 2MnO_2 + 2e^- \rightarrow Mn_2O_3 + 2NH_3 + H_2O$

$Zn + 2NH_4^+ + 2MnO_2 \rightarrow Zn^{+2} + Mn_2O_3 + 2NH_3 + H_2O$

Para a resolução do problema, será necessário determinar o reagente limitante. Cálculo do número de mol para cada reagente.

$$n_{Zn} = \frac{80}{65{,}4} = 1{,}22\ mol$$

$$n_{NH_4Cl} = \frac{9{,}2}{53{,}5} = \frac{0{,}172}{2} = 0{,}086\ mol$$

$$n_{MnO_2} = \frac{5{,}87}{86{,}94} = \frac{0{,}0675}{2} = 0{,}034\ mol$$ (Reagente limitante)

Cálculo do tempo necessário a partir da relação estequiométrica com o número de mol do óxido de manganês IV:

$$2\ mol\ de\ MnO_2 --- 2\ mol\ de\ e^- \times \frac{96500\ V}{mol\ de\ e^-} \times 0{,}50$$
$$\frac{5{,}87}{86{,}94}\ mol ----- 0{,}08 \times tempo$$

$$tempo = \frac{\frac{5{,}87}{86{,}94} \times 2 \times 96500 \times 0{,}50}{2 \times 0{,}08} = 40710{,}95\ s\ (\cong 11{,}31\ h)$$

Questão 37

(INSTITUTO MILITAR DE ENGENHARIA) Os eletrodos de uma bateria de chumbo são Pb e PbO_2. A reação global de descarga é $Pb + PbO_2 + 2H_2SO_4 \rightarrow 2PbSO_4 + 2H_2O$. Admita que o "coeficiente de uso" seja de 25,0%. Este coeficiente representa a fração do Pb e PbO_2 presentes na bateria que são realmente usados nas reações dos eletrodos. Calcule:

a) a massa mínima de chumbo em quilogramas (incluindo todas as formas em que se encontra esse elemento) que deve existir numa bateria para que ela possa fornecer uma carga de 38,6 x 10^4 C;

b) o valor aproximado da variação da energia livre da reação, sendo de 2,00 V a voltagem média da bateria quando fora de uso.

Resolução:

Item a) Cálculo da massa mínima de chumbo, a partir da seguinte relação estequiométrica: $Pb + PbO_2 + 2H_2SO_4 \rightarrow 2PbSO_4 + 2H_2O$

$$2 \text{ x } 207{,}2 \text{ g de } (Pb + PbO_2) - - - - 2 \text{ x} \frac{96500 \text{ C}}{\text{mol de e}^-} \text{ x } \overbrace{0{,}25}^{\text{Rendimento do processo eletroquímico}}$$
$$\text{Massa de Pb} - - - - - - - - - - - 38{,}6 \text{ x } 10^4 \text{ C}$$

$$\text{Massa} = \frac{2 \text{ x } 207{,}2 \text{ x } 38{,}6 \text{ x } 10^4}{2 \text{ x } 96500 \text{ x } 0{,}25} = 3315{,}20 \text{ g}$$

Item b) Cálculo da variação da energia livre de Gibbs-padrão: $\Delta G^0_{\text{reação}} = -\text{n x F x E}^0$

$$\Delta G^0_{\text{reação}} = -2 \text{ x } 96500 \text{ x } 2{,}0 = -3{,}86 \text{ x } 10^5 \text{ J}$$

Questão 38

(INSTITUTO MILITAR DE ENGENHARIA) Uma bateria de automóvel apresenta as seguintes reações eletrodos durante a descarga:

no ânodo: $Pb_{(s)} + SO_4^{2-}{}_{(aq)} \rightarrow PbSO_{4(s)} + 2e^-$

no cátodo: $PbO_{2(s)} + 4H^+{}_{(aq)} + SO_4^{2-}{}_{(aq)} + 2e^- \rightarrow PbSO_{4(s)} + 2H_2O_{(l)}$

A solução inicial de ácido sulfúrico contido na bateria tem uma concentração de 40%, em peso, de ácido sulfúrico e massa específica de 1,3 g/cm^3. Após a bateria ter sido utilizada, a solução foi analisada e apresentou uma concentração de 28,0%, em peso, de ácido sulfúrico com uma massa específica de 1,2 g/cm^3. Considerando fixo o volume da solução ácida na bateria em 2,0 litros, determine o valor da carga fornecida pela bateria em ampère-hora.

Resolução: Determinação da equação química iônica global que apresenta o funcionamento da pilha.

$Pb_{(sólido)} + SO_4^{2-}{}_{(aquoso)} \rightarrow PbSO_{4(sólido)} + \cancel{2e^-}$

$PbO_{2(s)} + 4H^+{}_{(aquoso)} + SO_4^{2-}{}_{(aquoso)} + \cancel{2e^-} \rightarrow PbSO_{4(sólido)} + 2H_2O_{(líquido)}$

$Pb_{(sólido)} + SO_4^{2-}{}_{(aquoso)} + PbO_{2(sólido)} + 4H^+{}_{(aquoso)} + SO_4^{2-}{}_{(aquoso)} \rightarrow PbSO_{4(sólido)} + PbSO_{4(s)} + 2H_2O_{(líquido)}$

Cálculo da massa de ácido sulfúrico inicial:

$$\text{massa}_{\text{inicial}} = 0{,}40 \text{ x } 1{,}30 \frac{\text{g}}{\text{cm}^3} \text{ x} \frac{1 \text{ cm}^3}{10^{-3}\text{dm}^3} \text{x } 2{,}0 \text{ L} = 1040 \text{ g}$$

$$\text{massa}_{\text{final}} = 0{,}28 \text{ x } 1{,}20 \frac{\text{g}}{\text{cm}^3} \text{ x} \frac{1 \text{ cm}^3}{10^{-3}\text{dm}^3} \text{x } 2{,}0 \text{ L} = 672 \text{ g}$$

$$\text{massa}_{\text{acumulada}} = \text{massa}_{\text{inicial}} - \text{massa}_{\text{final}}$$

$$\text{massa}_{\text{acumulada}} = 1040 \text{ g} - 672 \text{ g} = 368 \text{ g}$$

Cálculo da carga fornecida pela bateria em ampère-hora, a partir da relação estequiométrica com a massa do ácido:

$$2 \text{ x } 98 \text{ g de ácido} ----- 2 \text{ mol de e}^- \text{ x} \frac{96500 \text{ C}}{\text{mol de e}^-}$$

$$368 \text{ g de ácido} ------ \text{Q}$$

$$Q = \frac{368 \text{ x } 2 \text{ x } 96500}{2 \text{ x } 98} = 362367{,}35 \text{ C x } \cancel{\text{segundos}} \text{ x} \frac{1 \text{ h}}{3600 \cancel{\text{segundos}}} = \boxed{100{,}66 \text{ A x h}}$$

Questão 39

(OLIMPÍADA PERUANA DE QUÍMICA) Determine o potencial de redução a 25ºC para: $Fe^{3+}_{(ac)} + 3e \rightarrow Fe_{(s)}$.

a) 0,11 V
b) - 0,037 V
c) - 0,11 V
d) 0,037 V

PAR REDOX	Eº (REDUCCIÓN)
Fe^{3+} | Fe^{2+}	+ 0,77 V
Fe^{2+} | Fe	- 0,44 V

Resolução: Alternativa B.

Somando as semirreações apresentadas no enunciado da questão, temos:

$Fe^{+3} + 1e^- \rightarrow \cancel{Fe^{+2}}$	$\Delta G_1^0 = -1 \text{ x F x } (+0{,}77)$
$\cancel{Fe^{+2}} + 2e^- \rightarrow Fe$	$\Delta G_2^0 = -2 \text{ x F x } (-0{,}44)$
$Fe^{+3} + 3e^- \rightarrow Fe$	$\Delta G_{total}^0 = \Delta G_1^0 + \Delta G_2^0$

Cálculo do potencial padrão, a partir da variação da energia livre de Gibbs padrão:

$$-3 \text{ x F x } E_{total}^0 = -1 \text{ x F x } (+0{,}77) + [-2 \text{ x F x } (-0{,}44)]$$

$$E_{total}^0 = -0{,}037 \text{ V}$$

Questão 40

(OLIMPÍADA PERUANA DE QUÍMICA) Calcule o valor da constante de equilíbrio da célula eletroquímica $Zn_{(s)}/Zn^{2+}_{(ac)}//Cu^{2+}_{(ac)}/Cu_{(s)}$ nas condições-padrões (1 atm, 25°C). Potenciais padrões de redução (V):

$Zn^{2+} + 2e^- \rightarrow Zn$ $E^o = -0{,}76V$
$Cu^{2+} + 2e^- \rightarrow Cu$ $E^o = +0{,}34V$

a) $1{,}9 \times 10^{-37}$
b) $4{,}4 \times 10^{18}$
c) $1{,}6 \times 10^{16}$
d) $1{,}5 \times 10^{37}$

Resolução: Alternativa E.

Apresentando as semirreações de redução:

$Zn^{2+} + 2e^- \rightarrow Zn$ $E^o = -0{,}76V$
$Cu^{2+} + 2e^- \rightarrow Cu$ $E^o = +0{,}34V$

Invertendo a primeira semirreação:

$Zn \rightarrow Zn^{2+} + 2e^-$	$\Delta G_1^0 = -2 \text{ x F x } (+\ 0{,}76)$
$Cu^{2+} + 2e^- \rightarrow Cu$	$\Delta G_2^0 = -2 \text{ x F x } (+0{,}34)\ +$
$Zn + Cu^{2+} \rightarrow Zn^{2+} + Cu$	$\Delta G_{total}^0 = \Delta G_1^0 + \Delta G_2^0$

Cálculo do potencial-padrão para o funcionamento do sistema eletroquímico:

$$\cancel{-2 \text{ x F}} \text{ x } E^0 = \cancel{-2 \text{ x F}} \text{ x } (+\ 0{,}76) + \cancel{-2 \text{ x F}} \text{ x } (+0{,}34)$$

$$E^0_{total} = +\,0{,}76 + 0{,}34 = +1{,}10\ V$$

Cálculo da constante de equilíbrio: $\Delta G^0_{termodinâmico} = \Delta G^0_{eletroquímico}$

$$-R \times T \times \ln K_{eq} = -n \times F \times E^0$$

$$-8{,}314 \times 298 \times \ln K_{eq} = -2 \times 96500 \times (+1{,}10)$$

$$\ln K_{eq} = \frac{-212300}{-2477{,}572}$$

$$K_{eq} = e^{(+85{,}69)} = 1{,}64 \times 10^{+37}$$

Questão 41

(OLIMPÍADA AUSTRALIANA DE QUÍMICA) Refereindo-se aos potenciais de redução padrão abaixo, qual das espécies listadas é o melhor agente oxidante?

$Cu^{2+}{}_{(aq)} + 2e \rightarrow Cu_{(s)}$ $E^0 = +0{,}34\ V$
$Ni^{2+}{}_{(aq)} + 2e \rightarrow Ni_{(s)}$ $E^0 = -0{,}23\ V$
$Cd^{2+}{}_{(aq)} + 2e \rightarrow Cd_{(s)}$ $E^0 = -0{,}40\ V$
$Fe^{2+}{}_{(aq)} + 2e \rightarrow Fe_{(s)}$ $E^0 = -0{,}44\ V$
$Zn^{2+}{}_{(aq)} + 2e \rightarrow Zn_{(s)}$ $E^0 = -0{,}76\ V$

a) $Cd_{(s)}$
b) $Zn^{2+}{}_{(aq)}$
c) $Ni_{(s)}$
d) $Cu^{2+}{}_{(aq)}$
e) $Fe_{(s)}$

Resolução: Alternativa D.

O melhor agente oxidante será aquele que apresenta a reação de redução com o maior valor de potencial. Diante desta afirmativa, trata-se do potencial do cátion cobre.

Questão 42

(OLIMPÍADA AUSTRALIANA DE QUÍMICA) The following is a list of selected standard reduction potentials:

$Cd^{2+}{}_{(aq)} + 2e^- \rightarrow Cd_{(s)}$ $E^o = -0{,}40\ V$
$Zn^{2+}{}_{(aq)} + 2e^- \rightarrow Zn_{(s)}$ $E^o = -0{,}76\ V$
$Ni^{2+}{}_{(aq)} + 2e^- \rightarrow Ni_{(s)}$ $E^o = -0{,}23\ V$

By referring to the standard reduction potentials above, which of the following species is the best oxidizing agent?

a) $Cd_{(s)}$
b) $Zn^{2+}{}_{(aq)}$
c) $Ni^{2+}{}_{(aq)}$
d) $Zn_{(s)}$
e) $Ni_{(s)}$

Resolução: Alternativa C.

O melhor agente oxidante será aquele que vai apresentar a reação de redução com o maior valor de potencial. Diante desta afirmativa, trata-se do potencial do cátion níquel divalente.

Questão 43

(OLIMPÍADA CANADENSE DE QUÍMICA) Voici les demi-réactions de la cellule illustrée:

$Zn^{2+}{}_{(aquoso)} + 2e^- \rightarrow Zn_{(sólido)}$ $E° = -0{,}76\ V$
$Cu^{2+}{}_{(aquoso)} + 2e^- \rightarrow Cu_{(sólido)}$ $E° = +0{,}34\ V$

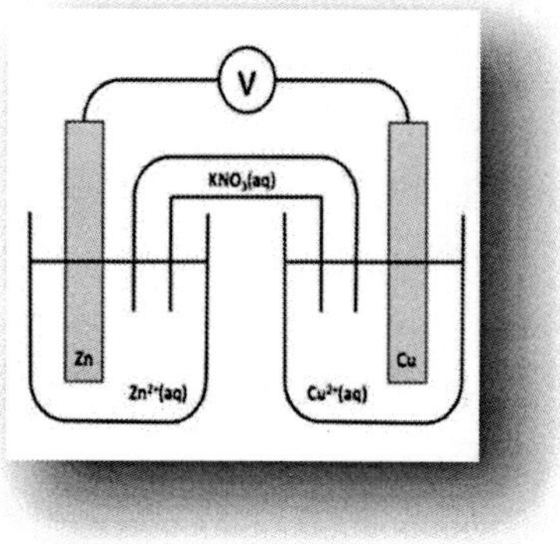

Si la réaction est spontanée, lequel des énoncés suivants est vrai?
a) Le Zn est l'anode; les électrons vont de l'anode à la cathode; les anions migrent à travers le pont salin de la demi-cellule Zn/Zn^{2+} à la demicellule Cu/Cu^{2+} et les cations migrent dans la direction opposée.
b) Le Zn est la cathode; les électrons vont de l'anode à la cathode; les anions migrent à travers le pont salin de la demi-cellule Zn/Zn^{2+} à la demi-cellule Cu/Cu^{2+} et les cations migrent dans la direction opposée.
c) Le Zn est l'anode; les électrons vont de la cathode à l'anode; les anions migrent à travers le pont salin de la demi-cellule Zn/Zn^{2+} à la demicellule Cu/Cu^{2+} et les cations migrent dans la direction opposée.
d) Le Zn est la cathode; les électrons vont de l'anode à la cathode; les cations migrent à travers le pont salin de la demi-cellule Zn/Zn^{2+} à la demi-cellule Cu/Cu^{2+} et les anions migrent dans la direction opposée.
e) Le Zn est l'anode; les électrons vont de l'anode à la cathode; les cations migrent à travers le pont salin de la demi-cellule Zn/Zn^{2+} à la demicellule Cu/Cu^{2+} et les anions migrent dans la direction opposée.

Resolução: Alternativa E.

MESMO NÃO ENTENDENDO FRANCÊS, É POSSÍVEL RESOLVER O PROBLEMA.

VEJAMOS:

$Zn^{2+}_{(aquoso)} + 2e^- \longrightarrow Zn_{(sólido)}$ $\quad E° = -0,76\ V$
$Cu^{2+}_{(aquoso)} + 2e^- \longrightarrow Cu_{(sólido)}$ $\quad E° = +0,34\ V$

Invertendo a primeira semirreação.

$Zn_{(sólido)} \longrightarrow Zn^{2+}_{(aquoso)} + 2e^-$ $\quad \Delta G_1^0 = -2 \text{ x F x } (+\,0,76)$
$Cu^{2+}_{(aquoso)} + 2e^- \longrightarrow Cu_{(sólido)}$ $\quad \Delta G_2^0 = -2 \text{ x F x } (+0,34)\ +$

$Zn_{(sólido)} + Cu^{2+}_{(aquoso)} \longrightarrow Zn^{2+}_{(aquoso)} + Cu_{(sólido)}$ $\quad \Delta G_{total}^0 = \Delta G_1^0 + \Delta G_2^0$

Cálculo do potencial padrão, a partir da variação da energia livre de Gibbs padrão:

$$\cancel{-2 \text{ x F}} \text{ x } E_{total}^0 = \cancel{-2 \text{ x F}} \text{ x } (+\,0,76) + \cancel{-2 \text{ x F}} \text{ x } (+0,34)$$

$$E_{total}^0 = +\,0,76 + 0,34 = +1,10\ V$$

O fluxo de elétrons sai do eletrodo do zinco para o cobre.

O ânodo é o eletrodo de zinco e o cátodo é o eletrodo de cobre.

Os cátions da ponte salina vão em direção à célula de cobre, enquanto os ânions vão em direção à célula de zinco.

Questão 44

(OLIMPÍADA AUSTRALIANA DE QUÍMICA) A working galvanic cell is constructed using an iron electrode in an iron(II) nitrate solution and a silver electrode in a silver(I) nitrate solution. When the cell runs down, it can be charged up again. Which of the following scenarios will occur during the charging process? $E^o(Ag^+{}_{(aq)}/Ag_{(s)}$ = + 0,80 V and $E^o(Fe^{2+}{}_{(aq)}/Fe_{(s)}$ = – 0,41 V

a) A minimum of 1,21 volts is applied to the cell and electrons move from the silver electrode to the iron electrode.
b) A minimum of 1,21 volts is applied to the cell and electrons move from the iron electrode to the silver electrode.
c) A minimum of 0,39 volts is applied to the cell and electrons move from the silver electrode to the iron electrode.
d) A minimum of 0,39 volts is applied to the cell and electrons move from the iron electrode to the silver electrode.
e) A minimum of 2,01 volts is applied to the cell and electrons move from the silver electrode to the iron electrode.

Resolução: Alternativa B.

$Fe^{2+}{}_{(aquoso)} + 2e^- \longrightarrow Fe_{(sólido)}$ $E^o = -0,41$ V
$Ag^+{}_{(aquoso)} + 1e^- \longrightarrow Ag_{(sólido)}$ $E^o = +0,80$ V

Invertendo a primeira semirreação do ferro e multiplicando por dois a segunda semirreação de prata:

$Fe_{(sólido)} \longrightarrow Fe^{2+}{}_{(aquoso)} + 2e^-$ $\quad \Delta G_1^0 = -2 \text{ x F x } (+\,0,41)$
$2Ag^+{}_{(aquoso)} + 2e^- \longrightarrow 2Ag_{(sólido)}$ $\quad \Delta G_2^0 = -2 \text{ x F x } (+0,80)$ +

$Fe_{(sólido)} + 2Ag^+{}_{(aquoso)} \longrightarrow Fe^{2+}{}_{(aquoso)} + 2Ag_{(sólido)}$ $\quad \Delta G_{total}^0 = \Delta G_1^0 + \Delta G_2^0$

Cálculo do potencial padrão, a partir da variação da energia livre de Gibbs padrão:

$$\cancel{-2 \text{ x F}} \text{ x } E_{total}^0 = \cancel{-2 \text{ x F}} \text{ x } (+\,0,41) + \cancel{-2 \text{ x F}} \text{ x } (+0,80)$$

$$E_{total}^0 = +\,0,41 + 0,80 = +1,21 \text{ V}$$

O fluxo de elétrons sai do eletrodo de ferro para o eletrodo de prata.

Questão 45

(GRILLO) Considere uma pilha galvânica operando a uma temperatura ambiente (25ºC) e pressão de 1 atm. A descrição da pilha está fundamentada da seguinte maneira: Pt | $Sn^{2+}{}_{(aq)}$ (0,1 mol.L^{-1}), $Sn^{4+}{}_{(aq)}$ (0,05 mol.L^{-1}) || $Fe^{3+}{}_{(aq)}$ (0,01 mol.L^{-1}), $Fe^{2+}{}_{(aq)}$ (0,2 mol.L^{-1}) | Pt

a) Escreva a equação química iônica global de funcionamento da pilha e o cálculo da sua ddp.
b) Calcule a variação da energia livre de Gibbs-padrão da pilha para a reação global.
c) Calcule o ΔG da reação quando as concentrações das espécies químicas são iguais às indicadas na notação da pilha, apresentada no topo da questão. A pilha funciona nessas condições?
d) Calcule a constante de equilíbrio, K, quando a pilha parar de gerar corrente elétrica. Dados:

$Fe^{3+}{}_{(aquoso)} + e^- \longrightarrow Fe^{2+}{}_{(aquoso)}$ $E^0 = +0,77$ V
$Sn^{4+}{}_{(aquoso)} + 2e^- \longrightarrow Sn^{2+}{}_{(aquoso)}$ $E^0 = +0,15$ V

Resolução: Invertendo a semirreação de estanho: $Sn^{2+}{}_{(aquoso)} \longrightarrow Sn^{4+}{}_{(aquoso)} + 2e^-$ $\quad \Delta G_1^0 = -2 \text{ x F x } (-\,0,15)$

Multiplicando por dois a semirreação do Ferro: $2Fe^{3+}{}_{(aquoso)} + 2e^- \longrightarrow 2Fe^{2+}{}_{(aquoso)}$ $\quad \Delta G_2^0 = -2 \text{ x F x } (+\,0,77)$

Somando as duas semirreações apresentadas, temos:

$Sn^{2+}{}_{(aquoso)} \longrightarrow Sn^{4+}{}_{(aquoso)} + \cancel{2e^-}$
$2Fe^{3+}{}_{(aquoso)} + \cancel{2e^-} \longrightarrow 2Fe^{2+}{}_{(aquoso)}$ +

$Sn^{2+}{}_{(aquoso)} + 2Fe^{3+}{}_{(aquoso)} \longrightarrow Sn^{4+}{}_{(aquoso)} + 2Fe^{2+}{}_{(aquoso)}$ $\quad \Delta G_{total}^0 = \Delta G_1^0 + \Delta G_2^0$

Cálculo do potencial padrão, a partir da variação da energia livre de Gibbs padrão:

$$\cancel{-2 \text{ x F}} \text{ x } E_{total}^0 = \cancel{-2 \text{ x F}} \text{ x } (-\,0,15) + [\cancel{-2 \text{ x F}} \text{ x } (+\,0,77)]$$

$$E^0_{total} = -\ 0{,}15 + 0{,}77 = +0{,}62\ V$$

Item a) A equação iônica global para a funcionamento da pilha é a seguinte: $Sn^{2+}{}_{(aquoso)} + 2Fe^{3+}{}_{(aquoso)} \longrightarrow Sn^{4+}{}_{(aquoso)} + 2Fe^{2+}{}_{(aquoso)}$

Item b) Cálculo da variação da energia Livre de Gibbs-padrão ($\Delta G°$):

$$\Delta G° = -2\ \text{mol de elétrons}\ x \frac{96500\ C}{1\ \text{mol de elétrons}}\ x\ (+0{,}62\ V)$$

$$\boxed{\Delta G° = -119660\ J}$$

Item c) Cálculo da variação da energia Livre de Gibbs (ΔG): $\Delta G = \Delta G° + R\ x\ T\ x\ \ln\left\{\frac{[Fe^{+2}]^2 x\ [Sn^{+4}]}{[Fe^{+3}]^2\ x\ [Sn^{+2}]}\right\}$

$$\Delta G = -119600 + 8{,}314\ x\ 298\ x\ \ln\left\{\frac{[0{,}20]^2 x\ 0{,}05}{[0{,}01]^2 x\ 0{,}10}\right\}$$

$$\Delta G = -119600 + 2477{,}57\ x \ln(200) = \boxed{-106533{,}04\ J}$$

Sim, a pilha galvânica funciona e de forma espontânea, pois a variação da energia livre de Gibbs é negativa ($\Delta G < 0$).

Item d) Quando a pilha parar de gerar corrente elétrica, a partir da variação da energia livre de Gibbs-padrão, a constante de equilíbrio será a seguinte: $\Delta G° = -R\ x\ T\ x\ LnK_{eq}$

$$-119660 = -8{,}314\ x\ 298\ x\ LnK_{eq}$$

$$LnK_{eq} = 48{,}30$$

$$K_{eq} = e^{48{,}30} = 9{,}44\ x\ 10^{20}$$

Questão 46

(GRILLO) Considere a seguinte célula galvânica que opera a uma temperatura igual a 25°C:

$|\ Sn^{4+}{}_{(aquoso,\ 0{,}020\ mol.L^{-1})},\ Sn^{2+}{}_{(aquoso,\ 0{,}035\ mol.L^{-1})}\ ||\ O_{2(gás,\ 1{,}0\ atm)}\ |\ H^{+}{}_{(aquoso,\ pH\ =\ 3{,}0)}\ |$

a) Escreva a reação global da célula e calcule o valor do potencial-padrão da célula galvânica.

b) Calcule o potencial da célula nas condições apresentadas acima.

c) Calcule a energia livre de Gibbs, a partir das condições apresentadas acima. Dados para a resolução do problema:

$O_{2(gás)} + 4H^{+}{}_{(aquoso)} + 4e^{-} \longrightarrow 2H_2O_{(líquido)}$ $E° = +\ 1{,}23\ V$

$Sn^{+4}{}_{(aquoso)} + 2e^{-} \longrightarrow Sn^{+2}{}_{(aquoso)}$ $E° = +\ 0{,}15\ V$

Resolução:

Item a) Invertendo a segunda semirreação e multiplicando por dois, temos:

$O_{2(gás)} + 4H^{+}{}_{(aquoso)} + \cancel{4e^{-}} \longrightarrow 2H_2O_{(líquido)}$ $\Delta G^0_1 = -4\ x\ F\ x\ (+1{,}23)$

$2Sn^{+2}{}_{(aq)} \longrightarrow 2Sn^{+4}{}_{(aquoso)} + \cancel{4e^{-}}$ $\Delta G^0_2 = -4\ x\ F\ x\ (-0{,}15)$ +

$O_{2(gás)} + 4H^{+}{}_{(aquoso)} + 2Sn^{+2}{}_{(aquoso)} \longrightarrow 2H_2O_{(líquido)} + 2Sn^{+4}{}_{(aquoso)}$ $\Delta G^0_{total} = \Delta G^0_1 + \Delta G^0_2$

Cálculo do potencial padrão, a partir da variação da energia livre de Gibbs padrão:

$$-4\ x\ F\ x\ E^0_{total} = -4\ x\ F\ x\ (+1{,}23) + [-4\ x\ F\ x\ (-0{,}15)]$$

$$\cancel{-4\ x\ F}\ x\ E^0_{total} = \cancel{-4\ x\ F}\ x\ (+1{,}23) + [\cancel{-4\ x\ F}\ x\ (-0{,}15)]$$

$$E^0_{total} = +1{,}08\ V$$

Item b) Utilizando a equação de Nernst, temos: $E = E^{\circ} - \left(\frac{0,0592}{n}\right) x \log Q$

$$E = +1,08 - \left(\frac{0,0592}{4}\right) x \log \left\{\frac{[Sn^{+4}]^2 . a^2_{H_2O}}{[Sn^{+2}]^2 . P_{O_2} . [H^+]^4}\right\}$$

$$E = +1,08 - \left(\frac{0,0592}{4}\right) x \log \left\{\frac{[0,020]^2 x (1)^2}{[0,035]^2 x 1,0 [10^{-3}]^4}\right\}$$

$$E = +1,08 - 0,0148 x 11,51 = +0,91 V$$

Item c) Cálculo da energia livre de Gibbs (ΔG): $\Delta G = \Delta G^{\circ} + R x T x \ln Q$

$$\Delta G = -n x F x E^{\circ} + R x T x \ln \left\{\frac{[Sn^{+4}]^2 . a^2_{H_2O}}{[Sn^{+2}]^2 P_{O_2} . [H^+]^4}\right\}$$

$$\Delta G = -4 x 96500 x (+1,08) + 8,314 x 298 x \ln \left\{\frac{[0,020]^2 x (1)^2}{[0,035]^2 x 1,0 x [10^{-3}]^4}\right\}$$

$$\Delta G = -416880 + 8,314 x 298 x \ln(3,26 x 10^{11}) = -351195,13 (-351,19 kJ)$$

Questão 47

(OLIMPÍADA CEARENSE DO ENSINO SUPERIOR DE QUÍMICA) Dadas as concentrações não-padrões para a reação abaixo: $Zn_{(s)} + Cu^{+2}_{(aq)}(0,100 mol. L^{-1}) \rightarrow Zn^{+2}_{(aq)}(0,02 mol. L^{-1}) + Cu_{(s)}$. Sabendo que os coeficientes de atividade iônica para Cu^{2+} e Zn^{2+}, nessas condições são 0,485 e 0,675 e que E°(Cu^{2+}/Cu) = + 0,34 V e E°(Zn^{2+}/Zn) = – 0,76 V, pode-se afirmar que E para esta pilha de Daniell é:

a) 1,10 V
b) 1,16 V
c) 1,04 V
d) 1,00 V
e) 0,96 V

Resolução: Alternativa A.

Organizando as semirreações e calculando a ddp da pilha nas condições padrões.

$Zn_{(sólido)} \rightarrow Zn^{+2}_{(aquoso)} + \cancel{2e^-}$	$\Delta G^0_1 = -2 x F x (+0,76)$
$Cu^{+2}_{(aquoso)} + \cancel{2e^-} \rightarrow Cu_{(sólido)}$	$\Delta G^0_2 = -2 x F x (+0,34)$
$Zn_{(sólido)} + Cu^{+2}_{(aquoso)} \rightarrow Zn^{+2}_{(aquoso)} + Cu_{(sólido)}$	$\Delta G^0_{total} = \Delta G^0_1 + \Delta G^0_2$

Cálculo do potencial padrão, a partir da variação da energia livre de Gibbs padrão:

$$\cancel{-2 x F} x E^0_{total} = \cancel{-2 x F} x (+ 0,76) + [\cancel{-2 x F} x (+ 0,34)]$$

$$E^0_{total} = + 1,10 V$$

Expressão da equação de Nernst: $E = E^0 - \left(\frac{0,0592}{n}\right) \log Q$

$$E = +1,10 - \left(\frac{0,0592}{2}\right) x \underbrace{\log \left\{\frac{(0,675 x 0,02) x \overbrace{a_{Cu}}^{1}}{(0,485 x 0,100) x \underbrace{a_{Zn}}_{1}}\right\}}_{-0,555}$$

$$E = \boxed{+1,116 V}$$

Questão 48

(OLIMPÍADA PERUANA DE QUÍMICA) Determine o potencial-padrão a 25°C para a reação de oxidação-redução $2PH_{3(g)} \longrightarrow 2P_{(s)} + 3H_{2(g)}$ E° = ?, dadas pelas seguintes reduções na mesma temperatura:

$P_{(s)} + 3H^{+}_{(ac)} + 3e^{-} \longrightarrow PH_{3(g)}$ E° = - 0,063 V

$2H^{+}_{(ac)} + 2e^{-} \longrightarrow H_{2(g)}$ E° = 0,000 V

a) E° = 0,0063 V
b) E° = - 0,0063 V
c) E° = - 0,0126 V
d) E° = 0,0126 V

Resolução: Alternativa A.

Invertendo a primeira semirreação e multiplicando por dois: $2PH_{3(gás)} \longrightarrow 2P_{(sólido)} + 6H^{+}_{(ac)} + 6e^{-}$ $\Delta G_1^0 = -6 \text{ x F x } (+0{,}063)$

Multiplicando a segunda semirreação por três: $6H^{+}_{(ac)} + 6e^{-} \longrightarrow 3H_{2(gás)}$ $\Delta G_2^0 = -6 \text{ x F x } (+0{,}00)$

Somando as semirreações, temos:

$2\,PH_{3(gás)} \longrightarrow 2P_{(sólido)} + \cancel{6H^{+}_{(aquoso)}} + \cancel{6e^{-}}$ $\Delta G_1^0 = -6 \text{ x F x } (+0{,}063)$

$\cancel{6H^{+}_{(aquoso)}} + \cancel{6e^{-}} \longrightarrow 3H_{2(gás)}$ $\Delta G_2^0 = -6 \text{ x F x } (+0{,}00)$ +

$2PH_{3(gás)} \longrightarrow 2P_{(sólido)} + 3H_{2(gás)}$ $\Delta G_{total}^0 = \Delta G_1^0 + \Delta G_2^0$

Cálculo do potencial padrão, a partir da variação da energia livre de Gibbs padrão:

$$\cancel{-6 \text{ x F}} \text{ x } E_{total}^0 = \cancel{-6 \text{ x F}} \text{ x } (+0{,}063) + [\cancel{-6 \text{ x F}} \text{ x } (+0{,}00)]$$

$$E_{total}^0 = +0{,}063 \text{ V}$$

Questão 49

(OLIMPÍADA DE QUÍMICA DO RIO GRANDE DO SUL) Sobre a pilha representada abaixo, pede-se:

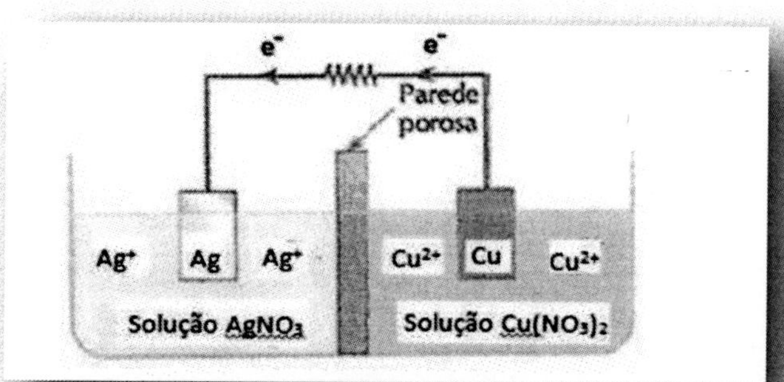

Potenciais de redução: E°Cu = + 0,34 V; E°Ag = + 0,80 V.
a) Seu cátodo e seu ânodo.
b) Quem se oxida e quem se reduz.
c) Qual eletrodo terá sua massa aumentada?
d) Qual das soluções irá diluir-se?
e) A reação catódica.
f) A reação anódica.
g) A reação global.
h) Sua ddp.

Resolução: É importante observar na figura ilustrada pela questão, que o fluxo de elétrons sai do eletrodo de cobre para o eletrodo de prata.

Item a) Apresentando as semirreações de redução.

Semirreação que ocorre no ânodo: $Cu^{+2}_{(aquoso)} + 2e^{-} \rightarrow Cu_{(sólido)}$
Semirreação que ocorre no cátodo: $Ag^{+}_{(aquoso)} + 1e^{-} \rightarrow Ag_{(sólido)}$

Item g e item h) Determinação da reação eletroquímica global e o valor da ddp, invertendo a semirreação do cobre e multiplicando por dois a semirreação da prata.

$$Cu_{(sólido)} \rightarrow Cu^{+2}_{(aquoso)} + 2e^{-} \qquad \Delta G^0_1 = -2 \text{ x F x } (-0{,}34)$$
$$2Ag^{+}_{(aquoso)} + 2e^{-} \rightarrow 2Ag_{(sólido)} \qquad \Delta G^0_2 = -2 \text{ x F x } (+0{,}80)$$
$$Cu_{(sólido)} + 2Ag^{+}_{(aquoso)} \rightarrow Cu^{+2}_{(aquoso)} + 2Ag_{(sólido)} \quad \Delta G^0_{total} = \Delta G^0_1 + \Delta G^0_2$$

Cálculo do potencial padrão, a partir da variação da energia livre de Gibbs padrão:

$$\cancel{-2 \text{ x F}} \text{ x } E^0_{total} = \cancel{-2 \text{ x F}} \text{ x } (-0{,}34) + [\cancel{-2 \text{ x F}} \text{ x } (+\,0{,}80)]$$

$$E^0_{total} = +\,0{,}46 \text{ V}$$

Item b) Agente oxidante: $Ag^{+}_{(aquoso)}$ e Agente redutor: $Cu_{(sólido)}$

Item c) O eletrodo que terá sua massa aumentada é o eletrodo de prata.

Item d) Solução de nitrato de prata.

Item e) Semirreação de redução catódica: $Ag^{+}_{(aquoso)} + 1e^{-} \rightarrow Ag_{(sólido)}$

Item f) Semirreação de redução anódica: $Cu_{(sólido)} \rightarrow Cu^{+2}_{(aquoso)} + 2e^{-}$

Questão 50

(INSTITUTO MILITAR DE ENGENHARIA) Uma empresa de galvanoplastia produz peças especiais recobertas com zinco. Sabendo que cada peça recebe 7 g de Zn, que é utilizada uma corrente elétrica de 0,7 A e que a massa molar do zinco é igual a 65 $g.mol^{-1}$, qual o tempo necessário para o recobrimento dessa peça especial?
a) 4 h e 45 min
b) 6 h e 30 min
c) 8 h e 15 min
d) 10 h e 30 min
e) 12 h e 45 min

Resolução: Alternativa C.

Semirreação que ocorre no cátodo do sistema eletroquímico: $Zn^{+2}_{(aquoso)} + 2e^{-} \rightarrow Zn_{(sólido)}$

Para a resolução do problema, será necessário utilizar o processo estequiométrico da eletrólise.

Cálculo da carga do sistema eletroquímico, a partir da relação estequiométrica com a massa de zinco metálico.

$$65 \text{ g de Zn} --- 2 \text{ mol de elétrons x} \frac{96500 \text{ C}}{\text{mol de elétrons}}$$
$$7{,}0 \text{ g de Zn} --- Q$$

$$Q = \frac{7 \times 2 \times 96500}{65} = 20784{,}61\ C$$

Cálculo do tempo: $0{,}70 = \frac{20784{,}61}{tempo}$

$$tempo = \frac{20784{,}61}{0{,}70} = 29692{,}31\ s$$

Conversão do tempo: $tempo = 29692{,}31\ \cancel{s} \times \frac{1\ h}{3600\ \cancel{s}} = 8{,}25\ h$

$$tempo = 8{,}0\ h + 0{,}25\ h \times \frac{60\ min}{1\ h} = \boxed{8{,}0\ h + 15\ min}$$

Questão 51

(INSTITUTO MILITAR DE ENGENHARIA) Realiza-se a eletrólise de uma solução aquosa diluída de ácido sulfúrico com eletrodos inertes durante 10 minutos. Determine a corrente elétrica média aplicada, sabendo-se que foram produzidos no cátodo 300 mL de hidrogênio, coletados a uma pressão total de 0,54 atm sobre a água, à temperatura de 300 K. Considere os seguintes dados: Pressão de vapor da água a 300K = 0,060 atm; Constante de Faraday = 1F = 96500 $C.mol^{-1}$; Constante universal dos gases perfeitos = 0,08 atm. $L.mol^{-1}.K$.

a) 2,20 A
b) 1,93 A
c) 1,08 A
d) 0,97 A
e) 0,48 A

Resolução: Alternativa B.

Processo de ionização do ácido sulfúrico: $H_2SO_{4(aquoso)} \rightarrow 2H^+_{(aquoso)} + SO^{-2}_{4(aquoso)}$

Semirreação que ocorre no cátodo: $2H^+_{(aquoso)} + 2e^- \rightarrow H_{2(gás)}$

Cálculo da pressão de gás hidrogênio seco: $P_{total} = P_{H_2} + P^{vapor}_{H_2O}$

$$P_{H_2} = 0{,}54\ atm - 0{,}060\ atm = 0{,}48\ atm$$

Cálculo do número de mol de gás hidrogênio: $n_{H_2} = \frac{0{,}48 \times 0{,}30}{0{,}08206 \times 300} = 5{,}85 \times 10^{-3}\ mol$

Para a resolução do problema, será necessário utilizar o processo estequiométrico da eletrólise.

Cálculo da carga elétrica, a partir da relação estequiométrica com o número de mol de hidrogênio gasoso.

$$1\ mol\ de\ H_2 - - - - - - - 2\ mol\ de\ elétrons \times \frac{96500\ C}{mol\ de\ elétrons}$$
$$5{,}85 \times 10^{-3}\ mol\ de\ H_2 - - - Q$$

$$Q = \frac{5{,}85 \times 10^{-3} \times 2 \times 96500}{1} = 1128{,}93\ C$$

Cálculo da corrente: $i = \frac{Q}{tempo} = \frac{1128{,}93}{600} = 1{,}88\ A$

Questão 52

(OLIMPÍADA CEARENSE DO ENSINO SUPERIOR DE QUÍMICA) Suponha que seja possível construir uma semicélula galvânica usando a semirreação $Cu^{2+}_{(aq)} + 1e^- \rightarrow Cu^+_{(aq)}$ e um eletrodo inerte. Na semicélula construída, as atividades em solução do Cu^+ e Cu^{2+} são de 0,01 e 0,50, respectivamente. Dados:

$Cu^{2+}_{(aq)} + 2e^- \rightleftharpoons Cu_{(s)}$ E° = 0,339 V
$Cu^{+}_{(aq)} + 1e^- \rightleftharpoons Cu_{(s)}$ E° = 0,521 V
Se for utilizada sob pressão de 1,00 bar e a 25°C, a semicélula apresentará potencial de:
a) 0,06 V
b) 0,18 V
c) 0,26 V
d) 0,43 V
e) 0,86 V

Resolução: Alternativa C.

Para a resolução deste problema, será necessário inverter a segunda semirreação.

Somando as semirreações:

$Cu^{2+}_{(aquoso)} + 2e^- \rightleftharpoons \cancel{Cu_{(sólido)}}$	$\Delta G_1^0 = -2 \text{ x F x } (+\,0{,}339)$
$\cancel{Cu_{(sólido)}} \rightleftharpoons Cu^{+}_{(aquoso)} + 1e^-$	$\Delta G_2^0 = -1 \text{ x F x } (-\,0{,}521)$
$Cu^{2+}_{(aquoso)} + 1e^- \rightleftharpoons Cu^{+}_{(aquoso)}$	$\Delta G_{total}^0 = \Delta G_1^0 + \Delta G_2^0$

Cálculo do potencial padrão, a partir da variação da energia livre de Gibbs padrão:

$$-1 \text{ x F x } E_{total}^0 = -2 \text{ x F x } (+\,0{,}339) + [-1 \text{ x F x } (-\,0{,}521)]$$

$$E_{total}^0 = +\,0{,}157 \text{ V}$$

Cálculo da ddp, levando em consideração e aplicando a equação de Nernst: $E = +\,0{,}157 - \left(\frac{0{,}0592}{1}\right) \text{x} \log\left\{\frac{a^1_{Cu^+}}{a^1_{Cu^{+2}}}\right\}$

$$E = +0{,}157 - \left(\frac{0{,}0592}{1}\right) \text{x} \underbrace{\log\left\{\frac{0{,}01}{0{,}50}\right\}}_{-1{,}70}$$

$$E = +0{,}157 + 0{,}100 = +0{,}257 \text{ V}$$

Questão 53

(INSTITUTO MILITAR DE ENGENHARIA) Considere que a reação abaixo ocorra em uma pilha: $2Fe^{+3} + Cu \longrightarrow Cu^{+2} + 2Fe^{+2}$. Assinale a alternativa que indica o valor correto do potencial-padrão dessa pilha. Dados:
$Fe^{+2} \longrightarrow Fe^{+3} + e^-$ E° = - 0,77V
$Cu^{+2} + 2e^- \longrightarrow Cu$ E° = + 0,34V
a) + 1,20 V
b) – 0,43 V
c) + 1,88 V
d) – 1,20 V
e) + 0,43 V

Resolução: Alternativa E.

Invertendo a primeira semirreação e multiplicando por dois: $2Fe^{+3} + 2e^- \longrightarrow Fe^{+2}$ $\Delta G_1^0 = -2 \text{ x F x } (+\,0{,}77)$

Invertendo a segunda semirreação por dois: $Cu \longrightarrow Cu^{+2} + 2e^-$ $\Delta G_2^0 = -2 \text{ x F x } (-\,0{,}34)$
Somando as duas semirreações, temos:

$2Fe^{+3} + \cancel{2e^-} \longrightarrow Fe^{+2}$	$\Delta G_1^0 = -2 \text{ x F x } (+\,0{,}77)$
$Cu \longrightarrow Cu^{+2} + \cancel{2e^-}$	$\Delta G_2^0 = -2 \text{ x F x } (-\,0{,}34)$ +
$2Fe^{+3} + Cu \longrightarrow Fe^{+2} + Cu^{+2}$	$\Delta G_{total}^0 = \Delta G_1^0 + \Delta G_2^0$

Cálculo do potencial-padrão, a partir do somatório da variação da energia livre de Gibbs de cada semirreação.

$$\cancel{-2 \text{ x } F} \text{ x } E^0_{total} = \cancel{-2 \text{ x } F} \text{ x } (+\ 0{,}77) + [\cancel{-2 \text{ x } F} \text{ x } (-\ 0{,}34)]$$

$$E^0_{total} = +\ 0{,}43 \text{ V}$$

Questão 54

(INSTITUTO TECNOLÓGICO DA AERONÁUTICA) A deposição eletrolítica de 2,975 g de um metal de massa atômica 119 gerou 9650 Coulombs. O número de oxidação do metal é:

a) +1
b) +2
c) +3
d) +4
e) Nenhuma das respostas acima está certa

Resolução: Alternativa D.

Metal com massa atômica igual a 119 trata-se do estanho (Sn). Sabe-se que o estanho apresenta dois números de oxidação, sendo igual a +2 ou +4.

Cálculo do número de oxidação (a) do estanho, a partir da relação estequiométrica com a massa de estanho metálico.

$$119 \text{ g} - - - - - - - \text{ a mol de elétrons x} \frac{96500 \text{ C}}{1 \text{ mol de elétrons}}$$

$$2{,}975 \text{ g} - - - - - - 9650 \text{ C}$$

$$a = \frac{119 \text{ x } 9650}{2{,}975 \text{ x } 96500} = +\ 4;\ Sn^{+4}$$

Questão 55

Em um projeto de feira de ciências, alunos montaram diversas pilhas e determinaram as diferenças de potencial (ddp) geradas. Todas as pilhas seguiram o mesmo padrão de montagem, ilustrado na figura abaixo, onde cada metal foi mergulhado numa solução de um sal do mesmo, em concentração de 1,0 mol/L. A temperatura em que os experimentos foram realizados foi de 25°C. Ao final de cada montagem, era indicado que metal funcionava como cátodo, que metal funcionava como ânodo e a ddp gerada. Com base nos dados fornecidos, a opção correta referente às pilhas montadas é:

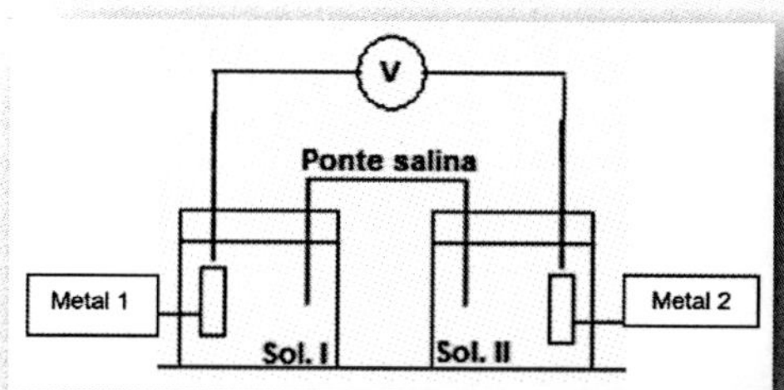

Potenciais:

$Cu^{2+} + 2e^- \longrightarrow Cu$ $E^0 = +0{,}34V$
$Al^{3+} + 3e^- \longrightarrow Al$ $E^0 = -1{,}67V$
$Zn^{2+} + 2e^- \longrightarrow Zn$ $E^0 = -0{,}76V$
$Ag^+ + e^- \longrightarrow Ag$ $E^0 = +0{,}80V$
$Pb^{2+} + 2e^- \longrightarrow Pb$ $E^0 = -0{,}13V$

a) Cátodo = alumínio; Ânodo = prata; ddp = + 2,47 V
b) Cátodo = cobre; Ânodo = alumínio; ddp = + 1,33 V
c) Cátodo = alumínio; Ânodo = zinco; ddp = + 2,43 V
d) Cátodo = chumbo; Ânodo = zinco; ddp = + 0,89 V

e) Cátodo = prata; Anodo = cobre; ddp = + 0,46 V

Resolução: Alternativa E.

Para a resolução deste problema, será necessário analisar os pares indicados pelas alternativas apresentadas.

Item a) Somando as duas equações químicas com seus respectivos potenciais:

$Al^0{}_{(sólido)} \longrightarrow Al^{3+}{}_{(aquoso)} + \cancel{3e^-}$	$\Delta G^0 = -3 \times F \times (+1{,}67)$
$3Ag^+{}_{(aquoso)} + \cancel{3e^-} \longrightarrow 3Ag^0{}_{(sólido)}$	$\Delta G^0 = -3 \times F \times (+0{,}80)$ +
$Al^0{}_{(sólido)} + 3Ag^+{}_{(aquoso)} \longrightarrow Al^{3+}{}_{(aquoso)} + 3Ag^0{}_{(sólido)}$	$\Delta G^0_{total} = -3 \times F \times (+1{,}67) + [-3 \times F \times (+0{,}80)]$

Cálculo do potencial padrão, a partir da variação da energia livre de Gibbs padrão:

$$\cancel{-3 \times F} \times E^0_{total} = \cancel{-2 \times F} \times (+1{,}67) + [\cancel{-3 \times F} \times (+0{,}80)]$$

$$E^0_{total} = +1{,}67 + 0{,}80 = +2{,}47 \text{ V}$$

Ânodo = alumínio e Cátodo = prata

Item b) Somando as semirreações apresentadas pela questão e calculando o potencial-padrão do processo eletroquímico:

$2Al^0{}_{(sólido)} \longrightarrow 2Al^{3+}{}_{(aquoso)} + \cancel{6e^-}$	$\Delta G^0 = -6 \times F \times (+1{,}67)$
$3Cu^{+2}{}_{(aquoso)} + \cancel{6e^-} \longrightarrow 3Cu^0{}_{(sólido)}$	$\Delta G^0 = -6 \times F \times (+0{,}34)$ +
$2Al^0{}_{(sólido)} + 3Cu^{+2}{}_{(aquoso)} \longrightarrow 2Al^{3+}{}_{(aquoso)} + 3Cu^0{}_{(sólido)}$	$\Delta G^0_{total} = -6 \times F \times (+1{,}67) + [-6 \times F \times (+0{,}34)]$

Cálculo do potencial padrão, a partir da variação da energia livre de Gibbs padrão:

$$\cancel{-6 \times F} \times E^0_{total} = \cancel{-6 \times F} \times (+1{,}67) + [\cancel{-6 \times F} \times (+0{,}34)]$$

$$E^0_{total} = +1{,}67 + 0{,}34 = +2{,}01 \text{ V}$$

Ânodo = alumínio e Cátodo = cobre

Item c) Somando as semirreações apresentadas pela questão e calculando o potencial-padrão do processo eletroquímico:

$2Al^0{}_{(sólido)} \longrightarrow 2Al^{3+}{}_{(aquoso)} + \cancel{6e^-}$	$\Delta G^0 = -6 \times F \times (+1{,}67)$
$3Zn^{+2}{}_{(aquoso)} + \cancel{6e^-} \longrightarrow 3Zn^0{}_{(sólido)}$	$\Delta G^0 = -6 \times F \times (-0{,}76)$ +
$2Al^0{}_{(sólido)} + 3Zn^{+2}{}_{(aquoso)} \longrightarrow 2Al^{3+}{}_{(aquoso)} + 3Zn^0{}_{(sólido)}$	$\Delta G^0_{total} = -6 \times F \times (+1{,}67) + [-6 \times F \times (+0{,}34)]$

Cálculo do potencial padrão, a partir da variação da energia livre de Gibbs padrão:

$$\cancel{-6 \times F} \times E^0_{total} = \cancel{-6 \times F} \times (+1{,}67) + [\cancel{-6 \times F} \times (-0{,}76)]$$

$$E^0_{total} = +1{,}67 + 0{,}34 = +0{,}91 \text{ V}$$

Ânodo = alumínio e Cátodo = zinco

Item d) Somando as semirreações apresentadas pela questão e calculando o potencial-padrão do processo eletroquímico:

$Pb^{2+}{}_{(aquoso)} + \cancel{2e^-} \longrightarrow Pb^0{}_{(sólido)}$	$\Delta G^0 = -2 \times F \times (-0{,}13)$
$Zn^0{}_{(sólido)} \longrightarrow Zn^{+2}{}_{(aquoso)} + \cancel{2e^-}$	$\Delta G^0 = -2 \times F \times (+0{,}76)$ +
$Zn^0{}_{(sólido)} + Pb^{+2}{}_{(aquoso)} \longrightarrow Zn^{2+}{}_{(aquoso)} + Pb^0{}_{(sólido)}$	

Cálculo do potencial padrão, a partir da variação da energia livre de Gibbs padrão:

$\Delta G^0_{total} = -2 \text{ x F x } (-0{,}13) + [-2 \text{ x F x } (+0{,}76)]$

$\cancel{-2 \text{ x F}} \text{ x } E^0_{total} = \cancel{-2 \text{ x F}} \text{ x } (-0{,}13) + [\cancel{-2 \text{ x F}} \text{ x } (+0{,}76)]$

$E^0_{total} = -0{,}13 + 0{,}76 = +0{,}63 \text{ V}$

Ânodo = zinco e Cátodo = chumbo

Item e) Somando as semirreações apresentadas pela questão e calculando o potencial-padrão do processo eletroquímico:

$Cu^0_{(sólido)} \rightarrow Cu^{+2}_{(aquoso)} + \cancel{2e^-}$	$\Delta G^0 = -2 \text{ x F x } (-0{,}34)$
$2Ag^+_{(aquoso)} + \cancel{2e^-} \rightarrow 2Ag^0_{(sólido)}$	$\Delta G^0 = -2 \text{ x F x } (+0{,}80)$ +
$Cu^0_{(sólido)} + 2Ag^+_{(aquoso)} \rightarrow Cu^{2+}_{(aquoso)} + 2Ag^0_{(sólido)}$	$\Delta G^0_{total} = -2 \text{ x F x } (-0{,}34) + [-2 \text{ x F x } (+0{,}80)]$

Cálculo do potencial padrão, a partir da variação da energia livre de Gibbs padrão:

$\cancel{-2 \text{ x F}} \text{ x } E^0_{total} = \cancel{-2 \text{ x F}} \text{ x } (-0{,}34) + [\cancel{-2 \text{ x F}} \text{ x } (+0{,}80)]$

$E^0_{total} = -0{,}34 + 0{,}80 = +0{,}46 \text{ V}$

Ânodo = cobre e Cátodo = prata

Questão 56

(GRILLO) Foi necessário uma hora (1 h) para se eletrolisar completamente 100 mL de uma solução de nitrato de zinco com uma corrente de 3A. A partir desta informação, calcule a normalidade desta solução.

Resolução:

Estudo da eletrólise do nitrato de zinco, a partir da dissociação da solução aquosa de nitrato de zinco:

$$Zn(NO_3)_{2(aquoso)} \rightarrow Zn^{+2}_{(aquoso)} + 2NO^-_{3(aquoso)}$$

Semirreação que ocorre no cátodo (semirreação de redução): $Zn^{+2}_{(aquoso)} + 2e^- \rightarrow Zn_{(sólido)}$

Cálculo da massa de zinco, a partir da relação estequiométrica com a carga do sistema eletroquímico:

$$65{,}41 \text{ g de Zn} --- 2 \cancel{\text{mol de elétrons}} \text{ x } \frac{96500 \text{ C}}{\cancel{1 \text{ mol de elétrons}}}$$
$$m_{Zn} ------- 3 \text{ x } 3600 \text{ C}$$

$$m_{Zn} = \frac{65{,}41 \text{ x } 3 \text{ x } 3600}{2 \text{ x } 96500} = \frac{706428}{193000} = 3{,}66 \text{ g}$$

Cálculo da normalidade (N): $N = \frac{m_{Zn}}{eqg_{Zn} \text{ x } V_{solução}} = \frac{3{,}66}{\frac{65{,}41}{2} \text{ x } 0{,}100} = \frac{3{,}66}{3{,}27} = 1{,}12 \text{ egg. L}^{-1}$

Questão 57

(GRILLO) Determine o tempo necessário para depositar um milimol de alumínio metálico pela passagem de uma corrente de 9,65 A através de uma solução aquosa de uma solução do íon alumínio.

Resolução: Semirreação que ocorre no cátodo - alumínio: $Al^{+3}_{(aquoso)} + 3e^- \rightarrow Al_{(sólido)}$

Cálculo da carga, a partir da relação estequiométrica com o número de mol do alumínio metálico.

$$1\ \text{mol} - - - - - - - - 3\ \cancel{\text{mol de elétrons}}\ \text{x} \frac{96500\ \text{C}}{\cancel{\text{mol de elétrons}}}$$
$$1\ \text{x}\ 10^{-3}\text{mol} - - - - - \text{Q}$$
$$\text{Q} = 289{,}50\ \text{C}$$

Cálculo do tempo: $\text{tempo} = \frac{289{,}50\ \text{C}}{9{,}65} = 30\ \text{s}$

Questão 58

(GRILLO) Calcule a constante de equilíbrio para a reação, $Fe^{+2}_{(aquoso)} + Ce^{+4}_{(aquoso)} \rightarrow Fe^{+3}_{(aquoso)} + Ce^{+3}_{(aquoso)}$, a partir dos seguintes valores de potencial-padrão: $E^{o}_{Ce^{+4}\,/\,Ce^{+3}} = +1{,}44\ V$; $E^{o}_{Fe^{+3}\,/\,Fe^{+2}} = +0{,}68\ V$.

Resolução: Desenvolvendo as semirreações apresentadas no enunciado da questão.

$Fe^{+3}_{(aquoso)} + 1e^{-} \rightarrow Fe^{+2}_{(aquoso)}$ $\qquad E^{0} = +0{,}68\ V$
$Ce^{+4}_{(aquoso)} + 1e^{-} \rightarrow Ce^{+3}_{(aquoso)}$ $\qquad E^{0} = +1{,}44\ V$
Invertendo a semirreação do ferro e calculando o potencial padrão para o dispositivo eletroquímico:

$Fe^{+2}_{(aquoso)} \rightarrow Fe^{+3}_{(aquoso)} + \cancel{1e^{-}}$ $\qquad \Delta G^{0} = -1\ x\ F\ x\ (-0{,}68)$
$Ce^{+4}_{(aquoso)} + \cancel{1e^{-}} \rightarrow Ce^{+3}_{(aquoso)}$ $\qquad \Delta G^{0} = -1\ x\ F\ x\ (+1{,}44)\ +$

$Fe^{+2}_{(aquoso)} + Ce^{+4}_{(aquoso)} \rightarrow Fe^{+3}_{(aquoso)} + Ce^{+3}_{(aquoso)}$

Determinação do potencial-padrão para o sistema eletroquímico:

$$\Delta G^{0}_{total} = -1\ x\ F\ x\ (-0{,}68) + [-1\ x\ F\ x\ (+1{,}44)]$$

$$\cancel{-1\ x\ F}\ x\ E^{0}_{total} = \cancel{-1\ x\ F}\ x\ (-0{,}68) + [\cancel{-1\ x\ F}\ x\ (+1{,}44)]$$

$$E^{0}_{total} = -0{,}68 + 1{,}44 = +0{,}46\ V$$

Cálculo da constante de equilíbrio: $-n\ x\ F\ x\ E^{0}_{total} = -R\ x\ T\ x\ \ln K_{eq}$

$$\ln K_{eq} = \frac{-n\ x\ F\ x\ E^{0}_{total}}{-R\ x\ T}$$

$$\ln K_{eq} = \frac{-1\ x\ 96500\ x\ 0{,}46}{-8{,}314\ x\ 298} = +17{,}92$$

$$K_{eq} = e^{(+17{,}92)}$$

Questão 59

(GRILLO) Óxido de alumínio pode ser eletrolisado a uma temperatura igual a 1000ºC para produzir alumínio. A partir das informações apresentadas, determine a carga para o preparo correspondente a 5,12 kg de alumínio.

Resolução: Para esta temperatura, a eletrólise realizada foi a eletrólise ígnea. $Al_2O_{3(sólido)} \rightarrow 2Al^{+3}_{(líquido)} + 3O^{-2}$

Semirreação que ocorre no cátodo: $Al^{+3}_{(líquido)} + 3e^{-} \rightarrow Al_{(sólido)}$
Semirreação que ocorre no ânodo: $O^{-2} \rightarrow \frac{1}{2}O_{2(gás)} + 2e^{-}$

Multiplicando a semirreação do cátodo por dois e multiplicando por três a semirreação do ânodo, temos:

$Al_2O_{3(sólido)} \rightarrow \cancel{2Al^{+3}_{(líquido)}} + \cancel{3O^{-2}}$

$\cancel{2Al^{+3}_{(l)}} + \cancel{6e^-} \rightarrow 2Al_{(sólido)}$
$\cancel{3O^{-2}} \rightarrow \frac{3}{2}O_{2(gás)} + \cancel{6e^-}$ +

$Al_2O_{3(sólido)} \rightarrow 2Al_{(sólido)} + 3O_{2(gás)}$

Cálculo da carga (Q), a partir da relação estequiométrica com a massa do alumínio metálico.

$27\ g ------ 3\ \cancel{mol\ de\ elétrons}\ x \frac{96500\ C}{\cancel{mol\ de\ elétrons}}$
$5120\ g ----- Q$

$$Q = \frac{5120 \times 3 \times 96500}{27} = 5{,}49 \times 10^{+7}\ C$$

Questão 60

(GRILLO) Calcule a constante de equilíbrio para o seguinte processo eletroquímico: $In^{+2}_{(aq)} + Cu^{+2}_{(aq)} \rightarrow In^{+3}_{(aq)} + Cu^{+}_{(aq)}$ para T = 25°C. Informação para a resolução do problema: $E^o_{Cu^{+2}/Cu^+} = +0{,}15\ V$; $E^o_{In^{+2}/In^+} = -0{,}40\ V$; $E^o_{In^{+3}/In^+} = -0{,}42\ V$.

Resolução: Cálculo do potencial para a primeira parte:

$In^{+2}_{(aquoso)} + 1e^- \rightarrow \cancel{In^{+}_{(aquoso)}}$ $\Delta G^0 = -1 \times F \times (-0{,}40)$
$\cancel{In^{+}_{(aquoso)}} \rightarrow In^{+3}_{(aquoso)} + 2e^-$ $\Delta G^0 = -2 \times F \times (+0{,}42)$ +

$In^{+2}_{(aquoso)} \rightarrow In^{+3}_{(aquoso)} + 1e^-$ $\Delta G^0_{total} = -1 \times F \times (-0{,}40) + [-2 \times F \times (+0{,}42)]$

$$-1 \times \cancel{F} \times E^0_{total} = -1 \times \cancel{F} \times (-0{,}40) + [-2 \times \cancel{F} \times (+0{,}42)]$$

$$E^0_{total} = +0{,}44\ V$$

Cálculo do potencial para a segunda parte:

$In^{+2}_{(aquoso)} \rightarrow In^{+3}_{(aquoso)} + \cancel{1e^-}$ $\Delta G^0 = -1 \times F \times (+0{,}44)$
$Cu^{+2}_{(aquoso)} + \cancel{1e^-} \rightarrow Cu^{+}_{(aquoso)}$ $\Delta G^0 = -1 \times F \times (+0{,}15)$ +

$In^{+2}_{(aquoso)} + Cu^{+2}_{(aquoso)} \rightarrow In^{+3}_{(aquoso)} + Cu^{+}_{(aquoso)}$

Cálculo do potencial padrão, a partir da variação da energia livre de Gibbs padrão:

$$\Delta G^0_{total} = -1 \times F \times (-0{,}40) + [-1 \times F \times (+0{,}42)]$$

$$\cancel{-1} \times \cancel{F} \times E^0_{total} = \cancel{-1} \times \cancel{F} \times (+0{,}44) + [\cancel{-1} \times \cancel{F} \times (+0{,}15)]$$

$$E^0_{total} = +0{,}59\ V$$

Cálculo da constante de equilíbrio, em fução do potencial-padrão do sistema eletroquímico: $-n \times F \times E^0_{total} = -R \times T \times \ln K_{eq}$

$$\ln K_{eq} = \frac{-1 \times 96500 \times 0{,}59}{-8{,}314 \times 298} = +23{,}00$$

$$K_{eq} = e^{(+23{,}00)}$$

Questão 61

(GRILLO) O potencial dos eletrodos de Mn^{3+}/Mn^{2+} e Mn^{2+}/Mn a 25°C são 1,51V e –1,18V, respectivamente. Calcule o potencial-padrão de $Mn^{3+} + 3\ e^- \rightarrow Mn$ e K_{eq}.

Resolução: Cálculo do potencial para a primeira parte:

$Mn^{+3}_{(aquoso)} + 1e^- \rightarrow \cancel{Mn^{+2}_{(aquoso)}}$ $\Delta G^0 = -1 \text{ x F x } (1{,}51)$

$\cancel{Mn^{+2}_{(aq)}} + 2e^- \rightarrow Mn^0_{(sólido)}$ $\Delta G^0 = -2 \text{ x F x } (-1{,}18)$ +

$Mn^{+3}_{(aquoso)} + 3e^- \rightarrow Mn^0_{(sólido)}$ $\Delta G^0_{total} = -1 \text{ x F x } (1{,}51) + [-2 \text{ x F x } (-1{,}18)]$

Cálculo do potencial padrão, a partir da variação da energia livre de Gibbs padrão:

$$-3 \text{ x } \cancel{F} \text{ x } E^0_{total} = -1 \text{ x F x } (1{,}51) + [-2 \text{ x F x } (-1{,}18)]$$

$$E^0_{total} = -\ 0{,}283 \text{ V}$$

Cálculo da constante de equilíbrio: $-n \text{ x F x } E^0_{total} = -R \text{ x T x } \ln K_{eq}$

$$\ln K_{eq} = \frac{-n \text{ x F x } E^0_{total}}{-R \text{ x T}}$$

$$\ln K_{eq} = \frac{-3 \text{ x } 96500 \text{ x } (-0{,}283)}{-8{,}314 \text{ x } 298} = \frac{-81928{,}5}{-2477{,}572} = +33{,}07$$

$$K_{eq} = e^{(+33{,}07)}$$

Questão 62

(GRILLO) Considere que a densidade do cobre seja igual a 8,94 g.cm^{-3}. Assinale a alternativa que apresenta a quantidade de eletricidade necessária para cobrir uma área 10 cm x 10 cm a uma espessura de 10^{-2} cm, usando uma solução de $CuSO_4$ é:

a) 13586 C
b) 27172 C
c) 40758 C
d) 20348 C

Resolução: Alternativa B.

Semirreação que ocorre no cátodo: $Cu^{+2}_{(aquoso)} + 2e^- \rightarrow Cu_{(sólido)}$

Cálculo da massa de cobre, a partir da densidade: $d = \frac{massa}{volume}$

$$massa = 8{,}94 \text{ x } (10 \text{ x } 10 \text{ x } 10^{-2}) = 8{,}94 \text{ g}$$

Cálculo da carga do sistema eletroquímico, a partir da relação estequiométrica com a massa do cobre metálico.

$$63{,}55 \text{ g} ----- 2 \cancel{\text{mol de elétrons}} \text{ x } \frac{96500 \text{ C}}{\cancel{\text{mol de elétrons}}}$$

$$8{,}94 \text{ g} ------ Q$$

$$Q = 27150{,}59 \text{ C}$$

Questão 63

(INSTITUTO MILITAR DE ENGENHARIA) São conhecidas três pilhas cujas reações totais são:

$3Zn_{(s)} + Cr_2O^{-2}_{7(aq)} + 14H^+_{(aq)} \rightarrow 3Zn^{+2}_{(aq)} + 2Cr^{+3}_{(aq)} + 7H_2O_{(l)}$

$Zn_{(s)} + 2H^+_{(aq)} \rightarrow Zn^{+2}_{(aq)} + H_{2(g)}$

$Zn_{(s)} + Cu^{+2}_{(aq)} \rightarrow Zn^{+2}_{(aq)} + Cu_{(s)}$

E cujos potenciais observados nas condições padrões são respectivamente 2,09 V; 0,76 V e 1,10 V. A partir destes dados, determine os potenciais padrões de oxidação para as semirreações do zinco, do cobre e do dicromato envolvidas, e diga justificando se é espontânea a reação: $3\ Cu^{+2}_{(aq)} + 2\ Cr^{+3}_{(aq)} + 7H_2O_{(l)} \rightarrow 3\ Cu_{(s)} + Cr_2O^{-2}_{7(aq)} + 14H^{+}_{(aq)}$.

Resolução: Determinação do potencial de oxidação do zinco:

$$Zn_{(sólido)} + 2H^{+}_{(aquoso)} \rightarrow Zn^{+2}_{(aquoso)} + \cancel{H_{2(gás)}} \qquad \Delta G^0 = -2 \text{ x F x } (+\ 0{,}76)$$
$$\cancel{H_{2(gás)}} \rightarrow 2H^{+}_{(aquoso)} + 2e^- \qquad \Delta G^0 = -2 \text{ x F x } (+\ 0{,}00)$$
$$Zn_{(sólido)} \rightarrow Zn^{+2}_{(aquoso)} + 2\ e^- \qquad \Delta G^0_{total} = -2 \text{ x F x } E^0_{total}$$

Cálculo do potencial padrão, a partir da variação da energia livre de Gibbs padrão:

$$-2 \text{ x F x } E^0_{total} = -2 \text{ x F x } (+\ 0{,}76) + [-2 \text{ x F x } (+\ 0{,}00)]$$

$$E^0_{total} = +0{,}76\ V$$

Determinação do potencial da semirreação de oxidação do cobre:

$$Zn_{(sólido)} + Cu^{+2}_{(aquoso)} \rightarrow Zn^{+2}_{(aquoso)} + Cu_{(sólido)} \qquad \Delta G^0 = -2 \text{ x F x } (+\ 1{,}10)$$
$$Zn^{+2}_{(aquoso)} + 2e^- \rightarrow Zn_{(sólido)} \qquad \Delta G^0 = -2 \text{ x F x } (-0{,}76)$$
$$Cu^{+2}_{(aquoso)} + 2e^- \rightarrow Cu_{(sólido)} \qquad \Delta G^0_{total} = -2 \text{ x F x } E^0_{total}$$

Cálculo do potencial padrão, a partir da variação da energia livre de Gibbs padrão:

$$-2 \text{ x F x } E^0_{total} = -2 \text{ x F x } (+\ 1{,}10) + [-2 \text{ x F x } (-\ 0{,}76)]$$

$$E^0_{total} = +0{,}34\ V$$

Logo, o potencial de oxidação para a semirreação é: $Cu_{(sólido)} \rightarrow Cu^{+2}_{(aquoso)} + 2e^-\ E^0_{total} = -0{,}34\ V$

Determinação do potencial da semirreação de oxidação do dicromato:

$$\cancel{3\ Zn_{(sólido)}} + Cr_2O^{-2}_{7(sólido)} + 14H^{+}_{(aquoso)} \rightarrow \cancel{3Zn^{+2}_{(aq)}} + 2Cr^{+3}_{(aquoso)} + 7H_2O_{(líquido)}$$

$$\cancel{3Zn^{+2}_{(aquoso)}} + 6e^- \rightarrow \cancel{3Zn_{(sólido)}} \qquad +$$

$$Cr_2O^{-2}_{7(sólido)} + 14H^{+}_{(aquoso)} \rightarrow 2Cr^{+3}_{(aquoso)} + 7H_2O_{(líquido)} \qquad \Delta G^0_{total} = -6 \text{ x F x } E^0_{total}$$

Cálculo do potencial padrão, a partir da variação da energia livre de Gibbs padrão:

$$\cancel{-6 \text{ x F}} \text{ x } E^0_{total} = \cancel{-6 \text{ x F}} \text{ x } (+\ 1{,}10) + [\cancel{-6 \text{ x F}} \text{ x } (-\ 0{,}76)]$$

$$E^0_{total} = +1{,}33\ V$$

Determinação para analisar se o processo eletroquímico apresentado é espontâneo ou não espontâneo.

$$3Cu^{+2}_{(aquoso)} + 2Cr^{+3}_{(aquoso)} + 7H_2O_{(líquido)} \rightarrow 3Cu_{(sólido)} + Cr_2O^{-2}_{7(aquoso)} + 14H^{+}_{(aquoso)}$$

$$2Cr^{+3}_{(aquoso)} + 7H_2O_{(líquido)} \rightarrow Cr_2O^{-2}_{7(aquoso)} + 14H^{+}_{(aquoso)} \qquad \Delta G^0_1 = -6 \text{ x F x } (-0{,}76)$$
$$3Cu^{+2}_{(aquoso)} + 6e^- \rightarrow 3Cu_{(sólido)} \qquad \Delta G^0_2 = -6 \text{ x F x } (+0{,}34)$$
$$3Cu^{+2}_{(aquoso)} + 2Cr^{+3}_{(aquoso)} + 7H_2O_{(líquido)} \rightarrow 3Cu_{(solido)} + Cr_2O^{-2}_{7(aquoso)} + 14H^{+}_{(aquoso)}$$

Cálculo do potencial padrão, a partir da variação da energia livre de Gibbs padrão:

$$\cancel{-6 \text{ x F}} \text{ x } E^0_{total} = \cancel{-6 \text{ x F}} \text{ x } (-0{,}76) + [\cancel{-6 \text{ x F}} \text{ x } (+0{,}34)]$$

$$E^0_{total} = -0{,}76 + 0{,}34 = -0{,}42 \text{ V}$$

Determinação da variação da energia livre de Gibbs: $\Delta G^0_{total} = -6 \text{ x F x } E^0_{total}$

$$\Delta G^0_{total} = -6 \text{ x } 96500 \text{ x } (-0{,}42) = +243180 \text{ J}$$

Processo não espontâneo, uma vez que a variação da energia livre de Gibbs é maior que zero.

Questão 64

(INSTITUTO MILITAR DE ENGENHARIA) Para a redução do $Cr_2O^{-2}_{7(aq)}$ pelo $Br^-_{(aq)}$ em meio ácido, conhece-se as semirreações e os potenciais padrões de oxidação:

$2\, Cr^+_{(aq)} + 7H_2O_{(l)} \rightarrow Cr_2O^{-2}_{7(aq)} + 14H^+_{(aq)} + 6e^-$ E° = -1,33 V

$2Br^-_{(aq)} \rightarrow Br_{2(g)} + 2e^-$ E° = -1,07 V

Pede-se:

a) Escrever a equação completa e balanceada.

b) Dizer se esta reação é espontânea, justificando.

Resolução:

Item a) Invertendo a primeira semirreação e multiplicando por três a segunda semirreação:

$Cr_2O^{-2}_{7(sólido)} + 14H^+_{(aquoso)} + 6e^- \rightarrow 2Cr^+_{(aquoso)} + 7H_2O_{(líquido)}$ $\Delta G^0_1 = -6 \text{ x F x } (+1{,}33)$

$6Br^-_{(aquoso)} \rightarrow 3Br_{2(gás)} + 6e^-$ $\Delta G^0_2 = -6 \text{ x F x } (-1{,}07)$

$Cr_2O^{-2}_{7(sólido)} + 14H^+_{(aquoso)} + 6Br^-_{(aquoso)} \rightarrow 2Cr^+_{(aquoso)} + 7H_2O_{(líquido)} + 3Br_{2(gás)}$

Cálculo do potencial padrão, a partir da variação da energia livre de Gibbs padrão:

$$\cancel{-6 \text{ x F}} \text{ x } E^0_{total} = \cancel{-6 \text{ x F}} \text{ x } (+1{,}33) + [\cancel{-6 \text{ x F}} \text{ x } (-1{,}07)]$$

$$E^0_{total} = +0{,}26 \text{ V}$$

Cálculo da variação da energia de Gibbs-padrão da reação eletroquímica global: $\Delta G^0_{total} = -6 \text{ x F x } E^0_{total}$

$$\Delta G^0_{total} = -6 \text{ x } 96500 \text{ x } (+0{,}26) = -150540 \text{ J}$$

Como o valor da energia livre de Gibbs é negativa, seu processo é espontâneo.

Questão 65

(INSTITUTO MILITAR DE ENGENHARIA) Com base nos potenciais-padrão de redução (E^o_{red}) disponíveis abaixo, determine a constante de equilíbrio para a oxidação do íon Fe^{2+} por oxigênio, a 25°C, em meio ácido, de acordo com a reação: $O_{2(g)} + 4H^+_{(aq)} + 4Fe^{2+}_{(aq)} \longrightarrow 4Fe^{3+}_{(aq)} + 2H_2O_{(l)}$. Dados:

$O_{2(g)} + 4H^+_{(aq)} + 4e^- \longrightarrow 2H_2O_{(l)}$ $E^o_{red} = +1{,}23$ V

$Fe^{2+}_{(aq)} + 2e^- \longrightarrow Fe_{(s)}$ $E^o_{red} = -0{,}450$ V

$Fe^{3+}_{(aq)} + 3e^- \longrightarrow Fe_{(s)}$ $E^o_{red} = -0{,}0430$ V

Resolução: Para a resolução deste problema, será necessário calcular o potencial-padrão do ferro.

$Fe^{2+}_{(aquoso)} + 2e^- \longrightarrow Fe_{(sólido)}$ $E^o_{red} = -0{,}450$ V

$Fe^{3+}_{(aquoso)} + 3e^- \longrightarrow Fe_{(sólido)}$ $E^o_{red} = -0{,}0430$ V

Multiplicando a primeira semirreação por quatro e invertendo e multiplicando por quatro a segunda semirreação, temos:

~~$4Fe_{(sólido)}$~~ $\longrightarrow 4Fe^{2+}_{(aquoso)} + 8e^-$	$\Delta G_1^0 = -8 \text{ x } F \text{ x } (+0{,}450)$
$4Fe^{3+}_{(aquoso)} + 12e^- \longrightarrow$ ~~$4Fe_{(sólido)}$~~	$\Delta G_2^0 = -12 \text{ x } F \text{ x } (-0{,}0430)$
$4Fe^{3+}_{(aquoso)} + 4e^- \longrightarrow 4Fe^{2+}_{(aquoso)}$	$\Delta G_{total}^0 = -4 \text{ x } F \text{ x } E_{total}^0$

Cálculo do potencial-padrão para o sistema eletroquímico: $\Delta G_{total}^0 = \Delta G_1^0 + \Delta G_2^0$

$$-4 \text{ x } F \text{ x } E_{total}^0 = -8 \text{ x } F \text{ x } (+0{,}450) - 12 \text{ x } F \text{ x } (-0{,}0430)$$

$$E_{total}^0 = \frac{-3{,}60 + 0{,}516}{-4} = +0{,}771 \text{ V}$$

Cálculo do potencial-padrão da equação química apresentada a seguir, $O_{2(gás)} + 4H^+_{(aquoso)} + 4Fe^{2+}_{(aquoso)} \longrightarrow 4Fe^{3+}_{(aquoso)} + 2H_2O_{(líquido)}$.

$O_{2(gás)} + 4H^+_{(aquoso)} +$ ~~$4e^-$~~ $\longrightarrow 2H_2O_{(líquido)}$	$\Delta G_1^0 = -4 \text{ x } F \text{ x } (+1{,}23)$
$4Fe^{2+}_{(aquoso)} \longrightarrow 4Fe^{3+}_{(aquoso)} +$ ~~$4e^-$~~	$\Delta G_2^0 = -4 \text{ x } F \text{ x } (-0{,}771)$
$O_{2(gás)} + 4H^+_{(aquoso)} + 4Fe^{2+}_{(aquoso)} \longrightarrow 4Fe^{3+}_{(aquoso)} + 2H_2O_{(líquido)}$	$\Delta G_{total}^0 = \Delta G_1^0 + \Delta G_2^0$

Cálculo do potencial padrão, a partir da variação da energia livre de Gibbs padrão:

$$-12 \text{ x } F \text{ x } E_{total}^0 = -4 \text{ x } F \text{ x } (+1{,}23) - 4 \text{ x } F \text{ x } (-0{,}771)$$

$$E_{total}^0 = \frac{-4{,}92 + 3{,}084}{-12} = +0{,}153 \text{ V}$$

Cálculo da constante de equilíbrio: $-n \text{ x } F \text{ x } E_{total}^0 = -R \text{ x } T \text{ x} \ln K_{eq}$

$$\ln K_{eq} = \frac{-12 \text{ x } 96500 \text{ x } (+0{,}153)}{-8{,}314 \text{ x } 298}$$

$$\ln K_{eq} = \frac{-177174}{-2477{,}572}$$

$$K_{eq} = e^{(+71{,}51)}$$

Questão 66

(U. S NATIONAL CHEMISTRY OLYMPIAD) For the galvanic cell $Zn_{(s)}|Zn^{2+}_{(aq)} \| Cu^{2+}_{(aq)}|Cu_{(s)}$ the standard cell potential is 1,10 V. What is the potential at °C if the concentrations of Zn^{2+} and Cu^{2+} are 2,5 M and 0,10 M respectively?

a) 1,14 V
b) 1,10 V
c) 1,06 V
d) 1,02 V

Resolução: Alternativa C.
Para a resolução desta questão, como as concentrações das espécies químicas estão diferentes de 1,0 mol/L, será necessário aplicar a equação de Nernst.

Equação iônica que corresponde com o funcionamento da pilha: $Zn_{(sólido)} + Cu^{+2}_{(aquoso)} \rightarrow Cu_{(sólido)} + Zn^{+2}_{(aquoso)}$

$$E = E^0 - \frac{R \text{ x } T}{n \text{ x } F} \text{x} \ln Q$$

$$E = +1{,}10 - \frac{8{,}314 \times 298}{2 \times 96500} \times \ln \frac{\overbrace{a_{Cu}}^{1} \times a_{Zn^{+2}}}{\underbrace{a_{Zn}}_{1} \times a_{Cu^{+2}}}$$

$$E = +1{,}10 - \frac{8{,}314 \times 298}{2 \times 96500} \times \ln \frac{\overbrace{a_{Cu}}^{1} \times 2{,}50}{\underbrace{a_{Zn}}_{1} \times 0{,}10} = +1{,}06\ V$$

Questão 67

(U. S NATIONAL CHEMISTRY OLYMPIAD) Questions **A** and **B** should be answered with reference to the voltaic cell shown and these half-reactions.

$Rh^{+3}_{(aq)} + 3e^- \longrightarrow Rh_{(s)}$ $E^o = +\,0{,}80\ V$
$Cu^{+}_{(aq)} + 1e^- \longrightarrow Cu_{(s)}$ $E^o = +\,0{,}52\ V$

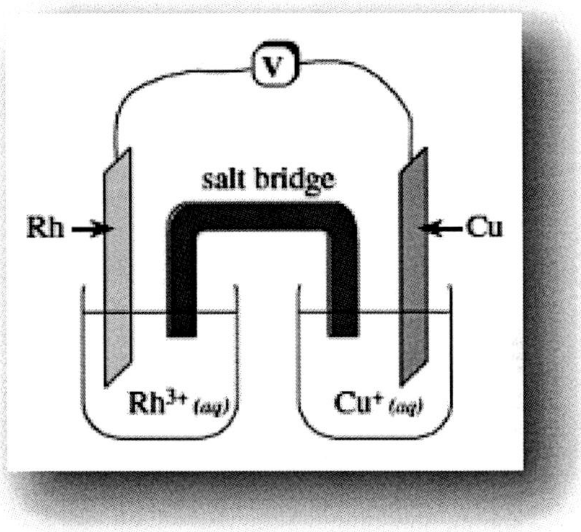

A – What is the direction of electron flow in the external circuit if the concentrations of Cu^+ and Rh^{3+} are each 1 M?
a) from the Rh anode to the Cu cathode
b) from the Rh cathode to the Cu anode
c) from the Cu anode to the Rh cathode
d) from the Cu cathode to the Rh anode

B – What is the voltage of this cell if the concentrations of Cu^+ and Rh^{3+} are each 1 M?
a) 0,28 V
b) 0,76 V
c) 1,32 V
d) 2,36 V

Resolução do Item A: Alternativa C.

$Rh^{+3}_{(aquoso)} + 3e^- \longrightarrow Rh_{(sólido)}$ $E^o = +\,0{,}80\ V$
$Cu^{+}_{(aquoso)} + 1e^- \longrightarrow Cu_{(sólido)}$ $E^o = +\,0{,}52\ V$

Invertendo e multiplicando por três a semirreação do cobre:

$Rh^{+3}_{(aquoso)} + \cancel{3e^-} \longrightarrow Rh_{(sólido)}$ $\Delta G_1^0 = -3 \times F \times (+0{,}80)$
$3Cu_{(sólido)} \longrightarrow 3Cu^{+}_{(aquoso)} + \cancel{3e^-}$ $\Delta G_2^0 = -3 \times F \times (-0{,}52)$

$Rh^{+3}_{(aquoso)} + 3Cu_{(sólido)} \longrightarrow Rh_{(sólido)} + 3Cu^{+}_{(aquoso)}$ $\Delta G_{total}^0 = \Delta G_1^0 + \Delta G_2^0$

Cálculo do potencial padrão, a partir da variação da energia livre de Gibbs padrão:

$\cancel{-3 \text{ x } F} \text{ x } E^0_{total} = \cancel{-3 \text{ x } F} \text{ x } (+0{,}80) \cancel{-3 \text{ x } F} \text{ x } (-0{,}52)$

$E^0_{total} = +\,0{,}28 \text{ V}$

$Rh^{+3}_{(aquoso)}$ = agente oxidante (cátodo) e $Cu_{(sólido)}$ = agente redutor (ânodo).

O fluxo de elétrons sai do ânodo para o cátodo.

Resolução do Item B: Alternativa A.

$Rh^{+3}_{(aquoso)} + 3e^- \longrightarrow Rh_{(sólido)}$ $E^o = +\,0{,}80 \text{ V}$
$Cu^{+}_{(aquoso)} + 1e^- \longrightarrow Cu_{(sólido)}$ $E^o = +\,0{,}52 \text{ V}$

Invertendo e multiplicando por três a semirreação do cobre:

$Rh^{+3}_{(aquoso)} + \cancel{3e^-} \longrightarrow Rh_{(sólido)}$ $\Delta G^0_1 = -3 \text{ x F x } (+0{,}80)$
$3Cu_{(sólido)} \longrightarrow 3Cu^{+}_{(aquoso)} + \cancel{3e^-}$ $\Delta G^0_2 = -3 \text{ x F x } (-0{,}52)$

$Rh^{+3}_{(aquoso)} + 3Cu_{(sólido)} \longrightarrow Rh_{(sólido)} + 3Cu^{+}_{(aquoso)}$ $\Delta G^0_{total} = \Delta G^0_1 + \Delta G^0_2$

Cálculo do potencial-padrão do sistema eletroquímico: $\cancel{-3 \text{ x } F} \text{ x } E^0_{total} = \cancel{-3 \text{ x } F} \text{ x } (+0{,}80) \cancel{-3 \text{ x } F} \text{ x } (-0{,}52)$

$E^0_{total} = +\,0{,}28 \text{ V}$

Questão 68

(INSTITUTO MILITAR DE ENGENHARIA) Construiu-se uma célula eletrolítica de eletrodos de platina, tendo como eletrólito uma solução aquosa de iodeto de potássio. A célula operou durante um certo intervalo de tempo sob corrente constante de 0,2A. Ao final da operação, o eletrólito foi completamente transferido para um outro recipiente e titulado com solução 0,1M de tiossulfato de sódio. Sabendo-se que foram consumidos 25 mL da solução de tiossulfato na titulação, determine o tempo durante o qual a célula operou.

$S_4O_6^{-2} + 2e^- \longrightarrow 2S_2O_3^{-2}$ $E^o = +\,0{,}08 \text{ V}$
$I_2 + 2e^- \longrightarrow 2I^-$ $E^o = +\,0{,}54 \text{ V}$

Resolução: Para a resolução do problema, será necessário inverter a primeira semirreação.

$2S_2O_3^{-2} \longrightarrow S_4O_6^{-2} + 2e^-$ $\Delta G^0_1 = -2 \text{ x F x } (-0{,}08)$
$I_2 + 2e^- \longrightarrow 2I^-$ $\Delta G^0_2 = -2 \text{ x F x } (+0{,}54)$

$2\,S_2O_3^{-2} + I_2 \longrightarrow S_4O_6^{-2} + 2\,I^-$ (Equação iônica para o funcionamento da pilha)

$\Delta G^0_{total} = \Delta G^0_1 + \Delta G^0_2$

Cálculo do potencial padrão, a partir da variação da energia livre de Gibbs padrão:

$\cancel{-2 \text{ x } F} \text{ x } E^0_{total} = \cancel{-2 \text{ x } F} \text{ x } (-0{,}08) \cancel{-2 \text{ x } F} \text{ x } (+0{,}54)$

$E^0_{total} = -0{,}08 + 0{,}54 = +0{,}46 \text{ V}$

Cálculo do número de mol de tiossulfato: $n_{tiossulfato} = 0{,}10 \text{ x } 25 \text{ x } 10^{-3} = 2{,}50 \text{ x } 10^{-3} \text{ mol}$

Cálculo do número de mol de iodo molecular, a partir da equação iônica: $2\,S_2O_3^{-2} + I_2 \longrightarrow S_4O_6^{-2} + 2\,I^-$

$$\frac{n_{tiossulfato}}{2} = \frac{n_{iodo}}{1}$$

$$\frac{2{,}50 \text{ x } 10^{-3} \text{ mol}}{2} = \frac{n_{iodo}}{1}$$

$$n_{iodo} = 1{,}25 \text{ x } 10^{-3} \text{ mol}$$

Cálculo da carga produzida, a partir de iodo produzido. $I_2 \rightarrow 2I^- + 2e^-$

$$Q = 1{,}25 \text{ x } 10^{-3} \text{ x } 2 \cancel{\text{mol de elétrons}} \text{ x } \frac{96500 \text{ C}}{1 \cancel{\text{mol de elétrons}}} = 241{,}25 \text{ C}$$

Cálculo do tempo: $\text{tempo} = \frac{241{,}25}{0{,}20} = 120{,}250 \text{ s}$

Questão 69

(PROGRAMA DE PÓS-GRADUAÇÃO EM QUÍMICA APLICADA - MESTRADO - UNIVERSIDADE ESTADUAL DE PONTA GROSSA) No processo eletroquímico: $Sn^{4+}_{(aq)} + 2Ti^{2+}_{(aq)} \rightarrow Sn^{2+}_{(aq)} + 2Ti^{3+}_{(aq)}$.

a) Qual o valor do potencial da célula nas condições padrões?

b) Qual o valor do potencial da célula nas condições de concentração: $[Sn^{4+}_{(aq)}]$ = 0,000200 mol L^{-1} = 2,00 × 10^{-4} mol L^{-1}; $[Ti^{2+}_{(aq)}]$ = 0,0000800 mol L^{-1} = 8,00 × 10^{-5} mol L^{-1}; $[Sn^{2+}_{(aq)}]$ = 0,0190 mol L^{-1} = 1,90 × 10^{-2} mol L^{-1} e $[Ti^{3+}_{(aq)}]$ = 0,0280 mol L^{-1} = 2,80 × 10^{-2} mol L^{-1}.

Considere comportamento ideal dos íons e temperatura de 25°C. Dados: Potenciais de reduções padrões e demais valores: E° (Sn^{4+}/Sn^{2+}) = + 0,15 V e E° (Ti^{3+}/Ti^{2+}) = - 0,37 V.

Resolução:

Item a) Organizando as semirreações de redução apresentadas a partir do enunciado.

$$Sn^{+4}_{(aquoso)} + 2 \text{ elétrons} \rightleftarrows Sn^{+2}_{(aquoso)} \qquad E^0 = +0{,}15 \text{ V}$$

$$Ti^{+3}_{(aquoso)} + 1 \text{ elétrons} \rightleftarrows Ti^{+2}_{(aquoso)} \qquad E^0 = -0{,}37 \text{ V}$$

Determinação do potencial-padrão para o sistema eletroquímico, além da equação química que corresponde ao funcionamento do processo eletroquímico. Invertendo a segunda semirreação de redução e multiplicando por dois, temos:

$$Sn^{+4}_{(aquoso)} + 2 \text{ elétrons} \rightleftarrows Sn^{+2}_{(aquoso)} \qquad \Delta G^0 = -2 \text{ x F x } (+\ 0{,}15)$$

$$2Ti^{+2}_{(aquoso)} \rightleftarrows 2Ti^{+3}_{(aquoso)} + 2 \text{ elétrons} \qquad \Delta G^0 = -2 \text{ x F x } (+\ 0{,}37)$$

Somando as duas semirreações:

$$Sn^{+4}_{(aquoso)} + 2 \text{ elétrons} \rightleftarrows Sn^{+2}_{(aquoso)} \qquad \Delta G^0 = -2 \text{ x F x } (+\ 0{,}15)$$

$$2Ti^{+2}_{(aquoso)} \rightleftarrows 2Ti^{+3}_{(aquoso)} + 2 \text{ elétrons} \qquad \Delta G^0 = -2 \text{ x F x } (+\ 0{,}37) \ +$$

$$Sn^{+4}_{(aquoso)} + 2Ti^{+2}_{(aquoso)} \rightleftarrows Sn^{+2}_{(aquoso)} + 2Ti^{+3}_{(aquoso)}$$

Cálculo do potencial padrão, a partir da variação da energia livre de Gibbs padrão:

$$-2 \text{ x F x } E^0_{total} = -2 \text{ x F x } (+0{,}15) + [-2 \text{ x F x } (+\ 0{,}37)]$$

$$E^0_{total} = +0{,}15 + 0{,}37 = +0{,}52 \text{ V}$$

Item b) Para os dois itens apresentados, será necessário aplicar a equação de Nernst..

$$E = E° - \frac{R \text{ x } T}{n \text{ x } F} \text{ x } \ln \frac{[Ti^{+3}]^2 \text{ x } [Sn^{+2}]}{[Ti^{+2}]^2 \text{ x } [Sn^{+4}]}$$

Para a determinação da constante de equilíbrio, o potencial fora do estado padronizado, deve ser igual a zero (E = 0), logo: Q = K_{eq}.

$$E = +0{,}52 - \frac{8{,}314 \text{ x } 298}{2 \text{ x } 96500} \text{x} \ln \frac{[0{,}0280]^2 \text{ x } [0{,}0190]}{[0{,}0000800]^2 \text{ x } [0{,}000200]}$$

$$E = +0{,}52 - \frac{8{,}314 \text{ x } 298}{2 \text{ x } 96500} \text{x} \ln \frac{[0{,}0280]^2 \text{ x } [0{,}0190]}{[0{,}0000800]^2 \text{ x } [0{,}000200]} = +\ 0{,}311 \text{ V}$$

Questão 70

(GRILLO) A Diferença de potencial (ddp) para a reação, $2Cu^{+}_{(aq)} \rightarrow Cu_{(s)} + Cu^{+2}_{(aq)}$ é +0,36 V a 298 K. A partir das informações apresentadas, determine de maneira aproximada o valor da constante de equilíbrio para este processo eletroquímico apresentado.

Resolução: Cálculo da constante de equilíbrio químico, a partir da seguinte relação termodinâmica. $\Delta G^0_{\text{eletroquímico}} = \Delta G^0_{\text{termodinâmico}}$

$$-n \text{ x } F \text{ x } E^0_{\text{total}} = -R \text{ x } T \text{ x} \ln K_{eq}$$

$$\ln K_{eq} = \frac{-n \text{ x } F \text{ x } E^0_{\text{total}}}{-R \text{ x } T}$$

$$\ln K_{eq} = \frac{-2 \text{ x } 96500 \text{ x } (+0{,}36)}{-8{,}314 \text{ x } 298} = +28{,}04$$

$$K_{eq} = e^{(+28{,}04)}$$

Questão 71

(PROGRAMA DE PÓS-GRADUAÇÃO EM QUÍMICA – UNIFAL- MG) Um estudante de química está interessado em construir um dispositivo eletroquímico para fazer acender uma pequena lâmpada que funciona como o farol de um carrinho de brinquedo do seu irmão menor. Ao procurar materiais disponíveis para realizar tal tarefa ele encontra Alumínio e Cobre. Considerando as seguintes semirreações:

$Al^{3+}_{(aq)} + 3e^- \rightarrow Al_{(s)}$ E° = -1,66 V
$Cu^{2+}_{(aq)} + 2e^- \rightarrow Cu_{(s)}$ E° = 0,34 V

Discuta o processo deixando claro sobre qual deverá ser a reação representativa da célula galvânica construída com estes materiais, e ainda, qual o potencial relacionado ao processo e quais serão as semirreações representativas do ânodo e do cátodo?

Resolução: Sendo o processo eletroquímico constituído por uma célula galvânica, o seu potencial deverá ser positivo, o que caracteriza uma situação de espontaneidade.

Semirreação que ocorre no ânodo (oxidação): $Al_{(sólido)} \rightleftarrows Al^{+3}_{(aquoso)}$ + 3 elétrons

Semirreação que ocorre no cátodo (redução): $Cu^{+2}_{(aquoso)}$ + 2 elétrons $\rightleftarrows Cu^{+2}_{(aquoso)}$

Para o funcionamento do sistema eletroquímico em questão, será necessário multiplicar a semirreação do ânodo por dois e a do cátodo por três, conforme pode ser observado a seguir.

Semirreação que ocorre no ânodo (oxidação): $2Al_{(sólido)} \rightleftarrows 2Al^{+3}_{(aquoso)}$ + 6 elétrons $\Delta G^0 = -6 \text{ x } F \text{ x } (+\ 1{,}66)$

Semirreação que ocorre no cátodo (redução): $3Cu^{+2}_{(aquoso)}$ + 6 elétrons $\rightleftarrows 3Cu^{+2}_{(aquoso)}$ $\Delta G^0 = -6 \text{ x } F \text{ x } (+\ 0{,}34)$

Somando as duas semirreações:

$2Al_{(sólido)} \rightleftarrows 2Al^{+3}_{(aquoso)}$ + 6 elétrons $\Delta G^0 = -6 \text{ x } F \text{ x } (+\ 1{,}66)$
$3Cu^{+2}_{(aquoso)}$ + 6 elétrons $\rightleftarrows 3Cu^{+2}_{(aquoso)}$ $\Delta G^0 = -6 \text{ x } F \text{ x } (+\ 0{,}34)$ +

$2Al_{(sólido)} + 3Cu^{+2}_{(aquoso)} \rightleftarrows 2Al^{+3}_{(aquoso)} + 3Cu^{+2}_{(aquoso)}$

Determinação do potencial-padrão, a partir da variação da energia livre de Gibbs: $-6 \times F \times E^0_{total} = -6 \times F \times (+1{,}66) + [-6 \times F \times (+0{,}34)]$

$E^0_{total} = +1{,}66 + 0{,}34 = +2{,}00\ V$

Questão 72

Considere as seguintes equações eletroquímicas apresentadas a seguir: $2IrCl_6^{3-} + 3HCOOH \rightarrow 2Ir + 3CO_2 + 12Cl^- + 6H^+$.
Dados:
$CO_2 + 2H_3O^+ + 2e^- \rightarrow HCOOH + 2H_2O \quad E^0 = -0{,}20\ V$
$IrCl_6^{3-} + 3e^- \rightarrow Ir + 6Cl^- \quad E^0 = +0{,}77\ V$
a) Determine o potencial-padrão desta célula.
b) Esta reação como está escrita, é termodinamicamente espontânea? Explique.

Resolução:

Item a) Para a determinação da ddp padrão, será necessário inverter e multiplicar por três a segunda semirreação e multiplicar por dois a segunda semirreação.

$$3HCOOH + 6H_2O \rightarrow 3CO_2 + 6H_3O^+ + \cancel{6e^-}$$
$$2IrCl_6^{3-} + \cancel{6e^-} \rightarrow 2Ir + 12Cl^- \quad +$$
$$3HCOOH + 6H_2O + 2IrCl_6^{3-} \rightarrow 3CO_2 + 6H_3O^+ + 2Ir + 12Cl^-$$

$\Delta G^0_{total} = \Delta G^0_1 + \Delta G^{0\prime}_2$

Cálculo do potencial padrão, a partir da variação da energia livre de Gibbs padrão:

$\cancel{-6 \times F} \times E^0_{total} = \cancel{-6 \times F} \times (+0{,}20) \cancel{-6 \times F} \times (+0{,}77)$

$E^0_{total} = +\ 0{,}20 + 0{,}77 = +0{,}97\ V$

Item b) Observando o valor da ddp padrão, o processo é sim espontâneo uma vez que se trata de um valor positivo ($E^0_{total} > 0$).

Questão 73

Magnésio metálico é produzido comercialmente de maneira isolada através do cloreto de magnésio, através da eletrólise conforme a equação química a seguir: $MgCl_{2(sólido)} \rightarrow Mg_{(sólido)} + Cl_{2(gás)}$. Qual é a massa de magnésio que pode ser produzida se a corrente elétrica for igual a 430 A em 1 hora?

Resolução: Para a resolução deste problema, é importante ressaltar e apresentar o processo da eletrólise ígnea do cloreto de magnésio.

$MgCl_{2(sólido)} \rightarrow Mg^{+2}_{(líquido)} + 2Cl^-$

Semirreação que ocorre no ânodo: $2Cl^- \rightarrow Cl_{2(gás)} + 2e^-$

Semirreação que ocorre no cátodo: $Mg^{+2}_{(líquido)} + 2e^- \rightarrow Mg_{(sólido)}$

Somando as semirreações apresentadas, para a apresentação da equação química que corresponde com a eletrólise ígnea.

$$MgCl_{2(sólido)} \rightarrow \cancel{Mg^{+2}_{(líquido)}} + 2Cl^-$$
$$2Cl^- \rightarrow Cl_{2(gás)} + \cancel{2e^-}$$
$$\cancel{Mg^{+2}_{(líquido)}} + \cancel{2e^-} \rightarrow Mg_{(sólido)} \quad +$$
$$MgCl_{2(sólido)} \rightarrow Mg_{(sólido)} + Cl_{2(gás)}$$

Cálculo da massa de magnésio produzido, através da eletrólise ígnea, com a relação estequiométrica com a constante de Faraday:

$$24{,}0\ \text{g} ------ 2\ \cancel{\text{mol de elétrons}}\ \text{x}\ \frac{96500\ \text{C}}{\cancel{\text{mol de elétrons}}}$$
$$\text{Massa} ------ 3600\ \text{x}\ 430\ \text{C}$$

$$\text{Massa} = \frac{3600\ \text{x}\ 430\ \text{x}\ 24}{2\ \text{x}\ 96500} = 192{,}50\ \text{g}$$

Questão 74

(GRILLO) Calcule a fem para uma pilha de Daniell à 25°C, quando as concentrações das quantidades de matéria para o sulfato de cobre e para o sulfato de zinco são respectivamente iguais a 0,50 mol/L e 0,10 mol/L. Calcule novamente a fem para a mesma pilha de Daniell à 25°C, levando em consideração que o coeficiente de atividade médio para o sulfato de cobre e sulfato de zinco são respectivamente iguais a 0,068 e 0,15. Informação para a resolução do problema:

$Zn^{+2}_{(aquoso)} + 2e^- \rightarrow Zn_{(sólido)}$ E° = - 0,76 V

$Cu^{+2}_{(aquoso)} + 2e^- \rightarrow Cu_{(sólido)}$ E° = + 0,34 V

Resolução: Para a primeira parte do problema, será necessário calcular o potencial-padrão, invertendo a semirreação do zinco.

$Cu^{+2}_{(aquoso)} + 2e^- \rightarrow Cu_{(sólido)}$ (semirreação que ocorre no ânodo)

$Zn_{(sólido)} \rightarrow Zn^{+2}_{(aquoso)} + 2e^-$ (semirreação que ocorre no cátodo)

$Zn_{(sólido)} + Cu^{+2}_{(aquoso)} \rightarrow Cu_{(sólido)} + Zn^{+2}_{(aquoso)}$ (equação química global)

Cálculo do potencial padrão, a partir da variação da energia livre de Gibbs padrão:

$$\cancel{-2\ \text{x}\ \text{F}}\ \text{x}\ E^0_{total} = \cancel{-2\ \text{x}\ \text{F}}\ \text{x}\ (+0{,}76) + [\cancel{-2\ \text{x}\ \text{F}}\ \text{x}\ (+0{,}34)]$$

$$E^0_{total} = +0{,}76 + 0{,}34 = +1{,}10\ \text{V}$$

Cálculo do potencial aplicando a equação de Nernst com relação à concentração da quantidade de matéria:

$$E = E^0 - \frac{R\ \text{x}\ T}{n\ \text{x}\ F}\ \text{x}\ \ln Q$$

$$E = E^0 - \frac{R\ \text{x}\ T}{n\ \text{x}\ F}\ \text{x}\ \ln\frac{[Zn^{+2}]}{[Cu^{+2}]}$$

$$E = +1{,}10 - \frac{8{,}314\ \text{x}\ 298}{2\ \text{x}\ 96500}\ \text{x}\ \ln\frac{0{,}10}{0{,}50} = +1{,}121\ \text{V}$$

Cálculo do potencial levando em consideração as atividades químicas. $E = E^0 - \frac{R\ \text{x}\ T}{n\ \text{x}\ F}\ \text{x}\ \ln Q$

$$E = E^0 - \frac{R\ \text{x}\ T}{n\ \text{x}\ F}\ \text{x}\ \ln\frac{a_{Zn^{+2}}\ \text{x}\ a_{Cu}}{a_{Cu^{+2}}\ \text{x}\ a_{Zn}}$$

Cálculo das atividades:

$$a_{Zn^{+2}} = \gamma_{Zn^{+2}}\ \text{x}\ [Zn^{+2}] = 0{,}15\ \text{x}\ 0{,}10 = 0{,}015$$

$$a_{Cu^{+2}} = \gamma_{Cu^{+2}}\ \text{x}\ [Cu^{+2}] = 0{,}068\ \text{x}\ 0{,}50 = 0{,}034$$

$$E = +1{,}10 - \frac{8{,}314\ \text{x}\ 298}{2\ \text{x}\ 96500}\ \text{x}\ \ln\frac{0{,}015}{0{,}034} = +1{,}111\ \text{V}$$

Questão 75

Considere a célula galvânica,
$Zn_{(sólido)}|Zn^{+2}_{(aquoso)}\ (0{,}04\ mol\ x\ L^{-1})||Cl^{-}_{(aquoso)}\ (0{,}005\ mol\ x\ L^{-1})||Cl_{2(gás)}(0{,}10\ atm)|Pt_{(sólido)}]$. Determine a fem da célula e a constante de equilíbrio para a reação apresentada acima.

Resolução: Expressão (equação química) para o funcionamento da pilha.

Semirreação que ocorre no ânodo: $Zn_{(sólido)} \rightarrow Zn^{+2}_{(aquoso)} + 2e^{-}$

Semirreação que ocorre no cátodo: $2Cl^{-}_{(líquido)} \rightarrow Cl_{2(gás)} + 2e^{-}$

Invertendo a segunda semirreação, temos:

$Cl_{2(gás)} + 2e^{-} \rightarrow 2Cl^{-}_{(aquoso)}$ E° = + 1,36 V
$Zn_{(sólido)} \rightarrow Zn^{+2}_{(aquoso)} + 2e^{-}$ E° = + 0,76 V

$Zn_{(sólido)} + Cl_{2(gás)} \rightarrow 2Cl^{-}_{(aquoso)} + Zn^{+2}_{(aquoso)}$

(Equação química global que representa o funcionamento do processo eletroquímico)

Cálculo do potencial padrão, a partir da variação da energia livre de Gibbs padrão:

$$\Delta G^{0}_{total} = -2\ x\ F\ x\ (+0{,}76) + [-2\ x\ F\ x\ (+1{,}36)]$$

$$\cancel{-2\ x\ F}\ x\ E^{0}_{total} = \cancel{-2\ x\ F}\ x\ (+0{,}76) + [\cancel{-2\ x\ F}\ x\ (+1{,}36)]$$

$$E^{0}_{total} = +2{,}12\ V$$

Cálculo da ddp, aplicando a equação de Nernst: $E = E^{0} - \frac{R\ x\ T}{n\ x\ F}\ x\ \ln\frac{[Zn^{+2}]\ x\ [Cl^{-}]^{2}}{a_{Zn}\ x\ p_{Cl_2}}$

$$E = +2{,}12 - \frac{8{,}314\ x\ 298}{2\ x\ 96500}\ x\ \ln\frac{0{,}04\ x\ (0{,}005)^{2}}{1\ x\ 0{,}10} = +2{,}27\ V$$

Questão 76

(OLIMPÍADA NORTE-NORDESTE DE QUÍMICA) Em princípio, uma bateria poderia ser desenvolvida a partir de alumínio metálico e cloro gasoso.
a) Escreva a equação balanceada que ocorre em uma bateria cujas semirreações são: $Al^{3+}_{(aq)}$ /$Al_{(s)}$ e $Cl_{2(g)}$/2$Cl^{-}_{(aq)}$.
b) Diga que semirreação ocorre no ânodo e que semirreação ocorre no cátodo.
c) Calcule o potencial-padrão para esta bateria (ΔE°).
d) Se a bateria produz uma corrente de 0,75 A, quanto tempo ela irá operar se o eletrodo de alumínio contiver 30,0 g do metal? (considere que há quantidade suficiente de cloro). Dados:
$Cl_{2(g)} + 2e^{-} \rightarrow 2\ Cl^{-}_{(aq)}$ E° = +1,36 V
$Al^{3+}_{(aq)} + 3e^{-} \rightarrow Al_{(s)}$ E° = -1,66 V

Resolução: Invertendo a semirreação do alumínio e multiplicando por dois.

$2Al^{0}_{(sólido)} \rightarrow 2Al^{3+}_{(aquoso)} + \cancel{6e^{-}}$ $\Delta G^{0} = -6\ x\ F\ x\ (+1{,}66)$

Multiplicando por três a semirreação do cloro.

$3Cl_{2(gás)} + 6e^{-} \rightarrow 6Cl^{-}_{(aquoso)}$ $\Delta G^{0} = -6\ x\ F\ x\ (+1{,}36)$

Equação iônica para o funcionamento do processo eletroquímico global:

$2Al^0_{(sólido)} \longrightarrow 2Al^{3+}_{(aquoso)} + \cancel{6e^-}$ $\Delta G^0 = -6 \text{ x F x } (+1{,}66)$
$3Cl_{2(gás)} + 6e^- \longrightarrow 6Cl^-_{(aquoso)}$ $\Delta G^0 = -6 \text{ x F x } (+1{,}36)$ +

$2Al^0_{(sólido)} + 3Cl_{2(gás)} \longrightarrow 2Al^{3+}_{(aquoso)} + 6Cl^-_{(aquoso)}$

Cálculo do potencial padrão, a partir da variação da energia livre de Gibbs padrão:

$$\Delta G^0_{total} = -6 \text{ x F x } (+1{,}66) + [-6 \text{ x F x } (+1{,}36)]$$

$$\cancel{-6 \text{ x F}} \text{ x } E^0_{total} = \cancel{-6 \text{ x F}} \text{ x } (+1{,}66) + [\cancel{-6 \text{ x F}} \text{ x } (+1{,}36)]$$

$$E^0_{total} = +1{,}66 + 1{,}36 = +3{,}02 \text{ V}$$

Item a) $2Al^0_{(sólido)} + 3Cl_{2(gás)} \longrightarrow 2Al^{3+}_{(aquoso)} + 6Cl^-_{(aquoso)}$

Item b)

Espécie química que representa o ânodo: alumínio
Espécie química que representa o cátodo: cloro.

Item c) Conforme calculado no início da questão, o potencial-padrão do sistema eletroquímico é igual a $E^0_{total} = +3{,}02 \text{ V}$.

Item d) Cálculo da carga em Coulombs, a partir da relação estequiométrica com a da massa de alumínio.

$$27{,}0 \text{ g} - - - - - - 3 \cancel{\text{mol de elétrons}} \text{ x } \frac{96500 \text{ C}}{\cancel{\text{mol de elétrons}}}$$
$$24{,}0 \text{ g} - - - - - - \text{Q}$$

$$Q = \frac{24 \text{ x } 3 \text{ x } 96500}{27} = 321666{,}67 \text{ C}$$

Cálculo do tempo:

$$\text{tempo} = \frac{321666{,}67}{0{,}75} = 4{,}29 \text{ x } 10^5 \cancel{\text{s}} \text{ x } \frac{1 \text{ h}}{3600 \cancel{\text{s}}} = 119{,}13 \text{ h}$$

Questão 77

(OLIMPÍADA NORTE-NORDESTE DE QUÍMICA) Uma célula eletroquímica é constituída por:
Eletrodo A - fio de platina que mergulha numa solução que contém íons Fe^{+3} e Fe^{+2}, ambos com concentração 1 mol/L.
Eletrodo B - vareta de tálio mergulhada numa solução 1 mol/L de Tl^{+1}.
Sabendo que os potenciais-padrão referentes às semirreações:
$Tl^{+1} + e^- \longrightarrow Tl$
$Fe^{+3} + e^- \longrightarrow Fe^{+2}$ são, respectivamente, - 0,34 V e + 0,77 V, faça o que se pede:
a) Mostre as semirreações que ocorrem no cátodo e no ânodo.
b) Escreva a equação da reação que ocorre na célula.
c) Calcule o potencial da célula.

Resolução:

Invertendo a primeira semirreação e determinando a equação eletroquímica global.

$Tl^0_{(sólido)} \longrightarrow Tl^+_{(aquoso)} + \cancel{1e^-}$ $\Delta G^0 = -1 \text{ x F x } (+0{,}34)$
$Fe^{+3}_{(aquoso)} + \cancel{1e^-} \longrightarrow Fe^{+2}_{(aquoso)}$ $\Delta G^0 = -1 \text{ x F x } (+0{,}77)$ +

$Tl^0_{(sólido)} + Fe^{+3}_{(aquoso)} \longrightarrow Tl^+_{(aquoso)} + Fe^{+2}_{(aquoso)}$ $\Delta G^0_{total} = -1 \text{ x F x } (+0{,}34) + [-1 \text{ x F x } (+0{,}77)]$

Cálculo do potencial padrão, a partir da variação da energia livre de Gibbs padrão:

$\cancel{-1 \text{ x F}} \text{ x } E^0_{total} = \cancel{-1 \text{ x F}} \text{ x } (+0{,}34) + [\cancel{-1 \text{ x F}} \text{ x } (+0{,}77)]$

$E^0_{total} = +0{,}77 + 0{,}34 = +\ 1{,}11\ V$

Item a) Organizando as semirreações:

Semirreação que ocorre no cátodo: $Fe^{+3}_{(aquoso)} + 1e^- \longrightarrow Fe^{+2}_{(aquoso)}$
Semirreação que ocorre no ânodo: $Tl^0_{(sólido)} \longrightarrow Tl^+_{(aquoso)} + 1e^-$

Item b) Equação química para o processo eletroquímico global: $Tl^0_{(sólido)} + Fe^{+3}_{(aquoso)} \longrightarrow Tl^+_{(aquoso)} + Fe^{+2}_{(aquoso)}$

Item c) Cálculo do potencial da célula: $E^0_{total} = +0{,}77 + 0{,}34 = +1{,}11\ V$

Questão 78

(OLIMPÍADA NORTE-NORDESTE DE QUÍMICA) O citocromo, molécula que representaremos como $CyFe^{+2}$, reage com o ar que respiramos para fornecer energia necessária para sintetizar adenosina trifosfato (ATP). O corpo usa ATP como fonte de energia para outras reações. Com base nos potenciais de redução:

$O_{2(g)} + 4\ H+_{(aq)} + 4e- \longrightarrow 2\ H_2O_{(l)}$ $E^o = +0{,}82\ V$
$CyFe^{+3} + 1e^- \longrightarrow CyFe^{+2}$ $E^o = +0{,}22\ V$

Responda as questões abaixo:

a) Considerando que esta reação ocorra em uma célula eletroquímica, indique os eletrodos (cátodo e ânodo) onde cada semirreação deve ocorrer.

b) Escreva a equação geral balanceada e determine o potencial E^o gerado nessa reação.

Resolução: Invertendo a segunda semirreação e multiplicando por quatro.

$O_{2(gás)} + 4H^+_{(aq)} + 4e^- \longrightarrow 2H_2O_{(líquido)}$ $E^o = +0{,}82\ V$
$4CyFe^{+2} \longrightarrow 4CyFe^{+3} + 4e^-$ $E^o = +0{,}22\ V$

$O_{2(gás)} + 4H^+_{(aquoso)} + 4CyFe^{+2} \longrightarrow 2H_2O_{(líquido)} + 4CyFe^{+3}$

Cálculo do potencial padrão, a partir da variação da energia livre de Gibbs padrão:

$\Delta G^0_{total} = -4 \text{ x F x } (+0{,}82) + [-4 \text{ x F x } (-0{,}22)]$

$\cancel{-4 \text{ x F}} \text{ x } E^0_{total} = \cancel{-4 \text{ x F}} \text{ x } (+0{,}82) + [\cancel{-4 \text{ x F}} \text{ x } (-0{,}22)]$

$E^0_{total} = +0{,}82 - 0{,}22 = +0{,}60\ V$

Item a)

Semirreação que ocorre no cátodo: $O_{2(gás)} + 4H^+_{(aquoso)} + 4e^- \longrightarrow 2H_2O_{(líquido)}$
Semirreação que ocorre no ânodo: $4CyFe^{+2} \longrightarrow 4CyFe^{+3} + 4e^-$

Item b) Determinação do processo químico global e o valor do potencial-padrão.

$O_{2(g)} + 4H^+_{(aq)} + 4e^- \longrightarrow 2H_2O_{(l)}$ $E^o = +\ 0{,}82\ V$
$4CyFe^{+2} \longrightarrow 4CyFe^{+3} + 4e^-$ $E^o = +\ 0{,}22\ V$

$O_{2(gás)} + 4H^+_{(aquoso)} + 4CyFe^{+2} \longrightarrow 2H_2O_{(líquido)} + 4CyFe^{+3}$

Cálculo do potencial padrão, a partir da variação da energia livre de Gibbs padrão:

$$\cancel{-4 \text{ x F}} \text{ x } E^0_{total} = \cancel{-4 \text{ x F}} \text{ x } (+0{,}82) + [\cancel{-4 \text{ x F}} \text{ x } (-0{,}22)]$$

$$E^0_{total} = +0{,}82 - 0{,}22 = +0{,}60 \text{ V}$$

Questão 79

A produção comercial de alumínio metálico envolve a eletrólise do Al_2O_3, obtida a partir da bauxita. A equação balanceada é a seguinte: $2Al_2O_3 + C \longrightarrow 4\,l + 3CO_2$

a) Quantos mols de alumínio são produzidos se 12 mols de elétrons passam através da célula?

b) Quantos quilogramas de alumínio metálico são produzidos se a corrente de 1250 A é atravessado por um período de 1,25 horas?

Resolução: Estudando a eletrólise ígnea, para a produção de alumínio metálico: $Al_2O_{3(sólido)} \rightarrow 2Al^{+3}_{(líquido)} + 3O^{-2}$

Semirreação que ocorre no cátodo: $2Al^{+3}_{(líquido)} + 6e^- \rightarrow 2Al^0_{(sólido)}$

Semirreação que ocorre no ânodo: $3O^{-2} \rightarrow \frac{3}{2}O^0_{2(gás)} + 6e^-$

Somando as semirreações:

$$2Al^{+3}_{(líquido)} + \cancel{6e^-} \rightarrow 2Al^0_{(sólido)}$$
$$3O^{-2} \rightarrow \frac{3}{2}O^0_{2(gás)} + \cancel{6e^-} \quad +$$

$$2Al^{+3}_{(líquido)} + 3O^{-2} \rightarrow \frac{3}{2}O^0_{2(gás)} + 2Al^0_{(sólido)}$$

Item a) Cálculo do número de mol de alumínio metálico, a partir da relação estequiométrica:

2 mol de Al ------------- 6 mol de elétrons
n_{Al} ------------------------- 12 mol de elétrons
n_{Al} = 4 mol de alumínio metálico

Item b) Cálculo da massa de alumínio metálico, a partir da relação estequiométrica com a carga (Coulombs).

$$27{,}0 \text{ g} ------ 3 \,\cancel{\text{mol de elétrons}} \text{ x } \frac{96500 \text{ C}}{\cancel{\text{mol de elétrons}}}$$
$$\text{Massa} ------ 1250 \text{ x } 1{,}25 \text{ x } 3600 \text{ C}$$

$$\text{Massa} = 524{,}61 \text{ g } (0{,}525 \text{ kg})$$

Questão 80

(INSTITUTO TECNOLÓGICO DA AERONÁUTICA) Considere os eletrodos representados pelas semiequações químicas seguintes e seus respectivos potenciais na escala do eletrodo de hidrogênio (E^o) e nas condições-padrão:

I. $In^+_{(aq)} + e^-_{(CM)} \longrightarrow In_{(s)}$ $E^o_I = -0{,}14$ V
II. $In^{+2}_{(aq)} + e^-_{(CM)} \longrightarrow In^+_{(aq)}$ $E^o_{II} = -0{,}40$ V
III. $In^{+3}_{(aq)} + 2e^-_{(CM)} \longrightarrow In^+_{(aq)}$ $E^o_{III} = -0{,}44$ V
IV. $In^{+3}_{(aq)} + e^-_{(CM)} \longrightarrow In^{+2}_{(aq)}$ $E^o_{IV} = -0{,}49$ V

Assinale a opção que contém o valor correto do potencial-padrão do eletrodo representado pela semiequação $In^{+3}_{(aq)} + 3e^-_{(CM)} \longrightarrow In_{(s)}$.

a) −0,30V
b) −0,34V
c) −0,58V
d) −1,03V
e) −1,47

Resolução: Alternativa B.

A partir da primeira e da terceira semirreação, temos:

$In^{+}_{(aquoso)} + e^{-}_{(CM)} \rightarrow In_{(sólido)}$	$E^{o}_{I} = -0,14$ V	$\Delta G^{0} = -1 \text{ x F x } (-0,14)$
$In^{+3}_{(aquoso)} + 2e^{-}_{(CM)} \rightarrow In^{+}_{(aquoso)}$	$E^{o}_{III} = -0,44$ V	$\Delta G^{0} = -2 \text{ x F x } (-0,44)$

Somando as semirreações e calculando o potencial-padrão do sistema eletroquímico:

~~$In^{+}_{(aquoso)}$~~ $+ e^{-}_{(CM)} \rightarrow In_{(sólido)}$	$E^{o}_{I} = -0,14$ V	$\Delta G^{0} = -1 \text{ x F x } (-0,14)$
$In^{+3}_{(aquoso)} + 2e^{-}_{(CM)} \rightarrow$ ~~$In^{+}_{(aquoso)}$~~	$E^{o}_{III} = -0,44$ V	$\Delta G^{0} = -2 \text{ x F x } (-0,44)+$
$In^{+3}_{(aquoso)} + 3e^{-}_{(CM)} \rightarrow In_{(sólido)}$	$\Delta G^{0}_{total} = -1 \text{ x F x } (-0,14) + [-2 \text{ x F x } (-0,44)]$	

Cálculo do potencial padrão, a partir da variação da energia livre de Gibbs padrão:

$$-3 \text{ x } \cancel{F} \text{ x } E^{0}_{total} = +0,14 \text{ x } \cancel{F} + 0,88 \text{ x } \cancel{F}$$

$$E^{0}_{total} = +\frac{1,02}{-3} = -0,34 \text{ V}$$

Questão 81

(CYPRUS NATIONAL COMPETITION FOR THE INTERNATIONAL CHEMISTRY OLYMPIAD)

a) Calcular o decréscimo de massa do eletrodo de zinco, se uma corrente de 0,15 A, passa através da célula galvânica abaixo, durante 1,5 h: $Zn_{(s)}/Zn^{2+}_{(aq)}//Cu^{2+}_{(aq)}/Cu_{(s)}$

b) Calcule o potencial-padrão de redução da célula abaixo, a 25°C, sendo a concentração de Zn^{2+} igual a 0,1 mol/L e a de Ag^{+} igual a 0,01 mol/L (E° = 1,56 V). $Zn_{(s)}/Zn^{2+}_{(aq)}//Ag^{+}_{(aq)}/Ag_{(s)}$

c) Dar a equação química da reação que ocorre espontaneamente na célula galvânica que consiste das seguintes meia-células:

$MnO_2 + 4H^{+} + 2e^{-} \rightarrow Mn^{2+} + 2\,H_2O$ E° = 1,21 V

$Ag^{+} + e^{-} \rightarrow Ag$ E° = 0,80 V

Resolução:

Item a) Semirreação do zinco: $Zn^{+2}_{(aquoso)} + 2e^{-} \rightarrow Zn_{(sólido)}$. Cálculo da massa de zinco metálico, a partir da relação estequiométrica com a carga do sistema eletroquímico:

$$65,4 \text{ g} ----- 2\ \cancel{\text{mol de elétrons}} \text{ x } \frac{96500 \text{ C}}{\cancel{\text{mol de elétrons}}}$$

$$\text{Massa} ----- 0,15 \text{ x } 1,50 \text{ x } 3600 \text{ C}$$

$$\text{Massa} = 0,277 \text{ g}$$

Item b) Aplicando a equação de Nernst, para a seguinte equação química global: $Zn_{(sólido)} + 2Ag^{+}_{(aquoso)} \rightarrow Zn^{2+}_{(aquoso)} + 2Ag_{(sólido)}$

$$E = +1,56 - \frac{8,314 \text{ x } 298}{2 \text{ x } 96500} \text{ x} \ln \frac{\overbrace{a_{Cu}}^{1} \text{ x } [Zn^{+2}]}{\underbrace{a_{Zn}}_{1} \text{ x } [Ag^{+2}]^{2}}$$

$$E = +1,56 - \frac{8,314 \text{ x } 298}{2 \text{ x } 96500} \text{ x} \ln \frac{\overbrace{a_{Cu}}^{1} \text{ x } 0,10}{\underbrace{a_{Zn}}_{1} \text{ x } (0,01)^{2}} = +1,47 \text{ V}$$

$$E = +1,47 \text{ V}$$

Item c) Invertendo e multiplicando por dois a semirreação da prata.

$MnO_{2(sólido)} + 4H^+_{(aquoso)} + 2e^- \rightarrow Mn^{+2}_{(aquoso)} + 2H_2O_{(líquido)}$
$2Ag_{(sólido)} \rightarrow 2Ag^+_{(aquoso)} + 2e^-$

$MnO_{2(sólido)} + 4H^+_{(aquoso)} + 2Ag_{(sólido)} \rightarrow Mn^{+2}_{(aquoso)} + 2H_2O_{(líquido)} + 2Ag^+_{(aquoso)}$

Cálculo do potencial padrão, a partir da variação da energia livre de Gibbs padrão:

$$\cancel{-2 \text{ x } F} \text{ x } E^0_{total} = \cancel{-2 \text{ x } F} \text{ x } (+1{,}21) + [\cancel{-2 \text{ x } F} \text{ x } (-0{,}80)]$$

$$E^0_{total} = +0{,}41 \text{ V}$$

Questão 82

(U. S NATIONAL CHEMISTRY OLYMPIAD) A galvanic cell is based on the half-reactions:
$Cr^{3+} + 3e^- \rightarrow Cr$ $E° = -0{,}744$ V
$Ni^{2+} + 2e^- \rightarrow Ni$ $E° = -0{,}236$ V
a) Write the balanced equation for the overall cell reaction.
b) State which electrode increases in mass as the cell operates. Explain your answer.
c) Calculate *E*°cell.
d) Determine the value of ΔG° for the cell reaction at 25°C.
e) Calculate the value of *K* for the cell reaction at 25°C.
f) Find the voltage of the cell at 25°C if $[Cr_3^+]$ and $[Ni_2^+]$ are both changed to 0.010 M.

Resolução: Para a determinação da equação eletroquímica global, será necessário inverter e multiplicar por dois a semirreação do cromo e multiplicar por três a semirreação do níquel.

$2Cr_{(sólido)} \rightarrow \cancel{6e^-} + 2Cr^{+3}_{(aquoso)}$
$3Ni^{+2}_{(aquoso)} + \cancel{6e^-} \rightarrow 3Ni_{(sólido)}$

$2Cr_{(sólido)} + 3Ni^{+2}_{(aquoso)} \rightarrow 2Cr^{+3}_{(aquoso)} + 3Ni_{(sólido)}$ (Equação química global para o funcionamento da pilha)

Cálculo do potencial padrão, a partir da variação da energia livre de Gibbs padrão:

$$\Delta G^0_{total} = -6 \text{ x } F \text{ x } (+0{,}744) + [-6 \text{ x } F \text{ x } (-0{,}236)]$$

$$\cancel{-6 \text{ x } F} \text{ x } E^0_{total} = \cancel{-2 \text{ x } F} \text{ x } (+0{,}744) + [\cancel{-6 \text{ x } F} \text{ x } (-0{,}236)]$$

$$E^0_{total} = +0{,}508 \text{ V}$$

Item a) Equação química que corresponde ao processo de funcionamento da pilha: $2Cr_{(sólido)} + 3Ni^{+2}_{(aquoso)} \rightarrow 2Cr^{+3}_{(aquoso)} + 3Ni_{(sólido)}$

Item b) O eletrodo que vai apresentar a sua massa aumentada trata-se do eletrodo de níquel.

Item c) O potencial-padrão do processo eletroquímico padrão é igual a: $E^0_{total} = +0{,}508$ V.

Item d) Cálculo da variação da energia livre de Gibbs-padrão: $\Delta G^0_{total} = -n \text{ x } F \text{ x } E^0_{total}$

$$\Delta G^0_{total} = -6 \text{ x } 96500 \text{ x } (+0{,}508) = -294132 \text{ J } (-294{,}1 \text{ kJ})$$

Item e) Cálculo da constante de equilíbrio químico. $\ln K_{eq} = \frac{\Delta G^0_{total}}{-R \text{ x } T}$

$$\ln K_{eq} = \frac{-294132}{-8{,}314 \text{ x } 298} = +118{,}72$$

$$K_{eq} = e^{+118,72}$$

Item f) Para a resolução deste item será necessário aplicar a equação de Nernst:

$$2Cr_{(sólido)} + 3Ni^{+2}_{(aquoso)} \rightarrow 2Cr^{+3}_{(aquoso)} + 3Ni_{(sólido)}$$

$$E = +0,508 - \frac{8,314 \times 298}{6 \times 96500} \times \ln \frac{a^3_{Ni} \times [Cr^{+3}]^2}{a^2_{Cr} \times [Ni^{+2}]^3}$$

$$E = +0,508 - \frac{8,314 \times 298}{6 \times 96500} \times \ln \frac{\overbrace{a^3_{Ni}}^{1} \times (0,010)^2}{\underbrace{a^2_{Cr}}_{1} \times (0,010)^3} = +\ 0,488\ V$$

Questão 83

(INSTITUTO MILITAR DE ENGENHARIA) Dadas as reações de meia célula:

$Cu^{2+} + e^- \rightarrow Cu^+$ $E^0 = +\ 0,153\ V$

$I_2 + 2e^- \rightarrow 2I^-$ $E^0 = +\ 0,536\ V$

pede-se:

a) Escrever a equação que representa a reação global da célula.

b) Calcular o potencial de eletrodo global (E^0).

c) Calcular a energia livre para a reação (ΔG^0), considerando que 1 mol de elétrons percorreu a célula eletroquímica.

Resolução: Para a determinação da equação eletroquímica global, será necessário inverter a primeira semirreação e multiplicar por dois.

$$2Cu^{+}_{(aquoso)} \rightarrow \cancel{2e^-} + 2Cu^{+2}_{(aquoso)}$$

$$I^0_{2(aquoso)} + \cancel{2e^-} \rightarrow 2I^-_{(aquoso)}$$

$$2Cu^{+}_{(aquoso)} + I^0_{2(aquoso)} \rightarrow 2Cu^{+2}_{(aquoso)} + 2I^-_{(aquoso)}$$

(Equação química global para o funcionamento do processo eletroquímico)

Cálculo do potencial padrão, a partir da variação da energia livre de Gibbs padrão:

$$\cancel{-2 \times F} \times E^0_{total} = \cancel{-2 \times F} \times (-0,153) + [\cancel{-2 \times F} \times (+0,536)]$$

$$E^0_{total} = +0,383\ V$$

Item a) Equação iônica global: $2Cu^{+}_{(aquoso)} + I^0_{2(aquoso)} \rightarrow 2Cu^{+2}_{(aquoso)} + 2I^-_{(aquoso)}$

Item b) Potencial-padrão para o processo eletroquímico: $E^0_{total} = +0,383\ V$

Item c) Cálculo da variação da energia livre de Gibbs: $\Delta G^0_{reação} = -n \times F \times E^0$

$$\Delta G^0_{reação} = -2 \times 96500 \times (+0,383) = -73919\ J$$

Questão 84

(INSTITUTO MILITAR DE ENGENHARIA)

a) Determinar o potencial-padrão de uma célula formada por eletrodos de Cu e Cd, onde os eletrólitos são sais de Cu^{2+} e Cd^{2+}.

b) Indicar o eletrodo positivo, o ânodo e o metal que se reduz. Dados:

$Cu^{2+}_{(aq)} + 2e^- \rightarrow Cu_{(s)}$ $E° = +\ 0,337\ V$

$Cd^{2+}_{(aq)} + 2e^- \rightarrow Cd_{(s)}$ $E° = -\ 0,403\ V$

Resolução:

Item a) Para a determinação da equação eletroquímica global, será necessário inverter a semirreação do cádmio.

$\cancel{2e^-} + Cu^{+2}_{(aquoso)} \rightarrow Cu^{0}_{(sólido)}$

$Cd^{0}_{(sólido)} \rightarrow \cancel{2e^-} + Cd^{+2}_{(aquoso)}$

$Cd^{0}_{(sólido)} + Cu^{+2}_{(aquoso)} \rightarrow Cu^{0}_{(sólido)} + Cd^{+2}_{(aquoso)}$ (Equação eletroquímica global)

Cálculo do potencial padrão, a partir da variação da energia livre de Gibbs padrão:

$$\Delta G^{0}_{total} = -2 \text{ x F x } (+0,337) + [-2 \text{ x F x } (+0,403)]$$

$$\cancel{-2 \text{ x F}} \text{ x } E^{0}_{total} = \cancel{-2 \text{ x F}} \text{ x } (+0,337) + [\cancel{-2 \text{ x F}} \text{ x } (+0,403)]$$

$$E^{0}_{total} = +0,740 \text{ V}$$

Item b) Ânodo = cádmio (Cd); Eletrodo positivo = cobre (Cu); Metal que apresenta sua massa reduzida = cádmio (Cd)

Questão 85

(CONCURSO PARA DOCENTE – INSTITUTO FEDERAL DO RIO DE JANEIRO - MODIFICADA) Amálgama dentário do mercúrio com uma liga contendo prata, estanho e cobre, além de zinco ou outros elementos em menores proporções. As utilizações desse tipo de amálgama na restauração de dentes apresentam duas desvantagens: a cor e o efeito de dor, causado quando acidentalmente se morde um talher de alumínio ou um papel confeccionado com alumínio. Assim, responda ao que se questiona:

a) O exemplo descrito refere-se a uma pilha galvânica ou a uma célula eletrolítica? Justifique, identificando as reações catódica e anódica, bem como a reação global, balanceada da pilha.

b) Calcule a força eletromotriz (fem).

c) Determine o valor da Energia Livre de Gibbs (ΔG°), considerando as seguintes informações:

$Al^{+3}_{(aq)} + 3e^- \rightarrow Al_{(s)}$ $\Delta E° = -1,66$ V

$Hg^{+2}_{(aq)} + 2e^- \rightarrow 2Hg_{(amálgama\ de\ Ag)}$ $\Delta E° = +0,85$ V

F = 96485,33 $C.mol^{-1}$

d) Determine a constante de equilíbrio (K_{eq}).

Resolução:

Item a) O processo descrito refere-se a uma pilha galvânica, pelo fato deste efeito ser espontâneo. Invertendo e multiplicando por dois a primeira semirreação:

$2Al_{(sólido)} \rightarrow 2Al^{+3}_{(aquoso)} + 6e^-$ $\Delta G° = -6 \text{ x F x } (+1,66)$

Multiplicando a segunda semirreação por três:

$3Hg^{+2}_{(aquoso)} + 6e^- \rightarrow 3Hg_{(amálgama\ de\ Ag)}$ $\Delta G° = -6 \text{ x F x } (+0,85)$

Somando as duas semirreações apresentadas pela questão:

$2Al_{(sólido)} \rightarrow 2Al^{+3}_{(aquoso)} + \cancel{6e^-}$

$3Hg^{+2}_{(aquoso)} + \cancel{6e^-} \rightarrow 3Hg_{(amálgama\ de\ Ag)}$ +

$2Al_{(sólido)} + 3Hg^{+2}_{(aquoso)} \rightarrow 2Al^{+3}_{(aquoso)} + 3\ Hg_{(amálgama\ de\ Ag)}$

Semirreação de oxidação: $2Al_{(sólido)} \rightarrow 2Al^{+3}_{(aquoso)}$ (Semirreação que ocorre no ânodo)

Semirreação de redução: $3Hg^{+2}_{(aquoso)} \rightarrow 3Hg$ (Semirreação que ocorre no cátodo)

Item b) Cálculo da força eletromotriz, a partir da variação da energia livre de Gibbs padrão:

$$\cancel{-6 \text{ x F}} \text{ x } E^{0}_{total} = \cancel{-6 \text{ x F}} \text{ x } (+\ 1,66) + [\cancel{-6 \text{ x F}} \text{ x } (+\ 0,85)]$$

$$E^{0}_{total} = +1,66 + 0,85 = +\ 2,51 \text{ V}$$

Item c) Cálculo da energia livre de Gibbs-padrão (ΔG°): $\Delta G° = -6 \text{ mol de elétrons x} \frac{96500 \text{ C}}{1 \text{ mol de elétrons}} \text{x } (+2{,}51)$

$\Delta G° = -1453290 \text{ J } (-1453{,}29 \text{ kJ})$

Item d) Cálculo da constante de equilíbrio (K_{eq}): $-\ 1453290 = -\ 8{,}314 \text{ x } (25 + 273) \text{ x } \ln K_{eq}$

$$\ln K_{eq} = \frac{-\ 1453290}{-\ 2477{,}572} = 586{,}58$$

$$K_{eq} = e^{+586{,}58}$$

Questão 86

(OLIMPÍADA BRASILEIRA DE QUÍMICA) *"O Brasil possui um dos mais eficientes ciclos de reciclagem de alumínio do mundo. De acordo com a Associação Brasileira do Alumínio (Abal), o índice supera os 35% ante cerca de 29% da média mundial. Segundo o consultor de Marketing da Alcoa, Eduardo Lima, vem crescendo ano a ano no mundo o uso de alumínio primário reciclado em relação ao metal primário, passando de 17% em 1960 para 33% em 2004. A estimativa para 2020 é a de que o porcentual pule para 40%." (fonte:)* A reciclagem do alumínio é de grande importância ambiental e energética, uma vez que a sua reciclagem economiza cerca de 95% de energia elétrica.

a) Equacione a reação da eletrólise ígnea do óxido de alumínio. Indique os produtos obtidos no cátodo e no ânodo da cuba eletrolítica.

b) Determine a massa de alumínio produzida em uma cuba eletrolítica com corrente constante de 8000 A durante 150 horas.

Resolução:

Item a) Equação de dissociação iônica da solução aquosa do óxido: $Al_2O_{3(sólido)} \rightarrow 2Al^{+3}_{(líquido)} + 3O^{-2}$

Semirreação que ocorre no cátodo: $Al^{+3}_{(líquido)} + 3e^- \rightarrow Al^0_{(sólido)}$

Semirreação que ocorre no ânodo: $3O^{-2} \rightarrow \frac{1}{2}O_{2(gás)} + 2e^-$

Multiplicando a primeira semirreação por 2 e multiplicando a segunda semirreação por 3.

Semirreação que ocorre no cátodo: $2Al^{+3}_{(líquido)} + 6e^- \rightarrow 2Al^0_{(sólido)}$

Semirreação que ocorre no ânodo: $3O^{-2} \rightarrow \frac{3}{2}O_{2(gás)} + 6e^-$

Item b) Somando as semirreações apresentadas:

$$2Al^{+3}_{(líquido)} + \cancel{6e^-} \rightarrow 2Al^0_{(sólido)}$$
$$3O^{-2} \rightarrow \frac{3}{2}O_{2(gás)} + \cancel{6e^-} \quad +$$
$$2Al^{+3}_{(líquido)} + 3O^{-2} \rightarrow 2Al^0_{(sólido)} + \frac{3}{2}O_{2(gás)}$$

Produto formado no cátodo: alumínio metálico e Produto formado no ânodo: oxigênio gasoso

Item b) Cálculo da massa de alumínio metálico produzido, a partir da relação estequiométrica com a carga (Coulomb):

$$54 \text{ g de de } Al_{(s)} ---- 6 \text{ mol de } e^- \text{ x} \frac{96500 \text{ C}}{1 \text{ mol de } e^-}$$
$$m_{Al_{(s)}} -------- 8000 \text{ x } 150 \cancel{h} \text{ x} \frac{3600 \text{ s}}{1\cancel{h}}$$
$$m_{Al_{(s)}} = \frac{8000 \text{ x } 150 \text{ x } 3600 \text{ x } 54}{6 \text{ x } 96500} = 402901{,}55 \text{ g } (\cong 403 \text{ kg})$$

Questão 87

(INSTITUTO MILITAR DE ENGENHARIA) Deseja-se depositar uma camada de 0,85 g de níquel metálico no cátodo de uma célula eletrolítica, mediante a passagem de uma corrente elétrica de 5 A através de uma solução aquosa de nitrato de níquel. Assinale a opção que apresenta o tempo necessário para esta deposição, em minutos.

a) 4,3
b) 4,7
c) 5,9
d) 9,3
e) 17,0

Resolução: Alternativa D.

Equação de dissociação iônica da solução aquosa de nitrato de níquel: $Ni(NO_3)_{2(aquoso)} \rightarrow Ni^{+2}_{(aquoso)} + 2NO^{-}_{3(aquoso)}$

Semirreação que ocorre no cátodo: $Ni^{+2}_{(aquoso)} + 2e^{-} \rightarrow Ni_{(sólido)}$

Cálculo da quantidade de carga (Q), a partir da relação estequiométrica com a massa de níquel:

$$58{,}70\ g ------ 2\ \cancel{mol\ de\ elétrons} \times \frac{96500\ C}{\cancel{mol\ de\ elétrons}}$$
$$0{,}85\ g ------ Q$$

$$Q = \frac{0{,}85 \times 96500 \times 2}{58{,}70} = 2794{,}72\ C$$

Cálculo do tempo: $tempo = \frac{Q}{i} = \frac{2794{,}72\ C}{5{,}0\ A} = 558{,}94\ \cancel{s} \times \frac{1\ min}{60\ \cancel{s}} = 9{,}31\ minutos$

Questão 88

(GRILLO) Considere as seguintes semirreações de redução para um aparato que se trata de uma pilha galvânica, apresentando os seguintes dados a seguir:

$Sn^{+2}_{(aquoso)}$ (0,01 mol.L^{-1}) + 2e $\rightarrow$ $Sn_{(sólido)}$ E° = - 0,14 V
$Cu^{+2}_{(aquoso)}$ (0,50 mol.L^{-1}) + 2e^{-} $\rightarrow$ $Cu_{(sólido)}$ E° = + 0,52 V
A partir dessas informações apresentadas, calcule E°, E, ΔG°, ΔG e K_{eq}.

Resoução: Cálculo do potencial-padrão (E°), invertendo a primeira semirreação do estanho:

$Sn_{(sólido)} \rightarrow Sn^{+2}_{(aquoso)} + 2e^{-}$ $\Delta G° = -2 \times F \times (+0{,}14)$
$Cu^{+2}_{(aquoso)} + 2e^{-} \rightarrow Cu_{(sólido)}$ $\Delta G° = -2 \times F \times (+0{,}52)$ +

$Sn_{(sólido)} + Cu^{+2}_{(aquoso)} \rightarrow Sn^{+2}_{(aquoso)} + Cu_{(sólido)}$

Cálculo do potencial padrão, a partir da variação da energia livre de Gibbs padrão:

$$\cancel{-2 \times F} \times E^{0}_{total} = \cancel{-2 \times F} \times (+0{,}14) + [\cancel{-2 \times F} \times (+0{,}52)]$$
$$E^{0}_{total} = +0{,}14 + 0{,}52 = +\ 0{,}66\ V$$

Cálculo da variação da energia livre de Gibbs-padrão (ΔG°): $\Delta G° = -n \times F \times E°$

$$\Delta G° = -2\ \cancel{mol\ de\ elétrons} \times \frac{96500\ C}{\cancel{mol\ de\ elétrons}} \times (+0{,}66)$$

$$\Delta G° = -127380\ J\ (-127{,}38\ kJ)$$

Cálculo do potencial-padrão fora das condições padrões (E), a partir da equação de Nernst:

$$E = E° - \frac{R \times T}{n \times F} \times \ln \frac{[Sn^{+2}_{(aq)}]}{[Cu^{+1}_{(aq)}]}$$

$$E = +0{,}66 - \frac{8{,}314 \times (25 + 273)}{2 \times 96500} \times \underbrace{\ln \underbrace{\frac{0{,}01}{0{,}50}}_{0{,}20}}_{-3{,}91}$$

$$E = +0{,}71\ V$$

Cálculo da variação da energia livre de Gibbs (ΔG): $\Delta G = \Delta G° + R \times T \times \ln \frac{[Sn^{+2}_{(aquoso)}]}{[Cu^{+1}_{(aquoso)}]^2}$

$$\Delta G = -127380 + 8{,}314 \times (25 + 273) \times \underbrace{\ln \underbrace{\frac{0{,}01}{0{,}50}}_{0{,}20}}_{-3{,}91} = -137067{,}31 \frac{J}{mol}\ (-137{,}07 \frac{kJ}{mol})$$

Questão 89

(GRILLO) Observe os valores para a ddp padrão (E°) das seguintes semirreações:

$Ag^+_{(aquoso)} + 1e^- \rightarrow Ag_{(sólido)}$ $E° = +0{,}800\ V$

$AgBr_{(sólido)} + 1e^- \rightarrow Ag_{(sólido)} + Br^-_{(aquoso)}$ $E° = +0{,}0713\ V$

Descreva como devem ser usados esses valores para a determinação do K_{ps}.

Resolução: Invertendo a primeira semirreação.

$\cancel{Ag_{(sólido)}} \rightarrow Ag^+_{(aquoso)} + \cancel{1e^-}$ $\Delta G° = -1 \times F \times (-0{,}800)$

$AgBr_{(sólido)} + \cancel{1e^-} \rightarrow \cancel{Ag_{(sólido)}} + Br^-_{(aquoso)}$ $\Delta G° = -1 \times F \times (+0{,}0713)$ +

$AgBr_{(sólido)} \rightarrow Ag^+_{(aquoso)} + Br^-_{(aquoso)}$

Cálculo do potencial-padrão do sistema eletroquímica:

$$-1 \times F \times E^0_{total} = -1 \times F \times (-0{,}800) + [-1 \times F \times (+0{,}0713)]$$

$$\cancel{-1 \times F} \times E^0_{total} = \cancel{-1 \times F} \times (-0{,}800) + [-1 \times F \times (+0{,}0713)]$$

$$E^0_{total} = -0{,}7287\ V$$

Cálculo do valor da constante do produto de solubilidade: $\Delta G° = -1 \times F \times E° = -R \times T \times \ln K_{ps}$

$$-1 \times 96500 \times (-0{,}7287) = -8{,}314 \times (25 + 273) \times \ln K_{ps}$$

$$K_{ps} = e^{-28{,}38} = 4{,}72 \times 10^{-13}$$

Questão 90

(GRILLO) Uma solução de cloreto de alumínio apresenta coeficiente de atividade médio igual a 0,96, pela lei de Debye Huckell. A partir desta informação, calcule a massa de cloreto de alumínio a partir de 800 gramas de água pura e também o valor das atividades dos íons alumínio e cloreto.

Resolução: Equação de dissociação da solução aquosa de cloreto de alumínio: $AlCl_{3(aquoso)} \rightarrow Al^{+3}_{(aquoso)} + 3Cl^-_{(aquoso)}$

Cálculo da força iônica (I), a partir da utilização da lei de Debye-Huckell: $\log\gamma^{\pm}_{x} = -|z_1 \times z_2| \times A \times \sqrt{I}$

$\log(0{,}96) = -|3 \times (-1)| \times 0{,}509 \times \sqrt{I}$

$$-1{,}16 \times 10^{-2} = -3 \times 0{,}509 \times \sqrt{I}$$

$$\sqrt{I} = 1{,}16 \times 10^{-2}$$

$$\left(\sqrt{I}\right)^2 = (1{,}16 \times 10^{-2})^2$$

$$I = 1{,}35 \times 10^{-4}$$

Relação estequiométrica com a molalidade através da reação de dissociação do cloreto de alumínio: $AlCl_{3(aquoso)} \rightarrow Al^{+3}_{(aquoso)} + 3Cl^{-}_{(aquoso)}$

Chamando de $\mathcal{M}$ a concentração molal da solução, temos:

$$1 \text{ mol de } AlCl_{3(aq)} -- 1 \text{ mol de } Al^{+3}_{(aq)} --- 3 \text{ mol de } Cl^{-}_{(aq)}$$
$$\mathcal{M} \text{ mol de } AlCl_{3(aq)} -- \mathcal{M} \text{ mol de } Al^{+3}_{(aq)} -- 3\mathcal{M} \text{ mol de } Cl^{-}_{(aq)}$$

Cálculo da massa de cloreto de alumínio, a partir da força iônica:

$$I = \frac{1}{2} \times \{z_i^2 \times \mathcal{M}_{Al^{+3}} + z_i^2 \times 3 \times \mathcal{M}_{Cl^-}\}$$

$$I = \frac{1}{2} \times \{(3)^2 \times \mathcal{M} + (-1)^2 \times 3\mathcal{M}\} = 6\mathcal{M}$$

$$1{,}35 \times 10^{-4} = 6 \times \frac{m_{AlCl_3}}{< MM >_{AlCl_3} \times m^{(kg)}_{solvente}}$$

$$1{,}35 \times 10^{-4} = 6 \times \frac{m_{AlCl_3}}{133{,}5 \times 0{,}800}$$

$$m_{AlCl_3} = \frac{1{,}35 \times 10^{-4} \times 133{,}5 \times 0{,}800}{6} = 2{,}40 \times 10^{-3} g$$

Cálculo da molalidade ($\mathcal{M}$):

$$\mathcal{M} = \frac{\frac{m_{AlCl_3}}{< MM >_{AlCl_3}}}{m^{(kg)}_{solvente}} = \frac{\frac{2{,}40 \times 10^{-3}}{133{,}5}}{0{,}800} = 2{,}25 \times 10^{-5} \frac{mol}{kg}$$

Analisando o íon (cátion) alumínio: $a_{Al^{+3}} = \gamma_x^{\pm} \times [Al^{+3}]$

$$a_{Al^{+3}} = 0{,}96 \times 2{,}25 \times 10^{-5} = 2{,}16 \times 10^{-5}$$

Analisando o íon (ânion) cloreto: $a_{Cl^-} = \gamma_x^{\pm} \times [Cl^-]$

$$a_{Cl^-} = 0{,}96 \times 3 \times 2{,}25 \times 10^{-4} = 6{,}48 \times 10^{-4}$$

Observação: A equação apresentada pela questão trata-se da lei de Debye-Huckell. Trata-se de uma lei em que é possível calcular as atividades iônicas das espécies químicas, válidas para soluções aquosas a 25°C e muito diluídas. Trata-se de uma lei que confronta as previsões teóricas com os dados experimentais. Os valores apresentados e calculados para estas duas situações são bastante próximas e sua concordância, a lei, é simplesmente excelente. Importante ressaltar que este ponto bem específico da química, mas especificamente da físico-química é bastante cobrado e abordado na IChO, referente aos capítulos relacionados à soluções e eletroquímica.

Questão 91

Calcule o E° para $Ag_2S_{(sólido)} + 2e^- \rightarrow 2Ag_{(sólido)} + S^{-2}$, se o K_{ps} de $Ag_2S = 6 \times 10^{-50}$ e $E°_{Ag+/Ag} = +0{,}80$ V.

Resolução: Cálculo do valor do potencial-padrão a partir da constante do produto de solubilidade. $Ag_2S_{(s)} \rightleftarrows 2\ Ag^+_{(aq)} + S^{-2}_{(aq)}$

$$\Delta G° = -2 \times F \times E° = -R \times T \times \ln K_{ps}$$

$$-\ 2 \times 96500 \times E° = -\ 8{,}314 \times (25 + 273) \times \ln(6{,}0 \times 10^{-50})$$

$$E° = \frac{280801{,}80}{-193000} = -1{,}45\ V$$

Para este valor, o sistema eletroquímico é caracterizado como sendo um processo de eletrólise.

Informação do problema: $Ag^+_{(aquoso)} + 1e^- \rightarrow Ag_{(sólido)}$ $E° = +0{,}80$ V

Para a determinação do potencial será necessário multiplicar a semirreação da prata por dois. Diante desta afirmativa, temos:

$Ag_2S_{(sólido)} \rightarrow \cancel{2Ag^+_{(aquoso)}} + S^{-2}_{(aquoso)}$ $\Delta G° = -2 \times F \times (-1{,}45)$

$\cancel{2Ag^+_{(aquoso)}} + 2e^- \rightarrow 2Ag_{(sólido)}$ $\Delta G° = -2 \times F \times (+0{,}80)$

$Ag_2S_{(sólido)} + 2e^- \rightarrow 2Ag_{(sólido)} + S^{-2}_{(aquoso)}$

Cálculo do potencial padrão, a partir da variação da energia livre de Gibbs padrão:

$$\cancel{-2 \times F} \times E^0_{total} = \cancel{-2 \times F} \times (-1{,}45) + [-2 \times F \times (+0{,}80)]$$

$$E^0_{total} = -1{,}45 + 0{,}80 = -\ 0{,}65\ V$$

Questão 92

Assinale de maneira correta, o valor do número de oxidação do Re em $Mg(ReO_4)_2$?

a) + 4
b) + 5
c) + 6
d) + 7

Resolução: Alternativa D.

Sabendo que o número de oxidação do magnésio é igual a (+2) e do oxigênio igual a (-2), temos: $+2 + 2x - 16 = 0$

$x = +7$

Questão 93

(U. S NATIONAL CHEMISTRY OLYMPIAD) Qual é o coeficiente estequiométrico do $I_{2(sólido)}$, para a seguinte reação química: $Cr_2O^{-2}_{7(aquoso)} + I^-_{(aquoso)} + H^+_{(aquoso)} \rightarrow I_{2(sólido)} + Cr^{+3}_{(aquoso)} + H_2O_{(líquido)}$?

a) 2
b) 3
c) 4
d) 6

Resolução: Alternativa D.

Para esta equação química o dicromato é o agente oxidante enquanto o iodeto é o agente redutor.

Diante disso, a equação balanceada fica da seguinte maneira:

$$2Cr_2O^{-2}_{7(aquoso)} + 12I^{-}_{(aquoso)} + 28H^{+}_{(aquoso)} \rightarrow 6I_{2(sólido)} + 4Cr^{+3}_{(aquoso)} + 14H_2O_{(líquido)}$$

Questão 94

(QUALITYING EXAMINATIONS FOR APPLICATIONS FOR JAPANESE GOVERNMENT SCHOLARSHIPS) Realize o balanceamento da seguinte reação química: $MnO^{-}_{4(aquoso)} + H_2O_2 + H^{+}_{(aquoso)} \rightarrow Mn^{+2}_{(aquoso)} + O_{2(sólido)} + H_2O_{(líquido)}$.

Resolução: Para esta equação química o íon permanganato é o agente oxidante enquanto a água oxigenada é o agente redutor. Diante disso, a equação balanceada fica da seguinte maneira: $2MnO^{-}_{4(aquoso)} + 5H_2O_2 + 6H^{+}_{(aquoso)} \rightarrow 2Mn^{+2}_{(aquoso)} + O_{2(sólido)} + 8H_2O_{(líquido)}$

Questão 95

(GRILLO) Considere a equação iônica não balanceada apresentada a seguir: $Fe^{+2}_{(aquoso)} + Cr_2O^{-2}_{7(aquoso)} + H^{+}_{(aquoso)} \rightarrow Fe^{+3}_{(aquoso)} + Cr^{+3}_{(aquoso)} + H_2O_{(líquido)}$
a) Que elemento se oxida?
b) Que elemento se reduz?
c) Qual é o agente oxidante?
d) Qual é o agente redutor?
e) Qual é o valor do somatório dos coeficientes estequiométricos?

Resolução:

Item a) Ferro (Fe)

Item b) Cromo (Cr)

Item c) Dicromato $[Cr_2O^{-2}_{7(aquoso)}]$

Item d) A equação iônica balanceada fica da seguinte maneira:

$$6Fe^{+2}_{(aquoso)} + Cr_2O^{-2}_{7(aquoso)} + 14H^{+}_{(aquoso)} \rightarrow 6Fe^{+3}_{(aquoso)} + 2Cr^{+3}_{(aquoso)} + 7H_2O_{(líquido)}$$

Somatório dos coeficientes estequiométricos: 6 + 1 + 14 + 6 + 2 + 7 = 36

Questão 96

(INSTITUTO TECNOLÓGICO DA AERONÁUTICA) Considere as reações envolvendo o sulfeto de hidrogênio representadas pelas equações seguintes:
I) $2H_2S_{(g)} + H_2SO_{3(aq)} \longrightarrow 3S_{(s)} + 3H_2O_{(l)}$
II) $H_2S_{(g)} + 2H^{+}_{(aq)} + SO_4^{-2}{}_{(aq)} \longrightarrow SO_{2(g)} + S_{(s)} + 2H_2O_{(l)}$
III) $H_2S_{(g)} + Pb_{(s)} \longrightarrow PbS_{(s)} + H_{2(g)}$
IV) $2H_2S_{(g)} + 4Ag_{(s)} + O_{2(g)} \longrightarrow Ag_2S_{(s)} + 2H_2O_{(l)}$
Nas reações representadas pelas equações acima, o sulfeto de hidrogênio é agente redutor em:
a) Apenas I
b) Apenas I e II
c) Apenas III
d) Apenas III e IV
e) Apenas IV

Resolução: Alternativa B.

Analisando cada equação química:

Equação química I) $S^{-2} \longrightarrow S^0$ + 2 elétrons; para este caso a reação é de oxidação e o sulfeto de hidrogênio é o agente redutor.

Equação química II) $S^{-2} \longrightarrow S^{+4}$ + 6 elétrons; para este caso a reação é de oxidação e o sulfeto de hidrogênio é o agente redutor.

Equação química III) $S^{-2} \longrightarrow S^{-2}$; não se tratando de uma reação de oxirredução.

Equação química IV) $S^{-2} \longrightarrow S^{-2}$; não se tratando de uma reação de oxirredução.

Questão 97

Nas CNTP, 1,12 litros de hidrogênio é obtido a partir de uma vazão em que a corrente é igual a 965 C em uma solução. Calcule o valor da corrente.

Resolução: Semirreação de redução do hidrogênio: $2H^{+}_{(aquoso)} + 2e^{-} \rightarrow H_{2(gás)}$

Quantidade de carga (Q) a partir do volume nas CNTP, através da seguinte relação estequiométrica:

$$22{,}4\ L ------ 2\ \cancel{mol\ de\ elétrons}\ x\ \frac{96500\ C}{\cancel{mol\ de\ elétrons}}$$
$$1{,}12\ L ------ Q$$
$$Q = 9650\ C$$

Cálculo da corrente: $i = \frac{Q}{tempo} = \frac{9650}{965\ A} = 10\ A$

Questão 98

E^{o}_{cell} do Zn/Zn^{+2} // Cu^{+2}/Cu é 1,10 V a 25ºC. Calcule a constante de equilíbrio para esta reação: $Zn + Cu^{+2}_{(aquoso)} \rightarrow Cu + Zn^{+2}_{(aquoso)}$.

Resolução: A partir da relação termodinâmica entre as energias livres de Gibbs, temos: $\Delta G^{0}_{eletroquímico} = \Delta G^{0}_{termodinâmico}$

$$-n\ x\ F\ x\ E^{0}_{total} = -R\ x\ T\ x \ln K_{eq}$$

$$\ln K_{eq} = \frac{-n\ x\ F\ x\ E^{0}_{total}}{-R\ x\ T}$$

$$\ln K_{eq} = \frac{-2\ x\ 96500\ x\ 1{,}10}{-8{,}314\ x\ 298} = +85{,}69$$

$$K_{eq} = e^{(+85{,}69)}$$

Questão 99

Calcule qual deve ser a massa de prata depositada através de uma carga de 965 C de eletricidade, a partir de uma solução de nitrato de prata.

Resolução: Semirreação que ocorre no cátodo: $Ag^{+}_{(aquoso)} + 1e^{-} \rightarrow Ag_{(solido)}$

Determinação estequiométrica entre a massa de prata e sua respectiva carga.

$$108\ g ----- 1\ \cancel{mol\ de\ elétrons}\ x\ \frac{96500\ C}{\cancel{mol\ de\ elétrons}}$$
$$Massa ----- 965\ C$$

$$Massa = \frac{108\ x\ 965}{96500} = 1{,}08\ g$$

Questão 100

Calcule o número de oxidação do enxofre no $Na_2S_4O_6$.

Resolução: Sabendo que o número de oxidação do sódio é igual a (+1) e do oxigênio igual a (-2), temos: $+(2 \text{ x } 1) + 4\text{x} - 12 = 0$

$\text{x} = +\ 2{,}50.$

Questão 101

Calcule o número de oxidação do ferro no $K_4[Fe(CN)_6]$.

Resolução: Sabendo que o número de oxidação do potássio é igual a (+1) e do cianeto igual a menos um (-1), temos:

$+(4 \text{ x } 1) + \text{x} - 1\text{x } 6 = 0$

$\text{x} = +\ 2$

Questão 102

(U. S. NATIONAL CHEMISTRY OLYMPIAD) $2Cr_{(s)} + 3Cu^{2+}_{(aq)} \longrightarrow 2Cr^{3+}_{(aq)} + 3Cu_{(s)}$. Qual é a expressão que corresponde o valor da expressão para ΔG° em $kJ.mol^{-1}$, para esta reação a 25°C?

a) $-\ 6 \text{ x } 8{,}31 \text{ x } 0{,}43 \text{ x } 1000$

b) $\dfrac{-6 \text{ x } 96500 \text{ x } 0{,}43 \text{ x } 1000}{8{,}31}$

c) $\dfrac{-6 \text{ x } 96500 \text{ x } 0{,}43}{1000}$

d) $\dfrac{-6 \text{ x } 8{,}31 \text{ x } 0{,}43}{1000}$

Resolução: Alternativa C.

A expressão que representa a variação da energia livre de Gibbs-padrão em relação ao processo eletroquímico é dada pela seguinte equação matemática: $\Delta G^{\circ} = -\ \text{n x F x E}^{\circ}$

$$\Delta G^{\circ} = -6 \text{ x } 96500 \text{ x } 0{,}43 \left(\frac{\text{J}}{\text{mol}}\right)$$

Dividindo a expressão por 1000, temos:

$$\Delta G^{\circ} = \frac{-6 \text{ x } 96500 \text{ x } 0{,}43}{1000}\left(\frac{\text{kJ}}{\text{mol}}\right)$$

Questão 103

(U. S. NATIONAL CHEMISTRY OLYMPIAD) $2Cr_{(s)} + 3Cu^{2+}_{(aq)} \longrightarrow 2Cr^{3+}_{(aq)} + 3Cu_{(s)}$. Qual é a voltagem para esta célula quando $[Cu^{2+}] = 1{,}0\ mol.L^{-1}$ e $[Cr^{3+}] = 0{,}010\ mol.L^{-1}$?

a) 1,2
b) 0,87
c) 0,47
d) 0,39

Resolução: Alternativa C.

Para a resolução do problema, será necessário aplicar a equação de Nernst: $\text{E} = \text{E}^{\circ} - \frac{\text{R x T}}{\text{n x F}} \text{x lnQ}$

$$E = E° - \frac{R \times T}{n \times F} x \ln\left\{\frac{[Cr^{+3}]^2 \times a_{Cu}^3}{a_{Cr}^2 \times [Cu^{+2}]^3}\right\}$$

Onde as atividades dos sólidos são unitários, $a_{Cr} = a_{Cu} = 1$.

$$E = E° - \frac{R \times T}{n \times F} x \ln\left\{\frac{[Cr^{+3}]^2 x\, a_{Cu}^3}{a_{Cr}^2 \times [Cu^{+2}]^3}\right\}$$

$$E = +0{,}43 - \frac{8{,}314 \times (25 + 273)}{6 \times 96500} x \ln\left\{\frac{(0{,}010)^2 \times (1)^3}{(1)^2 x\, (1)^3}\right\}$$

$$E = +0{,}43 - \frac{8{,}314 \times 298}{6 \times 96500} x \ln(10^{-4}) = +0{,}469\ V$$

Questão 104

(GRILLO) As reações envolvidas no processo de oxirredução e seus respectivos potenciais padrões de redução são os seguintes:

$PbSO_{4(sólido)} + 2e^- \rightarrow Pb_{(sólido)} + SO_4^{2-}{}_{(aquoso)}$ $E^o = -0{,}36\ V$

$PbO_{2(s)} + 4H^+{}_{(aquoso)} + SO_4^{2-}{}_{(aquoso)} + 2e^- \rightarrow PbSO_{4(sólido)} + 2H_2O_{(líquido)}$ $E^o = +1{,}64\ V$

a) Escreva a reação de oxirredução global da pilha.

b) Calcule o valor da variação da energia livre de Gibbs-padrão, ΔG^o. Esse resultado é esperado para uma pilha? Por quê?

c) Calcule ΔG, a 25°C quando o pH é 1 e a concentração de sulfato, $[SO_4^{2-}]$ é de $5{,}0 \times 10^{-3}$ mol.L^{-1}.

Resolução:

Item a) Invertendo a primeira semirreação, temos:

$Pb_{(sólido)} + SO_4^{2-}{}_{(aquoso)} \rightarrow PbSO_{4(sólido)} + 2e^-$ $E° = +0{,}36\ V$

$PbO_{2(sólido)} + 4H^+{}_{(aquoso)} + SO_4^{2-}{}_{(aquoso)} + 2e^- \rightarrow PbSO_{4(sólido)} + 2H_2O_{(líquido)}$ $E° = +1{,}64\ V$

$Pb_{(sólido)} + PbO_{2(sólido)} + 2SO_4^{2-}{}_{(aquoso)} + 4H^+{}_{(aquoso)} \rightarrow 2PbSO_{4(sólido)} + 2H_2O_{(líquido)}$ $E° = +0{,}36 + 1{,}64 = +2{,}00\ V$

Item b) Cálculo da variação de energia livre de Gibbs-padrão, ΔG°: $\Delta G° = -n \times F \times E°$

$$\Delta G° = -2\ mol \times 96500 \frac{C}{mol} x\, (+2{,}00\ V)$$

$$\Delta G° = -386000\ J$$

Sim, o resultado é esperado, uma vez que caracteriza a espontaneidade da pilha apresentando um valor negativo (ΔG° < 0 e E° > 0), o que se trata de uma das principais características da pilha.

Item c) Cálculo da concentração da quantidade de matéria de $[H^+]$, a partir do pH: pH = - log$[H^+]$

1 = - log$[H^+]$

$[H^+] = 10^{-1}$ mol.L^{-1}

Utilizando a equação termodinâmica que relaciona a energia livres de Gibbs, temos: $\Delta G = \Delta G° + RTlnQ$

$$\Delta G = \Delta G° + RTln\left\{\frac{a_{PbSO_4}^2 \times a_{H_2O}^2}{a_{Pb} \times a_{PbO_2} \times [SO_4^{-2}]^2 \times [H^+]^4}\right\}$$

$$\Delta G = -386000 + 8{,}314 \times 298 \times \ln\left\{\frac{(1)^2 \times (1)^2}{1 \times 1 \times (5{,}0 \times 10^{-3})^2 \times (10^{-1})^4}\right\}$$

$$\Delta G = -386000 + 8{,}314 \times 298 \times \ln\left\{\frac{1}{25{,}0 \times 10^{-10}}\right\}$$

$$\Delta G = -336926{,}79 \text{ J } (-336{,}93 \text{ kJ})$$

Observação: Para este valor de energia livre de gibbs, o processo eletroquímico é caracterizado como espontâneo.

Questão 105

(OLIMPÍADA BRASILEIRA DE QUÍMICA) Ouro metálico dissolve em água régia, uma mistura de ácido clorídrico e ácido nítrico concentrados e, na química do ouro, as seguintes reações são importantes:

$Au^{+3}_{(aq)} + 3e^- \rightarrow Au_{(s)}$ $\quad E^o_{redução} = +1{,}498$ V

$AuCl_4^-{}_{(aq)} + 3e^- \rightarrow Au_{(s)} + 4Cl^-_{(aq)}$ $\quad E^o_{redução} = +1{,}002$ V

Utilizando as semirreações acima e a semirreação: $NO_3^-{}_{(aq)} + 4H^+_{(aq)} + 3e^- \rightarrow NO_{(g)} + 2\,H_2O_{(l)}$ $\quad E^o_{redução} = +0{,}96$ V

Responda às questões (a), (b) e (c).

a) Dê a equação calibrada da reação entre o ouro e o ácido nítrico, para formar Au^{+3} e $NO_{(g)}$ e calcule a fem-padrão (E°) associada a esta reação. Esta reação é espontânea?

b) Dê a equação da reação entre o ouro e o ácido clorídrico, formando $AuCl_4^-{}_{(aq)}$ e $H_{2(g)}$ e calcule a fem-padrão (E°) associada a esta reação. Esta reação, em condições-padrão, é espontânea?

c) Dê a reação entre o ouro e a água régia para dar $AuCl_4^-{}_{(aq)}$ e $NO_{(g)}$ e calcule a fem-padrão (E°) associada a esta reação. Esta reação, em condições-padrão, é espontânea?

Resolução:

Item a) Invertendo a semirreação do ouro e somando com a semirreação do nitrato:

$Au_{(sólido)} \rightarrow Au^{+3}_{(aquoso)} + \cancel{3e^-}$ $\quad \Delta G^0 = -3 \times F \times (-1{,}498)$

$NO_3^-{}_{(aquoso)} + 4H^+_{(aquoso)} + \cancel{3e^-} \rightarrow NO_{(gás)} + 2H_2O_{(líquido)}$ $\quad \Delta G^0 = -3 \times F \times (+0{,}96)$

$Au_{(sólido)} + NO_3^-{}_{(aquoso)} + 4H^+_{(aquoso)} \rightarrow Au^{+3}_{(aquoso)} + NO_{(gás)} + 2H_2O_{(líquido)}$

Cálculo do potencial-padrão para o sistema eletroquímico apresentado:

$$\cancel{-3 \times F} \times E^0_{total} = \cancel{-3 \times F} \times (-1{,}498) + [\cancel{-3 \times F} \times (+0{,}96)]$$

$$E^0_{total} = -1{,}498 + 0{,}96 = -\,0{,}538 \text{ V}$$

Para um potencial negativo, o processo não é espontâneo, ou seja, a variação da energia livre de gibbs é positiva.

Item b) Invertendo a semirreação e multiplicando por dois:

$2Au_{(sólido)} + 2Cl^-_{(aquoso)} \rightarrow 2AuCl_4^-{}_{(aquoso)} + 6e^-$ $\quad \Delta G^0 = -6 \times F \times (+1{,}002)$

Multiplicando a semirreação de redução do hidrogênio por três:

$2Au_{(sólido)} + 2Cl^-_{(aquoso)} \rightarrow 2AuCl_4^-{}_{(aquoso)} + 6e^-$ $\quad \Delta G^0 = -6 \times F \times (+1{,}002)$

$6H^+_{(aquoso)} + 6e^- \rightarrow 3H_{2(gás)}$ $\quad \Delta G^0 = -6 \times F \times (+0{,}00)$ +

$2Au_{(sólido)} + 2Cl^-_{(aquoso)} + 6H^+_{(aquoso)} \rightarrow 3H_{2(gás)} + 2AuCl_4^-{}_{(aquoso)}$

$$\cancel{-6 \times F} \times E^0_{total} = \cancel{-6 \times F} \times (+1{,}002) + [\cancel{-6 \times F} \times (+0{,}00)]$$

$$E^0_{total} = +1{,}002 + 0{,}00 = +1{,}002 \text{ V}$$

Para um potencial-padrão positivo o processo é espontâneo, uma vez que a variação da energia livre de gibbs é negativa.

Item c) Determinação da equação iônica e do potencial-padrão:

$Au_{(sólido)} + 4Cl^-_{(aquoso)} \longrightarrow AuCl_4^-{}_{(aquoso)} + \cancel{3e^-}$ $\quad \Delta G^0 = -3 \text{ x F x } (-1{,}002)$

$NO_3^-{}_{(aquoso)} + 4H^+_{(aquoso)} + \cancel{3e^-} \longrightarrow NO_{(gás)} + 2H_2O_{(l)}$ $\quad \Delta G^0 = -3 \text{ x F x } (+\,0{,}96)$

$Au_{(sólido)} + 4Cl^-_{(aquoso)} + NO_3^-{}_{(aquoso)} + 4H^+_{(aquoso)} + \cancel{3e^-} \longrightarrow AuCl_4^-{}_{(aquoso)} + NO_{(gás)} + 2H_2O_{(líquido)}$

$$\cancel{-3 \text{ x F}} \text{ x } E^0_{total} = \cancel{-3 \text{ x F}} \text{ x } (-1{,}002) + [\cancel{-3 \text{ x F}} \text{ x } (+0{,}96)]$$

$$E^0_{total} = -0{,}042 \text{ V}$$

Para um potencial padrão negativo, o processo eletroquímico é caracterizado como espontâneo.

Questão 106

(GRILLO) Calcule as atividades dos cátions e ânions de uma solução aquosa de cloreto de cálcio, que apresenta molalidade igual a $3 \text{ x } 10^{-4}$ mol.kg^{-1} obedecendo à lei de Debye-Huckel.

Resolução:

Equação química que corresponde ao processo de dissociação do cloreto de cálcio: $CaCl_{2(aquoso)} \rightarrow Ca^{+2}_{(aquoso)} + 2\ Cl^-_{(aquoso)}$

$$1 \text{ mol de } CaCl_{2(aquoso)} \rightarrow 1 \text{ mol de } Ca^{+2}_{(aquoso)} + 2 \text{ mol de } Cl^-_{(aquoso)}$$

$$3{,}0 \text{ x } 10^{-4}\frac{\text{mol}}{\text{kg}} - - - - 3{,}0 \text{ x } 10^{-4}\frac{\text{mol}}{\text{kg}} - - - - 6{,}0 \text{ x } 10^{-4}\frac{\text{mol}}{\text{kg}}$$

Cálculo da força iônica (I): $I = \frac{1}{2} \text{ x } \{z_i^2 \text{ x } \mathcal{M}_{Ca^{+2}} + z_i^2 \text{ x } 3 \text{ x } \mathcal{M}_{Cl^-}\}$

$$I = \frac{1}{2} \text{x} \{(+2)^2 \text{x } 3{,}0 \text{ x } 10^{-4} + (-1)^2 \text{ x } 6{,}0 \text{ x } 10^{-4}\}$$

$$I = \frac{1}{2} \text{x} \{12{,}0 \text{ x } 10^{-4} + 6{,}0 \text{ x } 10^{-4}\} = 9{,}0 \text{ x } 10^{-4}$$

Cálculo do coeficiente médio de atividade, a partir da utilização da lei de Debye-Huckell: $\log\gamma^{\pm} = -|z_1 \text{ x } z_2| \text{ x A x } \sqrt{I}$

$$\log\gamma^{\pm} = -|2 \text{ x } (-1)| \text{ x } 0{,}509 \text{ x } \sqrt{9{,}0 \text{ x } 10^{-4}}$$
$$\log\gamma^{\pm} = -2 \text{ x } 0{,}509 \text{ x } 3{,}0 \text{ x } 10^{-2}$$

$$\log\gamma^{\pm} = -3{,}054 \text{ x } 10^{-2}$$

$$\gamma^{\pm} = 10^{(-3{,}054 \text{ x } 10^{-2})} = 0{,}932$$

Cálculo das atividades dos íons apresentados:

Analisando o íon (cátion) cálcio: $a_{Ca^{+2}} = 0{,}932 \text{ x } 3{,}0 \text{ x } 10^{-4} = 2{,}80 \text{ x } 10^{-4}$

Analisando o íon (ânion) cloreto: $a_{Cl^-} = 0{,}932 \text{ x } 6{,}0 \text{ x } 10^{-4} = 5{,}59 \text{ x } 10^{-4}$

Questão 107

(a) Quando uma corrente de 0,150 A é usada por um período de oito horas, determine o valor de gás flúor nas CNTP, a partir de uma mistura fundida de potássio e fluoreto de hidrogênio?

(b) Se a mesma corrente for passada pelo mesmo intervalo de tempo, quantos litro de gás oxigênio pode ser produzido a partir da eletrólise da água?

Resolução:

Item a) Equação de redução do gás flúor: $F_{2(gás)} + 2e^- \rightarrow 2F^-_{(aquoso)}$

Cálculo da carga: $Q = i \times t$

$Q = 150 \times 10^{-3} \times 8 \times 3600 = 4320\ C$

Cálculo do volume a partir da relação estequiométrica com a carga:

$$22{,}4\ L - - - - - - 2\ \text{mol de elétrons} \times \frac{96500\ C}{1\ \text{mol de elétrons}}$$
$$\text{Volume} - - - - - 4320\ C$$
$$\text{Volume} = 0{,}501\ L$$

Item b) Eletrólise da água: $H_2O_{(líquido)} \rightarrow 2H^+_{(aquoso)} + \frac{1}{2}O_{2(gás)} + 2e^-$

Cálculo do volume do gás formado a partir da relação estequiométrica com a carga

$$\frac{1}{2} \times 22{,}4\ L - - - - - - 2\ \cancel{\text{mol de elétrons}} \times \frac{96500\ C}{1\ \cancel{\text{mol de elétrons}}}$$
$$\text{Volume} - - - - - - - (150 \times 10^{-3} \times 8 \times 3600)\ C$$
$$\text{Volume} = \frac{48384}{193000} = 0{,}251\ L$$

Questão 108

Uma solução aquosa de sulfato de sódio foi eletrolisada durante trinta minutos; um volume correspondente a 25 mL de O_2 foram produzidos no ânodo sobre a água a uma temperatura na ordem de 22ºC com uma pressão total de 722 torr. Determine a intensidade de corrente utilizada da corrente, para a produção de oxigênio gasoso. Informação para a resolução do problema: pressão de vapor da água a 22ºC é de 19,83 torr.

Resolução: Analisando a eletrólise aquosa do sulfato de sódio.

Equação de ionização do sulfato de sódio: $Na_2SO_{4(aquoso)} \overset{\Delta}{\rightleftarrows} 2Na^+_{(aquoso)} + SO^{-2}_{4(aquoso)}$

Equação de ionização da água: $H_2O_{(líquido)} \rightarrow H^+_{(aquoso)} + OH^-_{(aquoso)}$

Quem descarrega com melhor facilidade no cátodo, $Na^+_{(aquoso)}$ ou $H^+_{(aquoso)}$?
Resposta: $2H^+_{(aquoso)} + 2e^- \rightarrow H_{2(gás)}$

Quem descarrega com melhor facilidade no ânodo, $SO^{-2}_{4(aquoso)}$ ou $OH^-_{(aquoso)}$?
Resposta: $2OH^-_{(aquoso)} \rightarrow H_2O_{(líquido)} + \frac{1}{2}O_{2(gás)} + 2e^-$
Multiplicando a segunda semirreação por dois e somando todas as reações, temos:

$$Na_2SO_{4(aquoso)} \overset{\Delta}{\rightleftarrows} 2Na^+_{(aquoso)} + SO^{-2}_{4(aquoso)}$$

$$2H_2O_{(líquido)} \rightarrow \cancel{2H^+_{(aquoso)}} + \cancel{2OH^-_{(aquoso)}}$$
$$\cancel{2H^+_{(aquoso)}} + 2e^- \rightarrow H_{2(gás)}$$
$$\cancel{2OH^-_{(aquoso)}} \rightarrow H_2O_{(líquido)} + \frac{1}{2}O_{2(gás)} + 2e^- \quad +$$

$$Na_2SO_{4(aquoso)} + 2H_2O_{(líquido)} \rightarrow \underbrace{2\,Na^+_{(aquoso)} + SO^{-2}_{4(aquoso)}}_{Na_2SO_{4(aquoso)}} + H_{2(gás)} \uparrow + 2H^+_{(aquoso)} + \frac{1}{2}O_{2(gás)} \uparrow$$

Realmente, na eletrólise aquosa do sulfato de sódio, há a produção ½ mol de oxigênio molecular.

Cálculo da pressão de oxigênio puro: $P_{O_2}^{seco} = P^{atm} - P_{H_2O}^{vapor}$

$P_{O_2}^{seco} = 722 \text{ torr} - 19{,}83 \text{ torr} = 702{,}17 \text{ torr}$

Cálculo do número de mol de oxigênio molecular: $n_{O_2} = \frac{\frac{702{,}17}{760} \text{ x } 25 \text{ x } 10^{-3}}{0{,}08206 \text{ x } 295} = 9{,}54 \text{ x } 10^{-4} \text{ mol}$

Cálculo da corrente utilizada, a partir da relação estequiométrica entre o volume e a carga do sistema eletroquímico.

$$\frac{1}{2} \text{x } 22{,}4 \text{ L} ------ 2 \text{ mol de elétrons x} \frac{96500 \text{ C}}{1 \text{ mol de elétrons}}$$
$$9{,}54 \text{ x } 10^{-4} \text{ mol} --- Q$$
$$Q = 0{,}205 \text{ A}$$

Questão 109

(GRILLO) Considere os seguintes potenciais padrões a 25ºC:

$Pd^{+2}_{(aquoso)} + 2e^- \longrightarrow Pd_{(sólido)}$ $E^0 = +0{,}83 \text{ V}$

$PdCl_4^{-2}{}_{(aquoso)} + 2e^- \longrightarrow Pd_{(sólido)} + 4Cl^-$ $E^0 = +0{,}64 \text{ V}$

Item a) Calcule a constante de equilíbrio para a seguinte reação eletroquímica: $Pd^{+2}_{(aquoso)} + 4Cl^- \rightarrow PdCl_4^{-2}{}_{(aquoso)}$.

Item b) Calcule a variação da energia livre de Gibbs-padrão.

Item c) Sabendo que $\left(\frac{\delta E}{\delta T}\right)_p = +2{,}30 \text{ x } 10^{-4} \frac{V}{K}$, calcule o valor da variação da entalpia padrão.

Item d) Calcule a entropia padrão.

Resolução: Invertendo a segunda semirreação eletroquímica, o processo fica da seguinte maneira:

$\cancel{Pd_{(sólido)}} + 4Cl^- \longrightarrow PdCl_4^{-2}{}_{(aquoso)} + \cancel{2e^-}$ $\Delta G^0 = -2 \text{ x F x } (-0{,}64)$

$Pd^{+2}_{(aquoso)} + \cancel{2e^-} \longrightarrow \cancel{Pd_{(s)}}$ $\Delta G^0 = -2 \text{ x F x } (+0{,}83)$

$Pd^{+2}_{(aquoso)} + 4Cl^- \longrightarrow PdCl_4^{-2}{}_{(aquoso)}$ $\Delta G^0_{total} = -2 \text{ x F x } E^0_{total}$

Cálculo do potencial eletroquímico padrão: $-2 \text{ x F x } E^0_{total} = -2 \text{ x F x } (-0{,}64) + [-2 \text{ x F x } (+0{,}83)]$

$\cancel{-2 \text{ x F}} \text{ x } E^0_{total} = \cancel{-2 \text{ x F}} \text{ x } (-0{,}64) + [\cancel{-2 \text{ x F}} \text{ x } (+0{,}83)]$

$E^0_{total} = +0{,}19 \text{ V}$

Item b) Cálculo da variação da energia livre de Gibbs-padrão: $\Delta G° = -n \text{ x F x } E°$

$$\Delta G° = -2 \text{ mol x } 96500 \frac{C}{mol} \text{ x } (+0{,}19 \text{ V})$$

$$\Delta G° = -36670 \text{ J}$$

Item a) Cálculo da K_{eq}, a partir da variação da energia livre de Gibbs-padrão:

$$-36670 \text{ J} = -8{,}314 \text{ x } 298 \text{ x} \ln K_{eq}$$

$$\ln K_{eq} = \frac{-36670}{-2477{,}572} = 14{,}80$$

$K_{eq} = e^{(+14,80)}$

Item c) Cálculo da variação da entalpia padrão: $\Delta H^o_{reação} = -n \times F \times \left[E^0 - \left(\frac{\delta E}{\delta T}\right)_p\right]$

$\Delta H^o_{reação} = -2 \times 96500 \times [0,19 - (+2,30 \times 10^{-4})]$

$\Delta H^o_{reação} = -23441,78 \frac{J}{mol}$ (processo exotérmico)

Item d) Cálculo da entropia. Primeira maneira do cálculo da entropia: $\left(\frac{\delta E}{\delta T}\right)_p = \frac{\Delta S^0}{n \times F}$

$+2,30 \times 10^{-4} = \frac{\Delta S^0}{2 \times 96500}$

$\Delta S^0 = +44,39 \frac{J}{K}$

Segunda maneira de cálculo: $\Delta G^o_{reação} = \Delta H^o_{reação} - T \times \Delta S^o_{reação}$

$\Delta S^o_{reação} = \frac{-36670 + 23441,78}{-298} = +44,39 \frac{J}{K}$

Questão 110

A força eletromotriz padrão da célula: Fe | $Fe^{2+}_{(aq)}$ || Cd^{2+} | Cd corresponde a 0,0372 V. O coeficiente de temperatura da fem é –0,125 $V.K^{-1}$. A partir das informações apresentadas, calcule as seguintes propriedades termodinâmicas: ΔG°, ΔH° and ΔS°, para uma temperatura na ordem de 25°C.

Resolução: Para este processo eletroquímico, há a participação de dois (2) elétrons.

Cálculo da variação da energia livre de Gibbs-padrão:

$\Delta G° = -n \times F \times E°$

$\Delta G° = -2 \text{ mol} \times 96500 \frac{C}{mol} \times (+0,0372 \text{ V})$

$\Delta G° = -7179,60 \text{ J}$

Cálculo da variação da entropia padrão: $\frac{\Delta S^o_{reação}}{n \times F} = \left(\frac{\delta E}{\delta T}\right)_p$

$\frac{\Delta S^o_{reação}}{2 \times 96500} = -0,125$

$\Delta S^o_{reação} = -24125 \frac{J}{K}$

A partir da equação de Gibbs – Helmholtz, temos: $\Delta G^o_{reação} = \Delta H^o_{reação} - T \times \Delta S^o_{reação}$

$-7179,60 = \Delta H^o_{reação} - T \times (-24125)$

$\Delta H^o_{reação} = -7196429,6 \text{ J } (-7196,43 \text{ kJ})$

Questão 111

(GRILLO) Calcule a atividade de uma solução de sulfato de magnésio que apresenta molalidade igual a 3,0 x 10^{-4} mol x kg^{-1}, obedecendo a lei de Debye-Huckell.

Resolução:

Equação química que corresponde ao processo de dissociação iônica da solução aquosa de sulfato de magnésio:

$$MgSO_{4(aquoso)} \rightarrow Mg^{+2}_{(aquoso)} + SO^{-2}_{4(aquoso)}$$

$$1 \text{ mol de } Mg^{+2}_{(aq)} ------ 1 \text{ mol de } SO^{-2}_{4(aq)}$$
$$3{,}0 \times 10^{-4} \text{mol de } Mg^{+2}_{(aq)} -- 3{,}0 \times 10^{-4} \text{mol de } SO^{-2}_{4(aq)}$$

Cálculo da força iônica (I): $I = \frac{1}{2} \times \left\{z_i^2 \times \mathcal{M}_{Mg^{+2}} + z_i^2 \times \mathcal{M}_{SO_4^{-2}}\right\}$

$$I = \frac{1}{2} \times \{(+2)^2 \times 3{,}0 \times 10^{-4} + (-2)^2 \times 3{,}0 \times 10^{-4}\} = 12{,}0 \times 10^{-4}$$

Cálculo do coeficiente de atividade médio a partir da utilização da lei de Debye-Huckell: $\log\gamma_x^{\pm} = -|z_1 \times z_2| \times A \times \sqrt{I}$

$$\log\gamma_x^{\pm} = -|2 \times (-2)| \times 0{,}509 \times \sqrt{12{,}0 \times 10^{-4}}$$

$$\log\gamma_x^{\pm} = -0{,}233$$

$$\gamma_x^{\pm} = 0{,}598$$

Analisando o íon (cátion) magnésio: $a_{Mg^{+2}} = \gamma_x^{\pm} \times \mathcal{M}_{Mg^{+2}}$

$$a_{Mg^{+2}} = 0{,}598 \times 3{,}0 \times 10^{-4} = 2{,}16 \times 10^{-5}$$

Analisando o íon (ânion) cloreto: $a_{SO_4^{-2}} = \gamma_x^{\pm} \times \mathcal{M}_{SO^{-2}_{4(aq)}}$

$$a_{SO^{-2}_{4(aq)}} = 0{,}598 \times 3{,}0 \times 10^{-4}$$

Questão 112

(GRILLO) Calcule a força iônica:
a) Solução de nitrato de sódio (0,10 mol x L^{-1});
b) Solução de sulfato de sódio (0,01 mol x L^{-1});
c) Solução de brometo de potássio (0,02 mol x L^{-1}) e sulfato de sódio (0,01 mol x L^{-1}).

Resolução:

Item a) Equação química que corresponde ao processo de dissociação iônica da solução aquosa de nitrato de sódio:

$$NaNO_{3(aquoso)} \rightarrow Na^{+1}_{(aquoso)} + NO^{-}_{3(aquoso)}$$

Cálculo da força iônica (I): $I = \frac{1}{2} \times \{z_i^2 \times \mathcal{M}_{Na^{+1}} + z_i^2 \times \mathcal{M}_{NO_3^-}\}$

$$I = \frac{1}{2} \times \{(+1)^2 \times 0{,}10 + (-1)^2 \times 0{,}10\} = 0{,}10$$

Item b) Equação química que corresponde ao processo de dissociação da solução aquosa de sulfato de sódio:

$$Na_2SO_{4(aquoso)} \rightarrow 2Na^+_{(aquoso)} + SO^{-2}_{4(aquoso)}$$

$2 \text{ mol de } Na^+_{(aq)}$ ------ $1 \text{ mol de } SO^{-2}_{4(aq)}$
$0{,}02 \text{ mol de } Na^+_{(aq)}$ ----- $0{,}01 \text{ mol de } SO^{-2}_{4(aq)}$

Cálculo da força iônica (I): $I = \frac{1}{2} \text{ x} \left\{ z_i^2 \text{ x } \mathcal{M}_{Na^+_{(aq)}} + z_i^2 \text{ x } \mathcal{M}_{SO_4^{-2}} \right\}$

$$I = \frac{1}{2} \text{x} \{(+1)^2 \text{x } 0{,}02 + (-2)^2 \text{ x } 0{,}01\} = 0{,}03$$

Item c) Equação química que corresponde ao processo de dissociação da solução aquosa de brometo de potássio:

$$KBr_{(aquoso)} \rightarrow K^{+1}_{(aquoso)} + Br^-_{(aquoso)}$$

Cálculo da força iônica (I): $I = \frac{1}{2} \text{ x } \{z_i^2 \text{ x } \mathcal{M}_{K^{+1}} + z_i^2 \text{ x } \mathcal{M}_{Br^-}\}$

$$I = \frac{1}{2} \text{ x } \{(+1)^2 \text{x } 0{,}02 + (-1)^2 \text{ x } 0{,}02\} = 0{,}02$$

Equação química que corresponde ao processo de dissociação iônica da solução aquosa de sulfato de sódio:

$$Na_2SO_{4(aquoso)} \rightarrow 2Na^+_{(aquoso)} + SO^{-2}_{4(aquoso)}$$

$2 \text{ mol de } Na^+_{(aq)}$ ------ $1 \text{ mol de } SO^{-2}_{4(aq)}$
$0{,}02 \text{ mol de } Na^+_{(aq)}$ ----- $0{,}01 \text{ mol de } SO^{-2}_{4(aq)}$

Cálculo da força iônica (I): $I = \frac{1}{2} \text{ x} \left\{ z_i^2 \text{ x } \mathcal{M}_{Na^+_{(aq)}} + z_i^2 \text{ x } \mathcal{M}_{SO_4^{-2}} \right\}$

$$I = \frac{1}{2} \text{ x } \{(+1)^2 \text{x } 0{,}02 + (-2)^2 \text{ x } 0{,}01\} = 0{,}03$$

Cálculo da força iônica total: $I_{total} = 0{,}02 + 0{,}03 = 0{,}05$

Questão 113

Qual é a constante de equilíbrio para a reação: $2Fe^{3+} + Au^+ \longrightarrow 2Fe^{2+} + Au^{3+}$? Dados: E°($Au^+$|Au) = 1,68 V, E° ($Au^{3+}$|Au) = 1,50 V, E° ($Fe^{3+}$|$Fe^{2+}$) = 0,75 V.

a) 1×10^{22}
b) 1×10^{-22}
c) 1×10^{-11}
d) 1×10^{-72}

Resolução: Alternativa A.

Analisando a semirreação do ouro:

$Au^+_{(aquoso)} + 1e^- \longrightarrow Au_{(sólido)}$	$E^0 = +1{,}68 \text{ V}$
$Au^{+3}_{(aquoso)} + 3e^- \longrightarrow Au_{(sólido)}$	$E^0 = +1{,}50 \text{ V}$

Invertendo a segunda semirreação:

$Au^+_{(aquoso)} + 1e^- \longrightarrow \cancel{Au_{(sólido)}}$	$\Delta G^0 = -1 \text{ x F x } (+1{,}68)$
$\cancel{Au_{(sólido)}} \longrightarrow Au^{+3}_{(aquoso)} + 3e^-$	$\Delta G^0 = -3 \text{ x F x } (-1{,}50)$ +
$Au^+_{(aquoso)} \longrightarrow Au^{+3}_{(aquoso)} + 2e^-$	$-2 \text{ x F x } E^0_{total} = -1 \text{ x F x } (+1{,}68) + [-3 \text{ x F x } (-1{,}50)]$

$E^0_{total} = -1{,}41 \text{ V}$

Multiplicando a semirreação do ferro por dois:

$Au^+_{(aquoso)} \longrightarrow Au^{+3}_{(aquoso)} + \cancel{2e^-}$	$\Delta G^0 = -2 \text{ x F x } (-1{,}41)$
$2Fe^{+3}_{(aquoso)} + \cancel{2e^-} \longrightarrow 2Fe^{+2}_{(aquoso)}$	$\Delta G^0 = -2 \text{ x F x } (+0{,}75)$ +
$Au^+_{(aquoso)} + 2Fe^{+3}_{(aquoso)} \longrightarrow Au^{+3}_{(aquoso)} + 2Fe^{+2}_{(aquoso)}$	$\cancel{-2 \text{ x F}} \text{ x } E^0_{total} = \cancel{-2 \text{ x F}} \text{ x } (-1{,}41) + [\cancel{-2 \text{ x F}} \text{ x } (+0{,}75)]$

$E^0_{total} = -1{,}41 + 0{,}75 = -\ 0{,}66 \text{ V}$

Cálculo da constante de equilíbrio: $-R \text{ x T x } \ln K_{eq} = -n \text{ x F x } E^0_{total}$

$-8{,}314 \text{ x } 298 \text{ x } 2{,}303 \text{ x } \log K_{eq} = -2 \text{ x } 96500 \text{ x } (-0{,}66)$

$2{,}303 \text{ x } \log K_{eq} = 51{,}41$

$K_{eq} = 10^{+22{,}32}$

Questão 114

(GRILLO) Calcule o coeficiente médio e as atividades iônicas para uma solução de cloreto de bário a 25ºC, sabendo que sua molalidade é igual a 5,0 x 10^{-3} mol x kg^{-1}.

Resolução: Equação química que corresponde ao processo de dissociação iônica da solução aquosa de cloreto de bário:

$BaCl_{2(aquoso)} \rightarrow Ba^{+2}_{(aquoso)} + 2Cl^-_{(aquoso)}$

$1 \text{ mol de } Ba^{+2}_{(aq)} - - - 2 \text{ mol de } Cl^-_{(aq)}$
$5{,}0 \text{ x } 10^{-3} - - - - - 10{,}0 \text{ x } 10^{-3}$

Cálculo da força iônica (I): $I = \frac{1}{2} \text{ x } \left\{ z_i^2 \text{ x } \mathcal{M}_{Ba^{+2}_{(aquoso)}} + z_i^2 \text{ x } \mathcal{M}_{Cl^-_{(aquoso)}} \right\}$

$I = \frac{1}{2} \text{ x } \{(+2)^2 \text{ x } 5{,}0 \text{ x } 10^{-3} + (-1)^2 \text{ x } 10{,}0 \text{ x } 10^{-3}\} = 0{,}03$

$I_{total} = 15{,}0 \text{ x } 10^{-3}$

Cálculo do coeficiente de atividade médio a partir da utilização da lei de Debye-Huckell: $\log\gamma^{\pm}_{x} = -|z_1 \text{ x } z_2| \text{ x A x } \sqrt{I}$

$\log\gamma^{\pm}_{x} = -|2 \text{ x } (-1)| \text{ x } 0{,}509 \text{ x } \sqrt{15{,}0 \text{ x } 10^{-3}}$

$\log\gamma^{\pm}_{x} = -0{,}125$

$\gamma^{\pm}_{x} = 0{,}750$

Analisando o íon (cátion) bário: $a_{Ba^{+2}} = \gamma^{\pm}_{x} \text{ x } \mathcal{M}_{Ba^{+2}}$

$a_{Ba^{+2}} = 0{,}750 \text{ x } 5{,}0 \text{ x } 10^{-3} = 3{,}75 \text{ x } 10^{-3}$

Analisando o íon (ânion) cloreto: $a_{SO^{-2}_{4(aq)}} = \gamma^{\pm}_{x} \text{ x } \mathcal{M}_{Cl^-}$

$a_{SO^{-2}_{4(aq)}} = 0{,}750 \text{ x } 10{,}0 \text{ x } 10^{-3} = 7{,}5 \text{ x } 10^{-3}$

Questão 115

(OLIMPÍADA NORTE – NORDESTE DE QUÍMICA) O alumínio é um dos metais mais abundantes na crosta terrestre. Apesar disso, sua obtenção a partir do minério bauxita (constituído por óxidos de alumínio) tem um custo elevado, pois requer grande quantidade de energia térmica e elétrica. Para a produção do alumínio, a bauxita é convertida em óxido de alumínio em pó e purificado, após essa etapa ele é fundido (P.F. > 2000 °C) para ser colocado em célula eletroquímica antes da etapa de eletrólise. Para diminuir a quantidade de energia necessária para fundir o óxido de alumínio e, com isso, reduzir o custo de produção de alumínio metálico, a criolita ($Na_3A\ell F_6$) que tem P.F. ≈ 1000 °C é usada como fundente, ou seja, a adição de criolita ao óxido de alumínio purificado promove a fusão do óxido de alumínio a temperatura mais baixa.

a) Com base no texto acima, escreva as reações balanceadas que mostram como o alumínio metálico é produzido a partir da bauxita.

b) Um diagrama do processo de eletrólise para produzir o alumínio metálico é apresentado abaixo. (i) Com base no diagrama, escreva as reações que ocorrem no cátodo (–), no ânodo (+) e a equação geral da eletrólise.

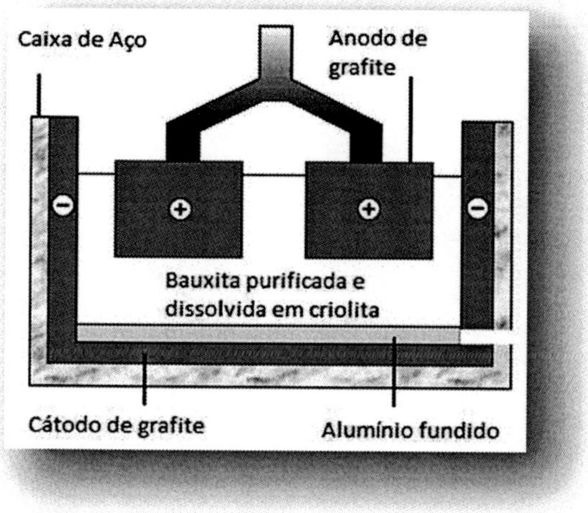

c) Considerando que a bauxita fundida usada na célula eletroquímica é 100 % pura, calcule a massa de alumínio que seria produzido, caso uma corrente 3 × 10⁴ A fosse aplicada à célula eletroquímica durante uma hora [figura ilustrativa do item (b)].

Resolução:

Item a) Estudando a eletrólise fundida ou também conhecida como a eletrólise ígnea do óxido de alumínio.

$Al_2O_{3(\text{sólido})} \rightarrow 2Al^{+3}_{(\text{líquido})} + 3O^{-2}_{(\text{líquido})}$

Semirreação que ocorre no cátodo: $2Al^{+3}_{(\text{líquido})} + 6e^- \rightarrow 2Al^0_{(\text{sólido})}$

Semirreação que ocorre no ânodo: $3O^{-2} \rightarrow \frac{3}{2}O^0_{2(g)} + 6e^-$

Somando as semirreações apresentadas acima, temos:

$$2Al^{+3}_{(\text{líquido})} + \cancel{6e^-} \rightarrow 2Al^0_{(\text{sólido})}$$
$$3O^{-2} \rightarrow \frac{3}{2}O^0_{2(\text{gás})} + \cancel{6e^-} \quad +$$
$$\overline{2Al^{+3}_{(\text{líquido})} + 3O^{-2} \rightarrow \frac{3}{2}O^0_{2(\text{gás})} + 2Al^0_{(\text{sólido})}}$$

Multiplicando a equação química por dois, temos: $4Al^{+3}_{(\text{líquido})} + 6O^{-2} \rightarrow 3O^0_{2(\text{gás})} + 4Al^0_{(\text{sólido})}$

Item b) As semirreações que ocorrem em cada compartimento eletroquímico, fica descrito logo a seguir.

Semirreação que ocorre no cátodo (polo negativo): $2Al^{+3}_{(líquido)} + 6e^- \rightarrow 2Al^0_{(sólido)}$

Semirreação que ocorre no ânodo (polo positivo): $3O^{-2} \rightarrow \frac{3}{2}O^0_{2(gas)} + 6e^-$

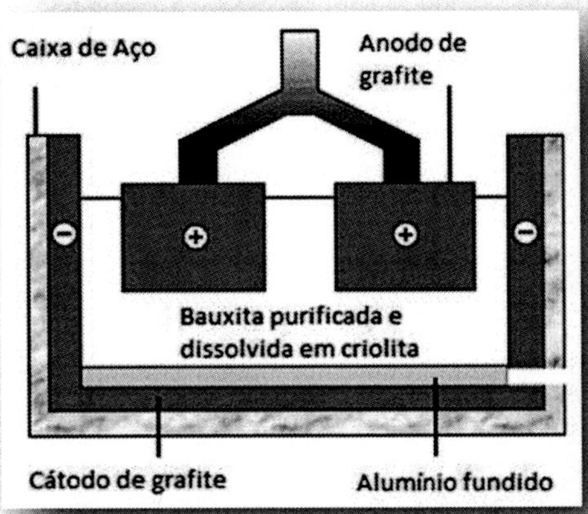

Item c) Estudando a eletrólise no cátodo – semirreação de redução do alumínio: $Al^{+3}_{(aquoso)} + 3e^- \rightarrow Al_{(sólido)}$

A partir da relação estequiométrica, temos:

$$27\text{ g de alumínio} - - - - - 3\text{ mol de elétrons x}\frac{96500\text{ C}}{\text{mol de elétrons}}$$
$$\text{Massa de alumínio} - - - - Q = \cancel{1h}\text{ x}\frac{3600\text{ s}}{\cancel{1h}}\text{x }3,0\text{ x }10^4$$
$$\text{Massa de alumínio} = \frac{27\text{ x }3600\text{ x }3,0\text{ x }10^4}{3\text{ x }96500} = 10072,54\text{ g}$$

Questão 116

(U. S. NATIONAL CHEMISTRY OLYMPIAD)

A) For which reaction is ΔH (enthalpy change) most nearly equal to ΔE (internal energy change)?

(A) $H_{2(g)} + ½O_{2(g)} \rightarrow H_2O_{(g)}$
(B) $Cl_{2(g)} + F_{2(g)} \rightarrow 2ClF_{(g)}$
(C) $H_2O_{(l)} \rightarrow H_2O_{(g)}$
(D) $2SO_{3(g)} \rightarrow 2SO_{2(g)} + O_{2(g)}$

B) What is the standard cell potential for the reaction, $2Cr_{(s)} + 3Sn^{2+}_{(aq)} \rightarrow 3Sn_{(s)} + 2Cr^{3+}_{(aq)}$ given the E° values shown?

$Cr^{3+}_{(aq)} + 3e^- \rightarrow Cr_{(s)}$ - 0,744 V
$Sn^{2+}_{(aq)} + 2e^- \rightarrow Sn_{(s)}$ - 0,141 V
(A) 0,945 V
(B) 0,603 V
(C) -0,603 V
(D) -0,945 V

C) A $CuSO_4$ solution is electrolyzed for 20 minutes with a current of 2,0 ampere. What is the maximum mass of copper that could be deposited?
(A) 0,20 g
(B) 0,40 g
(C) 0,79 g
(D) 1,6 g

D) When an aqueous solution of potassium fluoride is electrolyzed, which of the following occurs?
(A) O_2 and H^+ are produced at one electrode and H_2 and OH^- are formed at the other.

(B) O_2 and OH^- are produced at one electrode and H_2 and H^+ are formed at the other.
(C) Metallic K is formed at one electrode and O_2 and H^+ are formed at the other.
(D) Metallic K is produced at one electrode and elemental F_2 is produced at the other.

E) The standard potential for the reaction $Cl_{2(g)} + 2Br^-_{(aq)} \longrightarrow Br_{2(l)} + 2Cl^-_{(aq)}$ is 0,283 volts. What is the equilibrium constant for this reaction at 25˚C?
(A) $1,6 \times 10^{-5}$
(B) 22
(C) $6,1 \times 10^4$
(D) $3,8 \times 10^9$

Resolução:

Item A) Alternativa B.

Sabendo que a relação termodinâmica entre a energia interna (ΔE) e a entalpia é dada por: $\Delta E = \Delta H + pV$

Considerando que o processo reacional apresenta comportamento ideal, temos: $\Delta E = \Delta H + \Delta n \text{ x } R \text{ x } T$

A alternativa que apresenta a variação da energia interna igual a entalpia trata-se da alternativa B, pelo fato da variação do número de mol ser igual a zero.

$$\Delta E = \Delta H + (n_{produtos} - n_{reagentes}) \text{ x } R \text{ x } T$$

$$\Delta E = \Delta H + (2 - 2) \text{ x } R \text{ x } T$$

$$\Delta E = \Delta H$$

Item B) Alternativa B.

Invertendo e multiplicando por dois a semirreação do cromo:

$2Cr_{(sólido)} \longrightarrow 2Cr^{3+}_{(aquoso)} + 6e^-$ $\qquad \Delta G° = -6 \text{ x } F \text{ x } (+0{,}744)$

Multiplicando por três a semirreação do estanho:

$3Sn^{2+}_{(aquoso)} + 6e^- \longrightarrow 3Sn_{(sólido)}$ $\qquad \Delta G° = -6 \text{ x } F \text{ x } (-0{,}141)$

Somando as duas semirreações apresentadas pela questão:

$2Cr_{(sólido)} \longrightarrow 2Cr^{3+}_{(aquoso)} + \cancel{6e^-}$ $\qquad \Delta G° = -6 \text{ x } F \text{ x } (+0{,}744)$
$3Sn^{2+}_{(aquoso)} + \cancel{6e^-} \longrightarrow 3Sn_{(sólido)}$ $\qquad \Delta G° = -6 \text{ x } F \text{ x } (-0{,}141)$

$2Cr_{(sólido)} + 3Sn^{2+}_{(aquoso)} \longrightarrow 2Cr^{3+}_{(aquoso)} + 3Sn_{(sólido)}$ $\qquad \cancel{-6 \text{ x } F} \text{ x } E° = \cancel{-6 \text{ x } F} \text{ x } (+0{,}744) + [\cancel{-6 \text{ x } F} \text{ x } (-0{,}141)]$

$E° = +0{,}744 + (-0{,}141) = +0{,}603 \text{ V}$

Item C) Alternativa C. Semirreação de redução que ocorre no cátodo: $Cu^{+2}_{(aquoso)} + 2e^- \rightarrow Cu_{(sólido)}$

Cálculo da massa de cobre depositada, a partir da relação estequiométrica com a carga (Coulomb) do sistema eletroquímico.

$$63{,}55 \text{ g de Cu} - - - - - - - 2 \text{ mol de e}^- \text{ x } \frac{96500 \text{ C}}{1 \text{ mol de e}^-}$$
$$m_{Cu} - - - - - - - - - - - - (20 \text{ x } 60 \text{ x } 2{,}0) \text{ C}$$

$$m_{Cu} = \frac{152520}{193000} = 0{,}790\ g$$

Item D) Alternativa A.

Analisando a eletrólise aquosa do fluoreto de potássio (KF).

Equação de dissociação iônica da solução aquosa de fluoreto de potássio: $KF_{(aquoso)} \rightarrow K^{+}_{(aquoso)} + F^{-}_{(aquoso)}$

Equação de ionização da água: $H_2O_{(líquido)} \rightarrow H^{+}_{(aquoso)} + OH^{-}_{(aquoso)}$

Quem descarrega com melhor facilidade no cátodo, $K^{+}_{(aquoso)}$ ou $H^{+}_{(aquoso)}$? Resposta: $2H^{+}_{(aquoso)} + 2e^{-} \rightarrow H_{2(gás)}$
Quem descarrega com melhor facilidade no ânodo, $F^{-}_{(aquoso)}$ ou $OH^{-}_{(aquoso)}$? $2OH^{-}_{(aquoso)} \rightarrow H_2O_{(líquido)} + \frac{1}{2}O_{2(gás)} + 2e^{-}$

Somando todas as equações iônicas apresentadas:

$$KF_{(aquoso)} \rightarrow K^{+}_{(aquoso)} + F^{-}_{(aquoso)}$$
$$\cancel{2}H_2O_{(líquido)} \rightarrow \cancel{2H^{+}_{(aquoso)}} + \cancel{2OH^{-}_{(aquoso)}}$$
$$\cancel{2H^{+}_{(aquoso)}} + \cancel{2e^{-}} \rightarrow H_{2(gás)}$$
$$\cancel{2OH^{-}_{(aquoso)}} \rightarrow \cancel{H_2O_{(líquido)}} + \frac{1}{2}O_{2(gás)} + \cancel{2e^{-}} \qquad +$$
$$KF_{(aquoso)} + H_2O_{(líquido)} \rightarrow K^{+}_{(aquoso)} + F^{-}_{(aquoso)} + H_{2(gás)} \uparrow + \frac{1}{2}O_{2(gás)} \uparrow$$

Tanto as espécies químicas, O_2 e H^+ são formados em um eletrodo e H_2 e OH^- estão sendo formados em um outro eletrodo.

Item E) Sabendo que a relação termodinâmica entre as energias livres de Gibbs é dada por: $\Delta G^{0}_{termodinâmico} = \Delta G^{0}_{eletroquímico}$

$$-\ R \times T \times \ln_{K_{eq}} = -\ n \times F \times E^{0}$$

$$-\ 8{,}314 \times (25 + 273) \times \ln_{K_{eq}} = -\ 2\ mol\ de\ e^{-} \times \frac{96500\ C}{1\ mol\ de\ e^{-}} \times (+0{,}283)$$

$$\ln_{K_{eq}} = \frac{-54619}{-2477{,}572}$$

$$K_{eq} = e^{(22{,}04)} = 3{,}73 \times 10^{9}$$

Questão 117

Considere as seguintes semirreações apresentadas a seguir:
$Al^{3+}_{(aquoso)} + 3e^{-} \longrightarrow Al_{(sólido)}$ $\qquad E^{o} = -\ 1{,}66\ V$
$Cu^{2+}_{(aquoso)} + 2e^{-} \longrightarrow Cu_{(sólido)}$ $\qquad E^{o} = +\ 0{,}34\ V$
Qual é a voltagem produzida sob condição padrão, a partir da combinação das semirreações com esses potenciais de eletrodo-padrão?
a) 1,32 V
b) 2,00 V
c) 2,30 V
d) 4,34 V

Resolução:

Invertendo e multiplicando por dois a primeira semirreação: $2Al_{(sólido)} \longrightarrow 2Al^{3+}_{(aquoso)} + 6e^{-}$; $\Delta G° = -6 \times F \times (+1{,}66)$

Multiplicando por três a segunda semirreação: $3Cu^{2+}_{(aquoso)} + 6e^{-} \longrightarrow 3Cu_{(sólido)}$; $\Delta G° = -6 \times F \times (+0{,}34)$

Somando as duas semirreações apresentadas:

$2Al_{(sólido)} \longrightarrow 2Al^{3+}_{(aquoso)} + 6e^-$	$\Delta G° = -6 \text{ x F x } (+1{,}66)$
$3Cu^{2+}_{(aquoso)} + 6e^- \longrightarrow 3Cu_{(sólido)}$	$\Delta G° = -6 \text{ x F x } (+0{,}34)$

$2Al_{(sólido)} + 3Cu^{2+}_{(aquoso)} + 6e^- \longrightarrow 2Al^{3+}_{(aquoso)} + 3Cu_{(sólido)} + 6e^-$

$\cancel{-6 \text{ x F}} \text{ x E°} = \cancel{-6 \text{ x F}} \text{ x } (+1{,}66) + [\cancel{-6 \text{ x F}} \text{ x } (+0{,}34)]$

E° = $+ 1{,}66 + 0{,}34 = + 2{,}00 \text{ V}$

Questão 118

(OLIMPÍADA NORTE-NORDESTE DE QUÍMICA) Suponha que se tenha atribuído o potencial de redução zero para a reação: I_2 + $2e^- \longrightarrow 2I^-_{(aq)}$, cujo potencial normal em referência ao hidrogênio é – 0,53 V.
a) O que ocorreria com a tabela de potencial de redução dos demais elementos?
b) Particularmente, qual seria o potencial-padrão da semirreação $Na^+_{(aq)} + e^- \longrightarrow Na_{(s)}$, cujo valor referente ao hidrogênio é de E° = – 2,71 V?
c) Qual seria o potencial da reação $2Na + I_2 \rightleftarrows 2Na^+ + 2I^-$?

Resolução:

Item a) O potencial eletroquímico dos outros elementos químicos aumentaria no valor de +0,53 V.

Item b) Conforme mencionado no item a, o potencial para a semirreação do sódio seria igual a: E° = -2,71 + 0,53 = - 2,18 V.

Item c) Para a determinação do potencial-padrão, será necessário multiplicar a semirreação do sódio por dois e inverter seu sentido.

Diante disso: $2Na + I_2 \rightleftarrows 2Na^+ + 2\,I^-$; $\Delta G° = -2 \text{ x F x } E^0_{total}$

Somando as duas semirreações apresentadas:

$2Na_{(sólido)} \longrightarrow 2Na^+_{(aquoso)} + 2e$	$\Delta G° = -2 \text{ x F x } (+2{,}71)$
$I_2 + 2e^- \longrightarrow 2I^-_{(aquoso)}$	$\Delta G° = -2 \text{ x F x } (-0{,}53)$

$2Na_{(sólido)} + I_2 \longrightarrow 2Na^+_{(aquoso)} + 2I^-_{(aquoso)}$

$\cancel{-2 \text{ x F}} \text{ x } E^0_{total} = \cancel{-2 \text{ x F}} \text{ x } (+2{,}71) + [\cancel{-2 \text{ x F}} \text{ x } (-0{,}53)]$

E° = $+2{,}71 - 0{,}53 = + 2{,}18 \text{ V}$

Questão 119

(INSTITUTO TECNOLÓGICO DA AERONÁUTICA) Para uma célula eletrolítica passa uma corrente constante igual a 0,965 ampéres. Num dos eletrodos, a reação que ocorre é a seguinte: $Cr_2O_7^{-2} + 14H^+ + 6e^- \rightarrow 2Cr^{+3} + 7H_2O$. Qual o tempo certo durante o qual essa corrente deve passar para que sejam produzidos 0,400 mol de íons Cr^{+3}?

Resolução: Através da estequiometria proveniente da equação química, temos:

$$2 \text{ mol de } Cr^{+3} - - - - - 6 \text{ mol de elétrons x} \frac{96500 \text{ C}}{\text{mol de elétrons}}$$
$$0{,}400 \text{ mol de } Cr^{+3} - - - Q$$

$$Q = \frac{0{,}400 \text{ x } 6 \text{ x } 96500}{2} = 115800 \text{ C}$$

Cálculo do tempo: $0{,}95 \text{ x tempo} = 115800$

$$\text{tempo} = \frac{115800}{0{,}95} = 120000\ \text{s (33,33 horas)}$$

Questão 120

Alumínio metálico pode ser produzido à nível comercial a partir da eletrólise do Al_2O_3, misturado com criolita (Na_3AlF_6).
a) Quantos mol de elétrons devem passar através da célula de alumínio para produzir 5,00 kg?
b) Determine a corrente elétrica em ampéres produzido em a de alumínio, em 10 horas.

Resolução:

Item a) Cálculo do número de mol de elétrons produzidos no cátodo, a partir da apresentação da seguinte semirreação:

$Al^{+3}_{(aquoso)} + 3e^- \longrightarrow Al_{(sólido)}$

Cálculo da carga (Q), a partir da relação estequiométrica:

27,0 g de Al ---------------- 3 mol de elétrons
5000 g de Al ------------- n
n = 555,56 mol de elétrons

Item b) Convertendo o tempo para segundos: $\text{tempo} = 10\ \text{h x} \frac{3600\text{s}}{1\text{h}} = 36000\ \text{s}$

Cálculo da carga (Q): Q = 555,56 x 96500 = 5,36 x 10^7 C

Cálculo da corrente (i): $i = \frac{Q}{t} = \frac{5{,}36 \times 10^7}{36000} = 1489{,}20\ A$

Questão 121

(GRILLO) Calcule a constante de equilíbrio (25°C), para a seguinte semirreação: $Sn_{(sólido)} + Sn^{+4}_{(aquoso)} \longrightarrow 2Sn^{+2}_{(aquoso)}$. Dados os potenciais de redução a 25°C:

$Sn^{+4}_{(aquoso)} + 2e^- \longrightarrow Sn^{+2}_{(aquoso)}$ $E_1° = + 0{,}15\ V$
$Sn^{+2}_{(aquoso)} + 2e^- \longrightarrow Sn_{(sólido)}$ $E_2° = - 0{,}14\ V$

Resolução:

Analisando a primeira semirreação: $Sn^{+4}_{(aquoso)} + 2e^- \longrightarrow Sn^{+2}_{(aquoso)}$ $\Delta G°_1 = -2.F.(+ 0{,}15)$

Invertendo a segunda semirreação, temos: $Sn_{(sólido)} \longrightarrow Sn^{+2}_{(aquoso)} + 2e^-$ $\Delta G°_2 = -2.F.(+ 0{,}14)$

Determinação da equação química global:

$Sn^{+4}_{(aquoso)} + 2e^- \longrightarrow Sn^{+2}_{(aquoso)}$ $\Delta G°_1 = -2.F.(+ 0{,}15)$
$Sn_{(sólido)} \longrightarrow Sn^{+2}_{(aquoso)} + 2e^-$ $\Delta G°_2 = -2.F.(+ 0{,}14)$ +

$Sn^{+4}_{(aquoso)} + Sn_{(sólido)} \longrightarrow Sn^{+2}_{(aquoso)} + Sn^{+2}_{(aquoso)}$ $\Delta G°_T = -2.F.(E°)$

Cálculo do potencial-padrão da reação global (E°): $\Delta G°_T = \Delta G°_1 + \Delta G°_2$

$\cancel{-2.F}.(E°) = \cancel{-2.F}.(+ 0{,}15) + [\cancel{-2.F}.(+ 0{,}14)]$

E° = + 0,29 V

Cálculo da constante de equilíbrio (K_{eq}): $\Delta G°_{Termodinâmico} = \Delta G°_{Eletroquímico}$

$$-\ n \times F \times E° = -\ R \times T \times \ln K_{eq}$$

$$\ln K_{eq} = \frac{n \times F \times E^\circ}{R \times T} = \frac{2 \times 96500 \times 0{,}29}{8{,}314 \times 298}$$

$$K_{eq} = e^{+22{,}59}$$

Questão 122

Uma solução de sulfato de sódio na presença de água é eletrolisada, a partir da aplicação e utilização de eletrodos inertes. Os produtos que ocorrem no cátodo são respectivamente:

a) $H_2;O_2$
b) O_2; H_2
c) O_2; Na
d) O_2; SO_2

Resolução: Alternativa A.

Equação de dissociação iônica da solução aquosa de sulfato de sódio: $Na_2SO_{4(aquoso)} \rightarrow 2Na^+_{(aquoso)} + SO^{-2}_{4(aquoso)}$

Equação de ionização da água: $H_2O_{(líquido)} \rightarrow H^+_{(aquoso)} + OH^-_{(aquoso)}$

Quem descarrega com maior facilidade no cátodo, $H^+_{(aquoso)}$ ou $Na^+_{(aquoso)}$? Resposta: $2H^+_{(aq)} + 2e^- \rightarrow H_{2(g)}$

Quem descarrega com maior facilidade no ânodo, $SO^{-2}_{4(aquoso)}$ ou $OH^-_{(aquoso)}$?
Resposta: $2OH^-_{(aquoso)} \rightarrow H_2O_{(líquido)} + \frac{1}{2}O_{2(gás)} + 2$ elétrons

Somando todas as semirreações, temos:

$$Na_2SO_{4(aquoso)} \rightarrow 2\,Na^+_{(aquoso)} + \cancel{SO^{-2}_{4(aquoso)}}$$
$$\cancel{2}H_2O_{(líquido)} \rightarrow \cancel{2H^+_{(aquoso)}} + \cancel{2OH^-_{(aquoso)}}$$
$$\cancel{2H^+_{(aquoso)}} + \cancel{2\text{ elétrons}} \rightarrow H_{2(gás)}$$
$$\cancel{2OH^-_{(aquoso)}} \rightarrow \cancel{H_2O_{(líquido)}} + \frac{1}{2}O_{2(gás)} + \cancel{2\text{ elétrons}} +$$

$$Na_2SO_{4(aquoso)} + H_2O_{(líquido)} \rightarrow 2Na^+_{(aquoso)} + H_{2(gás)} \uparrow + \frac{1}{2}O_{2(gás)} \uparrow$$

Questão 123

(INSTITUTO TECNOLÓGICO DA AERONÁUTICA) Uma cuba eletrolítica com eletrodos de cobre e contendo solução aquosa de $Cu(NO_3)_2$ é ligada em série com outra provida de eletrodos de prata e contendo solução aquosa de $AgNO_3$. Esse conjunto de cubas em série é ligado a uma fonte durante certo intervalo de tempo. Nesse intervalo de tempo, um dos eletrodos de cobre teve um incremento de massa de 0,64 gramas. O incremento de massa em um dos eletrodos da outra célula deve ter sido:

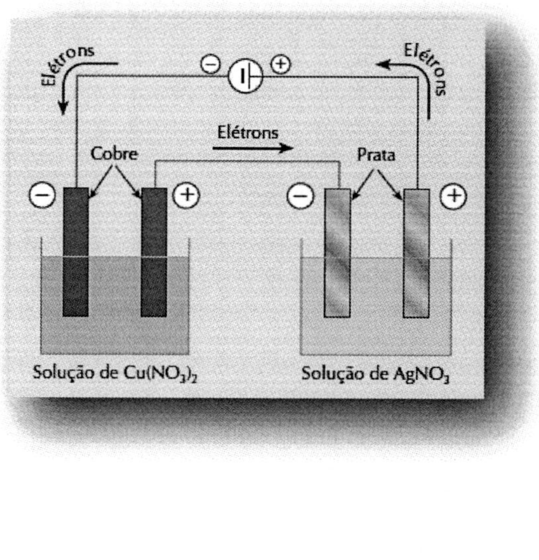

a) 0,32 g
b) 0,54 g
c) 0,64 g
d) 1,08 g
e) 2,16 g

Resolução: Alternativa E.

Analisando a dissociação iônica da solução aquosa de nitrato de cobre II: $Cu(NO_3)_{2(aquoso)} \rightarrow Cu^{+2}_{(aquoso)} + 2NO^{-}_{3(aquoso)}$

Semirreação que ocorre no cátodo (redução): $Cu^{+2}_{(aquoso)} + 2e^{-} \rightarrow Cu_{(sólido)}$

Cálculo da carga, a partir da seguinte relação estequiométrica com base em definições eletroquímicas:

$$63{,}55\text{ g} ------ 2\ \cancel{\text{mol de e}^-}\ \text{x}\ \frac{96500\text{ C}}{1\ \cancel{\text{mol de elétrons}}}$$
$$0{,}64\text{ g} ------ \text{Q}$$

$$\text{Q} = \frac{0{,}64 \text{ x } 2 \text{ x } 96500}{63{,}55} = \frac{123520}{63{,}55} = 1943{,}67\text{ C}$$

Analisando a solução de nitrato de prata ($AgNO_3$): $AgNO_{3(aquoso)} \rightarrow Ag^{+}_{(aquoso)} + NO^{-}_{3(aquoso)}$

Semirreação que ocorre no cátodo: $Ag^{+}_{(aquoso)} + 1e^{-} \rightarrow Ag_{(sólido)}$

$$108\text{ g} ----- 1\ \cancel{\text{mol de e}^-}\ \text{x}\ \frac{96500\text{ C}}{1\ \cancel{\text{mol de elétrons}}}$$
$$\text{m}_{\text{Ag}} ----- 1943{,}67\text{ C}$$

$$\text{m}_{\text{Ag}} = \frac{108 \text{ x } 1943{,}67}{96500} = 2{,}17\text{ g}$$

Questão 124

(GRADUAÇÃO CEFETES – COLETÂNEA DE PROVAS) Temos representado no esquema abaixo, três cubas eletrolíticas em série. Calcule as massas dos metais Ag, Cu e Au depositadas, respectivamente, considerando o sistema submetido a uma corrente de 3 A, durante 30 minutos e 15 segundos.

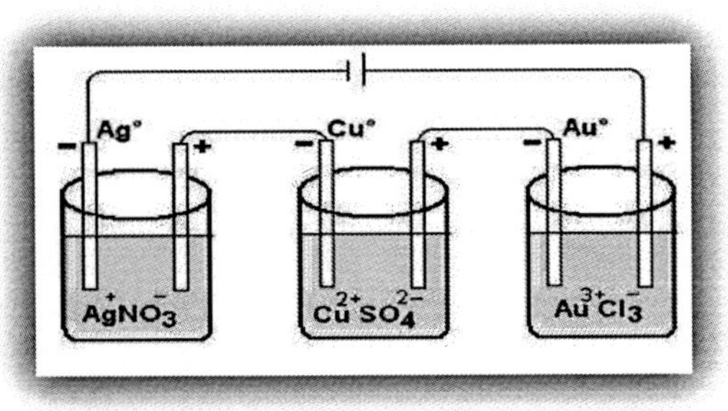

a) 0,1 g; 0,03 g e 0,062 g
b) 6,1 g; 3,6 g e 11,12 g
c) 6,1 g; 1,8 g e 3,7 g
d) 0,1 g; 0,06 g e 0,062 g
e) 6,1 g; 3,6 g e 5,6 g

Resolução: Alternativa C.

Para a resolução do problema, é importante ressaltar que a corrente elétrica é constante por todo o processo, conforme pode ser observado na figura fornecida pelo problema.

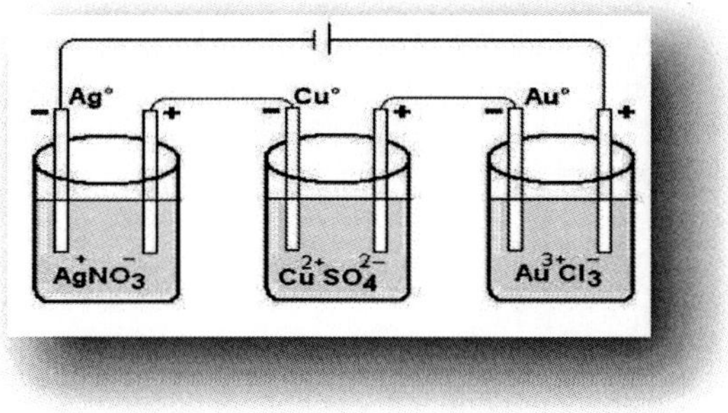

Cálculo da quantidade de carga (Q):

$$Q = \text{i x tempo} = 3{,}0 \text{ x} \left(30\text{min x} \frac{60 \text{ s}}{1 \text{ min}} + 15 \text{ s}\right)$$

$$Q = 3{,}0 \text{ x } (1800 + 15) = 3{,}0 \text{ x } 1815 = 5445 \text{ C}$$

Analisando a dissociação iônica da solução aquosa de nitrato de prata ($AgNO_3$): $AgNO_{3(aquoso)} \rightarrow Ag^{+}_{(aquoso)} + NO^{-}_{3(aquoso)}$

Semirreação que ocorre no cátodo (redução): $Ag^{+}_{(aquoso)} + 1e^{-} \rightarrow Ag_{(sólido)}$

$$108 \text{ g} - - - - - 1 \cancel{\text{mol de e}^-} \text{ x} \frac{96500 \text{ C}}{1 \cancel{\text{mol de elétrons}}}$$
$$m_{Ag} - - - - - 5445 \text{ C}$$

$$m_{Ag} = \frac{108 \text{ x } 5445}{96500} = \frac{17{,}62}{96500} = \frac{588060}{96500} = 6{,}09 \text{ g}$$

Analisando a dissociação da solução aquosa de sulfato de cobre II ($CuSO_4$): $CuSO_{4(aquoso)} \rightarrow Cu^{+2}_{(aquoso)} + SO^{-2}_{4(aquoso)}$.

Semirreação que ocorre no cátodo (redução): $Cu^{+2}_{(aquoso)} + 2e^{-} \rightarrow Cu_{(sólido)}$

$$63{,}55 \text{ g} - - - - - 2 \cancel{\text{mol de e}^-} \text{ x} \frac{96500 \text{ C}}{1 \cancel{\text{mol de elétrons}}}$$
$$m_{Cu} - - - - - - 5445 \text{ C}$$

$$m_{Cu} = \frac{63{,}55 \text{ x } 5445}{2 \text{ x } 96500} = \frac{346029{,}75}{193000} = 1{,}79 \text{ g}$$

Analisando a solução de cloreto de ouro III ($AuCl_3$): $AuCl_{3(aquoso)} \rightarrow Au^{+3}_{(aquoso)} + 3Cl^{-}_{(aquoso)}$

Semirreação que ocorre no cátodo (redução): $Au^{+3}_{(aquoso)} + 3e^{-} \rightarrow Au_{(sólido)}$

$$197 \text{ g} - - - - - - 3 \cancel{\text{mol de e}^-} \text{ x} \frac{96500 \text{ C}}{1 \cancel{\text{mol de elétrons}}}$$
$$m_{Au} - - - - - - 5445 \text{ C}$$

$$m_{Au} = \frac{197 \text{ x } 5445}{3 \text{ x } 96500} = \frac{1072665}{289500} = 3{,}70 \text{ g}$$

Questão 125

(INSTITUTO TECNOLÓGICO DA AERONÁUTICA) Uma fonte de corrente contínua fornece corrente elétrica a um sistema composto por duas células eletrolíticas, ligadas em série através de um fio condutor. Cada célula é dotada de eletrodos inertes. Uma das células contém somente uma solução aquosa 0,3 mol.L^{-1} de $NiSO_4$ e a outra apenas uma solução aquosa 0,2 mol.L^{-1} de $AuCl_3$. Se durante todo o período de eletrólise as únicas reações que ocorrem no cátodo são as deposições dos metais, qual das opções corresponde ao valor da relação: massa de níquel depositado / massa de ouro depositado?
a) 0,19
b) 0,45
c) 1,0
d) 2,2
e) 5,0

Resolução: Alternativa B.

Analisando a semirreação de redução do níquel: $\text{Ni}^{+2}_{(\text{aquoso})} + 2\text{e}^- \rightarrow \text{Ni}_{(\text{sólido})}$

Analisando a semirreção de redução do ouro: $\text{Au}^{+3}_{(\text{aquoso})} + 3\text{e}^- \rightarrow \text{Au}_{(\text{sólido})}$

Multiplicando por três a primeira semirreação e a segunda semirreação por dois:

$$3\text{Ni}^{+2}_{(\text{aquoso})} + 6\text{e}^- \rightarrow 3\text{Ni}_{(\text{sólido})}$$
$$2\text{Au}^{+3}_{(\text{aquoso})} + 6\text{e}^- \rightarrow 2\text{Au}_{(\text{sólido})}$$

Com isso, observa-se que são produzidos 2 mol de ouro e 3 mol de níquel.

Cálculo: $\frac{m_{\text{Ni}}}{m_{\text{Au}}} = \frac{3 \text{ x } 58{,}7 \text{ g}}{2 \text{ x } 197 \text{ g}} = 0{,}447 \ (\cong 0{,}45)$

Questão 126

(INSTITUTO TECNOLÓGICO DA AERONÁUTICA) Durante uma eletrólise, a única reação que ocorreu no cátodo foi a deposição de certo metal. Observou-se que a deposição de 8,81 gramas de metal correspondeu à passagem de 0,300 mols de elétrons pelo circuito. Qual das opções a seguir contém o metal que pode ter sido depositado?
a) Ni
b) Zn
c) Ag
d) Sn
e) Pb

Resolução: Alternativa A.

Dos metais apresentados no enunciado do problema, os elementos níquel (Ni), zinco (Zn), estanho (Sn) e chumbo (Pb) apresentam número de oxidação igual a +2. Diante desta análise preliminar, será necessário calcular a massa molar do metal com número de oxidação +2. Semirreação de redução no cátodo: $\text{X}^{+2}_{(\text{aquoso})} + 2\text{e}^- \rightarrow \text{X}_{(\text{sólido})}$, em que X representa o elemento metálico com número de oxidação igual a +2.

$$< \text{MM} >_\text{X} ---- 2 \text{ mol de e}^-$$
$$8{,}81 \text{ g} ----- 0{,}300 \text{ mol de e}^-$$

$$< \text{MM} >_\text{X} = \frac{8{,}81 \text{ x } 2}{0{,}300} = \frac{17{,}62}{0{,}300} = 58{,}73 \frac{\text{g}}{\text{mol}} \text{ (Níquel, Ni)}$$

Questão 127

(INSTITUTO TECNOLÓGICO DA AERONÁUTICA - MODIFICADA) Por uma célula eletrolítica passou uma carga correspondente a 0,20 Faraday. Num dos eletrodos ocorreu a reação seguinte: $MnO_4^- + 8H^+ + 5e^- \rightarrow Mn^{+2} + 4H_2O$. Calcule a quantidade de água (mol) produzida neste eletrodo, em virtude desta reação de eletrodo.

Resolução: Através da relação estequiométrica apresentada pelo problema, temos:

$$5F - - - - - - - \; 4 \text{ mol de } H_2O$$
$$0{,}20F - - - - - - - \; n_{H_2O}$$

$$n_{H_2O} = \frac{0{,}20 \text{ x } 4}{5} = 0{,}16 \text{ mol}$$

Questão 128

(INSTITUTO TECNOLÓGICO DA AERONÁUTICA) É de 0,76 V a força eletromotriz padrão, E°, de uma célula eletroquímica, conforme a reação: $Zn_{(s)} + 2H^+_{(aq)} \rightarrow Zn^{+2}_{(aq)} + H_{2(g)}$. Na concentração da espécie de Zn^{+2} igual a 1,0 mol.L^{-1} e pressão de H_2 de 1,0 bar, a 25°C, foi verificado que a força eletromotriz da célula eletroquímica é de 0,64 V. Nestas condições, assinale a concentração de íons H^+ em mol.L^{-1}.

a) $1{,}0 \times 10^{-12}$
b) $4{,}2 \times 10^{-4}$
c) $1{,}0 \times 10^{-4}$
d) $1{,}0 \times 10^{-2}$
e) $2{,}0 \times 10^{-2}$

Resolução: Alternativa D.

Cálculo da concentração do íon hidrogeniônico, a partir da utilização da equação de Nernst: $E = E° - \frac{0{,}0592}{n} \text{ x} \log Q$

$$0{,}64 = 0{,}76 - \frac{0{,}0592}{2} \text{x} \log \frac{[Zn^{+2}] \text{ x } P_{H_2}}{[H^+]^2 \text{ x } a_{Zn}}$$

Sabendo que a pressão de hidrogênio é igual a 1 bar, $[Zn^{+2}]$ = 1 mol.L^{-1} e a atividade do zinco (a_{Zn}) igual a 1, temos:

$$0{,}64 = 0{,}76 - \frac{0{,}0592}{2} \text{x} \log \frac{[Zn^{+2}] \text{ x } P_{H_2}}{[H^+]^2 \text{ x } a_{Zn}}$$

$$0{,}64 - 0{,}76 = -\frac{0{,}0592}{2} \text{x} \log \frac{1 \text{ x } 1}{[H^+]^2 \text{ x } 1}$$

$$-0{,}12 = -\frac{0{,}0592}{2} \text{x} \log \frac{1}{[H^+]^2}$$

$$\frac{-0{,}12}{-0{,}0592} = -\log[H^+]$$

$$[H^+] = 10^{-2{,}03} \text{ mol. L}^{-1}$$

Questão 129

(INSTITUTO TECNOLÓGICO DA AERONÁUTICA) A 25°C, o potencial da pilha descrita abaixo é de 0,56 V. Sendo E°(Cu^{+2}/Cu) = + 0,34 V, assinale a opção que indica aproximadamente o valor do pH da solução.

$$Pt_{(s)} \,|\, H_{2(g,1\text{ bar})}, H^+_{(aq,x\text{ mol.L}^{-1}} \,\|\, Cu^{+2}_{(aq,1\text{ mol.L}^{-1})} \,|\, Cu_{(s)}$$

a) 6,5
b) 5,7
c) 3.7
d) 2,0
e) 1,5

Resolução: Alternativa C.

Analisando a semirreação do cobre: $Cu^{+2}_{(aquoso)} + 2e^- \longrightarrow Cu_{(sólido)}$ $E^{\varnothing}_{I} = +0{,}34$ V $\Delta G° = -2 \text{ x F x } (+0{,}34)$

Analisando a semirreação do hidrogênio: $H_{2(gás)} \longrightarrow 2H^+_{(aquoso)} + 2e^-$ $E^{\varnothing}_{I} = +0{,}00$ V $\Delta G° = -2 \text{ x F x } (+0{,}00)$

Somando as duas semirreações, temos:

$Cu^{+2}_{(aquoso)} + 2e^- \longrightarrow Cu_{(sólido)}$ $\Delta G° = -2 \text{ x F x } (+0{,}34)$
$H_{2(gás)} \longrightarrow 2H^+_{(aquoso)} + 2e^-$ $\Delta G° = -2 \text{ x F x } (+0{,}00)$ +

$Cu^{+2}_{(aquoso)} + H_{2(gás)} \longrightarrow Cu_{(sólido)} + 2H^+_{(aquoso)}$ $\Delta G° = -2 \text{ x F x E°}$

Cálculo do potencial-padrão: $\cancel{-2 \text{ x F}} \text{ x E°} = \cancel{-2 \text{ x F}} \text{ x } (0{,}34) + [\cancel{-2 \text{ x F}} \text{ x } (0{,}00)]$

$E° = +0{,}34 \text{ V}$

Cálculo do pH, a partir da utilização da equação de Nernst: $0{,}56 = 0{,}34 - \frac{0{,}0592}{2} \text{ x log} \frac{a_{Cu} \text{ x } [H^+]^2}{[Cu^{+2}] \text{ x } P_{H_2}}$

$$0{,}56 - 0{,}34 = -\frac{0{,}0592}{2} \text{ x log}\left(\frac{1 \text{ x } [H^+]^2}{1 \text{ x } 1}\right)$$

$$0{,}22 = -\frac{0{,}0592}{2} \text{ x log}[H^+]^2$$

$$0{,}22 = -\frac{0{,}0592}{2} \text{ x } 2 \text{ x log}[H^+]$$

$$0{,}22 = 0{,}0592 \text{ x } \underbrace{-\text{log}[H^+]}_{pH}$$

$$pH = \frac{0{,}22}{0{,}0592} = 3{,}72$$

Questão 130

(INSTITUTO TECNOLÓGICO DA AERONÁUTICA) Considere a reação química representada pela equação abaixo e sua respectiva força eletromotriz nas condições padrão: $O_{2(g)} + 4\ H^+_{(aq)} + 4\ Br^-_{(aq)} \longrightarrow 2\ Br_{2(g)} + 2\ H_2O_{(l)}$, $\Delta E° = +0{,}20$ V. Agora, considere que um recipiente contenha todas as espécies químicas dessa equação, de forma que todas as concentrações sejam iguais as da condição padrão, exceto a de H^+. Assinale a opção que indica a faixa de pH na qual a reação química ocorrerá espontaneamente:

a) 2,8 < pH < 3,4
b) 3,8 < pH < 4,4
c) 4,8 < pH < 5,4
d) 5,8 < pH < 6,4
e) 6,8 < pH < 7,4

Resolução: Alternativa A.

Utilizando a equação de Nernst, temos: $E = E° - \frac{0{,}0592}{n} \text{ x logQ}$

$$E = E° - \frac{0{,}0592}{n} \text{ x log}\left[\frac{P^2_{Br_2} \text{ x } a^2_{H_2O}}{P_{O_2} \text{ x } [H^+]^4 \text{ x } [Br^-]^2}\right]$$

Levando em consideração que nas condições padrões, a pressão de um gás é igual 1 atm, a concentração da quantidade de matéria igual a 1 mol.L^{-1} e a atividade de um líquido, por convenção é unitário (a = 1), a equação de Nernst fica da seguinte maneira:

$$0 = 0{,}20 - \frac{0{,}0592}{4} \text{x} \log\left[\frac{(1)^2 \text{ x } (1)^2}{1 \text{ x } [H^+]^4 \text{ x } (1)^2}\right]$$

$$0 = 0{,}20 - \frac{0{,}0592}{4} \text{x} \log\left[\frac{1}{[H^+]^4}\right]$$

$$(-0{,}20) \text{ x } 4 = -\ 0{,}0592 \text{ x} \log\left[\frac{1}{[H^+]^4}\right]$$

$$\frac{0{,}80}{0{,}0592} = \log\left[\frac{1}{[H^+]^4}\right]$$

$$pH = \frac{13{,}51}{4} = 3{,}38$$

Questão 131

(INSTITUTO TECNOLÓGICO DA AERONÁUTICA) Para determinar o valor da constante de Faraday empregou-se uma célula eletrolítica construída pela imersão de duas chapas de prata em uma solução aquosa de nitrato de prata. O conjunto é ligado a uma fonte de corrente contínua em série com um amperímetro. Durante certo intervalo de tempo t verificou-se que pelo circuito passou uma corrente elétrica constante de valor i. Neste período de tempo t foi depositado no cátodo uma massa m de prata, cuja massa molar é representada por M. Admite-se que a única reação eletroquímica que ocorre no cátodo é a redução dos cátions de prata a prata metálica. Denominando a constante de Avogadro de N_A e a área do cátodo imersa na solução de S, a constante de Faraday (F) calculada a partir deste experimento é igual a:

a) $F = \frac{i \text{ x } t \text{ x } M}{m}$

b) $F = i \text{ x } t \text{ x } N_A$

c) $F = \frac{i \text{ x } t \text{ x } m}{M \text{ x } S}$

d) $F = \frac{i \text{ x } t}{S \text{ x } N_A}$

e) $F = \frac{i \text{ x } m}{M}$

Resolução: Alternativa A.

A questão leva em consideração de uma célula eletrolítica com duas placas metálicas de prata na presença de uma solução de nitrato de prata.

Semirreação que ocorre no cátodo: $Ag^+_{(aquoso)} + 1\ e^- \longrightarrow Ag_{(sólido)}$

Determinação da expressão matemática da carga:

MM_{Ag} ---------- 1 mol de e^- x (F/mol de elétrons)
m_{Ag} ---------- Q

$$Q \text{ x } (< MM >_{Ag}) = F \text{ x } m_{Ag}$$

$$Q = \frac{F \times m_{Ag}}{< MM >_{Ag}}$$

Sabendo que a carga (Q) é o produto da corrente com o tempo, Q = i x t, logo: $Q = \frac{F \times m_{Ag}}{<MM>_{Ag}}$

$$i \times t = \frac{F \times m_{Ag}}{< MM >_{Ag}}$$

Isolando F: $\boxed{F = \frac{i \times t \times <MM>_{Ag}}{m_{Ag}}}$

Questão 132

(INSTITUTO TECNOLÓGICO DA AERONÁUTICA) Considere os eletrodos representados pelas semiequações químicas seguintes e seus respectivos potenciais na escala do eletrodo de hidrogênio ($E^{\varnothing}$) e nas condições-padrão:

I. $In^{+}_{(aq)} + e^{-}_{(CM)} \longrightarrow In_{(s)}$ $E^{\varnothing}_{I} = -0,14$ V

II. $In^{2+}_{(aq)} + e^{-}_{(CM)} \longrightarrow In^{+}_{(aq)}$ $E^{\varnothing}_{II} = -0,40$ V

III. $In^{3+}_{(aq)} + 2e^{-}_{(CM)} \longrightarrow In^{+}_{(aq)}$ $E^{\varnothing}_{III} = -0,44$ V

IV. $In^{3+}_{(aq)} + e^{-}_{(CM)} \longrightarrow In^{2+}_{(aq)}$ $E^{\varnothing}_{IV} = -0,49$ V

Assinale a opção que contém o valor correto do potencial-padrão do eletrodo representado pela semiequação: $In^{3+}_{(aq)} + 3e^{-}_{(CM)} \longrightarrow In_{(s)}$.

a) – 0,30 V
b) – 0,34 V
c) – 0,58 V
d) – 1,03 V
e) – 1,47 V

Resolução: Alternativa B.

A semirreação de redução em questão pode ser determinada a partir das semirreações de redução I e III. Logo:

Analisando a semirreação I: $In^{+}_{(aquoso)} + e^{-}_{(CM)} \longrightarrow In_{(sólido)}$ $\Delta G° = -1 \times F \times (-0,14)$

Analisando a semirreação III: $In^{+3}_{(aquoso)} + 2e^{-}_{(CM)} \longrightarrow In^{+}_{(aquoso)}$ $\Delta G° = -2 \times F \times (-0,44)$

Somando as semirreações:

$In^{+}_{(aquoso)} + e^{-}_{(CM)} \longrightarrow In_{(sólido)}$ $\Delta G° = -1 \times F \times (-0,14)$
$In^{+3}_{(aquoso)} + 2e^{-}_{(CM)} \longrightarrow In^{+}_{(aquoso)}$ $\Delta G° = -2 \times F \times (-0,44)$ +

$In^{+3}_{(aquoso)} + 3e^{-}_{(CM)} \longrightarrow In_{(sólido)}$ $\Delta G° = -3 \times F \times E°$

Cálculo do potencial-padrão: $\Delta G_{T}^{\varnothing} = \Delta G^{\varnothing}_{I} + \Delta G^{\varnothing}_{III}$

$$-3 \times F \times E° = -1 \times F \times (-0,14) + [-2 \times F \times (-0,44)]$$

$$-3 \times \cancel{F} \times E° = -1 \times \cancel{F} \times (-0,14) + [-2 \times \cancel{F} \times (-0,44)]$$

$$E° = \frac{-1,02}{3} = -0,34 \text{ V}$$

Observação: O potencial-padrão (E°) deste eletrodo pode ser calculado considerando a sua relação com a variação de energia livre de Gibbs ($\Delta G^{€}$) através da seguinte expressão termodinâmica, $\Delta G° = -n \times T \times E°$, onde: n é o número de mols de elétrons recebidos na redução; F a constante de Faraday e E° o potencial-padrão da semicélula de redução.

Questão 133

(GRADUAÇÃO CEFETES) Qual a opção que apresenta o tempo requerido para se obter 7,10 g da substância produzida no ânodo durante a eletrólise de cloreto de magnésio fundido, usando uma corrente de 7,72 A?

a) 1250 s
b) 3250 s
c) 6500 s
d|) 1625 s
e) 2500 s

Resolução: Alternativa E.

Cloreto de magnésio na presença de água, irá ocorrer a dissociação iônica da seguinte forma apresentada a seguir:

$MgCl_{2(aquoso)} \longrightarrow Mg^{+2}_{(aquoso)} + 2Cl^{-}_{(aquoso)}$

Semirreação de oxidação que ocorre no ânodo: $2Cl^{-}_{(aquoso)} \rightarrow Cl_{2(gás)} + 2e^{-}$

Cálculo do tempo durante o processo de eletrólise aquosa do ânodo (Cl^{-}):

71,0 g de Cl^{-} -------------- 2 mol de elétrons x (96500 C/mol de elétrons)
7,10 g de Cl^{-} -------------- Q = (7,72 x tempo)
Tempo = 2500 s

Questão 134

(INSTITUTO TECNOLÓGICO DA AERONÁUTICA) Uma tubulação de aço enterrada em solo de baixa resistividade elétrica é protegida catodicamente contra corrosão, pela aplicação de corrente elétrica proveniente de um gerador de corrente contínua. Considere os seguintes parâmetros:

I) Área da tubulação a ser protegida: 480 m²
II) Densidade de corrente de proteção: 10 $mA.m^{-2}$

Considere que a polaridade do sistema de proteção catódica seja invertida pelo período de 1 hora. Assinale a opção correta que expressa a massa, em gramas, de ferro consumida no processo de corrosão, calculada em função de íons $Fe^{+2}_{(aq)}$. Admita que a corrente total fornecida pelo gerador será consumida no processo de corrosão da tubulação.

a) 1 x 10^{-3}
b) 6 x 10^{-2}
c) 3 x 10^{-1}
d) 5
e) 20

Resolução: Alternativa D.

Cálculo da corrente, em ampéres, a partir da seguinte equação matemática: $j = \frac{i}{A}$, em que J = densidade de corrente, I = corrente elétrica e A = área.

i = J x A

i = 10 x 10^{-3} x 480 = 4,80 A

Semirreação que ocorre no cátodo (semirreação de redução): $Fe^{+2}_{(aquoso)} + 2e^{-} \longrightarrow Fe_{(sólido)}$

Cálculo da massa de ferro metálico, a partir da relação estequiométrica apresentada abaixo:

56 g ---------- 2 mol de elétron x (96500 C/mol de elétron)
m_{Fe} ----------- (4,80 x 3600) C

m_{Fe} = 5,01 g de ferro metálico

Questão 135

Quando óxido de alumínio é eletrolisado no processo industrial de produção de alumínio na sua forma metálica, este alumínio produzido em um determinado eletrodo e o gás oxigênio é também produzido em outro eletrodo. Para uma dada quantidade de eletricidade, assinale a alternativa que apresenta a razõ entre o número de mols e almínio com o número de mols do gás oxigênio.

a) 1:1
b) 2:1
c) 2:3
d) 4:3

Resolução: Alternativa D.

O processo ocorre através de uma eletrólise ígnea.

Processo de fundição do óxido de alumínio: $Al_2O_{3(sólido)} \rightarrow 2Al^{+3}_{(líquido)} + 3O^{-2}_{(líquido)}$

Semirreação que ocorre no cátodo: $Al^{+3}_{(líquido)} + 3e^- \rightarrow Al_{(sólido)}$
Semirreação que ocorre no ânodo: $2O^{-2} \rightarrow O_{2(gás)} + 4e^-$

Multiplicando a primeira semirreação por quatro: $4Al^{+3}_{(líquido)} + 12e^- \rightarrow 4Al_{(sólido)}$

Multiplicando a segunda semirreação por três: $6O^{-2} \rightarrow 3O_{2(gás)} + 12e^-$

Somando as semirreações apresentadas, temos:

$4Al^{+3}_{(líquido)} + 12e^- \rightarrow 4Al_{(sólido)}$
$6O^{-2} \rightarrow 3O_{2(gás)} + 12e^-$ +

$4Al^{+3}_{(líquido)} + 6O^{-2} \rightarrow 4Al_{(sólido)} + 3O_{2(gás)}$

Questão 136

(INSTITUTO TECNOLÓGICO DA AERONÁUTICA) A hidrazina (N_2H_4) e o tetróxido de dinitrogênio (N_2O_4) são utilizados na propulsão de foguete. A equação química não balanceada que representa a reação global entre esses dois reagentes químicos é $N_2H_{4(l)} + N_2O_{4(l)} \rightarrow N_{2(g)} + H_2O_{(g)}$. Analisando esta reação do ponto de vista eletroquímico:

a) Esquematize um dispositivo eletroquímico (célula de combustível) no qual é possível realizar a reação química representada pela equação do enunciado;
b) Escreva as equações químicas balanceadas das semirreações anódica e catódica que ocorrem no dispositivo eletroquímico.

Resolução: Alternativa D.

Item a) O desenho esquemático se encontra apresentado da seguinte maneira:

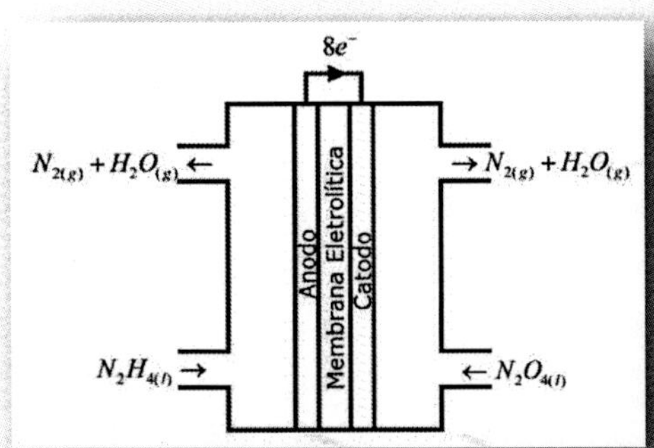

Item b) Semirreações apresentadas no processo:

Semirreação que ocorre no cátodo: $N_2O_4 + 6H^+_{(aquoso)} + 8e^- \rightarrow N_{2(gás)} + 4H_2O_{(líquido)}$

Semirreação que ocorre no ânodo: $2N_2H_4 + 8OH^-_{(aquoso)} \rightarrow 2N_{2(gás)} + 8H_2O_{(líquido)} + 8e^-$

Questão 137

(U. S. NATIONAL CHEMISTRY OLYMPIAD) Alumínio é um metal de alta redução. O padrão de redução para o $Al^{+3}_{(aq)}$ e $Fe^{+3}_{(aq)}$ são:

$Al^{3+}_{(aq)} + 3e^- \longrightarrow Al_{(s)}$ $E^0 = -1{,}66$ V

$Fe^{3+}_{(aq)} + 3e^- \longrightarrow Fe_{(s)}$ $E^0 = -0{,}04$ V

E a entropia padrão S° para estas espécies são:

Espécies	S° ($J.mol^{-1}.K^{-1}$)
$Al_{(s)}$	28
$Fe_{(s)}$	27
$Al^{+3}_{(aq)}$	- 293,3
$Fe^{+3}_{(aq)}$	- 313,8

a) Calcule ΔG° para a redução do $Fe^{+3}_{(aq)}$ pelo Al a 25°C.
b) Calcule ΔS° para a redução do $Fe^{+3}_{(aq)}$ pelo Al a 25°C.
c) Calcule ΔH° para a redução do $Fe^{+3}_{(aq)}$ pelo Al a 25°C.

Resolução:

Item a) Cálculo da energia livre de Gibbs (ΔG°), mas primeiramente será necessário calcular a ddp da pilha galvânica.

Invertendo a semirreação do alumínio: $Al_{(sólido)} \longrightarrow Al^{+3}_{(aquoso)} + 3e^-$ $\Delta G° = -3 \text{ x F x } (+1{,}66)$

Semirreação do ferro: $Fe^{+3}_{(aquoso)} + 3e^- \longrightarrow Fe_{(sólido)}$ $\Delta G° = -3 \text{ x F x } (-0{,}04)$

Somando as semirreações apresentadas, temos:

$Al_{(sólido)} \longrightarrow Al^{+3}_{(aquoso)} + \cancel{3e^-}$ $\Delta G° = -3 \text{ x F x } (+1{,}66)$
$Fe^{+3}_{(aquoso)} + \cancel{3e^-} \longrightarrow Fe_{(sólido)}$ $\Delta G° = -3 \text{ x F x } (-0{,}04)$ +

$Al_{(s)} + Fe^{+3}_{(aq)} \longrightarrow Fe_{(sólido)} + Al^{+3}_{(aquoso)}$ (Equação eletroquímica global)

Determinação do potencial-padrão, a partir da variação da energia livre de gibbs padrão:

$$\cancel{-3 \text{ x F}} \text{ x } E° = \cancel{-3 \text{ x F}} \text{ x } (+1{,}66) + [\cancel{-3 \text{ x F}} \text{ x } (-0{,}04)]$$

$$E° = +1{,}66 - 0{,}04 = +1{,}62 \text{ V}$$

Cálculo da variação da energia livre de Gibbs-padrão: $\Delta G° = -3 \text{ x F x } E°$

$$\Delta G° = -3 \text{ mol de elétrons x} \frac{96500 \text{ C}}{1 \text{ mol de elétrons}} \text{x } (+\,1{,}62)$$

$$\Delta G° = -468990 \text{ J } (\cong -469 \text{ kJ})$$

Item b) Cálculo da entropia padrão da reação (ΔS°): $\Delta S^0_{reação} = \sum S^0_{produtos} - \sum S^0_{reagentes}$

$$\Delta S^0_{reação} = \{1 \text{ x } S^0_{Al^{+3}} + 1 \text{ x } S^0_{Fe}\} - \{1 \text{ x } S^0_{Fe^{+3}} + 1 \text{ x } S^0_{Al}\}$$

$$\Delta S^0_{reação} = \{1 \text{ x } (-293{,}3) + 1 \text{ x } 27\} - \{1 \text{ x } (-313{,}8) + 1 \text{ x } 28\} = +19{,}50 \frac{J}{mol \text{ x } K}$$

Item c) Cálculo da entalpia padrão da reação: $-468990 = \Delta H^0_{reação} - (25 + 273) \text{ x } 19{,}50$

$$\Delta H^0_{reação} = -468990 + (298 \text{ x } 19{,}50)$$

$$\Delta H^0_{reação} = -463179 \frac{J}{mol} (\cong -463{,}2 \frac{kJ}{mol})$$

Questão 138

(XX OLIMPÍADA IBEROAMERICANA DE QUÍMICA - MODIFICADA) Os potenciais-padrões das seguintes reações abaixo são:

$[Zn(OH)_4]^{2-} + 2e^- \rightleftharpoons Zn_{(s)} + 4\ OH^-$ E° = -1,285 V

$Zn^{2+} + 2e^- \rightleftharpoons Zn_{(s)}$ E° = -0,762 V

Calcule a variação da energia livre de Gibbs-padrão e a constante de formação global do complexo (β_4) $[Zn(OH)_4]^{2-}$.

Resolução: Invertendo a primeira semirreação, temos:

$Zn_{(s)} + 4OH^- \rightleftharpoons [Zn(OH)_4]^{2-} + 2e^-$ $\Delta G° = -2 \text{ x F x } (+1{,}285)$

$Zn^{2+} + 2e^- \rightleftharpoons Zn_{(s)}$ $\Delta G° = -2 \text{ x F x } (-0{,}762)$

Somando as semirreações apresentadas:

$\cancel{Zn_{(s)}} + 4OH^- \rightleftharpoons [Zn(OH)_4]^{2-} + \cancel{2e^-}$ $\Delta G° = -2 \text{ x F x } (+1{,}285)$

$Zn^{2+} + \cancel{2e^-} \rightleftharpoons \cancel{Zn_{(s)}}$ $\Delta G° = -2 \text{ x F x } (-0{,}762) +$

$Zn^{2+} + 4OH^- \rightleftharpoons [Zn(OH)_4]^{2-}$

Cálculo do potencial-padrão do sistema eletroquímico:

$$\cancel{-2 \text{ x F}} \text{ x } E° = \cancel{-2 \text{ x F}} \text{ x } (+1{,}285) + [\cancel{-2 \text{ x F}} \text{ x } (-0{,}762)]$$

$$E° = +0{,}523 \text{ V}$$

Cálculo da variação da energia livre de Gibbs-padrão: $\Delta G° = -2 \text{ x F x } E°$

$$\Delta G° = -2 \text{ mol de elétrons x} \frac{96500 \text{ C}}{1 \text{ mol de elétrons}} \text{x } (+\ 0{,}523) = -100939 \text{ J } (\cong -101 \text{ kJ})$$

Cálculo da constante de equilíbrio químico, a partir da variação da energia livre de Gibbs-padrão: $\Delta G° = -R \text{ x T x} \ln K_{eq}$

$$\ln K_{eq} = -\frac{(-100939)}{8{,}314 \text{ x } 298}$$

$$K_{eq} = e^{(+40{,}74)}$$

Questão 139

(INSTITUTO MILITAR DE ENGENHARIA) Para se recuperar o níquel, em sua forma metálica, de uma solução contendo íons Ni^{+2}, introduziu-se na mesma uma barra de estanho metálico. Responda:

a) O processo descrito pode ocorrer sem a participação de um agente externo ao meio reacional? Justifique.

b) Qual a ordem de grandeza da constante de equilíbrio para a reação descrita no problema (a 27°C)? Dados: Potenciais de redução padrão a 27ºC:

$Sn^{+2}_{(aquoso)} + 2e^- \longrightarrow Sn_{(sólido)}$ E^0 = - 0,14 V

$Ni^{+2}_{(aquoso)} + 2e^- \longrightarrow Ni_{(sólido)}$ E^0 = - 0,25 V

Resolução:

Item a) Não. Pelo fato que sem a participação de um agente externo o processo irá apresentar uma variação da energia livre de Gibbs maior que zero ($\Delta G > 0$), ou seja, um processo não espontâneo.

Item b) Cálculo do potencial-padrão (E°):

Invertendo a semirreação do níquel: $Ni_{(sólido)} \longrightarrow Ni^{2+}_{(aquoso)} + 2e^-$ $\Delta G° = - 2.F.(+ 0,25)$

Semirreação de redução do estanho: $Sn^{+2}_{(aquoso)} + 2e^- \longrightarrow Sn_{(sólido)}$ $\Delta G° = - 2.F.(- 0,14)$

Determinação da equação química global da pilha:

$Ni_{(sólido)} \longrightarrow Ni^{2+}_{(aquoso)} + \cancel{2e^-}$
$Sn^{+2}_{(aquoso)} + \cancel{2e^-} \longrightarrow Sn_{(sólido)}$ +

$Ni_{(sólido)} + Sn^{+2}_{(aquoso)} \longrightarrow Ni^{+2}_{(aquoso)} + Sn_{(sólido)}$ (Processo eletroquímico global da pilha)

Cálculo do potencial-padrão do sistema eletroquímico: $\Delta G°_T = \Delta G°_{Ni} + \Delta G°_{Sn}$

$\cancel{-2.F}.E° = \cancel{-2.F}.(+ 0,25) + \{\cancel{-2.F}.(- 0,14)\}$

$E° = + 0,25 - 0,14 = + 0,11\ V$

Cálculo da constante de equilíbrio (K_{eq}): $\ln K_{eq} = \frac{n \times F \times E°}{R \times T}$

$$\ln K_{eq} = \frac{2 \times 96500 \times 0,11}{8,314 \times 300} = 8,51$$

$$K_{eq} = e^{8,51} = 4964,16\ J$$

Questão 140

(INSTITUTO TECNOLÓGICO DA AERONÁUTICA) Um tanque de estocagem de produtos químicos foi revestido internamente com níquel puro para resistir ao efeito corrosivo de uma solução aquosa ácida contida em seu interior. Para manter o líquido aquecido, foi acoplado junto ao tanque um conjunto de resistores elétricos alimentados por um gerador de corrente contínua. Entretanto, uma falha no isolamento elétrico do circuito dos resistores promoveu a eletrificação do tanque, ocasionando um fluxo de corrente residual de intensidade suficiente para desencadear o processo de corrosão eletrolítica do revestimento metálico. Admitindo-se que a superfície do tanque é constituída por uma monocamada de níquel com densidade atômica igual a $1,61 \times 10^{19}$ átomos.m^{-2} e que a área superficial do tanque exposta à solução ácida é de 5,0 m^2, calcule:
a) a massa, expressa em gramas, de átomos de níquel que constituem a monocamada atômica do revestimento metálico.
b) o tempo necessário, expresso em segundos, para que a massa de níquel da monocamada atômica seja consumida no processo de dissolução anódica pela passagem da densidade de corrente de corrosão de 7,0 $\mu A.cm^{-2}$.
Resolução:

Item a) Número de átomos de níquel (n_{Ni}): $n_{Ni} = 1,61 \times 10^{19} \frac{\text{átomos}}{\cancel{m^2}} \times 5,0\ \cancel{m^2} = 8,05 \times 10^{19} \text{átomos}$

A partir do número de átomos de níquel, será possível calcular a massa deste metal, a partir da seguinte relação estequiométrica.

58,7 g -------- $6,02 \times 10^{23}$ átomos de Ni
M_{Ni} ----------- $8,05 \times 10^{19}$ átomos de Ni
Massa de Níquel = $7,85 \times 10^{-3}$ g

Item b) Semirreação de redução que ocorre no níquel: $Ni^{+2}_{(aquoso)} + 2e^- \longrightarrow Ni_{(sólido)}$

Sabendo que a densidade de corrente é definida como sendo a razão da corrente pela área, temos:

$$j = \frac{i}{A} = 7{,}0\mu\frac{A}{cm^2}x\frac{10000\ cm^2}{1\ m^2} = 7{,}0 \times 10^{-2}\frac{A}{m^2}$$

Para 5,0 m² de área, temos: $j = 7{,}0 \times 10^{-2}\frac{A}{\cancel{m^2}} \times 5{,}0\ \cancel{m^2} = 35{,}0 \times 10^{-2}\ A$

Cálculo do tempo de operação da célula eletroquímica: $Ni^{+2}_{(aquoso)} + 2e^- \longrightarrow Ni_{(sólido)}$

58,69 g de Ni ------------------- 2 mol de e^- x 96500 C/mol de e^-
7,85 x 10^{-3} g de Ni ------------ Q = (35 x 10^{-2} x tempo)
tempo = 73,75 g

Questão 141

(INSTITUTO MILITAR DE ENGENHARIA) Calcular a massa mínima de reagentes para uma pilha seca que deve gerar 0,0100 A durante 10 horas. As semirreações são:
$Zn \longrightarrow Zn^{+2} + 2e^-$
$2\ MnO_2 + NH_4^+ + 2e^- \longrightarrow Mn_2O_3 + NH_3 + OH^-$

Resolução: Determinação da equação química global de funcionamento da pilha:

$Zn \longrightarrow Zn^{+2} + 2e^-$
$2MnO_2 + NH_4^+ + 2e^- \longrightarrow Mn_2O_3 + NH_3 + OH^-$ +

$Zn + 2MnO_2 + NH_4^+ \longrightarrow Zn^{+2} + Mn_2O_3 + NH_3 + OH^-$

Convertendo o tempo para segundos: $tempo = 10\ \cancel{h} \times \frac{3600\ s}{1\ \cancel{h}} = 36000\ s$

Cálculo da massa mínima de Zinco (Zn), a partir da seguinte relação estequiométrica:

65,4 g de Zn ----------------- 2 mol de elétrons x 96500 C/mol de elétrons
m_{Zn} ------------------------------ (0,0100 x 36000) C
m_{Zn} = 0,122 g de Zn

Cálculo da massa mínima de dióxido de manganês (MnO_2):

2 mol x 86,90 g/mol de MnO_2 -------- 2 mol x (96500 C/mol)
m_{MnO2} --------------------------------------- (0,0100 x 36000) C
m_{MnO2} = 0,326 g de MnO_2

Questão 142

(INSTITUTO TECNOLÓGICO DA AERONÁUTICA) Uma célula eletroquímica fechada, usada para a produção da mistura gasosa de H_2 e O_2, possui dois eletrodos inertes mergulhados numa solução diluída de hidróxido de sódio. No volume livre de 4,50 litros acima da solução, há uma válvula e um manômetro. A temperatura da célula é mantida constante em 27°C. No início da eletrólise, a válvula é fechada, sendo fornecida a célula uma corrente de 30 A. Calcule o tempo para a leitura do manômetro atingir 1,64 atmosferas.

Resolução: Para a produção de H_2 e O_2 será necessário analisar as reações no ânodo e no cátodo.

Semirreação que ocorre no ânodo: $2OH^-_{(aquoso)} \longrightarrow H_2O_{(líquido)} + \frac{1}{2}O_{2(gás)} + 2e^-$
Semirreação que ocorre no cátodo: $2H_2O_{(líquido)} + 2e^- \longrightarrow H_{2(gás)} + 2OH^-_{(aquoso)}$

Somando as duas semirreações eletroquímicas, temos:

$\cancel{2OH^-_{(aquoso)}} \longrightarrow \cancel{H_2O_{(líquido)}} + \frac{1}{2}O_{2(gás)} + \cancel{2e^-}$
$\cancel{2}H_2O_{(líquido)} + \cancel{2e^-} \longrightarrow H_{2(gás)} + \cancel{2OH^-_{(aquoso)}}$ +

$H_2O_{(líquido)} \longrightarrow H_{2(gás)}\uparrow + \frac{1}{2}O_{2(gás)}\uparrow$

Observa-se que há a produção de uma quantidade em número de mols na ordem de 1,50 mol de gases, a partir de dois mols de elétrons, provenientes da eletrólise da água.

Cálculo da pressão de gás no cilindro: $P_{cilindro} = P_{manômetro} - P_{barômtero}$ = 1,64 atm – 1,00 atm = 0,64 atm

Cálculo do número de mol dos gases no cilindro: $n_{gases} = \frac{0{,}64 \times 4{,}50}{0{,}08206 \times 300} = \frac{2{,}88}{24{,}62} = 0{,}117\ \text{mol}$

Cálculo da carga (Q) de gases produzido, a partir da relação estequiométrica apresentada abaixo:

1 mol de gases ------------------ 2 mol de e^- x (96500/mol de elétrons)
0,117 mol de gases ----------- Q
Q = 15054 C

Cálculo do tempo, para uma corrente igual de 30 A: $30 = \frac{15054}{t}$

$\text{tempo} = 501{,}8\ \text{s}$

Questão 143

(INSTITUTO MILITAR DE ENGENHARIA) Para uma experiência em laboratório montou-se uma pilha com 100 ml de solução eletrolítica e eletrodos de prata e níquel, a qual descarregou-se totalmente em 9650 segundos, apresentando uma perda de massa de 1,475 g em um dos eletrodos.
a) A concentração inicial do eletrólito;
b) A corrente que percorreu o circulto;
c) O eletrodo positivo da pilha.

Dados a 25ºC:
$Ni^{2+}_{(aq)} + 2e^- \longrightarrow Ni_{(s)}$ E° = - 0,25 V
$Ag^+_{(aq)} + 1e^- \longrightarrow Ag_{(s)}$ E° = + 0,80 V

Resolução:

Invertendo a primeira semirreação: $Ni_{(sólido)} \longrightarrow Ni^{2+}_{(aquoso)} + 2e^-$ E°= + 0,25 V

Multiplicando a segunda semirreação: $2Ag^+_{(aquoso)} + 2e^- \longrightarrow 2Ag_{(sólido)}$ E°= + 0,80 V

Somando as duas semirreações apresentadas acima:

$Ni_{(sólido)} \longrightarrow Ni^{2+}_{(aquoso)} + 2e^-$ E°= + 0,25 V
$2Ag^+_{(aquoso)} + 2e^- \longrightarrow 2Ag_{(sólido)}$ E°= + 0,80 V +

$Ni_{(sólido)} + 2Ag^+_{(aquoso)} \longrightarrow Ni^{2+}_{(aquoso)} + 2Ag_{(sólido)}$ E°= + 1,05 V

Cálculo da corrente que percorre o circuito eletroquímico:

58,71 g de $Ni_{(s)}$ ------------------- 2 mol x 96500 C /mol
1,475 g g de MnO_2 --------------- 9650 x i
i = 0,502 A

Item a) Cálculo da concentração da quantidade de matéria: $[M] = \frac{1{,}475}{0{,}100 \times 58{,}71} = 0{,}251 \frac{\text{mol}}{\text{L}}$

Item b) Valor da corrente elétrica, já calculada anteriormente: i = 0,502 A

Item c) O eletrodo positivo (cátodo) é a prata.

Questão 144

(OLIMPÍADA PORTUGUESA DE QUÍMICA) Indique três métodos para retirar a cor azul a uma solução de sulfato de cobre. Justifique devidamente a sua escolha.

Resolução:

Primeiro método: Fazer reagir hidróxido de sódio com o sulfato de cobre II. Este processo ocasiona a precipitação do cobre II, descorando a solução.

$$CuSO_4 + 2NaOH \rightarrow Na_2SO_4 + Cu(OH)_2$$

Segundo método: Adicionar na solução zinco metálico. Este processo faz com que haja maior poder redutor que o cobre, reduzindo o íon cuproso (Cu^{+2}), formando cobre metálico e cátions zinco.

Terceiro método: Realizar o processo de diluição, acrescentando água.

Questão 145

(INSTITUTO MILITAR DE ENGENHARIA) Uma pilha de combustível utiliza uma solução de KOH e dois eletrodos porosos de carbono, por onde são admitidos, respectivamente, hidrogênio e oxigênio. Este processo resulta numa reação global de combustão que gera eletricidade. Considerando que a pilha opera nas condições padrão:
a) Calcule a entropia padrão de formação da água líquida;
b) Justifique por que a reação de pilha é espontânea;
c) Avalie a variação de entropia nas vizinhanças do sistema. Calor de formação da água líquida: - 285,9 kJ/mol

$K^+ + e^- \rightleftarrows K$ $E^o = -2{,}90\ V$
$2H_2O + 2e^- \rightleftarrows H_2 + 2OH^-$ $E^o = -0{,}80\ V$
$2H^+ + 2e^- \rightleftarrows H_2$ $E^o = +0{,}00\ V$
$2O_2 + 2H_2O + 4e^- \rightleftarrows 4OH^-$ $E^o = +0{,}40\ V$
$O_2 + 4H^+ + 4e^- \rightleftarrows 2H_2O$ $E^o = +1{,}20\ V$

Resolução: Para a determinação do processo eletroquímico na formação da água líquida, as semirreações deverão ser as seguintes:

$2H^+ + 2e^- \rightleftarrows H_2$ $E^o = +0{,}00\ V$
$O_2 + 4H^+ + 4e^- \rightleftarrows 2H_2O$ $E^o = +1{,}20\ V$

Para a determinação do potencial-padrão, será necessário inverter e multiplicar por dois a semirreação do hidrogênio.

$2H_2 \rightleftarrows \cancel{4H^+} + \cancel{4e^-}$ $\Delta G^0 = -4\ x\ F\ x\ (0{,}00)$
$O_2 + \cancel{4H^+} + \cancel{4e^-} \rightleftarrows 2H_2O$ $\Delta G^0 = -4\ x\ F\ x\ (1{,}20)$ +

$2H_2 + O_2 \rightleftarrows 2H_2O$ $\Delta G^0 = -4\ x\ F\ x\ E^0_{total}$

Cálculo do potencial-padrão do sistema eletroquímico:

$$-4\ x\ F\ x\ E^0_{total} = -4\ x\ F\ x\ (0{,}00) - 4\ x\ F\ x\ (1{,}20)$$

$$\cancel{-4\ x\ F}\ x\ E^0_{total} = \cancel{-4\ x\ F}\ x\ (0{,}00) \cancel{-4\ x\ F}\ x\ (1{,}20)$$

$$E^0_{total} = +1{,}20\ V$$

Então, para a reação de formação da água no estado líquido, o potencial-padrão deste sistema eletroquímico corresponde a $E^0_{total} = +1{,}20\ V$.

Cálculo da variação da energia livre de Gibbs para a reação apresentada, $2H_{2(gás)} + O_{2(gás)} \rightleftarrows 2H_2O_{(líquido)}$.

$$\Delta G^0 = -4\ x\ F\ x\ E^0_{total}$$

$$\Delta G^0 = -4 \times 96500 \times 1,20 = -463200 \frac{J}{mol}$$

Importante observar que o cálculo da variação da energia livre de Gibbs-padrão foi realizado para 2 mol. Logo, para 1 mol de água formada, será necessário dividir a variação da energia livre de Gibbs por dois.

$\Delta G^0 = -\frac{463200}{2} = -231600 \frac{J}{mol}$, com a equação $H_{2(gás)} + ½O_{2(gás)} \rightleftarrows H_2O_{(líquido)}$.
Item a) Cálculo da variação da entropia padrão, a partir da equação de Gibbs: $\Delta G^0 = \Delta H^0 - T \times \Delta S^0$

$$-231600 = -285900 - 298 \times \Delta S^0$$

$$\Delta S^0 = -182,21 \frac{J}{mol \times K}$$

Item b) O processo é sim espontâneo, uma vez que pode ser observado tanto pelo potencial-padrão da pilha ($E^o > 0$) como também pelo cálculo realizado da variação da energia livre de Gibbs-padrão ($\Delta G^0 < 0$).

Item c) Como o valor da energia de entropia padrão é negativa, o que constitui a entropia padrão do sistema, a variação da entropia padrão das vizinhanças deverá ser positivo, uma vez que pela segunda lei da termodinâmica a entropia do universo deve ser positiva ($\Delta S^0_{universo} > 0$).

$$\Delta S^0_{universo} = \Delta S^0_{sistema} + \Delta S^0_{vizinhança}$$

$$\Delta S^0_{universo} > 0$$

$$0 > -182,21 \frac{J}{mol \times K} + \Delta S^0_{vizinhança}$$

$$\Delta S^0_{vizinhança} < +182,21 \frac{J}{mol \times K}$$

Questão 146

(CONCURSO PÚBLICO PARA ENGENHARIA DE PETRÓLEO - PETROBRAS) Um dos procedimentos experimentais para se obter sódio metálico é a eletrólise do cloreto de sódio fundido (eletrólise ígnea) em uma cuba eletrolítica. Considerando que a quantidade de eletricidade (carga) de 1 mol de elétrons é igual a 96.500 C, qual o tempo, em s, necessário para se obter 9,2 g de sódio, por esse processo, utilizando uma corrente constante e igual a 10 A?
a) 965
b) 1930
c) 2895
d) 3860
e) 4825

Resolução: Alternativa D.

Semirreação que ocorre no cátodo (semirreação de redução): $Na^+_{(aquoso)}$ + 1 elétron ⟶ $Na_{(sólido)}$

A partir da relação estequiométrica da eletrólise, temos:

23 g de sódio ------- 1 mol de elétron x 96500 C / mol de elétron
9,2 g de sódio ------ Q

$$Q = \frac{9,2 \times 96500}{23} = 38600 \text{ C}$$

Cálculo do tempo em segundos (s): $10 \times tempo = 38600$ C

$$\text{tempo} = \frac{38600}{10} = 3860 \text{ s}$$

Questão 147

Considere o seguinte processo eletroquímico a seguir: $Fe/Fe^{+2}(0{,}10 \text{ mol x L}^{-1})//Fe^{+2}(0{,}0010 \text{ mol x L}^{-1})/ \text{ Fe}$. A partir da notação eletroquímica apresentada, calcule o potencial gerado.

Resolução:

Organizando o sistema eletroquímico apresentado, temos:

$Fe_{(sólido)} \rightleftarrows Fe^{+2}_{(aquoso)}$ + 2 elétrons $\quad \Delta G^0 = -2 \text{ x F x } (+0{,}44)$
$Fe^{+2}_{(aquoso)}$ + 2 elétrons $\rightleftarrows Fe_{(sólido)} \quad \Delta G^0 = -2 \text{ x F x } (-0{,}44)$

Para a determinação do potencial-padrão, será necessário somar as semirreações apresentadas.
$Fe_{(sólido)} \rightleftarrows Fe^{+2}_{(aquoso)}$ + 2 elétrons $\quad \Delta G^0 = -2 \text{ x F x } (+0{,}44)$
$Fe^{+2}_{(aquoso)}$ + 2 elétrons $\rightleftarrows Fe_{(sólido)} \quad \Delta G^0 = -2 \text{ x F x } (-0{,}44)$ +

$Fe_{(sólido)} + Fe^{+2}_{(aquoso)} [0{,}10 \text{ mol x L}^{-1}] \rightleftarrows Fe_{(sólido)} + Fe^{+2}_{(aquoso)} [0{,}0010 \text{ mol x L}^{-1}]$

$$E = E^0 - \frac{R \text{ x } T}{n \text{ x } F} \text{x} \ln Q$$

A partir da aplicação da equação de Nernst, o potencial do sistema eletroquímico fora do sistema padronizado será:

$$E = E^0 - \frac{R \text{ x } T}{n \text{ x } F} \text{x} \ln Q$$

$$E = 0 - \frac{8{,}314 \text{ x } 298}{2 \text{ x } 96500} \text{x} \ln \frac{[Fe^{+2}; 0{,}0010]}{[Fe^{+2}; 0{,}10]}$$

$$E = +0{,}059 \text{ V}$$

Questão 148

Faça a dedução e explique a aplicabilidade da equação de Nernst.

Resolução: A dedução da equação de Nernst é proveniente da equação da isoterma de van´t Hoff.

$\Delta G = \Delta G^0 + R \text{ x } T \text{ x} \ln Q$, em que:

ΔG = variação da energia livre de Gibbs fora do estado padrão; ΔG° = variação da energia livre de Gibbs-padrão; R = constante dos gases ideais (8,314 J/mol x K ou 1,987 cal/mol x K); T = temperatura absoluta e Q = coeficiente reacional.

Desenvolvendo a equação, temos: $\Delta G = \Delta G^0 + R \text{ x } T \text{ x} \ln Q$

$$-n \text{ x } F \text{ x } E = -n \text{ x } F \text{ x } E^0 + R \text{ x } T \text{ x} \ln Q$$

Dividindo a equação acima por (n x F), temos: $\frac{-n \text{ x } F \text{ x } E}{n \text{ x } F} = \frac{-n \text{ x } F \text{ x } E^0}{n \text{ x } F} + \frac{R \text{ x } T}{n \text{ x } F} \text{ x} \ln Q$

$$\boxed{E = E^0 - \frac{R \text{ x } T}{n \text{ x } F} \text{ x} \ln Q}$$

A equação de Nernst é utilizada para determinar o valor da diferença de potencial fora do estado padrão (1 atm; 25°C e 1,o mol x L^{-1}).

Questão 149

(INSTITUTO MILITAR DE ENGENHARIA) Uma corrente elétrica constante atravessa duas células eletrolíticas ligadas em série, sendo que a primeira contém uma solução aquosa de sulfato cúprico e a segunda produz hidrogênio no cátodo e oxigênio no ânodo. Considerando essas informações e sabendo que o gás hidrogênio tem solubilidade desprezível em água:
a) escreva as semirreações e a reação global da eletrólise do sulfato cúprico em meio aquoso, envolvendo o fluxo de elétrons;
b) determine o tempo, em minutos, necessário para o depósito de 0,254 g de cobre, quando se faz passar uma corrente de 2,0 A na solução da primeira célula eletroquímica;
c) calcule o pH da solução resultante do borbulhamento do hidrogênio gasoso, produzido no cátodo da segunda célula, em 200 mL de uma solução aquosa de NaOH 0,1 mol/L, a 298 K.

Resolução:

Item a) Apresentação das semirreações que ocorrem no cátodo e no ânodo.

Semirreação que ocorre no cátodo: $Cu^{+2}_{(aquoso)}$ + 2 elétrons $\rightleftarrows$ $Cu_{(sólido)}$

Semirreação que ocorre no ânodo: $H_2O_{(líquido)} \rightleftarrows \frac{1}{2} O_{2(gás)} + 2H^+_{(aquoso)} + 2e^-$

O fluxo de elétrons para um processo eletroquímico sai do ânodo, que se trata do polo positivo e para o cátodo, que se refere ao polo negativo.

Item b) A partir da relação estequiométrica entre a massa de cobre e a carga, temos:

63,55 g de cobre ------------ 2 mol de elétron x 96500 C / mol de elétron
0,254 g g de sódio ----------- 2,0 x tempo

$$\text{tempo} = 385{,}7 \text{ s } (6{,}34 \text{ minutos})$$

Item c) Cálculo do potencial hidroxiliônico (pOH) a uma temperatura de 25ºC: $\text{pOH} = -\log(0{,}10) = 1{,}0$

Sabendo que o somatório do pH com o pOH é igual a 14, logo: pOH = 14 – 1,0 = 13,0

Questão 150

(CONCURSO FEDERAL PARA DOCENTE – INSTITUTO FEDERAL DO RIO GRANDE DO NORTE) Numa aula de Fisicoquímica, um grupo de alunos foi orientado a montar uma pilha em solução aquosa. O grupo decidiu fazer isso usando eletrodos de Prata ($Ag^+_{(aq)}$ + 1 elétrons ⟶ $Ag_{(s)}$; E^0 = + 0,7994) e de Níquel ($Ni^{+2}_{(aq)}$ + 2 elétrons ⟶ $Ni_{(s)}$; E^0 = - 0,25). Sobre a pilha a ser montada pelos alunos e, com base nos conhecimentos de eletroquímica, faça o que se pede a seguir.
a) Escreva a equação global da pilha.
b) Determine o potencial-padrão E° da pilha e indique qual eletrodo será o cátodo e qual será o ânodo.
c) Determine o potencial E da pilha, quando as concentrações dos íons prata e níquel foram 0,20 mol.L^{-1} e 0,01 mol.L^{-1}, respectivamente. (Dado: log 2 = 0,301)

Resolução: Organizando o sistema eletroquímico apresentado, multiplicando a semirreação da prata e invertendo a semirreação do níquel, temos:

$Ni_{(sólido)} \rightleftarrows Ni^{+2}_{(aquoso)}$ + 2 elétrons $\quad \Delta G^0 = -2 \text{ x F x } (+0{,}25)$
$2Ag^+_{(aquoso)}$ + 2 elétrons $\rightleftarrows 2Ag_{(sólido)}$ $\quad \Delta G^0 = -2 \text{ x F x } (+0{,}7994)$

Item a) Para a determinação do potencial-padrão, será necessário somar as semirreações apresentadas.

$Ni_{(sólido)} \rightleftarrows Ni^{+2}_{(aquoso)}$ + 2 elétrons $\quad \Delta G^0 = -2 \text{ x F x } (+\ 0{,}25)$
$2Ag^+_{(aquoso)}$ + 2 elétrons $\rightleftarrows Ag_{(sólido)}$ $\quad \Delta G^0 = -2 \text{ x F x } (+\ 0{,}7995)$ +

$Ni_{(sólido)} + 2Ag^+_{(aquoso)}$ [0,20 mol x L^{-1}] $\rightleftarrows Ag_{(sólido)} + Ni^{+2}_{(aquoso)}$ [0,010 mol x L^{-1}]

Item b) Cálculo do potencial-padrão para o sistema eletroquímico, a partir da variação da energia livre de Gibbs padrão:

$$-2 \text{ x F x } E^0_{total} = -2 \text{ x F x } (+0{,}25) - 2 \text{ x F x } (+\ 0{,}7995)$$

$$\cancel{-2 \text{ x F}} \text{ x } E^0_{total} = \cancel{-2 \text{ x F}} \text{ x } (+0{,}25) \cancel{- 2 \text{ x F}} \text{ x } (+\ 0{,}7995)$$

$$E^0_{total} = 0{,}25 + 0{,}7995 = +1{,}045 \text{ V}$$

Item c) Cálculo do potencial E, a partir da aplicação da equação de Nernst:

$$\frac{-\text{ n x F x E}}{\text{n x F}} = \frac{-\text{n x F x } E^0}{\text{n x F}} + \frac{\text{R x T}}{\text{n x F}} \text{x ln Q}$$

$$E = E^0 - \frac{\text{R x T}}{\text{n x F}} \text{x ln Q}$$

$$E = +1{,}045 - \frac{8{,}314 \text{ x } (25 + 273)}{2 \text{ x } 96500} \text{x ln} \frac{[Ni^{+2}] \text{ x } a_{Ag}}{[Ag^{+2}]^2 \text{ x } a_{Ni}}$$

Substitutindo os valores na equação:

$$E = +1{,}045 - \frac{8{,}314 \text{ x } 298}{2 \text{ x } 96500} \text{x ln} \frac{0{,}01 \text{ x } 1{,}0}{(0{,}20)^2 \text{ x } 1{,}0} = +\ 1{,}063 \text{ V}$$

Questão 151

(CONCURSO FEDERAL PARA DOCENTE – INSTITUTO FEDERAL DA PARAÍBA) A eletrólise é um processo muito utilizado pela indústria química, pois ele permite a obtenção de substâncias que não existem livres na natureza. Um químico fez a eletrólise do $AlCl_3$, durante 1,0 (uma) hora, fundindo-o quando a corrente do circuito é constante e igual a 10,7 A. Considerando essa situação, determine, com base na eletroquímica, a massa aproximada, em gramas, de alumínio produzida.

a) 6,4 g
b) 1,6 g
c) 4,2 g
d) 2,8 g
e) 3,6 g

Resolução: Alternativa E.

Estudando a eletrólise ígnea do cloreto de alumínio. $AlCl_{3(sólido)} \rightarrow Al^{+3}_{(líquido)} + 3Cl^-$

Semirreação que ocorre no cátodo: $Al^{+3}_{(líquido)} + 3e^- \rightarrow Al_{(sólido)}$

Semirreação que ocorre no ânodo: $Cl^- \rightarrow \frac{1}{2} Cl_{2(gás)} + 1e^-$

Somando as três semirreações:

$$AlCl_{3(sólido)} \rightarrow \cancel{Al^{+3}_{(líquido)}} + \cancel{3Cl^-}$$
$$\cancel{Al^{+3}_{(líquido)}} + \cancel{3e^-} \rightarrow Al_{(sólido)}$$
$$\cancel{3Cl^-} \rightarrow \frac{3}{2} Cl_{2(gás)} + \cancel{3e^-}$$ (Multiplicando a semirreação por três) +

$$AlCl_{3(sólido)} \rightarrow Al_{(sólido)} + Cl_{2(gás)}$$

Estudando a semirreação de redução do alumínio: $Al^{+3}_{(líquido)} + 3e^- \rightarrow Al_{(sólido)}$

Cálculo da carga (Q), a partir da seguinte relação estequiométrica entre a massa do material metálica com a constante de Faraday:

$$27\text{ g} - - - - - - - 3 \text{ mol de elétrons x} \frac{96500\text{ C}}{\text{mol de elétrons}}$$
$$\text{Massa} - - - - - - Q = (10{,}70 \times 3600)\text{ C}$$

$$\text{Massa} = \frac{27 \times 10{,}70 \times 3600}{3 \times 96500} = 3{,}59\text{ g}$$

Questão 152

(CONCURSO FEDERAL PARA DOCENTE – INSTITUTO FEDERAL DO RIO GRANDE DO SUL) Em um processo de eletrólise, uma corrente de 2,0 A passa por uma solução de íons de prata, durante 30 minutos, ocorrendo deposição de cobre no cátodo, segundo a reação a seguir: $Ag^{+}_{(aq)} + e^{-} \longrightarrow Ag_{(s)}$. Qual massa de cobre, em gramas, foi depositada no cátodo?

a) 6,71 g
b) 0,40 g
c) 0,67 g
d) 5,79 g
e) 4,03 g

Resolução: Alternativa E.

Estudando a semirreação de redução da prata que ocorre no cátodo: $Ag^{+1}_{(líquido)} + 1e^{-} \rightarrow Ag_{(sólido)}$

Cálculo da carga (Q), a partir da relação estequiométrica entre a massa de prata com a constante de Faraday:
:

$$108\text{ g} - - - - - - - - 1 \text{ mol de elétrons x} \frac{96500\text{ C}}{\text{mol de elétrons}}$$
$$\text{Massa} - - - - - - - - Q = 2{,}0 \times 30 \times 60\text{ C}$$
$$\text{Massa} = \frac{3888000}{96500} = 4{,}03\text{ g}$$

Questão 153

(CONCURSO FEDERAL PARA DOCENTE – INSTITUTO FEDERAL DO SUDESTE DE MINAS GERAIS – BARBACENA) O esquema a seguir representa uma célula eletrolítica operando nas condições padrão.

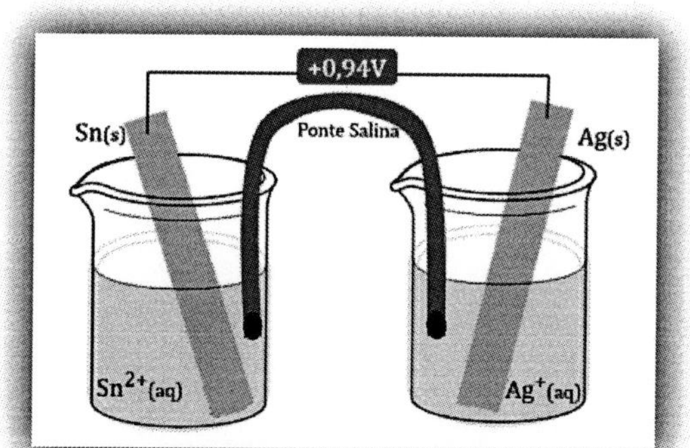

Potenciais-Padrão de Redução:

$Sn^{2+}_{(aq)} + 2e^{-} \longrightarrow Sn_{(s)}$ $E^{o} = -0{,}14$ V
$Ag^{+}_{(aq)} + e^{-} \longrightarrow Ag_{(s)}$ $E^{o} = +0{,}80$ V

O diagrama de célula que representa corretamente a célula eletrolítica é:

a) $Sn_{(s)}|Ag^{+}_{(aq)}||Sn^{2+}_{(aq)}|Ag_{(s)}$
b) $Sn_{(s)}|Sn^{2+}_{(aq)}||Ag_{(s)}|Ag^{+}_{(aq)}$
c) $Sn_{(s)}|Sn^{2+}_{(aq)}||Ag^{+}_{(aq)}|Ag_{(s)}$
d) $Sn_{(s)}|Sn^{2+}_{(aq)}|Ag^{+}_{(aq)}|Ag_{(s)}$
e) $Sn_{(s)}|Ag^{+}_{(aq)}|Sn^{2+}_{(aq)}|Ag_{(s)}$

Resolução: Alternativa C.

O problema pede a equação eletroquímica global.

Invertendo a semirreação do estanho: $Sn_{(sólido)} \rightarrow Sn^{+2}_{(aquoso)} + 2e^-$ $\Delta G° = -2 \text{ x } F \text{ x } (+0{,}14)$

Multiplicando por dois a semirreação da prata: $Ag^{+}_{(aquoso)} + 1e^- \rightarrow Ag_{(sólido)}$ $\Delta G° = -2 \text{ x } F \text{ x } (+0{,}80)$

Somando as duas semirreações, temos:

$Sn_{(sólido)} \rightarrow Sn^{+2}_{(aquoso)} + 2e^-$ $\Delta G° = -2 \text{ x } F \text{ x } (+0{,}14)$
$2Ag^{+}_{(aquoso)} + 2e^- \rightarrow 2Ag_{(sólido)}$ $\Delta G° = -2 \text{ x } F \text{ x } (+0{,}80)$ +

$Sn_{(sólido)} + Cu^{+2}_{(aquoso)} \rightarrow Sn^{+2}_{(aquoso)} + Cu_{(sólido)}$

Determinação do potencial-padrão dos sistema eletroquímico a partir da variação da energia livre de Gibbs padrão:

$$\cancel{-2 \text{ x } F} \text{ x } E^0_{total} = \cancel{-2 \text{ x } F} \text{ x } (+0{,}14) + [\cancel{-2 \text{ x } F} \text{ x } (+0{,}80)]$$

$$E^0_{total} = +0{,}14 + 0{,}80 = +0{,}94 \text{ V}$$

Aplicando a notação da pilha, temos: $Sn_{(s)}|Sn^{2+}_{(aq)}||Ag^{+}_{(aq)}|Ag_{(s)}$.

Questão 154

(PROGRAMA DE PÓS-GRADUAÇÃO PARA MESTRADO & DOUTORADO / UNIVERSIDADE FEDERAL DE ALAGOAS) Uma reação de desproporção química é aquela em que uma espécie é simultaneamente oxidada e reduzida. Considere a reação de desproporção $2Cu^{+}_{(aq)} \rightarrow Cu_{(s)} + Cu^{2+}_{(aq)}$ realizada a 298 K e 1 bar de pressão. Com base nos dados fornecidos na tabela 1, responda:

a) Qual a constante de equilíbrio da reação nessas condições termodinâmicas?

b) Com base no resultado obtido em (a), o que pode ser tido sobre a quantidade de íons Cu^+ em solução após o sistema ter atingido o equilíbrio eletroquímico?

Tabela 1: Potenciais-padrão de redução.

REAÇÃO	E° (V/mol)
$Ag^{+2}_{(aquoso)} + e^- \rightarrow Ag^{+}_{(aquoso)}$	+ 1,98
$Au^{+3}_{(aquoso)} + 3e^- \rightarrow Au_{(sólido)}$	+ 1,40
$Cu^{+2}_{(aquoso)} + 2e^- \rightarrow Cu_{(sólido)}$	+ 0,34
$2H^{+}_{(aquoso)} + 2e^- \rightarrow H_{2(gás)}$	0,00
$Fe^{+3}_{(aquoso)} + 3e^- \rightarrow Fe_{(sólido)}$	- 0,04
$Cu^{+2}_{(aquoso)} + 1e^- \rightarrow Cu^{+}_{(aquoso)}$	+0,16
$Cu^{+}_{(aquoso)} + 1e^- \rightarrow Cu^{0}_{(aquoso)}$	+0,52

Resolução:

Item a) Invertendo a segunda semirreação do cobre e multiplicando por dois, a partir da tabela de potencial fornecida pela prova.

Analisando a semirreação do cobre: $Cu^{+2}_{(aquoso)} + 2e^- \rightarrow Cu_{(sólido)}$ $\Delta G° = -2 \text{ x } F \text{ x } (+0{,}34)$

Analisando a semirreação do cobre: $2Cu^{+1}_{(aquoso)} \rightarrow 2Cu^{+2}_{(aquoso)} + 2e^-$ $\Delta G° = -2 \text{ x } F \text{ x } (-0{,}16)$

Somando as duas semirreações apresentadas:

$\cancel{Cu^{+2}_{(aquoso)}} + \cancel{2e^-} \rightarrow Cu_{(sólido)}$ $\quad \Delta G° = -2 \text{ x F x } (+\,0{,}34)$

$2Cu^{+1}_{(aquoso)} \rightarrow \cancel{2}Cu^{+2}_{(aquoso)} + \cancel{2e^-}$ $\quad \Delta G° = -2 \text{ x F x } (-\,0{,}16)$ +

$2Cu^{+}_{(aquoso)} \rightarrow Cu^{+2}_{(aquoso)} + Cu_{(sólido)}$ $\quad \Delta G° = -2 \text{ x F x E°}$

Cálculo do potencial-padrão do sistema eletroquímico: $\cancel{-2 \text{ x F}} \text{ x E°} = \cancel{-2 \text{ x F}} \text{ x } (+0{,}34) + [\cancel{-2 \text{ x F}} \text{ x } (-0{,}16)]$

$$E° = +\,0{,}18 \text{ V}$$

Cálculo da constante de equilíbrio (K_{eq}): $\ln K_{eq} = \frac{\text{n x F x E°}}{\text{R x T}}$

$$\ln K_{eq} = \frac{2 \text{ x } 96500 \text{ x } 0{,}18}{8{,}314 \text{ x } 298} = +14{,}02$$

$$K_{eq} = e^{+14{,}02} = 1{,}23 \text{ x } 10^{+6}$$

Item b) A partir do valor da constante de equilíbrio calculado no item a, é possível afirmar que a quantidade de íons [Cu^+] em solução após o sistema atingir o equilíbrio eletroquímico é muito pequena.

Questão 155

(PROGRAMA DE PÓS-GRADUAÇÃO PARA MESTRADO & DOUTORADO / UNIVERSIDADE FEDERAL DE ALAGOAS)

Considere o seguinte processo eletroquímico global: $Cu^{2+}_{(aq)} + Zn_{(s)} \rightarrow Cu_{(s)} + Zn^{2+}_{(aq)}$

a) Escreva as semirreações de transferência de elétrons que compõem o processo global.

b) Neste processo qual espécie sofre oxidação e qual sofre redução? (Justifique)

c) Calcule a constante de equilíbrio do processo global a 298 K.

d) Baseado no valor da constante de equilíbrio calculada, o que você pode afirmar sobre a quantidade de íons Cu^{2+} em solução após o sistema ter atingido o estado de equilíbrio eletroquímico?

Resolução:

Item a)

Equação eletroquímica global para o funcionamento da pilha: $Cu^{2+}_{(aquoso)} + Zn_{(sólido)} \rightarrow Cu_{(sólido)} + Zn^{2+}_{(aquoso)}$

Semirreação que ocorre no cátodo: $Cu^{2+}_{(aquoso)}$ + 2 elétrons $\rightarrow Cu_{(sólido)}$

Semirreação que ocorre no ânodo: $Zn_{(sólido)} \rightarrow$ 2 elétrons + $Zn^{2+}_{(aquoso)}$

Item b)

Semirreação que ocorre no cátodo (redução) – agente oxidante: $Cu^{2+}_{(aquoso)}$ + 2 elétrons $\rightarrow Cu_{(sólido)}$

Semirreação que ocorre no ânodo (oxidação) – agente redutor: $Zn_{(sólido)} \rightarrow$ 2 elétrons + $Zn^{2+}_{(aquoso)}$

Item c) Para o cálculo da constante de equilíbrio, será necessário primeiramente determinar o valor do potencial-padrão do sistema eletroquímico.

$Cu^{+2}_{(aquoso)} + 2e^- \rightarrow Cu_{(sólido)}$ $\quad$ E° = + 0,34 V

$Zn_{(sólido)} \rightarrow Zn^{+2}_{(aquoso)} + 2e^-$ $\quad$ E° = + 0,76 V

$Zn_{(sólido)} \rightarrow Zn^{+2}_{(aquoso)} + 2e^-$ $\quad \Delta G° = -2 \text{ x F x } (+0{,}76)$

$Cu^{+2}_{(aquoso)} + 2e^- \rightarrow Cu_{(sólido)}$ $\quad \Delta G° = -2 \text{ x F x } (+0{,}34)$ +

$Zn_{(sólido)} + Cu^{+2}_{(aquoso)} \rightarrow Zn^{+2}_{(aquoso)} + Cu_{(sólido)}$

Cálculo do potencial-padrão do sistema eletroquímico:

$$\cancel{-2 \text{ x F}} \text{ x } E^0_{total} = \cancel{-2 \text{ x F}} \text{ x } (+0{,}76) + [\cancel{-2 \text{ x F}} \text{ x } (+\,0{,}34)]$$

$$E^0_{total} = +0{,}76 + 0{,}34 = +\,1{,}10 \text{ V}$$

Item d) A quantidade de íons $[Cu^{2+}]$ em solução no estágio de equilíbrio eletroquímico é praticamente nula. Quase todo cobre está na forma de cobre metálico.

Cálculo da constante de equilíbrio (K_{eq}): $\ln K_{eq} = \frac{n \times F \times E°}{R \times T}$

$$\ln K_{eq} = \frac{2 \times 96500 \times 1{,}10}{8{,}314 \times 298} = +85{,}69$$

$$K_{eq} = e^{+85{,}69} = 1{,}64 \times 10^{+37}$$

Questão 156

(PROGRAMA DE PÓS-GRADUAÇÃO PARA MESTRADO & DOUTORADO / UNIVERSIDADE FEDERAL DE ALAGOAS) Em um processo de recobrimento de uma superfície metálica com prata, um tarugo de prata (Ag) e o eletrodo metálico são, respectivamente, o ânodo e o cátodo da célula eletrolítica. Quando a corrente passa, a prata se deposita sobre a superfície metálica a partir dos íons prata da solução. Qual será a espessura do depósito de Ag quando uma corrente de 1,0 A passa pela solução durante 1 h se a superfície metálica tem 30 cm^2 de área total? Dado: ρ_{Ag} = 10 g x cm^{-3} e M_{Ag} = 108 g x mol^{-1}

Resolução: Estudando a semirreação de redução da prata (cátodo):
$Ag^{+1}_{(líquido)} + 1e^- \rightarrow Ag_{(sólido)}$

Cálculo da massa de prata depositada, a partir da relação estequiométrica:

$$108 \text{ g} - - - - - - - 1 \text{ mol de elétrons} \times \frac{96500 \text{ C}}{\text{mol de elétrons}}$$
$$\text{Massa} - - - - - - - Q = 1{,}0 \times 3600 \text{ C}$$

$$\text{Massa} = \frac{96500}{108 \times 3600} = 0{,}248 \text{ g}$$

Cálculo da espessura a partir da densidade da prata: $d^{Ag} = \frac{m_{Ag}}{\text{Volume}}$

$$10 = \frac{0{,}248}{30 \times \text{espessura}}$$

$$\text{Espessura} = 8{,}27 \times 10^{-4} \text{ cm}$$

Questão 157

(PROGRAMA DE PÓS-GRADUAÇÃO PARA MESTRADO & DOUTORADO / UNIVERSIDADE FEDERAL DE ALAGOAS) Um determinado valor de corrente elétrica atravessou, durante o mesmo período de tempo, duas células eletrolíticas separadas. Uma delas contendo cobre (Cu) / sulfato de cobre ($CuSO_4$) e a outra contendo prata (Ag) / nitrato de prata ($AgNO_3$). As reações nos cátodos das duas células são:
Célula 1: $Cu^{2+}_{(aq)} + 2e^- \rightarrow Cu_{(s)}$
Célula 2: $Ag^+_{(aq)} + e^- \rightarrow Ag_{(s)}$

Se 3,18 g de Cu foram depositados na célula 1, quantos gramas de Ag foram depositados na célula 2? (M_{Cu} = 63,3 g x mol^{-1} e M_{Ag} = 108 g x mol^{-1}).

Resolução: Primeiramente será necessário calcular a carga a patir da semirreação de redução do cobre.

Estudando a eletrólise no cátodo – semirreação do cobre. $Cu^{+2}_{(aquoso)} + 2e^- \rightarrow Cu_{(sólido)}$

A partir da relação estequiométrica, temos:

$$63{,}55 \text{ g de Cu} ----- 2 \text{ mol de elétrons x} \frac{96500 \text{ C}}{\text{mol de elétrons}}$$
$$3{,}18 \text{ g} -------- Q$$

$$Q = \frac{3{,}18 \text{ x } 2 \text{ x } 96500}{63{,}5} = 9665{,}20 \text{ C}$$

Estudando a eletrólise no cátodo – semirreação da prata.

Cálculo da massa de prata depositada, a partir da análise da semirreação de redução da prata: $Ag^{+1}_{(líquido)} + 1e^{-} \rightarrow Ag_{(sólido)}$

$$108 \text{ g} ------- 1 \text{ mol de elétrons x} \frac{96500 \text{ C}}{\text{mol de elétrons}}$$
$$\text{Massa} ------- 9665{,}20 \text{ C}$$

$$\text{Massa} = \frac{108 \text{ x } 9665{,}20}{96500} = 10{,}82 \text{ g}$$

Questão 158

(PROGRAMA DE PÓS-GRADUAÇÃO PARA MESTRADO & DOUTORADO - UNIVERSIDADE FEDERAL DO CEARÁ) O cromo é frequentemente galvanizado em outros metais e até mesmo em plásticos para produzir uma aparência metálica brilhante. Quantos gramas de cromo seriam depositados a partir de uma solução de $Cr(NO_3)_3$ quando 10 ampéres de corrente elétrica fluem através da célula eletrolítica por 2,70 horas?

Resolução:

Equação de dissociação do nitrato de cromo III: $Cr(NO_3)_{3(aquoso)} \rightarrow Cr^{+3}_{(aquoso)} + 3NO^{-}_{3(aquoso)}$

Estudando a eletrólise no cátodo – semirreação de redução do cromo. $Cr^{+3}_{(aquoso)} + 3e^{-} \rightarrow Cr_{(sólido)}$

A partir da relação estequiométrica, temos:

$$52{,}0 \text{ g de Cr} -------- 3 \text{ mol de elétrons x} \frac{96500 \text{ C}}{\text{mol de elétrons}}$$
$$\text{Massa de Cr} -------- (10 \text{ x } 2{,}70 \text{ x } 3600) \text{ C}$$

$$\text{Massa} = \frac{52{,}0 \text{ x } 10 \text{ x } 2{,}70 \text{ x } 3600}{3 \text{ x } 96500} = \frac{5{,}05 \text{ x } 10^{6}}{209500} = 17{,}46 \text{ g}$$

Questão 159

(PROGRAMA DE PÓS-GRADUAÇÃO PARA MESTRADO & DOUTORADO / UNIVERSIDADE FEDERAL DE ALAGOAS) O potencial-padrão do par redox Cu^{2+}/Cu é + 0,340 V e o do Cu^{+} /Cu é + 0,522 V. Estime o potencial-padrão do par redox Cu^{2+}/Cu^{+}, E° (Cu^{2+}, Cu^{+}).

Resolução: Organizando as semirreações de redução de cada célula eletroquímica:

Analisando a semirreação do cobre: $Cu^{+2}_{(aquoso)} + 2e^{-} \rightarrow Cu_{(sólido)}$
Analisando a semirreação do cobre: $Cu^{+1}_{(aquoso)} + 1e^{-} \rightarrow Cu_{(sólido)}$

Para a determinação do potencial-padrão será necessário inverter a segunda semirreação conforme apresentado acima:

$Cu^{+2}_{(aquoso)} + 2e^- \rightarrow Cu_{(sólido)}$ $\Delta G° = -2 \text{ x F x } (+0{,}34)$
$Cu_{(sólido)} \rightarrow Cu^{+1}_{(aquoso)} + 1e^-$ $\Delta G° = -1 \text{ x F x } (-0{,}522)$

Somando as duas semirreações apresentadas:

$Cu^{+2}_{(aquoso)} + 2e^- \rightarrow \cancel{Cu_{(sólido)}}$ $\Delta G° = -2 \text{ x F x } (+0{,}34)$
$\cancel{Cu_{(sólido)}} \rightarrow Cu^{+1}_{(aquoso)} + 1e^-$ $\Delta G° = -1 \text{ x F x } (-0{,}522)$ +

$2Cu^{+}_{(aquoso)} \rightarrow Cu^{+}_{(aquoso)} + 1e^-$ $\Delta G° = -1 \text{ x F x E°}$

Cálculo do potencial-padrão do sistema eletroquímico: $-1 \text{ x } \cancel{F} \text{ x E°} = -2 \text{ x } \cancel{F} \text{ x } (+0{,}34) + [-1 \text{ x } \cancel{F} \text{ x } (-0{,}52)]$

$-E° = -0{,}68 + 0{,}52$

$E° = +0{,}160 \text{ V}$

Questão 160

(PROGRAMA DE PÓS-GRADUAÇÃO PARA MESTRADO & DOUTORADO - UNIVERSIDADE FEDERAL DO CEARÁ) A corrosão do ferro é um conhecido processo eletroquímico que envolve os potenciais-padrão de redução a seguir (25°C):

$Fe^{2+}_{(aq)} + 2e^- \rightarrow Fe_{(s)}$ E°= -0,44V
$O_{2(g)} + 4H^+_{(aq)} + 4e^- \rightarrow 2H_2O_{(l)}$ E°= +1,23V

a) Calcule a voltagem para a célula padrão baseada na reação de corrosão.
b) Calcule a voltagem se a reação do item (a) ocorresse em pH= 4 e com todas as outras concentrações mantidas no estado padrão.

Resolução:

Item a) Para a determinação do potencial será necessário inverter e multiplicar por dois a primeira semirreação.

$2Fe_{(sólido)} \rightarrow 2Fe^{+2}_{(aquoso)}$ + 4 elétron $\Delta G^0 = -4 \text{ x F x } (+0{,}44)$
$O_{2(gás)} + 4H^+_{(aquoso)}$ + 4 elétrons $\rightarrow H_2O_{(líquido)}$ $\Delta G^0 = -4 \text{ x F x } (+1{,}23)$

Somando as duas equações iônicas apresentadas na questão será determinado a equação química global:

$2Fe_{(sólido)} + O_{2(gás)} + 4H^+_{(aquoso)} \rightarrow 2Fe^{+2}_{(aquoso)} + H_2O_{(líquido)}$

Cálculo do potencial-padrão de funcionamento da pilha, a partir da variação da energia livre de Gibbs padrão:

$$\cancel{-4 \text{ x F}} \text{ x } E^0_{total} = \cancel{-4 \text{ x F}} \text{ x } (+0{,}44) \cancel{-4 \text{ x F}} \text{ x } (+1{,}23)$$
$$E^0_{total} = +0{,}44 + 1{,}23 = +1{,}67 \text{ V}$$

Cálculo da concentração da quantidade de matéria do cátion [H+], a partir do valor do pH.

$$4 = -\log[H^+]$$

$$[H^+] = 10^{-4} \frac{\text{mol}}{\text{L}}$$

Para a determinação do potencial fora do estado padrão, será necessário utilizar a equação de Nernst.

$$\frac{-\text{n x F x E}}{\text{n x F}} = \frac{-\text{n x F x E}^0}{\text{n x F}} + \frac{\text{R x T}}{\text{n x F}} \text{x} \ln Q$$

$$E = E^0 - \frac{\text{R x T}}{\text{n x F}} \text{x} \ln Q$$

Equação química: $2Fe_{(sólido)} + O_{2(gás)} + 4H^{+}_{(aquoso)} \longrightarrow 2Fe^{+2}_{(aquoso)} + H_2O_{(líquido)}$

$$E = +1{,}67 - \frac{8{,}314 \times (25+273)}{4 \times 96500} \times \ln \frac{\overbrace{[Fe^{+2}]^2}^{1\frac{mol}{L}} \times \overbrace{a^1_{H_2O}}^{1}}{\underbrace{a^2_{Fe}}_{1} \times \underbrace{p^1_{O_2}}_{1\ bar} \times [H^+]^4}$$

$$E = +1{,}67 - \frac{8{,}314 \times (25+273)}{4 \times 96500} \times \ln \frac{1}{(10^{-4})^4} = +1{,}43\ V$$

Questão 161

(PROGRAMA DE PÓS-GRADUAÇÃO PARA MESTRADO & DOUTORADO / UNIVERSIDADE FEDERAL DE ALAGOAS)

Observe a célula eletroquímica a seguir:

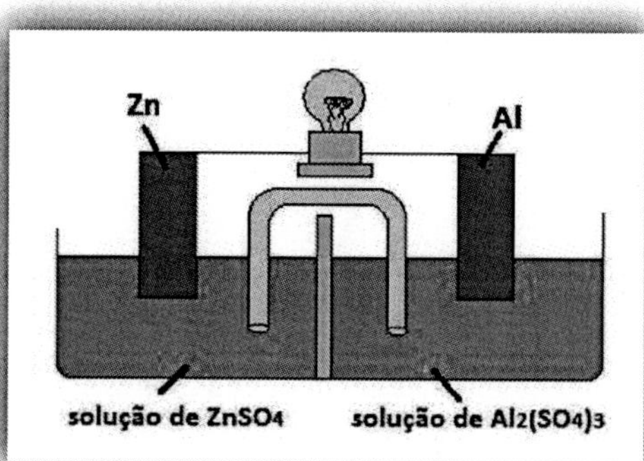

Qual a correta representação da equação desta pilha?

Resolução: Analisando o potencial de redução das espécies químicas a partir do Handbook.

Equação de dissociação da solução aquosa de sulfato de zinco: $ZnSO_{4(sólido)} \longrightarrow Zn^{+2}_{(aquoso)} + SO_4^{-2}{}_{(aquoso)}$

Semirreação de redução: $Zn^{+2}_{(aquoso)} + 2e^- \longrightarrow Zn_{(sólido)}$

Equação de dissociação do sulfato de alumínio: $Al_2(SO_4)_{3(sólido)} \longrightarrow 2Al^{+3}_{(aquoso)} + 3SO_4^{-2}{}_{(aquoso)}$

Semirreação de redução: $Al^{+3}_{(aquoso)} + 3e^- \longrightarrow Al_{(sólido)}$

Observando a figura apresentada, a célula eletroquímica à esquerda confere à semirreação de oxidação e a célula apresentada à direita trata-se da redução, que na figura apresentada confere semirreação ao eletrodo do alumínio.

Potencial de redução:

$Al^{+3}_{(aquoso)} + 3e^- \rightarrow Al_{(sólido)} \qquad E^0 = -1{,}66\ V$

$Zn^{+2}_{(aquoso)} + 2e^- \rightarrow Zn_{(sólido)} \qquad E^0 = -0{,}76\ V$

Conforme a indicação que a figura apresenta, será necessário multiplicar a semirreação de redução do alumínio por três.

$2Al^{+3}_{(aquoso)} + 6e^- \rightarrow 2Al_{(sólido)} \qquad \Delta G^0 = -6 \times F \times (-1{,}66)$

Conforme a indicação que a figura apresentada, será necessário inverter e multiplicar a semirreação de redução do zinco por três:

$3Zn_{(sólido)} \rightarrow 3Zn^{+2}_{(aquoso)} + 6e^- \qquad \Delta G^0 = -6 \times F \times (+0{,}76)$

Somando as duas semirreações apresentadas acima, temos:

$$2Al^{+3}_{(aquoso)} + 6e^- \rightarrow 2Al_{(sólido)} \qquad \Delta G^0 = -6 \text{ x F x } (-1{,}66)$$

$$3Zn_{(sólido)} \rightarrow 3Zn^{+2}_{(aquoso)} + 6e^- \qquad \Delta G^0 = -6 \text{ x F x } (+0{,}76)$$

Equação eletroquímica para o funcionamento do dispositivo eletroquímico:

$$3Zn_{(sólido)} + 2Al^{+3}_{(aquoso)} \rightarrow 2Al_{(sólido)} + 3Zn^{+2}_{(aquoso)}$$

$$-6 \text{ x F x } E^0_{total} = -6 \text{ x F x } (-1{,}66) + [-6 \text{ x F x } (+0{,}76)]$$

$$E^0_{total} = -1{,}66 + 0{,}76 = -0{,}90 \text{ V}$$

Para a representação da pilha, seria necessário trocar os eletrodos de posição, ou seja, à esquerda tem que ser o eletrodo de alumínio e à direita o eletrodo de zinco, conforme pode ser observado a seguir:

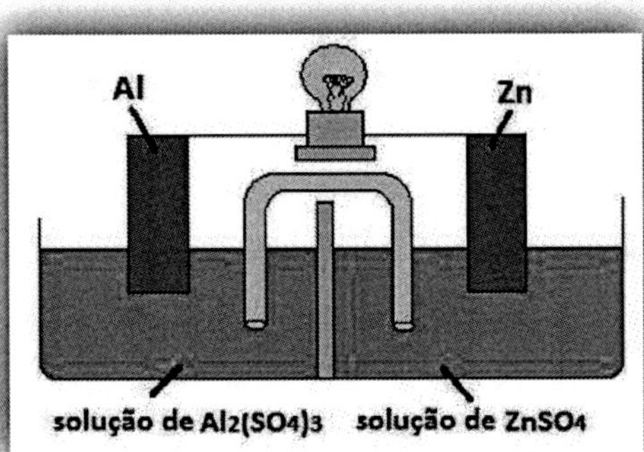

Questão 162

(PROCESSO DE SELEÇÃO PARA MESTRADO E DOUTORADO - PROVA DE CONHECIMENTO EM FÍSICO-QUÍMICA – DEPARTAMENTO DE QUÍMICA / UNIVERSIDADE FEDERAL DE MINAS GERAIS) Para a célula galvânica (condicionada a 25ºC) apresentada na figura, responda as questões abaixo.

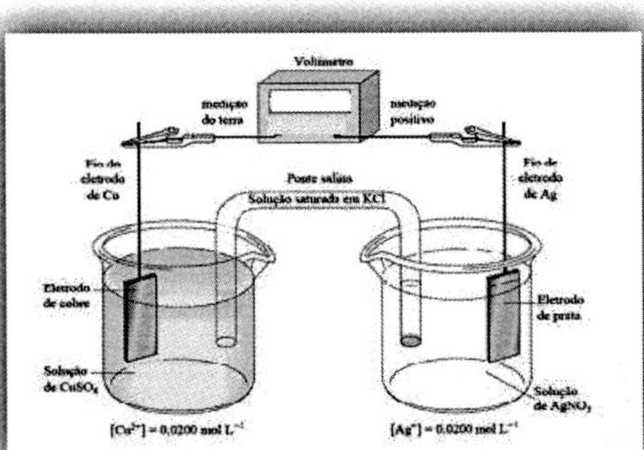

a) Represente esquematicamente a célula acima empregando a convenção por "Notação em Barras" e apresente sua equação química global.
b) Calcule o valor de potencial medido pelo voltímetro na célula eletroquímica, sabendo que $[Cu^{2+}]$ = 0,0200 mol x L^{-1} e $[Ag^+]$ = 0,0200 mol x L^{-1}.
c) Determine a constante global da célula eletroquímica. Dados:

$Ag^+ + e^- \rightleftharpoons Ag_{(s)}$ $\qquad E^0 = 0{,}799$ V

$Cu^{2+} + 2e^- \rightleftharpoons Cu_{(s)}$ $\qquad E^0 = 0{,}377$ V

Resolução:

Item a) Analisando o potencial de redução das espécies químicas apresentadas. Cálculo do valor do potencial-padrão, invertendo a semirreação do cobre e multiplicando a semirreação da prata.

$2Ag^+ + 2e^- \rightleftharpoons 2Ag_{(s)}$ $\quad \Delta G^0 = -2 \text{ x F x } (+\ 0{,}799)$

$Cu_{(s)} \rightarrow Cu^{2+} + 2e^-$ $\quad \Delta G^0 = -2 \text{ x F x } (-0{,}377)$

Somando as duas semirreações apresentadas no enunciado da questão, temos: $Cu_{(sólido)} + 2Ag^+_{(aquoso)} \rightarrow Cu^{+2}_{(aquoso)} + 2Ag_{(sólido)}$

$$-2 \text{ x F x } E^0_{total} = -2 \text{ x F x } (+0{,}799) - 2 \text{ x F x } (-0{,}377)$$

$$E^0_{total} = 0{,}799 \text{ V} - 0{,}377 \text{ V} = +0{,}422 \text{ V}$$

Notação da pilha: $Cu_{(sólido)}|Cu^{+2}_{(aquoso)}||Ag^+_{(aquoso)}|Ag_{(sólido)}$

Item b) Cálculo do potencial fora do estado padrão aplicando a equação de Nernst.

$$\boxed{E = E^0 - \frac{R \text{ x } T}{n \text{ x } F} \text{x} \ln Q}$$

$$E = +0{,}422 - \frac{8{,}314 \text{ x } (25 + 273)}{2 \text{ x } 96500} \text{x} \ln \frac{[Cu^{+2}]^1 \text{ x } a^2_{Ag}}{[Ag^+]^2 \text{ x } a^1_{Cu}}$$

$$E = +0{,}422 - \frac{8{,}314 \text{ x } (25 + 273)}{2 \text{ x } 96500} \text{x} \ln \frac{0{,}0200}{(0{,}0200)^2} = +\ 0{,}372 \text{ V}$$

Item c) Cálculo da constante de equilíbrio a partir da relação da variação da energia livre de Gibbs eletroquímica e a termodinâmica.

$$\Delta G^0_{termodinâmico} = \Delta G^0_{eletroquímico}$$

$$-\text{ R x T x } \ln_{K_{eq}} = -\text{ n x F x } E^0$$

Substitutindo os valores:

$$-\ 8{,}314 \text{ x } (25 + 273) \text{ x } \ln_{K_{eq}} = -\ 2 \text{ mol de } e^- \text{ x} \frac{96500 \text{ C}}{1 \text{ mol de } e^-} \text{x } (+0{,}422 \text{ V})$$

$$\ln_{K_{eq}} = \frac{-81446}{-2477{,}572}$$

$$K_{eq} = e^{+32{,}87}$$

Questão 163

(PROGRAMA DE PÓS-GRADUAÇÃO PARA MESTRADO & DOUTORADO - UNIVERSIDADE FEDERAL DO CEARÁ) Para a reação redox abaixo, qual é a expressão analítica para a constante de equilíbrio? Calccule o valor desta constante a partir dos dados de potencial de eletrodo padrão. $K_{(s)} + AgI_{(s)} \rightleftarrows KI_{(aq)} + Ag_{(s)}$

Informações adicionais:

$E^0_{K^+,K} = -2{,}92 \text{ V}$

$E^0_{AgI,Ag} = -0{,}15 \text{ V}$

Resolução: Expressão da constante de equilíbrio para a equação química apresentada: $K_{(sólido)} + AgI_{(sólido)} \rightleftarrows KI_{(aquoso)} + Ag_{(sólido)}$

$$K_{eq} = \frac{[KI] \text{ x } \overbrace{a_{Ag}}^{1}}{\underbrace{a_K}_{1} \text{ x } \underbrace{a_{AgI}}_{1}} = [KI]$$

Analisando o potencial de redução das espécies químicas apresentadas. Cálculo do valor do potencial padrão, invertendo a segunda semirreação:

$K_{(sólido)} \longrightarrow K^+_{(aquoso)}$ + 1 elétron $\qquad \Delta G^0 = -1 \text{ x F x } (+\ 2{,}92)$

$AgI_{(sólido)}$ + 1 elétron $\longrightarrow Ag_{(sólido)} + I^-_{(aquoso)}$ $\qquad \Delta G^0 = -1 \text{ x F x } (-0{,}15)$

Somando as duas semirreações apresentadas no enunciado da questão, temos: $K_{(sólido)} + AgI_{(sólido)} \longrightarrow K^+_{(aquoso)} + Ag_{(sólido)} + I^-_{(aquoso)}$

$$\cancel{-1} \text{ x } \cancel{F} \text{ x } E^0_{total} = \cancel{-1} \text{ x } \cancel{F} \text{ x } (-0{,}15) \cancel{-1} \text{ x } \cancel{F} \text{ x } (+\ 2{,}92)$$

$$E^0_{total} = -0{,}15 \text{ V} + 2{,}92 \text{ V} = +2{,}77 \text{ V}$$

Cálculo da constante do produto de solubilidade. Sabendo que a relação termodinâmica entre as energias livres de Gibbs é dada por:

$$\Delta G^0_{termodinâmico} = \Delta G^0_{eletroquímico}$$

$$-\ R \text{ x T x } ln_{K_{ps}} = -\ n \text{ x F x } E^0$$

$$-\ 8{,}314 \text{ x } (25 + 273) \text{ x } ln_{K_{ps}} = -\ 1 \text{ mol de e}^- \text{ x} \frac{96500 \text{ C}}{1 \text{ mol de e}^-} \text{x } (+2{,}77 \text{ V})$$

$$ln_{K_{ps}} = \frac{-267305}{-2477{,}572}$$

$$K_{ps} = e^{+107{,}89}$$

Questão 164

(PROGRAMA DE PÓS-GRADUAÇÃO PARA MESTRADO & DOUTORADO - UNIVERSIDADE FEDERAL DO CEARÁ) A reação $H_{2(g)} + 2AgCl_{(s)} \longrightarrow 2Ag_{(s)} + 2H^+_{(aq)} + 2Cl^-_{(aq)}$ acontece em uma célula eletroquímica a 25ºC, com a pressão de $H_{2(g)}$ igual a 1 bar e com as concentrações de $H^+_{(aq)}$ e $Cl^-_{(aq)}$ iguais a 0,01 mol x L^{-1}. A partir destas informações e dos dados termodinâmicos listados no quadro abaixo, calcule a voltagem da célula.

Espécie	Energia de Gibbs-padrão de formação (ΔG°) kJ/mol
$AgCl_{(s)}$	-109,7
$Cl^-_{(aquoso)}$	- 131,5

Resolução:

Equação química global: $H_{2(gás)} + 2AgCl_{(sólido)} \longrightarrow 2Ag_{(sólido)} + 2H^+_{(aquoso)} + 2Cl^-_{(aquoso)}$

Cálculo da variação da energia livre de Gibbs do processo químico apresentada:

$$\Delta G^0_{reação} = 2 \text{ x } G^0_{Ag} + 2 \text{ x } G^0_{H^+} + 2 \text{ x } G^0_{Cl^-} - \left[1 \text{ x } G^0_{H_2} + 2 \text{ x } G^0_{AgCl}\right]$$

$$\Delta G^0_{reação} = 2 \text{ x } 0 + 2 \text{ x } 0 + 2 \text{ x } (-131{,}5) - [1 \text{ x } 0 + 2 \text{ x } (-109{,}7)]$$

$$\Delta G^0_{\text{reação}} = -43{,}60\frac{\text{kJ}}{\text{mol}}$$

Processo eletroquímico espontâneo.

Para o processo eletroquímico apresentado há a participação e transferência de dois elétrons.

$$\Delta G^0_{\text{termodinâmico}} = \Delta G^0_{\text{eletroquímico}}$$

$$-43600 = -\ 2\ \text{x}\ 96500\ \text{x}\ E^0$$

$E^0 = \frac{-43600}{-\ 2\ \text{x}\ 96500} = +\ 0{,}226\ \text{V}$ (Este sistema eletroquímico - Processo espontâneo)

Para a determinação do potencial da pilha, será necessário aplicar a equação de Nernst:

$$\frac{-\ n\ \text{x}\ F\ \text{x}\ E}{n\ \text{x}\ F} = \frac{-n\ \text{x}\ F\ \text{x}\ E^0}{n\ \text{x}\ F} + \frac{R\ \text{x}\ T}{n\ \text{x}\ F}\text{x}\ln Q$$

$$E = E^0 - \frac{R\ \text{x}\ T}{n\ \text{x}\ F}\text{x}\ln Q$$

$$E = +0{,}226 - \frac{8{,}314\ \text{x}\ (25 + 273)}{2\ \text{x}\ 96500}\text{x}\ln\frac{[H^+]^2\ \text{x}\ [Cl^-]^2\ \text{x}\ a^2_{Ag}}{p^1_{H_2}\ \text{x}\ a^2_{AgCl}}$$

$$E = +1{,}045 - \frac{8{,}314\ \text{x}\ 298}{2\ \text{x}\ 96500}\text{x}\ln\frac{(0{,}01)^2\ \text{x}\ (0{,}01)^2}{(1)^1\ \text{x}\ (1)^2}$$

$$E = +\ 0{,}462\ \text{V}$$

Questão 165

(PROGRAMA DE PÓS-GRADUAÇÃO PARA MESTRADO & DOUTORADO - UNIVERSIDADE FEDERAL DO CEARÁ) O funcionamento de baterias de níquel-hidreto metálico envolve as seguintes reações redox:

NiOOH + H_2O + e^- ⇋ $Ni(OH)_2$ + OH^- $E^0 = 0{,}52$ V

M + H_2O + e^- ⇋ MH + OH^- $E^0 = -0{,}83$ V

Para a bateria em análise, pede-se:

a) o potencial-padrão de eletrodo;

b) a espontaneidade do processo.

Observação: apresente os cálculos numéricos.

Resolução:

Item a) Invertendo a segunda semirreação apresentada na questão:

NiOOH + H_2O + e^- ⇋ $Ni(OH)_2$ + OH^- $\Delta G^0 = -1\ \text{x}\ F\ \text{x}\ (+\ 0{,}52)$

MH + OH^- ⇋ M + H_2O + e^- $\Delta G^0 = -1\ \text{x}\ F\ \text{x}\ (+\ 0{,}83)$

Somando as semirreações e calculando a o potencial.

NiOOH + ~~H_2O~~ + ~~e^-~~ ⇋ $Ni(OH)_2$ + ~~OH^-~~

MH + ~~OH^-~~ ⇋ M + ~~H_2O~~ + ~~e^-~~ +

Equação química global: NiOOH + MH ⇋ $Ni(OH)_2$ + M

Cálculo do potencial: $\cancel{-1\ \text{x}\ F}\ \text{x}\ E^0_{\text{total}} = \cancel{-1\ \text{x}\ F}\ \text{x}\ (+\ 0{,}52) \cancel{-\ 1\ \text{x}\ F}\ \text{x}\ (+\ 0{,}83)$

$E^0_{total} = +0{,}52 + 0{,}83 = +1{,}35\ V$

Cálculo da variação da energia livre de Gibbs-padrão: $\Delta G^0_{eletroquímico} = -\ 1 \times 96500 \times 1{,}35 = -130275\ J$

Questão 166

(PROGRAMA DE PÓS-GRADUAÇÃO PARA MESTRADO & DOUTORADO - UNIVERSIDADE FEDERAL DO CEARÁ) A medida da voltagem da célula descrita por: $Zn_{(s)}$ | Zn^{2+} (aq; 1,0 mol L^{-1}) || $2H^+$ (aq; ? mol L^{-1}) | H^2 (g; 1,0 atm) é de 0,54 V a 25°C. Calcule o pH da solução.

Resolução: Para a determinação da concentração da quantidade de matéria do cátion hidrogeniônico e o valor do pH, será necessário primeiramente o cálculo do potencial-padrão de funcionamento da pilha.

$Zn_{(sólido)} \longrightarrow Zn^{+2}_{(aquoso)} + 2$ elétron $\qquad \Delta G^0 = -1 \times F \times (+\ 0{,}76)$

$2H^+_{(aquoso)} + 2$ elétron $\rightleftharpoons H_{2(gás)} \qquad \Delta G^0 = -1 \times F \times (0{,}00)$

Somando as duas semirreações apresentadas no enunciado da questão: $Zn_{(sólido)} + 2H^+_{(aquoso)} \longrightarrow Zn^{+2}_{(aquoso)} + H_{2(gás)}$

$$-\cancel{1} \times \cancel{F} \times E^0_{total} = -\cancel{1} \times \cancel{F} \times (+0{,}76) - \cancel{1} \times \cancel{F} \times (+\ 0{,}00)$$

$$E^0_{total} = +\ 0{,}76 + 0{,}00$$

$$E^0_{total} = +0{,}76\ V$$

Para a determinação da concentração da quantidade de matéria do cátion [H⁺], será necessário utilizar a equação de Nernst.

$$\frac{-\ n \times F \times E}{n \times F} = \frac{-n \times F \times E^0}{n \times F} + \frac{R \times T}{n \times F} \times \ln Q$$

Substituindo os valores na equação eletroquímica, temos:

$$+\ 0{,}54 = +\ 0{,}76 - \frac{8{,}314 \times (25 + 273)}{2 \times 96500} \times \ln \frac{\overbrace{[Zn^{+2}]^1}^{1\frac{mol}{L}} \times \overbrace{p^1_{H_2}}^{1\ bar}}{\underbrace{a^1_{Zn}}_{1} \times [H^+]^2}$$

$$\frac{(0{,}54 - 0{,}76) \times 2 \times 96500}{-\ 8{,}314 \times 298} = \ln \frac{1}{[H^+]^2}$$

$$17{,}14 = \ln \frac{1}{[H^+]^2}$$

$$[H^+] = 1{,}89 \times 10^{-4}\ \frac{mol}{L}$$

Cálculo do potencial hidrogeniônico: $pH = -\log(1{,}89 \times 10^{-4})$

$$pH = 3{,}72$$

Questão 167

(PROGRAMA DE PÓS-GRADUAÇÃO PARA MESTRADO & DOUTORADO - UNIVERSIDADE FEDERAL DO CEARÁ) Calcule a força eletromotriz da célula eletroquímica $Zn_{(s)}$ / $ZnCl_{2(aq)}$ 0,002 mol x kg^{-1} // $AgCl_{(s)}$ / $Ag_{(s)}$ a 25°C usando a equação da lei limite de Debye-Huckel. Os potenciais-padrões das semirreações estão listados abaixo:

$AgCl_{(s)} + 1e^- \rightleftarrows Ag_{(s)} + Cl^-$ (E^o = 0,222 V)

$Zn^{+2} + 2e^- \rightleftarrows Zn_{(s)}$ (E^o = -0,763 V)

Resolução: Cálculo do potencial-padrão (25ºC; 298 K), invertendo a semirreação do zinco e multiplicando a semirreação do cloreto de prata por dois, temos:

$2AgCl_{(sólido)} + 2e^- \rightleftarrows 2Ag_{(sólido)} + 2Cl^-_{(aquoso)}$ $\Delta G^0 = -2 \text{ x F x } (+\ 0{,}222)$

$Zn_{(sólido)} \rightleftarrows Zn^{+2}_{(aquoso)} + 2$ elétron $\Delta G^0 = -2 \text{ x F x } (+\ 0{,}763)$

Somando as duas semirreações apresentadas acima, temos: $2AgCl_{(sólido)} + Zn_{(sólido)} \rightleftarrows 2Ag_{(sólido)} + 2Cl^-_{(aquoso)} + Zn^{+2}_{(aquoso)}$

Cálculo do potencial-padrão: $-2 \text{ x F x } E^0_{total} = -2 \text{ x F x } (+\ 0{,}222) + [-2 \text{ x F x } (+\ 0{,}763)]$

$$\cancel{-2 \text{ x F}} \text{ x } E^0_{total} = \cancel{-2 \text{ x F}} \text{ x } (+\ 0{,}222) + [\cancel{-2 \text{ x F}} \text{ x } (+\ 0{,}763)]$$

$$E^0_{total} = +0{,}222 + 0{,}763 = +0{,}985 \text{ V}$$

Expressão do potencial fora do estado padrão em função da atividade termodinâmica, aplicando a equação de Nernst:

$$E = E^0 - \frac{R \text{ x } T}{n \text{ x } F} \text{ x } \ln \frac{\overbrace{a^2_{Ag}}^{1} \text{ x } a^2_{Cl^-} \text{ x } a_{Zn^{+2}}}{\underbrace{a^2_{AgCl}}_{1} \text{ x } \underbrace{a_{Zn}}_{1}}$$

$$\boxed{E = E^0 - \frac{R \text{ x } T}{n \text{ x } F} \text{ x } \ln[a^2_{Cl^-} \text{ x } a_{Zn^{+2}}]}$$

Cálculo das atividades termodinâmicas,l a partir da seguinte equação de dissociação da solução de cloreto de zinco:

$$ZnCl_{2(aquoso)} \rightarrow Zn^{+2}_{(aquoso)} + 2Cl^-_{(aquoso)}$$

A partir da relação estequiométrica, temos:

$$1 \text{ mol de } ZnCl_{2(aquoso)} --- 1 \text{ mol de } Zn^{+2}_{(aquoso)} ----- 2 \text{ mol de } Cl^-_{(aquoso)}$$

$$0{,}002 \frac{mol}{Kg} --------- 0{,}002 \frac{mol}{Kg} \text{ de } Zn^{+2}_{(aquoso)} --- 0{,}004 \frac{mol}{Kg} \text{ de } Cl^-_{(aquoso)}$$

Cálculo da força iônica:

$$I = \frac{1}{2} \text{ x } \{\mathcal{M}_{Zn^{+2}} \text{ x } z^2_{Zn^{+2}} + \mathcal{M}_{Cl^-} \text{ x } z^2_{Cl^-}\}$$

$$I = \frac{1}{2} \text{ x } \{0{,}002 \text{ x } (+2)^2 + 0{,}004 \text{ x } (-1)^2\} = 0{,}006$$

Cálculo da atividade média a partir da lei de Debye-Huckel:

$$\log \gamma^\pm = -0{,}509 \text{ x } \sqrt{I} \text{ x } |z_1 \text{ x } z_2|$$

$$\log \gamma^\pm = -0{,}509 \text{ x } \sqrt{0{,}006} \text{ x } |+2 \text{ x } (-1)|$$

$$\gamma^\pm = 10^{-0{,}07885} = 0{,}834$$

Cálculo da atividade termodinâmica para cada íon:

$$a_{Zn^{+2}} = \gamma^\pm \text{ x } \mathcal{M}_{Zn^{+2}}$$

$a_{Zn^{+2}} = 0{,}834 \text{ x } 0{,}002 = 1{,}67 \text{ x } 10^{-3}$

$a_{Cl^-} = \gamma^{\pm} \text{ x } \mathcal{M}_{Cl^-}$

$a_{Cl^-} = 0{,}834 \text{ x } 0{,}004 = 3{,}34 \text{ x } 10^{-3}$

Cálculo do potencial fora do estado padrão:

$$E = +0{,}985 - \frac{8{,}314 \text{ x } 298}{2 \text{ x } 96500} \text{x} \ln[(3{,}34 \text{ x } 10^{-3})^2 \text{ x } 1{,}67 \text{ x } 10^{-3}]$$

$$E = +\,1{,}21 \text{ V}$$

Questão 168

(GRILLO) Seja a variação da energia livre de Gibbs-padrão igual a ΔG^o = -212,7 kJ.mol para a reação química que corresponde à pilha de Daniell, a 25ºC, com m($CuSO_4$) = 1,0 x 10^{-4} mol.kg^{-1} e m($ZnSO_4$) = 3,0 x 10^{-4} mol.kg^{-1}. Considerando as soluções diluídas e que 1 mol.L^{-1} equivale a 1 mol.kg-1, calcule para a pilha e para os compartimentos eletródicos.

a) A força iônica de cada solução.
b) Os coeficientes médios de atividade de cada compartimento eletródico, de acordo com a lei de Debye-Hückel.
c) O potencial-padrão do dispositivo eletroquímico.
d) A constante de equilíbrio químico.
e) O potencial da pilha fora do estado padrão.

Resolução:

Item a) Analisando a solução aquosa de sulfato de cobre II. $CuSO_{4(aquoso)} \rightarrow Cu^{+2}_{(aquoso)} + SO^{-2}_{4(aquoso)}$

A partir da relação estequiométrica, temos:

$$1 \text{ mol de } CuSO_{4(aquoso)} --- 1 \text{ mol de } Cu^{+2}_{(aquoso)} -------- 1 \text{ mol de } SO^{-2}_{4(aquoso)}$$
$$1{,}0 \text{ x } 10^{-4}\frac{\text{mol}}{\text{Kg}} ------- 1{,}0 \text{ x } 10^{-4}\frac{\text{mol}}{\text{Kg}} \text{de } Cu^{+2}_{(aquoso)} ---- 1{,}0 \text{ x } 10^{-4}\frac{\text{mol}}{\text{Kg}} \text{ de } SO^{-2}_{4(aquoso)}$$

Cálculo da força iônica para a solução de sulfato de cobre II:

$$I = \frac{1}{2} \text{x} \left\{ \mathcal{M}_{Cu^{+2}} \text{ x } z^2_{Cu^{+2}} + \mathcal{M}_{SO_4^{-2}} \text{ x } z^2_{SO_4^{-2}} \right\}$$

$$I = \frac{1}{2} \text{x} \{1{,}0 \text{ x } 10^{-4} \text{ x } (+2)^2 + 1{,}0 \text{ x } 10^{-4} \text{ x } (-2)^2\} = 4{,}0 \text{ x } 10^{-4}$$

Analisando a solução aquosa de sulfato de zinco.

Equação de dissociação: $ZnSO_{4(aquoso)} \rightarrow Zn^{+2}_{(aquoso)} + SO^{-2}_{4(aquoso)}$

A partir da relação estequiométrica, temos:

$$1 \text{ mol de } ZnSO_{4(aquoso)} --- 1 \text{ mol de } Zn^{+2}_{(aquoso)} -------- 1 \text{ mol de } SO^{-2}_{4(aquoso)}$$
$$1{,}0 \text{ x } 10^{-4}\frac{\text{mol}}{\text{Kg}} ------- 3{,}0 \text{ x } 10^{-4}\frac{\text{mol}}{\text{Kg}} \text{de } Zn^{+2}_{(aquoso)} ---- 3{,}0 \text{ x } 10^{-4}\frac{\text{mol}}{\text{Kg}} \text{ de } SO^{-2}_{4(aquoso)}$$

Cálculo da força iônica para a solução de sulfato de zinco:

$$I = \frac{1}{2} x \left\{\mathcal{M}_{Zn^{+2}} \, x \, z^2_{Zn^{+2}} + \mathcal{M}_{SO_4^{-2}} \, x \, z^2_{SO_4^{-2}}\right\}$$

$$I = \frac{1}{2} x \{3{,}0 \, x \, 10^{-4} \, x \, (+2)^2 + 3{,}0 \, x \, 10^{-4} \, x \, (-2)^2\}$$

$$I = 12{,}0 \, x \, 10^{-4}$$

Item b) Cálculo dos coeficientes médios a partir da utilização da lei de Debye-Huckel.

Analisando a solução aquosa de sulfato de cobre II: $CuSO_{4(aquoso)} \rightarrow Cu^{+2}_{(aquoso)} + SO^{-2}_{4(aquoso)}$

$$\log \gamma^{\pm} = -0{,}509 \, x \, \sqrt{I} \, x \, |z_1 \, x \, z_2|$$

$$\log \gamma^{\pm} = -0{,}509 \, x \, \sqrt{4{,}0 \, x \, 10^{-4}} \, x \, |+2 \, x \, (-2)|$$

$$\gamma^{\pm} = 0{,}910$$

Cálculo da atividade termodinâmica para cada íon:

$$a_{Cu^{+2}} = \gamma^{\pm} \, x \, \mathcal{M}_{Cu^{+2}} = 0{,}910 \, x \, 10^{-4} = 9{,}10 \, x \, 10^{-5}$$

$$a_{SO_4^{-2}} = \gamma^{\pm} \, x \, \mathcal{M}_{SO_4^{-2}} = 0{,}910 \, x \, 10^{-4} = 9{,}10 \, x \, 10^{-5}$$

Analisando a solução aquosa de sulfato de zinco:

$$\log \gamma^{\pm} = -0{,}509 \, x \, \sqrt{I} \, x \, |z_1 \, x \, z_2|$$

$$\log \gamma^{\pm} = -0{,}509 \, x \, \sqrt{12{,}0 \, x \, 10^{-4}} \, x \, |+2 \, x \, (-2)|$$

$$\gamma^{\pm} = 0{,}850$$

Cálculo da atividade termodinâmica para cada íon:

$$a_{Zn^{+2}} = \gamma^{\pm} \, x \, \mathcal{M}_{Zn^{+2}} = 0{,}850 \, x \, 3 \, x \, 10^{-4} = 2{,}55 \, x \, 10^{-6}$$

$$a_{SO_4^{-2}} = \gamma^{\pm} \, x \, \mathcal{M}_{SO_4^{-2}} = 0{,}850 \, x \, 3 \, x \, 10^{-4} = 2{,}55 \, x \, 10^{-6}$$

Item c) Cálculo do potencial-padrão, a partir da variação da energia livre de Gibbs-padrão: $\Delta G^0 = -n \, x \, F \, x \, E^0$

$$-212700 = -2 \, x \, 96500 \, x \, E^0$$

$$E^0 = +1{,}10 \text{ V}$$

Item d) Cálculo da constante de equilíbrio a partir da energia livre de Gibbs-padrão termodinâmico.

$$-212700 = -\, 8{,}314 \, x \, 298 \, x \ln K_{eq}$$

$$\ln K_{eq} = \frac{-212700}{-\, 8{,}314 \, x \, 298}$$

$$K_{eq} = e^{+85{,}85}$$

Item e) Cálculo do potencial fora do estado padrão, aplicando a equação de Nernst.

Equação de funcionamento da pilha galvânica: $Zn_{(aquoso)} + Cu^{+2}_{(aquoso)} \rightarrow Zn^{+2}_{(aquoso)} + Cu_{(aquoso)}$

$$E = E^0 - \frac{R \text{ x } T}{n \text{ x } F} \text{x} \ln \frac{\overbrace{a^1_{Cu}}^{1} \text{ x } a_{Zn^{+2}}}{a_{Cu^{+2}} \text{ x } \underbrace{a_{Zn}}_{1}}$$

$$E = +1{,}10 - \frac{8{,}314 \text{ x } 298}{2 \text{ x } 96500} \text{x} \ln \frac{1 \text{ x } 2{,}55 \text{ x } 10^{-6}}{9{,}10 \text{ x } 10^{-5} \text{ x } 1} = +\ 1{,}415 \text{ V}$$

Questão 169

(PROCESSO SELETIVO PARA O CURSO DE MESTRADO EM QUÍMICA – UNIVERSIDADE ESTADUAL DA PARAÍBA) Calcule a solubilidade e o produto de solubilidade do AgBr a 25ºC com base nos seguintes potenciais de eletrodo padrão:

$AgBr_{(s)} + e^- \longrightarrow Ag + Br^-$ $E^o = 0{,}0713$ V

$Ag^+ + e^- \longrightarrow Ag$ $E^o = 0{,}7996$ V

Resolução: Para a resolução do problema, será necessário inicialmente calcular o potencial-padrão do sistema eletroquímico. Invertendo a segunda semirreação.

$AgBr_{(sólido)}$ + 1 elétron $\longrightarrow Ag_{(sólido)} + Br^-_{(aquoso)}$ $\Delta G^0 = -1 \text{ x F x } (+\ 0{,}0713)$

$Ag_{(sólido)} \longrightarrow Ag^+_{(aquoso)}$ + 1 elétron $\Delta G^0 = -1 \text{ x F x } (-\ 0{,}7996)$

Somando as duas semirreações químicas apresentadas:

$AgBr_{(sólido)}$ + ~~1 elétron~~ $\longrightarrow$ ~~$Ag_{(sólido)}$~~ + $Br^-_{(aquoso)}$ $\Delta G^0 = -1 \text{ x F x } (+\ 0{,}0713)$

~~$Ag_{(sólido)}$~~ $\longrightarrow Ag^+_{(aquoso)}$ + ~~1 elétron~~ $\Delta G^0 = -1 \text{ x F x } (-\ 0{,}7996)$ +

$AgBr_{(sólido)} \longrightarrow Ag^+_{(aquoso)} + Br^-_{(aquoso)}$ (Equação iônica de dissociação do brometo de prata)

Cálculo do potencial-padrão do sistema eletroquímico:

$$-1 \text{ x F x } E^0_{total} = -1 \text{ x F x } (+\ 0{,}0713) + [-1 \text{ x F x } (-\ 0{,}7996)]$$

$$E^0_{total} = (+\ 0{,}0713) - 0{,}7996 = -0{,}7283 \text{ V}$$

Determinação da constante de equilíbrio do produto de solubilidade da amostra de brometo de prata.

$$\Delta G^0_{eletroquímico} = \Delta G^0_{termodinâmico}$$

$$-\ 1 \text{ x } 96500 \text{ x } (-0{,}7283) = -8{,}314 \text{ x } (25 + 273) \text{ x} \ln K_{ps}$$

$$\ln K_{ps} = -28{,}37$$

$$K_{ps} = 4{,}79 \text{ x } 10^{-13}$$

Cálculo da solubilidade (mol x L^{-1}) a partir da constante do produto de solubilidade.

$$K_{ps} = S^2$$

$$S = \sqrt{4{,}79 \text{ x } 10^{-13}} = 6{,}92 \text{ x } 10^{-7} \frac{\text{mol}}{\text{L}}$$

Questão 170

(PROCESSO SELETIVO PARA O CURSO DE MESTRADO EM QUÍMICA - UNIVERSIDADE ESTADUAL DA PARAÍBA) Considere as seguintes semirreações de redução abaixo:

$2H^+_{(aq)} + \frac{1}{2}O_{2(g)} + 2e^- \longrightarrow H_2O_{(l)}$ $E^o = + 1{,}23$ V

$Fe^{2+} + 2e^- \longrightarrow Fe_{(s)}$ $E^o = - 0{,}44$ V

a) Escreva a reação global que representa uma das reações importantes na corrosão do ferro metálico em meio ácido;

b) Determine o potencial da reação global obtida no item anterior;

c) Use a equação de Nernst abaixo para determinar o valor da constante de equilíbrio da reação global. Justifique o valor encontrado da constante de equilíbrio, como também o sinal do potencial da reação global do item anterior. Considere T= 298 K.

Resolução:

Item a) Para a determinação da reação global eletroquímica, será necessário inverter a segunda semirreação.

$Fe_{(sólido)} \longrightarrow Fe^{2+}_{(aquoso)} + 2$ elétrons $\Delta G^0 = -2 \text{ x F x } (+\ 0{,}44)$

$2H^+_{(aquoso)} + \frac{1}{2}O_{2(gás)} + 2$ elétrons $\longrightarrow H_2O_{(líquido)}$ $\Delta G^0 = -2 \text{ x F x } (+\ 1{,}23)$

Somando as duas semirreações apresentadas acima:

$Fe_{(sólido)} \longrightarrow Fe^{2+}_{(aquoso)} + \cancel{2e^-}$ $\Delta G^0 = -2 \text{ x F x } (+\ 0{,}44)$

$2H^+_{(aquoso)} + \frac{1}{2}O_{2(gás)} + \cancel{2e^-} \longrightarrow H_2O_{(líquido)}$ $\Delta G^0 = -2 \text{ x F x } (+\ 1{,}23)$ +

$Fe_{(sólido)} + 2H^+_{(aquoso)} + \frac{1}{2}O_{2(gás)} \longrightarrow Fe^{2+}_{(aquoso)} + H_2O_{(líquido)}$ (Equação eletroquímica global)

Item b) Cálculo do potencial-padrão para o funcionamento do dispositivo eletroquímico, a partir da variação da energia livre de Gibbs padrão:

$$-2 \text{ x F x } E^0_{total} = -2 \text{ x F x } (+\ 0{,}44) + [-2 \text{ x F x } (+\ 1{,}23)]$$

$$E^0_{total} = 0{,}44 + 1{,}23 = +1{,}67 \text{ V}$$

Item c) Aplicando a equação de Nernst para a determinação da constante de equilíbrio. Para a situação de equilíbrio, o potencial fora do estado padrão deverá ser igual a zero. Diante disso, temos: $\boxed{E = E^o - \frac{R \text{ x } T}{n \text{ x } F} \text{x} \ln Q}$.

Estado de equilíbrio eletroquímico: E = 0 e o quociente reacional (Q) passa a ser igual a constante de equilíbrio (K_{eq}).

$$0 = +1{,}67 - \frac{8{,}314 \text{ x } 298}{2 \text{ x } 96500} \text{x} \ln K_{eq}$$

$$\ln K_{eq} = 130{,}091$$

$$K_{eq} = e^{+130{,}091} = 3{,}15 \text{ x } 10^{+56}$$

O potencial-padrão calculado é positivo, o que caracteriza o processo eletroquímico espontâneo. A constante de equilíbrio mostra e valida o processo espontâneo do sistema eletroquímico, uma vez que seu valor é maior que 1, ou seja, $K_{eq} = 3{,}15 \text{ x } 10^{+56}$.

Questão 171

(EXAME DE SELEÇÃO PARA O PROGRAMA DE PÓS-GRADUAÇÃO EM QUÍMICA NA UNIVERSIDADE FEDERAL DO CEARÁ – PPGQ-UFC) O funcionamento de baterias de níquel-hidreto metálico envolve as seguintes reações redox:

$NiOOH + H_2O + e^- \leftrightharpoons Ni(OH)_2 + OH^-$ $E^0 = 0{,}52$ V

$M + H_2O + e^- \leftrightharpoons MH + OH^-$ $E^0 = -0{,}83$ V

Para a bateria em análise, pede-se:

a) o potencial-padrão de eletrodo;

b) a espontaneidade do processo. Observação: Apresente os cálculos numéricos.

Resolução:

Item a) Invertendo a segunda semirreação apresentada no enunciado da questão, temos:

$MH + OH^- \leftrightarrows M + H_2O + e^-$ $\Delta G^0 = -1 \text{ x F x } (+\,0{,}83)$
$NiOOH + H_2O + e^- \leftrightarrows Ni(OH)_2 + OH^-$ $\Delta G^0 = -1 \text{ x F x } (+\,0{,}52)$

Somando as duas semirreações apresentadas acima:

$MH + \cancel{OH^-} \leftrightarrows M + \cancel{H_2O} + \cancel{e^-}$
$NiOOH + \cancel{H_2O} + \cancel{e^-} \leftrightarrows Ni(OH)_2 + \cancel{OH^-}$

$MH + NiOOH \leftrightarrows M + Ni(OH)_2$ (Equação química global que corresponde ao sistema eletroquímico)

Cálculo do potencial-padrão do sistema eletroquímico:

$$\cancel{-1} \text{ x } \cancel{F} \text{ x } E^0_{total} = \cancel{-1} \text{ x } \cancel{F} \text{ x } (+\,0{,}83) + [\cancel{-1} \text{ x } \cancel{F} \text{ x } (+\,0{,}52)]$$

$$E^0_{total} = +\,0{,}83 + 0{,}52 = +1{,}35 \text{ V}$$

Item b) Cálculo da variação da energia livre de gibbs eletroquímico.

$$\Delta G_{eletroquímico} = -\,1 \text{ x } 96500 \text{ x } (+\,1{,}35)$$

$$\Delta G_{eletroquímico} = -0{,}130 \text{ kJ}$$

Para este valor negativo correspondente à variação da energia livre de Gibbs-padrão ou, até mesmo para o potencial-padrão positivo, caracteriza como um processo espontâneo. Este sistema eletroquímico se caracteriza como sendo uma célula galvânica.

Questão 172

(PROGRAMA DE PÓS-GRADUAÇÃO EM QUÍMICA – UNIVERSIDADE DE SÃO PAULO) Calcule a constante do produto de solubilidade do iodeto de cobre (I). Dados:

$Cu^{+2} + e^- \rightleftarrows Cu^+$ $E^\circ = +\,0{,}153 \text{ V}$
$Cu^{+2} + I^- + e^- \rightleftarrows CuI_{(s)}$ $E^\circ = +\,0{,}86 \text{ V}$

Resolução: Para a resolução do problema, será necessário inicialmente calcular o potencial-padrão do sistema eletroquímico.

Invertendo a segunda semirreação apresentada no enunciado da questão.

$CuI_{(sólido)} \longrightarrow I^-_{(aquoso)} + Cu^{+2}_{(aquoso)} + 1 \text{ elétron}$ $\Delta G^0 = -1 \text{ x F x } (-0{,}86)$

$Cu^{+2}_{(aquoso)} + 1 \text{ elétron} \longrightarrow Cu^+_{(aquoso)}$ $\Delta G^0 = -1 \text{ x F x } (+\,0{,}153)$

Somando as duas semirreações apresentadas:

$CuI_{(sólido)} \longrightarrow I^-_{(aquoso)} + \cancel{Cu^{+2}_{(aquoso)}} + \cancel{1 \text{ elétron}}$ $\Delta G^0 = -1 \text{ x F x } (-0{,}86)$
$\cancel{Cu^{+2}_{(aquoso)}} + \cancel{1 \text{ elétron}} \longrightarrow Cu^+_{(aquoso)}$ $\Delta G^0 = -1 \text{ x F x } (+\,0{,}153)$ +

$CuI_{(sólido)} \longrightarrow Cu^+_{(aquoso)} + I^-_{(aquoso)}$ (Equação iônica de dissociação do iodeto de cobre I)

Cálculo do potencial-padrão do sistema eletroquímico:

$$-1 \text{ x F x } E^0_{total} = -1 \text{ x F x } (-\,0{,}86) + [-1 \text{ x F x } (+0{,}153)]$$

$$\cancel{-1 \text{ x F}} \text{ x } E^0_{total} = \cancel{-1 \text{ x F}} \text{ x } (-\,0{,}86) + [\cancel{-1 \text{ x F}} \text{ x } (+0{,}153)]$$

$$E^0_{total} = -0{,}86 + 0{,}153 = -0{,}707 \text{ V}$$

Determinação da constante de equilíbrio do produto de solubilidade da amostra de iodeto de cobre I.

$$\Delta G^0_{eletroquímico} = \Delta G^0_{termodinâmico}$$

$$-1 \times 96500 \times (-0{,}707) = -8{,}314 \times (25 + 273) \times \ln K_{ps}$$

$$\ln K_{ps} = -27{,}54$$

$$K_{ps} = 1{,}10 \times 10^{-12}$$

Questão 173

(PROGRAMA DE PÓS-GRADUAÇÃO EM QUÍMICA – UNIVERSIDADE DE SÃO PAULO) Calcule o potencial da célula, E_{cel}, e a constante de equilíbrio, K_{eq}, para a seguinte célula galvânica: $\boxed{Sn^0|Sn^{+2}\ 0{,}15\,\frac{mol}{L}\,\|\,Ag^+\ 1{,}7\,\frac{mol}{L}\,|\,Ag^0}$. Sabendo que:

$Ag^+ + e^- \rightleftarrows Ag$ $\quad E^\circ = +0{,}779$ V
$Sn^{2+} + 2e^- \rightleftarrows Sn$ $\quad E^\circ = -0{,}141$ V

Resolução:

Para a resolução do problema, será necessário inicialmente calcular o potencial-padrão do sistema eletroquímico. Invertendo a segunda semirreação e multiplicando a primeira semirreação por dois, conforme apresentada no enunciado da questão.

$2Ag^+_{(aquoso)} + \cancel{2e^-} \rightleftarrows 2Ag_{(sólido)}$ $\quad \Delta G^0 = -2 \times F \times (+0{,}779)$
$Sn_{(sólido)} \rightleftarrows Sn^{2+}_{(aquoso)} + \cancel{2e^-}$ $\quad \Delta G^0 = -2 \times F \times (+0{,}141)$ $\quad +$

$2Ag^+_{(aquoso)} + Sn_{(sólido)} \rightleftarrows Sn^{2+}_{(aquoso)} + 2Ag_{(sólido)}$

Cálculo do potencial-padrão do sistema eletroquímico apresentado, a partir da variação da energia livre de Gibbs padrão: .

$$\cancel{-2 \times F} \times E^0_{total} = \cancel{-2 \times F} \times (+0{,}779) + [\cancel{-2 \times F} \times (-0{,}141)]$$

$$E^0_{total} = +0{,}779 + 0{,}141 = +0{,}920\ V$$

Cálculo do potencial aplicando a equação de Nernst, para a mesma equação iônica: $2Ag^+_{(aquoso)} + Sn_{(sólido)} \rightleftarrows Sn^{2+}_{(aquoso)} + 2Ag_{(sólido)}$

$$E = E^\circ - \frac{R \times T}{n \times F} \times \ln Q$$

$$E = E^\circ - \frac{R \times T}{n \times F} \times \ln \frac{\overbrace{a^2_{Ag}}^{1} \times [Sn^{+2}]}{\underbrace{a_{Sn}}_{1} \times [Ag^+]^2}$$

$$E = +0{,}920 - \frac{8{,}314 \times 298}{2 \times 96500} \times \ln \frac{0{,}15}{[1{,}70]^2}$$

$$E = +0{,}920 - 12{,}84 \times 10^{-3} \times \ln \frac{0{,}15}{[1{,}70]^2} = +0{,}958\ V$$

Determinação da constante de equilíbrio do processo eletroquímico, levando em consideração que a temperatura corresponde 25°C (298 K): $\Delta G_{eletroquímico} = \Delta G_{termodinâmico}$

$$-1 \times 96500 \times (+0{,}958) = -8{,}314 \times (25 + 273) \times \ln K_{eq}$$

$\ln K_{eq} = +37{,}31$

$K_{eq} = 1{,}60 \times 10^{+16}$

Questão 174

(PROGRAMA DE PÓS-GRADUAÇÃO EM QUÍMICA – UNIVERSIDADE FEDERAL DE PELOTAS) Uma célula eletroquímica é baseada nas seguintes semirreações:

$Cd^{+2}_{(aquoso)} + 2e^- \longrightarrow Cd_{(sólido)}$ $\quad E° = -0{,}403\ V$
$Sn^{+2}_{(aquoso)} + 2e^- \longrightarrow Sn_{(sólido)}$ $\quad E° = -0{,}136\ V$

a) Escreva a reação global.
b) Determine as semirreações que ocorrem no ânodo e no cátodo.
c) Qual o potencial-padrão da célula?
d) Calcule ΔG°.

Resolução: Para a resolução do problema, será necessário que realize a inversão da primeira semirreação de redução do cádmo, conforme pode ser observado a seguir.

$Cu_{(sólido)} \longrightarrow Cu^{+2}_{(aquoso)} + 2e^-$ $\quad \Delta G° = -2 \text{ x F x } (+\ 0{,}403)$
$Sn^{+2}_{(aquoso)} + 2e^- \longrightarrow Sn_{(sólido)}$ $\quad \Delta G° = -2 \text{ x F x } (-\ 0{,}136)$

Somando as duas equações apresentadas acima:

$Cu_{(sólido)} \longrightarrow Cu^{+2}_{(aquoso)} + \cancel{2e^-}$ $\quad \Delta G° = -2 \text{ x F x } (+\ 0{,}403)$
$Sn^{+2}_{(aquoso)} + \cancel{2e^-} \longrightarrow Sn_{(sólido)}$ $\quad \Delta G° = -2 \text{ x F x } (-\ 0{,}136)$ $\quad +$

$Cu_{(sólido)} + Sn^{+2}_{(aquoso)} \longrightarrow Cu^{+2}_{(aquoso)} + Sn_{(sólido)}$

Item a) A equação química global para o funcionamento do processo eletroquímico é a seguinte:

$Cu_{(sólido)} + Sn^{+2}_{(aquoso)} \longrightarrow Cu^{+2}_{(aquoso)} + Sn_{(sólido)}$

Item b) Apresentando as semirreações que ocorrem no ânodo e no cátodo.

Semirreação que ocorre no ânodo: $Cu_{(sólido)} \longrightarrow Cu^{+2}_{(aquoso)} + 2e^-$

Semirreação que ocorre no cátodo: $Sn^{+2}_{(aquoso)} + 2e^- \longrightarrow Sn_{(sólido)}$

Item c) Cálculo do potencial-padrão para o funcionamento do processo eletroquímico:

$$-2 \text{ x F x } E^0_{total} = -2 \text{ x F x } (+\ 0{,}403) + [-2 \text{ x F x } (-\ 0{,}136)]$$

$$E^0_{total} = (+\ 0{,}403) + [-0{,}136]$$

$$E^0_{total} = +\ 0{,}267\ V$$

Este processo é caracterizado como espontâneo, uma vez que o potencial-padrão é positivo.

Item d) Cálculo da variação da energia livre de Gibbs-padrão: $\Delta G^0_{eletroquímico} = -n \text{ x F x } E^0_{total}$

$$\Delta G^0_{eletroquímico} = -2 \text{ mol de elétrons x } 96500 \frac{C}{\text{mol de elétrons}} \text{ x } 0{,}267\ V = +\ 51{,}53\ kJ$$

Questão 175

(PROGRAMA DE PÓS-GRADUAÇÃO EM CIÊNCIA E TECNOLOGIA DA SUSTENTABILIDADE – UNIVERSIDADE FEDERAL DE SÃO PAULO) Considere os seguintes potenciais de redução: E^0 (Fe^{3+}/Fe^{2+}) = +0,771 V e E^0 (MnO_4^-/Mn^{2+}) = + 1,51 V.
a) Apresente as semirreações balanceadas.
b) Considerando uma reação espontânea, apresente a reação global balanceada. Para tanto, considere o meio ácido.
c) Qual é o agente redutor e o agente oxidante. Justifique.

Resolução:

Item a) Organizando as semirreações apresentadas:

Semirreação do ferro: $Fe^{+3}_{(aquoso)} + 1\ \text{elétron} \rightarrow Fe^{+2}_{(aquoso)}$

Semirreação que ocorre no ânion permanganato: $MnO^{-}_{4(aquoso)} + 1\ \text{elétron} \rightarrow Mn^{+2}_{(aquoso)}$

Item b) Como o enunciado afirma que o processo é espontâneo, trata-se de um sistema eletroquímico constituído por uma célula galvânica. Invertendo a primeira semirreação de redução do ferro, temos:

Semirreação do ferro: $Fe^{+2}_{(aquoso)} \rightarrow Fe^{+3}_{(aquoso)} + 1\ \text{elétron}$

Semirreação que ocorre no ânion permanganato: $MnO^{-}_{4(aquoso)} + 1\ \text{elétron} \rightarrow Mn^{+2}_{(aquoso)}$

Somando as duas semirreações apresentadas, temos:

$$Fe^{+2}_{(aquoso)} \rightarrow Fe^{+3}_{(aquoso)} + \cancel{1\ \text{elétron}}$$
$$MnO^{-}_{4(aquoso)} + \cancel{1\ \text{elétron}} \rightarrow Mn^{+2}_{(aquoso)}$$
$$5Fe^{+2}_{(aquoso)} + MnO^{-}_{4(aquoso)} + 8H^{+}_{(aquoso)} \rightarrow 5Fe^{+3}_{(aquoso)} + Mn^{+2}_{(aquoso)} + 4H_2O_{(líquido)}$$

A equação global é a seguinte: $5Fe^{+2}_{(aquoso)} + MnO^{-}_{4(aquoso)} + 8H^{+}_{(aquoso)} \rightarrow 5Fe^{+3}_{(aquoso)} + Mn^{+2}_{(aquoso)} + 4H_2O_{(líquido)}$

Item c) Observando a reação global que corresponde ao funcionamento do sistema eletroquímico, o agente redutor corresponde ao cátion ferroso, enquanto o ânion permanganato é o agente oxidante.

Questão 176

(PROGRAMA DE PÓS-GRADUAÇÃO EM CIÊNCIA E TECNOLOGIA DA SUSTENTABILIDADE – UNIVERSIDADE FEDERAL DE SÃO PAULO) Com relação às questões abaixo:
a) Explique sucintamente a diferença entre as reações eletroquímicas de oxidação e redução.
b) Qual reação ocorre no ânodo e qual ocorre no cátodo?
c) Calcule o potencial da célula, Zn / Zn^{2+} (0,0955 mol L^{-1}) // Co^{2+} (6,78 x 10^{-3} mol L^{-1}) / Co, em curto circuito e a 25°C.
d) Escreva a reação global do item (c). Informações adicionais:
$Zn^{2+} + 2e^- \longrightarrow Zn$ E^0 = - 0,76 V vs. ENH
$Co^{2+} + 2e^- \longrightarrow Co$ E^0 = - 0,28 V vs. ENH

Resolução:

Item a) A diferença é que o processo de oxidação ocorre o aumento do número de oxidação, o que corresponde à perda de elétrons.

$X_{(sólido)} \longrightarrow$ a elétron + $X^{a+}_{(aquoso)}$

Já com relação ao processo de redução, é que consiste na diminuição do número de oxidação, o que corresponde ao ganho de elétrons.

a elétron + $X^{a+}_{(aquoso)} \longrightarrow X_{(sólido)}$

Item b)

Semirreação que ocorre no ânodo (oxidação): $Zn_{(sólido)} \longrightarrow$ 2 elétron + $Zn^{2+}_{(aquoso)}$

Semirreação que ocorre no cátodo (redução): $Co^{2+}_{(aquoso)}$ + 2 elétrons $\longrightarrow Co_{(sólido)}$

Item c) Determinação do potencial-padrão (E^0) do sistema eletroquímico apresentado:

$$-2 \text{ x F x } E^0_{total} = -2 \text{ x F x } (+\ 0{,}76) + [-2 \text{ x F x } (-\ 0{,}28)]$$

$$E^0_{total} = (+\ 0{,}76) + [-0{,}28] = +\ 0{,}48 \text{ V}$$

Cálculo do potencial (E), fora da situação padrão do sistema eletroquímico, aplicando a equação de Nernst.

$Zn_{(sólido)} + Co^{2+}_{(aquoso)} \longrightarrow Co_{(sólido)} + Zn^{2+}_{(aquoso)}$

$$E = E° - \frac{R \text{ x } T}{n \text{ x } F} \text{x} \ln \frac{\overbrace{a_{Co}}^{1} \text{ x } [Zn^{+2}]}{\underbrace{a_{Zn}}_{1} \text{ x } [Co^{+}]}$$

$$E = +0{,}48 - \frac{8{,}314 \text{ x } 298}{2 \text{ x } 96500} \text{x} \ln \frac{0{,}0955}{6{,}78 \text{ x } 10^{-3}} = \boxed{+0{,}446 \text{ V}}$$

Item d) Equação eletroquímica que corresponde ao funcionamento do sistema eletroquímico.

$Zn_{(sólido)} + Co^{2+}_{(aquoso)} \longrightarrow Co_{(sólido)} + Zn^{2+}_{(aquoso)}$

Questão 177

(PROGRAMA DE PÓS-GRADUAÇÃO EM QUÍMICA – UNIVERSIDADE FEDERAL DE PELOTAS - UFPEL) Uma célula galvânica a 25Oc segundo a reação $Zn^{+2}_{(aq)} + 2Ag_{(s)} \longrightarrow Zn_{(s)} + 2Ag^{+}_{(aq)}$. Considerando que as concentrações de $[Zn^{+2}]$ e $[Ag^{+}]$ na solução são respectivamente 0,25 mol/L e 0,01 mol/L, calcule: (i) o potencial de célula (E), (ii) a energia livre de Gibbs (ΔG) e (iii) a constante de equilíbrio (K_{eq}) da reação. Essa reação, conforme escrita, favorece a formação de produtos? Dados: $E^0_{Ag^{+}/Ag} = 0{,}799 \text{ V}$ e $E^0_{Zn^{+2}/Zn} = -0{,}763 \text{ V}$.

Resolução:

Equação iônica que corresponde ao funcionamento do dispositivo eletroquímico: $Zn^{+2}_{(aquoso)} + 2Ag_{(sólido)} \longrightarrow Zn_{(sólido)} + 2Ag^{+}_{(aquoso)}$

Organizando as semirreações de redução:

$Zn^{+2}_{(aquoso)}$ + 2elétrons $\longrightarrow Zn_{(sólido)}$ E^0 = -0,763 V

$Ag^{+}_{(aquoso)}$ + 1 elétron $\longrightarrow Ag_{(sólido)}$ E^0 = + 0,799 V

Item i) Cálculo do potencial-padrão, invertendo e multiplicando por dois a semirreação de redução da prata:

$Zn^{+2}_{(aquoso)}$ + 2elétrons $\longrightarrow Zn_{(sólido)}$ $\Delta G° = -2 \text{ x F x } (-0{,}763)$

$2Ag_{(sólido)} \longrightarrow 2Ag^{+}_{(aquoso)}$ + 2 elétron $\Delta G° = -2 \text{ x F x } (-0{,}799)$

Somando as duas semirreações, temos:

$Zn^{+2}_{(aquoso)}$ + ~~2 elétrons~~ ⟶ $Zn_{(sólido)}$ $\quad \Delta G° = -2 \text{ x F x } (-0{,}763)$
$2Ag_{(sólido)}$ ⟶ $2Ag^{+}_{(aquoso)}$ + ~~2 elétron~~ $\quad \Delta G° = -2 \text{ x F x } (-0{,}799)$

$Zn^{+2}_{(aquoso)} + 2Ag_{(sólido)} \longrightarrow Zn_{(sólido)} + 2Ag^{+}_{(aquoso)}$

$$-2 \text{ x F x } E^{0}_{total} = -2 \text{ x F x } (-0{,}763) + [-2 \text{ x F x } (-\ 0{,}799)]$$

$$E^{0}_{total} = (-0{,}763) + [-\ 0{,}799] = -1{,}562 \text{ V}$$

Este valor de potencial negativo indica que o processo eletroquímico se caracteriza como sendo uma eletrólise. Cálculo do potencial-padrão fora do estado padrão, a partir da aplicação da equação de Nernst: $E = E° - \frac{R \text{ x } T}{n \text{ x } F} \text{x} \ln Q$

$$E = E° - \frac{R \text{ x } T}{n \text{ x } F} \text{x} \ln \frac{\overbrace{a_{Zn}}^{1} \text{ x } [Ag^{+}]^{2}}{\underbrace{a^{2}_{Ag}}_{1} \text{ x } [Zn^{+2}]}$$

$$E = -1{,}562 - \frac{8{,}314 \text{ x } 298}{2 \text{ x } 96500} \text{x} \ln \frac{(0{,}01)^{2}}{0{,}25} = \boxed{-1{,}461 \text{ V}}$$

Para as condições apresentadas, o processo eletroquímico continua sendo uma eletrólise. Determinação da constante de equilíbrio do processo eletroquímico, levando em consideração que a temperatura corresponde 25°C (298 K): $\Delta G_{eletroquímico} = \Delta G_{termodinâmico}$

$$-\ 2 \text{ x } 96500 \text{ x } (-1{,}461) = -8{,}314 \text{ x } (25 + 273) \text{ x} \ln K_{eq}$$

$$\ln K_{eq} = -113{,}85$$

$$K_{eq} = 35{,}80 \text{ x } 10^{-51}$$

Para este valor de constante de equilíbrio, o processo não favorece os produtos da reação direta.

Questão 178

(EXAME UNIFICADO DE QUÍMICA) A reação de formação de água líquida pode ser representada como: $H_{2(g)} + ½\ O_{2(g)} \longrightarrow H_2O_{(l)}$ e possui ΔG = –237,35 kJ. Essa mesma reação pode ser representada como a soma das duas semirreações dadas abaixo:
$H_{2(g)} \longrightarrow 2H^{+}_{(aq)} + 2e^{-}$ E = 0,00 V
$½O_{2(g)} + 2H^{+}_{(aq)} + 2e^{-} \longrightarrow H_2O_{(l)}$ E = 1,23 V
Qual é a variação de energia de Gibbs (em kJ) e o potencial de célula (em V), respectivamente, para a formação de dois mols de água?
a) –474,70 e 1,23
b) 237,35 e 1,23
c) –474,70 e 2,46
d) 474,70 e –1,23

Resolução: Alternativa A.

Cálculo do potencial do sistema eletroquímico, somando as duas semirreações apresentadas.

$H_{2(gás)}$ ⟶ ~~$2H^{+}_{(aquoso)}$~~ + ~~$2e^{-}$~~ E = 0,00 V $\quad \Delta G^{0} = -2 \text{ x F x } (+\ 0{,}00)$
$½O_{2(gás)}$ + ~~$2H^{+}_{(aquoso)}$~~ + ~~$2e^{-}$~~ ⟶ $H_2O_{(líquido)}$ E = 1,23 V $\quad \Delta G^{0} = -2 \text{ x F x } (+\ 1{,}23)$

$H_{2(gás)} + ½O_{2(gás)} \longrightarrow H_2O_{(líquido)}$

$$-2 \text{ x F x } E^{0}_{total} = -2 \text{ x F x } (+\ 0{,}00) + [-2 \text{ x F x } (+\ 1{,}23)]$$

$$E^{0}_{total} = +1{,}23 \text{ V}$$

A partir da relação estequiométrica entre o número de formação de água no estado líquido e a variação da energia livre de gibbs, temos:

1 mol de $H_2O_{(líquido)}$ ------------ (-237,35) kJ
2 mol de $H_2O_{(líquido)}$ ------------ ΔG°
ΔG° = 2 x (-237,75 kJ) = - 474,70 kJ

Questão 179

(PROGRAMA DE PÓS-GRADUAÇÃO EM QUÍMICA – UNIVERSIDADE FEDERAL DE PELOTAS - UFPEL) Atualmente, a principal forma de geração de $O_{2(g)}$ para a tripulação em missões espaciais é através da eletrólise da água. O processo pode ser descrito pelo diagrama de célula $Pt|H_{2(g)}|OH^-, H^+_{(aq)}|O_{2(g)}|Pt$.

a) Com base nas semirreações de redução abaixo, escreva a reação balanceada para o processo e calcule o potencial-padrão da pilha.

b) Calcule a energia de Gibbs-padrão para a reação. A formação de $O_{2(g)}$ é espontânea?

Semirreações de redução e seus respectivos potenciais-padrão de redução, a 25°C e 1 bar.

$2H_2O + 2e^- \longrightarrow H_{2(g)} + 2OH^-$ E° = - 0,828 V
$O_{2(g)} + 4H^+ + 4e^- \longrightarrow 2H_2O$ E° = 1,229 V

Resolução:

Item a) Multiplicando a primeira semirreação por dois e invertendo a segunda semirreação:

$4H_2O_{(líquido)} + 4e^- \longrightarrow 2H_{2(gás)} + 4OH^-_{(aquoso)}$ $\Delta G^0 = -4 \text{ x F x } (-\ 0{,}828)$

$O_{2(gás)} + 4H^+_{(aquoso)} + 4e^- \longrightarrow 2H_2O_{(líquido)}$ $\Delta G^0 = -4 \text{ x F x } (+\ 1{,}229)$

Cálculo do potencial-padrão do sistema eletroquímico apresentado:

$$-4 \text{ x F x } E^0_{total} = -4 \text{ x F x } (-\ 0{,}828) + [-4 \text{ x F x } (-\ 0{,}828)]$$

$$E^0_{total} = -0{,}828 + 1{,}229 = \boxed{+\ 0{,}401 \text{ V}}$$

Item b) Cálculo da variação da energia livre de Gibbs-padrão:

$$\Delta G^0_{reação} = -4 \text{ x } 96500 \text{ x } (+0{,}401)$$

$$\Delta G^0_{reação} = -154{,}79 \text{ kJ}$$

A formação de oxigênio molecular é caracterizado por ser um um processo eletroquímico espontâneo, uma vez que a variação da energia livre de Gibbs-padrão é negativa, favorecendo diante disso os produtos da reação direta.

Questão 180

(PROGRAMA DE PÓS-GRADUAÇÃO EM QUÍMICA – UNIVERSIDADE FEDERAL DE PELOTAS - UFPEL) Considerando as seguintes semirreações a 25ºC e seus respectivos potenciais de redução:

$Zn^{+2} + 2e^- \longrightarrow Zn_{(s)}$ E° = -0,76 V
$Fe^{+2} + 2e^- \longrightarrow Fe_{(s)}$ E° = -0,44 V

Construa a respectiva célula galvânica (pilha de Daniell), indicando todos os seus respectivos componentes (polos, cátodo, ânodo), as reações de cada semicélula e a reação global da célula. Ainda, considerando que a célula formada encontra-se em equilíbrio, calcule:

a) o potencial-padrão da célula (E^0) ou força eletromotriz;

b) ΔG° (variação da energia livre padrão);

c) a constante de equilíbrio (K_{eq}) da célula;

d) o potencial da célula (E).

Resolução:

Semirreação que ocorre no ânodo: $Zn_{(sólido)} \longrightarrow 2e^- + Zn^{+2}_{(aquoso)}$ [polo negativo]

Semirreação que ocorre no cátodo: $2e^- + Fe^{+2}_{(aquoso)} \longrightarrow Fe_{(sólido)}$ [polo positivo]

Item a) Cálculo do potencial-padrão do sistema eletroquímico, sabendo que se trata de uma pilha galvânica ($E^0_{total} > 0$). Invertendo a primeira semirreação de redução do zinco.

$Zn_{(sólido)} \longrightarrow 2e^- + Zn^{+2}_{(aquoso)}$ $\Delta G^0 = -2 \text{ x F x } (+\,0{,}76)$
$2e^- + Fe^{+2}_{(aquoso)} \longrightarrow Fe_{(sólido)}$ $\Delta G^0 = -2 \text{ x F x } (-0{,}44)$

Somando as duas semirreações apresentadas:

$Zn_{(sólido)} \longrightarrow \cancel{2e^-} + Zn^{+2}_{(aquoso)}$ $\Delta G^0 = -2 \text{ x F x } (+\,0{,}76)$
$\cancel{2e^-} + Fe^{+2}_{(aquoso)} \longrightarrow Fe_{(sólido)}$ $\Delta G^0 = -2 \text{ x F x } (-0{,}44)$ +

$Zn_{(sólido)} + Fe^{+2}_{(aquoso)} \longrightarrow Zn^{+2}_{(aquoso)} + Fe_{(sólido)}$ (Equação iônica da célula eletroquímica – pilha)

$$-2 \text{ x F x } E^0_{total} = -2 \text{ x F x } (+0{,}76) + [-2 \text{ x F x } (-\,0{,}44)]$$

$$E^0_{total} = +0{,}76 - 0{,}44 = +0{,}32 \text{ V}$$

Item b) Cálculo da variação da energia livre de Gibbs-padrão, para T = 298 K:

$$\Delta G^0_{reação} = -2 \text{ x } 96500 \text{ x } (+0{,}32)$$

$$\Delta G^0_{reação} = -61{,}76 \text{ kJ}$$

Item c) Determinação da constante de equilíbrio do processo eletroquímico, levando em consideração que a temperatura corresponde 25°C (298 K): $\Delta G_{eletroquímico} = \Delta G_{termodinâmico}$

$$-\,2 \text{ x } 96500 \text{ x } (+0{,}32) = -8{,}314 \text{ x } (25 + 273) \text{ x} \ln K_{eq}$$

$$\ln K_{eq} = +24{,}93$$

$$K_{eq} = 6{,}70 \text{ x } 10^{+10}$$

Item d) Como a célula eletroquímica se encontra no estado de equilíbrio, E = E^0 = + 0,32 V.

Questão 181

(PROCESSO SELETIVO PARA INGRESSO - MESTRADO E DOUTORADO - UNIVERSIDADE FEDERAL DE SANTA CATARINA) Considere a equação química para uma célula eletroquímica conectada por uma ponte salina: $Cr_2O_7^{-2}{}_{(aq)} + 14H^+_{(aq)} + 6I^-_{(aq)} \rightleftarrows 2Cr^{+3}_{(aq)} + 3I_{2(s)} + 7H_2O_{(l)}$. Sabendo que:
$Cr_2O_7^{-2}{}_{(aq)} + 14H^+_{(aq)} + 6e^- \rightleftarrows 2Cr^{+3}_{(aq)} + 7H_2O_{(l)}$ $E^0 = +\,1{,}33$ V
$I_{2(s)} + 2e^- \rightleftarrows 2I^-_{(aq)}$ $E^0 = +\,0{,}535$ V
a) Calcule o potencial elétrico (E) para a célula representada quando $[Cr_2O_7^{2-}]$ = 2,0 mol L^{-1}, $[H^+] = [I^-]$ = 1,0 mol L^{-1} e $[Cr^{3+}]$ = 1,0 x 10^{-5} mol L^{-1} a 25°C.
b) Calcule a constante de equilíbrio (K) para a reação a 25 °C.
c) Explique a função da ponte salina.

Resolução:

Item a) Invertendo a primeira semirreação de redução do zinco.

$Cr_2O_7^{-2}{}_{(aquoso)} + 14H^+{}_{(aquoso)} + 6e^- \rightleftarrows 2Cr^{+3}{}_{(aquoso)} + 7H_2O_{(líquido)}$ $\Delta G^0 = -6 \text{ x F x } (+1{,}33)$
$6I^-{}_{(aquoso)} \longrightarrow 3I_{2(sólido)} + 6e^-$ $\Delta G^0 = -6 \text{ x F x } (-0{,}535)$

Somando as duas semirreações:

$Cr_2O_7^{-2}{}_{(aquoso)} + 14H^+{}_{(aquoso)} + \cancel{6e^-} \rightleftarrows 2Cr^{+3}{}_{(aquoso)} + 7H_2O_{(líquido)}$ $\Delta G^0 = -6 \text{ x F x } (+1{,}33)$
$6I^-{}_{(aquoso)} \longrightarrow 3I_{2(sólido)} + \cancel{6e^-}$ $\Delta G^0 = -6 \text{ x F x } (-0{,}535)$ +

$Cr_2O_7^{-2}{}_{(aquoso)} + 14H^+{}_{(aquoso)} + 6I^-{}_{(aquoso)} \rightleftarrows 2Cr^{+3}{}_{(aquoso)} + 7H_2O_{(líquido)} + 3I_{2(sólido)}$

$$-6 \text{ x F x } E^0_{total} = -6 \text{ x F x } (+1{,}33) + [-6 \text{ x F x } (-\ 0{,}535)]$$

$$E^0_{total} = +1{,}33 - 0{,}535 = +0{,}795 \text{ V}$$

Item b) Determinação da constante de equilíbrio do processo eletroquímico, levando em consideração que a temperatura corresponde 25°C (298 K): $\Delta G_{eletroquímico} = \Delta G_{termodinâmico}$

$$-\ 6 \text{ x } 96500 \text{ x } (+0{,}795) = -8{,}314 \text{ x } (25 + 273) \text{ x} \ln K_{eq}$$

$$\ln K_{eq} = +185{,}79$$

$$K_{eq} = 4{,}86 \text{ x } 10^{+80}$$

Item d) A função da ponte salina consiste no maior prolongamento de funcionamento da pilha galvânica, estabilizando seus íons a partir da solução.

Questão 182

(PROCESSO SELETIVO PARA INGRESSO - MESTRADO E DOUTORADO - UNIVERSIDADE FEDERAL DE SANTA CATARINA) O Prêmio Nobel em Química de 2019 teve como ganhadores os cientistas John B. Goodenough, Michael S. Whittingham e Akira Yoshino, que contribuíram para o desenvolvimento das baterias de íons de lítio. Atualmente, existem diferentes tipos de baterias, sendo que o primeiro dispositivo que aproveitou a energia das reações de oxirredução para gerar eletricidade foi a pilha de Volta, posteriormente aperfeiçoada por John Frederic Daniell. O diagrama de barras abaixo representa a pilha de Daniell.

$$\mathbf{Zn_{(s)} \ /\ Zn^{+2}{}_{(aq)} \ //\ Cu^{+2}{}_{(aq)} \ /\ Cu_{(s)}}$$

(a) Escreva a reação global e as semirreações para a pilha de Daniell e identifique o agente redutor e o agente oxidante.
(b) Calcule o potencial, a 25°C, de uma pilha de Daniell representada por Zn^{2+} (0,050 mol L^{-1}) | Zn || Cu | Cu^{2+} (5,0 mol L^{-1}), sabendo que os potenciais-padrão de redução do eletrodo de cobre e de zinco são 0,34 V e -0,76 V, respectivamente.
(c) Explique se é possível construir uma célula galvânica representada por Cu | Cu^{2+} (2,0 mol L^{-1}) || Cu | Cu^{2+} (0,020 mol L^{-1}). Se for possível, calcule o potencial da pilha.

Resolução:

Item a) Equação química que corresponde ao funcionamento do sistema eletroquímico: $Zn_{(sólido)} + Cu^{+2}{}_{(aquoso)} \rightleftarrows Zn^{+2}{}_{(aquoso)} + Cu_{(sólido)}$

Semirreação que ocorre no ânodo: $Zn_{(sólido)} \rightleftarrows Zn^{+2}{}_{(aquoso)}$ + 2 elétrons
Semirreação que ocorre no cátodo: $Cu^{+2}{}_{(aquoso)}$ + 2 elétrons $\rightleftarrows Cu_{(sólido)}$
Agente redutor: Zinco metálico
Agente oxidante: Cobre aquoso

Item b) Cálculo do potencial-padrão célula galvânica para T = 25°C, a partir da variação da energia livre de Gibbs padrão:

$$-2 \text{ x F x } E^0_{total} = -2 \text{ x F x } (+0{,}34) + [-2 \text{ x F x } (+0{,}76)]$$

$$E^0_{total} = +0{,}34 + 0{,}76 = +1{,}10 \text{ V}$$

Cálculo do potencial-padrão fora do estado padrão, a partir da aplicação da equação de Nernst:

$$E = E^{\circ} - \frac{R \times T}{n \times F} \times \ln \frac{\overbrace{a_{Cu}}^{1} \times [Zn^{+2}]}{\underbrace{a_{Zn}}_{1} \times [Cu^{+2}]}$$

$$E = +1{,}10 - \frac{8{,}314 \times 298}{2 \times 96500} \times \ln \frac{0{,}050}{5{,}0} = +1{,}16\ V$$

Item c) Sim, é possível sim a construção de uma pilha de Daniell, uma vez que essa célula de concentração gera uma diferença de potencial fora do estado padrão, mesmo com o potencial-padrão sendo igual a zero.

Questão 183

(PROCESSO SELETIVO PARA INGRESSO - MESTRADO E DOUTORADO - UNIVERSIDADE FEDERAL DE SANTA CATARINA) Considere a pilha de Daniell, representada esquematicamente na figura abaixo, e forneça resposta aos itens subsequentes.

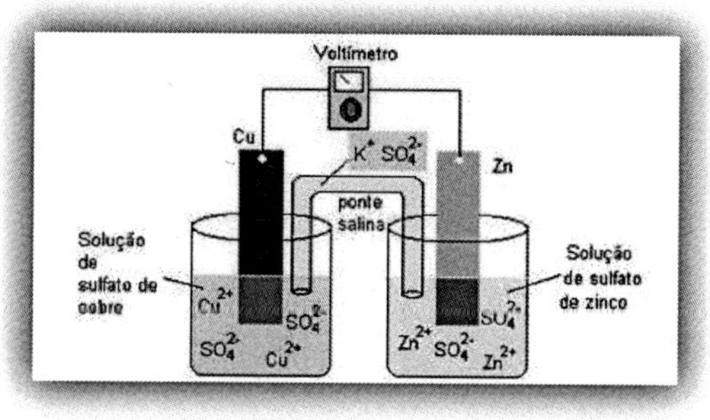

Semirreação de redução	E° (V)
$Cu^{+2}_{(aq)} + 2e^{-} \rightleftarrows Cu_{(s)}$	+ 0,34
$Zn^{+2}_{(aq)} + 2e^{-} \rightleftarrows Cu_{(s)}$	- 0,76

(a) Identifique em qual eletrodo (Cu ou Zn) ocorrerá oxidação. Justifique.
(b) Escreva a equação global da pilha de Daniell e calcule o seu potencial elétrico padrão.
(c) Calcule o valor da constante de equilíbrio da reação descrita no item (b) a partir da Equação de Nernst.
(d) Explique a importância da ponte salina para o funcionamento da pilha.

Resolução:

Item a) Organizando as semirreações do processo eletroquímico:

Semirreação que ocorre no ânodo (oxidação): $Zn_{(sólido)} \rightleftarrows Zn^{+2}_{(aquoso)}$ + 2 elétrons
Semirreação que ocorre no cátodo (redução): $Cu^{+2}_{(aquoso)}$ + 2 elétrons $\rightleftarrows Cu_{(sólido)}$
Agente redutor: Zinco metálico
Agente oxidante: Cobre aquoso

Item b) Equação química que corresponde ao funcionamento do sistema eletroquímico: $Zn_{(sólido)} + Cu^{+2}_{(aquoso)} \rightleftarrows Zn^{+2}_{(aquoso)} + Cu_{(sólido)}$.

Cálculo do potencial-padrão célula galvânica, para T = 25°C:

$$-2 \times F \times E^{0}_{total} = -2 \times F \times (+0{,}34) + [-2 \times F \times (+0{,}76)]$$

$$E^{0}_{total} = +0{,}34 + 0{,}76 = +1{,}10\ V$$

Item c) Cálculo da constante de equilíbrio, a partir da aplicação da equação de Nernst.

$$E = E^{\circ} - \frac{R \times T}{n \times F} \times \ln \frac{\overbrace{a_{Cu}}^{1} \times [Zn^{+2}]}{\underbrace{a_{Zn}}_{1} \times [Cu^{+2}]}$$

Para a determinação da constante de equilíbrio, o potencial fora do estado padronizado, deve ser igual a zero (E = 0), logo: $Q = K_{eq}$.

$$0 = +1{,}10 - \frac{8{,}314 \times 298}{2 \times 96500} \times \ln K_{eq}$$

$$\frac{8{,}314 \times 298}{2 \times 96500} \times \ln K_{eq} = 1{,}10$$

$$\ln K_{eq} = 85{,}69$$

$$K_{eq} = e^{+85{,}69}$$

Item d) Ponte salina consiste num tubo em formato de U preenchido com um gel contendo alta concentração de KNO_3 (ou outro eletrólito que não afete a célula eletroquímica, tal como o KCl). As extremidades da ponte salina são cobertas com placas de vidro poroso, que permitem a difusão dos íons, mas minimizam a mistura da solução de dentro com a solução de fora da ponte. O objetivo de uma ponte salina é manter a eletroneutralidade da célula elétrica (fazer com que não exista nenhum excesso de carga elétrica de um determinado sinal em qualquer região da célula eletroquímica.

Questão 184

(PROGRAMA DE PÓS-GRADUAÇÃO EM QUÍMICA APLICADA - MESTRADO - UNIVERSIDADE ESTADUAL DE PONTA GROSSA) Calcule o valor de E° da reação redox: $F_{2(g)} + S^{2-}_{(aq)} \longrightarrow 2F^{-}_{(aq)} + S_{(s,\ rômb.)}$.

Dados: Tabela 1 - Valores das energias de Gibbs-padrão de formação.

Espécie química	$F_{2(g)}$	$S^{-2}_{(aq)}$	$F^{-}_{(aq)}$	S(s, rômbico)
G°f	0	+ 85,8	-278,79	0

Resolução: Primeiramente, será necessário calcular a variação da energia livre de Gibbs reacional, conforme será apresentado a seguir, a partir da equação iônica.

Equação iônica: $F_{2(gás)} + S^{2-}_{(aquoso)} \longrightarrow 2F^{-}_{(aquoso)} + S_{(sólido,\ rômbico)}$

$$\Delta G^{0}_{reação} = 2 \times G^{0}_{F^-} + 1 \times G^{0}_{S} - \left[1 \times G^{0}_{F_2} + 1 \times G^{0}_{S^{-2}}\right]$$

$$\Delta G^{0}_{reação} = 2 \times (-278{,}79) + 1 \times 0 - [1 \times 0 + 1 \times 85{,}8]$$

$$\Delta G^{0}_{reação} = -643{,}38\ kJ$$

Processo eletroquímico espontâneo.

Determinação do potencial-padrão para o sistema eletroquímico: $\Delta G_{eletroquímico} = -n \times F \times E^{0}_{total}$

$$-643380 = -2 \times 96500 \times E^{0}_{total}$$

$$E^{0}_{total} = \frac{-643380}{-193000} = +3{,}33\ V$$

Observação: este valor de potencial-padrão, equivale um sisteme eletroquímico de uma célula galvânica.

Questão 185

(PROGRAMA DE PÓS-GRADUAÇÃO EM QUÍMICA APLICADA – MESTRADO – UNIVERSIDADE ESTADUAL DE PONTA GROSSA) Explique por que o potencial-padrão de redução da semirreação $Cu^{2+} \longrightarrow Cu$ é igual a + 0,35 V, apesar dos potenciais das semirreações $Cu^{2+} \longrightarrow Cu^{+}$ e $Cu^{+} \longrightarrow Cu$ serem, respectivamente, iguais a + 0,15 V e + 0,50 V.

Resolução: Organizando as semirreações de redução, apresentadas pelo enunciado da questão.

$Cu^{+2}_{(aquoso)} + 2\ \text{elétrons} \rightarrow Cu_{(sólido)}$ $E^0 = +0{,}35\ V$ (Equação de redução 1)

$Cu^{+2}_{(aquoso)} + 1\ \text{elétrons} \rightarrow Cu^{+}_{(aquoso)}$ $E^0 = +0{,}15\ V$ (Equação de redução 2) $\Delta G^0_2 = -1\ x\ F\ x\ (+\ 0{,}15)$

$Cu^{+}_{(aquoso)} + 1\ \text{elétrons} \rightarrow Cu_{(sólido)}$ $E^0 = +0{,}50\ V$ (Equação de redução 3) $\Delta G^0_3 = -1\ x\ F\ x\ (+\ 0{,}50)$

Para a determinação do potencial de redução da primeira equação, será necessário somar as equações de redução (2) e (3):

$Cu^{+2}_{(aquoso)} + 1\ \text{elétrons} \rightarrow \cancel{Cu^{+}_{(aquoso)}}$ $E^0 = +0{,}15\ V$ (Equação de redução 2) $\Delta G^0_2 = -1\ x\ F\ x\ (+\ 0{,}15)$

$\cancel{Cu^{+}_{(aquoso)}} + 1\ \text{elétrons} \rightarrow Cu_{(sólido)}$ $E^0 = +0{,}50\ V$ (Equação de redução 3) $\Delta G^0_3 = -1\ x\ F\ x\ (+\ 0{,}50)$ +

$Cu^{+2}_{(aquoso)} + 2\ \text{elétrons} \rightarrow Cu_{(sólido)}$ $\Delta G^0_3 = -2\ x\ F\ x\ E^0_{total}$

Cálculo do potencial-padrão para o sistema eletroquímico:

$$-2\ x\ \cancel{F}\ x\ E^0_{total} = -1\ x\ \cancel{F}\ x\ (+\ 0{,}15) + [-1\ x\ \cancel{F}\ x\ (+\ 0{,}50)]$$

$$E^0_{total} = +\ 0{,}325\ V$$

Questão 186

(PROGRAMA DE PÓS-GRADUAÇÃO EM QUÍMICA MESTRADO E DOUTORADO – UNIVERSIDADE DO ESTADO DO RIO DE JANEIRO - INSTITUTO DE QUÍMICA) O potencial-padrão de um eletrodo de zinco é -0,76 V e o potencial-padrão da célula $Zn_{(s)}$ | $Zn^{2+}_{(aq)}$ || $Sn^{4+}_{(aq)}$, $Sn^{2+}_{(aq)}$ | $Pt_{(s)}$ é 0,91 V. Qual é o potencial-padrão do eletrodo Sn^{4+}/Sn^{2+}?

Resolução: Para a determinação do potencial-padrão de redução do estanho, primeiramente será necessário organizar os dados referentes ao enunciado da questão.

Semirreação que ocorre no ânodo (oxidação): $Zn_{(sólido)} \rightleftarrows Zn^{+2}_{(aquoso)} + 2$ elétrons

Semirreação que ocorre no cátodo (redução): $Sn^{+4}_{(aquoso)} + 2$ elétrons $\rightleftarrows Sn^{+2}_{(aquoso)}$

Equação química que corresponde ao funcionamento do sistema eletroquímico: $Zn_{(sólido)} + Sn^{+4}_{(aquoso)} \rightleftarrows Zn^{+2}_{(aquoso)} + Sn^{+2}_{(aquoso)}$

Cálculo do potencial-padrão da célula de estanho, para T = 25°C: $E^0_{total} = E^0_{cátodo} - E^0_{ânodo}$

$$+0{,}91\ V = E^0_{cátodo} - (-\ 0{,}76\ V)$$

$$E^0_{cátodo} = +0{,}91\ V - 0{,}76\ V = +0{,}15\ V$$

Questão 187

(EXAME DE SELEÇÃO PARA O PROGRAMA DE PÓS-GRADUAÇÃO EM QUÍMICA NA UNIVERSIDADE FEDERAL DO CEARÁ – PPGQ-UFC) O cromo é frequentemente galvanizado em outros metais e até mesmo em plásticos para produzir uma aparência metálica brilhante. Quantos gramas de cromo seriam depositados a partir de uma solução de $Cr(NO_3)_3$ quando 10 ampéres de corrente elétrica fluem através da célula eletrolítica por 2,70 horas?

Resolução:

Equação química de dissociação do nitrato de cromo III: $Cr(NO_3)_{3(aquoso)} \rightarrow Cr^{+3}_{(aquoso)} + 3NO^{-}_{3(aquoso)}$

Semirreação de redução que ocorre no cátodo no processo da eletrólise: $Cr^{+3}_{(aquoso)} + 3\ \text{elétrons} \rightarrow Cr_{(sólido)}$

Cálculo da massa de cromo depositada no cátodo do processo eletroquímico, conforme pode ser observado na seguinte regra de três.

52,0 gramas de cromo ------------- 3 mol de elétrons x 96500 C x mol^{-1}
Massa de cromo -------------------- [(2,70 h x 3600 s x h^{-1}) x 10 A]

$$\text{Massa de cromo} = \frac{52{,}0 \text{ x } 2{,}70 \text{ x } 3600 \text{ x } 10{,}0}{3 \text{ x } 96500} = 17{,}46 \text{ g}$$

Questão 188

(EXAME DE SELEÇÃO PARA O PROGRAMA DE PÓS-GRADUAÇÃO EM QUÍMICA NA UNIVERSIDADE FEDERAL DO CEARÁ – PPGQ-UFC) No aparelho para recarga de celulares há a seguinte informação: “saída 5,0 V e 2,0 A”. Em um dado momento, seu aparelho informa que a bateria possui apenas 11% de carga. Sabendo que uma bateria de celular possui 0,245 g de Lítio (Li), quanto tempo, em horas, levará para que esteja com 100% de carga novamente?

Resolução: Semirreação de redução que ocorre no cátodo: $Li^{+}_{(aquoso)} + 1\ \text{elétrons} \rightarrow Li_{(sólido)}$

Se a bateria apresenta 11% de carga, significa afirmar que já foram utilizados 89%.

Cálculo da massa de lítio metálico, correspondente a 89%.

0,245 gramas de lítio ----------- 100%
Massa de lítio --------------------- 89%
Massa de lítio = 0,218 g

Cálculo do tempo necessário para que a carga apresente 100% carregado.

7,0 gramas de lítio ----------------------- 1 mol de elétrons x 96500 C x mol^{-1}
0,218 gramas de lítio -------------------- [2,0 x tempo]

$$\text{tempo} = \frac{0{,}218 \text{ x } 1{,}0 \text{ x } 96500}{14{,}0} = 1502{,}99 \text{ s}$$

Convertendo o tempo em horas: $\text{tempo} = 1502{,}99 \text{ s x} \frac{1 \text{ hora}}{3600 \text{ s}} = 0{,}417 \text{ h}$

Questão 189

(EXAME DE SELEÇÃO PARA O PROGRAMA DE PÓS-GRADUAÇÃO EM QUÍMICA NA UNIVERSIDADE FEDERAL DO CEARÁ – PPGQ-UFC) A reação $H_{2(g)} + 2AgCl_{(s)} \rightarrow 2Ag_{(s)} + 2H^{+}_{(aq)} + 2Cl^{-}_{(aq)}$ acontece em uma célula eletroquímica a 25°C, com a pressão do $H_{2(g)}$ igual a 1 bar e com as concentrações de $H^{+}_{(aq)}$ e $Cl^{-}_{(aq)}$ iguais a 0,01 mol L^{-1}. A partir destas informações e dos dados termodinâmicos listados no quadro abaixo, calcule a voltagem da célula.

Espécie	Energia de Gibbs-padrão de formação (ΔrG°) / kJ mol^{-1}
$AgCl_{(s)}$	-109,7
$Cl^{-}_{(aq)}$	- 131,5

Resolução:

Equação química: $H_{2(gás)} + 2AgCl_{(sólido)} \rightarrow 2Ag_{(sólido)} + 2H^{+}_{(aquoso)} + 2Cl^{-}_{(aquoso)}$

Para a resolução do problema, será necessário, primeiramente, calcular a variação da energia livre de Gibbs-padrão da reação química:

$$\Delta G^0_{\text{reação}} = 2 \text{ x } (G^0_{Ag}) + 2 \text{ x } (G^0_{H^+}) + 2 \text{ x } (G^0_{Cl^-}) - [1 \text{ x } (G^0_{H_2}) + 2 \text{ x } (G^0_{AgCl})]$$

$$\Delta G^0_{\text{reação}} = 2 \text{ x } 0 + 2 \text{ x } 0 + 2 \text{ x } (-131{,}5) - [1 \text{ x } 0 + 2 \text{ x } (-109{,}7)] = -263{,}00 + 219{,}40 = -43{,}60 \frac{kJ}{mol}$$

Cálculo do potencial-padrão para o sistema eletroquímico: $\Delta G^0_{\text{reação}} = -n \text{ x } F \text{ x } E^0_{\text{reação}}$

$$-43600 = -2 \text{ mol de elétrons x} \frac{96500 \text{ C}}{\text{mol de elétrons}} \text{x } E^0_{\text{reação}}$$

$$E^0_{\text{reação}} = +\, 0{,}226 \text{ V}$$

Cálculo do potencial fora do estado padrão, utilizando a equação de Nernst:

$$E = E^\circ - \frac{R \text{ x } T}{n \text{ x } F} \text{x} \ln \frac{\overbrace{a_{Ag}}^{1} \text{ x } [H^+]^2 \text{ x } [Cl^-]^2}{p^0_{H_2} \text{ x } \underbrace{a_{AgCl}}_{1}}$$

Substituindo os valores na equação de Nernst, temos:

$$E = 0{,}226 - \frac{8{,}314 \text{ x } 298}{2 \text{ x } 96500} \text{x} \ln \frac{\overbrace{a_{Ag}}^{1} \text{ x } [0{,}01]^2 \text{ x } [0{,}01]^2}{1{,}0 \text{ x } \underbrace{a_{AgCl}}_{1}} = \boxed{+\, 0{,}462 \text{ V}}$$

Questão 190

(EXAME DE SELEÇÃO PARA O PROGRAMA DE PÓS-GRADUAÇÃO EM QUÍMICA NA UNIVERSIDADE FEDERAL DO CEARÁ – PPGQ-UFC) Calcule a constante de equilíbrio para a reação abaixo a 25°C. $Pd^{2+}_{(aq)} + 4Cl^-_{(aq)} \rightleftharpoons PdCl_4^{2-}{}_{(aq)}$.

Dados:

$Pd^{2+}_{(aq)} + 2e^- \rightleftharpoons Pd_{(s)}$ $E^0 = 0{,}83$ V

$PdCl_4^{2-}{}_{(aq)} + 2e^- \rightleftharpoons Pd_{(s)} + 4Cl^-_{(aq)}$ $E^0 = 0{,}64$ V

Resolução: Para a determinação do potencial-padrão do sistema eletroquímico, será necessário inverter a segunda semirreação, conforme apresentado logo a seguir.

$Pd_{(sólido)} + 4Cl^-_{(aquoso)} \rightleftharpoons PdCl_4^{2-}{}_{(aquoso)} + 2e^-$ $\Delta G^0 = -2 \text{ x } F \text{ x } (-0{,}64)$

$Pd^{2+}_{(aquoso)} + 2e^- \rightleftharpoons Pd_{(sólido)}$ $\Delta G^0 = -2 \text{ x } F \text{ x } (+0{,}83)$

Somando as duas semirreações:

$\cancel{Pd_{(sólido)}} + 4Cl^-_{(aquoso)} \rightleftharpoons PdCl_4^{2-}{}_{(aquoso)} + \cancel{2e^-}$ $\Delta G^0 = -2 \text{ x } F \text{ x } (-0{,}64)$

$Pd^{2+}_{(aquoso)} + \cancel{2e^-} \rightleftharpoons \cancel{Pd_{(sólido)}}$ $\Delta G^0 = -2 \text{ x } F \text{ x } (+0{,}83)$ +

$Pd^{2+}_{(aquoso)} + 4Cl^-_{(aquoso)} \rightleftharpoons PdCl_4^{2-}{}_{(aquoso)}$

Cálculo do potencial-padrão:

$$-2 \text{ x } F \text{ x } E^0_{total} = -2 \text{ x } F \text{ x } (-0{,}64) + [-2 \text{ x } F \text{ x } (+0{,}83)]$$

$$\cancel{-2} \text{ x } \cancel{F} \text{ x } E^0_{total} = \cancel{-2} \text{ x } \cancel{F} \text{ x } (-0{,}64) + [\cancel{-2} \text{ x } \cancel{F} \text{ x } (+0{,}83)]$$

$$E^0_{total} = -0{,}64 + 0{,}83 = +0{,}19 \text{ V}$$

Determinação da constante de equilíbrio do processo eletroquímico, levando em consideração que a temperatura corresponde a 25°C (298 K): $\Delta G_{\text{eletroquímico}} = \Delta G_{\text{termodinâmico}}$

$$-2 \times 96500 \times (+0{,}19) = -8{,}314 \times (25 + 273) \times \ln K_{eq}$$

$$\ln K_{eq} = +14{,}80$$

$$K_{eq} = 2{,}68 \times 10^{+6}$$

Questão 191

(PROGRAMA DE PÓS-GRADUAÇÃO PARA MESTRADO & DOUTORADO / UNIVERSIDADE FEDERAL DE ALAGOAS) Uma das reações mais importantes para o processo de corrosão em meio ácido é $Fe_{(s)} + 2H^+_{(aq)} + \frac{1}{2}O_{2(g)} \longrightarrow Fe^{2+}_{(aq)} + H_2O_{(l)}$ Baseado na equação acima e nos dados fornecidos na tabela de potenciais de redução fornecida, responda:

a) Qual a força eletromotriz padrão da reação?

b) Qual a variação da energia livre de Gibbs-padrão da reação?

c) Qual o trabalho elétrico máximo que este sistema pode realizar nessas condições?

d) Este sistema representa melhor uma célula galvânica ou eletrolítica?

Resolução:

Item a) A partir da tabela de potencial de redução padrão, apresentado nesta obra, no apêndice H.

$\frac{1}{2}O_{2(gás)} + 2H^+_{(aquoso)} + 2e^- \rightleftharpoons H_2O_{(líquido)}$	E = + 1,23 V
$Fe^{+2}_{(aquoso)} + 2e^- \rightleftharpoons Fe_{(sólido)}$	E = - 0,44 V
$2H^+_{(aquoso)} + 2e^- \rightleftharpoons H_{2(gás)}$	E = 0,00 V

Para a determinação do potencial-padrão do sistema eletroquímico apresentado, será necessário analisar primeiramente as duas primiras semirreações, invertendo a semirreação do ferro.

$\frac{1}{2}O_{2(gás)} + 2H^+_{(aquoso)} + \cancel{2e^-} \rightleftharpoons H_2O_{(líquido)}$ $\quad \Delta G^0 = -2 \times F \times (+1{,}23)$

$Fe_{(sólido)} \rightleftharpoons Fe^{+2}_{(aquoso)} + \cancel{2e^-}$ $\quad \Delta G^0 = -2 \times F \times (+0{,}44)$ +

$Fe_{(sólido)} + \frac{1}{2}O_{2(gás)} + 2H^+_{(aquoso)} \rightleftharpoons Fe^{+2}_{(aquoso)} + H_2O_{(líquido)}$

$$-2 \times F \times E_1^0 = -2 \times F \times (+1{,}23) + [-2 \times F \times (+0{,}44)]$$

$$E_1^0 = +1{,}23 + 0{,}44 = +1{,}67\ V$$

Analisando a equação iônica obtida acima com a semirreação de redução do hidrogênio.

$Fe_{(sólido)} + \frac{1}{2}O_{2(gás)} + \cancel{2H^+_{(aquoso)}} \rightleftharpoons Fe^{+2}_{(aquoso)} + H_2O_{(líquido)}$ $\quad E_1^0 = +1{,}67\ V \quad \Delta G^0 = -2 \times F \times (+1{,}67)$

$H_{2(gás)} \rightleftharpoons \cancel{2H^+_{(aquoso)}} + 2e^-$ $\quad E_2^0 = +0{,}00\ V \quad \Delta G^0 = -2 \times F \times (0{,}00)$ +

$Fe_{(sólido)} + \frac{1}{2}O_{2(gás)} + H_{2(gás)} \rightleftharpoons Fe^{+2}_{(aquoso)} + H_2O_{(líquido)}$

$$\cancel{-2 \times F} \times E_{Total}^0 = \cancel{-2 \times F} \times (+1{,}67) + [\cancel{-2 \times F} \times (+0{,}00)]$$

$$E_{Total}^0 = +1{,}67\ V$$

Item b) Cálculo da variação da energia livre de Gibbs-padrão $(\Delta G^0_{\text{eletroquímico}})$: $\Delta G^0_{\text{eletroquímico}} = -n \times F \times E^0_{Total}$

$$\Delta G^0_{\text{eletroquímico}} = -2\ \text{mol de elétrons} \times \frac{96500\ C}{\text{mol de elétrons}} \times (+1{,}67\ V)$$

$$\Delta G^0_{\text{eletroquímico}} = -322310{,}00\ J\ (-322{,}31\ kJ)$$

Item c) Cálculo do trabalho elétrico: $\Delta G^0_{\text{eletroquímico}} = -W_{\text{elétrico}}$

$$-322{,}31\ \text{kJ} = -W_{\text{elétrico}}$$

$$W_{\text{elétrico}} = +322{,}31\ \text{kJ}$$

Item d) O sistema eletroquímico se caracteriza como uma célula galvânica, uma vez que o potencial é positivo e, consequentemente, a variação da energia livre de Gibbs é negativa.

Questão 193

(PROGRAMA DE PÓS-GRADUAÇÃO EM QUÍMICA – CAMPUS SANTA MARIA) Os métodos eletroquímicos de análise podem ser subdivididos e organizados em dois grandes grupos: métodos sem a ocorrência de eletrólise (não faradaicos) e métodos com a ocorrência de eletrólise (faradaicos) durante a análise. Partindo-se dessa classificação inicial, indique os únicos pares de métodos eletroquímicos que acontecem sem a ocorrência de eletrólise durante a medida.

Resolução: Os únicos pares de métodos eletroquímicos, que ocorrem sem a ocorrência do sistema eletroquímico durante a medida, tratam-se do método da Potenciometria e da Condutometria.

Questão 194

(PROGRAMA DE PÓS-GRADUAÇÃO EM QUÍMICA - UNIVERSIDADE FEDERAL DE MATO GROSSO INSTITUTO DE CIÊNCIAS EXATAS E DA TERRA - DEPARTAMENTO DE QUÍMICA) Considere a célula galvânica abaixo, a 25°C:

$Fe_{(s)}$ | $Fe^{3+}_{(aq,\ 0,100\ molL^{-1})}$ || $Cu^{2+}_{(aq,\ 0,050\ mol\ L^{-1})}$ | $Cu_{(s)}$

Pede-se:

a) Escreva a reação global da célula.
b) Calcule o potencial-padrão da célula.
c) Calcule a energia livre de Gibbs-padrão da reação da célula.
d) Calcule o potencial da célula.
e) Calcule a constante de equilíbrio da reação da célula.

Resolução: Para a resolução deste problema, será necessário consultar o apêndice H.

Semirreações padrões de redução	E^0 (V)
$Fe^{+3}_{(\text{aquoso})} + 3e^- \rightarrow Fe_{(\text{sólido})}$	- 0,037
$Cu^{+2}_{(\text{aquoso})} + 2e^- \rightarrow Cu_{(\text{sólido})}$	+0,342

Itens a e b) Determinação da reação global que corresponde ao sistema eletroquímico de funcionamento. Multiplicando e invertendo a semirreação do ferro por dois e multiplicando a semirreação do cobre por três, temos:

$$2Fe_{(\text{sólido})} \rightarrow 2Fe^{+3}_{(\text{aquoso})} + 6e^- \quad \Delta G^0 = -6 \text{ x F x } (+\ 0{,}037)$$
$$3Cu^{+2}_{(\text{aquoso})} + 6e^- \rightarrow 3Cu_{(\text{sólido})} \quad \Delta G^0 = -6 \text{ x F x } (+\ 0{,}342)$$

Somando as duas semirreações:

$$2Fe_{(\text{sólido})} \rightarrow 2Fe^{+3}_{(\text{aquoso})} + \cancel{6e^-} \quad \Delta G^0 = -6 \text{ x F x } (+\ 0{,}037)$$
$$3Cu^{+2}_{(\text{aquoso})} + \cancel{6e^-} \rightarrow 3Cu_{(\text{sólido})} \quad \Delta G^0 = -6 \text{ x F x } (+\ 0{,}342) \qquad +$$

$$2Fe_{(\text{sólido})} + 3Cu^{+2}_{(\text{aquoso})} \rightarrow 2Fe^{+3}_{(\text{aquoso})} + 3Cu_{(\text{sólido})}$$

$$-6 \text{ x F x } E^0_{\text{total}} = -6 \text{ x F x } (+0{,}037) + [-6 \text{ x F x } (+0{,}342)]$$

$$E^0_{\text{total}} = +0{,}037 + 0{,}342 = +0{,}379\ \text{V}$$

Item c) Cálculo da variação da energia livre de Gibbs-padrão: $\Delta G_{eletroquímico} = -n \times F \times E^0_{total}$

$$\Delta G_{eletroquímico} = -6 \text{ mol de elétrons} \times \frac{96500 \text{ C}}{\text{mol de elétrons}} \times (+\ 0{,}379 \text{ V})$$

$$\Delta G_{eletroquímico} = -219441{,}00 \text{ J } (-\ 219{,}44 \text{ kJ})$$

Item d) Cálculo do potencial fora do estado padrão, a partir da aplicação da equação de Nernst.

Equação iônica que corresponde ao processo eletroquímico: $2Fe_{(sólido)} + 3Cu^{+2}_{(aquoso)} \rightarrow 2Fe^{+3}_{(aquoso)} + 3Cu_{(sólido)}$

$$E = E^{\circ} - \frac{R \times T}{n \times F} \times \ln \frac{\overbrace{a^3_{Cu}}^{1,0} \times [Fe^{+3}]^2}{\underbrace{a^2_{Fe}}_{1,0} \times [Cu^{+2}]^3}$$

Substituindo os valores na equação de Nernst, temos:

$$E = +0{,}379 - \frac{8{,}314 \times 298}{6 \times 96500} \times \ln \frac{[0{,}100]^2}{[0{,}050]^3} = \boxed{+\ 0{,}360 \text{ V}}$$

Item e) Determinação da constante de equilíbrio do processo eletroquímico, levando em consideração que a temperatura corresponde 25°C (298 K): $\Delta G_{eletroquímico} = \Delta G_{termodinâmico}$

$$-\ 6 \times 96500 \times (+0{,}379) = -8{,}314 \times (25 + 273) \times \ln K_{eq}$$

$$\ln K_{eq} = +88{,}57$$

$$K_{eq} = 2{,}92 \times 10^{+38}$$

Questão 195

(CONCURSO PÚBLICO FEDERAL - AERONÁUTICA - ENGENHARIA QUÍMICA) A Equação de Nernst, desenvolvida pelo químico e físico alemão Walther Hermann Nernst, é a relação quantitativa que permite calcular a força eletromotriz de uma pilha para concentrações de íons diferentes de uma unidade. Também é usada para cálculos em titulação de oxidação-redução. Calcule a força eletromotriz para a seguinte pilha a 25°C: Fe / Fe^{2+} (0,02 M) || Cu^{2+} (0,2 M) / Cu. Dados: potencial-padrão de redução (E^{o}_{Fe} = - 0,44 V e E^{o}_{Cu} = + 0,40 V).

a) 0,81 V
b) 0,84 V
c) 0,86 V
d) 1,13 V

Resolução: Alternativa C.

O problema leva em consideração que o processo eletroquímico é constituído por uma célula galvânica ($E^0 > 0$). Determinação da reação global que corresponde ao sistema eletroquímico de funcionamento e o cálculo do potencial eletroquímico padrão.

$$Fe_{(sólido)} \rightarrow Fe^{+2}_{(aquoso)} + 2e^- \qquad \Delta G^0 = -2 \times F \times (+\ 0{,}44)$$
$$Cu^{+2}_{(aquoso)} + 2e^- \rightarrow Cu_{(sólido)} \qquad \Delta G^0 = -2 \times F \times (+\ 0{,}40)$$

Somando as duas semirreações:

$$Fe_{(sólido)} \rightarrow Fe^{+2}_{(aquoso)} + 2e^- \qquad \Delta G^0 = -2 \times F \times (+\ 0{,}44)$$
$$Cu^{+2}_{(aquoso)} + 2e^- \rightarrow Cu_{(sólido)} \qquad \Delta G^0 = -2 \times F \times (+\ 0{,}40)\ +$$

$$Fe_{(sólido)} + Cu^{+2}_{(aquoso)} \rightarrow Fe^{+2}_{(aquoso)} + Cu_{(sólido)}$$

$$-2 \text{ x F x } E^0_{total} = -2 \text{ x F x } (+0{,}44) + [-2 \text{ x F x } (+0{,}40)]$$

$$E^0_{total} = +0{,}44 + 0{,}40 = +0{,}84 \text{ V}$$

Cálculo do potencial fora do estado padrão, a partir da aplicação da equação de Nernst, a partir da equação iônica:

$$Fe_{(sólido)} + Cu^{+2}_{(aquoso)} \rightarrow Fe^{+2}_{(aquoso)} + Cu_{(sólido)}$$

$$E = E° - \frac{R \text{ x } T}{n \text{ x } F} \text{x} \ln \frac{\overbrace{a^1_{Cu}}^{1,0} \text{ x } [Fe^{+2}]}{\underbrace{a^1_{Fe}}_{1,0} \text{ x } [Cu^{+2}]}$$

Substituindo os valores na equação de Nernst, temos:

$$E = +0{,}84 - \frac{8{,}314 \text{ x } 298}{2 \text{ x } 96500} \text{x} \ln \frac{[0{,}02]}{[0{,}20]} = \boxed{+\,0{,}869 \text{ V}}$$

Questão 196

(COLÉGIO PEDRO II - CONCURSO PÚBLICO DE PROVAS E TÍTULOS PARA PREENCHIMENTO DE CARGOS VAGOS DA CARREIRA DE MAGISTÉRIO DO ENSINO BÁSICO, TÉCNICO E TECNOLÓGICO) No conteúdo regular do ensino médio, a espontaneidade de uma reação química é comumente abordada no estudo de eletroquímica, em que reações de oxirredução com diferença de potencial eletroquímico positiva são espontâneas. Porém, é importante ressaltar que essa abordagem é um caso especial de uma análise muito mais ampla: energia livre de Gibbs (G), assunto pouco abordado nesse nível de ensino. Sabe-se que a diferença de energia livre de Gibbs se relaciona com a diferença de potencial eletroquímico. Observe a reação redox espontânea representada a seguir: $PbO_{2(s)} + SO_4^{2-}{}_{(aq)} + 2Hg_{(l)} + 4H^+_{(aq)} + 2Cl^-_{(aq)} \longrightarrow PbSO_{4(s)} + Hg_2Cl_{2(s)} + 2H_2O_{(l)}$. Dados: $E°_{red}$ Pb^{4+} / Pb^{2+} = + 1,69 V; $E°_{red}$ $Hg^+ / Hg°$ = + 0,27 V. O valor de ΔG° dessa reação, em kJ, nas condições-padrão, é:

a) −548
b) −274
c) −1,96
d) −1,42

Resolução: Alternativa B.

O problema leva em consideração que o processo eletroquímico é constituído por uma célula galvânica ($E^0 > 0$), uma vez que todas as alternativas apresentam variação da energia livre de Gibbs negativa.

$$Pb^{+4}_{(aquoso)} + 2e^- \rightarrow Pb^{+2}_{(aquoso)}$$
$$Hg^{+}_{(aquoso)} + 1e^- \rightarrow Hg_{(líquido)}$$

Determinação da reação global que corresponde ao sistema eletroquímico de funcionamento e o cálculo do potencial eletroquímico padrão. Para isto, será necessário inverter e multiplicar por dois a segunda semirreação do mercúrio.

$$Pb^{+4}_{(aquoso)} + \cancel{2e^-} \rightarrow Pb^{+2}_{(aquoso)} \quad \Delta G^0 = -2 \text{ x F x } (+\,1{,}69)$$
$$2Hg_{(líquido)} \rightarrow \cancel{2e^-} + 2Hg^{+}_{(aquoso)} \quad \Delta G^0 = -2 \text{ x F x } (-0{,}27)$$

$$Pb^{+4}_{(aquoso)} + 2Hg_{(líquido)} \rightarrow Pb^{+2}_{(aquoso)} + 2Hg^{+}_{(aquoso)}$$

$$-2 \text{ x F x } E^0_{total} = -2 \text{ x F x } (+1{,}69) + [-2 \text{ x F x } (-0{,}27)]$$

$$E^0_{total} = +1{,}69 - 0{,}27 = +1{,}42 \text{ V}$$

Cálculo da variação da energia livre de Gibbs-padrão: $\Delta G_{eletroquímico} = -n \text{ x } F \text{ x } E^0_{total}$

$$\Delta G_{eletroquímico} = -2 \text{ mol de elétrons x} \frac{96500 \text{ C}}{\text{mol de elétrons}} \text{x } (+ 1{,}42 \text{ V})$$

$$\Delta G_{eletroquímico} = -274060{,}00 \text{ J } (- 274{,}06 \text{ kJ})$$

Questão 197

(COLÉGIO PEDRO II - CONCURSO PÚBLICO DE PROVAS E TÍTULOS PARA PREENCHIMENTO DE CARGOS VAGOS DA CARREIRA DE MAGISTÉRIO DO ENSINO BÁSICO, TÉCNICO E TECNOLÓGICO) Uma pilha, por definição, é uma fonte de energia portátil, em que a partir de reações de óxido-redução converte-se energia química em energia elétrica. Dentre os fatores a seguir, qual o que não influencia no valor do potencial eletroquímico de uma pilha?

a) Ponte salina
b) Concentração dos íons em solução
c) Eletrodos
d) Temperatura

Resolução: Alternativa A.

O fator apresentado nos itens, que não influencia no potencial eletroquímico de uma pilha galvânica ($E^0 > 0$), trata-se da utilização de uma ponte salina.

Questão 198

(COLÉGIO PEDRO II - CONCURSO PÚBLICO DE PROVAS E TÍTULOS PARA PREENCHIMENTO DE CARGOS VAGOS DA CARREIRA DE MAGISTÉRIO DO ENSINO BÁSICO, TÉCNICO E TECNOLÓGICO) Na eletrólise de uma solução aquosa de sulfato de potássio, por uma corrente de 2 A, calcule a massa e o número de mols da substância produzida no cátodo em 1 hora do processo.

Resolução:

Equação de dissociação iônica da solução aquosa de sulfato de potássio: $K_2SO_{4(aquoso)} \rightarrow 2K^+_{(aquoso)} + SO^{-2}_{4(aquoso)}$

Semirreação que ocorre no cátodo: $K^+_{(aquoso)} + 1 \text{ elétron} \rightarrow K_{(sólido)}$

Cálculo da massa de potássio depositada, a partir das condições eletroquímicas apresentadas:

39,0 gramas de potássio ------------------- 1 mol de elétrons x 96500 C x mol^{-1}
Massa de potássio --------------------------- Q = (2,0 x 3600) C

$$\text{Massa de potássio} = \frac{39{,}0 \text{ x } 2 \text{ x } 3600}{96500} = 2{,}91 \text{ g}$$

Cálculo do número de mol: $n = \frac{2{,}91}{39} = 0{,}0746 \text{ mol}$

Questão 199

(CONCURSO PÚBLICO PARA DOCENTE FEDERAL - IFRJ) Uma pilha é montada, a 25°C, a partir dos seguintes eletrodos:
Eletrodo 1: Pt / $MnO_4^-{}_{(aq)}$ (0,100 mol/L) / $Mn^{+2}{}_{(aq)}$ (0,0800 mol/L)
Eletrodo 2: $Ag^+{}_{(aq)}$ (0,0500 mol/L) / $Ag_{(s)}$
Com base nessas informações e nos dados apresentados, responda a estes questionamentos.
a) Calcule a diferença de potencial da pilha, sabendo que o pH da solução no Eletrodo 1 é 5,20.
b) Calcule a constante de equilíbrio da pilha à temperatura de 25°C.

Dados: Potencial-padrão de redução à temperatura de 25°C:
MnO_4^-/ Mn^{+2} E° = +1,51 V
Ag^+ / Ag E° = +0,80 V

Resolução: A partir do enunciado da questão, temos a seguinte equação iônica na presença de um meio ácido.

$$MnO^-_{4(aquoso)} + Ag_{(sólido)} + H^+_{(aquoso)} \rightarrow Mn^{+2}_{(aquoso)} + Ag^+_{(aquoso)} + H_2O_{(líquido)}$$

A partir do balanceamento redox, redução-oxidação, a equação iônica fica da seguinte maneira:

$$MnO^-_{4(aquoso)} + 5Ag_{(sólido)} + 8H^+_{(aquoso)} \rightarrow Mn^{+2}_{(aquoso)} + 5Ag^+_{(aquoso)} + 4H_2O_{(líquido)}$$

A partir da equação iônica, o ânion permanganato é o agente oxidante, enquanto a prata metálica corresponde ao agente redutor.

Organizando as semirreações apresentadas no enunciado da questão:

$$Mn^{+7}_{(aquoso)} + 5 \text{ elétrons} \rightarrow Mn^{+2}_{(aquoso)} \qquad E^0_{redução} = +1{,}51 \text{ V}$$

$$Ag^+_{(aquoso)} + 1 \text{ elétron} \rightarrow Ag_{(sólido)} \qquad E^0_{redução} = +0{,}80 \text{ V}$$

Para a determinação do potencial-padrão do sistema eletroquímico, será necessário inverter a primeira semirreação e multiplicar a segunda por cinco.

$$Mn^{+7}_{(aquoso)} + 5 \text{ elétrons} \rightarrow Mn^{+2}_{(aquoso)} \qquad \Delta G^0 = -5 \text{ x F x } (+\ 1{,}51)$$

$$5Ag_{(sólido)} \rightarrow 5Ag^+_{(aquoso)} + 5 \text{ elétron} \qquad \Delta G^0 = -5 \text{ x F x } (-\ 0{,}80)\ +$$

$$\overline{Mn^{+7}_{(aquoso)} + 5Ag_{(sólido)} \rightarrow Mn^{+2}_{(aquoso)} + 5Ag^+_{(aquoso)}}$$

Cálculo do potencial-padrão do sistema eletroquímico:

$$-5 \text{ x F x } E^0_{total} = -5 \text{ x F x } (+1{,}51) + [-5 \text{ x F x } (-0{,}80)]$$

$$E^0_{total} = +1{,}51 - 0{,}80 = +\ 0{,}71 \text{ V}$$

Cálculo da concentração do cátion $H^+_{(aquoso)}$, a partir do potencial hidrogeniônico: $pH = -\log[H^+]$

$$5{,}20 = -\log[H^+]$$

$$[H^+] = 10^{(-5{,}20)} = 6{,}31 \text{ x } 10^{-6}\,\frac{mol}{L}$$

Cálculo do potencial fora do estado padrão, com a utilização da equação de Nernst:

Equação iônica: $MnO^-_{4(aquoso)} + 5Ag_{(sólido)} + 8H^+_{(aquoso)} \rightarrow Mn^{+2}_{(aquoso)} + 5Ag^+_{(aquoso)} + 4H_2O_{(líquido)}$

$$E = E° - \frac{R \text{ x } T}{n \text{ x } F} \text{ x } \ln \frac{[Mn^{+2}] \text{ x } [Ag^+]^5 \text{ x } \overbrace{a^4_{H_2O}}^{1,0}}{\underbrace{a^5_{Ag}}_{1,0} \text{ x } [H^+]^8 \text{ x } [MnO^-_4]^1}$$

Item a) Substituindo os valores na equação de Nernst, temos:

$$E = +0{,}71 - \frac{8{,}314 \text{ x } 298}{5 \text{ x } 96500} \text{ x } \ln \frac{0{,}0800 \text{ x } [0{,}0500]^5}{[6{,}31 \text{ x } 10^{-6}]^8 \text{ x } 0{,}100} = +0{,}296 \text{ V}$$

Item b) Cálculo da constante de equilíbrio, a partir da relação entre a variação da energia livre de gibbs eletroquímico e termodinâmico.

$$-\,5 \text{ x } 96500 \text{ x } (+0{,}296) = -8{,}314 \text{ x } (25 + 273) \text{ x} \ln K_{eq}$$

$$\ln K_{eq} = +57{,}64$$

$$K_{eq} = 1{,}08 \text{ x } 10^{+25}$$

Questão 200

(CONCURSO PÚBLICO PARA DOCENTE FEDERAL - IFRJ) Amálgama dentário é a combinação do mercúrio com uma liga contendo prata, estanho e cobre, além de zinco ou outros elementos em menores proporções. As utilizações desse tipo de amálgama na restauração de dentes apresentam duas desvantagens: a cor e o efeito de dor, causado quando acidentalmente se morde um talher de alumínio ou um pedaço de papel confeccionado com alumínio. Assim, responda ao que se questiona.

a) O exemplo descrito refere-se a uma pilha galvânica ou a uma célula eletrolítica? Justifique, identificando as reações catódica e anódica, bem como a reação global, balanceada, da pilha.

b) Faça uma distinção entre o potencial de pilha e a força eletromotriz e, logo, calcule a força eletromotriz.

c) Determine o valor da energia livre de gibbs (ΔG°), considerando as seguintes informações:

$Al^{+3} + 3e^- \longrightarrow Al_{(s)}$ E° = - 1,66 V

$Hg_2^{+2} + 2e^- \longrightarrow 2Hg_{(amálgama\ de\ Ag)}$ E° = + 0,85 V

Resolução:

Item a) O processo eletroquímico descrito refere-se a um processo de uma célula galvânica, uma vez que as situações descritas são espontâneas. Para a determinação do potencial-padrão do sistema eletroquímico, será necessário inverter e multiplicar por dois a primeira semirreação e multiplicar a segunda semirreação por três.

$2Al_{(sólido)} \rightarrow 2Al^{+3}_{(aquoso)} + 6 \text{ elétrons}$ $\Delta G^0 = -6 \text{ x F x } (+\ 1{,}66)$

$3Hg_2^{+2} + 6 \text{ elétron} \rightarrow 6Hg_{(amálgama\ de\ Ag)}$ $\Delta G^0 = -6 \text{ x F x } (+\ 0{,}85)$ +

$3Hg^{+2}_{2(aquoso)} + 2Al_{(sólido)} \rightarrow 6Hg_{(amálgama\ de\ Ag)} + 2Al^{+3}_{(aquoso)}$

Cálculo do potencial-padrão a partir da variação da energia livre de Gibbs padrão:: $\cancel{-6 \text{ x F}} \text{ x } E^0_{total} = \cancel{-6 \text{ x F}} \text{ x } (+\ 1{,}66) + [\cancel{-6 \text{ x F}} \text{ x } (+\ 0{,}85)]$

$$E^0_{total} = +\ 1{,}66 + 0{,}85 = +\ 2{,}51 \text{ V}$$

Semirreação que ocorre no ânodo: $2Al_{(sólido)} \rightarrow 2Al^{+3}_{(aquoso)} + 6 \text{ elétrons}$

Semirreação que ocorre no cátodo: $3Hg_2^{+2} + 6 \text{ elétron} \rightarrow 6Hg_{(amálgama\ de\ Ag)}$

Equação química que proporciona o funcionamento da célula galvânica:

$$3Hg_2^{+2} + 2Al_{(sólido)} \rightarrow 6Hg_{(amálgama\ de\ Ag)} + 2Al^{+3}_{(aquoso)}$$

Item b) P*otencial* de uma *pilha* ocorre pela diferença entre os *potenciais* de redução ou dos *potenciais* de oxidação dos metais presentes no dispositivo. Já com relação à *força eletromotriz, trata-se da* energia potencial por unidade de carga elétrica produzida por geradores elétricos, como baterias ou pilhas.

Item c) Cálculo da variação da energia livre de Gibbs-padrão: $\Delta G_{eletroquímico} = -n \text{ x F x } E^0_{total}$

$$\Delta G_{eletroquímico} = -6 \text{ mol de elétrons x} \frac{96500 \text{ C}}{\text{mol de elétrons}} \text{x } (+\ 2{,}51 \text{ V})$$

$$\Delta G_{eletroquímico} = -1{,}45 \text{ x } 10^{+6} \text{ J}$$

Questão 201

(PROGRAMA DE PÓS-GRADUAÇÃO EM QUÍMICA - UNIVERSIDADE ESTADUAL DO SUDOESTE DA BAHIA) Uma mistura ácida contendo H_3AsO_3 0,1500 mol L^{-1} e H_3AsO_4 0,0610 mol L^{-1} possui potencial de eletrodo de 0,494 V. Qual é o pH da solução?
$H_3AsO_{4(aq)} + 2H^+_{(aq)} + 2e^- \rightarrow H_3AsO_{3(aq)} + H_2O_{(l)}$ E° = 0,559 V

Resolução: Dados do problema:

E = + 0,494 V (fora do estado padrão)
E° = +0,559 V (estado padrão)

Equação iônica que corresponde ao funcionamento da célula galvânica: $H_3AsO_{4(aquoso)} + 2H^+_{(aquoso)} + 2e^- \rightarrow H_3AsO_{3(aquoso)} + H_2O_{(líquido)}$

Aplicando a equação de Nernst, será possível calcular a concentração do cátion $[H^+]$.

$$E = E° - \frac{R \text{ x } T}{n \text{ x } F} \text{x} \ln \frac{[H_3AsO_3]^1 \text{ x } \overbrace{a^1_{H_2O}}^{1,0}}{[H^+]^2 \text{ x } [H_3AsO_4]^1}$$

Item a) Substituindo os valores na equação de Nernst, temos:

$$0,494 = +0,559 - \frac{8,314 \text{ x } 298}{2 \text{ x } 96500} \text{x} \ln \frac{[0,150]^1}{[H^+]^2 \text{ x } [0,0610]^1}$$

$$\ln \frac{[0,150]^1}{[H^+]^2 \text{ x } [0,0610]^1} = \frac{(0,494 - 0,559) \text{ x } 2 \text{ x } 96500}{-(8,314 \text{ x } 298)}$$

$$\frac{[0,150]^1}{[H^+]^2 \text{ x } [0,0610]^1} = e^{+5,06}$$

$$[H^+] = 0,125 \frac{\text{mol}}{\text{L}}$$

Cálculo do pH: $pH = -\log[H^+]$

$$pH = -\log[0,125] = +0,903$$

Questão 202

(CONCURSO PÚBLICO PARA DOCENTE FEDERAL - IFRJ) Um aluno questionou a necessidade de reciclar latas confeccionadas com alumínio. Seu professor utilizou estes dados e desenvolveu um raciocínio que mudou a opinião do aluno.
- 1 kWh equivale a 3,60 x 106 J.
- o custo de 1 kWh é de R$ 0,52.
- 1 mol de elétrons equivale a 96500 C.
- uma célula eletrolítica para produção de alumínio opera com potencial de 4,5 V.
- para uma produção anual é de 800,0 toneladas de alumínio.

A seguir, realize o cálculo que inspirou o raciocínio do professor.

Resolução: O processo leva em consideração o sistema eletroquímico da eletrólise. Cálculo da carga de alumínio, a partir da seguinte semirreação que ocorre no cátodo.

$$Al^{+3}_{(aquoso)} + 3 \text{ elétrons } \rightarrow Al_{(sólido)}$$

$$27,0 \text{ gramas de alumínio} ---- 3 \text{ mol de elétrons x} \frac{96500 \text{ C}}{\text{mol de elétron}}$$

80,0 toneladas de alumínio – – – – Q
$Q = 8{,}58 \times 10^{+12}$ C

Cálculo do trabalho elétrico ($W_{elétrico}$): $W_{elétrico} = 8{,}58 \times 10^{+12}\ C \times 4{,}50\ V = 3{,}86 \times 10^{+13}\ J$

Cálculo do número em kWh:

1,0 kWh – – – – – $3{,}60 \times 10^{+6}$ J
X – – – – – – – – – $3{,}86 \times 10^{+13}$ J
$X = 1{,}072 \times 10^{+7}$ kWh

Cálculo do custo em reais, a partir da seguinte proporção:

1,0 kWh – – – – – – – – – – – – – R$ 0,52
$1{,}072 \times 10^{+7}$ kWh – – – – – – – – – R$
R$ = 5.575.555,55 reais

Com toda a certeza, o professor com maestria, conseguiu mudar a opinião de seu aluno, pelo altíssimo valor de custo.

Questão 203

(PROCESSO DE SELEÇÃO PARA MESTRADO E DOUTORADO - PROVA DE CONHECIMENTO EM FÍSICO-QUÍMICA – DEPARTAMENTO DE QUÍMICA / UNIVERSIDADE FEDERAL DE MINAS GERAIS) Considere o equilíbrio: $Fe^0 + 2Fe^{+3} \rightleftarrows 3Fe^{+2}$.
Se Fe^0 está em equilíbrio com uma solução Fe^{+2}, na qual a atividade de Fe^{+2} é igual a 0,100, qual é a atividade do íon Fe^{+3}?
$Fe^{+3} + 3e^- \rightleftarrows Fe^0 \qquad E^0 = -0{,}036\ V$
$Fe^{+2} + 2e^- \rightleftarrows Fe^0 \qquad E^0 = -0{,}440\ V$

Resolução: Para determinar o potencial-padrão do processo eletroquímico global, será necessário multiplicar a primeira semirreação de redução por dois e inverter e multiplicar por três a segunda semirreação, que corresponde a semirreação do cátion ferroso.

$2Fe^{+3}_{(aquoso)} + 6\ elétrons \rightleftarrows 2Al_{(sólido)} \qquad \Delta G^0 = -6 \times F \times (-0{,}036)$
$3Fe_{(sólido)} \rightleftarrows 3Fe^{+2}_{(aquoso)} + 6\ elétron \qquad \Delta G^0 = -6 \times F \times (+\,0{,}440) \qquad +$

$2Fe^{+3}_{(aquoso)} + 3Fe_{(sólido)} \rightarrow 3Fe^{+2}_{(aquoso)}$

Cálculo do potencial-padrão: $-6 \times F \times E^0_{total} = -6 \times F \times (-0{,}036) + [-6 \times F \times (+\,0{,}440)]$

$E^0_{total} = -0{,}036 + 0{,}440 = +\,0{,}404\ V$

Determinação da constante de equilíbrio do processo eletroquímico, levando em consideração que a temperatura corresponde 25°C (298 K): $\Delta G_{eletroquímico} = \Delta G_{termodinâmico}$

$-\,6 \times 96500 \times (+0{,}404) = -8{,}314 \times (25 + 273) \times \ln K_{eq}$
$\ln K_{eq} = +94{,}41$

$K_{eq} = 1{,}0 \times 10^{+41}$

Cálculo da atividade termodinâmica do cátion férrico, a partir da constante de equilíbrio.

$2Fe^{+3}_{(aquoso)} + 3Fe_{(sólido)} \rightarrow 3Fe^{+2}_{(aquoso)}$

$$K_{eq} = \frac{a^3_{Fe^{+2}}}{\underbrace{a^3_{Fe}}_{1,0} \text{ x } a^2_{Fe^{+3}}}$$

$$10^{41} = \frac{(10^{-1})^3}{a^3_{Fe} \text{ x } a^2_{Fe^{+3}}}$$

$$a_{Fe^{+3}} = 10^{-22}$$

Questão 204

(PROCESSO DE SELEÇÃO E ADMISSÃO AOS CURSOS DE MESTRADO E DE DOUTORADO - UNIVERSIDADE FEDERAL DE SANTA CATARINA) No final do século XVIII, Alessandro Volta construiu uma torre de discos de diferentes metais alternados (zinco e cobre), separados por folhas de papel embebidas numa solução de NaCl. Esse dispositivo ficou conhecido como "pilha voltaica" e foi o primeiro dispositivo de armazenamento de eletricidade. A respeito da pilha voltaica, responda as seguintes perguntas:

a) Considerando que cada conjunto de discos de Zn e Cu separados por uma solução aquosa salina é uma célula eletroquímica galvânica, que pode ser esquematizada conforme o desenho abaixo, descreva as semirreações de redução e oxidação indicando quem é o cátodo e ânodo.

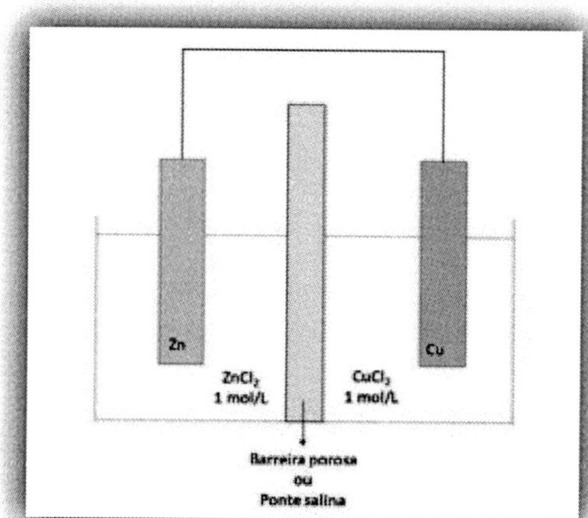

b) Calcule o potencial-padrão de uma célula da pilha voltaica.

c) Calcule a variação de energia livre padrão de uma célula da pilha voltaica.

d) Escreva a equação da constante de equilíbrio padrão em termos de concentração para uma célula da pilha voltaica e estime seu valor em 298 K.

Resolução

Item a)

Equação eletroquímica global que corresponde ao processo de funcionamento da pilha: $Cu^{2+}_{(aquoso)} + Zn_{(sólido)} \rightarrow Cu_{(sólido)} + Zn^{2+}_{(aquoso)}$

Semirreação que ocorre no cátodo (redução): $Cu^{2+}_{(aquoso)}$ + 2 elétrons $\rightarrow Cu_{(sólido)}$

Semirreação que ocorre no ânodo (oxidação): $Zn_{(sólido)} \rightarrow$ 2 elétrons + $Zn^{2+}_{(aquoso)}$

Item b) Colocando as duas semirreações em função da variação da energia livre de Gibbs:

$Zn_{(sólido)} \rightarrow Zn^{+2}_{(aquoso)} + \cancel{2e^-}$ $\quad \Delta G° = -2 \text{ x F x } (+0{,}76)$

$Cu^{+2}_{(aquoso)} + \cancel{2e^-} \rightarrow Cu_{(sólido)}$ $\quad \Delta G° = -2 \text{ x F x } (+0{,}34)$ +

$Zn_{(sólido)} + Cu^{+2}_{(aquoso)} \rightarrow Zn^{+2}_{(aquoso)} + Cu_{(sólido)}$

Cálculo do potencial-padrão do sistema eletroquímico, a partir da variação da energia livre de Gibbs padrão:

$$\cancel{-2} \times \cancel{F} \times E^0_{total} = \cancel{-2} \times \cancel{F} \times (+0{,}76) + [\cancel{-2} \times \cancel{F} \times (+\,0{,}34)]$$

$$E^0_{total} = +0{,}76 + 0{,}34 = +\,1{,}10\ V$$

Item c) Cálculo da variação da energia livre de Gibbs-padrão:

$$\Delta G_{eletroquímico} = -\ n \times F \times E^0$$

$$\Delta G_{eletroquímico} = -\ 2 \times 96500 \times (+\,1{,}10) = -212300\ J\ (-\ 212{,}30\ kJ)$$

Item d) Cálculo da constante de equilíbrio (K_{eq}):

$$\ln K_{eq} = \frac{n \times F \times E°}{R \times T}$$

$$\ln K_{eq} = \frac{2 \times 96500 \times 1{,}10}{8{,}314 \times 298} = +\,85{,}69$$

$$K_{eq} = e^{+85{,}69} = 1{,}64 \times 10^{+37}$$

Questão 205

(EXAME DE SELEÇÃO PARA O PROGRAMA DE PÓS-GRADUAÇÃO EM QUÍMICA NA UNIVERSIDADE FEDERAL DO CEARÁ – PPGQ-UFC) A partir da representação da célula eletroquímica: Pt | Ce^{4+} (0,01 mol L^{-1}), Ce^{3+} (0,01 mol L^{-1}) | | Ag^+ (0,02 mol L^{-1}) | Ag.
Esboce o desenho da célula, identifique os eletrodos, escreva as semirreações, a reação global, ponte salina, sentido de movimento dos elétrons e da corrente. Responda:
a) Qual é o valor do potencial desta célula eletroquímica e da variação da energia livre?
b) Essa célula é galvânica ou eletrolítica? Dados: $E°Ce^{4+} / Ce^{3+} = +\,1{,}44$ V; $E°Ag^+/Ag = +\,0{,}799$ V.

Resolução: Organizando as semirreações de redução apresentadas no exercício.

$$Ce^{+4}_{(aquoso)} + 1\ elétron \rightleftarrows Ce^{+3}_{(aquoso)} \qquad E^0 = +1{,}44\ V$$
$$Ag^{+}_{(aquoso)} + 1\ elétron \rightleftarrows Ag_{(sólido)} \qquad E^0 = +0{,}799\ V$$

Para a determinação do potencial-padrão do processo eletroquímico global, será necessário inverter a primeira semirreação, conforme pode ser observado a seguir.

$$Ce^{+3}_{(aquoso)} \rightleftarrows Ce^{+4}_{(aquoso)} + 1\ elétron \qquad \Delta G^0 = -1 \times F \times (-1{,}44)$$
$$Ag^{+}_{(aquoso)} + 1\ elétron \rightleftarrows Ag_{(sólido)} \qquad \Delta G^0 = -1 \times F \times (+\,0{,}779) \qquad +$$
$$Ce^{+3}_{(aquoso)} + Ag^{+}_{(aquoso)} \rightarrow\rightleftarrows Ce^{+4}_{(aquoso)} + Ag_{(sólido)}$$

Cálculo do potencial-padrão, a partir da variação da energia livre de Gibbs padrão:

$$\cancel{-1 \times F} \times E^0_{total} = \cancel{-1 \times F} \times (-1{,}44) + [\cancel{-1 \times F} \times (+\,0{,}779)]$$

$$E^0_{total} = -1{,}44 + 0{,}779 = -0{,}641\ V$$

Cálculo do potencial fora do estado padronizado, aplicando a equação de Nernst:

$$Ce^{+3}_{(aquoso)} + Ag^{+}_{(aquoso)} \rightarrow\rightleftarrows Ce^{+4}_{(aquoso)} + Ag_{(sólido)}$$

$$E = E^{\circ} - \frac{R \times T}{n \times F} \times \ln \frac{[Ce^{+4}] \times \overbrace{a_{Ag}^{1}}^{1,0}}{[Ce^{+3}] \times [Ag^{+}]}$$

Item a) Substituindo os valores na equação de Nernst, temos: $E = -\,0{,}641 - \frac{8{,}314 \times 298}{1 \times 96500} \times \ln \frac{0{,}01 \times 1{,}0}{0{,}01 \times 0{,}02} = -0{,}741\ V$

Cálculo da variação da energia livre de Gibbs: $\Delta G_{eletroquímico} = -n \times F \times E$

$$\Delta G_{eletroquímico} = -\ 1 \times 96500 \times (-0{,}741)$$
$$\Delta G_{eletroquímico} = +71506{,}50\ J$$

Item b) O sistema eletroquímico corresponde a uma célula eletrolítica, uma vez que o processo não é espontâneo.

Questão 206

(EXAME DE SELEÇÃO PARA O PROGRAMA DE PÓS-GRADUAÇÃO EM QUÍMICA NA UNIVERSIDADE FEDERAL DO CEARÁ – PPGQ-UFC) Uma célula de eletrólise que deposita ouro a partir de solução aquosa de Au^{+} opera por 15,0 minutos com uma corrente de 2,30 A. Nessas condições, podemos afirmar que a massa de ouro depositada será:
a) 4,23 g de Au
b) 3,45 g de Au
c) 5,53 g de Au
d) 4,03 g de Au
e) 0,403 g de Au

Resolução: Alternativa A.

Para a determinação da massa de ouro, será necessário realizar um cálculo estequiométrico entre a massa do metal com a carga.

Semirreação de redução que ocorre no cátodo: $Au^{+}_{(aquoso)} + 1\ elétrons \rightarrow Au_{(sólido)}$

Cálculo da massa de ouro metálico depositado, a partir da relação estequiométrica com a carga do sistema eletroquímico:

189,0 g de Au ----------------- 1 mol de elétron x 96500 C x (mol de elétron)$^{-1}$
Massa de Au ------------------ Q = (15,0 x 60 x 2,30) C
Massa de Au = 4,22 g

Questão 207

(PROVA DE ENGENHARIA QUÍMICA - AERONÁUTICA) Ao se passar uma corrente de 9,65 amperes por uma solução de $AgNO_3$, pode-se prever que o tempo necessário para que se depositem 6,48 g de prata seja aproximadamente de Dado: Ag = 108.
a) 5 minutos
b) 10 minutos
c) 30 minutos
d) 60 minutos

Resolução: Alternativa B.

Para a determinação da massa de prata, será necessário realizar um cálculo estequiométrico entre a massa do metal com a sua respectiva carga elétrica.

Equação de dissociação da solução de nitrato de prata: $AgNO_{3(aquoso)} \rightarrow Ag^{+}_{(aquoso)} + NO^{-}_{3(aquoso)}$

Semirreação de redução que ocorre no cátodo: $Ag^{+}_{(aquoso)} + 1\ elétrons \rightarrow Ag_{(sólido)}$

Cálculo do tempo em segundos, com a deposição de prata.

108,0 g de Ag ---------------- 1 mol de elétron x 96500 C x (mol de elétron)$^{-1}$
6,48 g de Ag ------------------ Q = (9,65 x tempo) C
Tempo = 600 s (10 minutos)

Questão 208

(PROVA DE ENGENHARIA QUÍMICA - AERONÁUTICA) Três cubas eletrolíticas (conforme a seguir) ligadas em série contêm, respectivamente, soluções de $AgNO_3$, $NiSO_4$ e $CrCl_3$. Depois de certo tempo de passagem de corrente, interrompe-se a eletrólise. Verifica-se que a massa de prata depositada no cátodo da primeira cuba foi igual a 0,216 g. Calcule as massas de Ni e Cr depositadas no cátodo das outras duas cubas. Dados: Massa molar da Ag = 108 g/mol; Massa molar do Cr = 52 g/mol; e Massa molar do Ni = 58,7 g/mol.

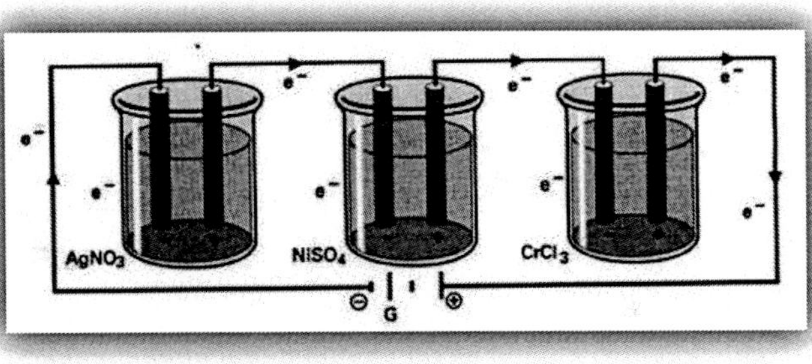

a) 0,0484 g de Ni e 0,0287 g de Cr
b) 0,0587 g de Ni e 0,0347 g de Cr
c) 0,0347 g de Ni e 0,0484 g de Cr
d) 0,0622 g de Ni e 0,0587 g de Cr

Resolução: Alternativa B.

Cabe ressaltar que as celas eletroquímicas estão ligadas em série, conforme pode ser observado na figura presente no enunciado. A partir desta observação, a carga permanece, ao longo deste sistema eletroquímico.

Analisando a primeira semirreação que corresponde à solução de nitrato de prata, para a determinação da carga em Coulomb (C).

Equação de dissociação da solução de nitrato de prata: $\mathrm{AgNO_{3(aquoso)}} \rightarrow \mathrm{Ag^{+}_{(aquoso)}} + \mathrm{NO^{-}_{3(aquoso)}}$

Semirreação de redução que ocorre no cátodo: $\mathrm{Ag^{+}_{(aquoso)}} + 1\ \text{elétrons} \rightarrow \mathrm{Ag_{(sólido)}}$

Cálculo da massa de prata metálico depositado, a partir da relação estequiométrica com a constante de Faraday:

108,0 g de Ag ------------------ 1 mol de elétron x 96500 C x (mol de elétron)$^{-1}$
0,216 g de Ag ------------------ Q
Q = 193 C

Analisando a segunda semirreação, que corresponde à solução de sulfato de níquel II, para a determinação da massa de níquel depositado em gramas (g).

Equação de dissociação da solução de nitrato de prata: $\mathrm{NiSO_{4(aquoso)}} \rightarrow \mathrm{Ag^{+}_{(aquoso)}} + \mathrm{NO^{-}_{3(aquoso)}}$

Semirreação de redução que ocorre no cátodo: $\mathrm{Ni^{+2}_{(aquoso)}} + 2\ \text{elétrons} \rightarrow \mathrm{Ni_{(sólido)}}$

Cálculo da massa de níquel metálico depositado, a partir da relação estequiométrica com a constante de Faraday:

58,78 g de Ni ------------------ 2 mol de elétron x 96500 C x (mol de elétron)$^{-1}$
Massa de Ni ------------------ 193 C
Massa de Ni = 0,0587 g

Analisando a terceira semirreação, que corresponde à solução de cloreto de cromo III, para a determinação da massa de cromo depositado em gramas (g).

Equação de dissociação da solução de cloreto de cromo III: $CrCl_{3(aquoso)} \rightarrow Cr^{+3}_{(aquoso)} + 3Cl^{-}_{(aquoso)}$

Semirreação de redução que ocorre no cátodo: $Cr^{+3}_{(aquoso)} + 3\ \text{elétrons} \rightarrow Cr_{(sólido)}$

Cálculo da massa de cromo metálico depositado, a partir da relação estequiométrica com a constante de Faraday:

52,0 g de Cr ------------------- 3 mol de elétron x 96500 C x (mol de elétron)$^{-1}$
Massa de Cr ------------------ 193 C
Massa de Cr = 0,0347 g

Questão 209

(PROVA ESCRITA DO CONCURSO PÚBLICO PARA O PROVIMENTO DO CARGO DE PROFESSOR EFETIVO DE ENSINO BÁSICO, TÉCNICO E TECNOLÓGICO DO INSTITUTO FEDERAL DE EDUCAÇÃO, CIÊNCIA E TECNOLOGIA DA PARAÍBA) A eletrólise é um processo muito utilizado pela indústria química, pois ela permite a obtenção de substâncias que não existem livres na natureza. Um químico fez a eletrólise do $AlCl_3$, durante 1,0 (uma) hora, fundindo-o quando a corrente do circuito é constante e igual a 10,7 A. Considerando essa situação, determine, com base na eletroquímica, a massa aproximada, em gramas, de alumínio produzida.
a) 6,4 g
b) 1,6 g
c) 4,2 g
d) 2,8 g
e) 3,6 g

Resolução: Alternativa E.

Analisando a primeira semirreação que corresponde à solução de cloreto de alumínio, para a determinação da carga em Coulomb (C).

Equação de dissociação iônica da solução aquosa de cloreto de alumínio: $AlCl_{3(aquoso)} \rightarrow Al^{+}_{(aquoso)} + 3Cl^{-}_{(aquoso)}$

Semirreação de redução que ocorre no cátodo: $Al^{+3}_{(aquoso)} + 3\ \text{elétrons} \rightarrow Al_{(sólido)}$

Cálculo da massa de alumínio metálico depositado, a partir da relação estequiométrica com a constante de faraday:

27,0 g de Al ------------------- 3 mol de elétron x 96500 C x (mol de elétron)$^{-1}$
Massa de Al ------------------ Q = (3600 x 10,7) C
Massa de Al = 3,59 g

Questão 210

(ENGENHARIA – CICLO BÁSICO – PUC-RIO) Considere a seguinte reação de oxi-redução, a 25ºC: $O_{2(g)} + 4H^{+}_{(aq)} + 4Br^{-}_{(aq)} \rightarrow 2H_2O_{(l)} + 2Br_{2(l)}$
a) Em condições-padrão a reação acima é espontânea? Justifique com cálculos.
b) Qual é o novo valor de ΔE no momento em que o pH da solução é 3,6? Nesse pH a reação será espontânea? Justifique com cálculos. (Considere que as demais espécies estejam em condições-padrão).
c) Calcule a constante de equilíbrio da reação. Dados:
$Br_{2(l)} + 2e^{-} \rightarrow 2Br^{-}_{(aq)}$ Eº = + 1,07 V
$O_{2(g)} + 4H^{+}_{(aq)} + 4e^{-} \rightarrow 2H_2O_{(l)}$ Eº = + 1,23 V

Resolução:

Item a) O processo eletroquímico será espontâneo, a partir do momento em que o potencial for positivo, ou até mesmo, quando a variação da energia livre de Gibbs for negativo. Equação química: $O_{2(gás)} + 4H^{+}_{(aquoso)} + 4Br^{-}_{(aquoso)} \rightarrow 2H_2O_{(líquido)} + 2Br_{2(líquido)}$. Para a determinação do potencial-padrão, será necessário multiplicar e inverter a primeira semirreação, conforme pode ser observado a seguir.

$4Br^-_{(aquoso)} \rightarrow 2Br_{2(líquido)} + 4e^-$ $\quad \Delta G^0 = -4 \text{ x F x } (-1{,}07)$

$O_{2(gás)} + 4H^+_{(aquoso)} \rightarrow 2Br_{2(líquido)}$ $\quad \Delta G^0 = -4 \text{ x F x } (+1{,}23)$ +

$O_{2(gás)} + 4H^+_{(aquoso)} + 4Br^-_{(aquoso)} \rightarrow 2H_2O_{(líquido)} + 2Br_{2(líquido)}$

$$\cancel{-4 \text{ x F}} \text{ x } E^0_{total} = \cancel{-4 \text{ x F}} \text{ x } (-1{,}07) + [\cancel{-4 \text{ x F}} \text{ x } (+1{,}23)]$$

$$E^0_{total} = -1{,}07 + 1{,}23 = +0{,}16 \text{ V}$$

Para este valor positivo, o processo eletroquímico é altamente espontâneo.

Item b) Cálculo da concentração da quantidade de matéria do cátion hidrogeniônico, a partir do pH: $\text{pH} = -\log[H^+]$

$$3{,}60 = -\log[H^+]$$

$$[H^+] = 10^{-3{,}60} \frac{\text{mol}}{\text{L}}$$

Cálculo do potencial fora do estado padrão, aplicando a equação de Nernst.

$$E = E° - \frac{R \text{ x } T}{n \text{ x } F} \text{ x} \ln \frac{\overbrace{a^2_{H_2O}}^{1,0} \text{ x } \overbrace{a^2_{Br_2}}^{1,0}}{[H^+]^4 \text{ x } [Br^-] \text{ x } p_{O_2}}$$

$$E = +0{,}16 - \frac{8{,}314 \text{ x } 298}{4 \text{ x } 96500} \text{ x} \ln \frac{1{,}0 \text{ x } 1{,}0}{[10^{-3{,}60}]^4 \text{ x } [1{,}0] \text{ x } 1{,}0} = -0{,}053 \text{ V}$$

Para este valor de pH, o processo torna-se não espontâneo, uma vez $E < 0$.

Item c) Determinação da constante de equilíbrio do processo eletroquímico, levando em consideração que a temperatura corresponde 25°C (298 K): $\Delta G_{eletroquímico} = \Delta G_{termodinâmico}$

$$-4 \text{ x } 96500 \text{ x } (+0{,}16) = -8{,}314 \text{ x } (25 + 273) \text{ x} \ln K_{eq}$$

$$\ln K_{eq} = +24{,}93$$

$$K_{eq} = e^{+24{,}93}$$

Questão 211

(ENGENHARIA – CICLO BÁSICO – PUC-RIO) Uma célula galvânica foi usada para determinar o pH de uma solução desconhecida. As semi-equações de redução para essa célula são dadas abaixo:

$Zn^{2+}_{(aq)} + 2e^- \rightarrow Zn_{(s)}$ $\quad E° = -0{,}763$ V

$H^+_{(aq)} + e^- \rightarrow ½ H_{2(g)}$ $\quad E° = 0$ V

a) Escreva a reação global da célula.

b) Calcule o valor da constante de equilíbrio para a reação global, a 25°C.

c) Calcule o valor de $\Delta G°$ para a reação global.

d) Calcule o pH da solução desconhecida. Considere que a concentração de $Zn^{2+}_{(aq)}$ e a pressão parcial de $H_{2(g)}$ foram mantidas nas condições de estado padrão, a 25 °C e que o valor de ΔE, nessas condições, é 0,645 V.

Resolução:

Item a) Para a determinação da reação global, será necessário inverter a primeira semirreação e multiplicar a segunda semirreação por dois, conforme pode ser observado a seguir.

$Zn_{(sólido)} \rightarrow Zn^{+2}_{(aquoso)} + 2e^-$ $\quad \Delta G^0 = -2 \text{ x F x } (+\ 0{,}763)$

$2H^+_{(aquoso)} + 2e^- \rightarrow H_{2(gás)}$ $\quad \Delta G^0 = -2 \text{ x F x } (+\ 0{,}00)$ +

$Zn_{(sólido)} + 2H^+_{(aquoso)} \rightarrow Zn^{+2}_{(aquoso)} + H_{2(gás)}$

$$\cancel{-2 \text{ x F}} \text{ x } E^0_{total} = \cancel{-2 \text{ x F}} \text{ x } (+\ 0{,}763) + [\cancel{-2 \text{ x F}} \text{ x } (+\ 0{,}00)]$$

$$E^0_{total} = +0{,}763 + 0{,}00 = +\ 0{,}763 \text{ V}$$

Para este valor positivo, o processo eletroquímico é altamente espontâneo.

Item b) Determinação da constante de equilíbrio do processo eletroquímico, levando em consideração que a temperatura corresponde a 25°C (298 K): $\Delta G_{eletroquímico} = \Delta G_{termodinâmico}$

$$-\ 2 \text{ x } 96500 \text{ x } (+0{,}763) = -8{,}314 \text{ x } (25 + 273) \text{ x } \ln K_{eq}$$

$$\ln K_{eq} = +59{,}44$$

$$K_{eq} = e^{+59{,}44}$$

Item c) Determinação da variação da energia livre de Gibbs-padrão:

$$\Delta G_{eletroquímico} = -\ 2 \text{ x } 96500 \text{ x } (+0{,}763) = -147259{,}00 \text{ J } (-147{,}26 \text{ kJ})$$

Item d) Para a determinação do valor do pH, será necessário aplicar a equação de Nernst, uma vez que as condições são diferentes das condições padrões.

$$E = E° - \frac{R \text{ x } T}{n \text{ x } F} \text{ x } \ln \frac{[Zn^{+2}] \text{ x } p_{H_2}}{[H^+]^2 \text{ x } \underbrace{a_{Zn}}_{1{,}0}}$$

Substitutindo os valores, temos:

$$E = E° - \frac{8{,}314 \text{ x } 298}{4 \text{ x } 96500} \text{ x } \ln \frac{1{,}0 \text{ x } 1{,}0}{[H^+]^2 \text{ x } \underbrace{a_{Zn}}_{1{,}0}}$$

$$0{,}645 = +0{,}763 - \frac{8{,}314 \text{ x } 298}{2 \text{ x } 96500} \text{ x } \ln \frac{1{,}0 \text{ x } 1{,}0}{[H^+]^2 \text{ x } [1{,}0] \text{ x } 1{,}0}$$

$$\ln[H^+]^{-2} = \frac{(0{,}645 - 0{,}763) \text{ x } 2 \text{ x } 96500}{-\ 8{,}314 \text{ x } 298}$$

$$[H^+]^{-2} = e^{+9{,}19}$$

$$[H^+] = 1{,}0 \text{ x } 10^{-2} \frac{\text{mol}}{\text{L}}$$

Cálculo do valor do pH: $\text{pH} = -\log[H^+]$

$$pH = -\log[10^{-2,0}] = 2,0$$

Questão 212

(PROGRAMA DE PÓS-GRADUAÇÃO EM QUÍMICA – UNIVERSIDADE FEDERAL DO ESPÍRITO SANTO) Usando os potenciais-padrão de redução das semirreações abaixo:

$O_{2(g)} + 4H^+_{(aq)} + 4e^- \rightarrow 2H_2O_{(l)}$ $\quad E° = +1,23\ V$

$Ag^+_{(aq)} + e^- \rightarrow Ag_{(s)}$ $\quad E° = +0,80\ V$

Calcule a energia livre ($\Delta G°$ em $kJ.mol^{-1}$) para a reação: $4Ag_{(s)} + O_{2(g)} + 4H^+_{(aq)} \rightarrow 4Ag^+_{(aq)} + 2H_2O_{(l)}$.

Resolução:

Para a determinação da reação global e consequentemente do potencial padrão do sistema eletroquímico, será necessário inverter a segunda semirreação e multiplicar por quatro, conforme pode ser observado a seguir:

$O_{2(gás)} + 4H^+_{(aquoso)} + 4e^- \rightarrow 2H_2O_{(líquido)}$ $\quad \Delta G^0 = -4\ x\ F\ x\ (+\ 1,23)$

$4Ag_{(sólido)} \rightarrow 4Ag^+_{(aquoso)} + 4e^-$ $\quad \Delta G^0 = -4\ x\ F\ x\ (-\ 0,80)$

Somando as duas semirreações apresentadas acima:

$O_{2(gás)} + 4H^+_{(aquoso)} + \cancel{4e^-} \rightarrow 2H_2O_{(líquido)}$ $\quad \Delta G^0 = -4\ x\ F\ x\ (+\ 1,23)$

$4Ag_{(sólido)} \rightarrow 4Ag^+_{(aquoso)} + \cancel{4e^-}$ $\quad \Delta G^0 = -4\ x\ F\ x\ (-\ 0,80)$

$O_{2(gás)} + 4H^+_{(aquoso)} + 4Ag_{(sólido)} \rightarrow 4Ag^+_{(aquoso)} + 2H_2O_{(líquido)}$

Cálculo do potencial-padrão do sistema eletroquímico, a partir da variação da energia livre de Gibbs padrão:

$$\cancel{-4\ x\ F}\ x\ E^0_{total} = \cancel{-4\ x\ F}\ x\ (+\ 1,23) + [\cancel{-4\ x\ F}\ x\ (-\ 0,80)]$$

$$E^0_{total} = +\ 1,23 - 0,80 = +\ 0,43\ V$$

Determinação da variação da energia livre de Gibbs-padrão, a partir do cálculo do potencial-padrão:

$$\Delta G_{eletroquímico} = -\ 2\ x\ 96500\ x\ (+0,43) = -82990\ J$$

Observação: Para este valor negativo da variação da energia livre de Gibbs-padrão, o sistema eletroquímico é caracterizado como sendo de uma célula galvânica.

Questão 213

(PROGRAMA DE PÓS-GRADUAÇÃO EM QUÍMICA – UNIVERSIDADE FEDERAL DO ESPÍRITO SANTO)

a) Atualmente existe uma preocupação mundial sobre meios alternativos de gerar energia. Pensando nisso, faça uma distinção clara entre uma pilha (célula galvânica) e uma célula eletrolítica. Explique:

b) Escreva as semirreações anódicas e catódicas e a reação global para a seguinte pilha: $Al_{(s)}\ |\ Al^{3+}_{(aq)}\ ||\ Sn^{2+}_{(aq)}\ |\ Sn_{(s)}$

Resolução:

Item a) A distinção entre uma pilha de Daniell, ou também conhecida como célula galvânica e uma célula eletrolítica, pode ser apresentada através da seguinte tabela apresentada a seguir.

PROPRIEDADES ELETROQUÍMICAS	CÉLULA GALVÂNICA	PROCESSO DE ELETRÓLISE
Espontaneidade	Processo espontâneo	Processo não espontâneo
Quanto ao uso de ponte salina	É utilizado	Não é utilizado
Fluxo de elétrons	Sai do ânodo para o cátodo	Sai do ânodo para o cátodo
Quanto a Polaridade	Ânodo = Polo negativo	Ânodo = Polo positivo
Diferença de potencial	Cátodo = polo positivo (E > 0)	Cátodo = polo negativo (E < 0)

Item b) Organizando as semirreações apresentadas a partir da notação eletroquímica para uma pilha.

Semirreação que ocorre no ânodo: $Al_{(sólido)} \rightarrow Al^{+3}_{(aquoso)} + 3 \text{ elétrons}$

Semirreação que ocorre no cátodo: $Sn^{+2}_{(aquoso)} + 2 \text{ elétrons} \rightarrow Sn_{(sólido)}$

Para a determinação da equação eletroquímica global, será necessário multiplicar a primeira semirreação do alumínio igual a 2 e a segunda semirreação do estanho por três.

$$2Al_{(sólido)} \rightarrow 2Al^{+3}_{(aquoso)} + \cancel{6 \text{ elétrons}}$$
$$3Sn^{+2}_{(aquoso)} + \cancel{6 \text{ elétrons}} \rightarrow 3Sn_{(sólido)} \quad +$$
$$2Al_{(sólido)} + 3Sn^{+2}_{(aquoso)} \rightarrow 2Al^{+3}_{(aquoso)} + 3Sn_{(sólido)}$$

Questão 214

(PROCESSO SELETIVO PARA O CURSO DE MESTRADO EM QUÍMICA - UNIVERSIDADE FEDERAL DO ESPÍRITO SANTO)

Sabendo que a relação entre a energia livre de Gibbs-padrão de uma reação e o seu potencial-padrão é o $\Delta G_r{}^o = - nFE$, onde n é o número de elétrons e F é a constante de Faraday. Com base nos dados abaixo,

a) calcule E° para a reação: $Cu^{2+}{}_{(aq)} + 1e^- \rightarrow Cu^+{}_{(aq)}$. E° = ?

b) A reação do item a) é espontânea?

Dados:

$Cu^{2+}{}_{(aq)} + 2e^- \rightarrow Cu_{(s)}$ E° = 0,34 V

$Cu^+ + e^- \rightarrow Cu_{(s)}$ E° = 0,522 V

Resolução

Item a) Para a determinação do potencial do sistema eletroquímico, será necessário inverter a segunda semirreação.

$$Cu_{(sólido)} \rightarrow Cu^{+1}_{(aquoso)} + 1e^- \qquad \Delta G^0 = -1 \text{ x F x } (-0{,}522)$$
$$Cu^{+2}_{(aquoso)} + 2e^- \rightarrow Cu_{(sólido)} \qquad \Delta G^0 = -2 \text{ x F x } (+0{,}34)$$

Somando as duas semirreações apresentadas acima, temos:

$$\cancel{Cu_{(sólido)}} \rightarrow Cu^{+1}_{(aquoso)} + 1e^- \qquad \Delta G^0 = -1 \text{ x F x } (-0{,}522)$$
$$Cu^{+2}_{(aquoso)} + 2e^- \rightarrow \cancel{Cu_{(sólido)}} \qquad \Delta G^0 = -2 \text{ x F x } (+0{,}34) \quad +$$
$$Cu^{+2}_{(aquoso)} + 1e^- \rightarrow Cu^{+1}_{(aquoso)}$$

Cálculo do potencial-padrão do sistema eletroquímico, caracterizado por ser um sistema eletroquímico do tipo eletrólise:

$$-1 \text{ x F x } E^0_{total} = -2 \text{ x F x } (+\,0{,}34) + [-1 \text{ x F x } (-0{,}522)]$$

$$-\,E^0_{total} = -0{,}68 + 0{,}522$$

$$E^0_{total} = +0{,}158 \text{ V}$$

Item b) Determinação da variação da energia livre de Gibbs-padrão: $\Delta G_{eletroquímico} = -\,n \text{ x F x } E^0$

$$\Delta G_{eletroquímico} = -\,1 \text{ x } 96500 \text{ x } (+\,0{,}158) = -15247 \text{ J } (-\,15{,}25 \text{ kJ})$$

Este valor de variação de energia livre de Gibbs-padrão indica que o processo é espontâneo.

Questão 215

(PROGRAMA DE PÓS-GRADUAÇÃO EM QUÍMICA – UNIVERSIDADE FEDERAL DO AMAZONAS) Uma pilha é construída com um eletrodo de cobre em uma solução de sulfato de cobre ($CuSO_4$) e um eletrodo de zinco em uma solução de sulfato de zinco ($ZnSO_4$). As semirreações ocorridas nos eletrodos são:

No eletrodo de cobre: $Cu^{2+}{}_{(aq)} + 2e^- \longrightarrow Cu_{(s)}$

No eletrodo de zinco: $Zn_{(s)} \longrightarrow Zn^{2+}{}_{(aq)} + 2e^-$

O potencial-padrão de redução do cobre (Cu^{2+}/Cu) é +0,34 V e do zinco (Zn^{2+}/Zn) é –0,76 V. Qual é o potencial da pilha, em volts?

a) –1,10 V
b) –0,42 V
c) 0,42 V
d) 1,10 V
e) 1,50 V

Resolução: Como o processo eletroquímico se caracteriza como sendo uma célula galvânica, o potencial-padrão deverá ser positivo. Com isso, será necessário inverter a semirreação do eletrodo de zinco, conforme pode ser observado a seguir.

$Cu^{2+}{}_{(aquoso)} + \cancel{2e^-} \longrightarrow Cu_{(sólido)}$	$\Delta G^0 = -2 \text{ x F x } (+0{,}34)$
$Zn_{(sólido)} \longrightarrow Zn^{+2}{}_{(aquoso)} + \cancel{2e^-}$	$\Delta G^0 = -2 \text{ x F x } (+0{,}76)$ +
$Zn_{(sólido)} + Cu^{2+}{}_{(aquoso)} \longrightarrow Cu_{(sólido)} + Zn^{+2}{}_{(aquoso)}$	$\Delta G^0 = -2 \text{ x F x } E^0_{total}$

$$-2 \text{ x } \cancel{F} \text{ x } E^0_{total} = -2 \text{ x } \cancel{F} \text{ x } (+0{,}34) + [-2 \text{ x } \cancel{F} \text{ x } (+0{,}76)]$$

$$E^0_{total} = +0{,}34 + 0{,}76 = +1{,}10 \text{ V}$$

Questão 216

(PROGRAMA DE PÓS-GRADUAÇÃO EM QUÍMICA – UNIVERSIDADE FEDERAL DO AMAZONAS) Considere a seguinte semirreação de redução que ocorre em um eletrodo de prata (Ag) em uma solução de íons prata (Ag^+): $Ag^+{}_{(aq)} + e^- \longrightarrow Ag_{(s)}$. O potencial-padrão de redução dessa semirreação é + 0,80 V. Suponha que você montou uma célula galvânica com esse eletrodo de prata e outro eletrodo padrão de hidrogênio (E° = 0,00 V) em uma solução com [Ag^+] = 0,1 mol/L e [H^+] = 1,0 mol/L, ambos a 25°C (298 K). Considerando a Equação de Nernst, qual é o potencial do eletrodo de prata em relação ao eletrodo padrão de hidrogênio (E°) nessa célula galvânica?

a) + 0,904 V
b) + 0,760 V
c) + 0,100 V
d) – 0,100 V
e) – 0,760 V

Resolução: O valor mais próximo corresponde à alternativa B.

Como o processo eletroquímico apresenta uma concentração da quantidade de matéria para o cátion prata está fora do estado padrão, será necessário aplicar a equação de Nernst. Cálculo do potencial-padrão para a célula galvânica.

$Ag^+{}_{(aquoso)} + \cancel{1e^-} \longrightarrow Ag_{(sólido)}$	$\Delta G^0 = -1 \text{ x F x } (+0{,}80)$
$\frac{1}{2} H_{2(gás)} \longrightarrow H^+{}_{(aquoso)} + \cancel{1e^-}$	$\Delta G^0 = -1 \text{ x F x } (+0{,}00)$ +
$Ag^+{}_{(aquoso)}\ \frac{1}{2} H_{2(gás)} \longrightarrow H^+{}_{(aquoso)} + Ag_{(sólido)}$	$\Delta G^0 = -1 \text{ x F x } E^0_{total}$

$$-1 \text{ x } \cancel{F} \text{ x } E^0_{total} = -1 \text{ x } \cancel{F} \text{ x } (+0{,}80) + [-1 \text{ x } \cancel{F} \text{ x } (+0{,}00)]$$

$$E^0_{total} = +0{,}80 + 0{,}00 = +0{,}80 \text{ V}$$

Aplicando a equação de Nernst, temos: $E = E° - \frac{R \text{ x } T}{n \text{ x } F} \text{ x } \ln \frac{[H^+] \text{ x } \overbrace{a_{Ag}}^{1,0}}{[Ag^+]^1 \text{ x } \underbrace{(p_{H_2})^{1/2}}_{1,0}}$

Substitutindo os valores, temos:

$$E = +0{,}80 - \frac{8{,}314 \text{ x } 298}{1 \text{ x } 96500} \text{x} \ln \frac{1{,}0 \text{ x } 1{,}0}{0{,}10 \text{ x } 1{,}0} = +0{,}741 \text{ V}$$

Questão 217

(PROGRAMA DE PÓS-GRADUAÇÃO EM QUÍMICA - UNIVERSIDADE FEDERAL DO AMAZONAS) Uma corrente de 2,40 A passa através de uma solução que contém $Cu^{2+}{}_{(aq)}$ durante 30,0 minutos, com o cobre metálico sendo depositado no cátodo. Que massa de cobre, em gramas, é depositada? Massa molar Cu = 63,55 g; Constante de Faraday = 9,6485 × 10^4 C/mol e^-.

a) 0,50 g
b) 0,71 g
c) 1,04 g
d) 1,42 g
e) 2,84 g

Resolução: Alternativa D.

Semirreação de redução que ocorre no cátodo no processo da eletrólise: $Cu^{+2}_{(aquoso)} + 2 \text{ elétrons} \rightarrow Cu_{(sólido)}$

Cálculo da massa de cromo depositada no cátodo do processo eletroquímico, conforme pode ser observado na relação estequiométrica com a constante de Faraday:

63,55 gramas de cobre ---------------- 2 mol de elétrons x 96500 C x mol^{-1}
Massa de cobre ------------------------- (30,0 x 60,0 x 2,40) = Q

$$\text{Massa de cromo} = \frac{63{,}55 \text{ x } 30 \text{ x } 60{,}0 \text{ x } 2{,}40}{2 \text{ x } 96500} = 1{,}42 \text{ g}$$

Questão 218

(PROGRAMA DE PÓS-GRADUAÇÃO EM QUÍMICA - FUNDAÇÃO UNIVERSIDADE FEDERAL DE MATO GROSSO DO SUL)
Dadas as seguintes semirreações de redução:
(a) $Fe^{2+}{}_{(aq)} + 2e^- \rightarrow Fe_{(s)}$ E^o = - 0,44 V a 298 K
(b) $2H^+{}_{(aq)} + \frac{1}{2} O_{2(g)} + 2e^- \rightarrow H_2O_{(l)}$ E^o = + 1,23 V a 298 K
Pede-se:
a) Escreva a reação global de uma célula que opera espontaneamente;
b) Escreva a notação da célula;
c) Calcule o potencial da célula à temperatura especificada;
d) Calcule o valor da função de Gibbs da reação.

Resolução:

Item a) Para a determinação da reação global e também do potencial padrão, será necessário inverter a primeira semirreação do ferro, conforme apresentado a seguir.

$Fe_{(sólido)} \rightarrow Fe^{+2}{}_{(aquoso)} + 2e^-$ $\Delta G^0 = -2 \text{ x F x } (+0{,}44)$
$2H^+{}_{(aquoso)} + \frac{1}{2} O_{2(gás)} + 2e^- \rightarrow H_2O_{(líquido)}$ $\Delta G^0 = -2 \text{ x F x } (+1{,}23)$ +

$Fe_{(sólido)} + 2H^+{}_{(aquoso)} + \frac{1}{2} O_{2(gás)} \rightarrow Fe^{+2}{}_{(aquoso)} + H_2O_{(líquido)}$

Cálculo do potencial-padrão a partir da variação da energia livre de Gibbs padrão:

$$\cancel{-2 \text{ x F}} \text{ x } E^0_{total} = \cancel{-2 \text{ x F}} \text{ x } (+0{,}44) + [\cancel{-2 \text{ x F}} \text{ x } (+1{,}23)]$$

$$E^0_{total} = +0{,}44 + 1{,}23 = +1{,}67 \text{ V}$$

Para este valor positivo, o processo eletroquímico é altamente espontâneo.

Item b) A notação da célula galvânica, fica da seguinte maneira: $Fe_{(sólido)}/Fe^{+2}_{(aquoso)} \parallel H^{+}_{(aquoso)}/H_2O_{(líquido)}$

Item c) Conforme apresentado no item a, o valor do potencial-padrão corresponde a + 1,67.

Item d) Determinação da variação da energia livre de Gibbs-padrão, a partir do potencial-padrão da célula galvânica.

$$\Delta G_{eletroquímico} = -\,2 \text{ x } 96500 \text{ x } (+\,1{,}67) = -322310{,}00 \text{ J } (-322{,}31 \text{ kJ})$$

Questão 219

(PROGRAMA DE PÓS-GRADUAÇÃO EM QUÍMICA – FUNDAÇÃO UNIVERSIDADE FEDERAL DE MATO GROSSO DO SUL) Uma célula galvânica é constituída por um eletrodo de magnésio mergulhado em uma solução 1,0 mol/L de $Mg(NO_3)_2$ e por um eletrodo de prata mergulhado em uma solução aquosa de $AgNO_3$. Sabendo que os potenciais-padrão são:

$Mg^{2+} + 2e^- \longrightarrow Mg_{(s)}$ E° = -2,37 V

$Ag^+ + e^- \longrightarrow Ag_{(s)}$ E° = 0,80 V

a) Indique o ânodo e o cátodo.

b) Escreva a reação balanceada.

c) Calcule a F.E.M.

Resolução:

Item a) Para o funcionamento da célula galvânica, segue abaixo as senirreações que ocorrem no ânodo e no cátodo.

Semirreação que ocorre no ânodo: $Mg_{(sólido)} \longrightarrow Mg^{+2}_{(aquoso)} + 2e^-$

Semirreação que ocorre no cátodo: $2Ag^{+}_{(aquoso)} + 2e^- \longrightarrow Ag_{(sólido)}$

Item b) Para a determinação da reação global e também do potencial-padrão, será necessário inverter a primeira semirreação do ferro, conforme apresentado a seguir.

$Mg_{(sólido)} \longrightarrow Mg^{+2}_{(aquoso)} + 2e^-$ $\Delta G^0 = -2 \text{ x F x } (+\,2{,}37)$

$2Ag^{+}_{(aquoso)} + 2e^- \longrightarrow Ag_{(sólido)}$ $\Delta G^0 = -2 \text{ x F x } (+\,0{,}80)$ +

$Mg_{(sólido)} + 2Ag^{+}_{(aquoso)} \longrightarrow Mg^{+2}_{(aquoso)} + Ag_{(sólido)}$

Item c) Determinação do potencial-padrão do sistema eletroquímico (célula galvânica), a partir da variação da energia livre de Gibbs padrão:

$$\cancel{-2 \text{ x F}} \text{ x } E^0_{total} = \cancel{-2 \text{ x F}} \text{ x } (+\,2{,}37) + [\cancel{-2 \text{ x F}} \text{ x } (+\,0{,}80)]$$

$$E^0_{total} = +\,3{,}17 \text{ V}$$

Questão 220

(PROGRAMA DE PÓS-GRADUAÇÃO EM QUÍMICA – UNIVERSIDADE ESTADUAL DO SUDOESTE DA BAHIA) Sobre a pilha esquematizada na figura seguinte, responda:

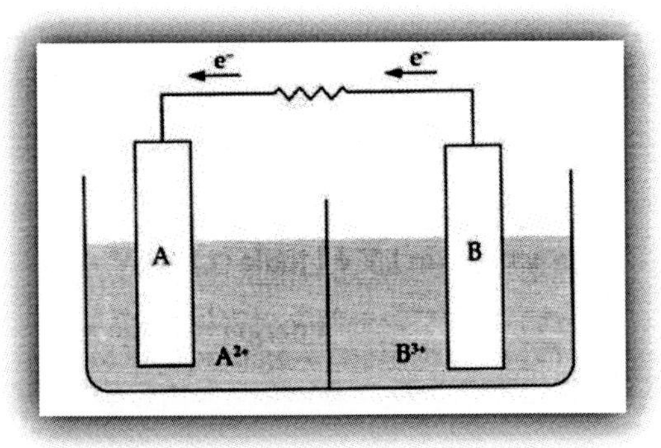

I) Qual eletrodo sofre corrosão e qual sofre deposição da espécie que está em solução? Explique.

II) O que ocorre com as concentrações das espécies B^{3+} e A^{2+}? Explique.
III) Escreva as equações das semirreações de oxidação e redução.
IV) Apresente a equação global dessa pilha.

Resolução:

Item I) Para o funcionamento de uma célula galvânica, o fluxo de elétrons sai do ânodo para o cátodo. Diante disso:
Semirreação que ocorre no ânodo: $B_{(sólido)} \longrightarrow B^{+3}_{(aquoso)} + 3e^-$
Semirreação que ocorre no cátodo: $A^{+2}_{(aquoso)} + 2e^- \longrightarrow A_{(sólido)}$

Item II) Equação iônica global: $2B_{(sólido)} + 3A^{+2}_{(aquoso)} \longrightarrow 2B^{+3}_{(aquoso)} + 3A_{(sólido)}$. A partir da equação global, que corresponde ao funcionamento do dispositivo eletroquímico apresentado na figura, a concentração da solução do compartimento que corresponde ao eletrodo B aumenta, com a liberação do cátion trivalente. Com relação ao eletrodo A, a solução fica menos concentrada e o respectivo eletrodo A aumenta de massa, fazendo com que a solução diminua de concentração.

Item III) Para o funcionamento de uma célula galvânica, o fluxo de elétrons sai do ânodo para o cátodo. Diante disso:
Semirreação que ocorre no ânodo (oxidação): $B_{(sólido)} \longrightarrow B^{+3}_{(aquoso)} + 3e^-$
Semirreação que ocorre no cátodo (redução): $A^{+2}_{(aquoso)} + 2e^- \longrightarrow A_{(sólido)}$

Item IV) Para a determinação da reação global do sistema eletroquímico, será necessário multiplicar a semirreação do ânodo por 2 e multiplicar a semirreação do cátodo por três, conforme apresentado a seguir.

Semirreação que ocorre no ânodo: $2B_{(sólido)} \longrightarrow 2B^{+3}_{(aquoso)} + 6e^-$
Semirreação que ocorre no cátodo: $3A^{+2}_{(aquoso)} + 6e^- \longrightarrow 3A_{(sólido)}$ +

$2B_{(sólido)} + 3A^{+2}_{(aquoso)} \longrightarrow 2B^{+3}_{(aquoso)} + 3A_{(sólido)}$

Questão 221

(PROGRAMA DE PÓS-GRADUAÇÃO EM QUÍMICA – UNIVERSIDADE ESTADUAL DO SUDOESTE DA BAHIA) Em relação à Eletroquímica, responda os seguintes itens:
i) Porque é necessário construir baterias?
ii) O que é uma pilha de concentração?
iii) O que é eletrólise?
iv) Defina o que é um ânodo de sacrifício.

Resolução:

Item i) Por uma série de fatores que podem ser destacados a seguir, tais como na transição energética; capacidade de armazenamento de energia; energia renovável em alta escala; energia gerada por fontes intermitentes, tais como a fotovoltaica e a energia a partir de recursos naturais, como a eólica.

Item ii) É um dispositivo eletroquímico, mais especificamente uma pilha ($E > 0$) que apresenta duas células de volume equivalente do mesmo material havendo uma diferença com relação à concentração da quantidade de matéria.

Item iii) É um processo reservado no estudo da química, mais especificamente na físico-química, que estuda o sistema eletroquímico em que a partir de uma corrente elétrica, formam as respectivas reações químicas, das quais representam o funcionamento da eletrólise. É um processo caracterizado por ser não espontâneo, ou seja, $E < 0$ e $\Delta G > 0$.

Item iv) Conforme o próprio nome apresenta, trata-se de um material, caracterizado pelo processo de oxidação (ânodo), em que técnicos, engenheiros e pessoas técnicas, instalam em tubos ou tanques para fazer um sacrifício à corrosão, ou seja, estes materiais são facilmente corroídos, de modo que podem remover a corrosão do resto do sistema.

Questão 222

(PROGRAMA DE PÓS-GRADUAÇÃO EM QUÍMICA – UNIVERSIDADE ESTADUAL DO SUDOESTE DA BAHIA) Uma célula voltaica utiliza a reação representada a seguir, a 298K: $Zn_{(s)} + Ni^{2+}_{(aq)} \longrightarrow Zn^{2+}_{(aq)} + Ni_{(s)}$.
i) Qual o potencial dessa célula sob condições-padrão?

ii) Qual o potencial dessa célula quando $[Ni^{2+}]$ = 3,00 mol L^{-1} e $[Zn^{2+}]$ = 0,10 mol L^{-1}?

Dados:

$Zn^{2+}_{(aq)} + 2e^- \rightarrow Zn_{(s)}$ $E^o = -0,76$ V

$Ni^{2+}_{(aq)} + 2e^- \rightarrow Ni_{(s)}$ $E^o = -0,25$ V

Resolução:

Item i) Para que o sistema eletroquímico venha funcionar, sendo este dispositivo uma célula galvânica, será necessário inverter a semirreação do zinco, conforme pode ser observado a seguir.

$Ni^{2+}_{(aquoso)} + \cancel{2e^-} \rightarrow Ni_{(sólido)}$	$\Delta G^0 = -2 \text{ x F x } (+0{,}25)$
$Zn_{(sólido)} \rightarrow Zn^{+2}_{(aquoso)} + \cancel{2e^-}$	$\Delta G^0 = -2 \text{ x F x } (+0{,}76)$ +
$Zn_{(sólido)} + Ni^{2+}_{(aquoso)} \rightarrow Ni_{(sólido)} + Zn^{+2}_{(aquoso)}$	$\Delta G^0 = -2 \text{ x F x } E^0_{total}$

$$-2 \text{ x } \cancel{F} \text{ x } E^0_{total} = -2 \text{ x } \cancel{F} \text{ x } (+0{,}25) + [-2 \text{ x } \cancel{F} \text{ x } (+0{,}76)]$$

$$E^0_{total} = +0{,}25 + 0{,}76 = +1{,}01 \text{ V}$$

Item ii) Equação iônica: $Zn_{(sólido)} + Ni^{2+}_{(aquoso)} \rightarrow Ni_{(sólido)} + Zn^{+2}_{(aquoso)}$

Para a determinação do potencial, nestas condições apresentadas, será necessário aplicar a equação de Nernst, conforme apresentado abaixo.

Aplicando a equação de Nernst, temos: $E = E^o - \frac{R \text{ x } T}{n \text{ x } F} \text{x} \ln \frac{[Zn^{+2}] \text{ x } \overbrace{a_{Ni}}^{1,0}}{[Ni^{+2}]^1 \text{ x } \overbrace{a_{Zn}}^{1,0}}$

Substitutindo os valores, temos:

$$E = +0{,}80 - \frac{8{,}314 \text{ x } 298}{2 \text{ x } 96500} \text{x} \ln \left[\frac{0{,}10 \text{ x } 1{,}0}{3{,}0 \text{ x } 1{,}0}\right] = +0{,}756 \text{ V}$$

Questão 223

(PROGRAMA DE PÓS-GRADUAÇÃO EM QUÍMICA – UNIVERSIDADE ESTADUAL DO SUDOESTE DA BAHIA) Desenhe uma célula voltaica completa para gerar uma corrente elétrica usando a reação representada pela equação: $Fe_{(s)} + Cu^{2+}_{(aq)} \rightarrow Cu_{(s)} + Fe^{2+}_{(aq)}$. É necessário conter: eletrodos e suas cargas, direção dos elétrons, íons em solução, ponte salina, semirreações, potencial gerado pela célula e voltímetro.

Dados:

$Cu^{2+}_{(aq)} + 2e^- \rightarrow Cu_{(s)}$ $E^o = +0,34$ V

$Fe^{2+}_{(aq)} + 2e^- \rightarrow Fe_{(s)}$ $E^o = -0,44$ V

Resolução: Para esquematizar uma célula voltaica (célula galvânica), será primeiramente necessário determinar a equação eletroquímica global e seu respectivo potencial-padrão. Para isso, será necessário inverter a semirreação de redução do ferro, conforme apresentado a seguir.

$Cu^{2+}_{(aquoso)} + \cancel{2e^-} \rightarrow Cu_{(sólido)}$	$\Delta G^0 = -2 \text{ x F x } (+0{,}34)$
$Fe_{(sólido)} \rightarrow Fe^{+2}_{(aquoso)} + \cancel{2e^-}$	$\Delta G^0 = -2 \text{ x F x } (+0{,}44)$ +
$Fe_{(sólido)} + Cu^{2+}_{(aquoso)} \rightarrow Cu_{(sólido)} + Fe^{+2}_{(aquoso)}$	$\Delta G^0 = -2 \text{ x F x } E^0_{total}$

Cálculo do potencial padrão do sistema eletroquímico, a partir da variação da energia livre de Gibbs padrão:

$$-2 \text{ x } \cancel{F} \text{ x } E^0_{total} = -2 \text{ x } \cancel{F} \text{ x } (+0{,}34) + [-2 \text{ x } \cancel{F} \text{ x } (+0{,}44)]$$

$$E^0_{total} = +0{,}34 + 0{,}44 = +0{,}78 \text{ V}$$

A figura a seguir apresenta, de maneira esquemática, o desenho de uma célula galvânica.

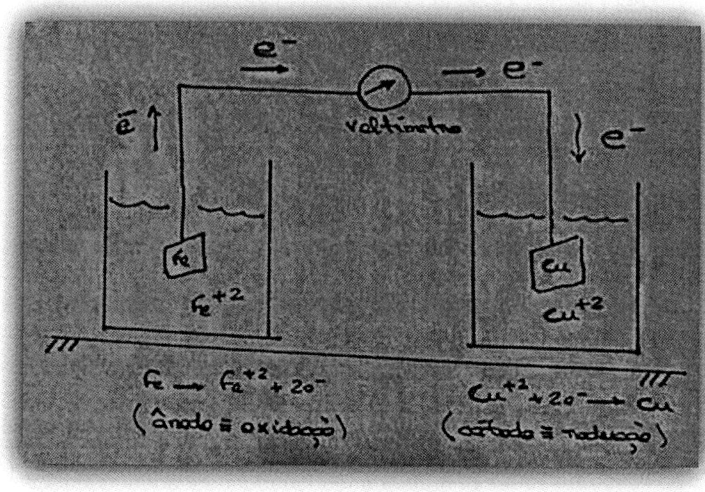

Questão 224

(UNIVERSIDADE FEDERAL DOS VALES DO JEQUITINHONHA E MUCURI DIAMANTINA – MINAS GERAIS) Uma corrente contínua de 10 Amperes é aplicada durante 15 minutos entre dois eletrodos inertes de grafite que estão imersos num sal fundido constituído de $MgCl_2$. Escreva as reações que ocorrem em cada eletrodo (cátodo e ânodo) e calcule a massa dos produtos obtida em cada eletrodo.

Resolução: O processo leva em consideração a eletrólise ígnea ou também conhecida como a eletrólise fundida.

Semirreação de dissociação iônico do cloreto de magnésio: $\mathrm{MgCl_{2(sólido)}} \rightarrow \mathrm{Mg^{+2}_{2(líquido)}} + 2\mathrm{Cl^-}$

Semirreação que ocorre no cátodo: $\mathrm{Mg^{+2}_{2(líquido)}} + 2\ \mathrm{elétrons} \rightarrow \mathrm{Mg_{(sólido)}}$

Semirreação que ocorre no ânodo: $2\mathrm{Cl^-_{(líquido)}} + 2\ \mathrm{elétrons} \rightarrow \mathrm{Cl_{2(gás)}}$

Somando as semirreações apresentadas acima:

$\mathrm{MgCl_{2(sólido)}} \rightarrow \cancel{\mathrm{Mg^{+2}_{(líquido)}}} + \cancel{2\mathrm{Cl^-_{(líquido)}}}$

$\cancel{\mathrm{Mg^{+2}_{(líquido)}}} + \cancel{2\ \mathrm{elétrons}} \rightarrow \mathrm{Mg_{(sólido)}}$

$\cancel{2\mathrm{Cl^-_{(líquido)}}} \rightarrow \mathrm{Cl_{2(gás)}} + \cancel{2\ \mathrm{elétrons}}$ +

$\mathrm{MgCl_{2(sólido)}} \rightarrow \mathrm{Mg_{(sólido)}} + \mathrm{Cl_{2(gás)}}$ (Processo característico da eletrólise ígnea do cloreto de magnésio)

Cálculo da massa de magnésio que ocorre no cátodo, conforme pode ser observado a partir da relação estequiométrica com a constante de Faraday.

24,0 gramas de magnésio ---------------- 2 mol de elétrons x 96500 C x mol^{-1}
Massa de magnésio ------------------------ (10,0 x 15,0 x 60,0) = Q

$$\text{Massa de magnésio} = \frac{24{,}0 \times 10{,}0 \times 15{,}0 \times 60{,}0}{2 \times 96500} = 1{,}12\ \mathrm{g}$$

Cálculo da massa de cloro gasoso que ocorre no ânodo, conforme pode ser observado a partir da seguinte regra de três.

71,0 gramas de cloro ----------------------- 2 mol de elétrons x 96500 C x mol^{-1}
Massa de cloro ------------------------------- (10,0 x 15,0 x 60,0) = Q

$$\text{Massa de cloro} = \frac{71{,}0 \times 10{,}0 \times 15{,}0 \times 60{,}0}{2 \times 96500} = 3{,}31\ \mathrm{g}$$

Questão 225

(PROGRAMA DE PÓS-GRADUAÇÃO EM QUÍMICA APLICADA – MESTRADO – UNIVERSIDADE ESTADUAL DE PONTA GROSSA) A notação simplificada para uma célula galvânica padrão contendo um metal X desconhecido como um dos eletrodos é mostrada a seguir:

$$\mathbf{X_{(s)}|X^{+3}\ (1\ mol\ L^{-1})||Pb^{+2}\ (1\ mol\ L^{-1})|Pb_{(s)}}$$

a) Qual o nome do componente da célula representado pelas duas barras verticais (||) neste tipo de notação? Explique o funcionamento deste componente.

b) identifique o agente oxidante na célula representada acima.

c) Um voltímetro ligado à célula dá uma leitura de 1,53 V, a 25ºC. Calcule o valor de E^0 da semirreação desconhecida, sabendo que a semirreação: $Pb^{2+} + 2e^- \rightleftharpoons Pb_{(s)}$ tem E^0 = - 0,13 V. Usando a tabela dada, identifique o metal desconhecido.

d) Escreva a equação química total balanceada para a reação que ocorre nesta célula.

Dados:

$Ag^+_{(aq)} + e^- \rightleftharpoons Ag_{(s)}$	E^o = + 0,80 V
$Co^{2+}_{(aq)} + 2e^- \rightleftharpoons Co_{(s)}$	E^o = - 0,28 V
$Al^{3+}_{(aq)} + 3e^- \rightleftharpoons Al_{(s)}$	E^o = - 1,66 V
$Cu^{2+}_{(aq)} + 2e^- \rightleftharpoons Cu_{(s)}$	E^o = + 0,34 V
$Au^{3+}_{(aq)} + 3e^- \rightleftharpoons Au_{(s)}$	E^o = + 1,40 V
$Cr^{3+}_{(aq)} + 3e^- \rightleftharpoons Cr_{(s)}$	E^o = - 0,74 V
$Ba^{2+}_{(aq)} + 2e^- \rightleftharpoons Ba_{(s)}$	E^o = - 2,91 V
$Fe^{2+}_{(aq)} + 2e^- \rightleftharpoons Fe_{(s)}$	E^o = - 0,44 V
$Cd^{2+}_{(aq)} + 2e^- \rightleftharpoons Cd_{(s)}$	E^o = - 0,40 V
$Zn^{2+}_{(aq)} + 2e^- \rightleftharpoons Zn_{(s)}$	E^o = - 0,76 V

Resolução:

Item a) A representação de duas barras em paralelo corresponde à ponte salina. Este dispositivo apresenta somente em células galvânicas. Tem como objetivo a neutralização de cargas nas soluções eletrolíticas. A ponte salina é composta por uma solução de cloreto de potássio ou nitrato de potássio, que permite a movimentação de íons entre as semicélulas, garantindo a eletroneutralidade do sistema eletroquímico estudado.

Item b) O agente oxidante do sistema eletroquímico corresponde ao cátion bivalente do chumbo $[\mathrm{Pb^{+2}_{(aquoso)}}]$.

Item c) Para a determinação do potencial eletroquímico padrão da substância desconhecida, será necessário aplicar o cálculo da variação do potencial total da célula galvânica, conforme pode ser observado a seguir.

$$\Delta \mathrm{E^0_{pilha}} = \mathrm{E^0_{cátodo}} - \mathrm{E^0_{ânodo}}$$

$$+1{,}53\ \mathrm{V} = -0{,}13 - \mathrm{E^0_{ânodo}}$$

$$\mathrm{E^0_{ânodo}} = -1{,}66\ \mathrm{V}$$

A partir da tabela fornecida no enunciado da questão, o eletrodo corresponde ao alumínio.

Item d) Equação eletroquímica que corresponde ao sistema eletroquímico (célula galvânica):

Semirreação que ocorre no ânodo: $\mathrm{X_{(sólido)} \rightarrow X^{+3}_{(aquoso)} + 3\ elétrons}$

Semirreação que ocorre no cátodo: $\mathrm{Pb^{+2}_{(aquoso)} + 2\ elétrons \rightarrow Pb_{(sólido)}}$

Para a determinação da equação eletroquímica em questão, será necessário multiplicar a semirreação do ânodo por dois e a semirreação do cátodo por três, conforme apresentado a seguir. Somando as semirreações apresentadas, temos:

Semirreação que ocorre no ânodo: $2X_{(\text{sólido})} \rightarrow 2X^{+3}_{(\text{aquoso})} + \cancel{6\ \text{elétrons}}$
Semirreação que ocorre no cátodo: $3Pb^{+2}_{(\text{aquoso})} + \cancel{6\ \text{elétrons}} \rightarrow 3Pb_{(\text{sólido})}$ +

$2X_{(\text{sólido})} + 3Pb^{+2}_{(\text{aquoso})} \rightarrow 3Pb_{(\text{sólido})} + 2X^{+3}_{(\text{aquoso})}$

Questão 226

(PROCESSO SELETIVO PARA O CURSO DE MESTRADO EM QUÍMICA – UNIVERSIDADE FEDERAL DO ESPÍRITO SANTO)
Dada a reação química não balanceada de uma pilha [$Cu_{(s)}$ / $Cu^{+2}_{(aq)}$ // $Ag^{+}_{(aq)}$ / $Ag_{(s)}$] abaixo, a 25°C, calcule a constante de equilíbrio desta pilha. Prove empregando a energia livre (ΔG°) que a reação é espontânea. Potencial-padrão de redução a 25°C:

$Cu^{2+}_{(aq)} + 2e^{-} \longrightarrow Cu_{(s)}$ E° = + 0,34 V
$Ag^{+}_{(aq)} + e^{-} \longrightarrow Ag_{(s)}$ E° = + 0,80 V

Resolução: Para a determinação da equação eletroquímica global e o valor do potencial-padrão deste sistema eletroquímico, será necessário, a partir dos dados fornecidos, inverter a semirreação do cobre e multiplicando a semirreação de prata por dois, conforme pode ser observado a seguir.

$Cu_{(\text{sólido})} \longrightarrow Cu^{2+}_{(\text{aquoso})} + \cancel{2e^{-}}$ $\Delta G^0 = -2 \text{ x F x } (-\ 0{,}34)$
$2Ag^{+}_{(\text{aquoso})} + \cancel{2e^{-}} \longrightarrow 2Ag_{(\text{sólido})}$ $\Delta G^0 = -2 \text{ x F x } (+\ 0{,}80)$ +

$Cu_{(\text{sólido})} + 2Ag^{+}_{(\text{aquoso})} \longrightarrow 2Ag_{(\text{sólido})} + Cu^{+2}_{(\text{aquoso})}$ $\Delta G^0 = -2 \text{ x F x } E^0_{\text{total}}$

$$\cancel{-2} \text{ x } \cancel{F} \text{ x } E^0_{\text{total}} = \cancel{-2} \text{ x } \cancel{F} \text{ x } (-\ 0{,}34) + [\cancel{-2} \text{ x } \cancel{F} \text{ x } (+\ 0{,}80)]$$

$$E^0_{\text{total}} = -\ 0{,}34 + 0{,}80 = +0{,}46 \text{ V}$$

Cálculo da variação da energia livre de Gibbs-padrão, a partir da seguinte relação termodinâmica eletroquímica:

$$\Delta G_{\text{eletroquímico}} = -\ 2 \text{ x } 96500 \text{ x } (+\ 0{,}46) = -88780{,}00 \text{ J } (-88{,}78 \text{ kJ})$$

Este valor, que corresponde à variação da energia livre de Gibbs-padrão, comprova a espontaneidade da célula galvânica.

Cálculo da constante de equilíbrio químico: $\Delta G_{\text{eletroquímico}} = \Delta G_{\text{termodinâmico}}$

$$-\ 88780 = -8{,}314 \text{ x } (25 + 273) \text{ x } \ln K_{eq}$$

$$\ln K_{eq} = \frac{-\ 88780}{-\ 2477{,}572}$$

$$K_{eq} = e^{+35{,}83}$$

Questão 227

(PROCESSO SELETIVO PARA O CURSO DE MESTRADO EM QUÍMICA – UNIVERSIDADE FEDERAL DO ESPÍRITO SANTO)
Calcule a variação de energia livre padrão associada à seguinte reação a 25°C. $Au_{(s)}$ + Ca^{2+} (1,0 mol L^{-1}) ⟶ Au^{3+} (1,0 mol L^{-1}) + $Ca_{(s)}$ Dado: E° (Au^{3+}/Au) = + 1,50 V; E° (Ca^{2+}/Ca) = - 2,87 V e F (Constante de Faraday) = 96500 J V^{-1} mol^{-1}.

Resolução: Conforme a equação eletroquímica apresentada será necessária inverter e multiplicar por dois a semirreação do ouro e multiplicar por três a semirreação do cálcio, conforme pode ser observado a seguir.

$2Au_{(\text{sólido})} \longrightarrow 2Au^{3+}_{(\text{aquoso})} + \cancel{6e^{-}}$ $\Delta G^0 = -6 \text{ x F x } (-\ 1{,}50)$
$3Ca^{+2}_{(\text{aquoso})} + \cancel{6e^{-}} \longrightarrow 3Ca_{(\text{sólido})}$ $\Delta G^0 = -6 \text{ x F x } (-\ 2{,}87)$ +

$2Au_{(\text{sólido})} + 3Ca^{+2}_{(\text{aquoso})} \longrightarrow 2Au^{3+}_{(\text{aquoso})} + 3Ca_{(\text{sólido})}$ $\Delta G^0 = -6 \text{ x F x } E^0_{\text{total}}$

Cálculo do potencial-padrão a partir da variação da energia livre de Gibbs padrão:

$$\cancel{-6} \times \cancel{F} \times E^0_{total} = \cancel{-6} \times \cancel{F} \times (-1{,}50) + [\cancel{-6} \times \cancel{F} \times (-2{,}87)]$$

$$E^0_{total} = -1{,}50 + [-2{,}87] = -4{,}37 \text{ V}$$

Cálculo da variação da energia livre de Gibbs-padrão, a partir da seguinte relação termodinâmica eletroquímica:

$$\Delta G_{eletroquímico} = -6 \times 96500 \times (-4{,}37) = +2{,}53 \times 10^{+6} \text{ J}$$

Este valor, que corresponde à variação da energia livre de Gibbs-padrão, comprova a não espontaneidade do processo eletroquímico.

Questão 228

(PROCESSO SELETIVO PARA O CURSO DE MESTRADO EM QUÍMICA – UNIVERSIDADE FEDERAL DO ESPÍRITO SANTO)

O processo eletroquímico para obter o magnésio utiliza o estanho. E sendo assim, com a utilização dos seguintes valores de potenciais-padrão de redução:

$Sn^{+2} + 2e^- \longrightarrow Sn_{(s)}$ $\varepsilon^o = -0{,}14$ V

$Mg^{+2} + 2e^- \longrightarrow Mg_{(s)}$ $\varepsilon^o = -2{,}37$ V

a) Escreva a reação global da célula eletroquímica.

b) Calcule o potencial da célula eletroquímica.

c) O processo será espontâneo ou não espontâneo? Justifique.

d) Calcule o ΔG^o para a reação da célula eletroquímica. Dados: 1 Coulomb = 1 Joule/Volt; F = 96500 J/V.

Resolução:

Itens a e b) O processo eletroquímico corresponde a uma célula galvânica. Para isso, será necessário inverter a semirreação de redução do magnésio, conforme pode ser observado a seguir.

$Sn_{(sólido)} \longrightarrow Sn^{2+}_{(aquoso)} + \cancel{2e^-}$ $\Delta G^0 = -2 \times F \times (+0{,}14)$

$Mg^{+2}_{(aquoso)} + \cancel{2e^-} \longrightarrow Mg_{(sólido)}$ $\Delta G^0 = -2 \times F \times (-2{,}37)$ +

$Sn_{(sólido)} + Mg^{+2}_{(aquoso)} \longrightarrow Mg_{(sólido)} + Sn^{+2}_{(aquoso)}$ $\Delta G^0 = -2 \times F \times E^0_{total}$

$$-2 \times \cancel{F} \times E^0_{total} = -2 \times \cancel{F} \times (+0{,}14) + [-2 \times \cancel{F} \times (-2{,}37)]$$

$$E^0_{total} = +0{,}14 + (-2{,}37) = -2{,}23 \text{ V}$$

Item c) A partir do potencial-padrão calculado no item anterior, sendo este valor negativo, o sistema eletroquímico representa que o processo é não espontâneo.

Item d) Cálculo da variação da energia livre de Gibbs para o processo eletroquímico.

$$\Delta G_{eletroquímico} = -2 \times 96500 \times (-2{,}23) = +430390{,}00 \text{ J } (+430{,}39 \text{ kJ})$$

Questão 229

(PROCESSO SELETIVO PARA O CURSO DE MESTRADO EM QUÍMICA – UNIVERSIDADE FEDERAL DO ESPÍRITO SANTO)

Uma célula galvânica tem numa semicélula um eletrodo de estanho imerso numa solução de Sn^{2+} 0,1 mol L^{-1} e em outra semicélula tem um eletrodo de chumbo imerso numa solução de Pb^{2+} 0,001 mol L^{-1}. As semicélulas estão unidas por uma ponte salina (tubo em U contendo KNO_3 1,0 mol L^{-1} e fechado nas extremidades com uma membrana semipermeável). Os eletrodos de Sn e Pb estão conectados a um multímetro. Para a célula galvânica pede-se:

a) Escrever as reações anódica e catódica;

b) Calcular a diferença de potencial (ΔE);

c) Calcular a energia livre de Gibbs (ΔG);

d) Faça a representação esquemática de barras da célula.

Dados:

$Pb^{2+} + 2e^- \rightleftharpoons Pb^0$ $\Delta E° = -0{,}13$ V

$Sn^{2+} + 2e^- \rightleftharpoons Sn^0$ $\Delta E° = -0{,}14$ V

Resolução: O problema leva em consideração que o sistema eletroquímico se caracteriza como uma célula galvânica. Também pode ser observado o fato da citação da ponte salina. Cabe uma observação importante: a utilização da ponte salina recai na célula galvânica e não na eletrólise.

Item b) Para a determinação da equação química eletroquímica e o potencial-padrão, será necessário inverter a semirreação de redução do estanho, conforme pode ser observado a seguir.

$Sn_{(sólido)} \longrightarrow Sn^{2+}_{(aquoso)} + \cancel{2e^-}$ $\Delta G^0 = -2 \text{ x F x } (+\,0{,}14)$

$Pb^{+2}_{(aquoso)} + \cancel{2e^-} \longrightarrow Pb_{(sólido)}$ $\Delta G^0 = -2 \text{ x F x } (-\,0{,}13)\ +$

$Sn_{(sólido)} + Pb^{+2}_{(aquoso)} \longrightarrow Sn^{2+}_{(aquoso)} + Pb_{(sólido)}$ $\Delta G^0 = -2 \text{ x F x } E^0_{total}$

Cálculo do potencial-padrão a partir da variação da energia livre de Gibbs padrão:

$$\cancel{-2} \text{ x } \cancel{F} \text{ x } E^0_{total} = \cancel{-2} \text{ x } \cancel{F} \text{ x } (+\,0{,}14) + [\cancel{-2} \text{ x } \cancel{F} \text{ x } (-\,0{,}13)]$$

$$E^0_{total} = +0{,}14 + [-\,0{,}13] = +\,0{,}01 \text{ V}$$

Como a célula galvânica apresenta condições fora do estado padrão, será necessário calcular o potencial do sistema eletroquímico a partir da aplicação de Nernst, conforme pode ser apresentado a seguir.

$Sn_{(sólido)} + Pb^{+2}_{(aquoso)}$ (0,001 mol x L^{-1}) $\longrightarrow Sn^{2+}_{(aquoso)}$ (0,1 mol x L^{-1}) + $Pb_{(sólido)}$

Equação de Nernst: $E = E° - \frac{R \text{ x } T}{n \text{ x } F} \text{x} \ln Q$

$$E = E° - \frac{R \text{ x } T}{n \text{ x } F} \text{x} \ln \left\{ \frac{[Sn^{+2}_{(aq)}]^1}{[Pb^{+2}_{(aq)}]^1} \right\}$$

$$E = +0{,}01 - \frac{8{,}314 \text{ x } (25 + 273)}{2 \text{ x } 96500} \text{x} \ln \left\{ \frac{0{,}1}{0{,}001} \right\}$$

$$E = +0{,}01 - \frac{2477{,}572}{193000} \text{x} \ln(100) = -\,0{,}0491 \text{ V}$$

Oberve que para estas condições eletroquímicas apresentadas, o processo para a set não espontâneo.

Item a)

Semirreação que ocorre no ânodo: $Sn_{(sólido)} \longrightarrow Sn^{2+}_{(aquoso)} + 2e^-$

Semirreação que ocorre no cátodo: $Pb^{+2}_{(aquoso)} + 2e^- \longrightarrow Pb_{(sólido)}$

Item c) Cálculo da variação da energia livre de Gibbs-padrão, a partir da seguinte relação termodinâmica eletroquímica:

$$\Delta G_{eletroquímico} = -\,2 \text{ x } 96500 \text{ x } (-\,0{,}0497) = +9592{,}10 \text{ J}$$

Este valor, que corresponde à variação da energia livre de Gibbs-padrão, comprova a não espontaneidade do processo eletroquímico, nas condições apresentadas no enunciado da questão.

Item d) Para as condições apresentadas, a notação da célula eletroquímica, fica da seguinte maneira:

$Pb_{(sólido)}$ / $Pb^{+2}_{(aquoso)}$ (0,001 mol x L^{-1}) // $Sn^{2+}_{(aquoso)}$ (0,1 mol x L^{-1}) / $Sn_{(sólido)}$

Questão 230

(PROCESSO SELETIVO PARA O CURSO DE MESTRADO EM QUÍMICA - UNIVERSIDADE FEDERAL DO ESPÍRITO SANTO)
Calcule o potencial-padrão (E^0) a 25°C produzido pela célula: $Pt_{(s)}$ / Fe^{+2}, $Fe^{+3}_{(aq)}$ // $Cl^-_{(aquoso)}$ / $Cl_{2(sólido)}$ / $Pt_{(s)}$. Considere:

$Fe^{+2} \rightarrow Fe^{+3}_{(aq)} + e^-$ E° = - 0,77 V
$2e^- + Cl_2 \rightarrow 2Cl^-$ E° = + 1,36 V

Indique o cátodo e o ânodo.

Resolução: Sendo o sistema eletroquímico uma célula galvânica, seu potencial é positivo, o que caracteriza um processo eletroquímico espontâneo. Para a determinação da equação eletroquímica global e o potencial-padrão que constitui o funcionamento da célula galvânica, será necessário multiplicar a primeira semirreação por dois, conforme pode ser observado a seguir:

$2Fe^{2+}_{(aquoso)} \rightarrow 2Fe^{3+}_{(aquoso)} + \cancel{2e^-}$ $\Delta G^0 = -2 \text{ x F x } (-0{,}77)$
$Cl_{2(gás)} + \cancel{2e^-} \rightarrow 2Cl^-_{(aquoso)}$ $\Delta G^0 = -2 \text{ x F x } (+\,1{,}36)$ +

$2Fe^{2+}_{(aquoso)} + Cl_{2(gás)} \rightarrow 2Fe^{3+}_{(aquoso)} + 2Cl^-_{(aquoso)}$ $\Delta G^0 = -2 \text{ x F x } E^0_{total}$

Determinação do potencial-padrão que corresponde ao funcionamento da pilha galvânica:

$$-\cancel{2} \text{ x } \cancel{F} \text{ x } E^0_{total} = -\cancel{2} \text{ x } \cancel{F} \text{ x } (-0{,}77) + [-\cancel{2} \text{ x } \cancel{F} \text{ x } (+1{,}36)]$$

$$E^0_{total} = -0{,}77 + 1{,}36 = +\,0{,}59 \text{ V}$$

Semirreação que ocorre no ânodo: $Fe^{+2}_{(aquoso)} \rightarrow Fe^{+3}_{(aquoso)} + 1 \text{ elétron}$

Semirreação que ocorre no cátodo: $Cl_{2(gás)} + 2 \text{ elétron} \rightarrow 2Cl^-_{(aquoso)}$

Questão 231

(PROCESSO SELETIVO PARA O CURSO DE MESTRADO EM QUÍMICA - UNIVERSIDADE FEDERAL DO ESPÍRITO SANTO)
Como se identifica experimentalmente qual eletrodo é o ânodo e qual é o cátodo, numa pilha galvânica comum? Pilha galvânica: $Fe^{2+}_{(aq)} + Ni_{(s)} \rightarrow Fe_{(s)} + Ni^{+2}_{(aq)}$. Justificar a resposta.

Resolução: Apresentando a equação eletroquímica que representa o funcionamento da pilha galvânica, temos:

$Fe^{2+}_{(aquoso)} + Ni_{(sólido)} \rightarrow Fe_{(sólido)} + Ni^{+2}_{(aquoso)}$

Semirreação que ocorre no ânodo: $Fe^{2+}_{(aquoso)}$ + 2 elétrons $\rightarrow Fe_{(sólido)}$

Este processo (ânodo) é observado a partir do aumento do eletrodo de ferro, conforme o andamento do processo eletroquímico.

Semirreação que ocorre no cátodo: $Ni_{(sólido)} \rightarrow$ 2 elétrons + $Ni^{+2}_{(aquoso)}$

Este processo (cátodo) é observado a partir da diminuição do eletrodo de níquel, o que caracteriza o cátodo no processo eletroquímico.

Questão 232

(PROGRAMA DE PÓS-GRADUAÇÃO EM QUÍMICA APLICADA - MESTRADO - UNIVERSIDADE ESTADUAL DE PONTA GROSSA) Duas duplas redox são representadas abaixo, com o respectivo valor do potencial de redução padrão:

$A^{2+} + 2e^- \rightarrow A$ E° = + 0,15 V
$B^+ + e^- \rightarrow B$ E° = - 0,03 V

a) Escreva a equação redox que deve ocorrer espontaneamente nas condições padrão, balanceada.
b) Qual deve ser o potencial-padrão da reação redox espontânea?

c) Qual a energia de Gibbs molar padrão da reação espontânea?
d) Qual a energia de Gibbs molar a 25°C quando a reação ocorre com as atividades de A^{2+} e de B^{+} iguais a 0,3 e 0,05, respectivamente, mantendo-se as atividades de A e B iguais a 1?

Resolução:

Item a) Sendo o sistema eletroquímico constituído por uma célula galvânica, uma vez que no item a, pede a equação espontânea de funcionamento deste sistema eletroquímico. Determinação da equação global de funcionamento e sua respectiva ddp.

$A^{2+}_{(aquoso)} + 2\text{ elétrons} \longrightarrow A_{(sólido)}$	$\Delta G^0 = -2 \text{ x F x } (+\,0{,}15)$
$2B_{(sólido)} \longrightarrow 2B^{+}_{(aquoso)} + 2\text{elétrons}$	$\Delta G^0 = -2 \text{ x F x } (+\,0{,}03)\ +$
$A^{2+}_{(aquoso)} + 2B_{(sólido)} \longrightarrow A_{(sólido)} + 2B^{+}_{(aquoso)}$	$\Delta G^0 = -2 \text{ x F x } E^0_{total}$

Item b) Determinação do potencial-padrão que corresponde ao funcionamento da pilha galvânica:

$$-\not{2} \text{ x } \not{F} \text{ x } E^0_{total} = -\not{2} \text{ x } \not{F} \text{ x } (+0{,}15) + [-\not{2} \text{ x } \not{F} \text{ x } (+0{,}03)]$$

$$E^0_{total} = +\,0{,}15 + 0{,}03 = +\,0{,}18 \text{ V}$$

Item c) Cálculo da variação da energia livre de Gibbs-padrão, a partir da seguinte relação termodinâmica eletroquímica:

$$\Delta G_{eletroquímico} = -\,2 \text{ x } 96500 \text{ x } (+\,0{,}18) = -34740{,}00 \text{ J } (-34{,}74 \text{ kJ})$$

Item c) Cálculo da variação da energia livre de Gibbs fora do estado padrão, a partir da seguinte relação termodinâmica eletroquímica.

$$\Delta G_{eletroquímico} = \Delta G^o_{eletroquímico} + \text{R x T x} \ln Q$$

$$\Delta G_{eletroquímico} = -34740{,}00 + 8{,}314 \text{ x } (25 + 273) \text{ x} \ln \frac{[B^{+}]^2 \text{ x } a_A}{[A^{+2}]^1 \text{ x } a_B^2}$$

$$\Delta G_{eletroquímico} = -34740{,}00 + 8{,}314 \text{ x } (25 + 273) \text{ x} \ln \frac{[0{,}05]^2 \text{ x } \overbrace{a_A}^{1{,}0}}{[0{,}3]^1 \text{ x } \underbrace{a_B^2}_{1{,}0}}$$

$$\Delta G_{eletroquímico} = -34740{,}00 + 8{,}314 \text{ x } (25 + 273) \text{ x} \ln \frac{[0{,}05]^2 \text{ x } \overbrace{a_A}^{1{,}0}}{[0{,}3]^1 \text{ x } \underbrace{a_B^2}_{1{,}0}}$$

$$\Delta G_{eletroquímico} = -46601 \text{ J } (-46{,}60 \text{ kJ})$$

Questão 233

(PROGRAMA DE PÓS-GRADUAÇÃO EM QUÍMICA – PPGQ – MESTRADO EM QUÍMICA APLICADA – UNIVERSIDADE DO ESTADO DE SANTA CATARINA) Processos eletroquímicos são muito presentes no nosso cotidiano, tanto que um desses processos, a invenção e aperfeiçoamento das baterias de íons lítio, foi premiado no ano passado com o prêmio Nobel de Química. Agora suponha que você dispõe de duas semicelas, que consistem de uma barra de cromo metálico imersa em uma solução 1,0 mol L^{-1} de íons Cr^{3+} (semicela 1) e de uma barra de zinco metálico imersa em solução 1,0 mol L^{-1} de íons Zn^{2+} (semicela 2). O potencial medido frente a um eletrodo padrão de hidrogênio para cada semicela é:
Semicela 1: $Cr^{3+}_{(aq)} + 3e^- \rightleftharpoons Cr_{(s)}$ $E^o = -\,0{,}74$ V
Semicela 2: $Zn^{2+}_{(aq)} + 2e^- \rightleftharpoons Zn_{(s)}$ $E^o = -\,0{,}76$ V
a) Use as semicelas 1 e 2 para montar uma pilha, de forma que a reação seja espontânea, escrevendo a reação global.
b) Responda quem é o cátodo e quem é o ânodo dessa pilha.
c) Indique qual é o fluxo dos elétrons.
d) Qual o valor do potencial dessa pilha nas condições descritas acima?
e) Qual é a energia livre dessa reação (ΔG_r)?

f) Suponha que agora o aparato é o mesmo daquele montado anteriormente, mas as concentrações das soluções não são 1,0 mol L^{-1}. Você sabe que a solução de íons Zn^{2+} tem concentração de 0,010 mol L^{-1} e a variação do potencial medido em relação ao anteriormente calculado foi de +0,04 V. Qual deve ser a concentração da solução de íons Cr^{3+} desse novo sistema? Considere T = 25°C e F = 9,65 x 10^4 C mol^{-1} . Mostre todos os seus cálculos.

Resolução:

Item a) Sendo o sistema eletroquímico constituído por uma célula galvânica, será necessário inverter a segunda semirreação e multiplicar por três. Com relação à primeira semirreação, será necessário multiplicar por dois.

Determinação da equação global de funcionamento e sua respectiva ddp.

$2Cr^{3+}_{(aquoso)}$ + 6 elétrons → $2Cr_{(sólido)}$	$\Delta G^0 = -6 \text{ x F x } (-0{,}74)$
$3Zn_{(sólido)}$ → $3Zn^{+2}_{(aquoso)}$ + 6 elétrons	$\Delta G^0 = -6 \text{ x F x } (+\ 0{,}76)$ +
$2Cr^{3+}_{(aquoso)}$ + $3Zn_{(sólido)}$ → $2Cr_{(sólido)}$ + $3Zn^{+2}_{(aquoso)}$	$\Delta G^0 = -6 \text{ x F x } E^0_{total}$

Item b) Determinação do potencial-padrão que corresponde ao funcionamento da pilha galvânica:

$$-\cancel{6} \text{ x } \cancel{F} \text{ x } E^0_{total} = -\cancel{6} \text{ x } \cancel{F} \text{ x } (-0{,}74) + [-\cancel{6} \text{ x } \cancel{F} \text{ x } (+0{,}76)]$$

$$E^0_{total} = -0{,}74 + 0{,}76 = +\ 0{,}02 \text{ V}$$

Item b) O ânodo (oxidação) corresponde à semicela do zinco enquanto a semicela do cromo corresponde ao cátodo (redução).

Item c) O fluxo de elétrons sai do ânodo (oxidação) para o cátodo (redução), ou seja, sai do zinco para o cromo.

Item d) Conforme já determinado no item a, o valor do sistema eletroquímico corresponde a $E^0_{total} = +\ 0{,}02$ V.

Item e) Cálculo da variação da energia livre de Gibbs-padrão para o sistema eletroquímico galvânico.

$$\Delta G_{eletroquímico} = -\text{ n x F x } E^0$$

$$\Delta G_{eletroquímico} = -\ 6 \text{ x } 96500 \text{ x } (+\ 0{,}02) = -11580{,}00 \text{ J } (-11{,}58 \text{ kJ})$$

Item f) Para a determinação deste item f será necessário aplicar a equação de Nernst, conforme pode ser observado a seguir.

Equação de Nernst: $E = E° - \frac{\text{R x T}}{\text{n x F}} \text{x lnQ}$

$$E = E° - \frac{\text{R x T}}{\text{n x F}} \text{x ln} \left\{ \frac{[Zn^{+2}_{(aquoso)}]^3}{[Cr^{+3}_{(aquoso)}]^2} \right\}$$

Substituindo os valores na equação acima, temos:

$$0{,}04 = +0{,}02 - \frac{8{,}314 \text{ x } (25 + 273)}{6 \text{ x } 96500} \text{x ln} \left\{ \frac{[0{,}010]^3}{[Cr^{+3}_{(aquoso)}]^2} \right\}$$

$$0{,}02 = -\frac{2477{,}572}{579000} \text{x ln} \left\{ \frac{[0{,}010]^3}{[Cr^{+3}_{(aquoso)}]^2} \right\}$$

$$\ln\left\{\frac{[0{,}010]^3}{[Cr^{+3}_{(aq)}]^2}\right\} = \frac{0{,}02 \text{ x } 579000}{-2477{,}572}$$

$$\ln\left\{\frac{[0{,}010]^3}{[Cr^{+3}_{(aq)}]^2}\right\} = -4{,}67$$

$$\left\{\frac{[0{,}010]^3}{[Cr^{+3}_{(aquoso)}]^2}\right\} = \underbrace{e^{-4{,}67}}_{9{,}37 \text{ x } 10^{-3}}$$

$$[Cr^{+3}_{(aquoso)}] = 1{,}03 \text{ x } 10^{-2}\,\frac{mol}{L}$$

Questão 234

(EXAME DE SELEÇÃO PARA O PROGRAMA DE PÓS-GRADUAÇÃO EM QUÍMICA DA UNIVERSIDADE FEDERAL DO CEARÁ) Considere uma célula eletroquímica cuja reação global, no estado padrão, encontra-se representada abaixo: $2Ag_{(s)} + PbSO_{4(s)} \longrightarrow Pb_{(s)} + 2Ag_{(aq)}^{+} + SO_{4(aq)}^{2-}$. Para a célula considerada, pede-se:

a) classificação;
b) sentido do fluxo de elétrons;
c) região anódica e catódica;
d) a variação da energia livre de Gibbs;
e) constante de equilíbrio.

Resolução:

Item a) O sistema eletroquímico se caracteriza como uma célula eletrolítica; química; com junção líquida.

Item b) A partir dos potenciais apresentados no anexo desta obra, segue as semirreações de redução:

$$PbSO_{4(sólido)} + 2e^- \rightarrow Pb_{(sólido)} + SO^{-2}_{4(aquoso)} \qquad E^0 = -\,0{,}31\text{ V}$$
$$Ag^+_{(aquoso)} + 1e^- \rightarrow Ag_{(sólido)} \qquad E^0 = +0{,}80\text{ V}$$

Para a determinação da reação global apresentada, será necessário inverter e multiplicar por dois a semirreação da prata.

$$PbSO_{4(sólido)} + 2e^- \rightarrow Pb_{(sólido)} + SO^{-2}_{4(aquoso)} \qquad \Delta G^0 = -2 \text{ x F x } (-0{,}31)$$
$$2Ag_{(sólido)} \rightarrow 2Ag^+_{(aquoso)} + 2e^- \qquad \Delta G^0 = -2 \text{ x F x } (-0{,}80)\ +$$
$$PbSO_{4(sólido)} + 2Ag_{(sólido)} \rightarrow 2Ag^+_{(aquoso)} + Pb_{(sólido)} + SO^{-2}_{4(aquoso)}$$

Cálculo do potencial padrão do sistema eletroquímico, caracterizado por ser uma eletrólise:

$$\cancel{-2 \text{ x F}} \text{ x } E^0_{total} = \cancel{-2 \text{ x F}} \text{ x } (-0{,}31) + [\cancel{-2 \text{ x F}} \text{ x } (-0{,}80)]$$

$E^0_{total} = -0{,}31 - 0{,}80 = -1{,}11\text{ V}$ (Processo eletroquímico não espontâneo)

Item c)

Semirreação que ocorre no ânodo (oxidação): eletrodo de prata
Semirreação que ocorre no cátodo (redução): eletrodo de sulfato de chumbo II

Item d) Determinação da variação da energia livre de Gibbs-padrão:

$$\Delta G_{eletroquímico} = -\text{ n x F x } E^0$$

$$\Delta G_{\text{eletroquímico}} = -\,2 \text{ x } 96500 \text{ x } (-\,1{,}11) = +214230{,}00 \text{ J } (+214{,}23 \text{ kJ})$$

Item e) Determinação da constante de equilíbrio, a partir da variação da energia livre de Gibbs-padrão:

$$\Delta G^0_{\text{termodinâmico}} = \Delta G^0_{\text{eletroquímico}}$$

$$-8{,}314 \text{ x } (25 + 273) \text{ x} \ln K_{eq} = +214230$$

$$\ln K_{eq} = \frac{-214230}{8{,}314 \text{ x } 298}$$

$$K_{eq} = e^{-86{,}47}$$

Questão 235

(PROGRAMA DE PÓS-GRADUAÇÃO EM QUÍMICA – FUNDAÇÃO UNIVERSIDADE FEDERAL DE MATO GROSSO DO SUL) A eletrólise do composto iônico XY fundido, sob corrente elétrica de 2,0 ampere, durante 13,41 horas, foi suficiente para depositar certa massa de metal X que, em gramas, corresponde a 1/3 (um terço) do valor de sua massa molar. Baseado nesses dados, calcule a carga do íon X no composto iônico. Dado: 1 F = 96500 C.

Resolução:

Para a determinação da carga do metal, será necessário realizar a estequiometria do processo eletroquímico.

Semirreação de redução que ocorre no cátodo no processo da eletrólise: $X^{+a}_{(\text{aquoso})} + \text{a elétrons} \rightarrow X_{(\text{sólido})}$

Cálculo do cátion do metal X, conforme pode ser observado na seguinte regra de três:

<MM> do metal -------------------------------- a mol de elétrons x 96500 C x mol^{-1}
1/3 x <MM> do metal ------------------------- 2,0 x (13,41 x 3600) = Q

$$a = \frac{2{,}0 \text{ x } 13{,}41 \text{ x } 3600}{\frac{1}{3} \text{x } 96500} \cong 3{,}00$$

Diante disso, a semirreação que ocorre no cátodo é a seguinte: $X^{+3}_{(\text{aquoso})} + 3 \text{ elétrons} \rightarrow X_{(\text{sólido})}$

Questão 236

(PROGRAMA DE PÓS-GRADUAÇÃO EM QUÍMICA – PPGQ – MESTRADO E DOUTORADO – UNIVERSIDADE FEDERAL DE SANTA CATARINA) Uma célula de eletrólise que deposita ouro a partir de solução aquosa de Au^+ opera por 15 minutos com uma corrente de 2,30 A. Nessas condições, podemos afirmar que a massa de ouro depositada será:
a) 4,23 g de Au
b) 3,45 g de Au
c) 5,53 g de Au
d) 4,03 g de Au
e) 0,403 g de Au

Resolução: Alternativa A.

Para a determinação da carga do metal, será necessário realizar a estequiometria do processo eletroquímico.

Semirreação de redução que ocorre no cátodo, a partir do processo de eletrólise: $Au^{+a}_{(\text{aquoso})} + 1 \text{ elétron} \rightarrow Au_{(\text{sólido})}$

Cálculo da massa de ouro, conforme pode ser observado na seguinte regra de três:

197,0 g de Au --------------------- 1 mol de elétrons x 96500 C x mol^{-1}
Massa de Au ---------------------- (15,0 x 60,0 x 2,30) C = Q

$$\text{Massa de Au} = \frac{197{,}0 \text{ x } 15{,}0 \text{ x } 60{,}0 \text{ x } 2{,}30}{1 \text{ x } 96500} = 4{,}22 \text{ g}$$

Questão 237

(PROCESSO DE SELEÇÃO PARA MESTRADO E DOUTORADO EM QUÍMICA – UNIVERSIDADE FEDERAL DA PARAÍBA) A 298 K, uma reação tem um potencial de célula padrão de + 0,113 V. A constante de equilíbrio da reação é 5 ,5 X 10^5. Qual é o valor de n para a reação? Escolha uma alternativa:

a) 3
b) 1
c) 1,5
d) 2
e) 4

Resolução: Alternativa A.

Para a determinação do número de mol de elétrons, será necessário igualar a variação da energia livre de Gibbs-padrão termodinâmica com a eletroquímica. Diante disso, temos: $\Delta G^0_{\text{termodinâmico}} = \Delta G^0_{\text{eletroquímico}}$

$$-8{,}314 \text{ x } 298 \text{ x} \ln(5{,}50 \text{ x } 10^{+5}) = -\text{ n x } 96500 \text{ x } (+\ 0{,}113)$$

$$\text{n} = 3{,}00$$

Questão 238

Considere a eletrólise do $AlCl_3$ fundido, realizado com corrente elétrica de 10,0 A durante 3600 segundos (o que permite uma carga elétrica de 3,60 x 10^4 C). A carga de 1 mol de elétron é de 96485 C. A partir das informações apresentadas, o número de mol de matéria produzida a partir do alumínio.

Resolução: Primeiramente será apresentado o processo de eletrólise fundida do cloreto de alumínio.

$$AlCl_{3(\text{sólido})} \rightarrow Al^{+3}_{(\text{líquido})} + 3Cl^-$$

Semirreação que ocorre no cátodo: $Al^{+3}_{(\text{líquido})} + 3 \text{ elétrons} \rightarrow Al_{(\text{sólido})}$

Semirreação que ocorre no ânodo: $Cl^- \rightarrow \frac{1}{2}Cl_{2(\text{sólido})} + 1 \text{ elétrons}$

Multiplicando por três a semirreação do ânodo: $3Cl^- \rightarrow \frac{3}{2}Cl_{2(\text{sólido})} + 3 \text{ elétrons}$

Somando as três semirreações apresentadas acima:

$$AlCl_{3(\text{sólido})} \rightarrow \cancel{Al^{+3}_{(\text{líquido})}} + \cancel{3Cl^-}$$
$$\cancel{Al^{+3}_{(\text{líquido})}} + \cancel{3 \text{ elétrons}} \rightarrow Al_{(\text{sólido})}$$
$$\cancel{3Cl^-} \rightarrow \frac{3}{2}Cl_{2(\text{sólido})} + \cancel{3 \text{ elétrons}} \qquad +$$

$$AlCl_{3(\text{sólido})} \rightarrow Al_{(\text{sólido})} + \frac{3}{2}Cl_{2(\text{sólido})}$$

Analisando a semirreação do cátion alumínio: $Al^{+3}_{(\text{líquido})} + 3 \text{ elétrons} \rightarrow Al_{(\text{sólido})}$

Cálculo da massa de alumínio, durante 10,0 minutos de processo eletroquímico:

27,0 g de Al ---------------------- 3 mol de elétrons x 96485 C x mol^{-1}
Massa de Al ---------------------- (10,0 x 3600) C = Q

$$\text{Massa de Al} = \frac{27{,}0 \text{ x } 10{,}0 \text{ x } 3600}{3 \text{ x } 96485} = 3{,}35 \text{ g}$$

Cálculo do número de mol do alumínio: $n_{Al} = \frac{3{,}35}{27{,}0} = 0{,}124 \text{ mol}$

Questão 239

a) Usando os valores dos potenciais-padrões descritos a seguir: E°(Cu^+/Cu) = + 0,52V; E°(Cu^{+2}/Cu^+) = + 0,16 V. Determine a constante de equilíbrio para a seguinte equação eletroquímica: $Cu_{(sólido)}$ + $Cu^{+2}{}_{(aquoso)}$ ⇆ $2Cu^+{}_{(aquoso)}$.
b) Se o potencial-padrão para a reação $Cu_{(sólido)}$ + $Cu^{+2}{}_{(aquoso)}$ + $2Br^-{}_{(aquoso)}$ ⇆ $2CuBr_{(sólido)}$ é igual a + 0,5147V, determine o valor da constante do produto de solubilidade do CuBr a 25°C. As semirreações apresentadas são as seguintes:

$Cu^+{}_{(aquoso)}$ + $1e^-$ ⟶ $Cu_{(sólido)}$ E° = + 0,52 V

$Cu^{+2}{}_{(aquoso)}$ + $1e^-$ ⟶ $Cu^+{}_{(aquoso)}$ E^0 = + 0,16 V

Resolução

Item a) Para a determinação da equação global do sistema eletroquímico, ddp padrão e consequentemente a constante de equilíbrio, será necessário inverter a primeira semirreação.

$Cu_{(sólido)}$ ⟶ $Cu^+{}_{(aquoso)}$ + ~~$1e^-$~~ E° = - 0,52 V

$Cu^{+2}{}_{(aquoso)}$ + ~~$1e^-$~~ ⟶ $Cu^+{}_{(aquoso)}$ E^0 = + 0,16 V +

$Cu_{(sólido)}$ + $Cu^{+2}{}_{(aquoso)}$ ⟶ $2Cu^+{}_{(aquoso)}$ E° = - 0,36 V

Cálculo da constante de equilíbrio (K_{eq}) para esta equação eletroquímica, a 25°C: $-\text{R x T x }\ln K_{eq} = -\text{n x F x E°}$

$$-8{,}314 \text{ x } (25 + 273) \text{ x } \ln K_{eq} = -1 \text{ mol x} \frac{96500 \text{ C}}{\text{mol}} \text{x } (-0{,}36 \text{ V})$$

$$\ln K_{eq} = -14{,}20$$

$$K_{eq} = e^{(-14{,}20)} = 8{,}14 \text{ x } 10^{-7}$$

Item b) Considerando as seguintes semirreações, temos:

$Cu_{(sólido)}$ + $Cu^{+2}{}_{(aquoso)}$ + $2Br^-{}_{(aquoso)}$ ⟶ $2CuBr_{(sólido)}$ E° = + 0,5147 V

$Cu^{+2}{}_{(aquoso)}$ + $Cu_{(sólido)}$ ⟶ $2Cu^+{}_{(aquoso)}$ E^0 = - 0,36 V

Invertendo a segunda semirreação, temos:

$Cu_{(sólido)}$ + $Cu^{+2}{}_{(aquoso)}$ + $2Br^-{}_{(aquoso)}$ ⟶ $2CuBr_{(sólido)}$ E° = + 0,5147 V

$2Cu^+{}_{(aquoso)}$ ⟶ $Cu^{+2}{}_{(aquoso)}$ + $Cu_{(sólido)}$ E^0 = + 0,36 V

Somando as semirreações, temos:

~~$Cu_{(sólido)}$~~ + ~~$Cu^{+2}{}_{(aquoso)}$~~ + $2Br^-{}_{(aquoso)}$ ⟶ $2CuBr_{(sólido)}$ E° = + 0,5147 V
$2Cu^+{}_{(aquoso)}$ ⟶ ~~$Cu^{+2}{}_{(aquoso)}$~~ + ~~$Cu_{(sólido)}$~~ E^0 = + 0,36 V +

$2Cu^+{}_{(aquoso)}$ + $2Br^-{}_{(aquoso)}$ ⟶ $2CuBr_{(sólido)}$ E° = + 0,5147 + 0,36 = + 0,8747 V

Cálculo da constante de equilíbrio: $\Delta G° = -\text{R x Tx }\ln K_{eq} = -\text{n x F x E°}$

$$-R\ x\ T x\ \ln K_{eq} = -n\ x\ F\ x\ E°$$

$$-8{,}314\ x\ (25 + 273)\ x\ \ln K_{eq} = -1\ mol\ x\ \frac{96500\ C}{mol}\ x\ (+0{,}8747\ V)$$

$$\ln K_{eq} = +\ 34{,}07$$

$$K_{eq} = e^{(+34{,}07)} = 6{,}25\ x\ 10^{+14}$$

Invertendo a reação e dividindo por dois, a constante do produto de solubilidade (K_{ps}) será: $CuBr_{(sólido)} \longrightarrow Cu^{+}_{(aquoso)} + Br^{-}_{(aquoso)}$

$$K_{ps} = \left(\frac{1}{K_{eq}}\right)^{1/2} = \left(\frac{1}{6{,}25\ x\ 10^{14}}\right)^{1/2}$$

$$K_{ps} = 4{,}0\ x\ 10^{-8}$$

Questão 240

a) Uma solução aquosa designada pelo sal $M(NO_3)_2$ é eletrolisado usando uma corrente igual a 2,50 A e foram depositados 3,06 gramas deste metal em um tempo igual a 35 minutos. Determine a massa molar deste metal.

b) Considere uma célula galvânica apresentada da seguinte maneira: $|\ Zn_{(s)}\ |\ Zn^{+2}_{(aq)}$ (0,04 mol.L^{-1}) $|\ |\ Cl^{-}_{(aq)}$ (0,005 mol.L^{-1}) $|\ Cl_{2(g)}$ (0,1 atm) $|$. Determine a ddp da célula, indicando o ânodo e o cátodo, além do valor da constante de equilíbrio. Dados: E° (Zn^{+2}/Zn) = - 0,76 V e E° (Cl_2/Cl^-) = + 1,36 V.

Resolução

Item a) Equação de dissociação iônica da solução de nitrato de M, $M(NO_3)_2$: $M(NO_3)_{2(aquoso)} \longrightarrow M^{+2}_{(aquoso)} + 2NO_3^{-}{}_{(aquoso)}$. Observa-se que o metal designado pela letra maiúscula M sofre redução, representada pela seguinte semirreação: $M^{+2}_{(aquoso)} + 2e^- \longrightarrow M_{(sólido)}$.

<MM>$_M$ ----------------------------- 2 mol de elétrons x (96500 C/mol de elétrons)

3,06 g ------------------------------ Q = $2{,}50\ A\ x \left\{35\ minutos\ x\ \left(\frac{60\ segundos}{1\ minuto}\right)\right\}$

<MM>$_M$ = 112,50 g.mol^{-1}

Item b) A equação química eletroquímica global é a seguinte, segundo a notação global da pilha:

$Zn_{(sólido)} + Cl_{2(gás)} \longrightarrow Zn^{+2}_{(aquoso)} + 2Cl^{-}_{(aquoso)}$

Semirreação que ocorre no ânodo: $Zn_{(sólido)} \longrightarrow Zn^{+2}_{(aquoso)} + 2e^-$

Semirreação que ocorre no cátodo: $Cl_{2(gás)} + 2e^- \longrightarrow 2Cl^{-}_{(aquoso)}$

Cálculo da diferença dp que ocorre na pilha galvânica: $E° = E^{°}_{cátodo} - E^{°}_{ânodo} = +\ 1{,}36\ V - (-0{,}76\ V) = +\ 2{,}12\ V$

Cálculo da constante de equilíbrio (K_{eq}), a partir da variação da energia livre padrão: $\Delta G° = -R\ x\ T\ x\ \ln K_{eq} = -\ n\ x\ F\ x\ E°$

$$-R\ x\ T\ x\ \ln K_{eq} = -n\ x\ F\ x\ E°$$

$$-\ 8{,}314\ x\ (25 + 273)\ x\ \ln K_{eq} = -2\ mol\ x \frac{96500\ C}{mol} x\ (+2{,}12\ V)$$

$$\ln K_{eq} = +\ 165{,}14$$

$$K_{eq} = e^{(+165{,}14)} = 5{,}27\ x\ 10^{+71}$$

Questão 241

(ENADE) As moedas de R$ 0,05 (cinco centavos) são feitas de aço revestido de cobre e, com o passar do tempo, é possível observar que elas são oxidadas a uma substância de coloração esverdeada. Esse é mais um caso típico de oxidação atmosférica em ambiente úmido.

$O_{2(g)} + 4H^+_{(aq)} + 4e^- \rightarrow 2H_2O_{(l)}$ $E° = + 1,23 - (0,059).pH$

$Cu^{+2}_{(aq)} + 2e^- \rightarrow Cu_{(s)}$ $E° = + 0,34$ V

Considerando as semirreações de redução representadas acima, a oxidação atmosférica das moedas em meio neutro (pH = 7,0) é:

a) Espontânea, pois E° = + 0,89 V
b) Espontânea, pois E° = - 0,89 V
c) Espontânea, pois E° = + 0,48 V
d) Não espontânea, pois E° = - 0,89 V
e) Não espontânea, pois E° = + 0,48 V

Resolução

Alternativa C.

Cálculo do potencial-padrão para a primeira semirreação: $E° = +1{,}23 - (0{,}059) \text{ x pH}$

$$E° = +1{,}23 - (0{,}059 \text{ x } 7{,}0)$$

$$E° = +0{,}817 \text{ V}$$

Para a determinação do cálculo do potencial-padrão e da apresentação da equação eletroquímica, será necessário inverter a segunda semirreação e multiplicando por dois, temos:

$O_{2(gás)} + 4H^+_{(aquoso)} +$ ~~4 mol de e^-~~ $\rightarrow 2H_2O_{(líquido)}$	E° = + 0,817 V	
$2Cu_{(sólido)} \rightarrow 2Cu^{+2}_{(aquoso)} +$ ~~4 mol de e^-~~	E° = - 0,34 V	+
$O_{2(gás)} + 4H^+_{(aquoso)} + 2Cu_{(sólido)} \rightarrow 2H_2O_{(líquido)} + 2Cu^{+2}_{(aquoso)}$	E° = + 0,477 V	

Para este processo eletroquímico, caracteriza-se um processo espontâneo, com potencial-padrão igual a E° = + 0,477 V.

Questão 242

Considere as seguintes semirreações fornecidas a seguir, operando a uma temperatura igual a 25°C:

$XY_{(s)} + 1 \text{ elétron} \rightarrow X_{(s)} + Y^-_{(aq)}$ E° = + 0,207 V

$X^+_{(aq)} + 1 \text{ elétron} \rightarrow X_{(s)}$ E° = + 0,799 V

A partir das informações fornecidas dos potenciais das semirreações acima, determine o potencial deste processo eletroquímico da dissociação do $XY_{(s)}$, explicando se o processo é ou não espontâneo, além do valor da constante de equilíbrio do produto de solubilidade.

Resolução

Cálculo do potencial-padrão a partir da dissociação do $XY_{(sólido)}$, invertendo a segunda semirreação.

$XY_{(sólido)} +$ ~~1 elétron~~ $\rightarrow$ ~~$X_{(sólido)}$~~ $+ Y^-_{(aquoso)}$	E° = + 0,207 V	
~~$X_{(sólido)}$~~ $\rightarrow X^+_{(aquoso)} +$ ~~1 elétron~~	E° = - 0,799 V	+
$XY_{(sólido)} \rightarrow X^+_{(aquoso)} + Y^-_{(aquoso)}$	E° = - 0,592 V	

A partir do potencial deste processo eletroquímico, E° = - 0,592 V, observa-se que sendo negativo, o processo é não espontâneo.

Cálculo da variação da energia livre de Gibbs-padrão a 25°C (ΔG°): $\Delta G° = -n \text{ x F x E°}$

$$\Delta G° = -1 \text{ mol x} \frac{96500 \text{ C}}{\text{mol}} \text{x} (-0{,}592)$$

$$\Delta G° = +57128 \text{ J}$$

Cálculo da constante de equilíbrio do produto de solubilidade (K_{ps}), a partir da variação da energia livre de Gibbs-padrão:

$$\Delta G° = -R \times T \times \ln K_{ps}$$

$$+57128 = -8{,}314 \times (25 + 273) \times \ln K_{ps}$$

$$\ln K_{ps} = \frac{+57128}{-2477{,}57}$$

$$\ln K_{ps} = -23{,}06$$

$$K_{ps} = e^{(-23{,}06)} = 9{,}68 \times 10^{-11}$$

Questão 243

(PROGRAMA DE PÓS-GRADUAÇÃO EM QUÍMICA – UNIVERSIDADE ESTADUAL DE LONDRINA) Uma célula eletroquímica padrão é constituída de eletrodos de zinco (Zn) e prata (Ag) na temperatura é 25°C.

A equação de redução para os íons Zn^{2+} é representada por: $Zn^{2+}_{(aq)} + 2e^- \rightarrow Zn_{(s)}$ $E^0 = -0{,}76$ V

Enquanto a equação de redução para os íons Ag^+ é representada por: $Ag^+_{(aq)} + 1e^- \rightarrow Ag_{(s)}$ $E^0 = +0{,}80$ V

(a) Escreva a equação balanceada para a reação global que ocorre na célula.
(b) Calcule a diferença de potencial-padrão ($E^0_{célula}$) para a célula.
(c) Se a concentração de íons Zn^{2+} é 0,1 mol L^{-1} e a de íons Ag^+ é 1,0 mol L^{-1}, calcule o potencial da célula ($E_{célula}$).

Resolução: Para a determinação dos itens (a) e (b), será necessário inverter a semirreação do zinco e multiplicar a semirreação da prata por dois.

$Zn_{(sólido)} \rightarrow Zn^{+2}_{(aquoso)} + 2e^-$ $\Delta G° = -2 \times F \times (+0{,}76)$
$2Ag^+_{(aquoso)} + 2e^- \rightarrow 2Ag_{(sólido)}$ $\Delta G° = -2 \times F \times (+0{,}80)$ +

$Zn_{(sólido)} + 2Ag^+_{(aquoso)} \rightarrow Zn^{+2}_{(aquoso)} + 2Ag_{(sólido)}$

Cálculo do potencial-padrão a partir da variação da energia livre de Gibbs padrão:

$$-2 \times F \times E^0_{total} = -2 \times F \times (+0{,}76) + [-2 \times F \times (+0{,}80)]$$

$$E^0_{total} = +0{,}76 + 0{,}80 = +1{,}56 \text{ V}$$

Item c) Para a determinação do potencial diferente do estado padrão, será necessário aplicar a equação de Nernst.

Como a concentração da quantidade de matéria do cátion zinco está com uma concentração diferente de 1,0 mol x L^{-1}, mais precisamente 0,10 mol x L^{-1}, será necessário calcular o potencial do sistema eletroquímico a partir da aplicação de Nernst, conforme pode ser apresentado a seguir.

$Zn_{(sólido)} + 2Ag^+_{(aquoso)}$ (1,0 mol x L^{-1}) $\rightarrow Zn^{+2}_{(aquoso)}$ (0,10 mol x L^{-1}) + $2Ag_{(sólido)}$

Equação de Nernst: $E = E° - \frac{R \times T}{n \times F} \times \ln Q$

$$E = E° - \frac{R \times T}{n \times F} \times \ln \left\{ \frac{\left[Zn^{+2}_{(aquoso)}\right]^1 \times \overbrace{a^2_{Ag}}^{1{,}0}}{\left[Ag^+_{(aquoso)}\right]^2 \times \underbrace{a_{Zn}}_{1{,}0}} \right\}$$

$$E = +1{,}56 - \frac{8{,}314 \text{ x } (25 + 273)}{2 \text{ x } 96500} \text{ x } \ln\left\{\frac{[0{,}10]^1}{[1{,}0]^2}\right\}$$

$$E = +\,1{,}56 - \frac{2477{,}572}{193000} \text{ x } \ln(0{,}10) = +1{,}589 \text{ V}$$

Questão 244

(PROGRAMA DE PÓS-GRADUAÇÃO PARA MESTRADO & DOUTORADO / UNIVERSIDADE FEDERAL DE PELOTAS) Calcule a constante de equilíbrio para as reações abaixo na temperatura de 25°C.

a) $Cu^{+2} + Zn \rightleftharpoons Cu + Zn^{+2}$ (Dados: $\theta_{Cu^{+2}/Cu} = 0{,}337$ V e $\theta_{Zn^{+2}/Zn} = -0{,}763$ V)

b) $3H_2O + Fe \rightleftharpoons Fe(OH)_3 + \frac{3}{2}H_2$ (Dados: $\theta_{Fe(OH)3/Fe,OH^-} = -0{,}828$ V e $\theta_{H2O/H_2,OH^-} = -0{,}77$ V)

Resolução:

Item a) Organizando as semirreações apresentadas no enunciado da questão:

$Zn^{2+}_{(aquoso)} + 2e^- \longrightarrow Zn_{(sólido)}$ $E^0 = -\,0{,}763$ V

$Cu^{2+}_{(aquoso)} + 2e^- \longrightarrow Cu_{(sólido)}$ $E^0 = +\,0{,}337$ V

Invertendo a semirreação do zinco, temos:

$Zn_{(sólido)} \longrightarrow Zn^{+2}_{(aquoso)} + 2e^-$ $\Delta G° = -2 \text{ x F x } (+\,0{,}763)$

$Cu^{2+}_{(aquoso)} + 2e^- \longrightarrow Cu_{(sólido)}$ $\Delta G° = -2 \text{ x F x } (+\,0{,}337)$ +

$Zn_{(sólido)} + 2Ag^+_{(aquoso)} \longrightarrow Zn^{+2}_{(aquoso)} + 2Ag_{(sólido)}$

$$-2 \text{ x F x } E^0_{total} = -2 \text{ x F x } (+\,0{,}763) + [-2 \text{ x F x } (+\,0{,}337)]$$

$$E^0_{total} = +0{,}763 + 0{,}337 = +\,1{,}10 \text{ V}$$

Cálculo da constante de equilíbrio (K_{eq}) do sistema eletroquímico: $\ln K_{eq} = \frac{n \text{ x F x E°}}{R \text{ x T}}$

$$\ln K_{eq} = \frac{2 \text{ x } 96500 \text{ x } 1{,}10}{8{,}314 \text{ x } 298}$$

$$K_{eq} = \frac{212300}{2477{,}572}$$

$$K_{eq} = e^{+\,85{,}69}$$

Item b) Organizando as semirreações apresentadas no enunciado da questão:

$Fe(OH)_{3(sólido)} \rightleftharpoons Fe^{3+}_{(aquoso)} + 3OH^-_{(aquoso)}$ $E^0 = -\,0{,}828$ V

$H_2O_{(líquido)} \rightleftharpoons \frac{1}{2}\, H_{2(gás)} + OH^-_{(aquoso)}$ $E^0 = -\,0{,}77$ V

Invertendo e multiplicando a segunda semirreação por três:

$Fe(OH)_{3(sólido)} \rightleftharpoons Fe^{3+}_{(aquoso)} + 3OH^-_{(aquoso)}$ $\Delta G° = -3 \text{ x F x } (-0{,}828)$

$3/2H_{2(gás)} + 3OH^-_{(aquoso)} \rightleftharpoons 3H_2O_{(líquido)}$ $\Delta G° = -3 \text{ x F x } (+\,0{,}337)$ +

$Zn_{(sólido)} + 2Ag^+_{(aquoso)} \longrightarrow Zn^{+2}_{(aquoso)} + 2Ag_{(sólido)}$

$$-3 \text{ x F x } E^0_{total} = -3 \text{ x F x } (-0{,}828) + [-3 \text{ x F x } (+0{,}77)]$$

$$E^0_{total} = -0{,}828 + 0{,}77 = -0{,}058 \text{ V}$$

Cálculo da constante de equilíbrio (K_{eq}) do sistema eletroquímico: $\ln K_{eq} = \frac{n \text{ x F x } E°}{R \text{ x } T}$

$$\ln K_{eq} = \frac{-3 \text{ x } 96500 \text{ x } (-0{,}058)}{-8{,}314 \text{ x } 298}$$

$$K_{eq} = \frac{16791{,}00}{-2477{,}572}$$

$$K_{eq} = e^{-6{,}78}$$

Questão 245

(PROGRAMA DE PÓS-GRADUAÇÃO PARA MESTRADO & DOUTORADO / UNIVERSIDADE FEDERAL DE PELOTAS)

Considerando as seguintes semirreações a 25°C

$Zn^{2+}_{(aquoso)} + 2e^- \longrightarrow Zn_{(sólido)}$ ($E^0_{red} = -0{,}763$ V)

$Fe^{2+}_{(aquoso)} + 2e^- \longrightarrow Fe_{(sólido)}$ ($E^0_{red} = -0{,}44$ V)

Construa a respectiva célula galvânica (pilha de Daniell), indicando todos os seus respectivos componentes (polos, cátodo, ânodo, etc.), as reações de cada semicélula e a reação global de célula. Ainda, considerando que a célula formada encontra-se em equilíbrio, calcule:

a) Potencial-padrão da célula (E^0) ou força eletromotriz (fem);

b) ΔG^0 (variação da energia livre padrão);

c) A constante de equilíbrio (K_{eq}) da célula.

Resolução:

Item a) Para a determinação do potencial-padrão, será necessário inverter a primeira semirreação do zinco.

Semirreação que ocorre no cátodo (redução): $Fe^{2+}_{(aquoso)}$ + 2 elétrons $\longrightarrow Fe_{(sólido)}$

Semirreação que ocorre no ânodo (oxidação): $Zn_{(sólido)} \longrightarrow$ 2 elétrons + $Zn^{2+}_{(aquoso)}$

Colocando as duas semirreações em função da variação da energia livre de Gibbs:

$Zn_{(sólido)} \longrightarrow Zn^{+2}_{(aquoso)} + 2e^-$ $\Delta G° = -2 \text{ x F x } (+0{,}76)$

$Fe^{+2}_{(aquoso)} + 2e^- \longrightarrow Fe_{(sólido)}$ $\Delta G° = -2 \text{ x F x } (-0{,}44)$ +

$Zn_{(sólido)} + Fe^{+2}_{(aquoso)} \longrightarrow Zn^{+2}_{(aquoso)} + Fe_{(sólido)}$

$$\cancel{-2 \text{ x F}} \text{ x } E^0_{total} = \cancel{-2 \text{ x F}} \text{ x } (+0{,}76) + [\cancel{-2 \text{ x F}} \text{ x } (-0{,}44)]$$

$$E^0_{total} = +0{,}76 - 0{,}44 = +0{,}32 \text{ V}$$

(Processo eletroquímico espontâneo)

Item b) Cálculo da variação da energia livre de Gibbs-padrão:

$$\Delta G_{eletroquímico} = -n \text{ x F x } E^0$$

$$\Delta G_{eletroquímico} = -\,2 \times 96500 \times (+\,0{,}32) = -61760\ J$$

Item c) Cálculo da constante de equilíbrio (K_{eq}):

$$\ln K_{eq} = \frac{n \times F \times E^{o}}{R \times T}$$

$$\ln K_{eq} = \frac{2 \times 96500 \times 0{,}32}{8{,}314 \times 298} = +24{,}93$$

$$K_{eq} = e^{+24{,}93}$$

O desenho esquemático da célula galvânica foi desenvolvido pelo autor, conforme apresentado a seguir.

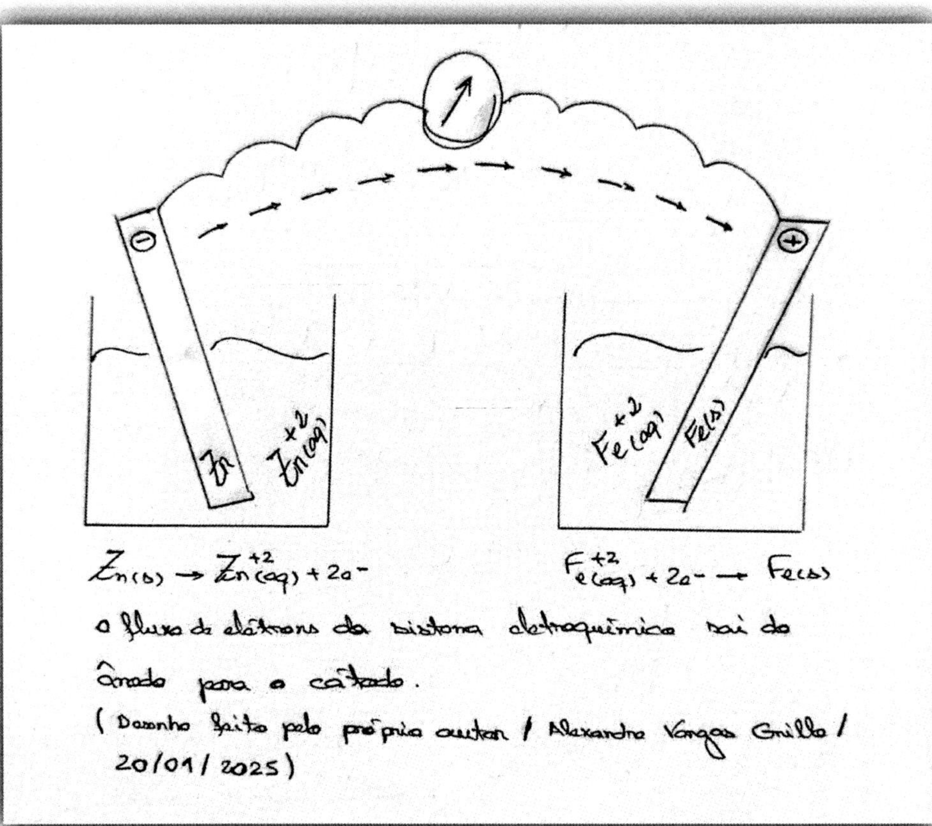

APÊNDICE

APÊNDICE A – CONSTANTES FÍSICAS FUNDAMENTAIS

A) Unidade de massa atômica (u): 1u = 1,6606 x 10^{-24} g
B) Número de Avogadro (N): 6,0221415 x 10^{23} mol^{-1}
C) Constante de Boltzmann (k): 1,3806 x 10^{-23} $m^2.kg.s^{-2}.K^{-1}$
D) Constante de Faraday (F): 96485 $C.mol^{-1}$
E) Constante de Planck (h): 6,626 x 10^{-34} $J.s^{-1}$
F) Elétron-volt (1 eV): 1,60218 x 10^{-19} J
G) Massa do elétron (m_{e-}): 9,11 x 10^{-31} kg
H) Massa do prótron (m_{p+}): 1,67 x 10^{-27} kg
I) Massa do nêutron (m_n): 1,67 x 10^{-27} kg
J) Aceleração da gravidade (g): 9,81 $m.s^{-2}$
L) Volume molar (V_m): 22,4 $L.mol^{-1}$
M) Carga eletrônica (e^-): 1,60218 x 10^{-19} C
N) Valor do pi (π): 3,141592653589
O) Raio de Bohr: 5,29 x 10^{-18} J
P) Ponto triplo da água: 273,15 K
Q) Ponto normal de fusão da água: 273,16 K
R) Constante de Trouton: 87,9 J x K^{-1} x mol^{-1}
S) Constante de Coulomb (K): 8,998 x 10^9 N x m^2 x C^{-2}
T) Velocidade da luz no vácuo (c): 2,997 x 10^8 m x s^{-1}
U) Constante gravitacional (G): 6,673 x 10^{-11} N x m^2 x kg^{-2}

APÊNDICE B - CONSTANTES CRIOSCÓPICAS E EBULIOSCÓPICAS

SOLVENTE UTILIZADO	CONSTANTE CRIOSCÓPICA	CONSTANTE EBULIOSCÓPICA
Água (H_2O)	-1,86	0,51
Benzeno (C_6H_6)	- 5,12	2,53
Ácido Acético	- 3,90	2,93
Fenol (C_6H_6O)	- 7,40	3,04
Naftaleno ($C_{10}H_8$)	- 6,94	5,80
Ácido Fórmico (CH_2O_2)	- 2,77	-
Acetona (C_3H_6O)	-	1,71

APÊNDICE C – CONSTANTE DOS GASES (R)

0,08206 $atm.L.mol^{-1}.K^{-1}$
0,08206 $atm.dm^3.mol^{-1}.K^{-1}$
82,06 $atm.cm^3.mol^{-1}.K^{-1}$
8,31451 $Pa.m^3.mol^{-1}.K^{-1}$
8,31451 $kPa.m^3.kmol^{-1}.K^{-1}$
8,314 $J.mol^{-1}.K^{-1}$
1,98722 $cal.mol^{-1}.K^{-1}$
1,987 $Btu.lbmol^{-1}.°R^{-1}$
10,73 psia. ft^3. $lbmol^{-1}.°R^{-1}$
62,36 $torr.L.mol^{-1}.K^{-1}$
62,36 $mmHg.L.mol^{-1}.K^{-1}$
0,7302 $ft^3.atm.lbmol^{-1}$. $°R^{-1}$

APÊNDICE D – CONSTANTE DE VAN DER WAALS (a e b)

ESPÉCIES QUÍMICAS	a ($atm.L^2.mol^{-2}$)	b ($10^{-2}L.mol^{-1}$)
Argônio	1,363	3,219
Eteno	4,530	5,714
Etano	5,562	6,380
Benzeno	18,24	11,54
Metano	2,283	4,278
Cloro	6,579	5,622
Monóxido de carbono	1,505	3,985
Dióxido de carbono	3,640	4,267
Hidrogênio	0,2476	2,661
H_2O	5,536	3,049
Sulfeto de hidrogênio	4,490	4,287
Hélio	0,03457	2,370
Criptônio	2,349	3,978
Nitrogênio	1,408	3,913
Neônio	0,2135	1,709
Amônia	4,225	3,707
Oxigênio	1,378	3,183
Dióxido de enxofre	6,803	5,636
Xenônio	4,250	5,105

Fonte: Atkins, P. W.; Paula de, J. Físico-Química", 8ªedição, volume um. Livros Técnicos e Científicos - LTC, Rio de Janeiro, 2008.

APÊNDICE E – DISTINÇÃO ENTRE PILHA GALVÂNICA E ELETRÓLISE

PROPRIEDADES	PILHAS GALVÂNICAS	PROCESSO DE ELETRÓLISE
Espontaneidade	Processo espontâneo	Processo não espontâneo
Quanto ao uso de ponte salina	É utilizado	Não é utilizado
Fluxo de elétrons	Sai do ânodo para o cátodo	Sai do ânodo para o cátodo
Quanto a Polaridade	Ânodo = Polo negativo	Ânodo = Polo positivo
Diferença de potencial	Cátodo = polo positivo (E > 0)	Cátodo = polo negativo (E < 0)

APÊNDICE F – EQUAÇÕES CINÉTICAS PARA ORDEM ZERO – PRIMEIRA – SEGUNDA

ESTUDO CINÉTICO	EQUAÇÃO DA CONCENTRAÇÃO X TEMPO	TEMPO DE MEIA-VIDA
Ordem zero	$[A]_{Final} = [A]_{Inicial} - k \text{ x tempo}$	$t_{\frac{1}{2}} = \frac{[A]_{Inicial}}{2 \text{ x } k}$
Primeira ordem	$\ln\left(\frac{[A]_{Final}}{[A]_{Inicial}}\right) = -k \text{ x tempo}$	$t_{1/2} = \frac{\ln 2}{k}$
Segunda Ordem	$\frac{1}{[A]_{Final}} = \frac{1}{[A]_{Inicial}} + k \text{ x tempo}$	$t_{\frac{1}{2}} = \frac{1}{k \text{ x } [A]_{Inicial}}$

APÊNDICE G – EQUAÇÃO DE ARRHENIUS X EQUAÇÃO DE VAN'T HOFF X EQUAÇÃO DE CLAUSIUS - CLAYPERON

EQUAÇÃO DE ARRHENIUS	EQUAÇÃO DE VAN'T HOFF	EQUAÇÃO DE CLAUSIUS - CLAYPERON
$\ln\frac{k_1}{k_2} = \frac{E_{at}}{R} x \left[\frac{1}{T_2} - \frac{1}{T_1}\right]$	$\ln\frac{K_{eq_1}}{K_{eq_2}} = \frac{\Delta H^0_{reaçaõ}}{R} x \left[\frac{1}{T_2} - \frac{1}{T_1}\right]$	$\ln\frac{P_1}{P_2} = \frac{\Delta H^0_{reaçaõ}}{R} x \left[\frac{1}{T_2} - \frac{1}{T_1}\right]$

APÊNDICE H – TABELA DE POTENCIAL-PADRÃO (E° DE REDUÇÃO)

SEMIRREAÇÃO DE REDUÇÃO	E° (VOLTS)
$Li^+_{(aquoso)} + 1e^- \rightarrow Li_{(sólido)}$	-3,05
$K^+_{(aquoso)} + 1e^- \rightarrow K_{(sólido)}$	-2,93
$Ba^{+2}_{(aquoso)} + 2e^- \rightarrow Ba_{(sólido)}$	-2,90
$Sr^{+2}_{(aquoso)} + 2e^- \rightarrow Sr_{(sólido)}$	-2,89
$Ca^{+2}_{(aquoso)} + 2e^- \rightarrow Ca_{(sólido)}$	-2,87
$Na^+_{(aquoso)} + 1e^- \rightarrow Na_{(sólido)}$	-2,71
$Mg^{+2}_{(aquoso)} + 2e^- \rightarrow Mg_{(sólido)}$	-2,37
$Be^{+2}_{(aquoso)} + 2e^- \rightarrow Be_{(sólido)}$	-1,85
$Al^{+3}_{(aquoso)} + 3e^- \rightarrow Al_{(sólido)}$	-1,66
$Mn^{+2}_{(aquoso)} + 2e^- \rightarrow Mn_{(sólido)}$	-1,18
$2H_2O_{(líquido)} + 2e^- \rightarrow H_{2(gás)} + 2OH^-_{(aquoso)}$	-0,83
$Zn^{+2}_{(aquoso)} + 2e^- \rightarrow Zn_{(sólido)}$	-0,76
$Cr^{+3}_{(aquoso)} + 3e^- \rightarrow Cr_{(sólido)}$	-0,74
$Fe^{+2}_{(aquoso)} + 2e^- \rightarrow Fe_{(sólido)}$	-0,44
$Cd^{+2}_{(aquoso)} + 2e^- \rightarrow Cd_{(sólido)}$	-0,40
$PbSO_{4(sólido)} + 2e^- \rightarrow Pb_{(sólido)} + SO^{-2}_{4(aquoso)}$	-0,31
$Co^{+2}_{(aquoso)} + 2e^- \rightarrow Co_{(sólido)}$	-0,28
$Ni^{+2}_{(aquoso)} + 2e^- \rightarrow Ni_{(sólido)}$	-0,25
$Sn^{+2}_{(aquoso)} + 2e^- \rightarrow Sn_{(sólido)}$	-0,14
$Pb^{+2}_{(aquoso)} + 2e^- \rightarrow Pb_{(sólido)}$	-0,13
$Fe^{+3}_{(aquoso)} + 3e^- \rightarrow Fe^0_{(aquoso)}$	- 0,037
$\mathbf{2H^+_{(aquoso)} + 2e^- \rightarrow H_{2(gás)}}$	**0,00**
$Sn^{+4}_{(aquoso)} + 2e^- \rightarrow Sn^{+2}_{(aquoso)}$	+0,13
$Cu^{+2}_{(aquoso)} + 1e^- \rightarrow Cu^+_{(aquoso)}$	+0,15
$SO^{-2}_{4(aquoso)} + 4H^+_{(aquoso)} + 2e^- \rightarrow SO_{2(gás)} + 2H_2O_{(líquido)}$	+0,20
$AgCl_{(sólido)} + 1e^- \rightarrow Ag_{(sólido)} + Cl^-_{(aquoso)}$	+0,22
$Cu^{+2}_{(aquoso)} + 2e^- \rightarrow Cu_{(sólido)}$	+0,34
$O_{2(gás)} + 2H_2O_{(líquido)} + 4e^- \rightarrow 4OH^-_{(aquoso)}$	+0,40
$I_{2(sólido)} + 2e^- \rightarrow 2I^-_{(aquoso)}$	+0,53
$MnO^{-2}_{4(aquoso)} + 2H_2O_{(líquido)} + 3e^- \rightarrow MnO_{2(sólido)} + 4OH^-_{(aquoso)}$	+0,59
$O_{2(gás)} + 2H^+_{(aquoso)} + 2e^- \rightarrow H_2O_{(líqui)}$	+0,68
$Fe^{+3}_{(aquoso)} + 1e^- \rightarrow Fe^{+2}_{(aquoso)}$	+0,77
$Ag^+_{(aquoso)} + 1e^- \rightarrow Ag_{(sólido)}$	+0,80

$Hg^{+2}_{2(aquoso)} + 2e^- \rightarrow 2Hg_{(líquido)}$	+0,85
$2Hg^{+2}_{(aquoso)} + 2e^- \rightarrow Hg^{+2}_{2(aquoso)}$	+0,92
$NO^-_{3(aquoso)} + 4H^+_{(aquoso)} + 3e^- \rightarrow NO_{(gás)} + 2H_2O_{(líquido)}$	+0,96
$Br_{2(líquido)} + 2e^- \rightarrow 2Br^-_{(aquoso)}$	+1,07
$O_{2(gás)} + 4\,H^+_{(aquoso)} + 4e^- \rightarrow 2H_2O_{(líquido)}$	+1,23
$MnO_{2(sólido)} + 4H^+_{(aquoso)} + 2e^- \rightarrow Mn^{+2}_{(aquoso)} + 2H_2O_{(líquido)}$	+1,23
$Cr_2O^{-2}_{7(aquoso)} + 14H^+_{(aquoso)} + 6e^- \rightarrow Cr^{+3}_{(aquoso)} + 7H_2O_{(líquido)}$	+1,33
$Cl_{2(gás)} + 2e^- \rightarrow 2Cl^-_{(aquoso)}$	+1,36
$Au^{+3}_{(aquoso)} + 3e^- \rightarrow Au_{(sólido)}$	+1,50
$MnO^-_{4(aquoso)} + 8H^+_{(aquoso)} + 5e^- \rightarrow Mn^{+2}_{(aquoso)} + H_2O_{(líquido)}$	+1,51
$Ce^{+4}_{(aquoso)} + 1e^- \rightarrow Ce^{+3}_{(aquoso)}$	+1,61
$H_2O_{2(gás)} + 2H^+_{(aquoso)} + 2e^- \rightarrow 2H_2O_{(líquido)}$	+1,77
$Co^{+3}_{(aquoso)} + 1e^- \rightarrow Co^{+2}_{(aquoso)}$	+1,82
$O_{3(gás)} + 2H^+_{(aquoso)} + 2e^- \rightarrow O_{2(gás)} + H_2O_{(líquido)}$	+2,07
$F_{2(gás)} + 2e^- \rightarrow 2F^-_{(aquoso)}$	+2,87

Fonte: Atkins, P. W.; Paula de, J. Físico-Química", 8ªedição, volume um. Livros Técnicos e Científicos - LTC, Rio de Janeiro, 2008.

APÊNDICE I – CAPACIDADE CALORÍFICA MÉDIA À PRESSÃO CONSTANTE ($\overline{c}_P$)

SUBSTÂNCIA	$\overline{c}_P\ (\frac{J}{mol\ x\ K})$
$Al_{(sólido)}$	24,2
$Nb_{(sólido)}$	24,6
$Nb_{(líquido)}$	41,7
$Nb_2O_{5(sólido)}$	131,6
$Al_2O_{3(sólido)}$	77,2
$Al_2O_{3(líquido)}$	144,9
$Fe_{(sólido)}$	25,1
$Fe_{(líquido)}$	41,4
$Fe_2O_{3(sólido)}$	103,7
$Ar_{(gás)}$	20,8
$Cl_{2(gás)}$	33,9
$H_{2(gás)}$	29,0
$N_{2(gás)}$	29,1
$O_{2(gás)}$	29,4

Fonte: Atkins, P. W.; Paula de, J. Físico-Química", 8ªedição, volume um. Livros Técnicos e Científicos - LTC, Rio de Janeiro, 2008.

APÊNDICE J – TABELA DE PRIORIDADE DE DESCARGA PARA CÁTIONS E ÂNIONS

PRIORIDADE DE DESCARGA	
Cátions	Grupo 1 < Grupo 2 < Grupo 3 < Al^{+3} < H^+ < Metais de transição
Ânions	ânions não oxigenados > OH^- > ânions oxigenados > F^-

APÊNDICE K – TABELA DA CONSTANTE DE HENRY PARA GASES EM ÁGUA A 20°C

GÁS CARACTERÍSTICO	k_H (mol x L^{-1} x atm^{-1})
Ar atmosférico	7,90 x 10^{-4}
Ar	1,50 x 10^{-3}
CO_2	2,30 x 10^{-2}
He	3,70 x 10^{-4}
H_2	8,50 x 10^{-4}
Ne	5,0 x 10^{-4}
N_2	7,0 x 10^{-4}
O_2	1,30 x 10^{-3}

APÊNDICE L – PREFIXO DO SISTEMA INTERNACIONAL

FATOR	PREFIXO	SÍMBOLO
10^{12}	Terá	T
10^{9}	Giga	G
10^{6}	Mega	M
10^{3}	Quilo	k
10^{-1}	Deci	d
10^{-2}	Centi	c
10^{-3}	Mili	m
10^{6}	Micro	µ
10^{-9}	Nano	n
10^{-12}	Pico	p

APÊNDICE M – CONSTANTE DO PRODUTO DE SOLUBILIDADE A 25ºC

	EQUILÍBRIO	p_{KPS}
Brometos	$CuBr_{(sólido)} \rightarrow Cu^{+}_{(aquoso)} + Br^{-}_{(aquoso)}$	8,20
	$PbBr_{2(sólido)} \rightarrow Pb^{+2}_{(aquoso)} + 2Br^{-}_{(aquoso)}$	5,30
	$Hg_2Br_{2(sólido)} \rightarrow Hg^{+2}_{2(aquoso)} + 2Br^{-}_{(aquoso)}$	21,9
	$AgBr_{(sólido)} \rightarrow Ag^{+}_{(aquoso)} + Br^{-}_{(aquoso)}$	12,3
Carbonatos	$BaCO_{3(sólido)} \rightarrow Ba^{+2}_{(aquoso)} + CO^{-2}_{3(aquoso)}$	8,80
	$CdCO_{3(sólido)} \rightarrow Cd^{+2}_{(aquoso)} + CO^{-2}_{3(aquoso)}$	11,3
	$CaCO_{3(sólido)} \rightarrow Ca^{+2}_{(aquoso)} + CO^{-2}_{3(aquoso)}$	8,2
	$CoCO_{3(sólido)} \rightarrow Co^{+2}_{(aquoso)} + CO^{-2}_{3(aquoso)}$	12,1
	$CuCO_{3(sólido)} \rightarrow Cu^{+2}_{(aquoso)} + CO^{-2}_{3(aquoso)}$	9,6
	$PbCO_{3(sólido)} \rightarrow Pb^{+2}_{(aquoso)} + CO^{-2}_{3(aquoso)}$	12,80
	$MgCO_{3(sólido)} \rightarrow Mg^{+2}_{(aquoso)} + CO^{-2}_{3(aquoso)}$	4,40
	$MnCO_{3(sólido)} \rightarrow Mn^{+2}_{(aquoso)} + CO^{-2}_{3(aquoso)}$	10,1
	$Hg_2CO_{3(sólido)} \rightarrow Hg^{+2}_{2(aquoso)} + CO^{-2}_{3(aquoso)}$	16,1
	$NiCO_{3(sólido)} \rightarrow Ni^{+2}_{(aquoso)} + CO^{-2}_{3(aquoso)}$	8,2
	$Ag_2CO_{3(sólido)} \rightarrow 2Ag^{+2}_{(aquoso)} + CO^{-2}_{3(aquoso)}$	11,1
	$SrCO_{3(sólido)} \rightarrow Sr^{+2}_{(aquoso)} + CO^{-2}_{3(aquoso)}$	9,2
	$ZnCO_{3(sólido)} \rightarrow Zn^{+2}_{(aquoso)} + CO^{-2}_{3(aquoso)}$	10,7
Cloretos	$CuCl_{(sólido)} \rightarrow Cu^{+}_{(aquoso)} + Cl^{-}_{(aquoso)}$	6,5

	$PbCl_{2(sólido)} \rightarrow Pb^{+2}_{(aquoso)} + 2Cl^{-}_{(aquoso)}$	4,8
	$Hg_2Cl_{2(sólido)} \rightarrow Hg^{+2}_{2(aquoso)} + 2Cl^{-}_{(aquoso)}$	17,9
	$AgCl_{(sólido)} \rightarrow Ag^{+}_{(aquoso)} + Cl^{-}_{(aquoso)}$	9,70
Cromatos	$BaCrO_{4(sólido)} \rightarrow Ba^{+2}_{(aquoso)} + CrO^{-2}_{4(aquoso)}$	9,9
	$CaCrO_{4(sólido)} \rightarrow Ca^{+2}_{(aquoso)} + CrO^{-2}_{4(aquoso)}$	3,2
	$PbCrO_{4(sólido)} \rightarrow Pb^{+2}_{(aquoso)} + CrO^{-2}_{4(aquoso)}$	13,7
	$Hg_2CrO_{4(sólido)} \rightarrow Hg_2{}^{+2}_{(aquoso)} + CrO^{-2}_{4(aquoso)}$	8,7
	$Ag_2CrO_{4(sólido)} \rightarrow 2Ag^{+2}_{(aquoso)} + CrO^{-2}_{4(aquoso)}$	11,7
	$SrCrO_{4(sólido)} \rightarrow Sr^{+2}_{(aquoso)} + CrO^{-2}_{4(aquoso)}$	4,4
Hidróxidos	$Al(OH)_{3(sólido)} \rightarrow Al^{+3}_{(aquoso)} + 3OH^{-}_{(aquoso)}$	32,3
	$Cd(OH)_{2(sólido)} \rightarrow Cd^{+2}_{(aquoso)} + 2OH^{-}_{(aquoso)}$	13,7
	$Cr(OH)_{3(sólido)} \rightarrow Cr^{+3}_{(aquoso)} + 3OH^{-}_{(aquoso)}$	30,2
	$Cr(OH)_{2(sólido)} \rightarrow Cr^{+2}_{(aquoso)} + 2OH^{-}_{(aquoso)}$	17,0
	$Co(OH)_{3(sólido)} \rightarrow Co^{+3}_{(aquoso)} + 3OH^{-}_{(aquoso)}$	43,0
	$Co(OH)_{2(sólido)} \rightarrow Co^{+2}_{(aquoso)} + 2OH^{-}_{(aquoso)}$	15,6
	$Cu(OH)_{2(sólido)} \rightarrow Cu^{+2}_{(aquoso)} + 2OH^{-}_{(aquoso)}$	18,8
	$Fe(OH)_{3(sólido)} \rightarrow Fe^{+3}_{(aquoso)} + 3OH^{-}_{(aquoso)}$	37,2
	$Fe(OH)_{2(sólido)} \rightarrow Fe^{+2}_{(aquoso)} + 2OH^{-}_{(aquoso)}$	14,7
	$Pb(OH)_{2(sólido)} \rightarrow Pb^{+2}_{(aquoso)} + 2OH^{-}_{(aquoso)}$	14,4
	$Mg(OH)_{2(sólido)} \rightarrow Mg^{+2}_{(aquoso)} + 2OH^{-}_{(aquoso)}$	11,1
	$Mn(OH)_{3(sólido)} \rightarrow Mn^{+3}_{(aquoso)} + 3OH^{-}_{(aquoso)}$	36,0
	$Mn(OH)_{2(sólido)} \rightarrow Mn^{+2}_{(aquoso)} + 2OH^{-}_{(aquoso)}$	12,7
	$HgO_{(sólido)} + \frac{1}{2}H_2O_{(líquido)} \rightarrow Hg^{+2}_{(aquoso)} + 2OH^{-}_{(aquoso)}$	25,5
	$Ni(OH)_{2(sólido)} \rightarrow Ni^{+2}_{(aquoso)} + 2OH^{-}_{(aquoso)}$	15,8
	$\frac{1}{2}Ag_2O_{(sólido)} + \frac{1}{2}H_2O_{(líquido)} \rightarrow Ag^{+}_{(aquoso)} + OH^{-}_{(aquoso)}$	7,7
	$Sn(OH)_{2(sólido)} \rightarrow Sn^{+2}_{(aquoso)} + 2OH^{-}_{(aquoso)}$	26,5
	$Zn(OH)_{2(sólido)} \rightarrow Zn^{+2}_{(aquoso)} + 2OH^{-}_{(aquoso)}$	16,3
Iodatos	$Ba(IO_3)_{2(sólido)} \rightarrow Ba^{+2}_{(aquoso)} + 2IO^{-}_{3(aquoso)}$	8,9
	$Ca(IO_3)_{2(sólido)} \rightarrow Ca^{+2}_{(aquoso)} + 2IO^{-}_{3(aquoso)}$	5,8
	$Pb(IO_3)_{2(sólido)} \rightarrow Pb^{+2}_{(aquoso)} + 2IO^{-}_{3(aquoso)}$	12,6
	$Hg(IO_3)_{2(sólido)} \rightarrow Hg^{+2}_{(aquoso)} + 2IO^{-}_{3(aquoso)}$	12,5
	$Hg_2(IO_3)_{2(sólido)} \rightarrow 2Hg^{+}_{(aquoso)} + 2IO^{-}_{3(aquoso)}$	13,7
	$AgIO_{3(sólido)} \rightarrow Ag^{+}_{(aquoso)} + IO^{-}_{3(aquoso)}$	7,5
Iodetos	$CuI_{(sólido)} \rightarrow Cu^{+}_{(aquoso)} + I^{-}_{(aquoso)}$	12,0
	$PbI_{2(sólido)} \rightarrow Pb^{+2}_{(aquoso)} + 2I^{-}_{(aquoso)}$	8,1
	$Hg_2I_{2(sólido)} \rightarrow Hg^{+2}_{2(aquoso)} + 2I^{-}_{(aquoso)}$	28,4
	$AgI_{(sólido)} \rightarrow Ag^{+}_{(aquoso)} + I^{-}_{(aquoso)}$	16,1
Oxalatos	$BaC_2O_{4(sólido)} \rightarrow Ba^{+2}_{(aquoso)} + C_2O^{-2}_{4(aquoso)}$	7,8
	$CdC_2O_{4(sólido)} \rightarrow Cd^{+2}_{(aquoso)} + C_2O^{-2}_{4(aquoso)}$	7,8
	$CaC_2O_{4(sólido)} \rightarrow Ba^{+2}_{(aquoso)} + C_2O^{-2}_{4(aquoso)}$	8,9
	$FeC_2O_{4(sólido)} \rightarrow Fe^{+2}_{(aquoso)} + C_2O^{-2}_{4(aquoso)}$	6,7

	$MgC_2O_{4(sólido)} \rightarrow Mg^{+2}_{(aquoso)} + C_2O^{-2}_{4(aquoso)}$	4,1
	$Mn_2(C_2O_4)_{3(sólido)} \rightarrow 2Mn^{+3}_{(aquoso)} + 3C_2O^{-2}_{4(aquoso)}$	19,2
	$MnC_2O_{4(sólido)} \rightarrow Mn^{+2}_{(aquoso)} + C_2O^{-2}_{4(aquoso)}$	15,0
	$Ag_2C_2O_{4(sólido)} \rightarrow 2Ag^{+}_{(aquoso)} + C_2O^{-2}_{4(aquoso)}$	11,0
	$SrC_2O_{4(sólido)} \rightarrow Sr^{+2}_{(aquoso)} + C_2O^{-2}_{4(aquoso)}$	7,2
	$ZnC_2O_{4(sólido)} \rightarrow Zn^{+2}_{(aquoso)} + C_2O^{-2}_{4(aquoso)}$	8,8
Sulfatos	$BaSO_{4(sólido)} \rightarrow Ba^{+2}_{(aquoso)} + SO^{-2}_{4(aquoso)}$	8,80
	$CaSO_{4(sólido)} \rightarrow Ca^{+2}_{(aquoso)} + SO^{-2}_{4(aquoso)}$	4,60
	$PbSO_{4(sólido)} \rightarrow Pb^{+2}_{(aquoso)} + SO^{-2}_{4(aquoso)}$	7,90
	$SrSO_{4(sólido)} \rightarrow Sr^{+2}_{(aquoso)} + SO^{-2}_{4(aquoso)}$	6,10
Sulfetos	$Bi_2S_{3(sólido)} \rightarrow 2Bi^{+3}_{(aquoso)} + 3S^{-2}_{(aquoso)}$	100
	$CdS_{(sólido)} \rightarrow Cd^{+2}_{(aquoso)} + S^{-2}_{(aquoso)}$	26,2
	$CoS_{(sólido)} \rightarrow Co^{+2}_{(aquoso)} + S^{-2}_{(aquoso)}$ (α)	21,3
	$CoS_{(sólido)} \rightarrow Co^{+2}_{(aquoso)} + S^{-2}_{(aquoso)}$ (β)	28,2
	$CuS_{(sólido)} \rightarrow Cu^{+2}_{(aquoso)} + S^{-2}_{(aquoso)}$	35,4
	$FeS_{(sólido)} \rightarrow Fe^{+2}_{(aquoso)} + S^{-2}_{(aquoso)}$	17,3
	$PbS_{(sólido)} \rightarrow Pb^{+2}_{(aquoso)} + S^{-2}_{(aquoso)}$	25,4
	$MnS_{(sólido)} \rightarrow Mn^{+2}_{(aquoso)} + S^{-2}_{(aquoso)}$	13,1
	$HgS_{(sólido)} \rightarrow Hg^{+2}_{(aquoso)} + S^{-2}_{(aquoso)}$	50,0
	$NiS_{(sólido)} \rightarrow Ni^{+2}_{(aquoso)} + S^{-2}_{(aquoso)}$ (α)	22,0
	$NiS_{(sólido)} \rightarrow Ni^{+2}_{(aquoso)} + S^{-2}_{(aquoso)}$ (β)	27,5
	$NiS_{(sólido)} \rightarrow Ni^{+2}_{(aquoso)} + S^{-2}_{(aquoso)}$ (γ)	29,2
	$Ag_2S_{(sólido)} \rightarrow 2Ag^{+}_{(aquoso)} + S^{-2}_{(aquoso)}$	50,0
	$ZnS_{(sólido)} \rightarrow Zn^{+2}_{(aquoso)} + S^{-2}_{(aquoso)}$	20,0

APÊNDICE N – TABELA DO NÚMERO DE OXIDAÇÃO

-1 H +1

				He					
			-1	**Li**	+1				
				Be		+2			
				B	+1	+2	+3		
-4	-3	-2	-1	**C**	+1	+2	+3	+4	
	-3	-2	-1	**N**	+1	+2	+3	+4	+5
		-2	-1	**O**	+1	+2			
			-1	**F**					
				Ne					
			-1	**Na**	+1				
				Mg	+1	+2			
				Al	+1		+3		
-4	-3	-2	-1	**Si**	+1	+2	+3	+4	

	−3	−2	−1	**P**	+1	+2	+3	+4	+5			
		−2	−1	**S**	+1	+2	+3	+4	+5	+6		
			−1	**Cl**	+1	+2	+3	+4	+5	+6	+7	
				Ar								
				K	+1							
				Ca		+2						
				Sc	+1	+2	+3					
			−1	**Ti**		+2	+3	+4				
			−1	**V**	+1	+2	+3	+4	+5			
		−2	−1	**Cr**	+1	+2	+3	+4	+5	+6		
	−3	−2	−1	**Mn**	+1	+2	+3	+4	+5	+6	+7	
		−2	−1	**Fe**	+1	+2	+3	+4	+5	+6		
			−1	**Co**	+1	+2	+3	+4	+5			
			−1	**Ni**	+1	+2	+3	+4				
				Cu	+1	+2	+3	+4				
				Zn		+2						
				Ga	+1	+2	+3					
−4				**Ge**	+1	+2	+3	+4				
	−3			**As**		+2	+3		+5			
		−2		**Se**		+2		+4		+6		
			−1	**Br**	+1		+3	+4	+5		+7	
				Kr		+2						
				Rb	+1							
				Sr		+2						
				Y	+1	+2	+3					
				Zr	+1	+2	+3	+4				
			−1	**Nb**		+2	+3	+4	+5			
		−2	−1	**Mo**	+1	+2	+3	+4	+5	+6		
	−3		−1	**Tc**	+1	+2	+3	+4	+5	+6	+7	
		−2		**Ru**	+1	+2	+3	+4	+5	+6	+7	+8
			−1	**Rh**	+1	+2	+3	+4	+5	+6		
				Pd		+2		+4				
				Ag	+1	+2	+3					
				Cd		+2						
				In	+1	+2	+3					
−4				**Sn**		+2		+4				
	−3			**Sb**			+3		+5			
		−2		**Te**		+2		+4	+5	+6		
			−1	**I**	+1		+3		+5		+7	
				Xe		+2		+4		+6		+8

				Cs	+1							
				Ba		+2						
				La		+2	+3					
				Ce		+2	+3	+4				
				Pr		+2	+3	+4				
				Nd		+2	+3					
				Pm			+3					
				Sm		+2	+3					
				Eu		+2	+3					
				Gd	+1	+2	+3					
				Tb	+1		+3	+4				
				Dy		+2	+3					
				Ho			+3					
				Er			+3					
				Tm		+2	+3					
				Yb		+2	+3					
				Lu			+3					
				Hf		+2	+3	+4				
			−1	**Ta**		+2	+3	+4	+5			
		−2	−1	**W**	+1	+2	+3	+4	+5	+6		
	−3		−1	**Re**	+1	+2	+3	+4	+5	+6	+7	
		−2		**Os**	+1	+2	+3	+4	+5	+6	+7	+8
			−1	**Ir**	+1	+2	+3	+4	+5	+6		
				Pt		+2		+4	+5	+6		
			−1	**Au**	+1	+2	+3		+5			
				Hg	+1	+2		+4				
				Tl	+1		+3					
−4				**Pb**		+2		+4				
	−3			**Bi**			+3		+5			
		−2		**Po**		+2		+4		+6		
			−1	**At**	+1		+3		+5		+7	
				Rn		+2						
				Fr	+1							
				Ra		+2						
				Ac			+3					
				Th		+2	+3	+4				
				Pa			+3	+4	+5			
				U			+3	+4	+5	+6		
				Np			+3	+4	+5	+6	+7	
				Pu			+3	+4	+5	+6	+7	

Am	+2	+3	+4	+5	+6
Cm		+3	+4		
Bk		+3	+4		
Cf	+2	+3	+4		
Es	+2	+3			
Fm	+2	+3			
Md	+2	+3			
No	+2	+3			
Lr		+3			
Rf			+4		

APÊNDICE O – MASSAS MOLARES DOS ELEMENTOS QUÍMICOS

ELEMENTO	<MM> (g mol^{-1})	ELEMENTO	<MM> (g mol^{-1})	ELEMENTO	<MM> (g mol^{-1})
H	1,008	Ne	20,18	Ar	39,95
He	4,003	Na	22,99	Ca	40,08
Li	6,938	Mg	24,30	Sc	44,96
Be	9,012	Al	26,98	Ti	47,87
B	10,81	Si	28,08	V	50,94
C	12,01	P	30,97	Cr	52,00
N	14,01	S	32,06	Mn	54,94
O	15,99	Cl	35,50	Fe	55,85
F	19,00	K	39,10	Ni	58,69

ELEMENTO	<MM> (g mol^{-1})	ELEMENTO	<MM> (g mol^{-1})	ELEMENTO	<MM> (g mol^{-1})
Co	58,93	Rb	85,47	Pd	106,4
Cu	63,55	Sr	87,62	Ag	107,9
Zn	65,38	Y	88,91	Cd	112,4
Ga	69,72	Zr	91,22	In	114,8
Ge	72,63	Nb	92,91	Sn	118,7
As	74,92	Mo	95,95	Sb	121,8
Se	78,97	Tc	98,91	I	126,9
Br	79,90	Ru	101,1	Te	127,6
Kr	83,80	Rh	102,9	Xe	131,3

ELEMENTO	<MM> (g mol^{-1})	ELEMENTO	<MM> (g mol^{-1})
Cs	132,9	Re	186,2
Ba	137,3	Os	190,2
La	138,9	Ir	192,2
Ce	140,1	Pt	195,1
Nd	144,2	Au	197,0
Yb	173,0	Hg	200,6
Hf	178,5	Tl	204,4
Ta	180,9	Pb	207,2
W	183,8	Bi	209,0
Th	232,0	U	238,0

APÊNDICE P – FATOR DE CONVERSÃO DE UNIDADE DE ENERGIA

ELEMENTO	eV	J	cm^{-1}	Kcal x mol^{-1}	KJ x mol^{-1}
1 eV	1 eV	1,6022 x 10^{-19}	8065,54	23,0605	96,4853
1 J	6,2415 x 10^{18}	1 J	5,0341 x 10^{22}	1,4393 x 10^{20}	6,0221 x 10^{20}
1 cm^{-1}	1,2398 x 10^{-4}	1,9864 x 10^{-23}	1 cm^{-1}	2,8591 x 10^{-3}	1,1963 x 10^{-2}
1 Kcal x mol^{-1}	4,3364 x 10^{-2}	6,9477 x 10^{-21}	349,755	1 Kcal x mol^{-1}	4,184
1 KJ x mol^{-1}	1,0364 x 10^{-2}	1,6605 x 10^{-21}	83,5935	0,2390	1 KJ x mol^{-1}

APÊNDICE Q – DADOS TERMODINÂMICOS PARA T = 298,15 K

COMPOSTO	<MM> (g x mol^{-1})	H°_{f} (Kj x mol^{-1})	G°_{f} (Kj x mol^{-1})	S°_{f} (Kj x mol^{-1})	$C_{p,m}$ (J x K^{-1} x mol^{-1})
$Br_{2(\text{líquido})}$	159,80	0	0	152,23	75,69
$Br_{2(\text{gás})}$	159,80	30,91	3,11	245,46	36,02
$HBr_{(\text{gás})}$	80,91	-36,40	-53,45	198,70	29,14
$CaO_{(\text{sólido})}$	56,08	-635,09	-604,03	39,75	42,80
$CaCO_{3(\text{sólido})}$	100,09	-1206,9	-1128,8	92,9	81,88
$CaCl_{2(\text{sólido})}$	110,98	-795,8	-748,1	104,6	72,59
$Cl_{2(\text{gás})}$	71,00	0	0	223,07	33,91
$Cl_{(\text{gás})}$	35,45	121,68	105,68	165,20	21,84
$HCl_{(\text{gás})}$	36,45	-92,31	-95,30	186,91	29,12
$HCl_{(\text{aquoso})}$	36,45	-167,16	-131,23	56,5	-
$C_{(\text{grafite})}$	12,01	0	0	5,740	8,53
$C_{(\text{diamante})}$	12,01	1,895	2,900	2,377	6,11
$C_{(\text{gás})}$	12,01	716,68	671,26	158,10	20,84
$CH_{4(\text{gás})}$	16,04	-74,81	-50,72	186,26	35,31
$C_2H_{2(\text{gás})}$	26,04	226,73	209,20	200,94	43,93
$C_2H_{4(\text{gás})}$	28,05	52,26	68,15	219,56	43,56
$C_2H_{6(\text{gás})}$	30,07	-84,68	-32,82	229,60	52,63
$C_3H_{6(\text{gás})}$, propeno	42,08	20,42	62,78	267,05	63,89
$C_3H_{6(\text{gás})}$, ciclopropeno	42,08	53,30	104,45	237,4	55,94
$C_3H_{8(\text{gás})}$	44,09	-103,85	-23,49	269,91	73,5
$C_4H_{6(\text{gás})}$, butadi -1,3- eno	54,09	110,17	150,67	278,74	79,54
$C_4H_{8(\text{gás})}$, but - 1 - eno	56,11	-0,13	71,39	305,71	85,65
$C_4H_{10(\text{gás})}$	58,12	-126,15	-17,03	310,23	97,45
$C_5H_{12(\text{gás})}$, n - pentano	72,15	-146,44	-8,20	348,40	120,2
$C_5H_{12(\text{líquido})}$	72,15	-173,1	-	-	-
$C_6H_{6(\text{líquido})}$	78,11	49,0	129,72	173,3	136,1
$C_6H_{6(\text{gás})}$	78,11	82,93	129,72	269,31	81,67
$C_6H_{12(\text{líquido})}$, cicloexano	84,15	-156	26,8	204,4	156,5
$C_6H_{14(\text{líquido})}$, n - hexano	86,18	-198,7	-	204,3	-
$C_6H_5CH_{3(\text{gás})}$, tolueno	92,14	50,0	122,0	320,7	103,6
$C_7H_{16(\text{líquido})}$	100,21	-224,4	1,0	328,6	224,3
$C_8H_{18(\text{líquido})}$	114,22	-249,9	6,4	361,1	-
$C_8H_{18(\text{líquido})}$, isoctano	114,22	-255,1	-	-	-
$C_{10}H_{8(\text{sólido})}$, naftaleno	1128,18	78,53	-	-	-
$CH_3OH_{(\text{líquido})}$	32,04	-238,66	-166,27	126,8	81,6
$CH_3OH_{(\text{gás})}$	32,04	-200,66	-161,96	239,81	43,89
$C_2H_5OH_{(\text{líquido})}$	46,07	-277,69	-174,78	160,7	111,46
$C_2H_5OH_{(\text{gás})}$	46,07	-235,10	-168,49	282,70	65,44

$C_6H_5OH_{(sólido)}$, fenol	94,11	-165,0	-50,9	146,0	-
$HCO_2H_{(líquido)}$, ácido fórmico	46,02	-424,72	-361,35	128,95	99,04
$CH_3COOH_{(líquido)}$	60,05	-484,5	-389,9	159,8	124,3
$(COOH)_{2(sólido)}$, ácido oxálico	90,04	-829	-697,9	116	117
$C_6H_5COOH_{(sólido)}$, ácido benzoico	122,12	-385,1	-245,3	167,6	146,8
$CH_3COOC_2H_5H_{(líquido)}$, acetato de etila	88,11	-479,00	-332,7	259,4	170,1
$CH_3CHO_{(gás)}$, acetaldeído	44,05	-170,7	-133,8	265,9	55,32
$CH_3CHO_{(líquido)}$, acetaldeído	44,05	-196,4	-127,6	117,3	89,05
$CH_3COCH_{3\ (líquido)}$, propanona	58,08	-241,1	-155,4	200,4	124,7
$C_6H_{12}O_{6\ (sólido)}$, glicose $(\alpha - D)$	180,15	-1273,1	-910,5	212,1	-
$C_{12}H_{22}O_{11\ (sólido)}$, sacarose	342,29	-2222	-1543	360,2	-
$CO(NH_2)_{2(sólido)}$, ureia	60,06	-333,51	-197,33	104,60	93,14
$CH_3NH_{2(gás)}$, metilamina	31,06	-23,0	32,2	243,4	53,1
$C_6H_5NH_{2(líquido)}$, anilina	93,13	31,1	149,1	191,3	192
$CH_2(NH_2)COOH_{(sólido)}$, glicina	75,07	-532,9	-373,4	103,5	99,2
$CO_{(gás)}$	28,01	-110,53	-137,17	197,67	29,14
$CO_{2(gás)}$	44,01	-393,51	-394,36	213,74	37,11
$CO_{2(aquoso)}$	44,01	-413,80	-385,98	117,6	-
$CCl_{4(líquido)}$	153,81	-135,44	-65,21	216,40	131,75
$CS_{2(líquido)}$	76,15	89,70	65,27	151,34	75,7
$HCN_{(gás)}$	27,03	135,1	124,7	201,78	35,86
$HCN_{(líquido)}$	27,03	108,87	124,97	112,84	70,63
$S_{(sólido,\ ortorrômbico)}$	32,06	0	0	31,8	22,64
$S_{(sólido,\ monocínico)}$	32,06	0,33	0,1	32,6	23,6
$S_{(gás)}$	32,06	278,81	238,25	167,82	23,68
$S_{2(gás)}$	64,12	128,37	79,30	228,18	32,47
$SO_{2(gás)}$	64,06	-296,83	-300,19	248,22	39,87
$SO_{3(gás)}$	80,06	-395,72	-371,06	256,76	50,67
$H_2SO_{4(líquido)}$	98,08	-813,99	-690,00	156,90	138,9
$H_2SO_{4(aquoso)}$	98,08	-909,27	-744,53	20,1	-
$H_2S_{(gás)}$	34,08	-20,63	-33,56	205,79	34,23
$H_2S_{(aquoso)}$	34,08	-39,7	-27,83	121	-
$SF_{6(gás)}$	146,06	-1209	-1105,3	291,82	97,28
$P_{(sólido,\ branco)}$	30,97	0	0	41,09	23,84
$P_{(gás)}$	30,97	314,64	278,25	163,19	20,79
$P_{2(gás)}$	61,95	144,3	103,7	218,13	32,05
$P_{4(gás)}$	123,88	58,91	24,44	279,98	67,15
$PH_{3(gás)}$	33,99	5,4	13,4	210,23	37,11
$PCl_{3(gás)}$	137,32	-287,0	-267,8	311,78	71,84
$PCl_{3(líquido)}$	137,32	-319,7	-272,3	217,18	-
$PCl_{5(gás)}$	208,22	-374,9	-305,0	364,6	112,8
$PCl_{5(sólido)}$	208,22	-443,5	-	-	-
$H_3PO_{3(sólido)}$	82,00	-964,4	-	-	-
$H_3PO_{3(aquoso)}$	82,00	-964,8	-	-	-
$H_3PO_{4(sólido)}$	94,97	-1279,0	-1119,1	10,50	106,06
$H_3PO_{4(líquido)}$	94,97	-1266,9	-	-	-
$H_3PO_{4(aquoso)}$	94,97	-1277,4	-1018,7	-221,8	-
$H_{2(gás)}$	2,016	0	0	130,68	28,82
$H_2O_{(líquido)}$	18,02	-285,83	-237,13	69,91	75,29
$H_2O_{(gás)}$	18,02	-241,82	-228,57	188,83	33,58

$H_2O_{2(líquido)}$	34,02	-187,78	-120,35	109,6	89,1
$N_{2(gás)}$	28,02	0	0	191,61	29,12
$N_{(gás)}$	14,01	472,7	455,56	153,30	20,79
$NO_{(gás)}$	30,01	90,25	86,55	210,76	29,84
$N_2O_{(gás)}$	44,02	82,05	104,20	219,85	38,45
$NO_{2(gás)}$	46,1	33,18	51,31	240,06	37,20
$N_2O_{4(gás)}$	92,02	9,16	97,89	304,29	77,28
$N_2O_{5(sólido)}$	108,1	-43,1	113,9	178,2	143,1
$N_2O_{5(gás)}$	108,01	11,3	115,1	355,7	84,5
$N_2H_{4(líquido)}$	32,05	50,63	149,43	121,21	139,3
$HNO_{3(líquido)}$	63,02	-174,10	-80,71	155,60	109,87
$HNO_{3(aquoso)}$	63,02	-207,36	-111,25	146,4	-
$NH_{3(gás)}$	17,03	-46,11	-16,45	192,45	35,06
$NH_{3(aquoso)}$	17,03	-80,29	-26,50	111,3	-
$NH_4^+{}_{(aquoso)}$	18,04	-132,51	-79,31	113,4	-
$HN_{3(líquido)}$	43,04	264,0	327,3	140,6	43,68
$HN_{3(gás)}$	43,04	294,1	328,1	238,97	98,87
$NH_2OH_{(sólido)}$	33,03	-114,2	-	-	-
$NH_4Cl_{(sólido)}$	53,49	-314,43	-202,87	94,6	-
$NH_4NO_{3(sólido)}$	80,05	-365,56	-183,87	151,08	84,1
$HgO_{(sólido)}$	216,59	-90,83	-58,54	70,29	44,06
$Hg_2Cl_{2(sólido)}$	472,09	-265,22	-210,75	192,5	-
$HgCl_{2(sólido)}$	271,50	-224,30	-178,6	146,0	-
$HgS_{(sólido,\ preto)}$	232,65	-53,6	-47,7	88,3	-
$O_{2(gás)}$	32,00	0	0	205,14	29,36
$O_{3(gás)}$	48,00	142,7	163,2	238,93	39,20
$KCl_{(sólido)}$	74,55	-436,75	-409,14	82,59	51,30
$KBr_{(sólido)}$	119,00	-393,80	-380,66	95,90	52,30
$NaCl_{(sólido)}$	58,44	-411,15	-384,14	72,13	50,50
$NaBr_{(sólido)}$	102,89	-361,06	-348,98	86,82	51,38

APÊNDICE R – ENTALPIAS DE COMBUSTÃO PADRÃO (1 bar & 298,15 K)

COMPOSTO	$\Delta H^{\circ}_{combustão}$ (Kj x mol⁻¹)
$C_{(grafite)}$	-394
$C_{(diamante)}$	-395
$CH_{4(gás)}$	-890,0
$C_2H_{2(gás)}$	-1300
$C_2H_{4(gás)}$	-1411
$C_2H_{6(gás)}$	-1560
$C_3H_{6(gás)}$, propeno	-2058
$C_3H_{6(gás)}$, ciclopropeno	-2091
$C_3H_{8(gás)}$	-2220
$C_4H_{8(gás)}$, but - 1 - eno	-2717
$C_4H_{10(gás)}$	-2878
$C_5H_{12(gás)}$, n - pentano	-3537
$C_6H_{6(líquido)}$	-3268
$C_6H_{6(gás)}$	-3302
$C_6H_{12(líquido)}$, cicloexano	-3920
$C_6H_{14(líquido)}$, n - hexano	-4163
$C_6H_5CH_{3(gás)}$, tolueno	-3953
$C_7H_{16(líquido)}$	-4817
$C_8H_{18(líquido)}$	-5471
$C_8H_{18(líquido)}$, isoctano	-5461
$C_{10}H_{8(sólido)}$, naftaleno	-5157
$CH_3OH_{(líquido)}$	-726
$CH_3OH_{(gás)}$	-764
$C_2H_5OH_{(líquido)}$	-1368
$C_2H_5OH_{(gás)}$	-1409
$C_6H_5OH_{(sólido)}$, fenol	-3054
$HCO_2H_{(líquido)}$, ácido fórmico	-255
$CH_3COOH_{(líquido)}$	-875
$(COOH)_{2(sólido)}$, ácido oxálico	-254
$C_6H_5COOH_{(sólido)}$, ácido benzoico	-3227
$CH_3COOC_2H_5H_{(líquido)}$, acetato de etila	-2231
$CH_3CHO_{(gás)}$, acetaldeído	-1192
$C_6H_{12}O_{6\ (sólido)}$, glicose $(\alpha - D)$	-2808
$C_{12}H_{22}O_{11\ (sólido)}$, sacarose	-5645
$CO(NH_2)_{2(sólido)}$, ureia	-632
$CH_3NH_{2(gás)}$, metilamina	-1085
$C_6H_5NH_{2(líquido)}$, anilina	-3393
$CH_2(NH_2)COOH_{(sólido)}$, glicina	-969
$H_{2(gás)}$	-286

APÊNDICE S – CAPACIDADES CALORÍFICAS

Para esta tabela relacionada aos valores das capacidades caloríficas das substâncias molares, a pressão constante, de alguns sólidos, líquidos e gases em função da temperatura, $C_p = f(T)$.

COMPOSTO	Temperatura máxima (K)	a	b x 10^3 (K^{-1})	b x 10^{-5} (K^2)	d x 10^5 (K^{-2})
$Al_{(sólido)}$	900	20,67	12,38	-	-
$C_{(grafite)}$	2000	16,86	4,77	-8,54	-
$Pb_{(sólido)}$	600	22,13	11,72	0,96	-
$H_2O_{(sólido)}$	273	2,10	131	-	-
$CaO_{(sólido)}$	2000	50,75	3,68	-8,70	-
$CaCO_{3(sólido)}$	1200	104,53	21,92	-25,94	-
$C_{10}H_{8(sólido)}$, naftaleno	353	-115,9	3920	-7,08	-
$H_2O_{(líquido)}$	373	111,092	-222,16	-	34,41
$C_6H_{6(líquido)}$	353	108,319	-32,497	-	42,40
$NH_{3(líquido)298}$	75,31	-	-	-	-
$O_{2(gás)}$	2000	29,96	4,18	-1,67	-
$N_{2(gás)}$	2000	28,58	3,77	-0,50	-
$H_{2(gás)}$	3000	27,01	3,51	0,69	-
$CO_{(gás)}$	2500	28,07	4,63	-0,26	-
$HCl_{(gás)}$	2000	26,24	5,18	1,26	-
$NO_{(gás)}$	2000	28,16	5,23	0,12	-
$NH_{3(gás)}$	1800	29,75	25,10	-1,55	-
$H_2O_{(gás)}$	2000	28,85	12,06	1,01	-
$CO_{2(gás)}$	2000	44,22	8,79	-8,62	-
$SO_{2(gás)}$	2000	47,38	6,66	-8,44	-
$SO_{3(gás)}$	2000	67,01	8,78	-16,86	-
$HCN_{(gás)}$	2500	39,38	11,30	-6,03	-
$CH_{4(gás)}$	1500	14,15	75,50	-	-1,80
$C_2H_{2(gás)}$	1500	50,985	16,23	-10,80	-
$C_2H_{4(gás)}$	1500	11,84	1119,68	-	-3,652
$C_2H_{6(gás)}$	1500	9,404	159,85	-	-4,624
$C_3H_{8(gás)}$	1500	10,085	239,33	-	-7,337
$CH_3CHO_{(gás)}$, acetaldeído	1000	14,08	149,48	-	-5,12
$C_4H_{6(gás)}$, butadi-1,3 - eno	1500	22,73	222,70	-	-7,40
$C_4H_{8(gás)}$, but - 1 - eno	1500	21,47	258,41	-	-8,065
$C_4H_{10(gás)}$	1500	16,09	306,93	-	9,48
$C_6H_{6(gás)}$	1500	30,09	211,87	-7,09	-

APÊNDICE T – UNIDADES BÁSICAS E DERIVADAS DO SISTEMA INTERNACIONAL DE MEDIDAS.

QUANTIDADE	UNIDADE SI	SÍMBOLO
	Unidade básica	
Comprimento	metro	m
Corrente elétrica	ampere	A
Intensidade luminosa	candela	cd
Massa	quilograma	kg
Quantidade de matéria	mol	mol
Temperatura	Kelvin	K
Tempo	segundo	s
	Unidade derivada	
Capacidade calorífica	Joule / (kelvin x quilograma)	$J \times K^{-1} \times kg^{-1}$
Densidade mássica	Quilograma / metro cúbico	Kg / m^3
Energia, trabalho, quantidade de calor	Joule ($N \times m = kg \times m^2 \times s^{-2} = Pa \times m^{-3}$)	J
Força	Newton ($kg \times m \times s^{-2}$)	N
Potência	Watt ($J \times s^{-1}$)	W
Pressão	Pascal ($N \times m^{-2} = kg \times m^{-1} \times s^{-2}$)	Pa
Velocidade	Metro / segundo	$m \times s^{-1}$
Volume	Metro cúbico	m^3

APÊNDICE U – FATORES DE CONVERSÃO PARA UNIDADES DO SISTEMA INTERNACIONAL DE MEDIDAS.

PARA CONVERTER DE :	PARA	MULTIPLICAR POR:
°C	K	°C + 273,15 (somar)
Δ°C	ΔK	1
°F	°C	$\left(\frac{5}{9}\right) \times (°F - 32)$
°F	K	$\left(\frac{5}{9}\right) \times (°F + 459{,}67)$
Δ°F	ΔK, Δ°C	$\left(\frac{5}{9}\right)$
°R	K	$\left(\frac{5}{9}\right)$
atm	Pa	$1{,}01325 \times 10^5$
atm	bar	1,01325
atm	psia = lb/in^2	14,696
atm x dm^3	J	101,325
atm x dm^3	cal	24,217
atm x ft^3	Btu	2,7195
bar	Pa	1×10^5
bar x dm^3	J	100
bar x dm^3	cal	418,4
Btu (British Thermal unit)	cal_{IT}	251,996
Btu	J	1055,056
$\left(\frac{Btu \times ft}{ft^2 \times h \times °F}\right)$	$\left(\frac{W}{m \times K}\right) = \left(\frac{J}{s \times m \times K}\right)$	1,730735
Btu / h	W	0,2930711

$\left(\frac{Btu}{ft^2 \times h}\right)$	$\left(\frac{W}{m^2}\right)$	3,154591
$\left(\frac{Btu \times ft}{ft \times h \times °F}\right)$	$\left(\frac{J}{s \times m \times °C}\right) = \left(\frac{W}{m \times K}\right)$	1,730735
$\left(\frac{Btu}{ft^2 \times h \times °F}\right)$	$\left(\frac{W}{m^2 \times °C}\right) = \left(\frac{J}{s \times m^2 \times K}\right)$	5,6783
$\left(\frac{Btu}{ft^2 \times h \times °R}\right)$	$\left(\frac{W}{m^2 \times K}\right)$	5,6783
$\left(\frac{Btu}{lbm}\right)$	$\left(\frac{kJ}{kg}\right)$	2,326
$\left(\frac{Btu}{lbm}\right)$	$\left(\frac{cal_{IT}}{g}\right)$	0,55556
$\left(\frac{Btu}{lbm - mol}\right)$	$\left(\frac{J}{mol}\right)$	2,326
$\left(\frac{Btu}{°F \times lbm - mol}\right)$	$\left(\frac{J}{K \times mol}\right)$	4,184
$\left(\frac{Btu}{°F \times lbm}\right)$	$\left(\frac{cal_{IT}}{°C \times g}\right)$	1
$\left(\frac{Btu}{°F \times lbm}\right)$	$\left(\frac{J}{K \times g}\right) = \left(\frac{kJ}{K \times kg}\right)$	4,184
$\left(\frac{Btu}{°R \times lbm}\right)$	$\left(\frac{J}{K \times g}\right) = \left(\frac{kJ}{K \times kg}\right)$	4,184
$\left(\frac{Btu}{min}\right)$	W	17,58427
Cal	J	4,184
Cal_{IT}	J	4,1868
$\left(\frac{cal_{IT}}{°C \times cm^2 \times s}\right)$	$\left(\frac{W}{K \times m^2}\right)$	$4{,}1868 \times 10^{-4}$
$\left(\frac{cal_{IT} \times cm}{°C \times cm^2 \times s}\right)$	$\left(\frac{W}{K \times m}\right) = \left(\frac{J}{s \times K \times m}\right)$	418,68
$\left(\frac{cal}{°C \times g}\right)$	$\left(\frac{kJ}{K \times kg}\right) = \left(\frac{J}{K \times g}\right)$	4,184
$\left(\frac{cal}{°C \times mol}\right)$	$\left(\frac{J}{K \times mol}\right)$	4,184
cmH_2O (4°C)	Pa	98,0638
cmH_2O (0°C)	Pa	$1{,}33322 \times 10^3$
cSt (centistoke)	$\left(\frac{m^2}{s}\right)$	10^{-6}
debye	Coulomb x metro	$3{,}33564 \times 10^{-30}$
dyn	N	$1{,}0 \times 10^{-5}$
dyn/cm	N/m	0,001
erg	J	$1{,}0 \times 10^{-7}$
elétron-volt (eV)	J	$1{,}60218 \times 10^{-19}$
ft	M	0,3048
ft x lbf	J	1,355818
$\left(\frac{ft \times lbf}{min}\right)$	W	0,022597
$\left(\frac{ft}{h^2}\right)$	$\left(\frac{m}{s^2}\right)$	$2{,}352 \times 10^{-8}$
$\left(\frac{ft}{s}\right)$	$\left(\frac{m}{s}\right)$	0,3048

$\left(\frac{ft^2}{s}\right)$	$\left(\frac{m^2}{s}\right)$	9,290304 x 10^{-2}
ft^3 x atm	J	2,8692 x 10^3
$\left(\frac{ft^3}{s}\right)$	$\left(\frac{m^3}{s}\right)$	2,831685 x 10^{-2}
$\left(\frac{ft^3}{lbm}\right)$	$\left(\frac{m^3}{kg}\right)$	6,242796 x 10^{-2}
$\left(\frac{ft^3}{lbm \text{ x } mol}\right)$	$\left(\frac{m^3}{kmol}\right)$	6,242796 x 10^{-2}
$\left(\frac{ft^3}{min \text{ x } ft^2}\right)$	$\left(\frac{m^3}{s \text{ x } m^2}\right)$	5,08 x 10^{-3}
Gal (galão)	m^3	3,785412 x 10^{-3}
$\left(\frac{gal}{min}\right)$	$\left(\frac{m^3}{h}\right)$	0,2271247
$\left(\frac{°C \text{ x } h}{Btu}\right)$	$\left(\frac{Kelvin}{Watt}\right)$	1,8958
hp	kW	0,746
in (polegada)	m	0,0254
inH_2O (4°C)	Pa	249,0889
$\left(\frac{inH_2O}{ft}\right)$	$\left(\frac{Pa}{m}\right)$	817,2208
Jarda	m	0,9144
$\left(\frac{kcal}{°C \text{ x } kg}\right)$	$\left(\frac{kJ}{K \text{ x } kg}\right)$	4,184
$\left(\frac{kcal}{°C \text{ x } m^2 \text{ x } s}\right)$	$\left(\frac{kW}{K \text{ x } m^2 \text{ x } kg}\right)$	1,162222 x 10^{-5}
$\left(\frac{kcal}{h}\right)$	W	1,162222
kgf	N	9,80665
$\left(\frac{kgf}{cm^2}\right)$	KPa	98,066
$\left(\frac{kg}{m \text{ x } s}\right)$	Pa x s	1
$\left(\frac{kg}{s}\right)$	$\left(\frac{lb}{s}\right)$	2,2046
kJ	KWh	2,7778 x 10^{-4}
kJ	Btu	0,94783
$\left(\frac{kJ}{kg}\right)$	$\left(\frac{m^2}{s^2}\right)$	1000
kW	Ton (métrica) de refrigeração (ton ou TR)	0,259
kW	hp	1,341
kWh	J	3,6
lbf	N	4,448222
$\left(\frac{lbf}{ft}\right)$	$\left(\frac{N}{m}\right)$	14,59
$\left(\frac{lbf}{in^2}\right)$	$\left(\frac{N}{m^2}\right) = Pa$	6895
$\frac{\frac{(lbf)}{ft^2}}{ft}$	$\frac{\left(\frac{N}{m^2}\right)}{m} = \frac{Pa}{m}$	157,0

$\frac{(lbf \times s)}{ft^2}$	$Pa \times s = \frac{(N \times s)}{m^2}$	47,88026
lbm	kg	0,4535924
$\frac{lbm}{ft \times s}$	$\frac{kg}{m \times s}$	1,488
$\frac{lbm}{ft^3}$	$\frac{kg}{m^3}$	16,01846
$\frac{(lbm)}{h \times ft^2}$	$\frac{kg}{s \times m^2}$	$1,356 \times 10^{-3}$
$\frac{(lbm)}{s \times ft^2}$	$\frac{kg}{s \times m^2}$	4,8824
$\frac{(lbm)}{gal}$ (U.S.)	$\frac{kg}{m^3}$	119,8
$\frac{(lbm)}{h}$	$\frac{kg}{s}$	$1,260 \times 10^{-4}$
$\frac{(lbm)}{s \times ft}$	$\frac{kg}{m \times s} = \frac{N \times s}{m^2}$	1,48816
$\frac{(lbm)}{ft^2}$	$\frac{kg}{m^2}$	4,882428
$\frac{(lbm)}{ft^3}$	$\frac{kg}{m^3}$	16,01846
$\frac{(lbm)}{in^3}$	$\frac{kg}{m^3}$	$2,768 \times 10^{4}$
$\frac{(lbm)}{s}$	$\frac{kg}{s}$	0,4535924
$\frac{(lbm)}{ft^2 \times h}$	$\frac{kg}{m^2 \times s}$	$1,356 \times 10^{-3}$
lbm-mol	kmol	0,4535924
$\frac{(lbm - mol)}{ft^2 \times h}$	$\left(\frac{kmol}{s \times m^2}\right)$	$1,356 \times 10^{-3}$
$\frac{(lbm - mol)}{ft^3}$	$\left(\frac{kmol}{m^3}\right)$	16,01846
$\frac{(lbm - mol)}{h}$	$\left(\frac{kmol}{s}\right)$	$1,259979 \times 10^{-4}$
$\frac{(lbm - mol)}{h \times ft^2 \times atm}$	$\frac{kmol}{s \times m^2 \times \frac{N}{m^2}}$	$1,338 \times 10^{-8}$
$\frac{(lbm - mol)}{h \times ft^2 \times \left(\frac{lbm - mol}{ft^3}\right)}$	$\frac{kmol}{s \times m^2 \times \left(\frac{Kmol}{m^3}\right)}$	$8,465 \times 10^{-5}$
$\frac{(lbm - mol)}{h \times ft^2}$	$\frac{kmol}{s \times m^2}$	$1,356 \times 10^{-5}$
$\frac{(lbm - mol)}{gal}$	$\frac{kmol}{m^3}$	$1,198264 \times 10^{2}$
mbar	Pa	100
$\left(\frac{m^2}{s^2}\right)$	$\frac{kJ}{kg}$	0,001
milha	m	1609,344
$\left(\frac{milha}{h}\right)$	$\frac{m}{s}$	0,44704
mmH_2O	Pa	9,80665
mmH_2O	mmHg	0,0735561

mmHg (0°C)	kPa	0,1333224
mmHg (0°C)	torr	1
onça	g	28,34952
ppm (massa)	$\frac{mg}{kg}$	1
P (poise)	$\frac{lbm}{ft \times h}$	241,9
P (poise)	$\frac{kg}{m \times s} = \frac{N \times s}{m} = Pa \times s$	0,1
Pa	mmH_2O	0,101972
polegada	metro	$2,54 \times 10^{-2}$
psia	Pa	$6,894757 \times 10^{3}$
Stokes (viscosidade cinemática)	$\frac{m^2}{s}$	$1,0 \times 10^{-4}$
ton (métrica) de refrigeração	kW	3,861
ton (Btu) de refrigeração	kW	3,517
torr	mmHg (0°C)	1
torr	Pa	133,322
% em volume	$\frac{m^3}{m^3}$	0,01
wt % (% em massa)	$\frac{kg}{kg}$	0,01
W h	J	3600
W s	J	1
$\frac{W}{in^2}$	$\frac{W}{m^2}$	1550,003
$\frac{W}{m \times K}$	$\frac{cal}{s \times cm \times K}$	$2,39 \times 10^{-3}$
$\frac{W}{m \times K}$	$\frac{Btu}{h \times ft \times °F}$	0,5778
$\frac{W}{m^2 \times K}$	$\frac{cal}{s \times cm^2 \times K}$	$2,39 \times 10^{-5}$
$\frac{W}{m^2 \times K}$	$\frac{Btu}{h \times ft^2 \times °R}$	0,1761
$\frac{W}{m^2}$	$\frac{Btu}{h \times ft^2}$	0,31709
yd (jarda)	m	0,9144
$\frac{yd^2}{min}$	$\frac{m^3}{s}$	0,0127258

REFERÊNCIAS BIBLIOGRÁFICAS

- Atkins, P. W.; Paula de, J. Físico-Química", 10ªedição, volume um. Livros Técnicos e Científicos - LTC, Rio de Janeiro, 2018.
- Atkins, P.; Jones, L.; Princípios de Química, questionando a vida moderna e o meio ambiente; 5ª Ed, Bookman Companhia Ed., 2011.
- A. Burrows, J. Holman, A. Parsons, G. Pilling, G. Price, "Chemistry3 – Introducing Inorganic, Organic and Physical Chemistry", Chapter 17, Oxford University Press, 2009. (Obs: Existe versão traduzida pela Editora LTC, 2012).
- Atkins, P. W.; Paula de, J. Físico-Química", 10ª edição, volume um. Livros Técnicos e Científicos - LTC, Rio de Janeiro, 2018.
- Ball, David W. Físico-química., volume 1 e 2, São Paulo: Pioneira Thomson Learning, 2005.
- BARD, Allen; FAULKNER, Larry R. Electrochemical methods: fundamentals and applications. 2nd ed. New York, N.Y.: John Wiley & Sons, 2001.
- Bergman, T. L.; Lavine, A. S.; Incropera, F. P.; Dewitt, D. P. Fundamentos da Transferência de Calor e Massa; Rio de Janeiro: LTC, 2014.
- Bonino, F.; Lazzari, M.; Scrosati, B., Modern Batteries – An introduction to electrochemical power sources, Edward Arnold Ltd, (1984).
- Brady, J. E.; Russel, J. W.; Holum, J. R.; Química, a matéria e suas transformações, vol. 1 e 2, 3ª Ed., LTC, 2002.
- Brady, J. E.; Humiston, G. E.; Química Geral, vol. 1 (2ª edição, 1995) e vol. 2 (1ª edição, 1996), LTC.
- Brady, J. E.; Humiston, G. E. tradução de Cristina Maria Pereira dos Santos e Roberto Barros Faria. Química Geral – Volume 2. Segunda edição. Rio de Janeiro. Livros técnicos e científicos Editora, 1986.
- Brett, Ana Maria Oliveira; Brett, Christopher M. A. Electroquímica: princípios, métodos e aplicações. Coimbra: Almedina, 1996.
- Brown, T. L.; Lemay JR., H. E.; Bursten, B. E.; Burdge, J. R.; Química a ciência central; 9ª ed.; Pearson Prentice Hall do Brasil, 2008.
- Castellan, G. W. Physical Chemistry, segunda edição. Addison – Wesley Publishing Company, 1964.
- Curso de Termodinâmica Aplicada às Máquinas. Abrahão Izecksohn; Imprensa Nacional Rio de Janeiro – 1943.
- Curso de Física Básica 2 – Fluidos. H. Moysés Nussenzveig. São Paulo: Edgard Blucher, 1981.
- Dagarin, B.P., Van Ess, J.S.; Marcoux, L.S., Galileo probe battery systems design, Proc. Intersoc. Energy Convers. Eng. Conf., vol 3, pp. 1565-71, (1986).
- Físico-Química: Uma aplicação aos materiais. Rupen Adamian, Ericksson Rocha e Almendra. Rio de Janeiro: COPPE – UFRJ, 2002.
- Físico-Química – Volume 1, Levine, I. N. Tradução e revisão técnica Edilson Clemente da Silva, Oswaldo Esteves Barcia – Rio de Janeiro: LTC 2012.
- Guidotti, R.A., Thermal batteries: A technology review and future directions, Proc. 27 th International SAMPE Technical Conf., pp.807-818, (1995).
- Graham, T., An Account of M. Longchamp's eory of Nitrification, with an Extension to it, Phil. Mag., 1, 172-180, 1827b. Graham, T., On the Influence of Air in Determining the Crystallization of Saline Solutions, Phil. Mag., 4, 215-218, 1828a.
- Graham, T., An Account of the Formation of Alcoates, Definite Compounds of Salts and Alcohol, Analogous to the Hydrates, Phil. Mag., 4, 265-272, 1828b.
- Graham, T., Observations on the Oxidation of Phosphorus, Quart. J. Sci., 2, 83-88, 1828.

- Himmelblau, D.M. & Riggs, J. B. Engenharia Química – Princípios e cálculos. LTC; 2014.
- Instituto Militar de Engenharia. http://www.ime.eb.mil.br/
- Instituto Tecnológico da Aeronáutica. http://www.ita.br/
- Kotz, J. C.; Treichel Jr., P.;Weaver, Gabriela C.; Química e reações químicas, Vol 1 (6ª ed,2010) e vol. 2 (5ª edição, 2009) Cengage Learning.
- Luiz, A. M. Termodinâmica – Teoria & Problemas. Livros Técnicos e Científicos - LTC, Rio de Janeiro, 2012.
- Mahan, B., M.; Myers, R., J.; Química um curso universitário, 4ª edição, Edgard Blücher, 1996.
- Moore, W. J. Físico-Química - tradução da quarta edição americana: Tibor Rabockai [e outros]. Supervisão Ivo Jordan. Editora da Universidade de São Paulo, 1976.
- Nabuco, João Roberto da Paciência & Barros. Química Geral. Rio de Janeiro, primeira edição. Editora Ao livro técnico, 1979.
- Nabuco, João Roberto da Paciência & Barros. Físico-Química. Rio de Janeiro, primeira edição. Editora Ao livro técnico, 1979.
- Principles of Physical Chemistry Four Edition. Samuel H. Maron; Carl F. Prutton. Editora Collier Macmillian Student Editions, New York, 1965.
- Programa Nacional Olimpíadas de Química. **https://obquimica.org/**
- Russel. J. B.; Química Geral; vol. 1 e 2, Makron, 1996.

- Principles of Physical Chemistry Four Edition. Samuel H. Maron; Carl F. Prutton. Editora Collier Macmillian Student Editions, New York, 1965.
- Russel. J. B.; Química Geral; vol. 1 e 2, Makron, 1996.

- Schieck, R., Hartmann, A., Fiechter, S., Könenkamp, R.; Wetzel, H., Electrical properties of natural and synthetic pyrite (FeS2) crystals, J. Mater. Res., vol. 5, n 0 7, pp.1567-72, (1990).
- Sienko, M. J.; Plane, R. A. Química: principios y aplicaciones. México: McGraw-Hill, 1990.
- Smith, R. A. (1856). Memoir of John Dalton, and history of the atomic theory up to his time. London: H. Bailliere.
- Smyth, A. L. (1998). John Dalton, 1766–1844: A bibliography of works by and about him with an annotated list of his surviving apparatus and personal effects. Manchester: Manchester Literary and Philosophical Publications Ltda.
- Taylor, F. (Ed.). (1980). Bulletin of the John Rylands University Library of Manchester, Vol. 62, No. 2. Manchester: The John Rylands University Library of Manchester.
- Thackray, A. W. (1966). The origin of Dalton's Chemical Atomic Theory: Daltonian doubts resolved. Isis, 57, 35–55.
- Thackray, A. W. (1972). John Dalton: Critical assessments of his life and science. Cambridge, MA: Harvard University Press.
- Ticianelli, Edson Antonio; Rafael Gonzalez, Ernesto. Eletroquímica: principios e aplicações. 2. ed São Paulo: EDUSP, 2005.

Impressão e acabamento
Gráfica da Editora Ciência Moderna Ltda.
Tel: (21) 2201-6662